아날로그 전자회로 설계 및 응용

최성재 지음

자유아카데미

머리말

『아날로그 전자회로 설계 및 응용』은 전기공학과, 전자공학과, 반도체 설계 공학과, 전자 통신과, 제어계측과, 전자재료과, 소방안전과, 자동차과, 기계공학과, 전자 물리학과, 생명화학공학과, 나노바이오학과 등의 다양한 학과에서 전자회로의 원리와 응용 분야를 공부하는 학생들을 위해 집필되었다. 시중에 이미 다양한 형태의 전자회로 교재들이 출판되어 있지만, 대부분 물리학적인 접근법으로 집필된 경우가 많아 전자회로 이론을 해석하고 이해하는 데 많은 어려움이 있었으며, 내용 또한 물리전자공학, 반도체 공학 등의 교재 내용과 중복되는 경우가 많아서 학생들이 흥미를 잃어버리기 일쑤였다.

이에 본 교재는 저자가 수십 년간 전자회로를 강의한 경험을 바탕으로 학생들이 전자회로의 이론을 쉽게 이해하고 다양한 설계 분야에 응용할 수 있도록 집필한 것이다. 전기의 원천인 원자 특성에서 시작하여 반도체 소자, 특수 목적용 다이오드, 다이오드 응용회로, 리미터 회로, 클램핑 회로, 쌍극성 트랜지스터, 공통 이미터 증폭기, 달링톤 쌍과 같은 특수한 트랜지스터 회로, h 파라미터 해석법, 전력 증폭기 특성, FET, MOS, CMOS, 인버터를 이용한 알람 시스템 설계, 주파수 효과, 차동 증폭기, 연산증폭기, 비선형 연산증폭기, 능동 필터, 발진기 회로 등에 대해서 설명한다.

각 주제에 대해서는 옴의 법칙, 테브닌 정리, 노턴 정리, 중첩의 원리, 에버스-몰 모델, 부트스트래핑 전압, 키르히호프 법칙, 4단자망 회로, 2 port network, 스위칭 회로와 같은 기본적인 이론과 응용 분야가 설명되며, 정격 설계, 안전 설계, 전류원 설계, 전압원 설계, 10:1 설계 규칙, 100:1 설계 규칙 등 설계 기법과 회로의 고장 진단 및 수리 등에 관해서도 다룬다. 이런 실제적인 접근 방법은 전자공학과 학생뿐 아니라 부전공이나 복수전공으로 전자공학을 학습하는 다양한 학과의 학생들에게까지도 전자회로에 대한 흥미를 유발하고, 쉽게 이해하는 데 효과적으로 도움을 줄 수 있을 것이다. 또한 전자회로를 학습하는 데는 수학이 필수적이지만 이 책에서는 편미분과 같은 고차 수학이 아닌 산술적이고 간단한 기초 수학 위주의 계산만 필요하도록 주제를 구성하였다.

각 장은 완전 학습 이론에 의해서 단계별로 내용을 이해할 수 있도록 기술하였다. 중요한 주제의 연습문제에서는 단계적인 해를 구할 수 있도록 구성하였고, 순간적인 순발력을 증진할 수 있도록 새로운 문제와 상황을 부여하였다. 예제 역시 이론을 쉽게 이해할 수 있도록 흥미로운 것들로 발췌하였다. 문제를 풀고 확인할 수 있도록 기초문제 및 홀수번 연습문제의 해답은 책 뒤 부록에 실었으며, 강의하시는 교수님들께는 전체 연습문제 해답이 따로 제공되니 참고하시길 바란다.

방대한 분량 때문에 간혹 예기치 않은 오류가 발생했을 수 있다. 이 점은 양해를 구하며 오류가 발견되면 저자나 출판사에 언제든 알려주시길 부탁드린다. 추후 수정 보완할 내용이 있으면 자유아카데미 홈페이지(www.freeaca.com) 자료실을 통해 제공할 예정이니 참고하기를 바란다. 끝으로 이 책을 완성할 수 있도록 이해하고 내조를 아끼지 않은 아내와 아이들에게 고마움을 표한다. 또한 이 책을 출간하는 데 애써주신 자유아카데미 출판사 여러분께도 감사의 말씀을 전한다.

2023년 8월

저자 씀

차 례

CHAPTER

03 다이오드 전원 공급장치와 응용회로

CHAPTER
04 쌍극성 트랜지스터(BJT)

CHAPTER

05 일반적인 증폭기 회로 설계

CHAPTER
06 특수한 트랜지스터 회로

CHAPTER 07

하이브리드 파라미터

CHAPTER
08 전력 증폭기

CHAPTER

09 접합형 전계 효과 트랜지스터

CHAPTER

10 주파수 효과

CHAPTER
11 연산증폭기

CHAPTER

12 선형 연산증폭기 회로와 비선형 연산증폭기 회로

CHAPTER

13 능동 필터

CHAPTER

14 발진기 회로와 슈미트 트리거 회로

CHAPTER
15 사이리스터

CHAPTER 16 조정된 전력 공급

CHAPTER 01

반도체 물질의 특성

전자공학은 진공관(vacuum tube)의 개발로부터 시작되었다. 3극 진공관은 전기 신호를 증폭하기 위하여 1906년 Lee De Forest에 의해 발명되었다. 이 형태는 John Fleming과 Thomas Edison에 의해 만들어진 초기의 2극 진공관보다 발전한 것이다. 3극 진공관은 진공관으로 둘러싸인 두 개의 전극과 그리드 등의 3가지 요소로 구성된다. De Forest가 발명한 진공관 검파기는 소리를 증폭하고 재생하기 위해서 약간의 전위가 필요하다는 생각으로부터 발명된 것이다. 그림 1-1에서 표시된 다양한 형태의 진공관은 1950년대까지 현재의 라디오, TV, 일반적인 전자제품 개발이 성장하기 위한 주요 부품으로 사용되었다.

그림 1-1 다양한 형태의 진공관
(출처: StefanRiepl (Quark48), CC BY-SA 2.0 DE, Wikimedia Commons)

진공관은 2차 세계 대전이 진행되는 동안 펜실베니아 주립대학에서 전 세계에서 첫 번째로 개발된 컴퓨터인 에니악(ENIAC)을 만드는 데에도 사용되었다. 에니악의 무게는 약 50톤으로, 3000 ft^2의 거대한 바닥 면적이 필요했다. 들어간 진공관만 19,000여 개에 달했으며, 160개의 등대가 소비하는 것과 같은 크기의 소비 전력이 필요했다. 진공관의 물리적 크기는 대단히 컸고, 열적 특성도 불안정했으며, 수명이 짧다는 한계가 있었기 때문에 단시간에 필라멘트가 타서 끊어졌다. 이런 문제점을 해결하기 위해서 다이오드, 트랜지스터와 같은 고체 상태의 반도체 소자가 개발되었다.

그림 1-2 점접촉형 트랜지스터
(출처: Public Domain/Wikimedia Commons)

1947년 12월 16일 벨 연구소의 William Shockley, John Bardeen, Walter Brattain이 공동으로 개발한 고체 상태의 트랜지스터가 발명됨으로써 본격적으로 반도체 산업이 시작되었다. 그림 1-2에 표시된 점 접촉형 트랜지스터는 진공관과 동일한 동작을 수행했지만 물리적인 크기가 작고, 진공이 필요 없으며, 안정적이며 가볍고, 적은 열을 발생하고 전력 소모가 작다는 장점을 가진 우수한 반도체 소자이다. 이런 공로를 인정받아 세 명의 과학자들은 1956년 노벨 물리학상을 받았다. 그렇지만 12년이 지난 후에야 전자공학 분야에서 상업용으로 사용하고 있는 쌍극성 접합형 트랜지스터(BJT: Bipolar Junction Transistor)로 개량되었다.

트랜지스터의 개발은 고체 상태 재료에 바탕을 둔 현대 반도체 산업과 기술의 기틀이 되었다. 반도체 산업은 실리콘(Si: silicon)을 바탕으로 트랜지스터 기술이 상업화된 1960년에 빠르게 성장하기 시작했다. 실리콘 밸리라고 불리는 지역을 중심으로 페어차일드(Fairchild), 인텔(Intel), AMD(Advanced Micro Devices)를 비롯한 수많은 반도체 제조회사가 태동하였다.

1-1 반도체 재료

반도체(semiconductor)는 도체(conductor)와 절연체(insulator) 중간 정도의 전도도(conductivity)를 갖는 물질이라고 간단히 정의된다. 보다 엄격하게 말하면, 경우에 따라서 도체로 동작할 수도, 부도체로 동작할 수도 있는 물질이다. 전기전도도(σ)는 온도 및 진성 반도체에 첨가되는 불순물의 함량에 따라서 변화된다. 전기전도도의 역수를 고유저항(ρ)이라고 정의하고 그림 1-3에 표시된 것처럼 물질을 분류하는 척도로 사용한다.

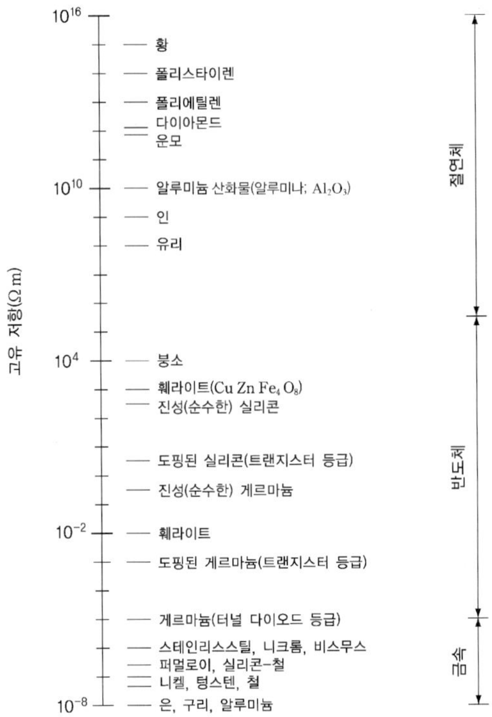

그림 1-3 도체, 반도체, 절연체의 분류

반도체 재료는 주기율표(그림 1-4) 4족에 위치하는 원소 반도체(elemental semiconductor)와 3족과 5족에 위치하는 원소들의 결합에 의해서 만들어지는 화합물 반도체(compound semiconductor)로 분류된다. 원소 반도체로는 실리콘(Si)과 게르마늄(Ge),

탄소(C)가 있다. 화합물 반도체의 종류에는 GaN, GaP, GaAs, GaSb, InP, InAs, AlAs, AlP, GeSi와 같은 2원소(binary) 화합물 반도체와 GaAsP, AlGaAs와 같은 3원소(ternary) 화합물 반도체, AlGaInP, InGaAsP와 같은 4원소(quaternary) 화합물 반도체로 분류된다. 화합물 반도체는 LED와 같은 광전 소자를 제조하는 데 사용된다. 화합물 반도체는 첨가되는 원소의 함량비에 따라 전기적 특성과 광학적 특성이 달라지기 때문에 반도체 소자 제조 시 어려움이 따른다.

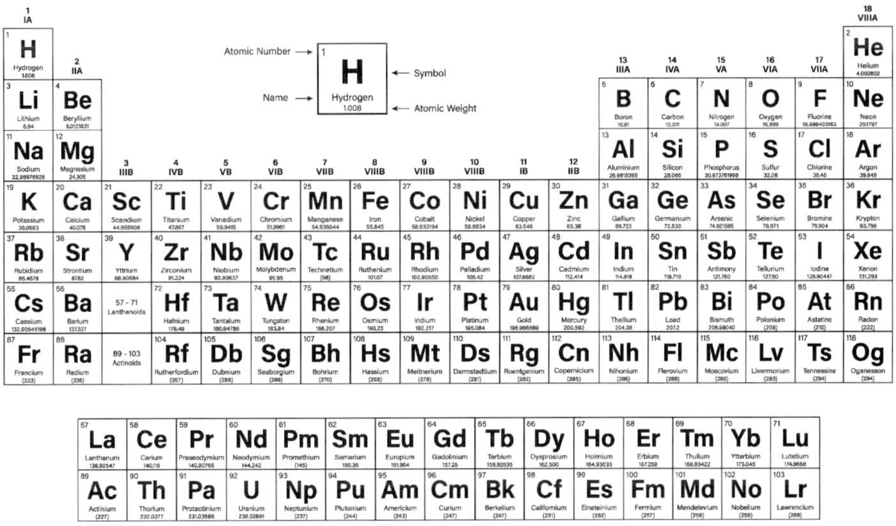

그림 1-4 주기율표

1-2 보어의 원자 모형

원자(atom)는 원자의 핵(nucleus)을 구성하고 있는 양자(proton)와 중성자(neutron), 핵 주위를 돌고 있는 전자(electron)의 기본적인 세 가지 입자로 구성된다. 물리학자 Niels Bohr가 발표하여 보어(Bohr) 모형이라고 부르는 원자의 기본 모형이 그림 1-5에 표시되어 있다. 전자의 궤도 경로(orbit path)인 각(shell)은 문자 K에서 Q를 사용해서 구분된다. 가장 안쪽의 각은 K각으로 표시되고 K,L,M,N... 순으로 표시된다. 원자의 최외

각(outermost shell)을 가전자각(valence shell)이라고 부르는데 가전자각은 원자의 전도도를 결정하기 때문에 대단히 중요하다.

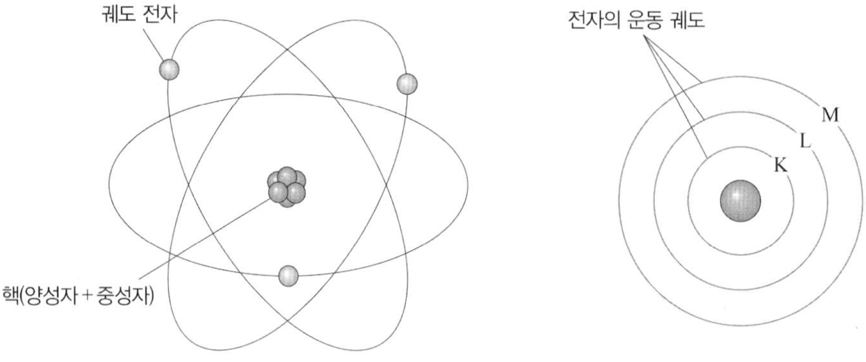

그림 1-5 보어의 원자 모형

원자의 가전자각은 8개까지 전자를 수용할 수 있다. 원자의 전도도는 가전자각 내에 들어 있는 전자의 수에 따라서 결정된다. 원자가 한 개의 가전자를 가지고 있을 때는 거의 완벽한 도체가 된다. 원자가 8개의 가전자를 가지는 경우에는 가전자 각이 **충만**(complete)되었다고 정의하는데 이런 경우에 원자는 절연체가 된다. 따라서 전도도는 가전자의 수가 증가하면 감소한다는 것을 이해할 수 있다.

반도체 물질로 사용되는 4가 원소인 실리콘(Si), 게르마늄(Ge), 탄소(C) 원자들의 보어 모형은 그림 1-6처럼 표시된다. 실리콘은 높은 열에 잘 견디기 때문에 게르마늄보다 선호된다. 이런 이유로 반도체의 특성은 주로 실리콘 소자에 초점을 맞추어서 설명된다.

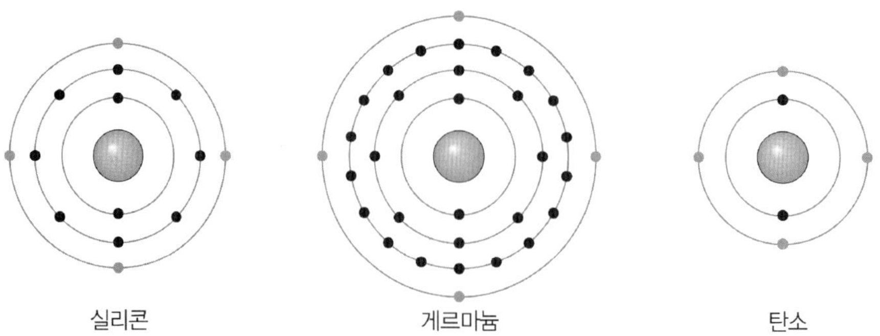

그림 1-6(계속) 4가 반도체 원소의 보어 원자 모형과 일반적인 도체, 절연체, 반도체의 형태

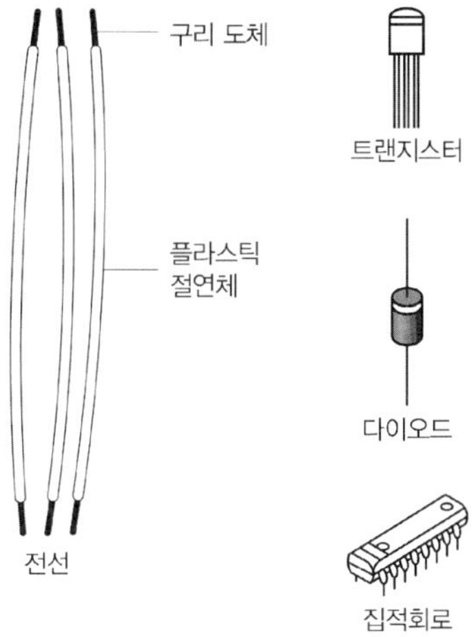

그림 1-6 4가 반도체 원소의 보어 원자 모형과 일반적인 도체, 절연체, 반도체의 형태

전도에 기여하는 외부의 힘이 없다면, 주어진 원자 내에서의 전자의 개수와 양성자의 개수는 동일하다. 이때 전자의 전하량(−)과 양성자의 전하량(+)은 극성이 반대이고 크기가 같기 때문에 원자의 **알짜 전하**(net charge)는 영(zero)이다. 만약 원자가 가전자를 하나 잃어버리게 된다면 원자 내의 전자의 개수가 양성자의 개수보다 1개 적게 되고 원자의 알짜 전하는 positive(+)가 된다.

이와 반대로 최외각이 완전하게 채워지지 못한 원자가 가전자를 하나 얻게 되면, 원자 내의 전자의 개수는 양성자의 개수보다 1개 더 많게 되어 알짜 전하는 negative(−)가 된다. 그림 1-7에는 구리 원자의 가전각과 가전자가 표시되어 있다.

궤도(각) 표시	궤도에서 허용되는 최대 전자 개수	실제 운동하는 전자 개수
K	2	2
L	8	8
M	18	18
N	32	1
전자 개수	60	29

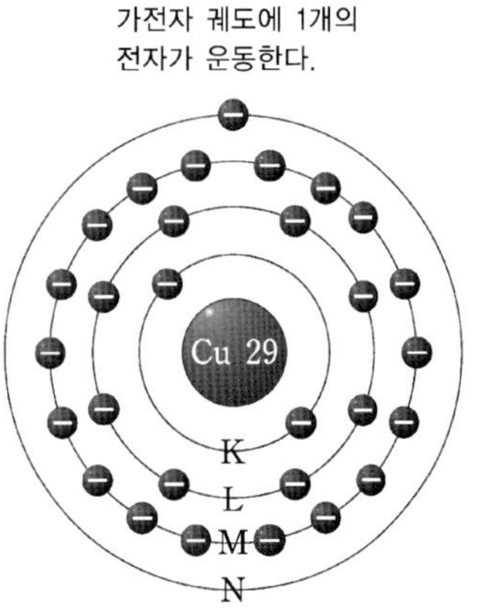

그림 1-7 구리 원자의 가전자각과 가전자

그림 1–8에 표시된 것처럼 각 운동 궤도는 특정한 에너지 준위를 갖는다. 두 개의 운동 궤도 사이의 에너지 준위 차를 에너지 갭(energy gap)이라고 부른다. 전자는 임의의 운동 궤도에서 다른 운동 궤도로 전이(jump) 이동하기 위해서는 두 운동 궤도 사이의 에너지 갭에 해당하는 크기의 에너지 준위만큼 외부로부터 에너지를 흡수하게 된다. 그림 1–8에 표시된 것처럼 가전자각(valence shell) 혹은 가전대(valence band)의 에너지 준위는 대략 0.7 eV(electron volt)이다. 전도대(conduction band)는 1.8 eV의 에너지 준위를 갖는다. 따라서 가전자대의 전자가 전도대로 전이하기 위해서는 반드시 1.1 eV의 에너지를 흡수해야만 한다.

$$1.8\ \text{eV} - 0.7\ \text{eV} = 1.1\ \text{eV}$$

도체, 반도체, 절연체의 경우 가전자대에서 전도대까지의 에너지 갭은 각각 0.4 eV, 1.1 eV, 1.8 eV이다. 이런 에너지 갭이 클수록 전도대에 도달하기 위해서 전자가 흡수해야만 하는 에너지가 더 크기 때문에 전도 현상이 발생되기 어렵다. 전자가 가전자대에서 전도대로 전이하기에 충분한 에너지를 흡수했을 때 이런 전자는 **들뜬 상태**(excited state)에 있다고 말한다. 들뜬 전자는 결국에는 흡수한 에너지를 잃고 원래의 에너지 준위로 돌아오게 되는데 이때 전자가 방출하는 에너지는 빛(light)이나 열(heat)의 형태로 방출된다.

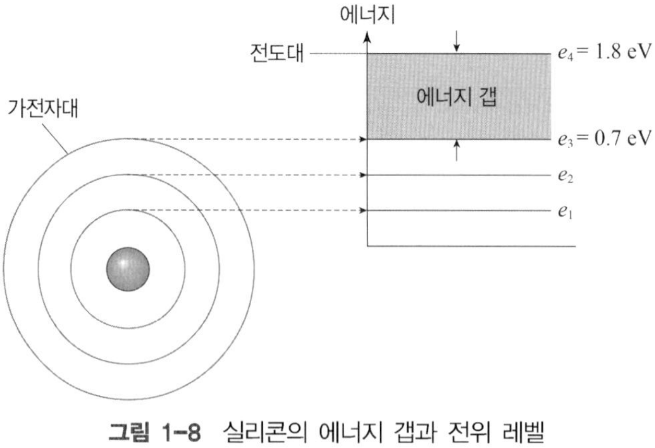

그림 1–8 실리콘의 에너지 갭과 전위 레벨

그림 1-9에 표시된 것처럼 가전자대와 전도대(conduction band) 사이에는 띠간격(band gap)이 존재한다. 어떤 물질에서의 띠간격은 대단히 높은 에너지를 갖기 때문에 금지대 간격(forbidden gap)을 발생시킨다. 이런 물질들은 전자들이 가전자대에서 전도대로 이동하지 못하기 때문에 절연체(insulator)라고 한다. 도체는 가전자대와 전도대가 겹치기 때문에 가전자가 자신의 가전자대에서 전도대로 이동하기 위해서는 아주 적은 에너지만이 필요하다. 이런 전자의 이동은 원자의 공유 결합에서 빈 공간인 구멍을 남기며, 이를 정공(hole)이라고 한다.

그림 1-9 고체의 에너지 밴드 이론

모든 전도대 전자들은 가전자대에 반드시 정공을 남긴다. 가전자가 정공의 위치로 뛰어들게 되면 전자의 이동이 진행되고 전류의 도통이 이루어진다. 이런 상태를 전자-정공 쌍(electron- hole pair)이라고 부른다. 전도대의 자유 전자(free electron)는 가전자대의 공유 결합에서 정공 속으로 뛰어들게 된다. 이런 공정은 재결합(recombination)이라고 한다. 전도대 전자가 재결합이 이루어질 때까지의 시간 주기가 전자-정공 쌍의 수명(life time)이다. 열에너지(thermal energy)는 그들의 재결합에서 수반되는 전자-정공 쌍을 지속생성시킨다.

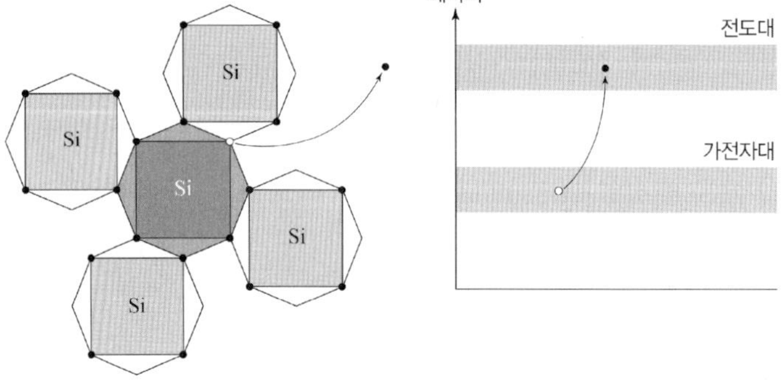

그림 1-10 전자-정공 쌍의 발생

1-3 공유 결합

공유 결합(covalent bonding)은 이웃한 원자들끼리 가전자를 공유하면서 자신들의 가전자 각(valence shell)을 완전하게 채우는 결합 방법이다. 실리콘 원자들의 공유 결합 형태가 그림 1-11에 표시되어 있다. 결합이 구성되는 과정을 이해하기 쉽도록 도움을 주기 위해서 각 원자를 내부에 4각형(square)이 포함되어 있는 8각형(octagon)으로 표시하였다. 8각형은 원자의 가전자 각을 표시하고 4각형은 각각의 원자가 가지고 있는 전자를 구분해서 표시하기 위해서 사용되었다.

그림에서 알 수 있듯이 중앙(center)에 위치한 원자는 8개의 가전자를 가져 가전자 각을 채운다. 이는 중앙에 위치한 원자가 가지고 있는 전자 4개와 주위를 둘러싸고 있는 4개의 원자들이 가지고 있는 전자 중 한 개씩의 전자를 공유함으로써 이루어진다.

반도체 원자가 그림 1-11에 표시된 것처럼 일정한 형태로 결합 되면 이런 물질을 결정(crystal)이라고 부른다. 결정은 매끈하고 투명한 고체이다. 실온(room temperature)에서 실리콘 결정은 게르마늄 결정에 비해서 자유 전자의 개수가 더 적은데, 이것은 실온에서 실리콘의 누설 전류가 게르마늄의 누설 전류보다 더 적다는 것을 의미한다. 이것이 바로 오늘날 산업 분야에서 실리콘이 게르마늄보다 더 널리 사용되는 이유이기도 하다. 탄소(carbon) 역시 실리콘이나 게르마늄과 같은 형태로 결정화되지만 탄소 결정(즉, 다이아몬드)은 너무 고가이기 때문에 반도체 소자의 재료로 이용되지 못한다.

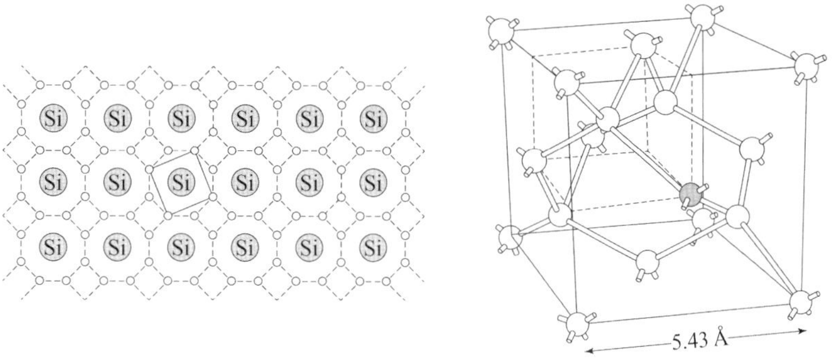

그림 1-11 실리콘의 공유 결합과 실리콘 결정 구조

1-4 N형 물질과 P형 물질

진성(intrinsic, pure) 실리콘과 게르마늄은 절연체이다. **도핑**(doping)이란 반도체의 전도도를 개선시키기 위해서 진성 실리콘과 진성 게르마늄에 불순물(impurity) 원자를 첨가하는 과정을 의미한다. 일단 도핑이 이루어지면 실리콘과 게르마늄은 더 이상 순수한 것이 아니기 때문에 도핑하는 원소를 불순물로 표현한다. 도핑된 반도체는 순수하지 않고, 외부 원소를 첨가한 것이므로 **외인성 반도체**(extrinsic semiconductor)라고 부른다. 도핑에는 **3가 원소**(trivalent elements)와 **5가 원소**(pentavalent elements)가 사용된다. 3가 원소가 진성 반도체에 첨가되면, **p형 물질**(p-type material)이라고 부르고 5가 원소의 불순물 원자가 사용된 물질을 **n형 물질**(n-type material)이라고 부른다. 가장 일반적으로 사용되는 도핑 원소들은 표 1-1에 표시되어 있다.

표 1-1 도핑에 사용되는 일반적인 원소들

3가 불순물(Acceptor)	5가 불순물(Donor)
알루미늄(Aluminum; Al)	인(Phosphorus; P)
갈륨(Gallium; Ga)	비소(Arsenic; As)
붕소(Boron; B)	안티모니(Antimony; Sb)
인듐(Indium; In)	비스무스(Bismuth; Bi)

실리콘이나 게르마늄에 5가 원소의 불순물이 첨가되면 공유 결합 내에 전자가 과잉으로 존재하게 된다. 예를 들면 그림 1-12에 표시된 것처럼 5가의 비소(Arsenic) 원자는 4개의 실리콘 원자에 의해서 둘러싸여 있다. 각각의 실리콘 원자는 비소(As) 원자와 전자 1개씩을 공유하면서 결합하고 있지만 비소 원자의 5번째 전자는 주위의 어떤 실리콘 원자와도 공유하지 않은 채 남게 된다.

그 결과 비소의 5번째 전자는 더 적은 에너지로도 결합에서 깨어져 나와서 자유로워지기 때문에 전도대로 들어갈 수 있다. 만약 정확하게 백만 개의 As 원자가 순수한 실리콘이나 게르마늄에 첨가된다면 공유 결합에 참여하지 않은 백만 개의 전자가 존재하게 된다. 이런 모든 전자는 큰 어려움 없이 물질 내부를 통해서 흐르게 된다.

그렇지만 중요한 사실은 공유 결합에 참여하지 않은 백만 개의 전자들이 존재한다고 하더라도 이런 물질은 여전히 전기적으로는 중성(neutral)이라는 점이다. 이것은 실리콘이나 게르마늄 원자에서와 마찬가지로 각 As 원자는 같은 개수의 양자와 중성자를 가지고 있기 때문이다. 따라서 물질 내의 전체 양자와 중성자의 개수가 같기 때문에, 물질에서의 알짜 전하는 영(zero)이다.

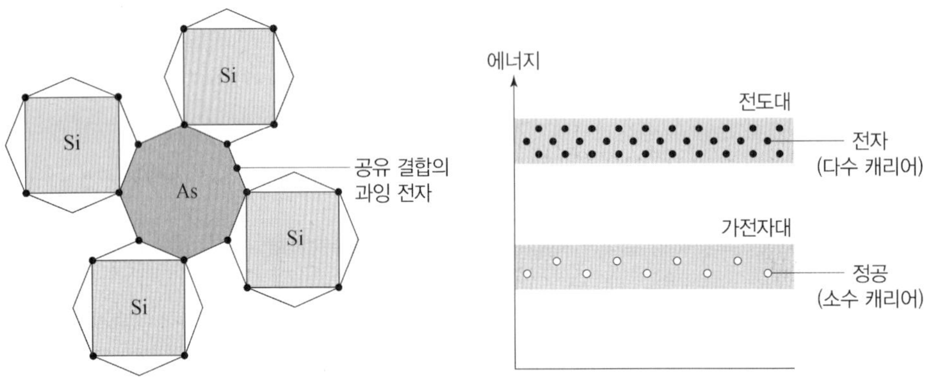

그림 1-12 n형 물질의 에너지 다이어그램

n형 물질 내에서는 전도 대역의 전자의 수가 가전자대의 정공의 수보다 많기 때문에, 전자를 **다수 캐리어**(majority carrier)라고 부르고 가전자대의 정공을 **소수 캐리어**(minority carrier)라고 부른다. 가전자대에 정공들이 다소 존재하지만 이런 정공들은 열적인 에너지에 의해서 들뜨게(excite) 된 것이다. 전도대의 과잉 전자가 존재하기 때문에 전자-정

공 쌍의 수명은 현저하게 줄어든다. 정공 중 대부분이 전도대의 과잉 전자로 즉시 채워지기 때문이다.

공유 결합 내의 정공만이 열적 에너지에 의해서 생성된 것이기 때문에 정공의 개수는 전도대에 존재하는 가전자의 개수보다 훨씬 더 적다. 이것이 다수(majority) 캐리어와 소수(minority) 캐리어라는 용어가 생기게 된 이유이다. n형이라는 용어는 과잉 전자를 암시하고 있다. 곧 알게 되겠지만, p형 물질에서는 과잉 정공과 적은 수의 자유 전자를 가지게 된다.

진성(intrinsic) 실리콘이나 진성 게르마늄에 3가 원소가 도핑되면, p형 물질이라고 부른다. 3가 원소의 사용은 공유 결합 구조 내에 정공을 존재하게 한다. 그 이유는 그림 1-13에 표시된 것처럼 알루미늄(Aluminium) 원자가 4개의 실리콘 원자에 둘러싸여 있기 때문이다. 이때 알루미늄 원자의 4번째 가전자와의 공유 결합을 하기 위한 4개의 전자 중에서 부족한 한 개가 공유 결합 내에 빈자리를 만들게 된다. p형 물질은 가전자대 내에 정공이 과잉으로 존재하고 있음을 나타내고 있다. 동시에 전도대(conduction band)에는 소수의 전자가 존재한다. 다시 말하자면 열적 에너지에 기인하는 자유 전자가 전도 대 내에 존재하는데, 전도대의 전자보다 가전자대의 정공이 더 많기 때문에 정공이 다수 캐리어, 전자가 소수 캐리어가 된다.

p형 물질 내에서도 전자의 개수와 양성자의 개수가 같다는 점을 명심해야 한다. 비록 공유 결합 내의 빈 공간이 있을지라도 양성자와 전자의 균형은 여전히 존재한다. 따라서 p형 물질에서의 알짜 전하도 0이다.

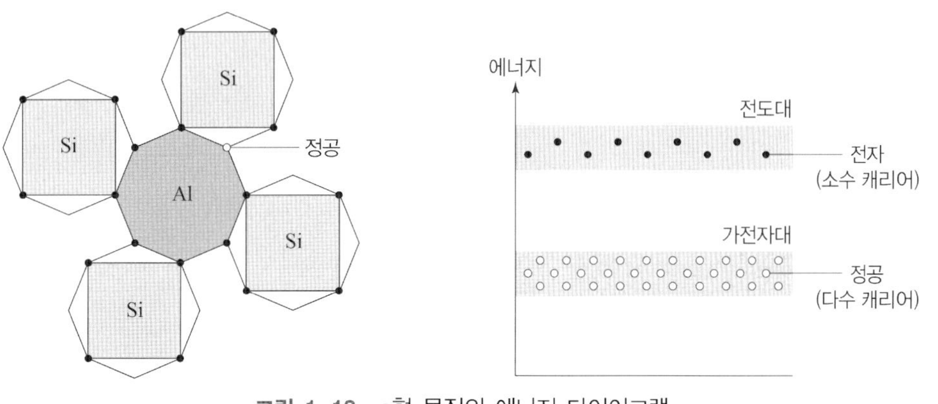

그림 1-13 p형 물질의 에너지 다이어그램

1-5 PN 접합

n형 물질과 p형 물질은 pn 접합을 형성하기 위해서 서로 결합할 때 유용하게 사용된다. 그림 1-14에는 p형 물질과 n형 물질이 결합하기 이전과 결합이 이루어진 순간의 상황이 설명되어 있다. 그림 1-14(a)에는 개별적인 두 가지의 물질이 표시되어 있다. n형 물질은 과잉 전자(채워진 원)를 가지고 있고 p형 물질은 과잉 정공(빈 원)을 가진 것으로 표시된다.

에너지 다이어그램에서는 두 물질의 에너지 준위의 관계를 표시하고 있다. 두 물질의 전도대와 가전자대의 에너지 준위는 약간의 차이를 가지게 되는데 이것은 두 물질을 구성하고 있는 원자의 구조적 차이에 기인한 것이다.

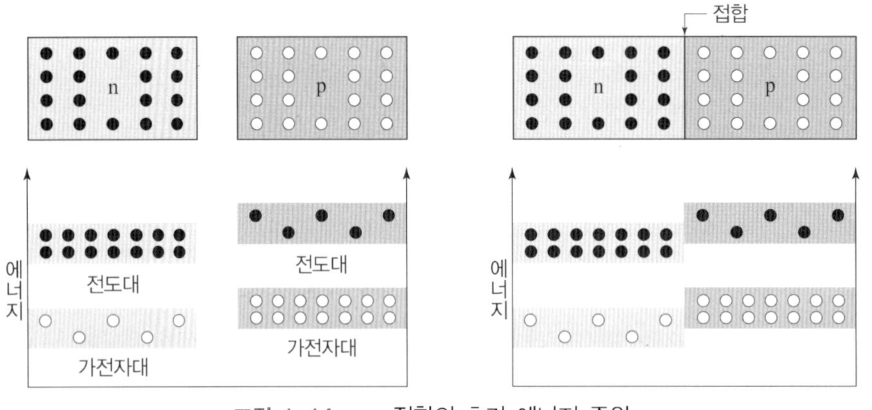

그림 1-14 pn 접합의 초기 에너지 준위

그림 1-14(b)에 표시된 것처럼 두 물질이 결합될 때는 n형 물질 내의 자유 전자들이 p형 물질로 확산(diffuse)하도록 허용하게 된다. 이런 동작(action)과 그에 따른 결과를 그림 1-15에 나타내었다. n형 물질 내의 자유 전자 한 개가 접합을 넘어서 이동하면 p형 물질 내의 가전자대의 정공에게 포획(trapped)된다. 그 결과 n형 물질 내에는 전체적으로는 양(positive)의 전하를 p형 물질 내에는 전체적으로는 음(negative)의 전하를 띄게 된다. 이것이 처음에는 이해하기가 어렵겠지만, 그렇게 이상한 사실은 아니다. 그림 1-16을 주목하자.

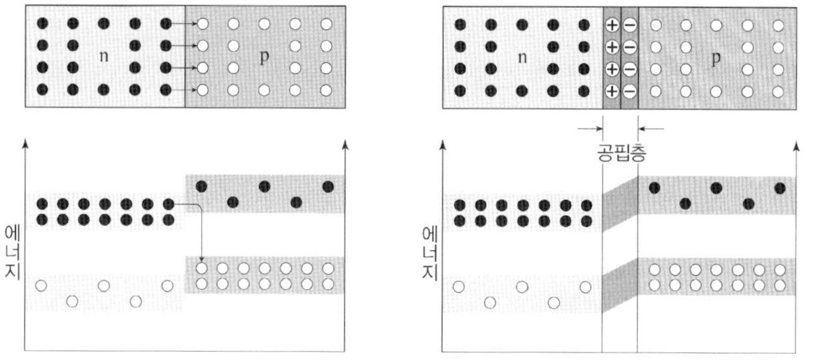

그림 1-15 공핍층의 구성

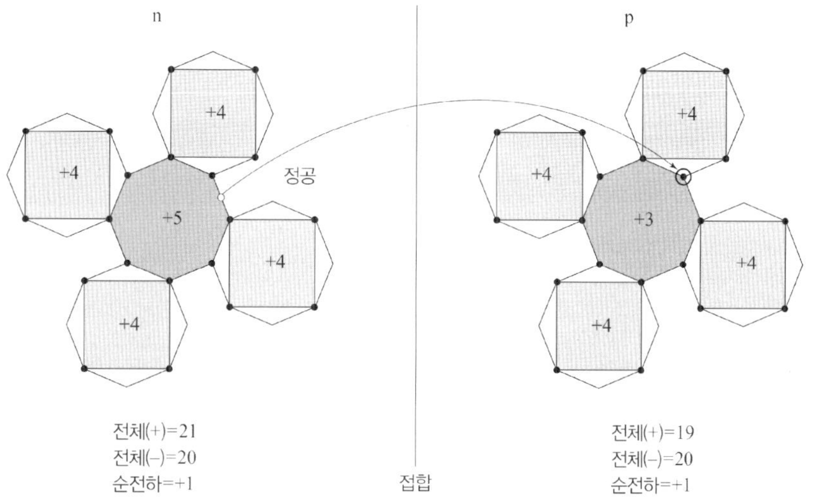

그림 1-16 공핍층 전하들

정상적인 조건에서 n형 물질의 공유 결합은 모두 21개의 전자(실리콘 원자마다 4개 + 5가 원자의 5개 = 21)와 21개의 양성자를 가지고 있어서 음의 가전자에 의한 전하를 상쇄시킨다. 전자가 p형 물질로 넘어서 들어가게 되면 다음과 같은 두 가지 결과가 일어나게 된다.

1. 접합을 넘어서 확산된 각 전자는 n형 물질 내에 한 개의 positive(+) 전하를 띤 결합을 남기고 p형 물질 내에는 한 개의 negative(−) 전하를 띤 결합을 생성한다.
2. 전도를 위해서는 전도대의 전자와 가전자대의 정공이 모두 필요하다. 전자가 접합을 넘어서 확산되면 n형 물질은 전도대의 전자를 하나 잃어버리게 되고 또한 전자가 p형 물질의 정공에 떨어지게 되면 가전자대의 정공을 하나 잃어버리게 된다. 이런 점에서 양쪽 밴드는 전하가 공핍된다.

이런 동작이 발생 되면 결과적으로 접합에는 전하(캐리어)가 결핍되는 얇은 층(양쪽 측면으로 생김)이 형성되는데 이런 층을 공핍층(depletion layer)이라고 부른다. 공핍층은 그림 1-15(b)에 표시되어 있다. 공핍층의 n형 측 영역은 전체적으로 positive(+) 전하를, p형 측 영역은 negative(-) 전하를 띄고 있는 점에 주목하라.

접합의 p형 측 영역의 음전하 형성과 n형 측 영역에서 양전하의 형성은 당연히 접합 양측 사이의 전위차(potential difference)를 형성하게 된다. 이런 전위를 **장벽 전위**(barrier potential) 혹은 **전위 장벽**(potential barrier)이라고 부른다. 이런 전위 장벽은 mV 단위를 갖는다. 실리콘의 전위 장벽은 약 0.7 V, 게르마늄의 경우에는 약 0.3 V이다.

1-6 순방향 바이어스와 역방향 바이어스

바이어스(bias)란 원하는 동작을 얻기 위해서 pn 접합에 공급되는 전위이다. 이런 전위는 공핍층의 폭을 제어하기 위해서 사용된다. 바이어스는 **순방향 바이어스**(forward bias)와 **역방향 바이어스**(reverse bias) 두 종류로 구분된다. 순방향으로 바이어스된 pn 접합은 공핍층의 폭이 최소가 되고, 아주 작은 접합 저항 성분을 가진다. 역방향으로 바이어스된 pn 접합은 공핍층의 폭이 최대가 되고 아주 큰 접합 저항 성분을 가진다.

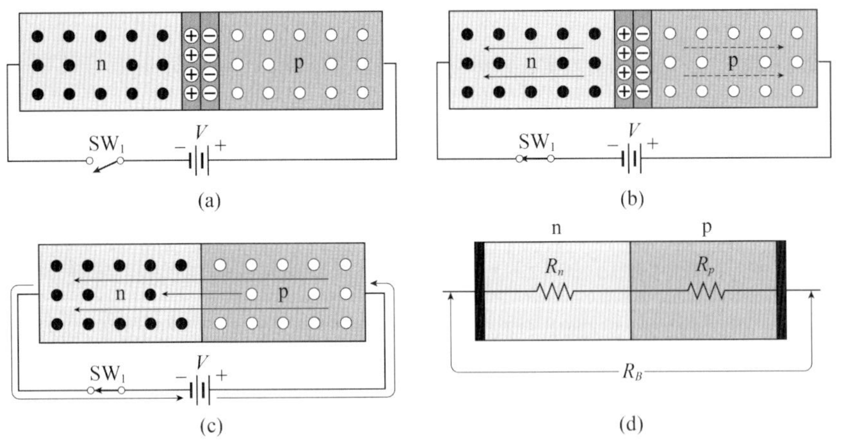

그림 1-17 순방향 바이어스의 영향 (a) 바이어스되지 않은 pn 접합 (b) SW_1이 닫히면 다수 캐리어가 이동한다. (c) 공핍층이 항복되면서 전도가 증가한다. (d) 벌크 저항

그림 1-17에 표시된 것처럼 p형 물질이 n형 물질에 비해 +(positive)가 되도록 전압을 인가하면 pn 접합은 **순방향**(forward)으로 바이어스된다. 그림 1-17(a)에서는 pn 접합이 전압원(V)과 개방되어 있는 스위치(SW1)에 연결되어 있다. 에너지 다이어그램(diagram)은 접합 물질의 초기 에너지 상태를 표시하기 위해서 포함된다.

SW1이 단락되면, negative(−) 전위가 n형 물질 쪽에 인가되고 positive(+) 전위가 p형 물질 쪽에 인가되는데, 이런 전위 때문에 n형 물질 내에 있는 전도대의 전자들이 접합면을 향해서 밀려가게 되고 p형 물질 내에 있는 가전자 대역의 정공들이 접합면을 향해서 밀려가게 된다. 전원 전압 V가 접합의 장벽 전위보다 더 크다고 가정하면 n형 물질의 전자들이 공핍층을 통해서 지나갈 수 있는 충분한 에너지를 얻는다.

이런 일이 발생하면 전자들은 자유롭게 p형 물질 내의 정공들과 재결합 하게 되고 전도가 발생된다. pn 접합을 통한 전도 현상은 그림 1-17(c)에 표시되어 있다. 이와 같은 전도 현상이 pn 접합에서 발생될 때 전류의 흐름에 대한 작은 방해가 일어나는데 이것을 **벌크 저항**(bulk resistance)이라고 부른다. 그림 1-17(d)에 표시된 벌크 저항은 p형과 n형 물질의 결합된 저항 성분이므로 다음과 같이 표시할 수 있다.

$$R_B = R_p + R_n$$

R_B의 크기는 보통 5 Ω 이하이다. R_B의 정확한 크기는 n형과 p형 물질의 크기와 물질 제조 시 사용된 불순물의 도핑 양과 동작 온도에 의해서 달라진다. R_B 값은 매우 작기 때문에, 이런 저항 양단에는 매우 작은 전압이 걸리게 된다. 이런 이유 때문에 회로 계산 시 R_B 양단에 나타나는 전압은 일반적으로 무시된다.

순방향으로 바이어스된 pn 접합이 전도를 시작할 때는 접합 양단의 순방향 전압(V_F)은 소자의 전위 장벽보다 조금 더 크게 된다. V_F의 크기는 대략실리콘인 경우는 0.7 V, 게르마늄인 경우는 0.3V이다. V_F의 실제 값과 근삿값 사이의 차이는 전류가 소자의 벌크 저항을 통해 흐르기 때문에 발생하는 결과이다.

$$V_F \cong 0.7 \text{ V} \qquad (\text{실리콘})$$

$$V_F \cong 0.3 \text{ V} \qquad (\text{게르마늄})$$

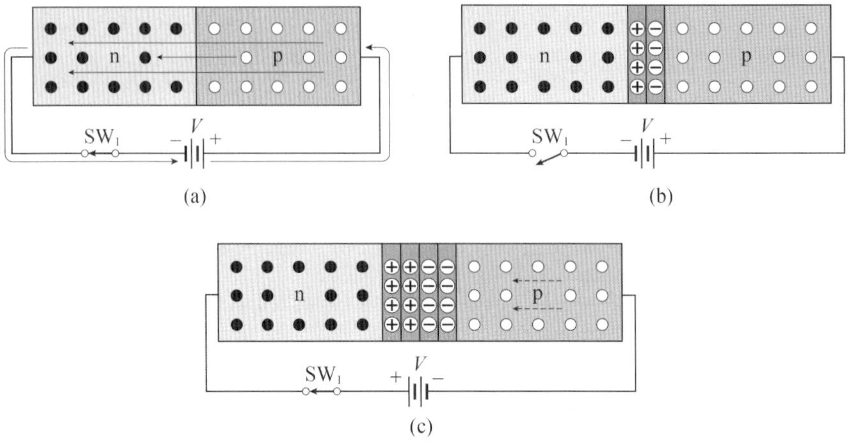

그림 1-18 역방향 바이어스의 동작 특성(a) pn 접합의 전도 상태, (b) 전류의 이동 경로가 끊어지면 공핍층이 구성된다. (c) V가 역방향으로 인가되면 공핍층이 증가된다.

p형 물질보다 n형 물질 쪽에 더 positive(+)의 전압을 인가하면 pn 접합은 역방향으로 바이어스된다. pn 접합이 역방향으로 바이어스되면 공핍층의 폭이 더 넓어지고 접합 전류는 거의 0으로 감소하게 된다. 역방향 바이어스의 동작 특성이 그림 1-18에 표시되어 있다. 그림 1-18(a)에는 순방향 바이어스 조건의 pn 접합 상태를 표시하고 있다. 이미 앞에서 살펴본 것처럼 접합은 아무런 방해 없이 전류를 흘리게 된다. 만약 순방향 바이어스 전위가 0으로 돌아오면 전자가 접합을 넘어 확산함에 따라 공핍층이 재구성된다. 이것을 그림 1-18(b)에 표시했다.

인가 전압의 극성이 그림 1-18(c)에 표시된 것처럼 인가되면 n형 물질 내의 전자들은 전원의 positive(+) 단자 쪽으로 향하게 되며 동시에 p형 물질 내의 정공들은 전원의 negative(-) 단자 쪽으로 움직인다. 접합부의 n형 쪽에서부터 전자들이 이동해서 없어짐에 따라 물질 내의 자유 캐리어의 결핍은 더욱 심해진다. 따라서 공핍층의 실제 폭이 넓어진다. p형 쪽의 물질 내에서도 동일한 원리가 적용되는데, 접합 부근에 정공의 수가 줄어들기 때문에 공핍층의 폭이 넓어지게 된다.

공핍층 폭의 확장에 의한 전체적인 영향은 접합 저항이 급격히 증가하여 전도가 거의 영으로 떨어지는 것이다. 그림 1-18은 역방향 바이어스에 관한 또 다른 점을 설명하는 데 도움이 되는데, 공핍층이 형성되어 확장되는 동안 다수 캐리어에 의한 전류는 양쪽의 물질 내에서 여전히 존재한다. **확산(diffusion) 전류**는 공핍층의 폭이 최대가 될 때까지는 계속 흐른다. 이것은 고주파 회로에서는 바람직하지 못하다. 그림 1-19는 PN 접합형 다이오드의 전압 전류 특성 곡선을 표시하고 있다. 도통되는 다이오드의 양단에서 나타나는 순방향 전압 강하는 온도에 반비례한다. 이것은 온도가 높아질수록 다이오드 양단에 걸리는 전압 강하는 감소한다는 것을 의미한다. 순방향 전압 강하에서 이런 변화는 아주 작기 때문에 대부분의 응용에서 큰 영향을 미치지는 않는다. 그렇지만 다이오드의 역방향 전류는 온도 변화에 큰 영향을 받는다. 고온에서 발생되는 역방향 누설 전류의 증가로 더 이상 다이오드가 개방된 스위치로 동작하지 않는다. 따라서 회로가 오동작할 정도로 과도한 열을 발생시키거나 시스템의 냉각팬이 고장을 일으킨다면 역방향으로 바이어스된 다이오드도 단락 스위치로 동작할 수 있다. 보통 온도가 10℃ 증가 시 역방향 누설 전류는 2배씩 증가하게 된다.

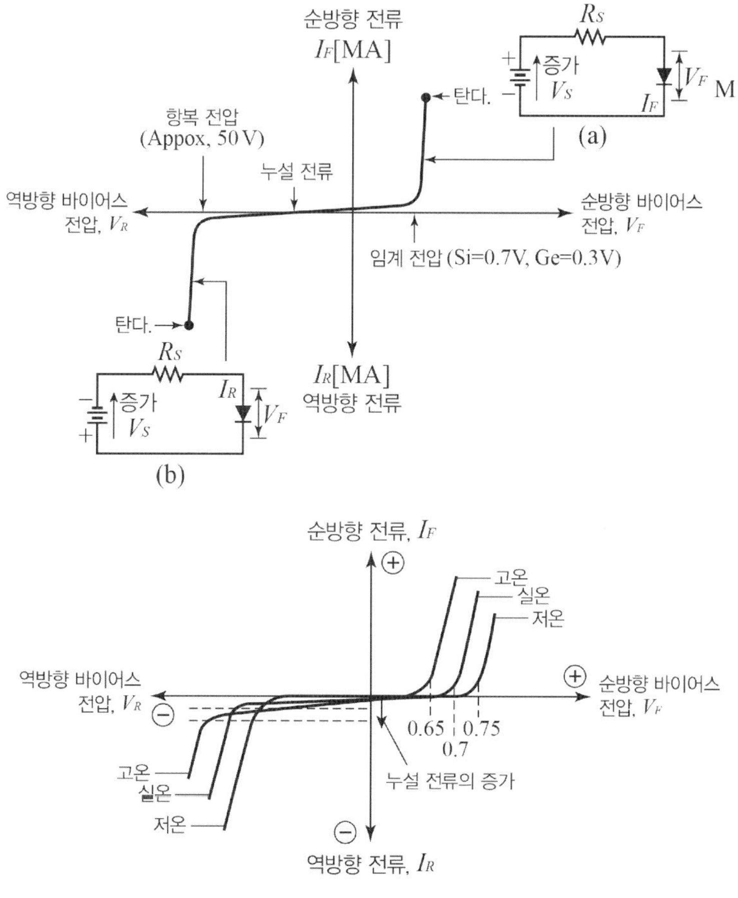

그림 1-19 PN 접합형 다이오드의 전압 전류 특성 곡선과 온도 효과

CHAPTER

01 기초문제

1. 실리콘의 원자 번호는?

(a) 14 (b) 16 (c) 10 (d) 32

2. 반도체 물질의 가전자대에는 몇 개의 가전자가 존재하는가?

(a) 2 (b) 4 (c) 6 (d) 8

3. 진성 반도체 물질에 3가의 불순물을 첨가하면 ( )이 구성된다.

(a) 외인성 물질 (b) n형 물질

(c) p형 물질 (d) 외인성 물질, n형 물질

4. n형 물질에서 다수 캐리어는 ( )이다.

(a) 정공 (b) 전자 (c) 중성자 (d) 양성자

5. 진성 반도체 물질에 5가의 불순물을 첨가하면 ( )이 구성된다.

(a) 외인성 물질 (b) n형 물질

(c) p형 물질 (d) 외인성 물질, n형 물질

6. p형 물질에서 다수 캐리어는 ( )이다.

(a) 정공 (b) 전자 (c) 중성자 (d) 양성자

7. 반도체 물질은 온도가 증가하면 저항이 ( )하게 되는 ( )의 저항 온도 계수를 가진다.

(a) 증가, + (b) 감소, + (c) 증가, − (d) 감소, −

8. 정공은 (　　)로 간주된다.

(a) −　　(b) +　　(c) 중성　　(d) +와 중성

9. 진성 반도체는 자신의 (　　)를 증가시키기 위해서 도핑된다.

(a) 저항　　(b) 전도도　　(c) 인덕턴스　　(d) 리액턴스

10. 온도가 증가하면 반도체는 (　　)처럼 동작한다.

(a) 도체　　(b) 절연체

11. − 이온은 (　　　　　　)

(a) 양성자가 전자보다 더 많다.　　(b) 전자가 양성자보다 더 많다.

(c) 양성자보다 중성자가 더 많다.　　(d) 전자보다 중성자가 더 많다.

12. + 이온은 (　　　　　　)

(a) 전자를 많이 잃어버리면 된다.　　(b) 중성자를 잃어버린다.

(c) 여분의 양성자를 얻는다.　　(d) 더 많은 전자를 얻게 된다.

13. 반도체 물질의 저항은 (　　)의 저항보다는 크다.

(a) 유리　　(b) 구리　　(c) 세라믹　　(d) 유리와 세라믹

14. 전기 전자회로에서 사용되는 반도체 물질의 기본적인 기능은 (　　)이다.

(a) 전류 제어　　(b) 장비 값 증가

(c) 전압 제어　　(d) 전류 제어와 장비값 증가

15. 실리콘 pn 접합의 V_F는 얼마인가?

(a) 인가된 전압 (b) 300 mV (c) 0.7 V (d) 10 V

16. 실리콘 다이오드의 장벽 전압은 얼마인가?

(a) 0.3 V (b) 0.4 V (c) 0.7 V (d) 2.0 V

17. 다음 중 순방향으로 바이어스된 다이오드는 어느 것인가?

(a) 애노드 +7 V, 캐쏘드 +10 V (b) 애노드 +5 V, 캐쏘드 +3 V

(c) 애노드 +0.3 V, 캐쏘드 +5 V (d) 애노드 -9.6 V, 캐쏘드 -10 V

18. 다이오드가 순방향으로 바이어스되면 전류는 ( )되고 역방향으로 바이어스되면 전류는 ( )된다.

(a) 차단, 도통 (b) 도통, 통과 (c) 차단, 저지 (d) 도통, 차단

19. 접합형 다이오드의 n형 영역은 ( ) 단자에 연결되고 p형 영역은 ( ) 단자에 연결된다.

(a) 캐쏘드, 애노드 (b) 애노드, 캐쏘드

20. 역방향으로 바이어스될 때 접합형 다이오드의 누설 전류는 일반적으로 ( ) 크기를 가진다.

(a) A (b) mA (c) μA (d) KA

21. 다이오드 패키지의 검은 밴드 표시는 항상 ( )쪽에 가깝다.

(a) 애노드 (b) 캐쏘드 (c) p형 물질 (d) 애노드와 캐쏘드

22. 다이오드의 순방향 영역에서 전류가 극적으로 증가하는 점을 ( ) 전압이라고 부른다.

(a) 항복 전압 (b) 무릎점 전압

(c) 장벽 전압 (d) b와 c 모두 옳다.

23. 다이오드의 역방향 영역에서 전류가 극적으로 증가하는 점을 ( ) 전압이라고 부른다.

(a) 항복 전압 (b) 무릎점 전압

(c) 장벽 전압 (d) b와 c 모두 옳다.

24. 역방향으로 바이어스될 때 양호한 다이오드가 갖는 저항의 크기는 얼마인가?

(a) 10 Ω 미만 (b) 100 MΩ 이상

(c) 120 Ω과 1.2 kΩ 사이 (d) b와 c가 모두 옳다.

25. 순방향으로 바이어스될 때 양호한 다이오드가 갖는 저항의 크기는 얼마인가?

(a) 10 Ω 미만 (b) 100 MΩ 이상

(c) 120 Ω과 1.2 kΩ 사이 (d) b와 c가 모두 옳다.

26. 상온에서(25℃) 실리콘 다이오드에 2 nA의 포화 전류가 흐른다면 75℃와 125℃에서는 얼마의 크기를 갖는 포화 전류가 흐르는지 계산하시오. (보통 온도가 10℃ 상승할 때마다 2배의 전류가 흐른다.)

27. 다이오드를 포함하고 있는 회로에 순방향 바이어스를 가했더니 50 mA의 순방향 전류가 흐르고 역방향 바이어스를 가했더니 20 nA의 역방향 전류가 흐른다. 역방향 전류와 순방향 전류의 비는 얼마인가?

CHAPTER

02

다이오드 회로의 동작 특성과 응용

다이오드(diode)는 가장 간단한 형태의 고체 전자 회로 소자이다. 동작 특성과 응용에 따라서 pn 접합형 다이오드, 제너(zener) 다이오드, 발광 다이오드(LED), 쇼트키 다이오드, 터널 다이오드(에사키 다이오드) 등 서로 다른 이름으로 부르고, 응용분야나 회로도 기호에 따라 구별된다. 다이오드는 두 개의 전극(단자)을 가진 소자로 한쪽으로만 도통되는 도체이다. 가장 기본적 형태는 pn 접합형 다이오드로 그림 2-1에 표시된 것처럼 단순히 pn 접합체의 반도체 물질에 각각 리드(lead)선이 연결되어 있고 순방향으로 전압을 바이어스 시키면 도통이 발생된다. 이와 반대로, 역방향으로 전압을 바이어스시키면 전기 전도가 거의 영으로 떨어진다.

2-1 pn 접합형 다이오드

pn 접합형 다이오드의 회로 기호가 그림 2-1에 표시되어 있다. n형 물질은 캐쏘드(cathode: 음극), p형 물질은 애노드(anode: 양극)라고 부른다.

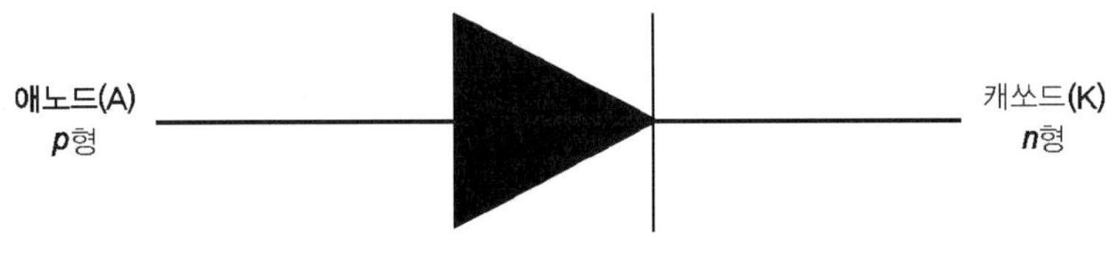

그림 2-1 pn 접합형 다이오드의 회로 기호

pn 접합은 p형 물질(애노드)이 n형 물질(캐쏘드)보다 더 positive로 될 때 도통되는 동작 특성을 가진다. 이런 사실은 그림 2-2에 표시된 것처럼 두 가지 형태의 순방향 전압이 인가된 다이오드 회로의 동작을 통해서 확인할 수 있다. 전류계로 측정되는 실제적인 다이오드 순방향 전류 I_F는 회로에 인가된 전압과 저항에 의해서 결정된다.

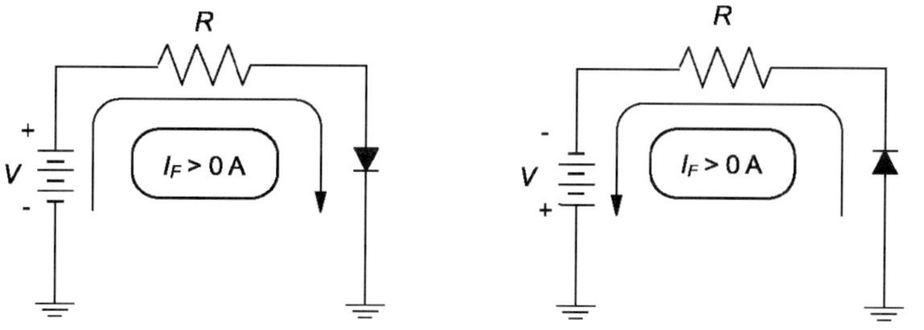

그림 2-2 순방향으로 바이어스된 다이오드 회로

pn 접합형 다이오드의 p형 물질(애노드)쪽이 n형 물질(캐쏘드)쪽보다 더 negative 전위로 되면 다이오드는 역방향으로 바이어스된다. 역방향으로 바이어스되는 경우에는 공핍층의 폭이 넓어지고 전류의 흐름을 차단한다. 이런 특성을 다이오드 회로 기호의 특성과 비교하면, 다이오드 기호의 화살표 끝 쪽의 전위가 다른 쪽보다 더 positive 전위로 되면 다이오드는 도통되지 않는다는 점을 이해할 수 있다.

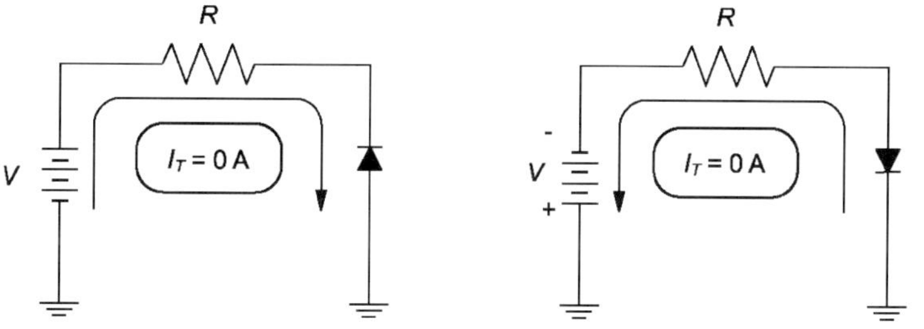

그림 2-3 역방향으로 바이어스된 다이오드 회로

2-2 다이오드 회로 해석 모델

다이오드 회로 해석에서는 이상적인 다이오드 모델(ideal diode model), 실제적인 다이오드 모델(practical diode model), 완전한 다이오드 모델(complete diode model)과 같이 세 가지 형태의 다이오드 모델이 사용된다. 다이오드 소자 모델은 특별한 환경(specific circumstance)이나 특별한 응용분야(specific application)에 사용되는 소자를

표시하기 위해서 사용된다. 이상적인 다이오드 모델(ideal diode model)에서는 다이오드를 단순하게 단락(short) 스위치 혹은 개방(open) 스위치로 표시하고 단순하게 고장진단 및 수리(troubleshooting)의 초기 단계에서만 사용된다.

실제적인 다이오드 모델(practical diode model)은 이상적인 다이오드 모델보다 좀 더 복잡하다. 이런 모델에는 다이오드 회로의 수치적 해석이나 특정 회로에 특정한 다이오드를 사용할지 결정할 때 고려해야 할 특성들이 포함된다.

완전한 다이오드 모델(complete diode model)은 회로 설계나 고주파 해석 등과 같은 특정 조건에서만 고려되는 특성들이 포함되기 때문에, 세 가지 다이오드 모델 중 가장 복잡하다.

2-2-1 이상적인 다이오드

이상적인 다이오드는 그림 2-4에서 표시된 것처럼 역방향 바이어스에서는 개방된 스위치로 동작하고 순방향 바이어스에서는 단락된 스위치로 동작하는 특성을 가진다. 순방향 전압 V_F와 역방향 전압 V_R은 x축에서 측정된 값이고, 순방향 전류 I_F와 역방향 전류 I_R은 y축에서 측정된 값이다. 그래프의 1사분면은 순방향 특성을 나타내는 영역으로 V_F와 I_F의 조합으로 표시된다. 이와 유사하게 그래프의 3사분면은 역방향 특성을 나타내는 영역으로 V_R과 I_R의 조합으로 표시된다.

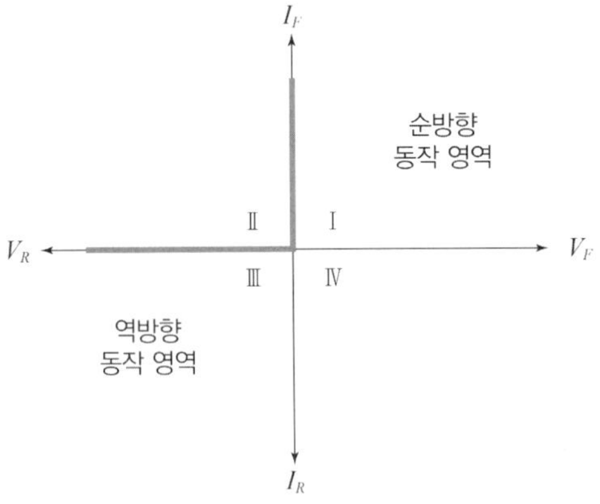

그림 2-4 이상적인 다이오드의 특성 곡선

그림 2-4에 표시된 역방향 동작 영역은 이상적인 다이오드의 역방향 바이어스 특성을 표시하고 있다. 주목할 점은 역방향 전압 V_R이 증가 할수록 역방향 전류 I_R은 0을 유지한다는 점이다. 이것이 바로 다이오드가 역방향으로 바이어스되면 인가된 전압의 크기에 무관하게 회로를 통해서 흐르는 전류가 없기 때문에 개방 회로(개방 스위치)가 된다는 것을 의미한다. 따라서 다이오드 회로가 역방향으로 바이어스되면 개방 회로로 동작하고 인가된 전체 전압이 소자의 양단에 걸리게 된다.

예제 2-1

그림 2-5에 표시된 회로에서 V_{D1}, V_{R1}, I_T 값을 구하시오.

(풀이) 회로 기호의 화살표 방향이 전원의 negative 단자를 향해서 지시하고 있으므로 다이오드는 순방향으로 바이어스되어 있음을 알 수 있다. 따라서

(a) $V_{D1} = 0$ V이고 나머지 전체 인가 전압은 R_1 양단에 나타난다.

(b) $V_R = V_S = 10$ V

(c) I_T는 전원 전압과 R_1에 의해서 10 mA로 구해진다.

$$I_T = \frac{V}{R_1} = \frac{10\ \text{V}}{1\ \text{k}\Omega} = 10\ \text{mA}$$

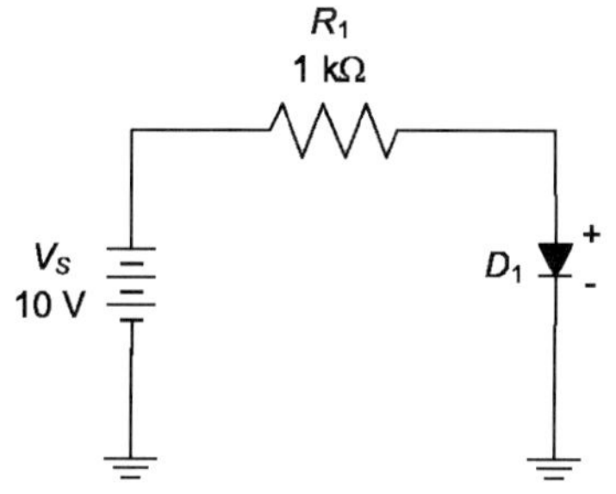

그림 2-5

예제 2-2

그림 2-6에 표시된 회로에서 V_{D1}, I_T, V_{R1}의 크기를 구하시오.

(풀이) 회로 기호의 화살표가 전원의 positive 단자를 향하고 있기 때문에 다이오드는 역방향으로 바이어스되어 있음을 알 수 있다. 따라서

(a) D_1 양단에 인가된 전체 전압의 전압 강하가 발생된다.

$$V_{D1} = V_S = 10\ \text{V}$$

(b) D_1은 도통되지 않는다.

$$I_T = 0\ \text{A}$$

(c) 저항 R_1을 통해 흐르는 전류가 없으므로 저항 양단의 전압 강하는 없다.

$$V_{R1} = 0\ \text{V}$$

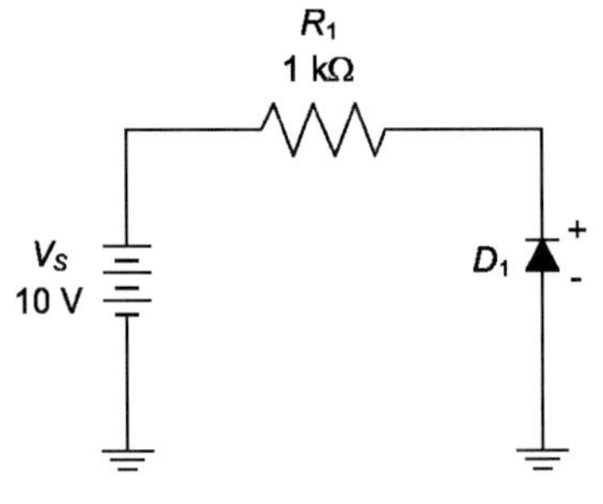

그림 2-6

2-2-2 실제적인 다이오드 모델

순방향으로 바이어스된 pn 접합 양단에 0.7 V와 같은 약간의 전압이 생성된다는 사실을 이미 확인한 바 있다. 이런 순방향 전압 V_F에 의한 다이오드 특성 곡선상의 영향은 그림 2-7에서 설명된다.

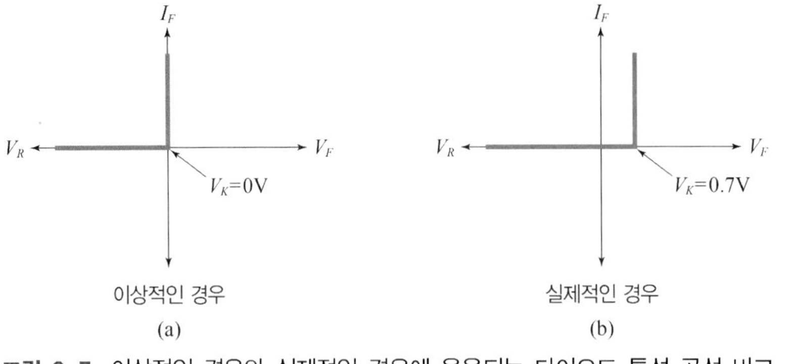

그림 2-7 이상적인 경우와 실제적인 경우에 응용되는 다이오드 특성 곡선 비교

그림 2-7(a)에서 V_K로 표시되는 임계 전압(knee voltage)에서 I_F가 급격하게 증가한다는 점에 주목하자. 임계 전압(V_K)이라는 용어는 전압·전류 특성 곡선에서 갑자기 전류가 증가 또는 감소하는 점을 나타낼 때 사용되는 용어이다. 그림에서 보다시피 이상적인 다이오드 모델에서는 임계 전압을 0 V라고 가정한다.

그림 2-7(b)는 실제적인 모델의 다이오드 특성 곡선을 나타낸 것으로, 이상적인 다이오드의 특성 곡선과의 유일한 차이점은 V_F이다. 실제적인 다이오드 모델의 경우에는, V_K 값은 실리콘 pn 접합형 다이오드의 경우에는 대략 0.7 V인 V_F와 같게 된다.

다이오드 회로 해석에서 V_F의 값이 포함되면 어떻게 변하게 되는가? 이 질문에 대한 해답을 얻기 위해 그림 2-8에 표시된 회로를 살펴보자. 키르히호프의 전압 법칙에 따르면 회로내의 소자 전압의 합은 외부인가 전압과 같아야 한다.

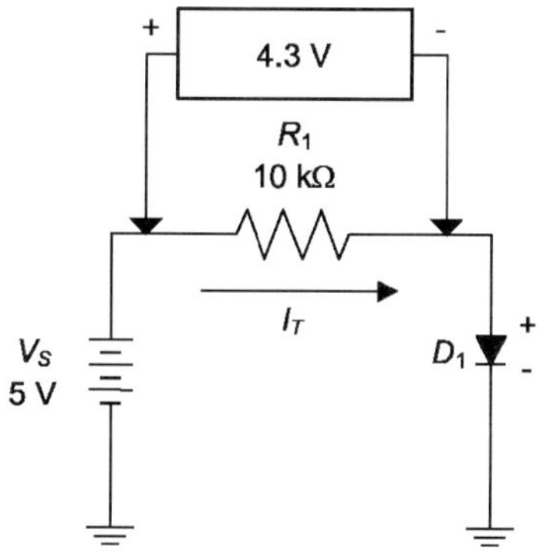

그림 2-8

$$V_S = V_F + V_{R1}$$

V_F를 V_K(0.7 V)로 대입하고 V_{R1}을 구하기 위해서 수식을 다시 정리하면 식 (2-1)이 구해진다.

$$V_{R1} = V_S - 0.7\ \text{V} \qquad (2\text{-}1)$$

옴의 법칙에 따르면 $I_T = \dfrac{V_{R1}}{R_1}$로 표시된다. 식 (2-1)을 여기에 대입하면 식 (2-2)가 구해진다.

$$I_T = \frac{V_S - 0.7\ \text{V}}{R_1} \tag{2-2}$$

식 (2-1)과 (2-2)를 사용해서 그림 2-8에 표시된 회로를 해석하면 V_{R1}은 4.3 V, I_T는 0.43 mA로 구해진다.

$$V_{R1} = V_S - 0.7\ \text{V} = 5\ \text{V} - 0.7\ \text{V} = 4.3\ \text{V}$$

$$I_T = \frac{V_S - 0.7\ \text{V}}{R_1} = \frac{5\ V - 0.7\ V}{10\ k\Omega} = 0.43\ mA$$

예제 2-3

그림 2-9에 표시된 회로에서 R_1 양단에 연결된 전압계의 측정치 크기를 예측해 보시오.

(풀이) 다이오드 양단에 걸리는 전압을 0.7 V라고 가정하면 저항 양단의 전압은 전압원과 V_F 값 사이의 차인 9.3 V가 구해진다.

$$V_{R1} = V_S - 0.7\ \text{V} = 10\ \text{V} - 0.7\ \text{V} = 9.3\ \text{V}$$

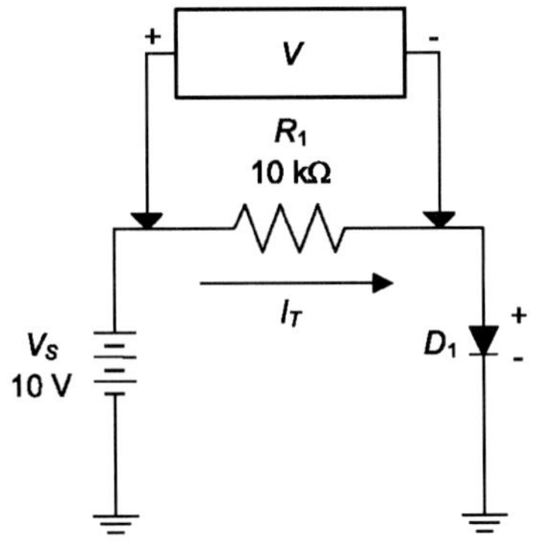

그림 2-9

예제 2-4

그림 2-9에 표시된 회로의 전체 전류를 구하시오.

(풀이) 회로의 전체 전류는 0.93 mA로 계산된다.

$$I_T = \frac{V_S - 0.7\ \text{V}}{R_1} = \frac{10\ V - 0.7\ V}{10\ k\Omega} = 0.93\ mA$$

예제 2-5

그림 2-10에 표시된 것과 같은 회로에서 I_T 값을 구하시오.

(풀이) 그림에 2-10에 표시된 회로에서 전체 전류는 2.74 mA로 계산된다.

$$I_T = \frac{V_S - 0.7\ \text{V}}{R_T} = \frac{10\ V - 0.7\ V}{3.4\ k\Omega} = 2.74\ mA$$

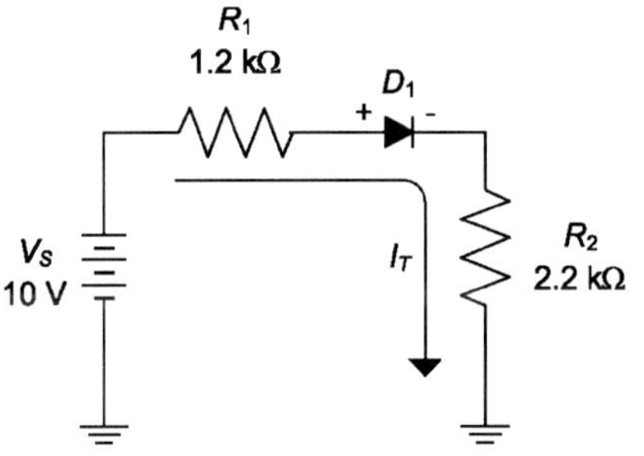

그림 2-10

예제 2-6

그림 2-11에 표시된 회로에서 I_T 값을 구하시오.

(풀이) 회로 내의 두 개의 다이오드 D_1, D_2가 포함되어 있기 때문에 V_F의 전체 크기는 1.4 V이다. 이 값을 식 (2-2)에서 0.7 V 대신 사용하면 정확한 I_T 값을 구할 수 있다.

$$I_T = \frac{V_S - 1.4\ \text{V}}{R_T} = \frac{10\ V - 1.4\ V}{5.1\ k\Omega} = 1.69\ mA$$

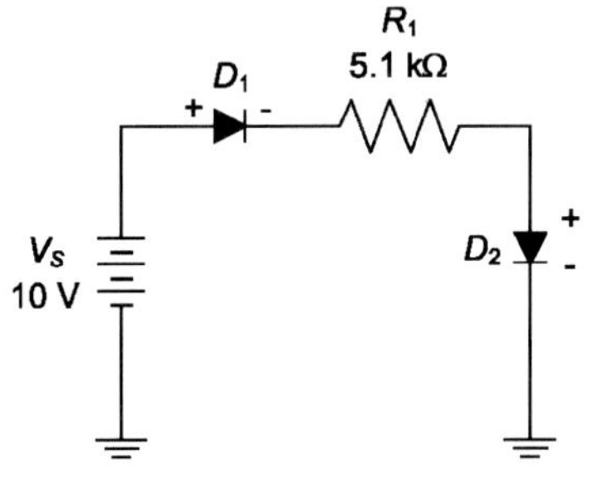

그림 2-11

2-2-3 피크 역전압

어떤 절연체라고 하더라도, 절연체가 항복(break down)을 일으키기에 충분한 높은 전압이 인가되면 도통된다. 역방향으로 바이어스된 다이오드의 경우에는 다이오드가 강제적으로 역방향 전도를 시작하게 되는 최대 크기의 역방향 전압을 피크 역전압 또는 역방향 첨두 전압(V_{RRM})이라고 부른다.

일반적인 V_{RRM}의 크기는 수 V(제너 다이오드의 경우)에서부터 수천 V의 범위를 가진다. V_{RRM}에 의한 다이오드 동작 특성 곡선을 그림 2-12에 표시했다. 역방향 전류 I_R의 크기가 V_{RRM} 값(이 경우는 −60 V) 이상이 되기 이전에는 영이라는 점에 주목하자. $V_R > V_{RRM}$일 때 공핍층의 항복이 발생되고 I_R 값은 급격히 증가하는데, 이런 전류를 **사태 전류**(avalanche current)라고 부른다. 이런 명칭은 한 개의 자유 전자가 다이오드 내의 다른 원자들과 충돌해서 공유 결합을 깨고, 충돌한 원자 내의 전자들이 자유 전자가 되며, 또한 이런 전자들이 또 다른 공유 결합을 깨어서 자유 전자들이 급격히 증가하는 현상에서 유래하여 붙여진 것이다. 그 결과, 다이오드는 과도한 전류와 이로 인한 열 발생으로 인해서 파괴된다.

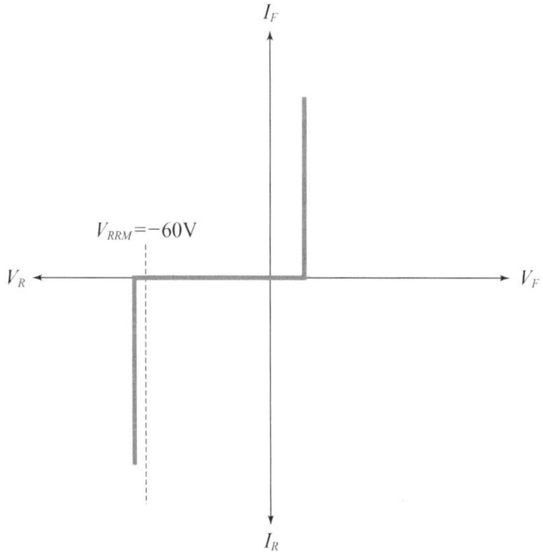

그림 2-12

피크 역전압은 매우 중요한 파라미터이다. 응용회로에 어떤 임의의 다이오드를 사용할 것인지를 고려할 때, 회로의 최대 역방향 전압이 다이오드의 V_{RRM} 값과 같거나 그 이상이 되지 않는가를 확인하여야 한다. 예를 들어서 그림 2-13에 표시된 회로를 살펴보자. 교류입력의 negative 부분이 진행되는 동안 다이오드는 역방향으로 바이어스되고 전체 인가전압 30 V_{PK}가 개방된 다이오드의 양단에 걸리게 된다. 따라서 다이오드가 인가된 전원 전압에 의해서 파괴되지 않기 위해서는 다이오드 D_1의 V_{RRM} 정격은 반드시 30 V_{PK} 이상이어야 한다.

실제적으로는 이런 경우 다이오드는 역방향 전압의 최대 계산 값보다 최소한 20% 이상의 크기까지 수용 가능한 것으로 선택하여야 한다. 예를 들면 30 V_{PK} 크기의 교류 전압원을 사용하는 그림 2-13의 회로에서는, 사용되는 다이오드의 V_{RRM} 정격은 최소 30 V_{PK}의 1.2배인 36 V_{PK}를 필요로 한다.

$$V_{RRM} = 1.2 \ \ V_{R(PK)} = 1.2 \times 30 \ \text{V} = 36 \ \text{V}$$

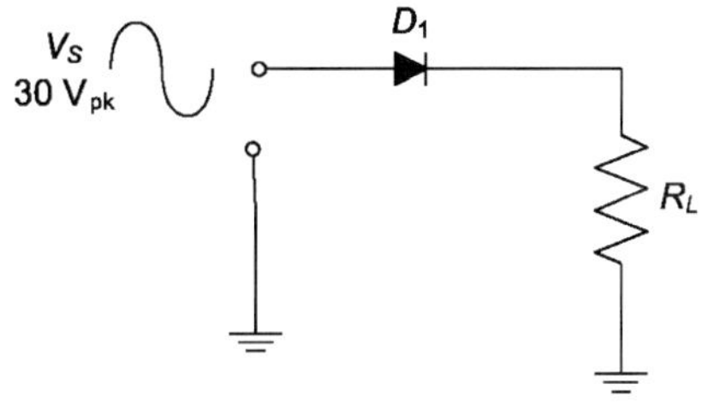

그림 2-13

회로에서 사용되는 다이오드의 V_{RRM} 정격이 36 V 이상이기만 하면 인가전압원의 변동이 발생된다고 하더라도, 다이오드가 역방향 전압의 한계에서 구동되지 않기 때문에 오랜 기간 사용할 수 있다. 이제 한 가지 사실은 명백해진다. 회로의 최대 역방향 전압보다 다이오드의 V_{RRM} 정격이 적어도 20% 이상 더 크다면 그 값이 얼마든지 신경 쓸 필요가 없다는 것이다. 예를 들면, 그림 2-13에서 다이오드를 교체해야 한다고 가정하면 여기에 사용될 수 있는 다이오드의 V_{RRM} 정격은 100 V, 200 V 또는 심지어 1000 V라도 사용할 수 있다.

예제 2-8

그림 2-14에 표시된 회로에서 다이오드가 고장 상태이기 때문에 교체해야 한다. 부품 창고에 아래와 같은 종류의 다이오드들이 있다고 가정하고 교체 가능한 다이오드는 무엇인지 결정하시오.

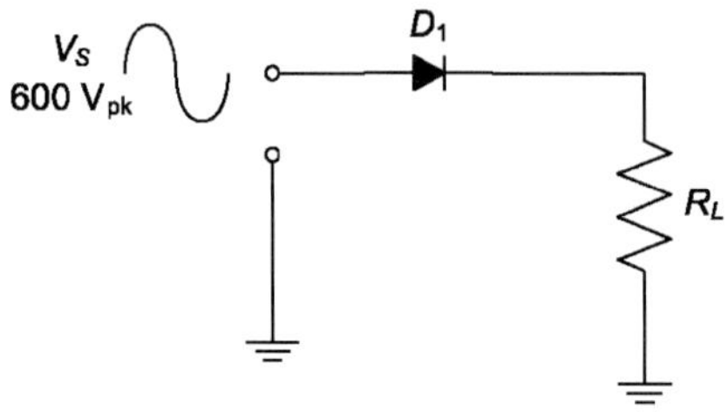

그림 2-14

다이오드 번호	피크 역전압
1N4001	50 V
1N4002	100 V
1N4003	200 V
1N4004	400 V
1N4005	600 V
1N4006	800 V
1N4007	1000 V

(풀이) 전원의 피크 값이 600 V_{PK}이므로, 소자가 역방향으로 바이어스될 때마다 600 V_{PK} 전체가 다이오드 양단에 걸리게 된다. 따라서 대체 부품의 V_{RRM} 정격은 600 V_{PK}보다 20% 이상 더 커야 한다(720 V 이상). 따라서 대체 사용 가능한 다이오드들은 1N4006, 1N4007이다.

2-2-4 순방향 직류 전류

다이오드의 순방향 평균 전류(average forward current) 정격이란 순방향 직류 전류의 최대 허용치를 의미한다. 예를 들면, 다이오드 1N4001의 순방향 평균 전류 정격은 1 A이다. 이것은 다이오드를 통해 흐르는 직류 전류가 1 A 이상 되는 것을 허용치 못한다는 의미이다. 만약 전류가 1 A 이상이 흐르게 되면 다이오드는 과열되고 결국 파괴된다.

특정 회로에서 어떤 다이오드를 사용해야 할 것인가를 결정하고자 할 때는 우선 회로의 순방향 전류 I_F의 평균값이 얼마인지를 구해야 한다. 그리고 사용하려고 하는 다이오드의 순방향 평균 전력 정격이 회로의 I_F보다 적어도 20% 이상 더 큰가를 확인해야 한다.

예제 2-9

그림 2-15에 표시된 회로에서 필요로 하는 다이오드의 순방향 평균 전류 정격의 최솟값은 얼마인지 결정하시오. 실제적인 다이오드 모델로 해석하시오.

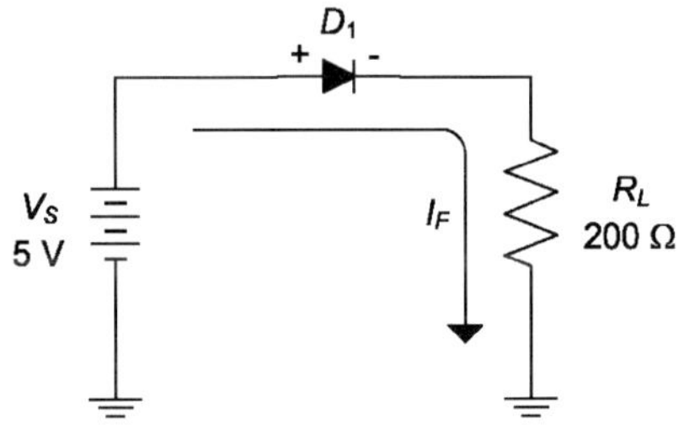

그림 2-15

(풀이) 실제적인 다이오드 모델을 적용하여 순방향 전류를 계산하면 21.5 mA가 구해진다.

$$I_F = \frac{V_S - 0.7\ \mathrm{V}}{R_1} = \frac{5\ V\ -\ 0.7\ V}{200\ \Omega} = 21.5\ mA$$

따라서, 이 회로에서 사용되는 다이오드는 순방향 평균 전류 정격이 21.5 mA 이상인 것이어야 한다. 실제로는 I_F의 계산 값보다 20% 이상 큰 것이어야 하므로 21.5 mA × 1.20 = 25.8 mA이어야 한다.

2-2-5 순방향 소비전력

대부분의 다이오드는 **순방향 소비전력**(forward power dissipation)에 대한 정격을 가진다. 이런 정격은 방향 바이어스가 인가될 때 소자가 소비할 수 있는 최대 전력을 표시한다.

기초 전기 이론에서 전력은 $P = I \times V$로 표시되는데 여기서 P는 소자의 소비전력, I는 소자 전류, V는 소자 양단에 걸리는 전압 강하를 나타낸다.

예제 2-10

그림 2-16에 표시된 회로에서 사용되는 다이오드의 순방향 소비전력 정격의 최솟값을 구하시오.

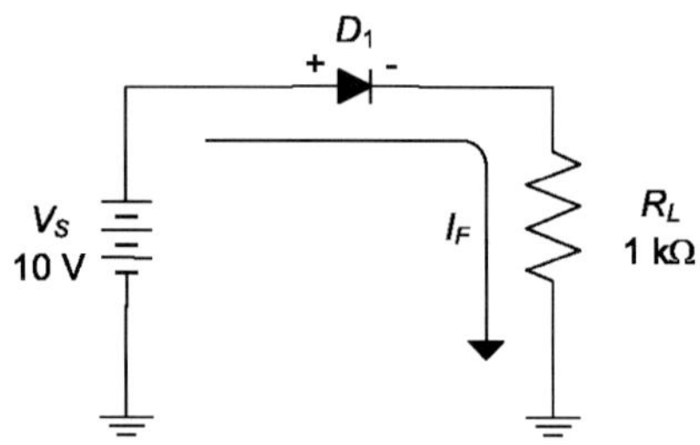

그림 2-16

(풀이) 먼저 회로의 전체 전류를 계산해 보면 I_F = 9.3 mA가 구해진다.

$$I_F = \frac{10\ \mathrm{V} - 0.7\ \mathrm{V}}{1\ k\Omega} = 9.3\ mA$$

I_F = 9.3 mA, V_F = 0.7 V이므로, 다이오드의 소비전력은 6.51 mW이다.

$$P_F = I_F \times V_F = 9.3\ \mathrm{mA} \times 0.7\ \mathrm{V} = 6.51\ \mathrm{mW}$$

안전을 제공하기 위해서 다이오드는 P_F보다 적어도 20% 이상 큰 순방향 소비 전력 정격을 가져야 한다. 따라서 $P_{D(\max)}$의 최솟값은 7.81 mW이다.

$$P_{D(max)} = 1.2 \times P_F = 1.2 \times 6.51\ \mathrm{mW} = 7.81\ \mathrm{mW}$$

간혹 다이오드 데이터 시트에 순방향 평균 전류보다는 순방향 소비 전력을 제공하는 경우도 있다. 이런 경우에는 다이오드의 순방향 평균 전류 정격은 식 (2-4)를 이용해서 구할 수 있다.

$$I_O = \frac{P_{D(\max)}}{V_F} \qquad (2\text{-}4)$$

여기서 I_O는 순방향 평균 전류의 한계치를 의미하고 $P_{D(\max)}$는 다이오드의 순방향 소비 전력을 의미한다. V_F는 다이오드 양단에 나타나는 순방향 전압으로 실리콘 pn 접합형 다이오드인 경우는 0.7 V의 크기를 갖는다.

예제 2-11

다이오드의 소비 전력정격이 600 mW이다. 다이오드에 허용되는 최대 순방향 전류의 크기는 얼마인가?

(풀이) I_O는 857 mA이다.

$$I_O = \frac{P_{D(\max)}}{V_F} = \frac{600\,\mathrm{mW}}{0.7\ \mathrm{V}} = 857\ mA$$

안전한 여유 값을 제공하기 위해서 다이오드의 순방향 전류는 항상 최대 허용 전류의 80%로 제한된다. 따라서 회로의 최대 허용 전류는 685 mA이다.

이런 값은 예제 2-11에서 다이오드가 안전하게 사용되기 위해서는 회로에 흐르는 최대 순방향 전류가 685 mA보다 작거나 같은 회로에만 사용될 수 있다는 것을 나타낸다.

2-3 완전한 다이오드 모델

완전한 다이오드 모델은 다이오드의 동작 특성을 가장 정확하게 표시하게 된다. 이런 모델을 정확하게 만들기 위해서는 벌크 저항과 역방향 전류라는 두 가지 요소가 필수적이다. 이런 요소들을 고려한 다이오드의 특성 곡선은 그림 2-17에 표시되어 있다.

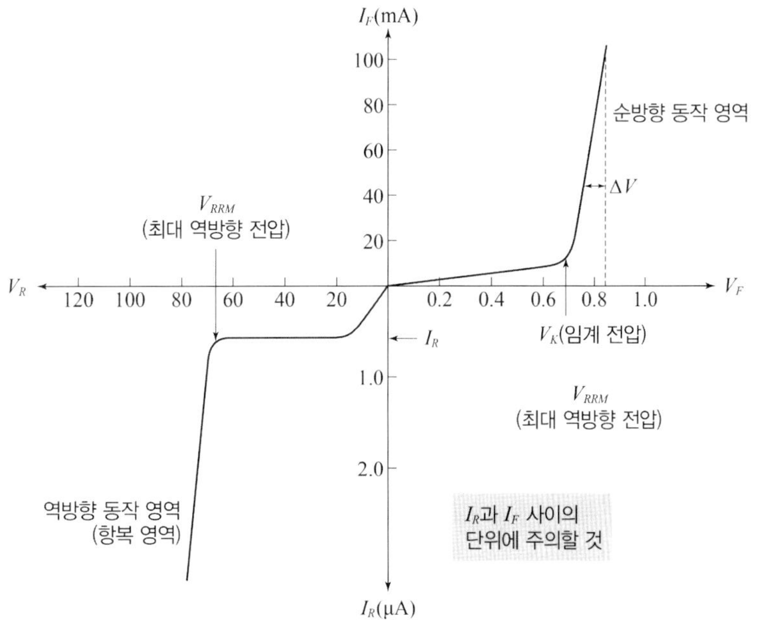

그림 2-17 완전한 모델의 다이오드 특성 곡선

2-3-1 벌크 저항

벌크 저항은 다이오드의 n형 물질과 p형 물질이 가지고 있는 고유 저항 성분이다. 벌크 저항의 특성은 다이오드의 특성 곡선에서 순방향 동작 영역에서 나타난다.

그림 2-17에 표시된 것처럼 V_F는 일정하지 않지만 I_F 값에 따라서 변화하게 된다. V_F의 변화량인 ΔV_F는 다이오드의 벌크 저항을 통해서 흘러가는 다이오드 전류에 기인된다. 이런 개념은 그림 2-18에 표시된 다이오드 등가회로에서 설명된다. 다이오드 전압원 V_B는 소자의 전위장벽을 극복하기 위해서 필요로 하는 전압을 표시한다.

저항 R_B는 소자의 벌크 저항을 의미한다. 벌 크저항을 통해서 흘러가는 다이오드 전류 I_F는 I_FR_B에 해당하는 전압 강하를 발생시킨다. 계측기에 표시된 것처럼 순방향 전압 V_F는 V_B 와 I_FR_B의 합과 같다.

$$V_F = V_B + I_FR_B \tag{2-5}$$

주목할 것은 I_F가 증가하면, I_FR_B도 증가한다는 점이다. 따라서 다이오드 양단의 전압은 I_F 값에 따라서 변한다.

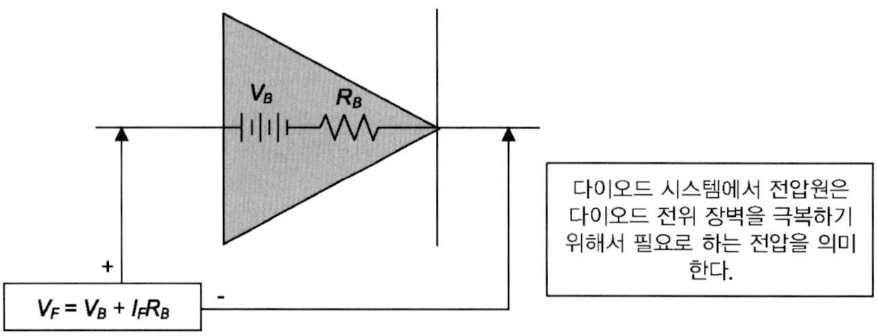

그림 2-18 다이오드 등가 회로

예제 2-12

그림 2-18에서 I_F = 1 mA와 I_F = 5 mA인 경우 다이오드 양단에 나타나는 전압 강하를 구하시오. 소자의 V_B는 0.7 V이고, 벌크 저항은 3 Ω이라고 가정하시오.

(풀이) 주어진 값과 공식 (2-5)를 사용하면 $I_F = 1$ mA인 경우 다이오드의 순방향 전압은 0.703 V로 구해진다.

$$V_F = 0.7\ \text{V} + (1\ \text{mA})(3\ \Omega) = 0.7\ \text{V} + 0.003\ \text{V} = 0.703\ \text{V}$$

$I_F = 5$ mA인 경우 다이오드의 순방향 전압은 0.715 V로 구해진다.

$$V_F = 0.7\ \text{V} + (5\ \text{mA})(3\ \Omega) = 0.7\ \text{V} + 0.015\ \text{V} = 0.715\ \text{V}$$

2-3-2 역방향 전류

다이오드가 역방향으로 바이어스되면 공핍층은 자신의 최대 폭을 가지게 되고 다이오드를 통한 전도 현상은 중지된다. 그러나 실제로는 역방향으로 바이어스된 다이오드에 아주 작은 양의 전류가 흐르게 된다. 이런 역방향 전류는 그림 2-17에 표시된 다이오드의 역방향 동작 영역에서 표시된다. 다이오드의 역방향 전류 I_R은 두 개의 독립적인 전류인 **역방향 포화 전류**(reverse saturation current) I_S와 표면 **누설 전류**(surface leakage current) I_{SL}로 구성된다.

$$I_R = I_S + I_{SL} \tag{2-6}$$

역방향 포화 전류는 다이오드 물질에서의 열적 활동에 의해서 발생된다. 이런 전류는 온도에 직접 비례하지만 역방향 전압의 크기와는 무관하다. I_S는 다이오드의 역방향 전류의 중요한 부분을 차지하게 된다. 따라서 역방향 전류 I_R은 오랫동안 비교적 일정하게 유지된다.

표면 누설 전류 I_{SL}은 소자 양단에 걸리는 역방향 전압에 의해서 소자 표면에서 발생되는 전류로 역전압의 크기에 직접 비례하고 온도와는 무관하다. 여하튼 $I_{SL} \ll I_S$이기 때문에 I_{SL}이 변화한다고 해도 I_R은 거의 변화하지 않는다. 대부분의 다이오드에서 I_R의 전체 크기는 μA 범위 이내이다. 여하튼 온도가 증가하면 I_S가 증가하고 결과적으로 I_R도 증가한다.

2-3-3 회로 측정에서 역방향 전류의 영향

지금까지 I_R의 크기는 0이라고 가정했다. 그렇지만 다이오드 회로에는 아주 작은 크기의 역방향 전류가 흐른다. 이런 역방향 전류는 회로 내의 저항 양단에서 아주 작은 크기의 전압 강하를 발생시킨다. 이것의 예가 그림 2-19에 표시되어 있다.

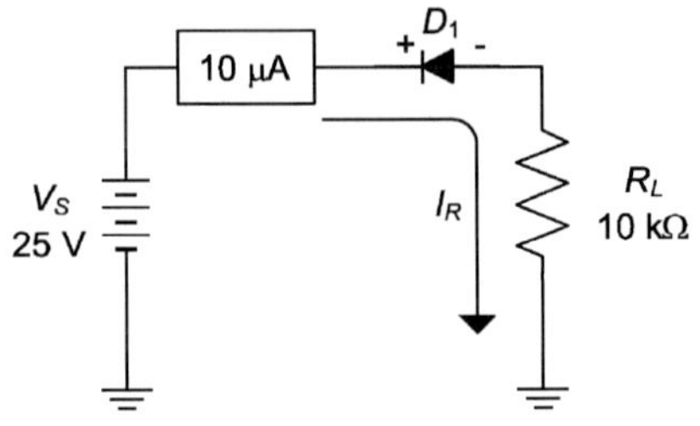

그림 2-19

회로에 25 V의 직류 전압이 인가되고 10 μA의 역방향 전류가 흐른다고 가정하면 다음과 같이 소자 양단에 나타나는 전압 강하를 구할 수 있다. 부하 저항 양단에 나타나는 전압은 100 mV이다.

$$V_{RL} = I_R R_L = 10\ \mu\text{A} \times 10\ \text{k}\Omega = 100\ \text{mV}$$

다이오드 양단에 나타나는 전압은 24.9 V로 구해진다.

$$V_{D1} = V_S - V_{RL} = 25\ \text{V} - 100\ \text{mV} = 24.9\ \text{V}$$

I_R에 의해서 직렬 연결된 저항 양단에 나타나는 전압 강하는 항상 무시된다. 예를 들면 그림 2-19에서 R_1 양단에서 발생되는 전압 강하는 공급 전압의 0.4%에 불과하다. 그렇지만 다음과 같은 경우에는 역방향 전압의 영향을 무시할 수 없게 된다. 첫 번째는 동작 온도가 증가하게 되면 직렬 저항 양단의 전압 강하가 극적으로 증가할 수 있다(이런 경우에는 역방향 전류의 증가가 그 원인이 된다). 두 번째는 역방향으로 바이어스된 다이오드 양단에 나타나는 전체 인가 전압을 측정하지 않는 이유를 설명하고자 할 때이다(대부분의 경우 역방향으로 바이어스된 다이오드 양단에 걸리는 전압의 크기는 인가전압보다 약간 작게 된다).

2-4 다이오드 정전용량

절연체가 두 개의 인접한 도체 사이에 삽입되면 커패시터(capacitor)를 구성하게 된다. 그림 2-20에 표시된 것처럼 다이오드가 역방향으로 바이어스되면 두 개의 반도체 물질 사이에 공핍층(절연체)을 형성하게 된다.

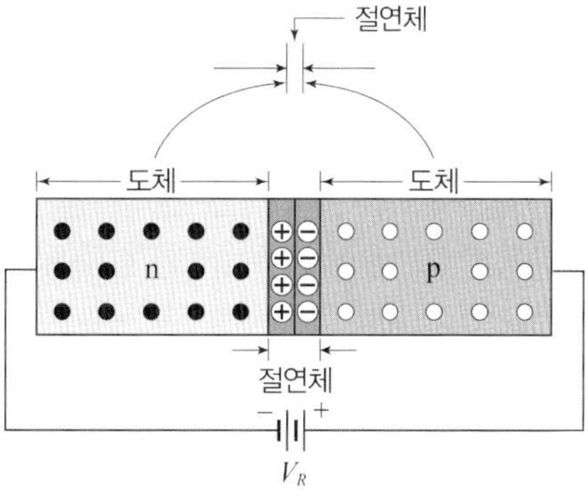

그림 2-20 다이오드 정전용량

따라서 역방향으로 바이어스된 다이오드는 접합 커패시턴스를 가지게 된다. 정상적인 환경에서 접합 커패시턴스는 pF 이하의 아주 작은 크기이기 때문에 무시되지만, 고주파 동작에서 해석되는 경우에는 접합 커패시턴스가 대단히 중요하게 된다.

2-5 다이오드의 일반적인 형태

그림 2-21에 다이오드 패키지 번호가 표시되어 있다. 가능하다면 주어진 다이오드 스펙을 이용해서 애노드와 캐쏘드를 구분할 수 있어야 한다. 대부분의 경우 단자는 그림 2-21과 같이 구분된다.

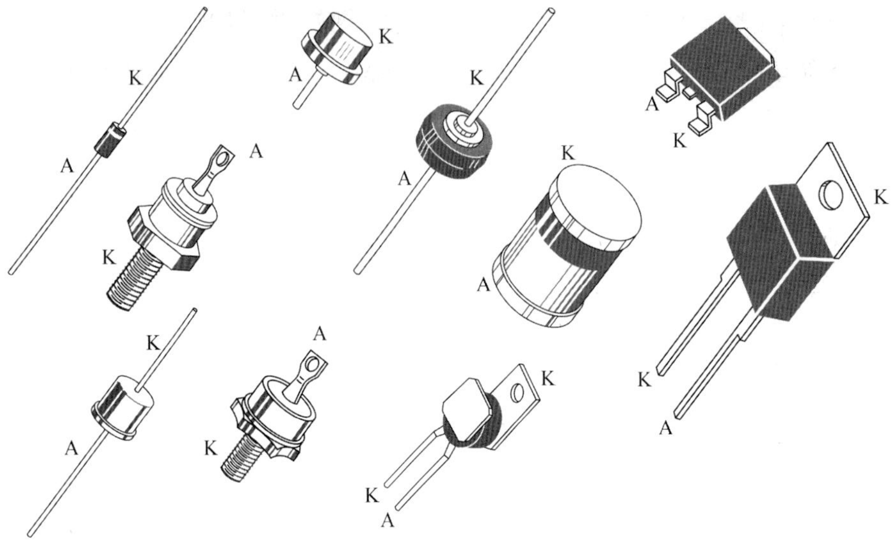

그림 2-21 다이오드의 일반적인 형태

2-6 제너 다이오드

소신호용 다이오드와 정류용 다이오드는 파괴를 방지하기 위해서 항복전압 영역 이내에서만(정격) 동작시키고 항복 전압 영역에서는 의도적으로 사용하지 않는다. 그러나 제너 다이오드는 이와 달리 역방향 항복 영역에서 동작시키도록 만들어진 실리콘 다이오드이다. 다시 말하자면 일반 다이오드는 역방향 항복 영역에서 동작되면 과전류로 인해 발생되는 열로 인해서 파괴된다. 그러나 제너 다이오드는 항복 영역에서 훌륭하게 동작한다. 이런 이유 때문에 제너 다이오드는 항복 다이오드라고도 부른다. 부하 저항과 선전압이 자주 변한다 하더라도 항상 일정하게 부하 전압을 유지시켜 주는 전압 조정기에 사용된다.

그림 2-22는 제너 다이오드의 특성 곡선의 역방향 항복 영역을 표시한 것이다. 특성곡선이 표시하고 있는 것처럼 역방향 항복 전압이 V_{BR}에 도달되면 다이오드 전류가 극적으로 증가한다.

이때 다이오드 양단에 걸리는 역방향 전압 V_R은 비교적 일정하게 유지된다. 이런 영역에서 동작하는 다이오드 양단에 나타나는 전압은 소자를 통해서 흐르는 전류의 양과는 비교적 무관하다는 특성 때문에 제너 다이오드는 전압 조정기(voltage regulator)로 사용된다. 전압 조정기는 입력 전압과 부하전류의 변화에 무관하게 일정한 전압을 유지하도록 설계된 회로이다.

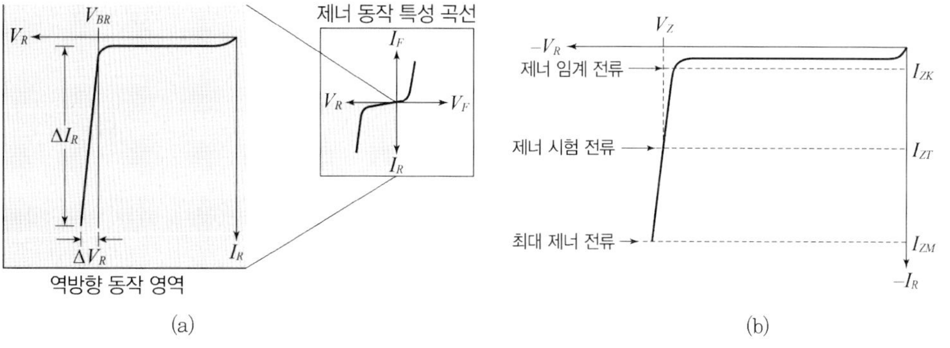

그림 2-22 제너 다이오드의 역방향 항복 특성 곡선

제너 다이오드는 항상 역방향으로 바이어스되기 때문에 제너 전류가 그림 2-23에 표시된 것처럼 화살표의 반대 방향으로 흐른다고 해도 놀랄 이유가 전혀 없다. 그림에 표시된 것처럼 극성 표시는 캐쏘드가 애노드보다 더 positive로 된다. 따라서 소자는 역방향으로 바이어스되고 전류는 그림 2-23에 표시된 것처럼 흐른다.

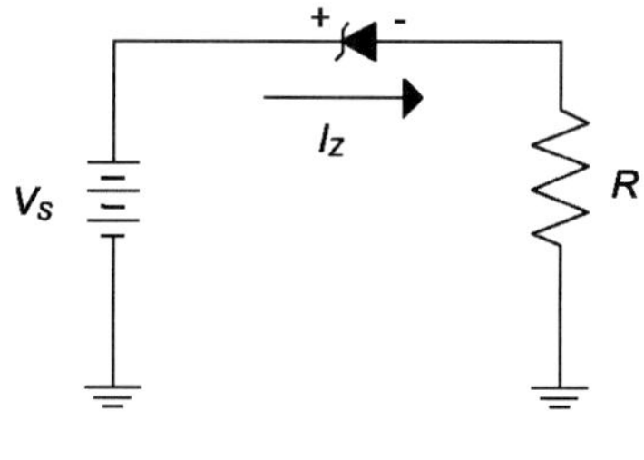

그림 2-23 제너 전류

제너 다이오드가 일반적인 다이오드의 전도 방향과 동일한 방향으로 전도가 이루어지는가? 순방향 동작 영역에서 동작하도록 사용될 수도 있을까? 거의 그렇지 않다. 비록 제너 다이오드가 일반적인 pn 접합형 다이오드와 유사한 순방향 동작 특성을 가지고 있

다고 하더라도 제너 다이오드는 전압 조정기로 사용될 때 진가를 발휘하게 된다. 제너 다이오드가 순방향으로 바이어스되면 제너 다이오드의 이런 특성을 잃어버리기 때문에 순방향 동작 영역에서는 거의 사용되지 않는다. 제너 다이오드가 역방향 동작 영역에서 동작하게 되면 소자 양단에 걸리는 전압은 제너 전압 V_Z로 일정하게 된다. 제너 전압 V_Z의 정격은 1.8 V에서 수백 V 범위를 가지며 소비 전력 정격은 50 mW에서 50 W 사이의 범위를 가진다.

2-6-1 제너 동작 특성

그림 2-22(b)에 표시된 제너 임계 전류 I_{ZK}는 전압 조정(일정한 전압)을 유지하기 위해서 필요로 하는 최소 전류를 의미한다. 제너 다이오드가 전압 조정기로 사용될 때 다이오드를 통해서 흐르는 전류는 이런 크기 아래로 떨어져서는 안 된다. 최대 제너 전류 I_{ZM}은 소자의 손상이나 파괴 없이 사용할 수 있는 최대 허용 전류량을 의미한다. 제너 시험전류 I_{ZT}는 다이오드의 V_Z 정격에서 측정된 전류를 의미한다. 예를 들어서 주어진 제너 다이오드의 V_Z값이 12 이고 I_{ZT}가 20 mA라면 시험 전류가 20mA일 때 제너 다이오드는 12 V의 역방향 전압을 가진다. 다른 전류 값에서는 V_Z가 정격보다는 약간 작거나 크게 된다.

I_{ZT}는 시험 전류 값이기 때문에 회로 해석에서 아주 중요한 값은 아니지만 회로 설계에서는 중요하다. 만약 V_Z의 정격에 가까운 제너 전압을 필요로 한다면 제너 시험 전류 I_{ZT}와 동일한 전류를 갖도록 설계해야 된다. 회로 전류가 I_{ZT}로부터 증가한다면 V_Z는 자신의 정격으로부터 증가하게 된다. I_{ZK}와 I_{ZM}은 회로 해석과 소자 교체에서 중요하다.

정적 역방향 전류 I_R은 V_R이 V_Z보다 적은 경우의 제너 다이오드를 통해서 흐르는 역방향 전류이다. 다시 말하자면 이것은 제너 다이오드가 off 된 상태에서의 제너 다이오드의 역방향 누설전류이다. 예를 들어 1N746인 경우 25℃에서는 10 μA이고 150℃에서는 30 μA이다.

제너 임피던스(Zener impedance) Z_Z는 제너 다이오드의 전류의 변화를 방해한다. 1N746 ~ 1N759 시리즈의 제너 다이오드 스펙에서는 Z_Z를 측정하기 위한 검사조건으로 I_{ZT}와 I_{zt}가 표시되어 있다.

$$I_{ZT} = 20 \text{ mA}, \ I_{zt} = 2 \text{ mA}$$

이것은 Z_Z가 I_{ZT} 값 20 mA를 중심으로 해서 2 mA의 제너 전류가 변화하는 동안 측정되었다는 것을 의미한다. 제너 전류에서의 이런 변화량은 그림 2-24에 표시되어 있다. 중요한 점은 I_Z가 2 mA 변화하는 동안 V_Z는 56 mV 변화한다는 점이다. 이것을 이용하면 Z_Z는 공식 (2-7)처럼 구해진다.

$$Z_Z = \frac{\Delta V_Z}{\Delta I_Z} \tag{2-7}$$

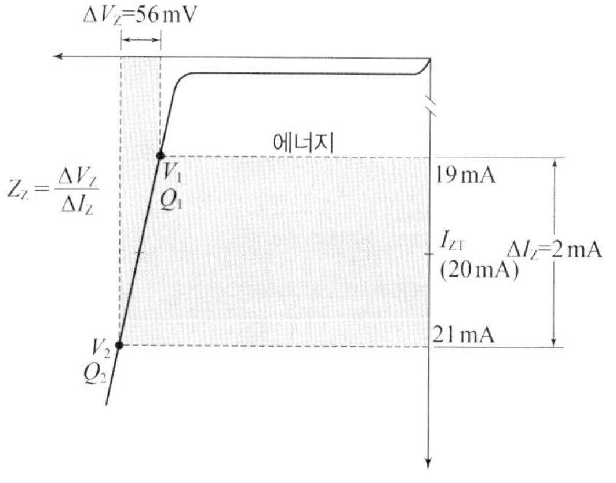

그림 2-24 제너 다이오드의 임피던스 계산

따라서 그림 2-24에 표시된 특성 곡선에 의해서 다이오드의 제너 임피던스는 28 Ω으로 구해진다.

$$Z_Z = \frac{\Delta V_Z}{\Delta I_Z} = \frac{56 \text{ mV}}{2 \text{ mA}} = 28 \ \Omega$$

2-6-2 제너 다이오드의 사양서

제너 다이오드의 스펙 시트는 pn 접합형 다이오드의 데이터 시트와는 약간 다르다. 그림 2-25에는 1N4370A와 1N746A~759A 시리즈 제너 다이오드의 스펙 일부가 표시되어 있다.

1N4370A Series

500 mW DO-35 Hermetically Sealed Glass Zener Voltage Regulators

This is a complete series of 500 mW Zener diodes with limits and excellent operating characteristics that reflect the superior capabilities of silicon–oxide passivated junctions. All this in an axial–lead hermetically sealed glass package that offers protection in all common environmental conditions.

Specification Features:

- Zener Voltage Range – 2.4 V to 12 V
- ESD Rating of Class 3 (>16 KV) per Human Body Model
- DO–204AH (DO–35) Package – Smaller than Conventional DO–204AA Package
- Double Slug Type Construction
- Metallurgical Bonded Construction

Mechanical Characteristics:

CASE: Double slug type, hermetically sealed glass
FINISH: All external surfaces are corrosion resistant and leads are readily solderable
MAXIMUM LEAD TEMPERATURE FOR SOLDERING PURPOSES: 230°C, 1/16″ from the case for 10 seconds
POLARITY: Cathode indicated by polarity band
MOUNTING POSITION: Any

MAXIMUM RATINGS (Note 1.)

Rating	Symbol	Value	Unit
Max. Steady State Power Dissipation @ $T_L \le 75°C$, Lead Length = 3/8″ Derate above 75°C	P_D	500 4.0	mW mW/°C
Operating and Storage Temperature Range	T_J, T_{stg}	–65 to +200	°C

1. Some part number series have lower JEDEC registered ratings.

ON Semiconductor™

http://onsemi.com

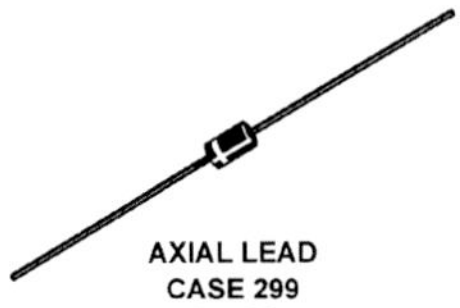

AXIAL LEAD
CASE 299
GLASS

MARKING DIAGRAM

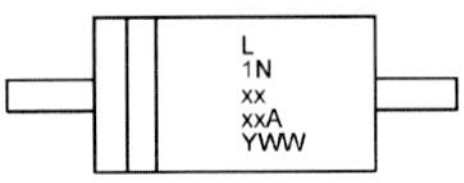

L = Assembly Location
1NxxxxA = Device Code (See Table Next Page)
Y = Year
WW = Work Week

ORDERING INFORMATION

Device	Package	Shipping
1NxxxxA	Axial Lead	3000 Units/Box
1NxxxxARL	Axial Lead	5000/Tape & Reel
1NxxxxARL2 *	Axial Lead	5000/Tape & Reel
1NxxxxARA1	Axial Lead	3000/Ammo Pack
1NxxxxATA	Axial Lead	5000/Ammo Pack
1NxxxxATA2 *	Axial Lead	5000/Tape & Reel
1NxxxxARR1 †	Axial Lead	3000/Tape & Reel
1NxxxxARR2 †	Axial Lead	3000/Tape & Reel

* The "2" suffix refers to 26 mm tape spacing.
† Polarity band **up** with cathode lead off first
‡ Polarity band **down** with cathode lead off first

Devices listed in ***bold, italic*** are ON Semiconductor **Preferred** devices. **Preferred** devices are recommended choices for future use and best overall value.

그림 2-25(계속) 제너 다이오드 1N4370A의 데이터시트 일부 (출처: On SemiconductorTM)

1N4370A Series

ELECTRICAL CHARACTERISTICS (T_A = 25°C unless otherwise noted, V_F = 1.5 V Max @ I_F = 200 mA for all types)

Symbol	Parameter
V_Z	Reverse Zener Voltage @ I_{ZT}
I_{ZT}	Reverse Current
Z_{ZT}	Maximum Zener Impedance @ I_{ZT}
I_{ZM}	Maximum DC Zener Current
I_R	Reverse Leakage Current @ V_R
V_R	Reverse Voltage
I_F	Forward Current
V_F	Forward Voltage @ I_F

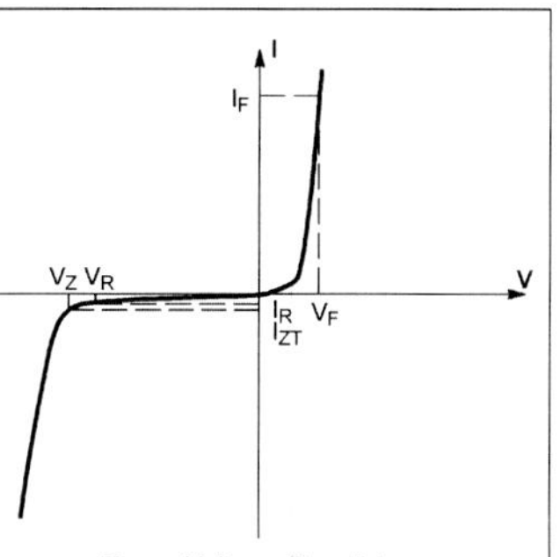

Zener Voltage Regulator

ELECTRICAL CHARACTERISTICS (T_A = 25°C unless otherwise noted, V_F = 1.5 V Max @ I_F = 200 mA for all types)

Device (Note 2.)	Device Marking	Zener Voltage (Note 3.) V_Z (Volts) Min	Nom	Max	@ I_{ZT} (mA)	Z_{ZT} (Note 4.) @ I_{ZT} (Ω)	I_{ZM} (Note 5.) (mA)	I_R @ V_R = 1 V T_A = 25°C (μA)	T_A = 150°C (μA)
1N4370A	1N4370A	2.28	2.4	2.52	20	30	150	100	200
1N4371A	1N4371A	2.57	2.7	2.84	20	30	135	75	150
1N4372A	1N4372A	2.85	3.0	3.15	20	29	120	50	100
1N746A	***1N746A***	***3.14***	***3.3***	***3.47***	***20***	***28***	***110***	***10***	***30***
1N747A	1N747A	3.42	3.6	3.78	20	24	100	10	30
1N748A	1N748A	3.71	3.9	4.10	20	23	95	10	30
1N749A	1N749A	4.09	4.3	4.52	20	22	85	2	30
1N750A	1N750A	4.47	4.7	4.94	20	19	75	2	30
1N751A	***1N751A***	***4.85***	***5.1***	***5.36***	***20***	***17***	***70***	***1***	***20***
1N752A	***1N752A***	***5.32***	***5.6***	***5.88***	***20***	***11***	***65***	***1***	***20***
1N753A	***1N753A***	***5.89***	***6.2***	***6.51***	***20***	***7***	***60***	***0.1***	***20***
1N754A	1N754A	6.46	6.8	7.14	20	5	55	0.1	20
1N755A	1N755A	7.13	7.5	7.88	20	6	50	0.1	20
1N756A	1N756A	7.79	8.2	8.61	20	8	45	0.1	20
1N757A	1N757A	8.65	9.1	9.56	20	10	40	0.1	20
1N758A	1N758A	9.50	10	10.5	20	17	35	0.1	20
1N759A	1N759A	11.40	12	12.6	20	30	30	0.1	20

2. **TOLERANCE AND TYPE NUMBER DESIGNATION (V_Z)**
   The type numbers listed have a standard tolerance on the nominal zener voltage of ±5%.
3. **ZENER VOLTAGE (V_Z) MEASUREMENT**
   Nominal zener voltage is measured with the device junction in the thermal equilibrium at the lead temperature (T_L) at 30°C ± 1°C and 3/8″ lead length.
4. **ZENER IMPEDANCE (Z_Z) DERIVATION**
   Z_{ZT} and Z_{ZK} are measured by dividing the ac voltage drop across the device by the ac current applied. The specified limits are for $I_{Z(ac)}$ = 0.1 $I_{Z(dc)}$ with the ac frequency = 60 Hz.
5. **MAXIMUM ZENER CURRENT RATINGS (I_{ZM})**
   Values shown are based on the JEDEC rating of 400 mW where the actual zener voltage (V_Z) is known at the operating point, the maximum zener current may be increased and is limited by the derating curve.

1N4370A Series

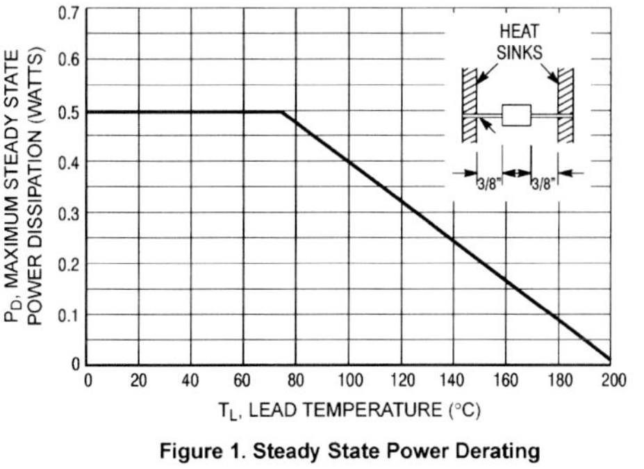

Figure 1. Steady State Power Derating

그림 2-25 제너 다이오드 1N4370A의 데이터시트 일부 (출처: On SemiconductorTM)

2-6-3 최대 정격

제너 다이오드의 기본적인 파라미터는 최대 정적 상태 소비 전력과 전력 감쇠율이다. 최대 정적 상태 소비 전력 정격은 역방향 항복에서 동작하는 제너 다이오드의 허용 가능한 최대 평균 소비 전력 P_D이다. 이런 정격은 소자의 데이터시트에 I_{ZM}이 표시되지 않은 경우 최대 제너 전류 I_{ZM}을 결정하기 위해서 사용된다. 주어진 제너 다이오드에서 I_{ZM}이 데이터 시트에 표시되지 않은 경우에는 공식 (2-8)을 이용해서 근삿값을 구하게 된다.

$$I_{ZM} = \frac{P_{D(max)}}{V_Z} \tag{2-8}$$

예제 2-13

1N754 제너 다이오드의 직류 소비 전력 정격이 500 mW이고 정상적인 제너 전압이 6.8 V이다. 소자의 I_{ZM}은 얼마인가?

(풀이) 공식 (2-8)을 이용하면 I_{ZM} 값은 73.5 mA가 구해진다.

$$I_{ZM} = \frac{P_{D(max)}}{V_Z} = \frac{500\ \text{mV}}{6.8\,\text{V}} = 73.5\ mA$$

I_{ZM} 값은 다이오드가 파괴되지 않고 견딜 수 있는 최대 전류를 결정하는 데 이용되기 때문에 대단히 중요하다. 만약 1N754 다이오드를 통해서 흐르는 평균 전류가 73.5 mA를 초과한다면 파괴되기 때문에 다이오드를 교체하여야 한다.

최대 정격 표에 표시되어 있는 전력 감쇠율은 동작 온도가 특정 값 이상이 될 때 직류 소비 전력이 정격이 얼마나 감소하는가를 나타낸다. 그림 2-24에 표시된 데이터 시트에는 75℃ 이상의 온도에서 4 mW/℃의 감쇠율을 나타내고 있다. 이것의 의미는 75℃ 이상의 온도에서 온도가 1℃씩 증가할 때마다 소자의 최대 소비 전력 정격이 4 mW씩 감소된다는 것이다.

예제 2-14

그림 2-25에 표시된 전력 감쇠 특성 곡선은 T =100℃일 때 400 mW의 최대 소비 전력 정격을 갖는 1N43740A의 특성을 표시하고 있다. 특성 곡선을 이용해서 소자의 감쇠율과 P_D 정격을 구해보시오.

(풀이) 우선 T =100℃일 때의 전체 감쇠를 구하면 100 mW가 계산된다.

$$감쇠값 = \frac{4\ mW/℃}{100℃ - 75℃} = 100\ mW$$

이 값을 500 mW의 크기를 갖는 최대 소비 전력 정격에서 빼주면 특성 곡선에 표시된 것처럼 400 mW 크기를 갖는 P_D가 구해진다.

$$P_D = 500\ mW - 100\ mW = 400\ mW$$

2-6-4 제너 다이오드 검사법

제너 다이오드는 양방향으로 전류가 흐르도록 설계되기 때문에 pn 접합형 다이오드와 동일한 방법으로 저항계를 사용한 검사는 할 수가 없다. 제너 다이오드를 검사하기 위한 최선의 방법은 그림 2-26에 표시된 것처럼 전원이 인가된 상태에서 제너 다이오드 양단에 전압계를 연결하는 일이다. 만약 제너 다이오드 양단에 걸리는 전압이 자신의 지정된 전압과 같다면 제너 다이오드는 정상적으로 동작하게 된다. 만약 제너 다이오드 양단에 걸리는 전압이 비정상이라면 다음과 같은 단계를 거쳐서 검사하면 된다.

1. 입력 전원의 크기를 측정한다. 만약 입력 전원의 크기가 제너 전압보다 적다면 제너 다이오드는 고장 상태가 되는데 이것은 입력 전원의 크기가 제너 다이오드를 역방향 항복 영역에서 동작하도록 하는 데 필요한 만큼 크기가 크지 않기 때문이다.
2. 직렬 저항 R_S가 단락 상태인지, 개방 상태 인지를 검사한다. 직렬 저항이 개방 상태라면 모든 입력 전압이 직렬 저항 양단에 나타나고 제너 다이오드 양단에는 전압이 걸리지 않는다. 직렬 저항이 단락 상태라면 전류 제한 기능을 상실하기 때문에 제너 다이오드는 과도한 전류에 의해서 타버리게 된다.
3. 부하 저항 양단이 단락 상태인지를 검사한다. 부하 저항이 단락된다면 제너 양단의 전압이 0 V인 것처럼 보이게 되고 제너가 마치 고장 상태인 것처럼 된다. 이런 문제

를 해결하기 위해서는 부하 저항을 회로에서 제거시키면 되는데 이런 경우 제너 다이오드는 정상적으로 동작하게 된다.

만약 이와 같은 세 가지의 측정이 실행될 때 제너 다이오드가 고장 상태라면 교체하면 된다.

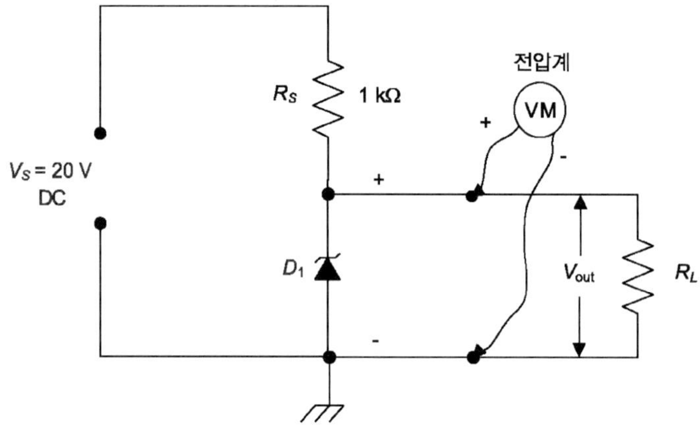

그림 2-26 제너 다이오드의 검사

2-6-5 제너 다이오드의 2차 근사해석법

고장 진단과 기초적인 설계에서 항복 영역을 수직처럼 근사화시킬 수 있다. 이것은 제너 다이오드의 저항을 무시한 것으로 전류의 세기가 변하더라도 전압이 일정하다는 의미이다. 그림 2-27은 제너 다이오드의 근사 해석법을 표시하고 있다. 이것은 제너 다이오드는 항복 영역에서 마치 전지인 것처럼 동작한다는 의미로 회로에서 제너 다이오드는 전압원 V_Z로 대치시켜서 사용할 수 있다.

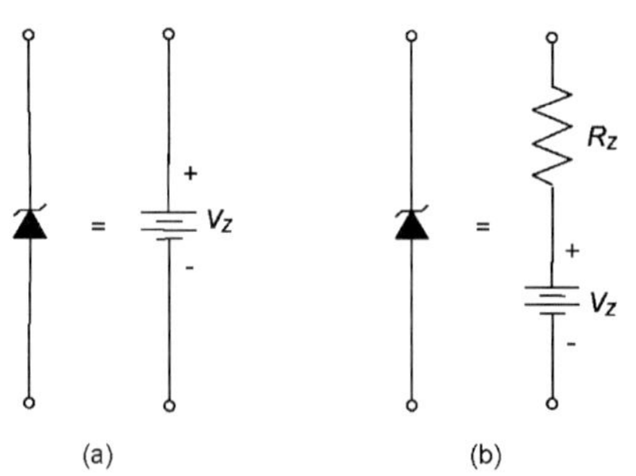

그림 2-27 제너 다이오드의 근사해석법 (a) 이상적인 경우, (b) 2차 근사화법

전류–전압 특성 곡선에서 항복 영역은 제너 저항 때문에 정확하게 수직은 아니다. 회로 설계 시에 가끔은 제너 저항을 고려해야 한다. 비록 R_Z가 작더라도 전류의 변화가 클 경우에는 수십 분의 1볼트 정도의 전압 변동이 발생된다. 그림 2–27(b)는 2차 근사법을 사용했을 때 제너 다이오드가 어떻게 형상화되는가를 표시하고 있다. 그림 2–27에 표시된 것처럼 제너 저항이(비록 적은 크기이지만) 이상적인 제너 전지와 직렬로 연결되어 있다. 저항은 전류의 세기가 증가하게 되면 $I \times R$ 이상의 전압 강하를 발생시킨다. 그림 2–24에서 Q_1에서의 전압은 $V_1 = I_1 \cdot R_Z + V_Z$로 표시되고, Q_2에서의 전압은 $V_2 = I_2 \cdot R_Z + V_Z$로 표시된다. 전압의 변화는 $V_2 - V_2 = (I_2 - I)R_Z$가 되고 일반화해서 표시하면 식 (2–9)와 같이 표시된다.

$$\Delta V_Z = \Delta I_Z R_Z \qquad (2\text{–}9)$$

여기서 ΔV_Z는 제너 전압의 변화치, ΔI_Z는 제너 전류의 변화치, R_Z는 제너 저항을 의미한다.

예제 2–15

그림 2–28(a)에 표시된 제너 다이오드가 V_Z = 10 V를 가질 때 이상적인 제너 다이오드의 근사해석법을 사용해서 최대 제너 전류와 최소 제너 전류를 구하시오.

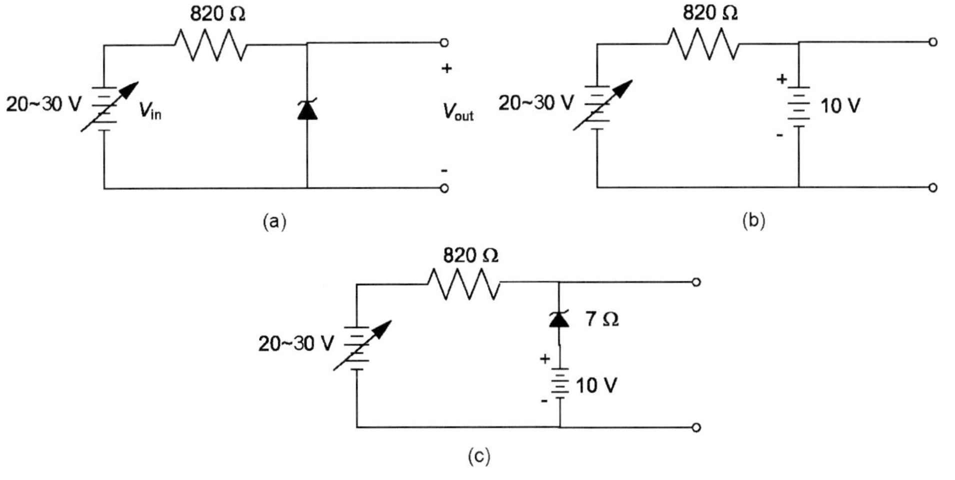

그림 2–28 전압 조정기 (a) 회로 (b) 이상적인 제너 근사 해석법 (c) 제너의 2차 근사해석법

(풀이) 인가되는 전압은 20~30 V로 제너 다이오드의 제너 항복 전압(10 V)보다 크다. 따라서 제너 다이오드는 그림 2-28(b)에서 표시된 것처럼 전지와 같이 형상화 시킬 수 있다. 이것은 입력 전압이 20~30 V까지 변화한다고 하더라도 출력 전압은 10 V로 일정하다는 의미이다. 직렬 저항 R_S를 통해서 흐르는 전류 I_{RS}는 식 (2-10)처럼 표시할 수 있다.

$$I_{RS} = \frac{V_S - 10\ \text{V}}{820\Omega} \tag{2-10}$$

회로는 단일루프를 가지기 때문에 저항을 통해서 820 Ω 저항을 통해서 흐르는 전류의 세기 I_{RS}와 제너 다이오드를 통해서 흐르는 제너 전류 I_Z의 크기가 같다.

제너 다이오드의 최소 제너 전류 $I_{Z(min)}$은 12.2 mA로 구해진다.

$$I_{Z(\min)} = \frac{20\ \text{V} - 10\ \text{V}}{820\ \Omega} = 12.2\ \text{mA}$$

최대 제너 전류 $I_{Z(max)}$는 24.4mA로 구해진다.

$$I_{Z(\max)} = \frac{30\ \text{V} - 10\ \text{V}}{820\ \Omega} = 24.4\ mA$$

그림 2-28(a)에 표시된 것과 같은 전압 조정기는 입력 전압의 크기가 20 V에서 30 V까지 변화하는 동안 출력 전압을 10 V로 일정하게 유지시킨다. 따라서 큰 제너 전원전압은 더 큰 제너 전류를 흐르게 하지만 출력 전압은 항상 10 V로 고정시켜 준다.

예제 2-16

{예제 2-15}에 표시된 회로에서 제너 다이오드의 임피던스가 7 Ω이라고 가정하면 전원 전압이 20 V에서 30 V까지 변화될 때 2차 근사해석법을 사용해서 제너 전압의 변화가 얼마일지 계산하시오.

(풀이) 그림 2-27(c)의 회로는 제너 다이오드의 2차 근사해석법을 적용한 것이다. 제너 저항(임피던스)이 7 Ω이므로 전원 저항 820 Ω과 비교할 때 아주 작은 크기이기 때문에 무시될 수 있다. 제너 저항 $R_Z(Z_Z)$는 전류에 아무런 영향을 미치지 못하고 전압이 20 V에서 30 V로 변화하면 전류의 세기는 {예제 2-15}에서 구했던 것처럼 12.2 mA에서 24.4 mA까지 변화한다. 그러나 전류가 변화함에 따라서 출력의 전압은 약간 변화한다. 식 (2-9)를 이용하면

$$\Delta V_Z = (24.4\ \text{mA} - 12.2\ \text{mA}) \times 7\ \ \Omega = 0.085\ \ \text{V}$$

가 된다. 이것은 입력 전원전압이 20 V에서 30 V까지 변한다 해도 제너 다이오드의 제너 전압은 10 V에서 0.085 V가 증가한 10.085 V가 된다는 뜻이다.

2-7 제너 전압 조정기

그림 2-29는 부하 저항 양단의 전압을 조정하기 위해서 사용되는 제너 전압 조정기 회로를 표시하고 있다. 회로에는 두 개의 폐루프가 포함되기 때문에 앞에서 살펴본 회로들보다 복잡해 보이지만 제너 다이오드가 갖는 기본적인 개념, 즉 항복 영역에서 동작하고 출력 전압을 일정하게 유지시키는 특성은 동일하다.

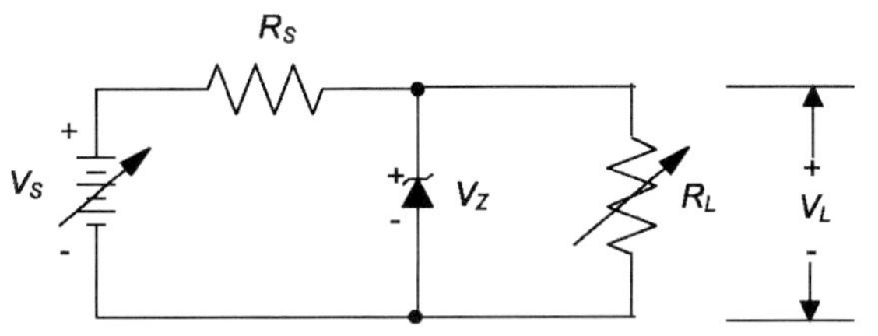

그림 2-29 제너 전압 조정기

2-7-1 테브닌 전압

고장진단이나 설계를 할 때는 전류와 전압 사이의 어떤 기본적인 관계를 알아 둘 필요가 있는데, 첫 번째 할 일은 제너 다이오드가 항복 영역에서 정상 동작하는지를 검사하는 것이다. 부하 저항 때문에 제너 다이오드를 구동시키는 테브닌 전압은 전원전압보다 작다. 제너 다이오드를 구동시키는 테브닌 전압은 무엇인가? 제너 다이오드를 회로에서 분리해서 형상화하면 전원전압은 R_s와 R_L에 의해서 분배되고 테브닌 전압은 식 (2-11)처럼 표시된다.

$$V_{TH} = \frac{R_L}{R_S + R_L} V_S \tag{2-11}$$

제너 다이오드의 항복 동작은 V_{TH}가 V_Z보다 큰 경우에 일어난다. 이런 조건은 어떤 제너 전압 조정기이든지 만족되어야 한다. 제너 다이오드가 항복 영역에 있다고 가정하면 직렬 저항 R_S을 통해서 흐르는 전류 세기는 식 (2-12)처럼 표시할 수 있다.

$$I_{RS} = \frac{V_S - V_Z}{R_S} \tag{2-12}$$

2-7-2 부하 전류와 제너 전류

제너 저항은 일반적으로 아주 작은 영향만을 끼치기 때문에 부하 전압을 근사화시키면 식 (2-13)과 같고 여기에 옴의 법칙을 사용해서 부하 전류를 구하면 식 (2-14)를 얻을 수 있다.

$$V_L \cong V_Z \tag{2-13}$$

$$I_{RL} = \frac{V_L}{R_L} \tag{2-14}$$

회로는 두 개의 폐루프를 가지기 때문에 제너 다이오드와 부하 저항의 접점에서 직렬 전류가 분리되고 키르히호프의 전류 법칙을 사용하면 $I_{RS} = I_Z + I_{RL}$이 되고, 제너 전류 I_Z를 구하면 식 (2-15)처럼 표시된다.

$$I_Z = I_{RS} - I_{RL} \tag{2-15}$$

예제 2-17

그림 2-30에 표시된 제너 전압 조정기의 동작 여부를 확인하고 제너 전류를 구하시오.

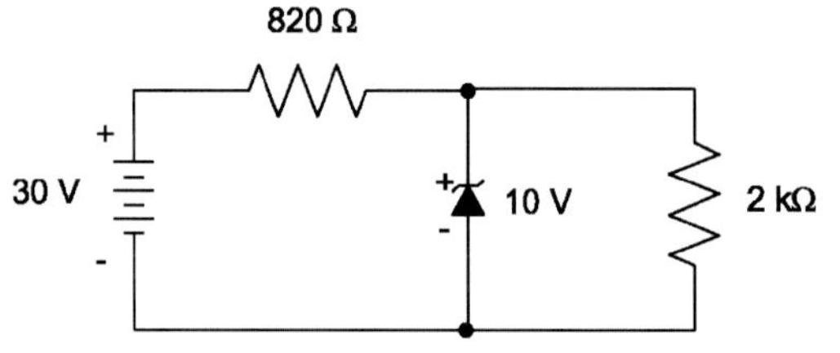

그림 2-30

(풀이) 그림 2-30에서 제너 다이오드를 구동시키는 테브닌 전압은 21.28 V로 구해진다.

$$V_{TH} = \frac{R_L}{R_S + R_L} V_S = \frac{2\ \mathrm{k}\Omega}{820\ \Omega + 2\ \mathrm{k}\Omega} 30\ \ V = 21.28\ \ V$$

V_{TH}는 제너 전압 10 V보다 크기 때문에 항복 영역에서 정상 동작한다. I_{RS}는 24.4 mA로 구해진다.

$$I_{RS} = \frac{V_S - V_Z}{R_S} = \frac{30\ \text{V} - 10\text{V}}{820\ \Omega} = 24.4\ mA$$

부하 저항 2 kΩ 양단에 걸리는 부하 전압은 제너 전압 10 V이므로 부하 전류는 5 mA로 계산된다.

$$I_{RL} = \frac{V_L}{R_L} = \frac{10\ \text{V}}{2\ \text{k}\Omega} = 5\ mA$$

따라서 제너 전류는 19.4 mA이다.

$$I_Z = I_{RS} - I_{RL} = 24.4\ \text{mA} - 5\ \text{mA} = 19.4\ \text{mA}$$

2-7-3 부하 저항 양단에서 나타나는 리플

그림 2-31(a)에 표시된 회로에서 콘덴서 입력형 필터를 갖는 정류기 회로가 제너 전압 조정기를 구동하는 것을 볼 수 있다. 회로해석을 위해서는 두 가지 특성을 이해하는 것이 필요하다. 첫 번째는 전력선의 변화에 의한 정류된 피크 전압이 변화해도 부하 전압은 거의 일정하게 유지된다는 것이다. 두 번째는 제너 전압 조정기가 리플의 피크-피크 값을 감소시키는 것이다. 리플의 감소는 얼마의 크기만큼 발생되는가? 제너 다이오드의 제2차 근사해석법을 적용하고 그림 2-31(b)와 같이 형상화시키면 방전이 발생되는 순간 직렬 저항 R_S를 통해서 흐르는 전류 I_{RS}는 식 (2-16)처럼 구해진다.

$$I_{RS(\max)} \cong \frac{V_{S(\max)} - V_Z}{R_S} \tag{2-16}$$

방전이 끝날 때 직렬 저항 R_S를 통해서 흐르는 전류 I_{RS}는 식 (2-17)처럼 구해진다.

$$I_{RS(\min)} \cong \frac{V_{S(\min)} - V_Z}{R_S} \tag{2-17}$$

전류의 변화량은 식 (2-18)처럼 표시할 수 있다.

$$I_{RS(\max)} - I_{RS(\min)} \cong \frac{V_{S(\max)} - V_{S(\min)}}{R_S} \tag{2-18}$$

이것을 일반식으로 고치면 식 (2-19)로 표시할 수 있다

$$\varDelta I_{RS} \cong \frac{\varDelta V_S}{R_S},\ \varDelta V_S \cong \varDelta I_{RS} \times R_S \tag{2-19}$$

이는 입력의 피크-피크 리플을 (직렬 전류의 변화량 × 직렬 저항)으로 구할 수 있다는 것을 의미한다. 앞에서 사용한 것처럼 제너 전압의 변화량 ΔV_Z는 다음과 같다.

$$\varDelta V_Z \cong \varDelta I_Z \times R_Z \tag{2-20}$$

그림 2-31(b)에서 최대로 변화한다면 제너 다이오드 양단에 걸리는 피크- 피크 리플은 (제너 저항 × 제너 전류)의 변화량과 같다. 따라서 입력 리플에 대한 출력 리플의 비는 식 (2-21)처럼 표시할 수 있다.

$$\frac{\varDelta V_Z}{\varDelta V_S} = \frac{\varDelta I_Z \times R_Z}{\varDelta I_S \times R_S} \tag{2-21}$$

일정한 부하 저항에서의 제너 전류의 변화량은 전원 전류의 변화량과 같기 때문에 위 식을 (2-22)로 간략화할 수 있다.

$$\frac{\varDelta V_Z}{\varDelta V_S} = \frac{R_Z}{R_S} \tag{2-22}$$

여기서 ΔV_Z는 출력 리플, ΔV_S는 입력리플, R_Z는 제너 저항(임피던스), R_S는 직렬 저항이다. 식 (2-22)는 입력과 출력 리플의 관계를 표시하는 식으로 아주 유용하게 사용된다. 따라서 입력 리플에 대한 출력 리플의 비는 직렬 저항에 대한 제너 저항의 비와 같음을 알 수 있다. 제너 저항이 7 Ω이고 직렬 저항이 700 Ω이라면 출력의 리플은 입력 리플의 1/100이 된다.

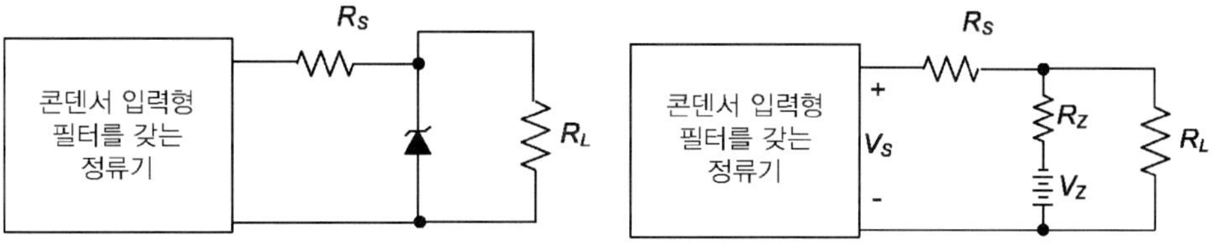

그림 2-31 리플의 영향 (a) 제너 조정기 (b) 2차 근사해석법

2-7-4 제너 이탈점

출력 전압을 일정하게 유지시키기 위해서 사용되는 제너 전압 조정기의 제너 다이오드는 모든 동작 조건을 만족하면서 항복 영역에서 동작해야 한다. 이것은 모든 전원전압과 부하 전류에 대한 제너 전류가 존재해야만 한다는 의미이다. 최소 전원전압과 최대 부하 전류를 갖는 최악의 경우에는 제너 전류는 크기가 최소로 줄어들게 된다.

예를 들면 $I_{RS(\min)} = \dfrac{V_{S(\min)} - V_Z}{R_{S(\max)}}$ 이다. 이 식을 다시 정리하면 식 (2-23)으로 표시된다.

$$R_{S(\max)} = \frac{V_{S(\min)} - V_Z}{I_{RS(\min)}} \tag{2-23}$$

이미 앞에서 제너 전류 I_Z는 $I_Z = I_{RS} - I_{RL}$로 표시한 바 있다. 최악의 경우를 다시 쓰면 $I_{Z(min)} = I_{RS(min)} - I_{RL(max)}$가 된다. 따라서 최대 부하 전류가 최소 직렬 전류와 크기가 같다면 임계점이 발생한다.

$$I_{RL(max)} = I_{RS(min)}$$

이 점에서 제너 전류는 0으로 떨어지고 전압조정 기능을 상실한다.

식 (2-23)에서 $I_{RS(min)}$ 대신에 $I_{RL(max)}$를 대입하면 식 (2-24)와 같이 유용한 관계식을 얻을 수 있다.

$$R_{S(\max)} = \frac{V_{S(\min)} - V_Z}{I_{RL(\max)}} \tag{2-24}$$

여기서 $R_{S(max)}$는 직렬 저항의 임계값, $V_{S(min)}$은 최소의 전원전압, VZ는 제너 전압, $I_{RL(max)}$는 최대 부하 전류이다. 임계 저항 $R_{S(max)}$는 허용되는 최대 직렬 저항이다. 직렬저항 R_S는 임계값보다 크기가 항상 작아야 한다. 그렇지 않을 경우, 항복 동작을 상실하고 전압 조정 기능도 수행할 수 없게 된다. 이런 경우 일정한 부하 전압도 얻을 수 없게 되고 리플은 입력 리플 크기로 커지게 된다.

예제 2-18

입력 전압이 20~30 V이고 부하 전류가 5~20 mA인 제너 전압 조정기가 있다. 만약 제너 다이오드 전압이 6.8 V이면 직렬 저항의 크기는 얼마여야 하는가?

(풀이) 최악의 경우인 최소 전원전압과 최대 부하 전류를 고려하면 (2-24)를 사용해서 임계 직렬 저항을 구해야 한다.

$$R_{S(\max)} = \frac{V_{S(\min)} - V_Z}{I_{RS(\min)}} = \frac{20\ \mathrm{V} - 6.8\ \mathrm{V}}{20\ \mathrm{mA}} = 660\ \Omega$$

따라서 제너 다이오드가 최악의 조건을 만족하면서 항복 영역에서 동작하기 위해서는 직렬 저항의 660 Ω보다는 작아야 한다.

예제 2-19

그림 2-32는 출력 전압 조정기를 구동시키는 입력 전압 조정기를 표시하고 있다. 전원은 45 V에서 75까지 변하는 큰 리플을 갖는데, 최종 출력 전압과 리플은 얼마인지 구해보시오.

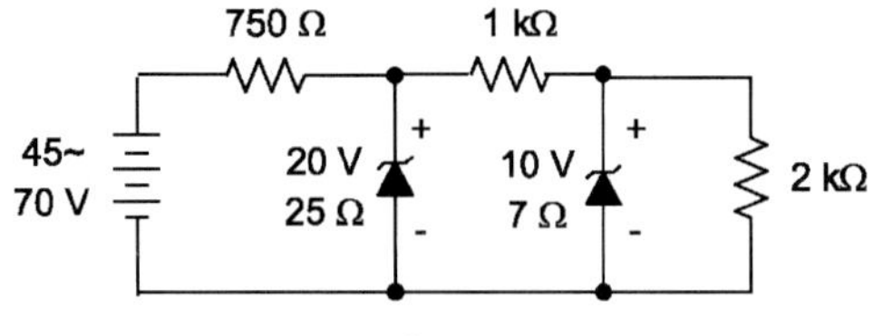

그림 2-32

(풀이) 첫째 입력 전압 조정기는 20 V의 출력 전압을 갖는데, 이것은 10 V의 출력전압을 갖는 두 번째 제너 전압 조정기의 입력이 된다. 기본적인 개념은 두 번째 전압 조정기의 잘 조정된 입력을 제공해주기 위한 것으로 최종 출력은 잘 조정된다. 첫 번째 제너 다이오드는 2 5Ω의 제너 저항을 갖는데, 입력 전압 조정기기 대한 제너 저항에 직렬 저항의 비는 0.0333이다.

$$\frac{\Delta V_Z}{\Delta V_S}=\frac{R_Z}{R_S}=\frac{25\Omega}{750\Omega}=0.0333$$

이것은 입력 전압 조정기의 리플이 $\Delta V = 0.0333 \times 25\ \text{V} = 0.833\ \text{V}$가 된다는 의미이고, 두 번째 제너 다이오드가 7 Ω의 제너 저항을 가지기 때문에 저항비는 0.007로 나타난다.

$$\frac{\Delta V_Z}{\Delta V_S}=\frac{R_Z}{R_S}=\frac{7\ \Omega}{1000\ \Omega}=0.007$$

따라서 최종 출력 리플은 $\Delta V_{out} = 0.007 \times 0.833\ \text{V} = 0.00583\ \text{V}$가 된다.

이런 입력 전압 조정기의 사용은 전원전압의 변화에 대한 매우 안정한 전압조정을 원할 때 이루어진다. 직렬로 연결된 제너 전압 조정기는 전체 리플을 감소가 저항비의 곱으로 나타난다.

$$\frac{\Delta V_{out}}{\Delta V_{in}}=\frac{R_{Z1}}{R_{S1}}\times\frac{R_{Z2}}{R_{S2}} \qquad (2-25)$$

2-8 발광 다이오드

발광 다이오드(light emitting diode, LED)는 적절하게 바이어스되는 경우 발광하는 다이오드이다. LED는 적색(red), 황색(yellow), 녹색(green)과 같은 다양한 빛을 발광한다. 적외선 다이오드인 경우에는 발광하는 빛을 눈으로는 볼 수 없다. LED의 회로 기호는 그림 2-33에 표시되어 있다. 주의할 점은 회로기호에는 발광하는 빛의 색깔이나 소자의 색깔이 표시되지 않는다는 점이다. LED는 투명하거나 반투명 케이스를 가지고 있고 단자를 구분하기 위해서 케이스에 라벨을 표시하지는 않는다.

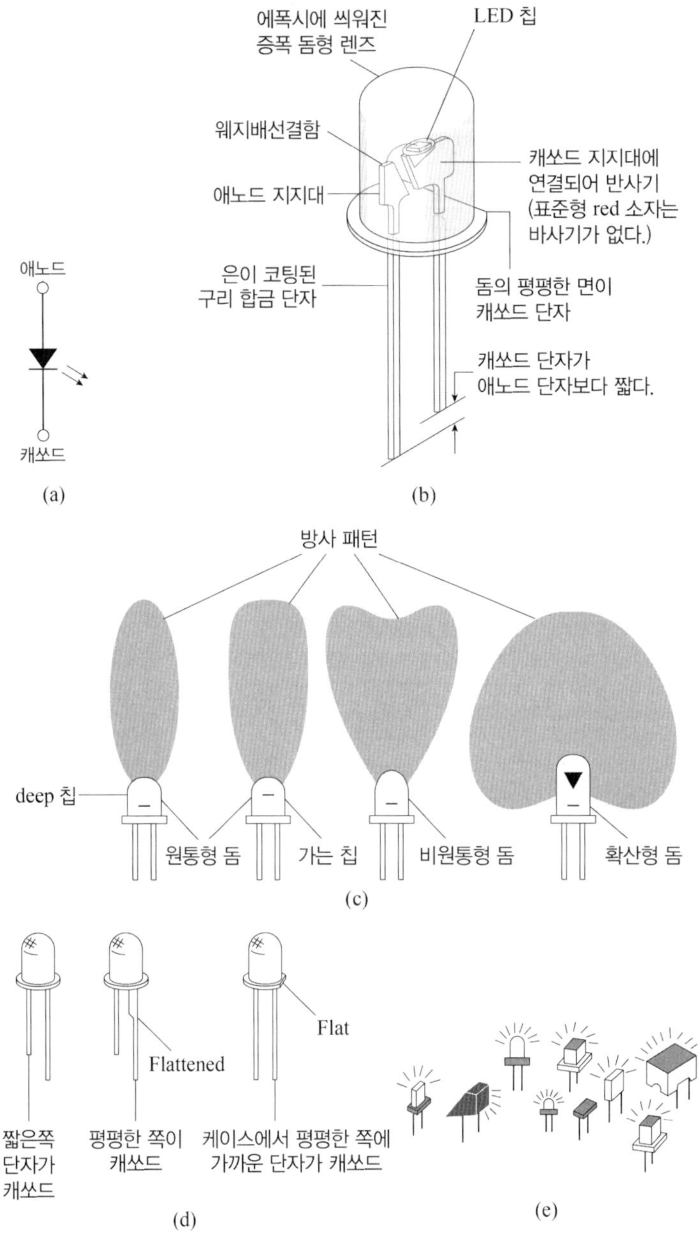

그림 2-33 LED의 구조와 회로기호

2-8-1 LED의 특성

LED는 pn 접합형 다이오드의 특성 곡선과 유사한 특성 곡선을 갖는다. 그렇지만 높은 순방향 전압값 V_F와 낮은 역방향 항복 전압 V_{BR} 정격을 갖는다. 특성값은 다음과 같다:

■ 순방향 전압은 +1.2 V에서 +4.3 V 사이이다.

■ 역방향 항복 전압은 −3 V에서 −10 V 사이이다.

주어진 LED의 색깔은 소자를 제조하기 위해서 사용되는 원소의 조합에 의해서 결정된다. LED에는 주로 갈륨(gallium; Ga)과 비소(arsenic; As) 알루미늄(aluminum; Al), 인듐(indium; In), 인(phosphorus; P), 질소(nitrogen; N) 중 하나 이상의 원소가 사용된다.

표 2-1에는 공통적으로 사용되는 원소의 조합 형태가 표시되어 있다. 대부분의 LED들은 100 mA 이하의 순방향 전류를 가진다. 이런 이유 때문에 LED 회로에는 반드시 전류 제한용 저항이 직렬로 연결된다.

표 2-1 일반적인 다이오드

원소	순방향 전압	색깔
GaAs	1.5V	Infrared(적외선)
AlGaAs	1.8V	Red(적색)
GaP	2.4V	Green(녹색)
AlGaInP	2.0V	Amber(호박색:노랑색)
AlGaInN	3.6V	Blue(청색)

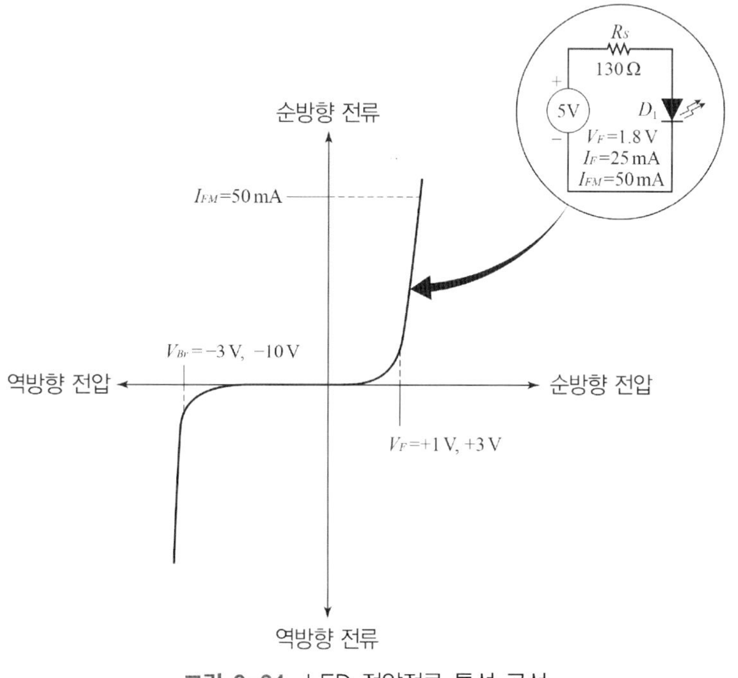

그림 2-34 LED 전압전류 특성 곡선

2-8-2 전류 제한용 저항

LED가 실제 응용회로에서 사용되는 경우에는 그림 2-35에 표시된 것처럼 전류 제한용 저항 R_S가 직렬로 연결된다. 저항 R_S는 회로를 통해서 흐르는 전류가 LED 최대 전류 정격을 초과하지 못하도록 동작한다. 전류 제한용 저항의 크기는 식 (2-26)처럼 구해진다.

$$R_S = \frac{V_{OUT(pk)} - V_F}{I_F} \tag{2-26}$$

위 식에서 $V_{OUT(pk)}$는 구동회로의 피크 출력 전압을, V_F는 LED의 최소 V_F를, I_F는 LED의 원하는 I_F를 의미한다.

안전한 여유를 제공하기 위해서 식 (2-26)에서 사용되는 I_F는 LED의 최대 순방향 전류 정격의 80%를 초과해서는 안 된다.

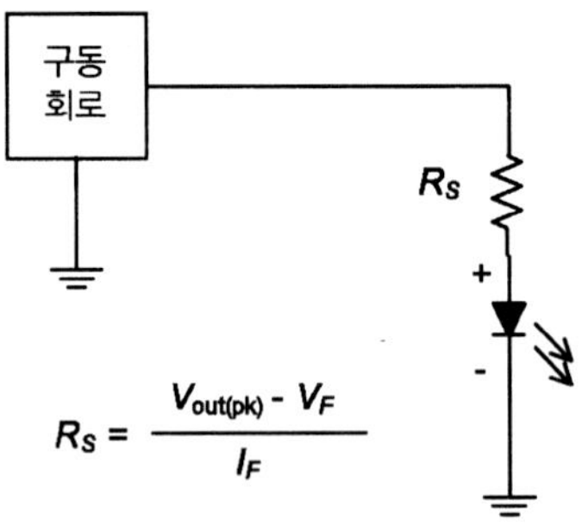

그림 2-35 LED 회로가 필요로 하는 전류 제한용 저항

예제 2-20

그림 2-35에 표시된 회로의 구동회로는 8V의 피크 출력 전압을 가진다. LED는 1.8 V에서 2.0 V 크기의 V_F와 16 mA의 최대 전류 정격을 갖는다고 가정하면 회로에 직렬로 연결되는 전류 제한용 저항의 크기는 어떻게 구해지는가?

(풀이) 다이오드의 순방향 전류정격이 16 mA이므로 80% 가이드 라인에 따르면 최대로 허용되는 I_F는 12.8 mA이다.

$$I_F = 0.8 \times 16\ \text{mA} = 12.8\ \text{mA}$$

V_F의 최소 정격과 피크 전압, 계산된 I_F를 사용하면 전류 제한용 저항의 크기는 484.4 Ω으로 구해진다.

$$R_S = \frac{V_{OUT(pk)} - V_F}{I_F} = \frac{8\ \text{V} - 1.8\ \text{V}}{12.8\ \text{mA}} = 484.4\ \Omega$$

484.4 Ω보다 큰 값을 갖는 저항기의 가장 작은 표준 저항은 510 Ω이다.

2-8-3 LED 표시기 회로

개별적인 LED는 그림 2-36에 표시된 것처럼 전원의 ON, OFF나 레벨 표시기로 가장 널리 사용된다. 그림 2-36(a)는 CD 플레이어와 같은 시스템의 전면 패널에서 전원 표시기로 LED가 어떻게 사용되는지를 보여준다. 그림에 표시된 것처럼 LED가 내부 전원 공급장치의 전원을 표시하기 때문에 LED가 ON 되면 내부 회로에서 전원이 공급되고 있다는 사실을 확인할 수 있게 된다. 그림 2-36(b)는 엔코더 회로에 의해서 발생되는 코드를 표시하기 위한 신호레벨 표시기로 사용되는 세 개의 LED가 어떻게 동작하는지를 보여준다.

예를 들어서 로터리 스위치가 2의 위치에 있게 되면 접합형 다이오드 D_3가 ON되고 B 라인은 LOW로 된다. 이런 LOW(0V) 신호는 다이오드 D_7을 순방향으로 바이어스시키지 못하기 때문에 불이 켜지지 않는다. 라인 A, C는 저항 R_1과 R_3에 의해서 HIGH로 된다. 이런 HIGH 출력이 LED D_6과 D_8이 순방향으로 바이어스되고 불이 켜지게 된다. 따라서 로터리 스위치가 2의 위치에 있게 되면 엔코더 회로에서 HIGH – LOW – HIGH 코드를 발생시키게 되고 LED는 ON – OFF – ON을 표시하게 된다.

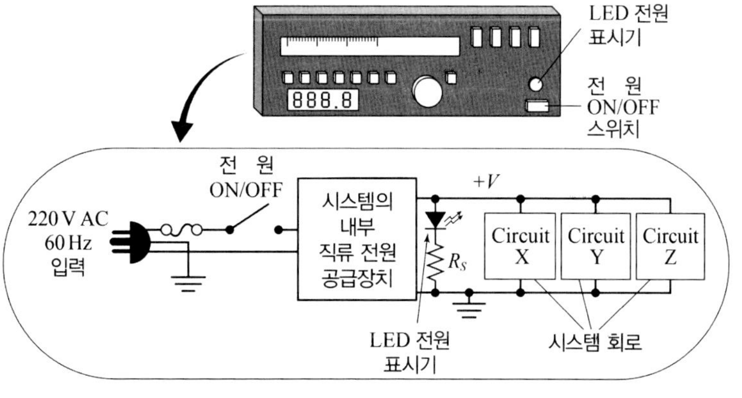

(a)

그림 2-36(계속) LED의 응용 (a)전원 표시기 (b)신호 표시기

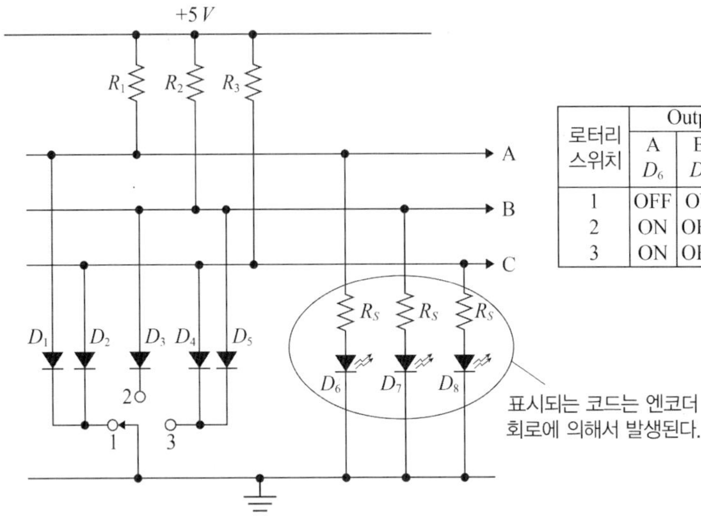

로터리 스위치	Outputs A D_6	Outputs B D_7	Outputs C D_8
1	OFF	ON	OFF
2	ON	OFF	ON
3	ON	OFF	OFF

(b)

그림 2-36 LED의 응용 (a)전원 표시기 (b)신호 표시기

2-8-4 다중 컬러 LED

항공기의 제어 판넬에서 단일 LED 패키지가 정상적으로 동작할 때는 녹색으로 발광되고 오동작할 경우에는 적색으로 표시되도록 사용되도록 하기 위해서 이중 컬러를 갖는 LED가 개발되었다. 그림 2-37(a)에 표시된 회로 기호는 다중 컬러 LED를 표시하는데 이들 속에는 실제로 두 개의 다이오드가 반대 방향으로 병렬 연결되어 있다. 이것은 두 개의 서로 다른 컬러를 갖는 다이오드가 그림 2-37(a)에 표시된 그림의 데이터 정격을 가지고 서로 반대 방향으로 병렬로 연결되어 있다는 것을 의미한다.

그림 2-36(b)는 1 Hz의 주파수를 가지는 +5 V의 피크 값을 갖는 구형파가 LED와 전류 제한용 저항을 통해서 인가될 때 이런 소자들이 어떻게 동작하는지를 보여준다. 입력 전압이 positive로 되면 오른쪽의 적색 LED가 순방향으로 바이어스되고 ON된다. 입력 전압이 반대로 negative로 되면 왼쪽의 녹색 LED가 순방향으로 바이어스되고 ON 상태로 된다. 만약 1 Hz의 입력 전압이 0.5초 동안만 positive로 변하고 0.5초 동안은 negative로 된다면 LED패키지는 0.5초 동안은 적색으로 그리고 나머지 0.5초 동안은 녹색으로 번쩍이는 주기를 반복하게 된다.

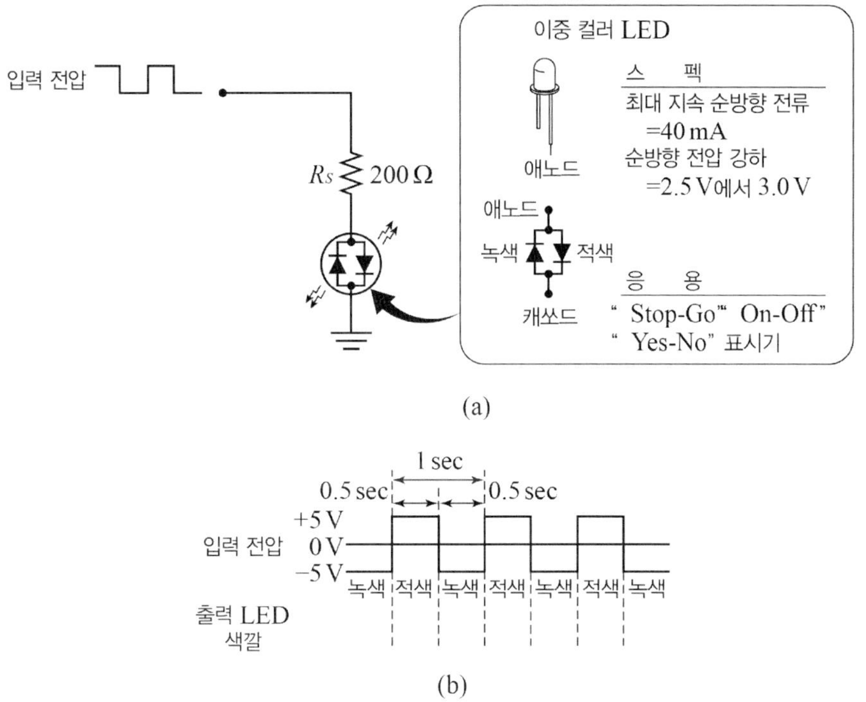

그림 2-37 다중 컬러 LED

2-8-5 다중 세그먼트 LED 디스플레이

LED가 가장 널리 사용되는 응용 분야 중 하나는 다중 세그먼트 표시기로 사용되는 것이다. 그림 2-38(a)에는 다중 세그먼트 표시기 중에서 가장 널리 사용되는 7 세그먼트 표시기를 나타내고 있다. 7 세그먼트 표시기에는 시계 방향으로 a, b, c, d, e, f, g가 표시된다. 그림 2-38(b)에 표시된 것처럼 7 세그먼트에는 7개의 LED가 탑재된다. 어떤 패키지인 경우에는 소수점을 표시하는 데 사용하는 점을 표시하기 위해서 8개의 LED가 사용된다.

예를 들면 그림 2-38(c)는 두 개의 소수점을 표시하는 TIL312 7-세그먼트 표시기의 핀번호 할당을 표시하고 있다. 핀번호는 괄호 속에 표시되어 있다. 세그먼트의 ON 상태 조합에 의해서 그림 2-38(d)에 표시된 것처럼 숫자 0에서 9까지를 표시할 수 있다.

예를 들어서 모든 세그먼트가 ON 상태로 되면 숫자 8을 표시하게 된다. 만약 세그먼트 b와 c만 ON 상태로 되면 숫자 1을 표시하게 된다. 일반적으로 자동차, 항공기, 계측기, 오디오와 같은 모든 표시기의 응용에서는 그림 2-38(e)에 표시한 것처럼 한 개 이상의 LED 표시기를 사용하게 된다. 이런 디지털 표시기는 10진 디지트를 사용해서 어떤 크기를 표시하게 된다.

과거에 사용되었던 아날로그 표시기는 크기를 표시하기 위해서 그림 2-38(f)에 표시된 것과 같은 지침과 눈금판을 사용해서 지침의 이동거리에 의해서 선형적으로 물리량의 크기를 표시한다. 이런 세그먼트 표시기는 그림 2-38(g)와 (h)에 표시된 것과 같은 코먼 애노드(common anode)형과 코먼 캐쏘드(common cathode)형으로 구분된다.

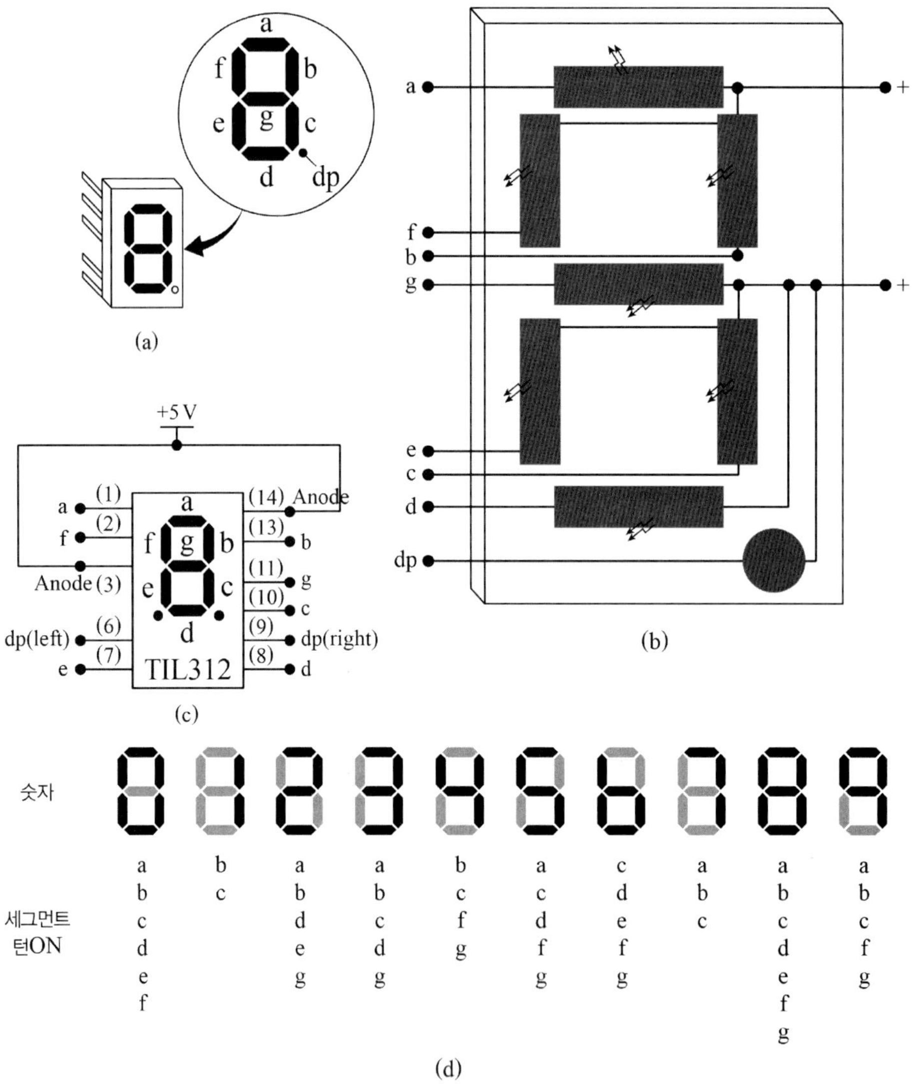

그림 2-38(계속) 다중 세그먼트 LED 표시기

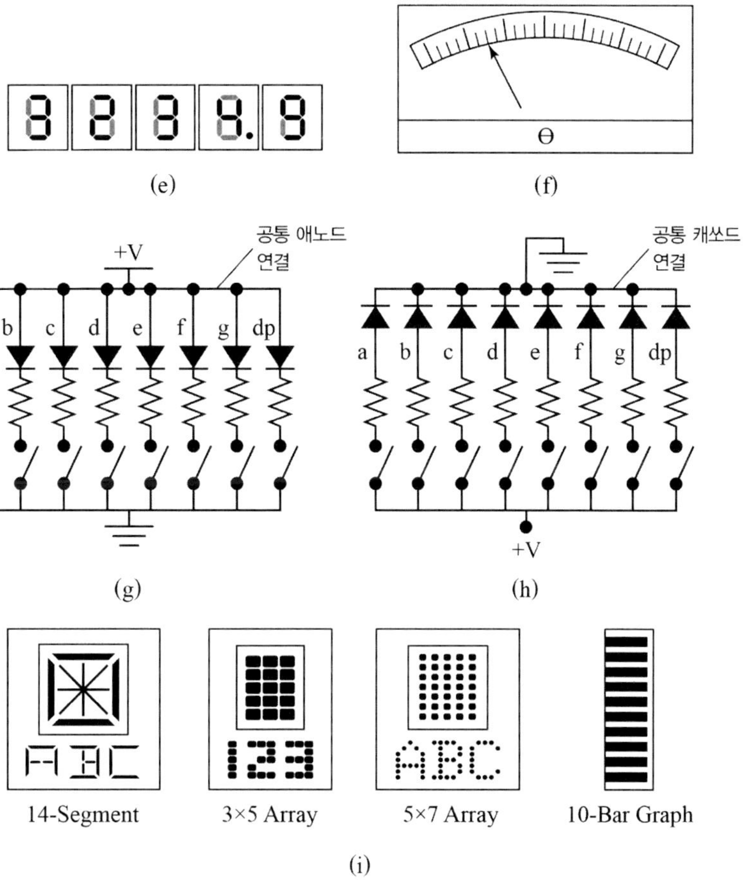

그림 2-38 다중 세그먼트 LED 표시기

그림 2-38(g)는 LED의 모든 애노드가 공통으로 연결되기 때문에 코먼 애노드 연결이라고 부른다. 그림 2-38(g)에서 알 수 있듯이 코먼 애노드 연결은 + 공급 전압원에 공통으로 연결되어 있다. LED가 발광되면 LED의 캐쏘드 단자는 이런 구조에서는 LOW로 스위치된다. 그림 2-38(b)에 표시된 회로와 그림 2-38(c)에 표시된 TIL312 회로 모두 코먼 애노드형의 7 세그먼트 표시기이다. 그림 2-38(h)에 표시된 회로는 LED의 모든 캐쏘드 단자가 공통으로 연결되어 있기 때문에 코먼 캐쏘드형이라고 부른다.

그림 2-38(h)에서 확인한 것처럼 코먼 캐쏘드 연결은 캐쏘드 단자가 접지되거나 0 V에 공통으로 연결되어 있다. 이런 구조에서 LED가 발광되기 위해서는 LED의 애노드 단자가 HIGH로 스위칭되어야 한다. LED 표시기의 다양한 종류가 그림 2-38(i)에 표시되어 있다.

글자를 표시하기 위해서는 14 세그먼트 표시기와 같이 더 많은 세그먼트를 가지는 표시기가 사용될 수도 있다. 큰 글자를 표시하기 위해서 도트 매트릭스표시기(dot matrix display)가 사용되기도 한다. 가장 널리 사용되는 형태는 35개의 적은 LED를 5개의 수직 행(vertical columns)과 7개의 수평 열(horizontal row)로 구성되는 5×7 매트릭스이다. 바 표시기(bar display)기는 양의 크기를 표시하기 위해서 아날로그 계기 지침을 급격하게 대체시키게 된다. 예를 들면 연료량의 크기는 활성화된 세그먼트의 개수로 표시하게 된다(막대가 하나도 없으면 0을 표시하고 모든 막대가 발광되면 최대 크기를 표시한다).

2-9 포토 다이오드

빛(light)은 라디오파와 유사하게 전자기 방사를 가지지만 주파수의 대역이 다르다. 빛 혹은 광학 전자기 스펙트럼은 그림 2-39(a)에 표시된 것처럼 X선 주파수대와 마이크로파 주파수대 사이에 존재한다. 이런 광학적인 빛의 스펙트럼은 300 GHz에서9,3000,000 GHz까지 확장되는데 이 대역은 적외선 대역, 가시광선 대역, 자외선 대역의 3개의 대역으로 구분된다. 인간의 눈으로는 약 428,000 GHz와 750,000 GHz 사이의 좁은 주파수 대역의 가시광선만을 볼 수 있다.

이와 같이 가시광선 아래쪽 주파수 대역을 갖는 적외선 대역과 가시광선 위쪽의 주파수 대역을 갖는 자외선은 볼 수 없다. 가시광선 대역의 주파수는 무지개와 같이 빨강, 주황, 노랑, 초록, 파랑, 보라의 색깔로 구분되는데 각 색깔의 해당 주파수대는 아주 좁게 분포된다. 그림 2-39(a)에 표시된 것처럼 광학 스펙트럼의 주파수 값은 크기 때문에 작업이 용이하지 않다. 따라서 이런 값들을 보다 쉽게 취급하기 위해서 대부분의 광학적인 주파수를 등가의 파장으로 변환시키게 된다. 파장은 그리스 문자 람다(λ)를 기호를 사용하며 m로 측정된다. 그림 2-39(b)에 표시된 것처럼 파장은 자신의 이름이 의미하는 것처럼 전달되는 전자기파의 한 주기에 해당하는 물리적인 길이이다. 라디오파와 유사하게 광파(light wave)의 파장도 자신의 주파수로 빛의 광속을 나누면 되는데 다음과 같은 공식이 사용된다.

$$\lambda = \frac{c}{f} \tag{2-27}$$

여기서 λ는 전자기파의 한 주기에 해당되는 길이(m)이며, c는 전자기파의 속도로 광속과 동일한 3×10^8 m/s의 크기를 갖고, f는 전자기파의 주파수로 Hz 단위를 갖는다.

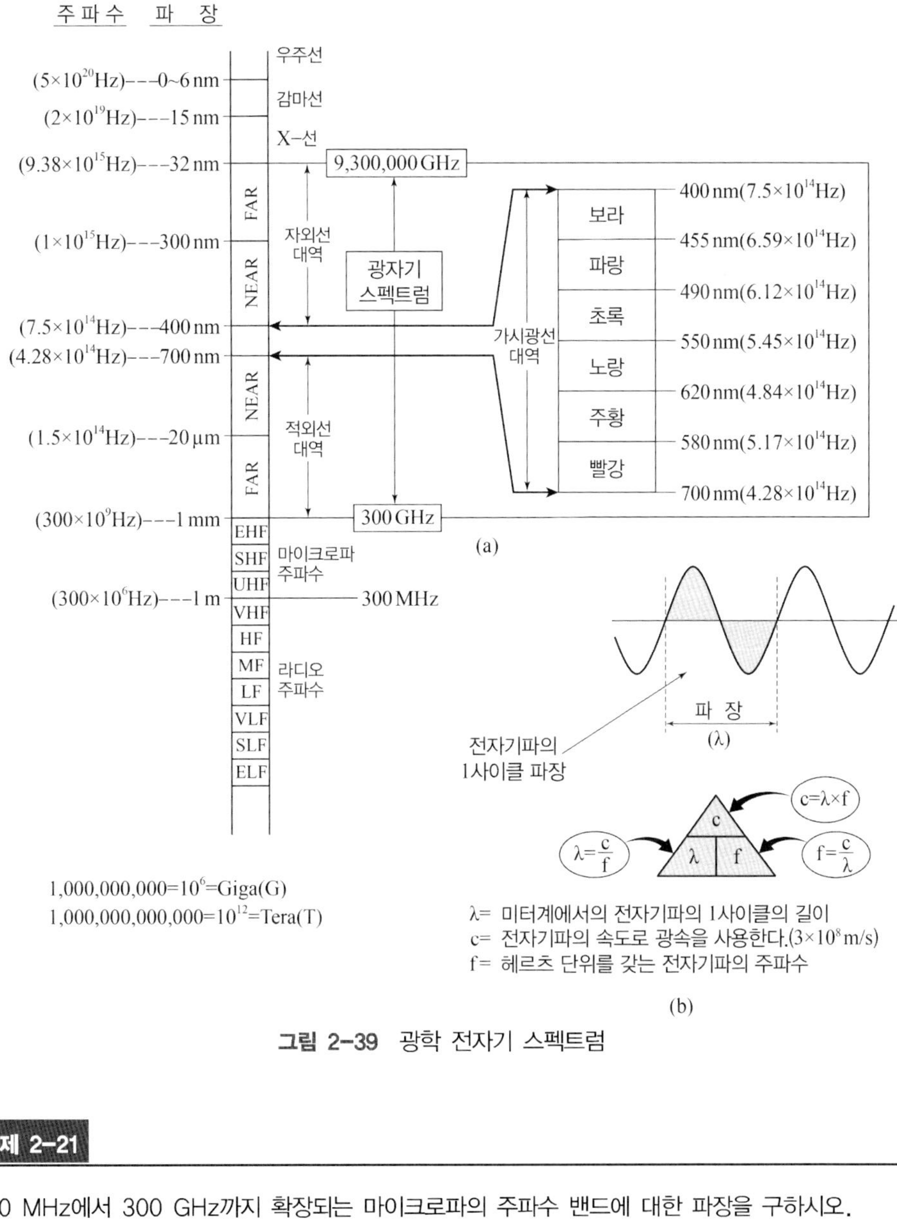

그림 2-39 광학 전자기 스펙트럼

예제 2-21

300 MHz에서 300 GHz까지 확장되는 마이크로파의 주파수 밴드에 대한 파장을 구하시오.

(풀이) 300 MHz인 경우 $\lambda = \dfrac{c}{f} = \dfrac{3 \times 10^8 \text{ m/s}}{300 \times 10^6 \text{ Hz}} = 1 \text{ m}$

300 GHz인 경우 $\lambda = \frac{c}{f} = \frac{3 \times 10^8 \ m/s}{300 \times 10^9 \ \text{Hz}} = 0.001 \ \text{m}$

이런 파장의 크기는 그림 2-39(a)의 한쪽에 해당되는 주파수와 같이 표시되어 있다.

파장은 주파수에 반비례한다. 따라서 주파수가 높아질수록 파장의 크기는 작아진다. 빛의 주파수는 파장으로 계산되는데 너무 작기 때문에 m 단위로 표시하지 못하고 μm와 nm 단위를 사용하게 된다. 가시광선의 주파수 밴드는 4.28×10^{14} Hz에서 시작한다. 이런 주파수에 해당되는 파장의 길이는 0.0000007 m이다.

$$\lambda = \frac{c}{f} = \frac{3 \times 10^8 \ \text{m/s}}{4.28 \times 10^{14} \ \text{Hz}} = 0.0000007 \ \text{m}$$

이것을 μm와 nm 단위를 사용해서 표시하면 다음과 같다.

$$0.0000007 \ \text{m} = 0.7 \times 10^{-6} \ \text{m} = 0.7 \ \mu\text{m} \text{ 혹은 } 0.7 \text{ 미크론}$$
$$0.0000007 \ \text{m} = 700 \times 10^{-9} \ \text{m} = 700 \ \text{nm}$$

단계를 생략하기 위해서 더 적은 광속단위를 사용하면 주파수를 직접 μm나 nm로 변환시킬 수 있다.

빛의 속도 (↑)		파장(↓)
3×10^8 m/s	=	m
3×10^{10} cm/s	=	cm
3×10^{11} mm/s	=	mm
3×10^{14} μm/s	=	μm
3×10^{17} nm/s	=	nm

빛은 간단히 cm의 100배만큼 빠르게 운동하면 1 m만큼 운동하게 된다. 이런 점을 4.28×10^{14} Hz의 주파수에서 시작하는 가시광선 밴드에서 적용하면 파장은 μm와 nm로 표시된다.

$$\lambda = \frac{c}{f} = \frac{3 \times 10^8 \text{ m/s}}{4.28 \times 10^{14} \text{ Hz}} = 0.7 \ \mu\text{m} \text{ 혹은 } 0.7 \text{ 미크론}$$

$$\lambda = \frac{c}{f} = \frac{3 \times 10^8 \text{ m/s}}{4.28 \times 10^{14} \text{ Hz}} = 700.9 \ nm$$

또 다른 단위로는 Å(1×10^{10} m)로 표시되는 옹스트롬이 사용된다. 따라서 0.0000007009 m는 7009×10^{-10} m 혹은 7009 옹스트롬(7009 Å)과 같다. 옹스트롬 단위로 변환하기 위해서는 광속을 3×10^{18}으로 표시하면 된다.

$$\lambda = \frac{c}{f} = \frac{3 \times 10^{18}}{4.28 \times 10^{14}} = 7009 \text{ Å}$$

이런 단위는 전자기파와 광파를 논할 때 상호 변환이 가능한 항이기 때문에 파장과 주파수의 관계를 잘 이해하는 것이 필요하다. 사실 대부분의 제조업자들이 가지고 있는 데이터 시트에는 파장에 따른 LED의 출력 주파수와 포토 다이오드의 입력 주파수가 표시되어 있다. 포토(photo) 다이오드는 pn 접합을 갖는 반도체 소자로 빛을 감지하거나 받아들이는 소자로 그림 2-40(a)에 표시되어 있다. 유리창 혹은 볼록렌즈는 빛이 케이스를 통해서 입사되는 것을 허용하고 금속 케이스 내에 탑재되어 있는 반도체 다이오드를 비추게 된다. 그림 2-40(b)는 포토 다이오드가 기본적으로 두 가지의 방법 중 한 가지에 의해서 어떻게 구성되는지를 설명하고 있다.

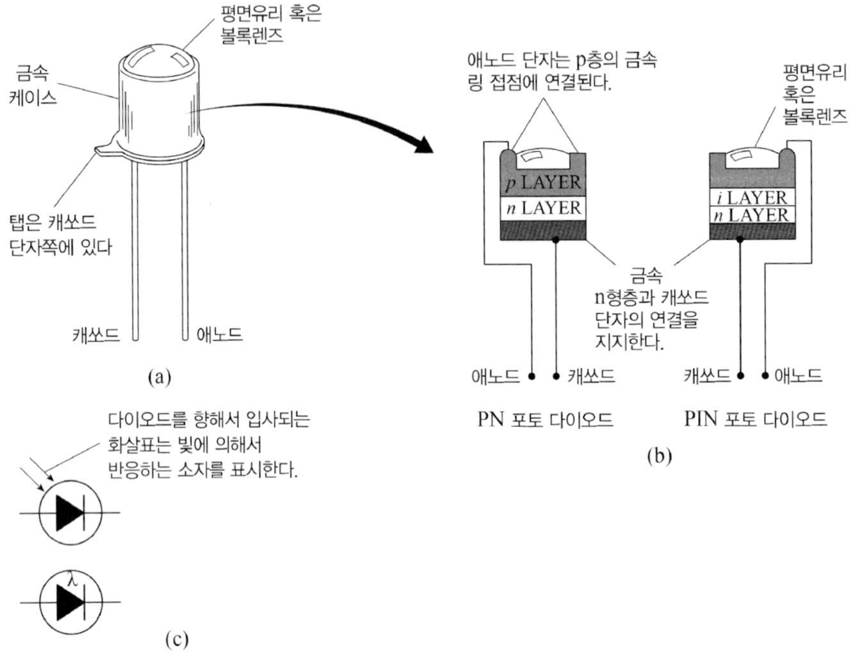

그림 2-40 포토 다이오드 (a) 일반적인 패키지 (b) PN 포토 다이오드와 PIN 포토 다이오드 (c) 회로도 기호 (d) 물리적인 외관

PN 포토 다이오드는 n형 기판으로 확산되는 p형 영역으로 구성된다. 금속 베이스는 캐소드 단자와 n형 영역 사이의 연결을 제공하고 금속 링은 p형 영역과 애노드 단자를 연결시킨다. 빛이 금속 링의 정공을 통해서 포토 다이오드로 들어간다. PIN 포토 다이오드는 p형과 n형 영역 사이에 진성 층을 가지고 있다는 점을 제외하면 pn 포토 다이오드와 동일한 방법으로 만들어진다.

PIN이란 명칭은 p형 영역, 진성(intrinsic) 반도체 영역, n형 영역으로 구성되기 때문에 붙여진 것이다. 불순물을 전혀 가지고 있지 않은 순수한 반도체인 진성 반도체 층이 부가되기 때문에 포토 다이오드는 저주파(적외선) 영역의 광자가 다이오드 영역으로 더 깊게 침투할 수 있도록 하는 우수한 응답을 갖는다. 진성 반도체층은 항상 큰 공핍 영역을 발생시키기 때문에 포토 다이오드는 빛의 세기가 변화할 때 응답으로 전류를 거의 선형적으로 발생시키게 된다. 그림 2-40(c)는 회로도에 사용되는 포토 다이오드의 두 가지 기호를 표시하고 있다. LED의 경우는 빛이 출력되는 것을 표시하기 위해서 다이오드로부터 두 개의 화살표가 표시되는데, 포토 다이오드의 경우는 빛의 입력을 표시하기 위해서 두 개의 화살표가 다이오드를 향해서 표시된다.

CHAPTER

02 기초문제

1. ( ) 다이오드는 역방향 항복 영역에서 동작하도록 설계되기 때문에 대단히 큰 역방향 전류에 잘 견딜 수 있다.

   (a) 기본적인 pn 접합 다이오드 (b) 발광 다이오드
   (c) 제너 다이오드 (d) (a)와 (c)모두 옳다

2. 항복 영역에서 동작할 때 제너 ( ) 크기는 다양한 범위 내에서 변화하게 되는 데 비해서 제너 ( )의 크기는 거의 변화되지 않는다.

   (a) 전압 강하, 순방향 전류 (b) 순방향 전류, 전압 강하
   (c) 역방향 전류, 순방향 전류 (d) 역방향 전류, 순방향 전압 강하

3. 제너 다이오드의 기호는 다른 다이오드와 ( )이 다르다.

   (a) Z자 캐소드바 (b) 두 개의 화살표
   (c) 수직 바 캐쏘드 (d) 정답 없음

4. 12 V±5%의 제너 다이오드는 ( )에서 ( )까지의 범위에 해당하는 전압 강하를 발생시킨다.

   (a) 10.8 V에서 13.2 V (b) 11.4 V에서 12.6 V
   (c) 5.04 V에서 18.96 V (d) 11.88 V에서 12.12 V

5. ( )는 저항과 입력 전압의 변화에도 불구하고 일정한 출력 전압을 제공한다.

   (a) 엔코더 (b) 논리게이트
   (c) 비교기 (d) 전 조정기

6. 제너 다이오드는 입력 전압의 변화에 대한 응답에 대해서 자신의 (　　)을(를) 지속적으로 변화시키면서 자신의 단자 양단에는 항상 일정한 전압을 유지시키는 능력을 갖는다.

(a) 임피던스　　(b) 전압

(c) 전력 정격　　(d) 임피던스와 전력 정격

7. 발광 다이오드는 (　　) 에너지를 (　　)로 변환시키는 반도체 소자이다.

(a) 화학 에너지, 전기 에너지　　(b) 전기 에너지, 빛 에너지

(c) 빛 에너지, 전기 에너지　　(d) 열 에너지, 전기 에너지

8. LED의 (　) 단자는 자신의 보다 긴 단자나, 평편한 단자, 혹은 케이스의 편평한 면과 가까운 정도에 의해서 다른 단자와 구분된다.

9. 일반적인 LED의 순방향 전압 강하는 (　　) V이다.

(a) 0.7　　(b) 0.3　　(c) 5　　(d) 2.0

10. 7 세그먼트 표시기의 LED 중 7개의 캐쏘드가 모두 0 V에 연결된다면 코먼 (　　)형이라고 부르고 (　　) 입력 전압이 LED를 ON 시킨다.

(a) 애노드, LOW　　(b) 애노드, HIGH

(c) 캐쏘드, LOW　　(d) 캐쏘드, HIGH

11. 545 THz의 주파수에 해당되는 파장의 길이는 얼마인가?

(a) 580 nm　　(b) 550 nm　　(c) 400 nm　　(d) 700 nm

12. 광 도전성 모드에서 포토 다이오드가 정상적으로 동작하는 것은 언제인가?

(a) 순방향 바이어스 (b) 역방향 바이어스

(c) 전압원으로 동작 (d) 정답 없음

13. 빛이 증가하면 포토 다이오드의 전도도는 (   ).

(a) 증가한다. (b) 감소한다.

(c) 동일하게 유지된다. (d) 영향을 미치지 않는다.

14. LED는 포토 (   ) 소자로 분류되는 반면 포토 다이오드는 포토 (   ) 소자로 분류된다.

(a) 전송, 발광 (b) 검출, 발광 (c) 수신, 전송 (d) 발광, 검출

15. 다음의 주파수에 해당하는 등가의 파장을 구하시오.

(a) 6×10^{14} Hz에 해당하는 nm의 파장

(b) 1×10^{15} Hz에 해당하는 Å의 파장

(c) 1×10^{14} Hz에 해당하는 μm의 파장

16. 다음의 파장에 해당 되는 주파수를 구하시오.

(a) 500 nm (b) 4550 Å (c) 850 μm

CHAPTER

02 연습문제

1. 그림 2−41(a)에 표시된 회로에서 제너 전류의 세기를 구하시오.

2. 제너 다이오드가 15 V의 전압과 20 mA의 전류정격을 갖는다면 소비 전력은 얼마인가?

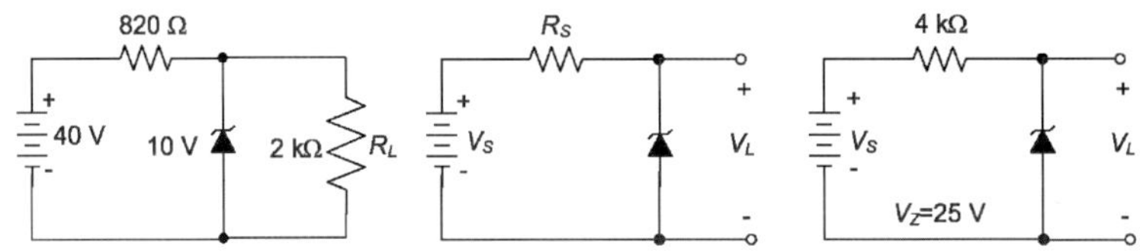

그림 2−41

3. 그림 2−41(b)에서 $V_Z = 18$ V, $Z_{ZT} = 2\ \Omega$, $R_S = 68\ \Omega$, $V_S = 27$ V라면 제너 전류는 얼마인가? V_S가 40 V까지 증가한다면 부하 전압의 변화는 얼마나 되는가?

4. 그림 2−41(c)에서 전원 전압이 40 V에서 60 V까지 변화한다. 제너 다이오드의 임피던스가 10 Ω이라면 부하 전압의 변화는 얼마인가?

5. 그림 2−41(b)와 같이 제너 다이오드가 15 V의 제너 전압과 0.5 W의 전력 정격을 갖는다. $V_S = 40$ V라면 제너 다이오드를 보호해 주는 R_S의 최솟값은 얼마인가?

6. 그림 2−42에 표시된 회로에서 직류 전압이 25 V이다. R_1이 1 KΩ이라면 LED 전류는 얼마인가?

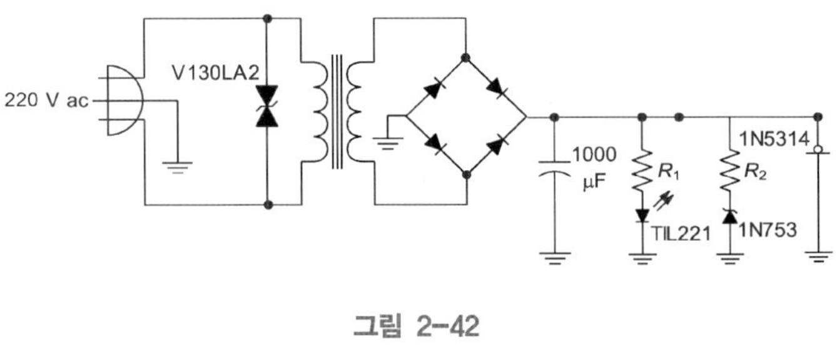

그림 2−42

7. LED는 최소 1.5 V의 전압 강하를 갖고 최대 2.3 V의 전압 강하를 갖는다. 부하 전압이 10 V이고 R_1이 470 Ω일 때 LED 전류의 최댓값과 최솟값을 구하시오.

8. 그림 2-43에 표시된 회로에서 1N1594는 12 V의 제너 전압과 1.4 Ω의 제너 저항을 갖는다. 약 20 V의 부하 전압이 측정된다면 어떤 소자가 고장인가?

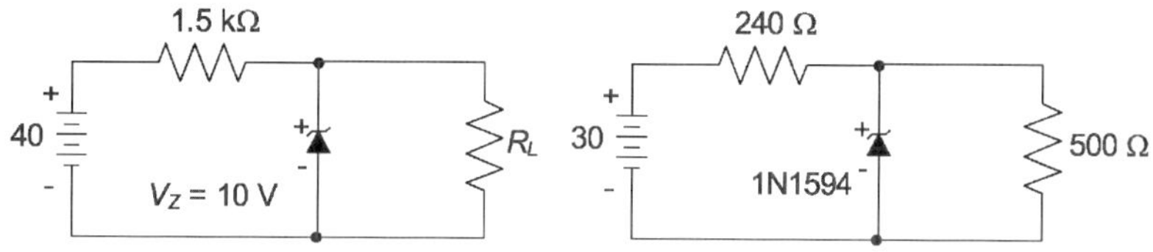

그림 2-43

9. 그림 2-42에서 LED가 불이 켜지지 않는 경우 고장 원인은 다음 중 어느 것인가?

(a) VL30LA2가 개방
(b) 2개의 왼쪽 브리지 사이의 접지가 개방
(c) 필터 콘덴서 개방
(d) 필터 콘덴서 단락
(e) 부하 저항 개방
(f) 부하 저항 단락

10. 그림 2-41(a)에 표시된 전원이 4 V의 피크-피크 리플을 갖는다고 가정하자. 제너 저항이 10 Ω이라면 출력 리플은 얼마인가?

11. 그림 2-41(b)에서 부하 저항이 1 kΩ이라면 직렬 저항의 임계값은 얼마인가?

12. 그림 2-44(a)와 (b)에 표시된 다이오드 회로에서, 다이오드가 ON 상태인지 OFF 상태인지 결정하고 V_R, I_R, V_D, I_D를 구하시오. 다이오드는 이상적인 상태라고 가정하시오.

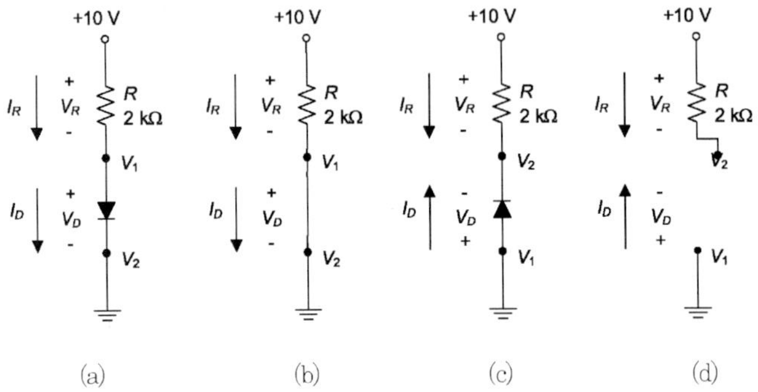

그림 2-44

13. 그림 2-45(a)에 표시된 단일 루프 회로에서 V_D와 I_D를 구하시오. 다이오드는 이상적인 상태라고 가정하시오.

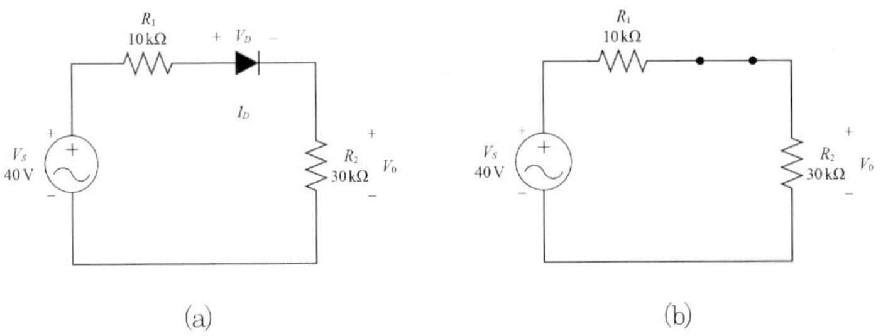

그림 2-45

14. 그림 2-46(a)에 표시된 회로에서 전류와 전압을 구하시오.

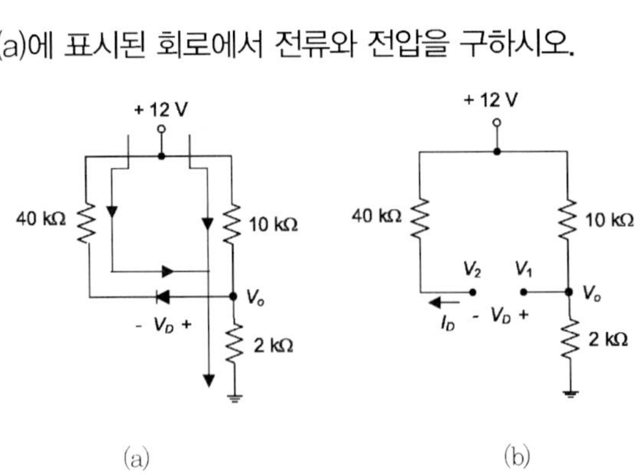

그림 2-46

15. 그림 2-47에 표시된 회로에서 다이오드가 ON 상태인지 OFF 상태인지 결정하시오.

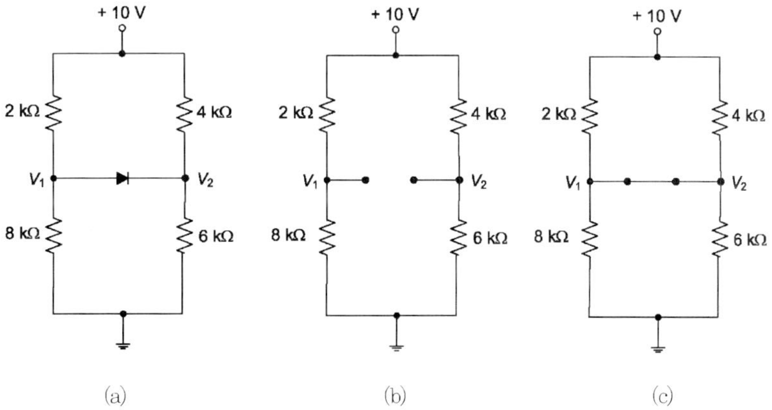

그림 2-47

16. 그림 2-48(a), (b)에 표시된 회로의 출력 파형을 구하시오.

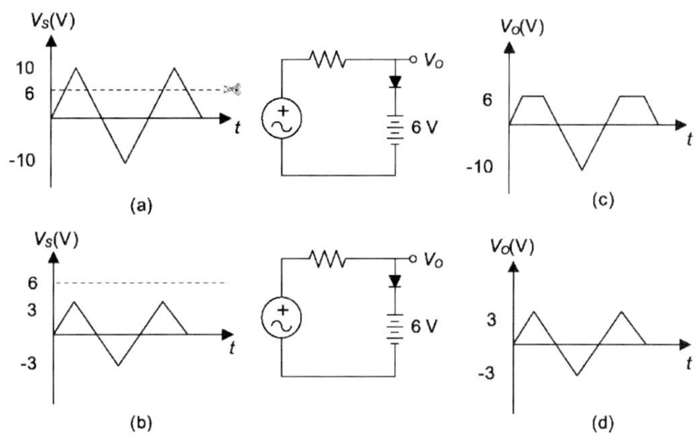

그림 2-48

17. 그림 2-49에 표시된 회로의 출력 파형을 구하시오.

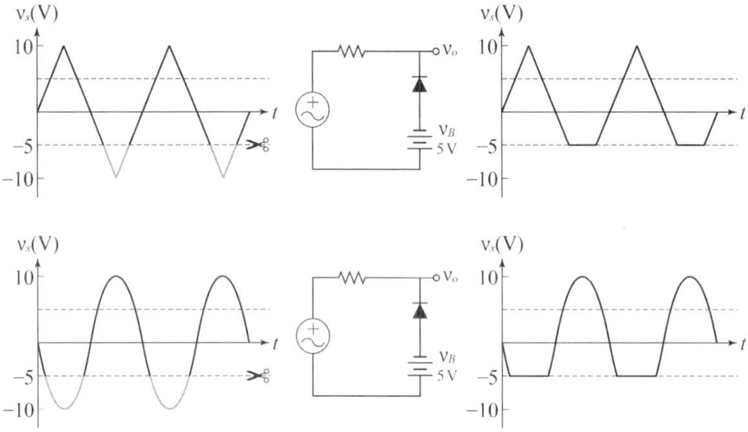

그림 2-49

18. 그림 2-50에 표시된 클리핑 회로에서 출력값을 구하시오.

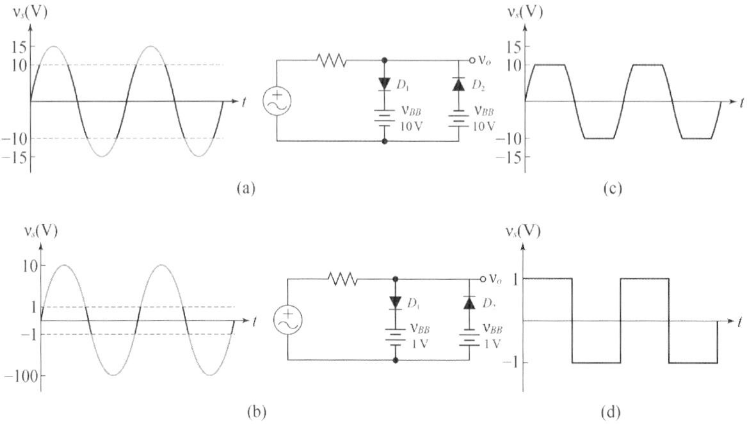

그림 2-50

19. 그림 2-51(a)에 표시된 다이오드의 상태를 결정하시오. I_D와 V_D를 구하시오. 다이오드는 실제적인 모델로 해석하시오.

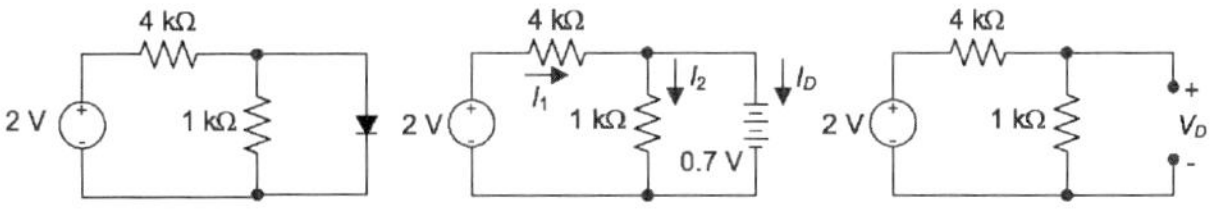

그림 2-51

20. 그림 2-52(a)에 표시된 다이오드의 상태를 결정하고 I_D와 V_D를 구하시오.

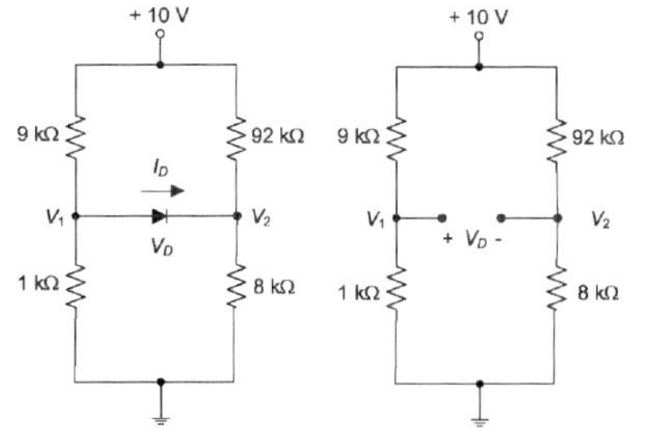

그림 2-52

21. 그림 2-53(a)에 표시된 리미터 회로의 출력을 구하시오.

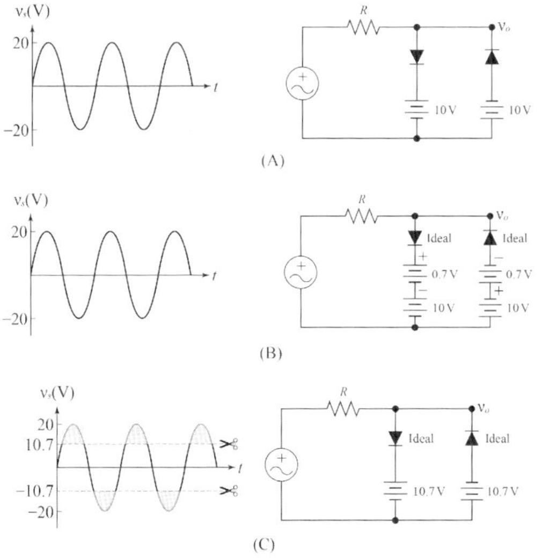

그림 2-53

CHAPTER

03

다이오드 전원 공급장치와 응용회로

정보의 흐름을 제어하도록 설계되는 전자 시스템에는 반드시 일정한 크기의 직류 전원 공급장치가 장착되어 있다. 전자계산기, 시계, 카세트 라디오, 멀티 테스터와 같은 이동용 측정 장비처럼 아주 적은 전력이 필요하다면 직류 전원 공급장치로 건전지가 사용된다. 그러나 컴퓨터, 텔레비전, 오디오 시스템, 비디오 시스템과 같이 규모가 큰 전자회로에서는 직류 전원을 공급받기 위해서 메인 시스템 내의 부 시스템으로 직류 전원 장치가 사용된다. 직류 전력 공급장치는 110V_{ac} 60 Hz(혹은 220V_{ac} 60 Hz)의 입력 전원을 원하는 크기의 직류 전압으로 변환시킨다. 따라서 전기 시스템도 전력의 흐름을 제어하도록 설계되는 시스템이다.

3–1 직류 전원 공급장치의 블록 다이어그램

그림 3–1(a)에는 직류 전력 공급장치의 블록 다이어그램이 표시되어 있다. 그림 3–1(b)에 표시된 것처럼 대부분의 직류 전원 공급장치는 교류 110 V를 입력으로 사용한다. 그림 3–1(c)에 표시된 것처럼 직류 전원 공급장치가 개별적으로 구성되기도 하지만 오실로스코프나 함수발생기처럼 대부분 실험실에서 사용되는 장비들이다.

그림 3–1(a)에 표시된 4개의 블록 다이어그램은 각각의 기능을 수행하게 된다. 따라서 최종 전압의 크기는 110 V를 필요로 하는 것이 아니므로 원하는 크기의 전압을 공급하기 위해서 전압을 증가시킬 수도 있고 전압을 감소시킬 수도 있는 변압기가 시스템 내부에 설치된다. 전자 시스템은 보통 직류 12 V와 5 V 정도의 아주 작은 전압을 필요로 한다. 따라서 감압용 변압기가 사용된다. 그림 3–1(a)에 표시된 파형을 참조하면 변압기가 감압시킨 교류 입력을 정류기가 맥류 직류 출력으로 변환시킨다. 이런 맥류 직류 출력은 0 V에서 피크 전압까지 지속적인 변화가 이루어지기 때문에 전자회로에서 직접 사용되지 못한다. 필터 회로는 맥류 직류 리플을 그림에 표시된 필터 뒷 단의 파형처럼 부드럽게 해준다. 마지막 블록은 전압 조정기 회로라고 불리는데, 전압 조정기의 입력과 출력 파형에서의 차이가 거의 발생 되지 않기 때문에 대단히 중요하다. 전압 조정기는 출력 부하

저항과 입력 전압이 크게 변화한다고 하더라도 직류 전원 공급장치의 출력 전압을 일정하게 유지 시킨다.

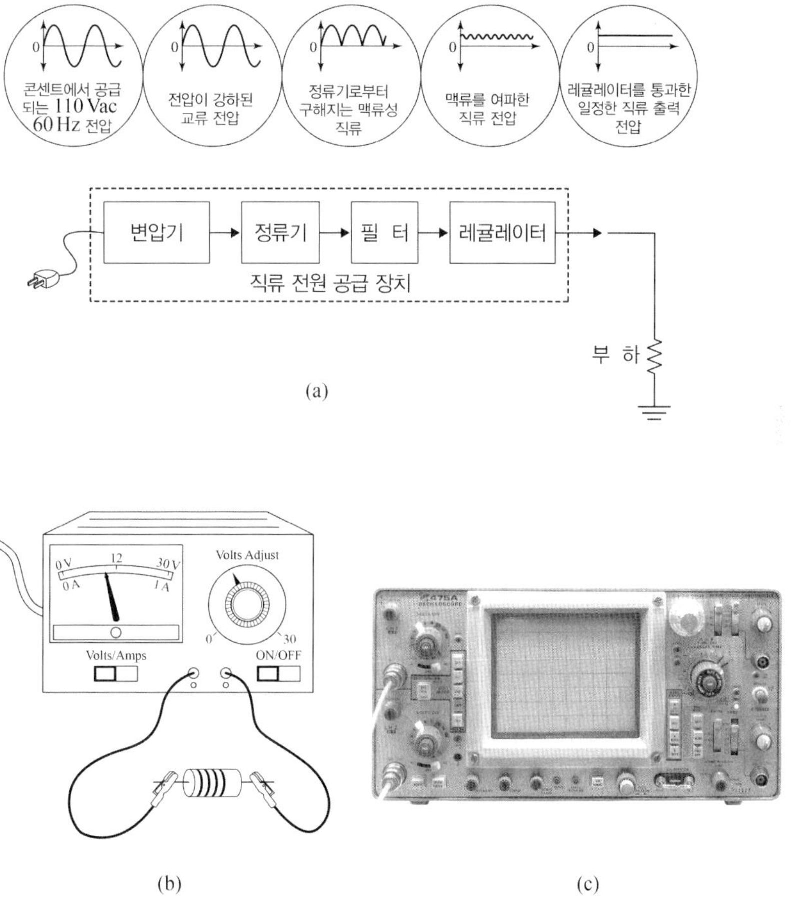

그림 3-1 직류 전원 공급장치 (a) 블록 다이어그램 (b) 전자 시스템의 내부에 설치된 전원 장치 (c) 전원 장치 단독으로 구성되는 경우

많은 직류 전원 공급장치는 전자시스템에서 어떤 크기의 직류 출력을 요구하지에 따라서 정류기, 필터, 전압 조정기를 가지게 된다.

3-2 변압기

직류 전원 공급장치의 변압기가 가지는 코일의 권선비는 교류 입력 110 V의 크기를 증가시킬 수도 있고 감소시킬 수도 있다. 그렇지만 대부분의 전자 장비에서는 110 V보다 작은 전압이 필요하기 때문에 전압 강하용 변압기가 사용된다. 2차측의 출력 전압 V_S는 식 (3-1)과 같이 구할 수 있다.

$$V_S = \frac{N_S}{N_P} \times V_P \tag{3-1}$$

이런 공식을 적용한 예가 그림 3-2에 표시되어 있다. 이런 경우에는 입력이 110 V이거나 220 V일지라도 2차측에 전압을 발생시킬 수 있도록 구성된다. 그림 3-2(a)에 표시된 변압기 회로의 입력은 두 개의 기본 권선들이 병렬로 연결되어 있다. 변압기의 권선비는 6 : 1이므로 2차측의 전압이 16.7V_{ac}로 강하된다.

$$V_S = \frac{N_S}{N_P} \times V_P = \frac{1}{6} \times 110\,V_{ac} = 16.7\,V_{ac}$$

그림 3-2(b)에서는 1차 측의 두 개의 기본 권선이 직렬로 연결되어 있기 때문에 권선비는 12 : 1이 된다. 따라서 2차측의 전압이 16.7V_{ac}로 강하된다.

$$V_S = \frac{N_S}{N_P} \times V_P = \frac{1}{12} \times 220\,V_{ac} = 16.7\,V_{ac}$$

1차측의 기본 권선비를 2배로 증가시켰지만 입력이 110 V에서 220 V로 2배 증가했기 때문에 출력전압은 16.7V_{ac}로 동일한 크기를 가진다.

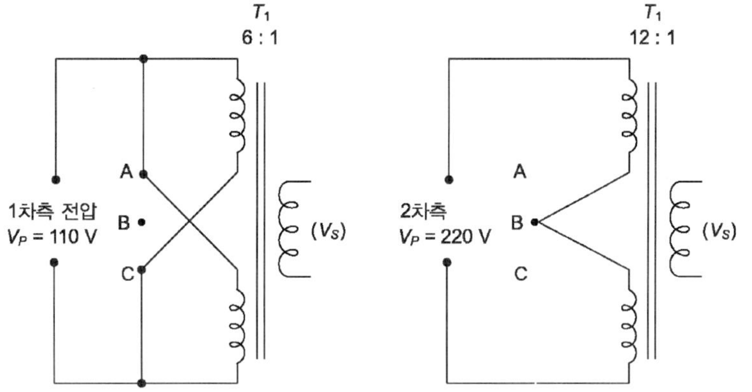

그림 3-2 110V/220V 전력 공급 변압기 (a) 110 V 연결 (b) 220 V 연결

예제 3-1

그림 3-3에 표시된 변압기 회로의 2차측 피크 전압을 구하시오.

(풀이) 입력 전압이 교류 110 V이므로 입력의 피크값은 155.5 V가 된다.

$$V_P = Vac \times 1.414 = 110\,V_{ac} \times 1.414 = 155.5\ \text{V}$$

여기서 V_P를 이용해서 2차측 V_S를 구하면 9.7 V이다.

$$V_S = \frac{N_S}{N_P} \times V_P = \frac{1}{16} \times 155.5\ \text{V} = 9.7\ \text{V}$$

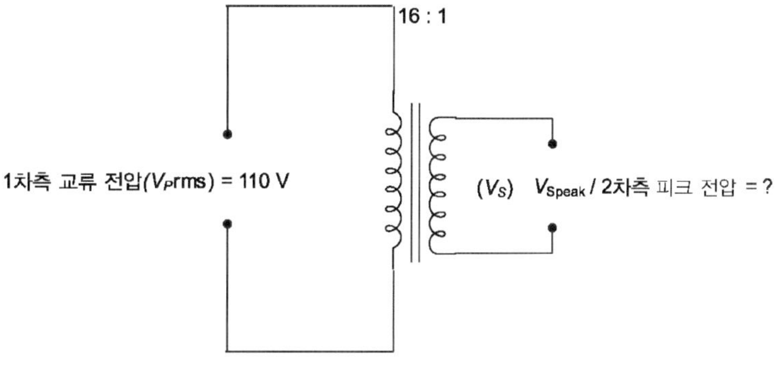

그림 3-3 변압기 커플링

3-3 정류기 회로

PN 접합형 다이오드는 전류를 한쪽으로만 흘릴 수 있도록 스위칭 되기 때문에 쌍방향으로 흐르는 교류 전류를 한쪽으로 흐르는 직류로 변환하기에 적합한 소자이다. 정류기 회로는 반파 정류기, 전파 정류기, 브리지 정류기로 구분된다.

3-3-1 반파 정류기

반파 정류기 회로는 그림 3-4(a)에 표시된 것처럼 전력 공급용 변압기와 부하 사이에 다이오드를 연결함으로써 간단히 구성된다. 2차측의 교류 전압이 그림 3-4(b)에 표시한 것처럼 positive 스윙일 경우 다이오드의 애노드가 positive로 바이어스되므로 다이오드는 ON 상태가 되고 부하 저항 양단에 2차측 교류의 positive 반파가 걸리게 된다. 그림 3-4(c)에 표시된 것과 같이 2차측 교류의 negative 스윙이 인가되면 다이오드의 애노드에 negative가 걸리게 되어서 역방향으로 바이어스 다이오드는 OFF 상태가 되고 회로에 전류가 흐르지 않기 때문에 부하 저항 양단에는 아무 전압도 걸리지 않게 된다.

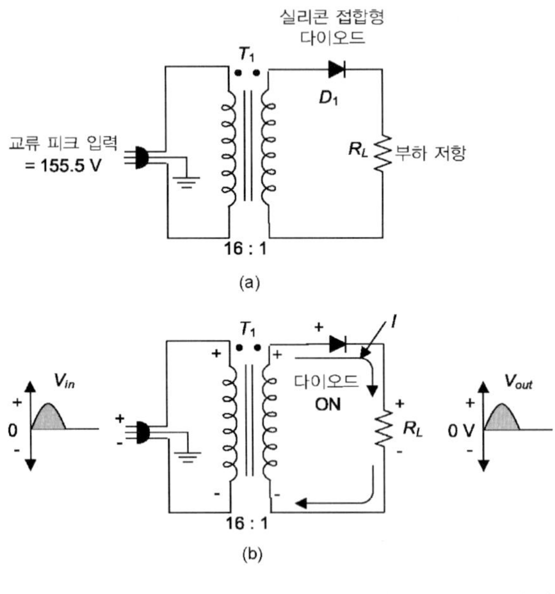

그림 3-4(계속) 반파 정류기 (a) 기본회로 (b) 입력의 positive반파 사이클 동작 (c) 입력의negative 반파 사이클 동작 (d) 입출력 파형 (e) 반파 출력을 제외시킨 다이오드의 장벽 전압

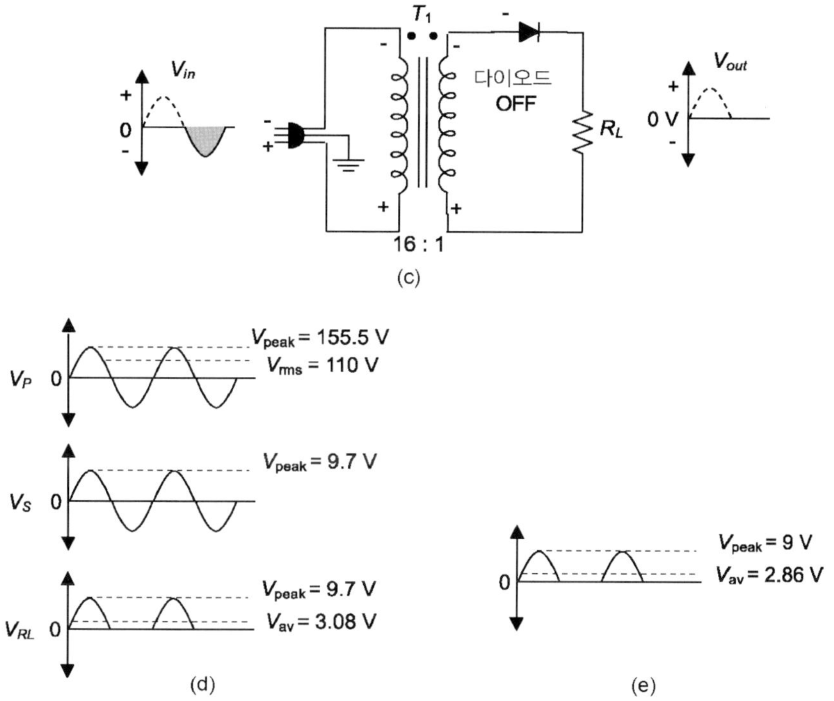

그림 3-4 반파 정류기 (a) 기본회로 (b) 입력의 positive반파 사이클 동작 (c) 입력의negative 반파 사이클 동작 (d) 입출력 파형 (e) 반파 출력을 제외시킨 다이오드의 장벽 전압

그림 3-4(d)는 반파 정류기의 입력과 출력 파형을 설명하고 있다. 110$V_{AC(rms)}$ 혹은 155.5V_{peak} 입력이 16 : 1의 감압비를 갖는 변압기에 인가된다면 출력은 9.7V_{PEAK} 로 구해진다.

$$V_S = \frac{N_S}{N_P} \times V_P = \frac{1}{16} \times 155.5\,V_P = 9.7\,V_P$$

다이오드는 이런 positive의 반파 입력만이 부하 저항 RL의 양단에 걸리게 된다. 따라서 출력 전압 V_{RL}은 9.7V_{PEAK}를 갖는 positive 맥류의 형태를 갖는다. 이런 파형은 그림 3-4(d)에 표시되어 있는데 입력신호 파형의 반파만이 출력에 나타나기 때문에 반파 정류기라고 부르게 된다. 전파의 평균값은 0.637V_{peak}이므로 반파의 평균값은 0.318V_{peak}가 된다(0.637÷2=0.318).

$$V_{av} = 0.318 \times V_{S(PEAK)} \qquad (3\text{–}2)$$

그림 3-4에 표시된 예제에서 반파 출력의 평균전압은 3.18 V이다.

$$V_{av} = 0.318 \times V_{S(PEAK)} = 0.318 \times 9.7 V_P = 3.08 V_P$$

보다 정확하게 계산하기 위해서는 다이오드의 전압 강하(실리콘: 0.7 V, 게르마늄: 0.3 V)를 빼주어야 한다. 그림 3-4에 표시된 회로의 출력은 사실은 9 V(9.7 V-0.7 V)의 피크값을 갖는다. 따라서 그림 3-4(e)의 경우는 2.86 V(0.318 × 9 V)의 평균값을 갖게 된다.

$$V_{OUT} = V_S - V_{diode}$$

또 다른 관점에서 고찰해야 할 것은 정류 다이오드나 접합의 역방향 항복 전압이다. 입력이 그림 3-4(c)에 표시된 것처럼 negative 스윙을 가지게 되면 negative 전압 전체가 개방(OFF)된 다이오드 양단에 걸리게 된다. 정류용 다이오드의 최대 역방향 항복 전압(maximum reverse breakdown voltage) 혹은 최대 역전압(peak inverse voltage)의 정격은 다이오드에 입력되는 전압의 피크값보다는 항상 커야 한다.

반파 정류기 회로는 그림 3-5(a)에 표시된 것처럼 positive의 맥류 출력을 발생시키거나 그림 3-5(b)에 표시된 것처럼 negative의 맥류 출력을 발생시키도록 배열된다. 이런 회로의 차이점은 그림 3-5(a)에 표시된 정류용 다이오드는 입력이 positive인 경우에만 도통되고 그림 3-5(b)의 정류용 다이오드는 negative인 경우에만 도통되기 때문에 반대의 극성이 입력되면 두 정류 다이오드 중 하나는 ON되고 나머지 다이오드는 OFF된다는 점이다. 따라서 다이오드의 연결 방향을 반대로 배치하면 출력을 positive이거나 negative로 만들 수 있다.

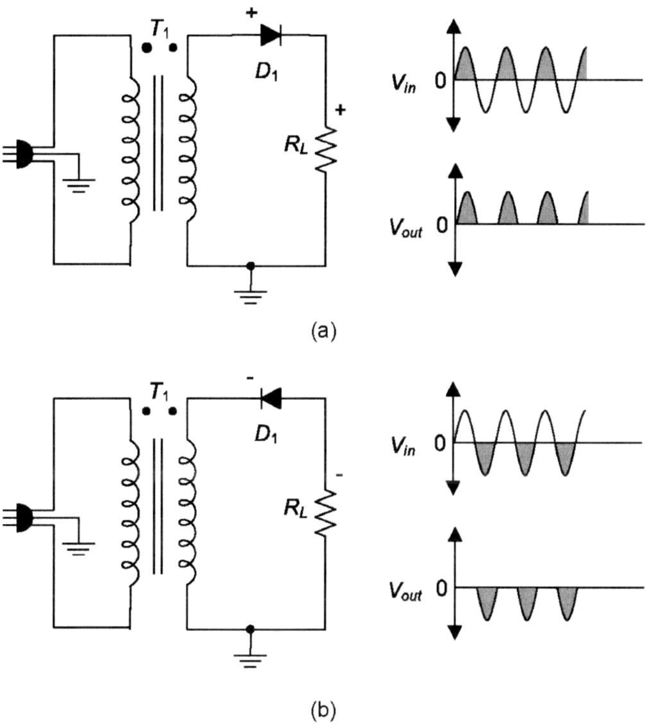

그림 3-5 반파 정류기의 출력 극성의 변화 (a) positive 맥류성 직류 (b) negative 맥류성 직류

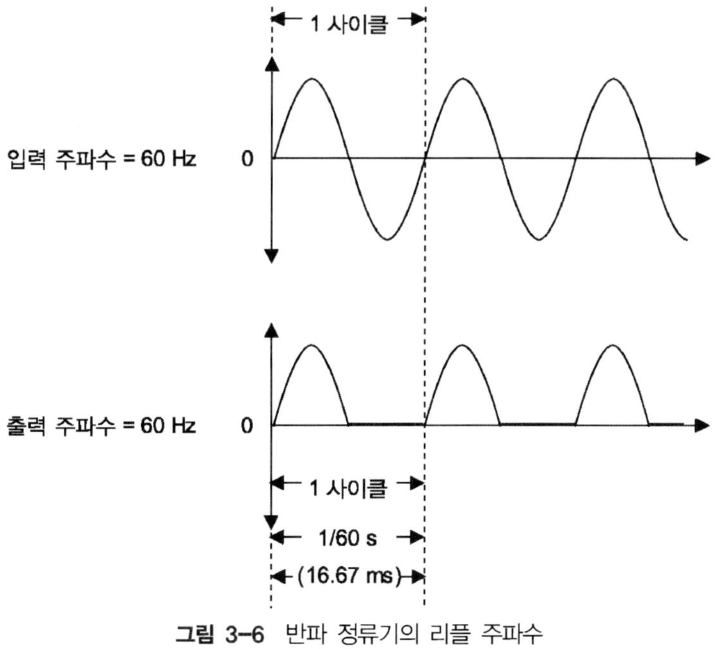

그림 3-6 반파 정류기의 리플 주파수

그림 3-6에 표시된 반파 정류기의 출력 파형을 참조하면 교류 입력의 모든 완전한 사이클에서 리플이 발생되는 것을 볼 수 있다. 만약 110 V, 60 Hz의 교류 입력에서 반파 정류기가 구동된다면 교류 입력의 완전한 사이클과 1/60초(16.67초)의 마지막 출력의 완전한 사이클은 반파 정류기 회로의 리플 주파수라고 부르는 맥류성 직류 출력의 주파수를 가지게 된다.

출력 펄스성 직류 리플 주파수 = 입력 교류 주파수

예제 3-2

그림 3-7에 표시된 정류기 회로를 참조해서 다음을 구하시오.
(a) 출력 극성 (b) 피크 출력 전압과 평균 출력 전압(다이오드의 장벽 전압을 고려하시오.)
(c) 출력 리플 주파수

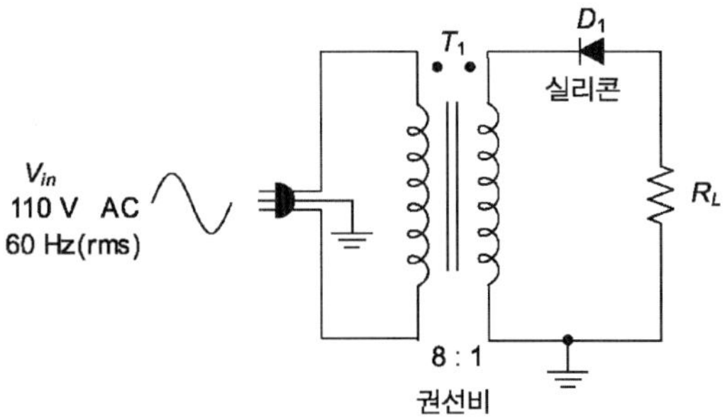

그림 3-7

(풀이) (a) negative 맥류성 직류

(b) $V_{peak} = 155.5\,V_P$

$$V_S = \frac{N_S}{N_P} \times V_P = \frac{1}{8} \times 155.5\,V_P = -19.4\,V_P$$

$$V_{OUT} = V_S - V_{diode} = 19.4\ \text{V} - 0.7\ \text{V} = -18.7\ \text{V}$$

$$V_{av} = 0.318 \times V_{OUT} = 0.318 \times 18.7\ \text{V} = -5.95\ \text{V}$$

(c) 출력 리플 주파수 = 입력 리플 주파수 = 60 Hz

3-3-2 중간탭을 갖는 전파 정류기

반파 정류기의 출력은 부하에 인가되는 출력 전압이나 전류는 입력 사이클의 절반만 나타나기 때문에 필터를 통해서 부드러운 직류 레벨을 만드는 것은 어렵다. 이번에는 전파 정류기라는 이름이 암시하는 것처럼 입력의 1/2 사이클 두 개가(입력 신호 전체) 스위치되므로 부하에는 한쪽으로만 흐르게 된다.

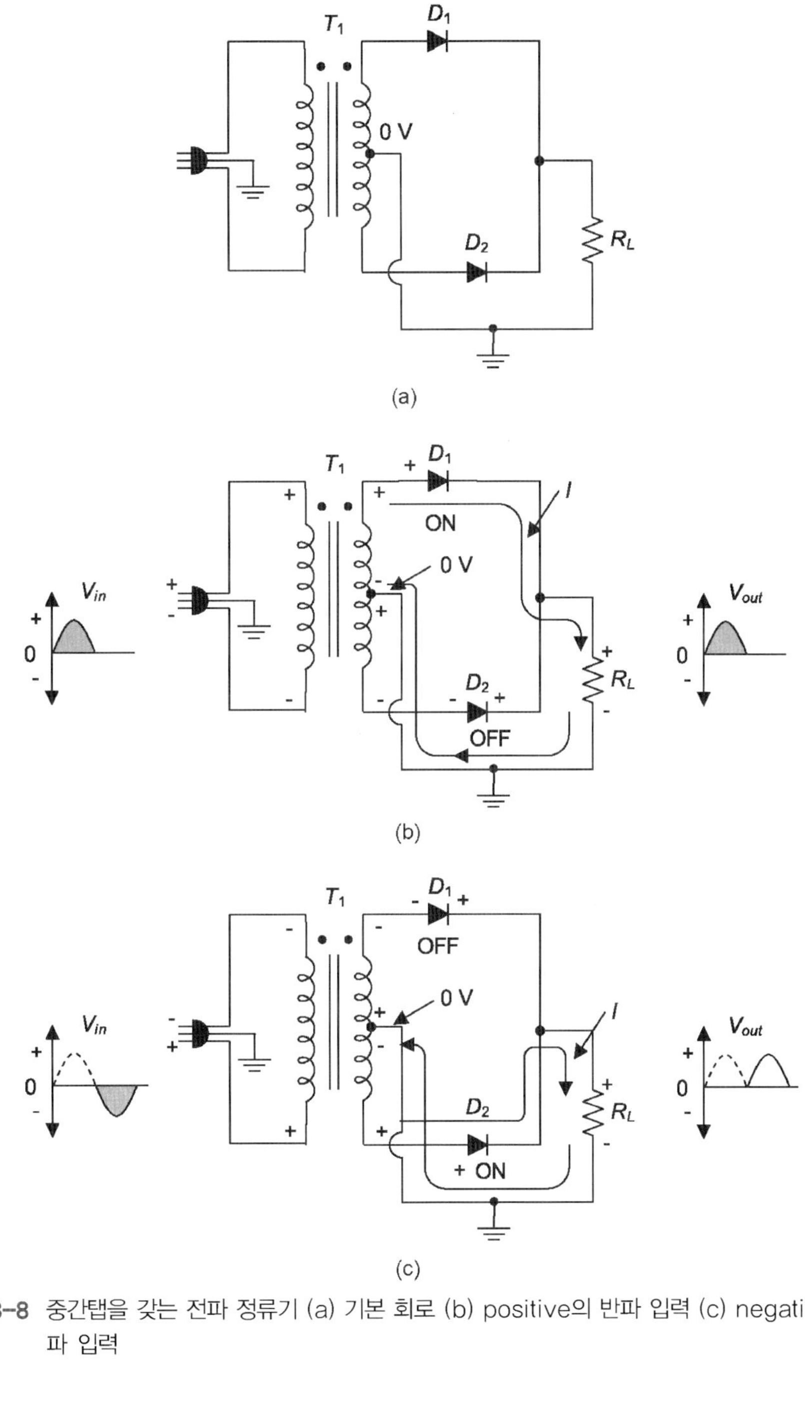

그림 3-8 중간탭을 갖는 전파 정류기 (a) 기본 회로 (b) positive의 반파 입력 (c) negative의 반파 입력

중간탭을 갖는 변압기와 두 개의 다이오드로 구성되는 기본적인 중간탭 정류기 회로가 그림 3-8(a)에 표시되어 있다. 변압기 2차측 권선의 상부(top)와 하부(bottom)의 위상차가 180°를 유지하도록 변압기의 2차측 중간 탭이 접지된다. 교류 입력이 positive로 스윙하게 되면 그림 3-8(b)에 표시된 것처럼 동작된다. 2차측 T_1의 상부에서 positive 전압이 발생되고 다이오드 D_1은 ON 상태가 된다. 반면 2차측 T_1의 하부에서는 negative 전압이 발생되므로 다이오드 D_2는 OFF 상태가 된다.

이것이 전자를 부하 저항을 통해서 점선으로 표시되는 전자 전류선을 따라서 흐르게 하고 결국 부하 저항 양단에는 반주기의 positive의 출력전압 VOUT을 발생시킨다. 교류 입력이 negative로 스윙하게 되면 회로는 그림 3-8(c)에 표시된 것처럼 동작된다. 2차측 T_1의 상부에서 negative 전압이 발생되고 다이오드 D_1은 OFF 상태로 된다. 반면 2차측 T_1의 하부에서는 positive 전압이 발생되므로 다이오드 D_2는 ON 상태로 된다. 이것이 전자를 부하 저항을 통해서 점선으로 표시되는 전자 전류선을 따라서 흐르게 하고 결국 부하 저항 양단에는 반주기의 positive의 출력 전압 V_{OUT}을 발생시킨다.

이런 회로에서 두 개의 다이오드와 중간탭 변압기는 2차측 양단에서 발생되는 양방향의 교류 전류를 부하 저항을 통해서 오직 한쪽으로만 흐르도록 발생시키기 때문에 부하 저항 양단에는 동일한 극성을 가는 출력 전압이 발생된다. 중간탭을 갖는 전파 정류기의 입력과 출력전압에 대한 상세한 설명이 그림 3-9에 표시되어 있다.

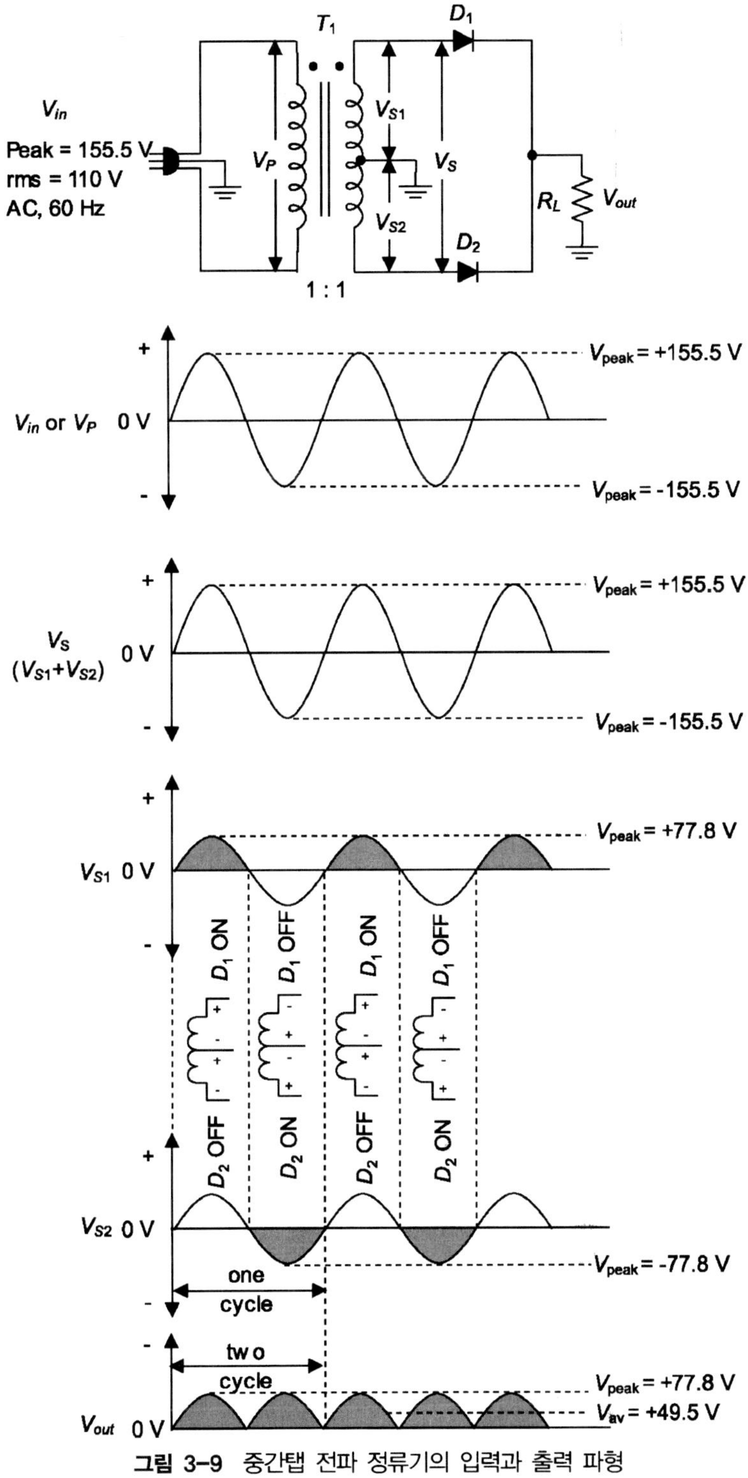

그림 3-9 중간탭 전파 정류기의 입력과 출력 파형

이 예제에서는 변압기의 2차측에서 중간탭이 어떻게 동작해서 2차측의 전압 V_S가 동일한 크기의 V_{S1}과 V_{S2}로 분배되는지를 설명하기 위해서 1 : 1의 권선비를 가지는 변압기를 사용한다. 파형을 참조하면 110V_{RMS}의 교류 선전압(155.5V_{peak})이 변압기의 1차측인 T_1에 인가된 사실을 확인할 수 있다. 1 : 1의 권선비를 가지는 변압기이기 때문에 1차측과 동일한 전압이 2차측에 나타나게 된다($V_S = V_P = 155.5V_{peak}$).

이와 같은 1차측 전압은 V_{S1}과 V_{S2}로 표시되는 2개의 전압으로 분할되는데 이들의 크기는 각각 $\frac{1}{2}V_S$의 피크 전압을 가진다($V_{S1(peak)} = V_{S2(peak)} = \frac{1}{2}V_{S(peak)} = \frac{1}{2} \times 155.5V_{peak} = 77.8V_{peak}$). V_{S1}이 반주기 동안 출력에 연결되고 V_{S2}가 나머지 반주기 동안 출력에 연결되기 때문에 출력 전압(V_{OUT})은 항상 $\frac{1}{2}V_S$에 해당하는 77.8 V의 피크값을 가지게 된다. 출력의 피크값이 2차 측의 피크값과 동일한 반파 정류기와 비교해보면 중간탭을 가지는 전파 정류기는 출력 값이 2차측 피크값의 1/2만 전달하기 때문에 성능이 좋지 못한 것처럼 보인다. 그러나 중간탭을 가지는 전파 정류기는 반주기 동안만 출력을 발생시키는 반파 정류기와 비교할 때 반주기의 두 배에 해당하는 한주기 동안 출력을 발생시킨다. 전파 정류기에서의 평균 출력 전압은 다음과 같은 공식에 의해서 계산된다.

$$V_{av} = 0.636 \times \frac{1}{2}V_{S(peak)} \tag{3-3}$$

예제 3-3

$V_{S(peak)}$=155.5 V인 경우의 반파 정류기와 중간탭 전파 정류기의 평균 출력 전압을 계산하시오.

(풀이)

반파 정류기인 경우

$$V_{av} = 0.318 \times V_{S(peak)} = 0.318 \times 155.5\,V_P = 49.5\,V_P$$

중간탭을 가지는 전파 정류기인 경우

VS(peak) = 155.5 V이므로 VS1(peak)와 VS2(peak)는 77.8VP이다.

따라서 $V_{av} = 0.636 \times \frac{1}{2}V_{S(peak)} = 0.636 \times 77.8\,V_P = 49.5\,V_P$

그림 3-9에 표시한 것처럼 입력의 한주기에 대해서 출력에서 두 개의 반주기가 발생되기 때문에 리플 주파수는 입력 주파수의 2배가 된다. 결국 이런 고주파는 파형을 필터링하는 데 도움을 준다.

출력의 맥류성 직류 리플 주파수 = 2 × 입력 교류 주파수

좀 더 정확한 해석을 하기 위해서는 다이오드 양단에서 발생되는 전위 장벽을 고려해야 한다. 각 반주기에서 하나의 다이오드만이 ON 상태로 되기 때문에 출력의 피크값은 실리콘 다이오드를 사용했다고 가정할 때 그림 3-9에 표시된 마지막 파형은 0.7 V만큼 감소된다.

$$V_{OUT} = \frac{1}{2} V_{S(peak)} - 0.7 \text{ V}$$

최대 역전압에 대해서 고찰하면 그림 3-8(b)를 참조하면 되는데 여러분들은 입력의 반주기 동안에 OFF된 다이오드 D_2의 양단에 2차측의 전체 피크 전압 $V_{S(peak)}$가 걸리는 것을 확인할 수 있다. 이와 유사하게 그림 3-8(c)에 표시된 것처럼 입력의 반주기 동안에 OFF된 다이오드 D_1의 양단에 2차측의 전체 피크 전압 $V_{S(peak)}$가 걸리는 것을 확인할 수 있다. 양쪽 다이오드는 당연히 2차측의 피크 전압보다 더 큰 최대 역전압 정격을 가지게 된다. 그림 3-9에 표시된 회로에서의 다이오드가 가지는 최대 역전압 정격은 155.5 V보다는 크다.

3-3-3 브리지 정류기

두 개의 다이오드와 중간 탭을 가지는 2차측 변압기를 사용하지 않고서도 2배의 리플 주파수를 가지고 훨씬 필터링이 쉬운 회로인 브리지 정류기 회로를 구성할 수 있다. 브리지 정류기는 반파 정류기와 중간 탭 전파 정류기의 장점을 이용한 것이지만 여분의 다이오드가 2개 더 사용되기 때문에 가격이 약간 비싸지게 된다. 그림 3-10(a)에 브리지 정류기를 표시했다. 반파 정류기의 피크 출력 전압과 중간 탭 전파 정류기의 리플 주파수를 구할 수 있다. 그림 3-10(b)와 (c)는 교류 입력이 인가될 때 브리지 정류기가 어떻게 동작하는지를 보여준다.

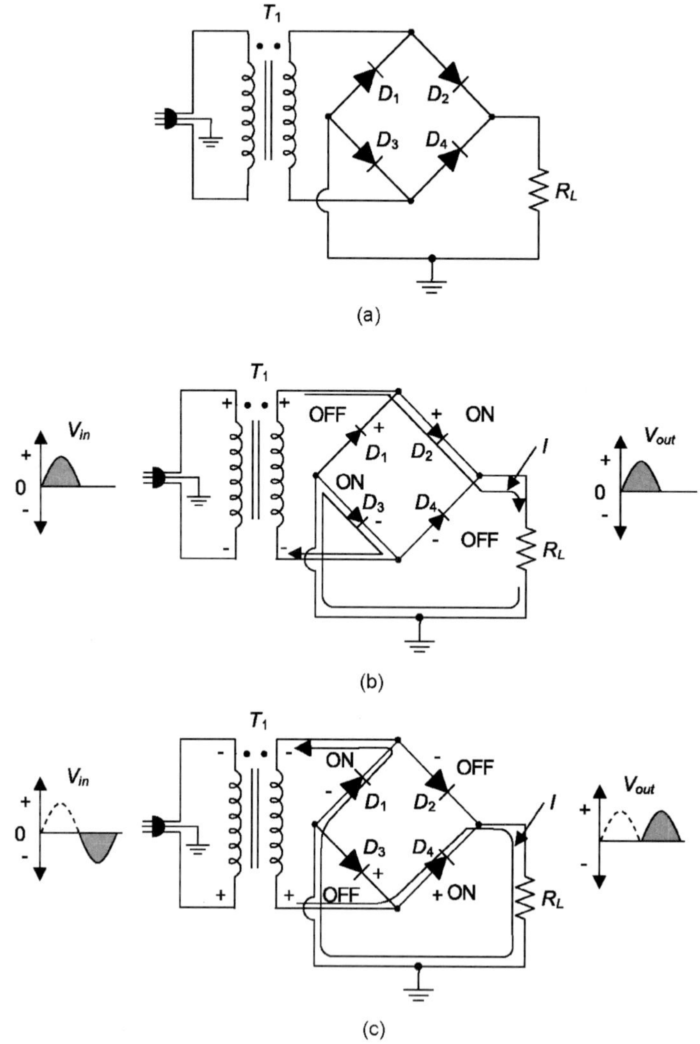

그림 3-10 전파 브리지 정류기 (a) 기본 회로 (b) positive 반주기 동작 (c) negative 반주기 동작

교류 입력이 positive로 스윙하면 회로는 그림 3-10(b)에 표시된 것처럼 동작한다. positive의 전위가 브리지의 위쪽에 인가되면 다이오드 D_2가 ON되고 negative의 전위가 브리지의 아래쪽에 인가되면 다이오드 D_3가 ON된다. 다이오드 D_2와 D_3가 ON되는 동안 다이오드 D_1과 D_4는 OFF된다. 전자는 부하 저항을 통해서 점선 전류와 같이 이동하게 되고 부하 저항 양단에는 반주기 동안 positive의 부하 전압 V_{OUT}이 발생된다. 교류 입력이 negative로 스윙하면 회로는 그림 3-10(c)에 표시된 것처럼 동작한다. negative의 전위가 브리지의 위쪽에 인가되면 다이오드 D_1이 ON되고 positive의 전위가 브리지의 아래쪽

에 인가되면 다이오드 D_4가 ON된다. 다이오드 D_1과 D_4가 ON되는 동안 다이오드 D_2와 D_3는 OFF된다. 전자는 부하 저항을 통해서 점선 전류와 같이 이동하게 되고 부하 저항 양단에는 다시 반주기 동안 positive의 부하 전압 V_{OUT}이 발생된다.

중간탭 정류기와 마찬가지로 브리지 정류기는 부하를 통해서 동일한 극성을 가지는 2개의 반주기를 스위칭하게 된다. 그러나 중간탭 전파 정류기와 다른 점은 브리지 정류기의 부하 저항에 나타나는 출력은 2차측 전압의 피크값이 동일한 크기로 나타난다는 점이다. 155.5 V 교류의 피크값이 그림 3-11(a)에 표시된 것처럼 동일한 크기의 155.5 V의 맥류성 직류 피크 전압으로 발생된다. 이런 경우의 평균 전압은 중간탭 전파 정류기의 평균값보다 훨씬 크게 된다.

$$V_{av} = 0.636 \times V_{S(peak)} = 0.636 \times 155.5\,V_P = 98.9\,V_P$$

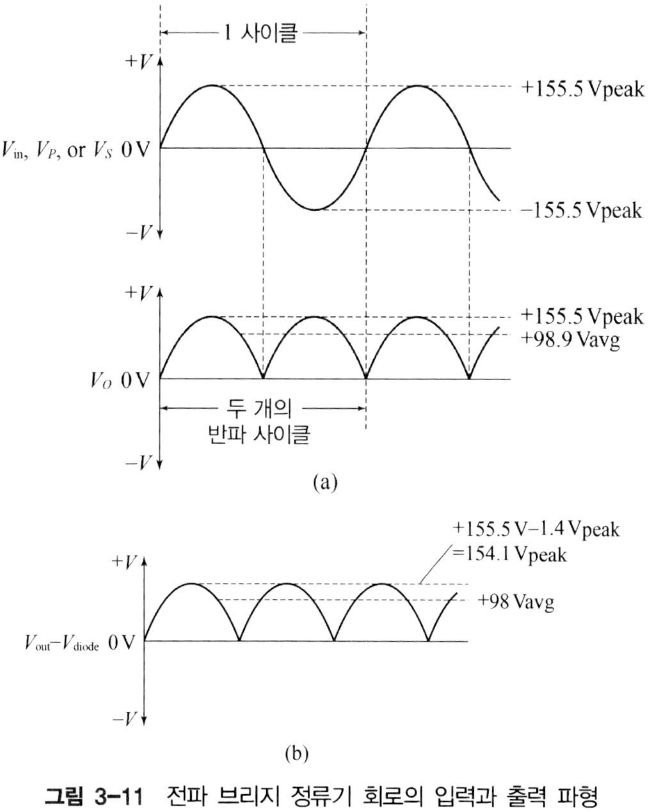

그림 3-11 전파 브리지 정류기 회로의 입력과 출력 파형

예제 3-4

$V_{S(peak)}$가 155.5 V라고 가정하고 중간탭 정류기의 평균 출력과 브리지 정류기의 평균 출력을 구하고 비교하시오.

(풀이) 중간탭 전파 정류기인 경우인 경우

$$V_{av} = 0.636 \times \frac{1}{2} V_{S(peak)} = 0.636 \times 77.8\,V_P = 49.5\,V_P$$

브리지 전파 정류기인 경우

$$V_{av} = 0.636 \times V_{S\ peak} = 0.636 \times 155.5\,V_P = 98\,V_P$$

예제 3-4를 통해 부하 저항에 양단에 나타나는 중간탭 전파 정류기의 출력은 2차측 피크값의 $\frac{1}{2}$인 데 비해서 부하 저항 양단에 나타나는 브리지 전파 정류기의 출력은 2차측 피크 전압 전체가 나타난다는 사실을 확인할 수 있다. 그림 3-11(a)에 표시된 것처럼 입력의 모든 한주기에 대한 출력에서는 2개의 반주기가 나타나므로 리플 주파수는 입력 주파수의 2배가 되고 주파수가 높아지면 맥류를 훨씬 부드럽게 필터링할 수 있게 된다.

맥류성 출력의 직류 리플 주파수 = 2 × 입력 교류 주파수

좀 더 정확하게 계산하자면 다이오드 양단에서의 전압 강하 현상을 고려해야 한다. 각 반주기에서 두 개의 다이오드가 ON되고 두 개의 다이오드는 직렬로 연결되기 때문에 1.4 V(2 × 0.7 V)의 전압 강하를 빼주어야 한다. 따라서 피크 출력 전압은 그림 3-10(c)와 같이 구해진다.

$$V_{OUT} = V_{S(peak)} - 1.4\text{ V}$$

최대 역전압을 고려하기 위해서는 그림 3-12를 참조해야 한다. $V_{S(peak)}$ 전체가 두 개의 OFF된 다이오드 양단에 걸리게 된다. 따라서 각 다이오드가 가지는 최대 역전압 정격은 2차측의 피크 전압 V_S보다 커야 한다. 그림 3-10, 3-11에 주어진 값처럼 다이오드의 최대 역전압 정격은 155.5 V보다 커야 한다.

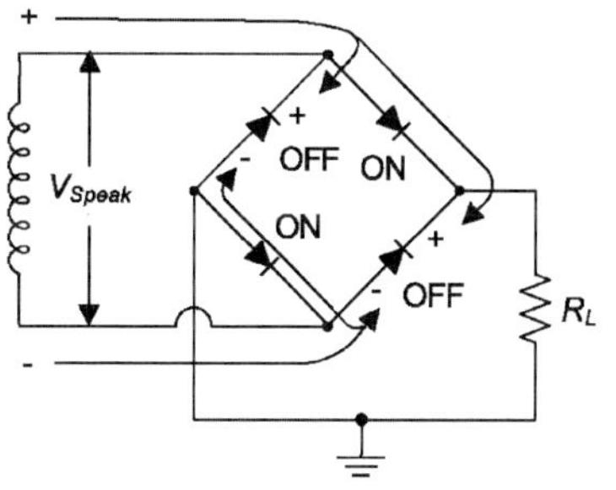

그림 3-12 최대 역전압

3-4 필터(여파기)

그림 3-1의 블록도에 표시한 것처럼 반파 정류기와 전파 정류기의 출력인 맥류성 직류 전압은 직류 전원 공급장치의 필터 회로를 거쳐서 직류 전압으로 변환된다. 필터 회로는 용량성 필터(커패시티브 필터), RC 필터, LC 필터로 구분된다.

3-4-1 용량성 필터

그림 3-13(a)는 positive 출력 반파 정류기와 용량성 필터 회로를 표시하고 있다. 그림 3-13(b)와 (c), (d)에 표시된 파형은 정류기로부터 공급되는 반파 맥류 직류 출력에 해당되는 용량성 필터의 응답을 표시한 것이다. 그림 3-13(a)에 표시된 회로에서 점선으로 표시된 필터의 동작을 확인해 보도록 하자. 정류기의 출력은 그림 3-13(b)와 같다. 적은 커패시턴스값을 갖는 용량성 필터의 파형은 그림 3-13(c)와 같다. 교류 입력이 positive로 스윙하면 다이오드가 ON되고 커패시터는 그림 3-13(a)에서 점선으로 표시된 충전 전류선에 의해서 충전된다.

충전 시상수가 적기 때문에 충전 경로상에는 연결한 도선의 저항 외에는 어떤 저항 성분도 존재하지 않는다(충전 τ↓ = R↓ × C). 이런 충전 시간은 그림 3-13(c)에서 0°에서 90° 사이의 영역에 회색으로 칠해진 부분에 의해서 표시된다. 교류 입력이 자신의 positive 피크(90°)에서 감소하기 시작하면 입력에 의해서 다이오드의 애노드에 공급되는 positive의 전위는 감소되고 충전된 커패시터에 의해서 다이오드의 캐소드에 큰 positive

전위가 공급되기 때문에 다이오드가 OFF 된다. 다이오드가 OFF되면 커패시터는 그림 3-13(a)에서 점선으로 표시된 것처럼 방전하기 시작한다. 이런 방전 시상수는 부하 저항 때문에 충전 시상수보다 훨씬 크게 된다(방전 τ↑ = R↑ × C). 그림 3-13(c)에 표시된 감소하는 경사는 커패시터의 양단에 걸리는 전압의 감소를 의미하는데 커패시터가 방전하기 때문에 저항 양단에 걸리는 전압도 감소하게 된다. 교류 입력과 정류기의 맥동성 직류 사이클이 반복되면 출력은 그림 3-13(c)에 표시된 것과 같고 평균값의 약간 위와 아래로 가변되는 리플을 갖는 직류 출력을 나타낸다.

그림 3-13(d)는 큰 값의 커패시턴스를 갖는 콘덴서가 사용될 경우의 충전과 방전 시상수를 표시한다(τ↑ = R × C↑). 따라서 리플의 크기는 감소하고 평균 출력 전압은 증가하게 된다.

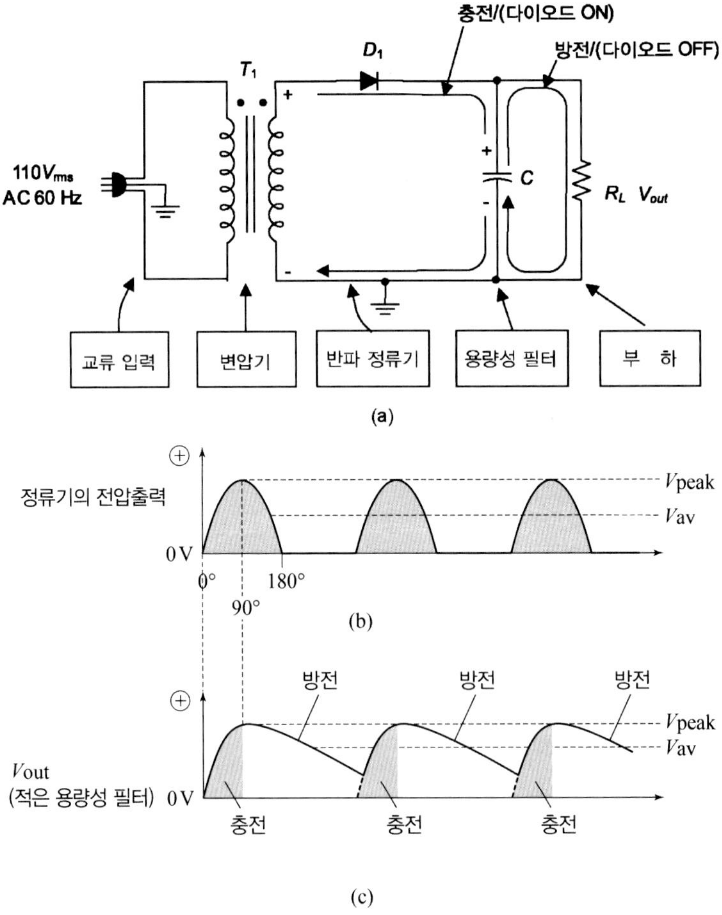

그림 3-13(계속) 반파 정류기 출력의 용량성 필터링

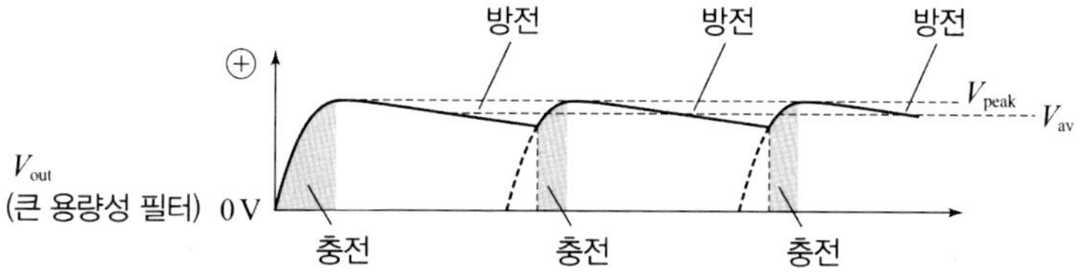

(d)

그림 3-13 반파 정류기 출력의 용량성 필터링

그림 3-14(a)는 브리지 전파 정류기와 커패시터 필터 회로의 positive 출력을 표시하고 있다. 그림 3-14(b),(c),(d)는 정류기의 출력 파형과 적은 크기의 커패시턴스를 가지는 커패시터 필터 회로와 큰 크기의 커패시턴스를 가지는 커패시터 필터 회로의 출력 파형을 표시하고 있다. 브리지 전파 정류 회로의 리플 주파수는 반파 정류 회로의 2배이므로 커패시터는 또 다른 positive의 반주기가 발생 되기 전에 아주 큰 방전 시간을 가질 수 없게 된다. 이 결과 반파 정류 회로보다 더 높은 평균 전압을 가지게 된다. 만약 큰 커패시턴스를 가지는 커패시터가 사용된다면 시상수가 커지기 때문에 리플의 크기가 감소된다(τ↑ = R × C↑). 따라서 그림 3-14(d)에 표시된 것처럼 평균 전압은 증가한다.

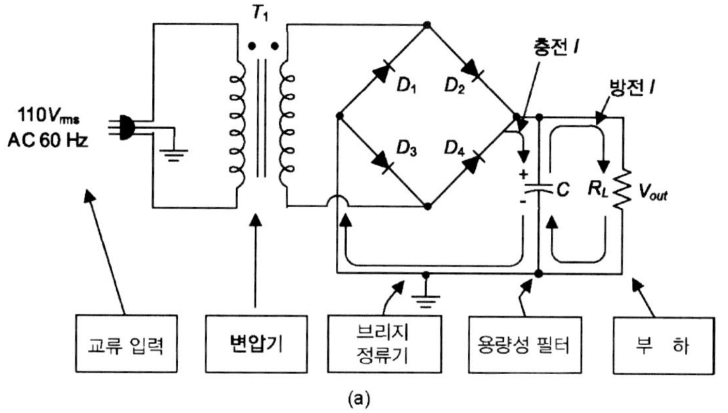

(a)

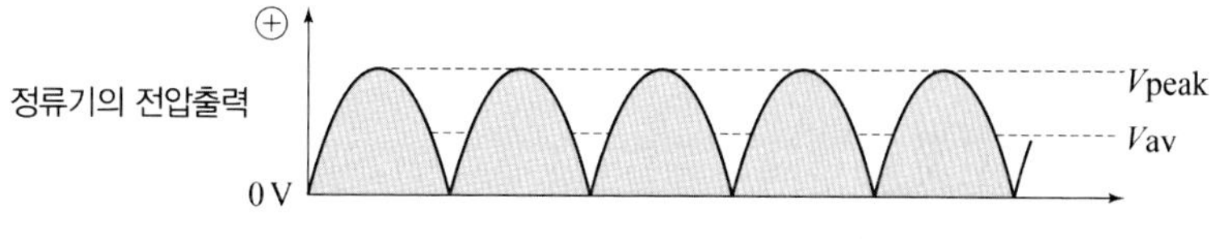

(b)

그림 3-14(계속) 전파 브리지 정류기 출력의 용량성 필터링

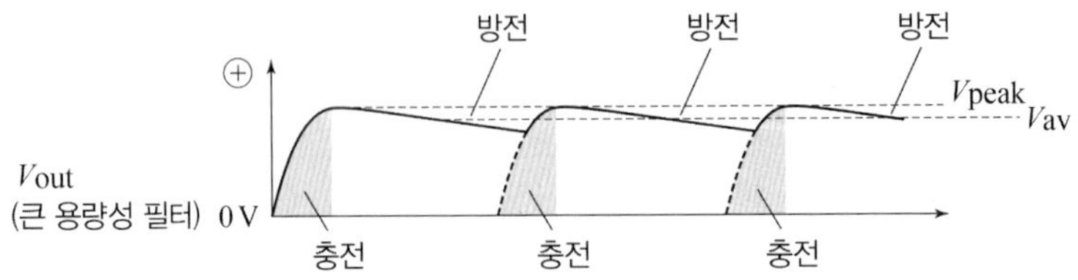

(c)

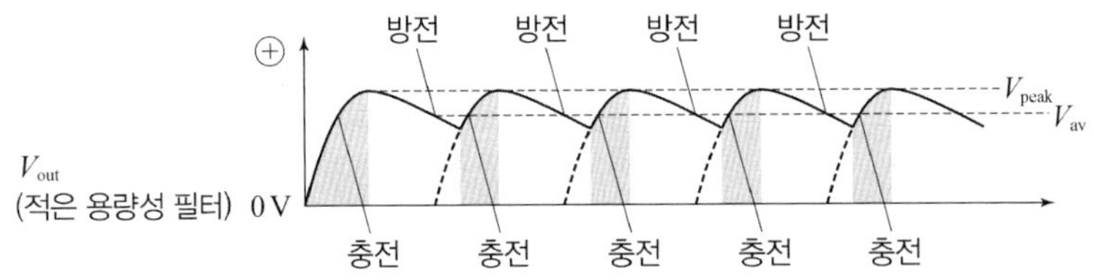

(d)

그림 3-14 전파 브리지 정류기 출력의 용량성 필터링

3-4-2 백분율 리플

두 개의 용량성 필터 회로는 필터로 부터의 출력이 직류 레벨을 가진다고 하더라도 그 안에는 약간의 맥류 성분이나 리플이 포함된다는 사실을 확인할 수 있다. 이런 진동의 변화량은 백분율 리플이라고 부르는데 필터의 동작 비율을 표시하기 위해 사용된다.

$$\text{백분율 리플} = \frac{\text{리플의 } V_s}{\text{리플의 } V_{av}} \times 100\ (\%)$$

백분율 리플이 어떻게 구해지는지를 보기 위해서 그림 3-15를 참조하도록 하자. 이 예제에서는 필터의 출력이 +30 V와 +40 V 사이에서 진동하고 있으므로 리플의 피크-피크값은 10 V이다.

$$\text{리플의 피크-피크값} = 30\text{ V에서 } 40\text{ V} = 10V_{PK-PK}$$

10 V의 피크-피크값은 리플이 5 V의 피크값을 갖는다는 것을 의미한다.

$$\text{리플의 피크값} = \text{피크-피크 리플값의 } \frac{1}{2} = 10\text{ V의 } \frac{1}{2} = 5V_{PK}$$

리플의 피크값을 구하면 실효값도 계산할 수 있다.

$$리플의\ 실효값 = 피크값 \times 0.707 = 5\ V \times 0.707 = 3.54\ V$$

리플의 평균은 대략적으로 그림 3-15에서 피크값의 중간 크기인 +35 V이다. 이런 크기를 공식에 대입하면 10.1%의 리플값을 계산할 수 있다.

$$백분율\ 리플 = \frac{리플의\ V_s}{리플의\ V_{av}} \times 100 = \frac{3.54\ V}{35\ V} \times 100 = 10.1\%$$

이것은 정류기의 평균 전압(+35 V)이 10.1%의 리플을 갖는다는 것을 의미한다.

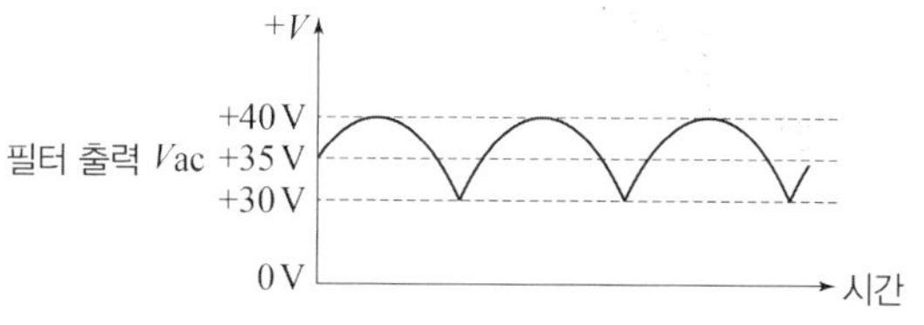

그림 3-15 필터의 백분율 리플

3-4-3 RC 필터

그림 3-16에 표시된 저역통과 파이(π) 필터는 진동 성분은 차단시키고 직류 성분만을 통과시키는 기능 때문에 리플을 감쇠시키는 데 사용된다. 파이 필터라고 부르는 이유는 두 개의 수직 성분과 한 개의 수평 성분이 마치 π 형태를 닮았기 때문이다. 첫 번째 커패시터 C_1은 용량성 필터에서의 커패시터와 동일한 동작을 수행한다. 저항 R_1과 C_2는 전압 분배기이다. 주파수가 감소하면 용량성 리액턴스는 증가하게 된다(X_C는 주파수 f에 반비례한다). 대부분의 직류 전압은 C_2 양단에 나타나게 되고 부하에 인가된다. C_2 양단에는 리플이 거의 나타나지 않게 되고 이런 전압이 부하에 걸리게 된다. 요약하자면 콘덴서는 직류 성분을 차단하고 부하로부터 교류 성분을 분류시키며 직류 성분을 부하에 직접 연결한다.

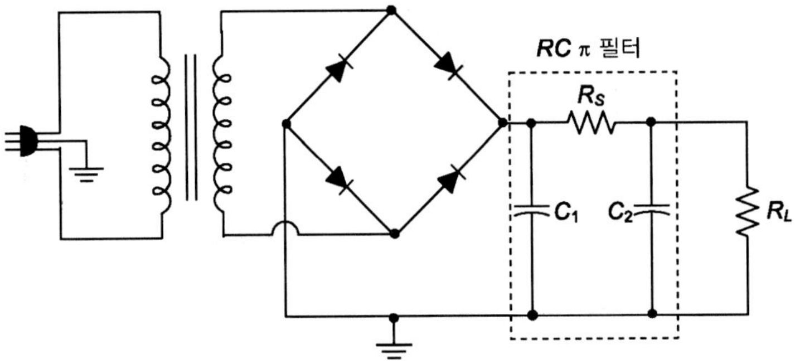

그림 3-16 RC π 필터

3-4-4 LC 필터

그림 3-17에 표시한 것처럼 RC π 필터에서 R_1을 L_1로 대체시키면 인덕터는 열을 발생시키지 않으면서도 전류의 흐름을 방해하기 때문에 필터의 효율을 증가시킬 수 있다. 인덕터 L_1은 직류에서는 아주 적은 리액턴스 성분을 가지게 되고($X_L\downarrow \propto f\downarrow$), 교류 리플에서는 아주 큰 리액턴스 성분을 가지게 된다($X_L\uparrow \propto f\uparrow$). 전력을 적게 사용하기 때문에 인덕터를 사용하는 것이 저항을 사용하는 것보다는 아주 효율적이다.

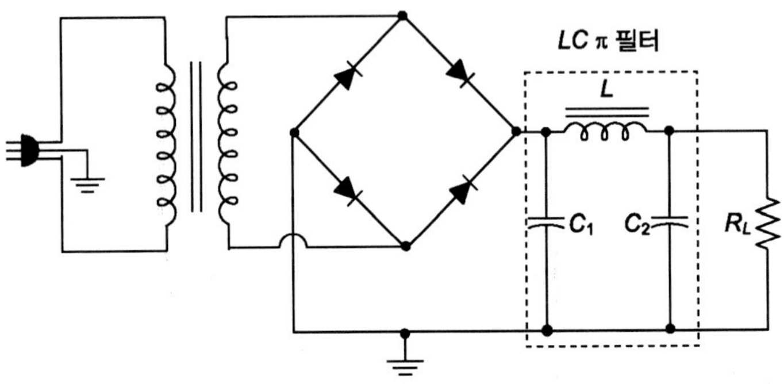

그림 3-17 LC π 필터

3-5 전압 조정기

직류 전원 공급장치에서 전압 조정기는 교류 입력이 변하거나 부하 저항이 변화한다고 하더라도 항상 일정한 크기의 직류 전압을 공급하게 된다. 이상적(ideal)인 직류 전원 공급장치는 자신의 모든 교류 전기 에너지 입력을 직류 에너지 출력으로 변환시킨다. 모든 소자, 회로, 시스템과 같은 직류 전원 공급장치는 100% 효과적이지는 않기 때문에 전기적인 에너지 출력을 따라서 직류 전원 장치는 소비되는 열(heat)을 발생시키게 된다. 이것이 직류 전원 장치가 그림 3-18(a)에 표시된 것처럼 내부 저항(R_{int})을 갖는 전압원으로 표시되는 이유이다.

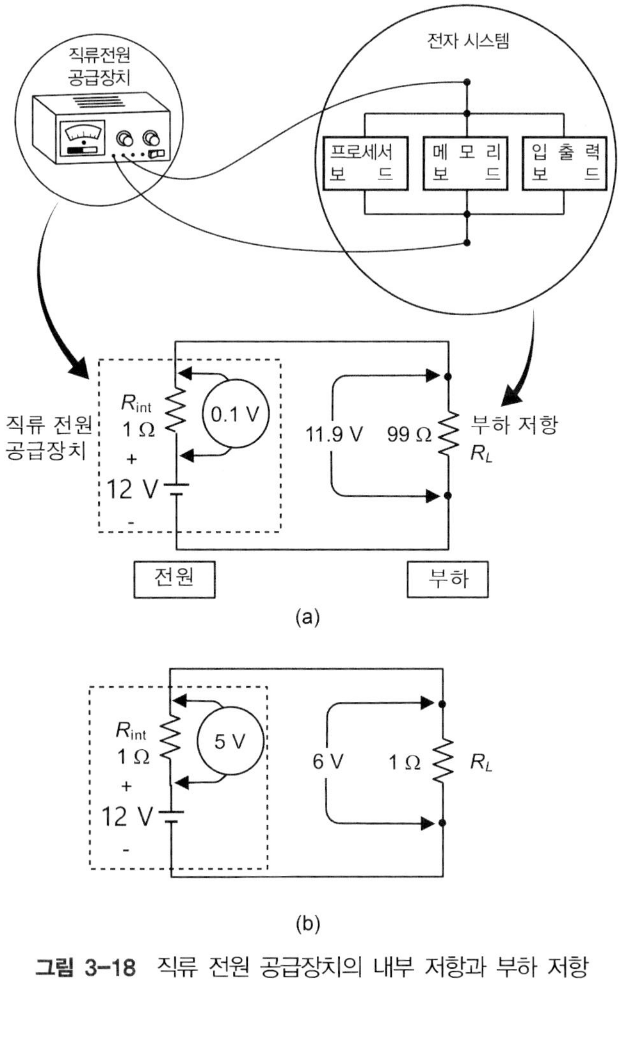

그림 3-18 직류 전원 공급장치의 내부 저항과 부하 저항

내부 저항은 보통은 대단히 적은데(이 예제에서는 1 Ω이다.) 직류 전원 공급장치에서 비효율적인 열에너지의 손실을 의미한다. 부하 저항 R_L은 전자 시스템에서의 전자회로가 가지는 저항이다. R_{int}와 R_L이 직렬로 연결되기 때문에 그림 3-18에 표시된 회로에 공급되는 10 V의 전압은 V_{Rint} = 0.1 V, V_{RL} = 9.9 V로 분배된다.

만약 부하 저항 R_L이 그림 3-18(b)에 표시된 것처럼 극적으로 1 Ω까지 감소하게 된다면 감소된 부하 저항의 영향에 의해서 부하 전류의 크기가 증가한다. 이런 전류의 증가는 전원 공급장치에서 발생되는 열(heat)의 증가도 유발한다($P_{Rint}\uparrow = I^2\uparrow \times R$). 이런 손실은 직류 전원 장치의 출력에서 나타나게 되는데 10 V의 공급 전압이 R_{int}와 R_L에 동일하게 5 V씩 분배되기 때문에 부하 저항 양단에는 5 V만 공급된다.

만약 부하 저항이 감소한다면 부하 전류는 증가하게 되고 너무 큰 전류가 흐르게 되기 때문에 전원 전압이 차단된다. 부하 저항이 그림 3-18(b)에 표시된 것처럼 극적으로 변화하지는 않는다고 하더라도 약간은 변화하게 된다. 이런 경우에는 그 차이만큼을 제어할 수 있는 설정이 선택된다. 예를 들면 음악 시스템에서의 전자회로가 갖는 부하 저항의 변화는 볼륨, 베이스, 트래블, 기타의 제어 장치에 의해서 조정된다. 만약 부하 저항의 변화에 대해서 출력 전압을 일정하게 유지시키도록 하는 전압 조정기가 삽입되어 있지 않다면 이런 부하 저항의 변화는 직류 전원 장치의 출력에 영향을 미치게 될 것이다.

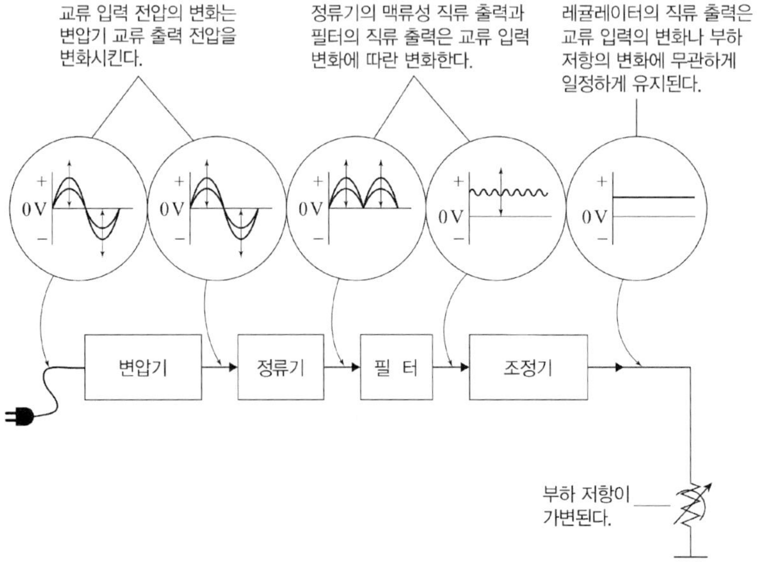

그림 3-19 전압 조정기의 기능

전력 회사에서 공급되는 교류 전원의 크기는 사용자의 사용량과 사용 시간대에 따라서 105V_{ac}에서 225V_{ac}이다. 많은 응용 분야(가전기기)가 사용되면 부하 전류는 증가하고 전체적인 부하 저항이 낮아지기 때문에 전압원은 기능을 잃고 down된다. 만약 직류 전원 공급장치가 전압 조정기를 가지지 않는다면 전력 회사로부터 공급되는 교류 전압의 변화는 직류 출력의 변화를 발생시키게 된다. 그렇지만 전자 시스템은 교류 입력의 존재와는 무관하게 전자회로에서 필요로 하는 일정한 크기의 전압을 제공하는 직류 전원 공급장치를 필요로 한다. 이것이 바로 교류 입력의 변화와는 무관하게 일정한 크기의 직류 전원을 공급하는 기능을 가지는 전압 조정기를 설치해야 하는 이유이다. 직류 전원 공급장치 속에는 그림 3-19에 표시된 것처럼 교류 입력의 변화와 부하 저항의 변화에 무관하게 일정한 크기의 직류 출력 전압을 제공하도록 전압 조정기(regulator)가 설치된다.

3-5-1 제너 레귤레이터

그림 3-20은 전압조정 기능을 제공하기 위해서 제너 다이오드 D_5와 직렬 저항 R_1이 직류 전원 공급장치 내에 어떻게 연결되는지를 보여준다. 교류 입력의 증가는 필터로부터의 직류 출력을 증가시킨다. 이것이 직렬 저항을 흐르는 I_{RS}와 제너 다이오드를 흐르는 I_Z, 부하 저항을 흐르는 I_{RL}을 증가시키는 원인이 된다. 역방향으로 바이어스된 제너 다이오드는 입력 전압과 전류의 변화, 직렬저항 양단에서의 전압과 전류의 변화에 무관하게 일정한 12 V 크기의 전압을 공급한다. 예를 들어서 용량성 필터 회로의 출력이 +15 V와 +20 V의 사이에 있다면 제너 다이오드에는 항상 12 V의 전압이 걸리지만 직렬 저항 양단에서는 3 V와(입력이 15 V일 때) 8 V(입력이 20 V일 때)의 전압 변동이 발생된다. 이와 같은 입력의 전압 변동에도 무관하게 제너 다이오드는 항상 12 V의 일정한 출력 전압을 제공한다. 다른 관점으로 본다면 제너 다이오드 전압 조정기는 부하 저항이 변화해도 일정한 출력 전압을 제공하는 데는 변함이 없다. 그 이유는 제너 다이오드가 부하 저항의 변화에 대응해서 I_Z를 증가시키거나 감소시키기 때문이다. 제너 전류와 부하 전류의 변화와는 무관하게 제너 전압과 출력 전압은 항상 일정하게 유지된다. 직렬 저항은 부하 전류의 크기를 제한하게 되는데 이것이 원치 않는 열(heat)을 발생시키는 원인인 동시에 전압 조정기가 가지는 단점이 된다.

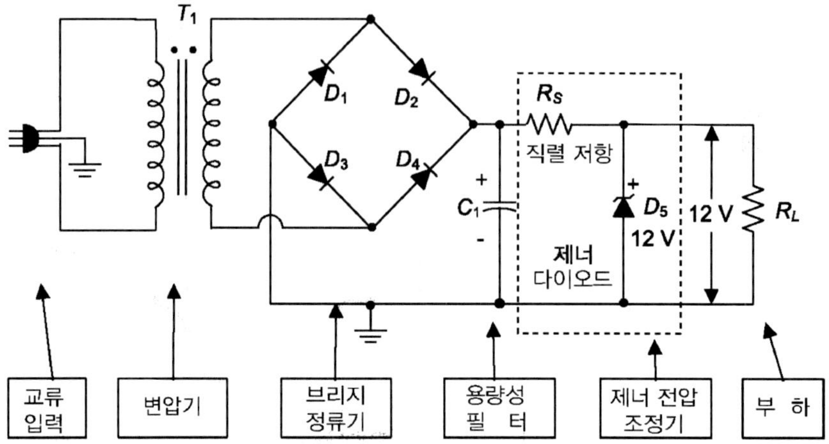

그림 3-20 제너 다이오드 전압 조정기

3-5-2 IC 전압 조정기

오늘날 사용되는 대부분의 직류 전원 공급장치에는 그림 3-21에 표시된 것과 같은 IC 전압 조정기가 사용된다. 이런 IC 전압 조정기는 실리콘 반도체 칩 위에 약 50개의 개별 소자와 이산 소자의 집적으로 구성되는데 플라스틱으로 패키징되어 있고 3개의 핀이 제공된다. 그림 3-21은 IC 전압 조정기의 내부 회로 구조가 어떻게 구성되는지를 블록도를 통해서 설명하고 있다. 단락 방지 회로와 열 차단 회로는 IC 전압 조정기의 정격을 넘는 과도한 부하 전류가 흐르거나 IC 전압 조정기의 방열판이 너무 작아서 발생한 열을 빠르게 식힐 수 없는 경우에 스스로 OFF시킴으로써 보호하도록 동작한다.

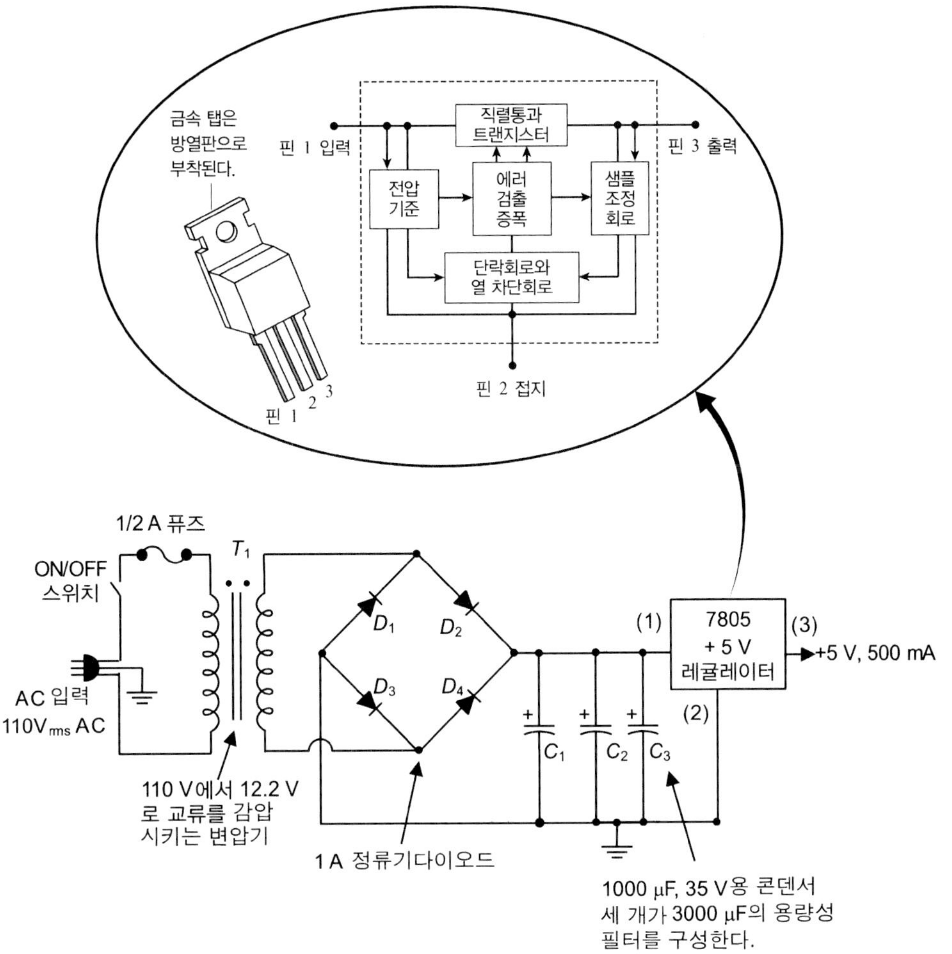

그림 3-21 직류 전원 공급장치에 사용되는 IC 전압 조정기

IC 전압 조정기의 3단자에는 입력(1번 핀), 출력(3번 핀), 접지(2번 핀) 표시가 된다. IC 전압 조정기의 구분을 위해 패키지에는 78XX, 79XX,와 같은 코드가 표시된다. 78XX의 패키지는 positive의 출력 전압을 제공하기 위해서 사용되는데 마지막의 두 자리는 출력 전압을 의미한다. 예를 들면 7805는 +5 V, 7812는 +12 V를 의미한다. 79XX시리즈는 negative 전압을 제공하기 위해서 사용되는데 역시 마지막 두 자리는 출력 전압을 의미한다. 이런 IC 전압 조정기는 입력 전압이 전압 조정기의 출력 정격보다 아주 큰 경우에도 장시간 조정된 출력을 제공하는데, 방열판이 제대로 동작한다면 최대 전류 정격은 1.5 A까지 견딜 수 있다.

3-6 전압 체배기 회로

대부분의 전자회로에는 110V보다 적은 직류 전압이 공급되기 때문에 감압용(step down) 변압기가 사용된다. 그림 3-22(a)에 표시된 것처럼 이런 감압용 변압기는 벽에 있는 콘센트로부터 공급되는 교류 110 V를 적당하게 낮은 크기의 교류 전압으로 변환시키고 정류기, 필터, 전압 조정기를 거치면 출력에서 적은 크기의 직류 전압을 공급하게 된다. 그림 3-22(b)에 표시된 것처럼 경우에 따라서는 회로나 소자가 110 V보다 큰 직류 전압을 요구할 수도 있다. 이런 경우에는 승압용(step up) 변압기가 사용된다. 이런 예에서는 110 V의 교류 입력을 220 V까지도 승압시키게 된다. 따라서 정류기, 필터, 전압 조정기는 155 V와 180 V의 직류 전압을 공급하게 된다.

승압용 변압기는 다양한 범위의 직류 전압을 공급하기 때문에 필요하지만 가격이 비싸기 때문에 높은 직류 전압이 필요한 경우보다 저렴한 전압 체배기(multiplier) 회로가 사용된다. 전압 체배기 회로는 교류 입력을 직류 출력으로 변환시키기 위해서 동일한 방법이 이용되지만 다이오드와 커패시터가 사용되기 때문에 정류기와 필터 회로를 제거시킬 수 있다. 커다란 차이점은 전압 체배기라는 이름이 의미하는 것처럼 교류 입력 전압의 피크값의 몇 배에 해당하는 직류 출력을 발생시킨다는 데 있다.

전압 2배기 회로(voltage doubler circuit)는 교류 입력 전압 피크값의 2배에 해당하는 직류 출력을 발생시키고 전압 3배기 회로(voltage tripler circuit)는 교류 입력 전압 피크값의 3배에 해당하는 직류 출력을 발생시킨다. 더 큰 출력 전압을 구한다면 원하는 크기만큼 전압 체배기 회로에서 구할 수 있다. 이것은 전압 체배기가 내부에서 전력을 발생시키는 경우는 아니다. 만약 전압 체배기의 출력 전압이 몇 배 증가한다면 회로의 출력 전류는 동일한 배율로 감소한다. 즉, 전압 2배기가 2배의 출력 전압을 제공한다면 출력 전류는 $\frac{1}{2}$로 감소한다. 따라서 전압 체배기 회로의 출력 전력은 입력 전력보다 결코 커질 수가 없다($P = V\uparrow I\downarrow$). 사실 전압 체배기 회로에서 다이오드가 일정한 크기의 전력을 소비하기 때문인데 이런 이유 때문에 출력의 전력은 입력의 전력보다는 항상 약간 적게 된다.

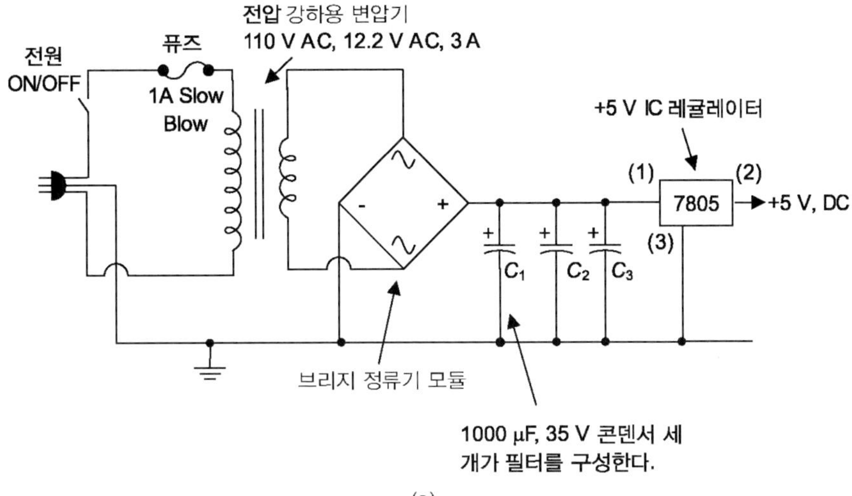

(a)

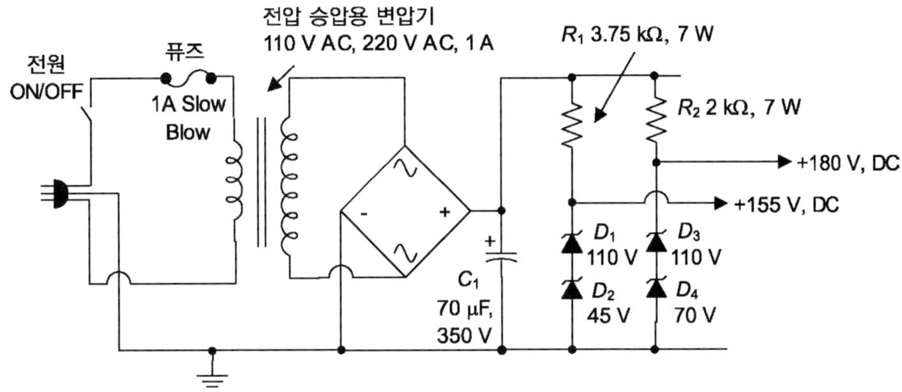

(b)

그림 3-22 높은 직류 공급 전압을 얻기 위한 변압기의 사용

3-6-1 전압 2배기 회로

정류기 회로와 유사하게 전압 2배기 회로는 반파 전압 2배기와 전파 전압 2배기로 구분된다. 반파 전압 2배기 회로는 그림 3-23(a)에 표시된 것처럼 두 개의 다이오드와 두 개의 커패시터로 구성된다. 이런 회로는 변압기의 2차측으로부터 공급되는 교류 입력 사인 파형 피크값의 2배에 해당하는 직류 출력을 발생시킨다. 변압기가 1 : 1의 권선비를 가진다고 가정하면 110 V, 60 Hz의 1차측 전압이 2차측에 전달되고 이것이 다시 반파 전압 2배기 회로에 인가된다. 110 V의 실효값은 155.5 V의 피크값을 가진다.

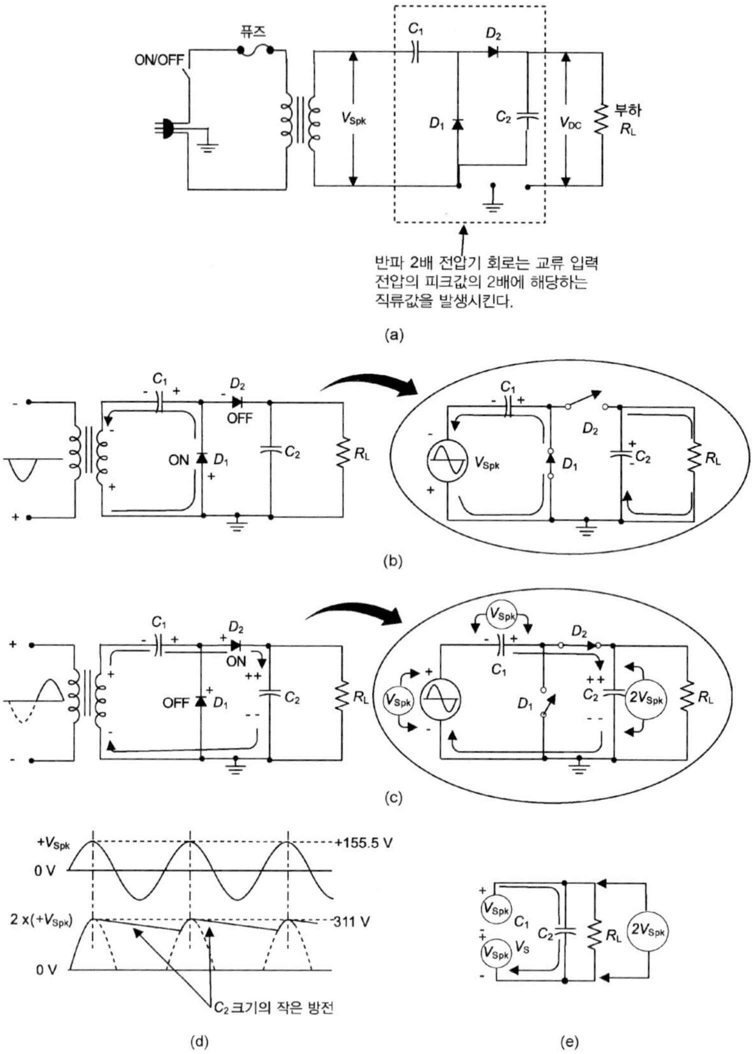

그림 3-23 반파 전압 2배기 회로

그림 3-23(b)는 회로가 입력 사인파의 negative 반주기에서 어떻게 동작하는지를 보여준다. 입력 전압이 negative로 스윙하면 변압기 2차측의 위쪽이 negative로 된다. 이런 전위는 D_1을 순방향으로 바이어스시키고 D_2는 역방향으로 바이어스된다. D_1은 ON 상태가 되고 커패시터 C_1은 자신의 양극판 사이의 전압이 입력 사인파의 피크값인 155.5 V와 같아 질 때까지 충전된다. 입력의 이런 negative 반주기 동안 회로의 동작을 간략화하기 위해서 그림 3-23(b)에서 다이오드 D_1은 닫힌(closed) 스위치로 표시되고 D_2는 개방(open) 스위치로 표시된다.

등가회로에서는 변압기의 2차측에 연결된 C_1이 다이오드 D_1에 의해서 입력 사인파의 피크값까지 어떻게 충전되는지를 보여준다. 커패시터 C_1의 충전 경로의 저항 성분은 없기 때문에 커패시터는 아주 빠르게 V_{SPK}까지 충전된다. 그림 3-23(c)는 회로가 입력 사인파의 positive 반주기에서 어떻게 동작하는지를 보여준다. 입력 전압이 positive로 스윙하면 변압기 2차측의 위쪽이 positive로 된다. 이런 전위는 D_2를 순방향으로 바이어스시키고 D_1은 역방향으로 바이어스된다. 그림 3-23(c)에 표시된 등가회로에서 다이오드 D_2는 닫힌(closed) 스위치로 표시되고 다이오드 D_1은 개방(open) 스위치로 표시된다. 다이오드 D_2가 변압기의 2차측 전압과 C_1의 충전 전압을 연결해서 콘덴서 C_2의 출력이 된다. 변압기의 2차측 피크 전압(V_{SPK})과 콘덴서 C_1의 피크 충전 전압(V_{SPK})이 더해지는 전압원(series aiding voltage spurce)이 되기 때문에 콘덴서 C_2는 두 직렬 피크 전압의 합으로 충전된다($C_2 = 2 \times V_{S(PK)}$). C_2가 부하 저항 R_L 양단에 연결되기 때문에 직류 출력 전압은 그림 3-23(d)에 표시한 것처럼 2차측 교류 전압의 피크값의 2배와 같아진다.

$$V_{OUT} = 2 \times V_{SPK} = 2 \times 155.5 \text{ V} = 311 \text{ V}$$

V_S가 다시 새로운 극성으로 스위칭되면 그림 3-23(b)에 표시된 조건으로 되돌아간다. 커패시터 C_1은 다시 변압기의 2차측 전압의 피크값으로 충전된다. 이런 반주기 동안 출력 커패시터 C_2가 그림 3-23(b)에 표시된 것처럼 부하 저항을 통해서 방전된다. 시상수(time constant)는 출력 커패시터와 부하 저항에 의해서 구성되기 때문에 일반적으로 아주 크다. 따라서 입력의 이런 negative 반주기에서 C_2는 약간만 방전하게 된다. 입력 전압의 negative 전환 동안 C_2의 이와 같은 작은 방전은 그림 3-23(e)에 표시된 것과 같은 출력 전압 파형을 발생시킨다.

이런 출력 전압의 파형을 자세하게 관찰하면 이 회로가 출력 커패시터 C_2가 교류 입력의 반주기 동안만 충전되기 때문에 여파(filtered)된 반파 정류기 회로와 아주 근사하게 닮았다는 것을 알 수 있다. 이는 반파 전압 2배기 회로라고 부르는 이유가 된다. 그림 3-23(e)에 표시된 입력 전압 파형과 출력 전압 파형을 비교하면 입력의 모든 한주기(positive 피크에서 positive피크까지) 및 출력의 한주기(positive 피크에서 positive 피크까지)가 존재하는 것을 확인할 수 있다. 반파 전압 2배기의 리플 주파수는 교류 입력 주파수와 동일하다.

$$f_{out(ripple)} = f_{in(ac)}$$

출력 직류 리플 주파수 = 입력 교류 주파수이며, 그림 3-23에서 출력 리플 주파수는 60 Hz이다.

예제 3-5

그림 3-23에서 다이오드와 커패시터의 방향을 반대로 하면 positive 반파 전압 2배기 회로로부터 negative 반파 전압 2배기 회로를 구성할 수 있다. negative 반파 전압 2배기 회로를 구성하고 입력에 대한 C_1과 C_2의 충전 경로를 설명하시오. 이 회로의 직류 출력 전압의 피크값은 얼마인지, 리플 주파수는 얼마인지 설명하시오.

(풀이) 그림 3-24는 negative 반파 전압 2배기 회로를 구성한 것이다. 교류 입력이 positive인 경우 다이오드 D_1이 ON 상태로 되고 커패시터 C_1은 그림에 표시된 극성으로 교류 입력의 피크값까지 충전된다. 교류 입력이 negative로 변환되면 다이오드 D_2가 ON 상태로 되고 V_S의 피크 전압과 콘덴서 C_1 양단에 충전된 전압이 직렬로 더해져서 출력 커패시터 C_2 양단에 걸리게 된다. 그 결과 C_2는 교류 입력 피크값의 2배에 해당하는 전압으로 충전된다. 이런 직류 negative 전압이 부하 저항 양단에 인가된다.

$$110\text{V}_{ac,rms} \times 1.414 = 155.5\,V_{peak}$$

$$V_{OUT} = 2\times\ V_{spk} = 2 \times 155.5\ \text{V} = -311\ \text{V}$$

출력의 리플 주파수는 교류 입력 주파수와 동일한 60 Hz이다.

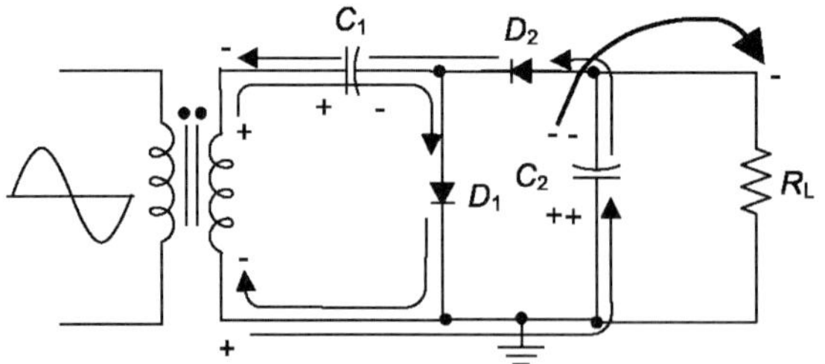

그림 3-24 negative 반파 전압 2배기

3-6-2 전파 전압 2배기 회로

반파 전압 2배기 회로는 두 가지의 단점을 가진다. 첫 번째는 리플 주파수가 60 Hz로 필터링하기에 어렵다는 점이고 두 번째는 교류 입력 피크값의 두 배에 해당하는 전압 정격을 갖는 커패시터의 가격이 대단히 비싸다는 점이다. 그림 3-25(a)에 전파 전압 2배기 회로가 표시되어 있다. 회로는 반파 전압 2배기와 동일한 개수의 소자(두 개의 다이오드와 두 개의 커패시터)를 사용한다는 점이다. 그렇지만 필터링의 어려움과 높은 출력 콘덴서의 전압 정격을 필요로 하는 단점을 극복하지는 못한다. 그림 3-25(b)는 입력 사인파의 positive 반주기에서 회로가 어떻게 응답하는지를 보여준다. 입력 전압이 positive로 스윙하게 되면 2차측 변압기의 위쪽은 positive로 되는데 이런 전위가 다이오드 D_1을 순방향으로 바이어스 시키고 다이오드 D_2는 역방향으로 바이어스 된다.

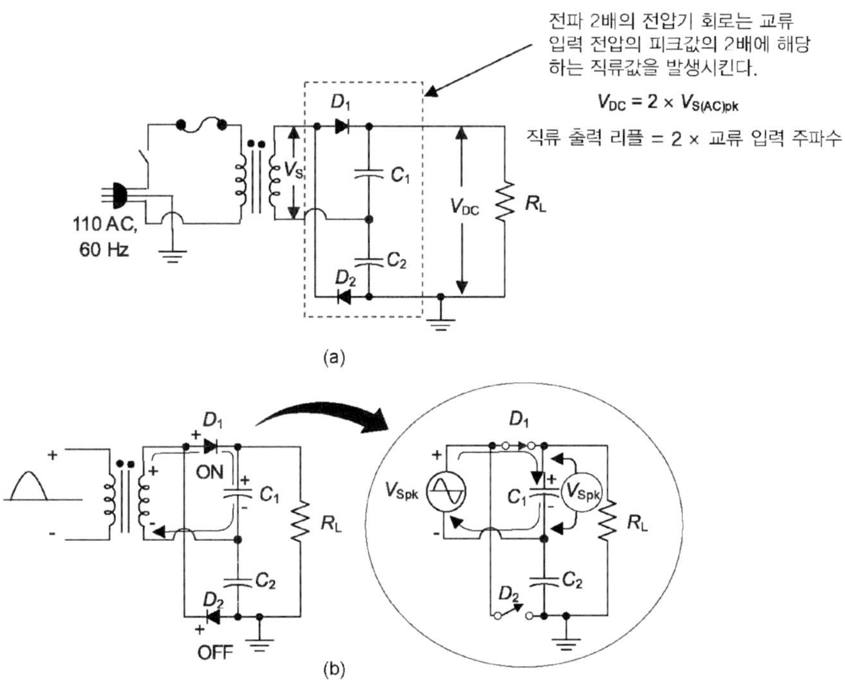

그림 3-25(계속) 전파 전압 2배기 회로

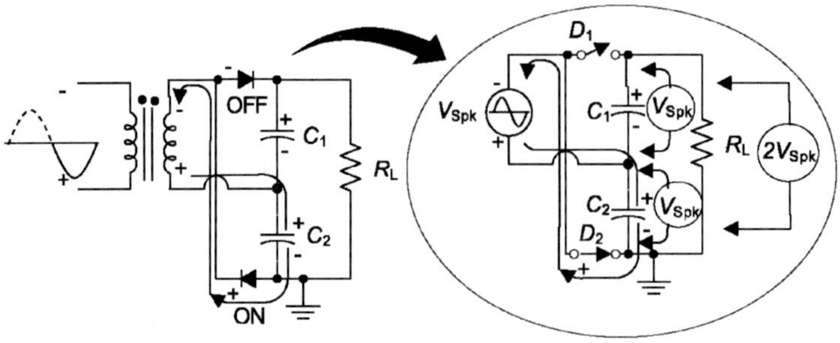

(c)

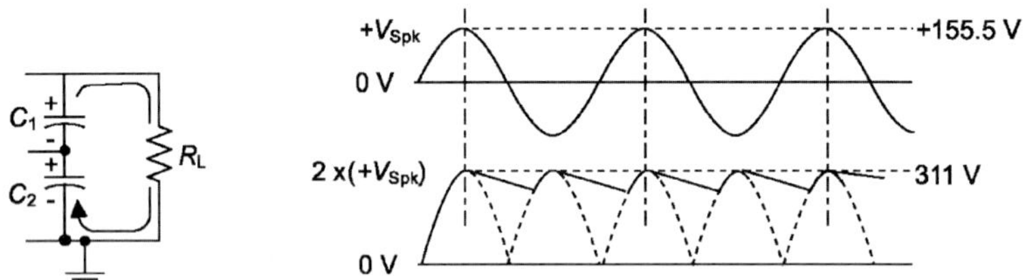

(d)

그림 3-25 전파 전압 2배기 회로

다이오드 D_1이 ON 상태가 되면 커패시터 C_1은 그림에 표시된 극성대로 자신의 양극판 사이의 전압이 입력 사인파의 피크 전압값인 155.5 V까지 충전한다. 입력의 이와 같은 positive 반주기 동안 회로의 동작을 간략화하면 그림 3-25(b)에서 다이오드 D_1은 닫힌 스위치가 되고 다이오드 D_2는 개방 스위치가 된다. 이런 등가 회로에서는 커패시터 C_1이 다이오드 D_1에 의해서 어떻게 변압기의 2차측 양단에 연결되는지를 보여준다. 따라서 커패시터 C_1은 입력 사인파의 피크값까지 충전된다. 커패시터 C_1의 충전 경로에는 저항 성분이 존재하지 않기 때문에 아주 빠르게 V_{spk}까지 충전된다.

그림 3-25(c)는 입력 사인파의 negative 반주기에서 회로가 어떻게 응답하는지를 보여준다. 입력 전압이 negaitive로 스윙하게 되면 2차측 변압기의 위쪽은 negative로 되는데 이런 전위가 다이오드 D_2를 순방향으로 바이어스시키고 다이오드 D_1은 역방향으로 바이어스된다. 그림 3-25(c)에 표시된 등가 회로를 참조하면 다이오드 D_1과 D_2가 닫힌 스위치와 개방 스위치로 동작할 때 어떤 효과를 발생시키는지 확인할 수 있다.

이런 등가 회로에서 커패시터 C_2가 다이오드 D_2에 의해서 어떻게 변압기의 2차측에 연결되는지와 입력 사인파의 피크값까지 충전되는지를 알 수 있다. C_2의 충전 경로에는 저항 성분이 없기 때문에 커패시터는 아주 빠르게 V_{spk}까지 충전된다. 커패시터 C_1과 C_2가 크기가 더해지는 연결 형태이기 때문에 이런 두 개의 피크값의 합이 부하 저항 양단에 공급된다.

$$V_{OUT} = 2 \times V_{spk} = 2 \times 155.5\ \text{V} = 311\ \text{V}$$

커패시터 C_1과 C_2가 충전되면 다이오드 D_1과 D_2는 교류 입력의 피크 동안에만 도통된다. 이런 피크 사이에서 커패시터 C_1과 C_2는 그림 3-25(d)에 표시된 것처럼 부하 저항을 통해서 방전하게 된다. 시상수는 출력 콘덴서와 부하 저항에 의해서 결정되기 때문에 일반적으로 아주 크다. 따라서 커패시터 C_1과 C_2는 아주 조금만 방전하게 된다. 커패시터 C_1과 C_2의 이와 같은 적은 방전은 그림 3-25(e)와 같은 출력 파형을 발생시킨다. 출력 파형을 자세히 주시하면 출력 커패시터 C_1과 C_2가 교류 입력의 양쪽 반주기에서 충전되기 때문에 출력이 필터링된 전파 정류기 회로와 유사하게 된다. 이것이 회로를 전파 전압 2배기 회로라고 부르게 되는 이유이다. 그림 3-25(e)에 표시된 입력 파형과 출력 파형을 비교하면 입력의 모든 주기에서(positive 피크에서 positive 피크 사이) 출력은 두 개의 주기(positive 피크–positive 피크–positive피크)를 갖는다는 사실을 확인할 수 있다. 전파 전압 2배기의 직류 리플 주파수는 교류 입력 주파수의 2배이다.

$$f_{out(ripple)} = 2 \times f_{in(ac)}$$

출력 직류 리플 주파수 = 2 × 교류 입력 주파수

그림 3-25에 표시된 회로에서 출력 리플 주파수는 120 Hz이다. 전파 전압 2배기는 높은 리플 주파수를 가지기 때문에 필터링이 용이해서 반파 전압 2배기 회로가 가지는 두 가지의 단점을 극복할 수 있다. 출력 전압이 커패시터 C_1과 C_2에 의해서 분할되기 때문에 커패시터의 전압 정격은 교류 입력 전압의 피크값보다 조금 크기만 하면 된다.

예제 3-6

그림 3-26에 표시된 회로를 판정하고 다음의 질문에 답하시오.
a. X점에서의 출력 전압의 크기와 극성을 말하고 원안에 표시된 회로의 Y점과 비교하시오.
b. 양쪽 회로에서의 출력 리플 주파수를 구하시오.

(풀이) 그림 3-26에 표시된 회로는 negative 전파 전압 2배기 회로이다. 원안에 표시된 회로는 positive 전파 전압 2배기 회로이다.

a. $110V_{ac,rms} \times 1.414 = 155.5V_{peak}$

X점: $V_{OUT} = 2 \times V_{spk} = 2 \times (-155.5\ V) = -311\ V$

Y점: $V_{OUT} = 2 \times V_{spk} = 2 \times (+155.5\ V) = +311\ V$

b. 출력 리플 주파수 = 2 × 입력 교류 주파수 = 120 Hz

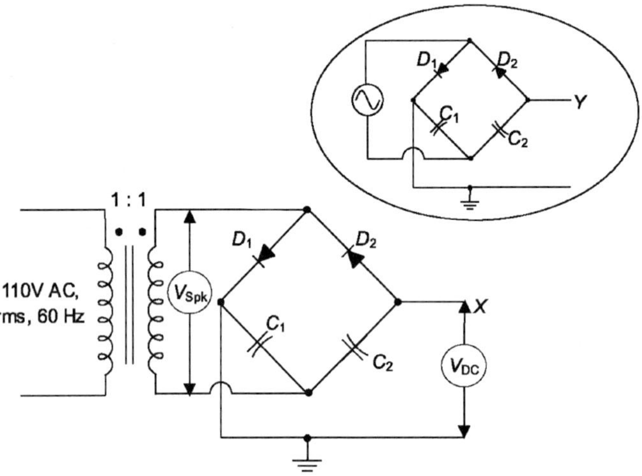

그림 3-26 직류 전원 공급장치 회로

3-6-3 전압 3배기 회로

전압 3배기 회로는 교류 입력 전압 피크값의 3배에 해당하는 직류 출력 전압을 발생시킨다. 그림 3-27은 3개의 다이오드와 3개의 커패시터가 어떻게 전압 3배기 회로를 구성하는지를 보여준다. 이 회로가 어떻게 동작하는지를 설명하기 위해서는 교류 입력 사인파의 3개의 반주기에 대한 응답이 어떻게 발생되는지 설명해야 한다. 이런 회로의 3가지 상태는 그림 3-27(a),(b),(c)에 표시되어 있다. 첫 번째의 positive 반주기에서 다이오드 D1이 ON 상태이고 커패시터 C1은 2차측 교류 전압의 피크값까지 충전된다. 이런 조건은 그림 3-27(a)에 간략하게 표시되어 있다.

그림 3-27(b)는 2차측의 전압이 negative로 스윙할 때 어떤 현상이 발생되는지 표시한 것이다. 커패시터 C_1의 충전에 의해서 다이오드 D_2의 애노드는 positive로 되고 캐쏘드는 2차측 변압기의 위쪽 전위에 의해서 negative로 되기 때문에 순방향으로 바이어스된다. 다이오드 D_2가 연결하는 변압기의 2차측 전압과 커패시터 C_1의 충전된 전압은 그림

3-27(b)에 표시된 것처럼 커패시터 C_2의 양단에 걸린다. 변압기의 2차측 전압 피크 전압 V_{spk}와 콘덴서 C_1의 충전 전압 V_{spk}가 직렬로 더해지는 형태이기 때문에 커패시터 C_2는 두 피크 전압의 합인 $2V_{spk}$의 크기로 충전된다.

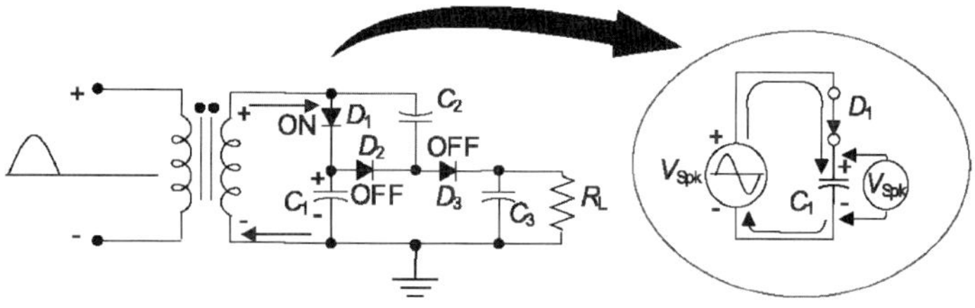

(a)

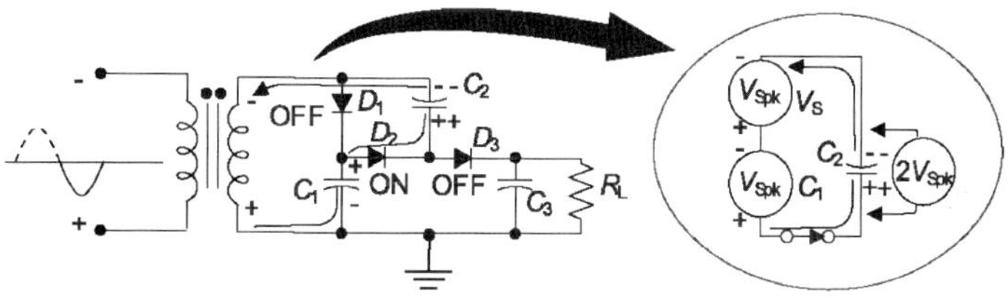

(b)

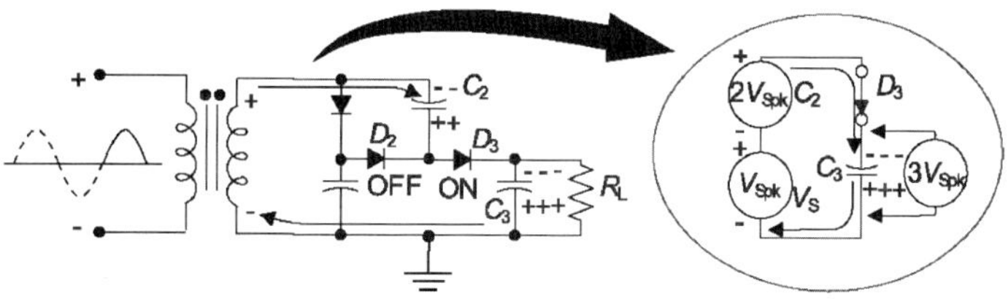

(c)

그림 3-27 전압 3배기 회로

그림 3-27은 입력의 다음 positive 반주기에서 발생되는 현상을 설명하고 있다. 다이오드 D_3는 커패시터 C_2의 충전으로 인해서 자신의 애노드가 positive로 되고 캐쏘드는 변압기의 2차측 아래쪽에 연결되기 때문에 전위가 negative로 되어서 순방향으로 바이어스된다. 다이오드 D_3는 변압기의 2차측 전압과 콘덴서 C_2의 전압을 연결하기 때문에 그림 3-27(c)에 표시된 것처럼 커패시터 C_3에는 변압기의 2차측 피크 전압 V_{spk}와 커패시터 C_2의 충전 전압 $2V_{spk}$의 직렬 합인 $3V_{spk}$가 충전된다. 이런 전압의 크기는 2차측 피크 전압의 3배에 해당된다.

$$C_3 = V_{spk} + (2 \times V_{spk}) = 3 \times V_{spk}$$

예제 3-7

그림 3-27에 표시된 전압 3배기 회로에서 교류 입력이 110Vrms의 크기를 가질 때 부하 저항 양단에 나타나는 피크 출력의 크기는 얼마인지 구하시오.

(풀이) $110\,V_{ac,rms} \times 1.414 = 155.5\,V_{peak}$

$V_{out} = 3 \times V_{s(pk)} = 3 \times 155.5\text{ V} = 466.5\text{ V}$

3-7 다이오드 클리퍼 회로와 클램핑 회로

pn 접합형 다이오드는 직류 전원 공급 장치에서 사용되는 가장 기본적인 소자일 뿐만 아니라 다양한 형태의 응용회로에서 사용된다. 첫 번째 회로의 유형은 리미터(limiter) 혹은 클리퍼(clipper)라고 부른다. 클리퍼는 교류 신호의 일부를 자르거나 제거하는 데 사용한다. 두 번째 회로의 유형은 클램퍼(clamper)라고 부른다. 클램퍼는 교류 신호의 직류 기준 값을 변화시키거나 복구할 때 사용된다.

3-7-1 클리퍼

클리퍼(clipper)는 자신의 입력 파형의 일부를 제거하기 위해서 사용된다. 그림 3-28에 표시된 것처럼 4가지 형태의 기본적인 클리퍼 회로로 구성된다. 각 직렬 클리퍼는 다이오드가 부하에 직렬로 연결된다. 각 병렬(션트) 클리퍼는 다이오드가 부하에 병렬로 연결된다.

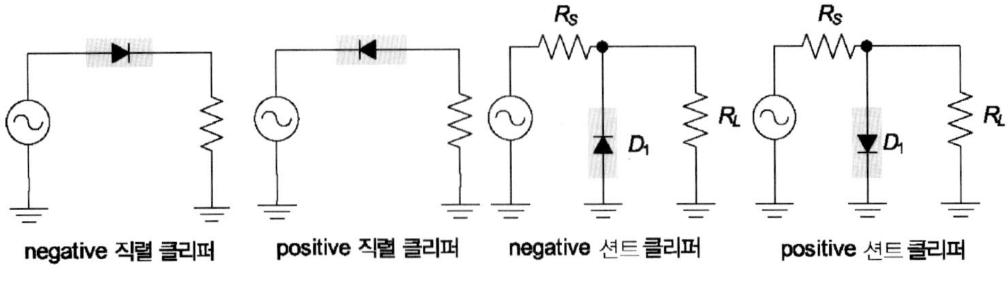

그림 3-28 4가지 기본적인 클리퍼 회로

그림 3-4에 표시된 반파 정류기 회로와 그림 3-29에 표시된 회로를 비교해 본다면 반파 정류기와 직렬 클리퍼가 다르지 않다는 것을 이해할 수 있다.

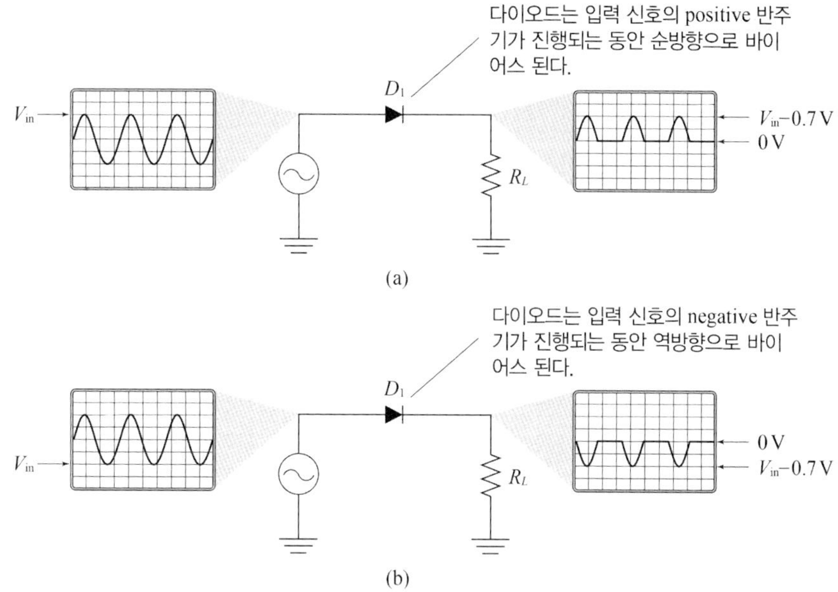

그림 3-29 직렬 클리퍼의 동작 (a) Negative 직렬 클리퍼, (b) Positive 직렬 클리퍼

1. negative 직렬 클리퍼에서 다이오드가 입력 신호에 의해서 순방향으로 바이어스되면 다이오드는 도통되고 부하 전압은 식 (3-4)처럼 표시된다.

$$V_{RL} = V_{in} - 0.7\ \text{V} \tag{3-4}$$

2. negative 직렬 클리퍼에서 다이오드가 입력 신호에 의해서 역방향으로 바이어스되면 다이오드는 개방되고 부하 전압은 식 (3-5)처럼 표시된다.

$$V_{D1} = V_{in}, \quad V_{RL} = 0\ \text{V} \tag{3-5}$$

3. positive 직렬 클리퍼는 negative 직렬 클리퍼와 동일한 방식으로 동작한다. 다만 차이점은 다음과 같다.

(a) 출력 전압의 극성이 반대이다.

(b) 회로에서 전류의 방향이 반대이다.

positive 직렬 클리퍼 회로와 출력 파형은 그림 3-29(b)에 표시되어 있다.

3-7-2 병렬 클리퍼

병렬 클리퍼 회로의 동작은 직렬 클리퍼 회로의 동작과 정확하게 반대되는 동작을 한다. 직렬 클리퍼 회로는 다음과 같이 동작한다.

1. 다이오드가 순방향으로 바이어스되는 경우에 자신의 입력이 출력에서 나타난다.
2. 다이오드가 역방향으로 바이어스되는 경우에는 출력이 나타나지 않는다.

병렬 클리퍼 회로는 다음과 같이 동작한다.

1. 다이오드가 역방향으로 바이어스되는 경우에 자신의 입력이 출력에서 나타난다.
2. 다이오드가 순방향으로 바이어스되는 경우에는 출력이 나타나지 않는다.

이런 동작 특성은 그림 3-30에 표시되어 있다.

그림 3-30(a)에 표시된 회로가 negative 병렬 클리퍼이다. negative 병렬 클리퍼 회로에서 다이오드가 역방향으로 바이어스될 때 효과적으로 회로에서 제거된다. 다이오드가 역방향으로 바이어스될 때 저항은 전압 분배기를 구성하고 부하 전압은 식 (3-6)처럼 구해진다.

$$V_{RL} = \frac{R_L}{R_L + R_S} V_{in} \tag{3-6}$$

출력 신호가 입력의 positive 반주기와 닮았지만 피크 출력 전압은 피크 입력 전압보다 약간 작아진다.

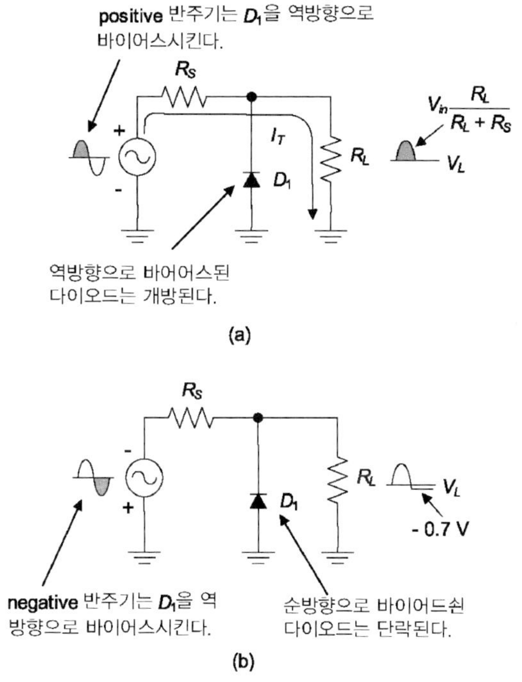

그림 3-30 병렬 클리퍼의 동작 (a) Positive 반주기 동작, (b) Negative 반주기 동작

예제 3-8

그림 3-31에 표시된 negative 병렬 클리퍼는 +12 V의 피크 입력 전압을 갖는다. 회로의 피크 부하 전압은 얼마인가?

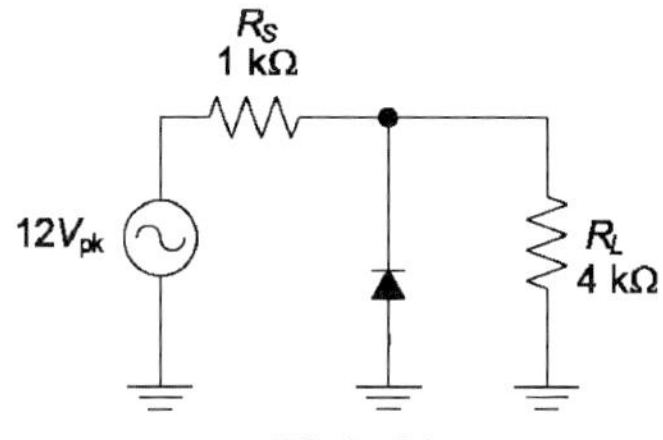

그림 3-31

(풀이) 입력이 positive 일 때 다이오드는 역방향으로 바이어스되고 도통되지 않는다. 따라서 피크 부하 전압은 9.6 V로 구해진다.

$$V_{RL} = \frac{R_L}{R_L + R_S} V_{in} = \frac{4\ k\Omega}{5\ k\Omega}(+12\ \ V_{pk}) = 9.6\ \ V$$

입력 신호의 negative 반주기에서 negative 병렬 클리퍼 회로의 다이오드는 순방향으로 바이어스되고 그림 3-29(b)에 표시된 것처럼 다이오드는 도통된다. 다이오드가 도통되면 다이오드에 걸리는 전압은 순방향 전압 V_F와 등가이다. 다이오드와 부하가 병렬 연결이기 때문에 부하 전압 역시 다이오드에 걸리는 순방향 전압과 같다. 따라서 식 (3-7)을 구할 수 있다.

$$V_L = -V_F \tag{3-7}$$

다이오드에 순방향 바이어스될 때 저항 R_S의 출력측이 -0.7 V를 유지하게 되므로 R_S 양단에 걸리는 전압은 V_{in}과 V_F 사이의 차와 같게 된다.

$$V_{RS} = -V_{in} + 0.7 \text{ V} \tag{3-8}$$

예제 3-9

예제 3-8에 표시된 회로가 $-12V_{PK}$ 입력을 갖는다고 가정하고 V_{RL}과 V_{RS}의 크기를 구하시오.

(풀이) 다이오드가 순방향으로 바이어스되므로 부하 전압은 다이오드의 V_F 전압과 같은 값을 갖는다.

$$V_L = -0.7 \text{ V}$$

직렬 저항 R_S에 걸리는 전압은 $-11.3V_{PK}$이다.

$$V_{RS} = -V_{in} + 0.7 \text{ V} = -12\text{V}_{\text{pk}} + 0.7 \text{ V} = -11.3\text{V}_{\text{PK}}$$

예제 3-10

그림 3-32에 표시된 positive 병렬 클리퍼 회로를 해석해 보자. 입력 신호의 각 주기에 따른 V_{RL} 값을 구하시오.

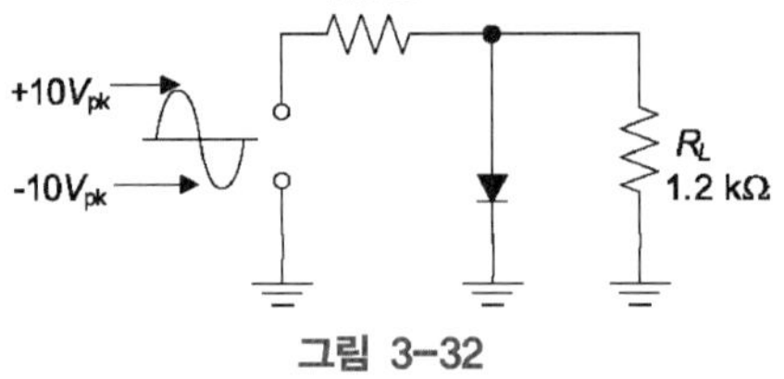

그림 3-32

(풀이) 입력이 positive로 되면 다이오드는 순방향으로 바이어스된다.

$$V_L = -0.7 \text{ V}$$

$$V_{RS} = -V_{in} + 0.7 \text{ V} = 10\text{V}_{\text{PK}} - 0.7 \text{ V} = 9.3\text{V}_{\text{PK}}$$

회로의 입력이 negative로 되면 다이오드는 역방향으로 바이어스되고 회로에서 효과적으로 제거된다.

$$V_{RL} = \frac{R_L}{R_L + R_S} V_{in} = \frac{1.2 \text{ k}\Omega}{1.5 \text{ k}\Omega}(-10 \ V_{pk}) = -8 \ V_{PK}$$

그림 3-32에 표시된 회로의 부하 파형은 그림 3-33처럼 표시할 수 있다. 부하 전압의 피크값은 +0.7 V와 -8 V이다.

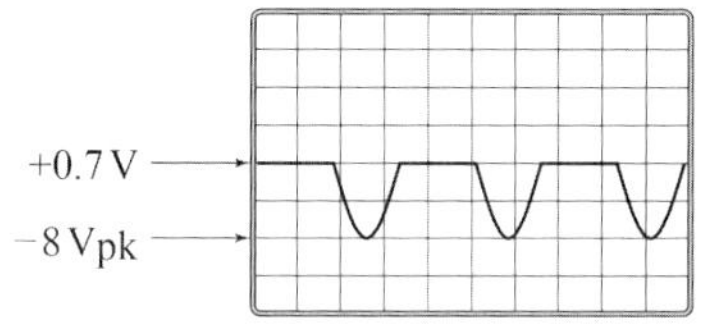

그림 3-33

3-7-3 전류제한용 저항 R_S의 사용 목적

R_S는 병렬 클리퍼 회로에 포함되는 전류 제한용 저항이다. R_S 저항이 없을 때 다이오드가 순방향으로 바이어스된다면 어떤 일이 발생할지 생각해 보자. 이런 상황은 그림 3-34에 표시되어 있다.

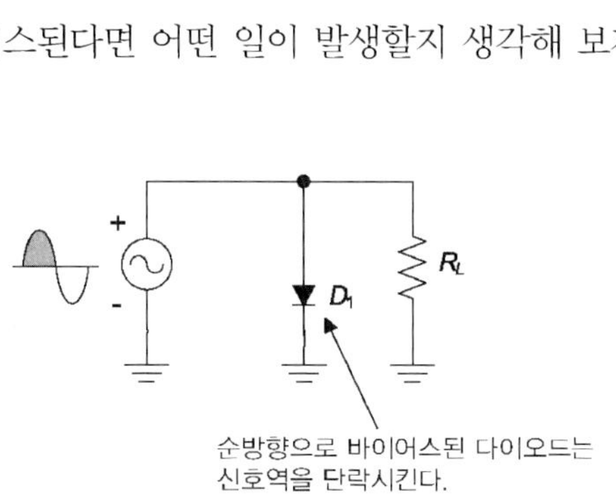

그림 3-34 R_S가 없다면 D_1이 소스에 단락된다.

회로에 R_S가 없다면, 입력 신호의 positive 반주기가 들어오는 동안은 다이오드가 신호원과 접지된다. 결과적으로 다이오드는 과도한 순방향 전류에 의해서 파괴되거나 신호원 중 하나나 그 이상이 과도한 전류에 의해 파괴된다. 어떤 실제적인 상황에서도 R_S의 값은 R_L의 값보다 매우 작아야 한다. $R_S \ll R_L$인 경우 다이오드가 역방향으로 바이어스될 때 부하 전압은 V_{in} 값과 거의 같은 값을 가지게 된다.

예제 3-11

그림 3-35에 표시된 회로에서 피크 부하 전압을 구하시오. 단 다이오드가 역방향으로 바이어스되었다고 가정하시오.

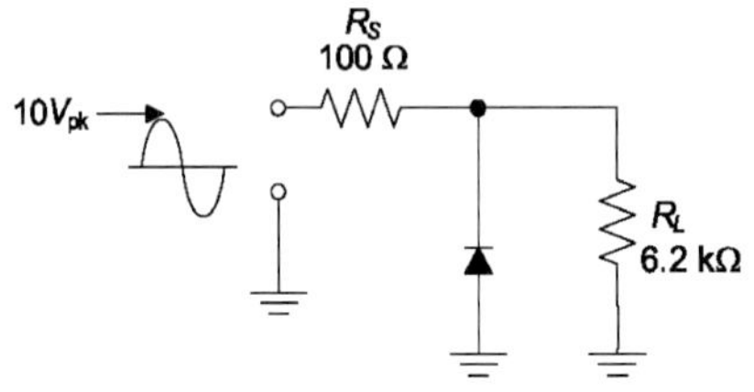

그림 3-35

(풀이) 피크 부하 전압은 9.84 V_{PK}로 구해진다.

$$V_{RL} = \frac{R_L}{R_L + R_S} V_{in} = \frac{6.2\ \text{k}\Omega}{6.3\ \text{k}\Omega}(-10\ \ V_{PK}) = -9.84\,V_{PK}$$

이 회로에서 $R_S \ll R_L$이므로 어떤 실제적인 회로 해석 상태에서도 V_{in}과 V_{RL}은 거의 같아지게 된다.

3-7-4 바이어스된 클리퍼

바이어스된 클리퍼는 회로의 출력 전압을 제한하기 위해서 직류 바이어스 전원을 사용한다. 그림 3-36에 표시된 것처럼 입력 신호를 다이오드의 순방향 전압인 0.7 V로 자르는 것이 허용된다. 각 회로에 표시된 바이어스 전압 V_B는 병렬 다이오드와 직렬로 연결된다. 그 결과 신호 전압이 V_B와 V_F의 합과 같을 때 다이오드는 도통된다.

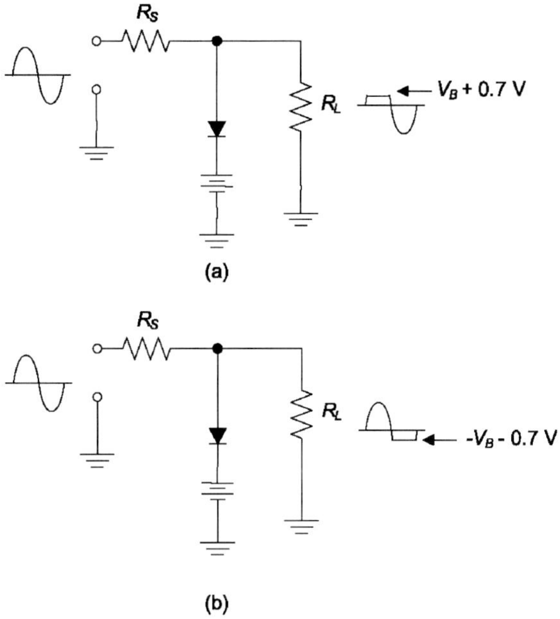

그림 3-36 (a) Positive로 바이어스된 클리퍼 (b) Negative로 바이어스된 클리퍼

그림 3-36(a)에 표시된 positive로 바이어스된 클리퍼는 입력 신호를 V_B + 0.7 V에서 잘라낸다. 회로가 잘라내는 입력 신호의 실제적인 값은 바이어스 전압 V_B에 의존하게 된다. 만약 V_B가 2 V라면, 입력 신호는 2.7 V에서 제거된다. 만약 V_B가 5 V라면 입력 신호는 5.7 V에서 제거된다.

그림 3-36(b)에 표시된 negative로 바이어스된 클리퍼는 동일한 방식으로 동작하지만 이것은 입력 신호를 $-V_B$ - 0.7 V에서 잘라낸다. 만약 V_B가 -2 V라면 입력 신호는 -2.7 V에서 제거된다. 만약 V_B가 -5 V라면 입력 신호는 -5.7 V에서 제거된다.

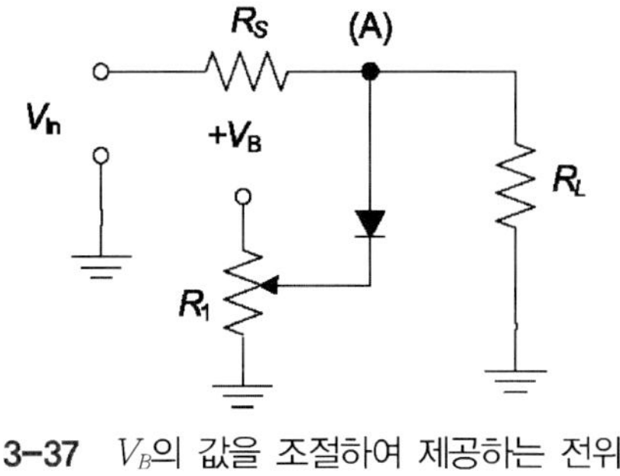

그림 3-37 V_B의 값을 조절하여 제공하는 전위차계

사실상 전위차계는 그림 3-37에 표시된 것처럼 V_B의 값을 조절하여 제공하는 데 이용된다. 이런 회로에서 바이어스 전압($+V_B$)은 전위차계 R_1을 거쳐서 다이오드에 연결된다. 이런 회로에서 R_1은 회로의 점 A에서 원하는 제한된 클리핑 전압을 제공한다. 그림 3-37에 표시된 회로에서 다이오드의 방향과 V_B의 극성을 역으로 바꿔줌으로써 negative로 바이어스된 클리퍼로 동작시킬 수 있다.

그림 3-38에 표시된 것처럼 +와 -로 bias된 리미터를 조합할 수 있는데 다이오드 D_1은 클리핑 레벨인 V_1+0.7 V보다 큰 입력 전압에 의해서 도통되고 다이오드 D_2는 입력 전압이 $-V-$ 0.7 V보다 작은 경우에 도통된다. 입력 신호가 클 때, 즉 V_p가 클리핑 레벨보다 훨씬 큰 경우 출력 신호는 구형파를 닮게 된다.

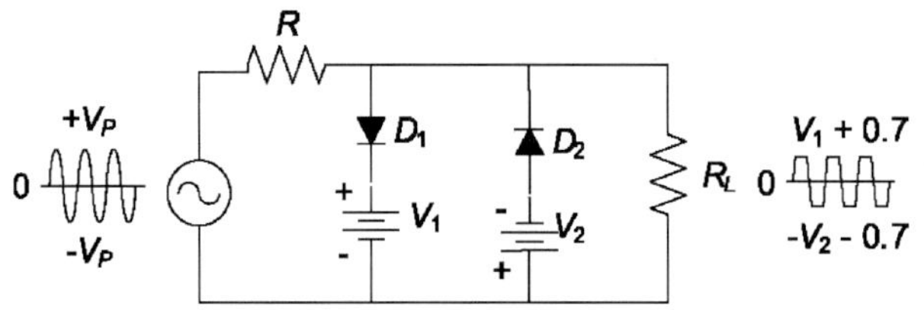

그림 3-38 조합 리미터 회로

3-7-5 변형 리미터

클리핑 레벨을 유지시키기 위해서 전지가 사용된다는 것은 비현실적이다. 따라서 다른 방법으로 실리콘 다이오드를 연결하면 각 다이오드는 0.7 V의 off set 전압을 갖고 있기 때문에 그림 3-39(a)와 같이 두 개의 다이오드를 + 리미터로 사용하면 +1.4 V의 클리핑 레벨이 생긴다. 실제로 다이오드는 가격이 비싸지 않기 때문에 여러 개를 연결해도 그 수에는 제한을 받지 않는다. 리미터는 경우에 따라서 과도한 전압으로부터 부하 저항을 보호하는 데 사용된다.

예를 들면 그림 3-39(c)는 1N914 다이오드가 과도하게 큰 입력 전압에 대해서 부하 저항을 보호하고 있다(부하 저항은 그림에 표시하지 않았다). 다이오드 1N914는 입력 전압이 +5.7 V를 넘을 경우에 도통한다. 따라서 부하 저항에 도달하는 최대 전압은 +5.7 V에서 다이오드가 클리핑시키기 때문에 +100 V와 같은 과도한 입력 전압은 부하에 절대로 도달되지 않는다. 그림 3-39(c)와 같은 회로는 신호를 고정 레벨로 유지시키기 때문에 종종 다이오드 클램프라 불린다. 입력 전압이 이 범위를 넘으면 출력 신호를 +5.7 V로 클램프시킨다.

다이오드 클램프를 사용하는 것은 부하 저항의 보호에 그 목적이 있다. 경우에 따라서는 그림 3-39(d)와 같은 변형 리미터가 다이오드 D_1 off set를 제거하기 위해서 사용되는데, 다이오드 D_2는 순방향으로 약하게 바이어스되어 약 0.7 V의 전압 강하가 생긴다. 이 0.7 V는 100 kΩ의 저항과 다이오드 D_1에 직렬 연결된 1 kΩ의 저항에 가해지고, 다이오드 D_1은 도통되기 바로 전 상태가 된다. 따라서 신호가 들어오면 다이오드 D_1은 0 V 근처에서 도통된다.

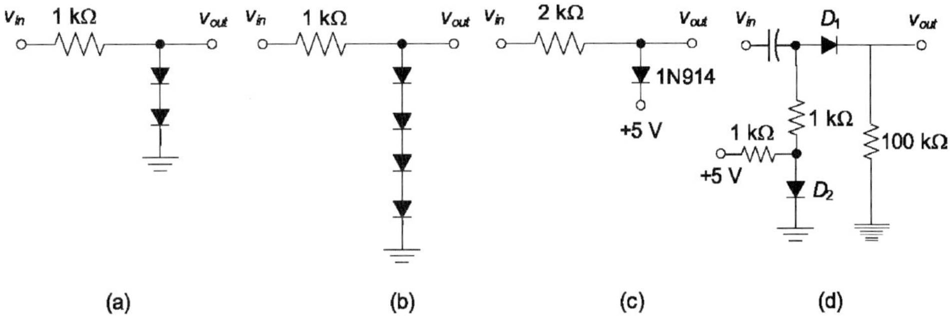

그림 3-39 리미터 (a) 2개의 다이오드 offset (b) 4개의 다이오드 offset (c) 다이오드 클램프 (d) zero 근처에서의 바이어스

클리핑 회로는 이미 앞에서 설명한 것처럼 직렬 클리핑 회로, 병렬 클리핑 회로, 바이어스된 클리핑 회로로 구분할 수 있다. 입력 파형과 출력 파형의 형태를 살펴보면 그림 3-40과 같이 표시된다.

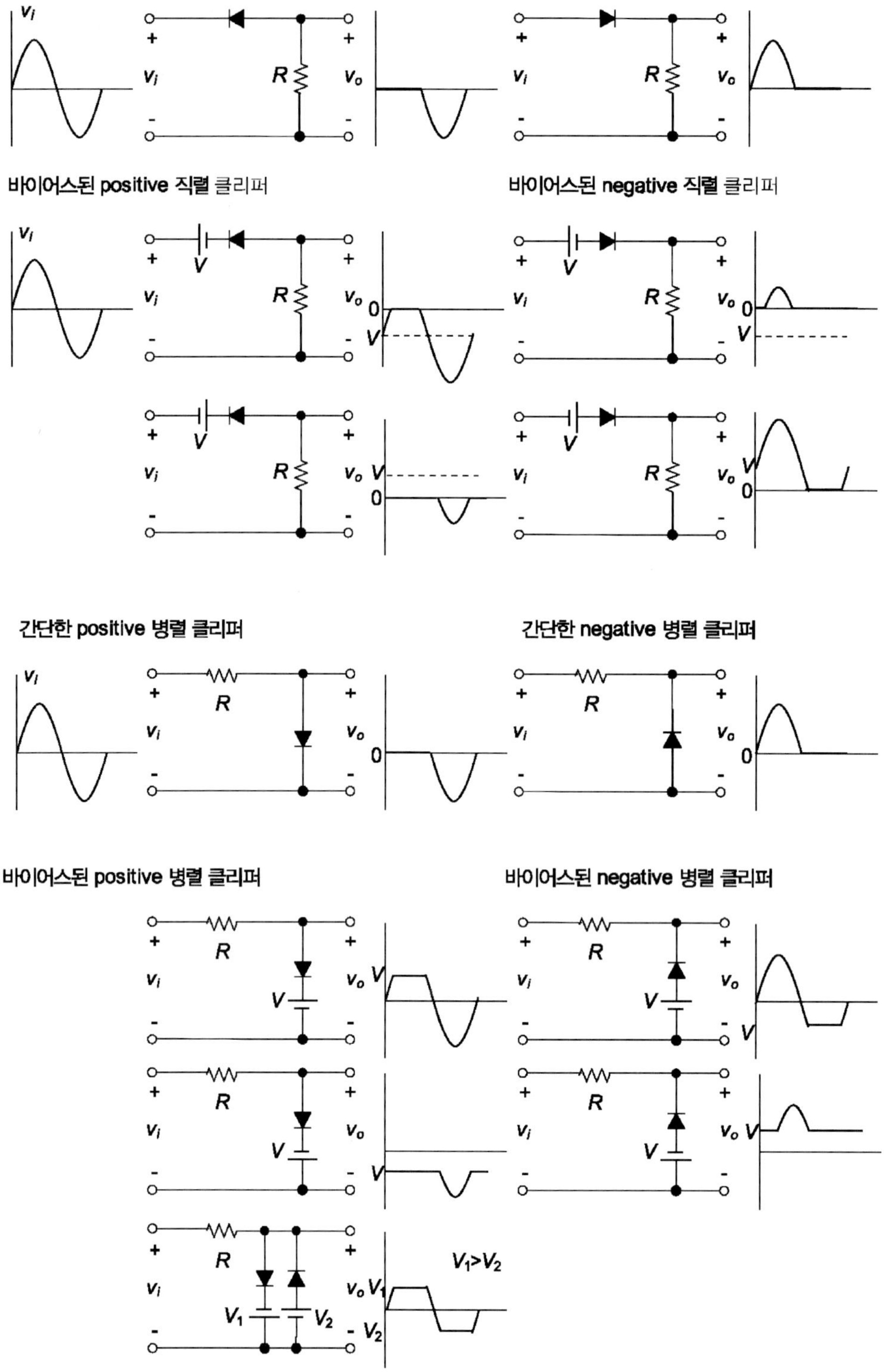

그림 3-40 클리핑 회로의 파형

예제 3-12

그림 3-41에 표시된 클리핑 회로에서 입력 신호에 따른 출력 신호 파형을 구하시오.

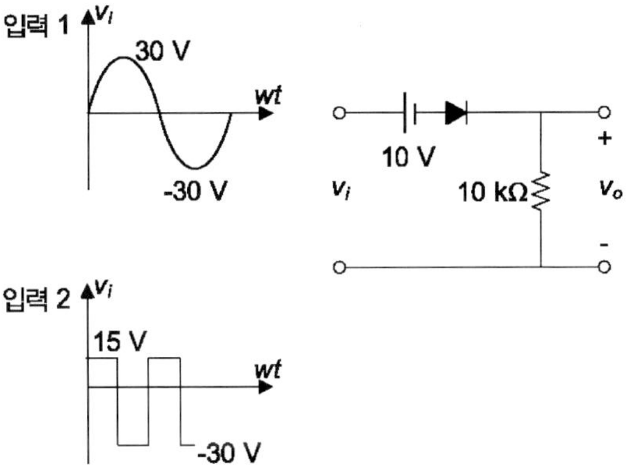

그림 3-41

(풀이)

입력 1: 입력 V_i가 10 V보다 큰 모든 값에서는 다이오드가 순방향으로 바이어스되고 출력 V_0는 $V_0 = V_i - 10$ V의 크기를 갖게 된다. 그러나 이와 반대로 입력 V_i가 10 V보다 작은 모든 값에서는 다이오드가 역방향으로 바이어스되고 출력 V_0는 $V_0 = 0$의 크기를 갖게 된다. 따라서 출력 신호는 그림 3-42에 표시된 파형을 발생시킨다.

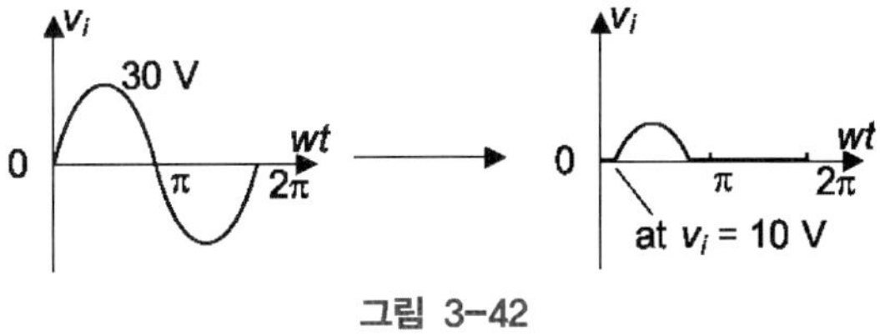

그림 3-42

입력 2: 입력 신호가 펄스인 경우에는 그림 3-43와 같은 출력 파형이 발생된다.

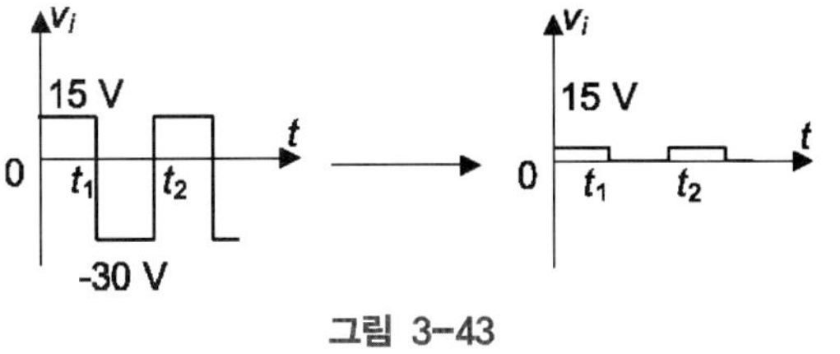

그림 3-43

이때 입력의 순시치를 직류로 취급하지 않는 방법으로는 그림 3-44에 표시된 것처럼 인가 전압을 다시 그리면 된다. 10 V의 직류 레벨은 다만 정현파 입력을 10 V 아래쪽으로 이동시키게 된다. 이때의 출력 파형은 그림 3-42의 파형과 일치된다.

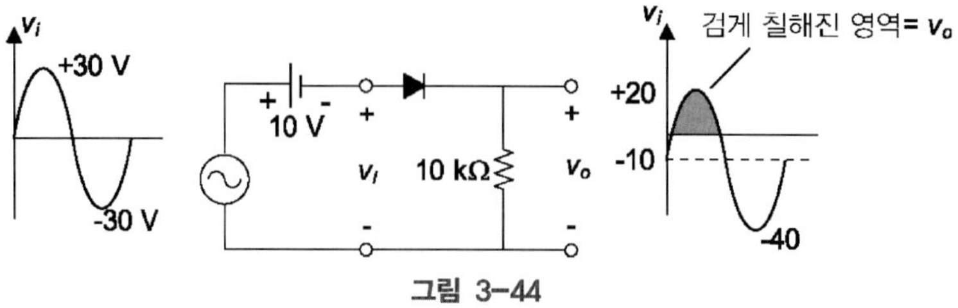

그림 3-44

3-7-6 제너 병렬 클리퍼 회로

제너 병렬 클리퍼 회로는 제너 다이오드의 순방향 바이어스 스위칭과 역방향 바이어스 제너 동작에 의해서 입력 신호의 positive와 negative 클리핑을 시행한다. 그림 3-45(a)는 PN 접합형 다이오드 대신에 제너 다이오드가 사용되면 클리핑 회로의 동작이 어떻게 달라지는가를 보여준다. 입력 신호가 positive로 되면 제너 다이오드는 입력 신호가 제너 전압에 도달될 때까지 OFF 상태를 유지한다. 이때 제너 다이오드가 도통 되면 출력까지 이런 레벨을 유지시킨다. 입력 신호가 negative로 되면 제너 다이오드는 순방향으로 바이어스되고 -0.7 V에서 입력 신호의 negative 영역을 제거시킨다. 만약 제너 다이오드의 방향을 역으로 연결하면 출력 신호의 클리핑은 그림 3-45(b)에 표시한 것처럼 반전된다. 이때 입력 신호의 positive 구간은 +0.7 V에서 제한되고 입력 신호의 negative 구간은 제너 전압 V_Z에서 제거된다.

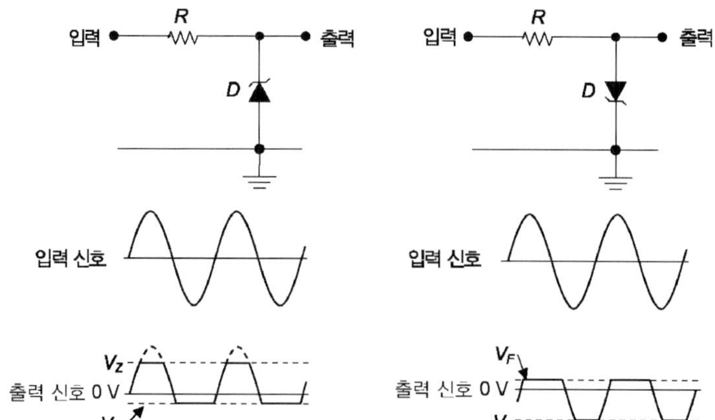

그림 3-45 제너 병렬 클리퍼 회로

그림 3-46(a)는 양쪽의 입력 신호 피크값이 대칭적으로 클리핑 되는 출력을 발생시키기 위해서 사용되는 back to back 제너 다이오드가 어떻게 동작하는지를 보여준다. 그림 3-46(b)에 표시된 입력 파형과 출력 파형을 참조하면 그림에 표시된 것과 같은 positive와 negative 구간에서의 등가 회로를 구할 수 있다. 입력 신호가 6.7 V를 초과하면서 positive로 스윙하면 양쪽 제너 다이오드가 모두 도통된다. 다이오드 D_1은 순방향으로 바이어스되기 때문에 도통된다. D_2는 역방향 항복 영역에 있게 되는데 자신의 제너 전압 정격이 6 V이기 때문에 도통된다. 출력은 다음과 같이 제한되거나 클리핑 된다.

$$V_{OUT} = V_Z + V_F = 6\ \text{V} + 0.7\ \text{V} = +6.7\ \text{V}$$

입력 신호가 −6.7 V를 초과하는 negative 반주기이면 다이오드 D_1은 자신의 항복 영역에서 동작하기 때문에 6 V의 제너 전압 강하를 발생시키게 된다. 다이오드 D_2는 순방향으로 바이어스되기 때문에 0.7 V의 전압 강하를 발생시킨다. 출력은 다음과 같이 클리핑 된다.

$$V_{OUT} = -V_Z + (-0.7\ \text{V}) = -6\ \text{V} + (-0.7\ \text{V}) = -6.7\ \text{V}$$

다시 설명하자면 입력 신호는 +6.7 V와 −6.7 V를 초과하게 되면 다이오드는 도통되고 피크값을 접지에 단락시키게 된다. 이런 두 전압 사이의 전압은 다이오드를 도통시키고 입력 신호를 출력으로 통과시키게 된다.

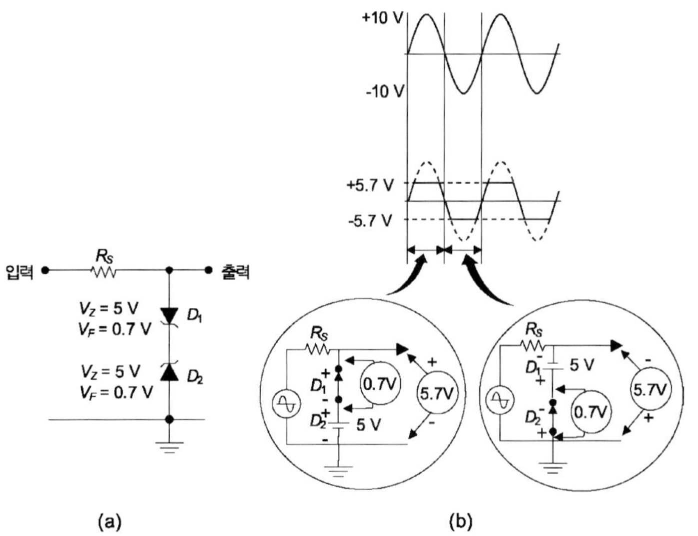

그림 3-46 대칭적 제너 병렬 클리퍼 회로

대부분의 응용에서 병렬 클리퍼 회로는 전압이 일정한 크기를 초과하는 것을 방지하는 데 사용된다. 이런 예로 사용되는 경우 병렬 클리퍼 회로는 자신이 원하지 않는 높은 진폭 전압이나 전류 펄스, 스파이크를 제한 하기 때문에 제한기(limiter)라고 부른다. 이런 전압 스파이크나 전류 서지(surge)는 과도(transient) 전압이나 과도 전류로 간주된다. 정의에 의하면 이런 펄스나 갑작스런 순간적인 사이클은 전압이나 부하의 갑작스런 변화 때문에 발생된다. 그림 3-47은 과도 전압이나 과도 전류를 제거하기 위해서 병렬 클리퍼나 제한기 회로가 어떻게 동작 되는지 세 가지의 경우를 통해서 보여준다.

그림 3-47(a)에서 대칭적 제너 병렬 회로는 그림에 표시된 것처럼 벽의 콘센트로부터 공급되는 교류 전압에서 발생될 수 있는 과도 현상이 직류 전원 공급장치로 공급되는 것을 방지하기 위해서 사용된다. 이런 제너 다이오드들은 200 V의 제너 정격을 갖기 때문에 변압기와 직류 전원 장치를 통해서 연결되는 전자 장비를 아주 큰 스파이크로부터 보호하기 위해서 과도 현상을 200 V로 제한하게 된다. 일반적으로 컴퓨터와 같은 민감한 장비는 플러그를 벽에 고정되는 콘센트에 직접 연결하는 것이 아니고 서지 방지용 전원 장치(surge protection power strip)에 연결한다. 이런 서지 방지용 전원 장치에는 대칭적 제너 병렬 클리퍼 회로나 다음에 배우게 될 과도 현상 억제 다이오드(transient suppressor diode)가 설치되어 있다.

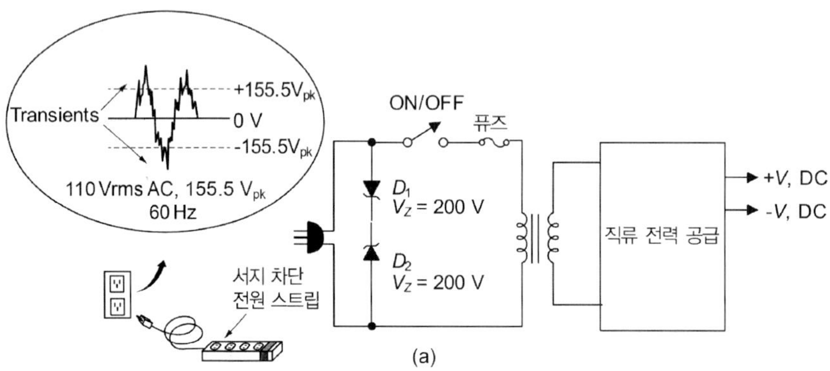

그림 3-47(계속) 과도 현상 차단회로

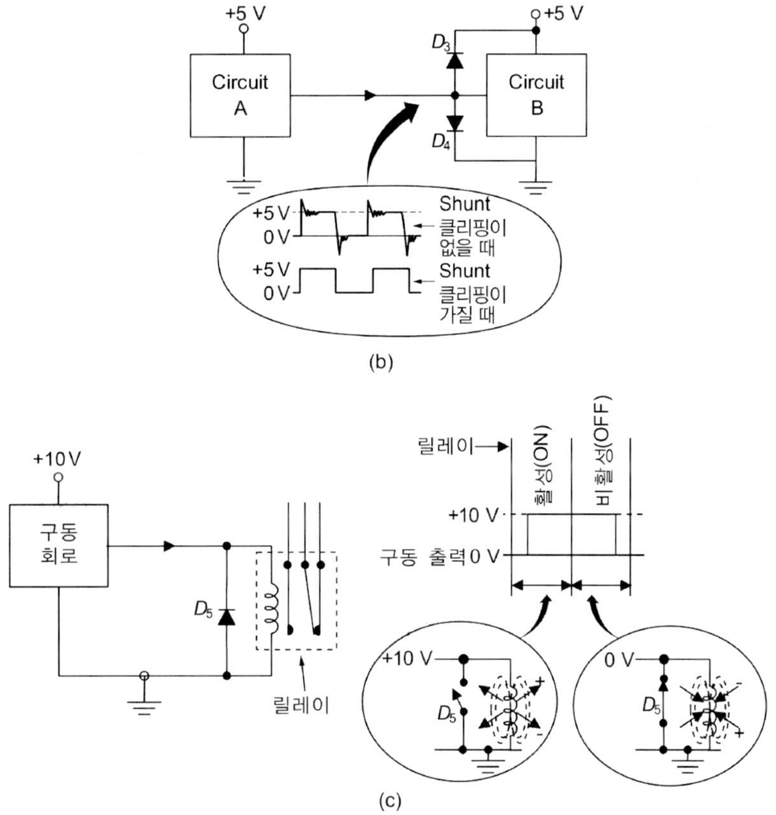

그림 3-47 과도 현상 차단회로

그림 3-47(b)에서 병렬로 연결되는 다이오드 D_3와 D_4는 회로 B에 공급되는 입력 전압이 0 V 이하로 되거나 +5 V 이상 되는 것을 방지하기 위해서 사용된다. 디지털 회로와 같이 낮은 전압을 사용하는 많은 회로에서 입력 전압이 전압 정격을 초과한다면 손상을 받게 된다. 전자파 간섭과 같은 EMI(electromagnetic interference)와 전압이나 부하 저항의 변화는 입력 선에 전압 스파이크를 주입시킬 수 있다. 그림 3-47(b)에 표시된 파형에서 볼 수 있듯이 병렬 클리퍼 회로가 삽입되지 않는다면 이런 과도 전압은 직접 회로 B에 공급되기 때문에 회로가 손상을 입게 되는 원인이 된다. 이런 병렬 다이오드가 연결되면 입력 전압을 다이오드 D_3에 의해서 5.7 V의 최댓값까지 다이오드 D_4에 의해서 -0.7 V의 최솟값까지 제한시킬 수 있다.

그림 3-47(c)에서 병렬로 연결된 클리퍼 다이오드는 항상 코일에 의해서 발생되는 반대 기자력의 과도 현상으로부터 구동 회로를 보호할 수 있다. 이 예에서 코일은 릴레이의

자석이다. 그림 3-47(c)의 왼쪽에 표시된 파형을 참조하면 구동 회로의 출력이 +10 V로 될 때 릴레이가 자화되는 것을 알 수 있다. 다이오드 D_5가 역방향으로 바이어스되기 때문에 이런 경우의 회로 동작에는 아무런 영향을 미치지 못한다. 그러나 구동 회로의 출력 전압이 +10 V에서 0 V로 감소하면 릴레이 코일은 비활성화되고 그림 오른쪽에 표시된 것처럼 상쇄(collapsing)되는 자장은 동일한 크기로 코일에 반대 극성을 갖도록 자화시키는 기자력을 유도시키게 된다.

만약 이런 -10 V의 역 기자력이 구동 회로로 되돌아가도록 허용된다면 출력에서의 -10 V 전압과 +10 V의 공급 전압의 합인 20 V의 압력 때문에 구동 회로가 손상받게 된다. 병렬 클리퍼 다이오드 D_5를 코일에 삽입하면 -10 V의 역 기자력은 다이오드를 순방향으로 바이어스 시키기 때문에 접지에 단락시키게 된다. 여러분들은 스피커(speakers), 모터(motor) 등과 같이 코일을 갖는 소자에 병렬 클리퍼 다이오드를 연결하는 사실을 확인 할 수 있다.

3-8 클램퍼(직류 재생기)

클램퍼는 파형의 왜곡 없이 주어진 기준 전압의 위나 아래로 파형을 이동시키기 위해서 설계된 회로이다. 클램퍼 회로는 positive 클램퍼와 negative 클램퍼로 분류된다. 이런 두 회로의 입출력 특성이 그림 3-48에 표시되어 있다.

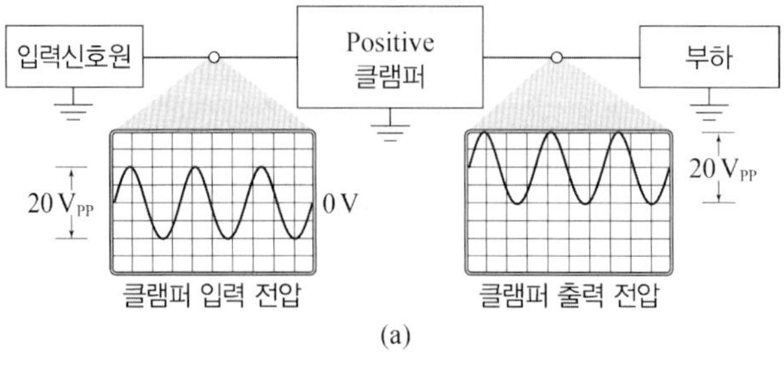

(a)

그림 3-48(계속) 클램퍼 회로의 입출력 특성

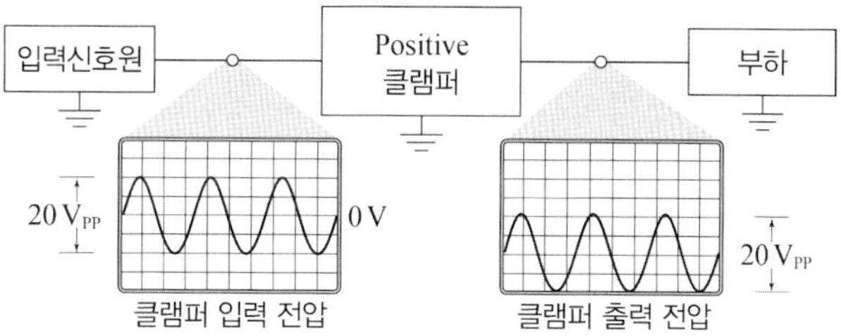

(b)

그림 3-48 클램퍼 회로의 입출력 특성

positive 클램퍼는 자신의 입력 파형을 시프트시키기 때문에 파형의 negative 피크가 거의 직류 기준 전압에 고정된다. 예를 들면 그림 3-48(a)는 0 V의 직류 기준 전압을 가지는 positive 클램퍼 회로에 $20\,V_{PP}$의 사인파가 인가될 때 어떤 일이 발생 되는지를 보여준다. 입력과 출력 파형은 $20\,V_{PP}$의 크기를 가진다. 여하튼 클램퍼의 출력 파형은 +20 V와 0 V의 피크 전압을 가진다. positive 클램퍼는 전체 파형을 이동시키므로 negative 피크 전압은 클램퍼의 직류 기준 전압과 거의 같아진다.

negative 클램퍼는 자신의 입력 파형을 시프트시키기 때문에 파형의 positive 피크가 거의 직류 기준 전압에 고정된다. 예를 들면 그림 3-48(b)는 0 V의 직류 기준 전압을 가지는 negative 클램퍼 회로에 $20\,V_{PP}$의 사인파가 인가될 때 어떤 일이 발생되는지를 보여준다. 입력과 출력 파형은 $20\,V_{PP}$의 크기를 가진다. 여하튼 클램퍼의 출력 파형은 0 V와 -20 V의 피크 전압을 가진다. negative 클램퍼는 전체 파형을 이동시키므로 positive 피크 전압은 클램퍼의 직류 기준 전압과 거의 같아진다.

3-8-1 클램프 회로의 V_{ave} 시프트

정류되지 않은 사인파를 다룰 때 V_{ave} 값은 positive 피크와 negative 피크 사이에서 절반으로 줄어든다. 그림 3-48(a)에 표시되어 있는 파형을 직류 전압계로 측정한다면 V_{ave} = 0 V를 지시하게 된다. 이것은 $+10\,V_{PK}$와 $-10\,V_{pk}$ 사이의 중간 값인 0 V로 떨어지게 되기 때문이다. 클램퍼에 의해서 파형이 이동될 때 파형의 V_{ave} 값은 더 이상 0 V가 되지는 않는다. 그림3-48(a)에 표시된 출력 파형을 고려해 보자. 이런 파형의 최대 전압은 +20 V와 0 V이다. 직류 평균 전압은 최대 전압 사이에서 +10 V가 된다. 따라서 만약 직류 전압계로 출력 파형을 측정한다면 우리는 $10V_{dc}$의 값을 얻게 된다.

만약 그림 3-48(b)의 출력 파형을 직류 전압계로 측정한다면 $-10V_{dc}$의 값을 읽을 수 있다. 여기서 흥미로운 점을 볼 수 있다. 파형이 클램퍼로 흘러 들어갈 때 파형은 정상적인 데 비해서 V_{ave}의 값은 변화하게 된다는 점이다. 그림 3-48에 표시된 파형은 모두 $20V_{PP}$의 파형을 가진다. 따라서 클램퍼가 파형의 피크 전압과 평균 전압 값을 바꾸지만 원래 파형의 피크-피크 값은 변화시키지 않는다.

3-8-2 클램퍼 회로의 동작특성

그림 3-49에는 클램퍼 회로의 동작이 표시되어 있다. 클램퍼는 병렬 클리퍼와 유사하다. 다만 차이점은 클램퍼에는 커패시터가 부가된다는 점이다.

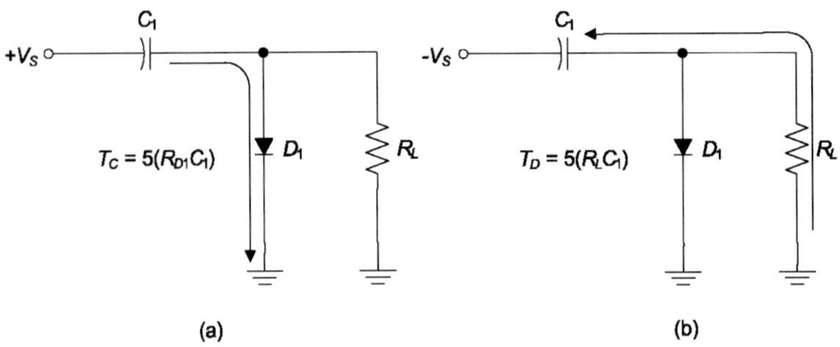

그림 3-49 클램퍼의 충전과 방전 시상수 (a) 커패시터 충전 회로 (b) 커패시터 방전 회로

용량성 전원 공급장치 필터와 유사하게 클램퍼의 동작은 스위칭 시상수를 기본으로 한다. 다이오드가 순방향으로 바이어스되면 그림 3-49(a)에 표시된 것처럼 커패시터에 충전경로를 제공한다. 이런 회로에서 충전 시상수는 다음과 같이 구해진다.

$$\tau = R_{D_1} C_1$$

그리고 대략적인 전체 충전 시간은 식 (3-9)처럼 구해진다.

$$T_C = 5(R_{D_1} C_1) \tag{3-9}$$

여기서 R_{D1}은 다이오드의 벌크 저항이다. 다이오드가 역방향으로 바이어스되면 커패시터는 그림 3-49(b)에 표시된 것처럼 저항을 통해서 방전하기 시작한다. 따라서 이 회로에서 방전 시상수는 다음과 같이 구해진다.

$$\tau = R_L C_1$$

그리고 대략적인 전체 방전 시간은 식 (3-10)처럼 구해진다.

$$T_D = 5(R_L C_1) \tag{3-10}$$

식 (3-8)과 (3-9)에 나타난 저항 값의 차이를 주목해야 한다.

예제 3-13

그림 3-49에 표시된 회로에서 커패시터의 충전 시간과 방전 시간을 구하시오. 다이오드의 순방향 저항이 10 Ω이고 R_L이 10 KΩ, C_1은 1 μF이라고 가정한다.

(풀이) 커패시터는 다이오드를 통해서 충전된다. 따라서 충전 시간은 50 μs이다.

$$T_C = 5(R_{D_1} C_1) = 5(10\ \Omega \times 1\ \mu F) = 50\ \mu s$$

커패시터의 방전은 저항을 통해서 이루어진다. 따라서 방전 시간은 50 ms이다.

$$T_D = 5(R_L C_1) = 5(10\ k\Omega \times 1\ \mu F) = 50\ ms$$

예제 (3-13)에서 구한 값을 이용하면 클램퍼 회로의 전체 동작에 대해서 고찰할 수 있다. 구형파 입력에 대한 회로의 응답을 살펴보도록 하자. (적절하게 설계되면 입력 파형의 다양한 변화에서도 클램퍼가 동작한다.) 다이오드는 이상적인 소자라고 가정한다. 구형파 입력에 대한 클램퍼의 응답은 그림 3-50에 표시되어 있다.

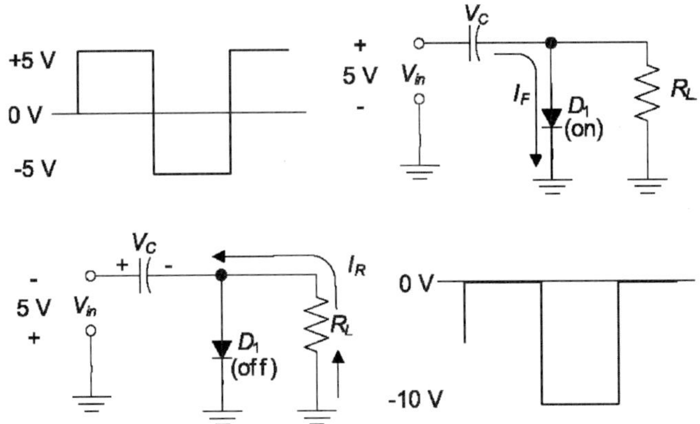

그림 3-50 클램퍼 회로의 구형파 입력 파형

그림 3-50(a)는 입력 파형을 보여준다. positive 피크 전압(+5 V)이 입력될 때 D_1은 순방향으로 바이어스된다. 그림 3-50(b)에 표시된 것처럼 커패시터 C_1을 충전시키는 저 저항 전류의 경로를 제공한다. 커패시터의 충전 시간이 매우 짧다고 가정하자. C_1은 급하게 피크 입력 전압의 전부를 충전하게 될 것이다. C_1 양단에서 전압 강하가 일어나며 부하 전압은 0 V의 positive 피크값을 갖는다.

입력 파형이 negative 영역으로 들어갈 때 커패시터의 출력측은 역시 negative 영역을 갖는다. 이것은 D_1을 개방시키고 그림 3-50(c)에 표시된 것처럼 저항을 통해서 커패시터는 방전하기 시작한다. 커패시터의 방전시간이 매우 길다고 가정하면 C_1은 자신의 충전량 가운데 매우 적은 양을 잃게 된다.

그림 3-50(c)에 표시된 것처럼 입력 전압과 V_C의 극성을 가진 회로에서 부하 전압은 -10 V이며 negative 피크 전압을 가진다. 따라서 그림에 표시된 입력이 커패시터에 공급되면 그림 3-50(d)에 표시된 것처럼 0 V와 -10 V 사이에서 변화하는 구형파 출력을 가지게 된다. 그림 3-50에 사용된 클램퍼는 이상적인 다이오드를 사용한다는 점을 기억해야 한다. 실제로는 다이오드의 0.7 V가 출력 파형에 영향을 미치게 된다. 커패시터는 다이오드의 V_F와 $V_{in(pk)}$ 사이의 차에 의해서만 충전된다. 이런 이유 때문에 그림 3-50(d)에 표시된 출력 파형은 대략 +0.7 V만큼 시프트된다.

3-8-3 negative 클램퍼 대 positive 클램퍼

클리퍼 회로의 경우처럼 negative 클램퍼와 positive 클램퍼의 차이는 단순하게 다이오드의 연결 방향의 차이이다. 그림 3-51(a)는 negative 클램퍼와 사인파 입력에 대한 자신의 영향을 표시하고 있다. 반대 방향으로 연결된 다이오드에 의해서 그림 3-51(b)와 같은 회로 동작을 얻을 수 있다. 여기서 다이오드가 반대 방향으로 연결되면 positive 클램퍼 회로가 된다. 다이오드가 접지되므로(0 V), 회로는 negative의 피크 전압이 거의 0 V와 같아질 때까지 입력 파형을 이동시킨다.

중요한 점은 다이오드가 반대 방향으로 연결되었을 때 커패시터 역시 반대 방향으로 연결되어야 한다는 점이다. 커패시터의 positive 극성은 반드시 다이오드의 positive 부분과 연결되어야 한다. negative 클램퍼에서 커패시터의 positive의 단자는 신호원과 연결되어야 하며, positive 클램퍼에서 커패시터의 positive 단자는 출력과 연결되어야 한다.

이것을 쉽고 간단하게 기억하는 방법은 다이오드의 화살표가 접지로부터 위쪽을 향하고 있다면 회로는 positive 클램퍼이다. 만약 다이오드의 화살표가 접지 쪽을 향해서 아래로 표시된다면 회로는 negative 클램퍼이다.

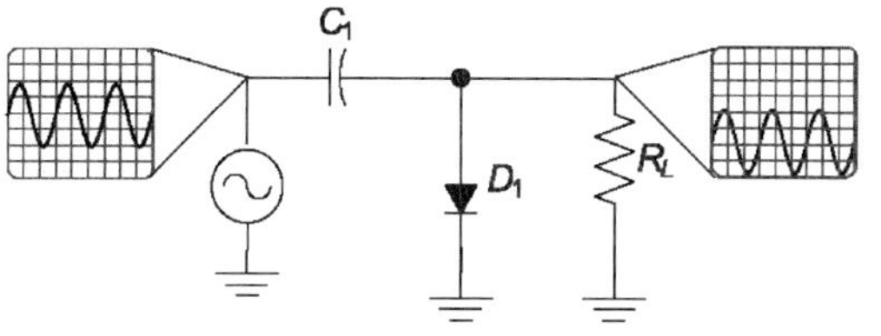

(a)

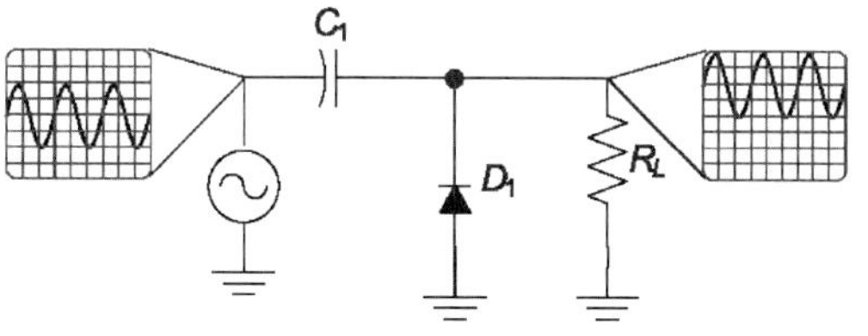

(b)

그림 3-51 (a) negative 클램퍼, (b) positive 클램퍼

3-8-4 바이어스된 클램퍼

바이어스 클램퍼는 0 V가 아닌 직류 기준 전압의 위나 아래로 이동하는 것을 허용한다. 바이어스된 클램퍼의 예가 그림 3-52에 표시되어 있다. 다이오드의 화살표가 아래쪽을 향하면 회로는 negative 클램퍼이다.

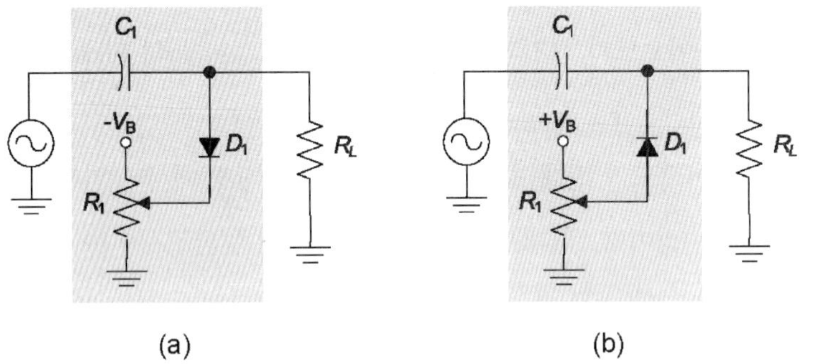

그림 3-52 (a) 바이어스된 negative 클램퍼, (b) 바이어스된 positive 클램퍼

회로에서의 직류 기준 전압은 직류 바이어스 전압 V_B와 전위차계 R_1의 위치에 의존하게 된다. V_B가 negative 값이라면 다이오드 전압은 $-V_B$와 대략 0 V 사이에서 강하한다. 예를 들어 V_B가 -20V라 가정하고 R_1이 다이오드 전압 -10 V가 인가되도록 설정된다고 가정하자. 이와 같은 회로에서 클램퍼는 입력 파형을 positive 피크 전압이 대략 -10 V 정도가 되도록 이동시킨다.

그림 3-52(b)에 표시된 회로는 positive로 바이어스된 클램퍼이다. 이것의 동작은 negative로 바이어스된 클램퍼와 같은 개념에서 이용된다. 출력 파형은 파형의 negative 피크 전압이 D_1의 전압과 거의 같다. R_1이 가변되므로 V_B와 0 V 사이에서 직류 기준 전압은 임의의 전압으로 조정이 가능하다. 그림 3-53은 제너 클램퍼라고 부른다. 제너 다이오드는 회로의 직류 기준 전압을 결정하는 데 이용된다. 예를 들어서 그림 3-53(a)에 표시된 것처럼 만약 10 V의 제너 다이오드가 사용되었다면 회로의 직류 기준 전압은 거의 +10 V가 된다. 만약 그림 3-53(b)에 표시된 것처럼 10 V 제너 다이오드가 사용된다면 회로의 직류 기준 전압은 직류 기준 전압은 -10 V가 된다.

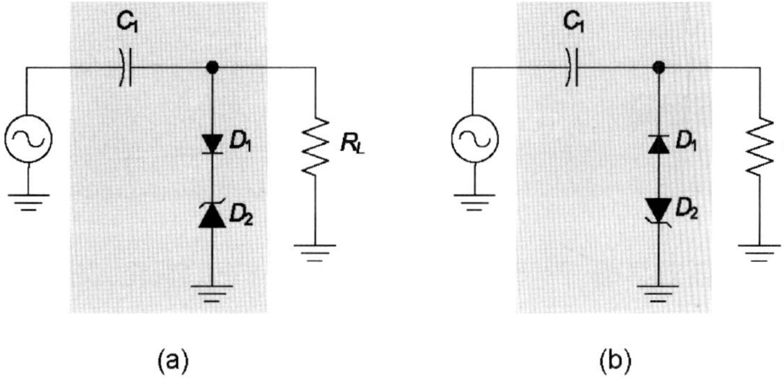

그림 3-53 (a) negative 제너 클램퍼, (b) positive 제너 클램퍼

CHAPTER

03 기초문제

1. 직류 전원 공급장치를 구성하는 4개의 블록을 순서대로 연결한 것을 고르시오.

(a) 변압기 – 전류기 – 필터 – 전압 조정기

(b) 필터 – 전압 조정기 – 정류기 – 변압기

(c) 변압기 – 정류기 – 전압 조정기 – 필터

(d) 정류기 – 필터 – 전압 조정기 - 변압기

2. 직류 전원 공급장치에서 교류 입력을 맥류성 직류 출력으로 변환시키는 것은 무엇인가?

(a) 변압기 (b) 필터 (c) 전압 조정기 (d) 정류기

3. 직류 전원 공급장치에서 높은 교류 입력을 낮은 교류 전압으로 변환시키는 것은 무엇인가?

(a) 변압기 (b) 필터 (c) 전압 조정기 (d) 정류기

4. 직류 전원 공급장치에서 교류 입력과 부하 저항의 변화에 무관하게 일정한 출력을 제공하기 위해서 필요한 것은 무엇인가?

(a) 변압기 (b) 필터 (c) 전압 조정기 (d) 정류기

5. 직류 전원 공급장치에서 맥류성 직류를 일정한 직류 출력으로 변환시켜주는 것은 무엇인가?

(a) 변압기 (b) 필터 (c) 전압 조정기 (d) 정류기

6. negative 맥류성 직류 출력을 발생시키기 위해서 사용되는 정류기 회로는 무엇인가?

(a) 반파 정류기 (b) 중간탭 전파 정류기

(c) 브리지 정류기 (d) 전체

7. 4개의 다이오드를 사용하는 정류기는 무엇인가?

(a) 반파 정류기　　(b) 중간탭 전파 정류기
(c) 브리지 정류기　　(d) 전체

8. 필터의 동작을 측정하기 위해서 사용되는 것은 무엇인가?

(a) 백분율 정류　　(b) 백분율 전압 조정
(c) 백분율 리플　　(d) 백분율 필터링

9. 적은 부하 저항은 (　　) 부하 전류를 발생시키고 전원 전압을 (　)시키게 된다.

(a) 작은, down.　(b) 큰, up.　(c) 작은, up　(d) 큰, down

10. 915 IC 전압 조정기의 출력 전압은 얼마인가?

(a) +5 V　(b) +15 V　(c) −5 V　(d) −15 V

11. 전파 전압 2배기 회로가 반파 전압 2배기 회로보다 우수한 점은 무엇인가?

(a) 자신의 출력 리플 주파수가 낮다.　(b) 자신의 출력 리플 주파수가 높다.
(c) 적은 수의 소자를 사용한다.　(d) (a)와 (b)가 모두 옳다.

12. 만약 115 V, 60 Hz의 교류 입력이 반파 전압 2배기 회로에 연결된다면 출력의 피크 전압과 리플 주파수는 얼마인지 구하시오.

(a) 230 V, 60 Hz　　(b) 230 V, 120 Hz
(c) 325.2 V, 60 Hz　　(d) 325.2 V,1 20 Hz

13. 만약 115 V, 60 Hz의 교류 입력이 전파 전압 2배기 회로에 연결된다면 출력의 피크 전압과 리플 주파수는 얼마인지 구하시오.

(a) 230 V, 60 Hz (b) 230 V, 60 Hz

(c) 325.2 V, 120 Hz (d) 325.2 V, 120 Hz

14. 만약 115 V, 60 Hz의 교류 입력이 전압 3배기 회로에 연결된다면 출력의 피크 전압은 얼마인지 구하시오.

(a) 487.8 V (b) 406 V

(c) 345 V (d) 325.2 V

15. ( ) 클리퍼 회로에서 다이오드는 부하 저항과 직렬로 연결되고 ( ) 클리퍼 회로에서는 다이오드가 부하 저항과 병렬로 연결된다.

(a) 직렬, 바이어스 (b) 병렬, 직렬

(c) 직렬, 병렬 (d) 병렬, 바이어스

16. positive 직렬 클리퍼 회로는 교류 입력의 ( ) 구간만을 통과시킨다.

(a) positive (b) negative

17. negative 직렬 클리퍼 회로는 교류 입력 신호의 ( ) 성분을 제거한다.

(a) positive (b) negative

18. 다음 회로 중 어느 것이 변조 통신 회로에 사용될 수 있는가?

(a) 병렬 클리퍼 (b) 직렬 클리퍼

(c) positive 클램프 (d) 대칭적 병렬 클리퍼

19. 115 V 교류 입력에서 발생 되는 과도 현상을 방지하기 위해서 직류 전원 장치의 앞단에 설치하는 회로는 다음 중 어느것인가?

(a) positive 병렬 클리퍼　　(b) negative 병렬 클리퍼

(c) 가변 병렬 클리퍼　　(d) 대칭적 제너 병렬 클리퍼

20. 병렬 클리퍼 다이오드는 (　　)로부터 구동 회로를 보호하기 위해서 코일 양단에 항상 연결된다.

(a) 전자파 간섭　　(b) 활성화 전압

(c) 변조　　(d) 코일의 역 기자력

03 연습문제

1. 그림 3-54에 표시된 회로를 설명하고 각 회로의 출력 전압을 구해 보시오.

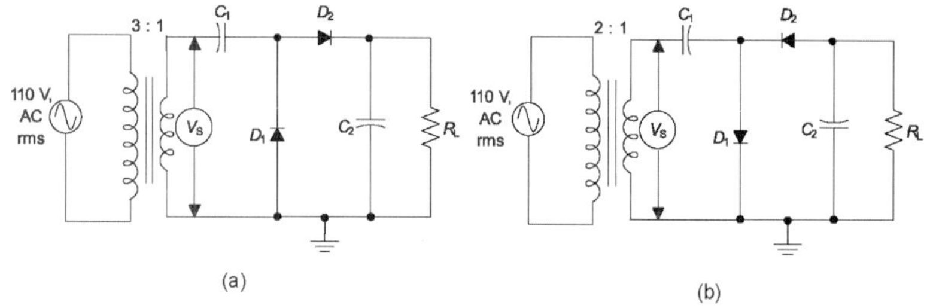

그림 3-54

2. 그림 3-55에 표시된 회로를 설명하고 전압계를 이용해서 A,B,C 점의 전압을 측정해 보시오.

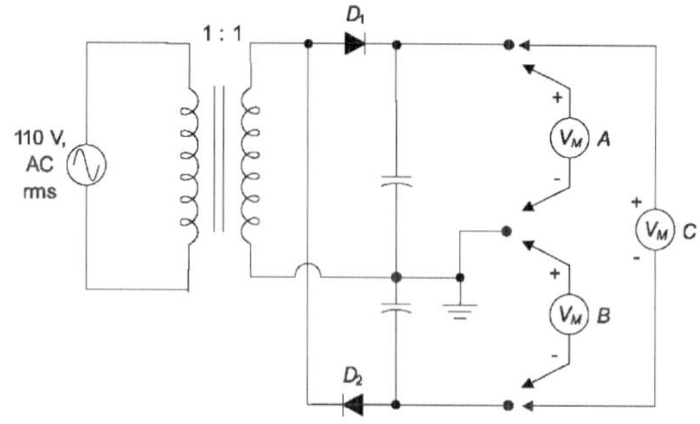

그림 3-55

3. 그림 3-55에 표시된 회로를 이중 출력 전원 공급회로라고 부르는 이유는 무엇인가?

4. 그림 3-56에 표시된 회로를 설명하고, 그림 3-56(b)에 표시된 함수 발생기 회로의 입력 신호가 오실로스코프에서 그림 3-56(c),(d),(e)에 표시된 파형으로 표시되는 경우를 설명하시오.

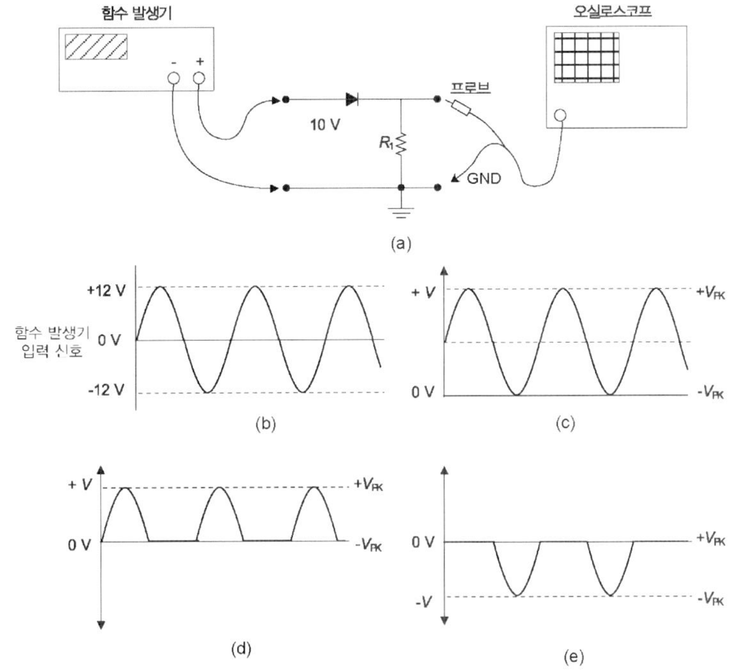

그림 3-56 입력 신호와 출력 신호

5. 그림 3-56에 표시된 회로의 positive와 negative의 피크값을 계산하시오.

6. 그림 3-56(b)에 표시된 입력에 대해서 회로는 그림 3-56(c),(d),(e)에 표시된 파형 중 어느 파형을 출력하게 되는가?

7. 그림 3-57에 표시된 회로를 설명하고 출력 신호의 positive 피크값과 negative 피크값을 구하시오.

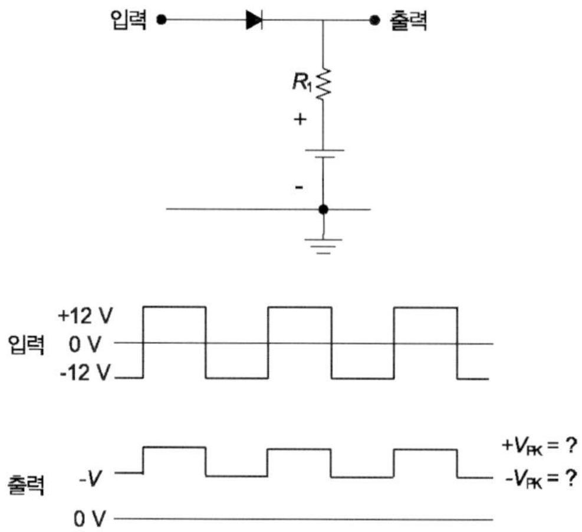

그림 3-57 바이어스된 negative 클리퍼 회로

8. 만약 그림 3-58에 표시된 회로에 19 : 1의 감압 변압기에 240 V, 60 Hz의 교류가 입력된다면 2차측의 피크 전압은 얼마인가?

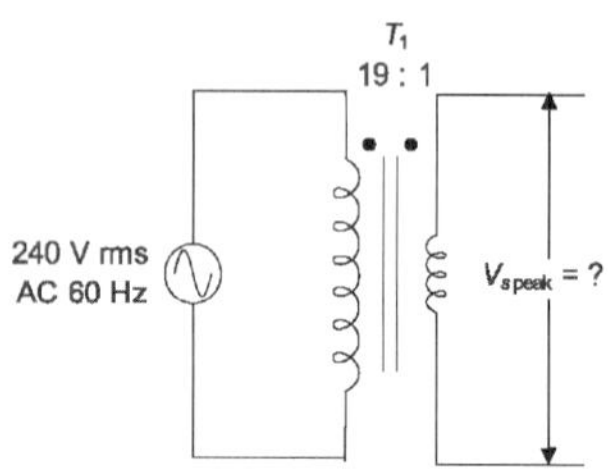

그림 3-58

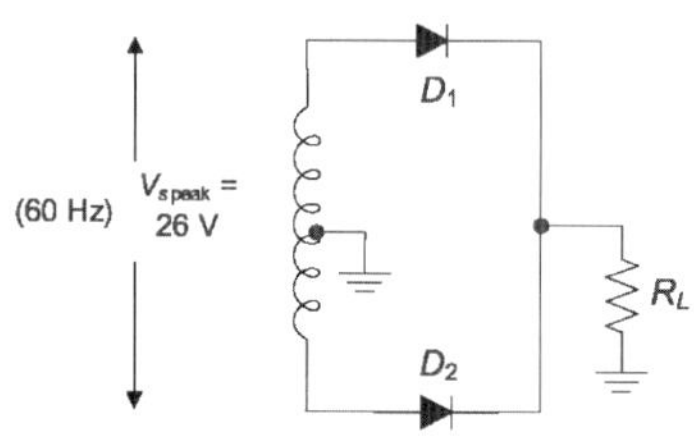

그림 3-59

9. 만약 연습문제 8의 2차측 출력이 인가된다고 가정할 때 positive 반파 정류기의 평균 전압은 얼마인지 구하시오.

10. 문제 8, 9의 출력 회로에서의 리플 주파수는 얼마인가?

11. 그림 3-59에 표시된 회로에서의 피크 출력을 구하시오. (다이오드의 전압 강하를 고려하시오.)

12. 그림 3-59에서 출력 리플의 주파수를 구하시오.

13. 선전압은 일반적으로 110V_{ac}에서 ±10% 오차를 갖는다. low line(99V_{ac})과 high line(121 V_{ac})에서 피크값을 계산하시오.

14. 다음은 다이오드의 정격 I_0를 표시한 것이다.

(a) 1N914: I_0 = 50 mA (b) 1N3070: I_0 =100 mA

(c) 1N4002: I_0 =1 A (d) 1N1183: I_0 =35 A

그림 3-60(a)에서 2차 전압이 110V_{ac}인 경우 어느 다이오드를 사용해야 하는가?

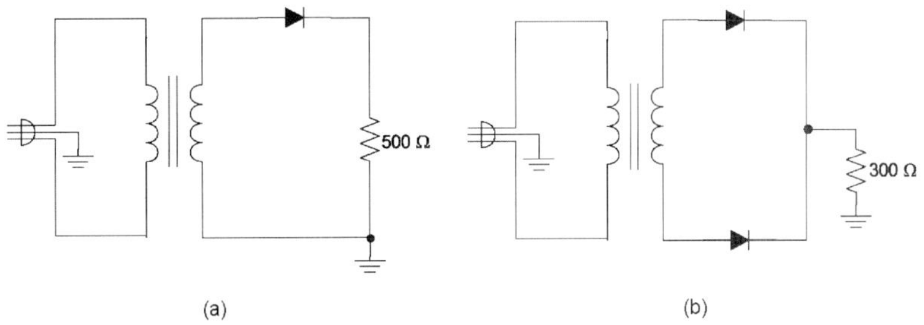

그림 3-60

15. 그림 3-60(b)의 2차 전압이 40V_{ac}이다. 부하전압의 피크 값을 얼마인가? 또한 직류 부하 전압과 직류 부하 전류의 크기는 얼마인가?

16. 그림 3-60(b)에서 2차 전압이 40V_{ac}라고 주어지면, 각 다이오드의 양단에 걸리는 PIV와 직류 부하 전류의 크기는 얼마인지 구하시오. 또한 각 다이오드를 통해서 흐르는 정류된 평균 전류는 얼마인지 구하시오.

17. 그림3-61에서 2차측 전압이 60V_{ac}라면 직류 전류의 세기는 얼마나 되는가? 각 다이오드를 통해서 흐르는 직류 전류는 얼마나 되는가? 각 다이오드 양단에 걸리는 PIV는 얼마인가?

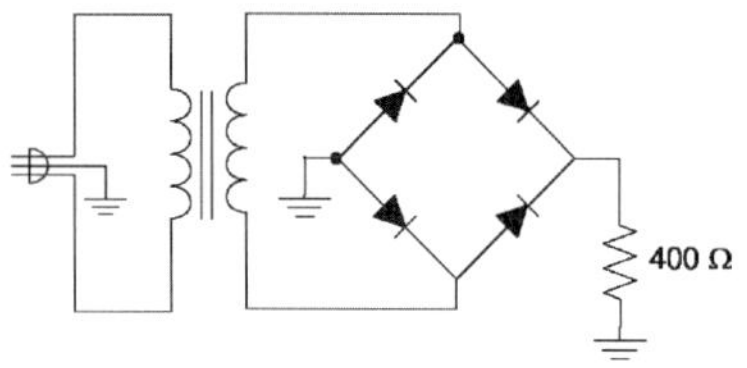

그림 3-61

18. 그림 3-61의 다이오드가 150 mA의 I_0 정격과 70 V의 PIV 정격을 갖는다면 2차측 전압이 40V_{ac}일 때 다이오드는 안정하게 동작하는가?

19. 콘덴서 입력형 필터를 갖는 브리지 정류기가 25 V의 출력 피크 전압을 갖는다면 부하 저항이 220 Ω이고 커패시턴스가 500 μ F일 때 리플의 피크-피크 값은 얼마인가?

20. 그림 3-62는 중간탭을 갖는 분리 공급전원이다. 중간탭이 접지되어 있기 때문에 출력 전압은 크기가 같고 극성이 반대이다. 2차측 전압이 17.7V_{ac}이고 C = 500 μ F이라면 직류 출력 전압은 크기가 얼마인가?

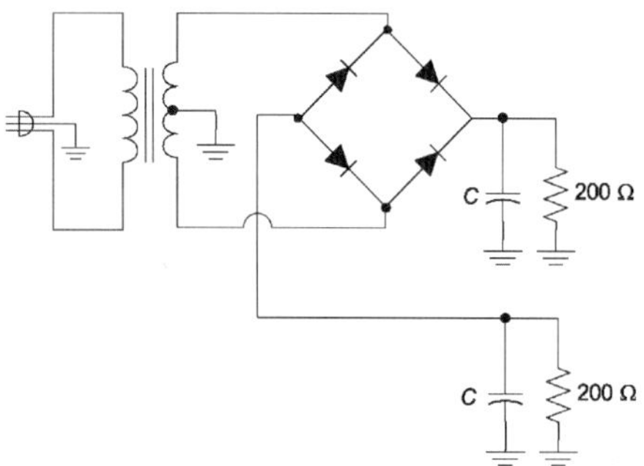

그림 3-62

21. 그림 3-62의 브리지와 2차 권선 사이에 3.3Ω의 서지저항이 주어졌다면 2차측 전압이 25V_{ac}일때 서지 전류의 가능한 최댓값은 얼마인가?

22. 그림 3-63에서 이상적인 부하 전압은 얼마이며, 각 다이오드 양단에 걸리는 PIV는 얼마인가?

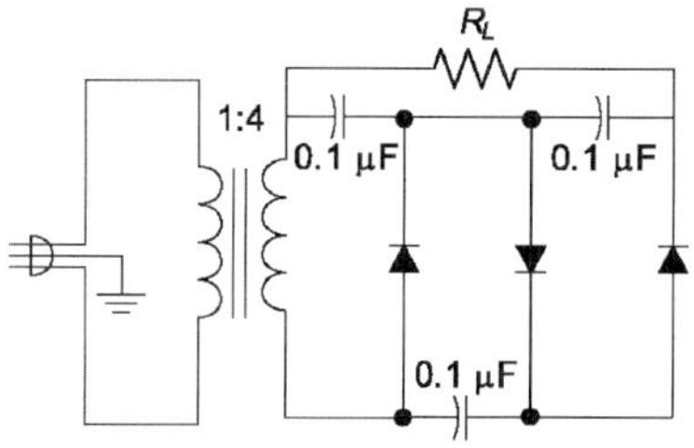

그림 3-63

23. 그림 3-64(a)에서 2차측 전압이 900V_{ac}이다. 이상적인 직류 부하 전압은 얼마이며 직류 부하 전류는 얼마인가? 2개의 커패시터가 직렬로 연결되어 있기 때문에 실지 필터의 커패시턴스는 1 μ F이다. 리플의 피크-피크 값을 계산하시오.

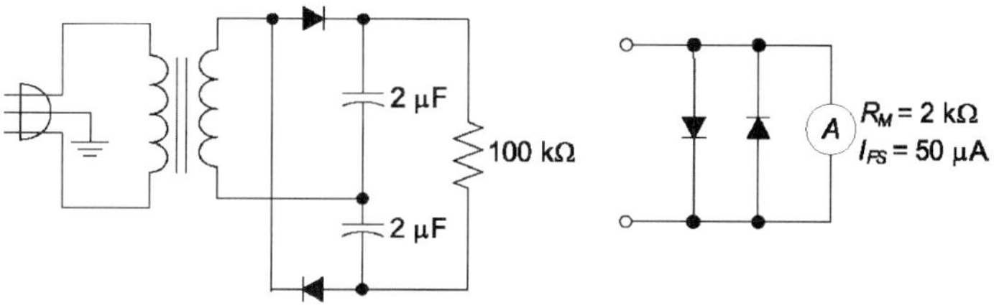

(a) (b)

그림 3-64

24. 그림 3-64(b)의 전류계는 2 kΩ의 계기 저항과 50 μ A의 최대 스케일(scale) 전류를 갖는다. 이 전류계 눈금이 최대 스케일을 가리킬 때 전류계 양단에 걸리는 전압의 크기는 얼마인가? 그림 3-64(b)에서 표시된 것처럼 다이오드가 전류계의 양단에 션트되어 있다. 전류계에 1 kΩ의 테브닌 저항이 직렬로 연결된다면 계기 양단에 연결된 다이오드는 매우 유용한 목적으로 사용될 수 있는데, 무슨 목적이라고 생각되는가?

25. 그림 3-65의 2차측 양단에서 24V_{ac}가 측정되고, 부하 저항 양단에서 21.6V_{dc}를 측정했다면 어떤 고장이 발생할 수 있는지 설명해 보시오.

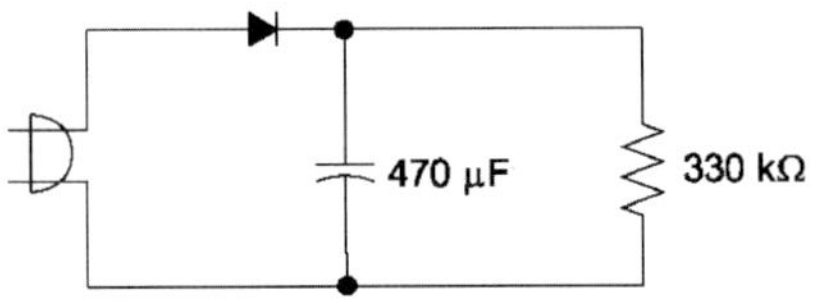

그림 3-65

26. 그림 3-65의 회로에서 출력의 전압이 나타나지 않는다. 무슨 고장 때문인가?

27. 그림 3-66(a)~(d)에 표시된 입력 파형과 기준 전지를 참조하고 출력 파형을 구하시오. (0.7 V의 다이오드 turn-on 전압은 무시한다.)

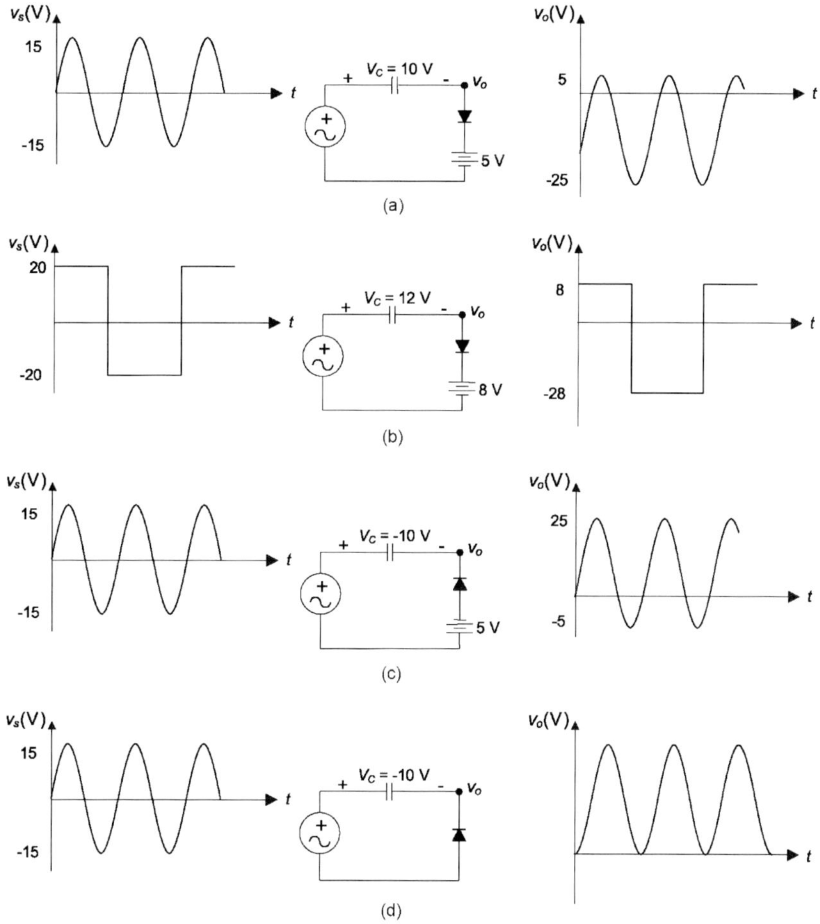

그림 3-66

28. 그림 3-67에 표시된 제너 회로에서 부하에 걸리는 최대 전류를 구하시오. 제너 다이오드라고 가정하면, $I_{Zmin} = 0.1$ mA이다.

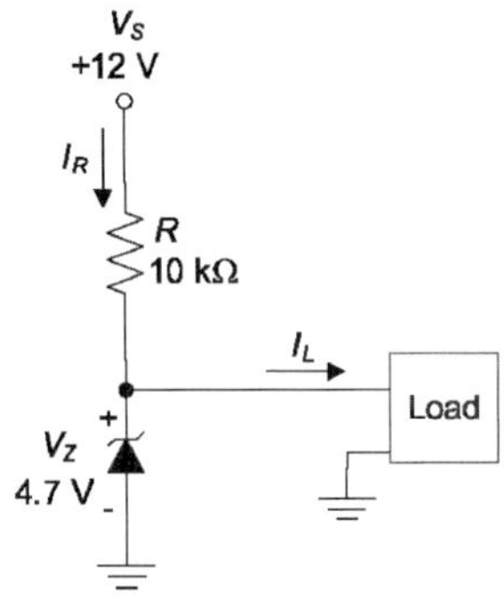

그림 3-67

29. 그림 3-68에 표시된 회로에서 부하 저항에 걸리는 I_Z를 구하시오. 그리고 제너 다이오드에서 소비되는 전력을 구하시오. 제너 다이오드가 항복인지 점검하시오.

(a) $R_L = 12\ \text{k}\Omega$ (b) $R_L = 3\ \text{k}\Omega$ (c) $R_L = 1\ \text{k}\Omega$ 인 경우를 반복하시오.

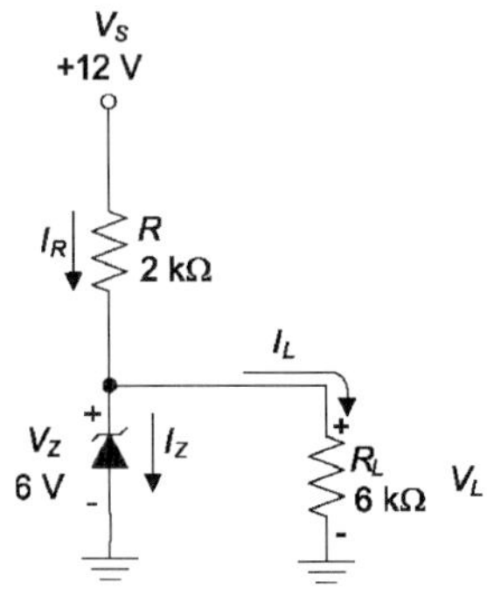

그림 3-68

30. 그림 3-68에 표시된 회로에서 제너 다이오드가 적절히 동작할 수 있는 가장 작은 부하 저항을 구하시오(I_{Zmin} = 0.1 mA라 가정한다).

31. 그림 3-69(a)에 표시된 다이오드 클리핑 회로를 참조하고 제너 다이오드를 이용해서 동일한 출력을 발생 시키는 회로를 구성하시오.

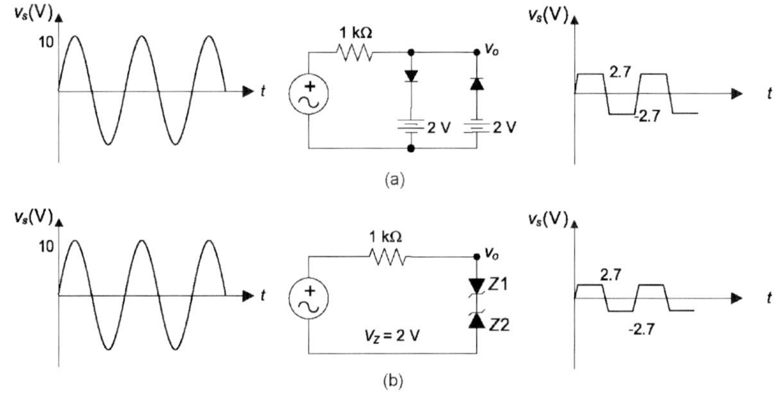

그림 3-69

32. 그림 3-70에서 부하 저항이 감소할 때 제너 조정기로부터 더욱더 많은 전류가 감소된다. 조정 기능을 상실하기 전에 구할수 있는 R_L의 최솟값은 얼마인가? (I_{Zmin}은 무시한다.)

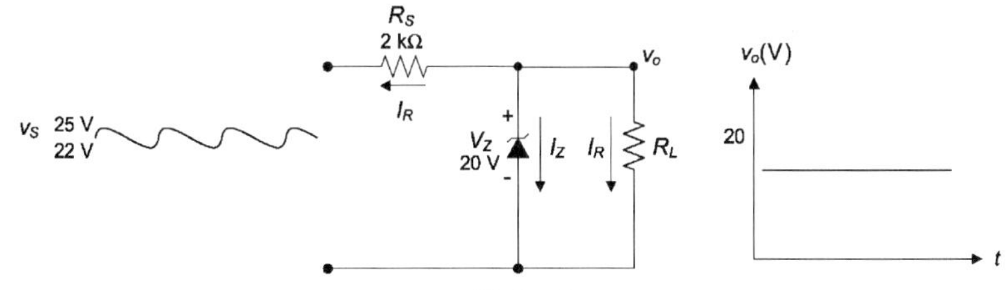

그림 3-70

33. 그림 3–71는 포토 다이오드의 회로이다. (a) 어두울 때의 포토 다이오드(V_o)의 전압을 구하시오. 다이오드는 역방향으로 바이어스되었는가? (b) 다이오드에 3 mW/cm2의 빛이 들어오고 있다. 그림 3–71(c)에 주어진 그래프를 참고하고 빛에 의해 발생하는 전류를 구하시오. (c) (b)에서 구한 전류값을 이용해서 출력 전압을 구하시오.

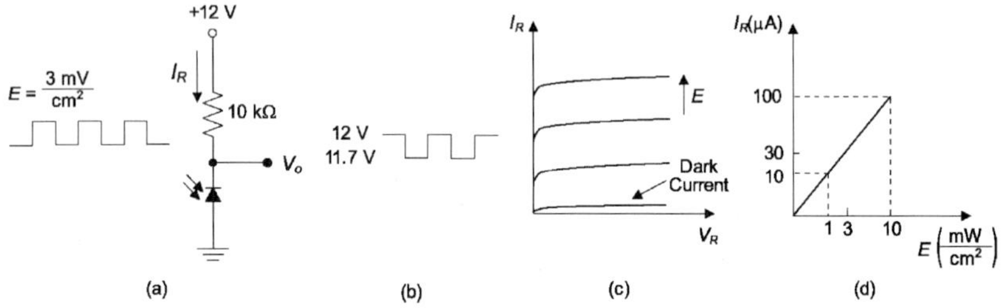

그림 3–71

34. 다음 신호의 파장을 구하시오.

(a) AM: f = 640 KHz

(b) FM: f = 2 MHz

(c) 적외선: f = 100 THz

(d) 가시광선: f = 600 THz

(e) 자외선: f = 1 PHz

CHAPTER

04

쌍극성 트랜지스터 (BJT)

1947년 12월 23일 존 바든, 월터 브라튼, 윌리엄 쇼클리가 증폭 기능을 갖는 반도체 소자를 최초로 소개하고 트랜지스터라 이름 붙였다. 그렇지만 트랜지스터는 풀기 어려운 문제점들을 갖는, 예측하기가 매우 어려운 소자였다. 쇼클리는 자신의 연구를 계속 진행했고 1951년 세계에서 최초로 접합형 트랜지스터를 실행시켰다. 1956년 세 사람은 트랜지스터를 발견한 공로로 노벨 물리학상을 받았다. 트랜지스터는 자신의 입력 전류에 의해서 출력 전류, 전압, 전력이 제어되는 3단자 소자이다. 트랜지스터를 통해서 흐르는 전류의 양을 제어하기 위해서는 스위칭과 증폭이라는 두 가지 중요한 응용 분야를 모두 만족해야 한다.

통신 시스템과 오디오 시스템에서도 교류 신호의 강도를 증가시키기 위해서 사용되는 회로인 증폭기(amplifier)의 가장 중요한 구성요소이다. 디지털 컴퓨터 시스템에서도 트랜지스터는 두 가지 운영상태(개방, 단락)를 초당 수십억 회씩 스위칭할 수 있기 때문에 고속의 전자 스위치로 사용된다. 트랜지스터는 역시 전원 공급 장치와 전류 조정기 회로에서도 사용된다.

4-1 쌍극성 트랜지스터의 구조 및 동작특성

다이오드와 유사하게 트랜지스터도 반도체 물질로 구성된다. 그러나 다이오드와 트랜지스터의 차이점은 다이오드가 두 개의 반대로 도핑된 영역과 한 개의 PN 접합을 갖는 반면 트랜지스터는 교대로 도핑되는 3개의 영역과 두 개의 PN 접합을 갖는다는 점이다. 그림 4-1(a)에 표시된 NPN형 트랜지스터는 베이스로 표시되는 얇고, 약하게 도핑된 p형 영역이 컬렉터와 이미터로 알려진 두 개의 n 영역 사이에 샌드위치의 형태로 되어있다. NPN형 트랜지스터의 회로 기호는 그림 4-1(c)에 표시되어 있고, PNP형 트랜지스터는 그림 4-1(d)에 표시되어 있다.

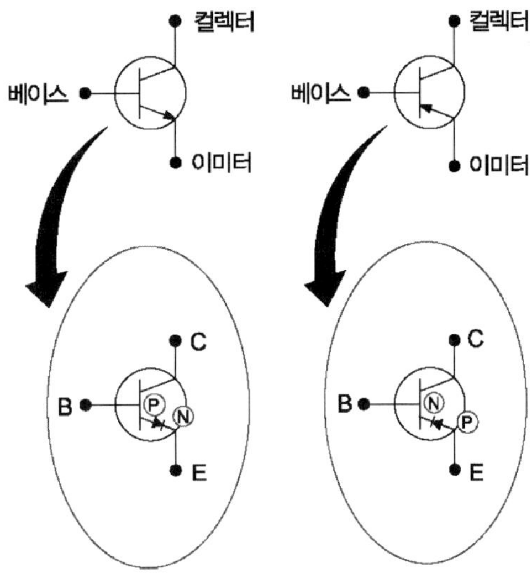

그림 4-1 쌍극성 트랜지스터의 구조와 회로 기호

회로 기호에서 화살표는 다음과 같은 두 가지 이유 때문에 중요하다.

1. 화살표는 소자의 단자를 구별한다. 화살표는 항상 이미터 단자를 향해서 그려진다. 이미터와 반대 방향에 있는 단자가 컬렉터 단자이고 가운데 단자가 베이스 단자이다.
2. 화살표는 항상 n형 물질을 향해서 지시한다. 만일 화살표가 베이스를 향해서 지시한다면 트랜지스터는 pnp형이다. 만일 화살표가 이미터를 지시한다면 트랜지스터는 npn형이다.

트랜지스터의 단자 전류는 그림 4-2에 표시된 것처럼 I_E, I_C, I_B로 구분된다. 일반적인 상황에서는 I_E가 세 전류 중의 가장 큰 값을 가지고 다음이 I_C이다. 베이스 전류 I_B는 일반적으로 다른 두 개의 전류보다도 매우 작은 값을 가진다. npn형 전류 트랜지스터 전류의 방향이 pnp형 트랜지스터 전류 방향과 반대인 것에 주목해야 한다.

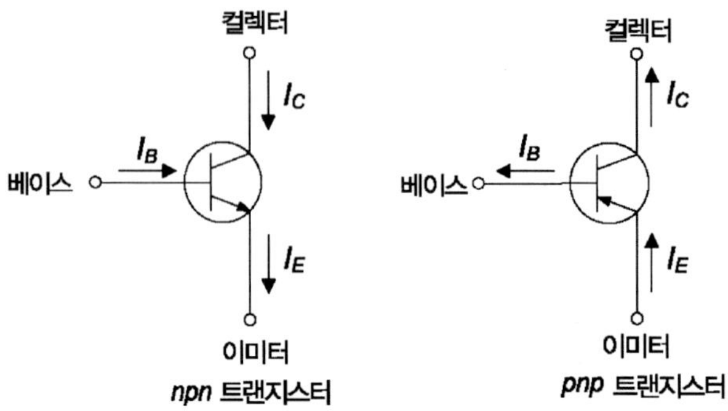

그림 4-2 트랜지스터의 단자 전류

트랜지스터는 전류 제어 소자이다. 즉, 컬렉터 전류와 이미터 전류 값은 근본적으로 베이스 전류 값에 의해서 결정된다. 정상적인 상황에서 I_C와 I_E의 값은 I_B 값에 의해서 직접적으로 변화한다. I_B값의 증가 또는 감소는 I_C와 I_E 값에서 유사한 변화를 유발시킨다. 주어진 트랜지스터의 I_C 전류 값은 일반적으로 I_B 값의 몇 배이다. 베이스로부터 컬렉터로 가는 전류 증가 요소를 소자의 순방향 전류 이득(forward current gain)이라고 정의하고 그리스 문자 베타(β)로 표시한다. 트랜지스터의 컬렉터 전류량을 계산하려면 간단히 베이스 전류 값에 β 값을 곱해주면 된다.

$$I_C = \beta I_B \tag{4-1}$$

그림 4-2(a)에 표시된 트랜지스터가 I_B = 50 μA, β =100을 가지고 있다고 가정하면 소자의 I_C 값은 5 mA로 구해진다.

$$I_C = \beta I_B = 100 \times 50 \ \mu\text{A} = 5 \ \text{mA}$$

트랜지스터 동작 해석에는 그림 4-3에 표시된 것처럼 구분되는 전압 기호 표기법을 잘 알고 있어야 한다. 그림 4-3(a)에 표시된 V_{CC}와 V_{BB}는 트랜지스터를 바이어스 시키기 위해서 사용되는 직류 전압이다. 그림 4-3(b)에 표시된 것처럼 이미터 회로에 표시된 직류 바이어스 전원인 V_{EE}와 접지로부터 각 단자 사이에서 측정되는 단자 전압인 V_C, V_E, V_B가 있다. 그림 4-3(c)에 표시된 V_{CE}, V_{CB}, V_{BE}는 트랜지스터의 두 단자 양단에 걸리는 전위차를 측정한 것이다.

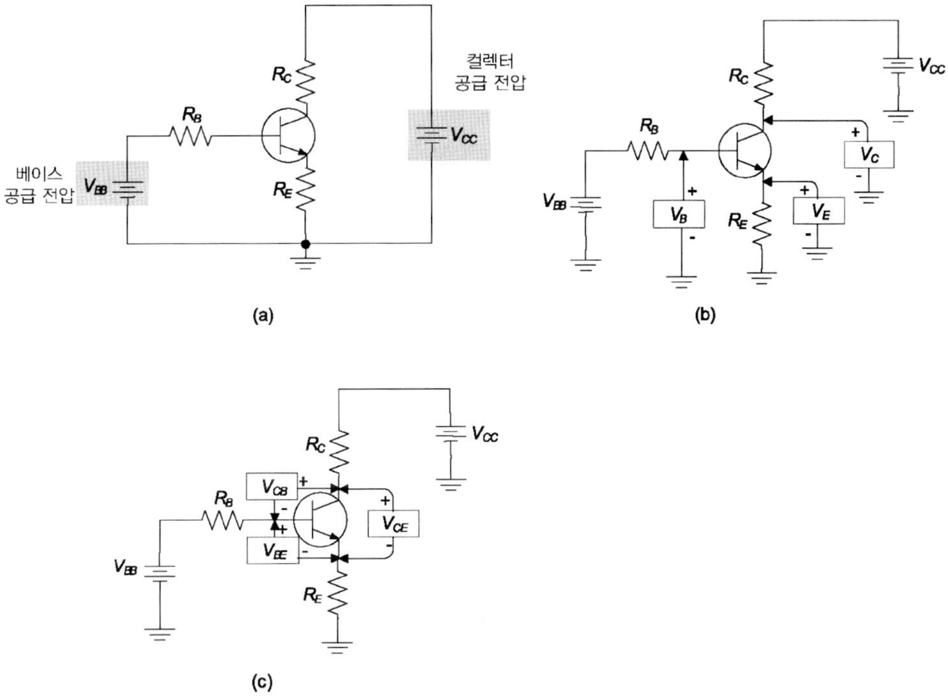

그림 4-3 트랜지스터의 전압 기호 표기법 (a) 트랜지스터의 공급 전압 (b) 트랜지스터의 단자 전압(접지 기준) (c) 트랜지스터의 전압 양단에서 측정되는 전압

4-1-1 트랜지스터의 구조와 패키징

다이오드와 유사하게 PNP형과 NPN형 트랜지스터는 번갈아 도핑된 3개의 영역이 결합되어서 3개의 층을 구성하지는 않는다. 이런 3개의 층은 먼저 컬렉터 영역 속으로 베이스 영역을 녹이고 다시 이미터 영역을 베이스 영역 속으로 녹이는 확산 기술에 의해서 구성된다. 그림 4-4(a)에 표시된 NPN형 트랜지스터는 확산 공정에 의해서 p형 베이스 영역이 n형 컬렉터 영역 속으로 녹아 들어간다. 이런 p형 영역이 구성되면 NPN형 트랜지스터를 구성하기 위해서 n형 이미터 영역이 P형의 베이스 영역 속으로 확산되거나 녹아 들어간다. 그림 4-4(a)에 표시된 것처럼 제조 과정에서 디스크 혹은 얇은 반도체 웨이퍼상에 이런 트랜지스터 수천 개가 동시에 만들어진다는 사실을 기억하는 것이 필요하다. 각각의 트랜지스터는 그림 4-4(b)에 표시된 것처럼 패키지 속에 놓인다. 패키지는 트랜지스터를 습기와 먼지로부터 보호하고 3개의 반도체 영역과 3단자 사이의 전기적인 연결을 제공하며 트랜지스터에서 발생되는 열을 외부로 발산시키는 방열판 역할을 한다.

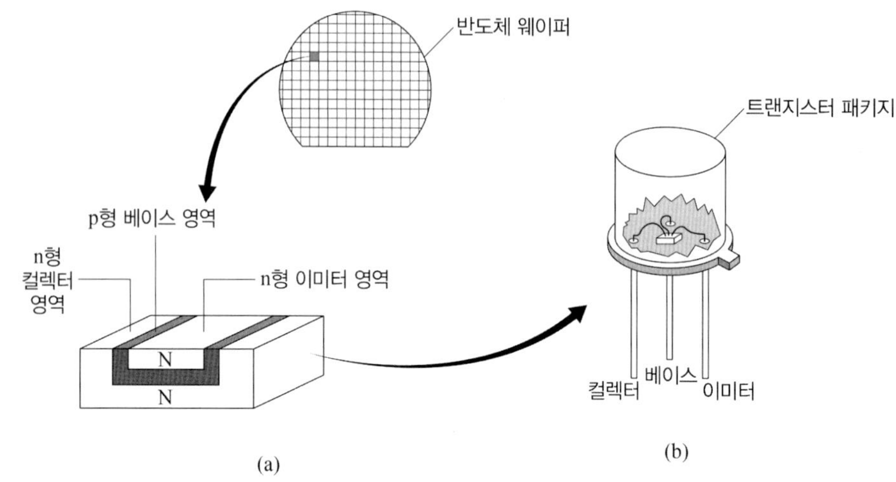

그림 4-4 쌍극성 트랜지스터의 구조와 패키징

그림 4-5는 일반적인 저전력 트랜지스터와 고전력 트랜지스터의 패키지 중 몇 가지를 표시하고 있다. 대부분의 저전력, 소신호 트랜지스터는 금속, 플라스틱, 에폭시 패키지로 밀봉되어 덮여있다. 그림 4-5(a)에 표시된 저전력 트랜지스터 패키지 중 4개는 패키지의 아래로부터 3개의 다리가 부착되어 있는데, 그 이유는 이런 패키지들이 인쇄회로기판에 삽입되기 쉽고 납땜 되기 쉽도록 하기 위해서이다. SMT 저전력 트랜지스터 패키지는 인쇄회로기판의 표면에 직접 탑재되기 때문에 평평한 금속 다리를 갖는다. 그림 4-5(b)에 표시된 고전력 패키지는 부가되는 금속이 트랜지스터로부터 발생 되는 열을 전도시키고 방열판의 기능을 가지기 때문에 장비의 금속 프레임이나 샤시에 탑재된다. 이런 고전력 트랜지스터 패키지는 패키지로부터 부착을 위해서 2개나 3개의 단자가 제공된다. 만약 2개의 단자가 제공된다면 금속 케이스가 컬렉터로 사용되고 두 단자가 베이스와 이미터이다. 트랜지스터 패키지의 형태를 표시하기 위해서 표준 인식번호가 사용되는데 인식번호는 TO로 시작하고 이어서 번호가 부가된다.

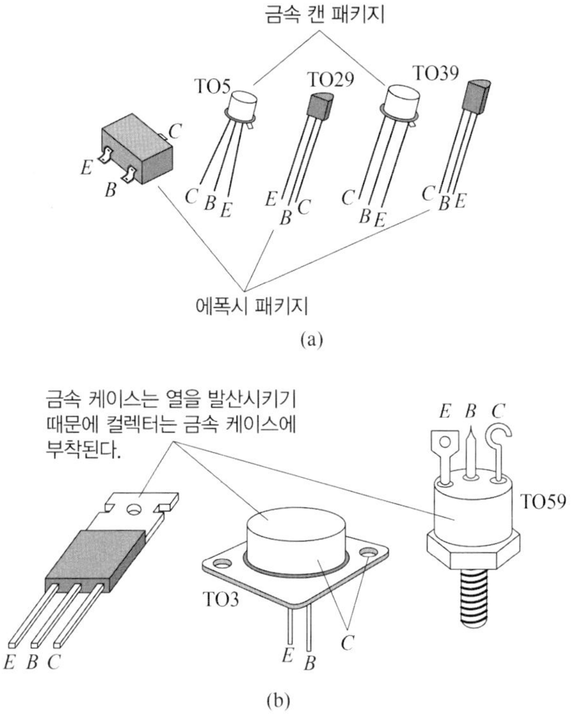

그림 4-5 쌍극성 트랜지스터 패키지형태 (a)저전력 트랜지스터 (b)고전력 트랜지스터

4-1-2 이미터 다이오드와 컬렉터 다이오드

그림 4-6에 표시된 것처럼 BJT는 이미터-베이스 접합과 베이스-컬렉터 접합을 가진다. 이런 이유 때문에 트랜지스터는 이미터-베이스 다이오드와 컬렉터-베이스 다이오드의 형태를 가지고 있다고 말한다.

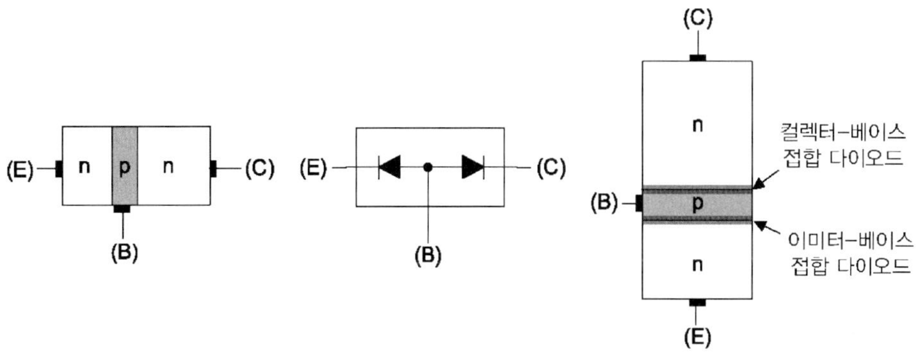

그림 4-6 BJT의 접합

4-1-3 바이어스되지 않은 트랜지스터

접촉면을 통과하는 전자의 확산은 그림 4-7(a)에 표시된 것처럼 두 개의 공핍층을 만든다. 각각의 공핍층은 전위 장벽으로 작용하는데 실리콘 트랜지스터의 경우 25℃에서 0.7 *V*이다(게르마늄 다이오드는 0.3 *V*). 다이오드와 마찬가지로 트랜지스터도 게르마늄 트랜지스터보다 실리콘 트랜지스터가 많이 사용된다. 실리콘 다이오드는 게르마늄 다이오드보다 낮은 온도 민감성과 높은 전압 정격, 큰 전류 정격을 가진다. 3개의 영역은 도핑 정도가 다르기 때문에 공핍층의 두께도 달라진다. 좀더 강하게 도핑된 영역은 이온의 밀도가 접합면 근처에서 크다. 이것은 이미터 영역에서 공핍층의 두께가 얇다는 의미이다(강하게 도핑). 그러나 베이스 쪽의 공핍층은 두껍다는 의미이다(약하게 도핑). CB 공핍층은 베이스 쪽은 잘 확산되고 적은 양이 컬렉터 쪽으로 침투한다. 그림 4-7은 이런 개념을 요약한 것으로 이미터 공핍층은 작고 컬렉터 공핍층은 크다는 것을 표시하고 있다. 중요한 것은 다수 캐리어가 존재하지 않는 것을 의미하는 표시인 공핍층이 얼마나 검게 칠해져 있는가를 살펴보는 일이다.

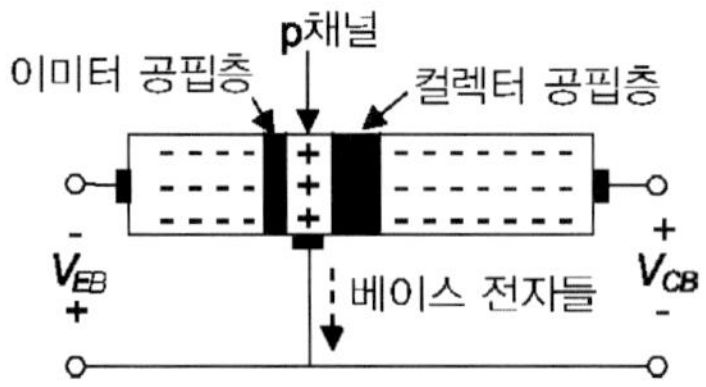

그림 4-7 공핍층

4-1-4 트랜지스터의 차단, 포화, 활성

그림 4-8은 두 가지 바이어스 전위가 인가된 트랜지스터를 표시하고 있다. 그 결과 이런 전압들은 트랜지스터의 두 접합을 역방향으로 바이어스시킨다.

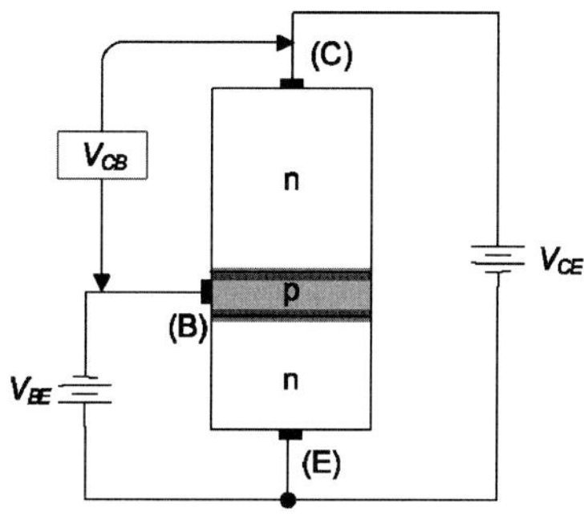

그림 4-8 차단

그림 4-8에 표시된 것과 같은 극성으로 인해서 두 개의 공핍층 영역은 이미터, 베이스, 컬렉터 영역 속으로 확장된다. 공핍층 영역이 커지면 극히 작은 역방향 전류가 이미터에서 컬렉터로 흐르고, 트랜지스터는 차단 상태에 있다고 말한다. 2N3904 트랜지스터는 40 V의 컬렉터-이미터 전압 V_{CE}와 3 V의 역방향 베이스-이미터 전압 V_{BE}로 인해서 50 nA의 컬렉터 전류 I_C를 가지게 된다. 베이스-이미터 접합이 순방향으로 바이어스되어 있을 때의 I_C 값인 200 mA에 비하면 극히 작은 값이다.

차단의 반대는 포화이다. 포화는 I_B가 더욱 더 증가해도 I_C가 더 이상 증가하지 않는 상태를 의미한다. 트랜지스터가 포화되었다고 말할 때 I_C는 컬렉터 공급전원 V_{CC}와 컬렉터-이미터 회로의 전체 저항에 의해서 결정되는 자신의 최댓값에 도달된다. 이 점은 그림 4-9에 표시되어 있다.

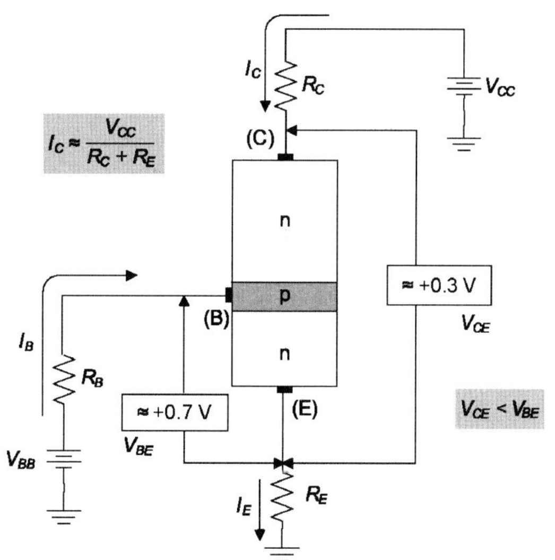

그림 4-9 포화 회로 조건

트랜지스터의 V_{CE} 전압이 0 V(이상적인 상태)가 되는 순간을 가정하자. 만약 이런 경우에 I_C는 전적으로 V_{CC}, R_C(컬렉터 저항), R_E(이미터 저항) 값에 의존한다. 옴의 법칙에 따라 I_C의 최댓값은 다음과 같이 구해진다.

$$I_C = \frac{V_{CC}}{R_C + R_E}$$

이제 I_B가 더 이상은 증가할 수 없는 점인 최댓값에 I_C가 도달했을 때 I_B가 증가하는지에 대해 논의해보자. I_C가 증가할 수 없을 때 I_B가 계속 증가한다면 $I_C = \beta I_B$의 관계는 더 이상 유효하지 않다. 만약 I_B가 I_C가 증가할 수 있는 점 이상으로 증가한다면, 두 개의 트랜지스터 접합은 순방향으로 바이어스된다. 이런 점은 그림 4-9에 표시되어 있다. 트랜지스터의 V_{CE} 값은 대략 0.3 V이고, 이것은 일반적으로 포화 된 트랜지스터의 V_{CE} 값이다. 0.7 V의 V_{BE} 값과 컬렉터-베이스 접합은 두 값의 차인 0.4 V로 바이어스된다. 이 전압은 트랜지스터의 컬렉터-베이스 접합이 순방향 바이어스라는 점을 표시한다는 점을 주목해야 한다.

베이스-이미터 접합이 순방향 바이어스이고 컬렉터-베이스 접합이 역방향 바이어스일 때 트랜지스터는 활성 영역에서 동작한다고 말한다. 일반적으로 차단과 포화 영역 사이에 있을 때 트랜지스터는 활성 영역이라고 한다. 활성 영역을 위한 바이어스 방법은 그림 4-10에 표시된 것과 같다.

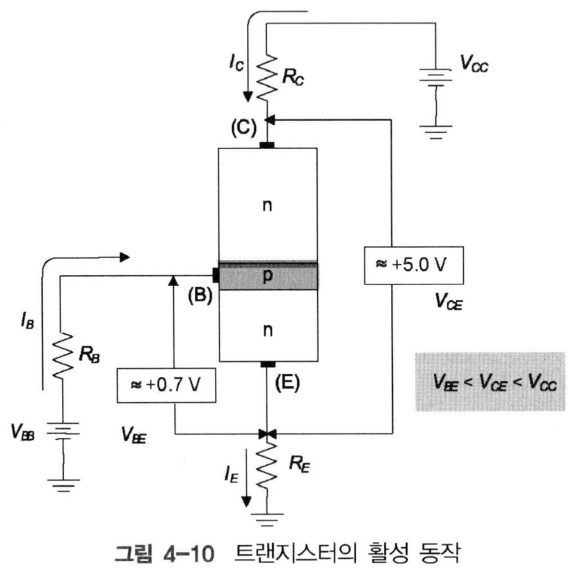

그림 4-10 트랜지스터의 활성 동작

이런 영역에서의 트랜지스터의 동작은 그림 4-10에 표시된 것처럼 단지 베이스-이미터 접합이 순방향으로 바이어스될 때 어떤 일이 발생 되는지만 고려하면 되므로 이해하기가 가장 쉽다. 베이스 이미터 전압 V_{BE}가 접합면의 전위 장벽을 극복하기 위해서 충분히 크다면 V_{BB}와 V_{CC}는 트랜지스터의 이미터, 베이스 컬렉터에서 전류를 발생시킨다. 베이스 영역이 매우 약하게(가볍게) 도핑되어 있기 때문에 베이스 물질의 저항은 컬렉터-베이스 접합의 역방향으로 바이어스된 컬렉터 저항보다 크다. 따라서 이미터 전류의 대부분은 역방향으로 바이어스된 컬렉터 베이스 접합을 통해서 컬렉터로 흘러나오게 된다.

4-1-5 베이스 확산저항

두 개의 공핍층이 베이스 영역에 스며들어 있고 그림 4-7에 표시된 것처럼 베이스 정공은 p형 반도체의 얇은(thin) 채널에 국한되어 존재한다. 이런 얇은 채널의 저항을 베이스 확산저항(base spreading resistance) r_b'라고 부른다. 컬렉터 다이오드에 걸리는 역방향 바이어스 전압 V_{CB}를 증가시키면 P 채널의 폭이 감소되고 등가인 r_b'가 증가한다. 베이스 영역에서의 재결합 전류는 반드시 베이스 확산저항 r_b'를 통과해서 흐르게 되고, 그때 전압을 발생시킨다($V = I \times R$). 이런 전압의 중요성에 대해서는 차후에 설명한다. 지금은 r_b'의 존재와 그 값이 그림 4-7에서처럼 베이스의 도핑뿐만 아니라 채널의 폭에 대해서 의존한다는 점을 알고 있어야 한다. 극히 드문 경우로 r_b'가 1000 Ω 정도의 높은 저항값을 가질 수도 있지만 대부분 50 ~ 150 Ω 이내의 범위에 있다. r_b'의 효과는 고주파 회로에서 중요하게 대두된다. 저주파 회로에서 r_b'는 거의 영향을 주지 못한다.

4-2 트랜지스터 전류 정격과 전압 정격

트랜지스터 응용회로에서, 소자의 구조에 따라 베이스 전류는 I_C와 I_E에서 다양한 변화를 발생시킨다. I_B의 작은 변화는 다른 단자에서의 큰 전류 변화를 발생시킨다. 이런 관계는 그림 4-11에 표시되어 있다. 10 ~ 20 μA까지의 I_B의 작은 변화는 I_C와 I_E에서 2~4 mA까지의 큰 변화를 유발한다. 이미터와 컬렉터 전류의 큰 변화는 트랜지스터의 전류 이득이 원인이다.

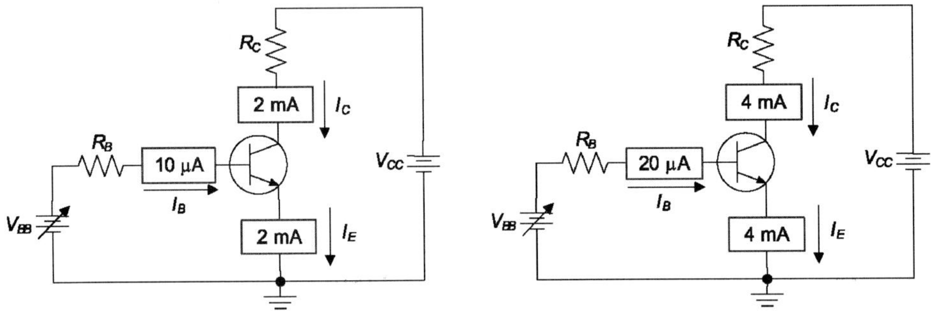

그림 4-11 BJT의 전류 관계

예제 4-1

그림 4-12에 표시된 회로에서 트랜지스터의 컬렉터 전류 값을 구하시오.

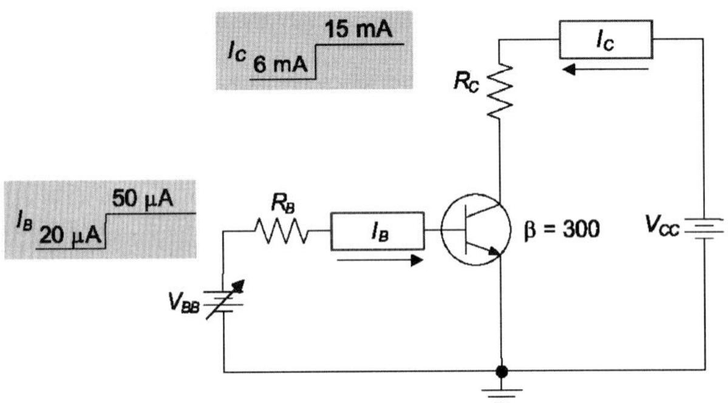

그림 4-12

(풀이) 그림 4-12에서 베이스 전류는 초깃값 20 μA를 가진다. 소자의 β 정격은 300이다. 이런 값들을 이용하면 컬렉터 전류의 초깃값은 6 mA로 구해진다.

$$I_C = \beta I_B = 300 \times 20\ \mu\text{A} = 6\ \text{mA}$$

I_B가 50 μA까지 증가하면, 컬렉터 전류 또한 증가한다. I_B에 새로운 값을 대입하면 컬렉터 전류는 15 mA로 구해진다.

$$I_C = \beta I_B = 300 \times 50\ \mu\text{A} = 15\ \text{mA}$$

따라서 베이스 전류에서의 30 μA 변화는 컬렉터 전류에서 9 mA의 변화를 초래한다.

4-2-1 I_E, I_C, I_B의 관계

키르히호프의 전류 법칙에 따르면 소자를 통해서 흘러나온 전류는 소자로 흘러들어오는 전류와 같아야 한다. 이것을 기억하고 있으면 I_E는 식 (4-2)에 표시된 것처럼 다른 두 전류의 합과 같아야 한다는 것이 쉽게 이해된다.

$$I_E = I_B + I_C \tag{4-2}$$

I_B가 일반적으로 I_C보다 매우 적기 때문에, 컬렉터 전류와 이미터 전류의 크기는 대략 같다.

$$I_C \cong I_E \tag{4-3}$$

식 (4-2)와 (4-3)에 표시된 것처럼 전류의 관계는 npn형 트랜지스터와 pnp형 트랜지스터 양쪽에 똑같이 적용된다.

식 (4-3)의 효과는 예제 (4-1)의 결과에서 알 수 있다. I_B가 50 μA 증가된 후 I_C는 15 mA로 된다. 식 (4-2)에 따르면 소자의 I_E는 15.05 mA로 구해진다.

$$I_E = I_B + I_C = 50\ \mu\text{A} + 15\ \text{mA} = 15.05\ \text{mA}$$

I_E와 I_C 값은 예제 (4-1)에 사용된 트랜지스터와 거의 같은 값을 갖는다.

4-2-2 직류 베타

트랜지스터의 직류 베타 정격은 직류 컬렉터 전류를 직류 베이스 전류로 나눈 값이다.

$$\beta = \frac{I_C}{I_B} \tag{4-4}$$

대부분의 일반적인 트랜지스터 회로에서 입력 신호는 베이스에 인가되고 출력 신호는 컬렉터로부터 구해지기 때문에 이런 공식은 대단히 중요하다. 트랜지스터의 직류 베타 정격은 트랜지스터의 전체적인 직류 전류 이득을 나타낸다. 다른 단자 전류를 규정하기 위해 다음과 같이 식 (4-2)와 (4-3)을 이용하면 식 (4-5)를 구할 수 있다.

$$I_C = \beta I_B$$

$$I_E = I_B + I_C = I_B + \beta I_B, \; I_E = I_B(\beta + 1) \tag{4-5}$$

예제 4-2

그림 4-13에 표시된 회로에서 I_C와 I_E 값을 구하시오.

(풀이) I_C 값은 12.5 mA로 구해진다.

$$I_C = \beta I_B = 100 \times 125 \;\; \mu\text{A} = 12.5 \;\; \text{mA}$$

그리고 I_E는 12.625 mA로 구해진다.

$$I_E = I_B + I_C = 125 \;\; \mu\text{A} + 12.5 \;\; \text{mA} = 12.625 \;\; \text{mA}$$

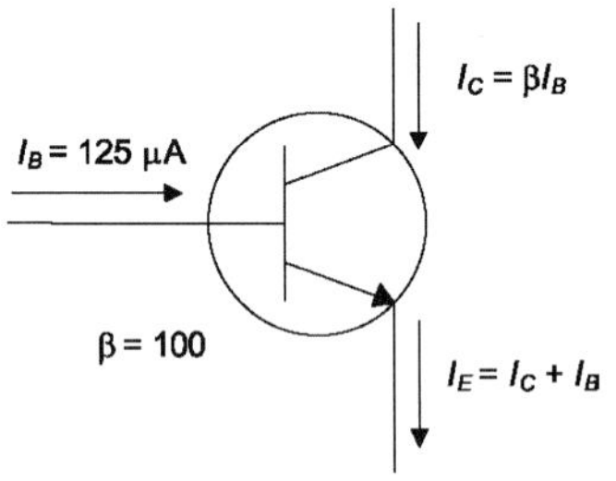

그림 4-13

예제 4-3

그림 4-14에 표시된 회로에서 I_C와 I_B 값을 구하시오.

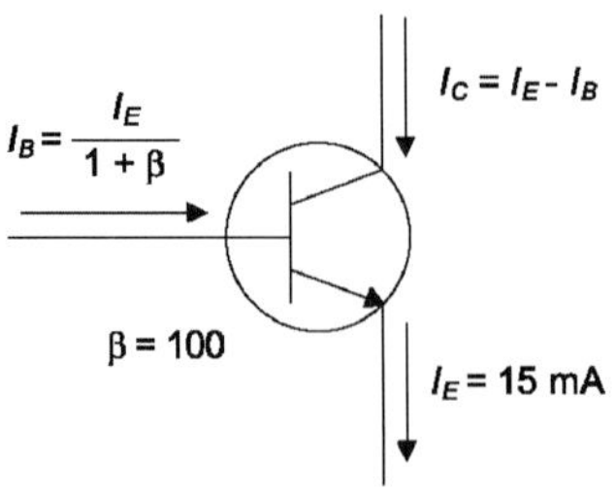

그림 4-14

(풀이) 식 (4-5)를 이용해서 식을 정리하고 I_B를 구하면 148.5 μA로 계산된다.

$$I_B = \frac{I_E}{\beta + 1} = \frac{15\ mA}{100 + 1} = 148.5\ \mu A$$

따라서 I_C는 14.85 mA로 구해진다.

$$I_C = I_E - I_B = 15\ mA - 148.5\ \mu A = 14.85\ mA$$

$$I_C = \beta I_B = 100 \times 148.5\ \mu A = 14.85\ mA$$

예제 4-4

그림 4-15에 표시된 회로에서 I_B, I_E 값을 구하시오.

(풀이) 베이스 전류의 크기는 0.125 mA이다.

$$I_B = \frac{I_C}{\beta} = \frac{50\ mA}{400} = 0.125\ mA$$

그리고 이미터 전류의 크기는 50.125 mA로 구해진다.

$$I_E = I_B + I_C = 0.125\ mA + 50\ mA = 50.125\ mA$$

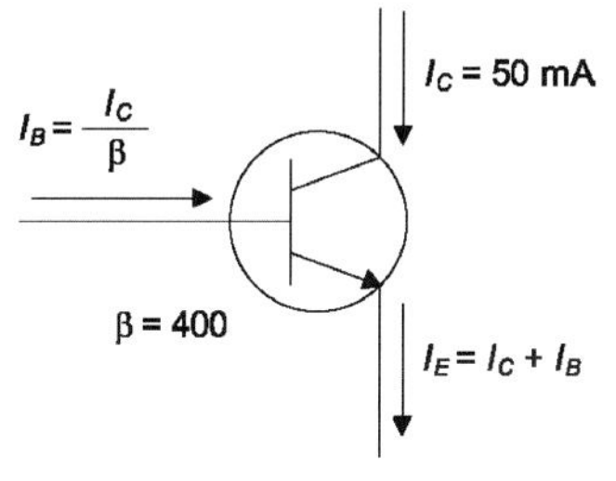

그림 4-15

트랜지스터의 베타 정격은 전류값의 비이기 때문에 측정 단위가 없다. 전형적인 트랜지스터 직류 베타 정격은 300까지이다. 이것은 일반적인 트랜지스터가 활성 영역에서 동작할 때 직류 컬렉터 전류가 직류 베이스 전류의 300배까지 도달한다는 것을 의미한다.

4-2-3 직류 알파

트랜지스터의 직류 알파 정격은 컬렉터 전류와 이미터 전류의 비이다.

$$\alpha = \frac{I_C}{I_E} \tag{4-6}$$

주어진 트랜지스터의 알파 정격은 항상 단위숫자 1보다 작다. 이것에 대한 이유가 그림 4-16에 표시되어 있다.

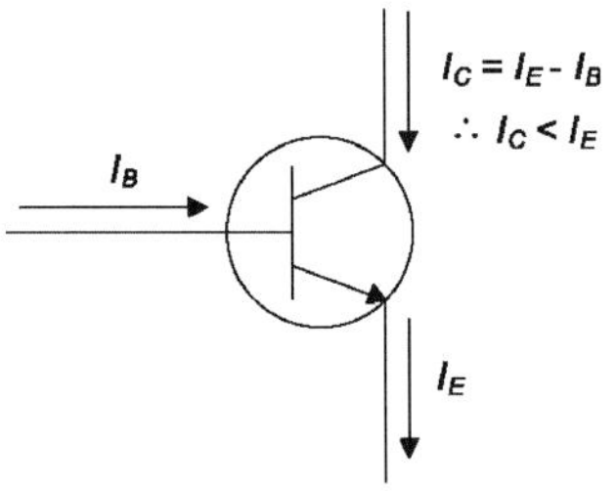

그림 4-16 α가 항상 1보다 작은 이유

키르히호프의 전류 법칙은 어떤 점(또는 구성소자)에서 흘러나가는 전류는 반드시 어떤 점(또는 구성소자)으로 흘러들어온 전류와 같아야 하는 것을 의미한다. 세 개의 단자 사이의 관계는 $I_E = I_B + I_C$이므로 $I_C = I_E - I_B$가 성립한다. I_C는 항상 I_E보다 I_B에 해당되는 양만큼 작기 때문에 $\frac{I_C}{I_E}$는 항상 1보다 작아야만 한다.

트랜지스터의 알파 정격은 보통 0.9 또는 그 이상이다. 알파는 두 전류값 사이의 비이기 때문에 단위가 없다.

$$I_C = \alpha I_E,\ I_E = \frac{I_C}{\alpha} \tag{4-7}$$

베이스 전류 I_B는 식 (4-8)처럼 구해진다.

$$I_B = I_E - I_C = I_E - \alpha I_E,\ I_B = I_E(1-\alpha) \tag{4-8}$$

예제 4-5

그림 4-17(b)에 표시된 것처럼 입력 신호가 없을 때 $I_C = 1\ \text{mA}$, $I_B = 30\ \mu\text{A}$라면 트랜지스터의 β_{dc}는 얼마인가?

(풀이) $\beta_{dc} = \frac{I_C}{I_B} = \frac{1\ \text{mA}}{33\ \mu A} = 33.3$

이 값은 I_C가 I_B보다 33.3배만큼 크다는 것을 의미한다. 따라서 입력과 출력 사이의 직류 전류 이득은 33.3이다. 시스템 해석에 사용되는 또 다른 형태인 h 파라미터(하이브리드 파라미터)에서는 트랜지스터의 직류 전류 이득으로 β_{dc} 대신에 h_{fe}를 사용한다.

예제 4-6

그림 4-17(b)에 표시된 예제의 교류 전류 이득을 구하시오.

(풀이) $\beta_{ac} = \dfrac{\Delta I_C}{\Delta I_B} = \dfrac{1.5\text{에서 } 0.5\ \text{mA}}{40\text{에서 } 20\ \mu\text{A}} = \dfrac{1\ \text{mA}}{20\ \mu\text{A}} = 50$

이것은 출력에서의 교류 컬렉터 전류는 입력에서의 교류 베이스 전류보다 50배 크다는 것을 의미한다. 공통 이미터 트랜지스터 회로의 일반적인 전류 이득은 50이다.

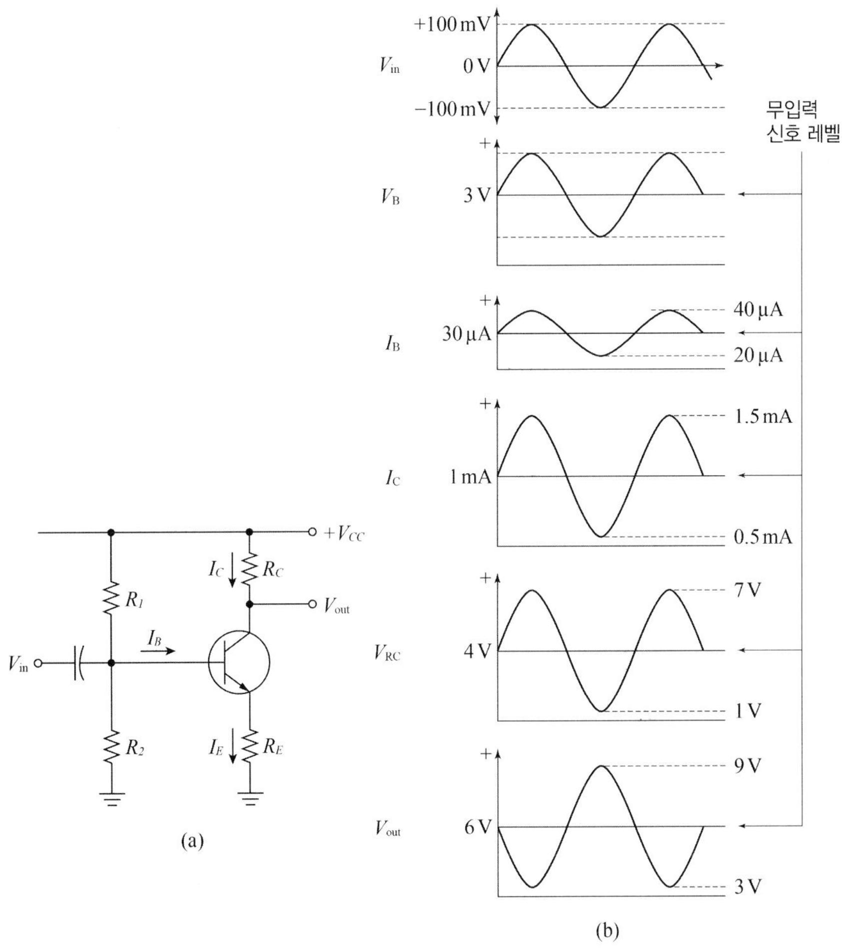

그림 4-17(계속) 공통 이미터 트랜지스터 회로의 특성

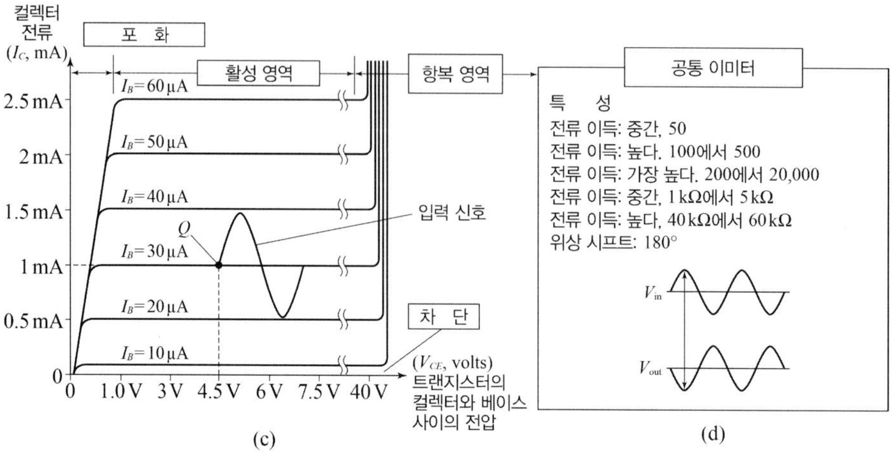

그림 4-17 공통 이미터 트랜지스터 회로의 특성

공통 이미터 트랜지스터 회로는 전압 이득을 발생시키기 때문에 입력 신호 전압의 진폭을 증가시키는 데도 사용된다. 이런 동작은 그림 4-17(a)에 표시된 공통 이미터 트랜지스터 회로와 그림 4-17(b)에 표시된 관련 파형에서의 변화를 살펴보면 알 수 있다. 전압 이득은 A_V로 표시되는데 입력 전압의 변화량 ΔV_{in}과 출력 전압의 변화량 ΔV_{out}의 비에 의해서 구해진다.

$$A_V = \frac{\Delta V_{OUT}}{\Delta V_{in}} \tag{4-9}$$

예제 4-7

그림 4-17(a)와 (b)에 표시된 회로와 파형의 전압 이득을 구하시오.

(풀이) $A_V = \dfrac{\Delta V_{OUT}}{\Delta V_{in}} = \dfrac{+9\ \text{V에서}\ +3\ \text{V}}{+100\ \text{mV에서} -100\ \text{mV}} = \dfrac{6\ V}{200\ mV} = 30$

이것은 출력 교류 신호 전압이 교류 입력 신호 전압보다 30배 크다는 것을 의미한다. 대부분의 공통 이미터 트랜지스터 회로는 100에서 500 사이의 높은 전압 이득을 갖는다.

공통 이미터 트랜지스터 회로는 전류 이득과 전압 이득을 이용하면 전력 이득을 구할 수 있다.

$$A_P = \frac{P_{OUT}}{P_{in}} = \frac{\Delta V_{OUT} \times \Delta I_{OUT}}{\Delta V_{in} \times \Delta I_{in}} \tag{4-10}$$

예제 4-8

그림 4-19에 표시된 회로의 전력 이득을 구하시오.

(풀이)

$$A_P = \frac{P_{OUT}}{P_{in}} = \frac{\Delta V_{OUT} \times \Delta I_{OUT}}{\Delta V_{in} \times \Delta I_{in}}$$

$$= \frac{(9\ V\text{에서}3\ V) \times (1.5\ mA\text{에서}0.5\ mA)}{(+100\ \mathrm{mV}\text{에서}-100\ \mathrm{mV}) \times (40\ \mu\mathrm{A}\text{에서}20\ \mu\mathrm{A})}$$

$$= \frac{6\ \mathrm{V} \times 1\ \mathrm{mA}}{200\ \mathrm{mV} \times 20\ \mu\mathrm{A}} = \frac{6\ \mathrm{mW}}{4\ \mu\mathrm{W}} = 1500$$

공통 이미터 회로의 전력 이득이 1500이기 때문에 4 μW의 입력 신호 전력은 출력에서 6 mW로 증가한다.

그림 4-17에 표시된 회로의 전력 이득은 앞에서 구한 공통 이미터 회로의 전압 이득 A_V에 공통 이미터 회로의 전류 이득 β_{ac}를 곱해도 구할 수 있다.

$$A_V = \frac{\Delta V_{OUT}}{\Delta V_{in}} \text{이고 } \beta_{ac} = \frac{\Delta I_{OUT}(\Delta I_C)}{\Delta I_{in}\ (\Delta I_B)}$$

$$A_P = V \times I = \frac{\Delta V_{OUT}}{\Delta V_{in}} \times \frac{\Delta I_{OUT}(\Delta I_C)}{\Delta I_{in}(\Delta I_B)},$$

$$A_P = A_V \times \beta_{ac} \tag{4-11}$$

그림 4-17(c)는 컬렉터 정적 특성 곡선이라고 부르는 공통 이미터 회로의 특성 그래프를 표시하고 있다. 이런 그래프의 데이터는 그림 4-17(c)에 표시된 삽입된 그림의 트랜지스터 실험 회로에서 npn 트랜지스터의 컬렉터 바이어스 전압(V_{CC})과 베이스 바이어스 전압(V_{BB})을 가변시키면서 실험한 결과로부터 구해진다. 이런 실험 회로에서는 각기 다른 회로 조건에서의 I_B, I_C, V_{CE} 응답을 측정하기 위해서 두 개의 전류계와 한 개의 전압계가 사용된다. 이런 실험 회로로부터 구해진 값들은 다양한 베이스 전류(I_B는 μA 단위)에서 직각좌표계를 이용해서 수평축에는 트랜지스터의 컬렉터-이미터 전압 강하 V_{CE}를, 수직

축에는 컬렉터 전류 I_C(mA 단위)를 표시한다. 이런 특성 그래프에는 트랜지스터의 입력 베이스 전류, 컬렉터 출력전류, 컬렉터–이미터 사이의 전압 강하의 관계가 표시된다.

4-2-4 알파와 베타 사이의 관계

트랜지스터의 명세서에는 소자에 대한 베타 값만 표시되고, 알파 값은 표시되지 않는다. 이런 사실은 트랜지스터 회로 해석에서 직류 알파보다 직류 베타를 더 일반적으로 사용한다는 의미이다.(이런 사실은 직류와 교류 해석에서도 유용하다).

알파 값이 제품 명세서에 거의 표시되지 않기 때문에 베타 값을 이용하여 알파 값을 계산할 줄 알아야 한다. 식 (4–12)를 이용해서 알파 값을 구할 수 있다.

$$\alpha = \frac{\beta}{\beta + 1} \tag{4-12}$$

예제 4-9

그림 4–18에 표시되어 있는 트랜지스터의 알파 정격을 구하시오. 그런 다음 알파와 베타 정격을 이용해서 I_C 값을 구하시오.

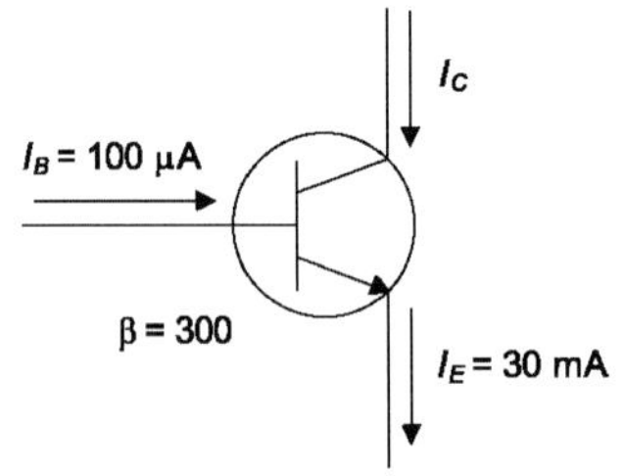

그림 4–18

(풀이) 베타 정격이 300으로 주어졌다. 따라서 알파 정격은 0.997로 구해진다.

$$\alpha = \frac{\beta}{\beta+1} = \frac{300}{301} = 0.9967$$

I_C 값은 29.9 mA로 구해진다.

$$I_C = \alpha I_E = 0.9967 \times 30 \text{ mA} = 29.9 \text{ mA}$$

또는 I_c 값은 30.0 mA로 구할 수도 있다.

$$I_C = \beta I_B = 300 \times 100 \ \mu\text{A} = 30.0 \text{ mA}$$

두 개의 I_c 값은 거의 비슷하기 때문에 두 식 모두 유용하다는 것을 증명할 수 있다.

4-2-5 에버스-몰 모델

트랜지스터가 동작되는 중요한 개념을 기억하기 위해서 그림 4-19(a)와 같은 전류의 흐름이 표시된 등가회로를 살펴보자. 전원 V_{BE}는 이미터 공핍층 양단에 걸리는 전압으로 약 0.7 V 이상이면 이미터는 전자를 베이스로 주입시킨다. 앞에서 이미 언급한 것처럼 이미터 전류의 조절이 바로 컬렉터 전류를 조절하기 때문에 컬렉터 회로에서 흐르는 컬렉터 전류원은 $\alpha_{dc}I_E$가 된다. 그림 4-19(a)와 같은 등가회로의 V_{CE}는 항복 전압보다 낮다고 가정한다. 다시 말하자면 등가회로는 트랜지스터가 활성 영역에서 동작한다고 가정한다. 내부 전압 V'_{BE}는 가해진 전압 V_{BE}에서 베이스 확산 저항 r'_b에 의한 전압 강하를 뺀 값으로 $V_{BE} = V'_{BE} + I_B r'_b$로 쓸 수 있으며, $I_B r'_b$가 작다면 V_{BE}는 V'_{BE}로 근사화시킬 수 있다.

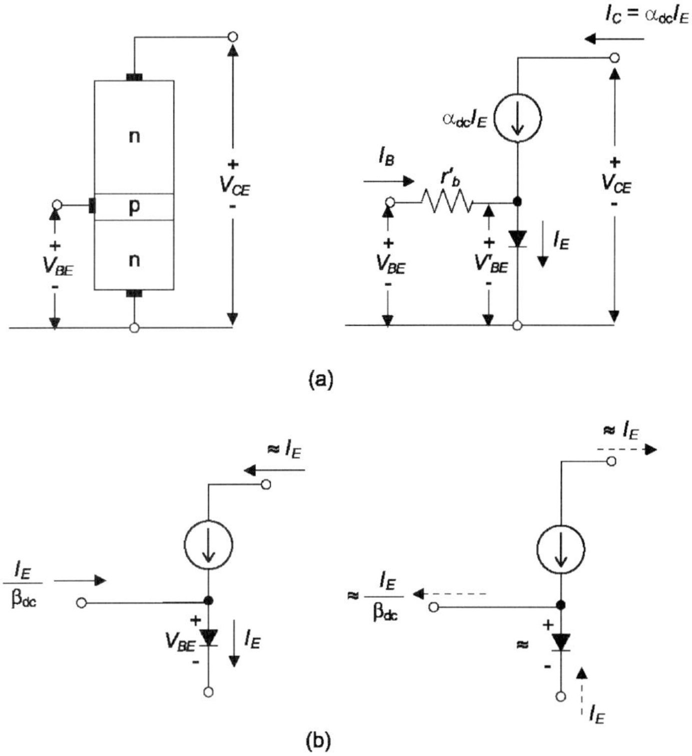

그림 4-19 (a) 트랜지스터의 등가회로 (b) Ebers-Moll 모델 (c) 전자흐름 모델

그림 4-19(b)는 트랜지스터의 등가회로를 그리는 일반적인 방법을 표시하고 있다. 이것은 전류의 흐름을 이용하는 것으로 전자의 흐름을 이용하면 그림 4-19(c)와 같은 등가

회로를 사용해야 한다. 이러한 등가회로는 이미터 다이오드가 컬렉터 전류원과 직렬로 연결되어 있는데, 이것을 Ebers-Moll 모델이라고 부른다.

Ebers-Moll 모델을 이용하여 다음과 같이 근사화시킬 수 있다.

1. 실리콘 다이오드에서 V_{BE}는 0.7 V로 한다(게르마늄 다이오드에서는 0.3 V).
2. $I_B r'_b$전압은 무시한다(등가회로에서 $I_B r'_b$의 크기는 무시할 만큼 작다).
3. α_{dc}가 1에 접근하기 때문에 I_C는 I_E와 같이 취급한다.
4. I_C와 I_E는 거의 같으므로 $I_B = \dfrac{I_E}{\beta_{dc}}$로 근사화시킨다.

4-3 트랜지스터 컬렉터 특성 곡선

컬렉터 특성 곡선은 I_C, I_B, V_{CE} 사이의 관계를 나타낸다. 각각의 컬렉터 특성 곡선은 기술된 I_B 값에 의해서 유도된다. 두 개의 특성 곡선이 그림 4-20에 표시되어 있다.

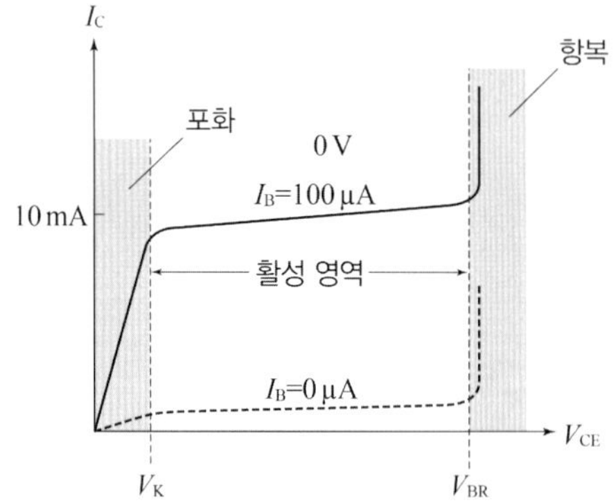

그림 4-20 컬렉터 특성 곡선

위쪽의 특성 곡선은 I_B = 100 μA인 경우의 V_{CE}와 I_C의 관계를 나타낸다. 아래쪽의 특성 곡선은 I_B = 0 μA인 경우의 V_{CE}와 I_C의 관계를 나타낸다. I_B = 0 μA인 경우는 트랜지스터가 차단 상태임을 나타낸다. 그림 4-20에서 컬렉터 특성 곡선은 트랜지스터의 가능한 4개의 동작 영역을 나타낸다.

- 특성 곡선의 포화 영역은 임계전압 V_K 아래에 있는 영역을 표시한다.
- $I_B = 0$ μA인 경우는 트랜지스터가 차단 영역을 표시한다.
- 임계 전압과 항복 전압 V_{BR} 사이에 있는 부분이 활성 영역이다.
- 항복 전압 V_{BR}의 오른쪽에 존재하는 부분이 항복 영역이다.

이런 특성 곡선을 좀 더 쉽게 이해하기 위해서는 그림 4-21에 표시되어 있는 트랜지스터의 동작에 관해서 고찰해야 한다.

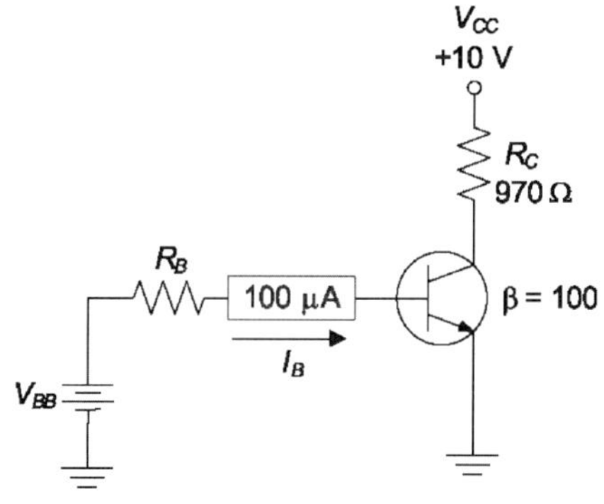

그림 4-21 트랜지스터의 동작 예시

두 접합이 모두 순방향으로 바이어스되면 포화된다. 이런 동작 영역에서의 컬렉터 전류는 트랜지스터의 외부 구성 소자에 의해서 제한된다. 그림 4-21에 표시되어 있는 회로를 살펴보자. 키르히호프의 전압 법칙에 따르자면 이런 회로에서 V_{CE}의 값은 V_{CC}와 컬렉터 저항 양단에 걸리는 전압의 차에 해당된다.

$$V_{CE} = V_{CC} - V_{RC} \tag{4-13}$$

V_{RC} 대신에 $I_C R_C$를 대입하면 식 (4-14)가 유도된다.

$$V_{CE} = V_{CC} - I_C R_C \qquad (4-14)$$

트랜지스터의 베이스의 입력은 그림에서 표시된 것처럼 I_B = 100 μA, R_C의 크기는 970 Ω, 그리고 β 정격은 100이다. 이런 값들을 이용하면 출력은 10 mA로 구해진다.

$$I_C = \beta I_B = 100 \times 100\ \mu\text{A} = 10\ \text{mA}$$

따라서 V_{CE}는 0.3 V이다.

$$V_{CE} = V_{CC} - I_C R_C = 10\ \text{V} - (10\ \text{mA} \times 970\ \Omega) = 10\ \text{V} - 9.7\ \text{V} = 0.3\ \text{V}$$

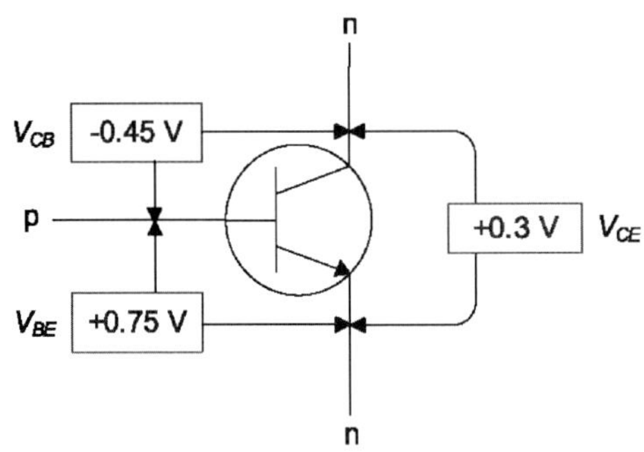

그림 4-22

V_{CE}는 0.3 V이다. 만약 트랜지스터에서 V_{BE}가 0.75 V의 크기를 갖는다고 가정하면 그림 4-22에 표시된 것과 같은 전압의 관계를 확인할 수 있다. −0.45 V의 크기를 갖는 V_{CB}는 V_{BE}와 V_{CE} 사이의 차와 등가이다. 이런 경우에 컬렉터 베이스 접합은 베이스 이미터 접합처럼 순방향으로 바이어스된다. 이것이 바로 트랜지스터의 포화 상태이다.

대부분의 선형 증폭기는 활성 영역에서 동작한다. 그림 4-20은 I_C가 I_B에 의존하고 V_{CE}에 비교적 독립적이라는 특성을 보여준다. I_C는 V_{CE}가 V_K와 V_{BR} 사이의 영역에서 거의 변하지 않는다. 그림 4-21에서 R_C 값을 400 Ω으로 바꾸면 다음과 같은 조건이 유도된다.

$$I_C = \beta I_B = 100 \times 100 \ \mu\text{A} = 10 \ \text{mA}$$

$$V_{CE} = V_{CC} - I_C R_C = 10 \ \text{V} - (10 \ \text{mA} \times 400 \ \Omega) = 10 \ \text{V} - 4 \ \text{V} = 6 \ \text{V}$$

R_C 값의 변화는 I_C 값의 변화에 아무런 영향도 주지 못한다. 그러나 V_{CE} 값은 0.3 V에서 6 V로 변화한다. 이것은 트랜지스터가 활성 영역에서 동작할 때 V_{CE} 값의 변화에 의해서 I_C가 제어 되지 않는다는 것을 의미한다. I_C를 변화시키기 위해서는 I_B 또는 β 값을 변화시켜야 한다.

그림 4-23은 I_B가 150 µA까지 증가했을 때 어떤 현상이 발생하는지를 표시한 것이다. β는 100을 유지한다면 I_C는 I_B와 함께 비례적으로 증가한다. I_C의 변화는 여전히 V_{CE}에서의 변화와 무관하다.

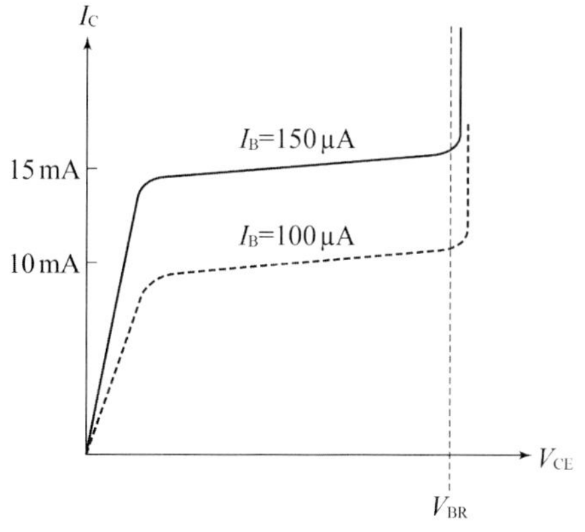

그림 4-23 컬렉터 특성 곡선에서의 I_B의 변화 효과

트랜지스터의 V_{CE} 값이 항복 전압 정격을 초과할 때 트랜지스터의 항복이 발생한다. 전류 증가로 인한 결과인 과도한 열로 인해서 트랜지스터가 파괴되기 전까지 I_C 값은 급격하게 증가한다. 주어진 트랜지스터의 I_C에 대한 I_B 값의 특성 곡선을 그려보면 그림 4-24에 표시된 것과 유사한 그래프가 생성된다. 그래프를 살펴보면 트랜지스터의 고정된 I_B 값에 의해서 컬렉터 전류가 생성되는 것을 알 수 있다.

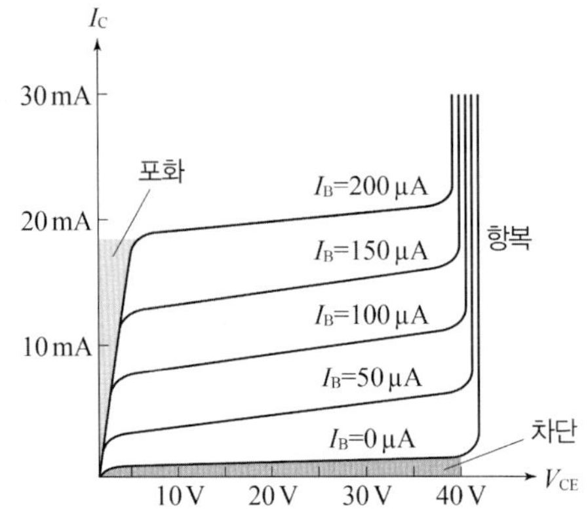

그림 4-24 BJT의 완전한 컬렉터 특성 곡선

4-4 베이스 특성 곡선과 베타 특성 곡선

트랜지스터의 베이스 특성 곡선은 그림 4-25에 표시된 것처럼 V_{BE}의 함수인 I_B로 표시된다. 이런 특성 곡선은 전형적인 pn 접합형 다이오드의 순방향 동작 특성과 매우 유사하다는 것에 주목해야 한다.

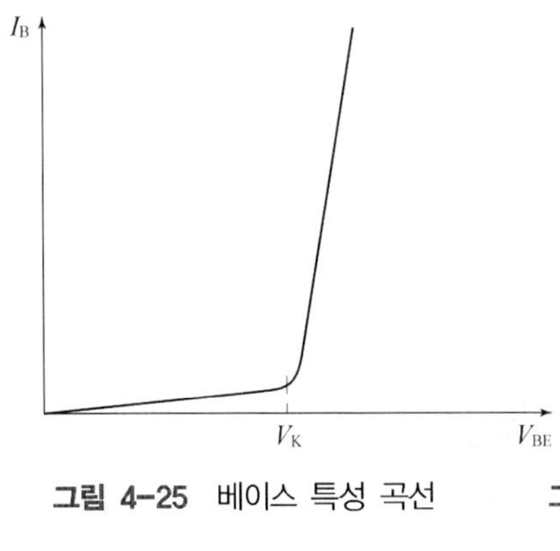

그림 4-25 베이스 특성 곡선

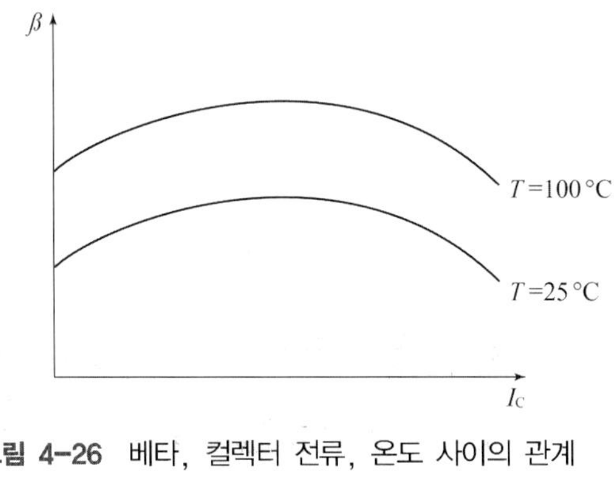

그림 4-26 베타, 컬렉터 전류, 온도 사이의 관계

베타 특성 곡선은 온도와 직류 컬렉터 전류에 의해서 변화하는 직류 베타 값 변화가 어떠한가를 보여주고 있다. 이 점이 그림 4-26에 표시되어 있다. 베타 값은 25℃일 때 보다 100℃일 때 더 크다. 또한 베타 값의 I_C의 직류 값이 증가함에 따라서 최고점까지 증가한

다. 그렇지만 I_C가 어떤 값 이상이 되면 베타 값은 감소하기 시작한다. 트랜지스터 2N3904의 스펙에는 각각의 I_C 값에 의해서 측정된 최소 베타 값을 나타내고 있다.

최소 베타	조건
40	I_C = 0.1 mA
70	I_C = 1.0 mA
100	I_C = 10 mA
60	I_C = 50 mA
30	I_C = 100 mA

표에서 보는 것처럼 I_C가 10 mA까지 증가할 때까지 베타 값은 증가한다. 그러나 I_C가 10 mA 이상이면 베타 값은 감소하기 시작한다. 이것은 그림 4-26의 특성 곡선에 잘 나타나 있다.

4-5 열 특성

트랜지스터의 열 정격은 회로의 개발응용에 있어서 중요하지만 이 책에서는 깊게 논의하지 않기로 한다. 다만 열 정격이 존재한다는 사실과 그 영향력이 갖는 중요성에 대해서는 기억해야 한다. 전하의 흐름을 방해하는 물질이 있는 것처럼 소비 전력인 열의 흐름을 방해하기 위해서 제공되는 것들도 있다. 열의 흐름을 방해하는 소자를 열적 저항 R_θ라고 한다. 열적 저항의 개념은 그림 4-27에 표시되어 있다.

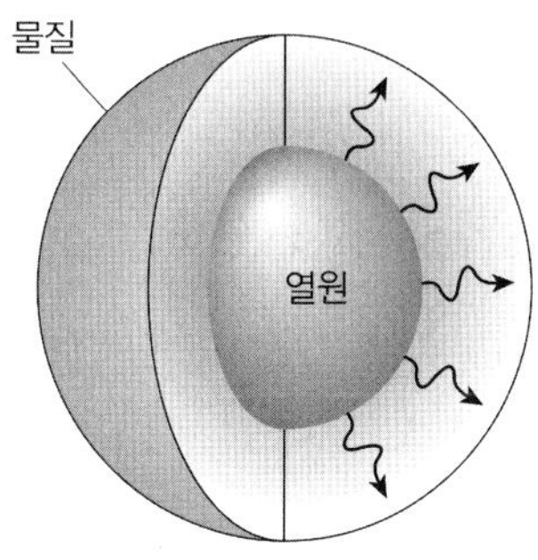

그림 4-27 물질을 통한 열의 전송

물질에 의해서 둘러싸인 열원(heat source)을 가지고 있다. 열이 소스를 떠나면 반드시 물질을 통해서 대기에 도달된다. 만약 물질이 열적 저항을 가지고 있지 않다면 열원과 물질의 최외각은 동일한 온도를 가지게 되고 물질의 최외각 표면의 온도와 열원 사이의 온도 차는 0℃이다. 여하튼 모든 물질은 열의 흐름을 방해하는 무엇을 제공하게 되고 열원의 온도는 물질의 외각 표면의 온도보다 높게 된다. 열원과 공기 사이의 온도 차는 첫째 물질의 열 저항에 의존하고 두 번째 전송되는 전력의 양에 의존하게 된다.

열 저항은 열 저항의 설명과 일치되는 ℃/W로 측정된다. 예를 들면 열의 이상적인 도체가 갖는 열 저항은 0 ℃/W이다. 이것은 물질 양단에서의 온도 차가 0이라는 것을 의미하고 소비 전력의 크기는 무시된다. 데이터 시트에서 제공되는 2N3904의 열 저항은 200 ℃/W이다. 이것은 소자가 1 W의 소비 전력을 발생시킬 때 트랜지스터의 컬렉터 베이스 접합의 온도가 대기의 온도보다 200℃ 높다는 것을 의미한다. 두 점 사이의 온도 차는 저항과 소비 전력의 곱으로 나타난다. 2N3904가 0.5 W를 소비한다면 트랜지스터의 컬렉터 베이스 접합과 둘러싸인 대기 사이의 온도 차는 100℃가 된다는 의미이다.

$$T_{JA} = R_{\theta JA} P_D = 200\ ℃/\mathrm{W} \times 500\ \mathrm{mW} = 100℃$$

만약 대기의 온도가 25℃라고 가정하면 트랜지스터의 컬렉터 베이스 접합의 온도는 125℃로 측정된다.

$$T_J = T_A + T_{JA} = 25℃ + 100℃ = 125℃$$

접합의 온도는 주변온도 T_A와 온도 차 T_{JA}의 합으로 구해진다는 점이다. 가변 온도와 트랜지스터의 전력 정격은 소자의 물리적인 특성에 의해서 결정되기 때문에 서로의 관련성을 갖게 된다. 가변 온도와 전력 정격은 2N3904의 경우 다음과 같은 관계식으로 표시된다.

$$P_D = 625\ \mathrm{mW(maximum)},\ R_{\theta JA} = 200\ ℃/\mathrm{W},\ T_J = 150℃\mathrm{(maximum)}$$

대기 온도가 25℃이고 625 mW의 최대 소비 전력 정격을 갖는다고 가정하면 컬렉터 베이스 접합과 둘러싸인 대기 사이의 온도 차는 125℃로 측정된다.

$$T_{JA} = R_{\theta JA} P_D = 200 \ ℃/W \times 625 \ mW = 125℃$$

스펙에 기록된 대기 온도 정격 25℃를 더해주면 접합의 최대 온도는 150℃로 트랜지스터가 가지는 최대 정격과 동일한 크기로 된다.

$$T_J = T_A + T_{JA} = 25℃ + 125℃ = 150℃$$

소자의 열 저항은 높은 소자의 소비 전력을 가지거나 높은 동작 온도를 가지도록 설계하는 것이 필요하다. 대부분의 경우에는 주어진 소자가 스펙에 일치하는 응용분야에 사용되도록 냉각장치가 이용된다.

4-6 직류 부하선

직류 부하선은 주어진 증폭기 회로에서 트랜지스터가 어떻게 동작하고 어느 영역에 있는지를 알 수 있도록 I_C와 V_{CE}의 가능한 모든 조합을 컬렉터 특성 곡선 위에 표시하는 그래프이다. 그림 4-28(b)에 일반적인 직류 부하선이 표시되어 있다. 그림 4-28(a)에 표시된 회로에서 V_{CC}가 저항 R_C를 통해서 컬렉터 다이오드에 역방향으로 바이어스된다. 저항의 양단에 걸리는 전압은 $V_{CC} - V_{CE}$가 되고, 전류 I_C는 식 (4-15)처럼 계산된다.

$$I_C = \frac{V_{CC} - V_{CE}}{R_C} \tag{4-15}$$

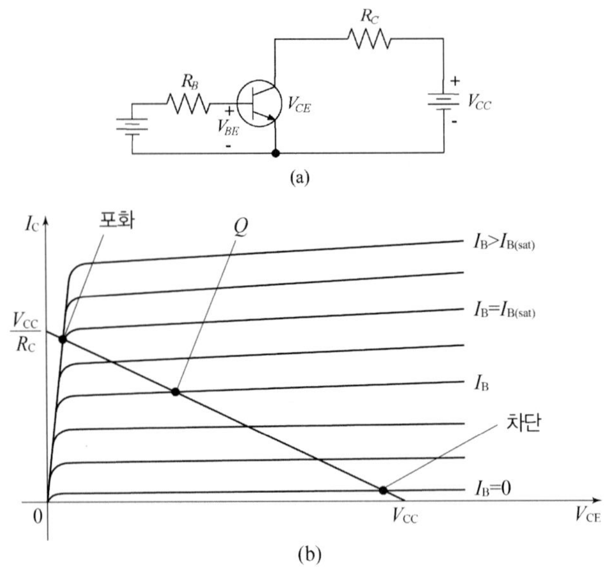

그림 4-28 (a) 베이스 바이어스 (b) 직류 부하선

부하선의 양단은 $I_{C(sat)}$와 $V_{CE(off)}$라고 표시된다. $I_{C(sat)}$ 점은 회로의 이상적인 상태의 포화 전류를 의미한다. 만약 포화된 트랜지스터에서 살펴본다면 이미터와 컬렉터가 단락된 회로를 확인할 수 있게 된다. 이때 V_{CE}는 제로가 되고 식 (4-16)을 유도할 수 있다.

$$V_{CC} = I_C R_C \quad (\text{포화}) \tag{4-16}$$

I_C에 대해서 식을 다시 정리하면 식 (4-17)이 구해진다.

$$I_{C(sat)} = \frac{V_{CC}}{R_C} \quad (\text{이상적}) \tag{4-17}$$

반대로 트랜지스터가 차단되면 이미터와 컬렉터가 개방된 회로를 구성하는 것을 알 수 있다. 트랜지스터가 개방된 상태로 동작하므로 컬렉터에는 전류가 흐르지 않는다. 따라서 $I_C R_C = 0$이고 식 (4-18)을 구할 수 있다.

$$V_{CE(off)} = V_{CC} \tag{4-18}$$

회로에 인가된 전압이 10 V이고 컬렉터 저항이 5 kΩ이라고 가정하고 직류 부하선을 구해보자. 식 (4-15)를 사용하면 $I_C = \frac{V_{CC} - V_{CE}}{5\ k\Omega} = \frac{10\ \mathrm{V} - \mathrm{V}_{\mathrm{CE}}}{5\ k\Omega}$로 표시할 수 있다.

V_{CE} = 0 V라고 놓고 부하선의 위쪽 끝점(상한값)을 구하면

$$I_C = \frac{V_{CC} - V_{CE}}{5k\Omega} = \frac{10\ \mathrm{V} - \mathrm{V}_{\mathrm{CE}}}{5\ \mathrm{k}\Omega} = \frac{10\ V}{5\ k\Omega} = 2\ mA$$

이다.

부하선의 아래쪽 끝 점(하한값)을 구하면 V_{CE} = 10 V로 V_{CE}값을 구할 수 있다. 부하선의 상한값을 구하는 또 다른 방법은 그림 4-28(a)에서 컬렉터-이미터 단자를 단락시켜서 V_{CC}/R_C인 컬렉터 전류를 계산하는 것이다. 부하선의 하한값을 구하는 또 다른 방법은 단자를 개방시켜서 V_{CC}와 같은 컬렉터-이미터 사이의 전압을 계산하는 것이다.

그림 4-28(b)는 컬렉터 특성 곡선에 부하선을 중첩시켜 놓은 것으로 수직축과의 교점은 V_{CC}/R_C 점이고, 수평축과의 교점은 V_{CC}이다. 계산된 베이스 전류와 직류 부하선이 교차하는 점을 트랜지스터의 Q점(동작점 혹은 정지점)이라고 부른다.

4-6-1 차단점과 포화점

부하선이 I_B = 0인 특성 곡선과 교차하는 점을 차단(cut-off)점이라고 정의한다. 이 점은 베이스 전류가 0이 되는 점이며 컬렉터 전류는 무시될 만큼 작은 양이다(누설전류 I_{CEO}만 존재한다). 차단점에서 이미터 다이오드는 순방향으로 바이어스되지만 정상적인 트랜지스터로 동작할 수 없다. 좀 더 근사화시키면 컬렉터-이미터 전압은 식 (4-17)로 표시되는 부하선의 하한값과 같다.

$$V_{CE(CUTOFF)} \cong V_{CC}$$

부하선과 $I_B = I_{B(포화)}$인 특성 곡선의 교점을 포화점이라고 부르며, 이 점에서 베이스 전류는 $I_{B(포화)}$이고 컬렉터 전류는 최대가 된다. 포화점에서 다이오드는 역방향으로 바이어

스되지만 정상적인 트랜지스터로 작용할 수 없다. 좀 더 근사화시키면 포화 시 컬렉터 전류는 식 (4-17)로 표시되는 부하선의 상한값과 같다.

$$I_{C(SAT)} \cong \frac{V_{CC}}{R_C}$$

그림 4-28(b)에서 $I_{B(\text{포화})}$는 포화를 시작하는 베이스 전류 크기를 표시한다. 만약 베이스 전류가 $I_{B(\text{포화})}$보다 작다면 트랜지스터는 포화와 차단 사이에 있는 활성영역으로 동작한다. 다시 말하면 동작점이 직류 부하선 어디에든 위치할 수 있다. 반대로 말하자면 베이스 전류가 $I_{B(\text{포화})}$보다 크다면 컬럭터 전류는 V_{CC}/R_C가 되어 가능한 최댓값을 갖게 되며, 이런 경우는 그림 4-28(b)에서 $I_{B(\text{포화})}$보다 큰 베이스 전류는 모두 포화점이 된다는 것을 의미한다.

4-7 트랜지스터의 ON/OFF 스위칭 동작

그림 4-29는 트랜지스터가 어떻게 스위치로 동작하는지를 보여준다. 이런 트랜지스터의 ON/OFF 스위칭 동작은 트랜지스터의 베이스-이미터 다이오드에 의해서 제어된다. 만약 트랜지스터의 베이스-이미터 다이오드가 순방향으로 바이어스되면 트랜지스터는 턴온(turn ON)되고 베이스-이미터 다이오드가 역방향으로 바이어스되면 트랜지스터는 턴 오프(turn OFF)된다. 그림 4-29(a)에서 트랜지스터의 베이스-이미터 다이오드는 순방향으로 바이어스되고(베이스에서 애노드에는 +5 V가 인가되고 이미터에서 캐쏘드는 0 V에 연결된다) 트랜지스터는 턴온된다.

자신의 컬렉터와 이미터 출력 단자는 그림 4-29(b)에 표시한 것처럼 닫힌(closed) 스위치와 등가이다. 이때 인가된 +10 V 전압이 모두 저항 양단에서 전압 강하를 발생시키기 때문에 출력 전압은 0 V이다. 그림 4-29(c)에서 트랜지스터의 베이스 입력에 0 V가 인가되면 트랜지스터의 베이스-이미터 다이오드가 역방향으로 바이어스된다(베이스의 애노드에 0 V, 이미터의 캐쏘드에 0 V). 따라서 트랜지스터는 OFF되고 자신의 컬렉터와 이미터 출력 단자는 그림 4-29(d)에 표시된 것처럼 개방 스위치와 등가이다. 따라서 그림 4-29(d)에 표시한 것처럼 전체 전압 +10 V가 모두 출력 단자에 나타난다.

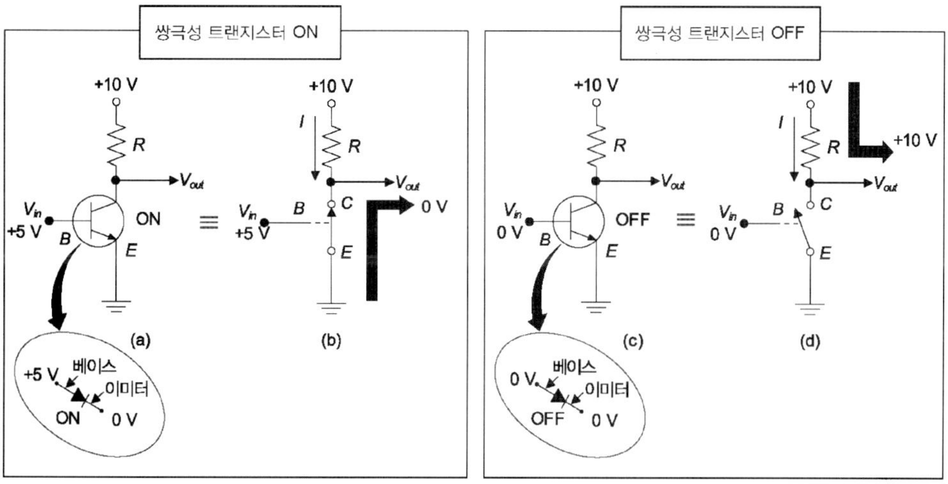

그림 4-29 쌍극성 트랜지스터의 ON/OFF 스위치 동작

4-8 트랜지스터 전류원

그림 4-30(a)는 이미터와 접지점 사이의 저항 R_E를 갖는데, 이 저항을 통해서 흐르는 이미터 전류는 $I_E R_E$의 전압 강하를 발생시킨다. 출력 루프에서 키르히호프의 전압 법칙을 사용하면 $V_{CE} + I_E R_E - V_{CC} + I_C R_C = 0$이고 컬렉터 전류는 이미터 전류와 거의 같은 크기이므로 식을 다시 쓰면 식 (4-19)가 구해진다.

$$I_C \cong \frac{V_{CC} - V_{CE}}{R_C + R_E} \tag{4-19}$$

이 식이 바로 직류 부하선으로 분모에 이미터 저항 R_E가 있는 것을 제외하면 앞에서 설명했던 부하선과 같은 것이다. 그림 4-30(b)는 직류 부하선을 표시한다. 부하선의 상한을 구하려면 그림 4-30(a)에서 컬렉터-이미터 단자를 단락시키면 R_C와 R_E가 직렬 연결로 되어서 컬렉터 전류는 $V_{CC}/R_C + R_E$가 된다. 유사하게 컬렉터-이미터 단자를 개방시키면 모든 공급전원은 컬렉터-이미터 단자의 양단에 나타나서 $V_{CE} = V_{CC}$가 된다.

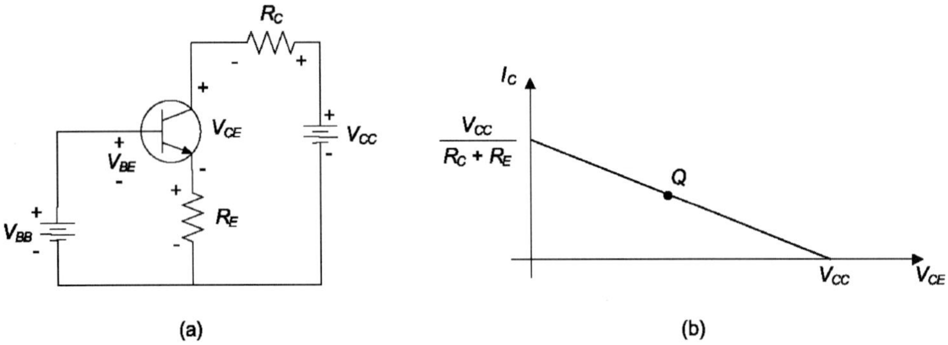

그림 4-30 전류원으로 사용되는 트랜지스터 (a) 회로 (b) 직류 부하선

트랜지스터 스위치와는 달리 그림 4-30(b)의 부하선을 따라서 어떤 동작점 Q인 활성 영역에서 동작한다. 이러한 새로운 회로는 β_{dc}의 변화에 무관한 고정된 컬렉터 전류를 유지시킬 수 있다.

4-8-1 이미터 전류의 설정

고정된 컬렉터 전류값을 어떻게 설정하는가를 이해하기 위해서 그림 4-30(a)의 입력 루프에 키르히호프의 전압 법칙을 적용하면 $V_{BE} + I_E R_E - V_{BB} = 0$이고 I_E를 구하면 식 (4-20)이 구해진다.

$$I_E = \frac{V_{BB} - V_{BE}}{R_E} \tag{4-20}$$

$V_{BB} - V_{BE}$는 이미터 저항 양단에 걸리는 전압을 의미한다. 컬렉터 전류가 이미터 전류와 거의 같은 크기이므로 식 (4-20)을 이용해서 컬렉터 전류의 근삿값을 구할 수 있다. $V_{BB} = 2$ V이고 $R_E = 100$ Ω이라고 가정하면 이미터 전류의 크기는 13 mA이다.

$$I_E = \frac{V_{BB} - V_{BE}}{R_E} = \frac{2\ \text{V} - 0.7\ \text{V}}{100\ \Omega} = 13\ mA$$

여기서 컬렉터 전류는 이미터 전류와 같다고 근사화시키면 컬렉터 전류 $I_C \fallingdotseq 13$ mA가 된다. 특별히 주목할 것은, β_{dc}가 식 (4-20)에 표시되지 않은 것에서 알 수 있듯이 온도에 따라서 급격하게 변화하는 β_{dc} 값에 컬렉터 전류의 값이 무관하다는 것이다.

4-8-2 부트스트랩 개념

그림 4-30(a)의 이미터 저항 양단에 V_E로 표시되는 전압이 걸리는데, 이 전압은 베이스 전압에서 베이스-이미터 단자에 나타나는 전압 강하를 뺀 크기와 같다 ($V_E = V_{BB} - V_{BE}$).

V_{BE}는 거의 0.7 V로 고정되어 있기 때문에 V_E는 V_{BB}의 변화에 따라서 변한다. V_{BB}가 2 V에서 10 V로 변한다고 가정하면 V_E는 1.3 V에서 9.3 V로 증가하게 된다. 이런 종류의 추종선도 동작을 **부트스트래핑**이라고 한다. 그림 4-30(a)와 같은 회로를 고장진단 할 때 전자 전압계는 공통단자가 접지되어 있기 때문에 접지점에 대한 트랜지스터 전압을 측정해야 한다. 이미터는 0.7 V 이내의 베이스 전압에 의해서 부트스트랩되어 있기 때문에 이미터 전압은 $V_E = V_{BB} - 0.7\,V$로 표시된다.

컬렉터 저항을 통해서 흐르는 컬렉터 전류는 $I_C R_C$의 전압 강하를 만들고 컬렉터 접지점 사이의 전압을 측정하면 식 (4-21)처럼 표시할 수 있다.

$$V_C = V_{CC} - I_C R_C \tag{4-21}$$

하나의 첨자가 표시된 V_C, V_E, V_B는 접지점과 트랜지스터의 각 단자 사이의 전압을 의미하고 첨자가 두 개 표시된 V_{BE}, V_{CE}, V_{CB}는 두 단자 사이의 전위차(전압)를 의미한다.

$$V_{CE} = V_C - V_E,\ V_{CB} = V_C - V_B,\ V_{BE} = V_B - V_E \tag{4-22}$$

예제 4-10

그림 4-31(a)에 표시된 회로의 LED 전류를 계산하시오.

(풀이) 이미터는 입력의 0.7 V 이내에서 부트스트랩되어 있다. 이미터 저항의 양단에 걸리는 전압은 1.3 V이다. 이미터 전류는 13 mA이다.

$$I_E = \frac{V_{BB} - V_{BE}}{R_E} = \frac{2\ \text{V} - 0.7\ \text{V}}{100\ \Omega} = 13\ mA$$

LED 전류는 거의 13 mA이며 중요한 것은 트랜지스터가 스위치라기보다는 전류원으로 동작하기 때문에 이 계산에는 LED의 전압 강하를 무시한다.

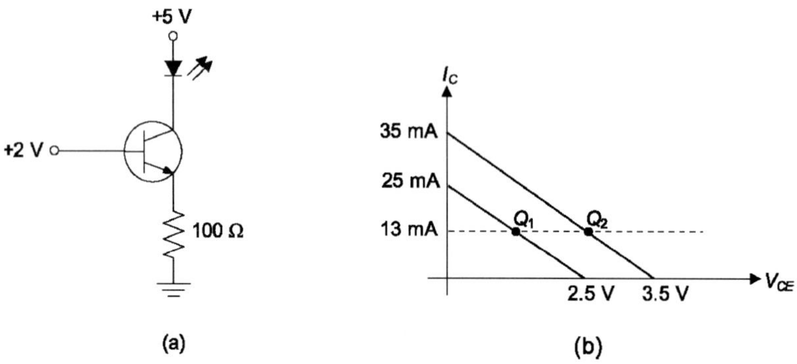

그림 4-31 (a) LED를 구동하는 트랜지스터 전류 (b) 두 개의 서로 다른 LED 전압에 대한 일정한 LED 전류

예제 4-11

그림 4-31(a)의 회로는 대량으로 생산되고 있으며, LED는 1.5~2.5 V까지 전압 강하가 발생된다. 부하선과 최대 크기와 최소 크기의 LED 전압을 갖는 Q점을 구하시오.

(풀이) 컬렉터의 루프에 키르히호프의 전압 법칙을 사용하면

$$V_{CE} + I_E R_E - V_{CC} + V_{LED} = 0$$

여기서 I_C는 거의 I_E와 같다. 위 식을 다시 계산하면

$$I_C \fallingdotseq \frac{V_{CC} - V_{LED} - V_{CE}}{R_E} \quad \text{또는} \quad I_C \fallingdotseq \frac{5\,V - V_{LED} - V_{CE}}{100\Omega}$$

이다. V_{LED}=1.5 V인 낮은 LED 전압에서 부하선 방정식을 간략화시키면

$$I_C \fallingdotseq \frac{3.5\,V - V_{CE}}{100\Omega}$$

가 된다. 다른 경우로 V_{LED} = 2.5 V이면 부하선의 방정식은

$$I_C \fallingdotseq \frac{2.5\,V - V_{CE}}{100\,\Omega}$$

이 된다. 그림 4-31(b)는 낮고 높은 두 개의 LED 전압과 부하선을 표시하고 있다. 회로는 최대 크기와 최소 크기를 갖는 LED 전압에도 불구하고 활성영역에서 동작하게 되므로 전류원처럼 동작한다. 전압 강하를 고려하지 않아도 되기 때문에 전류는 일정하게 흐르고 모든 LED가 동일한 밝기를 가진다.

4-9 트랜지스터의 응용

트랜지스터가 전자공학에 끼친 영향은 대단한 것이다. 초기에는 수십억 달러의 반도체 공장으로 시작했으며, 뒤에는 집적회로(IC), 광전자소자, 디지털 컴퓨터 전자공학 등과 같은 수많은 발명이 이루어졌다. 이런 모든 응용 분야에서 트랜지스터는 기본적으로 스위치와 가변 저항과 같은 두 가지 방식 중 하나로 동작하도록 만들어진다.

4-9-1 디지털 논리게이트 회로

디지털 논리 게이트 회로는 트랜지스터의 ON/OFF 스위칭 동작에 의해서 구성된다. 디지털 회로는 트랜지스터가 ON/OFF 두 가지 상태 사이에서 스위칭되도록 제어하기 때문에 보통은 2상태 회로 혹은 스위칭 회로라고 부른다. 트랜지스터는 모든 디지털 전자회로에서의 심장과 같은 역할을 한다. 예를 들면 트랜지스터는 논리게이트 회로를 구성하는 데 사용되고 논리게이트 회로는 플립플롭 회로를 구성하고 플립플롭 회로는 레지스터와 카운터 회로를 구성한다. 이런 회로들은 마이크로 프로세스와 메모리, 입출력 회로와 같은 디지털 컴퓨터의 핵심 분야에 사용된다. 그림 4-32(a)는 트랜지스터가 디지털 논리 게이트를 구성하기 위해서 어떻게 사용되는지를 보여준다. 이런 게이트는 NOT 게이트라고 부르거나 인버터(INVERT) 회로라고 부른다. 기본적인 NOT 게이트는 한 개의 NPN 트랜지스터와 두 개의 저항으로 구성된다. 이런 논리 게이트는 한 개의 입력(A)과 한 개의 출력(Y)을 갖는데 회로 기호는 그림 4-32(b)에 표시되어 있다.

그림 4-32(c)는 이런 논리 게이트가 두 개의 서로 다른 입력에 의해서 어떻게 작용하는지를 보여준다. 입력이 0 V(논리 0)이면 트랜지스터의 베이스-이미터 PN 접합 다이오드는 역방향으로 바이어스되기 때문에 트랜지스터는 OFF된다. 그림 4-32(c)에 삽입된 그림을 통해서 이런 회로의 상태를 확인해 보면 OFF 스위치는 이미터와 컬렉터 사이가 개방된 스위치와 등가이기 때문에 +5 V의 공급전압이 출력 단자에 연결된다. 논리 0 입력(0 V)은 논리 1 출력(+5 V)으로 변환된다. 입력이 +5 V(논리 1)이면 트랜지스터의 PN 접합 다이오드가 순방향으로 바이어스되므로 트랜지스터는 ON된다.

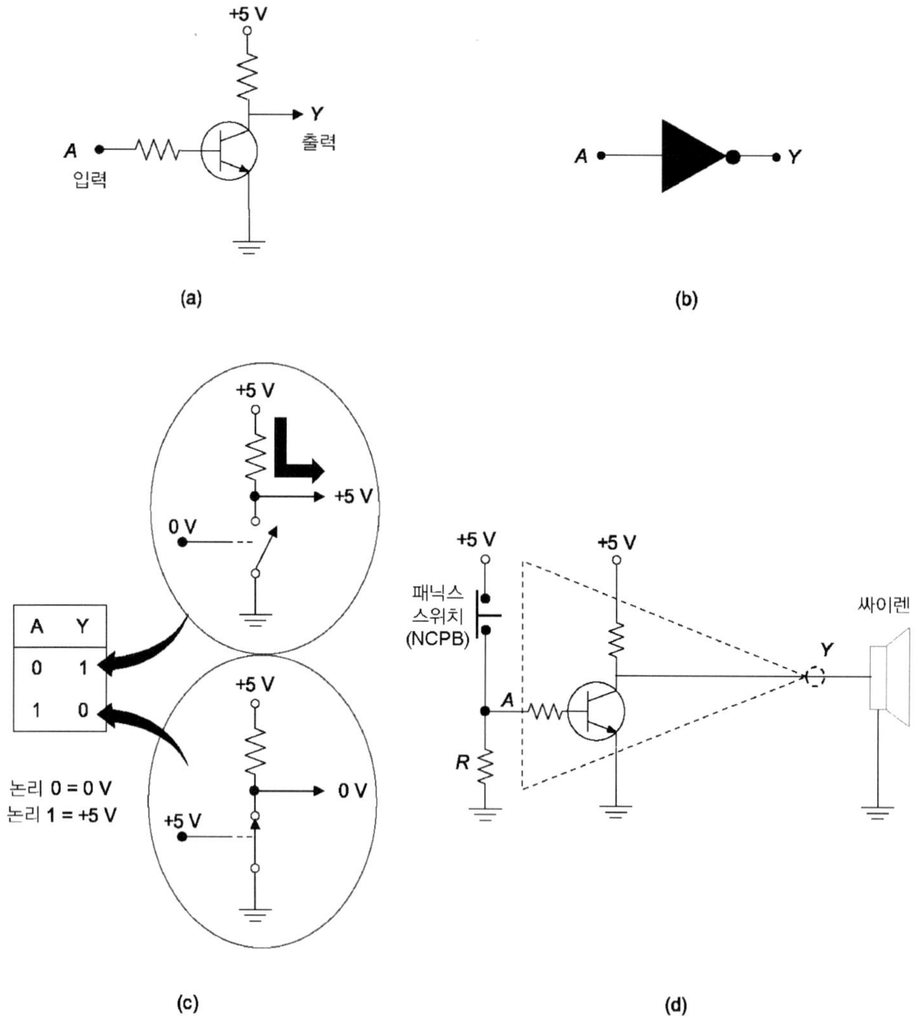

그림 4-32 디지털 전자회로에 사용되는 트랜지스터 (a) 기본적인 NOT 혹은 인버터 회로, (b) NOT 게이트의 회로 기호, (c) NOT게이트의 함수표, (d) NOT게이트의 보안시스템 응용

그림 4-32(c)에 삽입된 그림에 표시된 것처럼 ON 트랜지스터는 닫힌 스위치와 등가이기 때문에 출력에 0 V가 걸리게 된다. 요약하면 논리 1이 인가되면 출력은 논리 0으로 변환된다. 그림 4-32(c)에 표시된 논리표를 참조하면 출력 논리 레벨이 입력 논리레벨의 NOT임을 알 수 있다. 그림 4-32(d)에 표시된 응용회로는 NOT(INV) 회로가 입력 제어 신호를 어떻게 반전시키는지를 보여준다. 이 회로에서는 NCPB(Normal Closed Push Button) 스위치가 보안시스템에서 사이렌을 동작시키기 위한 비상(panic) 스위치로 사용된다.

누름 버튼은 항상 닫혀 있기 때문에 A에서 +5 V를 제공하고 경보(alarm)를 울리지 않는다. 만약 이런 전압이 직접 사이렌에 연결된다면 사이렌은 부정확하게 동작한다. 스위치 회로와 사이렌 사이에 NOT 게이트 회로가 포함되기 때문에 NCPB의 HIGH 출력은 LOW로 반전되고 사이렌이 동작하지 않기 때문에 경보는 울리지 않는다. 비상 스위치가 눌리면 NCPB 접점은 개방되고 NOT 게이트에 LOW 입력을 발생시킨다. 이런 LOW 입력은 HIGH 출력으로 반전되고 사이렌을 동작시킨다.

4-9-2 아날로그 증폭기 회로

트랜지스터가 가변 저항으로 사용될 때 트랜지스터는 증폭기, 발진기, 변조기, 검파기, 전압 조정기와 같은 아날로그 혹은 선형 회로에서의 제어 소자가 된다. 이런 응용분야 중 가장 중요한 것은 증폭 분야로, 전자 신호의 진폭을 증가시키거나 길이를 늘이는데 사용된다. 그림 4-33(a)는 간단한 트랜지스터 증폭기 회로를 표시하고 있다. 그림 4-33(b)는 회로의 각 점에서 존재하는 전압의 파형을 표시하고 있다. 트랜지스터에는 Q_1이라는 라벨이 표시되어 있는데 이것은 Q가 앞으로 모든 회로에서 트랜지스터를 표시하는 표준 기호이기 때문이다.

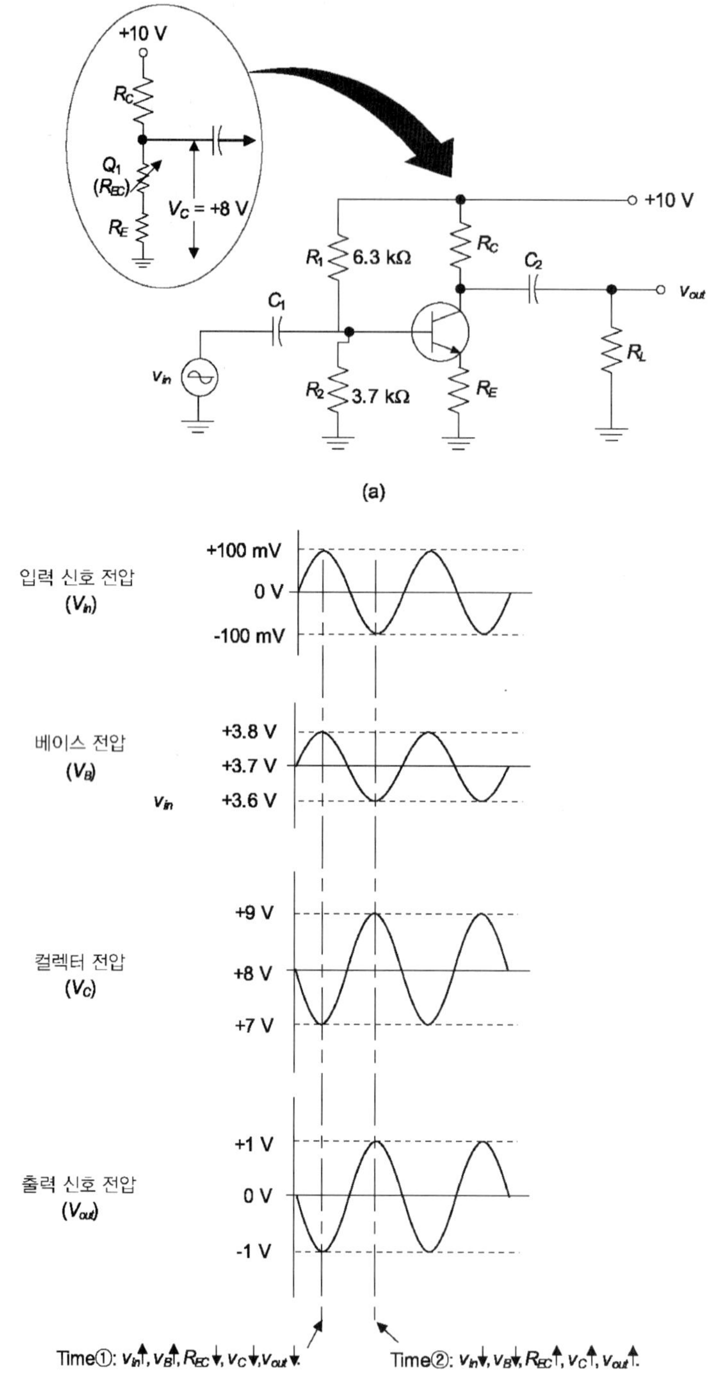

그림 4-33 아날로그 전자회로에 사용되는 트랜지스터 (a) 기본적인 증폭기 회로, (b) 입출력 전압 파형

교류 사인파 입력 신호를 인가하기 전에 트랜지스터의 베이스와 컬렉터의 직류 전압 레벨을 결정한다. 전압 분배기 저항 R_1(6.3 KΩ)과 R_2(3.7 KΩ)의 저항비에 따라서 +10 V의 인가 전압이 분배되므로 3.7 KΩ 저항 R_2 양단에는 +3.7 V가 인가된다. +3.7 V의 전압이 트랜지스터의 베이스에 공급된다. Q_1의 베이스-이미터 접합은 순방향으로 바이어스되고 Q_1이 ON 상태가 된다. 트랜지스터 Q_1이 ON 상태이므로 트랜지스터의 이미터와 컬렉터 사이의 저항 R_{CE}는 어떤 값을 갖게 된다. 이런 저항은 그림 4-33(a)에 삽입된 그림에 표시된 것처럼 R_E, R_C와 함께 전압 분배기를 구성하게 된다.

접지에 대한 트랜지스터 Q_1의 컬렉터 직류 전압 V_C는 Q_1의 컬렉터-이미터 저항 R_{CE}와 R_E의 양단에 걸리는 전압과 등가이다. 교류 입력 신호가 인가되지 않았기 때문에 직류 +3.7 V의 V_B는 R_{CE}와 R_E가 Q_1의 컬렉터에 +8 V의 전압을 발생시키도록 축적시키는 원인이 된다. 트랜지스터의 베이스 바이어스 전압 V_B는 접지에 대해서 +3.7 V이고 컬렉터 전압은 접지에 대해서 +8 V이다. 커패시터 C_1과 C_2가 직류 방지를 위해서 삽입된다. 커패시터 C_1은 +3. 7V의 직류 베이스 바이어스 전압 V_B가 입력 V_{in}에 역으로 공급되는 것을 방지하고 커패시터 C_2는 +8 V의 직류 컬렉터 전압 V_C가 출력(R_L) 양단에 걸리는 것을 방지한다.

이제 교류 입력을 인가하고 그림 4-33(a)에 표시된 회로에서 증폭 회로가 어떻게 동작하는지를 알아보자. 커패시터는 교류를 잘 통과시키기 때문에 교류 입력 신호 V_{in}이 커패시터 C_1을 경유해서 Q_1의 베이스에 인가된다. 이런 입력 신호는 그림 4-33(b)의 첫 번째에 표시된 파형처럼 200 mV의 피크-피크 전압값을 갖는다. 교류 입력 신호는 +3.7 V의 직류 베이스 전압에 중첩되기 때문에 그림 4-33(b)의 두 번째에 표시된 파형처럼 트랜지스터 Q_1의 베이스에서 +3.7 V의 직류 전압은 100 mV 증가하거나(3.7 V + 100 mV = 3.8 V), 100 mV 감소한다(3.7 V − 100 mV = 3.6V). 교류 입력 신호 V_{in}이 증가하면 베이스 전압 V_B도 증가하므로 이미터 다이오드의 순방향 바이어스 전압이 증가한다.

따라서 트랜지스터 Q_1이 더욱 ON으로 되고 트랜지스터 Q_1의 이미터-컬렉터 사이의 저항 R_{CE}는 감소하게 된다. 전압 강하는 저항의 크기에 비례하므로 R_{CE}의 감소는 R_{CE}와 R_E양단에 걸리는 전압 강하를 감소시킨다(V_C 감소). 이것이 커패시터 C_2를 통해서 출력으로 결합되는 V_C의 크기를 감소시키고 부하 저항 양단에서의 출력 전압을 감소시키게 된다.

이번에는 교류 입력이 감소되는 경우를 설명해 보도록 하자. 교류 입력이 감소하면 베이스 전압도 감소하므로 이미터 다이오드의 순방향 바이어스 전압도 감소한다. 이것이 트랜지스터를 적게 ON 상태로 되고 트랜지스터 Q_1의 이미터-컬렉터 저항 R_{CE}는 증가하게 된다. 전압 강하는 저항의 크기에 비례하므로 R_{CE}가 증가하면 R_{CE}와 R_E 양단에서의 전압 강하도 증가하게 된다(V_C 증가). 이것이 커패시터 C_2를 통해서 출력에 전달되는 V_C를 증가시키고 부하 저항 양단에서 발생되는 출력 전압을 증가시킨다.

그림 4-33(b)에서 교류 입력 신호와 출력신호 전압의 파형을 비교하면 입력 신호의 변화가 출력 신호 전압에서 큰 변화를 발생시킨다는 것을 알 수 있다. 출력 신호 전압의 변화량과 입력 신호 전압의 변화량을 비교하면 이 회로가 갖는 전압 이득 A_V를 구할 수 있다. 이 예에서 출력 신호 전압의 변화량(ΔV)은 +1 V와 -1 V 사이이고 입력 신호 전압의 변화량(ΔV)은 +100 mV와 -100 mV 사이이므로 입력과 출력 신호 사이의 전압 이득은 10이 된다.

$$\text{전압 이득}(A_V) = \frac{\text{출력 전압 변화량}(\Delta V_{OUT})}{\text{입력 전압 변화량}(\Delta V_{in})}$$

$$A_V = \frac{+1\ \text{V에서}\ -1\ \text{V}}{+100\ \text{mV에서}\ -100\ \text{mV}} = \frac{2\ V}{200\ mV} = 10$$

전압 이득이 10이라는 것은 출력 전압이 입력 전압보다 10배 크다는 것을 의미한다. 트랜지스터는 자신의 NPN 반도체 구조에서는 이런 이득을 마술적으로 발생시킬 수 없다. 이득 혹은 증폭은 컬렉터 공급 전압으로부터 얻는 에너지와 이런 에너지가 부하 저항 양단에서 발생시키는 에너지로부터 트랜지스터의 도통을 제어하는 입력 신호에 의해서 이루어진다. 증폭은 트랜지스터를 제어하는 적은 입력 전압과 큰 컬렉터 공급 전압에 의해서 이루어지기 때문에 적은 입력 신호의 변화량이 큰 출력 신호의 변화량으로 나타난다.

그림 4-33(b)에서 입력 신호와 출력 신호를 시간 1과 2에서 비교해보면 이런 회로는 NOT 게이트가 자신의 입력 신호를 반전시키는 것과 동일한 방법으로 입력 신호를 변화시키는 것을 확인할 수 있다. (+의 입력 신호 스윙은 -로 출력 전압 스윙으로 변환되고 +의 입력 신호 스윙은 +의 출력 전압 스윙으로 변환된다.) 이런 반전은 이런 특별한 트랜

지스터의 배열에서 발생된다. 하지만 이력 신호의 형태가 출력에서 보존되기 때문에 문제는 발생되지 않는다(입력과 출력이 모두 정현파이다).

4-10 쌍극성 트랜지스터 바이어스 회로

정상 상태(직류 동작) 레벨은 회로에 인가되는 직류 공급 전압 V_{CC}와 회로 바이어스 저항의 크기에 의해서 설정된다. 이런 단일 공급 전압과 한 개 이상의 바이어스 저항은 트랜지스터 전류 I_E, I_B, I_C의 초깃값과 트랜지스터 전압 V_{BE}, V_{CE}, V_{BC}를 설정한다.

4-10-1 베이스 바이어스

그림 4-34(a)는 베이스 바이어스(고정 바이어스)를 표시하고 있다. 일반적으로 베이스 전원은 컬렉터 전원과 같이 $V_{BB} = V_{CC}$로 표시된다. 이런 경우에 베이스와 컬렉터 저항은 그림 4-34(b)에 표시한 것처럼 컬렉터 전원의 +측에 연결된다. 베이스 바이어스는 동작점 Q가 불안정하기 때문에 트랜지스터가 선형 동작을 하도록 하는 바이어스 방법 중 최악의 방법이다.

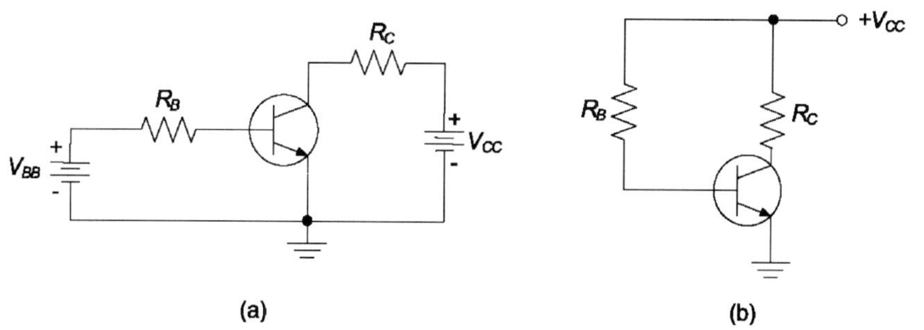

그림 4-34 베이스 바이어스 (a) 완전한 회로, (b) 간략화된 회로

4-10-2 이미터 귀환 바이어스

그림 4-35(a)는 β_{dc}의 변화를 보상하는 회로로 베이스와 컬렉터 전원은 등가이며 그림 4-35(b)에 표시된 회로는 그림 4-35(a) 회로와 등가회로이다. 두 회로 모두 β_{dc}에서의 변화를 줄이기 위해서 이미터 저항 양단에 걸리는 전압을 사용한다. 이미터 귀환 바이어스는 증가된 컬렉터 전류가 이미터 저항 양단에 걸리는 전압을 증가시키고, 이것이 결국 베이스 전류를 감소시키면 결과적으로 컬렉터 전류가 감소하는 것을 이용하는데 실제로 저항값 때문에 회로가 잘 동작하지 않으며 이런 효과를 얻기 위해서는 가능한 한 큰 이미터 저항을 사용해야 한다.

그러나 컬렉터의 포화 현상을 방지하기 위해서는 상대적으로 이미터 저항을 작게 해야 한다. 입력량(베이스 전류)에 변화를 주는 출력량(컬렉터 전류)을 나타내기 위해서 귀환이란 단어가 사용되며, 이미터 저항이 출력 회로와 입력 회로에 공통으로 작용하기 때문에 귀환 요소가 된다.

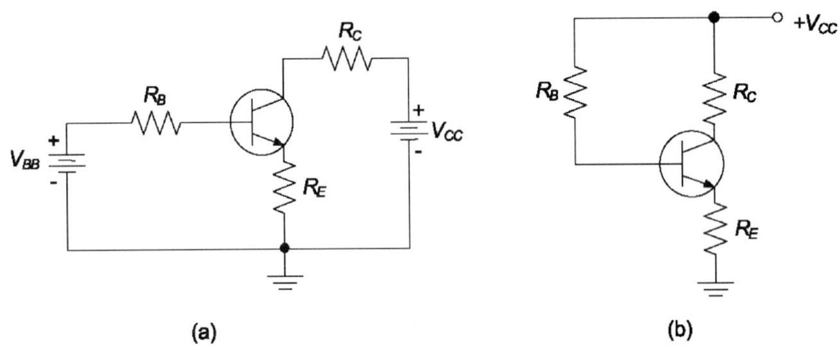

그림 4-35 이미터 귀환 바이어스법 (a) 완전한 회로, (b) 간략화한 회로

예제 4-12

그림 4-36(a)에 표시된 회로의 컬렉터 포화 전류를 계산하시오. β_{dc}가 100과 300일 경우에 컬렉터 전류를 계산하시오.

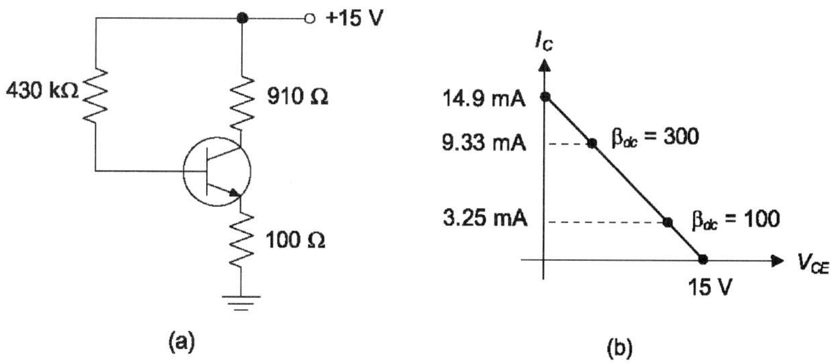

그림 4-36 (a) 이미터 바이어스 회로, (b) 두 개의 동작점을 갖는 부하선

(풀이) 출력 루프에서 키르히호프의 루프 방정식을 구하면 $V_{CE} + I_E R_E - V_{CC} + I_C R_C = 0$이고 I_E와 I_C를 같다고 가정하면

$$I_C \cong \frac{V_{CC} - V_{CE}}{R_C + R_E}$$

로 구해진다. 따라서 부하선의 포화점은 $\frac{V_{CC}}{R_C + R_E}$이고 차단점은 V_{CC}가 된다. 따라서 포화된 컬렉터 전류는 14.9 mA이다.

$$I_{C(sat)} \cong \frac{15\ \text{V}}{910\ \Omega + 100\ \Omega} = 14.9\ mA$$

β_{dc}의 영향을 고려하기 위해서는 입력 루프에서 키르히호프의 전압 방정식을 세우면 $V_{BE} + I_E R_E - V_{CC} + I_B R_B =$ 가 구해지고 $I_E = I_C$이므로 $I_B = \frac{I_C}{\beta_{dc}}$를 대입한다.

$$I_C \cong \frac{V_{CC} - V_{BE}}{R_E + R_B/\beta_{dc}}$$

따라서 $\beta_{dc} = 100$일 때 $I_C \cong \frac{15\ \text{V} - 0.7\ \text{V}}{100\ \Omega + 430\ k\Omega/100} = 3.25\ mA$, $\beta_{dc} = 300$일 때 $I_C \cong \frac{15\ \text{V} - 0.7\ \text{V}}{100\ \Omega + 430\ k\Omega/300} = 9.33\ mA$가 된다.

그림 4-36(b)는 직류 부하선과 2개의 동작점을 표시함으로써 계산을 간단히 할 수 있다. {예제 4-12}는 β_{dc}가 3:1의 변화를 갖기 때문에 컬렉터 전류도 거의 3:1에 가까운 변화를 준다. 이런 변화는 바람직하지 않은 것으로 회로의 다른 값을 선택하도록 노력한다면 너무도 민감해서 제안된 바이어스 회로로 되도록 β_{dc}의 변화를 유지하는 이미터 귀환 바이어스를 찾게 될 것이다.

4-10-3 컬렉터 귀환 바이어스

그림 4-37(a)는 컬렉터 귀환 바이어스(자기 바이어스)를 나타내고 있다. 베이스 저항이 전원 쪽보다 컬렉터 쪽으로 귀환되고 있는데, 이것이 컬렉터 귀환 바이어스와 베이스 바이어스를 구분할 수 있는 차이점이다. 온도가 증가하면 그림 4-37(a)에서 β_{dc}가 증가하고 더 많은 컬렉터 전류가 흐르게 된다. 컬렉터 전류가 증가하자마자 컬렉터-이미터 간 전압이 감소한다(R_C 양단에서 크게 전압 강하가 생긴다). 이것은 베이스 저항 양단에 걸리는 전압이 적어지고 베이스 전류가 감소하는 원인이 된다. 적어진 베이스 전류는 원래 증가하는 컬렉터 전류를 상쇄시킨다. 이런 점이 컬렉터 귀환 바이어스가 이미터 귀환 바이어스보다 좋은 점이다.

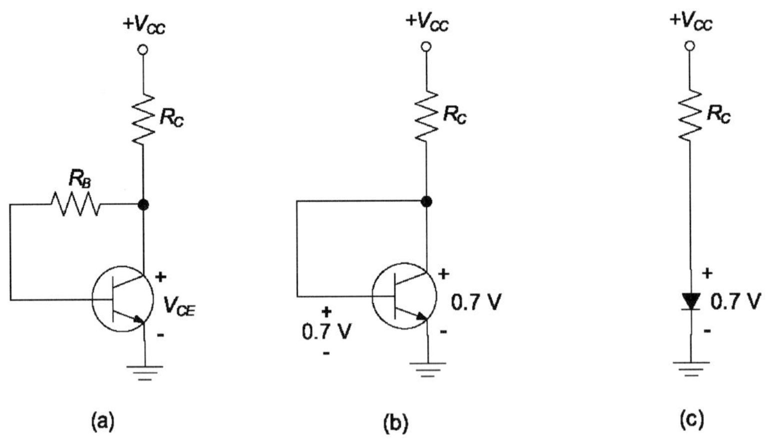

그림 4-37 컬렉터 귀환 바이어스 (a) 회로, (b) 컬렉터에 단락된 베이스, (c) RB=0일 때의 등가회로

부하선의 방정식은 $I_C \cong \dfrac{V_{CC} - V_{CE}}{R_C}$이고 포화점은 $\dfrac{V_{CC}}{R_C}$, 차단점은 V_{CC}이다. 컬렉터 귀환 바이어스가 이미터 귀환 바이어스보다 효과적이다. 회로가 β_{dc}에 있어서 변화에 민감하더라도 실제에 많이 사용된다. 컬렉터 귀환 바이어스는 두 개의 저항만을 사용하기 때문에 간단하다는 이점과 주파수 응답 개선의 이점이 있다. 컬렉터 귀환 바이어스는 트랜지스터를 포화 상태로 만들 수 없다는 또 다른 장점이 있으며, 이는 이미터 바이어스에는 없는 점이다. 베이스 저항이 감소함에 따라 동작점이 부하선의 포화점을 향해서 움직인다 해도 절대로 포화 상태에 도달할 수가 없다(베이스 저항이 아무리 작아진다 해도

소용없다). 그림 4-37(b)는 베이스 저항이 단락된 컬렉터 귀한 바이어스 회로를 표시하고 있다. 그림 4-37(c)는 베이스 저항이 단락된 등가회로를 표시하고 있다. 베이스가 컬렉터와 단락되었기 때문에 트랜지스터는 다이오드처럼 동작한다. 보통 Q점을 직류 부하선의 중간 근처에 설정한다. 컬렉터 귀환 바이어스는 $R_B = \beta_{dc}R_C$를 만족하게 된다.

증폭기의 선형 동작을 위해서 Q점은 부하선의 중앙에 위치하는 것이 바람직하다. Q점이 중앙에 위치되면 V_{CE}는 V_{CC}의 절반 정도 값이고 I_C는 $I_{C(sat)}$의 절반 정도의 값이 된다. 이것이 그림 4-38에 표시되어 있다.

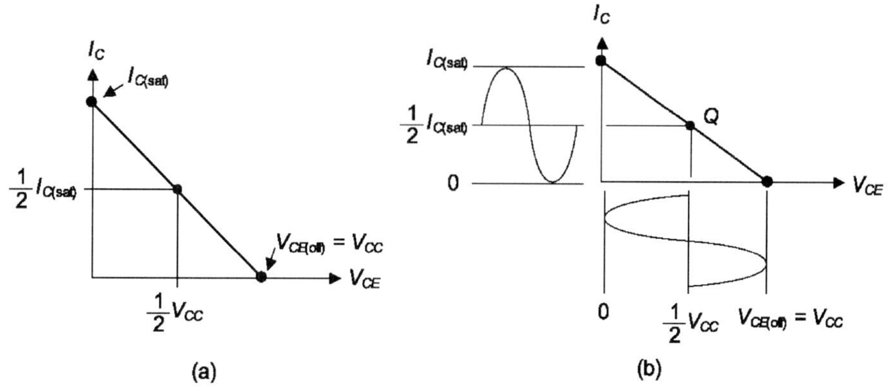

그림 4-38

그림에서 확인한 것처럼 I_C와 V_{CE}의 최댓값의 $\frac{1}{2}$에 해당되는 Q점이 중앙에 놓이게 된다. 회로의 중앙에 Q점이 놓일 때 증폭기는 중간점 바이어스(Midpoint bias)라고 부른다.

midpoint 바이어스는 최적의 교류 동작을 가능하게 한다. 교류 신호가 트랜지스터의 베이스에 인가될 때 I_C와 V_{CE}는 Q점을 중심으로 가변된다. Q점이 중앙에 위치할 때 I_C와 V_{CE}는 초기 직류 값 성분을 기준으로 위, 아래로 최댓값을 가지도록 변화된다. Q점이 중앙에 위치할 때, 입력이 트랜지스터의 포화를 발생시킨다. 이런 현상이 일어날 때, 출력 사인파의 부분이 잘려나가게 된다.

만약 Q점이 부하선 중앙의 아래쪽에 위치한다면, 트랜지스터의 입력이 차단되는 현상이 발생된다. 또한 출력의 사인 파형은 일부분이 잘리는 현상이 발생한다.

예제 4-13

V_{CC} = 15 V, R_C = 1 kΩ, β_{dc} = 200인 spec을 만족하는 midpoint 컬렉터 귀한 바이어스 회로를 설계하시오. (*midpoint=Q점이 직류 부하선의 중앙에 위치할 때)

(풀이) R_B = 200 × 1 kΩ = 200 kΩ이다.

그림 4-39(a)는 위의 spec을 만족하는 컬렉터 귀환 바이어스 회로이다.

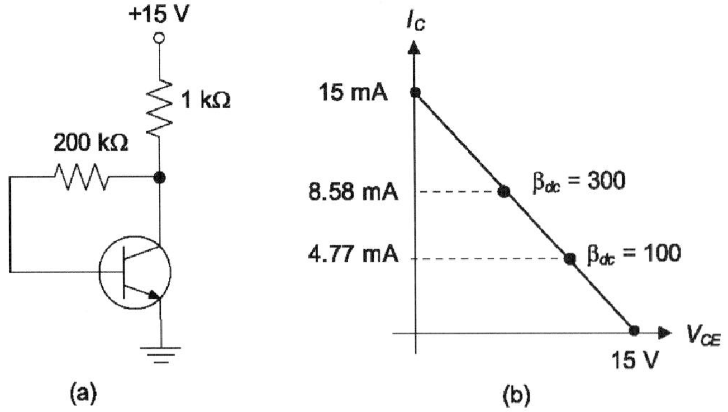

그림 4-39 (a) 컬렉터 귀환 바이어스 회로, (b) 두 개의 동작점을 찾는 부하선

예제 4-14

그림 4-39(a)에서 β_{dc}가 100인 경우와 β_{dc}가 300인 경우 컬렉터 전류를 계산하시오.

〈풀이〉 β_{dc}가 100인 경우 I_C를 구하면 4.787 mA이고 β_{dc}가 300인 경우 I_C를 구하면 8.58 mA이다. 그림 4-39(b)는 동작점과 직류 부하선을 표시하고 있다. β_{dc}의 변화가 3:1인 데 비해 컬렉터 전류의 변화는 2:1보다 작다. 동작점이 고정되어 있지는 않지만 적어도 이미터 귀환 바이어스보다는 개선되어 있다. 게다가 β_{dc}가 커진다고 하더라도 트랜지스터는 포화되지 않으며 이런 이유 때문에 소신호 증폭기에 컬렉터 귀환 bias 회로가 사용된다.

4-10-4 전압 분배기 바이어스

전압 분배기 바이어스 회로는 가장 널리 사용되는 바이어스 회로이다. 그림 4-40에 표시된 것처럼 전압 분배기 바이어스 회로는 다음과 같은 몇 가지 점을 제외하면 베이스 바이어스와 유사하다.

- 저항 R_2가 트랜지스터의 베이스 단자와 접지 사이에 추가로 연결된다.
- 저항 R_E가 트랜지스터의 이미터 단자에 추가로 연결된다.

h_{FE}의 변화에도 무관하게 거의 안정적인 I_{CQ}와 V_{CEQ}의 값을 가지는 바이어스 회로로 수정된다.

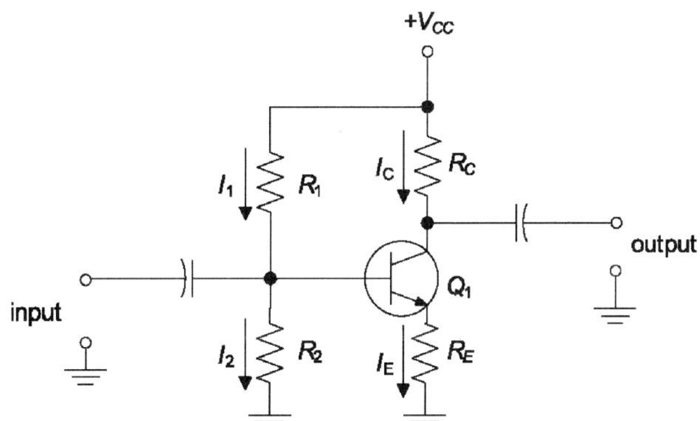

그림 4-40 전압분배기 바이어스 회로

간단한 전압 분배기 바이어스 회로를 구성하는 베이스 저항 R_1과 R_2는 베이스 전압 V_B를 설정하기 위해서 식 (4-23)을 사용하게 된다.

$$V_B = \frac{R_2}{R_1 + R_2} \times V_{cc} \tag{4-23}$$

V_B 값이 결정되면, V_E의 값을 구할 수 있다.

$$V_E = V_B - 0.7 \text{ V}$$

이미터 전압이 결정되면 옴의 법칙을 이용해서 I_E를 구할 수 있다.

$$I_E = \frac{V_E}{R_E}$$

그리고 $I_E \cong I_{CQ}$라고 가정하면, V_{CEQ}를 찾을 수 있다.

$$V_{CEQ} = V_{CC} - I_{CQ}R_C - I_{CQ}R_E \tag{4-24}$$

예제 4-15

그림 4-41에 표시된 회로에서 I_{CQ}와 V_{CEQ}를 구하시오.

(풀이)

R_1과 R_2는 증폭기에서 베이스 전압을 구성한다. V_B는 2.07 V로 구해진다.

$$V_B = \frac{R_2}{R_1 + R_2} \times V_{cc} = \frac{4.7\ k\Omega}{22.7\ k\Omega} \times 10\ \mathrm{V} = 2.07\ \mathrm{V}$$

V_E는 1.37 V로 계산된다.

$$V_E = V_B - 0.7\ \mathrm{V} = 2.07\ \mathrm{V} - 0.7\ \mathrm{V} = 1.37\ \mathrm{V}$$

$I_E \cong I_{CQ}$이므로 I_{CQ}는 1.25 mA이다.

$$I_{CQ} = \frac{V_E}{R_E} = \frac{1.37\ \mathrm{V}}{1.1\ \mathrm{k}\Omega} = 1.25\ mA$$

마지막으로 V_{CEQ}는 4.87 V로 계산된다.

$$V_{CEQ} = V_{CC} - I_{CQ}(R_C + R_E) = 10\ \mathrm{V} - (1.25\ \mathrm{mA} \times 4.1\ \mathrm{k}\Omega) = 4.87\ \mathrm{V}$$

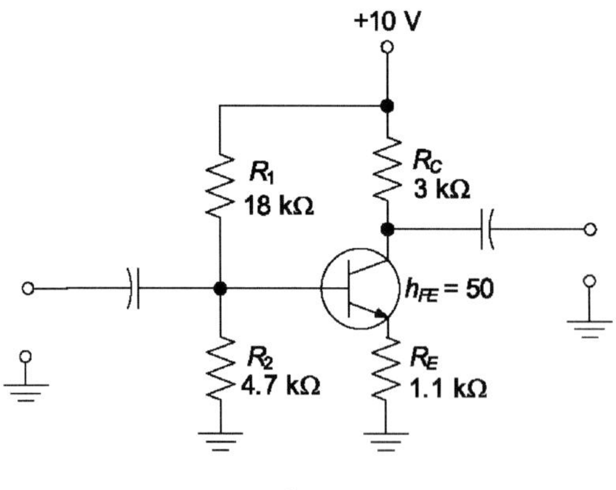

그림 4-41

예제 4-16

그림 4-42에 표시된 회로에서 I_B 값을 결정하시오.

(풀이)

첫 번째로 V_B 값은 2.56 V로 구해진다.

$$V_B = \frac{R_2}{R_1 + R_2} \times 20\ \text{V} = 2.56\ \text{V}$$

두 번째로 V_E를 구한다.

$$V_E = V_B - 0.7\ \text{V} = 2.56\ \text{V} - 0.7\ \text{V} = 1.86\ \text{V}$$

세 번째로 I_E를 구한다.

$$I_E = \frac{V_E}{R_E} = \frac{1.86\ \text{V}}{1\ k\Omega} = 1.86\ mA$$

마지막으로 I_B를 구한다.

$$I_B = \frac{I_E}{h_{FE} + 1} = \frac{1.86\ \text{mA}}{51} = 36.5\ \mu A$$

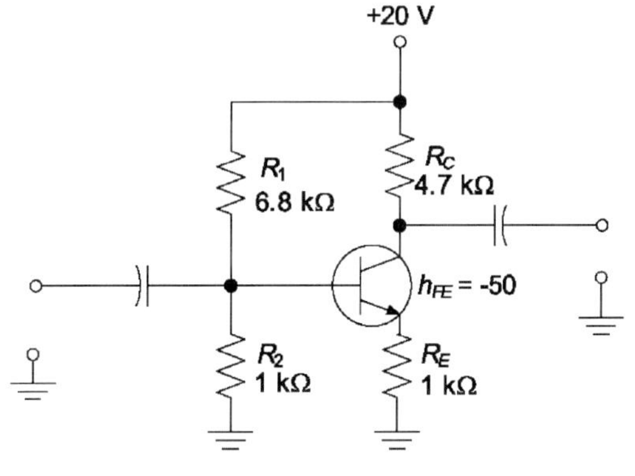

그림 4-42

예제 4-17

그림 4-43(a)에 표시된 회로는 안정된 전압 분배기이다. 직류 부하선과 Q점을 그려보시오.

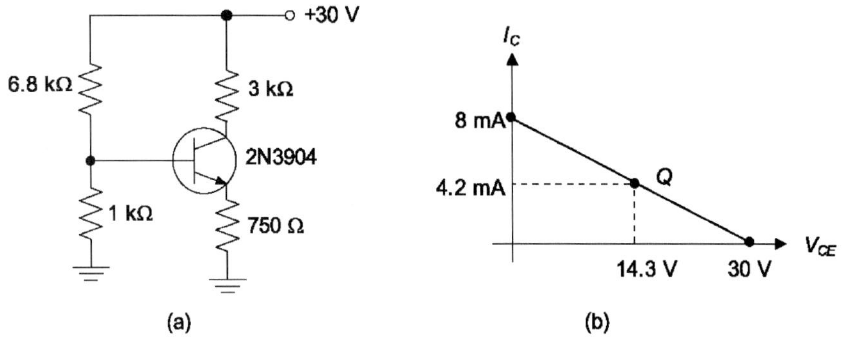

그림 4-43 (a) 전압 분배 바이어스 회로, (b) Q점을 갖는 부하선

(풀이) 가상으로 트랜지스터를 컬렉터로부터 이미터까지 개방하면 모든 공급전원이 컬렉터-이미터 단자 양단에 나타난다. 이것은 부하선의 하한이 차단 전압 30 V를 갖는다는 것을 의미한다. 다음은 트랜지스터의 컬렉터에서 이미터까지를 단락되었다고 가정하면 저항 R_C는 포화 전류 I_C가 흐르는 R_E와 직렬 연결된다.

$$I_{C(SAT)} = \frac{30\ \text{V}}{3000\ \Omega + 750\ \Omega} = 8\ mA$$

따라서 8 mA는 부하선의 상한을 표시한다. 안정 전압 분배기는 테비닌 전압 V_{TH}를 계산할 수 있게 한다.

$$V_{TH} = \frac{1000\ \Omega}{6800\ \Omega + 1000\ \Omega} 30\ \text{V} = 3.85\ \text{V}$$

이미터 전류 $I_E \cong = \dfrac{3.85\ \text{V} - 0.7\ \text{V}}{750\ \Omega} = 4.2\ mA \cong I_C$

컬렉터 전압 $V_C = 30\ V - (4.2\ \text{mA} \times 3\ \text{k}\Omega) = 17.4\ \text{V}$

이미터 전압 $V_E = 3.85\ \text{V} - 0.7\ \text{V} = 3.15\ \text{V}$

따라서 컬렉터-이미터 전압 $V_{CE} = V_C - V_E = 17.4\ \text{V} - 3.15\ \text{V} = 14.3\ \text{V}$이다. 그림 4-43(b)는 Q를 갖는 부하선을 보여주고 있다. 그림에서 볼 수 있듯이 Q점은 부하선의 약 1/2 지점에 위치하고 있다.

CHAPTER

04 기초문제

1. 쌍극성 트랜지스터는 (   )제어 소자이다.

2. 쌍극성 트랜지스터가 활성 영역에서 동작하면 이미터 다이오드는 (   )로 바이어스되고 컬렉터 다이오드는 (   )으로 바이어스된다.

3. 다음 중 올바른 것은 어느 것인가?
   (a) $I_E = I_C - I_B$ (b) $I_C = I_E - I_B$ (c) $I_B = I_C - I_E$

4. 트랜지스터가 차단되면 컬렉터와 이미터 사이는 (   )와 등가이다.

5. 트랜지스터가 포화되면 컬렉터와 이미터 사이는 (   )와 등가이다.

6. 쌍극성 트랜지스터의 회로 구조 중에서 다음 각 항목이 가장 우수한 회로가 무엇인지 말하시오.
   a. 전압 이득 b. 전류 이득 c. 전력 이득

7. V_{CC} 공급 전압 양단에 두 개의 직렬 저항을 연결해서 만드는 바이어스 방법은 무엇인가?

8. 트랜지스터의 베이스에 단일 저항을 직렬로 연결하는 바이어스 기법은 무엇인가?

9. 다음 중 쌍극성 트랜지스터가 갖는 3단자를 바르게 묶은 것은 무엇인가?
   (a) 드레인, 소스, 게이트 (b) 애노드, 캐쏘드, 게이트
   (c) 메인단자1, 메인단자2, 게이트 (d) 이미터, 베이스, 컬렉터

10. 쌍극성 접합 트랜지스터는 자신이 ( )을 갖기 때문에 주어진 이름이다.

(a) 두 개의 pn 접합 (b) 두 개의 자극
(c) 한 개의 p형 영역과 한 개의 n형 영역 (d) 두 개의 자기 접합

11. NPN형 트랜지스터는 항상 바이어스되기 때문에 베이스는 ( )이다.

(a) + (b) −

12. 가장 널리 사용되는 쌍극성 트랜지스터의 구조는 무엇인가?

(a) 공통 베이스 (b) 공통 컬렉터 (c) 공통 이미터 (d) 모두 아니다.

13. 공통 컬렉터 회로는 간혹 ( )라고도 부른다.

(a) 베이스 폴로어 (b) 이미터 폴로어 (c) 컬렉터 폴로어 (d)모두 아니다.

14. NPN형 트랜지스터의 회로 기호에서 이미터의 화살표는 베이스를 ( ) 표시되고 PNP형 트랜지스터에서 이미터의 화살표는 베이스를 ( ) 표시된다.

(a) 향해서, 멀어지는 쪽으로 (b) 멀어지는 쪽으로, 향해서

15. 트랜지스터의 ON/OFF 스위칭 동작은 ( ) 회로에서 사용된다.

(a) 아날로그 (b) 디지털 (c) 선형 (d) 아날로그와 선형

16. 트랜지스터의 가변 저항 동작은 ( ) 회로에서 사용된다.

(a) 아날로그 (b) 디지털 (c) 선형 (d) 아날로그와 선형

17. 쌍극성 트랜지스터의 ( )에 들어간 전자의 약 98%가 ( )에 도달되고 나머지는 ( )을 통해서 흘러나간다.

(a) 이미터, 컬렉터, 베이스 (b) 베이스, 컬렉터, 이미터
(c) 컬렉터, 이미터, 베이스 (d) 이미터, 베이스, 컬렉터

18. 공통 베이스 회로 구조는 가장 높은 ( ) 이득을 갖고 공통 이미터 회로는 가장 높은 ( )을 갖고 공통 컬렉터 회로는 가장 높은 ( ) 이득을 갖는다.

(a) 전압, 전류, 전력 (b) 전류, 전력, 전압

(c) 전압, 전력, 전류 (d) 전력, 전압, 전류

19. 트랜지스터의 베이스와 이미터 사이의 전압 강하를 표시하는 데 사용하는 기호는 다음 중 무엇인가?

(a) I_{BE} (b) V_{CC} (c) V_{CE} (d) V_{BE}

20. 다음 중 트랜지스터의 컬렉터와 이미터 사이의 전압 강하를 표시하는 데 사용하는 기호는 무엇인가?

(a) V_C (b) V_{CE} (c) V_E (d) V_{CC}

21. 트랜지스터의 ( )는 공통 이미터 회로의 입력과 출력 사이의 직류 전류 이득을 표시하는 데 사용된다.

(a) α_{ac} (b) α_{dc} (c) β_{ac} (d) β_{dc}

22. 다음과 같은 베이스 바이어스 쌍극성 트랜지스터 회로를 고찰하고 V_{BE}를 구하시오.

$R_B = 33\ k\Omega$, $R_C = 560\ \Omega$, $Q_1(\beta_{dc}) = 25$, $V_{CC} = +10\ V$

(a) 1.43 mV (b) 0.7 V

(c) 25 × 33 kΩ (d) 계산하기에 정보가 충분치 않다.

23. $I_C = V_{CC} / R_C$이고 $V_{CE} = 0$ V인 지점을 직류 부하선의 무엇이라고 하는가?

(a) 포화점 (b) 차단점 (c) 동작점 (d) 어느 것도 아니다.

24. $V_{CE}=V_{CC}$이고 $I_C=0$인 지점을 직류 부하선의 무엇이라고 하는가?

(a) 포화점 (b) 차단점 (c) 동작점 (d) 어느 것도 아니다.

25. 무입력 신호에서 트랜지스터를 바이어스시키는 직류 전압이 직류 부하선의 중간에 있을 때 ( ) 이라고 부른다.

(a) 포화점 (b) 차단점 (c) 동작점 (d) 어느 것도 아니다.

26. 베이스 회로에서 한 개의 전류 제한용 저항을 사용하는 트랜지스터의 바이어스 방법은 무엇인가?

(a) 베이스 바이어스 (b) 전압 분배기 바이어스

(c) 이미터 폴로어 바이어스 (d) 전류 분배기 바이어스

27. 순방향으로 바이어스된 이미터 다이오드와 컬렉터 다이오드는 ( ) 저항을 갖고 역방향으로 바이어스된 이미터 다이오드와 컬렉터 다이오드는 ( ) 저항을 갖는다.

(a) 낮은, 낮은 (b) 높은, 낮은 (c) 높은, 높은 (d) 낮은, 높은

28. 트랜지스터 계측기는 트랜지스터의 ( )을 체크한다.

(a) 단자 사이의 개방과 단락 (b) 이득

(c) 역방향 누설 전류 (d) 전체

1. 그림 4-44에 표시된 트랜지스터의 단자 이름과 형태를 말하시오.

2. 이미터 다이오드가 순방향으로 바이어스되고 컬렉터 다이오드가 역방향으로 바이어스될 때 쌍극성 트랜지스터가 활성 영역으로 동작하도록 정확하게 바이어스된 것이다. 그림 4-45를 참조하고 어떤 쌍극성 트랜지스터가 정확하게 바이어스되었는지 찾으시오.

3. 다음에서 빠진 전류 값을 구하시오.
   (a) $I_E = 25$ mA, $I_C = 24.6$ mA, $I_B = ?$
   (b) $I_B = 600$ µA, $I_C = 14$ mA, $I_E = ?$
   (c) $I_E = 4.1$ mA, $I_B = 56.7$ µA, $I_C = ?$

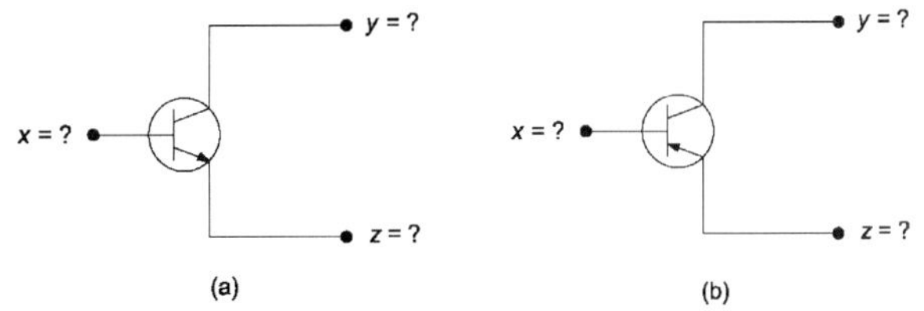

그림 4-44 트랜지스터의 종류와 단자 명칭 구분

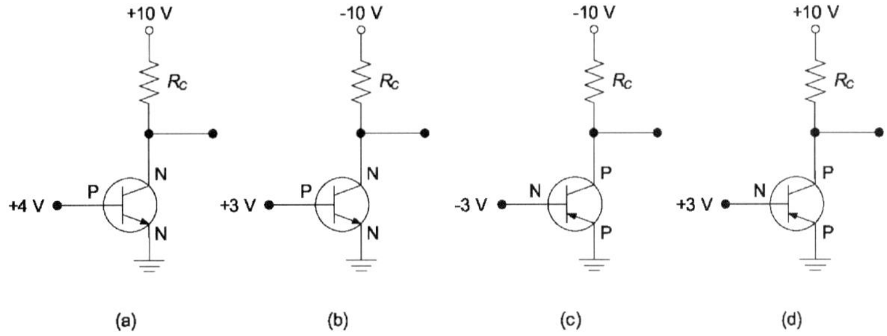

그림 4-45 정확하게 바이어스된 쌍극성 트랜지스터 회로 구분

4. 그림 4–46에 표시된 회로에서 입출력 파형을 참조하고 트랜지스터 증폭기의 전압 이득 A_V를 구하시오.

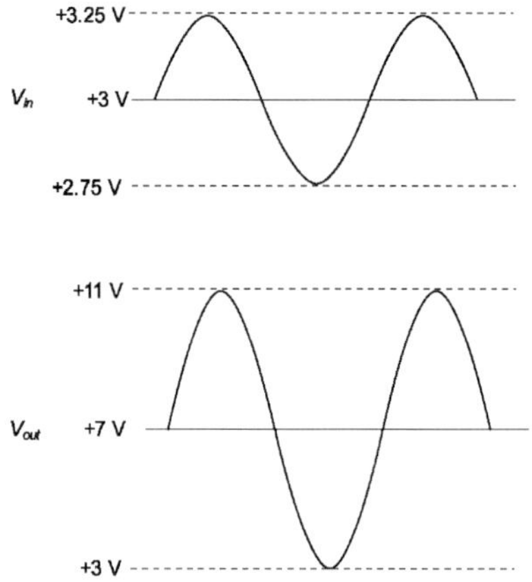

그림 4–46 트랜지스터 증폭기의 입출력 파형

5. 그림 4–47에 표시된 회로에서 실제적인 쌍극성 트랜지스터 전자 회로의 종류를 구분하시오.

6. 그림 4-47에 표시된 회로에 사용된 바이어스 기법과 쌍극성 트랜지스터의 종류를 구분하시오.

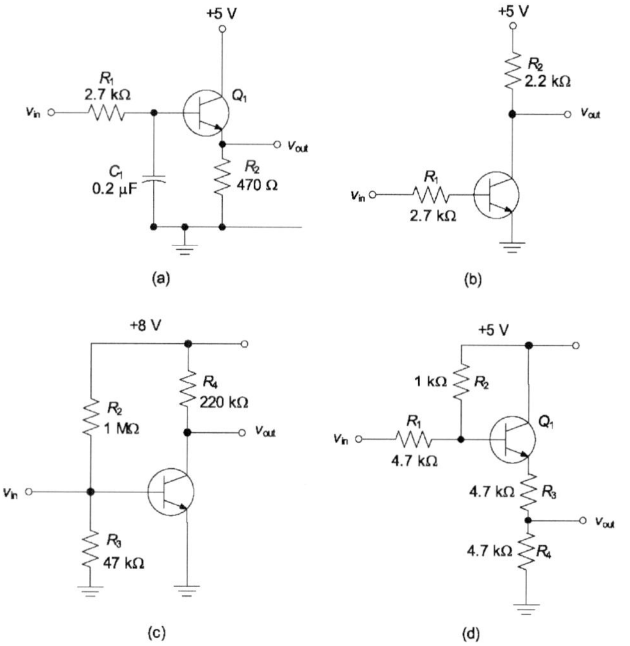

그림 4-47 실제적인 쌍극성 트랜지스터의 구조 구분

7. 그림 4-48에 표시된 베이스 바이어스 트랜지스터 회로에서 다음을 계산하시오.

(a) I_B (b) I_C (c) V_{CE}

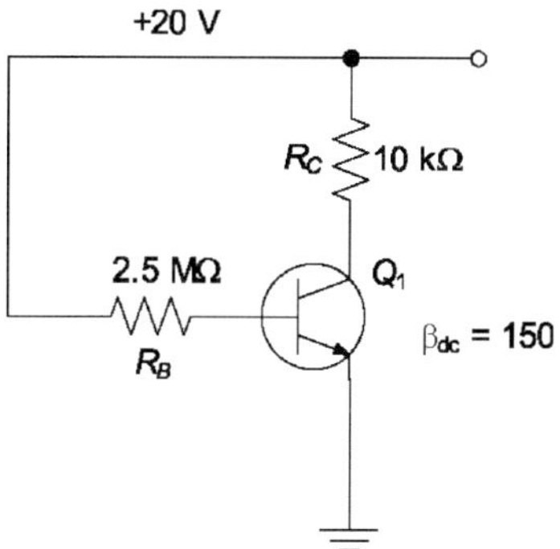

그림 4-48 베이스 바이어스 트랜지스터 회로

8. 그림 4-49에 표시된 전압 분배기 바이어스 트랜지스터 회로에서 다음을 계산하시오.

(a) V_B와 V_E (b) I_C (c) V_C (d) V_{CE}

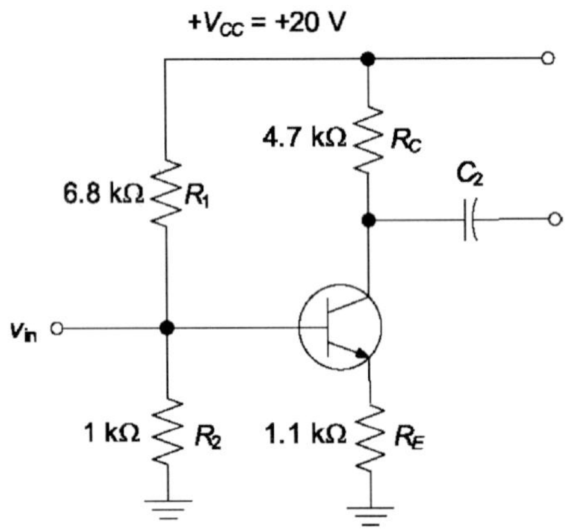

그림 4-49 전압 분배기 바이어스 트랜지스터 회로

9. I_C의 크기가 100 mA이고 I_B가 0.5 mA인 트랜지스터가 있다면 α_{dc}와 β_{dc}의 크기는 얼마인가?

10. 2N5067은 $r_b' = 10\ \Omega$ 전력 트랜지스터이다. $I_B = 1$ mA일 때 $I_B r_b'$의 전압 강하는 얼마인가? $I_B = 10$ mA와 50 mA일 때의 $I_B r_b'$의 전압 강하도 구하시오.

11. β_{dc}가 400인 트랜지스터가 있다. 컬렉터 전류가 50 mA일 때 베이스 전류는 얼마나 되는가?

12. 그림 4-50(a)는 베이스 단자가 개방된 트랜지스터 회로를 표시한 것이다. V_{CE} 값이 9 V라면 I_{CEO}는 얼마인가? 만약 그림 4-50(b)와 같이 컬렉터 저항이 10 MΩ에서 10 kΩ까지 변화한다면 V_{CE}의 새로운 값은 얼마인가? (I_{CEO}의 크기는 불변이다.)

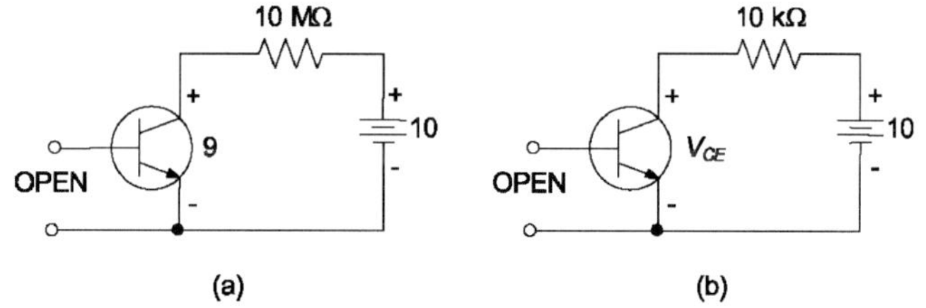

그림 4-50

13. 10 mA의 컬렉터 전류와 12 V의 컬렉터-이미터 전압을 갖는 트랜지스터는 전력 소비가 얼마나 되는가?

14. 그림 4-51(a)와 같은 회로의 부하선을 그리시오. 포화전류는 얼마이며, 차단 전압은 얼마인가?

15. 그림 4-51(a)에서 베이스 전류는 얼마이며, 컬렉터-이미터 전압은 얼마인가? 트랜지스터는 하드 세튜레이션인가?

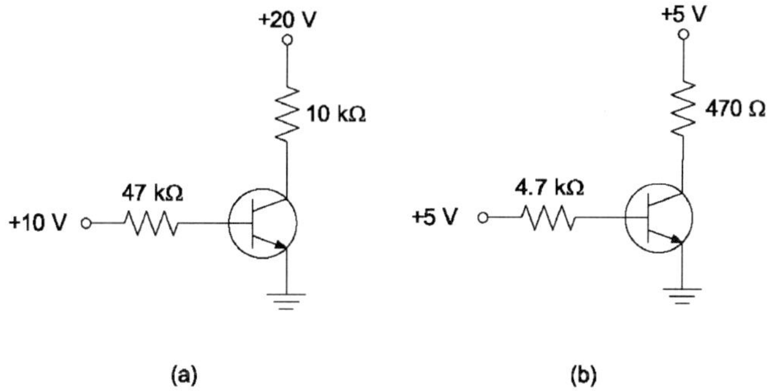

그림 4-51

16. 그림 4-51(b)에 표시된 회로에서 베이스 전류는 얼마이며, 컬렉터 전류는 얼마인가? 컬렉터-이미터 전압은 얼마인가?

17. 그림 4-52(a)에서 컬렉터 전류, 컬렉터-접지 사이의 전압, 컬렉터-이미터 전압을 구하시오.

18. 그림 4-52(b)에서 V_{BB} = 10 V라면 컬렉터-이미터 전압은 얼마인가?

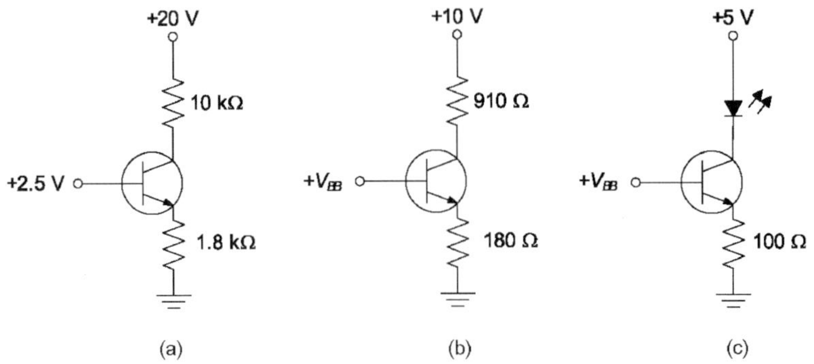

그림 4-52

19. 그림 4-52(a)에서 컬렉터-접지 사이의 전압이 대략 3V라면 어떤 고장의 원인이 되는가?

(a) 10 k 저항 단락

(b) 1.8 k 저항 개방

(c) 베이스-이미터 단자 단락

(d) 컬렉터-이미터 단자 단락

20. 그림 4-52(c)의 LED가 ON-OFF되는 조건을 찾으시오.

(a) 컬렉터-에미터 단자 단락

(b) 100 저항 개방

(c) 컬렉터-에미터 단자 개방

(d) 접지점과 100 저항 사이의 cold-solder joint 고장

21. 그림 4-52(c)의 전류원을 V_{BB} 가 5 V일 때 LED 전류를 대략 35 mA에 고정시키도록 다시 설계하시오.

22. 그림 4-53에 표시된 회로에서 h_{fe}가 80이라면 컬렉터와 접지 사이의 전압은 얼마인가?

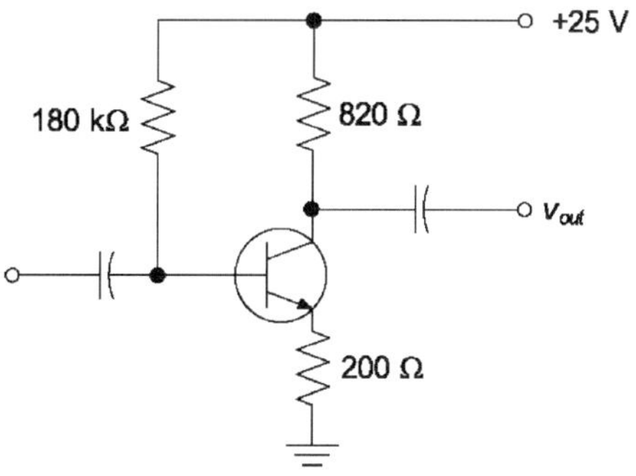

그림 4-53

23. 그림 4-53이 포화 상태라면 β_{dc}의 대략적인 크기는 얼마인가?

24. 그림 4–54에서 V_{CC} = 10 V라면 각 단에서 컬렉터 전압은 얼마인가?

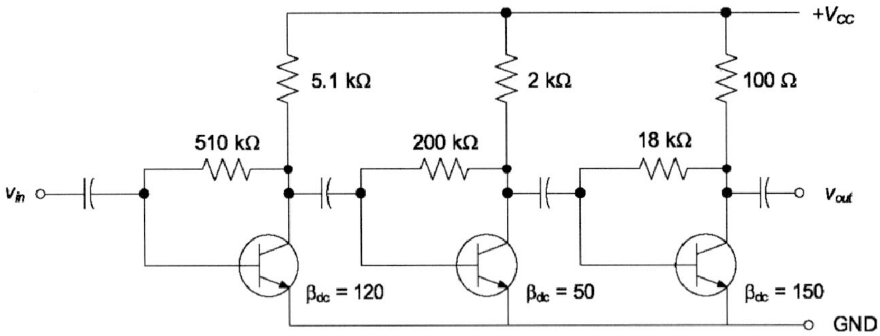

그림 4–54

25. 그림 4–55의 각 증폭단에서 이미터와 접지 사이의 전압은 얼마인가? (단 공급 전원은 10 V이다.)

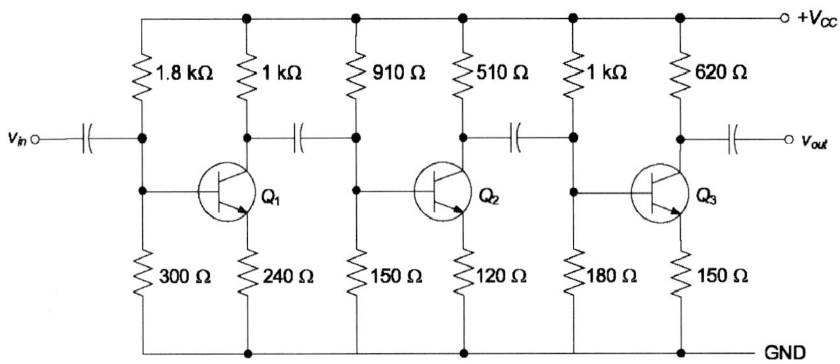

그림 4–55

26. 그림 4–55에서 V_{CC} = 20 V일 때 각 증폭단의 V_B, V_E, V_C, I_C, P_D(소비 전력)를 계산하시오.

27. 그림 4–56에서 제너 다이오드를 $V_Z = 4.7$ V인 제너 다이오드로 대체시키고 LED 전류를 구하시오.

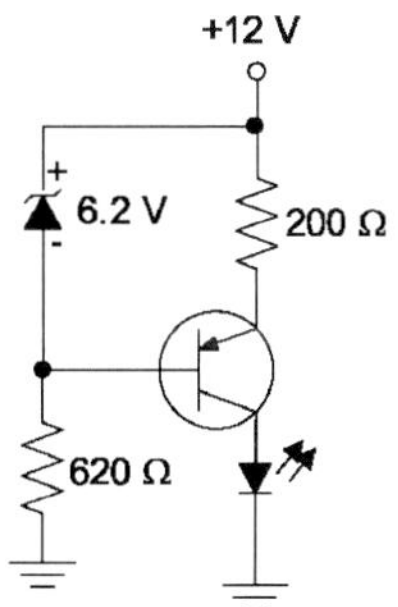

그림 4–56

28. 그림 4–55에서 V_{CC}가 20 V라면 Q_3단을 설명하라. 다음 조건들을 만족하는 접지에 대한 컬렉터 전압은 증가하는가, 감소하는가, 변하지 않는가?

(a) 1 kΩ 저항 개방
(b) 1 kΩ 저항 단락
(c) 180 Ω 저항 개방
(d) 180 Ω 저항 단락
(e) 620 Ω 저항 개방
(f) 620 Ω 저항 단락
(g) Q_3 컬렉터–이미터 단락
(h) Q_3 컬렉터–이미터 개방
(i) 150 Ω 저항 개방
(j) 150 Ω 저항 단락

29. 그림 4–57에서 첫째 단의 컬렉터 전압이 0 V라면 발생할 수 있는 고장은 무엇인가?

30. 그림 4-56과 유사한 pnp 전류원을 V_{CC}= 15 V, V_Z= 7.5 V, I_C= 40 mA인 스펙을 만족하는 회로를 다시 설계하시오.

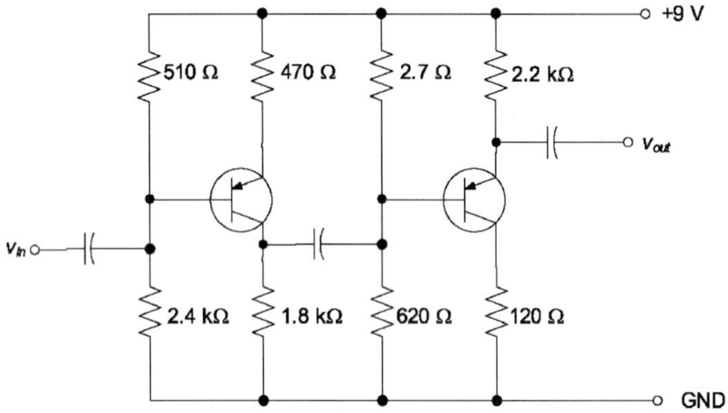

그림 4-57

CHAPTER

05

일반적인 증폭기 회로 설계

스테레오에서 소리를 들을 수 없다면 볼륨(volume)을 높인다. 또한 텔레비전 화면이 너무 어두우면 휘도(brightness)를 증가시킨다. 이런 두 가지 경우에서처럼 비교적 약한 신호를 더 강하게 만드는데 이것이 바로 전력 레벨을 증가시키는 것이 된다. 교류 신호의 전력을 증가시키는 과정을 증폭이라고 정의한다. 회로에서 증폭을 제공하기 위해서 사용되는 회로를 증폭기라고 부른다. 일반적인 형태의 증폭기 회로는 그림 5-1에 표시된 것처럼 BJT 증폭기, FET 증폭기, 연산증폭기로 분류된다.

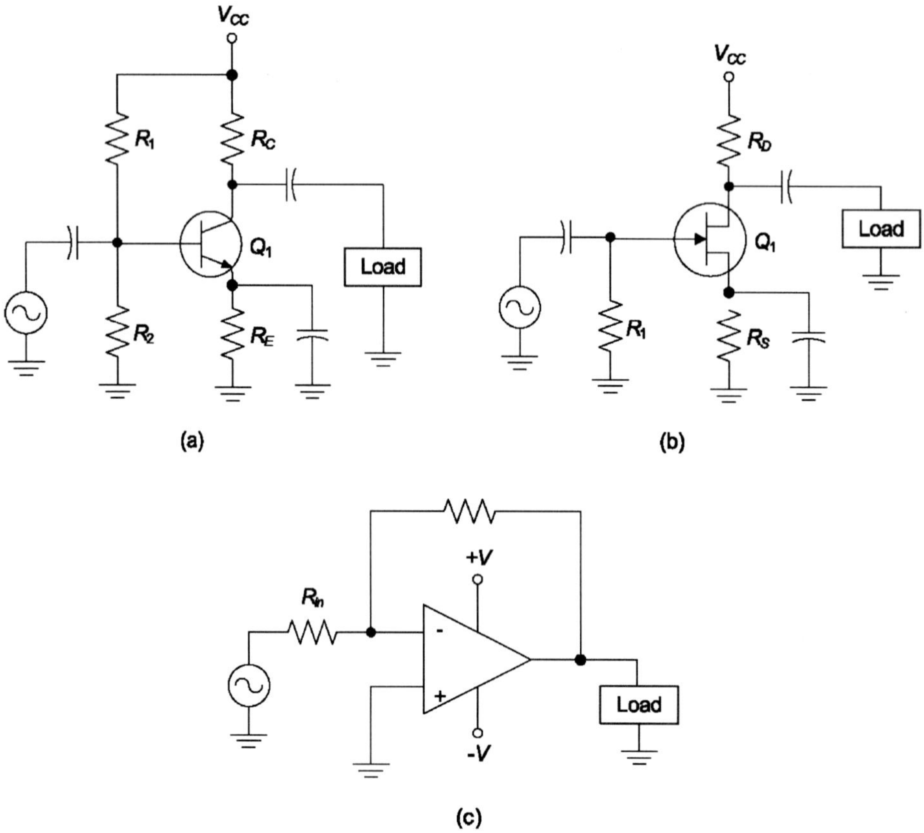

그림 5-1 일반적인 증폭기 (a) BJT 증폭기 (b) FET 증폭기 (c) 연산증폭기 회로

대부분의 증폭기 회로는 일상적으로 만나게 되는 가장 일반적인 널리 사용되는 회로로 오디오, 비디오, 텔레비전, 디지털 시스템, 바이오 시스템 등에서 폭넓게 사용된다.

5-1 증폭기의 전압 이득, 전류 이득, 전력 이득 특성

모든 증폭기는 이득, 입력 임피던스, 출력 임피던스와 같은 3가지의 기본 특성을 가지고 있고 이런 특성들은 그림 5-2에 표시된 것처럼 일반적인 증폭기 모델을 구성하기 위해서 결합 된다. 증폭기 모델에서 회로의 이득을 표현하기 위해서 사용되는 다이아몬드 형태의 기호에 주목해야 한다.

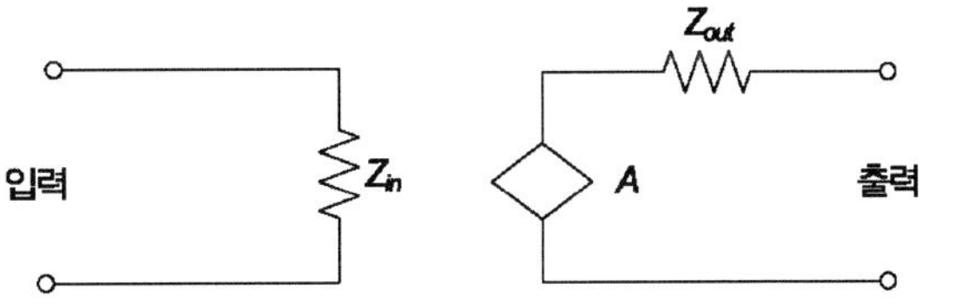

그림 5-2 일반적인 증폭기 모델

모든 증폭기는 회로의 입력과 출력 사이의 비율(ratio)로 표시되는 이득이라는 특성을 표시하게 된다. 증폭기의 이득이 100이고 정상적인 상태에서 동작한다면 출력 신호는 입력 신호의 100배로 커지게 된다. 이득은 전압 이득, 전류 이득, 전력 이득과 같은 3가지 형태로 구분되고 그림 5-2에 표시된 것처럼 대문자 A로 표시된다. 이득의 형태를 구분하는 데 각 기호의 첨자가 사용된다. 모든 증폭기는 전력 이득의 등급으로 규정되지만, 모든 증폭기가 이런 목적으로 설계되는 것은 아니다. 예를 들면, 전압 증폭기는 A_V를 제공하도록 설계된다. 실제로 이것은 전력 이득을 구하는데 일부 제공되지만 이차적인 문제이다. 전류 증폭기도 A_i를 제공하도록 설계되지만 전력 증폭기는 특정한 전력 이득인 A_p를 제공하도록 설계된다. 주어진 응용분야에 사용되는 증폭기의 형태는 이득의 형태에 따라서 결정된다.

전압 이득은 교류 입력 전압에 대한 교류 출력 전압의 비로 정의된다.

$$A_v = \frac{v_{out}}{v_{in}} \tag{5-1}$$

여기서 v_{out}은 증폭기로 나오는 교류 출력 전압을 의미한다. v_{in}은 증폭기로 흘러들어오는 교류 입력을 의미한다.

예제 5-1

그림 5-3에 표시된 기호는 증폭기의 일반적인 증폭기 기호이다. 그림에서 나타내는 증폭기의 전압 이득을 계산하시오.

(풀이) 그림에서 v_{out}과 v_{in}을 이용하면 증폭기의 전압 이득은 100이다.

$$A_v = \frac{v_{out}}{v_{in}} = \frac{40\ \text{mv}}{400\ \mu\text{V}} = 100$$

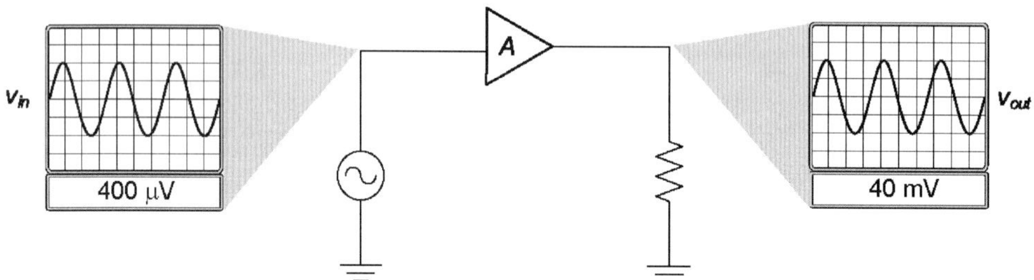

그림 5-3

이것은 회로에서 교류 출력 전압이 정상적인 조건 아래에서 입력 전압보다 100배 크다는 것을 의미한다.

예제에서 구한 전압 이득이 단위를 갖지 않는다는 점에 주의해야 한다. 이것은 항상 성립된다. 이득의 각 형태는 교류 입력과 교류 출력의 비로 정의되기 때문에 측정의 단위는 존재하지 않는다. 식 (5-1)은 간혹 잘못 읽히는 경우가 있는데 그 이유는 A_v가 v_{out}과 v_{in}에 의해서 결정되기 때문이다. 사실은 A_v가 회로 소자에 의해서 결정된다. 정상적인 조건 아래에서는 이득은 일정하게 된다. 따라서 증폭기의 입력 변화는 그에 대응하는 출력 변화를 초래하기 때문에 이득에는 변화가 없다. 예를 들면 증폭기의 v_{in}이 변화될 때 v_{out}은 식 (5-2)처럼 표시된다.

$$v_{out} = A_v v_{in} \tag{5-2}$$

예제 5-2

그림 5-3에 표시된 회로의 입력이 240 μV로 변화된다고 가정하고 v_{out}을 구하시오.

(풀이) 예제 (5-1)에서 구한 회로의 이득은 100이다. 따라서 A_v를 이용해서 v_{out}을 구하면 24 mV로 구해진다.

$$v_{out} = A_v v_{in} = 100 \times 240\ \mu\text{V} = 24\ \text{mV}$$

전압 이득처럼 전류 이득과 전력 이득 또한 입력과 출력의 비로 정의되기 때문에 단위가 없다.

$$A_i = \frac{i_{out}}{i_{in}} \tag{5-3}$$

$$A_p = \frac{p_{out}}{p_{in}} \tag{5-4}$$

5-2 일반적인 증폭기 모형

이득을 정의한 바 있기 때문에 그림 5-2에 표시된 일반적인 증폭기 모델은 그림 5-4(a)에 표시된 것처럼 변경할 수 있다. 다이아몬드 모양은 실제로는 전압원(v_{out})을 표시하기 위해서 사용된다. 이런 전압원의 크기는 출력 전압을 입력전압과 회로의 전압 이득의 함수로 표시하기 위해서 $A_v v_{in}$으로 주어진다.

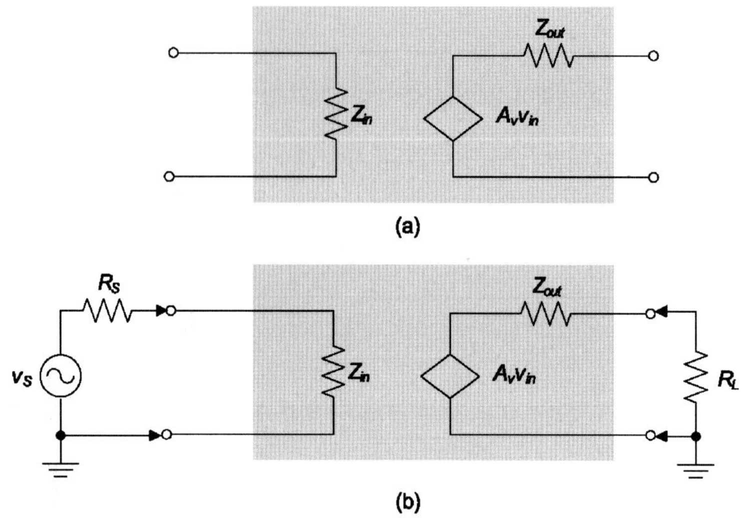

그림 5-4 전압 증폭기 모델

그림 5-4(a)에 표시된 증폭기 모델에 전압원과 부하를 추가하면 그림 5-4(b)와 같은 회로를 얻을 수 있다. 입력 회로는 v_s, R_S, Z_{in}으로 구성된다. 출력회로는 v_{out}, Z_{out}, R_L로 구성된다.

5-2-1 증폭기 회로의 입력 임피던스와 출력 임피던스

증폭기가 전압 원과 연결되면 신호원의 입장에서는 증폭기가 부하로 보인다. 증폭기 입력 임피던스(Z_{in})가 부하이다. 그림 5-5에 표시된 회로에서 증폭기 입력 임피던스 Z_{in}은 1.5 $k\Omega$이다. 이런 경우에 증폭기가 1.5$k\Omega$ 부하와 전원 저항 R_S가 직렬로 연결되어 동작하게 된다. 그림 5-5에서 증폭기 입력 임피던스가 순수한 저항이라고 가정하면 증폭기 입력 신호 전압은 식 (5-5)처럼 표시된다.

$$v_{in} = \frac{Z_{in}}{R_s + Z_{in}} \times v_s \qquad (5\text{-}5)$$

R_s와 Z_{in}은 전압 분배기로 동작되기 때문에 증폭기 입력전압은 전압원 정격보다 낮아야 한다.

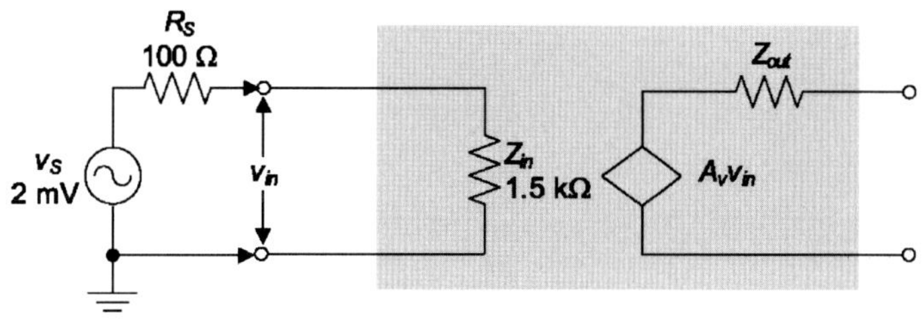

그림 5-5 증폭기 입력 회로

예제 5-3

그림 5-5에 표시된 회로에서 v_{in}을 구하시오.

(풀이) 그림에 표시된 값을 사용하면 v_{in}은 3.76 mV로 구해진다.

$$v_{in} = \frac{Z_{in}}{R_s + Z_{in}} \times v_s = \frac{1.5\ \text{k}\Omega}{1.6\ \text{k}\Omega} \times 4\ \text{mV} = 3.76\ \text{mV}$$

예제 5-4

{예제 5-3}에 표시된 증폭기가 $A_v = 500$을 갖는다. $v_{in} = 4$ mV와 $v_{in} = 3.76$ mV인 경우의 v_{out}을 구하시오.

(풀이) $v_{in} = 4$ mV인 경우 $v_{out} = 2$ V, $v_{in} = 3.76$ mV인 경우의 $v_{out} = 1.88$ V로 구해진다.

$$v_{out} = A_v v_{in} = 500 \times 4\ \text{mV} = 2\ \text{V}$$
$$v_{out} = A_v v_{in} = 500 \times 3.76\ \text{mV} = 1.88\ \text{V}$$

그림 5-5에 표시된 증폭기 회로에서 R_s와 Z_{in}의 영향을 무시하면 회로 출력이 2 V로 계산된다. v_s의 감소로 인해서 v_{out}의 실제적인 크기는 1.88 V로 구해진다. 따라서 R_S와 Z_{in} 은 회로의 출력을 처음의 출력보다 120 mV 더 낮게 만든다. Z_{out}과 R_L 조합은 이상적인 증폭기의 출력을 크게 감소시키는 원인이 된다.

부하가 증폭기에 연결되면 증폭기는 부하에 대해서 전압원으로 동작한다. 임의의 전원에 대해서도 측정 가능한 전원 저항이 있는데 이것이 증폭기의 출력 임피던스이다. 그림 5-6에 표시된 회로를 살펴보기로 하자. 만약 증폭기의 Z_{out}이 200 Ω이라고 가정하면 부하는 증폭기를 200 Ω의 내부 저항을 가진 전압원으로 볼 수 있다. 그림 5-6에서 출력 임피던스가 순수한 저항 성분이라면 부하 전압은 식 (5-6)처럼 표시되는 전압 분배기 식을 사용할 수 있다.

$$v_{RL} = \frac{R_L}{R_L + Z_{out}} \times v_{out} \tag{5-6}$$

여기서 $v_{out} = A_v v_{in}$이다.

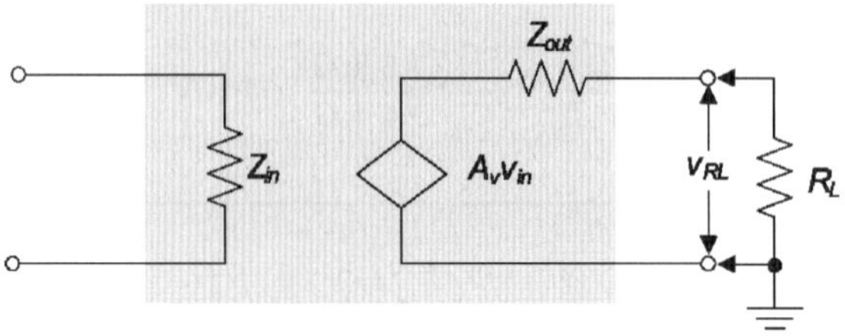

그림 5-6 증폭기의 출력 회로

예제 5-5

그림 5-7에 표시된 회로의 부하 전압 v_{RL}을 구하시오.

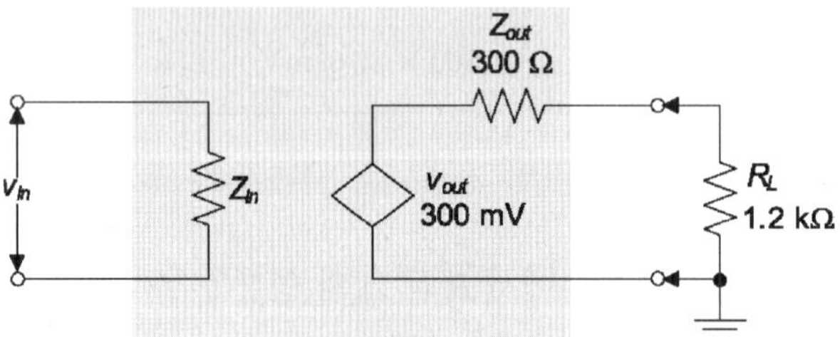

그림 5-7

(풀이) 그림에 표시된 값을 사용하면 v_{RL}은 240 mV로 구해진다.

$$v_{RL} = \frac{R_L}{R_L + Z_{out}} \times v_{out} = \frac{1.2\ k\Omega}{1.5\ k\Omega} \times 300\ mV = 240\ mV$$

Z_{out}과 R_L을 결합시키면 증폭기의 출력 전압에서 60 mV가 감소되는 원인이 된다.

5-2-2 입력과 출력 회로의 결합된 효과

입력 회로와 출력 회로의 조합은 증폭기의 실효 전압 이득에서 상당한 감소를 발생시킬 수 있다. 그림 5-8에 표시된 회로에서 입력과 출력 회로가 결합된 영향을 알기 위해서 회로의 v_{RL}을 계산할 필요가 있다. v_{in}을 구하는 첫 번째 단계는 다음과 같다.

$$v_{in} = \frac{Z_{in}}{R_s + Z_{in}} \times v_s = \frac{980\ \Omega}{1\ \text{k}\Omega} \times 15\ \text{mV} = 14.7\ \text{mV}$$

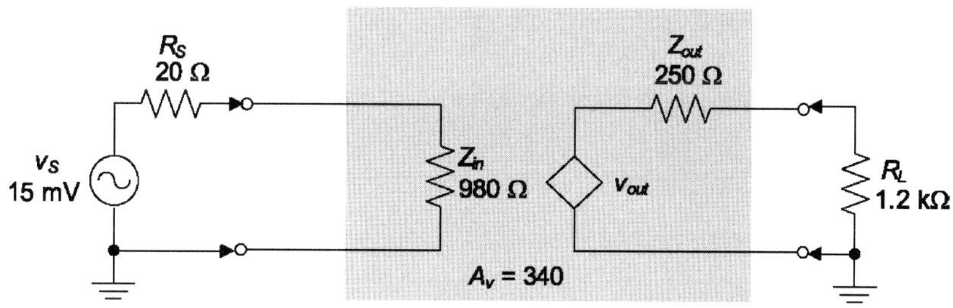

그림 5-8

v_{out}은 5V로 구해진다.

$$v_{out} = A_v v_{in} = 340 \times 14.7\ \text{mV} = 5\ \text{V}$$

마지막으로 부하 전압은 4.14 V로 계산된다.

$$v_{RL} = \frac{R_L}{R_L + Z_{out}} \times v_{out} = \frac{1.2\ \text{k}\Omega}{1.45\ \text{k}\Omega} \times 5\ V = 4.14\ V$$

이런 계산과정을 통해서 증폭기의 15 mV 전압원이 4.14 V 부하 전압으로 증가되는 것을 볼 수 있다. 증폭기의 실효 전압 이득은 부하 전압과 전원 전압의 비와 같다는 점을 고려해야 한다.

$$A_{v(eff)} = \frac{v_{RL}}{v_s} \tag{5-7}$$

따라서 회로의 실효 전압 이득은 276이다.

$$A_{v(eff)} = \frac{v_{RL}}{v_s} = \frac{4.14\ \text{V}}{15\ \text{mV}} = 276$$

입력과 출력 회로는 증폭기의 전압 이득을 340에서 276의 실효 값으로 감소시킨다는 사실을 알 수 있다. 입력과 출력 회로의 효과는 증폭기 전압 이득을 현저하게 감소시킬 수 있다.

1. Z_{in}의 증가
2. Z_{out}의 감소

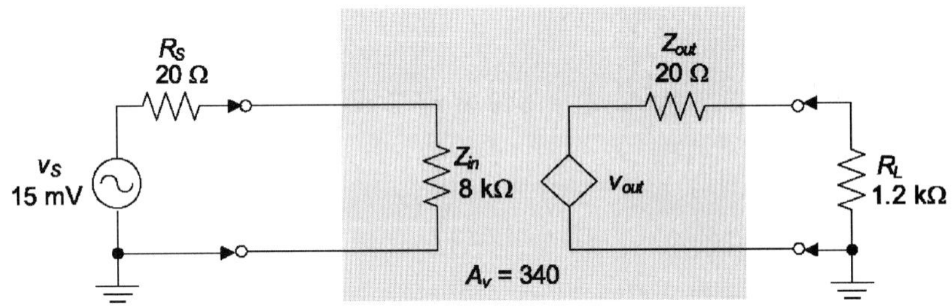

그림 5-9

그림 5-9에 표시된 회로는 그림 5-8에 표시된 회로와 근본적으로 같은 회로지만 또다른 회로 해석을 위해서 Z_{in}과 Z_{out}을 변환할 수 있다.

$$v_{in} = \frac{Z_{in}}{R_s + Z_{in}} \times v_s = \frac{8\ k\Omega}{8.02\ \text{k}\Omega} \times 15\ \text{mV} \cong 15\ \text{mV}$$

$$v_{out} = A_v v_{in} = 340 \times 15\ \text{mV} = 5.1\ \text{V}$$

$$v_{RL} = \frac{R_L}{R_L + Z_{out}} \times v_{out} = \frac{1.2\ \text{k}\Omega}{1.22\ \text{k}\Omega} \times 5.1\ V = 5\ V$$

회로의 실효 전압 이득은 333으로 구해진다.

$$A_{v(eff)} = \frac{v_{RL}}{v_s} = \frac{5\ \text{V}}{15\ \text{mV}} = 333$$

Z_{in}과 Z_{out}에서의 변화 때문에 회로의 실효 전압 이득이 증가된다. 대부분의 실용 회로에서 주어진 전압원과 부하의 저항을 변화시키는 일은 거의 없다. 그러나 증폭기의 Z_{in}과 Z_{out}은 사용된 능동 소자뿐만 아니라 바이어스 회로의 형태와 소자 값에 의해서 영향을 받을 수 있다.

5-2-3 이상적인 전압 증폭기

지금까지는 기본적인 증폭기에 대해서 소개했지만 앞으로는 이상적인 전압 증폭기의 특성을 알아보게 된다. 만약 이상적인 전압 증폭기가 구성된다면 다음의 특성을 따르게 된다.

1. 무한대 이득(필요하다면)
2. 무한대 입력 임피던스
3. Zero 출력 임피던스

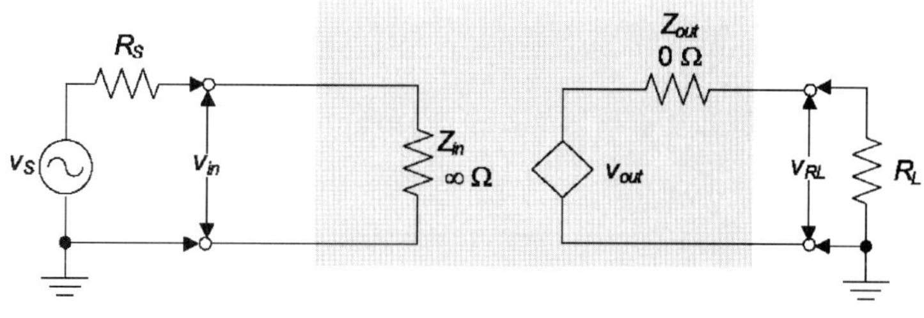

그림 5-10

이들 중 첫 번째 특성은 설명이 필요 없다. 이상적인 증폭기는 이득이 높을 필요성이 있다고 하더라도 어떤 값의 이득이라도 가능하게 할 능력이 있어야 한다. 실제적으로는 A_v의 값은 제한된다. A_v의 제한은 회로에서 사용되는 능동 소자의 형태에 의존하게 된다. 이상적 전압 증폭기의 임피던스 특성은 그림 5-10에 표시되어 있다. 무한대 입력 임피던스를 가진다면 입력 회로에서 전류가 없고, 전원 저항 R_S 양단에서의 전압 강하는 없다. 따라서 R_S 양단에서 전압 강하가 발생되지 않기 때문에 $v_{in} = v_s$이다.

전원전압은 R_s와 Z_{in}의 조합 효과에 의해서 감소되지 않는다. Zero 출력 임피던스에서는 증폭기의 출력 회로에서 전압 분배가 없다. 따라서 $v_{RL} = v_{out}$이다.

입력 회로 또는 출력 회로에서 전압의 감소가 없고 회로의 실효 전압 이득은 A_v의 계산값과 같다. $Z_{in} = \infty\ \Omega$ 그리고 $Z_{out} = 0\ \Omega$은 아직까지 실제적인 회로에 적용된 적이 없다. 그러나 그것들도 적절하게 구성된 회로에서는 '효과적으로' 적용하는 것은 가능하다.

그림 5-11에 표시된 회로에서 $R_s(20\ \Omega)$와 $Z_{in} = 100\ \text{k}\,\Omega$을 비교한다면 실제적으로 무한대 입력 임피던스가 되고 $R_L(1.2\ \text{k}\,\Omega)$과 $Z_{out} = 3\ \Omega$을 비교하면 Zero 출력 임피던스 회로가 된다. 회로의 전압 이득에서 그들의 효과를 최소화하는 것이 가능하기 때문에 Z_{in}과 Z_{out}은 회로설계에서 고려되어야 한다.

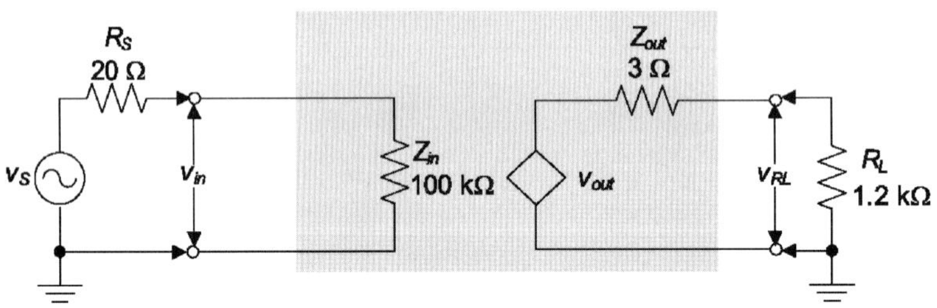

그림 5-11

이상적인 증폭기는 소비 전력, 주파수 응답, 신호 재생에 관련되는 또 다른 특성을 가지고 있다는 사실을 이해하게 되었을 것이다. 그렇지만 지금은 이상적인 전압 증폭기의 중요한 특성에 대해서만 알아보았다.

5-3 전류 증폭기 모델

이미 앞에서 특정 크기의 전류 이득을 제공하기 위해서 설계되는 회로를 전류 증폭기라고 언급한 바 있다. 전류 증폭기의 일반적인 모델은 그림 5-12(a)에 표시되어 있다. 모델에 표시된 것처럼 전류 증폭기는 입력 임피던스, 출력 임피던스를 가지고 전류 이득 A_i를 제공하게 된다.

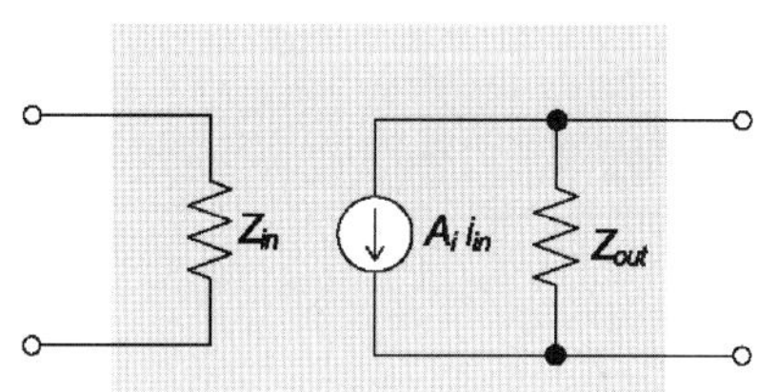

(a)

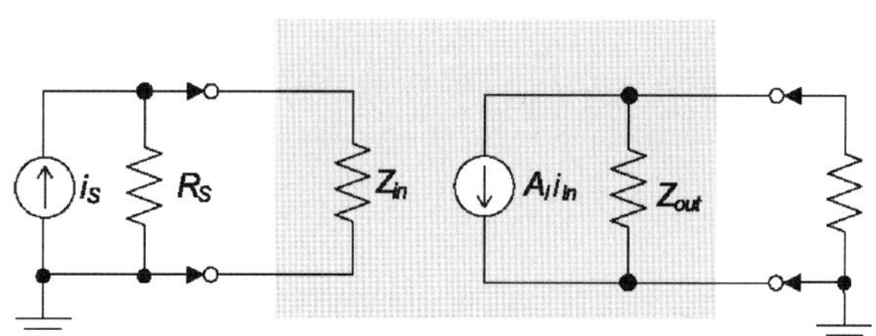

(b)

그림 5-12 전류 증폭기 모델

증폭기 모델에 전류원과 부하 저항이 부가되면 그림 5-12(b)에 표시된 회로를 구성할 수 있다. 입력 회로는 i_S, R_S, Z_{in}으로 구성된다. 출력회로는 $A_i i_{in}$, Z_{out}, R_L로 구성된다. 입력 회로와 출력 회로는 동일하다.

그림 5-13(a)에 표시된 것처럼 i_S, R_S, Z_{in}의 조합은 전류 분배기를 구성한다. 증폭기의 입력전류 i_{in}의 크기는 식 (5-8)에 표시된 전류 분배기 공식을 사용하면 구할 수 있다.

$$i_{in} = \frac{R_S \parallel Z_{in}}{Z_{in}} \times i_S \tag{5-8}$$

여기서 i_{in}은 증폭기의 입력 전류를 의미하고 i_S는 소스 전류를 의미한다. $R_S \parallel Z_{in}$는 R_S와 Z_{in}의 병렬 합성 저항을 나타낸다.

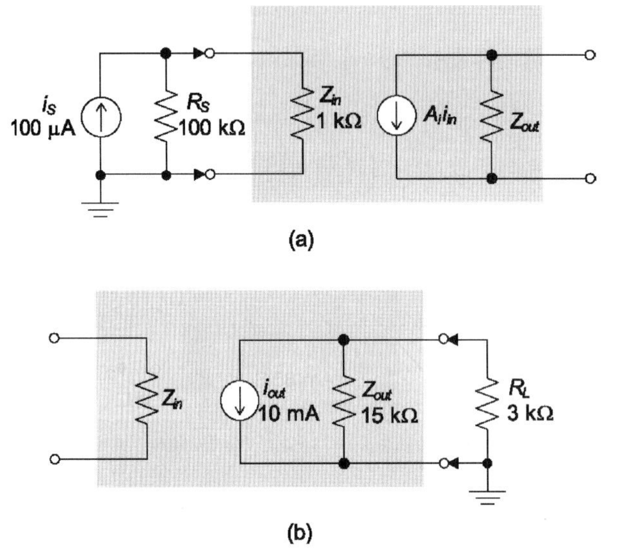

그림 5-13 전류 증폭기의 입력과 출력 회로 (a) 입력 회로 (b) 출력 회로

그림 5-13(a)에 표시된 회로에 주어진 값을 이용하면 증폭기의 입력 전류는 90.0 μA로 구해진다.

$$i_{in} = \frac{R_S \parallel Z_{in}}{Z_{in}} \times i_S = \frac{100\ \text{k}\Omega \parallel 10\ \text{k}\Omega}{10\ \text{k}\Omega} \times 100\ \mu A = 90.9\ \mu A$$

계산에서 보듯이 입력 전류 분배기는 $i_{in} < i_S$로 나타난다.

출력 회로는 그림 5-13(b)에 표시된 것처럼 i_{out}, Z_{out}, R_L에 의해서 2차 측 전류 분배기를 구성한다. 증폭기의 부하 전류는 식 (5-9)에 표시된 전류 분배기 방정식을 사용해서 구하게 된다.

$$i_{RL} = i_{out} \frac{R_L \parallel Z_{out}}{R_L} \qquad (5-9)$$

여기서 i_{out}은 $A_i i_{in}$을 의미하고 i_{RL}은 부하 전류를 의미한다. $R_L \parallel Z_{out}$은 R_L과 Z_{out}의 병렬 합성 저항을 나타낸다.

그림 5-13(b)에 표시된 회로에 주어진 값을 이용하면 증폭기의 부하 전류는 8.33 mA로 구해진다.

$$i_{RL} = \frac{R_L \parallel Z_{out}}{R_L} \times i_{out} = \frac{15\ \mathrm{k}\Omega \parallel 3\ \mathrm{k}\Omega}{3\ \mathrm{k}\Omega} \times 10\ mA = 8.33\ mA$$

출력 전류의 분배기는 $i_{RL} < i_{out}$로 나타난다. 입력 회로와 출력 회로의 조합은 전류 증폭기의 효과적인 이득을 크게 감소시킬 수 있다. 그림 5-14(a)에 표시된 회로에서 A_i의 이상적인 크기는 250이다. 회로의 효과적인 전류 이득은 크게 낮아진다는 것은 다음과 같은 일련의 계산 과정을 통해서 검증된다.

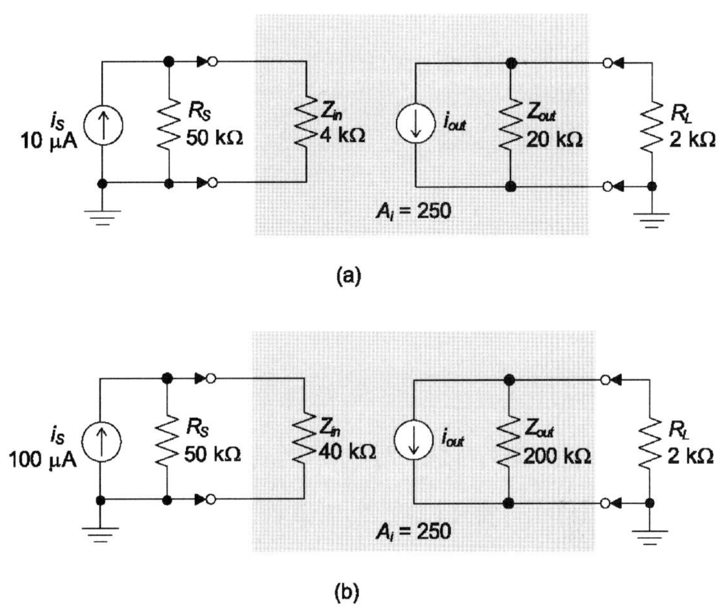

그림 5-14

$$i_{in} = i_S \frac{R_S \parallel Z_{in}}{Z_{in}} = (100\ \mu\mathrm{A}) \frac{50\ \mathrm{k}\Omega \parallel 4\ \mathrm{k}\Omega}{4\ \mathrm{k}\Omega} = 92.6\ \mu\mathrm{A}$$

$$i_{out} = A_i i_{in} = 250 \times 92.6\ \mu\mathrm{A} = 23.2\ \mathrm{mA}$$

$$i_{RL} = i_{out}\frac{R_L \parallel Z_{out}}{R_L} = (23.2\ \text{mA})\frac{20\ \text{k}\Omega \parallel 2\ \text{k}\Omega}{2\ \text{k}\Omega} = 21.1\ \text{mA}$$

$$A_{i(cff)} = \frac{i_{RL}}{i_S} = \frac{21.1\ \text{mA}}{100\ \mu\text{A}} = 211$$

이런 계산 과정이 보여주는 것처럼 회로의 효과적인 전류 이득은 이상적인 크기인 250보다 크게 낮아진다. 전류 증폭기 이득에서 입력과 출력회로의 효과는 크게 감소된다.

- Z_{in}의 크기를 감소시킨다.
- Z_{out}의 크기를 증가시킨다.

그림 5-14(b)에 표시된 회로를 고찰해 보자. 그림 5-13(a)와 기본적으로는 동일한 회로이다. Z_{in}과 Z_{out}의 크기를 변화시킨다. 이런 회로인 경우에는

$$i_{in} = i_S\frac{R_S \parallel Z_{in}}{Z_{in}} = (100\ \mu\text{A})\frac{50\ \text{k}\Omega \parallel 40\ \Omega}{40\ \Omega} = 99.9\ \mu\text{A}$$

$$i_{out} = A_i i_{in} = 250 \times 99.9\ \mu\text{A} \cong 25\ \text{mA}$$

$$i_{RL} = i_{out}\frac{R_L \parallel Z_{out}}{R_L} = (25\ \text{mA})\frac{200\ \text{k}\Omega \parallel 2\ \text{k}\Omega}{2\ \text{k}\Omega} = 24.8\ \text{mA}$$

$$A_{i(cff)} = \frac{i_{RL}}{i_S} = \frac{24.8\ \text{mA}}{100\ \mu\text{A}} = 248$$

회로의 구성 소자를 일부 변화시킴으로써 회로의 효과적인 전류 이득이 크게 증가했다. 실제로 전류 증폭기의 이득에서 Z_{in}과 Z_{out}의 효과는 다음과 같은 관계식을 만족하게 되도록 회로를 설계하면 최소화된다.

$$Z_{in} \ll R_S,\ Z_{out} \ll R_L$$

5-3-1 이상적인 전류 증폭기

다음과 같은 특성을 만족하는 이상적인 전류 증폭기를 설계할 수 있다.

- 무한대 이득
- 0(zero) 입력 임피던스(Z_{in} = 0 Ω)
- 무한대 출력 임피던스(Z_{out} = ∞ Ω)

이런 특성들은 회로의 이득이 크기가 얼마이든 간에 원하는 크기로 간단하게 조정될 수 있음을 나타낸다. Z_{in} = 0 Ω이 되면 소스 전류가 모두 증폭기로 인가된다.

$$i_{in} = i_S \text{ (이상적인 전류 증폭기)}$$

Z_{out} = ∞ Ω이면 증폭기 출력 회로에서 전류 분배기는 전류를 분배하지 않는다.

$$i_{RL} = i_{out} \text{ (이상적인 전류 증폭기)}$$

5-4 공통 이미터 증폭기

공통 이미터 증폭기는 가장 널리 사용되는 BJT 증폭기이다. 그림 5-15(a)에는 일반적인 공통 이미터 증폭기의 형태가 표시되어있다. 입력은 트랜지스터의 베이스에 공급되고 출력은 컬렉터에서 얻어진다. 공통 이미터라는 용어는 두 가지 이유때문에 사용된다.

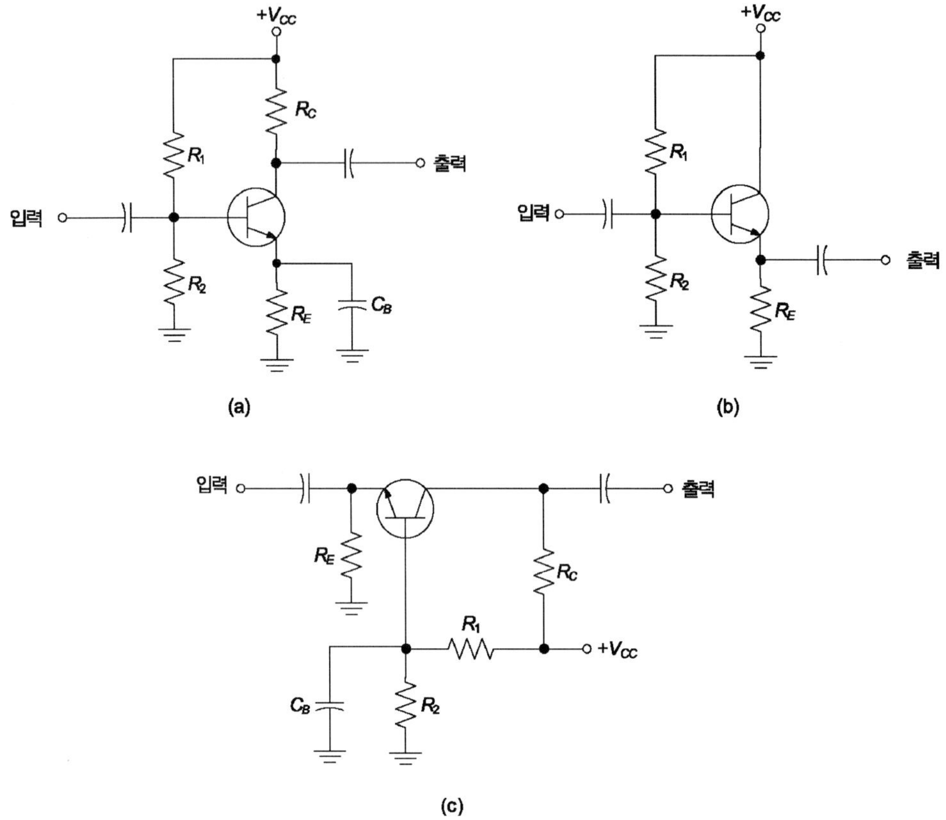

그림 5-15 BJT 증폭기 구성

1. 트랜지스터의 이미터 단자는 입력과 출력회로의 공통 단자이다.
2. 트랜지스터의 이미터 단자는 항상 교류접지 또는 교류 공통 단자이다. 교류 접지는 트랜지스터의 이미터 단자에 연결된 바이패스 커패시터(C_B)에 의해서 제공된다.

CE 증폭기의 특성을 고찰하기 위해서는 몇 개의 영역을 설정할 필요가 있다. 비교를 위해서 이득과 임피던스 값을 낮음, 중간, 높음 범위로 분류한다. CE 증폭기는 전압과 전류이득은 중간 범위, 고 전력 이득, 중간 범위의 입력 임피던스, 중간 범위의 출력 임피던스를 가진다. CE 증폭기는 그림 5-16에 표시된 것처럼 입력의 위상이 출력에서 180 바뀌어서 나타나게 되는 유일한 BJT 증폭기이다.

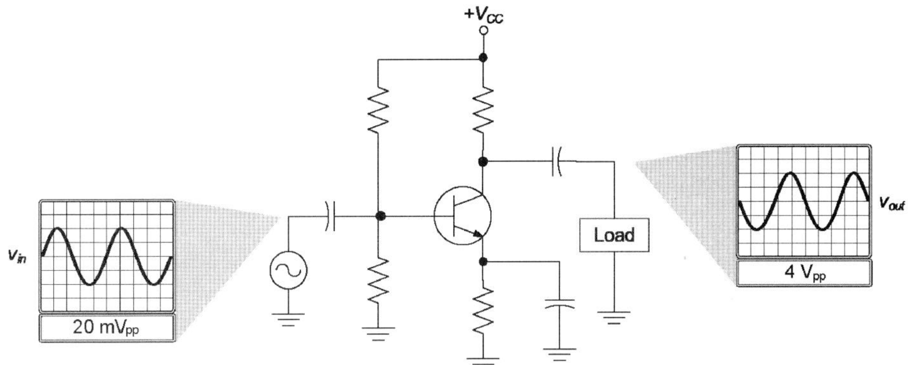

그림 5-16 공통 이미터 증폭기

교류 신호를 앞단에서 뒷 단으로 연결(전달)하기 위해서는 반드시 커패시터가 필요하다. 직류 바이어스 전압의 변화 없이도 트랜지스터 증폭단의 출력 사이에 교류 신호를 연결시켜 줄 수 있는 결합용 커패시터(coupling capacitor)의 동작 특성을 이해한 후 소신호 증폭기에 응용되는 중첩의 원리를 해석해 보도록 한다.

5-4-1 결합용 커패시터와 측로용 커패시터

결합용 커패시터는 교류 신호를 한 점에서 다른 점으로 통과시킨다. 그림 5-17(a)에서 교류 신호는 커패시터를 통과해서 A점에서 B점으로 전달된다. 이런 경우 용량성 리액턴스 X_C는 직렬저항과 비교할 때 크기가 아주 작아야 한다. 그림 5-17(a)에서 점 A의 왼쪽 회로는 신호원과 저항이거나, 혹은 좀 더 복잡한 테브닌의 등가회로일 수도 있다. 유사하게 저항 R_L은 단일 부하 저항이거나 좀 더 복잡한 회로망의 등가 저항일 수도 있다. 실제 회로에서는 커패시터의 왼쪽, 오른쪽이 무엇이든지 상관하지 않고 그림 5-17(b)와 같은 간단한 기호로 간주해서 간략화된 단일 루프 회로로 만들 수 있다. 교류 전류는 $R_{TH}+R_L$의 합성 저항을 통해서 흐르게 된다.

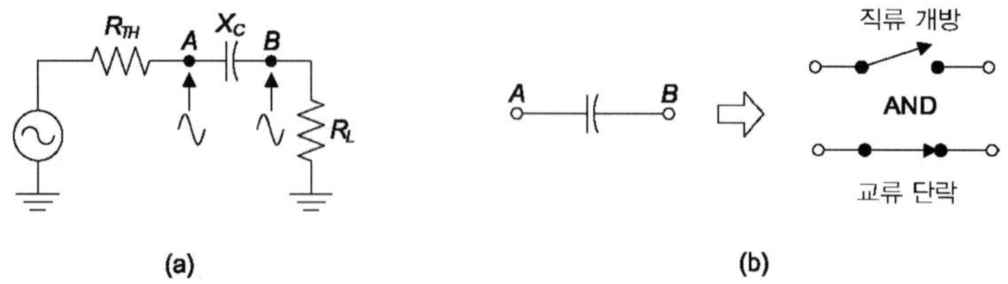

그림 5-17 (a) 전원과 부하를 연결시켜 주는 결합용 커패시터 (b) 결합용 커패시터의 등가회로

회로망 이론에서 RC 회로에서의 교류 전류 I는 식 (5-10)과 같은 크기를 갖는다는 것을 이미 배워서 알고 있다.

$$I = \frac{V}{\sqrt{R^2 + X_C^2}} \tag{5-10}$$

여기서 R은 루프에서의 전체 저항을 의미하는데 그림 5-17(a)에서 $R = R_{TH} + R_L$이다. 주파수가 증가하면 X_C는 R과 비교해서 아주 작은 값이 될 때까지 감소하게 되고, 이런 경우 전류는 V/R 값인 최댓값을 갖는다. 커패시터는 $X_C \ll R$인 경우에 A점으로부터 B점까지 신호를 적절하게 연결시켜 준다. 결합용 커패시터의 크기는 연결하고자 하는 신호의 가장 낮은 주파수에 의존한다. 10:1 설계 규칙에 따르면 증폭기에서 입력 주파수의 가장 낮은 값에 의한 용량성 리액턴스는 $X_C \ll \frac{1}{10}R$이다. 이것은 결합용 커패시터의 용량성 리액턴스가 전체 직렬 저항의 $\frac{1}{10}$과 같거나 작다는 것을 표시하고 있다. 보통 10:1 규칙을 만족한다는 것은 교류 신호가 가장 낮은 주파수에서 1% 미만으로 줄어든다는 것을 의미하며, 최악의 경우인 $X_C = \frac{1}{10}R$을 식 (5-10)에 대입해 보면

$$I = \frac{V}{\sqrt{R^2 + (\frac{1}{10}R)^2}} = \frac{V}{1.005R} = 0.995\frac{V}{R}$$

로 교류 신호가 최저 주파수에서 0.5%만 감소 된다는 것을 보여준다. 따라서 어떤 결합용 커패시터라고 할지라도 10:1 규칙을 만족하기만 하면 안전 결합용 커패시터라고 부

를 수 있다. 20 Hz에서 20 kHz까지의 가청 주파수를 갖는 트랜지스터 증폭단을 설계한다고 가정하고, 입력 결합용 커패시터가 10 kΩ의 총 저항을 갖는 직렬 저항과 연결된다고 가정하면 X_C는 10:1 규칙을 만족하기 위해서 최저 주파수인 20 Hz에서 1 kΩ보다 작아야 한다.

용량성 임피던스는 $X_C = \frac{1}{2\pi fC} = \frac{1}{2\pi(20\ \ Hz)C} = 1\ \ k\Omega$이다.

커패시터 용량 C를 구하면 $C = \frac{1}{2\pi fC} = \frac{1}{2\pi(20Hz)1\ \ k\Omega} = 7.96\ \ \mu\mathrm{F}$ 이 구해진다.

이것은 안정 결합용으로 사용되는 커패시터의 최소 용량이다. 실제로는 표준 커패시터인 10 μF을 사용한다. 결합용 커패시터는 그림 5-17(b)에 표시된 등가회로로 동작한다. 커패시터는 직류에서는 개방된 스위치로 동작하고, 교류에서는 단락된 스위치로 동작하게 된다는 의미이다. 결합용 커패시터는 직류 전류는 차단시키고 교류 전류만을 통과시킨다. 결국 이러한 동작은 교류 신호를 한 증폭단에서 다른 증폭단으로 각 증폭단의 직류 바이어스의 방해 없이 통과시켜 준다.

5-4-2 교류 접지

바이패스 커패시터(bypass capacitor)는 그림 5-18(a)에서 표시한 것처럼 비접지점과 접지점을 연결한다는 것을 제외하고는 결합용 커패시터와 유사하다. V_{TH}와 R_{TH}는 앞에서 살펴본 것처럼 단일 전원이나 단일 저항일 수도, 테브닌 회로일 수도 있다. 커패시터에 대해서는 아무런 차이도 없다. 이 회로에서도 R_{TH}는 전체 저항이라고 볼 수도 있다. 다만 한 가지 차이는 $R = R_{TH}$로 된 점이다. 그림 5-18(b)에서 커패시터는 교류 신호에 대해서 단락된 스위치로 동작하기 때문에 A점은 교류 신호가 연결되면 접지점과 단락된다.

이것이 A점을 교류 접지라고 부르는 이유이다. 직류 신호가 연결되면 커패시터는 개방회로로 되기 때문에 바이패스 커패시터는 A점에서는 아무런 영향도 주지 못한다. 여하튼 바이패스 커패시터는 A점을 접지점으로 만들 수 있게 된다. 별다른 지시가 없는 한 모든 결합용 커패시터와 바이패스 커패시터는 안정한 상태로 간주된다.

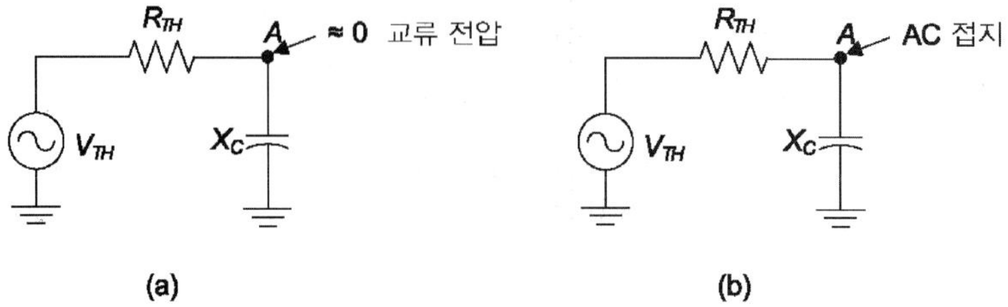

그림 5-18 바이패스 커패시터

5-4-3 직류와 교류가 더해지는 신호

일반적인 전기 신호는 직류 성분과 교류 성분의 결합으로 이루어진다고 생각하면 편리하다. 예를 들어서 그림 5-19(a)에 표시된 파형은 그림 5-19(b)에 표시된 직류 성분에 그림 5-19(c)에 표시된 교류 성분이 더해진 것이다. 직류 전압은 일정한 데 비해 교류 성분은 −50 mV에서 +50 mV까지 변화된다.

전자공학에서는 직류 성분, 교류 성분, 전체 신호를 표시하기 위해서 특별한 기호를 사용한다. 예를 들면 그림 5-19(a)에 표시된 신호는 다음과 같이 표시된다.

$$v_B = V_B + v_b$$

합계 = 직류 + 교류

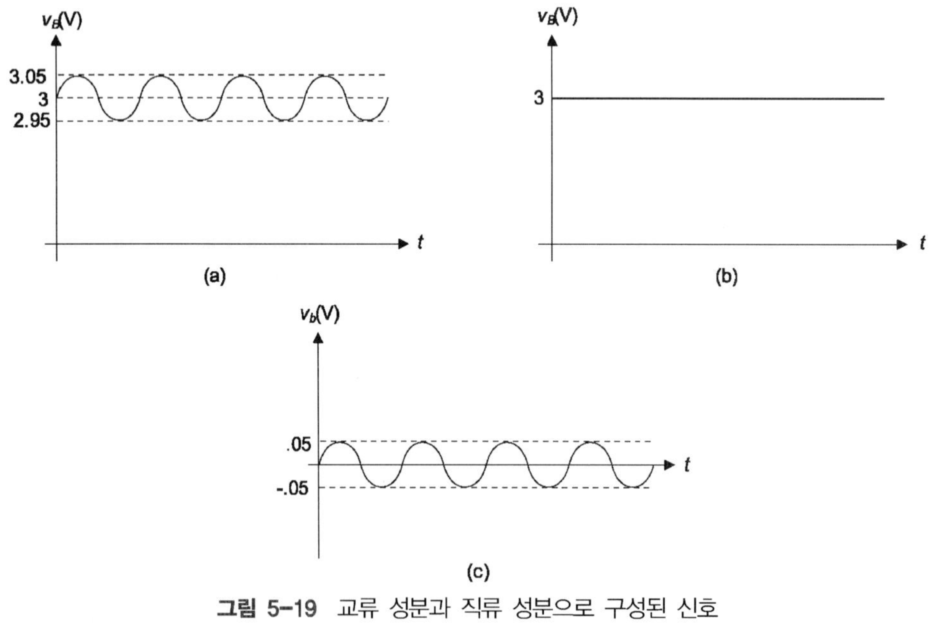

그림 5-19 교류 성분과 직류 성분으로 구성된 신호

직류 전압은 대문자 전압과 대문자 첨자(V_B)를, 교류 전압은 소문자 전압과 소문자 첨자(v_b)를, 합계 전압은 소문자 전압과 대문자 첨자(v_B)를 사용한다. 직류 변수에서는 대문자와 대문자가 첨자를 사용한다. V_{CC}, V_{BB}, V_B, V_{BE} 전압을 기억해야 한다. BB, CC,와 같이 이중 첨자로 표시되는 직류 전압은 전지와 같은 공급 전원을 표시하고 단일 첨자를 갖는 직류 전압은 각 단자에서 측정되는 전압을 의미한다. 정현파 교류 전압은 다양하게 사용된다. 예를 들면 그림 5-19(c)에 표시된 교류 전압은 다음과 같이 주어진다.

▣ 50mV의 피크값은 $v_b = 50m\,V_p$

▣ 피크-피크값이 100 mV일 때; $v_b = 50m\,V_{pp}$

▣ 실효값은 $v_b = \dfrac{50}{\sqrt{2}} m\,V_{rms}$

예제 5-6

그림 5-20(a)에 표시된 신호의 직류 성분과 교류 성분을 구하시오.

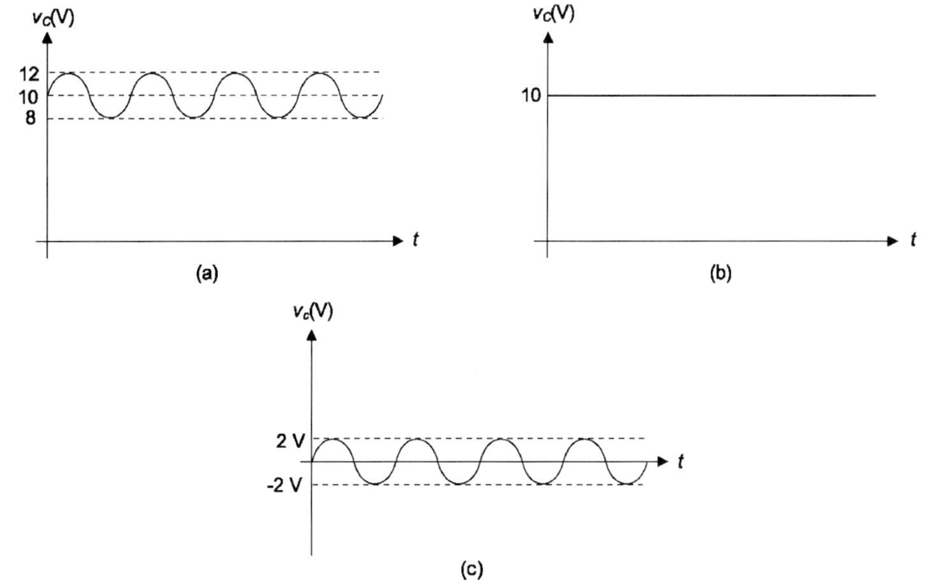

그림 5-20

(풀이) 신호가 10 V를 중심으로 8 V와 12 V 사이를 진동한다. 직류값은 그림 5-20(b)에 표시된 것처럼 10 V이고 교류 성분은 -2 V에서 2 V 사이를 진동하는 정현파 신호이다. $v_b = 2\,V_p$

5-5 증폭기에 적용되는 중첩의 정리

트랜지스터 증폭기에서 직류전원은 동작전류와 동작전압을 고정시켜 준다. 그러나 교류 전원에서는 동작 전압과 동작 전류가 변한다. 따라서 회로를 해석하는 데 가장 간단한 방법은 중첩의 정리를 적용해서 교류 신호 해석 부분과 직류 신호 해석 부분의 해를 구하는 일이다.

5-5-1 교류 등가회로와 직류 등가회로

트랜지스터 회로에 중첩의 원리를 적용하는 단계는 다음과 같다.

1. **교류원을 0으로 한다**: 이것은 교류 전류원을 개방시키거나 교류 전압원을 단락시킨다는 의미이다. 모든 커패시터도 개방시킨다. 남아 있는 회로는 **직류 등가회로**라 부른다. 이런 회로에 대한 직류 전압과 직류 전류를 계산한다.
2. 직류원을 0으로 한다: 이것은 직류 전류원을 개방시키거나 직류 전압원을 단락시킨다는 의미이다. 또 모든 결합용 커패시터와 바이패스용 커패시터를 단락시킨다. 남아 있는 회로를 **교류 등가회로**라고 부른다. 교류 전압과 교류 전류를 계산한다.
3. 회로에서 임의의 지로 양단에 걸리는 전압은 임의의 지로 양단에 걸리는 직류 전압과 교류 전합의 합이다.

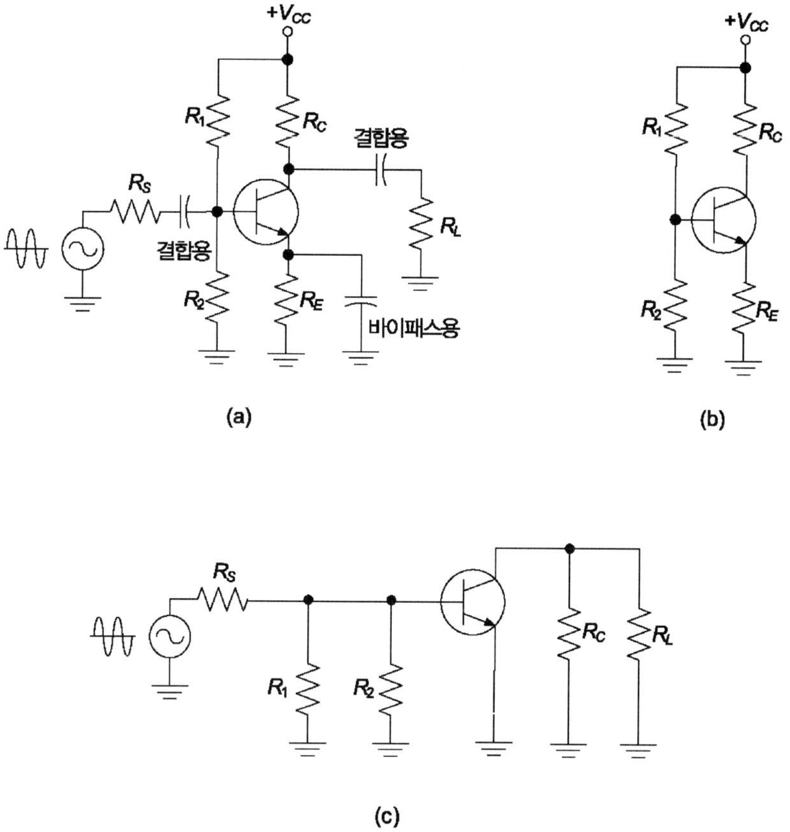

그림 5-21 중첩의 원리 (a) 실제 회로 (b) 직류 등가회로 (c) 교류 등가회로

그림 5-21(a)의 트랜지스터 증폭기에 중첩의 정리를 적용하는 과정을 살펴보자. 첫째로 교류 전압원을 단락시키고 모든 커패시터를 개방시키면 그림 5-21(b)와 같은 직류 등가회로를 얻을 수 있다. 이 회로에서는 직류 전압과 직류 전류만 관여되며 동작 전류와 동작 전압을 계산한다. 두 번째로 직류 전압원을 단락시키고 모든 결합용 커패시터와 바이패스 커패시터를 개방시킨다. 그림 5-21(c)와 같은 회로를 교류 등가회로라고 부른다. 중요한 것은 R_E 양단의 바이패스 커패시터 때문에 이미터가 접지된다는 점을 주의해야 한다.

직류 전원이 단락될 때 R_1과 R_C도 접지된다. 내부 임피던스가 거의 0에 가깝기 때문에 직류 전원의 위치는 교류 접지가 된다. 그림 5-21(c)의 교류 등가회로를 이용해서 교류 전류와 교류 전압을 계산할 수 있다.

5-5-2 교류 이미터 저항

그림 5-22(a)에 표시된 트랜지스터의 에버스-몰 모델은 그림 5-22(b)처럼 표시된다. V_{BE}는 약 0.7 V이다.

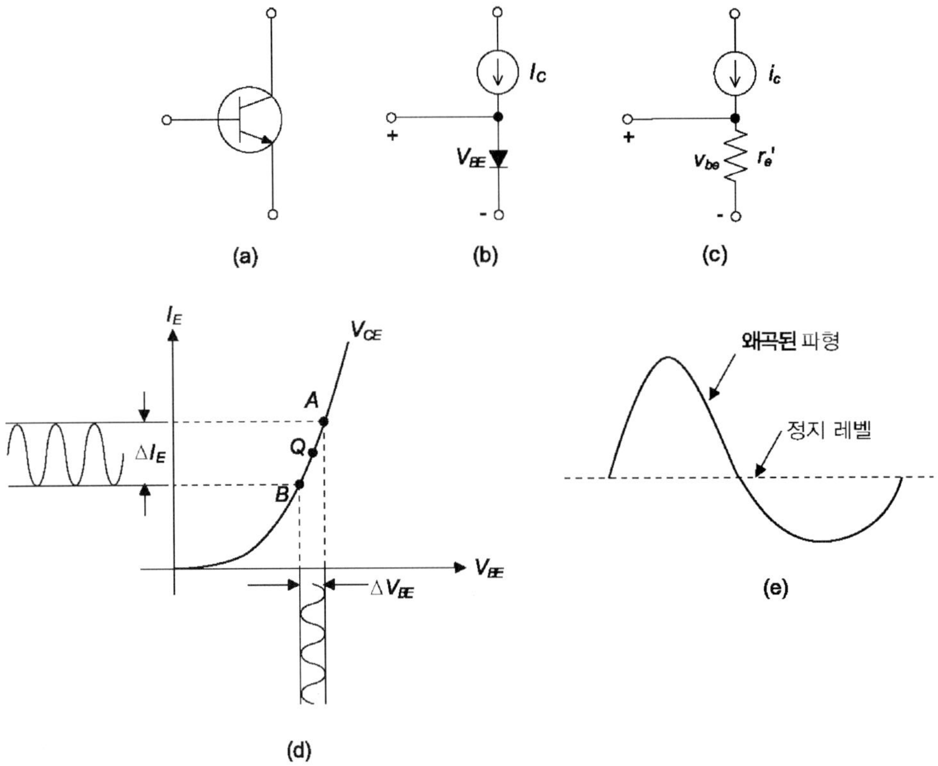

그림 5-22 (a) 트랜지스터 (b) Ebers-moll 직류 모델 (c) Ebers-moll 교류 모델 (d) 이미터 전류의 변화와 베이스-이미터 단자 전압의 변화 (e) 큰 신호의 왜곡

그림 5-22(d)는 I_E와 V_{BE}에 대한 다이오드 특성 곡선을 표시하고 있다. 교류 신호가 없을 때는 트랜지스터는 일반적으로 직류 부하선의 $\frac{1}{2}$ 근처에 위치하는 Q점에서 동작한다. 교류 신호가 트랜지스터를 구동시킬 때 이미터 전류와 이미터 전압은 변화하는데, 교류 신호가 작다면 동작점은 +의 최대 전류점인 A까지 올라갔다가 −의 최대 전류점인 B까지 내려가고 다시 Q점으로 복귀하는 사이클이 반복된다. 그림에 표시된 것처럼 I_E와 V_{BE}에 정현파적인 변화를 준다. 만약 신호가 작다면(소신호라면) 최대점 A와 B는 Q점에 근접해 있고 동작은 선형적으로 된다. A점으로부터 B점까지의 호는 거의 직선이 되

기 때문에 전압과 전류의 변화는 거의 비례적으로 된다. 다른 방법에 의해서 교류 신호가 관여된다면 다이오드는 식 (5−11)과 같은 저항으로 동작된다.

$$r_c' = \frac{\Delta V_{BE}}{\Delta I_E} \tag{5-11}$$

여기서 r_c'는 교류 이미터 저항, ΔV_{BE}는 베이스 이미터 전압의 미소 변화량, ΔI_E는 이미터 전류의 변화에 관계되는 양이다. V_{BE}와 I_E의 변화는 교류 전압 및 교류 전류와 등가이므로 식 (5−11)은 식 (5−12)처럼 쓸 수 있다.

$$r_c' = \frac{v_{bc}}{i_c} \tag{5-12}$$

여기서 r_c'는 교류 이미터 저항, v_{bc}는 베이스 이미터 단자 양단에 걸리는 교류 전압, i_c는 이미터를 통해서 흐르는 교류 전류이다. $i_c = 0.4\ \text{mA}$, $v_{bc} = 10\ \text{mV}$라고 가정하면 $r_c' = \frac{v_{bc}}{i_c} = \frac{10\ \text{mV}}{0.4\ \text{mA}} = 25\ \Omega$이 된다. 그림 5−22(c)는 증폭기의 교류 등가회로를 해석할 때 사용되는 Ebers−Moll 교류 모델을 표시하고 있다. 베이스 이미터 다이오드는 교류 이미터 저항으로 대치된다.

r_c'는 I_E의 변화에 대한 V_{BE}의 변화비이기 때문에 Q점의 위치에 따라서 값이 달라진다. Q점이 특성 곡선상에서 위쪽에 위치할수록 이미터 전류의 변화는 큰데, 베이스−이미터 전압의 변화는 작기 때문에 r_c'는 작아진다. Q점에서의 다이오드 특성 곡선의 기울기는 식 (5−13)처럼 r_c'값을 결정하게 된다.

$$r_c' = \frac{25\ \text{mV}}{I_E} \tag{5-13}$$

Q점이 1 mA인 I_E에 있다면 $r'_c = \frac{25\ \mathrm{mV}}{I_E} = \frac{25\ \mathrm{mV}}{1\ \mathrm{mA}} = 25\ \Omega$이 되고 $I_E = 5$ mA처럼 Q점이 높은 곳에 있다면 $r'_c = \frac{25\ \mathrm{mV}}{I_E} = \frac{25\ \mathrm{mV}}{5\ \mathrm{mA}} = 5\ \Omega$으로 감소하게 된다.

교류값인 r'_c가 직류값인 I_E에 의존한다는 것을 기억해야 한다. 이것은 Q점을 r'_c가 결정한다는 의미이기도 하다. 식 (5-13)은 25℃ 근처의 상온에서 유효하며 저항 r'_c는 온도가 3℃ 증가할 때마다 약 1%씩 증가한다. 다이오드의 특성 곡선은 선형이 아니기 때문에 r'_c 값은 식 (5-13)의 값과 약간의 오차를 갖게 된다. 이런 이유 때문에 식 (5-13)은 pn접합의 특성 곡선을 이상적인 곡선이라고 가정하고 구한 식으로 증명 과정은 다음과 같다.

pn 접합을 통해서 흐르는 전체 전류를 구하는 쇼클리 방정식은 식 (5-14)처럼 표시된다.

$$I_T = I_S(e^{vq/kT} - 1) \tag{5-14}$$

I_S = 다이오드를 통해서 흐르는 역 포화 전류

e = 지수 함수 : 약 2.781828

V = 공핍층 양단의 전압

q = 전자의 전하 : 1.602×10^{-19} V

k = 볼츠만 상수 : 1.38×10^{-23} J/K

T = 소자의 온도 : 켈빈온도 (K = ℃ + 273)

실온에서 q/KT는 다음과 같이 40으로 표시된다.

$$q/KT = \frac{1.602 \times 10^{-19}\ \mathrm{J}}{(1.38 \times 10^{-23})\ \mathrm{J/K}(294\ \mathrm{K})} = 40$$

이 값을 사용하면 I_T는 식 (5-15)처럼 표시할 수 있다.

$$I_T = I_S(e^{40} - 1) \tag{5-15}$$

위 식을 미분하면 식 (5-16)이 유도된다.

$$\frac{dI}{dV} = 40 I_S e^{40\ V} \tag{5-16}$$

식 (5-15)를 다시 정리하면 $I_S e^{40} = (I_T + I_S)$로 표시할 수 있다. 이 식을 이용해서 식 (5-16)을 다시 쓰면 식 (5-17)을 구할 수 있다.

$$\frac{dI}{dV} = 40(I_T + I_S) \tag{5-17}$$

만약 식 (5-17)의 역수를 구하면 접합의 교류 저항 r_c'는 다음과 같이 구해진다.

$$\frac{dV}{dI} = \frac{1\ \mathrm{V}}{40(I_T + I_S)} = \frac{1\ V}{40}\frac{1}{I_T + I_S} = 25\ mV\frac{1}{I_T + I_S} = \frac{25\ mV}{I_T + I_S}$$

이런 경우에 $(I_T + I_S)$는 트랜지스터의 이미터 베이스 접합을 통해서 흐르는 전류인 I_E이다. 따라서 위 식은 다음과 같이 다시 쓸 수 있다.

$$r_c' = \frac{25\ mV}{I_E}$$

예제 5-7

다음의 직류 바이어스 컬렉터 전류에서 r_c'를 구하시오.

I_C = 10 mA, 1 mA, 0.01 mA, 1 μA, 1 pA

(풀이) $I_E \cong I_C$이므로 $r_c' = \dfrac{25\ mV}{I_C}$ 공식을 사용하면

$I_E \cong I_C$	$r_e' = \dfrac{25mV}{I_C}(\Omega)$
10 mA	2.5 Ω
1 mA	25 Ω
001 mA	2.5 kΩ
1 μA	25 kΩ
1 pA	25 MΩ

5-6 이미터 접지 증폭기 회로 해석

그림 5-23(a)는 공통 이미터 증폭기를 표시하고 있다. 이미터가 접지에 바이패스되기 때문에 이런 증폭기를 이미터 접지 증폭기라고 부른다. 이것은 이미터가 직류접지가 아닌 교류 접지를 의미한다. 소신호 정현파가 베이스에 입력되면 베이스 전류의 변화를 가져오게 되고, 이런 정현파 컬렉터 전류가 컬렉터 저항을 통해서 흐르게 되어 증폭기의 출력 전압으로 나타나게 된다. 컬렉터 전류의 교류적 변화 때문에 그림 5-23(a)의 출력 전압은 동작 전압의 위아래를 정현파적으로 스윙하게 된다. 중요한 것은 교류 출력 전압이 교류 입력 전압에 대해서 반전된다는 의미이다. 이것은 입력의 위상이 180° 바뀐 출력이 나왔다는 뜻이다.

입력 전압의 + 반주기 동안 베이스 전류는 증가해서 컬렉터 전류의 증가 원인이 된다. 이것은 컬렉터 저항 양단에서 큰 접압 강하를 발생시키고 그 결과 컬렉터 전압이 감소하게 돼서 출력 전압에 처음 –의 반주기를 얻을 수 있다. 역으로 생각하면 입력 전압의 – 반주기 동안 컬렉터 전류는 적게 흐르게 되어 컬렉터 저항에서의 전압 강하도 크기가 작게 되므로 컬렉터 전압은 증가하고 출력 전압에 +의 반주기가 나타난다는 것을 의미한다.

그림 5-23(b)는 Q점과 교류 부하선을 표시하고 있다. 교류 입력 전압은 베이스 전류를 교류적 변화를 갖게 하고, 그 결과 Q점에서 정현파적 변화가 발생한다. 소신호 동작인 경

우 컬렉터 전류에서 피크-피크 스윙은 동작점에서의 컬렉터 전류 크기의 10% 미만이다. (10:1 규칙을 만족시키면 왜곡을 모든 회로에서 원하는 수준으로 억제시킬 수 있다.)

큰 신호에 대한 동작점에서의 스윙 폭은 부하선에서 더 넓어진다. 만약 신호가 아주 크다면 트랜지스터는 차단 상태나 포화 상태로 된다. 이것은 신호의 +와 - 피크 부분이 잘려 나간다는 의미이다. 그러나 트랜지스터가 선형으로 동작한다면 항상 활성 영역에서 동작하게 된다. 이것은 결코 모든 주기 동안 포화되거나 차단 상태가 되지 않는다는 의미이며, 그림 5-23(a)와 같은 간단한 증폭기는 컬렉터 전류의 피크-피크 값이 비선형 왜곡을 피하기 위해서는 동작점 전류의 10% 미만이어야 한다.

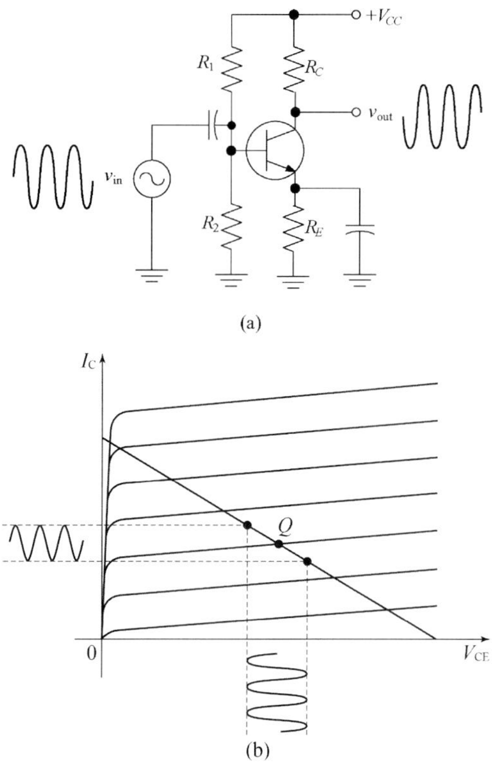

그림 5-23 (a) 이미터 접지 증폭기 (b) 교류 부하선

증폭기의 전압 이득은 입력 교류 전압에 대한 출력 교류 전압의 비로 식 (5-18)처럼 표시된다.

$$A = \frac{v_{out}}{v_{in}} \tag{5-18}$$

만약 입력 전압이 2.5 mV이고, 출력 전압이 250 mV라면 전압 이득은 100이다.

$$A = \frac{v_{out}}{v_{in}} = \frac{250\ mV}{2.5\ mV} = 100$$

고장 진단을 할 때는 전압 이득이 많은 도움이 된다. 여기서는 그림 5-23(a)의 전압 이득을 구하는 간단한 수식을 유도해 보자. 우선 회로를 등가회로로 대치하면 전원은 접지에 단락되고 잘 설계된 증폭기에서 커패시터는 교류 신호에서 단락 스위치로 동작하게 되므로 모든 커패시터를 단락시킨다.

그림 5-24(a)는 교류 등가회로를 표시하고 있다. 전원 공급점이 교류 접지로 되기 때문에 컬렉터 저항 R_C는 접지된다. 이와 유사하게 저항 R_1도 접지되어있고 저항 R_2와 이미터 다이오드는 병렬 연결처럼 표시된다. 입력측의 병렬 연결 때문에 V_{in}은 이미터 다이오드 양단에 직접 나타나므로 그림 5-24(a)는 그림 5-24(b)와 같은 교류 등가회로로 형상화시킬 수 있다. 그림 5-23(a)의 원래 회로와 간략화된 등가회로를 비교해 보면 어떤 회로에서든지 r_c' 양단의 전압은 V_{in}과 동일하다.

그림 5-24(b)의 입력 전압은 입력 전압의 + 반주기를 나타내기 위해서 +,-의 극성으로 표시하고, 옴의 법칙에 의해서 이미터 전류 세기를 구하면 $i_c = \frac{v_{in}}{r_c'}$ 이다. 여기서 컬렉터 전류는 이미터 전류와 거의 같기 때문에 $i_c \cong i_c$라고 쓸 수 있고, 컬렉터 저항을 통해서 흐르는 교류 컬렉터 전류는 출력 전압 V_{out}을 만든다.

$$v_{out} \cong -i_c R_C$$

-부호는 위상이 반전되었음을 표시한다. 입력 전압의 + 반주기는 컬렉터 전류를 증가시키고 출력 전압에 - 반주기로 나타난다. $i_c = \frac{v_{in}}{r_c'}$ 이므로 위식을 정리하면 $v_{out} \cong \frac{-v_{in} R_C}{r_c'}$ 가 된다. 여기서 전압 이득을 구하면 식 (5-19)와 같이 표시된다.

$$A = \frac{v_{out}}{v_{in}} = -\frac{R_C}{r_c'} \tag{5-19}$$

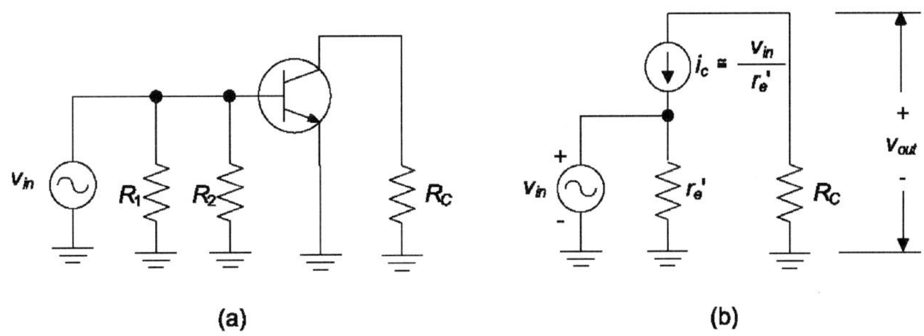

그림 5-24 (a) 이미터 접지 증폭기의 교류 등가회로 (b) 트랜지스터를 사용한 Ebers-moll 교류 모델

식 (5-19)에서 전압 이득이란 교류 이미터 저항과 컬렉터 저항의 비임을 알 수 있다. 이것은 이미터 접지 증폭기의 전압 이득을 근사적으로 빨리 계산할 수 있음을 보여주는 것이다. 측정된 전압 이득이 이론적인 전압 이득과 같은 값인지는 설계된 증폭기의 입력 전압과 출력 전압을 측정하면 증명할 수 있다. $R_C = 4.7\ \text{k}\Omega$, $r_c' = 25\ \Omega$일 때 전압 이득 A는 -188이다.

$$A = \frac{v_{out}}{v_{in}} = -\frac{R_C}{r_c'} = -\frac{4700\ \Omega}{25\ \Omega} = -188$$

이런 증폭기는 베이스 전압이 1 mV가 인가되면 출력은 188 mV를 만들게 된다.

예제 5-8

직류로 결합된 오실로스코프는 직류 성분과 갖는 전체 신호를 디스플레이한다. 그림 5-25는 이미터 접지 증폭기의 베이스 전압, 이미터 전압, 컬렉터 전압을 표시하고 있다. 이런 전압들이 무엇을 나타내고 있는지 설명하라.

(풀이) 시작하기 전에 교류 입력신호는 소신호 정현파 전압이라고 가정한다. 이것은 입력 결합형 커패시터를 지나서 베이스에 나타난다. 베이스 전압의 동작점 전압은 1.8 V이다(이것은 전압 분배기에 의해서 나타나는 직류 전압이다).

$$V_B = \frac{2.2\ \text{k}\Omega}{10\ \text{k}\Omega + 2.2\ \text{k}\Omega} \times 10\ V = 1.8\ V$$

베이스에 대한 전체 입력 전압은 $1.8V_{dc}$에 소신호 입력 정현파 전압을 더하면 된다. 안정된 결합 커패시터라고 가정할 때 모든 교류 전원전압이 베이스에 나타난다. 중요한 것은 이미터 전압이 1.1 V인데, 이것은 이미터가 0.7 V로 입력 전압에 부트스트랩 되어 있기 때문이다(1.8 V - 0.7 V

= 1.1 V). 이미터는 이미터 바이패스 커패시터를 통해서 접지에 바이패스되어 있기 때문에 교류 신호는 나타나지 않는다. 안정한 바이패스 커패시터는 교류 신호에 대해서 접지와 단락이다. 따라서 모든 교류 신호는 바이패스 커패시터를 통해서 분류되기 때문에 R_E를 통해서 흐르는 교류 신호는 없다는 의미이다. 직류 이미터 전류는 1.1 mA이다.

$$I_E = \frac{1.1\ \mathrm{V}}{1\ \mathrm{k}\Omega} = 1.1\ mA$$

컬렉터에 증폭되고 반전된 교류 전압이 나타나는데 6.04 V의 동작점 레벨을 갖는다.

$$V_C = 10\ \mathrm{V} - (1.1\ \mathrm{mA} \times 3.6\ \mathrm{k}\Omega) = 6.04\ \mathrm{V}$$

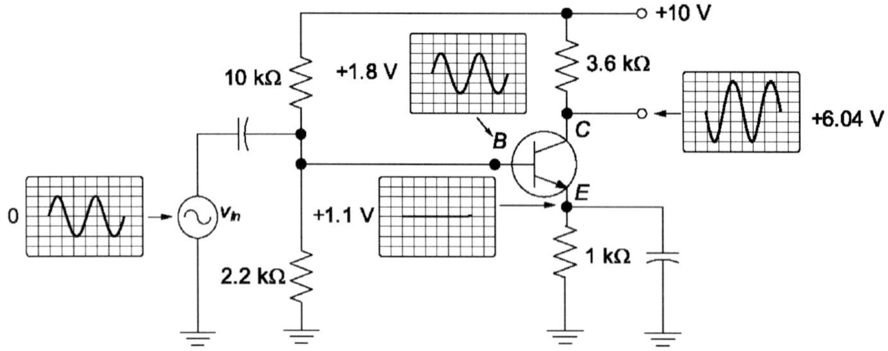

그림 5-25 직류로 결합된 오실로스코프에 나타나는 직류와 교류 성분

예제 5-9

그림 5-25에서 교류 입력신호는 1 mV의 피크값을 갖는다고 가정하면 교류출력에서의 피크값은 얼마인가.

(풀이) {예제 5-8}에서 직류 이미터 전류는 1.1 mA로 계산되었다. 따라서 교류 이미터 저항을 구하면 22.7 Ω이다.

$$r_c' = \frac{25\ \mathrm{mV}}{I_E} = \frac{25\ mV}{1.1\ \mathrm{mA}} = 22.7\ \Omega$$

따라서 전압 이득 $A = -\frac{R_C}{r_c'} = -\frac{3.6\ k\Omega}{22.7\ \Omega} = -159$이다. 이는 교류 출력 전압이 159배가 된다는 뜻이며 위상은 반전된다.

$$v_{out} = Av_{in} = -159(1\ \mathrm{mV}) = -159\ \mathrm{mV}$$

5-6-1 공통 이미터 증폭단의 교류 모델

증폭기의 여러 단을 직렬로 연결하면 천배 가까운 이득을 얻을 수도 있다. 그러나 다단 증폭기를 해석하기 전에 1단 증폭기의 교류 등가회로의 해석을 이해하는 것이 필요하다. 이런 모델을 얻기 위해서는 입력 임피던스와 출력 임피던스를 이해하고 있어야 한다. 증폭기를 구동시키는 교류전원은 증폭기에 교류 전류를 공급하는데, 보통 작은 전류가 전원으로부터 공급된다. 증폭기의 입력 임피던스는 증폭기가 전원으로부터 얼마나 많은 양의 전류를 받아들이는가에 달려있다. 증폭기의 정상적인 주파수 범위에서 결합용 커패시터와 바이패스용 커패시터는 교류 단락으로 동작하고 모든 다른 리액턴스 성분이 무시될 때 입력 임피던스는 식 (5-20)으로 표시된다.

$$z_{in} = \frac{v_{in}}{i_{in}} \tag{5-20}$$

여기서 V_{in}과 I_{in}은 피크, 피크-피크 값, 또는 실효치이다. 이미터 접지 증폭기에서 교류 전원 쪽에서 바라다본 저항은 그림 5-26(a)에서 표시된 것처럼 이미터 다이오드와 병렬로 연결된 바이어스 저항들이다. 전류 i_1은 R_1을 흐르고, 전류 i_2는 R_2를 흐르고, i_b는 베이스로 흐르게 된다. 베이스 쪽으로 들여다본 저항을 $Z_{in(base)}$로 기호화하면 $Z_{in\,(basc)} = \frac{v_{in}}{i_b}$로 표시된다. 옴의 법칙을 적용하면 $v_{in} = i_c r_c'$, $i_c \cong i_c = \beta i_b$이므로 $v_{in} = \beta i_b r_c'$로 표시된다.

$Z_{in(base)}$를 다시 정리하면 식 (5-21)을 구할 수 있다.

$$Z_{in\,(basc)} = \frac{\beta i_b r_c'}{i_b} = \beta r_c' \tag{5-21}$$

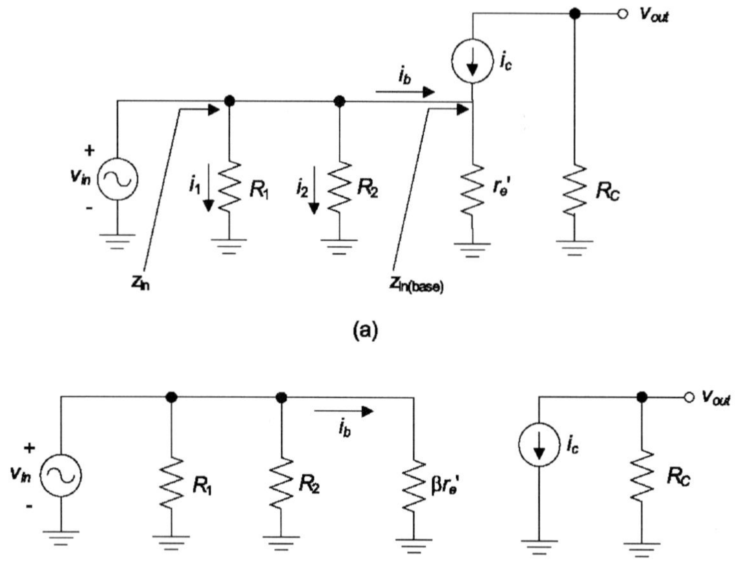

(a)

(b)

그림 5-26 입력 임피던스와 출력 임피던스

기억해야 할 것은 Z_{in}은 오직 트랜지스터의 베이스에서 바라다본 입력 임피던스라는 점이며 베이스에 연결된 외부의 바이어스 저항값은 포함되지 않는다. 이미터 접지 증폭기의 베이스에서 바라다본 입력 임피던스는 이미터 저항에 교류 전류 이득을 곱한 값과 같다.

그렇다면 왜 입력 임피던스가 이미터 교류 저항 r_e'와 같지 않을까? 베이스에서 바라다본 교류 전원은 오직 베이스 전류만 공급하기 때문이며, 트랜지스터 내부의 컬렉터 전류가 베이스 전류에 더해져서 r_e'를 통해서 흐르는 이미터 전류를 만들기 때문이다. 베이스 전류에 β배를 곱해도 이미터 전류보다 작으며 베이스의 입력 임피던스를 β배 하면 r_e'보다 커지기 때문이다. 이 점을 강조하기 위해서 그림 5-26(b)의 등가회로를 사용하는데, 이것은 그림 5-26(a)와 동일한 효과를 가진다. 교류 신호 쪽에서 바라다볼 때 저항 R_1과 저항 R_2, 그리고 $\beta r_e'$가 병렬로 연결된 회로로 보이게 된다. $\beta r_e'$를 통해서 흐르는 베이스 전류는 증폭기에서 βi_b의 컬렉터 전류로 얻어진다. 이미터 접지 증폭기는 식 (5-22) 표시되는 입력 임피던스를 가진다.

$$Z_{in} \cong R_1 \parallel R_2 \parallel \beta r_e' \qquad (5-22)$$

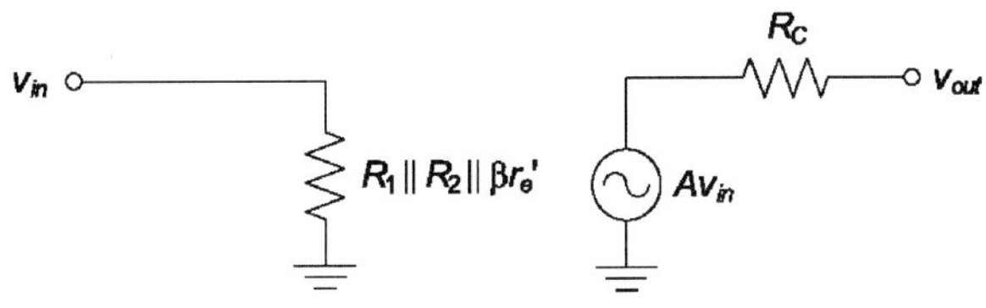

그림 5-27 이미터 접지 증폭기의 교류 모델

이 임피던스는 전체 임피던스로서 바이어스 저항들과 트랜지스터의 베이스에서 들여다본 임피던스가 포함되어 있다. 증폭기의 출력 쪽에서 발생 되는 흥미 있는 현상을 알아보기 위해서 그림 5-26(b)의 회로를 테브닌화 시키면 출력에서 테브닌 전압 $v_{out} = Av_{in}$을 구할 수 있다. 테브닌 임피던스는 컬렉터 전류원의 내부 임피던스와 R_C의 병렬 조합에 의해서 구해진다. Ebers-Moll 모델에서 컬렉터 전류원은 이상적이므로 무한대의 입력 임피던스를 갖는다. 따라서 테브닌 임피던스는 $Z_{out} = R_C$로 표시된다. 그림 5-27은 이미터 접지 증폭기의 입력 임피던스와 출력 임피던스를 요약해서 표시한 것이다.

입력 임피던스 $Z_{in} \cong R_1 \parallel R_2 \parallel \beta r_e'$이고, 입력측 전원에서 바라다본 것이며, 반대쪽에는 교류 전압원인 AV_{in}이 출력 임피던스인 R_C와 직렬로 연결되어 있다. 이와 같이 간단한 모델을 사용하면 다단 증폭기도 쉽게 해석할 수 있다.

예제 5-10

그림 5-28(a)는 {예제 5-9}에서 해석한 이미터 접지 증폭기를 나타내고 있다. 만약 트랜지스터의 β가 150이라면 교류 출력 전압은 얼마인가?

(풀이) 그림 5-28(a)에는 2가지 새로운 점이 있는데, 하나는 교류 전원이 1 kΩ의 임피던스를 가지기 때문에 신호가 베이스에 도착하기도 전에 저항 양단에서 전압 강하 현상이 발생하는 것이고, 나머지 하나는 출력단에서 커패시터가 1.5 kΩ의 부하 저항과 교류 신호를 결합시키기 때문에 나타나는 부하 효과이다. 출력 신호가 입력 신호보다 작게 되며 전원과 부하 저항의 영향을 알아보기 위해서는 이미터 접지 증폭기를 교류 모델로 바꾸어야 한다.

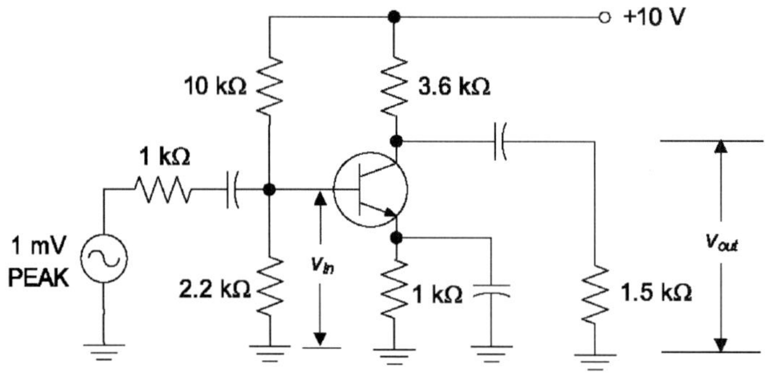

(a)

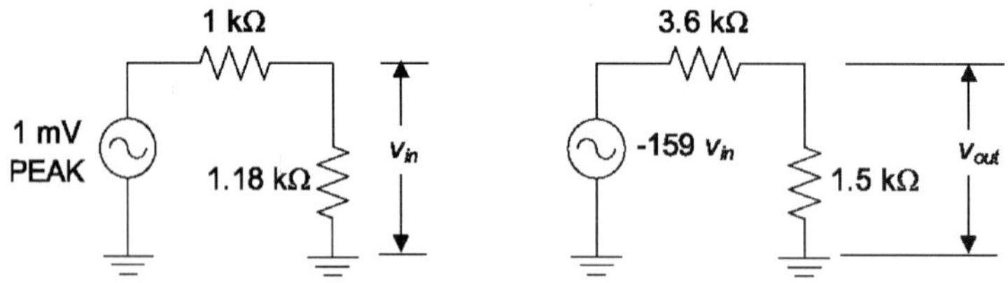

(b)

그림 5-28 (a) 이미터 접지 증폭기에 연결된 전원과 부하 저항 (b) 교류 등가회로

베이스의 입력 임피던스는 3.4 kΩ이다.

$$Z_{in(base)} = \beta r_e' = 150 \times 22.7 \ \Omega = 3.4 \ \text{k}\Omega$$

증폭기의 입력 임피던스는 1.18$k\Omega$이다.

$$Z_{in} \cong R_1 \parallel R_2 \parallel \beta r_e' = 10 \ \text{k}\Omega \parallel 2.2 \ \text{k}\Omega \parallel 3.4 \ \text{k}\Omega = 1.18 \ \text{k}\Omega$$

무부하에서의 전압 이득은 앞에서 -159로 구한 바 있다. 출력의 임피던스는 R_C와 같기 때문에 그림 5-28(b)에서 표시된 등가회로를 구할 수 있다. 2개의 전압 분배기를 보면 입력 전압 분배기는 베이스에서 신호를 0.541 mV로 감소시킨다.

$$v_{in} = \frac{1.18 \ \text{k}\Omega}{2.18 \ \text{k}\Omega} \times 1 \ mV = 0.541 \ mV$$

테브닌 출력 전압은 -86 mV이다.

$$Av_{in} = -159 \times 0.541 \ \text{mV} = -86 \ \text{mV}$$

출력은 무부하 상태의 출력을 표시하며 실체로 1.5 kΩ 저항 양단에 걸리는 출력은 -25 mV이다. 이것은 출력 전압의 피크 값이 25 mV란 의미이다.

$$v_{out} = \frac{1.5 \ \text{k}\Omega}{5.1 \ \text{k}\Omega} \times (-86 \ mV) \cong -25 \ mV$$

5-6-2 스왐핑된 증폭기

r_c'의 값은 이상적으로 $\frac{25\ \text{mV}}{I_E}$이다. 실제적인 r_c'는 접합면의 형태나 온도에 따라서 달라진다. 트랜지스터의 r_c'값은 다른 트랜지스터와 온도에서는 2:1의 범위에서 변할 수 있기 때문이다. 이미터 접지 증폭기에서 r_c'의 값이 갖는 변화는 전압 이득의 변화를 갖게 하는데 어떤 응용회로 에서는 전압 이득의 변화가 고려되는 수도 있다. 트랜지스터 라디오는 볼륨 조정을 통해서 전압 이득의 변화를 차단시킬 수 있다. 그러나 가능한 한 안정한 전압 이득을 필요로 하는 응용회로가 대부분이다.

그림 5-29(a)에 표시된 것처럼 이미터에 직렬 저항 r_E를 삽입하면 이미터는 더 이상 교류 접지가 아니다(r_E를 통해서 흐르는 이미터 교류 전류가 이미터에서 교류 전압을 나타나게 하기 때문이다). 만약 r_E가 r_c'보다 아주 크다면 교류 입력 신호의 대부분이 이미터에 나타난다. 다시 말하면 r_E가 r_c'보다 아주 크다면 이미터는 교류뿐만 아니라 직류적으로 베이스에 부트스트랩된다. 그림 5-29(b)는 교류 등가회로를 표시하고 있다. r_E가 r_c'와 직렬로 연결되므로, 전체 합성 저항은 $r_E + r_c'$가 되고, 전체 저항 양단에 교류 입력이 나타나며 교류 이미터 전류 i_c가 흐르게 된다.

$$i_c = \frac{v_{in}}{r_E + r_c'} \tag{5-23}$$

이미터 다이오드를 스왐핑시킨다는 것은 r_E를 r_c'보다 크게 만드는 것을 의미한다.

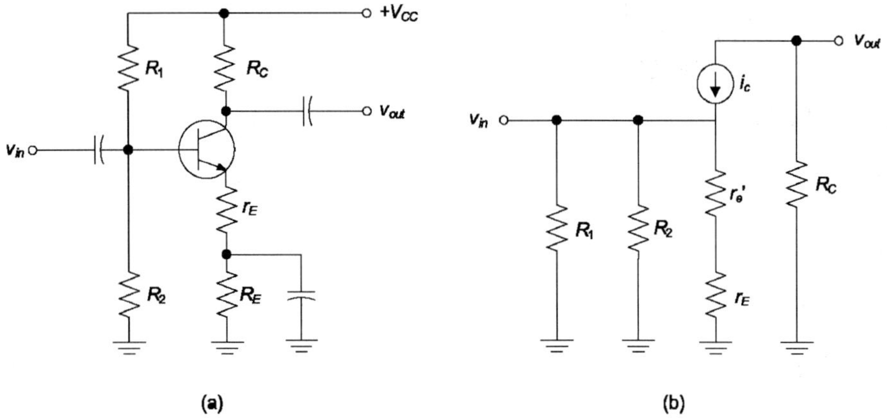

그림 5-29 (a) 스왐핑된 증폭기 (b) 교류 등가회로

그림 5-29(b)에서 교류 출력 전압은 $v_{out} = -i_c R_C$이다. $r_E + r_c'$ 양단에 나타나는 교류 전압은 $v_{in} = i_c(r_E + r_c')$이므로 V_{in}과 V_{out}의 비는 식 (5-24)처럼 표시된다.

$$\frac{v_{out}}{v_{in}} = -\frac{i_c R_C}{I_E(r_E + r_c')} \tag{5-24}$$

여기서 $i_c = i_c$이므로 위 식을 다시 쓰면 식 (5-25) 가 구해진다.

$$A = -\frac{R_C}{r_E + r_c'} \tag{5-25}$$

식 (5-25)는 스왐핑 저항은 전압 이득을 감소시키며, 교류 이미터 저항 r_c'의 변화가 더 이상 전압 이득에 영향을 주지 못한다는 점을 설명하고 있다.

5-6-3 왜곡에서의 스왐핑 효과와 스왐핑 증폭기의 교류 모델

이미터 다이오드의 스왐핑은 왜곡 현상을 감소 시키는 이점이 있다. 이미터 다이오드의 비선형성이 대신호 증폭기에서 왜곡을 만들게 된다. $r_c' = \dfrac{25\ \text{mV}}{I_E}$ 이므로 I_E에서 나타나는 변화는 r_c'에서 주목할 만한 변화를 가져오게 된다. 스왐핑되지 않은 대신호 증폭기에서는 r_c'가 변하기 때문에 사이클 전체를 통해서 전압 이득이 변화한다는 의미이다. 결국 전압 이득의 변화는 출력 신호에 왜곡 현상을 발생시킨다. 이와 같은 왜곡은 신호의 과도한 왜곡을 피하기 위해서 스왐핑되지 않은 증폭기가 부하선의 일부분만을 사용하기 때문에 발생된다. 부하선을 좀더 넓게 사용하고 증폭기가 이미터 다이오드를 스왐핑 한다면 원하는 레벨까지 왜곡을 감소시킬 수 있다. 강하게 스왐핑된 증폭기가 있다면 대부분의 정현파 입력신호가 스왐핑 저항 양단에 나타나게 되며, 이것은 컬렉터 전류가 정현파로 된다는 의미이고 부하선의 대부분을 사용하더라도 정현파를 유지할 수 있다는 의미이다.

그림 5-29(b)의 교류 입력 저항은 r_c'와 직렬로 연결된 r_E의 양단에 나타난다. 옴의 법칙을 적용하면 $v_{in} = i_c(r_E + r_c')$, $i_c \cong i_c \cong \beta i_b$이므로 공식을 다시 쓰면 $\dfrac{v_{in}}{i_b} \cong \beta(r_E + r_c')$이거나 식 (5-26)처럼 표시된다.

$$Z_{in(basc)} = \beta(r_c' + r_E) \tag{5-26}$$

그림 5-30은 스왐핑된 증폭기의 교류 모델을 표시하고 있다.

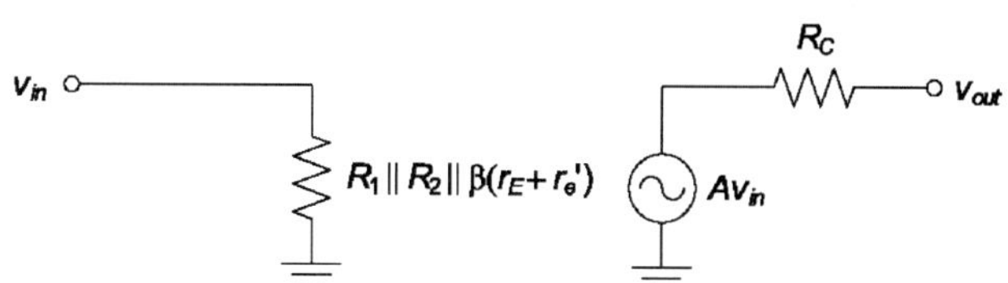

그림 5-30 스왐핑된 증폭기의 교류 모델

예제 5-11

그림 5-31에 표시된 스왐핑 증폭기의 전압을 해석하시오.

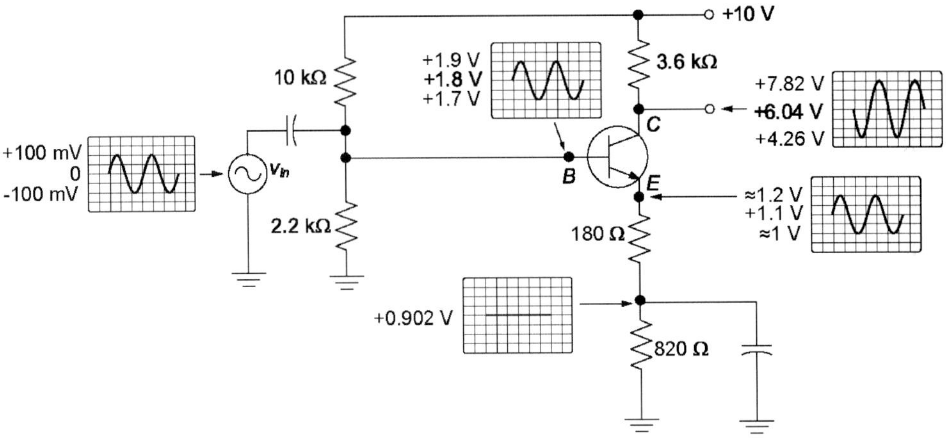

그림 5-31

(풀이) 직류 전류에 관한 회로는 (예 제5-8)에서 설명했던 이미터 접지 증폭기와 동일하다. 직류 베이스 전압은 1.8 V를 유지하고 직류 이미터 전압은 1.1 V, 직류 컬렉터 전압은 6.04 V이다. 이미터 저항은 1 kΩ이고 r'_e는 22.7 Ω이다. 차이점이라면 교류 전압원이 1 mV에서 100 mV로 증가한 것뿐이다. 이런 신호가 베이스에 결합되면 부트스트랩 효과에 의해서 100 mV의 대부분은 스왐핑 저항 양단에 나타나게 된다. 스왐핑 저항의 하단 부분은 교류 접지이기 때문에 오실로스코프에는 +0.902 V에서 수평선이 표시된다. 교류 컬렉터 전압은 입력 전압과는 반전되고 증폭된 크기를 갖는다.

예제 5-12

그림 5-31에 표시된 회로에서 교류 전압을 구하시오.

(풀이) 전압 이득은 −17.8, 교류 출력 전압은 −1.78 V이다.

$$A = -\frac{3600\ \Omega}{180\ \Omega + 22.7\ \Omega} = -17.8$$

$$v_{out} = -17.8 \times 100\ \text{mV} = -1.78\ \text{V}$$

예제 5-13

그림5-31에 표시된 스왑핑 증폭기에서 바이패스 커패시터가 개방 상태라고 가정하면 전압 이득은 얼마로 구해지는가?

(풀이)바이패스 커패시터가 개방된다는 의미는 180 Ω 아래쪽이 교류 접지가 아니라는 의미이다. 따라서 $r_E = 180\ \Omega + 820\ \Omega = 1000\ \Omega$이다. 이런 경우에는 스왐핑은 더욱 강하게 되고 전압 이득은 감소된다.

$$A = -\frac{3600\ \Omega}{1000\ \Omega + 22.7\ \Omega} = -3.52$$

따라서 교류 출력 전압은 -352mV가 된다.

$$v_{out} = -3.52 \times 100\ \text{mV} = -352\ \text{mV}$$

예제 5-14

그림 5-32에 표시된 회로에서 $\beta = 150$이라고 가정하고 교류 출력 전압을 구해보시오.

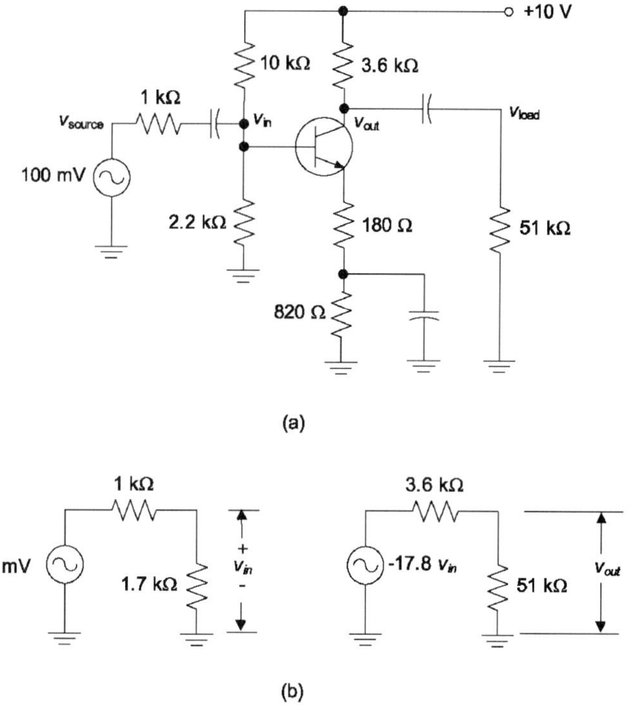

그림 5-32 (a) 스왐핑 증폭기에 연결된 전원과 부하 저항 (b) 교류 등가회로

(풀이) 베이스의 입력 임피던스는 30.4 kΩ이다.

$$Z_{in(base)} = \beta(r_e' + r_E) = 150(180\ \Omega + 22.7\ \Omega) = 30.4\ \text{k}\Omega$$

증폭기의 입력 임피던스는 1.7 kΩ이다.

$$Z_{in} \cong R_1 \parallel R_2 \parallel \beta r_e' = 10\ \text{k}\Omega \parallel 2.2\ \text{k}\Omega \parallel 30.4\ \text{k}\Omega = 1.7\ \text{kK}\Omega$$

무부하 상태의 베이스에서 컬렉터로 전달되는 전압 이득은 −17.8이 된다. 따라서 증폭기 의 교류 모델은 그림 5−32(b)에 표시된 것과 같다. 증폭기의 입력 전압은 63 mV까지 도달 된다.

$$v_{\in} = \frac{1.7\ \text{k}\Omega}{2.7\ \text{k}\Omega} \times 100\ mV = 63\ mV$$

테브닌 출력 전압은 −1.12 V로 무부하 상태의 출력 전압이다.

$$Av_{in} = -17.8 \times 63\ \text{mV} = -1.12\ \text{V}$$

실제 교류 출력 전압은 컬렉터와 부하저항 양단에 나타난다.

$$v_{out} = \frac{151\ \text{k}\Omega}{5.46\ \text{k}\Omega} \times (-1.12\ \text{V}) = -1.05\ \text{V}$$

이것은 출력 전압의 피크 값이 1.05 V라는 의미이다.

5−7 공통 컬렉터 증폭기

공통 컬렉터(CC) 증폭기 역시 널리 사용되는 BJT 증폭기이다. 전형적인 CC 증폭기가 그림 5−33에 표시되어 있다. 입력은 트랜지스터의 베이스에 공급되고 출력은 트랜지스터의 이미터 단자에서 얻어진다. 이런 경우에 트랜지스터의 컬렉터 단자는 입력과 출력의 공통 단자이고 교류 접지를 제공하게 된다.

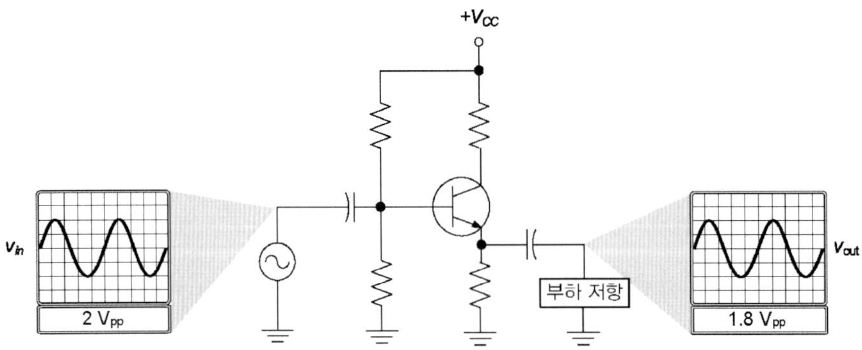

그림 5−33 공통 컬렉터 증폭기

전형적인 CC 증폭기는 중간 전류 이득, 매우 작은 전압 이득(1보다 조금 작다), 높은 고 입력 임피던스, 낮은 출력 임피던스 특성을 가진다. 주목할 사항은 CC 증폭기의 구성이 매우 낮은 전압 이득을 갖고 있다는 점이다. CC 증폭기의 전압 이득은 unit(1)보다 조금 작다. 만일 A_v = 1이라고 가정하면 그림 5-33에 표시된 것처럼 출력 파형은 입력 파형과 동일하게 된다. 이미터에서 교류 신호는 베이스 교류 전압을 거의 '따르기' 때문에 CC 증폭기를 이미터 폴로어(emitter follower)라고 부르기도 한다.

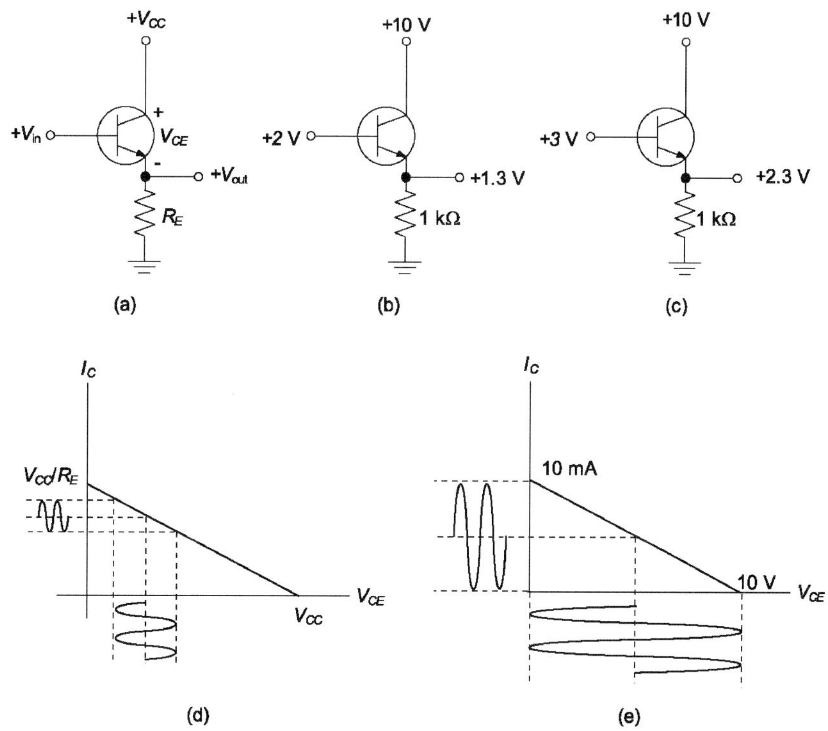

그림 5-34 공통 컬렉터 증폭기의 위상관계

그림 5-34(a)는 공통 컬렉터 증폭기 회로를 표시하고 있다. R_C가 0 Ω이기 때문에 컬렉터가 교류 접지가 되는데, 이것이 바로 회로를 컬렉터 접지 증폭기라고 부르는 이유가 된다. 베이스를 직류 전압 V_{in}이 구동할 때 이미터 저항 양단에 V_{OUT}이 나타난다. 공통 컬렉터 증폭기는 출력이 컬렉터보다 이미터에서 나타나고, 단락된 컬렉터 저항을 갖는 강하게 스왐핑된 공통 이미터 증폭기와 같다. 따라서 이미터는 베이스에 부트스트랩되어 있고 직류 출력 전압은 식 (5-27)처럼 표시된다.

$$V_{OUT} = V_{in} - V_{BE} \tag{5-27}$$

그림 5-34(b)에 표시된 것처럼 $V_{in} = 2$ V라면 $V_{OUT} = 1.3$ V가 된다. 만약 그림 5-34(c)처럼 V_{in}이 3 V까지 증가하면 V_{OUT}도 2.3 V까지 증가한다. 이것은 V_{OUT}의 변화가 V_{in}의 변화와 같은 위상을 갖는다는 의미이다. 그림 5-34(a)에서 V_{CE}는 식 (5-28)처럼 구해진다.

$$V_{CE} = V_{CC} - V_{OUT} \tag{5-28}$$

따라서 V_{OUT}이 증가하면 V_{CE}는 감소한다. 그림 5-34(d)와 5-34(e)에 표시된 것처럼 V_{CE}는 V_{in} 및 V_{OUT}과는 다른 위상을 가진다. V_{in}이 1 V 증가하면 V_{OUT}은 1 V 증가하나 V_{CE}는 1 V 감소한다.

그림 5-34(a)에서 컬렉터 루프에 키르히호프의 전압 법칙을 적용하면

$$V_{CE} = I_E R_E + V_{CC} = 0$$

가 된다. 여기서 컬렉터 전류는 이미터 전류와 거의 같기 때문에 I_C를 구하면 식 (5-29)를 구할 수 있다.

$$I_C = \frac{V_{CC} - V_{CE}}{R_E} \tag{5-29}$$

식 (5-29)는 그림 5-34(d)에 표시되어 있는 부하선의 직선 방정식이다.

입력 전압이 직류 성분과 교류 성분을 포함하고 있으면 I_C와 V_{CE}가 그림 5-34(d)에 표시된 것처럼 정현파적으로 진동하기 때문에 교류 부하선은 직류 부하선과 같다. 만약 입력 신호가 교류 부하선 전체를 사용할 만큼 크다면 트랜지스터는 피크에서 차단 상태로 되거나 포화 상태로 된다. 이것은 그림 5-34(e)에 표시한 것처럼 출력 전압의 피크-피크 스윙은 V_{CC} 값으로 제한된다는 의미이다.

5-7-1 공통 컬렉터 증폭기의 전압 이득

그림 5-35(a)는 작은 교류 전압에 의해서 구동되는 이미터 폴로어를 표시하고 있다. 그림 5-35(b)는 교류 등가회로를 표시하고 있다. 교류 출력 전압은 $V_{OUT} = i_e R_E$로 표시되고, 교류 입력 전압은 $v_{in} = i_c(R_E + r_c')$이다. V_{in}과 V_{OUT}의 비는 전압 이득으로 식 (5-30) 처럼 구해진다.

$$A = \frac{v_{out}}{v_{in}} = \frac{R_E}{R_E + r_c'} \tag{5-30}$$

대부분의 이미터 폴로어에서 R_E는 r_c'를 스왐핑시키므로 식 (5-30)의 전압 이득은 1이다.

$$A \cong 1$$

$R_E = 5.1\ \text{k}\Omega$, r_c'가 25 Ω이라 가정하고 식 (5-30)을 이용해서 전압 이득을 구하면 $A = \frac{5.1\ k\Omega}{5.125\ k\Omega} = 0.995$가 된다.

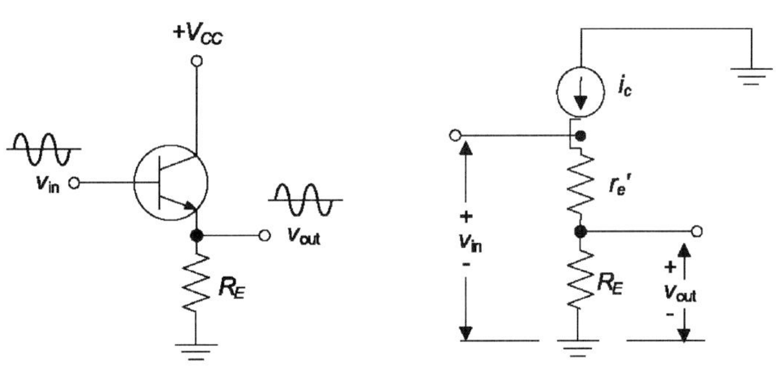

그림 5-35 (a) 이미터 폴로어 (b) 교류 등가회로

이미터 폴로어는 원래 왜곡 현상이 작은 증폭이다. 이미터 저항이 바이패스되지 않기 때문에 아주 강하게 스왐핑되고 이미터의 비선형성은 거의 제거된다. 따라서 전압 이득이 거의 1이 되어서 출력 전압은 입력 전압과 거의 같게 된다. 주어진 완전한 정현파는 출력에서 거의 입력과 같은 정현파로 나타난다.

예제 5-15

그림 5-36은 전압 분배기 바이어스를 사용하는 이미터 폴로어 증폭기를 표시하고 있다. 직류 전압을 계산하고 파형을 설명하라

(풀이) 전압 분배기의 테브닌 직류 전압은 5 V이다.

$$V_{TH} = \frac{10\ \text{k}\Omega}{20\ \text{k}\Omega} \times 10\ V = 5\ V$$

이것은 동작점의 이미터 전압을 설정해 준다.

$$V_E = 5\text{ V} - 0.7\text{ V} = 4.3\text{ V}$$

컬렉터는 직접 공급 전원에 연결되므로 $V_C = 10$ V이다.

신호원은 직류 레벨이 0 V인 정현파이며 이미터 폴로어의 베이스로 결합된다. 베이스에서의 직류 레벨 혹은 동작 전압은 +5 V이다. 베이스의 입력 전압은 전원으로부터의 교류 신호에 직류 전압 +5 V를 더해 주어야 한다. 이미터가 베이스에 부트스트랩되기 때문에 교류 입력 신호를 갖는 +4. 3V의 전압값을 가진다. 중요한 것은 공급 전압이 교류 접지점이 되기 때문에 컬렉터 전압에는 교류 신호가 나타나지 않는다는 점이다.

이것은 +의 전원이 직류 전원과 적은 전원 임피던스로 구성되기 때문이며, 이상적으로 전원 임피던스는 0이다. 이것은 공급점에서의 전압은 일정하고 교류성분을 갖지 않는다는 의미이다.

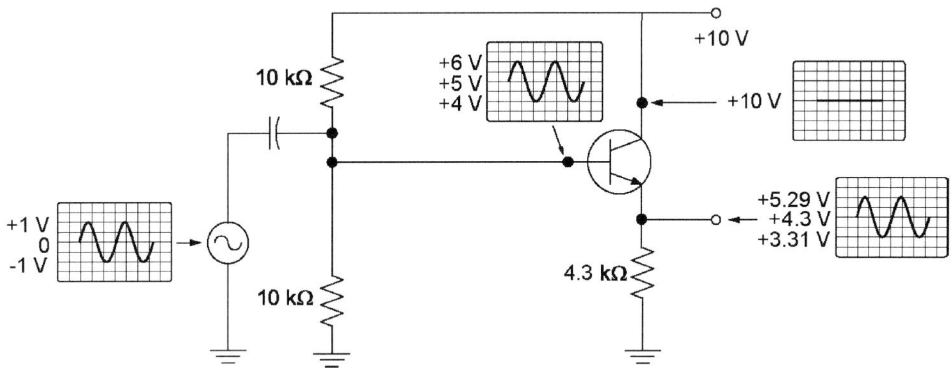

그림 5-36 직류 성분을 함께 갖는 이미터 폴로어 증폭기

예제 5-16

그림 5-36에서 전압 이득을 계산하라. 만약 교류 입력 전압이 1 V의 피크 값을 갖는다면 출력 전압은 얼마인가?

(풀이) 직류 이미터 전류는 1 mA이다.

$$I_E = \frac{4.3\ \mathrm{V}}{4.3\ \mathrm{k\Omega}} = 1\ mA$$

이미터 다이오드의 교류저항 $r_e' = 25\ \Omega$ 이다.

$$r_e' = \frac{25\ \mathrm{mV}}{1\ \mathrm{mA}} = 25\ \Omega$$

전압 이득은 $A = \dfrac{4300\ \Omega}{4300\ \Omega + 25\ \Omega} = 0.994$ 이다. 출력 전압의 피크 값은 0.994 V이다.

$$V_{OUT} = 0.994(1\ \mathrm{V}) = 0.994\ \mathrm{V}$$

이런 값들은 오실로스코프상에서는 입력 전압과 거의 같은 값이기 때문에 구분하기 어렵다. 다시 말하면 어떤 이미터 폴로어든지 간에 교류 출력 전압은 교류 입력 전압과 같은 값은 갖는다.

5-7-2 이미터 폴로어의 교류 모델

전원의 영향과 부하 저항의 영향을 계산하는 데 이미터 폴로어의 실제 교류 등가회로가 사용된다. 저항 R_S를 갖는 교류 전원이 그림 5-37(a)에 표시된 이미터 폴로어를 구동시킨다. 바이어스 저항과 입력 임피던스의 영향으로 전원 저항 양단에서 교류 신호의 일부가 손실되나, 그 양이 얼마나 되는가 하는 것이 의문점이다. 첫 번째로 해야 할 일은 베이스의 입력 임피던스를 구하는 일이다. 이미터 폴로어는 강하게 스왐핑된 증폭기이기 때문에 베이스 입력 임피이던스는 식 (5-31)처럼 구해진다.

$$Z_{in(base)} = \beta(R_E + r_c') \tag{5-31}$$

이미터 폴로어에서 R_E가 r_c'를 스왐핑시키기 때문에 위 식은 식 (5-32)처럼 간략화할 수 있다.

$$Z_{in(base)} = \beta R_E \tag{5-32}$$

여기서 중요한 것은 이미터 폴로어의 입력 임피던스가 β에 의해서 설정된다는 점이다. 만약 β =200이고 R_E = 4.3 kΩ이라면 $Z_{in(base)}$ = 200(4.3 kΩ) = 860 kΩ이 된다. 베이스의 입력 임피던스는 매우 크다.

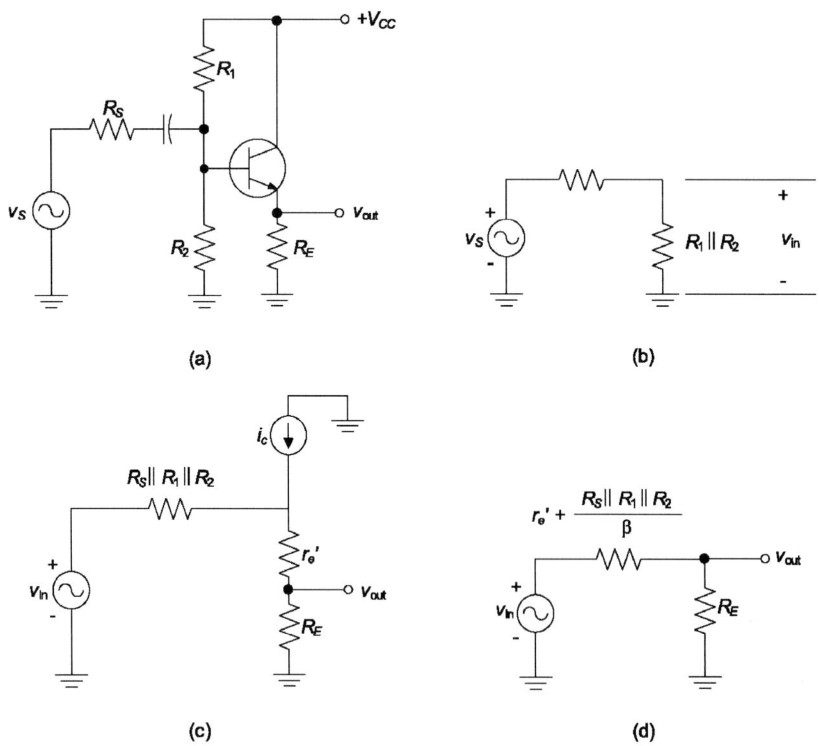

그림 5-37 이미터 폴로어를 구동하는 교류 모델

이미터 폴로어의 전체 임피던스는 베이스의 입력 임피던스와 병렬로 연결된 바이어스 저항의 합성 저항으로 구할 수 있다.

$$Z_{in} = R_1 \parallel R_2 \parallel \beta R_E \tag{5-33}$$

전압 분배기 바이어스가 안정이라면 βR_E는 $R_1 \parallel R_2$보다 적어도 100배는 크게 되므로 식 (5–33)을 간략화하면 식 (5–34)를 얻을 수 있다.

$$Z_{in} = R_1 \parallel R_2 \tag{5-34}$$

일반적인 이미터 폴로어의 입력 임피던스는 그림 5–37(b)에 표시한 것처럼 오직 바이어스 저항의 병렬 저항으로 구성된다. 이미터 폴로어의 교류 모델을 구하기 위해서는 그림 5–37(b)에 표시된 것처럼 테브닌의 정리를 적용해야 한다. 테브닌 전압은 V_{in}이다. 테브닌 저항은 $R_S \parallel R_1 \parallel R_2$이다. 그림 5–37(c)는 교류 등가회로를 표시하고 있다.

루프 주변에서 키르히호프의 전압 법칙을 적용하면 교류 전압은 식 (5–35)처럼 표시된다.

$$i_c r_c' + i_c R_E - v_{in} + i_b (R_S \parallel R_1 \parallel R_2) = 0 \tag{5-35}$$

여기서 $i_b = \dfrac{i_c}{\beta}$이므로 i_c에 대해서 식을 정리하면 식 (5–36)을 구할 수 있다.

$$i_c \cong \frac{v_{in}}{R_E + r_c' + (R_S \parallel R_1 \parallel R_2)/\beta} \tag{5-36}$$

그림 5–37(d)는 이런 출력 전류에 대한 등가회로이다. 이미터 저항 R_E는 교류 출력 임피던스를 갖는 교류 전원에 의해서 구동된다.

$$Z_{out(emitter)} = r_e' + \frac{R_S \parallel R_1 \parallel R_2}{\beta} \quad (5\text{-}37)$$

베이스의 교류 테브닌 저항이 β 계수에 의해서 감소되는 것을 살펴보자. 이것은 낮은 출력 임피던스를 의미한다. $r_e' = 25\ \Omega$이고, $R_S = 10\ \text{k}\Omega$, $R_1 = 10\ \text{k}\Omega$, $R_2 = 10\ \text{k}\Omega$, $\beta = 200$이라고 가정하면 교류 출력 임피던스는 41.7 Ω으로 구해진다.

$$R_S \parallel R_1 \parallel R_2 = 10\ \text{k}\Omega \parallel 10\ \text{k}\Omega \parallel 10\ \text{k}\Omega = 3.33\ \text{k}\Omega$$

$$Z_{out(emitter)} = r_e' + \frac{R_S \parallel R_1 \parallel R_2}{\beta} = 25\ \Omega + \frac{3.33\ \text{k}\Omega}{200} = 41.7\ \Omega$$

이미터의 출력 임피던스는 매우 낮은 값이다. 보통 이미터 폴로어의 교류 신호 출력은 부하저항에 결합되기 때문에 출력측의 테브닌 등가회로가 편리하게 사용된다. 그림 5-37(d)에서 무부하 상태의 출력 전압 $V_{OUT} = AV_{in}$이다.

$$A = \frac{R_E}{R_E + r_e' + \dfrac{(R_S \parallel R_1 \parallel R_2)}{\beta}} \quad (5\text{-}38)$$

저항 R_E는 분모에서 다른 항의 계수들을 스왑핑시키기 때문에 $A \cong 1$이 된다. 따라서 테브닌 전압은 거의 v_{in}과 같아진다. 테브닌 저항은 $Z_{out} = R_E \parallel (r_e' + \dfrac{R_S \parallel R_1 \parallel R_2}{\beta})$이 된다.

따라서 R_E는 무시되어질 만큼 충분히 크기 때문에 이미터 폴로어의 출력 임피던스는 식 (5-39)로 표시할 수 있다.

$$Z_{out} = r_e' + \frac{R_S \parallel R_1 \parallel R_2}{\beta} \quad (5\text{-}39)$$

그림 5-38(a)는 이미터 폴로어의 교류 모델을 나타내고 있다. 입력 임피던스는 Z_{in}이

고 출력 전원은 AV_{in}이며, 출력 임피던스는 Z_{out}이다. 앞에서 설명했던 근사법을 사용하면 등가회로를 그림 5-38(b)와 같이 간략화시킬 수 있다. 이렇게 간략화된 교류 모델은 고장 진단과 설계에서 아주 정확한 값을 제공한다. 이 모델에서 입력 임피던스는 $R_1 \parallel R_2$로 근사화시키고, 테브닌 전압 이득이나 무부하 상태의 전압 이득은 1이다. 이것은 테브닌 출력 전압이 입력 전압과 크기가 같다는 의미이다.

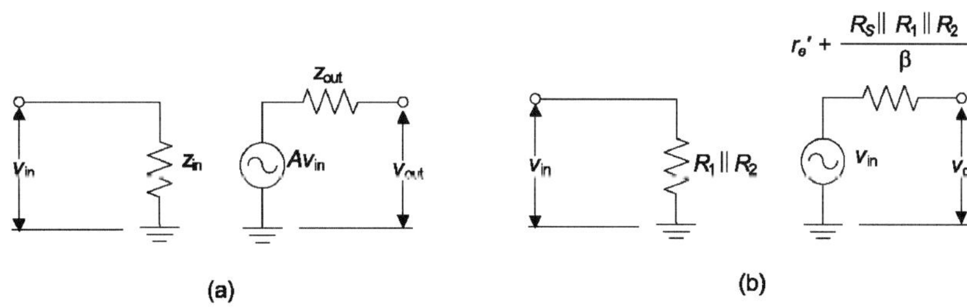

그림 5-38 이미터 폴로어 (a) 교류 모델 (b) 간략화된 모델

예제 5-17

그림 5-39(a)는 이미터 폴로어를 구동시키는 3.6 kΩ의 출력 임피던스와 100 mV_{rms}를 교류 전원으로 갖는 회로를 표시하고 있다. 만약 β=100이라면 출력 전압은 얼마인가?

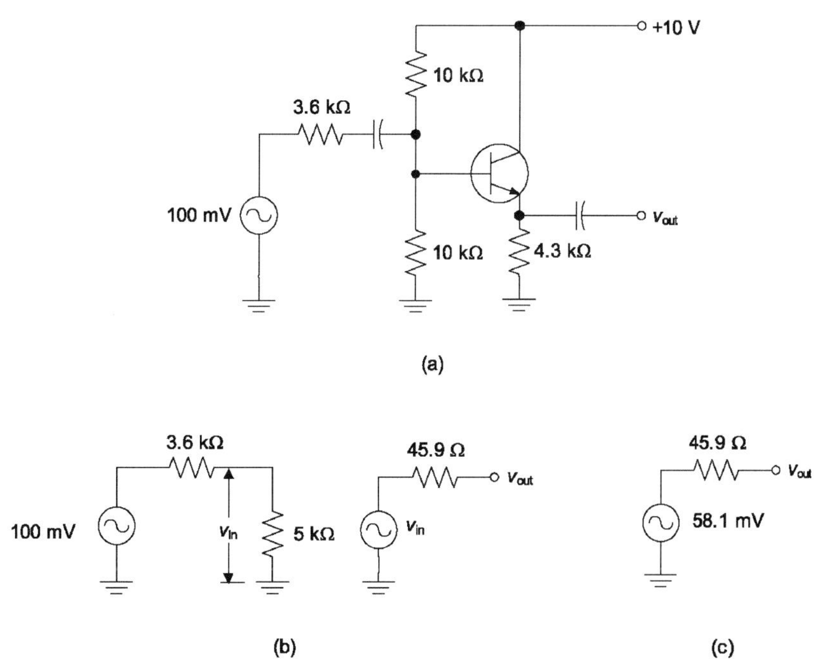

그림 5-39

(풀이) 증폭단의 입력 임피던스는 대략 5 kΩ이다.

$$Z_{in} = R_1 \parallel R_2 = 10\ \text{k}\Omega \parallel 10\ \text{k}\Omega = 5\ \text{k}\Omega$$

출력 임피던스를 구하면 2.09 kΩ이 된다.

$$R_S \parallel R_1 \parallel R_2 = 3.6\ \text{k}\Omega \parallel 10\ \text{k}\Omega \parallel 10\ \text{k}\Omega = 2.09\ \text{k}\Omega$$

$r_e' = 25\ \Omega$을 대입하면 출력 임피던스는 45.9 Ω이다.

$$Z_{out(emitter)} = r_e' + \frac{R_S \parallel R_1 \parallel R_2}{\beta} = 25\ \Omega + \frac{2.09\ \text{k}\Omega}{100} = 45.9\ \Omega$$

정확한 45.9 Ω인 출력 임피던스는 45.9 Ω 값을 갖는 R_E와 병렬로 연결되어 있다. 따라서 R_E는 아주 큰 값이기 때문에 무시할 수 있으므로 출력 임피던스는

$$Z_{out} \cong 45.9\ \Omega$$

이 된다.

그림 5-39(b)는 교류 모델로 대치된 이미터 폴로어를 표시하고 있다. 이미터 폴로어 입력 전압은 58.1 mV가 된다.

$$v_{in} = \frac{5\ \text{k}\Omega}{8.6\ \text{k}\Omega} \times 100\ mV = 58.1\ mV$$

따라서 전압 이득은 1이므로 최종 출력 전압도 58.1 mV가 된다. 그림 5-39(c)는 이미터 폴로어의 출력측 테브닌 등가회로를 표시하고 있다. 테브닌 저항은 45.9 Ω이고 테브닌 전압원은 58.1mV이다.

예제 5-18

그림 5-40(a)에 표시된 2단 증폭기에서 교류 출력 전압을 구하시오.

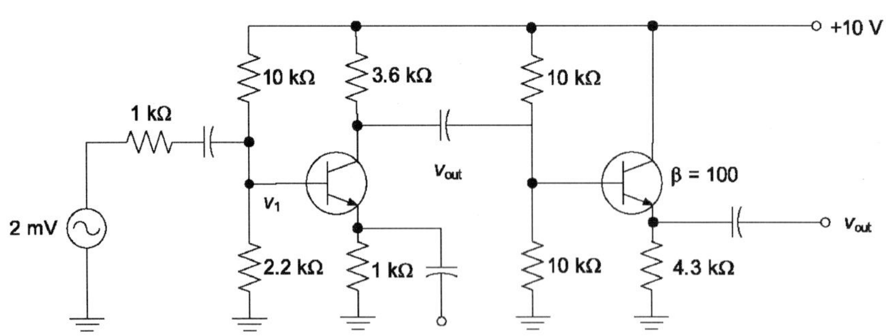

(a)

그림 5-40(계속) CE와 CC단을 갖는 2단 증폭기

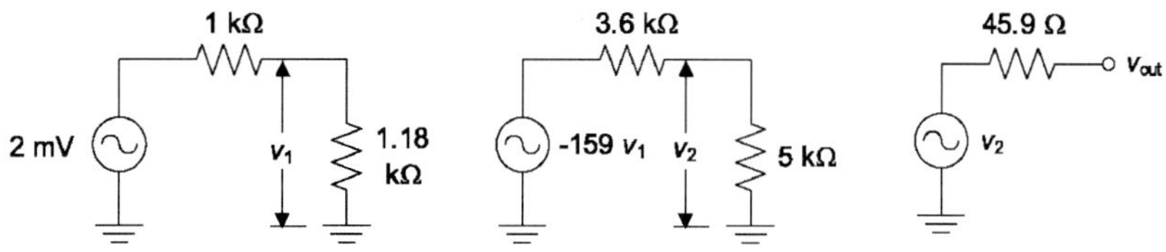

(b)

그림 5-40 CE와 CC단을 갖는 2단 증폭기

(풀이) 첫째 단은 공통 이미터 증폭기이고 이미 앞에서 A, Z_{in}, Z_{out}의 값을 계산했다.

$$A = -159,\ Z_{in} = 1.18\ \text{k}\Omega,\ Z_{out} = 3.6\ \text{k}\Omega$$

둘째 단은 [예제 5-18]에서 해석한 이미터 폴로어이다. 그림 5-41(b)는 2단 증폭기의 교류 등가 회로를 표시하고 있다. 첫째 단의 교류 입력 전압은 1.08 mV이다.

$$v_1 = \frac{1.18\ \text{k}\Omega}{2.18\ \text{k}\Omega} \times 2\ mV = 1.08\ mV$$

첫째 단의 테브닌 교류 출력 전압은 -172 mV이다.

$$Av_1 = -159 \times 1.08\ \text{mV} = -172\ \text{mV}$$

이미터 폴로어의 입력 전압은 -100mV 이다.

$$v_2 = \frac{5\ \text{k}\Omega}{8.6\ \text{k}\Omega} \times (-172\ mV) = -100\ mV$$

이미터 폴로어의 전압 이득은 대략 1이므로 최종 출력 전압은 -100 mV이다.

$$V_{OUT} = -100\ \text{mV}$$

5-8 공통 베이스 증폭기

공통 베이스(CB) 증폭기는 가장 드물게 사용되는 BJT 증폭기의 구성이다. 일반적인 CB증폭기가 그림 5-41에 표시되어 있다. 입력이 트랜지스터의 이미터에 공급되고 출력은 컬렉터에서 구해진다. 베이스 회로에서 C_B(바이패스 콘덴서)는 교류 접지(또는 공통)를 제공한다. CB 증폭기는 중간 크기의 전압 이득, 매우 작은 전류 이득(1보다 조금 작다), 작은 입력 임피던스, 큰 출력 임피던스 특성을 가진다.

만약 CB 증폭기를 이상적인 전압 증폭기와 비교해 본다면 CB 증폭기가 드물게 사용되는 이유를 이해할 수 있다. 이런 회로의 낮은 입력 임피던스와 높은 출력 임피던스는 이상적인 전압 증폭기와 반대의 특성이다. 실효 전압 이득은 이상적인 A_v에 미치지 못한다. CB 증폭기의 매우 작은 전류 이득은 입력이 이미터에 공급되고 출력은 컬렉터에서 구하기 때문이다. 컬렉터 전류가 이미터 전류보다 항상 작기 때문에 이 회로의 A_i는 1보다 작아야 한다.

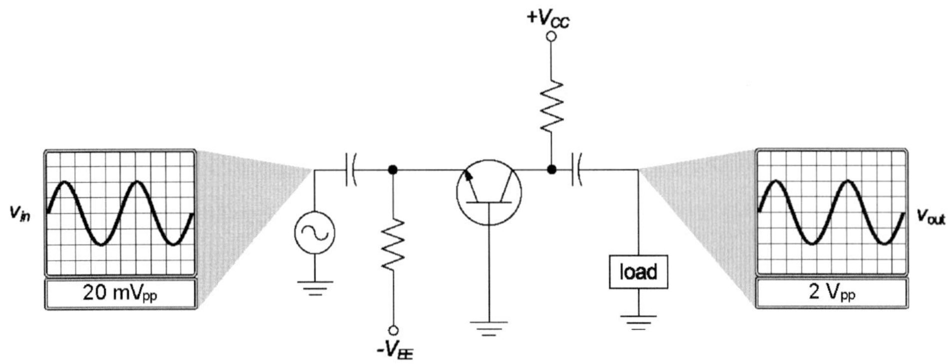

그림 5-41 공통 베이스 증폭기

그림 5-42(a)는 공통 베이스 증폭기의 다양한 형태의 등가회로를 표시하고 있다. 직류 등가 저항이 그림 5-42(b)처럼 그려지면 이미터 바이어스에 의해서 Q점이 설정되는 것을 직접 인식할 수 있게 된다. 따라서 직류 이미터 전류는 식 (5-40)처럼 표시할 수 있다.

$$I_E = \frac{V_{EE} - V_{BE}}{R_E} \tag{5-40}$$

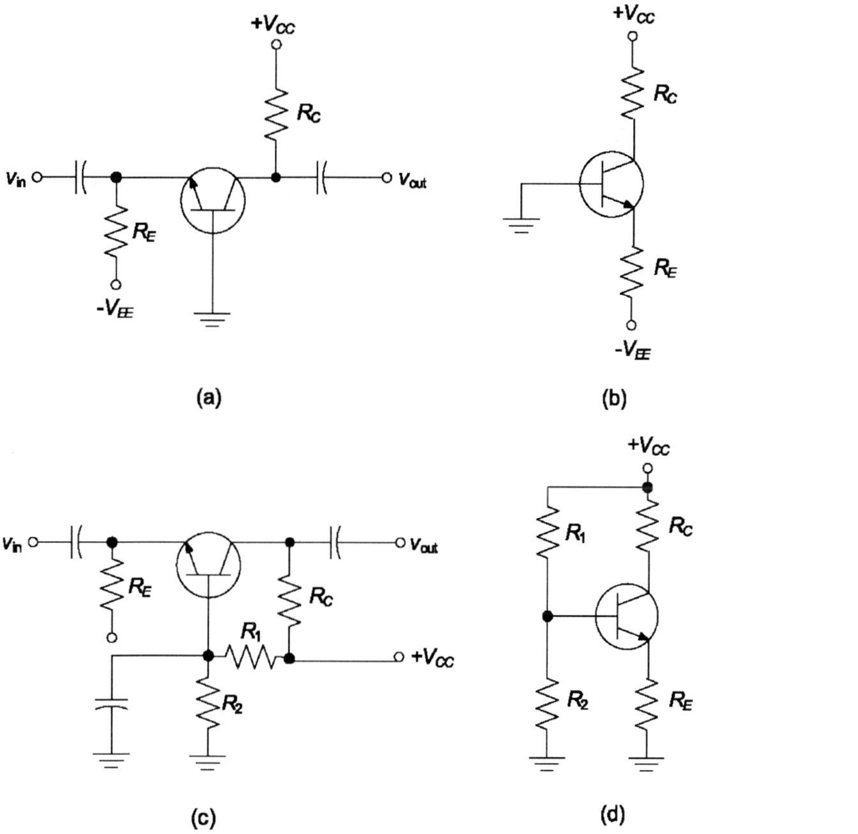

그림 5-42 공통 베이스 증폭기 특성 (a) 분리된 공급 전원 (b) 이미터 바이어스 등가회로 (c) 단일 공급 전원 (d) 전압 분배기 바이어스 등가회로

그림 5-42(c)는 전압 분배기 바이어스 공통 베이스 증폭기를 표시하고 있다. 그림5-42(d)에 그려진 직류 등가회로에 의해서 전압 분배기 바이어스라는 것을 인식할 수 있다.

어떤 증폭기이든 베이스가 접지되어 있다. 입력 신호는 이미터를 구동하고 출력 신호는 컬렉터에서 얻어진다. 그림 5-43(a)는 입력 전압의 +반주기 동안의 공통 베이스 증폭기의 교류 등가회로를 표시하고 있다. 바이어스 저항들은 입력 임피던스에 영향을 끼치지 못하기 때문에 생략된다. 공통 베이스 증폭기의 입력 임피던스는 식 (5-41)처럼 구할 수 있다.

$$Z_{in} \cong r_c' \qquad (5-41)$$

출력 전압은 $v_{out} = i_c R_C$로 표시된다. 이것은 입력 전압과 위상이 같다는 것을 의미하고, 입력 전압 $v_{in} = i_c r_c'$이므로 전압 이득은 식 (5-42)로 구해진다.

$$\frac{v_{out}}{v_{in}} = \frac{i_c R_C}{i_c r_c'} \tag{5-42}$$

$i_c \cong i_c$이므로 식을 다시 쓰면 식 (5-43)을 구할 수 있다.

$$A \cong \frac{R_C}{r_c'} \tag{5-43}$$

식 (5-43)은 전압 이득이 스왐핑되지 않은 공통 이미터 증폭기의 크기와 같으며 단지 위상만 달라진다는 것을 표시하고 있다. $R_C = 2.5\ \text{k}\Omega$ 이고 $r_c' = 25\ \ \Omega$일 때 공통 베이스 증폭기의 전압 이득은 100인 데 비해 공통 이미터 증폭기의 전압 이득은 -100이 된다.

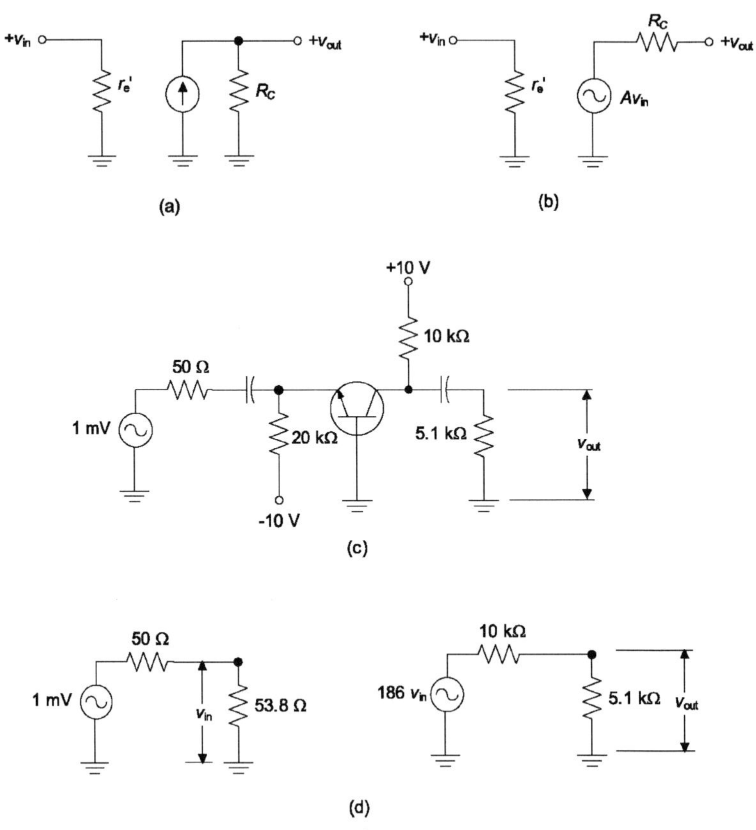

그림 5-43

그림 5-43(a)의 컬렉터 전류원은 무한대의 내부 임피던스를 가진다. 공통 베이스 증폭기의 출력 임피던스는 식 (5-44)처럼 표시된다.

$$Z_{out} \cong R_C \tag{5-44}$$

그림 5-43(b)는 공통 베이스 증폭기의 교류 모델을 표시하고 있다. 공통 베이스 증폭기가 많이 사용되지 않는 이유는 낮은 입력 임피던스 때문이다. 공통 베이스 증폭기를 구동하는 교류 전원에서 바라다본 입력 임피던스는 $Z_{in} \cong r_c'$로 아주 낮은 값이다.

I_E가 1 mA이면 공통 베이스 증폭기의 입력 임피던스는 단지 25 Ω에 불과하다. 교류 전원이 안정하지 않다면 대부분의 신호가 전원 저항 양단에서 손실되고 만다. 공통 베이스 증폭기의 입력 임피던스는 낮기 때문에 대부분의 신호 전원에서 과부하되므로 공통 베이스 증폭기는 단독으로 저주파에서 사용할 수 없으며 고주파 응용에서 가끔 사용된다(10 MHz 이상). 그러나 집적회로에서 공통 베이스 증폭기는 차동 증폭기의 일부분으로 널리 사용된다.

예제 5-19

그림 5-43(c)에서 교류 출력 전압은 얼마인가?

(풀이) 직류 이미터 전류는 0.465 mA이다.

$$I_E = \frac{10\ \text{V} - 0.7\ \text{V}}{20\ \text{k}\Omega} = 0.465\ mA$$

교류 이미터 저항은 53.8 Ω이다.

$$r_c' = \frac{25\ \text{mV}}{0.465\ \text{mA}} = 53.8\ \Omega$$

따라서 $Z_{in} = 53.8\ \Omega$이 되며, 무부하 상태의 전압 이득 $A = \dfrac{10\ k\Omega}{53.8\ \Omega} = 186$이 된다.

출력 임피던스는 $Z_{out} = 10\ \text{k}\Omega$이다. 그림 5-43(d)는 교류 등가회로 표시하고 있다. 입력 전압 V_{in}은 0.518 mV가 얻어지고 무부하 상태의 출력 전압은 96.3 mV이며, 실제 출력 전압은 32.5 mV가 된다. 계산과정 다음과 같다.

$$v_{in} = \frac{53.8\ \Omega}{50\ \Omega + 53.8\ \Omega} \times 1\ \text{mV} = 0.518\ \text{mV}$$

$$Av_{in} = 186 \times 0.518\ \text{mV} = 96.3\ \text{mV}$$

$$v_{out} = \frac{5.1\ \text{k}\Omega}{10\ \text{k}\Omega + 5.1\ \text{k}\Omega} \times 96.3\ mV = 32.5\ mV$$

CHAPTER

05 기초문제

1. 그림 5-44는 함수 발생기에서 만들어지는 v_s를 표시하고 있다.

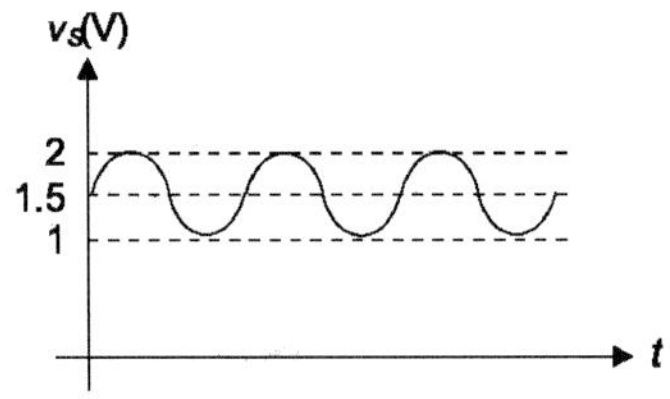

그림 5-44

(a) 직류 레벨은 몇 V인가?

(b) 교류 파형의 피크-피크 전압은 얼마인가?

(c) 교류 파형의 피크 전압은 얼마인가?

(d) 교류 파형의 RMS 값은 얼마인가?

(e) v_s에 의해서 도달되는 최댓값은 얼마인가?

(f) v_s에 의해서 도달되는 최솟값은 얼마인가?

(g) v_s의 평균 값은 무엇인가?

2. 그림 5-45에 표시된 트랜지스터 회로에서 $v_i = 4\,V_P$이다.

(a) v_B의 최댓값은 얼마인가?

(b) (a)에서 구한 v_B값에 대해서 다음의 전압 전류값을 구하시오.

$$v_E,\ i_E,\ i_C,\ v_C$$

(c) v_B가 최댓값일 때 트랜지스터는 어떤 상태인가?

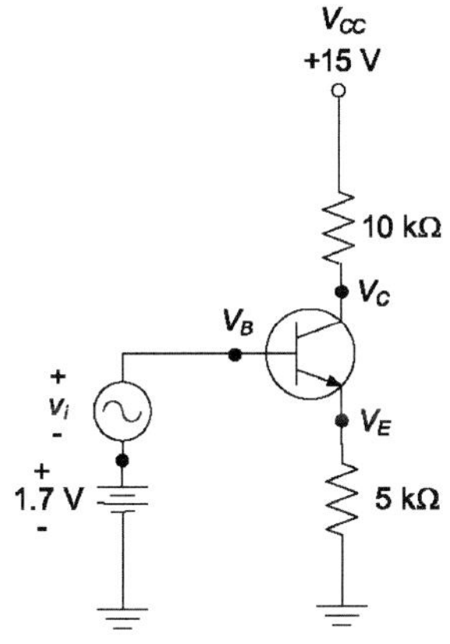

그림 5-45

3. 그림 5-46에 표시된 이미터 폴로어 버퍼 증폭기를 고찰하시오.

R_1=100 kΩ, R_2 = 100 kΩ, R_E = 10 kΩ, R_S = 1 kΩ, R_L = 10 kΩ

(a) I_E는 얼마인가? (b) r_e'는 얼마인가? (c) $Z_{in(basc)}$는 얼마인가? (d) R_1과 R_2의 병렬 연결 저항값은 얼마인가? (e) R_i는 얼마인가? (f) 트랜지스터의 베이스에서 전체 저항은 얼마인가? (g) 이미터에서 바라다본 저항은 얼마인가? (h) R_E를 포함하는 R_O는 얼마인가? (i) 버퍼 증폭기의 무부하 이득은 얼마인가? (j) 전체 이득은 얼마인가?

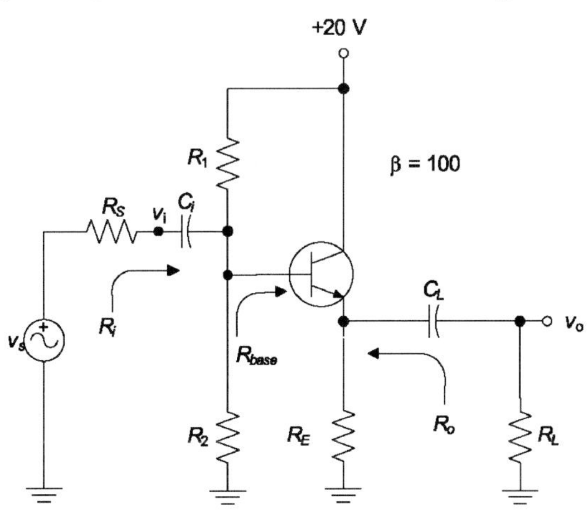

그림 5-46

CHAPTER

05 연습문제

1. 그림 5-47(a)에서 교류 전원은 100 kHz ~ 200 kHz 사이의 주파수를 갖는다. 이런 주파수 범위 내에서 안정하게 결합하기 위한 결합용 커패시터의 용량은 얼마인가?

2. 그림 5-47(b)에서 20 Hz 이상의 모든 주파수에 대해서 A점을 접지에 바이패스시키는 바이패스 커패시터의 용량은 얼마인가?

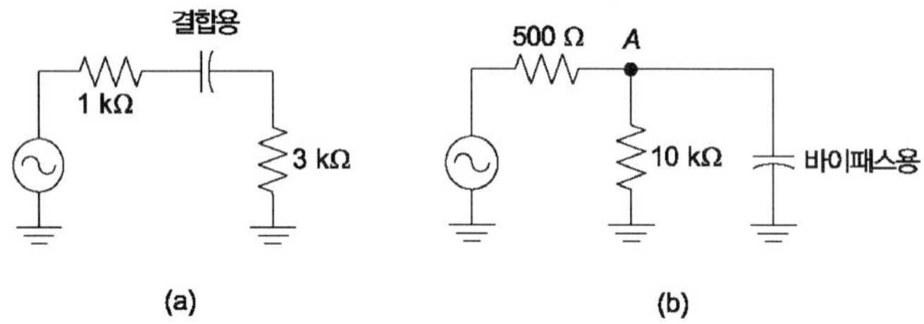

그림 5-47

3. 그림 5-48에서 $V_{in} = 1$ mV라면 V_{out}은 얼마인가?

4. 그림 5-48에 표시된 트랜지스터가 +5%의 공차를 갖는다면 최대 전압 이득과 최소 전압 이득은 얼마인가?

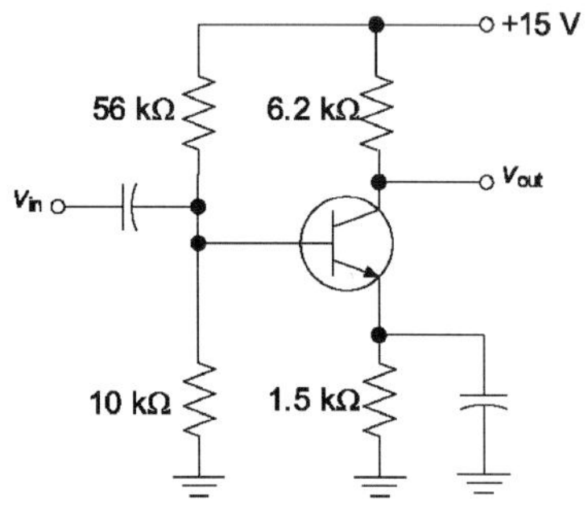

그림 5-48

5. 그림 5-49에 표시된 회로에서 각 트랜지스터의 β가 100이다. 만약 교류 전압원이 10 mV 피크값을 갖는다면 교류 출력 전압은 얼마인가?

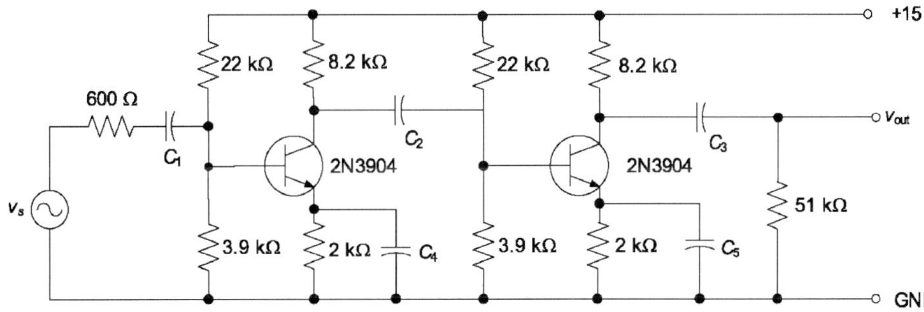

그림 5-49

6. 그림 5-49에 표시된 회로에서 200 Ω의 스왐핑 저항이 삽입되었다. 각 트랜지스터의 β가 170이고, 교류 전압원이 1 mV 피크 값을 갖는다면 교류 출력 전압은 얼마인가?

7. 그림 5-49에서 커패시터 C_5가 개방 상태이다. 각 트랜지스터의 β가 80이고, 교류 입력 전압이 1 mV 피크 값을 가질 때 교류 출력 전압은 얼마인가?

8. 그림 5-49에서 다음의 고장에 대한 증상을 설명하시오.

(a) 커패시터 C_1이 개방 상태

(b) 커패시터 C_2가 단락 상태

(c) 커패시터 C_3가 개방 상태

(d) 콘덴서 C_4가 개방 상태

(e) 커패시터 C_5가 개방 상태

(f) 첫째 단에서 8.2 kΩ이 개방 상태

(g) 둘째 단에서 8.2 kΩ이 단락 상태

9. 그림 5-50에 표시된 회로에서 $\beta = 160$일 때 V_B, V_e, V_C, I_E, I_C, I_B를 구하시오(모두 직류값을 갖는다).

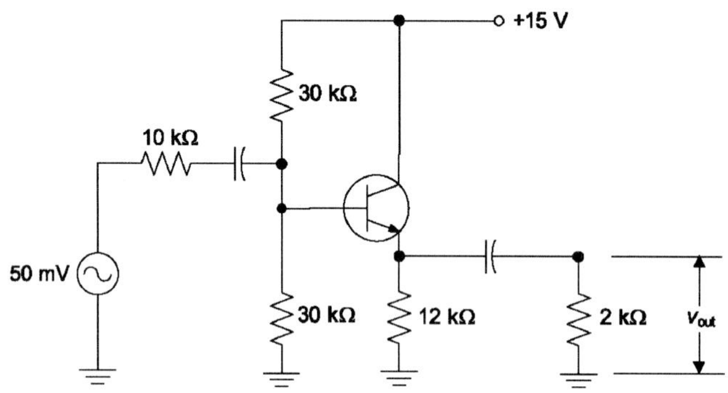

그림 5-50

10. 그림 5-50에서 $\beta = 125$라면 출력 전압은 얼마인가?

11. 그림 5-51에서 각 트랜지스터의 β_{dc}는 80으로 동일하다. 각 증폭단에서 V_B, V_E, V_C, I_E, I_C, I_B를 구하시오(모두 직류값을 갖는다).

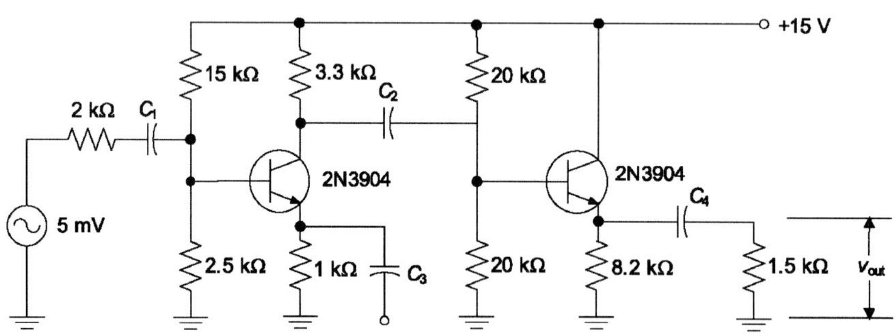

그림 5-51

12. 그림 5-51에서 각 트랜지스터의 β_{dc}가 175라면 출력 전압은 얼마인가?

13. 그림 5-52에서 각각의 트랜지스터는 β_{dc}가 120으로 동일하다. 둘째 단에서의 직류 컬렉터 전류는 얼마인가? 첫째 단 트랜지스터의 베이스 전류는 얼마인가?

14. 그림 5-52에서 첫째 단 트랜지스터의 h_{fe}는 150이고, 둘째 단 트랜지스터의 h_{fe}는 90이다. 교류 출력 전압은 얼마인가?

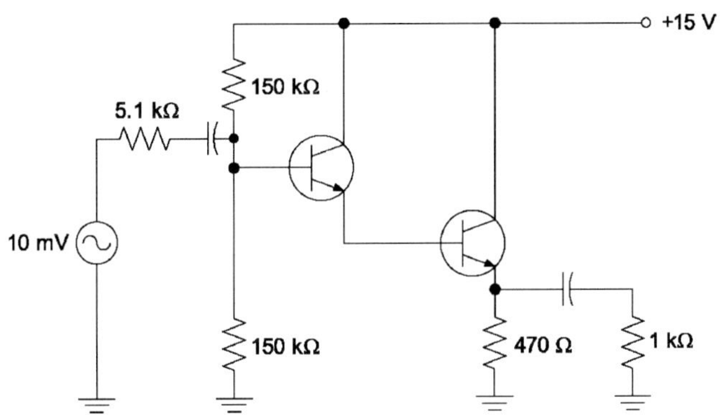

그림 5-52

CHAPTER

06

특수한 트랜지스터 회로

이번 장에서는 증폭기 회로에서 간혹 볼 수 있는 세 가지 유형의 트랜지스터에 대해서 알아보도록 하자. 첫 번째 회로는 아주 높은 전류 이득을 발생시키는 '슈퍼 트랜지스터'를 만들기 위해서 사용되는 달링톤 접속이다. 두 번째 회로는 공통 이미터 회로의 장점과 공통 베이스회로의 장점을 결합시킨 캐스코드 증폭기 회로이다. 세 번째 회로는 전류 버퍼로 사용되는 이미터 폴로어 회로이다.

6-1 달링톤 쌍

그림 6-1(a)는 두 트랜지스터의 컬렉터가 함께 연결되는 구조를 표시하고 있다. 첫 번째 트랜지스터 Q_1의 이미터는 두 번째 트랜지스터 Q_2의 베이스에 입력을 공급한다. 두 트랜지스터 조합을 달링톤 접속(쌍)이라고 부르는 단일 '슈퍼 트랜지스터'로 어떻게 해석할 수 있는지를 설명할 수 있다. 이런 이유 때문에 세 개의 외부단자 전압을 V_C, V_B, V_E로 세 개의 외부 단자 전류를 I_C, I_B, I_E라고 표시한다.

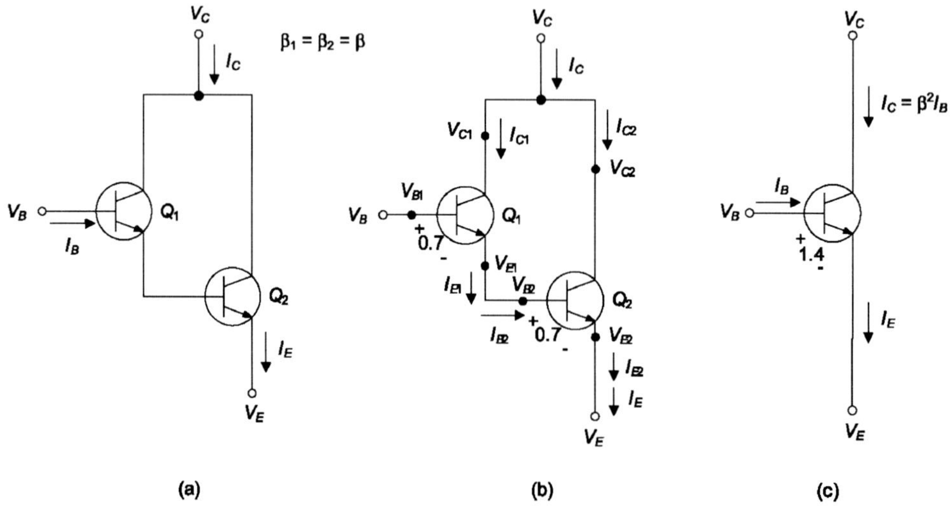

그림 6-1 달링톤 쌍

그림 6-1(b)에는 첨자를 갖는 트랜지스터의 내부 전압과 전류가 표시되어 있다. 이런 회로로부터 트랜지스터 Q_1의 이미터 전류와 트랜지스터 Q_2의 베이스 전류를 확인할 수 있다.

$$I_{C1} \approx I_{E1} = I_{B2} \tag{6-1}$$

양쪽 트랜지스터 모두 활성 상태이고 동일한 β를 갖는다면 $I_{C2} = \beta I_{C1}$이고 $I_{C1} = \beta I_B$이기 때문에 $I_{C2} = \beta I_{C1} = \beta^2 I_B$로 표시될 수 있다. 외부 컬렉터의 전류 I_C는 두 개의 내부 컬렉터 전류의 합으로 표시된다. I_{C1}은 트랜지스터 Q_2의 베이스 전류이기 때문에 I_{C2}보다 훨씬 작다. 따라서 외부 컬렉터 전류는 트랜지스터 Q_2의 컬렉터 전류와 거의 같게 된다.

$$I_C = I_{C1} + I_{C2} \approx I_{C2} \tag{6-2}$$

따라서 $I_C = \beta^2 I_B$가 된다. β^2의 전류 이득을 갖는 소자를 구성할 수 있다.

두 개의 트랜지스터를 턴 ON 시키는 데 필요한 전압을 살펴보도록 하자. 그림 6-1(b)에 표시된 것처럼 트랜지스터 Q_1의 베이스- 이미터 턴 ON 전압이 트랜지스터 Q_2의 베이스-이미터 턴 ON 전압으로 직렬 연결된 것을 확인할 수 있다. 따라서 두 트랜지스터를 턴 ON 시키는 데 필요한 전체 전압은 1.4 V이다.

$$V_{BE} = 0.7\,V + 0.7\,V = 1.4\,V \tag{6-3}$$

달링톤 구조는 그림 6-1(c)에 표시된 것처럼 1.4 V의 턴 ON 전압과 β^2의 전류 이득을 갖는 등가 트랜지스터를 만들 수 있다.

6-1-1 등가 교류 이미터 저항

달링톤 쌍의 교류 이미터 등가 저항을 구하는 것은 약간 미묘하다. 임의의 트랜지스터 교류 이미터 저항은 베이스가 접지될 때 이미터에서 나타나는 소신호라는 점을 기억해야 한다. 그림 6-2(a)에 표시된 것처럼 트랜지스터 Q_1의 베이스가 접지될 때 트랜지스터 Q_1의 이미터를 관찰하면 r'_{c1}를 찾을 수 있다.

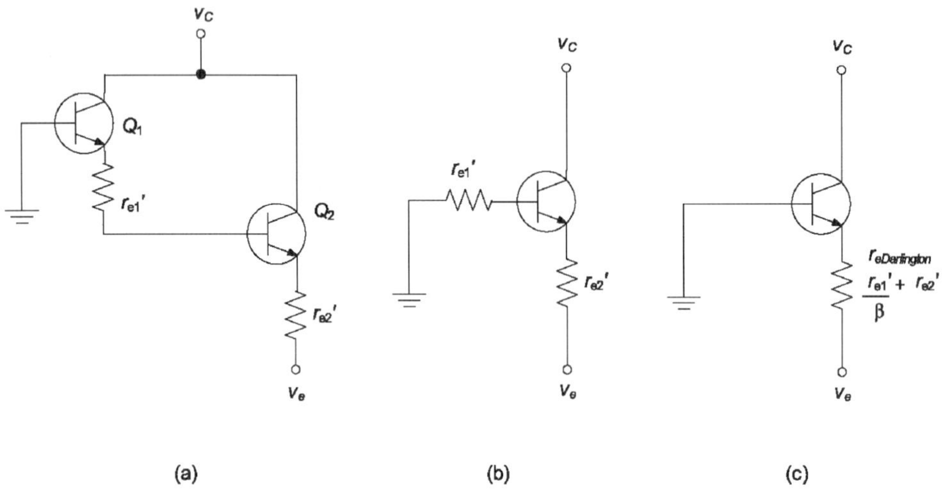

그림 6-2

따라서 Q_2의 이미터를 살펴보면 그림 6-2(b)를 구할 수 있다. 등가 교류 이미터 저항은 Q_2의 이미터에서 출력 저항을 갖는다. 이미터 폴로어로부터 베이스 저항을 β로 나누고 r'_{c2}를 직렬로 더한다. 달링톤 쌍의 전체 교류 이미터 저항은 식 (6-4)로 구해진다.

$$r'_{cDarlington} = \frac{r'_{c1}}{\beta} + r'_{c2} \tag{6-4}$$

$\frac{r'_{c1}}{\beta}$가 r'_{c2}보다 훨씬 작기 때문에 r'_{c1}값을 무시할 수 있다고 말할 수 있다. 이런 점은 타당성은 있지만 옳지는 않다.

6-1-2 달링톤 쌍 공통 이미터 증폭기

그림 6-3(a)는 공통 이미터 증폭기로 사용되는 달링톤 쌍을 표시하고 있다. 증폭기의 직류 바이어스 레벨을 찾고 박스 모델 파라미터를 구해보자.

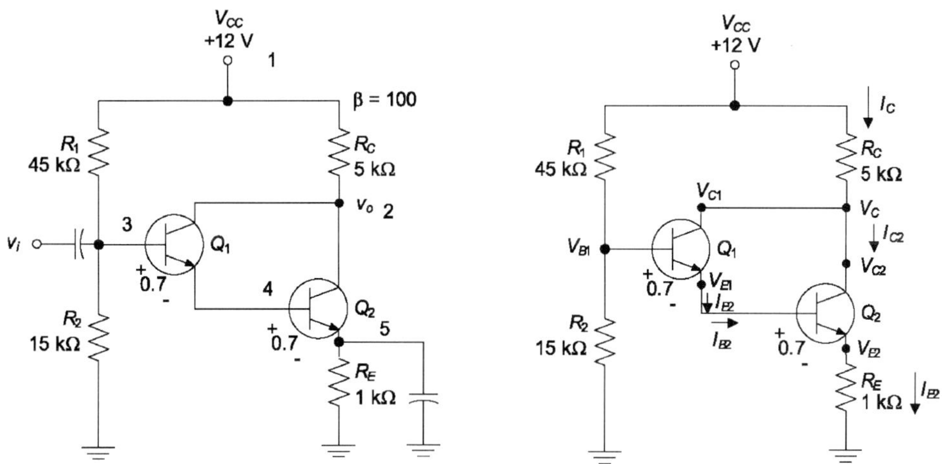

그림 6-3 달링톤 쌍 공통 이미터 증폭기

그림 6-3(b)에 표시된 것처럼 바이패스 커패시터를 개방하고 V_B 제어 과정을 적용한다. 트랜지스터 Q_1의 베이스 전압은 외부 베이스 전압과 동일하다.

$$V_B = V_{B1} = \frac{R_2}{R_1 + R_2} V_{CC} = \frac{10\ \text{k}\Omega}{10\ K\Omega + 30\ \text{k}\Omega} 12\ \ V = 3\ \ V$$

트랜지스터 Q_1의 베이스 전압은 트랜지스터 Q_1의 이미터 전압을 제어한다.

$$V_{E1} = V_{B1} - 0.7\ \text{V} = 3\ \text{V} - 0.7\ \text{V} = 2.3\ \text{V}$$

$V_{B2} = V_{E1}$이기 때문에 $V_{B2} = V_{E1} = 2.3\ \text{V}$이다. 따라서 V_{E2}는 외부 이미터 전압과 같다.

$$V_E = V_{E2} = V_{B2} - 0.7\ V = V_{E1} - 0.7\ V = 2.3\ V - 0.7\ V = 1.6\ V$$

주의할 점은 외부 이미터 전압이 외부 베이스 전압보다 1.4 V 낮다는 점이다. 달링톤 쌍의 효과적인 이미터 다이오드 전압은 1.4 V이다. 따라서 V_B는 두 개의 트랜지스터을 턴 ON 시키기 위해서는 반드시 이런 전압보다는 커야 한다. 외부 이미터 전압은 외부 이미터 전류를 제어하기 때문에 트랜지스터 Q_2의 이미터 전류는 1.6 mA가 된다.

$$I_E = I_{E2} = \frac{V_E}{R_E} = \frac{1.6\ \mathrm{V}}{1\ \mathrm{k}\Omega} = 1.6\ mA$$

만약 두 개의 트랜지스터가 모두 활성 상태라면 $I_C \approx I_{C2} = I_{E2} = 1.6\ \mathrm{mA}$이고 트랜지스터 Q_2의 베이스 전류가 I_{E1}이기 때문에 $I_{E1} = \dfrac{I_{E2}}{\beta} = 0.016\ \mathrm{mA}$이다.

트랜지스터의 상태를 점검하기 위해서는 각 트랜지스터의 컬렉터 전압과 이미터 전압을 비교 해야 한다. 트랜지스터의 컬렉터 전압은 같다.

$$V_{C1} = V_{C2} = V_C = V_{CC} - I_{CR_C} = 12\ \mathrm{V} - 1.6\ \mathrm{mA} \times 5\ \mathrm{k}\Omega = 4\ \mathrm{V}$$

$V_{C2} > V_{E2}$이고 $V_{C1} > V_{E1}$이기 때문에 트랜지스터 Q_1과 Q_2는 활성 상태이다.

6-1-3 AC 해석 박스 모델

달링톤 쌍 공통 이미터의 박스 모델을 찾기 위해서 교류 회로를 그리고 그림 6-4(a)에 표시된 것처럼 두 트랜지스터를 등가의 단일 트랜지스터로 교체하면 등가 교류 이미터 저항을 구하기 위해서 표준 공통 이미터 공식을 사용할 수 있다.

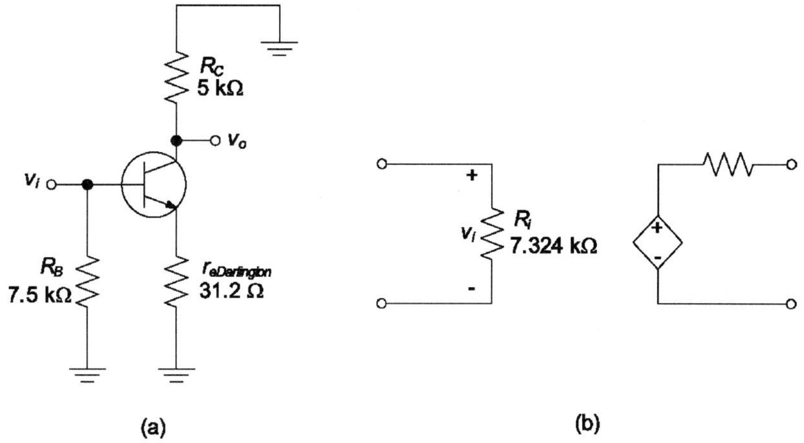

그림 6-4

$$r'_{c2} = \frac{25\ \text{mV}}{I_{E2}} = \frac{25\ mV}{I_E} = \frac{25\ mV}{1.6\ \text{mA}} = 15.6\ \ \Omega$$

$$r'_{c1} = \frac{25\ \text{mV}}{I_{E1}} = \frac{25\ mV}{0.016\ \text{mA}} = 1563\ \ \Omega$$

따라서

$$r'_{cDarlington} = \frac{r'_{c1}}{\beta} + r'_{c2} = 15.6\ \ \Omega + 15.6\ \ \Omega = 31.2\ \ \Omega$$

이다.

주의할 점은 $\frac{r'_{c1}}{\beta}$이 실제로 r'_{c2}와 같다는 것이다. 이것은 I_{E1}은 I_{E2}보다 β배 작기 때문이다. 등가 교류 이미터 저항 공식은 식 (6-5)처럼 간략화할 수 있다.

$$r'_{cDarlington} = 2r'_{c2} \tag{6-5}$$

이런 회로는 여전히 공통 이미터 증폭기이기 때문에 박스 모델 이득은 식 (6-6)으로 표시할 수 있다.

$$A = -\frac{R_C}{r'_{cDarlington}} \tag{6-6}$$

$$A = -\frac{R_C}{r_{c_{Darlington}}} = -\frac{5\ \text{k}\Omega}{0.0312\ \text{k}\Omega} = -160$$

달링톤 증폭기의 출력 저항은 여전히 $R_O = R_C$이다.

$$R_O = R_C = 10\ \text{k}\Omega$$

입력 저항은 $R_i = R_B \parallel (\beta^2 R_{ETOTAL})$로 주어진다. 이런 회로의 입력 저항은 7.324 kΩ이다.

$$R_i = R_B \parallel (\beta^2 R_{ETOTAL}) = R_B \parallel (\beta^2 r'_{cDarlington}) = 7.5\ \text{k}\Omega \parallel 312\ \text{k}\Omega = 7.324\ \text{k}\Omega$$

달링톤 쌍 증폭기는 β^2의 전류 이득을 갖기 때문에, 아주 높은 전압 이득과 아주 높은 입력 저항을 갖는다. 그림 6-4(b)는 박스 모델을 표시하고 있다.

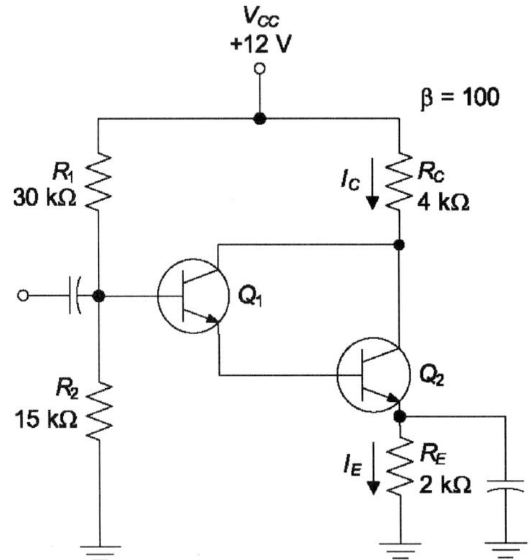

그림 6-5

예제 6-1

그림 6-5에 표시된 달링톤 쌍 증폭기에서 두 트랜지스터의 직류 바이어스 레벨, 트랜지스터의 상태, 교류 이미터 저항을 구하시오. 회로 전체에 대한 박스 모델을 그리시오.

(풀이)

DC 바이어스 레벨

트랜지스터 Q_1의 베이스 전압은 4 V이다.

$$V_{B1} = \frac{R_2}{R_1 + R_2} V_{CC} = \frac{10\ \text{k}\Omega}{10\ \text{k}\Omega + 20\ \text{k}\Omega} 12\ V = 4\ V$$

트랜지스터 Q_1의 베이스 전압은 트랜지스터 Q_1의 이미터 전압을 제어한다:

$$V_{E1} = V_{B1} - 0.7\ \text{V} = 4\ \text{V} - 0.7\ \text{V} = 3.3\ \text{V}$$

트랜지스터 Q_1의 이미터 전압은 트랜지스터 Q_2의 베이스 전압과 같다:

$$V_{B2} = V_{E1} = 3.3\ \text{V}$$

트랜지스터 Q_2의 베이스 전압은 트랜지스터 Q_2의 이미터 전압을 제어한다:

$$V_{E2} = V_{B2} - 0.7\ \text{V} = 3.3\ \text{V} - 0.7\ \text{V} = 2.6\ \text{V}$$

트랜지스터 Q_2의 이미터 전압은 트랜지스터 Q_2의 이미터 전류를 제어한다:

$$I_{E2} = \frac{V_{E2}}{R_E} = \frac{2.6\ \text{V}}{2\ \text{k}\Omega} = 1.3\ mA$$

두 트랜지스터가 모두 활성 상태라면

$$I_C = I_{C2} = I_{E2} = 1.3\ \text{mA}$$

I_{E1}과 I_{E2}는 같기 때문에 $I_{E1} = I_{B2} = \frac{I_{E2}}{\beta} = 0.013\ \text{mA}$이다.

트랜지스터의 상태를 점검해보면 두 개의 컬렉터 전압은 같고 $V_{C1} = V_{C2} = V_C = V_{CC} - I_C R_C = 12\ \text{V} - 1.3\ \text{mA} \times 4\ \text{k}\Omega = 6.8\ \text{V}$로 주어진다.

$V_{C1} > V_{E1}$ 그리고 $V_{C2} > V_{E2}$이기 때문에 두 개의 트랜지스터는 활성 상태이다.

AC 해석

두 트랜지스터의 교류 이미터 저항은 1923 Ω과 19.2 Ω이다.

$$r'_{e1} = \frac{25\ \text{mV}}{0.013\ mA} = 1923\ \Omega,\ r'_{e2} = \frac{25\ \text{mV}}{13\ \text{mA}} = 19.2\ \Omega$$

달링톤 쌍의 교류 이미터 저항은 38.4 Ω이다.

$$r'_{eDarlington} = \frac{r'_{e1}}{\beta} + r'_{e2} = 2r'_{e2} = 38.4\ \Omega$$

박스 모델 이득은 −104이다.

$$A = -\frac{R_C}{r'_{eDarlington}} = -\frac{4\ \text{k}\Omega}{38.4\ \Omega} = -104$$

박스 모델 출력 저항은 4 kΩ이다.

$$R_O = R_C = 4\ \text{k}\Omega$$

박스 모델의 입력 저항은 6.55 kΩ이다.

$$R_i = R_B \parallel \beta^2 r_{eDarlington} = (20\ \text{k}\Omega \parallel 10\ \text{k}\Omega) \parallel 384\ \text{k}\Omega = 6.55\ \text{k}\Omega$$

6-2 캐스코드 증폭기

공통 베이스 증폭기와 공통 이미터 증폭기 모두 높은 이득을 갖는다. 공통 이미터 증폭기는 높은 입력 저항을 갖지만 고주파 동작 특성이 좋지 않다. 공통 베이스는 이와 반대로 고주파 특성이 우수한 반면 작은 입력 저항을 갖는다. 만약 공통 베이스 증폭기와 공통 이미터 증폭기를 결합시킬 수 있다면 정말 좋을 것이다. 입력 신호는 공통 이미터에 인가하고 공통 이미터를 공통 베이스의 입력을 제공하도록 사용하면, 높은 입력 저항을 가지면서도 우수한 주파수 동작을 기대할 수 있다. 이런 결합 형태를 캐스코드 증폭기라고 부른다. 그림 6-6은 일반적인 캐스코드 증폭기의 형태를 표시하고 있다. 입력 신호는 트랜지스터 Q_1의 베이스로 들어가고 트랜지스터 Q_1의 컬렉터 전압은 트랜지스터 Q_2의 이미터에 입력 신호를 제공하게 된다. 트랜지스터 Q_2의 컬렉터 전압이 증폭기의 출력 전압이다.

6-2-1 캐스코드 증폭기의 직류 해석

캐스코드 증폭기의 두 트랜지스터는 V_B 제어로 바이어스된다. 각 트랜지스터를 바이어스하기 위해서 분리된 전압 분배기가 사용되는데, 그림 6-6은 필요한 베이스 저항의 개수를 감소시키는 배열 형태를 표시하고 있다.

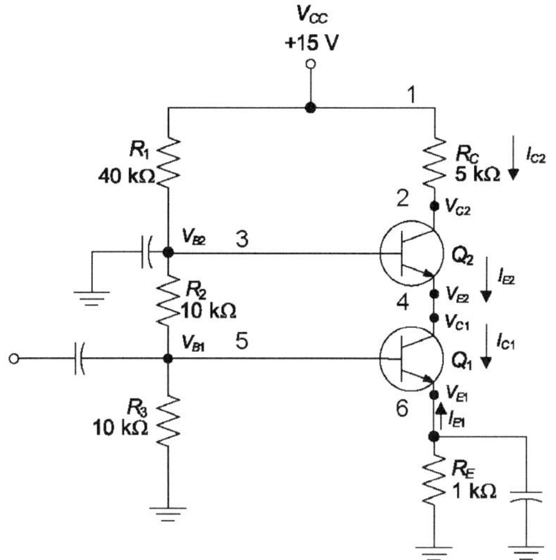

$$V_{B1} = \frac{R_3}{R_1 + R_2 + R_3} V_{CC}$$

$$V_{E1} = V_{B1} - 0.7 \text{ V}$$

$$I_{E1} = \frac{V_{E1}}{R_E}$$

$$I_{C2} = I_{E2} = I_{C1} = I_{E1}$$

$$V_{B2} = \frac{R_3 + R_2}{R_1 + R_2 + R_3} V_{CC}$$

$$V_{C2} = V_{CC} - I_{C2} R_C$$

$$V_{C1} = V_{E2} = V_{B2} - 0.7 \text{ V}$$

그림 6-6 캐스코드 증폭기

이런 회로에서 바이어스 레벨을 구하기 위해서 각 트랜지스터를 해석할 때, 직류 해석의 주안점은 두 베이스 전류는 무시할 수 있다고 가정하는 것이다. 트랜지스터 Q_1의 직류 바이어스 레벨을 구하기 위해서 그림 6-7(a)에 표시된 것처럼 부분적인 회로를 해석하면 된다. 주의할 점은 트랜지스터 Q_2의 베이스에서 커패시터가 개방되어 있다는 점이다. 트랜지스터 Q_2로 들어가는 베이스 전류는 무시한다. R_1과 R_2는 직렬로 연결되어 있으므로 크기가 더해진다고 생각한다.

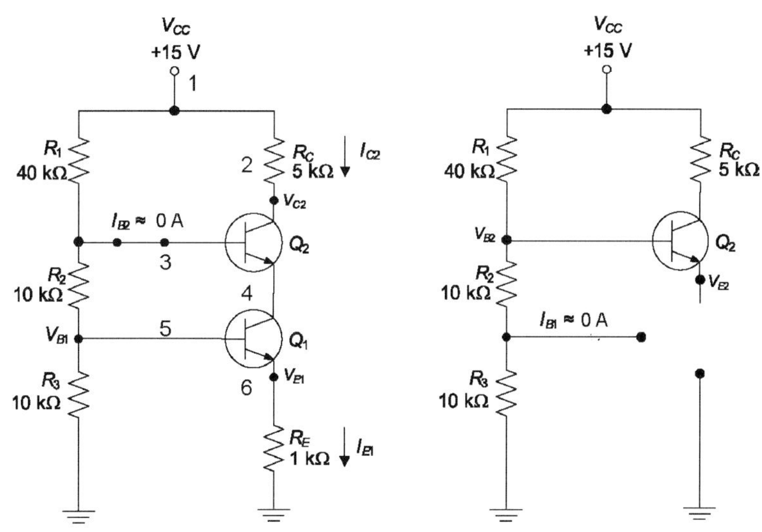

(a) (b)

그림 6-7

트랜지스터 Q_1의 베이스 전압은 R_3 양단에 걸리는 전압이다.

$$V_{B1} = \frac{R_2}{R_1 + R_2 + R_3} V_{CC}$$

주어진 값은 2 V이다.

$$V_{B1} = \frac{R_3}{R_1 + R_2 + R_3} V_{CC} = \frac{10\ \text{k}\Omega}{10\ \text{k}\Omega + 10\ \text{k}\Omega + 10\ \text{k}\Omega} 12\ \ V = 2\ \ V$$

V_{E1}은 V_{B1}에 의해서 제어되므로 $V_{E1} = V_{B1} - 0.7\ \text{V}$ 이고 이미터 전류 $I_{E1} = \dfrac{V_{E1}}{R_E}$이다. 만약 두 트랜지스터가 모두 활성 상태라면 $I_{C1} \approx I_{E1}$, $I_{E2} = I_{C1}$이다. 따라서

$$I_{C2} \approx I_{E2} = I_{C1} \approx I_{E1}$$

로 표시되고 주어진 값은 1.3 mA이다.

$$I_{C2} \approx I_{E2} = I_{C1} \approx I_{E1} = \frac{V_{B1} - 0.7\ \text{V}}{R_E} = \frac{2\ \ V - 0.7\ \ V}{1\ \text{k}\Omega} = 1.3\ \ mA$$

트랜지스터 Q_2의 컬렉터 전압은 $V_{C2} = V_{CC} - I_{C2}R_C$로 구할 수 있다. 따라서

$$V_{C2} = V_{CC} - I_{C2}R_C = 12\ \ \text{V} - 1.3\ \ \text{mA} \times 5\ \ \text{k}\Omega = 5.5\ \ \text{V}$$

직류 해석을 마치기 위해서는 트랜지스터 Q_2의 베이스 전압을 구하는 것이 필요하다. V_{B2}를 구하기 위해서 그림 6-7(b)에 표시된 부분 회로를 해석한다. 여기서 R_2와 R_3가

직렬 연결인 것을 확인할 수 있다. 트랜지스터 Q_2의 베이스 전압은 직렬 연결 저항 (R_2 + R_3) 양단에 걸리는 전압이다. V_{B2}는 식 (6-7)에 표시된 공식을 사용한다.

$$V_{B2} = \frac{R_2 + R_3}{R_1 + R_2 + R_3} V_{CC} \tag{6-7}$$

$V_{B2} = \frac{R_2 + R_3}{R_1 + R_2 + R_3} V_{CC} = \frac{10\ \text{k}\Omega + 10\ \text{k}\Omega}{10\ \text{k}\Omega + 10\ \text{k}\Omega + 10\ \text{k}\Omega} 12\ V = 4\ V$로 주어진다.

V_{B2}는 V_{E2}를 제어하므로 $V_{E2} = V_{B2} - 0.7\ \text{V}$로 표시된다. 따라서 $V_{E2} = 4\ \text{V} - 0.7\ \text{V} = 3.3\ V$가 된다. 결국 $V_{C1} = V_{E2}$임을 확인할 수 있다.

따라서 $V_{C1} = V_{E2} = 3.3\ \text{V}$이다. 트랜지스터의 상태를 점검하기 위해서 컬렉터 전압과 이미터 전압을 비교한다. $V_{C2} > V_{E2}$, $V_{C1} > V_{E1}$이기 때문에 두 트랜지스터 모두 활성 상태이다.

예제 6-2

그림 6-8에 표시된 캐스코드 증폭기를 구성하고 있는 두 트랜지스터의 직류 바이어스 레벨을 구하고 각 트랜지스터의 상태를 결정하시오.

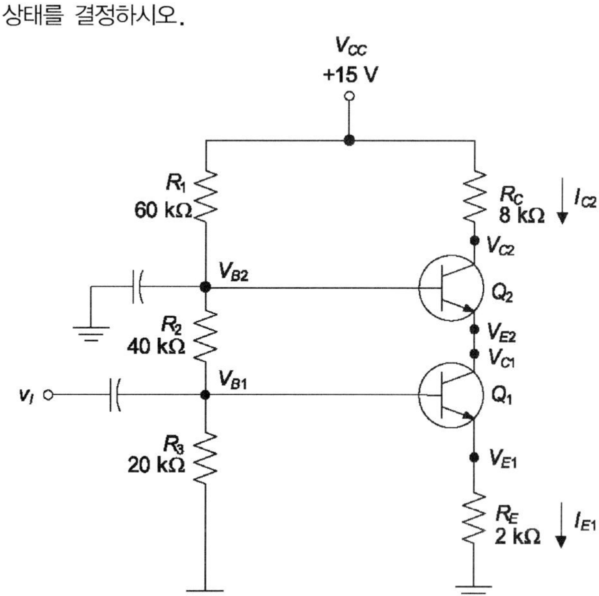

그림 6-8

(풀이) 트랜지스터 Q_1의 베이스 전압을 먼저 구한다.

$$V_{B1}=\frac{R_3}{R_1+R_2+R_3}V_{CC}=\frac{20\ \text{k}\Omega}{20\ \text{k}\Omega+30\ \text{k}\Omega+60\ \text{k}\Omega}12\ V=2\ V$$

$$V_{E1}=V_{B1}-0.7\ \text{V}=2\ \text{V}-0.7\ \text{V}=1.3\ \text{V}$$

$$I_{C2}=I_{E1}=\frac{V_{E1}}{R_E}=\frac{1.3\ \text{V}}{2\ \text{k}\Omega}=0.65\ \text{mA}$$

$$V_{C2}=V_{CC}-I_{C2}R_C=12\ \text{V}-0.65\ \text{mA}\times 8\ \text{k}\Omega=6.8\ \text{V}$$

트랜지스터 Q_2의 베이스 전압을 구한다.

$$V_{B2}=\frac{R_2+R_3}{R_1+R_2+R_3}V_{CC}=\frac{20\ \text{k}\Omega+40\ \text{k}\Omega}{20\ \text{k}\Omega+40\ \text{k}\Omega+60\ \text{k}\Omega}12\ V=6\ V$$

$$V_{C1}=V_{E2}=V_{B2}-0.7\ \text{V}=6\ \text{V}-0.7\ \text{V}=5.3\ \text{V}$$

$V_{C2}>V_{E2}$, $V_{C1}>V_{E1}$이기 때문에 각 트랜지스터는 활성 상태이다.

6-2-2 캐스코드 증폭기의 교류 해석

그림 6-9는 그림 6-6에 표시된 캐스코드 증폭기의 교류 등가회로를 표시하고 있다. 입력 신호가 공통 이미터의 베이스에 공급 는 것을 볼 수 있다. 공통 이미터의 출력 v_{C1}은 공통 베이스의 입력 신호가 된다. 그림 6-6에서 자신의 베이스에서 커패시터 때문에 트랜지스터 Q_2의 베이스에서 교류는 접지에 연결된다는 점에 주의해야 한다. 이것은 R_1이 교류 회로의 일부가 아니라는 것을 의미한다.

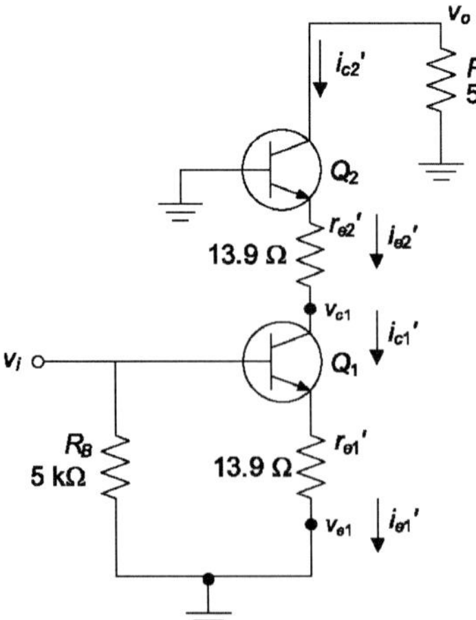

그림 6-9

$R_B = R_2 \parallel R_3$ 이기 때문에 그림 6-6에서 R_B는 5 kΩ이다.

$$R_B = R_2 \parallel R_3 = 10\ \mathrm{k}\Omega \parallel 10\ \mathrm{k}\Omega = 5\ \mathrm{k}\Omega$$

그림 6-9에서 각 트랜지스터에는 동일한 이미터 전류가 흐른다는 사실을 확인할 수 있다. 이것은 두 트랜지스터의 교류 이미터 저항이 같다는 의미이다.

$$r'_{c2} = r'_{c1}$$

그림 6-6에서 구한 바이어스 전류를 사용하면 r'_{c2}는 19.2 Ω이다.

$$r'_{c2} = r'_{c1} = \frac{25\ \mathrm{mV}}{I_{E1}} = \frac{25\ mV}{1.3\ \mathrm{mA}} = 19.2\ \Omega$$

캐스코드 증폭기를 해석하는 가장 간단한 방법은 공통 베이스 증폭기를 공통 이미터 증폭기의 부하로 간주하는 것이다. 공통 베이스의 입력저 항(이런 경우 r'_{c2})이 그림 6-10(a)에서 공통 이미터의 부하 저항이다. 공통 이미터에서 $v_{c1} = -\frac{r'_{c2}}{R_{Etotal}} v_i$이고 R_E는 바이패스되기 때문에 $v_{c1} = -\frac{r'_{c2}}{r'_{c1}} v_i = -v_i$이다.

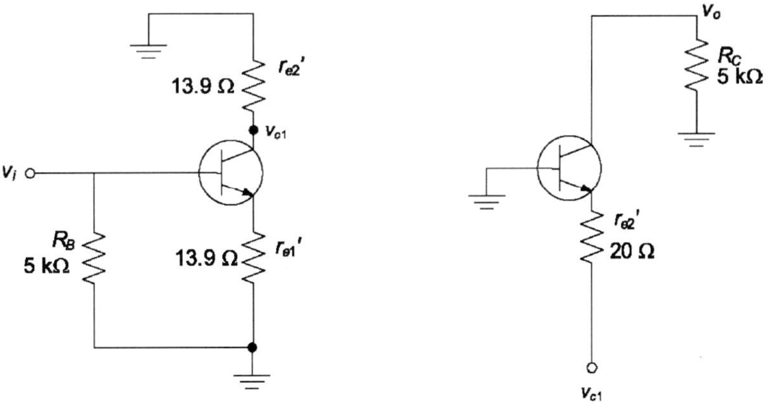

(a) (b)

그림 6-10

트랜지스터 Q_1과 트랜지스터 Q_2의 교류 이미터 저항은 같기 때문에, 공통 이미터 증폭기의 이득은 $\frac{v_{c1}}{v_i} = -\frac{r'_{c2}}{r'_{c1}} v_i = -1$이고 캐스코드 증폭기의 입력 저항은 공통 이미터 증폭기의 입력 저항이기 때문에 $R_i = R_B \parallel \beta R_{Etotal}$이다.

이런 회로에서, R_E는 바이패스되기 때문에 $R_i = R_B \parallel \beta r'_{c1}$이므로 1.43 kΩ으로 주어진다.

$$R_i = 5 \ \text{k}\Omega \parallel 2 \ \text{k}\Omega = 1.43 \ \text{k}\Omega$$

캐스코드 증폭기의 입력 저항은 높은데 R_E를 바이패스시키지 않는다면 더 크게 만들 수 있다. 공통 베이스 증폭기가 가지고 있는 낮은 입력 저항의 문제를 해결할 수 있다. 공통 이미터 증폭기의 컬렉터 전압은 그림 6-10(b)에 표시된 것처럼 공통 베이스 증폭기의 입력 신호로 된다. 공통 베이스 증폭기의 출력 전압과 출력 저항들은 캐스코드 증폭기의 출력 전압과 출력 저항이다.

$$R_O = R_C$$

이런 회로에서

$$R_O = R_C = 5 \ \text{k}\Omega$$

$$v_o = \frac{R_C}{r'_{c2}} v_{c1} = \frac{R_C}{r'_{c2}} \left(-\frac{r'_{c2}}{R_{Etotal}} v_i\right) = -\frac{R_C}{R_{Etotal}} v_i$$

로 표시된다.

따라서 캐스코드 증폭기의 박스 모델 이득은 식 (6-8)로 표시된다.

$$A = -\frac{R_C}{R_{Etotal}} \tag{6-8}$$

이미터 저항이 바이패스되기 때문에 식 (6–9)로 간략화할 수 있다.

$$A = -\frac{R_C}{r'_{c1}} \tag{6–9}$$

이런 회로에서 $A = -\frac{R_C}{r'_{c1}} = -\frac{5\ k\Omega}{19.2\ \Omega} = -260$이다.

이런 캐스코드 증폭기는 높은 입력 저항, 높은 출력 저항, 높은 이득, 입력 신호의 반전을 갖는다는 것을 확인할 수 있다. 공통 베이스 증폭기를 사용하기 때문에 고주파 응답도 구할 수 있다.

예제 6–3

그림 6–8에 표시된 캐스코드 증폭기에서 각 트랜지스터의 교류 이미터 저항과 박스 모델의 파라미터를 구하시오. {예제 6–2}에서 구한 이미터 전류 $I_{E2} = I_{E1} = 0.65\ mA$를 사용한다.

(풀이) 각 트랜지스터에 동일한 크기의 이미터 전류가 흐르기 때문에 교류 이미터 저항은 같다.

$$r'_{c1} = r'_{c2} = \frac{25mV}{I_E} = \frac{25mV}{0.65mA} = 38.5\Omega$$

R_1이 바이패스되기 때문에

$$R_B = R_2 \parallel R_3 = 40\ k\Omega \parallel 20\ k\Omega = 13.3\ k\Omega$$

R_E는 바이패스되지 않는 점을 주의해야 한다.

$$R_{EAtotal} = R_c + r'_{c1} = 2\ k\Omega + 38.5\ \Omega \approx 2\ k\Omega$$

따라서 입력 저항은 12.5 kΩ이다.

$$R_i = R_B \parallel \beta R_{EAtotal} = 13.3\ k\Omega \parallel 200\ k\Omega = 12.5\ k\Omega$$

이미터 저항은 바이패스되지 않기 때문에 높은 입력 저항을 구할 수 있다. 출력 저항은 $R_O = R_C = 8\ k\Omega$이다.

이득은 $A = -\frac{R_C}{R_{EAtotal}} = -\frac{8\ k\Omega}{2\ k\Omega} = -4$이다.

이미터 저항이 바이패스 되지 않기 때문에 입력 저항이 증가하는 동안 낮은 이득을 얻게 된다.

6-3 전류 버퍼로 사용되는 이미터 폴로어

계산기나 디지털 전압계는 발광 다이오드(LED)를 이용해서 문자를 표출한다는 사실을 잘 알고 있다. 마이크로 컴퓨터 장치에 의해서 입력 정보가 분석되고 어떤 LED가 작동해야 하는지를 결정하게 된다. 그림 6-11(a)에 표시된 회로는 간략한 LED의 발광 현상을 표시하고 있다. 컴퓨터가 LED를 턴 ON 시키기로 결정하면 컴퓨터의 출력라인은 0 V에서 5 V로 바뀐다. 5 V의 컴퓨터 출력선은 LED를 발광시킨다. 실제로 이런 회로는 동작하지 않을 수도 있다. LED는 발광시키기 위해서는 양단에 대략 2 V의 전압이 인가되어야 한다. 컴퓨터의 출력은 전압은 LED가 필요로 하는 2 V보다 훨씬 큰 전압을 공급한다. 문제는 LED에서 필요한 전류다. 그림 6-11(a)에서 LED 전류는 저항에 흐르는 전류와 같다. 따라서 20 mA의 전류가 흐르게 된다.

$$I_{LED} = \frac{5\ \text{V} - 2\ \text{V}}{150\ \Omega} = 20\ mA$$

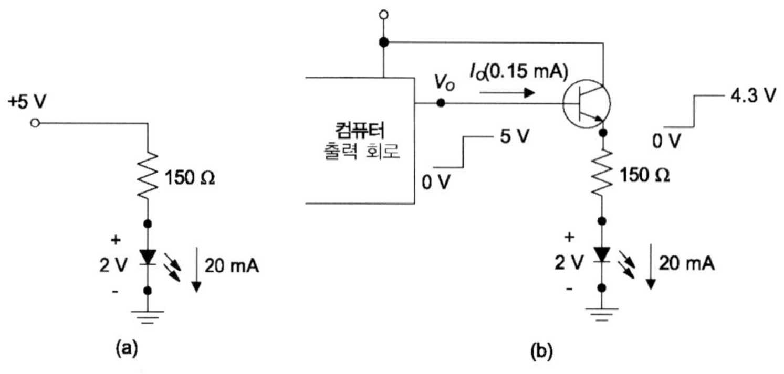

그림 6-11

일반적으로 마이크로 컴퓨터에는 아주 작은 전류만이 흐 를수 있다. 예를 들자면 이런 컴퓨터의 출력은 오직 1 mA이다. LED는 대략 20 mA의 전류를 필요로 하기 때문에 발광되지 않을 것이다. 컴퓨터와 LED 사이에 전류 버퍼를 삽입하는 것이 필요하다. 전류 버퍼는 작은 입력 전류를 필요로 하지만 큰 출력 전류를 제공할 수 있는 소자이다. 이미터 폴로어는 간혹 전류 버퍼로 사용된다. 그림 6-11(b)에 표시된 것처럼 컴퓨터와 LED 사이에 이미터 폴로어가 삽입된다.

컴퓨터의 출력이 0 V이면 이미터 폴로어는 차단 상태이고 LED에는 흐르는 전류가 없다. 컴퓨터 출력이 5 V로 증가하면 이미터 폴로어는 활성 상태로 되고 LED를 구동시키는 이미터 전압은 컴퓨터 출력에 따라서 4.3 V까지 증가한다. (여기서 이미터 다이오드의 전압 강하가 0.7 V임을 기억해야 한다.) LED에 흐르는 전류는 15.3 mA이다.

$$I_{LED} = \frac{4.3\ \text{V} - 2\ \text{V}}{150\ \Omega} = 15.3\ mA$$

아직도 LED를 구동시키려면 큰 전류가 필요하다. LED 구동 전류는 트랜지스터의 이미터 전류이고 트랜지스터는 15 mA를 공급할 수 있다. 진짜 문제는 "전체 동작에서 컴퓨터가 공급해야 할 전류의 세기는 얼마인가?" 하는 점이다. 그림 6-11(b)를 보면 컴퓨터는 트랜지스터의 베이스에 전류를 공급한다. 이미터에 15 mA가 필요하기 때문에 베이스는 0.15 mA의 전류를 필요로 한다($I_B = I_E/\beta$). 컴퓨터는 트랜지스터의 베이스에서 필요로 하는 0.15 mA의 전류를 쉽게 공급할 수 있다. 따라서 이미터 폴로어는 전류 버퍼로 성공적으로 사용된다. 그렇다면 LED의 나머지 전류는 어디로 가는가? 활성 상태의 트랜지스터에서 컬렉터 전류는 이미터 전류의 99%이다. 따라서 LED 전류의 99%는 컬렉터 공급 전압으로 전환된다. 컴퓨터는 베이스로 유입되는 LED 전류의 1%만을 조정하게 된다.

예제 6-4

그림 6-12에는 또 다른 형태의 전류 버퍼가 표시되어 있다. 릴레이는 전압이 3 V에서 5 V로 도달할 때 닫히게 된다. 릴레이의 저항은 50 Ω이다 .

(a) 릴레이를 단락시킬 때 필요한 전류를 구하시오.
(b) 5 mA에서 5 V의 출력을 공급하는 컴퓨터에 의해서 릴레이는 구동할 수 있는가?
(c) 만약 b 부분에 대한 해가 없을 때 전류 버퍼를 컴퓨터와 릴레이 사이에 삽입시키고 필요한 컴퓨터 전류를 구하시오.

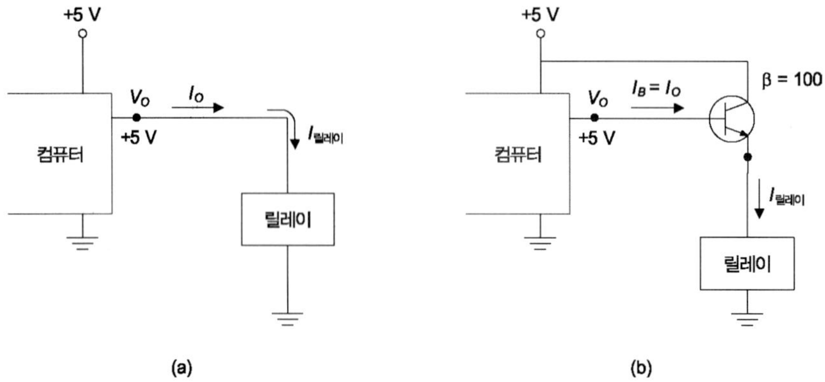

그림 6-12

(풀이) (a) 릴레이가 필요한 전류는 다음과 같다.

$$I_{relay} = \frac{V_{relay}}{50\ \Omega}$$

따라서 전류 범위는 60 mA에서 100 mA이다.

$$I_{relay_{\min}} = \frac{3\ \text{V}}{50\ \Omega} = 60\ mA,\ I_{relay_{\max}} = \frac{5\ \text{V}}{50\ \Omega} = 100\ mA$$

(b) 컴퓨터는 필요한 전류를 공급하지 못한다.

(c) 그림 6-12(b)는 릴레이와 컴퓨터 사이에 이미터 폴로어가 연결된 것을 보여 준다. 컴퓨터는 트랜지스터의 베이스 전류만을 공급할 수 있다. I_B 전류의 범위는 0.6 mA에서 1 mA이다.

$$I_B = \frac{I_{relay}}{\beta} = 0.6\ \text{mA에서}\ 1\ \text{mA}$$

6-4 제너 전압 조정기와 전류 버퍼

이미 앞에서 부하에 일정한 전압을 공급하기 위해서 사용되는 제너 다이오드를 설명한 바 있다. 제너 조정기의 1차 제한은 부하를 구동할 수 있는 큰 전류이다. 그림 6-13(a)에 이런 상황이 설명되어 있다. 부하에 전류가 흐르지 않을 때 12 V의 공급전압은 제너 다이오드를 항복시킨다. 따라서 제너 다이오드는 8 V 건전지처럼 사용된다. 이런 경우 제너 다이오드를 통해 소비되는 전류는 저항 전류와 같고 크기는 4 mA이다.

$$I_Z = I_R = \frac{12\ \text{V} - 8\ \text{V}}{1\ \text{k}\Omega} = 4\ \text{mA}$$

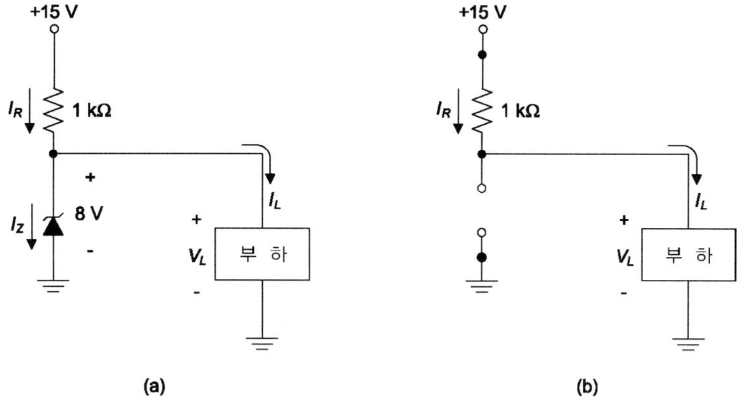

그림 6-13

다이오드가 항복되는 동안 직렬 저항에는 4 mA의 전류가 흐른다. 이제 전류가 부하저항에 흐를 때 어떤 일이 발생되는지를 살펴보자. 키르히호프의 전류 법칙으로부터 직렬 저항 전류는 제너 다이오드와 부하에 공급된다. 부하 저항에 전류가 많이 흐를수록 제너 다이오드를 통해서 흐르는 전류는 작아진다.

$$I_Z = I_R - I_{RL} = 4\ \text{mA} - \text{I}_{\text{RL}}$$

제너 다이오드가 항복되기 이전의 상태보다 얼마나 많은 전류가 부하에 흐르게 되는가? 부하저항에 4 mA의 전류가 흐를 때 직렬 저항에 흐르는 모든 전류는 부하 저항을 통해서 흐르고 제너 다이오드를 흐르는 전류는 0 A이다.

$$I_Z = 4\ \text{mA} - \text{I}_{\text{LOAD}} = 4\ \text{mA} - 4\ \text{mA} = 0\ \text{A}$$

다이오드에 흐르는 전류가 0 A로 강하되면 그림 6-13(b)에 표시된 것처럼 다이오드는 개방 회로가 되고 조정 기능을 잃게 된다. 따라서 이런 제너 다이오드 회로는 4 mA 이상을 필요로 하는 부하에 사용할 수 없다.

다시 말하자면 제너 다이오드의 최고 전류는 다이오드를 통해서 흐르는 무부하 전류이다. 그림 6-14에서는 제너 다이오드 회로의 전류 범위를 유용하게 증가시키기 위해서 이미터 폴로어가 어떻게 전류 버퍼로 사용되는지를 보여준다. 제너 다이오드의 동작점으로부터 부하는 트랜지스터의 베이스로 본다. 제너 회로의 부하 전류는 트랜지스터의 베이스 전류이다. 제너 회로는 부하에 4 mA를 공급 할 수 있고 아직 적절하게 동작하고 있다.

이런 4 mA의 최대 전류가 최대 베이스 전류이다. 이것은 실제로 부하를 구동하는 트랜지스터의 이미터 전류가 약 400 mA라는 것을 의미한다($I_E = \beta I_B$). 이미터 폴로어 역시 제너 다이오드의 동작범위를 400 mA의 부하 전류로 확장시키는 데 사용된다.

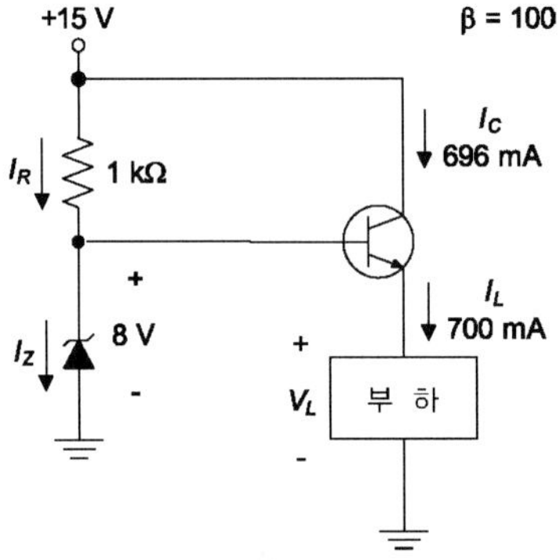

그림 6-14

예제 6-5

그림 6-15에 표시된 제너 조정기 회로를 해석하고 다음을 구하시오.
(a) 최대로 조정되는 부하 전류는 얼마인가?
(b) 이미터 폴로어를 제너 다이오드와 부하 사이에 삽입한다. 최대 부하 전류는 얼마인가?
(c) 부하 양단에 걸리는 전압은 얼마인가?

(풀이) (a) 부하에 흐르는 최대 전류는 제너 다이오드를 통과하는 무부하 전류와 같다.

$$I_{max} = \frac{9\ V - 5\ V}{10\ k\Omega} = 0.4\ mA$$

(b) 그림 6-15(b)는 부하와 제너 다이오드 회로 사이에 이미터 폴로어가 삽입된 것을 보여준다. 제너 다이오드를 통해서 흐르는 무부하 전류는 트랜지스터의 베이스를 구동시킨다. 부하 전류는 트랜지스터의 이미터 전류와 같기 때문에 최대 부하 전류는 40 mA이다.

$$I_{max} = \beta I_B = 40\ \text{mA}$$

(c) 부하 전압은 이미터 전압이기 때문에 부하 양단에 나타나는 전압은 4.3 V이다.

$$V_L = V_E = V_B - 0.7\ V = V_Z - 0.7\ V = 4.3\ V$$

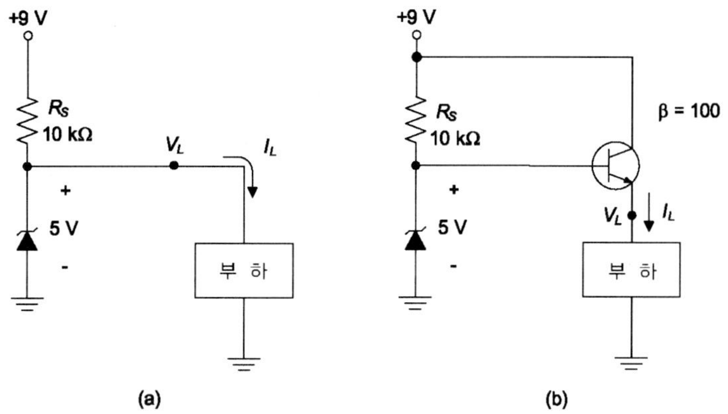

그림 6-15

그림 6-14에 표시된 전류 버퍼를 갖는 전압 조정기가 문제를 가질 수도 있다. 회로의 문제를 알아보자. 부하에 특정한 전압을 공급하는 특별한 제너 다이오드를 선택했다. 이미터 폴로어를 사용할 때 부하에 공급되는 전압은 이미터 다이오드 양단에 걸리는 0.7 V의 전압 강하를 발생시킨다.

$$V_{RL} = V_Z - 0.7 \quad V$$

5 V 제너 다이오드는 이미터 폴로어를 통해서 결합되는 부하에 4.3 V를 공급한다. 만약 부하 양단에 5 V를 공급하기를 원한다면 5.7 V 제너 다이오드를 사용해야 한다. 이런 문제를 해결하기 위해서 그림 6-16에서는 제너 다이오드에 레귤러 다이오드를 직렬 연결시켰다.

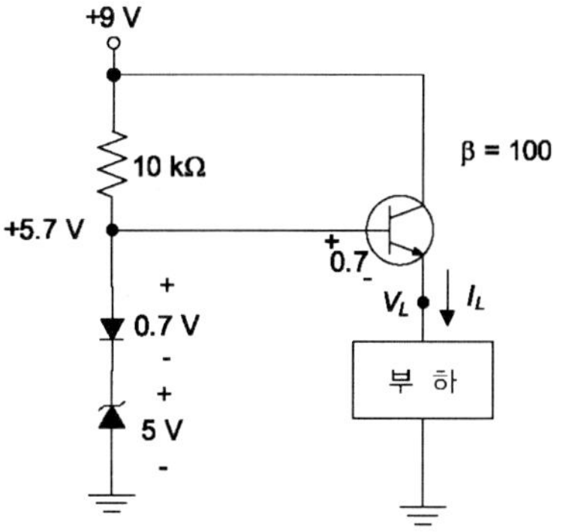

그림 6-16

조정 다이오드가 ON 상태로 동작하는 동안 자신의 양단에서 다이오드의 전압 강하를 발생시킨다. 베이스 전압은 $V_B = V_Z + 0.7$ V로 되고 트랜지스터에서의 이미터 전압인 부하 전압은 $V_{RL} = V_E = V_B - 0.7$ V이다. V_B를 대입하면 $V_{RL} = V_Z + 0.7$ V $- 0.7$ V이고 결국 $V_{RL} = V_Z$로 된다. 제너 다이오드 회로에 직렬로 레귤러 다이오드를 삽입함으로써 부하 전압은 제너 다이오드 전압과 같게 만들 수 있다. 레귤러 다이오드는 베이스–이미터 턴 ON 전압에서 발생하는 변화량도 제거시킨다는 것을 알 수 있다.

6–5 완충 증폭기

여러분 중 누군가가 대학 종합 병원에서 특수한 의료 연구를 위한 증폭기 회로 중 한 가지를 시험하거나 구성하는 데 도움을 주는 작업에 방금 채용되었다고 가정해 보자. 매니저는 전압 이득이 100인 증폭기를 가지고 있다. 여러분과 여러분의 매니저는 그림 6–17에 표시된 것처럼 실험실에서 어쩌면 학비 마련을 위해 지원했을지도 모르는 지원자를 기록기와 증폭기 사이에 두고 센서를 지원자 몸에 부착시킨다. 여러분들은 이제 시험 운행을 할 준비가 되었다. 기록기와 증폭기를 작동시킨다. 지원자에게도 전원을 연결한다. 어떤 일도 발생되지 않았다! 기록기는 작동하지 않는다. 매니저는 즉시 체크를 하고 지원자는 무사하고 전원은 정상이라고 말한다. 그녀는 딱딱한 어조로 말한다. “승희, 센서 제대로 고정시켰니?”

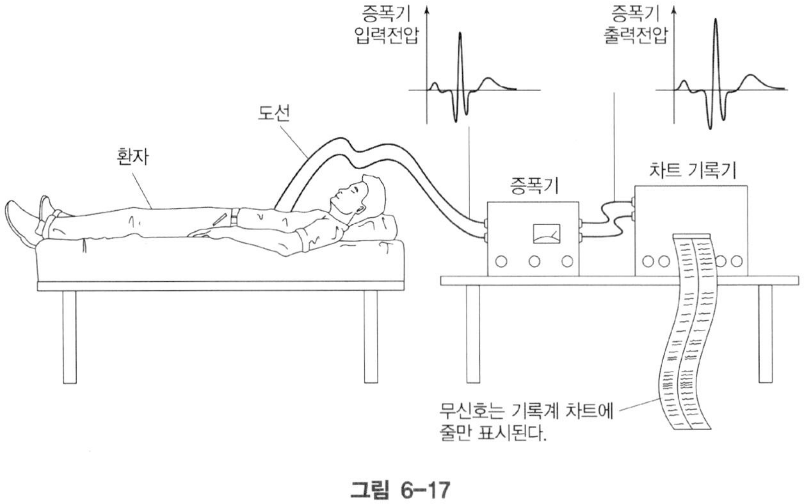

그림 6–17

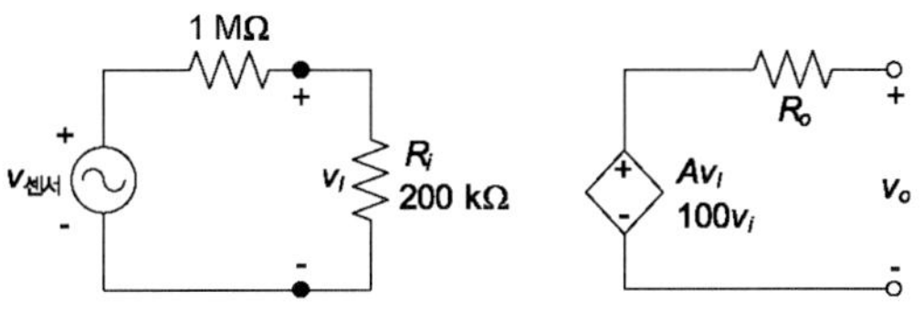

그림 6-18 고장진단의 예제

여러분은 "매니저가 문제점을 찾지 못하면 어떡하지?" 하며 고민하기 시작한다. 그리고 고장진단에 관계되는 내용을 상기하고, 무엇을 체크해야 할지를 알게 된다. 그런 문제는 아마도 증폭기의 입력 저항과 센서의 내부 저항 불일치 때문에 발생했을 것이다. 그림 6-18에 표시된 예제에서 가능성을 찾아보자. 입력측에서 저항의 불일치는 다음 결과를 가져온다.

$$v_i = \frac{R_i}{R_i + R_{sensor}} v_{sensor} = \frac{200\ k\Omega}{200\ k\Omega + 1\ M\Omega} v_{sensor} = 0.167 v_{sensor}$$

그리고 센서 신호의 대부분은 상실된다. 그림 6-19에서는 증폭기의 출력 저항과 부하저항(이 경우 기록기)이 불일치될 때의 결과를 보여준다.

$$v_{recorder} = \frac{R_{recorder}}{R_{recorder} + R_o} Av_i = \frac{1\ k\Omega}{1\ k\Omega + 10\ k\Omega} 100 \times 0.167 v_{sensor} = 1.518 v_{sensor}$$

출력측에서 저항의 불일치는 신호의 손실을 증가시킨다. 기록기가 동작하지 않는다고 놀랄 필요는 없다. 입력과 출력 저항의 불일치는 증폭기의 효과를 제거시키면 문제는 해결된다. 여러분들은 매니저의 증폭기가 쓸모없다고 말하지 말고 증폭기의 입력과 출력 사이에 완충(버퍼) 회로를 삽입하면 된다. 이런 완충 회로는 신호와 부하 저항의 불일치로 인해서 발생되는 신호의 크기 감쇠를 방지하는 데 사용된다.

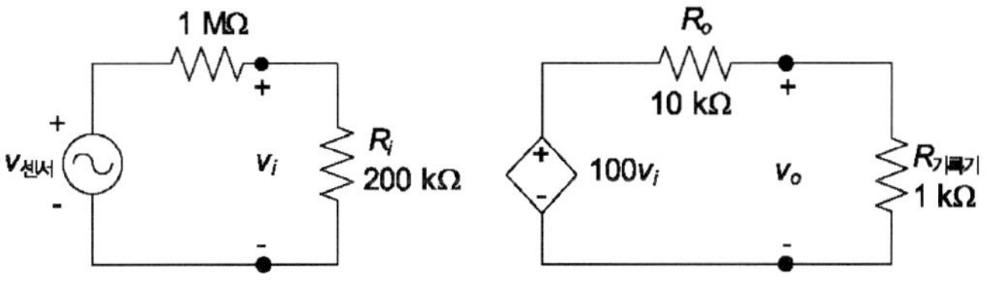

그림 6-19 증폭기의 출력 저항이 부하 저항과 불일치할 때의 결과

그림 6-20(a)는 이상적인 버퍼를 표시하고 있다. 이상적인 버퍼의 입력 저항은 ∞ Ω(개방 회로)이고 출력 저항 0 Ω, 이득은 1이다. 어떤 이득을 얻기 위해서 버퍼가 필요한 것은 아니다. 그림 6-20(b)는 버퍼가 부하로부터 신호원을 어떻게 분리시키는지 보여준다. 이상적인 증폭기의 입력 저항은 ∞이기 때문에 소스 저항이 아무리 커도 문제는 없다.

$$v_{buff} = v_s$$

이상적인 증폭기의 출력 저항은 0 Ω이기 때문에 부하 저항이 아무리 작아도 문제는 없다.

$$v_o = v_{buff} = v_s$$

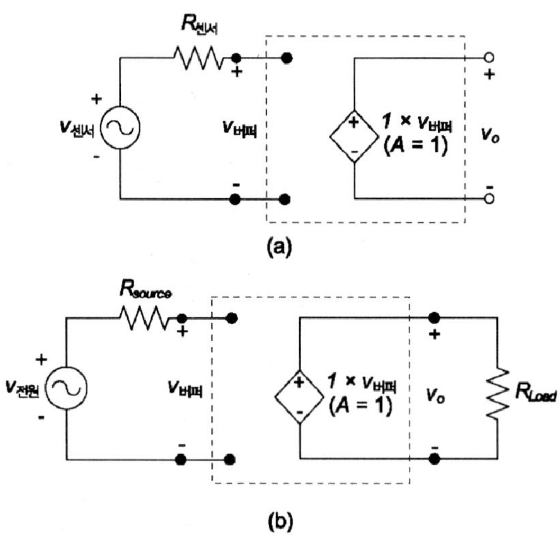

그림 6-20 이상적인 버퍼

물론 전자 장비가 이상적인 것은 아니다. 실제 버퍼는 아주 큰 입력 저항과 아주 작은 출력 저항을 가지며 이득은 거의 1에 가깝다. 그림 6-21은 센서와 증폭기 입력 사이에 버퍼를 연결한 결과를 표시하고 있다. 이런 회로는 두 개의 전압 분배기를 가지고 있다. 이 중 하나를 분석해 보자. 첫 번째 버퍼의 입력에서

$$v_{buffer} = \frac{100\ M\Omega}{100\ M\Omega + 1\ M\Omega} v_s = 0.99 v_s$$

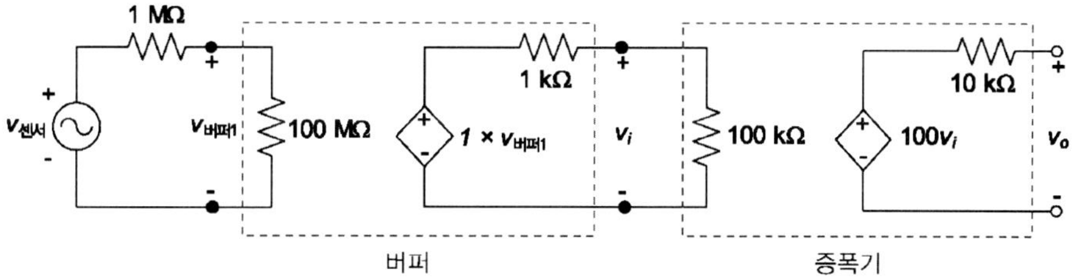

그림 6-21 센서와 증폭기 사이에 연결된 버퍼

증폭기 입력에서

$$v_i = \frac{100\ k\Omega}{100\ k\Omega + 1\ k\Omega} v_{buffcr} = 1.0 \times 0.99 v_s$$

이다.

버퍼 때문에 입력 센서 신호의 대부분은 감쇠되지 않는다. 그림 6-22에 표시된 것처럼 증폭기의 출력과 부하 사이에 두 번째 버퍼를 연결한다.

$$v_{buffcr2} = \frac{1\ M\Omega}{1\ M\Omega + 10\ k\Omega} A v_i = 0.99 \times 100 \times 0.99 v_s = 98 v_s$$

결국 기록기에 나타난 전압은 다음과 같다.

$$v_o = \frac{1\ k\Omega}{1\ k\Omega + 100\ \Omega} v_{buffcr2} = 0.99 \times 98 v_s = 97 v_s$$

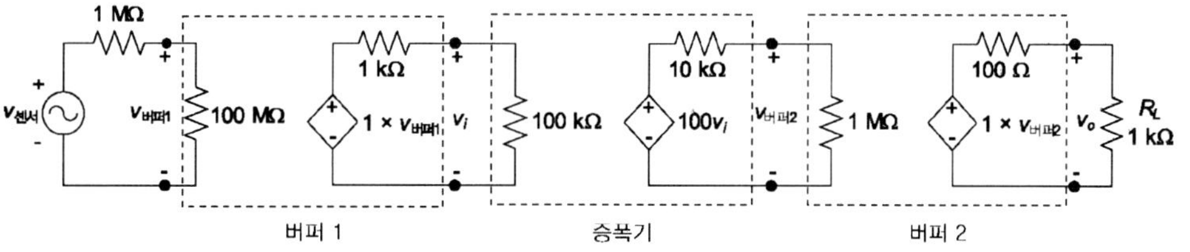

그림 6-22

버퍼의 출력은 실제 펜 기록기의 낮은 저항을 보상한다. 버퍼를 사용했지만 증폭기를 고입력 저항과 저 출력 저항을 제공한다.

예제 6-6

그림 6-23(a)에 표시된 회로에서 전압 분배기의 전압 이득을 구하시오. 그리고 버퍼가 삽입된 그림 6-23(b)의 경우에서 전압 이득을 다시 구하시오.

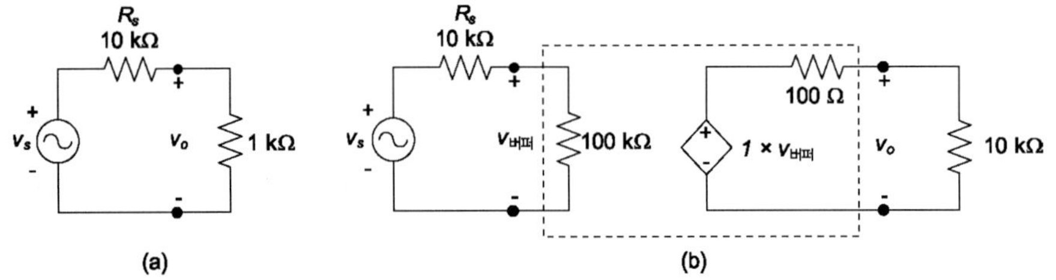

그림 6-23

(풀이) 그림 6-23(a)에 표시된 전압 분배기에서 다음을 구한다.

$$v_o = \frac{1\ k\Omega}{1\ k\Omega + 10\ k\Omega} v_{in} = 0.0909 v_{in}$$

그림 6-23(b)에 표시된 버퍼는 두 개의 전압 분배기를 구성한다. 첫 번째는 버퍼로부터

$$v_{buffer} = \frac{100\ k\Omega}{100\ k\Omega + 10\ k\Omega} v_{in} = 0.909 v_{in}$$

버퍼의 출력에서

$$v_o = \frac{1\ k\Omega}{1\ k\Omega + 0.1\ k\Omega} v_{buffer} = 0.0909 v_{buffer}$$

전체 출력은 다음과 같다.

$$v_o = 0.99 v_{buffer} = 0.909 \times 0.909 v_{in} = 0.899 v_{in}$$

버퍼를 가지고 있다고 하더라도 입력 신호의 약 10%에 해당하는 손실이 생기는 것을 기억하라. 이 정도의 수치는 아주 적당한 실험 결과이다.

예제 6-7

그림 6-24에 표시된 것처럼 신호원과 부하 사이에 버퍼가 삽입되었다. 다음 조건에서 신호원과 버퍼 입력 사이의 전압 손실, 버퍼 출력과 부하 사이의 전압 손실, 신호원과 부하 사이의 전체 손실을 구하시오.

(a) $R_i = 10R_{source}$, $R_o = 0.10R_{load}$

(b) $R_i = 100R_{source}$, $R_o = 0.01R_{load}$

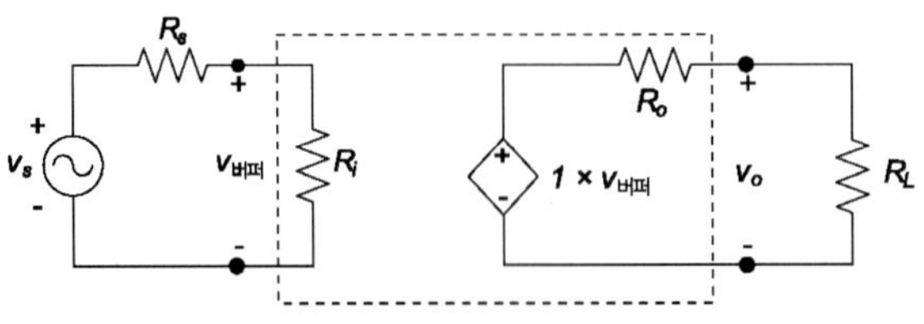

그림 6-24

(풀이)

버퍼의 입력에서 $v_{buffer} = \dfrac{R_i}{R_i + R_{source}} v_{in}$

버퍼의 출력에서 $v_o = \dfrac{R_{load}}{R_{load} + R_o} v_{buffer}$로 구해진다.

입력에서 부하로 전송되는 전체 전압은 위의 곱으로 나타난다.

$$v_o = \frac{R_{load}}{R_{load} + R_o} \frac{R_i}{R_i + R_{source}} v_{in}$$

(a) $R_i = 10R_{source}$에서

$$v_{buffer} = \frac{10R_{source}}{10R_{source} + R_{source}} v_{in} = \frac{10}{11} v_{in} = 0.909 v_{in}$$

입력 신호의 약 9%가 손실되었다.

$R_o = 0.01R_{load}$일 때 버퍼 출력은 $v_o = \dfrac{R_{load}}{R_{load} + 0.10R_{load}} v_{buffer} = 0.090 v_{buffer}$이고 버퍼 출력에서 또다른 9%의 손실이 생긴다.

시스템의 전체 전송 전압은 다음과 같다.

$$v_o = 0.909 v_{buffer} = 0.909 \times 0.909 v_{in} = 0.826 v_{in}$$

따라서 입력 신호의 전체 손실은 17%이다.

(b) $R_i = 100R_{source}$에서

$$v_{buffer} = \frac{100R_{source}}{100R_{source} + R_{source}} v_{in} = \frac{100}{101} v_{in} = 0.99 v_{in}$$

입력 신호의 약 1%만이 손실되었다.

$R_o = 0.01R_{load}$일 때 버퍼 출력은 $v_o = \dfrac{R_{load}}{R_{load} + 0.01R_{load}} v_{buffer} = 0.99 v_{buffer}$이고 버퍼 출력에서도 오직 1%의 손실만을 갖는다.

시스템의 전체 전송 전압은 다음과 같다.

$$v_o = 0.99 v_{buffer} = 0.99 \times 0.99 v_{in} = 0.98 v_{in}$$

따라서 입력 신호의 전체 손실은 2%이다.

(주의: 신호의 손실을 최소화하기 위해서, 잘 설계된 버퍼는 입력 저항은 소스 저항보다는 100배 이상 커야 하고 출력 저항은 부하 저항보다는 100배 이상 작아야 한다.)

CHAPTER

06 기초문제

1. 달링톤 쌍의 전체 전류 이득은 무엇인가?

2. 달링톤 쌍의 베이스 이미터 턴 ON 전압은 무엇인가?

3. 달링톤 쌍의 등가 교류 이미터 저항은 무엇인가?

4. 두 트랜지스터의 상태는 어떻게 점검하는가?

5. 달링톤 쌍의 교류 이미터 저항을 구하는 두 개의 공식은?

6. 달링톤 쌍 공통 이미터 증폭기의 박스 모델 이득은 무엇인가?

7. 달링톤 쌍 공통 이미터 증폭기의 박스 모델 출력 저항은 얼마인가?

8. 달링톤 쌍 공통 이미터 증폭기의 박스 모델 입력 저항은 얼마인가?

9. 공통 이미터 증폭기의 장점과 단점은 무엇인가?

10. 공통 베이스 증폭기의 장점과 단점은 무엇인가?

11. 그림 6-7에 표시된 캐스코드 증폭기에서 V_{B1}을 어떻게 구하는가?

12. 그림 6-7에 표시된 캐스코드 증폭기에서 V_{E1}은 어떻게 구하는가?

13. 그림 6-7에 표시된 캐스코드 증폭기에서 V_{B2}는 어떻게 구하는가?

14. 그림 6-7에 표시된 캐스코드 증폭기에서 V_{E2}는 어떻게 구하는가?

15. 캐스코드 증폭기의 두 트랜지스터에서 컬렉터와 이미터 전류는 무슨 관계가 있는가?

16. V_{C1}과 V_{E2}의 관계는 무엇인가?

CHAPTER

06 연습문제

1. 그림 6-25를 다시 그리고 트랜지스터 Q_1과 트랜지스터 Q_2의 개별 전류를 표시하시오.

(a) I_{C1}과 I_B 사이의 관계는 무엇인가?

(b) 어떠한 근사치도 사용하지 않을 때, I_{E1}과 I_B의 관계는 무엇인가?

(c) I_{B2}와 I_B 사이의 관계는 무엇인가?

(d) I_{C2}와 I_B 사이의 관계는 무엇인가?

(e) I_C와 I_B 사이의 관계는 무엇인가?

(f) I_E와 I_{E2} 사이의 관계는 무엇인가?

(g) 어떠한 근사치도 사용하지 않을 때 I_E와I_B의 관계는 무엇인가?

(h) 달링톤 쌍의 전체 전류 이득을 (e)의 결과를 사용해서 결정하시오.

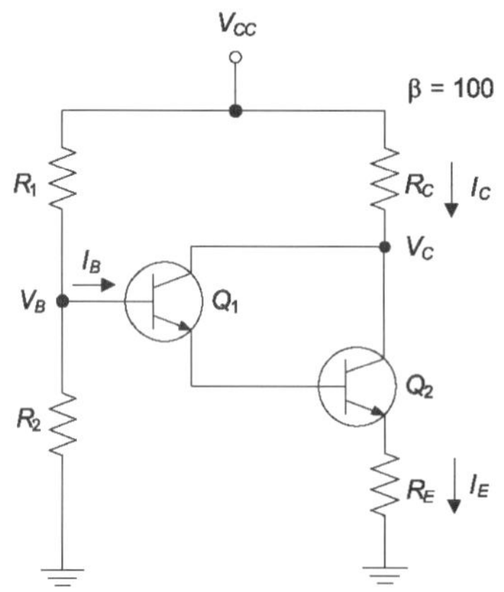

그림 6-25

2. 그림 6-26에 표시된 버퍼 증폭기를 고찰하시오.

(a) 버퍼 증폭기의 무부하 이득은 얼마인가?

(b) 버퍼의 입력 저항은 얼마인가?

(c) 버퍼의 출력 저항은 얼마인가?

(d) 얼마나 많은 소스 신호 전압(V_s)이 V_i에서 나타나는가? 해답을 분수나 퍼센트로 표시하시오.

(e) 버퍼에서 제어되는 전압원 양단에 걸리는 전압은 얼마인가?

(f) 버퍼의 무부하 출력 전압은 얼마인가?

(g) 부하가 연결될 때 버퍼에서 발생된 전압 중 얼마가 출력에 나타나는가?

(h) v_0/v_s의 전반적인 비는 얼마인가? 이것이 시스템의 이득(A_{SYS})인가?

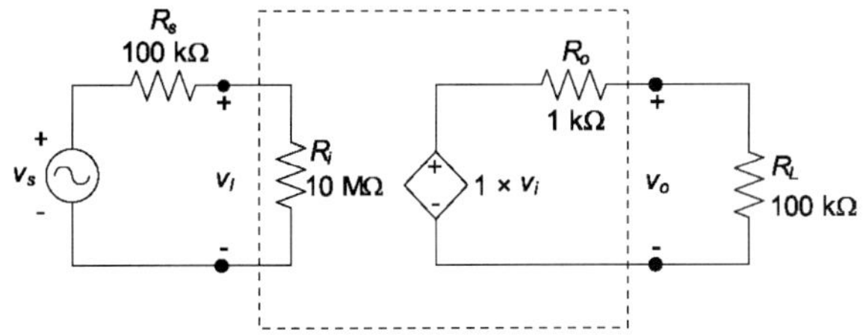

그림 6-26

3. 그림 6-27에 표시된 회로에서 각 트랜지스터의 $\beta_{dc} = 100$이라고 가정하고 I_{E2}, I_{E1}, r'_{e1}, r'_{e2}, z_{out2}, v_1을 구하시오.

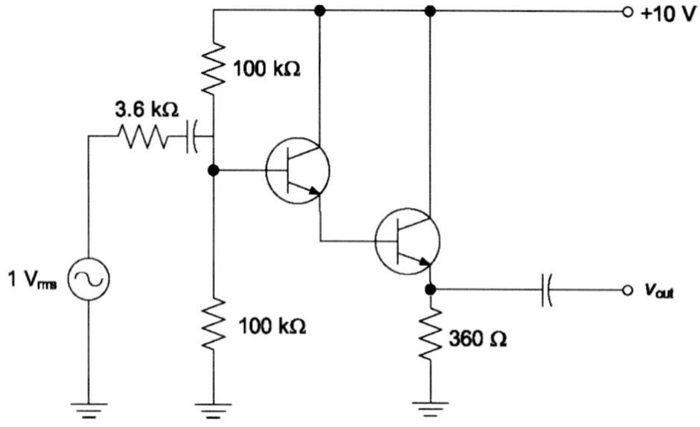

그림 6-27

4. 그림 6-28에서 패스 트랜지스터 β_{dc}가 80이라면 제너 다이오드를 통해서 흐르는 전류는 얼마인가?

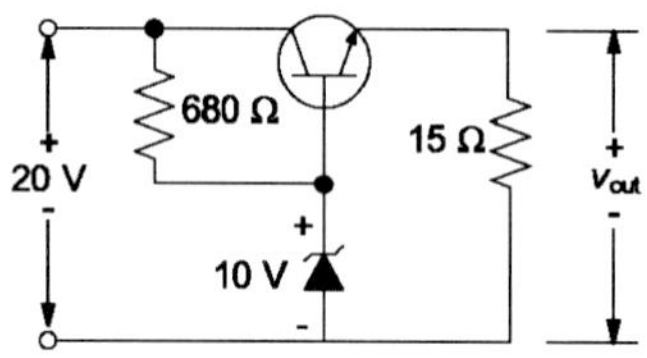

그림 6-28

5. 그림 6–29에서 각 트랜지스터 $\beta_{dc} = 135$라고 가정하고 각 증폭단에서 V_B, V_E, V_C, I_E, I_B를 구하시오(모두 직류값이다).

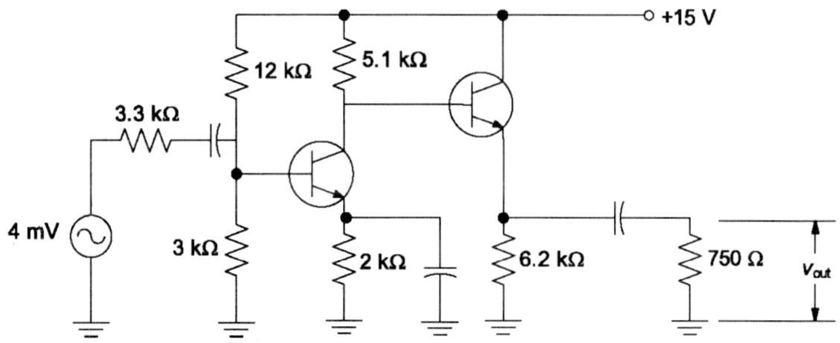

그림 6–29

6. 그림 6–30에서 출력 전압은 얼마인가? 만약 $\beta_{dc} = 120$이라면 제너 전류는 동일인가? $R_Z = 6\ \Omega$이라면 제너 폴로어의 출력 임피던스는 얼마인가?

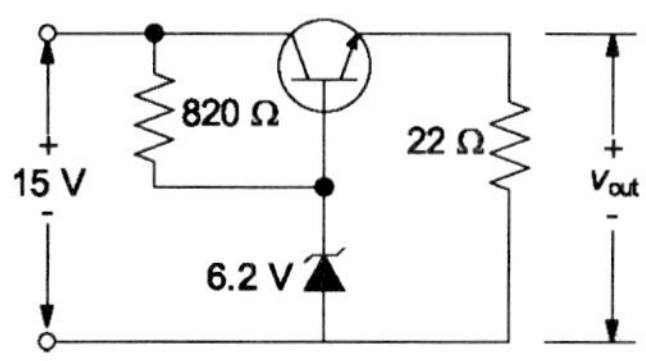

그림 6–30

7. 그림 6–31에서 $\beta_{dc} = 75$ 라면 V_B, V_E, V_C, I_E, I_B는 얼마인가?

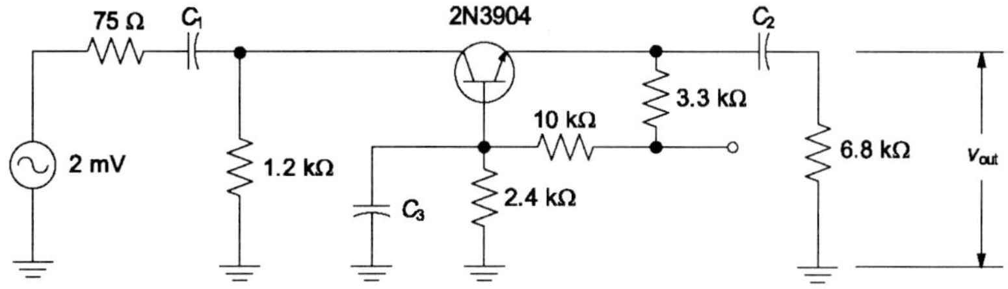

그림 6–31

8. 그림 6-30에서 출력 전압이 매우 낮다면 다음 중 어떤 고장에 해당하는가?

(a) 컬렉터-이미터 단자 단락 상태

(b) 제너 다이오드 개방 상태

(c) 컬렉터-이미터 단자 단락 상태

(d) 820 Ω 저항 개방 상태

9. 그림 6-32에 표시된 달링톤 쌍의 입력 저항을 결정하시오. 2N3904의 데이터 스펙을 참조하면 $I_{CQ} = 1\ \mathrm{mA}$에서 h_{FE}의 최솟값은 70이다.

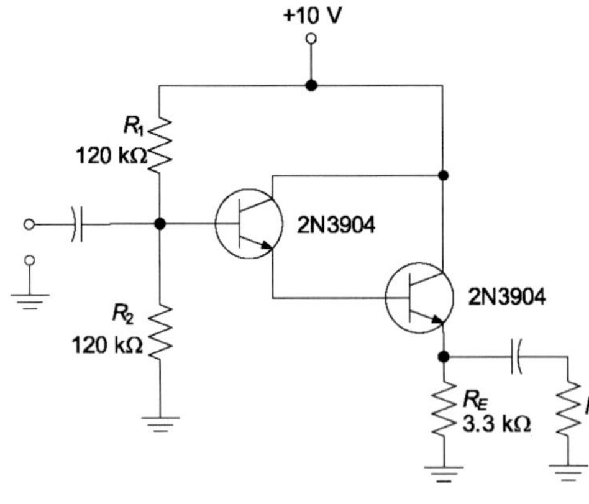

그림 6-32

CHAPTER

07

하이브리드 파라미터

하이브리드 파라미터는 트랜지스터 회로 해석을 선형화하기 위한 진보된 수학적 접근 방식으로 트랜지스터 증폭기의 전압 이득, 전류 이득, 입력 임피던스, 출력 임피던스를 구할 수 있다. 그림 7-1(a)에 표시된 2 port 회로망을 해석하는 파라미터는 Z 파라미터, Y 파라미터, h 파라미터, G 파라미터로 분류된다. 이때 테브닌의 정리와 노턴의 정리가 사용된다. v_1은 입력 포트 양단에 걸리는 전압으로 입력 포트로 들어가는 전류 i_1을 설정한다. 교류 출력 전압 v_2는 출력단에 나타나는 전압으로 교류 출력 전류 i_2 를 갖는다. 정의에 의해서 포트 쪽으로 유입되는 방향의 전류는 +, 포트에서 나오는 방향의 전류는 − 로 표시한다.

7-1 4가지 파라미터의 분류법

회로가 오직 선형 소자만 포함하고 있다면 그림 7-1(b)와 같은 교류 모델을 구하기 위해서 입출력 포트에 테브닌의 정리를 적용시킬 수 있다. 어떤 포트에서 바라다보든지 간에 임피던스는 전압원과 직렬로 연결되어 있다. 교류 모델에서 키르히호프의 전압 법칙을 적용하면

$$v_1 = z_{11}i_1 + z_{12}i_2$$
$$v_2 = z_{21}i_1 + z_{22}i_2$$

로 표시되며 계수 z_{11}, z_{12}, z_{21}, z_{22}는 Z 파라미터라고 부른다.

만약 선형 회로망의 양측에 노턴의 정리를 적용시킨다면 그림 7-1(c)와 같은 등가회로를 구할 수 있다. 이때 각 포트는 전류원에 의해서 분기된 어드미턴스로 구성된다. 이러한 교류 모델에서 키르히호프의 전압 법칙을 적용하면

$$i_1 = y_{11}v_1 + y_{12}v_2$$

$$i_2 = y_{21}v_1 + y_{22}v_2$$

로 표시되며, 계수 y_{11}, y_{12}, y_{21}, y_{22}를 Y 파라미터라고 부른다. 어드미턴스 파라미터는 트랜지스터의 고주파 동작의 회로 해석에 적용된다.

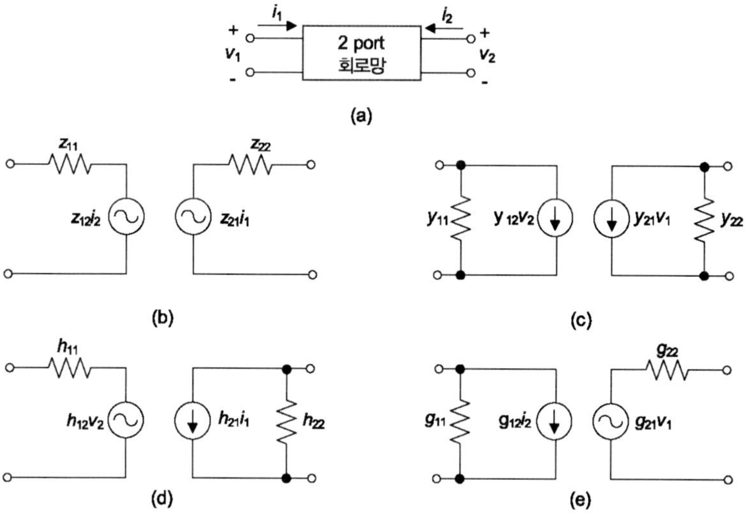

그림 7-1 (a) 2-port 회로망 (b) Z파라미터 (c) Y파라미터 (d) H파라미터 (e) G파라미터

만약 입력 포트에 테브닌의 정리를 적용하고 출력 포트에 노턴의 정리를 적용시킨다면 그림 7-1(d)와 같은 하이브리드 모델을 구할 수 있다. 입력측은 임피던스 h_{11}이 전원전압 $h_{12}v_2$와 직렬로 연결되고, 출력측은 어드미턴스 h_{22}에 의해서 전류원 $h_{21}i_1$이 분기되어 있다. 키르히호프의 전압 법칙을 h 파라미터 모델에 적용하면

$$v_1 = h_{11}i_1 + h_{12}v_2$$

$$i_2 = h_{21}i_1 + h_{22}v_2$$

로 표시된다. 계수 h_{11}, h_{12}, h_{21}, h_{22}를 하이브리드 파라미터라고 부르며, 간단하게 h 파라미터라고 한다. 이것은 저주파에서 공통 이미터, 공통 컬렉터, 공통베이스 증폭기의 해석에 사용된다.

만약 노턴의 정리가 입력 포트에 적용되고 출력 포트에 테브닌의 정리가 적용된다면 그림 7-1(e)와 같은 교류 모델을 구할 수 있는데 입력측은 전류원에 의해서 어드미턴스가 션트되어 있고, 출력측은 전압원이 임피던스와 직렬로 연결된다. 키르히호프의 전압 법칙을 적용하면

$$i_1 = g_{11}v_1 + g_{12}i_2$$

$$v_2 = g_{21}v_1 + g_{22}i_2$$

로 표시된다. 계수 g_{11}, g_{12}, g_{21}, g_{22}를 G 파라미터라 부른다.

7-2 h 파라미터의 의미

트랜지스터 회로를 해석하는 4가지 시스템을 설명했는데, 저주파에서 동작하는 트랜지스터의 해석에는 h 파라미터가 가장 적합하다. 따라서 이 장의 나머지 부분에서는 h 파라미터만을 사용하기로 한다. 그림 7-2(a)는 포트 전압과 포트 전류를 갖는 하이브리드 모델을 나타내고 있다. 포트의 전압은 그림에 표시된 것처럼 +, - 극성을 표시하고 전류도 포트로 유입되는 것을 +로 간주한다. 앞에서 표시한 대로 하이브리드 모델에 키르히호프의 전압 법칙을 적용하면 식 (7-1)과 식 (7-2)로 표시된다.

$$v_1 = h_{11}i_1 + h_{12}v_2 \tag{7-1}$$

$$i_2 = h_{21}i_1 + h_{22}v_2 \tag{7-2}$$

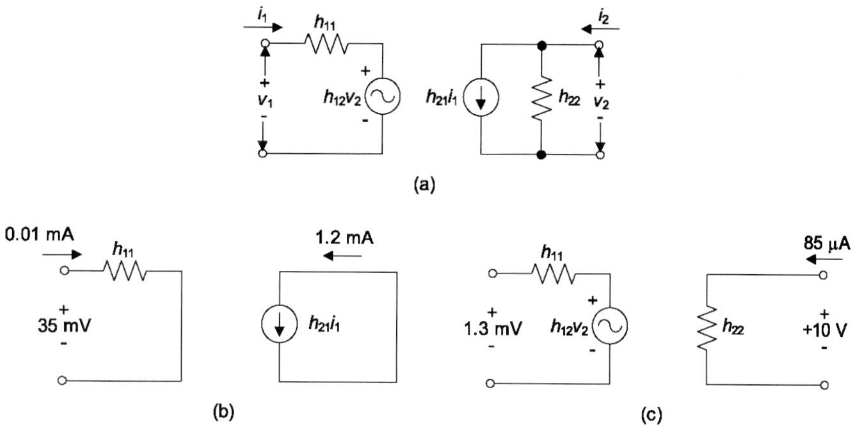

그림 7-2 (a) 하이브리드 모델 (b) 출력 단락 상태 (c) 입력 개방 상태

7-2-1 입력 임피던스 h_{11}

h_{11}과h_{21}의 물리적인 의미를 이해하기 위해서 다음 과정에 따라서 해석한다. 출력단자는 교류 단락으로 가정하면 $v_2 = 0$이 되며, 하이브리드 식은 식 (7–3)과 식 (7–4)로 표시된다.

$$v_1 = h_{11} i_1 \tag{7–3}$$

$$i_2 = h_{21} i_1 \tag{7–4}$$

식 (7–3)을 풀어보면

$$h_{11} = \frac{v_1}{i_1} \mid_{v_2 = 0, \text{출력단락상태}} \tag{7–5}$$

이는 전류로 전압을 나눈 차원이므로 h_{11}은 출력이 단락된 상태의 회로망의 입력 임피던스로 그림 7–2(b)에 표시된 것과 같다.

7-2-2 전류 이득 h_{21}

식 (7-4)를 풀면

$$h_{21} = \frac{i_2}{i_1} \mid_{v_2=0,\text{출력단락상태}} \quad (7\text{-}6)$$

이것은 입력 전류에 대한 출력 전류의 비이므로 h_{21}을 출력 단락 상태의 전류 이득이라고 부른다. $i_2 = 1.2\ \text{mA}$, $i_1 = 0.01\ \text{mA}$라고 가정하면

$$h_{21} = \frac{i_2}{i_1} = \frac{1.2\ \text{mA}}{0.01\ \text{mA}} = 120$$

이다. 여기서 h_{21}은 출력이 단락된 상태의 회로망의 전류 이득으로 그림 7-2(b)에 표시된 것과 같다.

7-2-3 역전압 이득 h_{12}

h_{12}와 h_{22}의 의미는 무엇인가? 입력 단자가 개방된다고 가정하면 $i_1 = 0$이고, 식 (7-1)과 식 (7-2)는 식 (7-7)과 식 (7-8)로 간략화된다.

$$v_1 = h_{12}v_2 \quad (7\text{-}7)$$

$$i_2 = h_{22}v_2 \quad (7\text{-}8)$$

식 (7-7)을 풀면

$$h_{12} = \frac{v_1}{v_2} \mid_{i_1=0,\text{입력개방상태}} \quad (7\text{-}9)$$

h_{12}는 출력 전압에 대한 입력 전압의 비로 입력 개방 상태의 역전압 이득이라고 부른다. 신호 발생기를 이용해서 출력을 구동시키고 입력측으로 귀환되는 신호를 측정하면 입력 개방 상태의 역전압 이득을 계산할 수 있다. 출력 포트를 구동하는 전압이 10 V이고, 입력 포트에 나타난 전압이 1.3 mV라고 가정하면

$$h_{12} = \frac{v_1}{v_2} = \frac{1.3 \text{ mV}}{10 \text{ V}} = 1.3 \times 10^{-4}$$

이다. 역전압 이득 h_{12}는 매우 작은 값이다. 따라서 h_{12}는 역방향으로는 회로가 잘 동작하지 않는다는 것을 의미한다. h_{12}는 입력 개방 상태의 역방향 이득으로 그림 7-2(c)와 같이 표시된다.

7-2-4 출력 어드미턴스 h_{22}

식 (7-8)을 풀면 식 (7-10)을 얻을 수 있다.

$$h_{22} = \frac{i_2}{v_2} \Big|_{i_1 = 0,\ \text{입력개방상태}} \tag{7-10}$$

h_{22}는 출력 전압에 대한 입력 전류의 비로 입력 개방 상태의 출력 어드미턴스라고 부른다. $i_2 = 85\ \mu\text{A}$, $v_2 = 10\ \text{V}$라고 가정하면

$$h_{22} = \frac{i_2}{v_2} = \frac{85\ \mu\text{A}}{10\ \text{V}} = 8.5\ \mu S$$

가 구해진다. S는 지멘스(simens) 단위이고 옴(ohms)의 역수이다. 그림 7-2(c)에서 h_{22}는 어드미턴스이다.

7-2-5 h 파라미터의 측정

트랜지스터의 출력측의 양단을 교류적으로 단락시키거나 입력을 교류적으로 개방시키는 것은 실험실에서 쉽게 만들 수 있기 때문에 제작자들이 트랜지스터의 소신호 특성을 h 파라미터로 측정해서 스펙을 제공하고 있다. 1 mA의 컬렉터 전류를 갖는 2N3904 공통 이미터 회로의 h 파라미터는 다음과 같다.

$$h_{11} = 3.5\ k\Omega,\ h_{12} = 1.3 \times 10^{-4},\ h_{21} = 120,\ h_{22} = 8.5\ \mu\text{S}$$

예제 7-1

$h_{11} = 10\ k\Omega$, $h_{12} = 0.5$, $h_{21} = 100$, $h_{22} = 2\ rnmS$, $i_1 = 1$ mA, $v_2 =$ 2V라고 가정할 때 v_1과 i_2는 어떻게 구해지는가?

(풀이) $v_1 = h_{11}i_1 + h_{12}v_2 = 10\ \Omega \times 1\ \text{mA} + 0.5 \times 2\ \text{V} = 11\ \text{V}$

$i_2 = h_{21}i_1 + h_{22}v_2 = 100 \times 1\ \text{mA} + 2\ \text{mS} \times 2\ \text{V} = 104\ \text{mA}$

7-3 해석 공식

그림 7-3(a)는 2-port 회로망을 구동하는 임피던스 r_S를 가지고 있으며 출력이 부하저항 r_L에 연결된 전압원 v_s를 표시하고 있다. 테브닌 교류 저항이 입력 단자를 구동시키고 부하저항 r_L은 출력 단자에 연결된 교류 부하 저항과 등가이다.

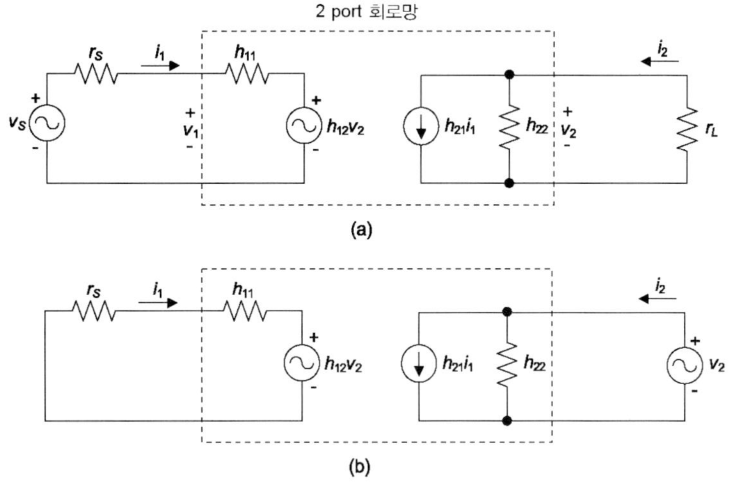

그림 7-3 (a) 부하 저항과 전원을 갖는 2-port회로망 (b) 출력 임피던스를 구동하기 위한 출력측 구동

만약 트랜지스터의 h 파라미터를 알고 있다면 정확한 전류 이득, 전압 이득, 입력 임피던스, 출력 임피던스를 구할 수 있다.

7-3-1 전류 이득

그림 7-3(a)에서

$$A_i = \frac{i_2}{i_1} \qquad (7-11)$$

이다. A_i는 전류 이득, i_2는 교류 출력 전류, i_1은 교류 입력 전류를 의미한다. i_1과 i_2는 부하 상태에서의 전류임을 기억해야 한다. 이런 전류 값들은 앞에서 구했던 출력 단락 상태의 전류 값과는 차이가 있다. 식 (7-2)를 식 (7-11)로 다시 쓰면

$$A_i = \frac{h_{21}i_1 + h_{22}v_2}{i_1} = h_{21} + h_{22}\frac{v_2}{i_1}$$

로 구해진다. 여기서 그림 7-3(a)를 살펴보면 $v_2 = -i_2 r_L$임을 알 수 있다.

이 값을 식에 대입시키면 $A_i = h_{21} - h_{22}\frac{i_2 r_L}{i_1} = h_{21} - A_i h_{22} r_L$이 된다. 식의 양변을 정리하고 전류 이득 A_i를 구하면 식 (7-12)가 구해진다.

$$A_i = \frac{h_{21}}{1 + h_{22} r_L} \tag{7-12}$$

$h_{21} = 120, h_{22} = 8.5\ \mu\mathrm{S}, r_L = 3.6\ \mathrm{k}\Omega$이라고 가정하면 전류 이득은 116이다.

$$A_i = \frac{h_{21}}{1 + h_{22} r_L} = \frac{120}{1\ +\ (8.5 \times 10^{-6} \times 3.6 \times 10^{3})} = 116$$

이 예제에서 사용된 h 값은 1 mA의 직류 컬렉터 전류를 갖는 2N3904의 h 파라미터이다. 부하 상태의 2N3904의 전류 이득은 출력 단락 상태에서 갖는 전류 이득보다 작다는 것을 확인할 수 있다(116 대 120). 전류원의 출력 임피던스를 고려해 보자. 앞 장에서는 컬렉터 전류원을 이상적으로 취급했다. 이제 출력 어드미턴스 h_{22}를 사용함으로써 전원 임피던스를 포함시킬 수 있다. h_{22}의 역수를 취하면 118 kΩ의 임피던스가 구해진다.

$$\frac{1}{h_{22}} = \frac{1}{8.5\ \mu\mathrm{S}} = 118\ \mathrm{k}\Omega$$

8.5 μS의 출력 어드미턴스는 118 kΩ의 출력 임피던스와 같다는 의미이다. 이런 임피던스가 전류원의 전류를 션트(shunt)시켜서 전류 이득을 약간 적게 한다.

7-3-2 전압 이득

그림 7-3(a)에서 $A_v = \frac{v_2}{v_1}$이다. A_v는 전압 이득, v_2는 교류 출력 전압, v_1은 교류 입력 전압을 의미한다. 식 (7-1)에서

$$A_v = \frac{v_2}{h_{21}i_1 + h_{22}v_2} = \frac{-i_2 r_L}{h_{11} - h_{12}i_2 r_L}$$

로 구해진다. 분모와 분자를 i_2로 나누면 $A_v = \frac{-r_L}{(h_{11}/A_i) - h_{12}r_L}$이 된다.

식 (7-12)를 사용해서 위 식을 다시 정리하면 식 (7-13)을 구할 수 있다.

$$A_v = \frac{-h_{21}r_L}{h_{11} + (h_{11}h_{22} - h_{12}h_{21})r_L} \tag{7-13}$$

2N3904의 h 파라미터를 사용하고 부하 저항을 3.6 KΩ이라고 가정하면,

$$h_{11}h_{22} - h_{12}h_{21} = 3.5 \times 10^3 \times 8.5 \times 10^{-6} - 1.3 \times 10^{-4} \times 120 = 0.0142$$

이므로

$$A_v = \frac{-h_{21}r_L}{h_{11} + (h_{11}h_{22} - h_{12}h_{21})r_L} = \frac{-(120 \times 3600)}{3500 + (0.0412 \times 3600)} = -121.7$$

이 구해진다. 여기서 – 부호는 위상이 반전된다는 사실을 나타낸다.

7-3-3 입력 임피던스

부하가 걸린 2-port 회로망의 입력 임피던스는

$$z_{in} = \frac{v_1}{i_1} = \frac{h_{11}i_1 + h_{12}v_2}{i_1} = h_{11} + \frac{h_{12}v_2}{i_1}$$

이다. $v_2 = -i_2 r_L$이므로

$$z_{in} = h_{11} - \frac{h_{12}i_2 r_L}{i_1} = h_{11} - A_i h_{12} r_L$$

이 되고 식 (7-12)를 사용해서 위 식을 정리하면 식 (7-14)가 구해진다.

$$z_{in} = h_{11} - \frac{h_{12}h_{21}r_L}{1 + h_{22}r_L} \tag{7-14}$$

2N3904의 h 파라미터를 사용하고 부하 저항이 3.6 kΩ이라고 가정하면

$$z_{in} = h_{11} - \frac{h_{12}i_2r_L}{1 + h_{22}r_L} = 3.5\ \text{k}\Omega - \frac{(1.3 \times 10^{-4} \times 120 \times 3.6 \times 10^3)}{1 + 8.5 \times 10^{-6} \times 3.6 \times 10^3} = 3.45\ \text{k}\Omega$$

이다.

7-3-4 출력 임피던스

출력 임피던스를 구하기 위해서 그림 7-3(b)에 표시된 것처럼 전원전압을 0 V까지 감소시킨다. 출력 단자는 v_2의 신호에 의해서 구동된다. v_2에 대한 i_2의 비가 2-port 회로망의 출력 임피던스이다. 출력 임피던스는 식 (7-15)와 같다.

$$z_{out} = \frac{v_2}{i_2} = \frac{v_2}{h_{21}i_1 + h_{22}v_2} \tag{7-15}$$

입력측에 옴의 법칙을 적용하면 $i_1 = \dfrac{-h_{12}v_2}{r_s + h_{11}}$이다. 식 (7-15)에 대입해서 위 식을 다시 정리하면 식 (7-16)을 얻을 수 있다.

$$z_{out} = \frac{r_s + h_{11}}{(r_s + h_{11})h_{22} - h_{12}h_{21}} \tag{7-16}$$

2N3904의 h 파라미터를 사용하고 전원 저항이 1 kΩ이라고 가정하면,

$$z_{out} = \frac{1\ \text{k}\Omega + 3.5\ \text{k}\Omega}{(4.5\ \text{k}\Omega \times 8.5 \times 10^{-6}) - (1.3 \times 10^{-4} \times 120)} = 199\ \text{k}\Omega$$

이다.

7-4 공통 이미터 회로 해석

트랜지스터의 h 파라미터는

출력 단락 상태의 입력 임피던스 $h_i = h_{11}$

입력 개방 상태의 역전압 이득 $h_r = h_{12}$

출력 단락 상태의 순방향 전류 이득 $h_f = h_{21}$

입력 개방 상태의 출력 어드미턴스 $h_o = h_{22}$

로 표시된다.

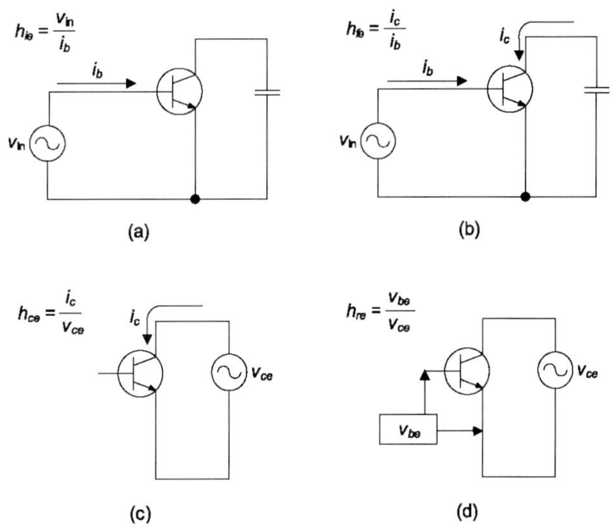

그림 7-4 h 파라미터 측정

이것을 잘 기억하기 위해서 첨자가 의미하는 단어를 잘 이해해야 한다.

i = input, r = reverse, f = forward, o = output

트랜지스터의 h 파라미터는 공통 컬렉터, 공통 이미터, 공통 베이스와 같이 어떤 접지 방식을 사용하느냐에 따라서 달라진다. 문자 e는 공통 이미터를, 문자 c는 공통 컬렉터를, 문자 b는 공통 베이스를 의미한다. 표 7-1은 일반적으로 사용되는 트랜지스터의 h 파라미터를 요약한 것이다. 공통 이미터 방식에는 그림 7-4에 표시된 것처럼 h_{ic}, h_{rc}, h_{fc}, h_{oc}로 표시된다.

1 mA 컬렉터 동작 전류를 갖는 2N3904의 h 파라미터를 기록한 데이터 시트에는 $h_{ic} = 3.5\ \text{k}\Omega$, $h_{rc} = 1.3 \times 10^{-4}$, $h_{fc} = 120$, $h_{oc} = 8.5\ \mu\text{S}$로 표시되어 있다.

표 7-1 일반적으로 사용되는 트랜지스터의 h 파라미터 관계식

일반적인 표시	공통 이미터	공통 컬렉터	공통 베이스
h_{11}	h_{ie}	h_{ic}	h_{ib}
h_{12}	h_{re}	h_{rc}	h_{rb}
h_{21}	h_{fe}	h_{fc}	h_{fb}
h_{22}	h_{oe}	h_{oc}	h_{ob}

공통 이미터 증폭기의 h 파라미터 공식은 아래와 같이 표시된다.

$$A_i = \frac{h_{fc}}{1 + h_{oc} r_L} \tag{7-17}$$

$$A_v = \frac{-h_{fc} r_L}{h_{ic} + (h_{ic} h_{oc} - h_{rc} h_{fc}) r_L} \tag{7-18}$$

$$z_{\in} = h_{ic} - \frac{h_{rc} h_{fc} r_L}{1 + h_{oc} r_L} \tag{7-19}$$

$$z_{out} = \frac{r_s + h_{ic}}{(r_s + h_{ic}) h_{oc} - h_{rc} h_{fc}} \tag{7-20}$$

7-5 h 파라미터의 변화

h 파라미터는 Q점에 따라서 달라진다. 그림 7-5(a)는 2N3904의 일반적인 h_{ic}값을 표시하고 있다. 그림에 표시된 것처럼 동작점의 컬렉터 전류가 증가하면 h_{ic}는 감소한다. 컬렉터 전류가 1 mA일 때 h_{ic}는 대략 3.5 kΩ이 된다. 얼리 효과를 다시 회상하면 컬렉터 전압이 증가할 때 베이스 전류는 감소하게 된다. 이것은 출력회로가 입력 회로에 영향을 미친다는 것을 의미한다. 역전압 이득 h_{rc}는 얼리 효과를 측정한 것과 같다는 것을 알 수 있다.

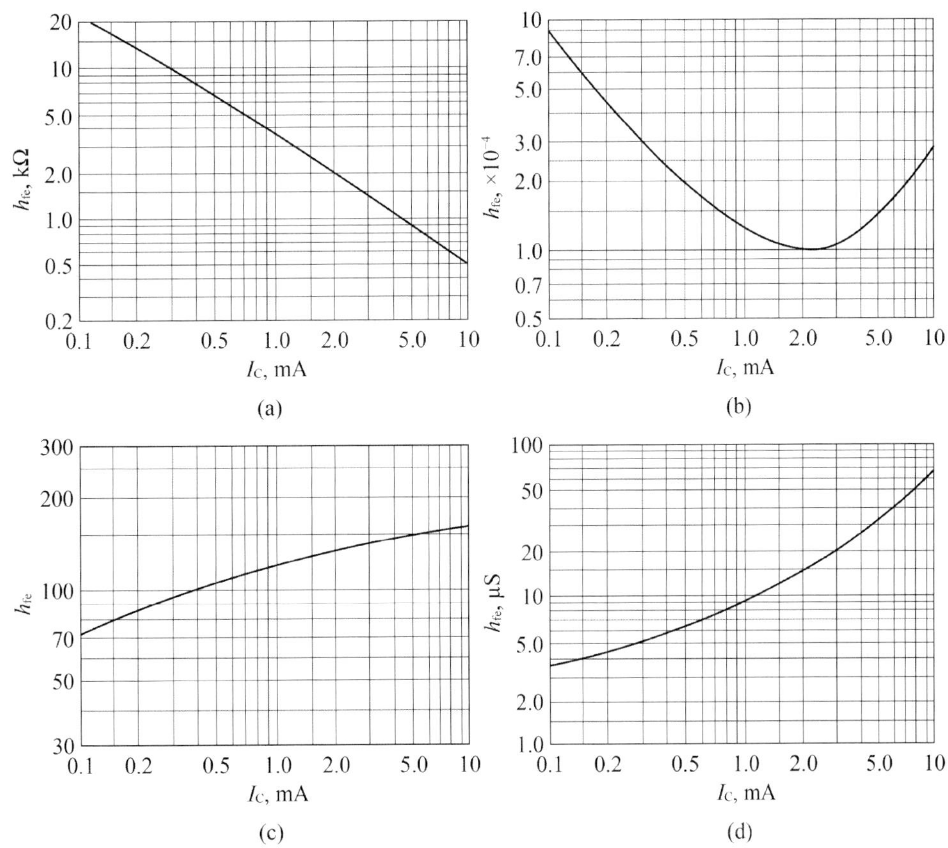

그림 7-5 h 파라미터 그래프 (a) 입력 임피던스 (b) 역전압 이득 (c) 순방향 전류이득 (d)출력 어드미턴스

그림 7-5(b)는 2N3904의 h_{rc}가 변화하는 것을 표시한 것으로 역전압 이득이 대략 2 mA의 전류에서 최소가 된다는 점을 주의해야 한다. 컬렉터 전류의 위아래에서 h_{rc}가 증가하는데 이것은 얼리 효과가 커진다는 의미이다. h_{fc}는 β와 같은 값이다. 그림 7-5(c)는 h_{fc}의 변화를 표시하고 있다. I_C가 0.1 mA에서 10 mA까지 변화하는 동안 h_{fc}가 어떻게 변화하는가를 유의해야 한다.

비록 그림에는 표시되지 않았지만 h_{fc}는 어떤 높은 전류에서 최대가 되었다가 다시 감소하게 된다. 끝으로 그림 7-5(d)는 동작점의 컬렉터 전류가 갖는 h_{oc}의 변화를 표시하고 있다. 출력 어드미턴스 h_{oc}는 높은 컬렉터 전류에서 증가한다. 이것은 컬렉터 전류가 증가할 때 전류원의 출력 임피던스가 감소한다는 뜻이다.

7-5-1 이미터 다이오드의 교류 저항

이미 $\beta = h_{fc}$라는 것은 알고 있는 사실이며, h_{ic}는 출력이 단락된 상태의 공통 이미터 트랜지스터의 입력 임피던스라는 것도 알고 있다. 공통 이미터 트랜지스터의 $z_{in(basc)}$가 $\beta r_c'$와 같다는 사실도 알고 있다. 교류 이미터 저항은 식 (7-21)을 통해 구할 수 있다.

$$h_{ic} = \beta r_c' = h_{fc} r_c', r_c' \cong \frac{h_{ic}}{h_{fc}} \tag{7-21}$$

식 (7-21)은 h 파라미터와 r_c'의 관계식으로 매우 유용하게 사용된다.

2N3904는 $I_C = 1\ \text{mA}$에서 $h_{ic} = 3.5\ \text{k}\Omega$, $h_{fc} = 120$이므로 $r_c' = \dfrac{3.5\ \text{k}\Omega}{120} = 29.2\ \Omega$이다. 이것은 이상적인 저항 25 Ω 보다 조금 큰 크기이지만(25 대 29.2), 이런 오차가 발생되는 것은 2N3904의 접합이 비선형 특성을 갖기 때문이다.

지금까지는 r_c' 를 $\dfrac{25\ \text{mV}}{I_E}$로 계산했으나 식 (7-21)은 소신호 트랜지스터용 데이터 시트에 기록된 h 파라미터를 사용해서 계산하게 되므로 좀 더 정확한 r_c' 를 구할 수 있다. 이런 값들은 앞장에서 간단한 근사법을 사용해서 구한 값들보다 더 정확한 값을 제공해 준다. $I_C = 1\ \text{mA}$이고, $R_C = 5\ \text{k}\Omega$이라고 가정하면 이상적인 전압 이득은

$A_v = -\dfrac{5000\ \Omega}{25\ \Omega} = -200$이다.

여기서 식 (7-21)을 사용하면 r_e' 는 29.2 Ω이 된다. 따라서 정확한 전압 이득은 $A_v = -\dfrac{5000\ \Omega}{29.2\ \Omega} = -171$이 된다. 여기서 식 (7-18)을 사용해서 아주 정확한 전압 이득을 계산하면 $A_v = \dfrac{-120 \times 5000\ \Omega}{3500\ \Omega + (0.0142 \times 5000\ \Omega)} = -168$이 된다.

예제 7-2

그림 7-6(a)에 표시된 회로에서 파라미터를 사용해서 전압 이득, 입력 임피던스, 출력 임피던스를 구하시오.

(풀이) 직류 이미터 전류는 대략 1 mA이다. 따라서 2N3904의 일반적인 h 파라미터 값을 데이터 시트에서 읽으면 $h_{ie} = 3.5\ \text{k}\Omega$, $h_{re} = 1.3 \times 10^{-4}$, $h_{fe} = 120$, $h_{oe} = 8.5\ \mu\text{S}$이다. 이것은 트랜지스터 자체에만 적용할 수 있는 값들이다. h 파라미터를 사용하고자 할 때 기본적인 접근방법은 그림 7-6(b)에 표시한 것처럼 베이스를 구동시키는 회로를 테브닌화하는 일이다. 여기서 r_s는 643 Ω이다. 이와 유사하게 교류 부하 저항 r_L은 3.6 kΩ과 1.5 kΩ의 합성 저항으로 1.06 kΩ이 된다. 이제 그림 7-6(b)의 트랜지스터는 h 파라미터를 사용할 수 있는 2-port 회로망처럼 동작한다. 따라서 식 (7-18)을 이용해서 전압 이득을 구할 수 있다.

$$A_v = \frac{-120 \times 1060\ \Omega}{3500\ \Omega + (0.0142 \times 1060\ \Omega)} = -36.2$$

식 (7-19)로 부터 z_{in}을 구하면

$$z_{in} = 3.5\ \text{k}\Omega - \frac{1.3 \times 10^{-4} \times 120 \times 1060\ \Omega}{1\ +\ (8.5 \times 10^{-6} \times 1060\ \Omega)} = 3.48\ \text{k}\Omega$$

식 (7-20)으로부터 z_{out}을 구하면

$$z_{out} = \frac{643\ \Omega + 3500\ \Omega}{(4143 \times 8.5 \times 10^{-6})\ -\ (1.3 \times 10^{-4} \times 120)} = 211\ \text{k}\Omega$$

이다.

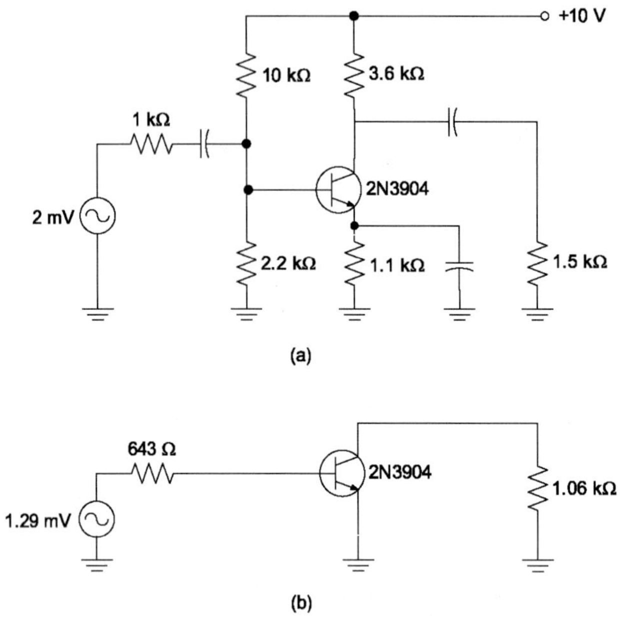

그림 7-6 (a) 공통 이미터 증폭기 (b) 교류 등가회로

7-6 공통 컬렉터 증폭기 해석

이미터 폴로어를 해석하기 위해서는 공통 컬렉터 증폭기의 h 파라미터인 h_{ic}, h_{rc}, h_{fc}, h_{oc}를 사용해야 한다. 앞에서 이미 유도한 공식에 h 파라미터를 대입하면 식 (7-22), (7-23), (7-24), (7-25)를 얻을 수 있다.

$$A_i = \frac{h_{fc}}{1 + h_{oc} r_L} \tag{7-22}$$

$$A_v = \frac{-h_{fc} r_L}{h_{ic} + (h_{ic} h_{oc} - h_{rc} h_{fc}) r_L} \tag{7-23}$$

$$z_{in} = h_{ic} - \frac{h_{rc} h_{fc} r_L}{1 + h_{oc} r_L} \tag{7-24}$$

$$z_{out} = \frac{r_s + h_{ic}}{(r_s + h_{ic})h_{oc} - h_{rc}h_{fc}} \tag{7-25}$$

이 식들을 사용하면 이미터 폴로어의 입력 임피던스, 전압 이득,출력 임피던스를 정확하게 계산할 수 있다. 그러나 한 가지 가벼운 문제점에 있는데, 그것은 데이터 시트에는 공통 이미터의 h 파라미터만 기록되어 있기 때문에 이미터 폴로어에서 사용하기 위해서는 다음의 변환 과정을 거쳐야 한다.

$$h_{ic} = h_{ic},\ h_{rc} = 1 - h_{rc},\ h_{fc} = -(1 + h_{fc}),\ h_{oc} = h_{oc}$$

예제 7-3

그림 7-7(a)에 표시된 공통 컬렉터 증폭기(이미터 폴로어)의 정확한 전류 이득, 전압 이득, 입력 임피던스, 출력 임피던스를 계산하시오.

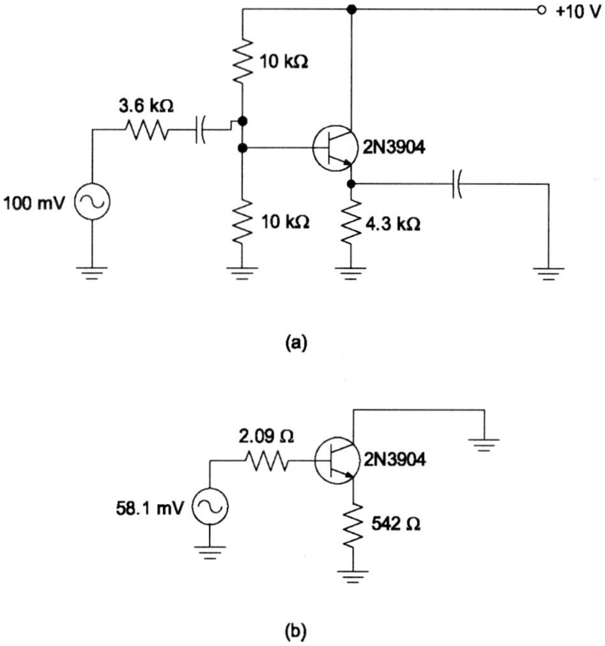

그림 7-7 (a) 공통 컬렉터 증폭기 (b) 교류 등가회로

(풀이) 2N3904는 동작점에서 대략 1 mA의 컬렉터 전류를 갖는다. 일반적인 공통 이미터의 h 파라미터는 $h_{ie} = 3.5\ \text{k}\Omega$, $h_{re} = 1.3 \times 10^{-4}$, $h_{fe} = 120$, $h_{oe} = 8.5\ \mu\text{S}$이다. 이 식을 변환하면 $h_{ic} = h_{ie}$

$= 3.5\ \text{k}\Omega$, $h_{rc} = 1 - h_{re} = 1 - 1.3 \times 10^{-4} \cong 1$, $h_{fc} = -(1 + h_{fe}) = -(1 + 120) = -121$, $h_{oc} = h_{oe} = 8.5\ \mu\text{S}$이다.

베이스 회로를 테브닌화하고 출력 저항을 연결하면 그림 7-7(b)와 같은 등가회로를 구할 수 있다. 식 (7-22),(7-23),(7-24),(7-25)를 사용하면 다음을 계산할 수 있다.

$$A_i = \frac{-121}{1 + (8.5 \times 10^{-6} \times 542)} = -120$$

$$h_{ic}h_{oc} - h_{rc}h_{fc} = (3.5 \times 10^3 \times 8.5 \times 10^{-6}) - 1 \times (-121) = 121$$

$$A_v = \frac{121 \times 542}{3500 + (121 \times 542)} = 0.949$$

$$z_{in} = 3.5\ \text{k}\Omega - \frac{(-121) \times 542}{1 + (8.5 \times 10^{-6} \times 542)} = 68.8\ \text{k}\Omega$$

$$z_{out} = \frac{2.09\ \text{k}\Omega + 3.5\ \text{k}\Omega}{(5590 \times 8.5 \times 10^{-6}) + 121} = 46.2\ \Omega$$

7-7 공통 베이스 증폭기 해석

공통 베이스 증폭기를 해석하기 위해서는 공통 베이스 증폭기 파라미터인 h_{ib}, h_{rb}, h_{fb}, h_{ob}가 필요하게 되고 전류 이득, 전압 이득, 입력 임피던스, 출력 임피던스 공식은 식 (7-26),(7-27),(7-28),(7-29)와 같다.

$$A_i = \frac{h_{fb}}{1 + h_{ob}r_L} \tag{7-26}$$

$$A_v = \frac{-h_{fb}r_L}{h_{ib} + (h_{ib}h_{ob} - h_{rb}h_{fb})r_L} \tag{7-27}$$

$$z_{in} = h_{ib} - \frac{h_{rb}h_{fb}r_L}{1 + h_{ob}r_L} \tag{7-28}$$

$$z_{out} = \frac{r_s + h_{ib}}{(r_s + h_{ib})h_{ob} - h_{rb}h_{fb}} \tag{7-29}$$

공통 이미터 파라미터 h_c를 공통 베이스 파라미터 h_b로 변환시키기 위해서 다음의 변환 공식을 사용하면 식 (7-30), (7-31), (7-32), (7-33)을 얻을 수 있다.

$$h_{ib} = \frac{h_{ic}}{(1+h_{fc})(1-h_{rc})+h_{ic}h_{oc}} \tag{7-30}$$

$$h_{rb} = \frac{h_{ic}h_{oc}-h_{rc}(1+h_{fc})}{(1+h_{fc})(1-h_{rc})+h_{ic}h_{oc}} \tag{7-31}$$

$$h_{fb} = \frac{-h_{fc}(1-h_{rc})-h_{ic}h_{oc}}{(1+h_{fc})(1-h_{rc})+h_{ic}h_{oc}} \tag{7-32}$$

$$h_{0b} = \frac{h_{oc}}{(1+h_{fc})(1-h_{rc})+h_{ic}h_{oc}} \tag{7-33}$$

예제 7-4

그림 7-8(a)에 표시된 공통 베이스 증폭기의 전류 이득, 전압 이득, 입력 임피던스, 출력 임피던스를 계산하시오.

(풀이) 동작점의 컬렉터 전류는 대략 1 mA이다. 따라서 앞에서 사용한 공통 이미터 파라미터를 이용한다.

$$(1+h_{fc})(1-h_{rc})+h_{ic}h_{oc} = (1+120)(1-0.00013)+(3500\times 8.5\times 10^{-6}) = 121$$

이므로

$$h_{ib} = \frac{3500\ \Omega}{121} = 28.9\ \Omega,$$

$$h_{rb} = \frac{(3500\times 8.5\times 10^{-6})-1.3\times 10^{-4}\times(1+120)}{121} = 1.16\times 10^{-4}$$

$$h_{fb} = \frac{-120(1-0.00013)-(3500\times 8.5\times 10^{-6})}{121} = -0.992$$

$$h_{ob} = \frac{8.5\ \mu S}{121} = 0.0702\ \mu S$$

이다.

입력측을 테브닌화시키고 부하 저항을 연결하면 그림 7-8(b)와 같은 교류 등가회로를 구할 수 있다.

$$A_i = \frac{-0.992}{1\ +\ (7.02\times 10^{-8}\times 2450)} = -0.992$$

$$h_{ib}h_{ob}-h_{rb}h_{fb} = (28.9\times 7.02\times 10^{-8})-(1.16\times 10^{-4}\times(-0.992)) = 1.17\times 10^{-4}$$

$$A_v = \frac{0.992 \times 2450}{28.9 + (1.17 \times 10^{-4} \times 2450)} = 83.3$$

$$z_{in} = 28.9\ \Omega - \frac{1.16 \times 106 - 4 \times (-0.992) \times 2450}{1\ +\ (7.02 \times 10^{-8} \times 2450)} = 29.2\ \Omega$$

$$z_{out} = \frac{50\ \Omega + 28.9\ \Omega}{(78.9 \times 7.02 \times 106 - 8) - (1.16 \times 10^{-4} \times (-0.992))} = 654\ \mathrm{k}\Omega$$

이다.

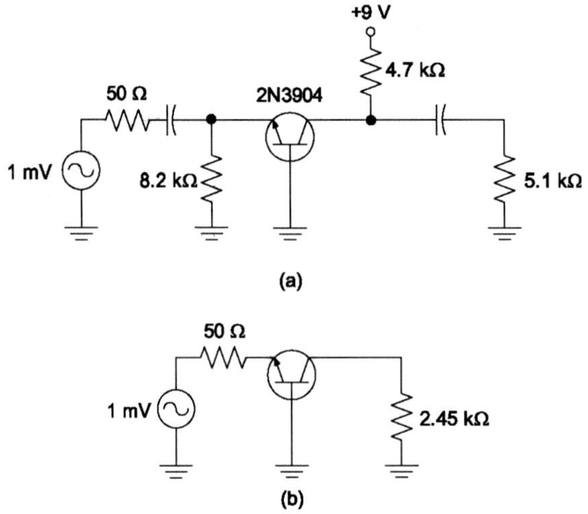

그림 7-8

CHAPTER

07 기초문제

1. 일반적인 two port 회로를 그리고 전압 전류의 관계를 나타내는 h 파라미터 공식을 쓰시오.

2. 트랜지스터를 two port 회로로 구성할 수 있는 이유는 무엇인가? h 파라미터 공식을 쓰시오.

3. 트랜지스터의 h 파라미터는 직류 바이어스 레벨에 영향을 받는가? 그렇다면 왜 그런가?

4. 일반적으로 무시할 수 있는 h 파라미터는 어떤 것인가? 왜 그런가?

5. 트랜지스터의 2N3904의 파라미터 모델을 그리고 일반적인 크기를 표시하시오.

6. 트랜지스터의 h 파라미터에 대한 다음 설명 중 옳지 않은 것은 무엇인가?
   (a) $h_{rc} = 1$이다.
   (b) h_{ic} 정수는 측정 시 출력단을 개방시킨다.
   (c) h_{fc}는 보통 270 HZ에서 1 kHz 사이의 주파수 값을 갖는다.
   (d) $h_{oc} = h_{oc}$이다.

7. 트랜지스터의 h 파라미터를 나타낸 식으로 다음 중 잘못된 것은 무엇인가?
   (a) $h_{fc} = \dfrac{\Delta I_C}{\Delta I_B} \mid$ 출력단락상태
   (b) $h_{rc} = \dfrac{\Delta V_{BE}}{\Delta V_{CE}} \mid$ 입력개방상태
   (c) $h_{ic} = \dfrac{\Delta V_{BE}}{\Delta I_B} \mid$ 출력단락상태
   (d) $h_{oc} = \dfrac{\Delta I_C}{\Delta V_{BE}} \mid$ 입력개방상태

8. 트랜지스터의 공통 이미터 회로와 공통 베이스 회로를 이용해서 다음의 관계식을 해석하고 옳은 것을 고르시오.

(a) $h_{fc}=\dfrac{h_{fb}}{1-h_{fb}}$　　(b) $h_{fb}=\dfrac{h_{fc}}{1-h_{fc}}$

(c) $h_{fc}=\dfrac{h_{fb}}{1+h_{fb}}$　　(d) $h_{fb}=\dfrac{-h_{fc}}{1+h_{fc}}$

9. 공통 이미터 회로의 출력 어드미턴스 h_{oc}와 공통 컬렉터 회로의 출력 어드미턴스 h_{oc}의 관계식은 어떻게 표시되는가?

(a) $h_{oc}=h_{oc}$　　(b) $h_{oc}=\dfrac{h_{oc}}{1+h_{fc}}$

(c) $h_{oc}=-\dfrac{h_{oc}}{h_{fc}}$　　(d) $h_{oc}=-\dfrac{h_{fc}}{h_{oc}}$

10. 트랜지스터의 정적 특성에서 $V_{CE}=6$ V일 때 I_B를 50 μA에서 200 μA까지 변화시킬 경우, V_{BE}가 0.1 V에서 0.25 V로 변화된다면 h_{ic}는 얼마의 크기를 갖는가?

(a) 120 0Ω　(b) 1000 Ω　(c) 800 Ω　(d) 600 Ω

11. 트랜지스터의 I_B가 100 mA에서 V_{CE}를 5.5 V에서 5.7 V로 변화시켰을 때 I_C가 200 mA에서 250 mA로 변환된다면 트랜지스터의 h_{oc}는 얼마의 크기를 갖는가?

(a) 0.25 Ω　(b) 0.75 Ω　(c) 2.25 Ω　(d) 4 Ω

12. 트랜지스터의 h 파라미터 중에서 그 절댓값이 1보다 작은 것은 무엇인가?

(a) h_{ic} (b) h_{rc} (c) $\frac{1}{h_{oc}}$ (d) h_{fc}

13. 공통 이미터형 증폭기에서 $R_L = 1\ \text{k}\Omega$, $h_{fc} = 98$, $h_{ic} = 2\ \text{k}\Omega$ 일 때 전류 이득은 얼마인가?

(a) 50 (b) 75 (c) 98 (d) 100

CHAPTER 07 연습문제

1. 2N4401이 2 mA의 컬렉터 전류를 갖는 동작점에서 갖는 h 파라미터 //값을 → 값은 $h_{ic} = 3\ \text{k}\Omega$, $h_{rc} = 0.45 \times 10^{-4}$, $h_{fc} = 225$, $h_{oc} = 23\ \mu\text{S}$이다. 만약 $r_s = 600\ \Omega$, $r_L = 2\ \text{k}\Omega$이라고 가정하고 공통 이미터 증폭기에서의 A_i, A_v, z_{in}, z_{out}을 구하시오.

2. 그림 7-9에서 첫째 단의 A_i와A_v를 구하시오.

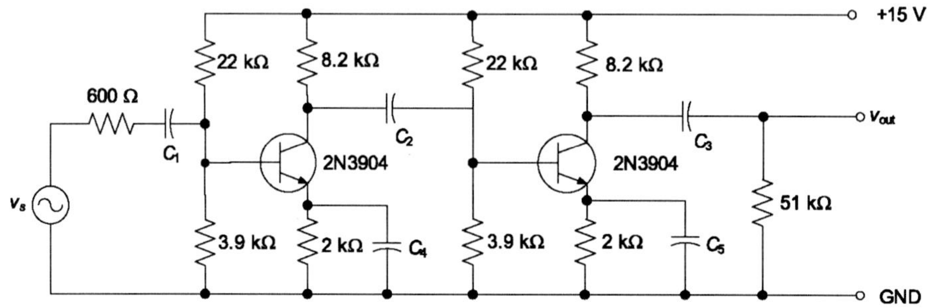

그림 7-9

3. 그림 7-10에서 둘째 단의 A_i와 A_v를 구하시오.

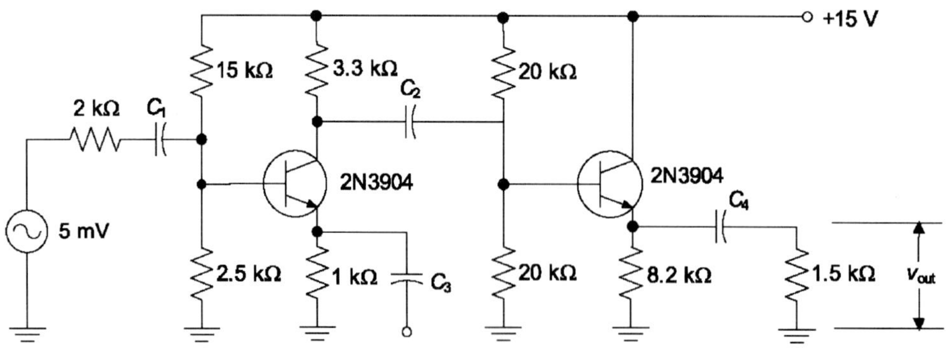

그림 7-10

4. 그림 7–9의 최종 부하 저항 양단에서 교류신호를 볼 수 없다면 다음 중 어떤 고장이 발생할 수 있는가?

(a) 콘덴서 C_1이 단락 상태

(b) 콘덴서 C_4가 개방 상태

(c) 콘덴서 C_2가 개방 상태

(d) 콘덴서 C_5가 개방 상태

(e) 콘덴서 C_3가 단락 상태

5. 그림 7–11에 표시된 회로에서 Z_{in}과 A_v를 결정하시오. 2N4400의 h_{ic}와 h_{fc}는 $I_C =$ 1 mA에서 $h_{ic} = 1.94\ \mathrm{k}\Omega$, $h_{fc} = 71$로 주어진다.

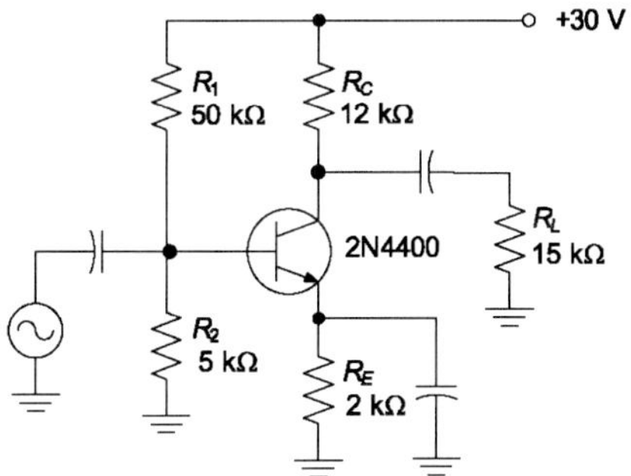

그림 7–11

6. 증폭기 2N4400은 $I_{CQ}=5$ mA, $R_C=460\ \Omega$를 가지고 있다. 회로에 대한 A_v를 결정하시오. 그림 7-12의 특성 곡선을 참조하시오.

h PARAMETERS

V_{CE} = 10 Vdc, f = 1.0 kHz, T_A = 25°C

This group of graphs illustrates the relationship between h_{fe} and other "h" parameters for this series of transistors. To obtain these curves, a high–gain and a low–gain unit were selected from both the 2N4400 and 2N4401 lines, and the same units were used to develop the correspondingly numbered curves on each graph.

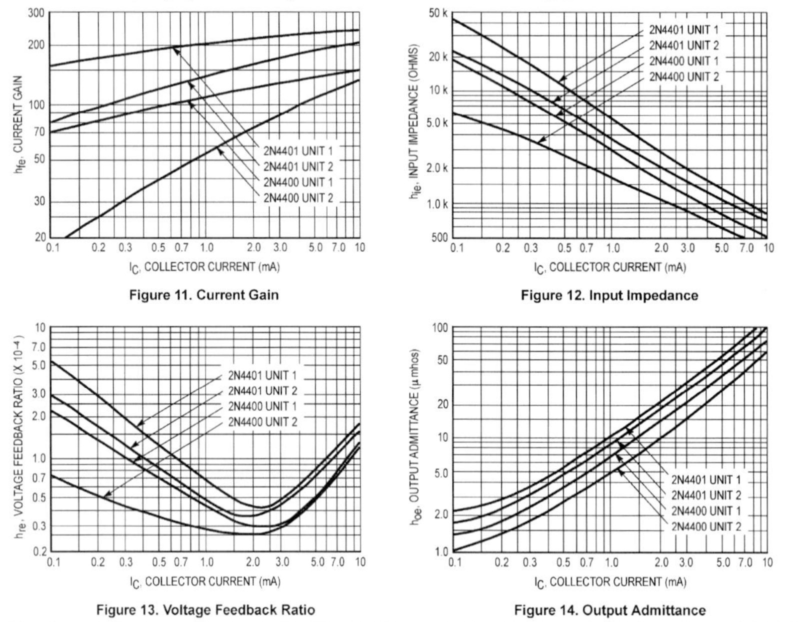

그림 7-12 (출처: Motorola, Inc. 1996)

CHAPTER

08

전력 증폭기

여러 증폭단의 전압 이득을 거치면 신호의 스윙은 부하선 전체를 사용하게 된다. 전압 이득 이후의 이득은 전류 이득이어야 한다. 다단 증폭기의 최종 증폭단에서는 전압 이득보다 전력 이득을 더 중요시한다. 마지막 증폭단에서는 부하 저항이 작아지기 때문에 컬렉터 전류가 커지게 된다. 일반적인 AM 라디오에서 라우드 스피커의 임피던스인 최종 부하 저항은 대략 3.2 Ω 정도이다. 최종 증폭단은 이런 낮은 임피던스를 구동하기 위해서 충분히 큰 전류를 공급받아야 한다. 소신호용 트랜지스터의 전력정격은 $\frac{1}{2}$ W보다 작고 전력 트랜지스터는 $\frac{1}{2}$ W보다 큰 전력정격을 갖는다. 소신호용 트랜지스터는 일반적으로 신호 전력이 낮기 때문에 시스템의 앞 단 근처에서 사용되고, 전력 트랜지스터는 신호전력이 높기 때문에 시스템의 마지막 증폭단에 사용된다.

8-1 서론

좀 더 세게! 이것은 오늘날의 TV 인기 코미디 프로그램에서 사용되는 상투적인 어구이다. 점점 더 효과 있는 전력 사용을 위해서 전자 산업이 꾸준히 노력하고 있다는 것을 아주 잘 나타내고 있다. 라디오 헤드폰을 구동시키는 데는 몇 와트의 전력만이 필요하지만, 거대한 스피커에는 100와트 혹은 그 이상의 전력이 필요하다. 이런 경우에는 그림 8-1에 표시된 것처럼 머리가 삐죽삐죽 서고 고막이 떨어져 나갈지도 모른다.

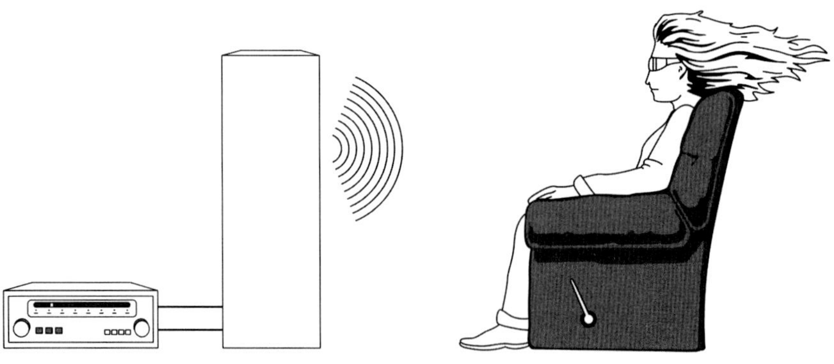

그림 8-1 전력

전형적인 증폭기는 그림 8-2에 표시된 것처럼 구성된다. 프리 앰프(전치 증폭기)는 턴테이블, 마이크로폰, 또는 다른 장치에 의해서 발생되는 매우 작은 신호를 증폭시키는 데 사용된다.

그림 8-2 전형적인 증폭기의 구성도

증폭기의 중간 단계에서는 신호의 세기와 주파수 응답 형태가 더욱 증가한다. 이런 증폭기들이 갖는 가장 중요한 특징은 발생될 이득량과 주파수 반응이다. 마지막으로 출력단은 부하를 구동하기에 충분한 전력이 공급된다. 전력 증폭단이 갖는 가장 중요한 특성은 다음과 같다.

▣ **증폭기의 선형성**: 입력에 정현파를 인가하면 출력에서도 정현파를 얻을 수 있는가? 이것은 클래식과 오페라와 같은 고성능 응용에 매우 중요하지만 꽝꽝거리는 거친 춤에서는 덜 중요하다.

▣ **부하에 전달되는 최대 전력**: 작은 개인 라디오는 앞서 말한 100와트용 스피커를 구동시킬 수 없다. 부하에 전달되는 전력은 부하에 인가될 수 있는 최대 전압에 비례한다. 따라서 맨 처음 최대 전력을 구해야 한다.

▣ **전력 전달의 효율**: 전력 낭비를 원치 않고, 증폭기의 사용으로 부하에 전달된 대부분의 전력을 사용하기 원한다. 아주 선형적인 증폭기는 효율이 매우 좋지 않음을 알 수 있다.

▣ **증폭기를 구성하는 트랜지스터의 소비 전력**: 어린이는 어른의 일을 감당할 수 없다. 신호 증폭 응용에 사용되는 트랜지스터는 전력 응용에 사용될 때 잘 녹아 버린다. 그림 8-3은 저전력, 중전력, 고전력 트랜지스터를 표시하고 있다. 일반적으로 트랜지스터의 크기 변화는 전력 조절 능력을 의미하게 된다. 전력용 트랜지스터는 신호 증폭을 발생시키는 것보다 더 적은 전류 이득을 가지는 경향이 있다.

■ **공급 전원에서의 전력 유출**: 전기적 장치가 벽에 있는 플러그에 끼워져있다면 전력 유출은 중요하지 않다. 하지만 건전지에 의해서 전원이 공급된다면 전류 유출 최소화에 대단히 흥미를 가지게 될 것이다. 게임기의 건전지가 소모되는 것은 문제가 없지만 심장 박동기를 가지고 있는 사람의 건전지가 소모됐다면 대단히 큰 문제가 아닐 수 없다.

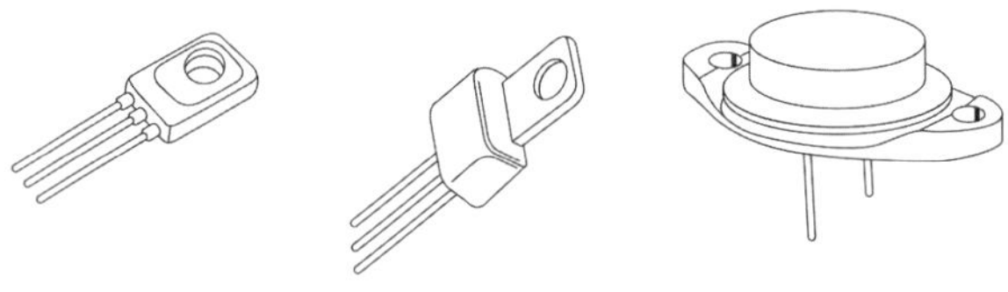

15 W　　40 W　　100 W

그림 8-3

8-2 증폭기의 분류

어떤 BJT 증폭기는 입력 신호의 전체 주기 동안에 도통되는 트랜지스터를 포함하고 있다. 또 다른 증폭기는 하나 또는 그 이상의 트랜지스터를 포함하고 있고, 단지 입력 신호의 일부분 동안에서만 도통된다. 그림 8-4에 표시된 회로를 살펴보자. 그림 8-4(a)에 표시된 트랜지스터는 입력 신호의 360° 동안 신호가 흐른다. 증폭기가 입력 신호 전체에 걸쳐 도통되고 한 개의 트랜지스터를 포함하고 있다. 이것을 A급 증폭기라고 부른다.

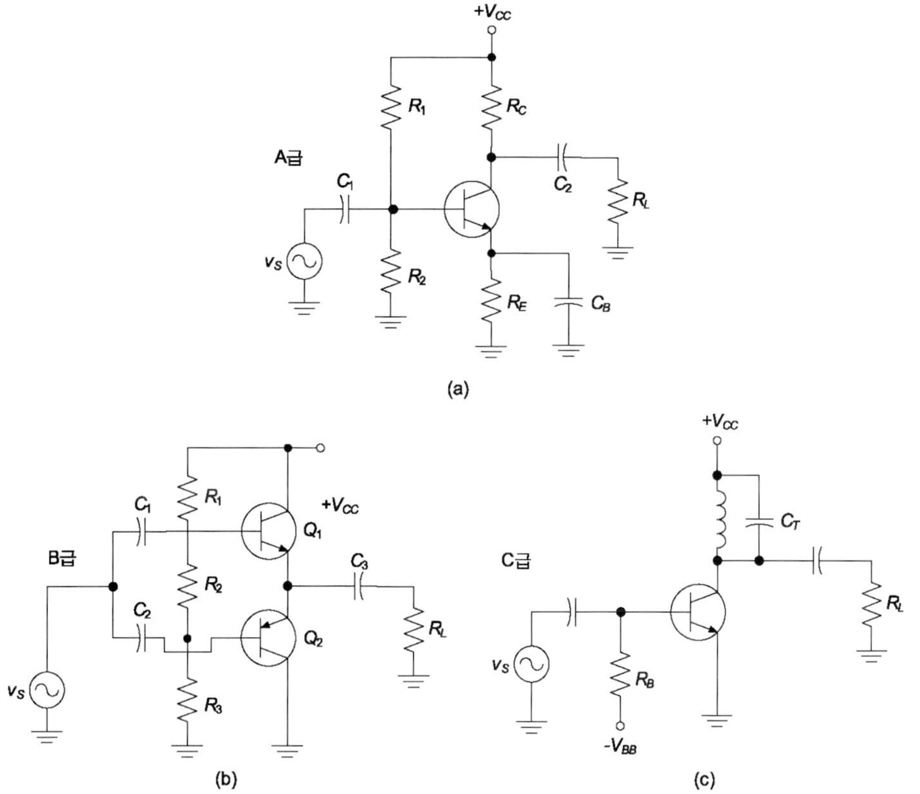

그림 8-4 증폭기의 분류

이와는 다르게 그림 8-4(b)에 표시된 B급 증폭기는 두 개의 트랜지스터가 포함되어 있고 입력 신호의 약 180° 동안에만 도통된다. 그림 8-4(c)에 표시된 C급 증폭기는 한 개의 트랜지스터를 가지고 있고 입력 신호의 180°보다 작은 구간에서만 도통된다. 증폭기는 그림 8-5에 표시된 것처럼 바이어스 레벨(Q점)의 위치에 따라 4가지로 분류된다. 각 증폭기의 동작 특성을 순서대로 살펴보자.

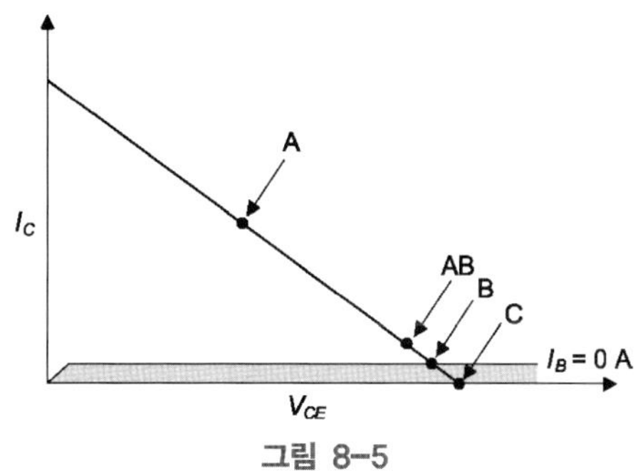

그림 8-5

8-2-1 A급 증폭기

전자회로에서 사용되는 대부분의 증폭기(공통 이미터, 이미터 폴로어, 공통 베이스)는 최대 대칭 스윙이 허락되는 활성 영역에서 트랜지스터가 동작하는 A급 증폭기이다. 트랜지스터는 입력 사이클의 전 구간(360°)에서 도통된다. 선형적인 동작 특성 때문에 아주 작거나 왜곡이 없는 출력을 가진다. 이론적인 최대 효율 정격은 25%로 효율적이지는 않다.

A급의 동작은 트랜지스터의 중간점 바이어스된 BJT 증폭기에 의해서 구성된다. 중간점 바이어스는 BJT의 출력이 포화(saturation)나 차단(cutoff) 영역을 건드리지 않고 Q점 주위에서 넓은 범위에서 변화하기 때문에 선형 동작을 만족하게 된다. 이런 점을 그림 8-6에서 확인할 수 있다. 중간점의 위아래로 바이어스되는 경우에는 증폭기의 최고 출력 감소나 일그러짐(왜곡) 현상이 발생된다.

상대적으로 낮은 효율 때문에 A급 증폭기는 일반적으로 소 신호(저전력) 증폭기로 사용된다. 소 신호 증폭기는 고 전력단의 구동용으로 사용된다. 고 전력단의 한 예는 스테레오 시스템의 음성 출력단이다.

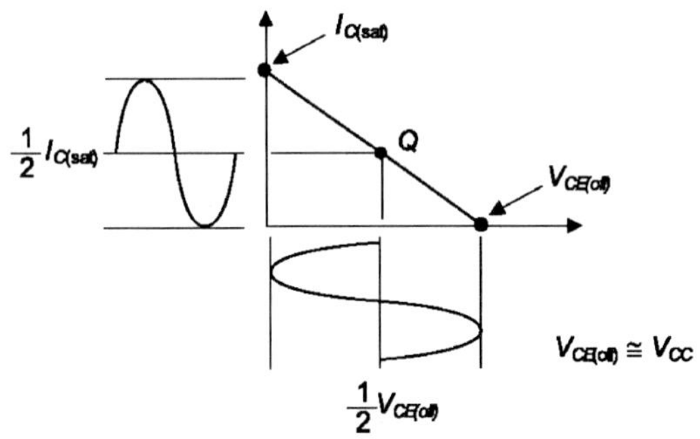

그림 8-6 중간점 바이어스

8-2-2 증폭기 효율

증폭기는 직류 전력 공급으로부터 입력 신호에 인가되는 전력에 의해서 교류 입력 전력량을 증가시킨다. 그림 8-7에 표시된 회로에서 입력 신호는 1.5 W이고 A_p = 300, 부하 전력은 450 mW, P_{in}과 P_{out}의 차이는 448.5 mW이다. 이런 전력은 어디에서 왔는가? 전력은 실제적으로 직류 전원 공급 장치로부터 부하로 인가된다.

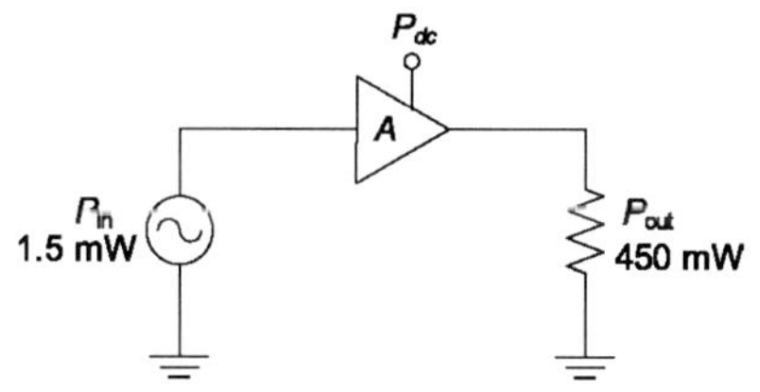

그림 8-7

이상적인 증폭기는 직류 전력 공급 장치로부터 부하에 100% 전달된다. 그러나 사실상 증폭기의 구성부품에서 어느 정도의 소비 전력이 발생되기 때문에 100% 공급될 수는 없다. 예를 들어서 증폭기가 정상적으로 동작되고 있다고 가정하고 그림 8-8에 표시된 회로를 살펴보면 증폭기의 각 소자를 통해 흐르는 전류의 양은 항상 존재하게 된다. 각 소자가 측정 가능한 전압 값과 전류 값을 가지고 있기 때문에 각 소자들이 전력을 소비하게 된다. 이런 전력 소비는 부하에 흐르는 전력의 양을 감쇠시킨다.

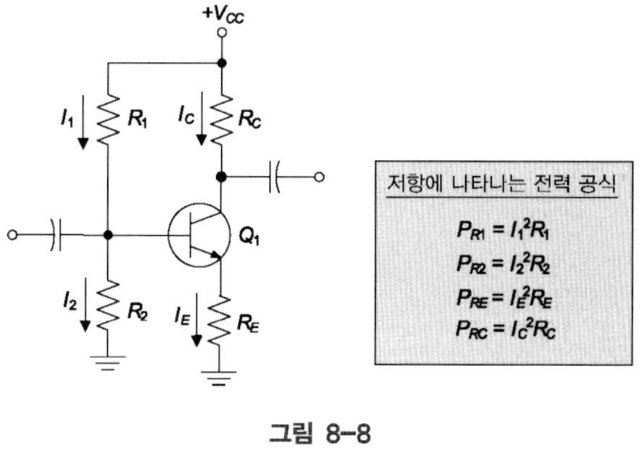

그림 8-8

어떤 증폭기는 매우 효율적이다. 증폭기의 효율성은 부하에서 실제적으로 유입되는 전력의 크기에 대해서 실제로 부하에 전달된 전력량의 백분율로 주어지며 그리스 문자 η(Eta)로 표시하게 된다.

$$\eta = \frac{P_L}{P_{dc}} \times 100 \tag{8-1}$$

η = %로 쓰이는 증폭기의 효율

P_L = 교류 부하 전력

P_{dc} = 직류 입력 전력

예제 8-1

증폭기에 자신의 직류 전원 공급 장치로부터 1.2 W가 유입되고 있다. 만약 회로의 교류 부하 전력이 500 mW라고 가정하면 증폭기의 효율 정격은 얼마인가?

(풀이) 증폭기의 효율 정격은 50%로 측정된다.

$$\eta = \frac{P_L}{P_{dc}} \times 100 = \frac{500\ \text{mW}}{1.2\ \text{W}} \times 100 = 50(\%)$$

따라서 전원 공급 장치로부터 공급되는 전력의 50%만이 실제로 부하에 전달되고 나머지 50%는 증폭기 자체가 소비하게 된다. 증폭기의 효율 정격이 높을수록 이상적인 증폭기에 근접한다. A급, B급, C급에 대한 최고 효율 정격은 아주 다르다.

8-2-3 B급 증폭기

그림 8-9는 두 개의 트랜지스터를 포함하고 있는 전형적인 B급 증폭기를 나타내고 있다. 각 트랜지스터는 입력 주기의 반주기(180°) 동안에만 도통하게 되고 다른 반주기 동안에는 출력 파형이 차단된다. B급 증폭기는 매우 효율(이론적인 효율은 78.5%)이 높지만 선형적이지 못하다. B급 증폭기는 비교적 높은 효율 때문에 고 전력 증폭기로 유용하게 사용되므로 Audio의 출력단에는 전형적인 B급 증폭기가 가장 적합하다. B급 증폭기에서는 교차 왜곡이라는 특별한 왜곡 현상이 발생된다.

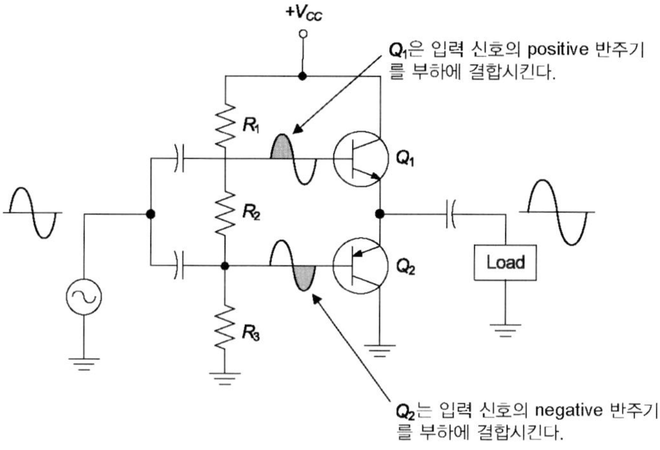

그림 8-9 B급 증폭기 동작

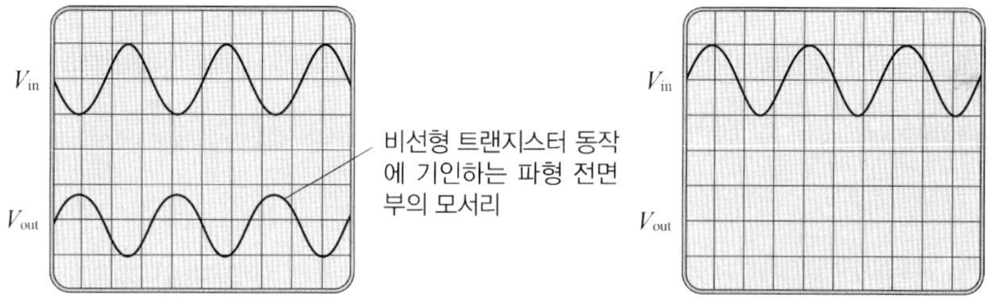

(a) 비선형 왜곡 (b) 교차 왜곡

그림 8-10 파형의 왜곡

8-2-4 AB급 증폭기

B급 증폭기의 교차 왜곡 현상을 개선하기 위해서 개발된 회로는 그림 8-11에 표시된 AB급 증폭기이다. AB급 증폭기는 다이오드 바이어스로 알려져 있는데 각 트랜지스터는 입력 주기의 반주기 동안에 180°보다 약간 크게 도통된다. 이런 회로는 왜곡을 줄이는 데 사용되며 표준 B급 증폭기에 의해 만들어진다.

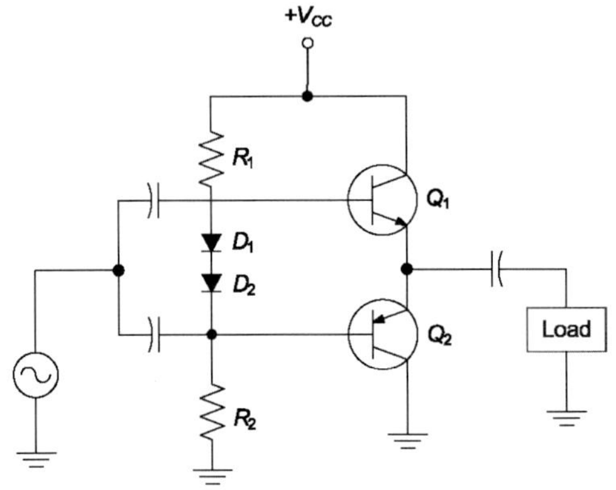

그림 8-11 AB급 증폭기

8-2-5 C급 증폭기

그림 8-12에는 전형적인 BJT C급 증폭기가 표시되어 있다. 이런 증폭기는 한 개의 트랜지스터가 입력 주기의 180°보다 적은 범위에서 도통된다. C급 증폭기에서 BJT는 차단으로 깊게 바이어스된다. 입력 주기의 짧은 시간 동안만 트랜지스터가 도통된다. 그림 8-12에 표시된 LC 탱크회로가 증폭기의 컬렉터 회로에서 출력 파형의 휴지(rest)가 만들어내는 증폭기의 입력은 트랜지스터가 입력 주기의 짧은 시간 동안 도통하는 원인이 된다. 설계에 의한 C급 증폭기 회로가 동조(tuned) 증폭기이다. 동조 증폭기는 입력 주파수의 특별한 범위 동안에 출력을 발생시킨다. C급 증폭기의 이론적인 최대 효율 정격은 약 99%이다. C급 증폭기의 높은 효율 때문에 이상적인 증폭기로 보이지만 이 회로의 왜곡 특성 때문에 사용이 제한된다.

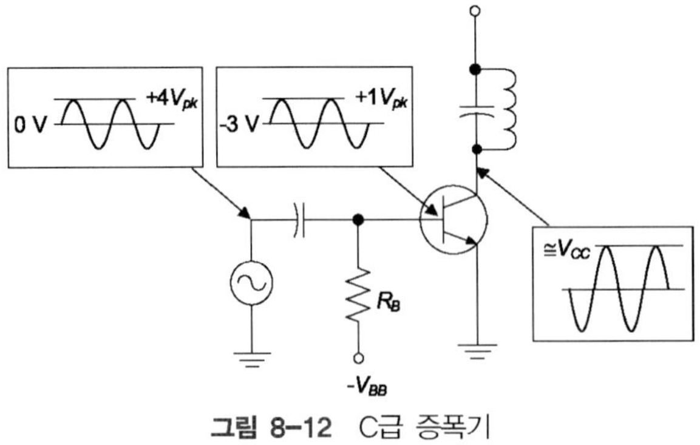

그림 8-12 C급 증폭기

8-3 데시벨 전력 이득과 전압 이득

소자와 시스템의 스펙에는 decibel(dB)로 표시된 전압 이득, 전력 이득이 제공된다. 데시벨은 대수(logarithmic) 값으로 나타내고 매우 큰 이득을 관계되는 작은 수로 나타낼 때 사용된다. 전력 이득이 1,000,000이라면 60 dB로 표시할 수 있다. 이 절에서는 정상 값과 dB 값이 어떻게 변환되는지, dB를 사용하는 경우의 장점과 단점에 대해서 설명한다.

데시벨(dB) 전력 이득은 출력 전력 대 입력 전력의 비를 상용대수화해서 그 값을 10배 한 것이다. 증폭기의 dB 전력 이득은 다음과 같이 표시된다.

$$A_{p(dB)} = 10\log A_P \qquad (8\text{–}2)$$

$$A_{p(dB)} = 10\log \frac{P_{out}}{P_{in}} \qquad (8\text{–}3)$$

예제 8-2

주어진 증폭기의 $P_{in} = 100\ \mu\text{W}$이고, $P_{out} = 2\ \text{W}$이다. 증폭기의 dB 전력 이득을 계산하시오.

(풀이) 증폭기의 dB 전력 이득은 43 dB로 구해진다.

10log20000 = 10 × 4.3 = 43 dB

dB 전력 이득을 일반적인 전력 이득으로 변환하려면 다음 등식이 사용된다.

$$A_p = \log^{-1}\frac{A_{p(dB)}}{10} \qquad (8\text{–}4)$$

여기에서 $\log^{-1}$은 분수의 역 대수를 나타낸다.

예제 8-3

증폭기의 전력 이득이 3 dB이다. 회로의 입력 전력과 출력 전력의 비는 얼마인가?

(풀이) 입력과 출력 전력의 비는 1.995이다.

$$A_p = \log^{-1}\frac{A_{p(dB)}}{10} = \log^{-1}\frac{3\ dB}{10} = 1.995$$

{예제 8-3}에서 3 dB의 이득은 입력 전력과 출력 전력의 비가 거의 2와 같음을 나타낸다. 이것은 출력 전력이 입력 전력의 두 배와 같다는 의미이다. 증폭기의 입력 전력과 dB 전력 이득을 알고 있다면 출력 전력은 dB 전력 이득을 일반 전력 이득으로 변환함으로써 알 수 있다. 이때 출력 전력은 A_p와 P_{in}의 곱으로 알 수 있다.

예제 8-4

증폭기의 P_{in} = 50 mW이고 $A_{p(dB)}$ = 3 dB이다. 증폭기의 출력 전력을 계산하시오.

(풀이) 먼저 3 dB는 다음과 같이 일반 전력 이득으로 변환된다.

$$A_p = \log^{-1}\frac{A_{p(dB)}}{10} = \log^{-1}\frac{3\ dB}{10} \cong 2$$

A_p = 2이므로 출력 전력은 100 mW로 구해진다.

$$P_{out} = A_p \times P_{in} = 2 \times 50\ \text{mW} = 100\ \text{mW}$$

{예제 8-4}에서 3 dB의 전력 이득을 일반 전력 이득인 2의 값으로 변환하였다. 일반 전력 이득이 필요한 경우 3 dB = 2로 나타낼 수 있다. 출력 전력과 dB 전력 이득을 알고 있는 경우는 입력 전력 이득은 {예제 8-5}와 같이 구할 수 있다.

예제 8-5

주어진 증폭기 회로의 $A_{p(dB)}$ = −3 dB이고 P_{out} = 50 mW이다. 이 회로의 입력 전력을 계산하시오.

(풀이) 먼저 -3 dB을 일반 전력 이득으로 변환하면 다음과 같다.

$$A_p = \log^{-1}\frac{A_{p(dB)}}{10} = \log^{-1}\frac{-3\ dB}{10} = \log^{-1}(-0.3) \cong 0.5$$

따라서 입력 전력은 100 mW로 구해진다.

$$P_{in} = \frac{P_{out}}{A_p} = \frac{50\ \text{mW}}{0.5} = 100\ mW$$

{예제 8-4}와 {예제 8-5}의 결과를 비교하면 dB의 값을 고려할 때 대단히 중요한 결론을 내릴 수 있다. 두 예제에 대한 결과를 다음과 같이 표로 작성했다.

예제	dB 전력 이득	P_{in}(mW)	P_{out}(mW)
8-4	3	50	100
8-5	-3	100	50

따라서 다음과 같은 결론을 내릴 수 있다.

- negative dB는 전력 손실을 나타내고, positive dB는 전력 이득을 나타낸다. 이득이 +3 dB이면 출력 전력은 입력 전력보다 크다. 이득이 -3 dB이면 출력 전력은 입력 전력보다 작다.
- 동일한 positive dB와 negative dB는 동일한 이득과 손실을 나타낸다. 따라서 +3 dB 이득은 전력이 두 배로 발생됨을 의미하고 -3 dB 이득은 전력이 절반으로 줄었다는 것을 알 수 있다.

표 8-1은 동일한 +와 - dB값을 비교 설명한 것이다. 동일한 +와 - dB는 이득과 손실을 상호간의 역수로 되기 때문에 dB가 일반적으로 사용되는 이유 중의 하나이다. 처음에는 다소 불편하지만 dB로 표시된 값에 익숙해지면 사용상에 문제는 없다.

표 8-1 동일한 +와 − dB 값의 예

+dB 값	이득	−dB 값	손실
3	2	−3	1/2
6	4	−6	1/4
9	8	−9	1/8
12	16	−12	1/16
20	100	−20	1/100

dB 이득을 사용하는 또 다른 이점은 다단 증폭기 회로에서 전체 이득은 단일 증폭기의 dB 이득의 총합으로 나타낼 수 있다는 점이다. 그림 8-13에 표시된 것처럼 두 개의 증폭기가 연결된다면 회로의 전체 이득은 20 + 6 = 26(dB)가 된다.

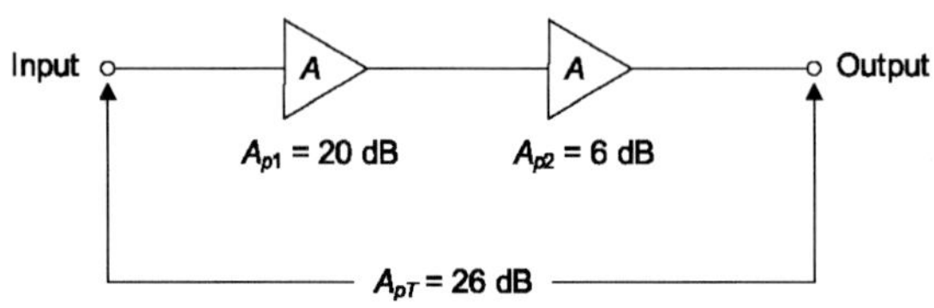

그림 8-13 부가되는 dB 이득

스펙에 전력정격이 dBm으로 표시되는 것을 본 적이 있을 것이다. 스테레오의 최대 출력 전력이 45 dBm으로 표시된다. 이런 정격은 스테레오의 최대 출력 전력이 1 mW보다 45 dB 크다는 것을 의미한다. dBm 공식은 다음과 같다.

$$P_{dBm} = 10\log\frac{P}{1\ \text{mW}} \tag{8–5}$$

dB는 전력비를 나타내는 것에 비해 dBm은 실제상의 전력량을 나타낸다는 점이 다르다.

예제 8-6

증폭기가 A_p × 45 dB의 정격을 갖는다고 가정하고 증폭기의 출력 전력을 계산하시오.

(풀이) 이 문제는 풀 수 없다. 주어진 45 dB는 출력 전력에 대한 입력 전력의 비로, 입력 전력이 주어지지 않았기 때문에 출력 전력을 결정할 수 없다.

예제 8-7

증폭기의 출력비가 50 dBm이다. 이 회로의 출력 전력을 구하시오.

(풀이) 회로가 dBm으로 주어졌기 때문에 실제의 출력 이득은 다음과 같다.

$$A_p = \log^{-1}\frac{A_{p(dB)}}{10} = \log^{-1}\frac{50\ dB}{10} = \log^{-1}(5.0) = 1 \times 10^5$$

$$P_{out} = A_p \times P_{in} = 1 \times 10^5 \times 1\ \text{mW} = 10\ \text{W}$$

---

dBm 정격을 전력 이득으로 변환하고 1 mW를 곱해 주어진 예제를 풀 수 있다. 이런 방식이 이 문제에 접근하는 표준 방법이다. dB는 출력 전력에 대한 입력 전력의 비로 간단히 나타내는 반면 dBm은 실제적인 전력을 결정하는 데 사용된다. 증폭기의 dB 전압 이득은 식 (8-6)처럼 표시된다.

$$A_{v(dB)} = 20\log A_v \tag{8-6}$$

$$A_{v(dB)} = 20\log\frac{v_{out}}{v_{in}} \tag{8-7}$$

식 (8-7)은 dB 전압 이득 변환 관계에서는 20을 곱하여 사용된다.

예제 8-8

증폭기의 $v_{in} = 25$ mV이고 $v_{out} = 2$ V이다. 이런 회로의 dB 전압 이득을 구하시오.

(풀이) 식 (8-7)과 문제에서 주어진 값으로 증폭기의 dB 전압 이득을 다음과 같이 구할 수 있다.

$$A_{v(dB)} = 20\log\frac{v_{out}}{v_{in}} = 20\log\frac{2\ \text{V}}{25\ \text{mV}} = 20\log(80) = 38.1\ dB$$

---

dB 전압 이득을 일반 전압 이득으로 변환하려면 식 (8–8)이 사용된다.

$$A_v = \log^{-1} \frac{A_{v(dB)}}{20} \tag{8–8}$$

위 식은 분모의 변화에 유의해야 한다.

예제 8–9

주어진 전압 이득이 6 dB이다. 이 회로에서 출력 전압에 대한 입력 전압의 비는 얼마인가?

(풀이) 식 (8–8)을 사용하면 출력 전압에 대한 입력 전압의 비는 다음과 같다.

$$A_v = \log^{-1} \frac{A_{v(dB)}}{20} = \log^{-1} \frac{6\ dB}{20} = \log^{-1}(0.3) = 2$$

예제 8–10

dB 전압 이득이 -6 dB인 회로가 있다. 이 회로에서 출력 전압에 대한 입력 전압의 비는 얼마인가?

(풀이) 식 (8–8)을 사용하면 출력 전압에 대한 입력 전압의 비를 다음과 같이 구할 수 있다.

$$A_v = \log^{-1} \frac{A_{v(dB)}}{20} = \log^{-1} \frac{-6\ dB}{20} = \log^{-1}(-0.3) = 0.5$$

정의에 의하면 증폭기의 dB 전력 이득은 다음과 같이 구해진다.

$$A_{p(dB)} = 10 \log \frac{P_{out}}{P_{in}}$$

전력의 기본 관계식을 이용하면 P_{in}과 P_{out}은 다음과 같이 표시할 수 있다.

$$P_{out} = \frac{v_{out}^2}{R_{out}}, P_{in} = \frac{v_{in}^2}{R}$$

이런 값을 $A_{p(dB)}$ 식에 대입하면 다음 식을 유도할 수 있다.

$$A_{p(dB)} = 10 \log \frac{P_{out}}{P_{in}} = 10 \log \frac{v_{out}^2 / R_{out}}{v_{in}^2 / R_{in}} = 10 \log \frac{v_{out}^2}{v_{in}^2} + 10 \log \frac{R_{in}}{R_{out}}$$

$$A_{p(dB)} = 20 \log \frac{v_{out}}{v_{in}} + 10 \log \frac{R_{in}}{R_{out}}$$

이런 전력 이득 공식에는 dB 전압과 저항 정격이 포함된다. 이런 공식의 전압 성분은 dB 전압 이득으로 간주된다. 수학적으로는 $A_{p(dB)} = 20\log\frac{v_{out}}{v_{in}}$ 로 표시된다.

회로의 입력 저항과 출력 저항이 등가인 경우에는 식 (8-9)가 유도된다.

$$A_{p(dB)} = 20\log\frac{v_{out}}{v_{in}} + 10\log\frac{R_{in}}{R_{out}} = 20\log\frac{v_{out}}{v_{in}} + 10\log 1 = 20\log\frac{v_{out}}{v_{in}} + 0\ dB$$

$$A_{p(dB)} = 20\log\frac{v_{out}}{v_{in}}\ (R_{in} = R_{out}\text{인 경우}) \qquad (8\text{-}9)$$

증폭기의 입력 저항과 출력 저항이 동일한 경우에는 dB 전력 이득과 dB 전압 이득이 동일하다는 것을 표시하게 된다는 것을 알 수 있다.

8-4 교류 부하선

직류 부하 선에 대해서는 이미 설명한 바 있다. 직류 부하 선은 주어진 증폭기에서 V_{CE}와 I_C의 모든 가능한 조합을 표시하기 위해서 사용되는데 i_c와 v_{ce}의 모든 가능한 교류 조합으로 표시된다. 이제까지는 교류 부하 선은 중요한 고려 대상이 아니었다. 그렇지만 교류 부하 선은 A급 증폭기와 B급 증폭기의 동작 원리를 설명하는 데 많은 도움을 주는 효율적인 도구 역할을 수행한다. 주어진 증폭기의 교류 부하 선은 직류 부하선의 구성을 따르지 않는다. 이것은 증폭기의 교류 부하선과 직류 부하 선은 다르다는 사실에 근거한다. 그림 8-14에 표시된 회로를 살펴보자.

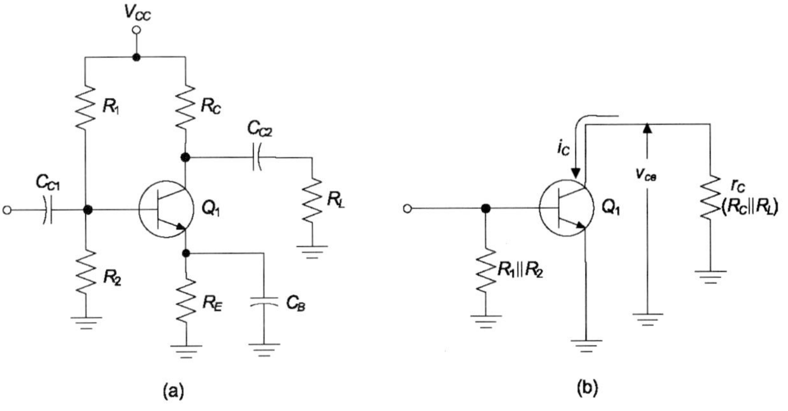

그림 8-14 공통 이미터 증폭기와 교류 등가회로

직류 동작으로 보면 트랜지스터의 부하는 R_C와 같다. 결합용 커패시터가 R_L과 트랜지스터 사이를 직류적으로 분리시키기 때문에 그림에서 R_L은 중요치 않다. 그림 8-14(b)에 표시된 교류 등가회로는 R_L과 R_C의 병렬 저항으로 구성된 부하를 표시하고 있다. 부하 저항의 이런 변화는 직류 부하선과 교류 부하선 사이의 차이를 고려한 결과이다.

8-4-1 교류 포화 전류와 교류 차단 전압

그림 8-14(b)에 표시된 교류 등가회로를 자세하게 살펴본다면 트랜지스터가 교류 부하 저항 r_C에 대해서 교류 전압원이라는 사실을 주목해야 한다. 옴의 법칙에 따르면 식 (8-10)이 성립된다.

$$i_c = \frac{v_{ce}}{r_C} \tag{8-10}$$

이런 관계식은 식 (8-11)처럼 표시되기도 한다.

$$\Delta I_C = \frac{\Delta V_{CE}}{r_C} \tag{8-11}$$

여기서 ΔI_C는 I_C의 변화량을 의미하고 ΔV_{CE}는 V_{CE}의 변화량을 나타낸다. 그림 8-15(a)에 표시된 것처럼 교류 포화 전류는 $i_{c(sat)} = I_{CQ} + \Delta I_C$로 표시된다.

트랜지스터가 포화될 때 V_{CE}는 이상적으로 0 V라는 사실은 이미 잘 알고 있다. 이것은 그림 8-15(a)에서 ΔI_C가 다음 식으로 표시된다는 것을 의미한다.

$$\Delta I_C = \frac{\Delta V_{CE}}{r_C} = \frac{V_{CEQ} - 0\ \text{V}}{r_C} = \frac{V_{CEQ}}{r_C}$$

ΔI_C 대신에 $i_{c(sat)}$를 대입하면 식 (8-12)가 구해진다.

$$i_{c(sat)} = I_{CQ} + \frac{V_{CEQ}}{r_C} \tag{8-12}$$

이런 관계식은 회로의 Q점에 대해서 표시되는 교류 포화 전류를 정의한다. $i_{c(sat)}$를 표시하는 점은 그림 8-15(c)에서 일치된다.

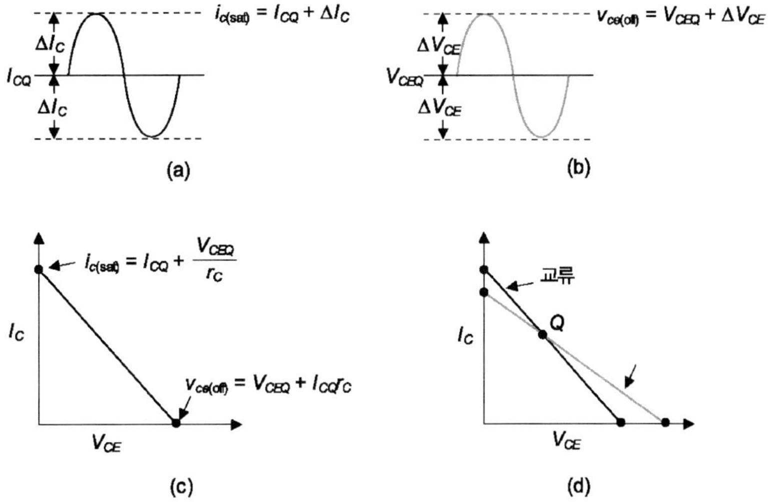

그림 8-15 교류 부하선

그림 8-15(b)에 표시된 것처럼 교류 차단 전압은 $v_{cc(off)} = V_{CEQ} + \Delta V_{CE}$로 표시된다. 이상적으로 트랜지스터가 차단 상태일 때 $I_C = 0$ A이다. 식 8-11을 변환하면

$$\Delta V_{CE} = (\Delta I_C)(r_C) = (I_{CQ} - 0\ A)(r_C) = I_{CQ} r_C$$

이고 ΔV_{CE}를 $v_{cc(off)}$ 식에 대입하면 식 (8-13)이 구해진다.

$$v_{cc} = V_{CEQ} + I_{CQ} r_C \tag{8-13}$$

이 식은 교류 차단 전압을 회로의 Q점의 항으로 정의된다. $v_{cc(off)}$ 점은 그림 8-15(c)에서 표시된다. 중요한 것은 교류 부하선이 그림 8-15(d)에 표시된 것처럼 직류 부하선과 Q점에서 교차된다는 사실이다. 이것은 주어진 증폭기에서 항상 성립된다.

8-4-2 교류 부하 선은 무엇을 의미하는가?

증폭기의 교류 부하 선은 자신의 컴플라이언스를 표시하기 위해서 사용된다. 증폭기의 컴플라이언스는 출력회로에서 최대로 가능한 피크-피크 출력 전압을 제한한다. 만약 증폭기의 컴플라이언스를 초과한다면 출력 파형에서 클리핑 현상이 발생된다. 증폭기의 컴플라이언스는 I_{CQ}와 V_{CEQ}로부터 최대로 허용되는 I_C와 V_{CE}의 변화량을 결정함으로써 구해진다. 최대로 허용되는 변화는 그림 8-16에 표시되어 있다. 그림 8-16(a)에 표시된 것처럼 V_{CE}의 최대로 허용되는 변화량은 $v_{cc(off)}$와 V_{CEQ} 사이의 차와 등가이다. 이런 변환은 $I_{CQ}\,r_C$와 같기 때문에 증폭기의 최대 피크 출력 전압은 $I_{CQ}\,r_C$와 등가이다. 이런 값의 2배는 식 (8-14)에 표시된 것처럼 출력 전압의 최대 피크-피크 변환 크기를 제공한다.

$$PP = 2\,I_{CQ}\,r_C \tag{8-14}$$

여기서 PP는 피크-피크 전압으로 표시되는 출력 컴플라이언스를 의미하고 I_{CQ}는 I_C의 Q점을 나타내고 r_C는 컬렉터 회로의 교류 저항을 의미한다.

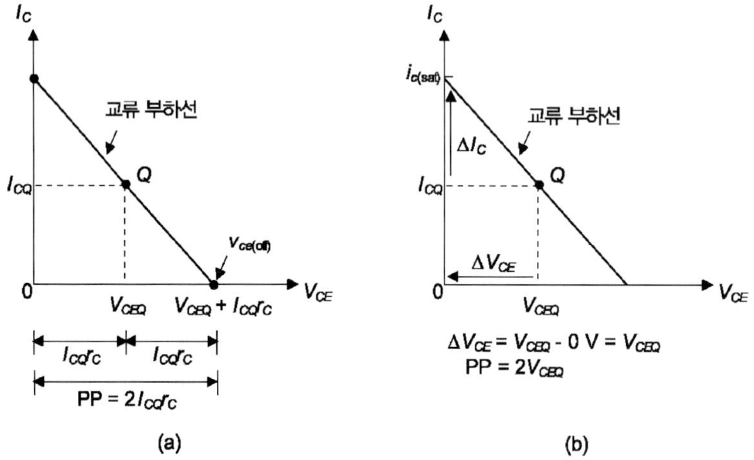

그림 8-16 증폭기의 컴플라이언스

그림 8-15(a)에 $i_{c(sat)} = I_{CQ} + \Delta I_C$로 표시되어 있다. I_{CQ}에서 $i_{c(sat)}$ 사이의 변환은 그림 8-16(b)에서 부하선상에서 ΔI_C로 표시된다. ΔI_C가 컬렉터 이미터 전압의 변화량

ΔV_{CE}에 해당된다는 점이다. 이미 앞에서 언급한 것처럼 $\Delta V_{CE} = V_{CEQ}$이다. 따라서 최대 피크-피크 변환은 이런 크기의 두 배에 해당된다.

$$PP = 2V_{CEQ} \tag{8-15}$$

여기서 PP는 피크-피크 전압으로 표시되는 출력 컴플라이언스를 의미하고 V_{CEQ}는 V_{CE}의 Q 값을 나타낸다. 식 (8-15)와 (8-16)은 그림 8-16에 표시된 관계식을 사용해서 유도된다. 증폭기의 Q점이 교류 부하선의 중간점에 고정된다면 $I_{CQ} r_C = V_{CEQ}$로 표시되고 자신의 출력은 클리핑되지 않고 Q점의 위아래에서 등가로 변화하게 된다.

Q점이 교류 부하선의 중간점 아래에 고정된다면 $I_{CQ} r_C < V_{CEQ}$로 된다. 이런 경우에는 증폭기의 출력은 $I_{CQ} r_C$에 의해서 제한되고 그림 8-17(a)에 표시된 것처럼 차단 클리핑이 발생된다. Q점이 교류 부하선의 중간점 위에 고정된다면 $I_{CQ} r_C > V_{CEQ}$로 된다. 이런 경우에는 증폭기의 출력은 V_{CEQ}에 의해서 제한되고 그림 8-17(b)에 표시된 것처럼 포화 클리핑이 발생된다.

교류 부하 선을 사용하지 않고 컴플라이언스를 결정하기 위해서는 식 (8-14)와 식 (8-15)의 해를 구해야 한다. 두 가지 결과 중 낮은 것이 증폭기의 컴플라이언스이다. 만약 식 (8-14)가 낮은 결과라면 회로는 그림 8-17(a)에 표시된 것처럼 바이어스되고, 과도구동 된다면 차단 클리핑이 발생한다. 만약 식 (8-15)가 낮은 결과라면 회로는 그림 8-17(b)에 표시된 것처럼 바이어스되고, 과도구동 된다면 포화 클리핑이 발생한다.

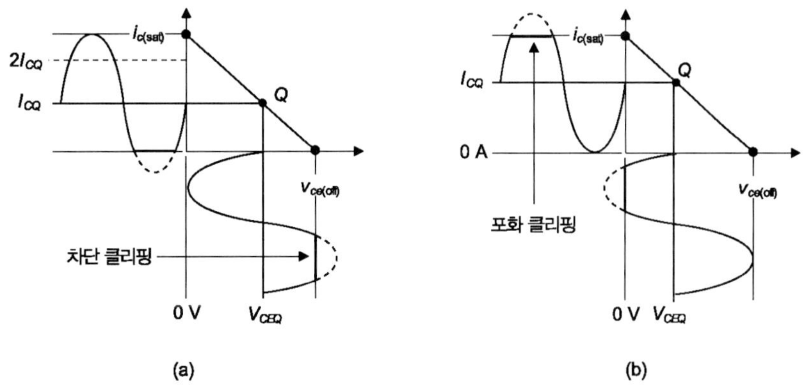

그림 8-17 차단 클리핑과 포화 클리핑

예제 8-11

그림 8-18에 표시된 증폭기 회로의 출력 컴플라이언스를 구하시오.

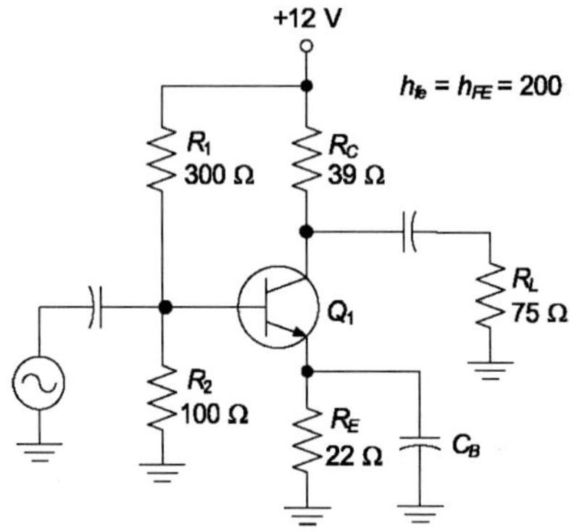

그림 8-18

(풀이) I_{CQ}와 V_{CEQ}는 103 mA와 5.72 V로 구해진다. r_C는 R_C와 R_L의 병렬 합성 저항으로 25.7 Ω의 크기를 갖는다. 이제 증폭기의 두 가지 컴플라이언스를 구해보자.

$$PP = 2V_{CEQ} = 2(5.72\ \text{V}) = 11.4\text{V}_{\text{PP}}$$

$$PP = 2I_{CQ}r_C = 2(103\ \text{mA})(25.7\ \Omega) = 5.29\text{V}_{\text{PP}}$$

전체적인 컴플라이언스는 구해진 두 값 중 작은 것을 선택하면 되기 때문에 그림 8-18에 주어진 증폭기의 컴플라이언스는 5.29 V_{PP}이다. 이것은 피크-피크 출력 전압이 5.29 V를 초과하지 않는다는 것을 의미한다. 만약 이런 크기를 초과한다면 차단 클리핑이 발생된다.

{예제 8-11}에서 구한 컴플라이언스 값의 중요성이 그림 8-19에 표시되어 있다. 직류 부하선 교류 부하선 그리고 허용되는 두 개의 출력이 표시되어 있다. 파형 A는 증폭기가 $PP = 11.4\,V_{PP}$로 구동된 결과를 표시하고 있다. 여러분들도 보다시피 증폭기는 교류 차단점 8.47 V를 넘어서는 크기에 대해서 차단 클리핑을 가지게 된다. 그 반면 B 파형은 피크-피크가 5.29 V_{PP}로 제한되기 때문에 클리핑이 발생되지 않는다.

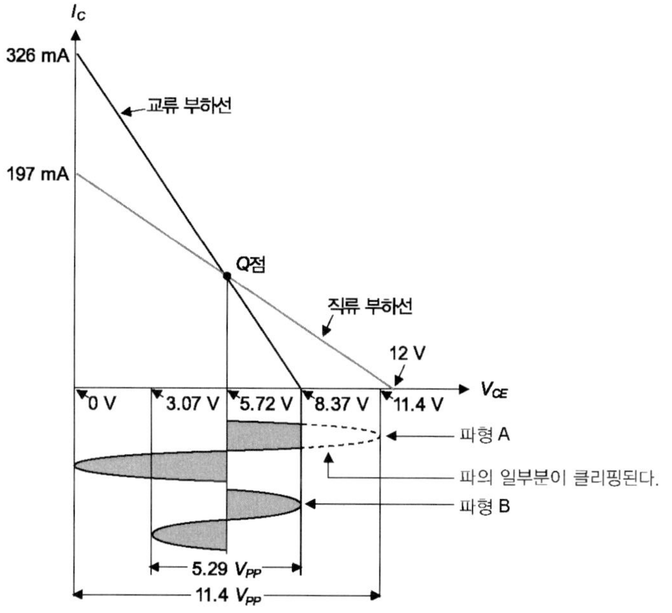

그림 8-19 컴플라이언스를 결정하기 위해서 사용되는 교류 부하선

8-5 RC 결합 A급 증폭기 특성

직류 전원 공급 장치로부터 끌어내는 증폭기의 전체 소비 전력은 식 (8-16)처럼 표시된다.

$$P_S = V_{CC}I_{CC} \tag{8-16}$$

그림 8-20에 표시된 것처럼 I_{CC}는 전압 분배기 회로를 통해서 흐르는 I_1과 I_{CQ}의 합과 같다.

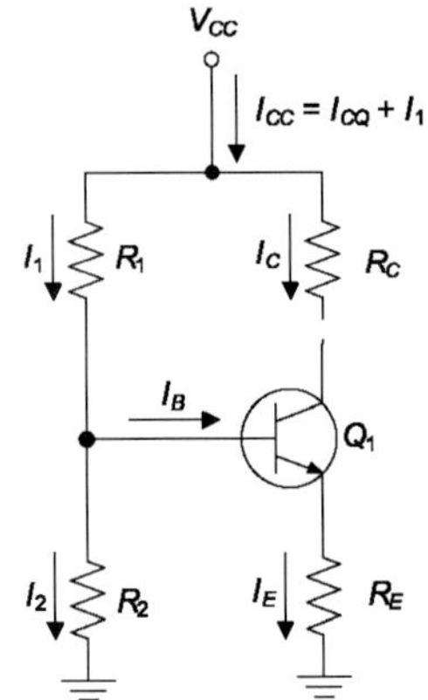

그림 8-20

예제 8-12

그림 8-21에 표시된 증폭기의 공급전원으로부터 끌어낸 전체 직류 전력을 구하시오.

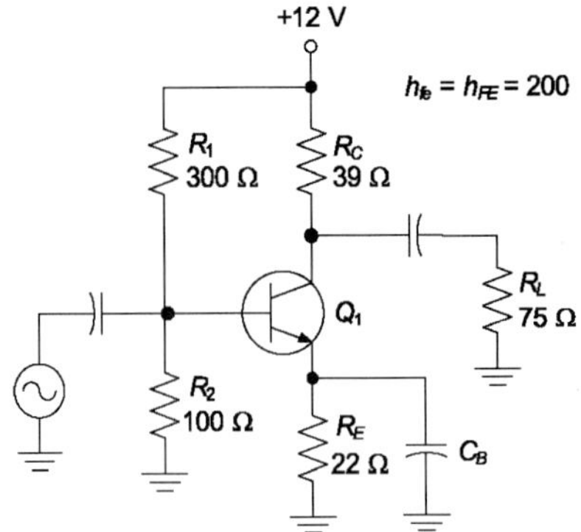

그림 8-21

(풀이) 베이스 전류를 무시되므로 I_1은 다음과 같이 구해진다.

$$I_1 = \frac{V_{CC}}{R_1 + R_2} = \frac{12\ \text{V}}{400\ \Omega} = 30\ mA$$

규정된 해석 과정을 적용하면 I_{CQ}는 103 mA로 구해진다.

$$I_{CQ} \cong 103\ \text{mA}$$

I_{CC}는 133 mA로 구해진다.

$$I_{CC} = I_1 + I_{CQ} = 103\ \text{mA} + 30\ \text{mA} = 133\ \text{mA}$$

P_S는 1.60 W로 구해진다.

$$P_S = V_{CC}I_{CC} = (12\ \text{V})(133\ \text{mA}) \cong 1.60\ \text{W}$$

교류 부하 전력은 식 (8-17)에 의해서 계산된다.

$$P_L = \frac{V_L^2}{R_L} \tag{8-17}$$

여기서 P_L은 교류 부하 전력을 의미하고 V_L은 실효 부하 전력을 의미한다.

예제 8-13

그림 8-22에 표시된 회로의 교류 부하 전력을 구하시오.

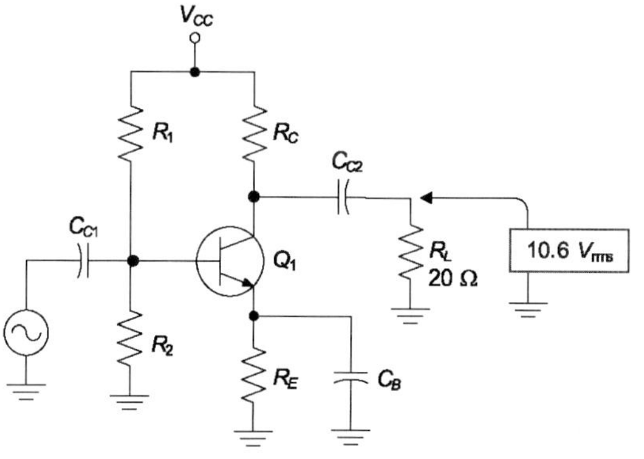

그림 8-22

(풀이) 전압계는 10.6 V를 지시한다. 교류 전압계는 실효 측정값을 제공하므로 식 (8-17)에 직접 대입하면 전력을 구할 수 있다.

$$P_L = \frac{V_L^2}{R_L} = \frac{(10.6\ \text{V})^2}{20\ \Omega} = 5.62\ W$$

피크 출력 전압을 알고 있다면 식 (8-17)은 식 (8-18)처럼 변환된다.

$$P_L = \frac{V_{pk}^2}{2R_L} \tag{8-18}$$

이식은 식 (8-18)의 분자에 0.707 V_{PK}를 대입하면 다음과 같이 유도된다.

$$P_L = \frac{V_L^2}{R_L} = \frac{(0.707\ V_{PK})^2}{R_L} = \frac{0.5\ V_{PK}^2}{R_L} = \frac{V_{PK}^2}{2R_L}$$

예제 8-14

그림 8-23에 표시된 회로의 교류 부하 전력을 구하시오.

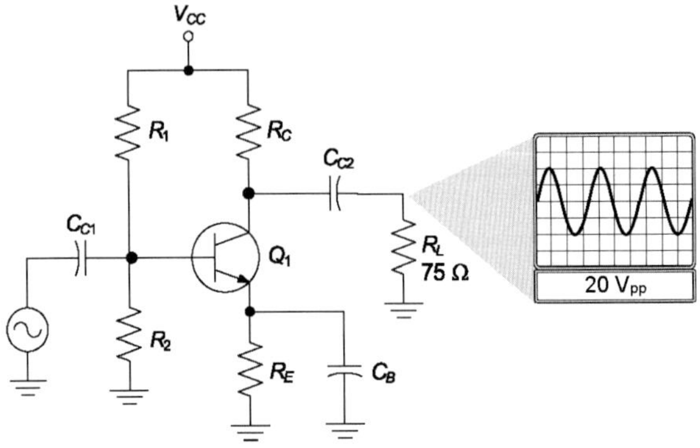

그림 8-23

(풀이) 오실로스코프로 측정된 피크 부하 전압은 20 V이다. 식 (8-18)을 사용하면 교류 부하 전력은 2.67 W로 구해진다.

$$P_L = \frac{V_{PK}^2}{2R_L} = \frac{(20\ \ V)^2}{(2 \times 75\ \ \Omega)} = 2.67\ \ W$$

피크-피크 부하 전압을 알고 있다면 교류 부하 전력은 식 (8-19)처럼 구해진다.

$$P_L = \frac{V_{PP}^2}{8R_L} \qquad (8\text{-}19)$$

이식은 식 (8-18)에 V_{PK} 대신 $0.5V_{PP}$를 대입하면 유도된다.

$$P_L = \frac{V_{PK}^2}{2R_L} = \frac{(0.5\,V_{PP})^2}{2R_L} = \frac{0.25\,V_{PP}^2}{2R_L} = \frac{V_{PP}^2}{8R_L}$$

식 (8-19)는 교류 부하 전력의 최대 허용 값을 계산하기 위해서 사용되기 때문에 중요하다. 여러분들은 증폭기의 최대 허용 출력 전압이 컴플라이언스와 등가라는 점을 알고 있다. 따라서 최대 허용 교류 부하 전력은 식 (8-20)처럼 표시된다.

$$P_{L(\max)} = \frac{PP^2}{8R_L} \qquad (8\text{-}20)$$

예제 8-15

주어진 증폭기가 36V_{PP} 크기의 컴플라이언스와 75 Ω의 부하를 갖는다고 가정하고 최대 허용 교류 전력을 구하시오.

(풀이) 주어진 값을 이용하면 최대 허용 교류 전력은 2.16 W로 구해진다.

$$P_{L(m)} = \frac{PP^2}{8R_L} = \frac{(36\,V_{PP})^2}{(8 \times 75\ \ \Omega)} = 2.16\ \ W$$

8-5-1 A급 증폭기 효율

증폭기의 P_S와 P_L이 계산되었다면 회로의 효율을 구할 수 있다. 증폭기의 효율은 직류 전원 공급 장치로부터 끌어낸 전력과 실제 부하에 공급된 전력의 비를 %로 표시한 값이다. 증폭기의 효율이 높을수록 우수하다. 고효율 정격은 전원 공급 장치로부터 끌어낸 전력 중 아주 작은 양만이 증폭기 자체에서 사용되었다는 것을 의미하기 때문이다. 증폭기의 효율이 90%라고 가정하면 직류 전원으로부터 공급된 전력의 10%만이 증폭기에서 소비된다는 것을 의미한다. 나머지는 부하에 공급된다(이상적인 증폭기의 효율은 100%이다).

예제 8-16

{예제 8-11}에 설명된 증폭기의 최대 효율을 구하시오.

(풀이) {예제 8-11}에서 증폭기의 교류 컴플라이언스가 $PP = 5.29$ V로 결정되었다. 그림 8-18에 표시된 것처럼 75 Ω 부하를 가지기 때문에 최대 부하 전력은 46.6 mW로 구해진다.

$$P_{L(m)} = \frac{PP^2}{8R_L} = \frac{(5.29\,V_{PP})^2}{(8 \times 75\ \Omega)} = 46.6\ mW$$

규정된 과정을 적용하면 I_{CC}는 133 mA를 가지고 P_S는 1.6 W로 구해진다. 이런 값들을 이용하면 증폭기의 효율은 2.92%로 구해진다.

$$\eta = \frac{P_L}{P_S} \times 100 = \frac{46.6\ \text{mW}}{1.6\ \text{W}} \times 100 = 2.92\%$$

이런 증폭기가 컴플라이언스로 구동되면 효율이 오직 2.92%로 되는 것을 알 수 있다. 이것은 이론적인 효율인 25%보다 아주 작은 값이다. 변압기 결합 A급 증폭기의 이론적인 최대 효율은 50%이다.

8-6 B급 증폭기

B급 증폭기는 A급 증폭기의 낮은 효율 정격을 개선하기 위해서 개발되었다. B급 증폭기의 최대 이론 효율은 약 78.5%이다. 이것은 공급 전원으로부터 끌어낸 전력의 78.5%가

부하로 전달된다는 것을 의미한다. A급 증폭기와 달리 B급 증폭기는 입력 신호가 없을 때 매우 작은 전력을 소모한다. 이것이 A급 증폭기를 능가하는 중요한 개선이다. 그러나 B급 증폭기의 각 트랜지스터는 근사적으로 180°에서 도통된다. 각 증폭기는 입력 신호를 정확히 재생하기 위해서 두 개의 트랜지스터가 필요하다. 그림 8-24는 가장 일반적으로 사용되는 B급 증폭기의 회로 구조를 표시하고 있다. 이와 같은 회로의 형태를 상보대칭 증폭기 혹은 푸시-풀 이미터 폴로어라고 부른다.

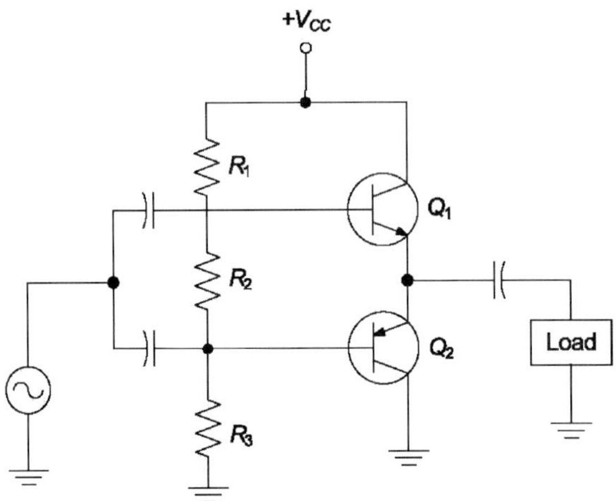

그림 8-24 B급 상보 대칭 증폭기

회로의 구성의 특징은 상보 트랜지스터(한 개의 *npn* 트랜지스터와 한 개의 *pnp* 트랜지스터)를 사용한다. 바이어스 회로의 구성 소자는 증폭기에 따라 변할 수 있다. 하지만, 상보 대칭(complementary symmetry) 증폭기는 항상 상보 트랜지스터를 가진다. 표준 푸시-풀 증폭기는 이미터가 서로 연결된 같은 종류의 두 개의 트랜지스터를 사용한다. 입력에는 중간 탭 변압기나 트랜지스터 위상 분리기가 이용되며 출력에는 중간 탭 변압기를 이용한다. 이런 증폭기의 형태를 그림 8-25에 표시했다. 여기서 트랜지스터와 변압기 형태를 주목하라. 이것은 표준 푸시-풀 증폭기의 형태를 나타내고 있다.

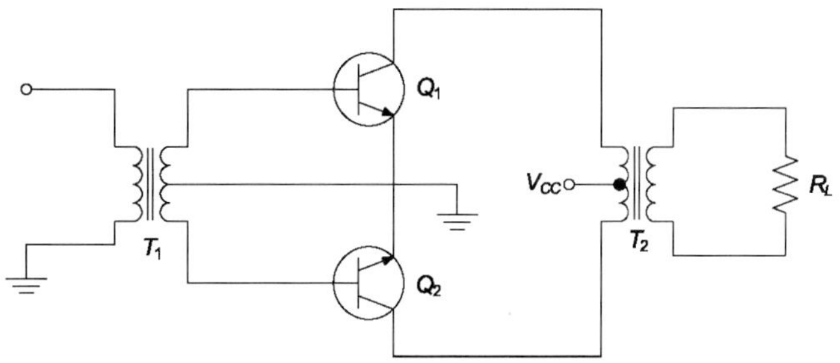

그림 8-25 B급 푸시풀 증폭기

표준 푸시-풀보다 상보 대칭형의 특성이 더 우수한 이유는 무엇인가? 중간 탭 변압기로 표준 푸시-풀 회로를 만들면 상보 대칭 증폭기보다 구성하는 것보다 더 많은 비용이 소비된다.

8-6-1 B급 증폭기 동작의 개요

푸시-풀 증폭기란 명칭은 B급 증폭기에서 두 개의 트랜지스터가 입력 신호의 교번 반주기에 각각 도통된다는 사실에서 기인 것이다. 각 트랜지스터가 도통되면 입력 신호 중의 한 부분이 번갈아서 자신의 부하에 결합된다. 그림 8-26에 표시된 것처럼 증폭기가 자신의 정지 점에서 양쪽 트랜지스터는 차단 영역으로 바이어스된다. 입력 신호의 positive 반주기 동안 Q_1이 on되고 입력 신호의 positive 반주기가 자신의 부하에 결합되고 Q_2는 도통되면 입력신호의 negative 반주기가 자신의 부하에 결합된다. 두 개의 트랜지스터가 동시에 도통되지 않는 것은 증폭기의 효율을 높이기 위해서이다.

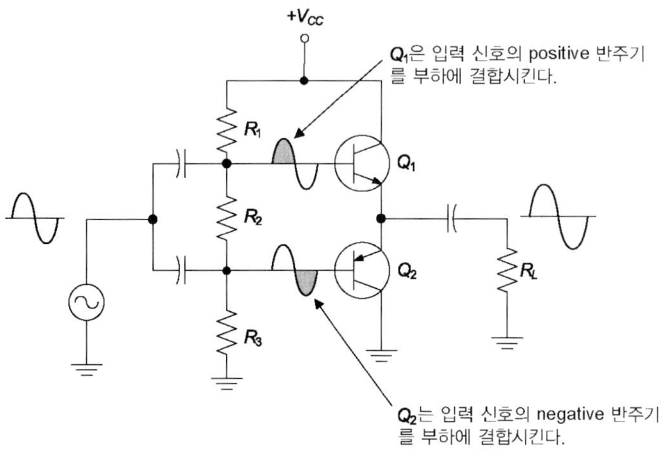

그림 8-26 B급 증폭기 동작

두 개의 트랜지스터 바이어스가 동작의 핵심이다. 증폭기가 정지 점(quiescent state, 입력이 없을 경우)에 있을 때 두 트랜지스터는 차단 영역에서 바이어스된다. 입력이 positive 반주기가 되면 Q_1은 차단 영역 위쪽에 바이어스되고 트랜지스터는 도통된다. 이때 Q_2는 여전히 차단 영역에 있다. 입력이 negative 반주기가 되면 Q_1은 차단 상태로 돌아가고 Q_2는 차단 영역 위쪽에 바이어스된다. 그 결과 Q_2는 도통되고 Q_1은 여전히 off 상태를 유지한다.

두 트랜지스터가 모두 차단 영역에서 바이어스되기 때문에 B급 증폭기는 교차 왜곡(crossover distortion)이라 불리는 왜곡 현상을 나타낸다. 그림 8-27에 표시된 것처럼 출력 신호의 교변 부분에 평평한 선으로 교차 왜곡이 나타난다. 교차 왜곡은 트랜지스터가 짧은 주기의 순간에 둘 다 off될 때 발생된다. 두 개의 트랜지스터가 off되면 출력은 0으로 떨어진다. 교차 왜곡을 방지하기 위해서 두 개의 트랜지스터를 차단 영역 약간 위쪽에 정상적으로 바이어스되어야 한다. 이렇게 바이어스 함으로써 왜곡이 없고, 선형적인 출력을 나타내는 증폭기를 만들 수 있다.

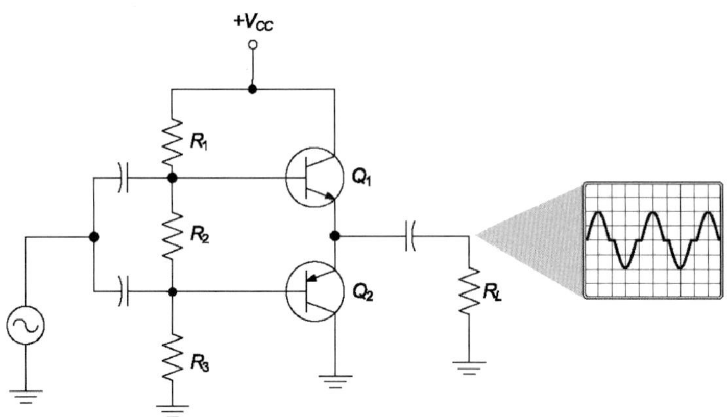

그림 8-27 B급 증폭기의 교차 왜곡

8-6-2 B급 증폭기의 직류 동작 특성

B급 증폭기는 트랜지스터의 이미터 혹은 컬렉터에 저항 소자가 없기 때문에 수직의 직류 부하 선을 나타낸다. 그림 8-28에 표시된 회로를 살펴보자. 두 개의 트랜지스터가 정확히 차단점에서 바이어스되었다고 가정할 때 Q점은 컬렉터 특성곡선상의 $I_B = 0$에 설

정된다. 이런 경우를 그림 8-28(b)에 표시했다. 지금 두 개의 트랜지스터를 동시에 동작시킨다고 가정해 보자. 두 개의 트랜지스터가 도통되면 두 개의 트랜지스터(이미터에서 컬렉터)의 양단의 전압 강하는 두 소자의 저항 비가 변하지 않으므로 동일하게 유지된다. I_C는 이미터나 컬렉터에 전류를 제한하는 저항이 없으므로 매우 높다. 전류를 트랜지스터가 포화되었을 때 트랜지스터의 내부 저항에 의해서만 제한된다.

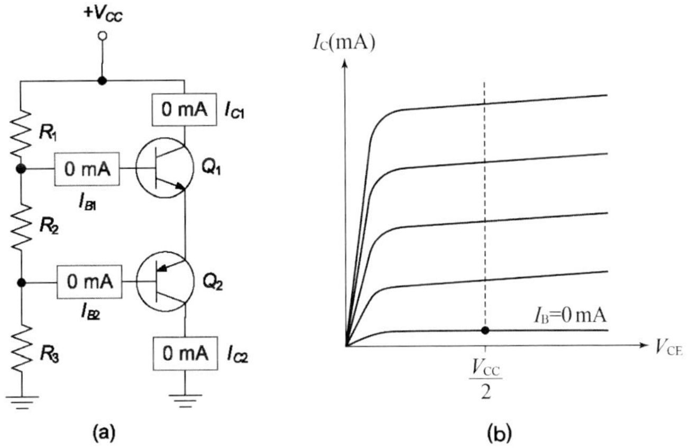

그림 8-28 B급 증폭기의 직류 부하 선

트랜지스터 양단의 전압은 일정하게 유지되며 컬렉터와 이미터로 흐르는 전류는 제한되지 않는다. 이런 이유로 수직의 직류 부하선이 나타나게 된다. 이런 직류 부하 선은 V_{CE}는 거의 변하지 않고 I_C 값의 변화가 상당히 크게 나타난다. 직류 부하 선은 B급 증폭기의 직류 동작에 대해 두 가지 다른 점을 예시하고 있다. 첫 번째로 V_{CEQ}는 식 (8-21)처럼 구해진다.

$$V_{CEQ} = \frac{V_{CC}}{2} \tag{8-21}$$

이런 관계식은 증폭기가 상보형 트랜지스터(complementary transistors)를 이용하여 구성된다는 사실을 기초로 하고 있다. 상보형 트랜지스터는 하나는 *npn* 형이고 다른 하나는 *pnp* 형이라는 사실을 제외하고는 동일한 동작 특성을 나타낸다. 예를 들면 2N3904와 2N3906은 상보형 트랜지스터이다. 2N3904는 *npn* 트랜지스터, 2N3906은 *pnp* 트랜지스터라는 것을 제외하고 동일한 동작 파라미터와 스펙을 가진다. 각 트랜지스터의 동작 특성이 다를 경우 출력 왜곡이나 비선형 특성을 가지기 때문에 B급 증폭기에는 상보형 트랜지스터가 사용된다.

상보형 트랜지스터가 사용되면 한 개의 트랜지스터 I_C가 다른 트랜지스터 I_C와 동일할 때 두 트랜지스터의 V_{CE} 값은 같다. 그림 8-28에 표시된 회로에서 트랜지스터는 직렬로 연결되어 있으므로 I_{C1}은 거의 I_{C2}와 같다. 따라서 V_{C1}은 V_{C2}와 같다. 두 개의 전압은 같고 합하면 V_{CC}가 되므로 각각은 V_{CC}의 1/2과 같다.

$$I_{CQ} \cong 0 \tag{8-22}$$

이런 근사식은 두 트랜지스터가 차단 영역 안쪽에 바이어스되므로 타당하다. 만약 두 트랜지스터가 차단 영역보다 훨씬 안쪽에 바이어스된다면 I_{CQ}는 이상적으로 거의 0 A가 된다. 그림 8-29는 그림 8-28에 표시된 트랜지스터 특성 곡선의 차단 영역을 확대한 것이다. 트랜지스터가 soft 차단점에서 바이어스되면 I_{CQ}는 hard 차단점에서 보다 높게 나타난다. 트랜지스터가 hard 차단점 가까이에 바이어스되면 I_{CQ}는 거의 0에 도달한다. (이것은 거의 0에 도달하지 못한다. 왜냐하면 트랜지스터로 흐르는 누설 전류의 양이 항상 있기 때문이다.)

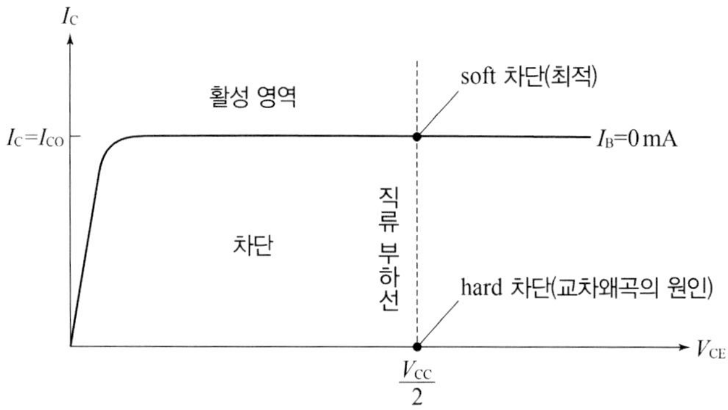

그림 8-29 차단 영역의 확대

hard 차단은 B급 증폭기를 사용하기 위한 이상적인 바이어스이다. 그러나 이것은 그런 경우는 아니다. hard 차단점에 바이어스 하면 B급 증폭기는 교차 왜곡을 발생시킨다. 이것은 트랜지스터가 차단 영역에서 활성 영역으로 되기 위한 전이 시간이 필요하기 때문이다. soft 차단점에서 트랜지스터가 바이어스되면 과도 시간을 줄여 교차 왜곡을 감소시킨다.

8-6-3 B급 증폭기의 교류 동작 특성

B급 증폭기의 교류 동작 특성은 A급 증폭기의 동작과는 아주 다르기 때문에 중요하다. B급 증폭기의 교류 특성을 그림 8-30에 표시했다. 그림 8-30(b)는 그림 8-30(a)에 표시된 B급 증폭기의 교류 등가회로를 나타내고 있다. 이런 회로는 직류 공급전원(V_{CC})은 접지시키고 회로의 커패시터는 단락시킴으로써 구할 수 있다. 그림 8-30(b)에 표시된 것처럼 부하가 트랜지스터와 병렬이다.

$$v_L = \Delta V_{CE},\ i_L = \frac{\Delta V_{CE}}{R_L} \qquad (8\text{-}23)$$

여기서 ΔV_{CE}는 증폭기의 입력 신호의 결과로 발생되는 V_{CE}의 변화량을 의미한다. B급 증폭기의 V_{CEQ}는 그림 8-30(d)에 표시된 것처럼 $V_{CEQ} = \frac{V_{CC}}{2}$로 주어진다.

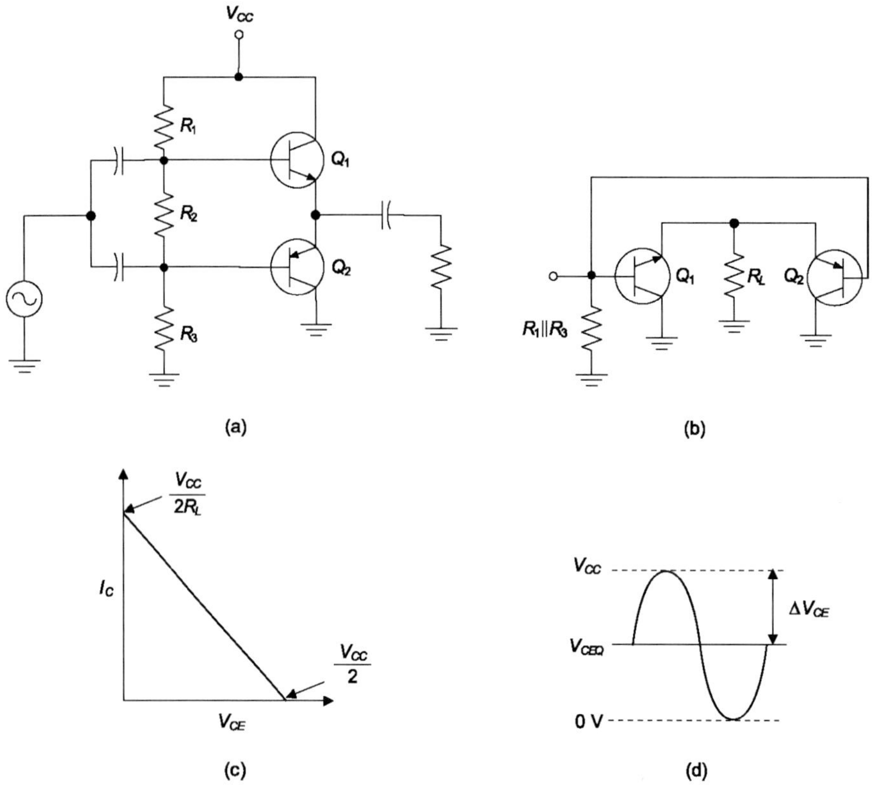

그림 8-30 B급 증폭기의 교류 특성

이런 파형은 증폭기가 표시하는 이상적인 최대 출력 파형을 나타낸다. 파형의 positive 피크는 V_{CC}와 같다. (이 값은 포화될 때 Q_1이 $V_{CE}=0$의 값을 갖는다고 가정한 것이다.) $V_{CEQ}=\frac{V_{CC}}{2}$ 이므로 V_{CEQ}에서의 최대 허용 변화량은 다음과 같이 표시된다.

$$\Delta V_{CE}=V_{CC}-\frac{V_{CC}}{2}=V_{CEQ}, \Delta V_{CE}=\frac{V_{CC}}{2} \tag{8-24}$$

Q_1이 출력 신호의 positive 피크에서 포화된다고 가정하면 $I_{C(sat)}$의 이상적인 크기는 식 (8-25)처럼 구해진다.

$$i_{c(sat)}=\frac{V_{CC}}{2R_L} \tag{8-25}$$

전술한 바와 같이 B급 증폭기에서의 트랜지스터는 정상적으로 차단점에 바이어스된다. 따라서 각 트랜지스터가 차단될 때 공급 전압의 절반을 강하시키고 $v_{cc(off)}$는 식 (8-26)처럼 구해진다.

$$v_{cc(off)} = \frac{V_{CC}}{2} \tag{8-26}$$

이런 두 개의 점은 B급 증폭기의 교류 부하 선을 구하는 데 사용된다. 부하 선은 그림 8-30(c)에 표시되어 있다.

예제 8-17

그림 8-29(a)에 표시된 회로에서 V_{CC} = 20 V, R_L = 10 Ω의 크기를 갖는다고 가정하고 교류 부하 선의 양 끝점을 결정하시오.

(풀이) $i_{c(sat)}$는 500 mA로 구해진다.

$$i_{c(sat)} = \frac{V_{CC}}{2R_L} = \frac{10\ \text{V}}{2(10\ \Omega)} = 500\ mA$$

$v_{cc(off)}$는 5 V로 구해진다.

$$v_{ce(off)} = \frac{V_{CC}}{2} = \frac{10\ \text{V}}{2} = 5\ V$$

회로의 교류 부하 선은 그림 8-29(c)에 표시되어 있다. 부하 선의 양단 점은 $i_{c(sat)}$ = 500 mA와 $v_{cc(off)}$ = 5 V 점이다.

8-6-4 B급 증폭기의 임피던스 특성

이미터 폴로어의 베이스 입력 임피던스는 식 (8-27)처럼 표시된다.

$$Z_{basc} = h_{fc}(r_c' + r_E) \tag{8-27}$$

만약 B급 증폭기를 살펴본다면 부하저항이 두 트랜지스터의 이미터에 연결되어 있다는 것을 알 수 있다. 부하저항은 바이패스되지 않기 때문에 부하저항 값은 증폭기의 Z_{base}의 계산에 고려되어야 한다. 트랜지스터의 입력 임피던스는 식 (8-28)처럼 표시된다.

$$Z_{base} = h_{fc}(r_{c}' + R_L) \tag{8-28}$$

B급 증폭기의 출력은 트랜지스터의 이미터로부터 주어지므로 증폭기의 출력 임피던스는 이미터 회로의 교류 저항과 같다. 출력 임피던스는 식 (8-29)처럼 표시된다.

$$Z_{out} = r_{c}' + \frac{R_{th}}{h_{fc}} \tag{8-29}$$

(여기서 $R_{th} = R_1 \parallel R_3 \parallel R_S$이다)

B급 증폭기에서 R_2의 값은 증폭기의 교류 등가회로에서 입력 결합 커패시터에 의해서 단락되기 때문에 (8-29)에 사용되지 않는다.

8-6-5 B급 증폭기 이득 특성과 전력 계산

증폭기는 이미터 폴로어에 기초를 두기 때문에 전류 이득은 이미터 폴로어에서 구해진다.

$$A_i = h_{fc}\left(\frac{Z_{in} r_E}{Z_{basc} R_L}\right) \tag{8-30}$$

B급 증폭기에서 $r_E = R_L$이므로 A_i 식은 식 (8-31)처럼 간략화된다.

$$A_i = h_{fc}\left(\frac{Z_{in} r}{Z_{basc}}\right) \tag{8-31}$$

B급 증폭기의 전압 이득은 기본적인 이미터 폴로어와 같은 방법으로 구할 수 있다.

$$A_v = \frac{R_L}{R_L + r'_c} \tag{8-32}$$

다른 증폭기의 경우와 마찬가지로 전력 이득은 A_v와 A_i의 곱으로 구해진다.

$$A_P = A_v A_i$$

B급 증폭기의 출력은 A급 증폭기의 경우와 동일한 방식으로 구한다.

$$P_L = \frac{V_{PP}^2}{8R_L} \tag{8-33}$$

최대 부하 전력은 A급 증폭기의 경우와 동일한 방식으로 구한다.

$$P_{L(\max)} = \frac{PP^2}{8R_L} \tag{8-34}$$

B급 증폭기의 최대 부하 전력을 계산하기 위해서 컴플라이언스를 결정해야 한다. B급 증폭기의 컴플라이언스는 식 (8-35)처럼 구해진다.

$$PP = 2V_{CEQ} \tag{8-35}$$

$V_{CEQ} \cong V_{CC}/2$이므로 식 (8-35)를 정리하면 식 (8-36)가 구해진다.

$$PP \cong V_{CC} \tag{8-36}$$

예제 8-18

그림 8-31에 표시된 회로의 최대 부하 전력을 구하시오.

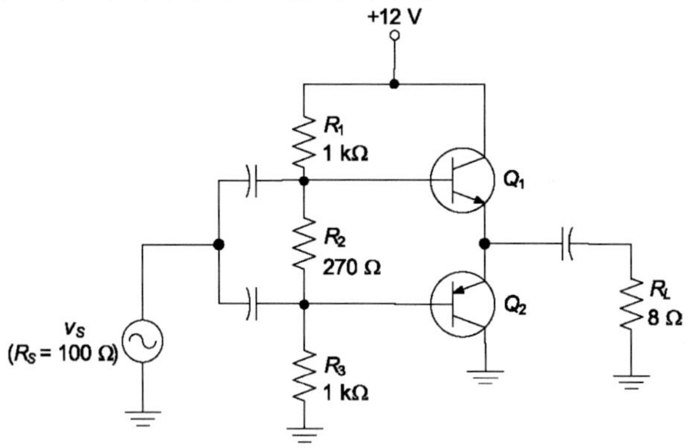

그림 8-31

(풀이) 증폭기의 컴플라이언스는 12 V로 구해진다.

$$PP \cong V_{CC} = 12\text{ V}$$

최대 부하 전력은 2.25W로 구해진다.

$$P_{L(\max)} = \frac{PP^2}{8R_L} = \frac{(12\,V_{PP})^2}{8(8\ \Omega)} = \frac{144\ V^2}{64\ \Omega} = 2.25\ W$$

직류 공급 전원으로부터 증폭기에 공급되는 전체 전력은 다음과 같이 구해진다.

$$P_S = V_{CC}I_{CC} \tag{8-37}$$

여기서 $I_{CC} = I_{C1(ave)} + I_1$

P_S를 구하는 식은 A급 증폭기에서 사용하였던 것과 같다. 그러나 식 (8-37)은 부연 설명이 필요하다. 공급 전원으로부터 공급되는 전체 전류는 Q_1의 평균 컬렉터 전류와 증폭기의 베이스를 통해서 흐르는 전류의 합으로 그림 8-32에 표시되어 있다. Q_1의 컬렉터를 통해서 흐르는 평균 전류는 다음과 같이 주어진다.

$$I_{C(avc)} = \frac{I_{PK}}{\pi} \text{ 혹은 } I_{C(avc)} \cong 0.318 I_{PK}$$

여기서 I_{PK}는 트랜지스터를 흐르는 피크 전류이다. 이는 반파정류기의 표준 I_{ave} 식이다. 트랜지스터는 교번 반주기에 도통하기 때문에 반파정류기처럼 동작된다.

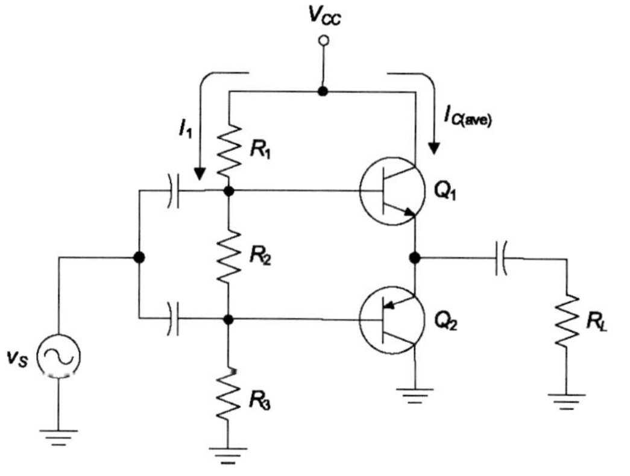

그림 8-32 B급 증폭기의 공급 전류

그림 8-30(c)와 식 (8-25)에 의하면 B급 증폭기에서 각 트랜지스터를 통해서 흐르는 최대 전류는 다음과 같이 구해진다.

$$i_{c(sat)} = \frac{V_{CC}}{2R_L}$$

위 식에 $I_{C(ave)}$를 대입하면 식 (8-38)이 구해진다.

$$I_{C1} = \frac{V_{CC}}{2\pi R_L} \tag{8-38}$$

증폭기가 컴플라이언스로 구동된다고 가정하기 때문에 식 (8-38)은 증폭기의 출력전압서 V_{CC}를 사용한다. 만약 증폭기의 출력이 컴플라이언스로 동작되지 않는다면 $V_{PP(out)}$은 V_{CC}로 대체되어야 한다. $I_{C1(ave)}$를 계산하기 위한 식은 식 (8-39)처럼 구해진다.

$$I_{C1(avc)} = \frac{V_{PP(out)}}{2\pi R_L} \tag{8-39}$$

예제 8-19

그림 8-33에 표시된 회로에서 P_S와 최대 부하 전력을 구하시오.

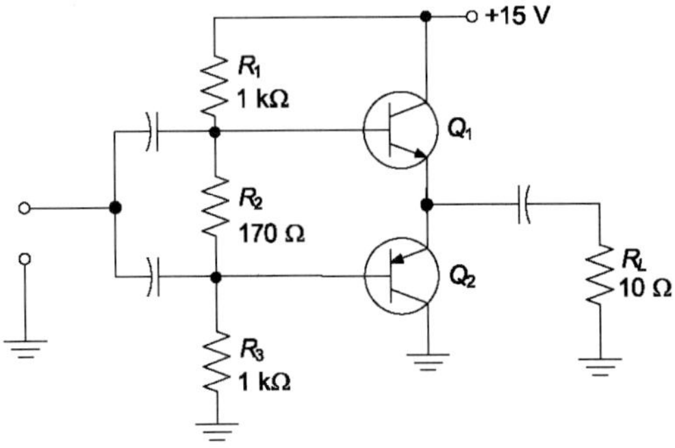

그림 8-33

(풀이) 두 개의 트랜지스터로부터 베이스 전류를 무시하고 I_1을 구하면 6.91 mA가 계산된다.

$$I_1 = \frac{V_{CC}}{R_1 + R_2 = R_c} = \frac{15\ \ V}{2.17\ \ k\Omega} = 6.91\ \ \mathrm{mA}$$

$I_{C1(\mathrm{ave})}$는 239 mA로 구해진다.

$$I_{C1(ave)} = \frac{V_{CC}}{2\pi R_L} = \frac{15\ \ V}{2\pi(10\ \ \Omega)} = 238\ \ \mathrm{mA}$$

두 값을 이용하면 I_{CC}는 246 mA로 구해진다.

$$I_{CC} = I_{C1(\mathrm{ave})} + I_1 = 246\ \mathrm{mA}$$

결국 공급 전원으로부터 요구되는 전체 전력은 3.69 W이다.

$$P_S = V_{CC}I_{CC} = (15\ \mathrm{V})(24\ \mathrm{mA}) = 3.69\ \mathrm{W}$$

증폭기의 컴플라이언스는 V_{CC} 혹은 15 V와 같다.

이 값을 이용하여 최대 부하 전력을 계산하면 2.81 W가 구해진다.

$$P_{L(\max)} = \frac{PP^2}{8R_L} = \frac{(15\,V_{PP})^2}{8(10\ \ \Omega)} = \frac{225\,V^2}{80\ \ \Omega} = 2.81\ \ \mathrm{W}$$

8-6-6 B급 증폭기 효율

B급 증폭기의 최대 이론 효율은 78.5%지만 실제 효율은 최대 이론 효율보다 항상 작다. B급 증폭기에서 두 트랜지스터는 트랜지스터가 포화되면 거의 V_{CE}를 가지므로 증폭기의 실제 컴플라이언스는 V_{CC}보다 조금 작다. 따라서 B급 증폭기의 효율 정격은 78.5%

에 미치지 못한다. 주어진 B급 증폭기의 P_S와 P_L이 알려지면 회로의 효율은 A급 증폭기에서와 같은 방법으로 계산된다.

예제 8-20

그림 8-33에 사용되었던 증폭기의 효율을 구하시오.

(풀이) [예제 8-19]에서 $P_L = 2.81$ W, $P_S = 3.69$ W를 이용하면 증폭기의 최대 효율은 76.2%로 구해진다.

$$\eta = \frac{P_L}{P_S} \times 100 = \frac{2.81\ W}{3.69\ W} \times 100 = 76.2\%$$

B급 증폭기의 효율은 V_{out}과 직접 관계가 있다. 컴플라이언스에서 가장 높은 효율이 얻어진다. 출력 신호가 감소되면 효율도 감소된다.

예제 8-21

만약 부하 전압이 그 50%인 7.5 V_{PP}로 감소될 경우 그림 8-32에서 사용된 증폭기의 효율을 구하시오.

(풀이) 바이어스 회로망은 변하지 않았으므로 I_1은 6.91 mA를 유지한다. 증폭기가 컴플라이언스로 구동되지 않으므로 $I_{C(ave)}$는 다음과 같이 계산된다.

$$I_{C1(ava)} = \frac{V_{PP(out)}}{2\pi R_L} = \frac{7.5}{2\pi(10\ \Omega)} = 119\ \text{mA}$$

따라서 회로의 전체 전류는 126 mA로 구해진다.

$$I_{CC} = I_{C1(ave)} + I_1 = 6.91\ \text{mA} + 119\ \text{mA} = 126\ \text{mA}$$

다음은 공급 전원으로부터 끌어낸 전체 전력을 계산한다. 출력 전압이 변해도 V_{CC}는 일정하므로 이 값을 계산에 이용한다.

$$P_S = V_{CC} I_{CC} = (15\ \text{V})(126\ \text{mA}) = 1.89\ \text{W}$$

최대 부하 전력은 703 W로 구해진다.

$$P_{L(\max)} = \frac{PP^2}{8R_L} = \frac{(7.5\,V_{PP})^2}{8(10\ \Omega)} = 703\ \text{mW}$$

증폭기 효율은 37.2%로 계산된다.

$$\eta = \frac{P_L}{P_S} \times 100 = \frac{703\ W}{1.89\ W} \times 100 = 37.2\%$$

8-7 AB급 증폭기(다이오드 바이어스)

B급 증폭기 회로에서 발생되는 교차 왜곡 현상과 열 폭주 현상을 제거하기 위해서 그림 8-34에 표시된 것처럼 다이오드 바이어스 회로를 개발하게 되었다. 다이오드 바이어스 회로는 트랜지스터 베이스 사이의 저항 대신에 두 개의 다이오드를 사용한다. 바이어스 회로에서 다이오드를 보상 다이오드(compensating diodes)라고 부른다. 이런 보상 다이오드는 두 개의 트랜지스터에서 V_{BE} 특성과 정합시키기 위해서 사용된다. 여러분들도 보는 바와 같이 다이오드는 증폭기의 트랜지스터와 적절하게 정합시킬 때 교차 왜곡과 열 폭주 현상을 제거한다. 다이오드 바이어스를 사용하면 증폭기는 그림 8-34에 표시된 것처럼 마치 AB급 증폭기로 동작한다.

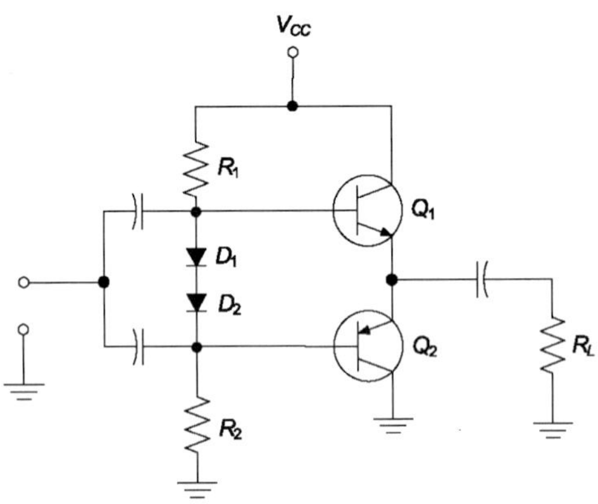

그림 8-34 다이오드 바이어스

8-7-1 다이오드 바이어스의 직류 특성

B급 증폭기에서의 트랜지스터는 차단점에 바이어스되어 증폭기의 I_{CQ}가 거의 0이 되게 한다. 다이오드 바이어스가 사용되면 트랜지스터는 거의 차단점 위쪽에서 바이어스된다. 다이오드 바이어스가 사용될 때 측정될 정도의 I_{CQ}가 생긴다. 이런 경우의 예를 그림 8-35(a)에 표시했다.

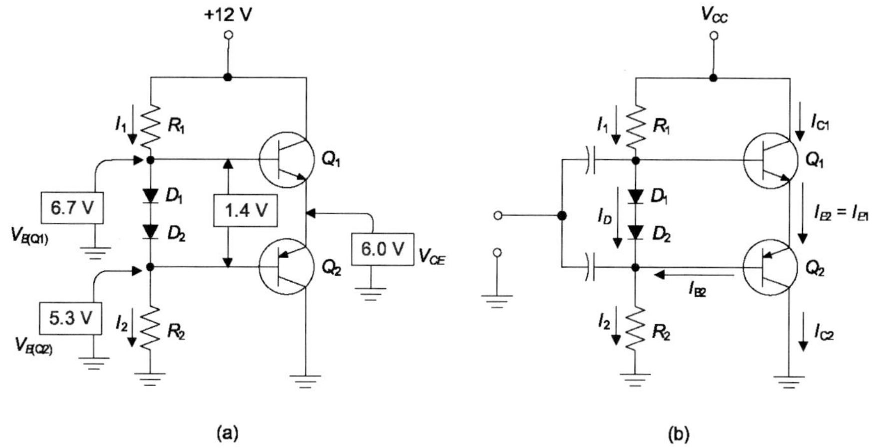

그림 8-35

그림 8-35(a)에 표시된 것처럼 V_{CEQ}는 V_{CC}의 절반이 된다. R_2에 흐르는 전류로 인해서 R_2 양단 전압이 5.3 V가 된다. 이런 조건이 성립된다고 가정하면 트랜지스터 Q_2의 베이스 전압은 5.3 V이고 트랜지스터 Q_2의 V_E는 6 V가 된다. *pnp* 트랜지스터의 V_B는 V_E보다 0.7 V negative 값이므로 Q_2는 도통된다. 바이어스 다이오드의 양단 전압이 1.4 V이므로 트랜지스터 Q_1의 V_B는 5.3 V + 1.4 V = 6.7 V이다. 그림에서 보는 것과 같이 트랜지스터 Q_1의 V_E는 6[V]이다.

npn 트랜지스터의 V_B는 V_E보다 0.7 V positive이므로 Q_1은 도통된다. 따라서 다이오드 바이어스 증폭기에서 두 트랜지스터는 도통되며 그림 8-35(b)에 표시된 것처럼 측정 가능한 정도의 I_{CQ}가 존재한다. 트랜지스터 바이어스 회로는 변형되었지만 트랜지스터 출력은 표준 B급 증폭기에서와 같다. 따라서 증폭기의 직류 부하선 특성은 변하지 않으며 V_{CEQ}는 거의 V_{CC}의 1/2이 된다.

V_{R2} = 5.3 V가 어디서 계산되었는지 이해하기 위해서 바이어스 회로의 동작을 살펴보자. 바이어스 회로에서 두 개의 저항 양단의 전체 전압은 V_{CC}와 다이오드 양단 전압 1.4 V의 차와 같다.

$$V_{R1} + V_{R2} = V_{CC} - 1.4\ \text{V}$$

전압 분배기 공식을 이용해서 V_{R2}를 구하면 다음과 같이 표시된다.

$$V_{R2} = \frac{R_2}{R_1 + R_2}(V_{CC} - 1.4\ \text{V})$$

$V_{B(Q2)} = V_{R2}$이므로 식을 다시 정리하면 식 (8-40)이 구해진다.

$$V_{B(Q2)} = \frac{R_2}{R_1 + R_2}(V_{CC} - 1.4\ \text{V}) \tag{8-40}$$

여기서 $R_1 = R_2$이면 식 (8-40)은 식 (8-41)처럼 간략화된다.

$$V_{B(Q2)} = (\frac{V_{CC}}{2} - 0.7\ \text{V}),\ V_{B(Q2)} = C_{CEQ} - 0.7\ \text{V}\ (\text{여기서 } R_1 = R_2) \tag{8-41}$$

Q_2(따라서 Q_1)는 $R_1 = R_2$일 때 자동적으로 바이어스된다. 두 저항 값이 동일하면 저항의 실제 값은 비교적 중요하지 않다. $R_1 = R_2$일 때 베이스 전압은 $V_{CEQ} \pm 0.7$과 같다고 가정할 수 있다. $R_1 \neq R_2$일 때는 식 (8-37)을 이용하여 $V_{B(Q2)}$를 구할 수 있고 $V_{B(Q2)}$에 1.4 V를 더하면 $V_{B(Q1)}$을 구할 수 있다. 또한 거의 모든 다이오드 바이어스 회로는 동일한 저항 값으로 설계되기 때문에 식 (8-41)이 식 (8-40)보다 훨씬 더 많이 사용된다. 바이어스 회로의 해석에서 I_{B1}과 I_{B2}가 고려되지 않는 것을 의아하게 생각할 수 있지만, 그 이유는 간단하다: 트랜지스터는 적절히 정합되어 있고 I_{B1}과 I_{B2}는 크기에 있어 동일하다. 따라서 저항에 흐르는 전류(I_1과 I_2)는 또한 같아진다.

다이오드 바이어스를 이용하면 I_1(I_{CC} 계산에서 필요)은 식 (8-42)처럼 구해진다.

$$I_1 = \frac{V_{CC} - 1.4\ \text{V}}{R_1 + R_2} \tag{8-42}$$

또한 I_{B1}과 I_{B2}의 효과는 고려할 필요가 없는데, 그 이유는 이들 전류가 저항에 흐르는 전류 값에 영향을 주지 않기 때문이다.

8-7-2 AB급 동작

다이오드 바이어스가 사용될 때 I_{CQ}가 측정 가능한 값임을 알았다. 이런 이유 때문에 이런 증폭기는 기술적으로 더 이상 B급 증폭기가 아니다. 이런 문제의 이해를 돕기 위한 예를 그림 8-35(b)에 표시된 회로에서 전형적인 입력 신호가 표시되는 특성을 그림 8-36에 표시했다.

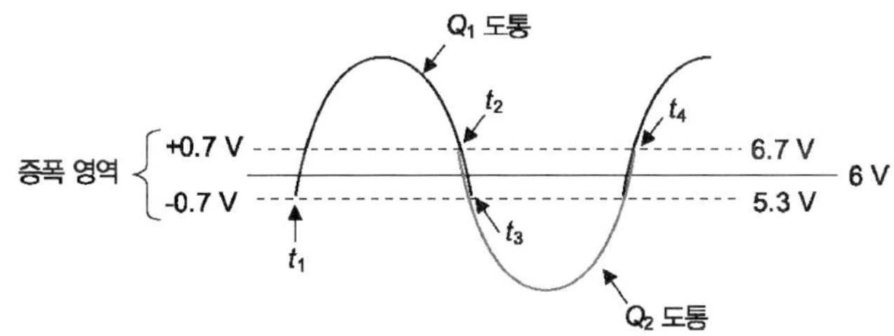

그림 8-36

트랜지스터는 베이스와 이미터 전압이 같아질 때까지 도통하며, 같아질 때 off된다. 그림 8-34(b)에서 Q_1은 베이스 전압이 6 V 이상이 되면 도통한다. V_B는 v_{in}의 값 −0.7에서 $V_{B(Q1)}$의 값 6.7 V를 빼기 때문에 t_1과 t_3에서 6 V로 떨어진다. 따라서 t_1과 t_3 사이의 전체 시간 동안 Q_1이 도통된다고 가정할 수 있다. 같은 원리로 Q_2도 마찬가지다. t_2와 t_4에서 Q2는 off 되는데, v_{in} 값의 +0.7 V에 $V_{B(Q2)}$의 값이 더해지기 때문에 V_B와 V_E가 같아지기 때문이다. 따라서 t_2와 t_4 사이 전체 구간에서 Q_2가 도통한다.

다이오드 바이어스 회로의 트랜지스터는 180°보다 약간 더 도통한다. 이런 이유 때문에 AB급 증폭기라고 부른다. AB급 증폭기에서는 입력 신호에 대해 180°보다는 크고 360°보다는 작은 부분에서 트랜지스터는 도통한다. 다이오드 바이어스 회로를 기술적으로는 AB급 증폭기로 분류하지만 두 증폭기 간의 동작은 유사성이 있기 때문에 대부분의 기술자들은 마치 B급 증폭기로 취급한다.

8-7-3 AB급 증폭기 해석

AB급 증폭기 해석을 위해서 직류 바이어스의 정보를 이용한다. 그림 8-37(a)에 표시된 AB급 증폭기 회로를 참조하자.

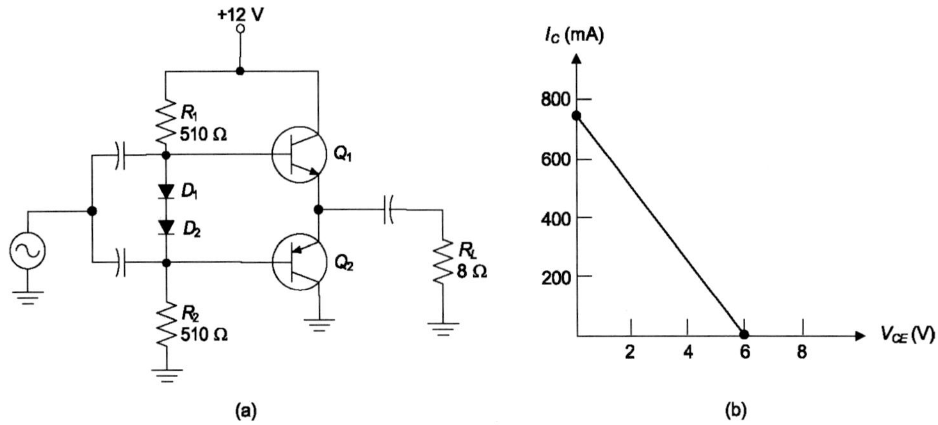

그림 8-37 AB급 증폭기와 교류 부하 선

$i_{c(sat)}$는 750 mA, $v_{ce(off)}$는 6 V로 구해진다.

$$i_{c(sat)} = \frac{V_{CC}}{2R_L} = \frac{12\ \text{V}}{16\ \Omega} = 750\ mA,\ v_{cc(off)} = \frac{V_{CC}}{2} = 6\ \text{V}$$

이런 두 개의 좌표값을 이용하면 그림 8-37(b)에 표시된 교류 부하선이 구해진다. 다음은 I_1의 크기를 구하면 되는데 I_1은 10.4 mA로 구해진다.

$$I_1 = \frac{V_{CC} - 1.4\ \text{V}}{R_1 + R_2} = \frac{12\ V - 1.4\ V}{1020\ \Omega} = 10.4\ mA$$

증폭기의 컬렉터 회로에서 평균 전류는 239 mA로 구해진다.

$$I_{C1(ave)} = \frac{V_{CC}}{2\pi R_L} = \frac{12\ V}{2\pi(8\ \Omega)} = 239\ mA$$

앞에서 구한 I_1과 $I_{C1(ave)}$를 이용하면 I_{CC}를 구할 수 있다.

$$I_{CC} = I_{C1(ave)} + I_1 = 239\text{ mA} + 10.4\text{ mA} = 249\text{ mA}$$

다음은 공급 전원으로부터 끌어낸 전체 전력을 계산한다.

$$P_S = V_{CC}I_{CC} = (12\text{ V})(249\text{ mA}) = 2.99\text{ W}$$

증폭기가 컴플라이언스로 구동된다고 가정하면 최대 부하 전력은 2.25 W로 구해진다.

$$P_{L(\max)} = \frac{PP^2}{8R_L} = \frac{(12\,V_{PP})^2}{8(8\ \Omega)} = 2.25\ \text{W}$$

증폭기 효율은 75.3%로 계산된다.

$$\eta = \frac{P_L}{P_S} \times 100 = \frac{2.25\ W}{2.99\ W} \times 100 = 75.3\%$$

8-7-4 기타 AB급 증폭기

이제 몇 가지 다른 종류의 AB급 증폭기와 바이어스 회로에 대해 살펴보자. 각 회로는 트랜지스터의 베이스에 연결된 커패시터를 경유해서 입력이AB급 증폭기로 결합된다. 입력을 결합시키기 위해서 가장 일반적으로 사용되는 두 가지 회로가 그림 8-38에 표시되어 있다. 그림 8-38(a)에 표시된 회로는 바이어스 회로에서 다이오드 사이에 연결되는 단일 결합용 커패시터를 사용한다. 이런 결합용 커패시터는 오직 한 개의 입력 커패시터기 필요로 하는 장점을 갖는다. 그러나 최대 피크-피크 출력이 약간 낮아지는 단점을 갖는다. 다시 말하자면 증폭기는 컴플라이언스로 동작하지 못하고 최대 출력은 약간의 손실을 가지게 된다.

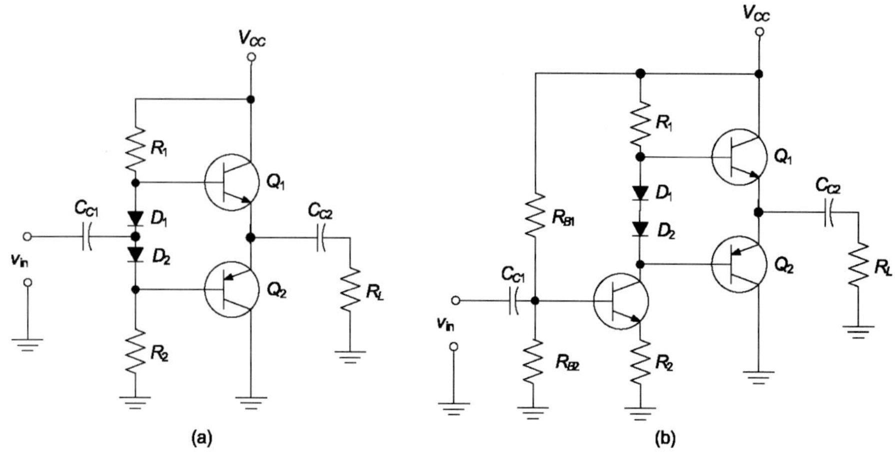

그림 8-38 입력 결합용 회로로 가장 널리 사용되는 방법

그림 8-38(b)에 표시된 회로는 AB급 증폭기의 트랜지스터 구동기(Q_3)로 사용된다. 신호가 구동기의 입력에 인가되면 출력 전압(v_{ce})은 A급 증폭기처럼 변화한다. 이런 출력 신호가 직접 Q_2의 베이스와 Q_1의 베이스에 직접 결합된다. 다이오드의 낮은 교류 저항은 거의 동일한 진폭으로 두 트랜지스터의 베이스로 인가되는 것을 허용한다. 이런 결합 형태의 한 가지 이점은 구동기의 입력 임피던스가 커패시터 결합형 AB급 증폭기의 경우보다 크다는 사실이다. 그 결과 자신의 소스에서 적은 부하를 가지게 된다.

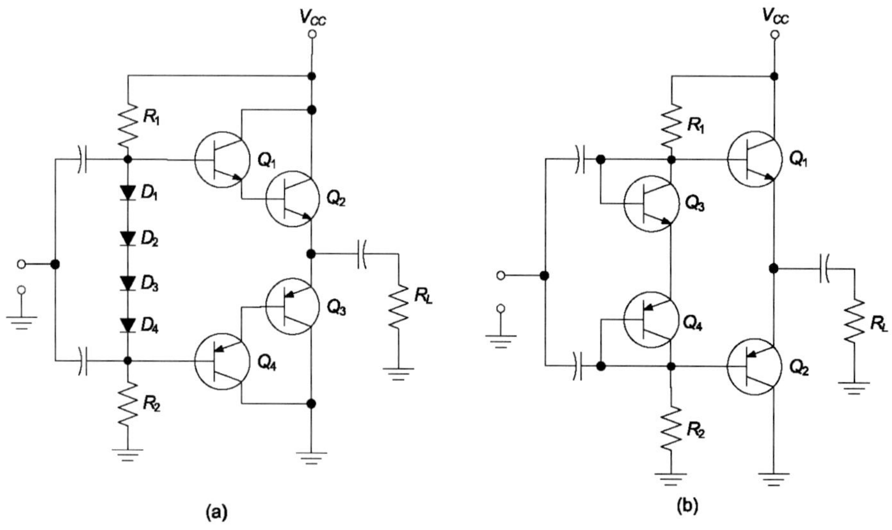

그림 8-39 달링턴과 트랜지스터로 바이어스된 증폭기

그림 8-39(a)에 표시된 달링턴 상보-대칭형 증폭기는 자신의 출력 회로에서 두 개의 달링턴 쌍을 갖는다. 달링턴 쌍은 AB급 증폭기의 입력 임피던스를 높이는 데 사용된다. 보다 높은 증폭 단 임피던스는 소스 회로의 부하효과를 감소시킨다. 또한 앞에서 논의된 바와 같이 달링턴 쌍은 매우 높은 전류 이득 특성을 가진다. 이런 회로는 표준 상보-대칭형 증폭기보다 훨씬 높은 전류 이득을 나타낸다. 이런 이유 때문에 높은 부하 전력이 요구되는 곳에 사용된다. 부하 전력은 $A_P = A_i A_i$로 표시된다. A_i는 한 개의 트랜지스터를 사용하는 것보다 달링턴 쌍을 사용하면 훨씬 더 높기 때문에 달링턴 AB급 증폭기의 전체 이득은 표준 푸시풀 증폭기보다 훨씬 더 높다.

Q_1과 Q_4 트랜지스터의 베이스 사이에 연결된 4개의 바이어스 다이오드를 주목하라. 4개의 다이오드는 각 달링턴 쌍의 V_{BE}인 1.4 V를 보상하는 데 필요하다. 각 쌍에는 V_{BE}가 1.4 V이므로 Q_1과 Q_4의 베이스 사이의 전위차는 2.8 V이다. 4개의 다이오드가 적절히 정합된다면 2.8 V의 전위차를 유지한다. 트랜지스터-바이어스 상보-대칭형 증폭기는 바이어스 회로에 다이오드 대신 트랜지스터가 사용된다. 이런 증폭기가 그림 8-39(b)에 표시되어 있다.

증폭기는 IC 트랜지스터를 포함하는 회로에 주로 사용된다. 바이어스 트랜지스터들은 다이오드처럼 동작되게 결선된다. 각각 바이어스 트랜지스터의 컬렉터-베이스 접합은 단락되어 회로에서 단지 이미터-베이스 접합만 남아 있다. 이런 접합은 마치 단순한 다이오드처럼 동작한다. 대부분의 트랜지스터 IC는 4개의 트랜지스터를 가진다. IC에 들어있는 여분의 트랜지스터를 다이오드로 사용함으로써 다이오드는 회로 트랜지스터(Q_1 및 Q_2)와 완벽하게 정합된다.

AB급 증폭기로부터의 출력이 0 V 주위($V_{CC}/2$가 아닌)에 집중되게 하려면 분리 전원을 사용하는 AB급 증폭기가 되어야 한다. 이런 증폭기를 그림 8-39에 표시했다. 이런 회로에서 두 공급 전원의 연결은 극성이 반대이고 크기는 같다. 예를 들면 ±10 V의 전압은 사용되지만 ±10 V, −5 V는 사용되지 않는다. 정합 공급 전원을 사용하면 각 트랜지스터는 자체에 공급 전압이 강하되어 출력 신호는 거의 0에 가깝다. 이것은 그림 8-40에 표시된 것처럼 회로에 부하가 직접 결합될 수 있다.

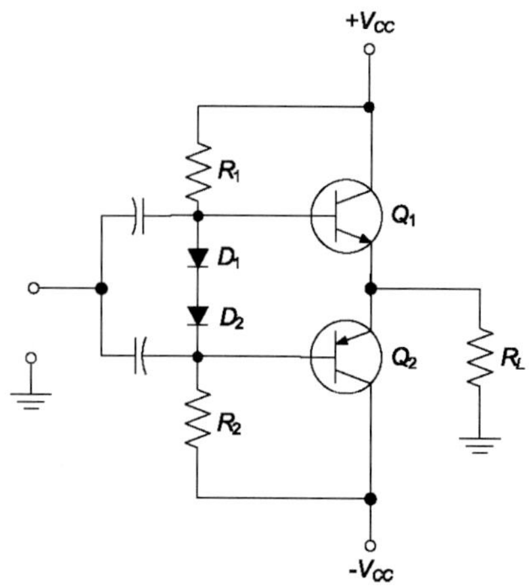

그림 8-40 이중극성을 갖는 AB급 증폭기

AB급 증폭기에는 많은 다른 바이어스 형태가 있다. 이전에 결코 보지 못한 바이어스 회로가 언급되면 B급과 AB급 동작의 기본 원리를 기억하면 된다. 이런 이유로 임의의 B급 혹은 AB급 증폭기는 이런 원칙에 따라야 한다.

8-7-5 최대 전력 정격과 방열판

트랜지스터가 특정한 전력 증폭기 응용에 이용되면 회로에서 트랜지스터에 의한 전력 손실이 트랜지스터의 정격을 초과하지 않는지를 확인해야 한다. 2N3904의 스펙으로부터 $P_{D(max)}$는 625 mW이다(전력 경감(derating)이 없다고 가정할 때). 따라서 625 mW보다 큰 전력을 소비하는 전력 증폭기에는 2N3904를 사용하지 못한다.

특정한 회로에서 트랜지스터가 처리할 수 있는 전력의 크기는 어떻게 결정되는가? 개별 트랜지스터에서 P_D를 구하기 위해서 A급 증폭기에서는 식 (8-43)을 사용하게 된다.

$$P_D = V_{CEQ}I_{CQ} \tag{8-43}$$

B급 증폭기와 AB급 증폭기에서는 식 (8-44)를 사용한다.

$$P_D = \frac{(V_{PP})^2}{40R_L} \tag{8-44}$$

예제 8-22

그림 8-41에 표시된 회로에서 트랜지스터의 P_D 값을 구하시오.

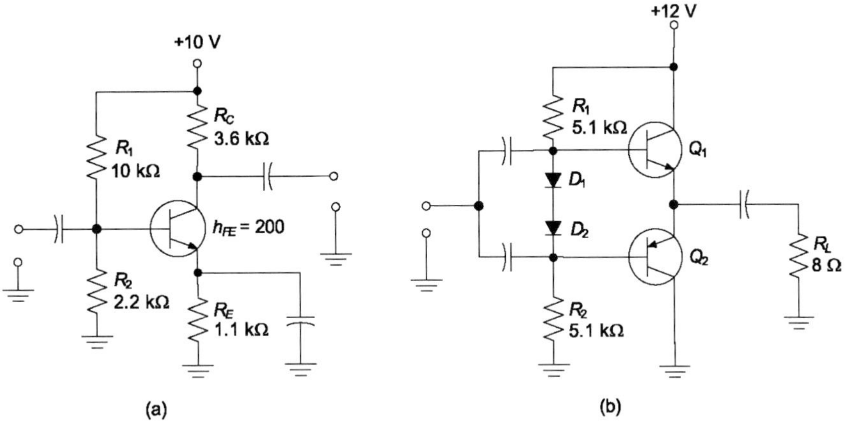

그림 8-41

(풀이) (a) 정해진 해석 과정을 이용하면 I_{CQ}와 V_{CEQ}는 1 mA와 5.3 V로 구해진다.

$$I_{CQ} = 1 \text{ mA}, V_{CEQ} = 5.3 \text{ V}$$

두 값을 이용하면 P_D는 5.3 mW로 구해진다.

$$P_D = V_{CEQ} I_{CQ} = (5.3 \text{ V})(1 \text{ mA}) = 5.3 \text{ mW}$$

(b) 증폭기의 컴플라이언스는 12 V이다. 따라서 $V_{PP} = 12$ V이다.

$$P_D = \frac{(V_{PP})^2}{40R_L} = \frac{12\,V_{PP}^2}{40(8\ \Omega)} = \frac{144\,V_{PP}^2}{320\ \Omega} = 450\ \text{mW}$$

CHAPTER

08 기초문제

1. 저주파 증폭기는 사람의 음성으로 발생시킬 수 있고, 사람의 귀로 들을 수 있는 모든 주파수를 증폭시킬 수 있도록 설계된다. 이런 저주파는 약 (　　)Hz에서 (　　)Hz 사이의 주파수 범위를 갖는다.

2. 저주파 증폭기의 2가지 기본 형태는 무엇인가?

3. (　　)증폭기는 약한 입력 신호의 전압 레벨을 증폭시킨다. 따라서 (　　) 증폭기를 제어 하기에 충분히 크다.

4. 이미터 커패시터가 일반적으로 교류 증폭기의 이미터 저항에 병렬로 연결되는 이유는 무엇인가?

5. 증폭기 증폭단 사이에 (　　)과 (　　)를 제공하기 위해서 증폭기 증폭단 사이에 결합용 커패시터가 삽입된다.

6. 푸시풀 증폭기에는 (　　) 급 증폭기로 바이어스되는 두 개의 트랜지스터가 포함된다.

7. 보수형 전력 증폭기가 기본의 푸시풀 전력 증폭기를 능가하는 이점은 무엇인가?

8. (　　)급 증폭기는 직류 동작점을 차단점에 설정한다.

(a) A　　(b) B　　(c) C　　(d) AB

9. (　　)급 증폭기는 직류 동작점을 차단점 아래에 설정한다.

(a) A　　(b) B　　(c) C　　(d) AB

10. (　　)급 증폭기는 직류 동작점을 차단점 약간 위에 설정한다.

(a) A　　(b) B　　(c) C　　(d) AB

11. (　　)급 증폭기는 직류 동작점을 부하선의 중간에 설정한다.

(a) A　　(b) B　　(c) C　　(d) AB

12. 달링톤 쌍에 대한 설명 중 옳은 것은?

(a) 3개의 트랜지스터를 갖는다.

(b) 단일 베이스-이미터 전압 강하를 갖는다.

(c) 아주 낮은 입력 임피던스를 갖는다.

(d) 아주 높은 전류 이득을 갖는다.

13. (　　) 직류 증폭기는 온도 안정성, 잡음 제거와 같은 다재다능(versatility)성 때문에 다양한 응용분야에 사용되는 이상적인 소자이다.

(a) 달링톤 쌍　　(b) 제너 결합형　　(c) 보수형　　(d) 차동형

14. 커패시터는 (　　)로 동작한다.

(a) 직류에서 개방 스위치　　(b) 교류를 차단시킨다.

(c) 직류에서 닫힌 스위치　　(d) 교류에서 개방 스위치

15. 증폭기의 효율은 (　　) 비와 같다.

(a) R_C와 R_E의　　(b) V_{out}과 V_{in}의　　(c) P_L과 P_S의　　(d) 모두 정답

16. 다음 중 어느 직류 증폭기가 고전류 릴레이 코일의 ON/OFF 스위칭에 적합한가?

(a) C-B　　(b) 보수형　　(c) 제너 결합형　　(d) 달링톤 쌍

17. 저주파 전력 증폭기는 (　　)급 증폭기로 바이어스된다.

(a) A　　(b) B, AB　　(c) C　　(d) D

18. 저주파 전압 증폭기는 (　　)급 증폭기로 바이어스된다.

(a) A　　(b) B, AB　　(c) C　　(d) D

19. 커패시터에 교류 접지 및 교류 신호 증폭기의 이미터를 연결하는 이유는 무엇인가?

(a) degenerative 귀환을 방지하기 위해서

(b) R_E의 교류 접지로 동작하기 위해서

(c) 결합용 콘덴서의 반대로 동작하기 위해서

(d) 모두 정답

20. 전력용 트랜지스터는 (　　)를 증폭하도록 설계되기 때문에 큰)량이 발생된다. 그들의 동작 특성을 안정하게 하고 좋은 효율을 만족시키기 위해서 (　　)급 증폭기로 바이어스된다.

(a) 전압, 열, A　　(b) 전압, 전류, C

(c) 임피던스, 전력, A　　(d) 전류, 열, B

21. 저주파 전력 증폭기는 보통은 (　　)을 방지하기 위해서 AB급 증폭기로 동작된다.

(a) 온도 안정도　　(b) degenerative 귀환

(c) 크로스 오버 왜곡　　(d) 모두 정답

22. 만약 $R_C = 2.7\ k\Omega$이고 $R_L = 10\ k\Omega$이라면 등가 컬렉터 저항의 크기는 (　　)이다.

(a) 12.7 kΩ　　(b) 2.1 kΩ　　(c) 2.7 kΩ　　(d) 10 kΩ

CHAPTER

08 연습문제

1. 그림 8-42에 표시된 A급 공통 이미터 증폭기에서 다음을 구하시오.

(a) 차단점 V_{Cmax}

(b) 포화점 V_{Cmin}

(c) 최대 대칭적 출력 전압 스윙 V_{CQ}

(d) 최대 가능 출력 전압 대칭 스윙

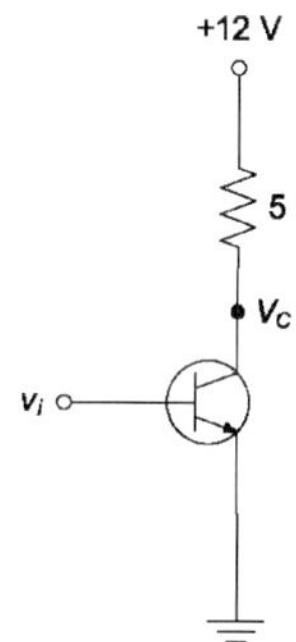

그림 8-42

2. 그림 8-43에 표시된 A급 공통 이미터 증폭기에서 다음을 구하시오.

(a) 차단점 V_{Cmax}

(b) 포화점 V_{Cmin}

(c) 최대 대칭적 출력 전압 스윙 V_{CQ}

(d) 최대 가능 출력 전압 대칭 스윙

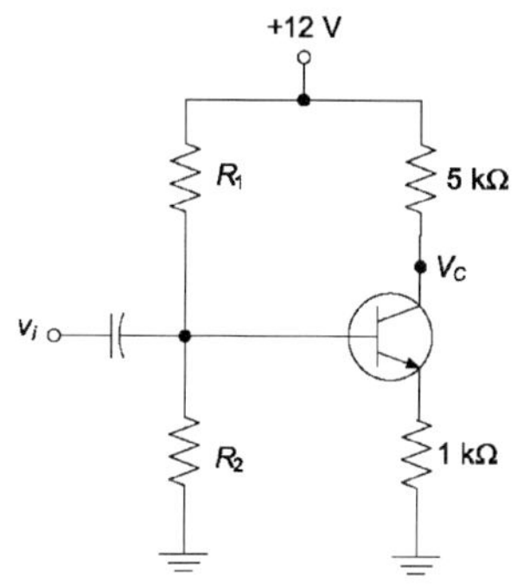

그림 8-43

3. 그림 8-43에 표시된 회로에서 $R_1 = 53.5\ \mathrm{k}\Omega$, $R_2 = 605\ \mathrm{k}\Omega$이라고 가정하고 다음을 구하시오.

(a) I_{CQ}와 V_{CQ}

(b) 출력 전압에서의 최대 positive 스윙

(c) 출력 전압에서의 최대 negative 스윙

(d) 대칭 출력 전압 스윙

4. 그림 8-44에 표시된 A급 공통 이미터 증폭기에서 다음을 구하시오.

(a) 차단점 V_{Cmax}

(b) 포화점 V_{Cmin}

(c) 최대 대칭적 출력 전압 스윙 V_{CQ}

(d) 최대 가능 출력 전압 대칭 스윙

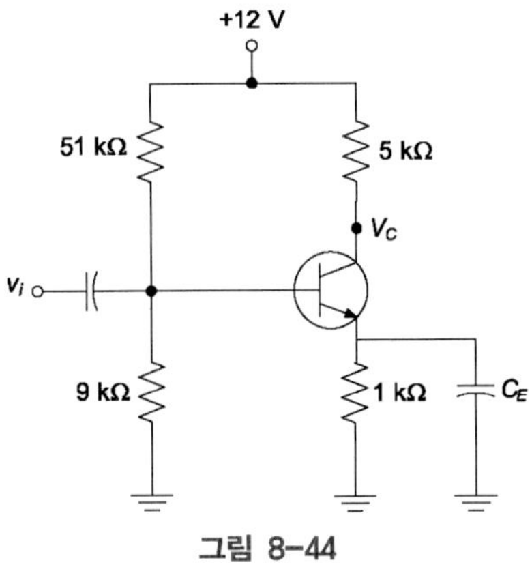

그림 8-44

5. 그림 8-45에 표시된 회로에서 다음을 구하시오.

(a) I_{CQ}와 V_{CQ}

(b) 커패시터의 정지 전압

(c) 출력 전압에서의 최대 positive 스윙

(d) 출력 전압에서의 최대 negative 스윙

(e) 대칭 출력 전압 스윙

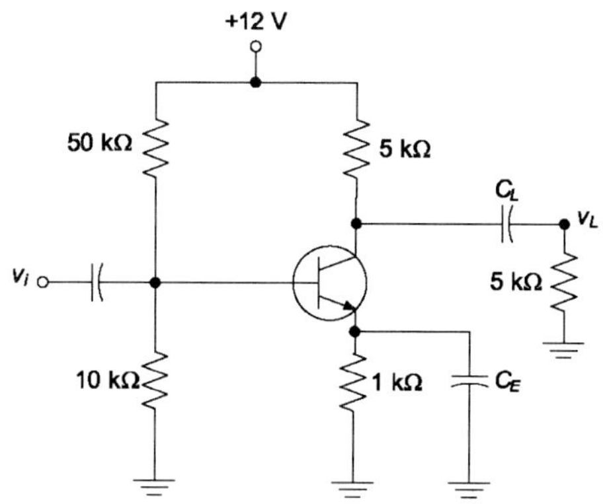

그림 8-45

6. 그림 8-46에 표시된 이미터 폴로어에서 다음을 구하시오.

(a) I_{CQ}와 V_{CQ}

(b) 출력 전압에서의 최대 positive 스윙

(c) 출력 전압에서의 최대 negative 스윙

(d) 대칭 출력 전압 스윙

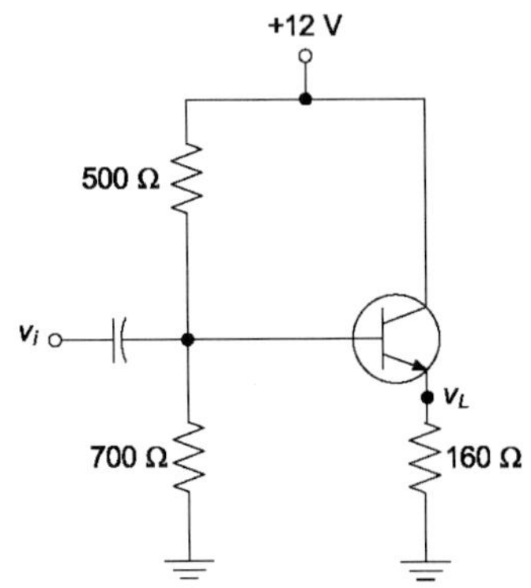

그림 8-46

7. 그림 8-42에 표시된 회로에서 다음의 최댓값을 구하시오.

(a) P_{CC} (b) P_L (c) % 효율 (d) P_D

8. 그림 8-43에 표시된 회로에서 $R_1 = 51\ k\Omega$, $R_2 = 9\ k\Omega$이라고 가정하고 다음을 구하시오.

(a) I_{CQ}와 V_{CQ}

(b) 출력 전압에서의 최대 positive 스윙

(c) 출력 전압에서의 최대 negative 스윙

(d) 대칭 출력 전압 스윙

(e) P_{CC}

(f) P_L

(g) % 효율

(h) P_D

9. 그림 8-43에 표시된 회로에서 $R_1 = 51\ \mathrm{k}\Omega$, R_2가 다음과 같다면 Q점, 대칭 출력 전압 스윙, P_{CC}, P_L, 효율, P_D을 구하시오.

(a) $R_2 = 12\ \mathrm{k}\Omega$

(b) $R_2 = 6\ \mathrm{k}\Omega$

10. 그림 8-47에 표시된 변압기 결합형 회로에서 다음을 구하시오.

(a) I_{CQ}, V_{CQ}, V_{EQ}

(b) 포화점 V_c와 V_1

(c) 최대 스윙 v_L과 V_1

(d) P_{CC}, P_L, % 효율, P_D

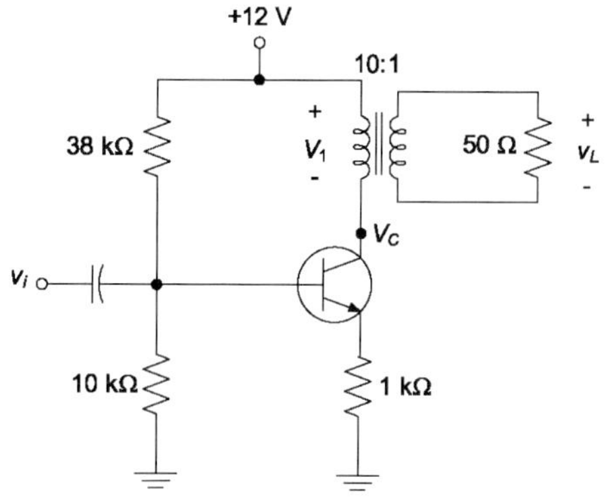

그림 8-47

11. 그림 8-48에 표시된 증폭기에서 다음을 구하시오.

(a) V_{B1Q}, V_{B2Q}, V_{EQ}, I_{C1Q}, I_{C2Q}

(b) P_{CC}, P_L, % 효율, P_D

(c) Q_1은 언제 동작하는가? Q_2는 언제 동작하는가?

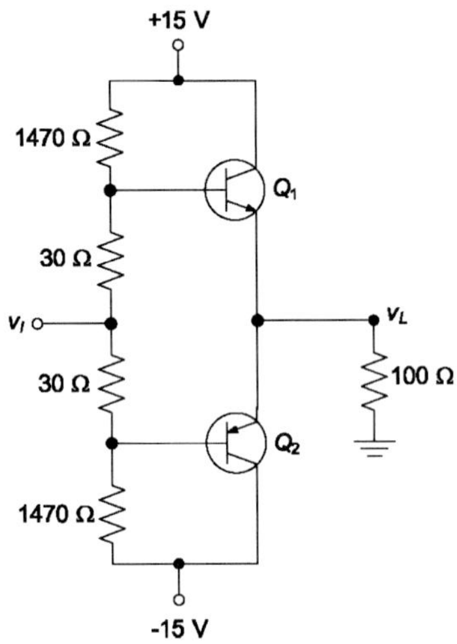

그림 8-48

12. 그림 8-49의 RF 초크는 공진 탱크의 공진 주파수에서 교류 개방처럼 동작한다. 만약 코일의 Q가 60이라면 공진 주파수, 교류 포화 전류, 교류 차단 전압, 대역폭, 교류 출력 컴플라이언스는 얼마인지 구하시오.

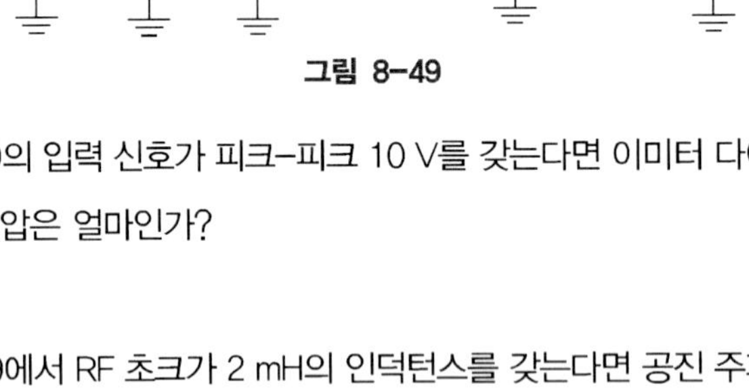

그림 8-49

13. 그림 8-49의 입력 신호가 피크-피크 10 V를 갖는다면 이미터 다이오드 양단에 걸리는 직류 전압은 얼마인가?

14. 그림 8-49에서 RF 초크가 2 mH의 인덕턴스를 갖는다면 공진 주파수에서 유도성 리액턴스는 얼마인가?

15. 그림 8-50에 표시된 회로에서 V_{EQ}, V_{CQ}, $V_{L(max)}$, $V_{L(min)}$, 대칭적 스윙을 구하시오.

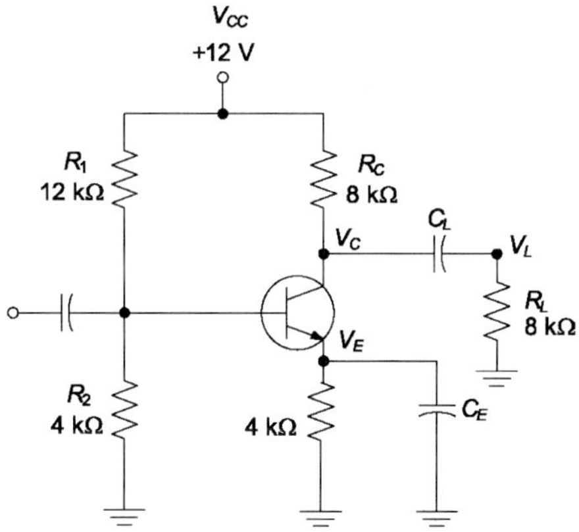

그림 8-50

16. 그림 8-51에 표시된 이미터 폴로어에서 다음의 바이어스 저항에 대한 V_{EQ}, $V_{L(max)}$, $V_{L(min)}$, 대칭적 스윙을 구하시오.

(a) $R_1 = 80\ \Omega$, $R_2 = 100\ \Omega$

(b) $R_1 = 100\ \Omega$, $R_2 = 100\ \Omega$

(c) $R_1 = 50\ \Omega$, $R_2 = 100\ \Omega$

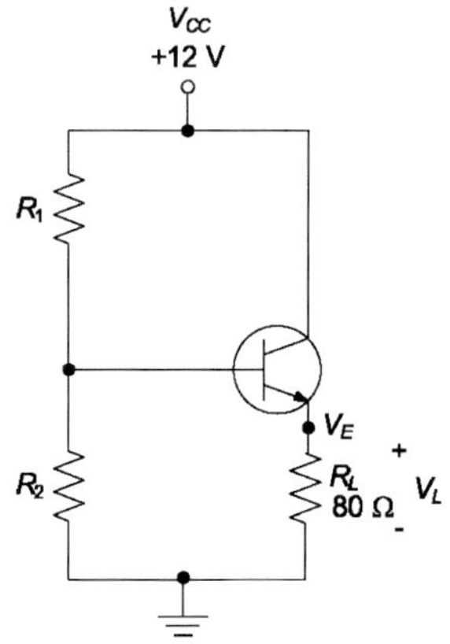

그림 8-51

17. 그림 8-52를 참조하고 최대 출력 스윙을 구하기 위해서 바이어스 저항을 선택한다. V_{EQ}, I_{CQ}, V_{CQ}, V_{CEQ}, P_D, P_{CC}, V_{CP}, P_L, % 효율, P_{CC}를 구하시오.

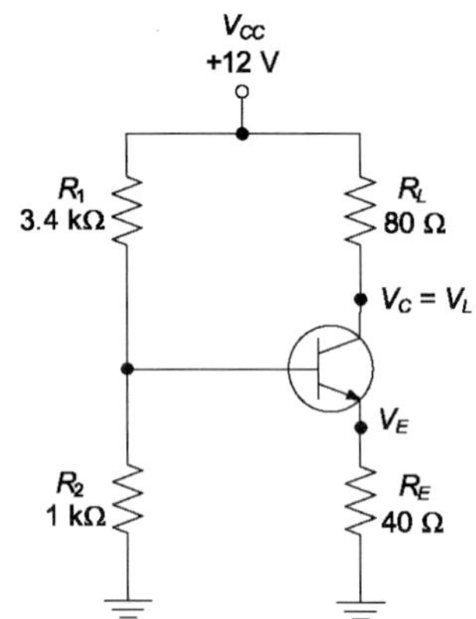

그림 8-52

18. 그림 8-53에 표시된 회로에서 $V_{CC}=+12$ V, $R_L=80\ \Omega$이라고 가정하고, 각 트랜지스터에서 최대 부하 전압 스윙, 전체 최대 평균 공급 전력, 최대 평균 부하 전력, 최대 평균 소비 전력을 구하시오.

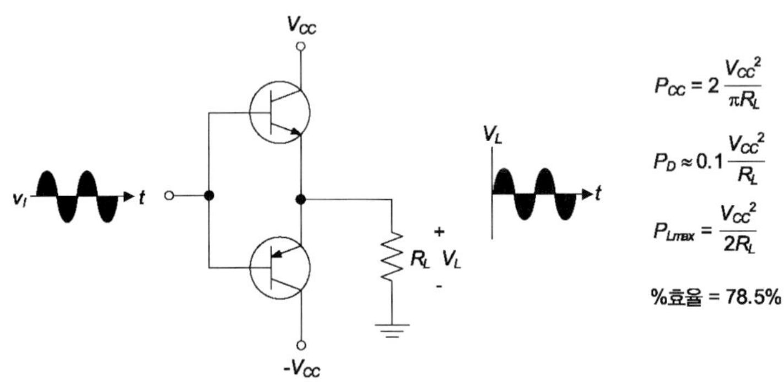

그림 8-53

19. 그림 8-53에 표시된 회로에서 $V_{CC}=+12$ V, $R_L=80\ \Omega$이라고 가정하고 부하 전력, 공급 전력, 효율, 다음의 출력 전압 스윙에 대한 각 트랜지스터에서 소비 전력을 구하시오. 트랜지스터에서의 소비 전력을 논하고 연습문제 18과 비교하시오.

(a) $V_{LP}=2$ V (b) $V_{LP}=8$ V

CHAPTER

09

접합형 전계 효과 트랜지스터

전류제어 소자인 쌍극성 접합형 트랜지스터 동작에는 정공 전류와 전자 전류가 발생되는 데 비해 전압 제어 소자인 전계 효과 트랜지스터는 정공 전류만 흐르거나 전자 전류만 동작에 관여하는 단극성 트랜지스터 소자이다. 단극성 소자인 FET의 출력 특성은 입력 전류에 의해 제어되는 것이 아니고 입력 전압에 의해 제어된다. FET는 기본적으로 두 가지 형태로 구분된다. 그중 하나는 접합형 전계 효과 트랜지스터(JFET: junction field effect transistor)이고 또 다른 하나는 금속 산화물 반도체 FET(MOSFET: metal oxide semiconductor FET)이다. 이런 두 소자의 동작 원리가 서로 다르고 두 소자의 응용과 제한도 각기 다르다. BJT와 유사하게 FET도 3단자를 갖는 소자이고 스위치로 동작하기 때문에 디지털 회로 응용에 사용된다. 또한 가변 저항으로도 동작하기 때문에 아날로그 회로나 선형 회로에서도 사용된다.

9-1 접합형 전계 효과 트랜지스터의 구조 및 동작

JFET의 물리적인 구조는 쌍극성 접합형 트랜지스터와 상당한 차이가 있다. 그림 9-1에 표시된 것처럼 JFET는 오직 두 개의 물질(한 개의 n형 물질과 한 개의 p형 물질)로 구성된다. JFET의 세 단자는 소스, 드레인, 게이트로 표시된다. FET의 소스 단자는 BJT의 이미터 단자로 드레인은 컬렉터 단자로, 게이트는 베이스 단자와 대체된 것처럼 보인다. 소스와 드레인을 연결하는 물질을 채널(channel)이라고 부른다. 그림 9-1에 표시된 것처럼 채널 물질이 n형일 때 JFET를 n-채널 JFET라고 부른다. 그림 9-2에 표시된 것처럼 p형 채널을 가지는 FET를 p-채널 JFET라고 부른다.

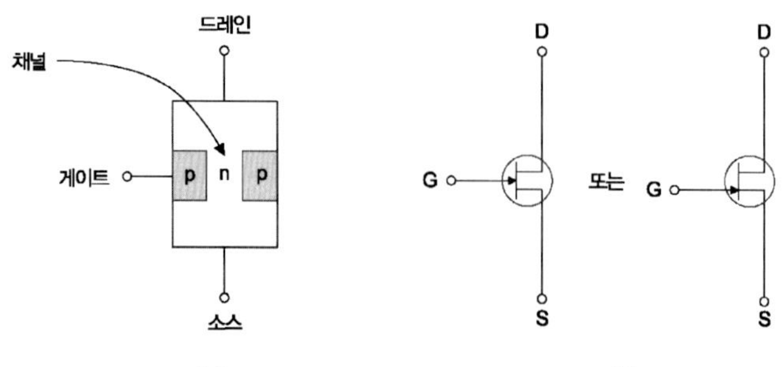

그림 9-1 n-채널 JFET

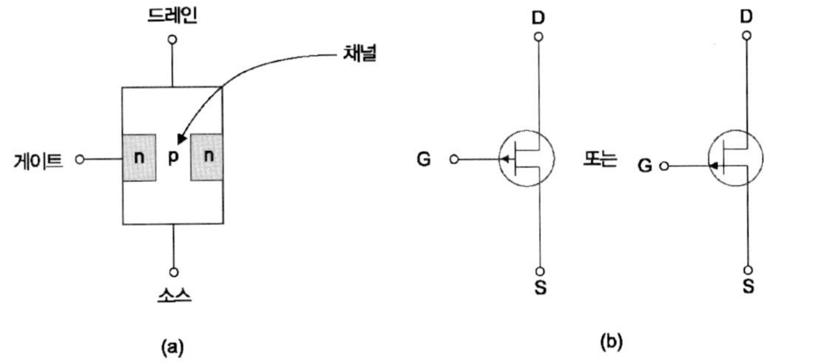

그림 9-2 p-채널

벨트가 사람의 허리를 둘러싸고 있는 것처럼 게이트가 채널 주위를 둘러싸고 있는 것을 알 수 있다. 회로 기호에 표시된 화살표는 소자로부터 "들어오고(in)" 혹은 "나가는(out)" 것을 나타낸다. BJT 회로 기호처럼 화살표는 n형 물질을 향하고 있다. 화살이 들어오는 방향이면 채널을 향하는 쪽을 가리킨다. 화살이 나가는 방향이면 게이트를 향하는 쪽을 가리키는 것처럼 보인다. 만약, 게이트가 n형 물질이라면 채널은 p형이 되어야 한다.

만약 두 개의 기호를 구별하기 곤란하다면 마치 "n-들어온다(in)."라고 생각할 수 있다. 이것은 n-채널 JFET는 화살표가 in이라고 기억하게 된다. npn형 트랜지스터는 보통 positive 공급 전압을 사용하고, pnp형 트랜지스터는 negative 공급 전압을 사용한다는 것을 알고 있다. JFET도 동일한 관계를 가진다. 그림 9-3에 표시된 것처럼 n-채널 JFET는 보통 positive 공급 전압을 사용하고 p-채널 JFET는 보통 negative 공급 전압을 사용한다. 이 장의 나머지 부분에서는 n-채널 JFET를 중점적으로 설명한다. p-채널 JFET의 동작은 n-채널 JFET와는 정반대이므로 전압과 전류의 방향이 반대로 된다는 것을 의미한다.

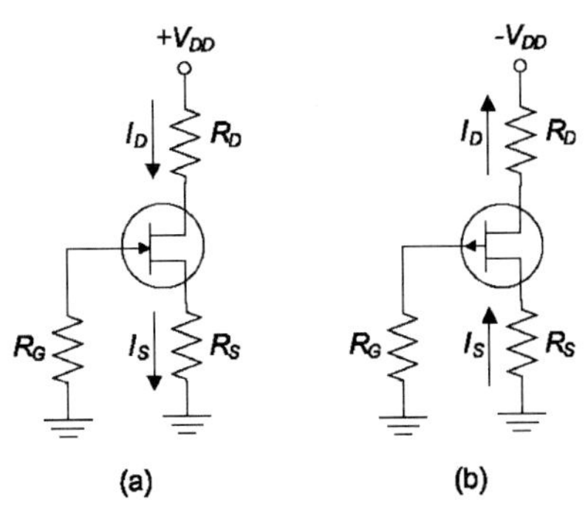

그림 9-3 (a) n-채널 JFET (b) p-채널 JFET

9-1-1 JFET의 동작 특성

JFET에서 드레인 전류를 제어하기 위해서는 채널의 폭을 변화시키는 것이 중요하다. 그림 9-4(a)에 표시된 것처럼 저항을 증가시키기 위해서 도체의 직경인 폭을 감소시키게 된다. 그림 9-4(b)에 표시된 회로에서 드레인 소스 전압 V_{DS}가 JFET를 통해서 흐르는 전류를 발생시킨다. V_{DS}가 고정 전압이라고 가정하면 채널 폭을 감소시킴으로써 JFET의 드레인 전류를 감소시킬 수 있다. 채널 저항은 채널의 폭이 감소될 때 증가한다.

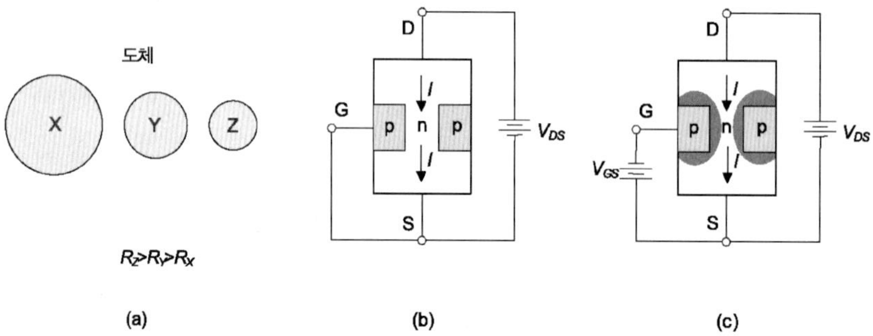

그림 9-4 채널 폭의 변화와 드레인 전류의 상관관계 (a) 도체 직경과 저항, (b) V_{DS}는 JFET 채널을 통해서 흐르는 전류를 발생시킨다. (c) negative 게이트-소스 전압 V_{GS}는 자신의 저항을 증가시키고 JFET의 채널 폭은 감소시킨다.

채널의 폭은 게이트의 폭을 효과적으로 증가시키면 감소시킬 수 있다. 그림 9-4(c)에 표시된 것처럼 게이트의 폭은 게이트 소스 접합에 역방향 전압 V_{GS}를 인가하면 조정할 수 있다. V_{GS}의 negative 단자가 p형 게이트에 연결되고 V_{GS}의 positive 단자가 n형 소스에 연결되면 게이트 소스 접합을 역방향으로 바이어스시키고 공핍층을 형성하게 된다.

절연층인 공핍층이 형성되면 채널의 유효 단면적이 감소되고 드레인 전류를 감소시킨다. 채널 폭을 제어하는 데는 두 가지 방법이 있다. 첫 번째는 그림 9-5에 표시된 것처럼 V_{GS}를 가변시킴으로써 채널의 폭을 가변시키고 드레인 전류의 크기를 가변시키는 것이다.

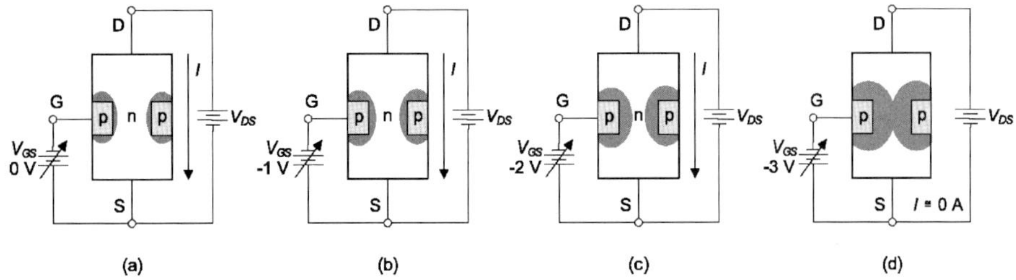

그림 9-5 V_{GS}와 I_D의 관계

V_{GS}가 증가하면 공핍층의 크기가 증가한다. 공핍층의 크기가 증가하면 채널의 유효 크기가 감소한다. 채널의 유효 크기가 감소하면 드레인 전류의 크기도 감소한다. V_{GS}와 I_D의 관계는 다음과 같이 요약할 수 있다. V_{GS}가 증가하면(보다 더 negative로 되면) I_D는 감소한다. 그림 9-5는 또 다른 중요한 점을 설명하고 있다. 그림 9-5(a)에서 V_{GS}는 0 V를 표시하고 있다. 동시에 게이트를 둘러싸고 있는 작은 공핍층이 형성된 것을 보여주고 있다. 이런 작은 공핍층은 V_{DS}와 V_{GS} 사이의 관계에서 발생된 결과이다.

p형 게이트가 n형 드레인보다 더욱 negative로 되면 게이트 주위에 작은 공핍층이 생성된다. V_{DS}가 증가할수록 소스와 드레인 전압 사이의 차가 증가하고 공핍층은 증가한다. 따라서 공핍층의 크기를 증가시키는 두 번째 방법은 그림 9-6에 표시된 것처럼 V_{GS}를 일정하게 유지시키고 V_{DS}를 증가시키는 것이다. V_{DS}를 증가시키면 I_D가 증가시키는 원인이 된다는 점이 중요하다.

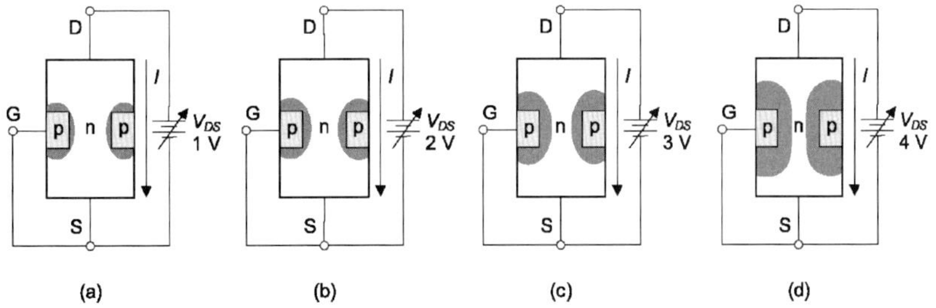

그림 9-6 V_{GS}를 고정시키고 V_{DS}를 가변시키는 효과

이런 관점에서 동작 이론에 모순이 있는 것처럼 보인다. 공핍층 크기의 증가는 채널의 저항을 증가시키고 I_D의 증가를 막는다. 만약 JFET의 채널 저항이 증가할 때 어떻게 I_D가 증가하게 되는가? 채널의 저항이 증가하는 동안 I_D의 증가는 V_{DS}에서 아주 서서히 이루

어진다. V_{DS}가 채널의 저항보다 아주 빠르게 증가한다. 그 결과 V_{DS}가 증가하는 것처럼 I_D가 증가한다. 여하튼 V_{DS}의 증가 폭에 의한 채널 저항의 비례 증가에 의해서 오프셋(offset)되는 점에 도달한다. 이런 현상이 발생되는 점에서의 V_{DS} 값을 핀치-오프 전압(pinch-off voltage)이라고 부른다. V_{DS}가 V_P 이상으로 증가한다면 I_D는 일정해진다. 이런 관계가 그림 9-7(a)에 표시된 JFET 드레인 특 성곡선으로 나타나 있다.

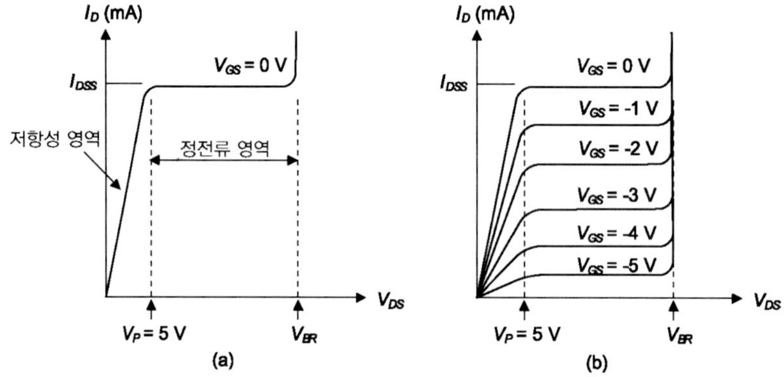

그림 9-7 JFET 드레인 특성 곡선

특성 곡선에서 저항성(ohm) 영역으로 알려져 있는 V_P의 왼쪽 부분을 살펴보자. V_{DS}는 0 V에서 V_P까지 증가하면 드레인 전류는 증가한다. V_{DS}가 V_P에 도달하면 드레인 전류는 level off 되고 V_P와 항복 전압 V_{BR} 사이의 모든 V_{DS}에서 일정하게 유지된다. V_P와 V_{BR} 사이의 동작 영역을 정전류(constant current) 영역이라고 부른다. V_{DS}가 이런 범위 내에서 유지되면 I_D는 V_{GS}의 고정값에 대해서 일정하게 유지된다.

V_{DS}가 0 V이면 게이트와 소스 단자는 단락된다. 게이트-소스 접합이 단락되면 I_D는 최댓값인 I_{DSS}에 도달된다. 게이트-드레인 단락 전류 I_{DSS}는 JFET의 채널을 통해 흐르는 전류의 최댓값이다. 이 값은 주어진 JFET의 스펙에 의해서 주어지며, 다음과 같은 조건에서 측정된다.

$$V_{GS} = 0\text{ V},\ \ V_{DS} = V_P$$

주어진 JFET의 전류는 I_{DSS}와 같거나 작아야 한다. I_{DSS}는 BJT 회로에서 $I_{C(sat)}$와 등가로 생각할 수 있다. V_{GS}, V_{DS}, I_{DSS}의 관계는 그림 9-7(b)에 표시되어 있다. V_{GS} = 0 V일 때 I_D

$= I_{DSS}$이다. V_{GS}를 0 V보다 더 negative로 만들면 JFET는 소자의 V_P 정격보다 더 낮은 전압에서 핀치 오프(pinch off)된다. 또한 I_D는 I_{DSS}로부터 감소하게 된다.

V_{GS}가 더욱 negative로 될수록 공핍층이 채널을 효과적으로 봉쇄하게 되는 점에 도달되는데 이런 일이 발생되면 JFET를 통해서 흐르는 전류는 최소가 된다. I_D가 0에 도달되는 V_{GS}를 게이트 소스 차단 전압 $V_{GS(off)}$라고 부른다. $V_{GS(off)}$는 V_{GS}의 한계치라고 정의한다. 소자를 통해서 전도가 이루어지려면 V_{GS}는 반드시 0 V와 $V_{GS(off)}$ 사이에 있어야 한다. 흥미로운 점은 $V_{GS(off)}$와 V_P는 동일한 크기를 갖는다는 점이다. 예를 들자면 V_P가 8 V라면 $V_{GS(off)} = -8$ V이다.

이 두 값은 항상 크기는 같고 부호는 반대이다. 단지 이들 값 중에서 한 가지만 주어진 JFET 스펙에 표시되어 있다. $V_{GS(off)}$와 V_P 사이의 확실한 차이점을 기억해야 한다. V_P는 JFET가 일정 전류의 소자로 되게 하는 V_{DS} 값이다. 이것은 $V_{GS} = 0$ V에서 측정되고 $I_D = I_{DSS}$의 일정한 드레인 전류를 가진다. 반면 $V_{GS(off)}$는 I_D를 거의 0 A로 떨어지게 하는 V_{GS}이다.

9-1-2 JFET의 바이어스

그림 9-8(a)는 n-채널 JFET의 정상적인 바이어스 극성을 표시하고 있다. $+V_{DD}$가 드레인과 소스 사이에 연결되어 있는데, 이것은 자유 전자를 소스로부터 드레인으로 흐르도록 전압을 설정한 것이다. 따라서 전자는 채널을 통해서 흐르지 않으면 안 되고 드레인 전류의 크기는 채널의 폭에 따라서 달라진다. 주의해야 할 것은 게이트와 소스 사이에는 $-V_{GG}$가 공급된다는 점이다. 이것은 모든 JFET 응용에서 기본으로 바이어스되는 방법으로 JFET의 게이트는 항상 게이트 전류를 흐르지 못하도록 하기 위해서 역방향으로 바이어스된다. 이런 역방향 바이어스는 그림 9-8(b)에서 표시한 것처럼 p 영역 주변의 공핍층을 설정하게 되며, 이런 공핍층에 의해서 전도성 채널의 폭이 좁아진다. 더 큰 역방향 전압이 가해지면 채널의 폭은 좁아지고 공핍층은 서로 더욱 가깝게 접근된다.

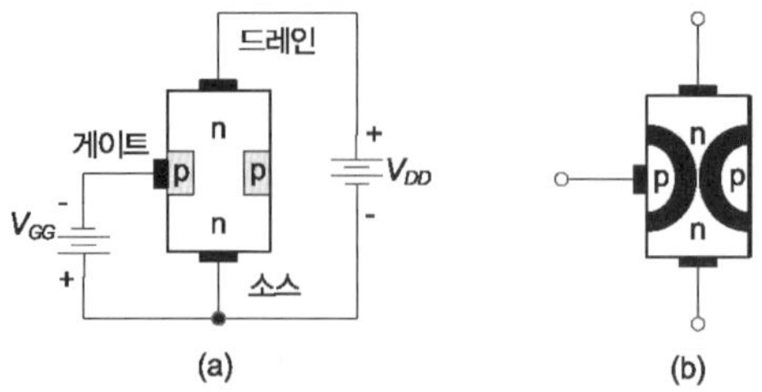

그림 9-8 (a) JFET의 바이어스법 (b) 채널의 폭을 조절하는 공핍층

게이트 전압이 충분히 크게 역방향으로 바이어스되면 공핍층은 맞닿게 되고 전도성 채널을 핀치오프 시킨다(이때 채널이 없어진다). 이런 경우에 드레인 전류는 차단되는데, 드레인 전류를 차단시키는 게이트 전압을 $V_{GS(off)}$로 표시한 바 있다. 2N5951은 일반적으로 -3.5 V의 $V_{GS(off)}$를 갖는다. 게이트-소스 접합은 역방향으로 바이어스된 실리콘 다이오드와 같기 때문에 오직 작은 역방향 전류만 흐르게 되는데, 이상적인 경우 게이트 전류는 거의 0이다. 결과적으로 모든 자유 전자가 소스로부터 드레인으로 흐르게 된다. 이것은 드레인 전류와 소스 전류가 같다는 것을 의미한다. 이런 이유 때문에 JFET에서 가장 중요한 전류는 소스-드레인 전류가 되며 I_D로 표시한다. 보통 이런 전류를 드레인 전류라고 부른다.

JFET와 쌍극성 트랜지스터 사이의 커다란 차이점은 저주파에서의 입력 임피던스에 있다. 게이트에는 역전류가 거의 흐르지 않기 때문에 JFET의 입력 저항은 수십 MΩ에서 수백 MΩ이 된다. 따라서 아주 높은 입력 저항이 필요로 하는 응용 회로에서는 쌍극성 트랜지스터보다 JFET가 더 많이 사용된다. 높은 입력전압이 사용되면 출력전류를 제어하기가 어려워진다. 다시 말하자면 JFET는 출력전류의 변화를 만들기 위해서 입력전압을 크게 크게 변화시켜야 한다는 의미다. 이런 이유 때문에 JFET 증폭기는 쌍극성 트랜지스터보다 전압 이득이 작다.

그림 9-9에 표시된 드레인 특 성곡선은 포화 영역, 활성 영역, 항복 영역, 차단 영역을 표시하는 쌍극성 트랜지스터의 특성 곡선과 유사하다는 점을 주의해야 한다. 게이트-소스를 단락시킨 것과 같은 게이트 단락 상태로 알려진 V_{GS}=0일 때 드레인 전류는 V_{DS}가 4 V일 때까지 급격하게 증가한다. 4 V를 넘어서면 드레인 전류는 수평을 이루게 된다.

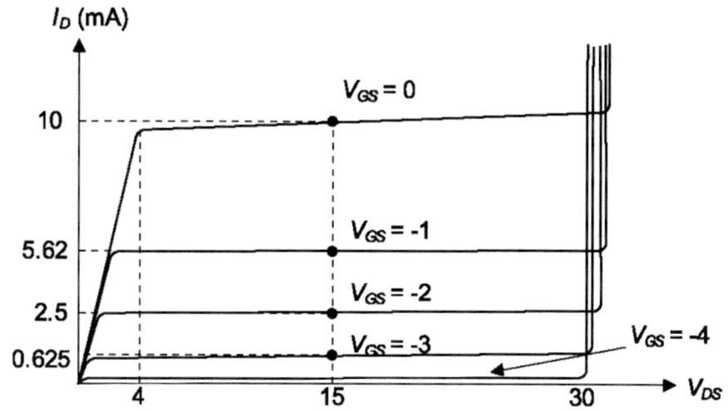

그림 9-9 드레인 특성 곡선

4 V와 30 V사이는 드레인 전류가 거의 일정한 값을 갖게 되고 JFET는 약 10 mA의 전류원처럼 동작하게 된다. V_{DS}가 30 V를 넘어서면 JFET는 항복하게 된다. 따라서 JFET의 활성 영역은 4 V에서 30 V까지이다. I_{DSS}의 첨자는 게이트 단락 상태의 드레인-소스를 의미한다.

I_{DSS}는 JFET가 공급할 수 있는 최대 드레인 전류로 그림 9-9에서 V_{DS}가 15 V일 때 I_{DSS}는 10 mA가 된다. 게이트 전압을 더욱 negative로 하면 드레인 전류를 감소시킬 수 있다. 그림 9-9에서 $V_{GS} = -1$ V일 때 드레인 전류는 5.62 mA로 감소하게 되고, $V_{GS} = -2$ V일 때 드레인 전류는 2.5 mA가 된다. $V_{GS} = -3$ V이면 드레인 전류는 0.625 mA가 되고, $V_{GS} = -4$이면 드레인 전류는 거의 0이 된다. JFET의 특성 곡선 중 가장 아래에 있는 특성 곡선($V_{GS} = -4$ V인 경우)은 차단 영역을 표시한다. 그림 9-9의 포화 영역을 주의해서 살펴보면 JFET가 포화될 때 부하선에 의존하는 V_{DS}는 0 V와 4 V 사이에 있다. 최대 포화 전압 4 V는 게이트-소스 차단 전압 -4 V와 크기가 같다는 점을 주의해야 한다. 이것은 모든 JFET의 특성으로 $V_{GS(off)}$를 최대 포화 전압으로 간주해서 사용할 수 있다는 의미이다. 예를 들면 2N5457은 -2 V의 $V_{GS(off)}$를 갖는데 포화 영역에서의 최대 V_{DS}도 거의 2 V가 된다.

9-1-3 전달 컨덕턴스 특성 곡선

JFET의 전달 컨덕턴스 특성 곡선은 입력 전압에 대한 출력 전류의 그래프로 I_{DS}가 V_{GS}의 함수로 표시된다. 그림 9-9에서 V_{GS}와 I_D값을 읽으면, 그림 9-10(a)에 표시된 전달 컨덕턴스 특성 곡선을 그릴 수 있다. 일반적인 JFET의 전달 컨덕턴스 특성 곡선은 그림

9–10(b)와 같다. 그림 9–10(b)의 전달 컨덕턴스 특성 곡선은 포물선의 일부분으로 식 (9–1)처럼 표시된다.

$$I_D = I_{DSS}[1 - \frac{V_{GS}}{V_{GS(OFF)}}]^2 \qquad (9\text{–}1)$$

식 (9–1)은 공핍층의 작용으로부터 유도한 공식이기 때문에 어떤 JFET에도 적용할 수 있다. 많은 데이터 시트에는 드레인 특성 곡선이나 전달 컨덕턴스 특성 곡선이 표시되지 않고 대신 I_{DSS}와 $V_{GS(off)}$가 기록된다. 이런 값들을 식 (9–1)에 대입하면 임의의 게이트 전압에서의 드레인 전류를 계산할 수 있다. JFET가 4 mA의 I_{DSS}와 −2 V의 $V_{GS(off)}$를 갖고 있다고 가정하면 식 (9–1)에 의해서 $I_D = 0.004[1 - \frac{V_{GS}}{-2}]^2$ 또는$I_D = 0.004[1 + \frac{V_{GS}}{2}]^2$ 으로 구할 수 있다. 따라서 임의의 게이트–소스 전압을 알면 드레인 전류를 계산할 수 있다.

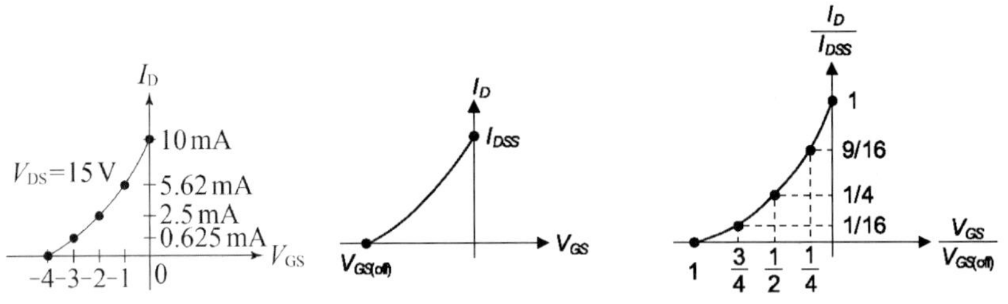

(a) **(b)** **(c)**

그림 9–10 전달 컨덕턴스 특성 곡선

그림 9–10(c)는 임의의 JFET의 규격화된 전달 컨덕턴스 특성 곡선을 표시하고 있다. $V_{GS(off)} = -4$ V이고, I_{DSS}가 12 mA라고 가정하면 V_{GS}가 −1 V일 때 I_D는 6.75 mA가 된다.

$$I_D = \frac{9}{16}(12 \text{ mA}) = 6.75 \text{ mA}$$

V_{GS}가 −2 V이면 I_D는 3 mA가 되고,

$$I_D = \frac{1}{4}(12\ \text{mA}) = 3\ \text{mA}$$

V_{GS}가 -3 V이면, I_D는 0.75 mA가 된다.

$$I_D = \frac{1}{16}(12\ \text{mA}) = 0.75\ \text{mA}$$

이제 점으로 그려진 다섯 군데를 부드러운 곡선이 되도록 연결해 보자(데이터 시트에는 차단점과 포화점 2군데만 표시되므로 나머지 3개는 위에서처럼 계산으로 구해야 한다). 데이터 시트에 전달 컨덕턴스 특성 곡선이 표시되지 않아도 전달 컨덕턴스 특성 곡선을 그릴 수 있다. 또 하나 마지막으로 알아둘 것은 포물선을 '제곱법칙'이라는 이름으로도 부른다는 사실이다. 이것은 JFET를 제곱법칙 소자라고 부르기 때문인데, JFET가 쌍극성 트랜지스터가 없는 제곱 특성을 갖는 이점을 갖고 있다.

예제 9-1

게이트 누설 전류를 I_{GSS}라고 표시하자. 만약 2N5951의 데이터 시트에 20 V에서 I_{GSS}가 5 pA라고 할 때, 직류 입력 임피던스는 얼마인가?

(풀이) 입력 임피던스는 $4 \times 10^{12}\ \Omega$이 된다.

$$R_{GS} = \frac{20\ \text{V}}{5\ \text{pA}} = 4 \times 10^{12}\ \Omega$$

이것은 쌍극성 트랜지스터에는 없고 JFET에만 있는 중요한 이점이다. 바로 이런 특성 때문에 회로의 부하를 피하기 위해서 아주 높은 입력 저항을 요구하는 계기나 오실로스코프, 전자전압계의 앞단에 JFET가 사용된다.

예제 9-2

2N5951의 데이터 시트에는 $I_{DSS} = 10$ mA, $V_{GS(off)} = -3.5$ V로 표시되어 있다. V_{GS}가 -1 V일 때와 V_{GS}가 -2 V일 때, -3 V일 때의 드레인 전류를 계산하라.

(풀이) V_{GS}가 -1 V일 때 식 (9-1)을 이용하면, I_D는 5.1 mA가 된다.

V_{GS}가 -2 V일 때 I_D는 1.84 mA이고, V_{GS}가 -3 V일 때 I_D는 0.204 mA이다.

예제 9-3

그림 9-11에 표시된 회로에서 드레인 전류를 구하시오

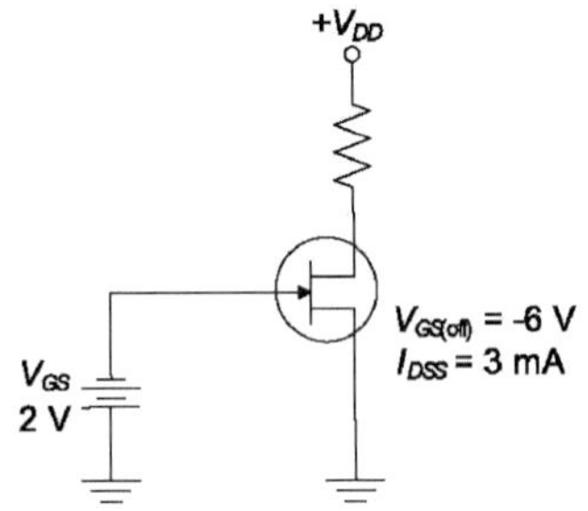

그림 9-11

(풀이) 회로에서 드레인 전류는 1.33 mA로 구해진다.

$$I_D = I_{DSS}[1 - \frac{V_{GS}}{V_{GS(off)}}]^2 = 3\ \text{mA} \times (1 - \frac{-2\ \text{V}}{-6\ \text{V}}) = 3\ \text{mA} \times 0.44 = 1.33\ \text{mA}$$

예제 9-4

JFET가 I_{DSS} = 3 mA, $V_{GS(off)}$ = −6 V의 값을 가진다고 가정하고 회로의 전달 컨덕턴스 특성 곡선을 그리시오.

(풀이) 주어진 값을 이용하면 특성 곡선의 끝점은 (−6 V, 0 mA)와 (0 V, 3 mA)라는 것을 알 수 있다.

V_{GS}의 3개의 값(−1 V, −3 V, −5 V)을 이용하여 각각에 해당하는 I_D를 계산한다.

V_{GS} = −1 V인 경우 I_D는 2.08 mA이다.

$$I_D = 3\ \text{mA} \times (1 - \frac{-2\ \text{V}}{-6\ \text{V}})^2 = 2.08\ \text{mA}$$

VGS = −3V인 경우 ID는 0.75mA이다.

$$I_D = 3\ \text{mA} \times (1 - \frac{-3\ \text{V}}{-6\ \text{V}})^2 = 0.75\ \text{mA}$$

V_{GS} = −5 V인 경우 I_D는 0.083 mA이다.

$$I_D = 3\ \text{mA} \times (1 - \frac{-5\ \text{V}}{-6\ \text{V}})^2 = 0.083\ \text{mA}$$

V_{GS}와 I_D의 조합을 구하면 다음과 같은 표를 구할 수 있다.

V_{GS}(V)	I_D(mA)
−6	0
−5	0.083
−3	0.75
−1	2.08
0	3

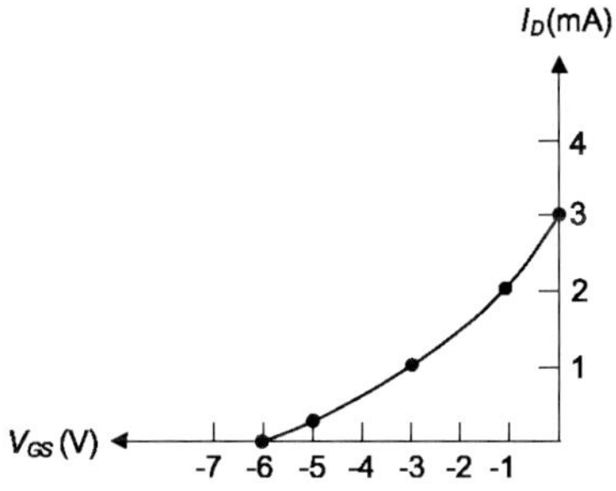

그림 9–12

조합으로 표시되는 점들을 연결하면 그림 9–12에 표시된 전달 컨덕턴스 특성 곡선을 구할 수 있다.

9–2 JFET의 바이어스

JFET 바이어스 회로는 BJT 바이어스 회로와 매우 유사하다. JFET 바이어스 회로와 BJT 바이어스 회로의 중요한 차이점은 그들 자체가 능동 소자로 동작한다는 것이다. 그림 9–13에 표시된 회로의 형태를 게이트 바이어스라고 부른다. 게이트 공급 전압 $-V_{GG}$는 게이트–소스 접합을 역방향으로 바이어스시키기 위해서 사용된다. 게이트 전류가 없기 때문에 R_G 양단에서의 전압 강하도 없다. V_{GS}는 식 (9–2)처럼 표시된다.

$$V_{GS} = V_{GG} \qquad (9-2)$$

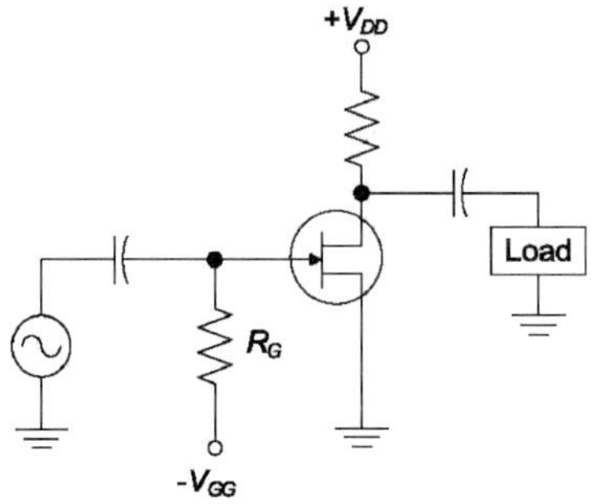

그림 9-13 게이트 바이어스

I_D를 계산하기 위해서 식 (9-1)에 V_{GS} 대신 V_{GG}를 대입한다. I_D는 이미 알고 있으므로 JFET의 V_{DS}는 식 (9-3)처럼 구할 수 있다.

$$V_{DS} = V_{DD} - I_D R_D \qquad (9-3)$$

예제 9-5

그림 9-14에 표시된 JFET가 $V_{GS(off)} = -2$ V, I_{DSS} = 16 mA의 크기를 갖는다고 가정하고 회로의 V_{GS}, I_D, V_{DS}의 크기는 얼마인지 구하시오.

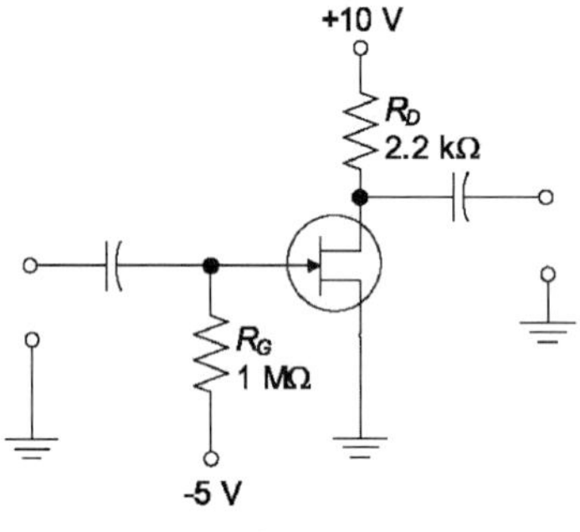

그림 9-14

(풀이) 게이트 저항 양단에서 V_{GG}의 전압 강하가 발생되지 않기 때문에 V_{GS}는 -5 V이다.

$$V_{GS} = V_{GG} = -5 \text{ V}$$

V_{GS}와 JFET의 파라미터를 이용하면 I_D는 2.25 mA로 구해진다.

$$I_D = I_{DSS}[1 - \frac{V_{GS}}{V_{GS(off)}}]^2 = 16 \text{ mA} \times (1 - \frac{-5 \text{ V}}{-8 \text{ V}}) = 2.25 \text{ mA}$$

V_{DS}는 5.05 V로 구할 수 있다.

$$V_{DS} = V_{DD} - I_D R_D = 10 \text{ V} - (22.5 \text{ mA} \times 2.2 \text{ k}) = 5.05 \text{ V}$$

예제 9-6

그림 9-15에 표시된 회로에서 Q점의 범위를 결정하시오. JFET는 $V_{GS(off)}$ = −2 V에서 -8 V, I_{DSS} = 4 mA에서 16 mA의 크기를 갖는다고 가정한다.

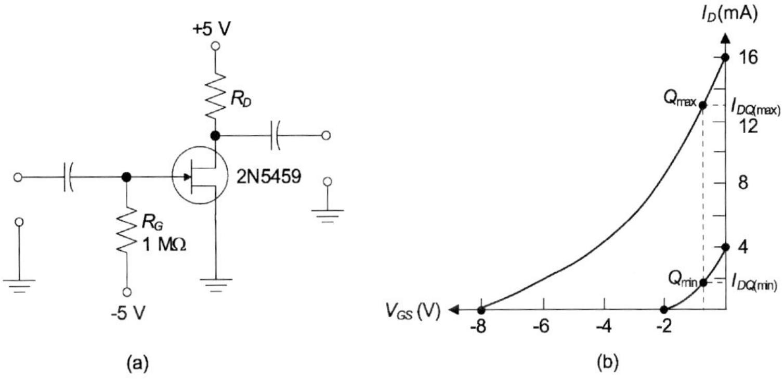

그림 9-15

(풀이) 정리된 과정을 이용하면 JFET 2N5459의 전달 컨덕턴스 특성 곡선 두 개가 그림 9-15(b)에 표시된 것처럼 구해진다. V_{GS}는 x 축에서 −0.75 V에 설정된다. 이 점으로부터 두 개의 전달 컨덕턴스 곡선을 통과하는 바이어스선(bias line)이라고 부르는 수직선이 그려진다. 최대 특성 곡선과 바이어스 선이 만나는 점이 Q_{max}값이다. 최소 특성 곡선과 바이어스 선이 만나는 점이 Q_{min}값이다. 두 개의 점 사이의 선은 그림 9-15(a)에 표시된 회로에서 사용한 2N5459의 모든 가능한 Q점을 나타낸다.

그림 9-15(b)는 게이트 바이어스의 기본적인 단점인 Q점의 불안정성에 대해서 설명하고 있다. 비록 V_{GS}가 −0.75 V에 고정된다고 하더라도 회로의 I_{DQ}는 1.5 mA와 13.5 mA 사이의 어느 부분으로도 강하될 수 있다. 게이트 바이어스는 전체적인 회로 동작에 진지하게 감동을 주지 못하고 I_{DQ}가 변화될 수 있는 기본적인 스위칭 응용에서 사용된다.

예제 9-7

그림 9-16(a)에 표시된 게이트 바이어스 JFET 회로를 해석하고 V_{GS}, V_{GG}, V_{RD}, V_{DS}를 구하시오.

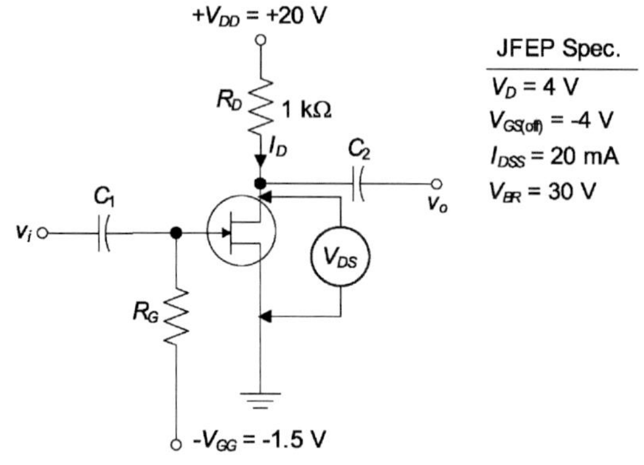

(a)

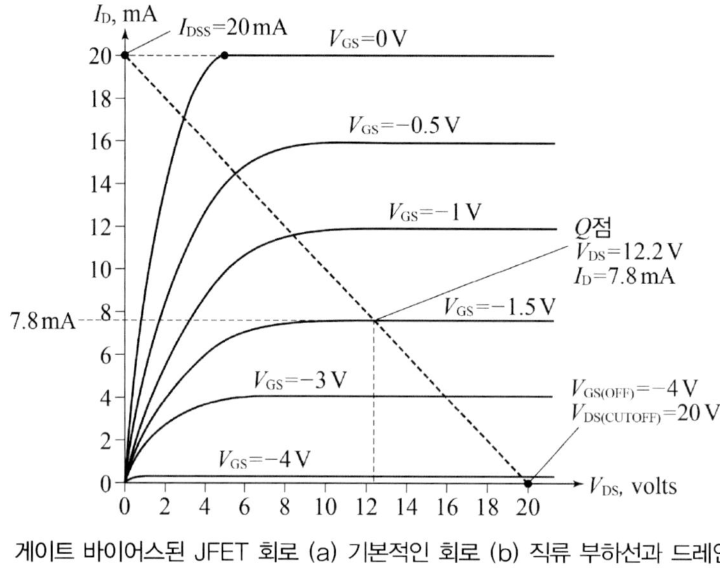

그림 9-16 게이트 바이어스된 JFET 회로 (a) 기본적인 회로 (b) 직류 부하선과 드레인 특성 곡선

(풀이) $V_{GS} = V_{GG} = -1.5$ V이다. V_{GS}를 알고 있기 때문에 JFET의 I_{DSS} 전류와 $V_{GS(off)}$ 전압을 안다면 식 (9-1)을 이용해서 I_D를 계산하면 7.8 mA가 구해진다. 이제 I_D를 알고 있기 때문에 옴의 법칙을 사용하면 R_D 양단에서의 전압 강하를 구할 수 있다. $V_{RD} = 7.8$ V이다.

$$V_{RD} = I_D \times R_D = 7.8 \text{ mA} \times 1 \text{ k}\Omega = 7.8 \text{ V}$$

V_{RD}와 V_{DS}를 더한 크기가 V_{DD}와 같기 때문에 $V_{DS} = 12.2$ V이다.

$$V_{DS} = V_{DD} - V_{RD} = 20 \text{ V} - 7.8 \text{ V} = 12.2 \text{ V}$$

그림 9-16(b)는 그림 9-16(a)에 표시된 JFET 회로의 직류 부하선과 드레인 특성 곡선을 표시하고 있다. 쌍극성 트랜지스터와 유사하게 JFET의 직류 부하선은 최대 출력 전류점(포화점)인 I_{DSS} = 20 mA 점과 최대 출력 전압점(차단점)인 V_{DS} = 20 V점 사이에서 확장된다. 직류 동작점(Q점)은 그림 9-16(b)에 표시된 직류 부하선에 표시된 것처럼 앞에서의 계산에 의해서 결정된다.

예제 9-8

그림 9-17에 표시된 회로에서 다음을 구하시오.

1. V_{GS} 2. I_D 3. V_{DS} 4. I_D의 최댓값 5. $V_{GS} = V_{GS(off)}$일 때의 V_{DS} 6. Q점

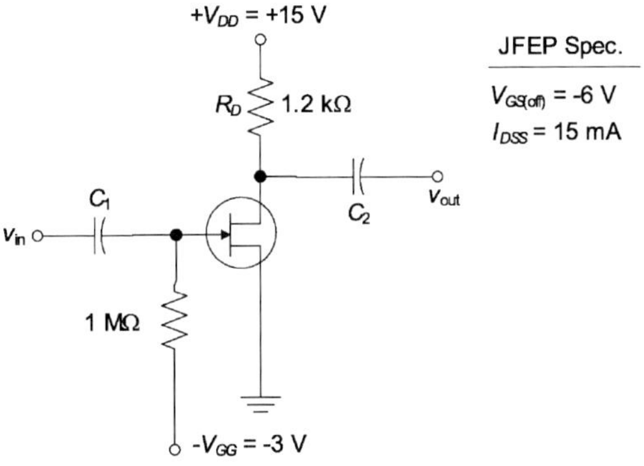

그림 9-17

(풀이) 1. $V_{GS} = V_{GG} = -3$ V

2. $I_D = I_{DSS}(1 - \frac{V_{GS}}{V_{GS(OFF)}})^2 = 15\text{ mA}(1 - \frac{-3\text{ V}}{-6\text{ V}})^2 = 15\text{ mA}(1-0.5)^2 = 3.75\text{ mA}$

3. $V_{DS} = V_{DD} - V_{RD}$ (준 식에 $V_{RD} = I_D \times R_D$를 대입하면)

$$V_{DS} = V_{DD} - (I_D \times R_D) = 15\text{ V} - (3.75\text{ mA} \times 1.2\text{ k}\Omega) = 15\text{ V} - 4.5\text{ V} = 10.5\text{ V}$$

4. I_D의 최댓값 = I_{DSS}=15 mA

5. $V_{GS} = V_{GS(OFF)}$일 때 JFET는 차단되고 드레인과 소스 사이는 개방 스위치와 등가이다. 이런 조건에서는 드레인 공급 전압 전체가 개방된 JFET 양단에서 나타나게 된다.

$$V_{DS(cutoff)} = V_{DD} = 15\text{ V}$$

6. 동작점 Q는 $V_{GS} = -3$ V, $I_D = 3.75$ mA, $V_{DS} = 10.5$ V이다.

9-3 JFET의 자기 바이어스

그림 9-18(a)는 JFET 회로가 어떻게 자기 바이어스(self bias)되는지를 보여준다. 이런 바이어스법이 게이트 바이어스법을 능가하는 이점은 V_{DD}와 negative 게이트 공급 전압 $-V_{GG}$ 대신 단일 드레인 공급 전압 V_{DD}가 사용된다는 점이다. 비록 이런 배열은 게이트 바이어스 회로와는 완전히 다른 것처럼 보인다. 소스 저항 R_S가 삽입되고 R_G가 접지에 연결된다는 차이점도 발견할 수 있다. 이런 배열은 게이트 바이어스 회로와 완전히 다른 것처럼 보이지만 R_S의 삽입과 R_G의 접지 연결은 JFET의 게이트-소스 접합의 역방향 바이어스와 동일한 결과를 얻게 한다. 그림 9-18(b)는 이런 동작이 어떻게 이루어지는지를 보여준다. 따라서 JFET 회로의 게이트 전류가 없다($I_G = 0$). 소스로 흐르는 모든 전류는 채널을 통해서 드레인으로 흐르게 된다. 따라서 $I_S = I_D$이다.

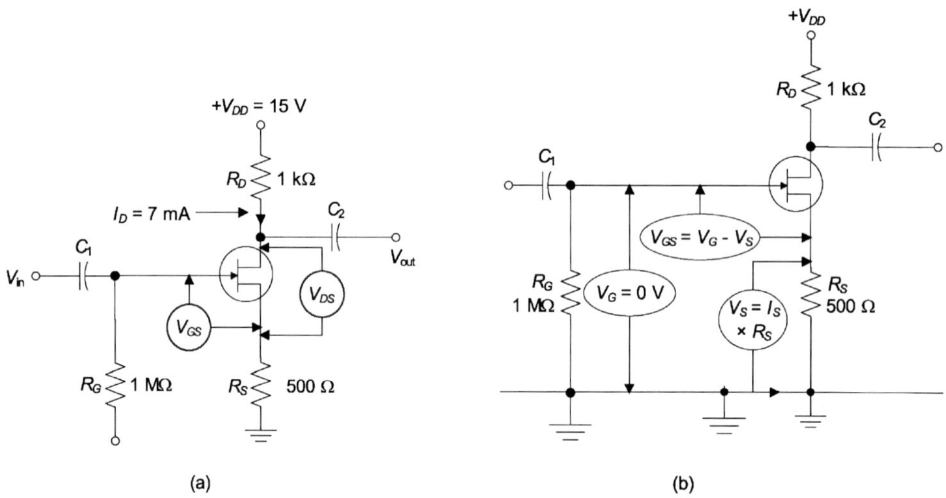

그림 9-18 자기 바이어스된 JFET 회로 (a) 기본 회로 (b) R_S가 어떻게 $-V_{GS}$를 발생시키는가?

그림 9-18(a)에 표시된 회로에서 $I_D = I_S = 7$ mA이다. I_S를 사용해서 소스 저항 양단에 걸리는 전압 강하 V_{RS}를 구하면 V_{RS}는 +3.5 V로 계산된다.

$$V_{RS} = V_S = I_S \times R_S = 7 \text{ mA} \times 500 \ \Omega = +3.5 \text{ V}$$

$I_G = 0$ V이기 때문에 R_G 양단에서는 전압 강하가 발생되지 않는다. 따라서 JFET의 게이트 전압 $V_G = 0$ V이다. $V_S = +3.5$ V, $V_G = 0$ V라는 사실을 알고 있기 때문에 JFET의 게이트-소스 접합이 어떻게 역방향으로 바이어스되는지 이해할 수 있다.

게이트 바이어스 JFET를 역방향으로 바이어스 시키기 위해서는 0 V인 게이트 전압이 소스 전압을 negative로 만들어 주어야 한다. 자기 바이어스 JFET를 사용하면 소스 전압이 0 V인 게이트 전압에 대해서 positive로 되기 때문에 동일한 결과를 구할 수 있다. 이것이 JFET의 게이트를 소스에 대해서 negative로 만들게 된다. 게이트와 소스 사이의 이런 전위차 V_{GS}는 식 (9-4)로 표시된다.

$$V_{GS} = V_G - V_S \tag{9-4}$$

$V_S = I_S \times R_S$, $V_G = 0$이므로 식 (9-5)를 유도할 수 있다.

$$V_{GS} = 0\,V - (I_S \times R_S),\quad V_{GS} = -(I_S \times R_S) \tag{9-5}$$

$I_S = I_D$이므로 식 (9-6)도 성립한다.

$$V_{GS} = -(I_D \times R_S) \tag{9-6}$$

그림 9-18에 표시된 회로에서 $V_{GS} = -3.5$ V이다.

$$V_{GS} = -(I_S \text{ 혹은 } I_D \times R_S),\ V_{GS} = -(7\ \text{mA} \times 500\ \Omega) = -3.5\ \text{V}$$

만약 $-V_{GS}$와 R_S를 알고 있다면 I_D를 구하기 위해서 식 (9-7)을 유도 할 수 있다.

$$I_D = \frac{V_{GS}}{R_S} \tag{9-7}$$

I_D는 7 mA이다.

$$I_D = \frac{V_{GS}}{R_S} = \frac{3.5\ \text{V}}{500\ \Omega} = 7\ mA$$

JFET의 드레인과 소스 양단에서의 전압 강하와 JFET의 접지에 대한 드레인 전압을 결정하기 위해서는 다음과 같은 계산과정을 더 거쳐야 한다.

$$V_D = V_{DD} - V_{RD} \tag{9-8}$$

$V_{RD} = I_D \times R_D$이기 때문에 $V_D = V_{DD} - (I_D \times R_D)$라고 표시할 수 있다.

그림 9-17에 표시된 회로에서 V_D는 8 V이다.

$$V_D = V_{DD} - (I_D \times R_D) = 15\ \text{V} - (7\ \text{mA} \times 1\ \text{k}\Omega) = 15\ \text{V} - 7\ \text{V} = 8\ \text{V}$$

이제 R_D 양단에서의 전압 강하 V_{RD}와 R_S 양단에서의 전압 강하 V_{RS}를 알고 있기 때문에 JFET의 드레인과 소스 양단에 걸리는 전압 강하 V_{DS}를 구할 수 있다.

$$V_{DS} = V_{DD} - (V_{RD} + V_{RS})$$

그림 9-18에 표시된 회로에서 V_{DS}는 4.5 V이다.

$$V_{DS} = V_{DD} - (V_{RD} + V_{RS}) = 15\ \text{V} - (7 + 3.5\ \text{V}) = 15\ \text{V} - 10.5\ \text{V} = 4.5\ \text{V}$$

예제 9-9

그림 9-19에 표시된 회로를 해석하고 다음을 구하시오.

1. V_S 2. V_{GS} 3. V_{DS} 4. I_D의 최댓값 5. JEFT OFF 시의 V_{DS} 6. V_D

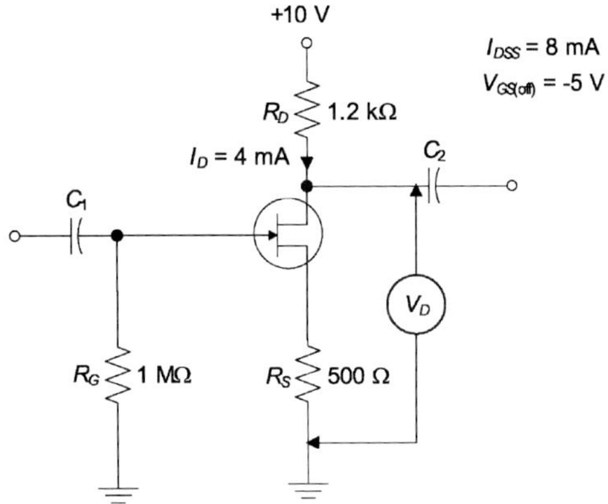

그림 9-19

(풀이) 1. $I_S = I_D$이므로 $V_S = I_S \times R_S = 4\ \text{mA} \times 500\ \Omega = 2\ \text{V}$

2. $V_{GS} = V_G - V_S = 0\ \text{V} - 2\ \text{V} = -2\ \text{V}$

3. $V_{DS} = V_{DD} - (V_{RD} + V_{RS}) = 10\ \text{V} - [(\text{I}_\text{D}\text{R}_\text{D}) + 2\ \text{V}]$

$= 10\ \text{V} - [(4\ \text{mA} \times 1.2\ \text{k}\Omega) + 2\ \text{V}] = 10\ \text{V} - (4.8\ \text{V} + 2\ \text{V})$

$= 10\ \text{V} - 6.8\ \text{V} = 3.2\ \text{V}$

4. I_D의 최댓값 $= I_{DSS} = 8\ \text{mA}$

5. $V_{DS(OFGF)} = V_{DD} = 10\ \text{V}$

6. $V_D = V_{DS} + V_{RS} = 3.2\ \text{V} + 2\ \text{V} = 5.2\ \text{V}$

자기 바이어스된 JFET가 갖는 장점 중의 하나는 오직 드레인 공급 전압 V_{DD} 하나만을 필요로 한다는 점이다. 0 V인 게이트에 대해서 positive로 되는 전압을 소스에 인가함으로써 JFET의 게이트- 소스 접합을 역방향으로 바이어스시키는 소스 저항을 포함시키기 때문에 게이트 공급 전압 V_{GG}는 필요치 않다. 효과적인 이런 방법은 소스로부터 게이트로 negative feedback이라고 알려진 negative 전압을 역전달시킨다. 이것은 한 개의 공급 전압에 의해서 JFET를 바이어스시키는 것이 가능할 뿐만 아니라 온도 안정성도 제공하게 된다. 주위 온도의 변화는 반도체 JFET의 접합에서 변화를 발생시키기 때문에 JFET의 Q점을 자신이 원하는 점으로부터 멀어지도록 이동시킬 수 있다.

R_S의 포함은 BJT의 이미터 저항과 동일한 방법에 의해서 Q점이 이동되는 것을 방지하게 된다. 만약 온도가 증가한다면, 모든 반도체는 저항의 음의 온도 계수를 가지기 때문에, 온도가 증가되는 순간 반도체의 저항은 감소하게 된다. 이런 변화가 채널 전류를 증

가시키게 된다. 만약 드레인 전류가 증가한다면 R_S 양단에서의 전압 강하가 증가한다. 이런 V_S의 증가는 게이트 소스의 negative 전압을 증가시키게 된다. JFET의 채널은 더욱 좁아지고 드레인 전류가 감소한다. 따라서 원래의 증가를 중화시키게 된다. 이와 유사하게 온도의 감소는 ID를 감소시키게 되고 결국 게이트 소스의 역방향 바이어스를 감소시킨다. 따라서 I_D가 증가한다. JFET 회로에 소스 저항이 포함될 때 온도가 변화됨에도 불구하고 Q점은 비교적 안정해진다.

9-4 JFET의 전압 분배기 바이어스

그림 9-20(a)에 표시된 전압 분배기로 바이어스된 JFET 회로를 참조하면 BJT의 전압 분배기 바이어스 회로와 아주 유사하다는 것을 인식할 수 있다. 자기 바이어스와 유사하게 주위 온도의 변화에 무관하게 Q점을 안정시키기 위해서 소스 저항이 포함된다. V_{GS}를 충족하는 게이트-바이어스 전압을 결정하기 위해서 전압 분배기를 사용한다. 따라서 회로는 안정도가 증가한다. 게이트 전압 V_G는 식 (9-9)에 표시된 전압 분배기 공식에 의해서 계산된다.

$$V_{R2} \text{ 혹은 } V_G = \frac{R_2}{R_1 + R_2} \times V_{DD} \tag{9-9}$$

그림 9-20에 표시된 회로에서 V_G는 5 V이다.

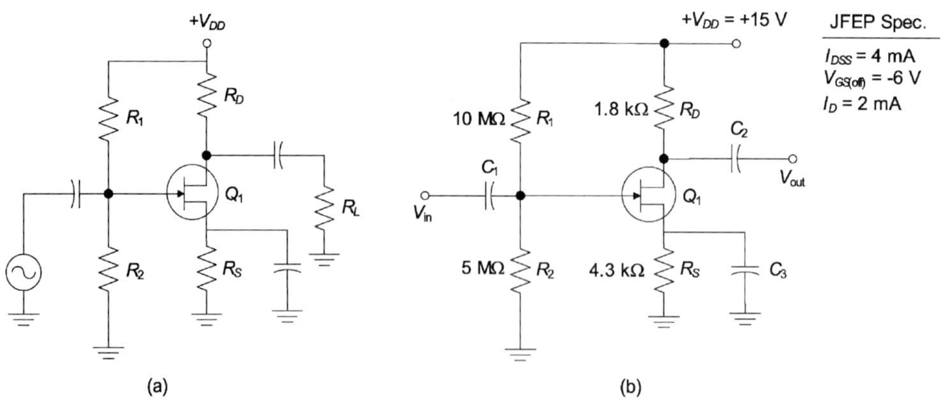

그림 9-20 JFET의 전압 분배기 바이어스

$$V_{R2} \text{ 혹은 } V_G = \frac{R_2}{R_1 + R_2} \times V_{DD} = \frac{5 \text{ M}\Omega}{10 \text{ M}\Omega + 5 \text{ M}\Omega} \times 15 \text{ } V = 5 \text{ } V$$

$I_D = I_S(I_G = 0)$이고 드레인 전류와 저항을 알고 있기 때문에 소스 저항 양단에서의 전압 강하 V_{RS}와 드레인 저항 양단에서의 전압 강하 V_{RD}, JFET의 소스와 드레인 접합 사이의 전압 강하 V_{DS}를 계산할 수 있다.

$$I_S = I_D = 2 \text{ mA}$$

$$V_{RS} = I_S \times R_S = 2 \text{ mA} \times 4.3 \text{ k}\Omega = 8.6 \text{ V}$$

$$V_{RD} = I_D \times R_D = 2 \text{ mA} \times 1.8 \text{ k}\Omega = 3.6 \text{ V}$$

$$V_{DS} = V_{DD} - (V_{RS} + V_{RD}) = 15 \text{ V} - (8.6 \text{ V} + 3.6 \text{ V}) = 2.8 \text{ V}$$

이제 JFET의 게이트 전압 V_G와 소스 전압 V_S를 알고 있기 때문에 게이트- 소스 역방향 바이어스인 $-V_{GS}$를 계산할 수 있다.

$$V_{GS} = V_G - V_S \qquad (V_G = V_{R2}, V_S = V_{RS})$$

그림 9-20(b)에 표시된 회로에서 $V_{GS} = 5 \text{ V} - 8.6 \text{ V} = -3.6 \text{ V}$이다.

예제 9-10

그림 9-21에 표시된 전압 분배기로 바이어스된 JFET 회로에서 다음을 계산하시오.
1. V_G 2. I_S 3. V_S 4. V_{DS} 5. V_{GS} 6. $V_{GS} = V_{GS(OFF)}$ 시의 V_D 7. $V_{GS} = 0$ V일 때의 I_D

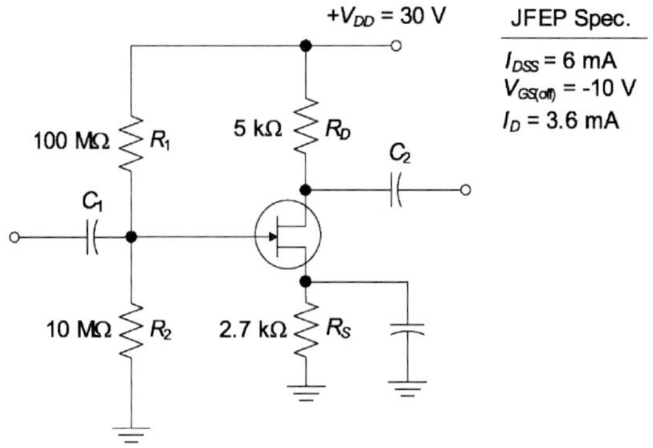

그림 9–21

(풀이) 1. $V_G = \dfrac{R_2}{R_1+R_2} \times V_{DD} = \dfrac{10\ \text{M}\Omega}{100\ \text{M}\Omega + 10\ \text{M}\Omega} \times 30\ V = 2.7\ V$

2. $I_S = I_D = 3.6\ \text{mA}$

3. $V_S = V_{RS} = I_S \times R_S = 3.6\ \text{mA} \times 2.7\ \text{k}\Omega = 9.7\ \text{V}$

4. $V_{DS} = V_{DD} - (V_{RD} + V_{RS}) = 30\ V - [9.7\ V + (I_S \times R_D)]$

$= 30\ V - [9.7\ V + (3.6\ mA \times 5\ k\Omega)] = 30\ V - (9.7\ V + 18\ V) = 2.3\ V$

5. $V_{GS} = V_G - V_S = 2.7\ \text{V} - 9.7\ \text{V} = -7\ \text{V}$

6. $V_{GS} = V_{GS(OFF)}$일 때 JFET는 OFF되고 $V_D = V_{DD} = 30$ V이다.

7. $V_{GS} = 0$ V일 때 $I_D = I_{DSS} = 6$ mA이다.

9–5 전류원 바이어스

전류원 바이어스 회로는 JFET의 종류에 무관한 I_{DQ}를 발생시켜서 높은 Q점의 안정도를 제공한다. 두 개의 전류원 바이어스 회로가 그림 9–22에 표시되어 있다. 양쪽 회로에서 JFET의 드레인 전류는 BJT의 컬렉터 전류와 동일하다.

$$I_{DQ} = I_C \tag{9–10}$$

I_C는 JFET 파라미터의 변화에 무관한 I_{DQ}와 같다. 물론 I_C는 JFET에서 I_{DSS}의 가장 작은 값보다 더 작다고 가정한다. 그림 9-22에 표시된 JFET는 I_{DSS}가 5 mA에서 12 mA 사이의 크기를 갖는다고 가정하자. 회로에서 I_C가 5 mA보다 작다면 JFET의 I_{DQ}는 JFET 자체로 독립적이다. 따라서 I_C를 원하는 I_{DQ}와 같게 되도록 회로를 설계함으로써 안정된 Q점이 얻어진다.

비록 전류원 바이어스 회로가 I_D의 가장 안정한 Q점을 제공할지라도 회로가 복잡하기 때문에 대부분의 응용에 있어서 바람직하지 못하다. 다시 말하자면 여분의 회로 보증이 불충분하기 때문에 향상된 안정성(전압분배기 바이어스에 대해)을 기대하기 어렵다.

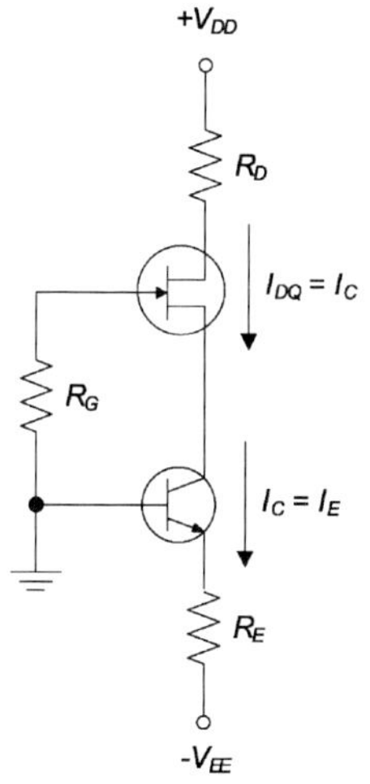

그림 9-22 전류원 바이어스

9-6 전달 컨덕턴스

앞에서 JFET 증폭기를 해석할 때 g_m이라고 표시하고 전달 컨덕턴스라고 부르는 교류량에 대해서 설명한 바 있다. 전달 컨덕턴스는 식 (9-11)처럼 표시된다.

$$g_m = \frac{\Delta I_D}{\Delta V_{GS}} \tag{9-11}$$

V_{GS}와 I_D의 변화는 전압에서도 같기 때문에 식 (9-11)은 식 (9-12)처럼 표시할 수 있다.

$$g_m = \frac{i_d}{v_{gs}} \tag{9-12}$$

그림 9-23(a)는 전달 컨덕턴스 특성 곡선에서 g_m의 의미를 표시하고 있다. A점과 B점 사이에서 V_{GS}의 변화가 I_D의 변화를 가져오며, A점과 B점 사이에서 V_{GS}의 변화에 대한 I_D의 변화가 g_m으로 표시된다. 만약 C점과 D점 사이의 새로운 두 점을 선택한다면 V_{GS}의 변화에 대한 I_D의 변화가 더 증가했음을 알 수 있고, 그 결과 g_m도 특성 곡선의 위쪽에 있게 됨을 알 수 있다. g_m은 게이트 전압이 드레인 전류를 얼마나 제어할 수 있는가를 표시하며, g_m이 커지면 게이트 전압이 드레인 전류를 효과적으로 제어할 수 있다. JFET의 데이터 시트는 보통 정지 드레인 전류에 따라서 g_m이 어떻게 변화하는가를 보여주는 그래프를 포함하고 있다.

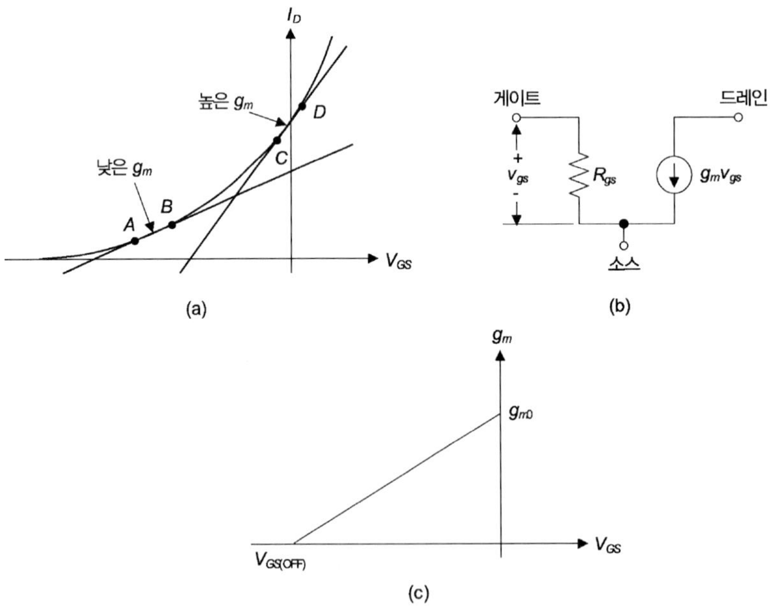

그림 9-23 (a) 큰 드레인 전류에서의 전달 컨덕턴스의 증가 (b) JFET의 등가회로 (c) 게이트 소스 전압을 갖는 전달 컨덕턴스의 변화

따라서 정지 드레인 전류에 대한 g_m 값을 찾아내면 JFET 증폭기가 얼마의 직류 드레인 전류를 흘릴 수 있는지 알 수 있다. 그림 9-23(b)는 JFET의 간단한 교류 등가회로를 보여주고 있다. 매우 높은 저항인 R_{GS}가 게이트와 소스 사이에 존재하는데 그 크기는 수십 MΩ에서 수백 MΩ이다. JFET의 드레인은 g_m값을 갖는 전류원처럼 동작한다. 만약 g_m과 v_{gs}를 알고 있다면 교류 드레인 전류를 계산할 수 있다.

$V_{GS}=0$일 때 g_m은 최댓값을 갖는다. 이런 최댓값을 g_{mo}로 표시한다. g_m과 g_{mo}의 관계식은 다음과 같은 과정을 통해서 유도된다.

먼저 $I_D = I_{DSS}[1-\frac{V_{GS}}{V_{GS(OFF)}}]^2$ 식을 미분하여 식 (9-13)을 구한다.

$$\frac{dI_D}{dV_{GS}} = g_m = 2I_{DSS}[1-\frac{V_{GS}}{V_{GS(OFF)}}][-\frac{1}{V_{GS(OFF)}}] \tag{9-13}$$

혹은

$$g_m = -\frac{2I_{DSS}}{V_{GS(OFF)}}[1-\frac{V_{GS}}{V_{GS(OFF)}}] \tag{9-14}$$

$V_{GS}=0$일 때 식 (9-15), 식 (9-16), 식 (9-17)로 표현할 수도 있다.

$$g_{m0} = -\frac{2I_{DSS}}{V_{GS(OFF)}} \tag{9-15}$$

$$V_{GS(OFF)} = -\frac{2I_{DSS}}{g_{m0}} \tag{9-16}$$

$$g_m = g_{m0}[1-\frac{V_{GS}}{V_{GS(OFF)}}] \tag{9-17}$$

9-7 공통 소스, 공통 드레인, 공통 게이트 증폭기

그림 9-24(a)는 공통 소스 증폭기를 표시하고 있다. 적은 교류 신호가 게이트에 결합되면 게이트-소스 전압이 변하게 되고, 이것이 정현파 드레인 전류를 발생시키며 드레인 전류를 통해서 흐르는 교류 전류가 출력에 나타나는 증폭된 교류 신호이다. 게이트-소스 전압의 증가는 드레인 전류를 증가시킨다. 이것은 드레인 전압이 감소하고 있음을 의미한다. 입력 전압의 +반주기에서 출력의 −반주기를 발생시키기 때문에 공통 소스 증폭기에서 위상 반전을 얻을 수 있다. 그림 9-24(b)는 공통 소스 증폭기의 교류 등가회로를 표시하고 있다. 입력측에는 R_1과 R_2가 병렬 연결되어 있고 내부 저항 R_{GS}는 무시될 만큼 크다. 교류 출력 전압에서 −표시는 위상이 반전되었다는 것을 의미한다.

$$v_{out} = -g_m v_{gs} R_D \tag{9-18}$$

교류 전원이 직접 게이트-소스 단자 사이에 연결되기 때문에 교류 입력전원은 $v_{in} = v_{gs}$로 된다. 입력 전압과 출력 전압의 비를 구하면 식 (9-19)를 구할 수 있다.

$$\frac{v_{out}}{v_{in}} = -g_m R_D \tag{9-19}$$

위 식을 다시 쓰면 식 (9-20)으로 표시할 수 있다.

$$A = -g_m R_D \tag{9-20}$$

식 (9-20)은 출력 결합 커패시터가 부하 저항에 연결되지 않기 때문에 무부하 전압 이득이 된다. 비선형인 전달 컨덕턴스 특성 곡선 때문에 JFET는 그림 9-24(d)에 표시한 것처럼 큰 신호를 왜곡시킨다.

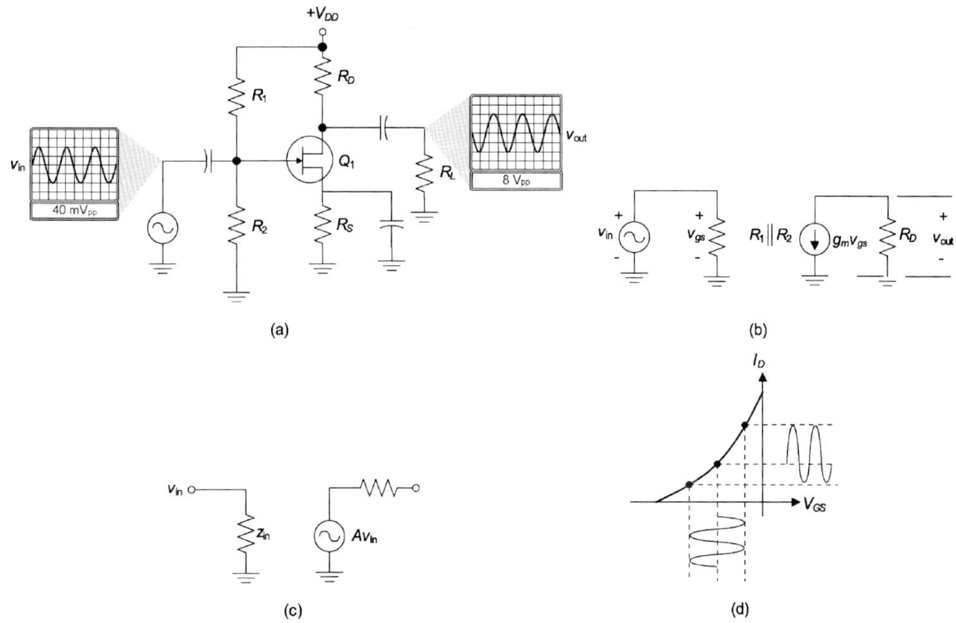

그림 9-24 (a) 공통 소스 증폭기 (b) 교류 등가회로 (c) 또다른 등가회로 (d) 왜곡

정현파 입력 전압이 주어지면 +반주기는 늘어나고 −반주기는 억압된 비정현파의 출력 전류를 얻는다. 이런 종류의 왜곡은 전달 컨덕턴스 특성 곡선이 포물선 모양이기 때문에 제곱법칙 왜곡(square−law distortion)이라 부른다. 이런 형태의 왜곡은 주파수 혼합기의 응용에서 아주 중요하게 취급된다. 선형 증폭기에서 왜곡은 바람직하지 않다. JFET 증폭기에서의 제곱법칙 왜곡을 최소화시키는 방법은 신호를 작게 유지하는 것이다. 이런 경우는 오직 전달 컨덕턴스 특성 곡선의 일부분만이 사용되기 때문이다. 이것은 거의 선형처럼 동작한다. 이미 앞에서 설명했던 것처럼 피크−피크 드레인 전류가 정지 드레인 전류의 10% 미만일 때 소신호라고 간주한다. 이런 10:1 규칙은 대부분의 응용에서 왜곡을 충분히 낮은 레벨까지 낮춰준다.

예제 9-11

2N5459는 g_{mo} = 6000 μS의 정격을 가진다. 이런 소자에서 V_{GS} = −3 V, −5 V일 때 g_m을 계산하시오. 2N5459의 $V_{GS(off)}$는 −8 V이다.

(풀이) V_{GS} = −3 V인 경우 g_m의 크기는 3750 μS이다.

$$g_m = g_{mo}(1 - \frac{V_{GS}}{V_{GS(off)}}) = (6000\ \mu S)(1 - \frac{-3\ V}{-8\ V}) = 6000\ \mu S \times 0.625 = 3750\ \mu S$$

V_{GS} = −5 V인 경우 g_m의 크기는 2250 μS이다.

$$g_m = g_{mo}(1 - \frac{V_{GS}}{V_{GS(off)}}) = (6000\ \mu S)(1 - \frac{-5\ V}{-8\ V}) = 6000\ \mu S \times 0.375 = 2250\ \mu S$$

9-7-1 JFET 스왐핑

BJT 증폭기가 r_e'의 가변 효과를 줄이기 위해 스왐핑 되는 것처럼 JFET 증폭기도 g_m의 가변 효과를 줄이기 위해 스왐핑된다. 그림 9-25에 표시된 것처럼 스왐핑 JFET 증폭기는 스왐핑 BJT 증폭기와 매우 유사하다.

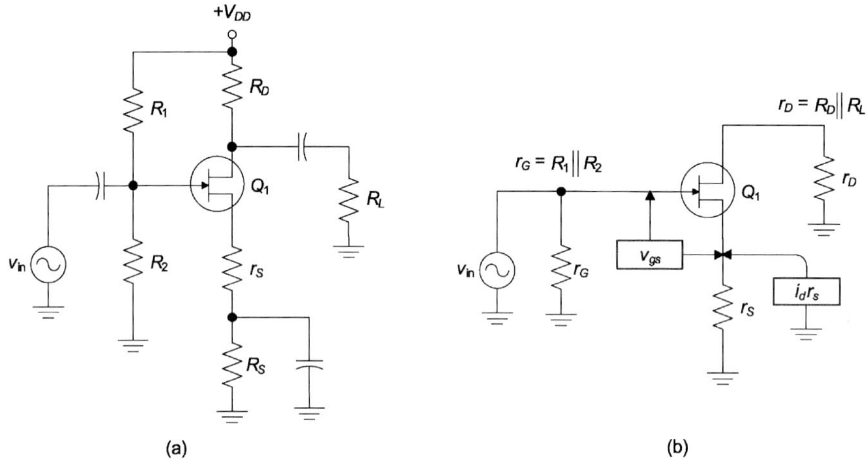

그림 9-25 스왐핑된 공통 소스 증폭기

BJT 스왐핑 증폭기에서 이미터 저항이 부분적으로 바이패스되는 것처럼 공통 소스 증폭기의 소스 저항도 부분적으로 바이패스된다.

스왐핑 JFET 증폭기의 전압 이득은 식 (9-21)처럼 구해진다.

$$A_v = \frac{r_D}{r_s + (1/g_m)} \tag{9-21}$$

만약 $r_s \gg 1/g_m$이라면 저항은 g_m의 가변 효과는 없어진다.

예제 9-12

그림 9-26에 표시된 증폭기에서 A_v의 최댓값과 최솟값을 구하시오. 2N5459는 $V_{GS(off)}=-8$ V에서 $g_{mo}=6000$ μS, $V_{GS(off)}=-2$에서 $g_{mo}=2000$ μS의 정격을 갖는다고 가정한다.

(풀이) 증폭기의 전달 컨덕턴스 특성 곡선과 직류 바이어스 선은 그림 9-26(b)에 표시된 것과 같고 V_{gs}의 최댓값과 최솟값은 -5 V와 -1 V이다. $V_{GS(off)}$와 V_{GS}의 최댓값을 이용하면 g_m은 2250 μS로 구해진다.

$$g_m = g_{mo}(1-\frac{V_{GS}}{V_{GS(off)}}) = (6000\ \mu S)(1-\frac{-5\ \text{V}}{-8\ \text{V}}) = 2250\ \mu S$$

$V_{GS(off)}$와 V_{GS}의 최솟값을 이용하면 g_m은 1250 μS로 구해진다.

$$g_m = g_{mo}(1-\frac{V_{GS}}{V_{GS(off)}}) = (2000\ \mu S)(1-\frac{-0.75\ \text{V}}{-2\ \text{V}}) = 1250\ \mu S$$

r_D는 7.58 k 으로 구해진다.

$$r_D = R_D \parallel R_L = 7.58\ \text{k}\Omega$$

A_v의 최댓값은 17.1이다.

$$A_v = g_{m(\max)} r_D = 2250\ \mu S \times 7.58\ \text{k}\Omega = 17.1$$

A_v의 최솟값은 9.48이다.

$$A_v = g_{m(\min)} r_D = 1250\ \mu S \times 7.58\ \text{k}\Omega = 9.48$$

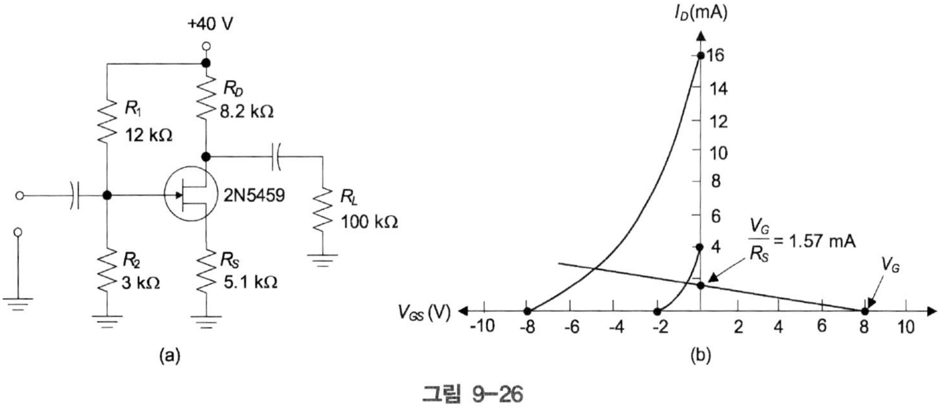

그림 9-26

예제 9-13

그림 9-27에 표시된 회로의 전압 이득의 최댓값과 최솟값을 구하시오.

(풀이) 기본적으로 그림 9-26에 표시된 회로와 그림 9-27에 표시된 회로는 동일하다. 소스 회로에서 100 Ω 의 차이가 나도 {예제 9-12}에서 구해진 값을 변화시킬 만큼 충분하지 않다. {예제 9-12}와 그림 9-26에서 구해진 값을 이용하면 A_v의 최댓값은 2.87로 구해진다.

$$A_v = \frac{r_D}{r_S + (1/g_m)} = \frac{7.58\ \text{k}\Omega}{2.2\ \text{k}\Omega + 444\ \Omega} = 2.87$$

A_v의 최솟값은 2.37로 구해진다.

$$A_v = \frac{r_D}{r_S + (1/g_m)} = \frac{7.58\ \text{k}\Omega}{2.2\ \text{k}\Omega + 1\ \text{k}\Omega} = 2.37$$

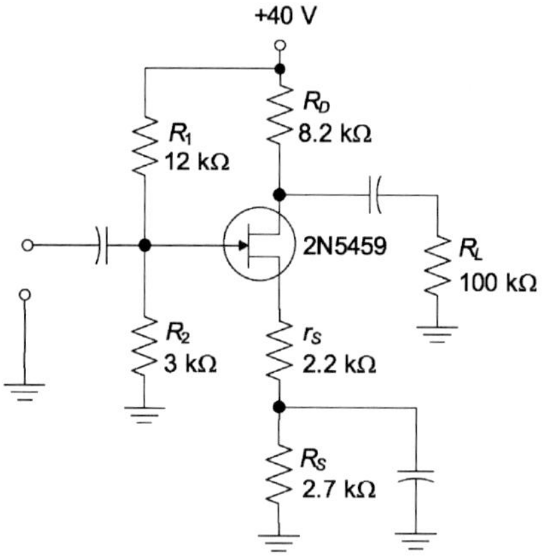

그림 9-27

A_v의 안정성은 표준 공통 소스 증폭기보다 스왐핑 증폭기가 훨씬 우수하지만, 이득이 감소된다는 점을 주목해야 한다. 이것은 스왐핑 BJT 증폭기에서 다루었던 것과 같은 문제이다.

그림 9-25(b)에 표시된 회로의 입력 전압은 게이트-소스 회로와 병렬이다. 이런 이유 때문에 v_{in}은 v_{gs}와 r_s 양단 전압의 합과 당연히 같아야 한다.

$$v_{in} = v_{gs} + i_d r_s$$

$i_d = v_{gs} g_m$이므로 위 식은 $v_{in} = v_{gs} + v_{gs} g_m r_s$ 혹은 $v_{in} = v_{gs}(1 + g_m r_s)$로 다시 쓸 수 있다.

증폭기의 전압 이득은 $A_v = \dfrac{v_{out}}{v_{in}} = \dfrac{g_m v_{gs} r_D}{v_{gs}(1 + g_m r_s)}$로 구해진다. 이 식에서 v_{gs}를 약분하면 $A_v = \dfrac{g_m r_D}{(1 + g_m r_s)}$가 된다. 결국, 분자와 분모에 $\dfrac{1/g_m}{1/g_m}$을 곱하면 식 (9–22)가 구해진다.

$$A_v = \frac{r_D}{(1/g_m) + r_s} \tag{9–22}$$

9–7–2 공통 드레인 회로

그림 9–28(a)는 이미터 폴로어와 유사한 공통 드레인 증폭기를 표시하고 있다. 교류 신호가 게이트를 구동시키면 교류 드레인 전류가 발생된다. 이런 전류는 바이패스되지 않은 소스 저항을 통해서 흐르며 입력 전압과 동위상을 갖고 크기가 거의 같은 교류 출력 전압이 발생된다. 이런 이유 때문에 공통 드레인 증폭기는 소스 폴로어라고 불린다. 높은 입력 임피던스 때문에 소스 폴로어는 오실로스코프나 전자전압계와 같은 측정용 계기의 앞 단에 사용된다. 그림 9–28(b)는 소스 폴로어의 교류 등가회로를 표시하고 있다. 전압 이득의 공식을 유도하면 식 (9–23)이 구해진다.

$$A = \frac{R_S}{R_S + 1/g_m} \tag{9–23}$$

*RS*가 1/gm보다 아주 크다면 무부하 상태의 전압 이득은 1이 된다. 소스 폴로어는 전압 이득이 1이기 때문에 본래 왜곡이 적은 증폭기이다. 만약 전압 이득이 정확하게 1이라면 출력이 입력과 같기 때문에 왜곡이 존재하지 않는다.

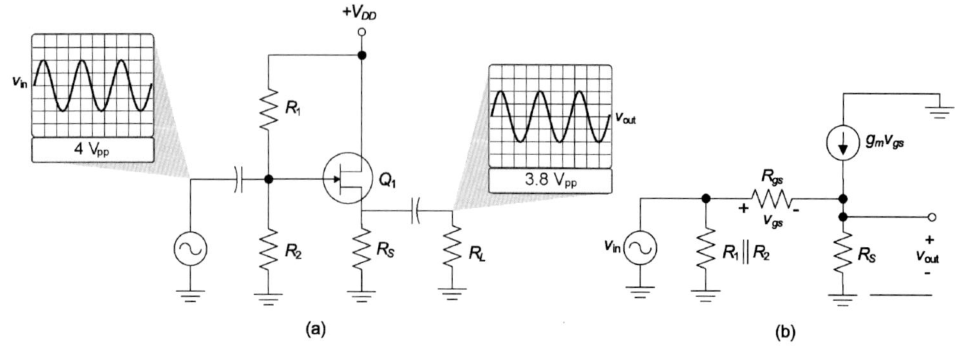

그림 9-28 (a) 소스 폴로어 (b) 교류 등가회로

9-7-3 공통 게이트 증폭기

공통 베이스 회로처럼 공통 게이트 증폭기는 낮은 임피던스 신호원을 높은 임피던스 부하와 결합하기 위해서 사용된다. 이런 점에서 공통 게이트 회로(소스 폴로어처럼)는 임피던스 정합 회로에 이용된다. 또한 공통 베이스 증폭기처럼 공통 게이트 증폭기의 A_v는 1보다 크다. 공통 소스 증폭기처럼 공통 게이트 증폭기의 전압 이득은 식 (9-24)에 표시된 것처럼 전달 컨덕턴스와 드레인 저항의 곱과 같다.

$$A = g_m R_D \qquad (9\text{-}24)$$

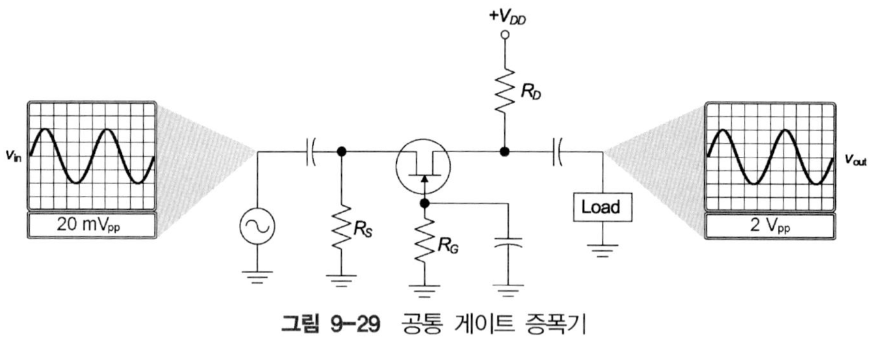

그림 9-29 공통 게이트 증폭기

9-8 JFET의 응용 분야

JFET의 중요한 응용분야는 스위치 회로, 멀티플렉싱, 완충증폭기, 저잡음 증폭기, 전압 가변 저항, 자동 이득 조절장치가 있다. 그림 9-30(a)는 병렬 스위치를 표시하고 있다. 병렬 스위치의 개념은 적은 교류 입력 신호를 전달시키거나, 또는 차단시키는 데 있으며 v_{in}이 적다는 의미는 일반적으로 100 mV 미만일 때를 말한다. 제어 전압 V_{con} 이 0이면 JFET는 포화 상태로 되기 때문에 JFET는 단락 스위치와 등가로 되며, v_{out} 은 v_{in}과 같아진다. 입력 전압이 작은 경우 JFET는 입력 전압이 -의 반주기일지라도 차단 상태로 남게 된다. 포화된 JFET의 교류 저항 때문에 스위칭은 완전하지 않고 교류 등가회로는 그림 9-30(b)처럼 표시된다. 스위치가 개방되면 입력 신호의 전부가 출력에 도달된다. 그러나 스위치가 단락되면 $r_{ds(on)}$이 0이 아니기 때문에 입력 신호 중 일부분만이 출력에 도달된다.

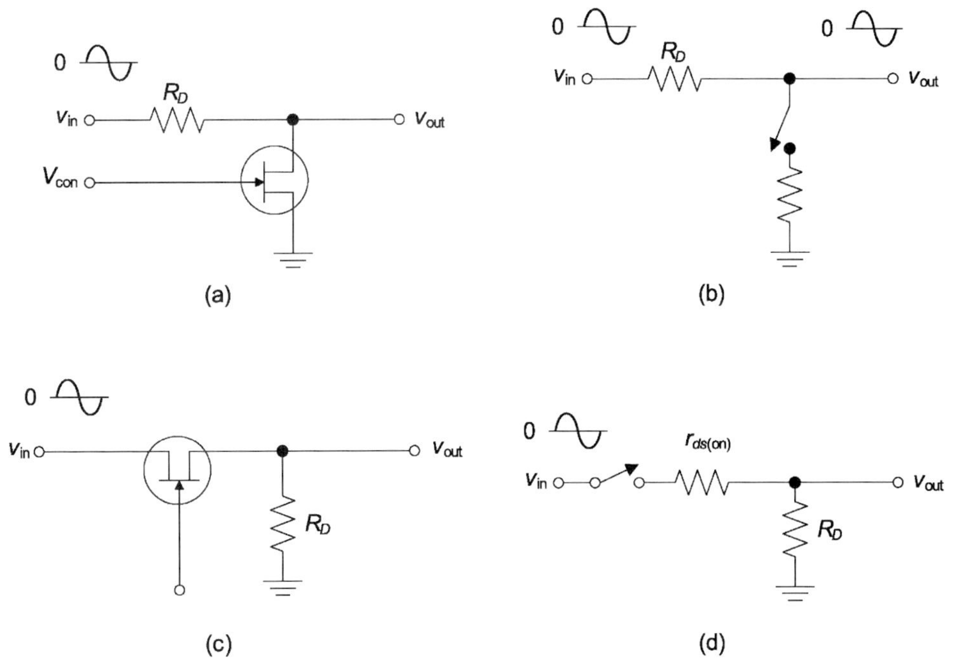

그림 9-30 (a) 병렬 스위치 (b) 교류 등가회로 (c) 직렬 스위치 (d) 교류 등가회로

그림 9-30(c)는 직렬 스위치를 표시하고 있다. V_{con}이 0일 때 JFET는 단락 스위치와 등가인데, 이런 경우 출력은 입력과 거의 같아진다. V_{con}이 $V_{GS(OFF)}$와 같거나 더욱 −로 되면 JFET는 개방 스위치로 되고 v_{OUT}은 거의 0이 된다. 그림 9-30(d)는 교류 등가회로를 표시하고 있다. 스위치가 개방되면 출력에 신호가 전달되지 않는다. 스위치가 단락되면 $r_{ds(on)}$이 R_D보다 아주 작기 때문에 입력 신호의 대부분이 출력에 나타난다.

9-8-1 멀티플렉싱

멀티플렉스의 의미는 "많은 것을 하나로"란 뜻으로 그림 9-31은 입력 신호 중의 한 가지를 출력으로 지나가게 하는 아날로그 멀티플렉싱를 표시하고 있다. 조절 신호(V_1, V_2, V_3)가 $V_{GS(off)}$보다 더욱 −로 되면 모든 신호가 차단된다. 임의의 제어 전압을 0으로 해줌으로써 입력 신호 중의 하나를 출력으로 전송시킬 수 있다. 예를 들어서 $V_1 = 0$이라면 출력에서 정현파를 얻을 수 있다. 만약 $V_2 = 0$이라면 출력에서 삼각파를 구할 수 있고, V_3가 0이라면 출력에서 구형파를 얻을 수 있다. 일반적으로 제어 신호 중에서 하나는 0이다.

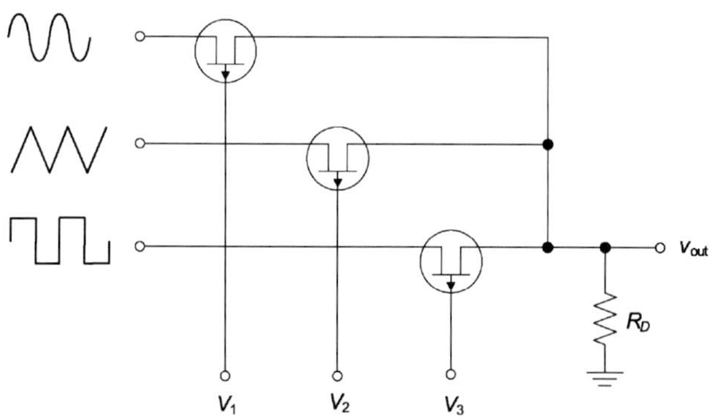

그림 9-31 아날로그 멀티플렉싱

9-9 MOSFET(금속 산화물 반도체 전계 효과 트랜지스터)

금속 산화물 반도체 FET는 보통 MOSFET라고 불리며, 게이트, 소스, 드레인으로 구성된다. JFET와 다른 점은 게이트가 채널로부터 절연되어 있다는 점이다. 이것 때문에 게이트 전압이 +이든 −이든 간에 게이트 전류는 지극히 작다. JFET가 적절하게 동작하기 위해서는 역방향으로 바이어스되어야 한다. 게이트의 역방향 바이어스는 채널을 공핍시키고 채널의 크기를 효과적으로 제어한다. 이런 동작 형태를 '공핍 모드 동작'이라고 표현한다. 공핍형 소자는 제로 바이어스에서 시작해서 채널 크기를 감소시키는 방향으로 입력 전압을 사용한다. 금속 산화물 반도체 FET인 MOSFET는 증가형 모드에서 동작하는 소자이다.

9-9-1 MOSFET의 물리적 구조와 동작 특성

MOSFET는 공핍형 MOSFET(혹은 D-MOSFET)와 증가형 MOSFET(혹은 E-MOSFET)로 구분된다. D-MOSFET는 공핍 모드와 증가 모드에서 모두 동작하지만 E-MOSFET는 증가 모드에서만 동작한다. D-MOSFET와 E-MOSFET 사이의 중요한 차이점은 그림 9-32에 표시된 것처럼 물리적인 구조가 다르다는 점이다. D-MOSFET는 소스와 드레인 단자 사이에 물리적 채널(음영으로 표시된 영역)을 가지고 있고 E-MOSFET에는 이런 채널이 없다. E-MOSFET는 소스와 드레인 단자 사이의 채널을 형성하기 위한 게이트 전압에 의존한다.

두 가지 형태의 MOSFET는 게이트와 부품의 나머지 부분 사이에 절연층이 표시되어 있다. 이런 절연층은 SiO_2로 구성되고 게이트 단자는 금속 도체로 이루어져 있다. 게이트에서 기판(substrate) 사이에 금속 산화물 반도체가 형성되기 때문에 MOSFET라는 이름으로 부르게 된다. 게이트는 부품의 나머지 부분과 절연되어 있기 때문에 MOSFET는 흔히 절연-게이트 FET 혹은 IGFET(Insulated-Gate FET)로 부르기도 한다.

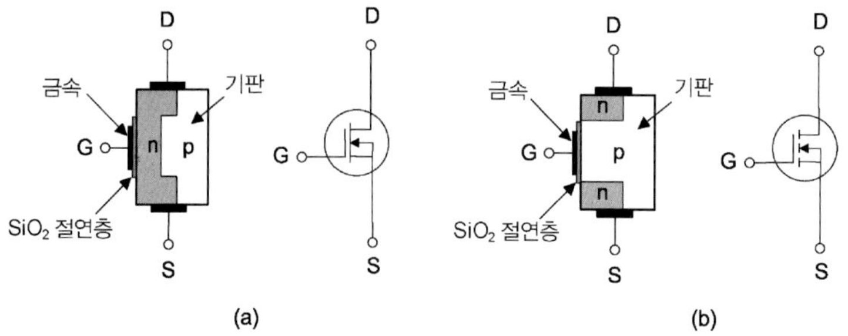

그림 9-32 n채널 MOSFET (a) 공핍형 MOSFET(D-MOSFET) (b) 증가형 MOSFET(E-MOSFET)

MOSFET의 기초를 기판이라고 부른다. 이런 물질은 회로 기호에서 소스 단자와 연결되는 중앙선으로 표시된다. 이런 선의 연결은 기판과 소스가 내부적으로 연결되어 있다는 것을 의미한다. n채널 MOSFET는 p형 기판을 가지며 p채널 MOSFET는 n형 기판을 가진다. MOSFET의 회로 기호에서 화살표는 기판에 표시된다. JFET의 경우처럼 화살표가 들어오는 곳은 n채널 소자를 나타내며 화살표가 나가는 곳은 p채널 소자를 의미한다. 그림 9-33은 p채널 공핍형 MOSFET와 p채널 증가형 MOSFET의 회로기호를 표시하고 있다.

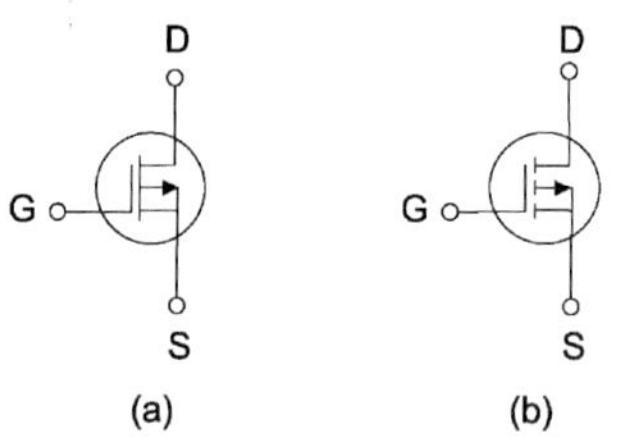

그림 9-33 p채널 MOSFET 기호 (a) 공핍형 MOSFET (b) 증가형 MOSFET

채널로부터 게이트를 절연하는 SiO_2층은 아주 얇고 정전기에 의해 쉽게 파괴될 수 있다. 사람의 신체에서 발생되는 정전기는 SiO_2 층을 파괴시키기에 충분하다. 이런 이유 때문에 소자를 보호하기 위한 예방책이 필요하다. 대부분의 MOSFET 소자들은 그림 9-34에 표시된 것처럼 게이트와 소스 사이에 보호용 다이오드로 에칭되어 생산되고 있다. 이들 다이오드는 미리 결정된 전압에 도달할 경우 어느 방향으로도 도통 되도록 구성되어 있다. 이런 전압은 MOSFET에 정상적으로 인가되는 동작 전압보다 훨씬 높게 된다. 보호용 입력 회로를 가진 MOSFET가 최대 V_{GS} = ±30 V의 정격을 가진다면 제너 다이오드는 ±30 V 범위 밖의 어떤 전압에서도 도통되도록 설계되어 있다.

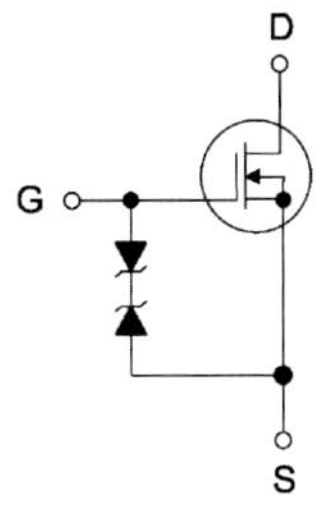

그림 9-34 MOSFET의 정적 보호

이것은 비정상적인 높은 V_{GS}값이나 과도한 정전기의 형성으로부터 소자를 보호한다. 보호용 입력 회로가 없는 MOSFET를 사용하는 경우에는 다음과 같은 주의사항을 준수하여 소자가 손상을 입는 것을 막을 수 있다.

- ▣ 단자 선을 서로 단락시키거나 전도성 폼(foam)에 소자를 보관한다. 스티로폼은 가장 많은 정전기를 발생시키는 물질이기 때문에 스티로폼(styrofoam)에는 MOSFET를 절대로 보관하지 말아야 한다.
- ▣ 필요한 경우가 아니라면 MOSFET를 만지지 않는다.
- ▣ 회로에 전원이 인가된 상태에서 MOSFET를 제거하거나 삽입하지 않는다.
- ▣ 전원을 on, off하기 전에 MOSFET 회로에서 입력 신호가 제거되었는지를 확인한다.

9-9-2 D-MOSFET(공핍형 MOSFET)

D-MOSFET는 공핍 모드와 증가 모드에서 동작한다. 공핍 모드에서 동작할 때 D-MOSFET의 특성은 JFET의 특성과 매우 유사하다. D-MOSFET의 모든 동작은 그림 9-35에 표시되어 있다.

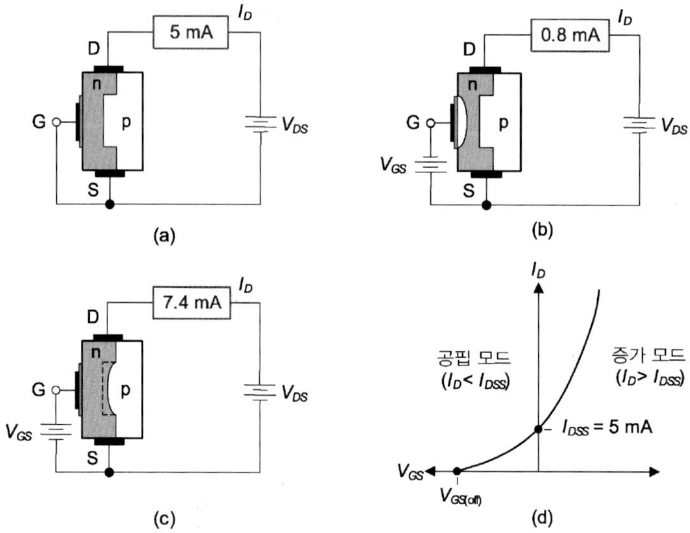

그림 9-35 D-MOSFET의 동작 (a) $V_{GS} = 0$일 때 $I_D = I_{DSS}$ (b) V_{GS}가 negative일 때 $I_D < I_{DSS}$ (c) V_{GS}가 positive일 때 $I_D > I_{DSS}$ (d) D-MOSFET 전달 컨덕턴스 특성 곡선

그림 9-35(a)는 게이트와 소스 단자가 단락되어 있는 경우인 $V_{GS} = 0$ V일 때의 D-MOSFET의 동작 조건을 표시하고 있다. $V_{GS} = 0$일 때 $I_D = I_{DSS}$이다. 그림 9-35(a)에서 $I_{DSS} = 5$ mA이다. V_{GS}가 negative인 경우 바이어스 전압은 채널의 자유 캐리어를 공핍시킨다. 이것이 효과적으로 채널의 폭을 감소시키고 채널의 저항을 증가시킨다.

이런 공핍 모드 동작이 그림 9-35(b)에 표시되어 있다. negative V_{GS}는 MOSFET의 동작 상태가 JFET의 동작과 매우 유사하게 만든다. 그림 9-35(b)에서 V_{GS}에 의해서 발생된 공핍층(절연층과 채널 사이의 흰색 공간으로 표시된 캐리어 영역)이 채널을 침범하게 되고 채널의 폭을 감소시킨다. 그 결과 $I_D < I_{DSS}$로 된다. 그림 9-35(b)에서 $I_D = 0.8$ mA이다. 실제적인 I_D는 I_{DSS}, V_{GS}, $V_{GS(off)}$에 의존하게 된다.

그림 9-35(c)는 D-MOSFET의 증가 모드 동작을 나타내고 있다. 이런 동작 모드에서 소자에 positive의 V_{GS}가 인가된다. V_{GS}가 positive일 때 채널은 효과적으로 넓어진다. 이것이 채널의 저항을 감소시키고 I_D는 I_{DSS}보다 크게 된다. 그림 9-35(c)에서 $I_D = 7.4$ mA로 그림 9-35(a)에 표시된 I_{DSS}보다 크다. 다시 실제적인 I_D는 I_{DSS}, V_{GS}, $V_{GS(off)}$에 의존하게 된다.

positive의 V_{GS}가 어떻게 채널의 폭을 넓히는가? p형에서 다수 캐리어는 가전자대의 정공이다. p형 기판의 정공은 positive 게이트 전압에 의해서 척력을 받게 된다. 왼쪽 뒤는 가전자대 정공이 공핍된 영역이다. 동시에 p형에서 전도대 전자(소수 캐리어)는 positive 게이트 전압에 의해서 채널 쪽으로 인력을 받게 된다. 채널 부근에서 전자의 형성으로 물리적 채널의 아래쪽 영역은 n형이 된다. 확장된 n형 채널은 채널을 통해서 흐르는 전류를 더 많이 흐르게 하기 때문에 $I_D > I_{DSS}$가 된다.

이런 세 가지 동작 상태의 조합은 그림 9-35(d)에 표시된 D-MOSFET 전달 컨덕턴스 특성 곡선에서 설명된다. $V_{GS} = 0$ V일 때 $I_D = I_{DSS} = 5$ mA이다. V_{GS}가 negative일 때 $I_D < I_{DSS}$이다. $V_{GS} = V_{GS(off)}$일 때 I_D는 거의 0 mA로 감소된다. V_{GS}가 positive일 때 $I_D > I_{DSS}$이다. I_{DSS}는 I_D의 최대 가능한 값이 아닌 것은 명백하다. 주어진 MOSFET의 최대 허용 가능한 I_D는 소자의 스펙에 주어진다. D-MOSFET의 전달 컨덕턴스 특성 곡선이 JFET의 특성 곡선과 매우 유사하다는 점 때문에 JFET와 D-MOSFET는 동일한 전달 컨덕턴스 식을 가지게 되고 식 (9-25)를 사용할 수 있다.

$$I_D = I_{DSS}\left(1 - \frac{V_{GS}}{V_{GS(off)}}\right)^2 \tag{9-25}$$

예제 9-14

DMOSFET가 $V_{GS(off)} = -6$ V, $I_{DSS} = 1$ mA의 파라미터를 갖는다고 가정하고 소자의 전달 컨덕턴스 특성 곡선을 구하시오.

(풀이) 파라미터를 이용하면 전달 컨덕턴스 특성 곡선의 좌표는 다음과 같이 구해진다.

$V_{GS} = -6$ V, $I_D = 0$ mA

$V_{GS} = 0$ V, $I_D = 1$ mA

이런 점들은 $V_{GS} = V_{GS(off)}$와 $I_D = I_{DSS}$에서의 조건을 정의한다. 좀더 다양한 점들의 좌표 값을 구하기 위해서 식 (9-22)를 이용한다. 기억할 점은 V_{GS}만 변화한다는 점이다.

$V_{GS} = -3$ V인 경우 $I_D = 0.25$ mA가 구해진다.

$$I_D = (1\ \text{mA})\left(1 - \frac{-3\ \text{V}}{-6\ \text{V}}\right)^2 = 0.25\ \text{mA}$$

$V_{GS} = -1$ V인 경우 $I_D = 0.69$ mA가 구해진다.

$$I_D = (1\ \text{mA})\left(1 - \frac{-1\ \text{V}}{-6\ \text{V}}\right)^2 = 0.69\ \text{mA}$$

$V_{GS} = +1$ V인 경우 $I_D = 1.36$ mA가 구해진다.

$$I_D = (1\ \text{mA})(1 - \frac{+1\ \text{V}}{-6\ \text{V}})^2 = 1.36\ \text{mA}$$

V_{GS} = +3 V인 경우 I_D = 2.25 mA가 구해진다.

$$I_D = (1\ \text{mA})(1 - \frac{+3\ \text{V}}{-6\ \text{V}})^2 = 2.25\ \text{mA}$$

V_{GS}와 I_D의 조합을 구하면 다음과 같이 표시할 수 있다.

V_{GS} (V)	I_D (mA)
−6	0
−3	0.25
−1	0.69
0	1.0
+1	1.36
+3	2.25

위에 표시된 좌표 값들을 이용하면 그림 9−36과 같은 전달 컨덕턴스 특성 곡선을 그릴 수 있다.

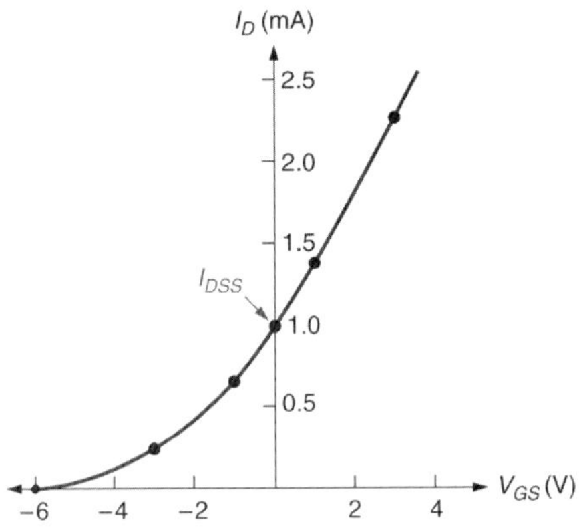

그림 9−36

9−9−3 D−MOSFET 드레인 특성 곡선과 전달 컨덕턴스

D−MOSFET의 드레인 특성 곡선은 V_{GS}와 I_D에 대응하는 좌표 값을 이용해서 구하게 된다. 드레인 특성 곡선을 그림 9−37에 표시했다. 이런 특성 곡선은 {예제 9−14}에서 구한 값을 이용하여 그린 것이다. 특성 곡선에 V_{GS} = −2 V와 V_{GS} = 2V 를 추가하였다. V_P보다 큰 V_{DS}에 대해서는 V_{GS}와 I_D의 조합은 일정한 상수가 된다. 또한 V_P 값은 게이트 전압

에 상대적인 값이므로 특성 곡선마다 변하게 된다. V_{GS} = 0 V인 경우의 V_P 값이 그림 9-37에서 가장 중요하다. V_{GS}가 낮은 값이면 V_P값도 낮다. V_{GS} 값이 증가하면 V_P 값도 증가한다.

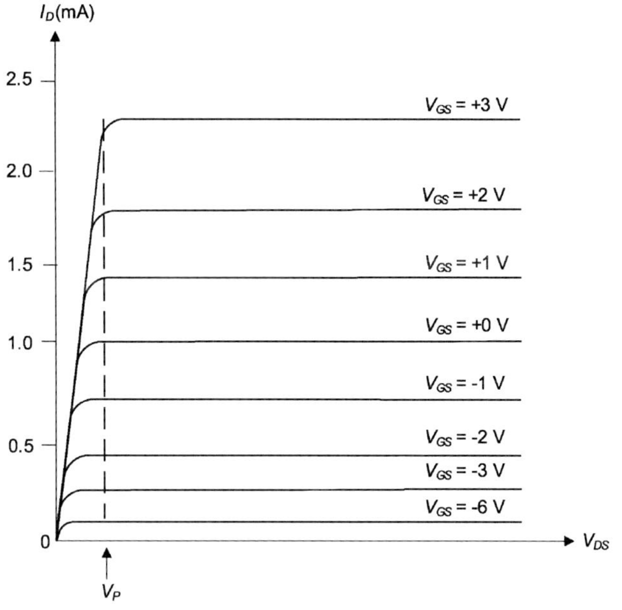

그림 9-37 MOSFET의 드레인 특성 곡선

D-MOSFET의 g_m은 JFET와 동일한 방법으로 구할 수 있다.

$$g_m = g_{mo}(1 - \frac{V_{GS}}{V_{GS(off)}}) \tag{9-26}$$

위 식은 D-MOSFET의 또 다른 특성을 유도한다. I_D가 I_{DSS}보다 커질 수 있듯이 g_m도 g_{mo}보다 커질 수 있다. 물론 이런 일은 소자가 증가 모드에서 동작될 때 발생된다.

9-9-4 D-MOSFET의 바이어스 회로

가장 널리 사용되는 D-MOSFET 바이어스 회로는 JFET에서의 사용되는 바이어스와 거의 유사하다. JFET를 공통-소스, 공통-드레인, 공통-게이트 구성에 사용한 경우처럼

D−MOSFET의 전체적인 특성도 JFET와 동일하다. JFET에서 다루었던 모든 교류와 직류 관계는 D−MOSFET 회로에서도 동일하다. D−MOSFET와 JFET의 중요한 차이점은 D−MOSFET는 V_{GS}가 negative 값으로 제한되지 않는다는 점이다. D−MOSFET 바이어스의 일반적인 방법은 그림 9−38에 표시된 것처럼 V_{GS}를 0 V로 설정하는 제로(zero) 바이어스이다.

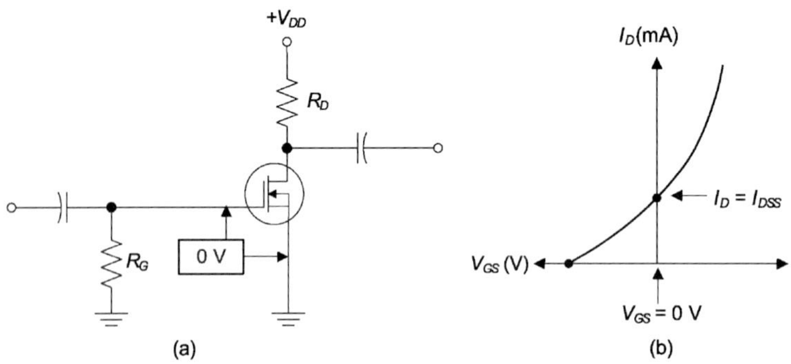

그림 9−38 zero 바이어스

JFET의 자기(self) 바이어스 회로에서 I_D는 소스 저항 R_S 양단에서 전압강하를 발생시킨다. 이런 전압이 JFET가 동작하는 데 필요로 하는 V_{GS}를 제공하게 된다. 제로 바이어스 회로에서는 $V_{GS} = 0$ V를 필요로 하기 때문에 소스 저항은 필요하지 않다. 소스 저항을 가지지 않기 때문에 V_S는 0 V이다. $V_{GS} = 0$이라는 것은 $I_D = I_{DSS}$에서 증폭기가 바이어스된다는 것이다. 회로가 설계될 때는 R_D의 크기는 V_{DS}가 거의 V_{DD}의 1/2이 되도록 선택된다.

D−MOSFET의 게이트 임피던스는 아주 높다. MOSFET는 $V_{GS} = 35$ V인 경우 10 pA의 최대 게이트 전류를 가진다. 이것은 게이트 임피던스를 $3.5 \times 10^{12}\ \Omega$으로 만든다. 이런 범위의 입력 임피던스이면 MOSFET는 실제 소스 회로에 부하가 없는 것으로 나타난다.

9-10 E-MOSFET

E-MOSFET는 증가 모드에서만 동작하기 때문에 게이트 전위는 소스에 대해서 반드시 positive로 공급되어야 한다. 그 이유를 그림 9-39에 표시했다.

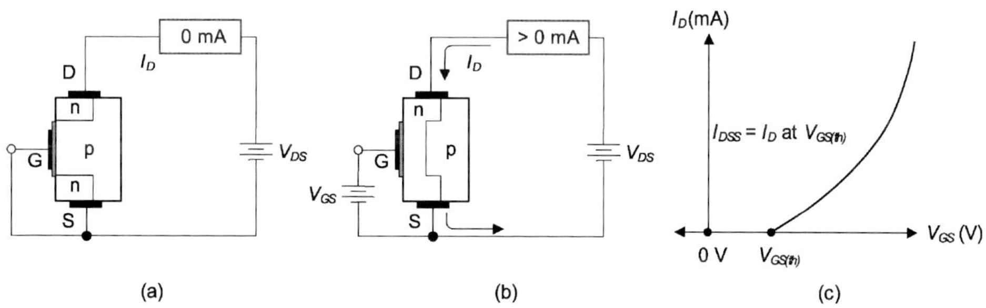

그림 9-39 E-MOSFET의 동작 (a) $V_{GS} = 0$일 때 $I_D = 0$ mA (b) V_{GS}가 채널을 구성하기에 충분할 때 $I_D = 0$ mA (c) E-MOSFET 전달 컨덕턴스 특성 곡선

그림 9-39(a)에 표시된 것처럼 V_{GS}가 0 V일 때 소스와 드레인을 연결하는 채널이 없다. 이 결과 드레인 전류의 크기는 거의 없다. 그림 9-39(b)에 표시된 것처럼 positive 전위가 게이트에 공급되면 가전자대의 정공 영역을 공핍시켜서 소스와 드레인 사이에 채널이 발생된다. 정공이 positive 게이트 전압에 의해서 밀려나고 이런 전압은 p형에서의 소수 운반자인 전자를 게이트 쪽으로 끌어당긴다. 이것이 소스와 드레인 사이를 n형 브리지로 만들어 드레인 전류가 흐르는 통로를 제공하게 된다.

만약 V_{GS}가 증가한다면 새로이 형성된 채널의 폭이 넓어지고 I_D가 증가하게 된다. 만약 V_{GS}가 감소한다면 채널은 폭이 좁아지고 I_D는 감소한다. E-MOSFET 전달 컨덕턴스 특성 곡선의 형태가 그림 9-39(c)에 표시되어 있다. E-MOSFET에서 I_{DSS}는 거의 0 A가 된다. 3N169 E-MOSFET의 스펙에는 주위 온도가 25℃일 때 I_{DSS}가 10 nA라고 기록되어 있다. 모든 실제 목적에서 I_D 값은 0이다. E-MOSFET에서 I_{DSS}의 값은 거의 0이므로 표준 전달 컨덕턴스 특성 공식은 E-MOSFET에서는 적용되지 않는다. 주어진 V_{GS} 값에서 I_D 값을 결정하기 위해서는 식 (9-27)을 이용한다.

$$I_D = k[V_{GS} - V_{GS(off)}]^2 \tag{9-27}$$

여기서 k는 MOSFET 상수로 식 (9-28)처럼 표시할 수 있다.

$$k = \frac{I_{D(on)}}{[V_{GS(on)} - V_{GS(th)}]^2} \tag{9-28}$$

예제 9-15

3N171 스펙에는 다음과 같은 최솟값이 기록되어 있다.

$I_{D(on)} = 10$ mA, $V_{GS} = 10$ V, $V_{GS(th)} = 1.5$ V

이런 정격을 사용해서 그림 9-40에 표시된 회로의 I_D를 구하시오.

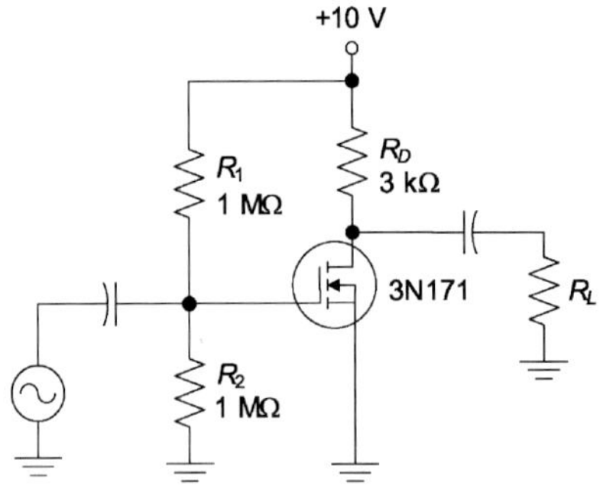

그림 9-40

(풀이) k 값은 다음과 같이 구해진다.

$$k = \frac{I_{D(on)}}{[V_{GS(on)} - V_{GS(th)}]^2} = \frac{10\ \text{mA}}{[10\ \text{V} - 1.5\ \text{V}]^2} = 1.38 \times 10^{-4}\ mA/V^2$$

회로에는 소스 저항이 포함되지 않기 때문에 $V_{GS} = V_G$이다. V_G는 5 V로 구해진다.

$$V_G = V_{DD}\frac{R_2}{R_1 + R_2} = (10\ \text{V})\frac{1\ \text{M}\Omega}{2\ \text{M}\Omega} = 5\ \text{V}$$

식 (9-27)에서 $V_{GS} = 5$ V를 사용하면 회로의 I_D는 1.69 mA로 구해진다.

$$I_D = k[V_{GS} - V_{GS(off)}]^2 = (1.38 \times 10^{-4}\ \text{mA/V}^2)(5\ \text{V} - 1.5\ \text{V})^2 = 1.69\ \text{mA}$$

9-10-1 E-MOSFET 바이어스 회로

JFET와 D-MOSFET에서 사용한 바이어스 회로는 V_{GS}의 positive 값을 필요로 하는 증가형 모드에서 E-MOSFET를 바이어스 시키기 위해서 사용할 수 없다. 자기 바이어스나 제로 바이어스에서는 0(zero)이거나 0보다 더 negative인 V_{GS}를 가지기 때문에 E-MOSFET 회로에는 사용할 수 없지만 전압 분배기 바이어스, 게이트 바이어스와 드레인 귀환 바이어스는 사용될 수 있다.

BJT에 대해서 고찰할 때 컬렉터-귀환 바이어스에 대해서 논의한 바 있다. MOSFET의 경우에는 드레인-귀환 바이어스가 등가의 방법이다. 그림 9-41(a)에는 드레인-귀환 바이어스 회로가 표시되어 있다. 드레인-귀환 바이어스 회로의 해석은 상대적으로 간단하다. 그림 9-41(a)에서 게이트 저항 R_G는 드레인과 게이트 사이에 연결되어 있다. MOSFET의 게이트 저항은 엄청나게 크기 때문에 드레인 회로를 통해서 흐르는 전류는 없고 R_G 양단에서의 전압 강하도 없다. 따라서 게이트 전압은 드레인 전압과 등가이다.

$$V_{GS} = V_{DS} \tag{9-29}$$

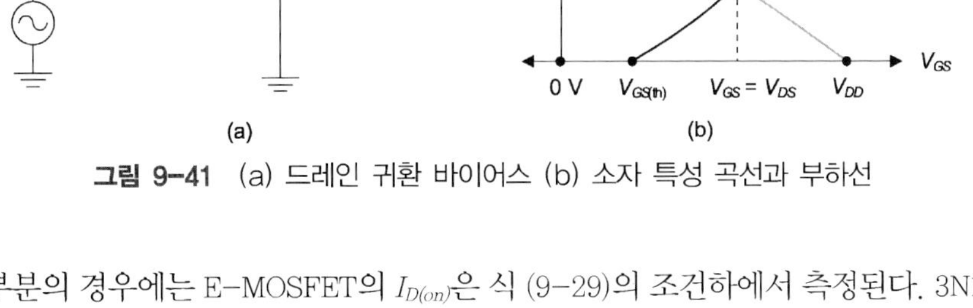

그림 9-41 (a) 드레인 귀환 바이어스 (b) 소자 특성 곡선과 부하선

대부분의 경우에는 E-MOSFET의 $I_{D(on)}$은 식 (9-29)의 조건하에서 측정된다. 3N170의 스펙은 V_{GS} = 10 V, V_{DS} = 10 V인 조건에서 측정된 $I_{D(on)}$을 표시하고 있다. 따라서 3N170이 드레인 귀환 바이어스로 인가되면 $I_D = I_{D(on)}$이다.

$$V_{DS} = V_{DD} - R_D I_{D(on)} \qquad (9-30)$$

식 (9-30)은 $V_{GS} = V_{DS}$인 조건에서 측정된 $I_{D(on)}$ 정격을 표시하고 있다.

예제 9-16

그림 9-42에 표시된 회로에서 V_{DS}와 I_D를 구하시오.

(풀이) 3N170의 스펙에는 $V_{GS} = V_{DS}$인 조건에서 측정된 $I_{D(on)}$ 정격이 10 mA로 표시되어 있다. 드레인 귀환 바이어스 회로에서 이런 전압들이 같기 때문에 $I_D = I_{D(on)} = 10$ mA이다. $V_{DS} = 10$ V이다.

$$V_{DS} = V_{DD} - R_D I_{D(on)} = 20 \text{ V} - (1 \text{ k}\Omega)(10 \text{ mA}) = 10 \text{ V}$$

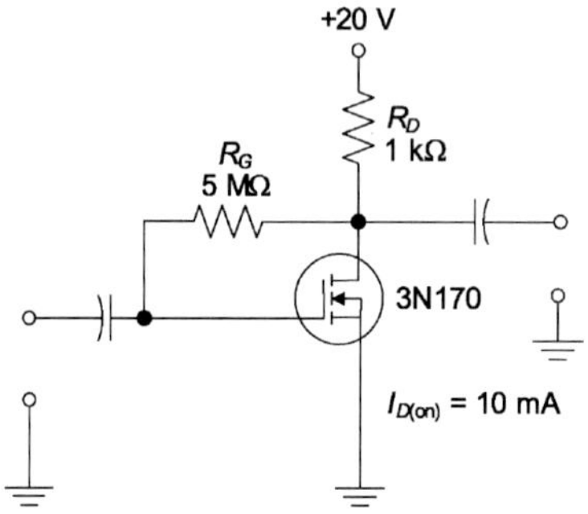

그림 9-42

E-MOSFET의 V_{GS}와 V_{DS}가 등가가 아닌 조건에서 측정된 $I_{D(on)}$ 정격을 갖는다면 회로는 그림 9-41(b)에 표시된 것처럼 해석된다. 먼저 소자의 전달 컨덕턴스 특성 곡선을 구한다. 그리고 그림에 표시된 관계식에 따라서 부하 선을 그린다. 부하선과 특성 곡선이 교차하는 점의 좌표가 V_{GS}, V_{DS}, I_D 값을 표시하게 된다. 이것이 드레인 귀환 바이어스 회로를 해석하는 방법 전부이다. 드레인 귀환 바이어스 회로는 positive의 V_{GS}를 제공한다는 사실을 기억해야 한다. 이런 이유 때문에 JFET 혹은 D-MOSFET에서는 사용할 수 없다. (D-MOSFET는 증가형 모드에서 동작되지만 0 V 이상으로 positive인 V_{GS}값을 갖는 선형 응용회로로 바이어스되지 않는다.)

CHAPTER

09 기초문제

1. ( )는 게이트, 소스, 드레인이라고 부르는 3단자를 갖는다.

(a) BJT (b) 제너 (c) 쌍극성 트랜지스터 (d) JFET

2. ( )채널 JFET의 회로도는 화살표가 바깥쪽으로 표시되는 반면 ( )채널 JFET의 회로도는 화살표가 안쪽으로 표시된다.

(a) D-S, p (b) p, G-S (c) n, p (d) p, n

3. BJT는 ( ) 제어 소자이고 JFET는 ( ) 제어 소자이다.

(a) 전압, 전류 (b) 전류, 전압

4. JFET의 게이트-소스 접합은 항상 ( )로 바이어스되기 때문에 입력 전압은 항상 ( ) 전압이거나 간혹 ( ) 전압이다.

(a) 역방향, NEGATIVE, 0 V (b) 순방향, NEGATIVE, 0 V
(c) 역방향, −4 V, POSITIVE (d) 순방향, −4 V, NEGATIVE

5. $V_{GS} = V_{GS(OFF)}$일 때 I_D는 얼마인가?

(a) I_{DSS} (b) ZERO (c) MAXIMUN (d) V_P

6. JFET 회로 중 소스 폴로어는 무엇인가?

(a) 공통 드레인 (b) 공통 소스
(c) 공통 게이트 (d) 공통 드레인과 공통 소스

7. JFET회로 구조 중 높은 입력 임피던스와 높은 전압 이득을 제공하는 것은 무엇인가?

(a) 공통 드레인 (b) 공통 소스
(c) 공통 게이트 (d) 공통 드레인과 공통 소스

8. $-V_{GG}$ 공급 전압을 사용하는 바이어스법은 무엇인가?

(a) 자기 바이어스 (b) 게이트 바이어스
(c) 베이스 바이어스 (d) 전압 분배기 바이어스

9. 소스 저항을 사용하는 바이어스법은 무엇인가?

(a) 자기 바이어스 (b) 게이트 바이어스
(c) 베이스 바이어스 (d) 전압 분배기 바이어스

10. 전달 콘덕턴스는 ( )와 ( )의 비이다.

(a) ΔI_D와 ΔV_{DS} (b) ΔV_{GD}와 ΔI_D
(c) ΔI_D와 ΔV_{GS} (d) ΔV_{GS}와 ΔV_{DS}

11. FET의 입력 저항은 BJT의 입력 저항보다 아주 크다.

(a) true (b) false

12. FET의 접합에서 V_{GS}가 더욱 negative로 될수록 공핍층의 폭은 ( )하고 채널의 사이즈는 ( ). 따라서 I_D는 ( ).

(a) 감소, 커진다, 증가한다 (b) 증가, 작아진다, 감소한다
(c) 감소, 작아진다, 증가한다 (d) 증가, 커진다, 감소한다.

13. 입력과 출력이 위상이 반전되는 JFET의 구조는 무엇인가?

(a) 공통 드레인 (b) 공통 게이트
(c) 공통 소스 (d) 공통 게이트와 공통 소스

14. p채널 JFET는 게이트가 소스에 비해서 (　　)이고 드레인은 소스에 대해서 (　　)이다.

(a) negative, negative (b) negative, positive
(c) positive, positive (d) positive, negative

15. JFET의 (　　) 단자 사이의 전류는 (　　) 단자에 인가되는 역방향 바이어스 전압에 의해서 제어된다.

(a) 게이트와 소스, 소스와 드레인 (b) 소스와 드레인, 드레인과 게이트
(c) 소스와 드레인, 게이트와 소스 (d) 드레인과 게이트, 게이트와 소스

16. (　　)는 positive 게이트 입력 전압이나 negative 게이트 입력 전압 중 하나를 사용하도록 허용되기 위해서 절연 게이트를 갖는다.

(a) JFET (b) MOSFET
(c) BJT (d) VJT

17. 공핍 모드에서 동작하는 FET는 어느 것인가?

(a) JFET (b) 공핍형 MOSFET
(c) 증가형 MOSFET (d) a와 c

18. 채널의 사이즈를 변화시키기 위해서 전계를 사용하도록 만들어지는 FET는 무엇인가?

(a) JFET
(b) 증가형 MOSFET
(c) 공핍형 MOSFET
(d) 전부

19. (　　)는 게이트 전압이 zero일 때 드레인 전류를 가지기 때문에 노멀리 (　　) 소자라고 부른다.

(a) 공핍형 MOSFET, OFF
(b) 공핍형 MOSFET, ON
(c) 증가형 MOSFET, OFF
(d) 증가형 MOSFET, ON

20. (　　)는 게이트 전압이 zero일 때 드레인 전류를 가지기 않기 때문에 노멀리 (　　) 소자라고 부른다.

(a) 공핍형 MOSFET, OFF
(b) 공핍형 MOSFET, ON
(c) 증가형 MOSFET, OFF
(d) 증가형 MOSFET, ON

21. 공핍 모드와 증가 모드에서 모두 동작할 수 있는 FET는 다음중 어느것인가?

(a) JFET
(b) 공핍형 MOSFET
(c) 증가형 MOSFET
(d) b와 c

22. 공핍형 MOSFET는 (　　　) 회로 응용에서 가장 널리 사용되고 증가형 MOSFET는 (　　　) 회로 응용에서 가장 널리 사용된다.

(a) 아날로그, 디지털
(b) 선형 ,아날로그
(c) 디지털, 선형
(d) 2진상태, 디지털

1. 2N5484 JFET의 게이트가 역방향으로 바이어스될 때, $V_{GS}=-20$ V($V_{DS}=0$ V)일 때 게이트 역방향 전류 I_{GSS}는 1.0 nA이다. JFET의 게이트 소스 임피던스 혹은 입력 임피던스를 계산하시오.

2. 그림 9-43에 표시된 증폭기 회로에서 전달 컨덕턴스와 전압 이득을 구하시오.

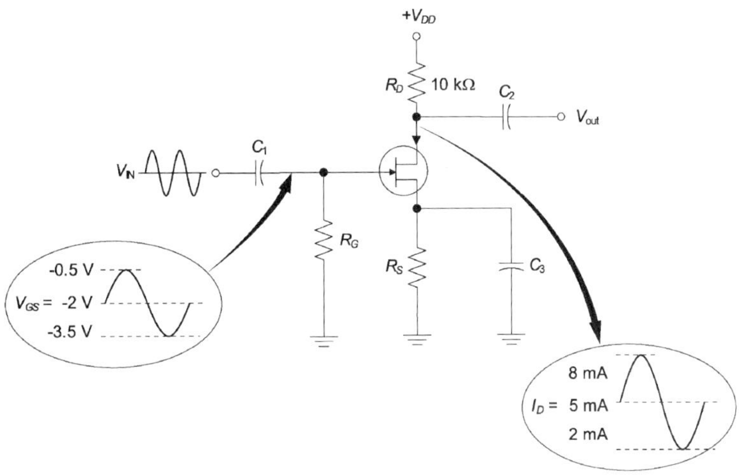

그림 9-43

3. 그림 9–44에 표시된 회로에서 다음을 계산하시오.

(a) V_{GS} (b) I_D (c) V_{DS} (d) $I_{D(MAX)}$ (e) Q점

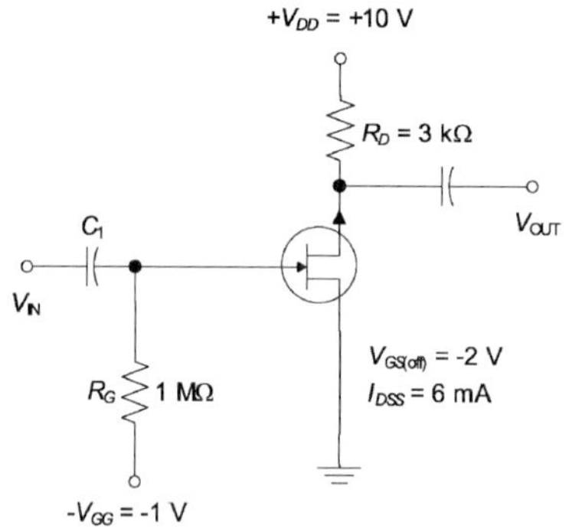

그림 9–44

4. 그림 9–45에 표시된 회로에서 다음을 계산하시오.

(a) V_S (b) V_{GS} (c) V_{DS}

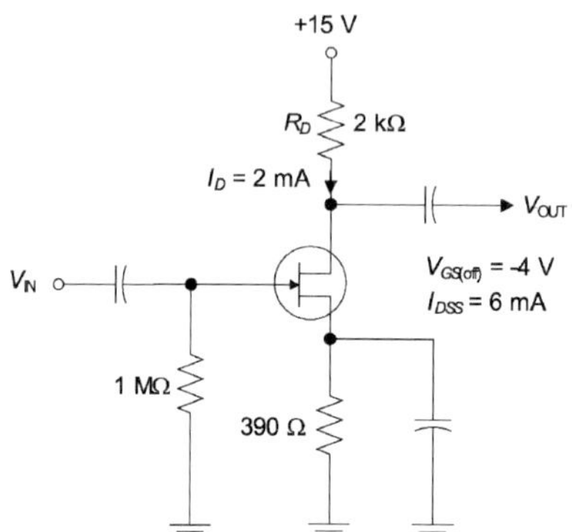

그림 9–45

5. 그림 9–46에 표시된 회로에서 다음을 계산하시오.

(a) V_G (b) V_S (c) V_{GS} (d) V_{DS}

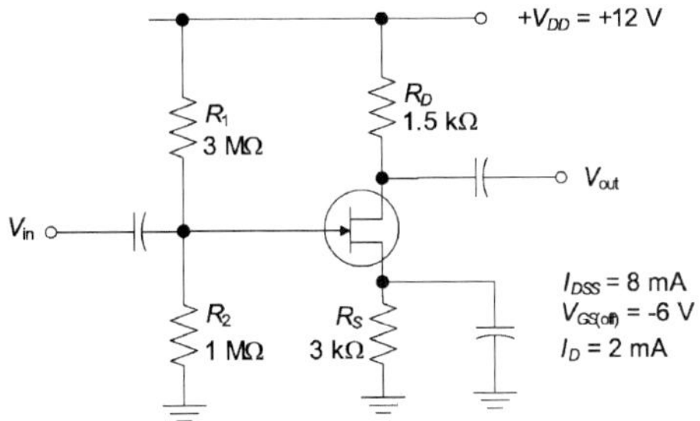

그림 9–46

6. 그림 9–47을 참조하시오.

(a) 회로의 구조는 무엇인가?

(b) 회로의 전압 이득은 얼마인가?

(c) 이런 회로처럼 사용되는 회로는 무엇인가?

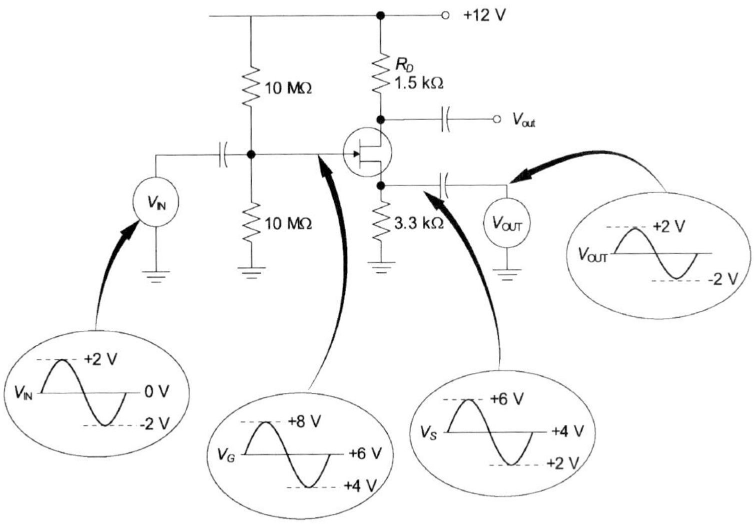

그림 9–47

7. 만약 증가형 MOSFET의 전달 컨덕턴스 특성 곡선이 그림 9-48에 표시된 것과 같다면 V_{GS}가 +5 V일때 얼마나 많은 양의 드레인 전류가 흐르는가?

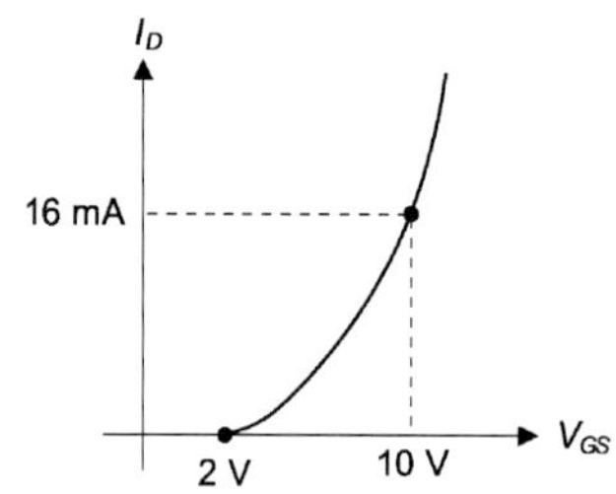

그림 9-48

8. 실온에서 n채널 JFET인 2N4220이 15 V의 역방향 게이트 전압과 0.1 nA의 역방향 게이트 전류를 갖는다면 게이트 소스 저항은 얼마인가?

9. 그림 9-49에 표시된 특성 곡선을 갖는 JFET의 전달 컨덕턴스 방정식을 구하시오. $V_{GS} = -4$ V일 때 얼마나 큰 드레인 전류가 흐르는가? $V_{GS} = -2$ V일 때 얼마의 드레인 전류가 흐르는가?

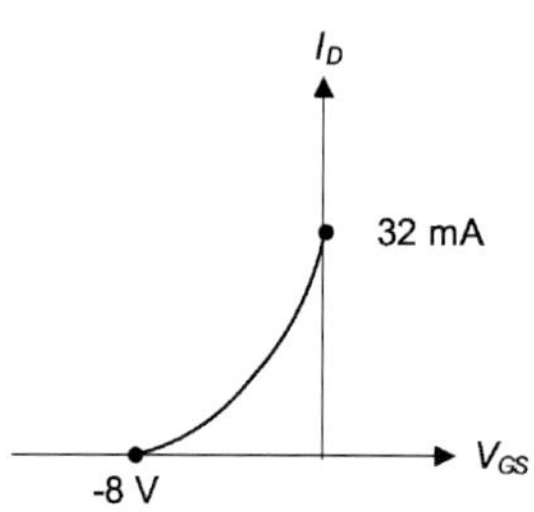

그림 9-49

10. 그림 9–50(a)는 자기 바이어스 회로를 표시하고 있고 그림 9–50(b)는 JFET의 전달 컨덕턴스 특성 곡선을 표시하고 있다. I_D와 V_{GS}의 정지값은 얼마인가? 접지점에 대한 드레인 직류 전압은 얼마인가?

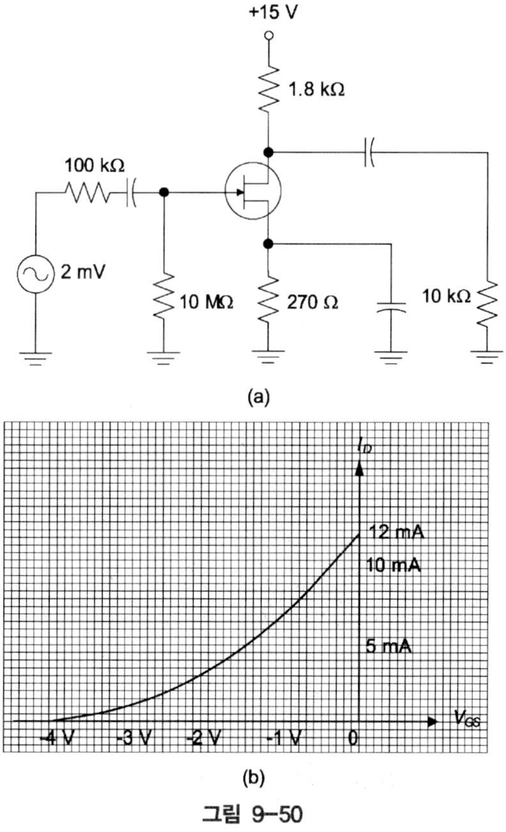

그림 9–50

11. 그림 9–51(a)에서 V_{GS} = −1 V이다. 드레인 전류의 정지값은 얼마인가? V_G, V_S, V_D의 직류 전압값은 얼마인가?

12. 그림 9–51(b)에서 정지 드레인 전류는 얼마인가? V_D값은 얼마인가?

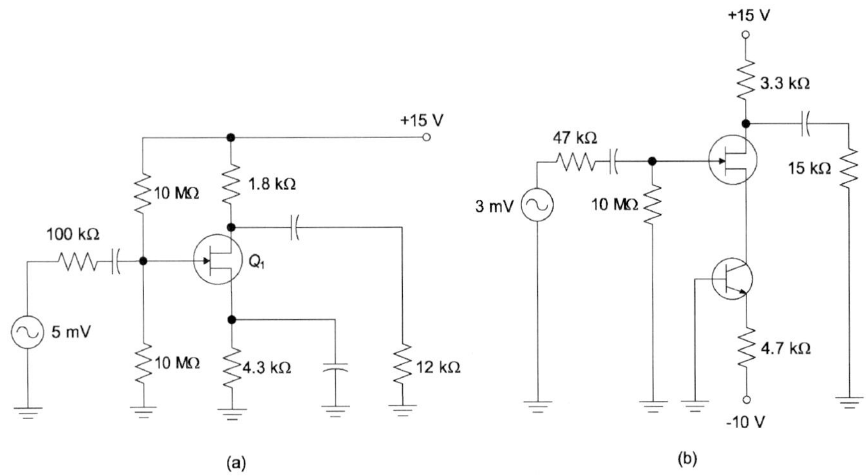

그림 9–51

13. JFET의 전달 컨덕턴스 특성곡선이 그림 9–50(b)처럼 표시된다. $V_{GS}=0$일 때의 대략적인 gm 값은 얼마인가? $V_{GS}=-2$ V일 때의 g_m값은 얼마인가?

14. JFET가 10 mA의 I_{DSS}와 100,000 μ S의 g_{mo}를 갖는다면 $V_{GS(OFF)}$는 얼마인가?

15. 그림 9–51(a)에서 $g_m=2100$ μ S라면 부하 저항 양단에 걸리는 교류 전압은 얼마인가?

16. 그림 9-52에서 첫째 단의 JFET는 2850 μ S의 g_m을 갖고 둘째 단의 JFET는 4275 μ S의 g_m을 갖는다. 만약 v_{in} = 1 mV라면 v_{out}은 얼마인가?

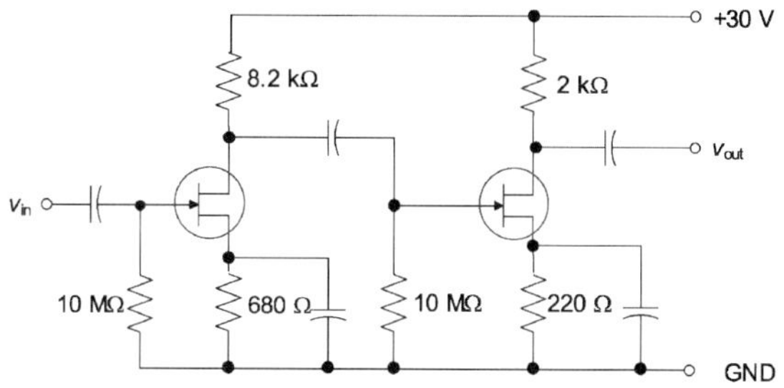

그림 9-52

17. 그림 9-53에 표시된 JFET는 120 Ω의 $r_{ds(on)}$을 갖는다.만약 v_{in} = 20 mV라면 V_{CON}이 0일 때 V_{OUT}은 얼마인가? V_{CON}이 $V_{GS(OFF)}$보다 더욱 negative로 된다면 V_{OUT}은 얼마인가?

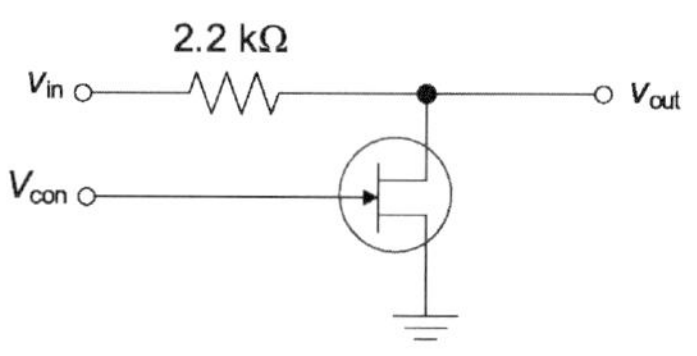

그림 9-53

18. 데이터 시트에 $r_{ds(on)}$ = 200 Ω, V_{GS} = 0으로 기록된 JFET를 검사한다면 게이트와 소스를 단락시켜야 한다. 저항계를 드레인과 소스 사이에 연결했을 때의 대략적인 측정값은 얼마인가? 만약 1.5 V의 건전지가 게이트를 역방향으로 바이어스시켰다면 저항계의 눈금은 증가하는가, 감소하는가?

19. 그림 9–52에서 모든 직류 전압이 정상이다. 교류 출력 전압이 낮아진다면 다음 중 어느 고장이 발생된 것인가?

(a) 입력 결합용 커패시터의 개방 상태 (b) 첫째 단의 소스 바이패스 커패시터의 개방 상태

(c) 둘째 단의 게이트 저항의 단락 상태 (d) 둘째 단의 드레인 저항 단락 상태

20. JFET가 과도한 전류로부터 부하를 보호하기 위한 전류 제한기로 사용된다. 그림 9–54에서 JFET는 16 mA의 I_{DSS}와 200 Ω의 $r_{ds(on)}$을 갖는다. 만약 부하가 갑자기 단락된다면 JFET 양단에 걸리는 전압과 부하 전류는 얼마인가? 만약 부하가 10 Ω의 저항을 갖는다면 JFET 양단에 걸리는 전압과 부하 전류는 얼마인가?

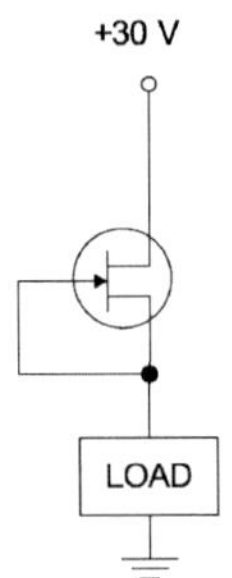

그림 9–54

21. n채널 공핍형 MOSFET가 8 mA의 I_{DSS}와 −4 V의 $V_{GS(OFF)}$를 갖는다면 V_{GS} = −1 V일 때와 V_{GS} = +1 V일 때의 드레인 전류는 얼마인가?

22. 그림 9–55에 표시된 MOSFET가 800 μ S의 g_m을 갖는다면 증폭기의 입력 임피던스는 얼마인가? 무부하 상태의 전압 이득은 얼마인가? 출력 임피던스는 얼마인가?

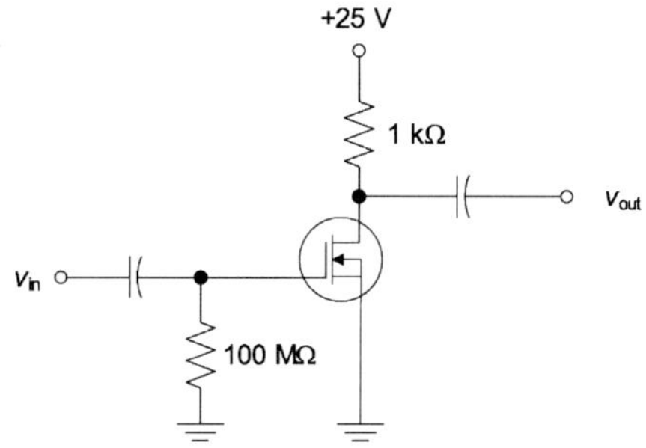

그림 9–55

23. 그림 9–56(a)는 JFET의 $I_D - V_{GS}$ 특성 곡선을 보여준다. V_{GS} = –9 V, –6 V, –3 V, –0 V인 경우의 $I_D - V_{DS}$ 특성 곡선을 구하시오.

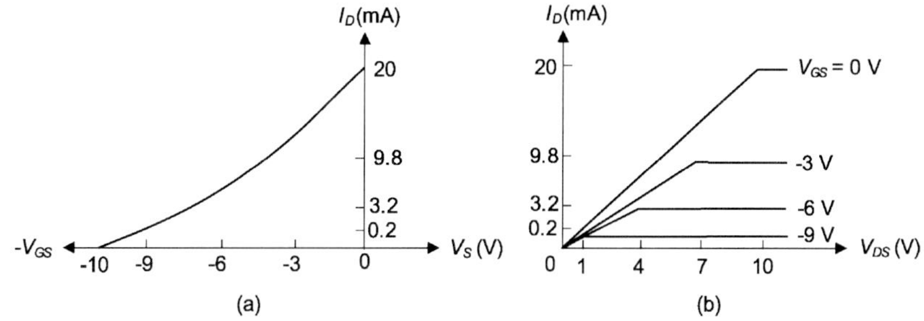

그림 9–56

24. (a) $V_{GS} = -4$ V (b) $V_{GS} = -1$ V (c) $V_{SG} = 0$ V라고 가정하고 그림 9-57에 표시된 JFET 회로의 상태와 바이어스 레벨을 구하시오.

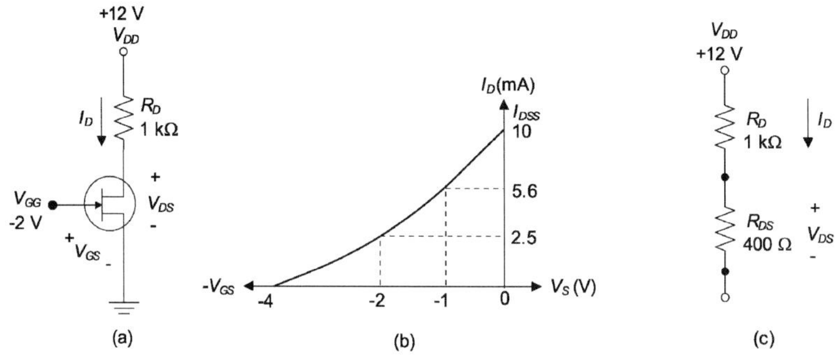

그림 9-57

25. 그림 9-57(a)에 표시된 JFET에 인가되는 게이트 소스 전압 $V_{GS} = -1$ V이다. JFET가 활성 영역에서 작동하기를 원할 때, 회로에서 사용할 수 있는 최대 R_D값은 얼마인가?

26. 그림 9-58에 표시된 JFET 회로에서 바이어스와 Q점을 구하시오.

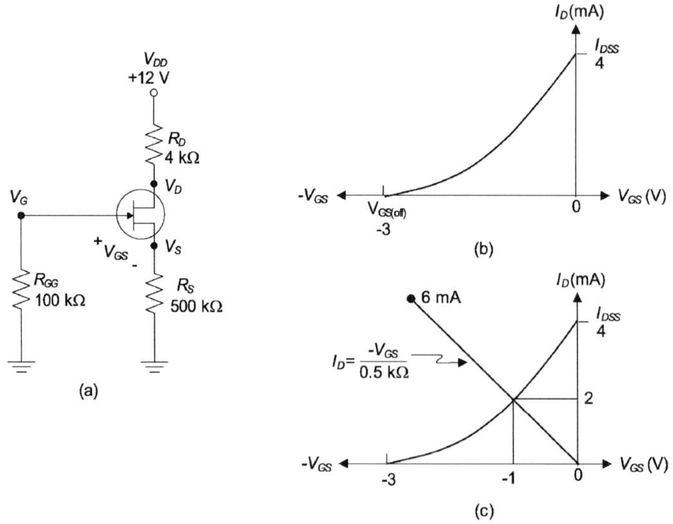

그림 9-58

27. 그림 9–59에 표시된 회로에서 $V_{GS(OFF)} = -3$ V, $I_{DSS} = 10$ mA이다. 이 회로에 알맞은 바이어스 레벨을 구하시오.

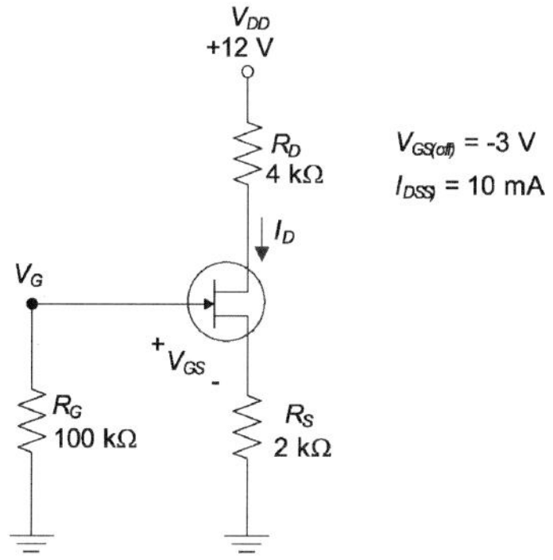

그림 9–59

28. 그림 9–60에 표시된 회로에서 직류 바이어스 값을 구하시오.

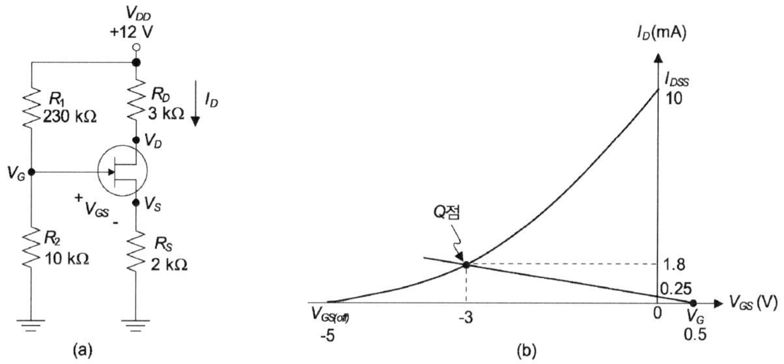

그림 9–60

29. 그림 9–60(a)에 표시된 회로에서 V_{DS}를 구하시오.

30. 그림 9–61에 표시된 p채널 회로의 V_{DS}를 구하시오.

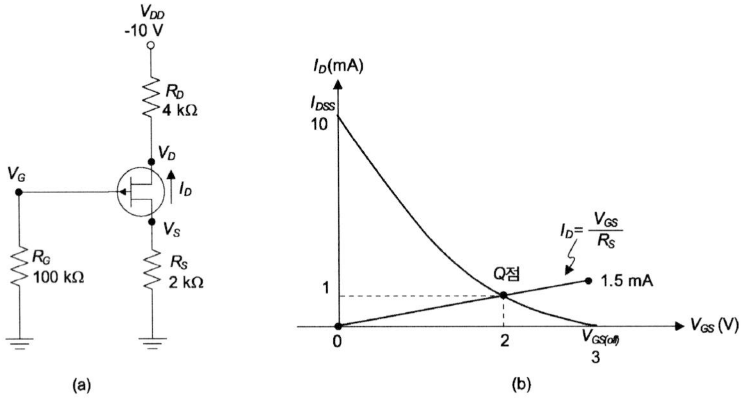

그림 9–61

31. 그림 9–62에 표시된 회로에서 V_{DS}를 구하시오.

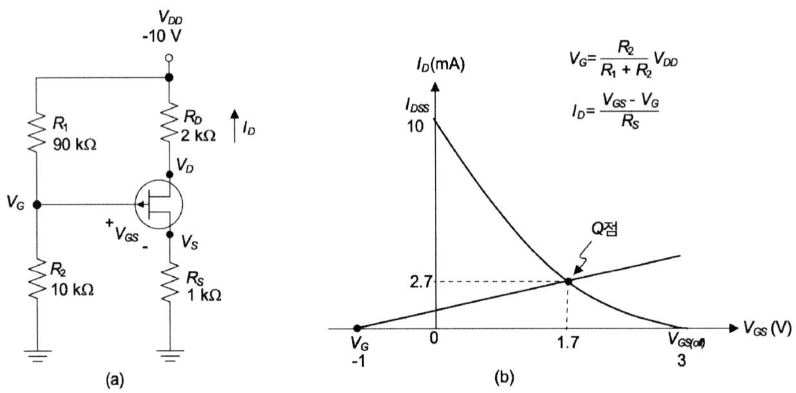

그림 9–62

32. 그림 9–63에 표시된 회로에서 V_{DS}를 구하시오

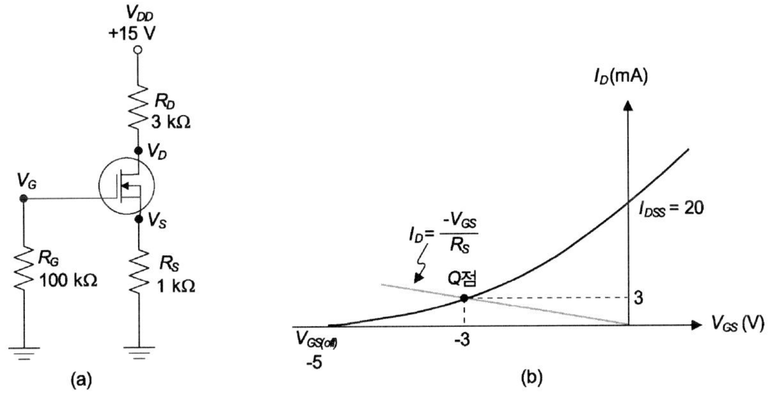

그림 9–63

33. 그림 9–64에 표시된 회로의 바이어스 레벨을 구하시오. 증가 영역에서 D–MOSFET의 바이어스를 기억하시오. 게이트에는 전압 분배기가 사용된다.

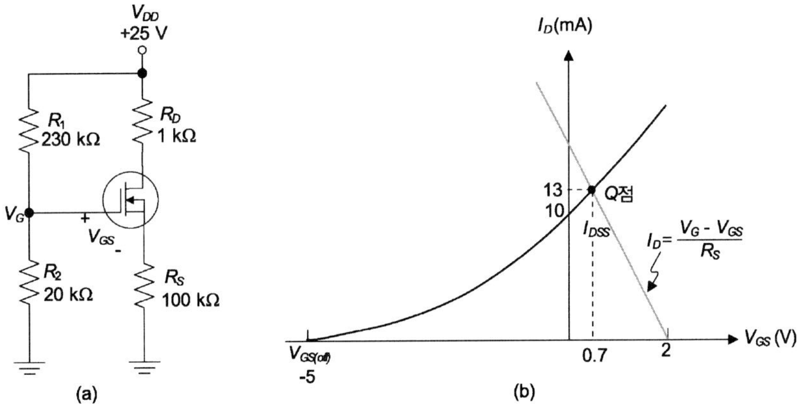

그림 9–64

34. 그림 9-65에 표시된 회로의 I_D를 구하시오. 증가 영역에서 D-MOSFET가 바이어스 된다는 점을 주의하시오. 게이트에서 전압 분배기가 사용된다.

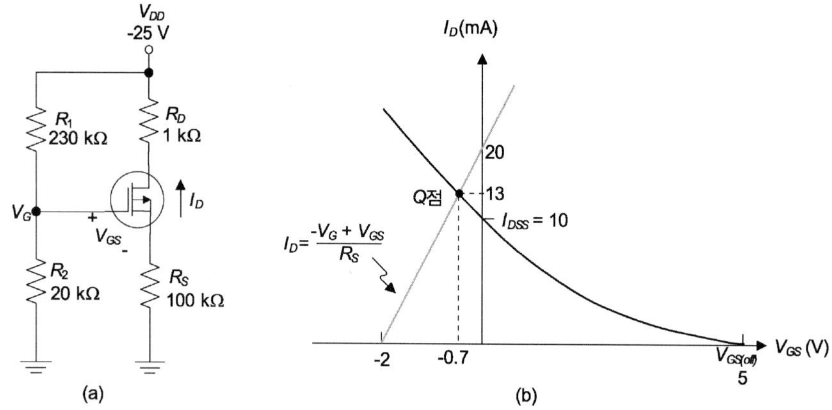

그림 9-65

35. 연습문제 34에 표시된 회로를 2차 방정식을 이용해서 해석하고 I_D를 구하시오. 결과를 연습문제 34와 비교하시오.

36. 그림 9-66에 표시된 회로에서 I_D 값을 구하시오.

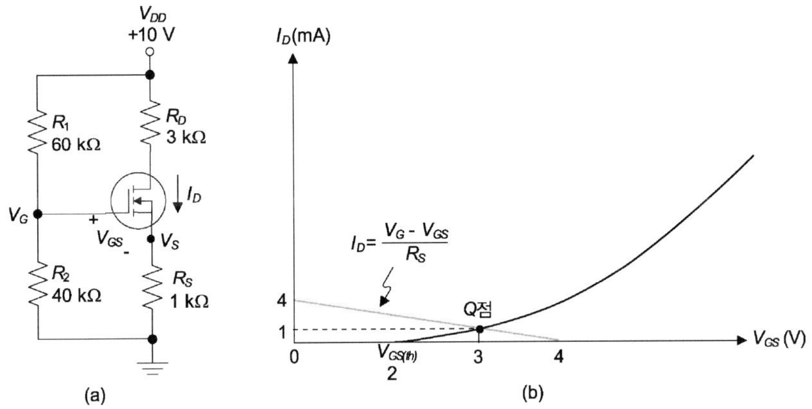

그림 9-66

37. 연습문제 36을 방정식을 사용해서 해석하고 I_D 값을 구하시오. 이 회로에서 FET는 $V_{GS(th)} = 2V$, $k = 0.001A/V^2$를 갖는다.

CHAPTER

10

주파수 효과

교류 증폭기의 중간 주파수 대역에서는 교류 등가회로에서 커패시터의 영향은 없고 오직 저항 성분만 나타난다. 중간 주파수 대역 아래에서의 교류 증폭기의 전압 이득은 결합용 커패시터와 바이패스용 커패시터 때문에 감소된다. 중간 주파수 대역 위에서의 전압 이득은 트랜지스터 내부 커패시턴스와 표유용량 때문에 감소된다. 저주파 효과에서 중요한 위상 선행회로(lead network)와 고주파 효과에서 중요한 위상 지연회로(lag network)에 대해서 이해해야 한다. 밀러 정리(Miller theorem), 데시벨(decibels), 보드 플롯(bode plot)의 해석은 교류 증폭기의 주파수 효과를 이해하는 데 도움이 된다.

10-1 위상 선행회로

그림 10-1(a)는 증폭기에서의 저주파 효과를 해석하는 데 중요한 역할을 하는 위상 선행회로를 표시하고 있다. 커패시터의 리액턴스는 $X_C = \dfrac{1}{2\pi f C}$로 표시된다. 아주 낮은 주파수에서 X_C는 무한대로 접근한다. 아주 높은 주파수에서는 X_C가 0으로 접근한다. 커패시터는 저주파 회로에서는 개방회로와 등가이며, 고주파에서는 단락회로와 등가이다. 출력 전압이 입력 전압보다 앞서는 경우에 **위상 선행회로**(lead network)라고 부른다.

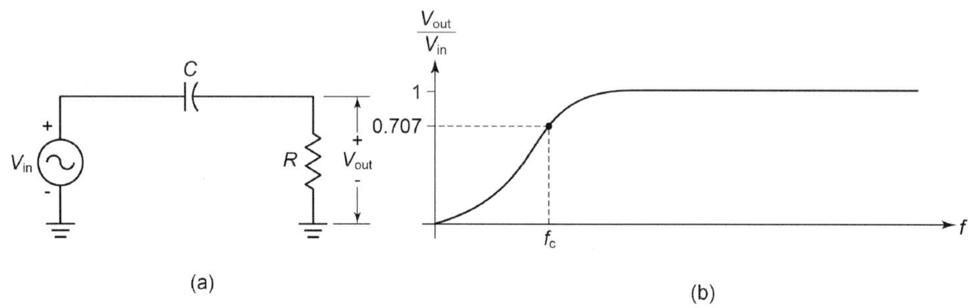

그림 10-1 (a) 위상 선행회로 (b) 주파수 응답

그림 10-1(a)는 교류값을 갖는 V_{in}과 V_{out}을 표시하고 있다. 주파수를 변화시키면 커패시터의 리액턴스 변화 때문에 출력이 변하게 된다. 이것은 입력 전압과 출력 전압의 비인 전압 이득이 주파수의 함수임을 의미한다. 그림 10-1(b)는 위상 선행회로의 주파수 응

답(주파수에 대한 전압 이득)을 표시하고 있다. zero 주파수에서 X_C는 무한대이므로 출력 전압은 0이 되고 전압 이득도 0이다. 주파수가 증가하면 X_C가 감소하고 전압 이득이 증가한다. 주파수가 아주 높게 되면 X_C는 R보다 아주 작게 되므로, V_{out}은 V_{in}과 거의 같아진다. 따라서 위상 선행회로의 전압 이득은 그림 10-1(b)에 표시한 것처럼 주파수가 높을 때 거의 1에 근접한다.

그림 10-1(a)의 위상 선행회로는 $V_{out} = \dfrac{R}{\sqrt{R^2 + X_C^2}} V_{in}$ 인 출력 전압을 가지는 교류전압 분배기이다. 이식을 다시 정리하면 식 (10-1)을 구할 수 있다.

$$\frac{V_{out}}{V_{in}} = \frac{R}{\sqrt{R^2 + X_C^2}} \tag{10-1}$$

이런 주파수에 대한 방정식을 그래프로 그리면 그림 10-1(b)와 같은 주파수 응답을 정확하게 구할 수 있다. 임계 주파수, 항복 주파수, 코너 주파수라고도 부르는 차단 주파수는 R과 X_C가 일치하는 주파수로 $X_C = \dfrac{1}{2\pi f C} = R$로 표시된다. 이 식을 주파수 f에 관한 식으로 정리하면 $f = \dfrac{1}{2\pi RC}$로 표시할 수 있다. 이런 차단 주파수를 다른 주파수와 구분하기 위해서 식 (10-2)에 표시된 것처럼 차단(cutoff)의 약자인 c를 첨자로 사용하게 된다.

$$f_c = \frac{1}{2\pi RC} \tag{10-2}$$

차단 주파수에서 $X_C = R$이 성립하므로 식 (10-1)에 대입하면

$$\frac{V_{out}}{V_{in}} = \frac{R}{\sqrt{R^2 + X_C^2}} = \frac{R}{\sqrt{R^2 + R^2}} = 0.707$$

이 얻어진다. 이것이 차단 주파수에서의 전압 이득이다. 그림 10-1(b)에서 차단점은 부하 전력이 자신의 최대치의 ½이 되는 점이기 때문에 반전력점이라고 부른다. V_{in}이 1 V이고, $R = 1\ \Omega$이라고 가정하면 최대 부하 전력은 1 W가 된다. 차단 주파수에서 출력 전압은 0.707 V가 되므로 부하 전력은 0.5 W가 된다.

$$P = \frac{(0.707\,V)^2}{1\Omega} = 0.5\,W$$

그림 10-2(a)는 전원저항을 갖는 위상 선행회로를 표시하고 있다. 전압 이득은 식 (10-3)처럼 표시된다.

$$\frac{V_{out}}{V_{in}} = \frac{R}{\sqrt{(R_S + R_L)^2 + X_C^2}} \tag{10-3}$$

이런 경우에는 용량성 리액턴스가 총 직렬저항과 크기가 같을 때 반전력점이 발생한다.

$$X_C = \frac{1}{2\pi f C} = R_S + R_L \tag{10-4}$$

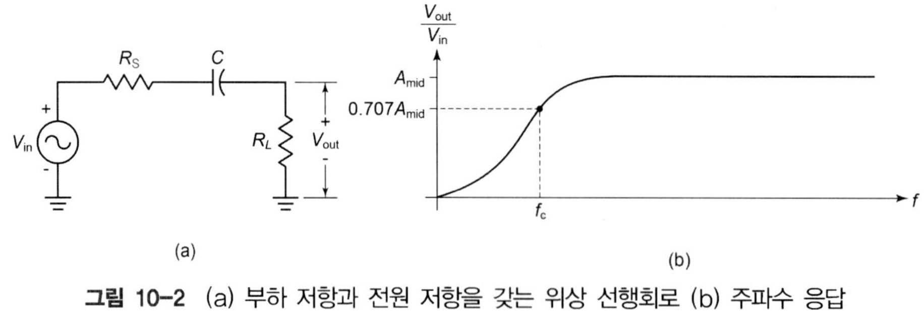

그림 10-2 (a) 부하 저항과 전원 저항을 갖는 위상 선행회로 (b) 주파수 응답

위 식을 대입하고 차단 주파수를 구하면 식 (10-5)가 구해진다.

$$f_c = \frac{1}{2\pi(R_S + R_L)C} \tag{10-5}$$

그림 10-2(b)는 전원 저항을 갖는 위상 선행회로의 주파수 응답을 표시한 것이다. 중간 주파수 대역에서 커패시터는 단락회로로 동작하므로 전압 이득은 $A_{mid} = \frac{V_{out}}{V_{in}} = \frac{R_L}{R_S + R_L}$ 로 표시된다. A_{mid}는 커패시터가 마치 교류 단락처럼 동작하는 주파수 범위인 중간 주파수 대역에서의 전압 이득이다. 중간 주파수 대역 아래에서는 전압 이득은 떨어지고 차단 주파수에서는 $0.707A_{mid}$가 된다.

안정 결합은 가장 낮은 주파수에서 결합되는 선행회로가 식 (10-6)을 만족할 때이다.

$$X_C = 0.1(R_S + R_L) \tag{10-6}$$

식 (10-3)을 대입하면 전압 이득은 $0.995A_{mid}$가 된다.

$$\frac{V_{out}}{V_{in}} = 0.995A_{mid}$$

이것은 안정 결합이 얼마나 효과적인가를 표시하고 있다. 가장 낮은 주파수에서 결합되면 전압 이득은 중간 주파수 대역의 50% 이내에 있게 된다. 식 (10-6)과 식 (10-4)를 비교하다면 10배의 차이가 있음을 알 수 있다. 이것은 안정 결합을 갖는 최저 주파수가 식 (10-7)에 표시한 것처럼 차단 주파수보다 10배 크다는 것을 의미한다.

$$f_{\min} = 10f_c \tag{10-7}$$

$f_{\min}$은 안정 결합을 갖는 최저 주파수, f_c는 위상 선행회로의 차단 주파수를 의미한다. 식 (10-7)은 두 주파수 중 하나만 알면 구할 수 있기 때문에 아주 유용한 공식이다. 차단 주파수가 200 Hz라고 가정하면 최저 주파수는 2000 Hz로 계산된다. 역으로 500 Hz

의 최저 주파수를 갖는 증폭기를 설계한다면 차단 주파수는 즉시 50 Hz임을 알 수 있게 된다.

그림 10-3(a)는 앞에서 해석했던 공통 이미터 증폭기를 표시하고 있다. 회로에는 입력 결합용 커패시터와 출력 결합용 커패시터가 포함되어 있다. 차단 주파수를 계산하기 위해서 입력과 출력 위상 선행회로를 살펴보자. 이미터의 바이패스 커패시터에 의한 영향은 추후 다시 설명할 것이다. 바이패스 커패시터는 여기서 무한대의 커패시턴스를 갖는다고 가정하고 제거시키면 그림 10-3(b)에서 표시된 것과 같은 교류 등가회로를 구할 수 있다. 입력측에서의 R_{in}은 증폭기의 중간 주파수 대역에서의 증폭단의 입력 임피던스로 $R_{in} = R_1 \parallel R_2 \parallel \beta r_e'$로 구해진다.

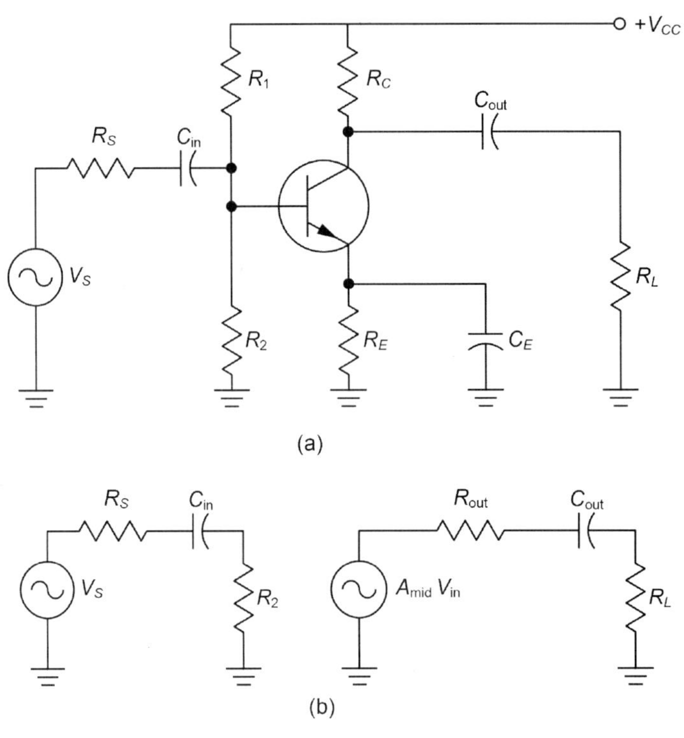

그림 10-3 (a) 공통 이미터 증폭기 (b) 교류 등가회로

출력측에서의 R_{out}은 증폭기의 중간 주파수 대역에서의 증폭단의 출력 임피던스이다. 컬렉터 전류원의 저항은 무시되므로 $R_{out} \cong R_C$가 된다. R_{in}과 R_{out}은 이미 앞에서 z_{in}과

z_{out}으로 해석한 바 있다. 앞에서 중간 주파수 대역에서의 증폭기의 동작을 해석했었다. 이런 주파수 범위에서는 입력 임피던스 z_{in}과 출력 임피던스z_{out}은 순수한 저항 성분이다. 그러나 중간 주파수 대역 이외에서는z_{in}과 z_{out}은 리액티브 효과 때문에 복소수로 나타난다. 주파수의 영향을 설명하기 위해서 z_{in}과 z_{out} 대신에 R_{in}과 R_{out}을 사용한다. 두 개의 위상 선행회로를 갖는데 하나는 입력측에 있고 하나는 출력측에 존재한다. 입력측 위상 선행회로의 차단 주파수는 식 (10-8)처럼 표시된다.

$$f_{in} = \frac{1}{2\pi(R_S + R_{in})C_{in}} \tag{10-8}$$

여기서 f_{in}은 입력측 위상 선행회로의 차단 주파수, R_S는 전원 저항, R_{in}은 증폭단의 입력저항, C_{in}은 입력측 위상 선행회로의 커패시턴스를 표시한다.

이와 유사하게 출력측 위상 선행회로의 차단 주파수는 식 (10-9)처럼 구할수 있다.

$$f_{out} = \frac{1}{2\pi(R_L + R_{out})C_{out}} \tag{10-9}$$

여기서 f_{out}은 출력측 위상 선행회로의 차단 주파수, R_L은 부하 저항, R_{out}은 증폭단의 출력저항, C_{out}은 출력측 위상 선행회로의 커패시턴스를 표시한다.

식 (10-8)과 (10-9)를 사용하면 어떤 증폭기도 해석할 수 있다. 이런 식들은 이미터 폴로어, JFET 증폭기 및 기타 소자에도 적용할 수 있으며, 증폭기의 입력 저항과 출력 저항도 계산할 수 있다.

예제 10-1

만약 β가 150이라면 그림 10-4(a)의 입력과 출력 위상 선행회로의 차단 주파수는 얼마인가?

(풀이)

$$R_{in} = R_1 \parallel R_2 \parallel \beta r_e' = 10\ k\Omega \parallel 2.2\ k\Omega \parallel (150 \times 22.7\ \Omega) = 1.18\ k\Omega,\quad R_{out} \cong R_C = 3.6\ k\Omega$$

이다. $f_{in}=155\ \text{Hz}$, $f_{out}=14.2\ \text{Hz}$이다.

$$f_{in}=\frac{1}{2\pi(R_S+R_{in})C_{in}}=\frac{1}{2\pi\times(1\ k\Omega+1.18\ k\Omega)\times 0.47\ \mu F}=155\ Hz$$

$$f_{out}=\frac{1}{2\pi(R_L+R_{out})C_{out}}=\frac{1}{2\pi\times(3.6\ k\Omega+1.5\ k\Omega)\times 2.2\ \mu F}=14.2\ Hz$$

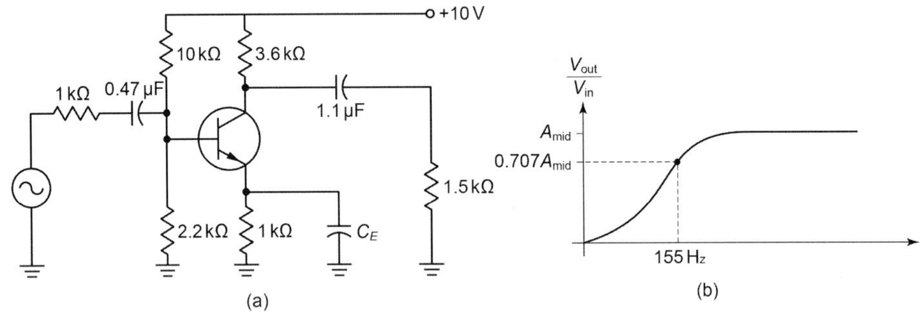

그림 10-4

입력측 위상 선행회로의 차단 주파수가 더 크기 때문에 그림 10-4(b)에 표시한 것처럼 주파수가 155 Hz일 때 부하전력이 반전력점까지 떨어지게 된다. 2개 이상의 위상 선행회로를 갖는다면 가장 높은 차단 주파수가 증폭기 응답에서 첫 번째 절점이 되기 때문에 가장 높은 차단 주파수가 중요하게 되며, 이런 이유 때문에 가장 높은 차단 주파수를 **도미넌트 위상 선행 차단 주파수**라고 부른다.

예제 10-2

그림 10-5에서 이미터 폴로어의 입력 임피던스와 출력 임피던스는 $R_{in}=5\ k\Omega$, $R_{out}=45.9\ \Omega$이다. 입력과 출력 위상 선행회로의 차단 주파수를 계산하시오.

(풀이)

$$R_{in}=R_1\parallel R_2\parallel \beta R_E=10\ k\Omega\parallel 2.2\ k\Omega\parallel(100\times 4.3\ k\Omega)\simeq 5\ k\Omega$$

$$R_{out}=r_e'+\frac{R_1\parallel R_2\parallel R_S}{\beta}=25\ \Omega+\frac{10\ k\Omega\parallel 10\ k\Omega\parallel 3.6\ k\Omega}{100}=45.9\ \Omega$$

입력측 위상 선행회로의 차단 주파수는 27.2 Hz이다.

$$f_{in}=\frac{1}{2\pi(R_S+R_{in})C_{in}}=\frac{1}{2\pi\times(3.6\ k\Omega+5\ k\Omega)\times 0.68\ \mu F}=27.2\ Hz$$

출력측 위상 선행회로의 차단 주파수는 724 Hz이다.

$$f_{out} = \frac{1}{2\pi(R_L + R_{out})C_{out}} = \frac{1}{2\pi \times (45.9\ \Omega + 620\ \Omega) \times 0.33\ \mu F} = 724\ Hz$$

출력측 위상 선행회로가 가장 높은 차단 주파수를 갖게 되서 724 Hz의 주파수에서 부하 전력이 반전력점으로 떨어진다. 주파수 응답은 차단 주파수 724 Hz를 제외하고 나머지는 그림 10–4(b)와 유사하게 그려진다.

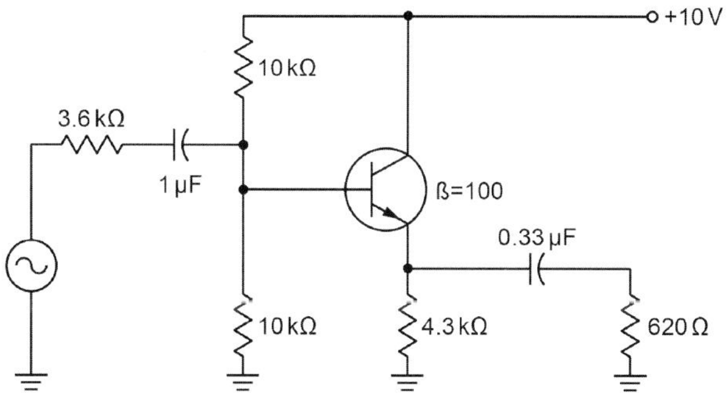

(a)

그림 10–5

10–2 위상 지연회로

그림 10–6(a)는 증폭기에서 고주파 효과를 해석하는 데 중요하게 사용되는 위상 지연회로를 표시하고 있다. 아주 낮은 주파수에서 X_C는 커지고 출력 전압은 거의 입력 전압에 접근한다. 아주 높은 주파수에서는X_C가 작아지고 출력 전압은 거의 0으로 된다. 출력 전압의 위상이 입력 전압보다 늦어지는 것을 **위상 지연회로**(lag network)라고 부른다.

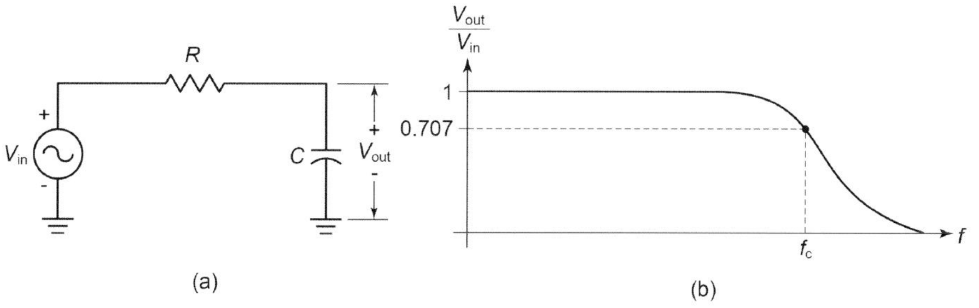

그림 10–6 (a) 위상 지연회로 (b) 주파수 응답

그림 10-6(b)는 위상 지연회로의 주파수 응답을 표시하고 있다. 저주파에서 전압 이득은 1이다. 차단 주파수에서 전압 이득은 0.707이 되며, 차단 주파수 위에서는 전압 이득은 계속 감소하고 무한대 주파수에서는 0이 된다. 위상 지연회로의 전압 이득은 식 (10-10)처럼 표시된다.

$$\frac{V_{out}}{V_{in}} = \frac{X_C}{\sqrt{R^2 + X_C^2}} \tag{10-10}$$

식 (10-10)을 그래프로 그리면 그림 10-6(b)와 같은 주파수 응답 곡선을 구할 수 있다. 차단 주파수는 $X_C = R$을 만족하는 주파수로 정의되어 $f_c = \frac{1}{2\pi RC}$로 표시된다. 여기서 f_c는 위상 지연회로의 차단 주파수를 의미한다.

그림 10-7(a)에 표시된 것처럼 커패시터가 부하 저항에 병렬로 연결되는 경우가 있다. 저주파에서 커패시터는 개방 상태이므로 회로는 중간 주파수 대역 전압 이득을 갖는 전압 분배기처럼 동작한다.

$$A_{mid} = \frac{R_L}{R_S + R_L}$$

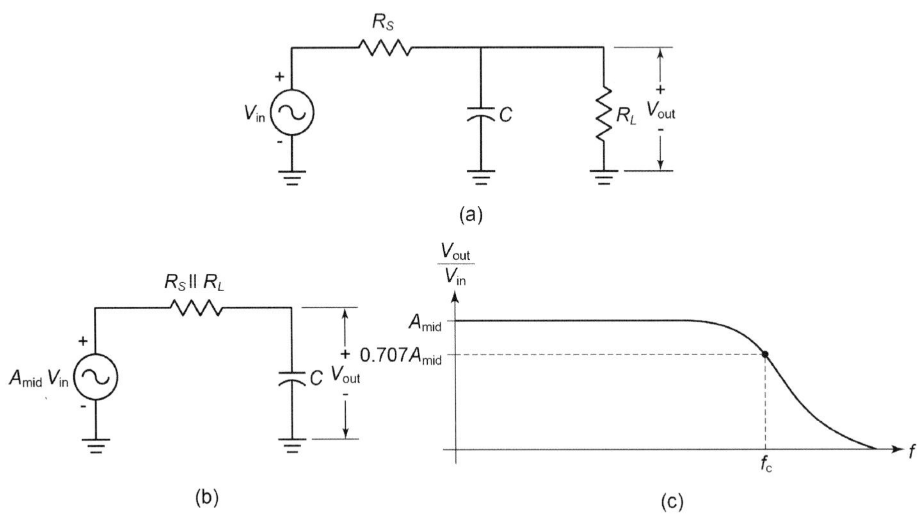

그림 10-7 (a) 부하 저항과 전원 저항을 갖는 위상 지연회로 (b) 등가회로 (c) 주파수 응답

고주파에서 커패시터는 부하로부터 교류전류를 분류시키게 되어 부하에서 전압 강하가 발생된다. 차단 주파수를 손쉽게 찾는 방법은 커패시터를 구동하는 회로를 테브닌화하는 것이다. 테브닌 전압은 $V_{TH} = \dfrac{R_L}{R_S + R_L} V_{in}$ 혹은 $V_{TH} = A_{mid} V_{in}$으로 쓸 수 있다. 테브닌 저항은 $R_{TH} = R_S \parallel R_L$로 구해진다. 그림 10-7(b)는 테브닌 등가회로를 표시하고 있다. 주의할 것은 등가회로가 위상 지연회로라는 것이고 식 (10-11) 처럼 표시되는 차단 주파수를 갖는다는 점이다.

$$f_c = \frac{1}{2\pi(R_S \parallel R_L)C} \tag{10-11}$$

그림 10-7(c)에서 표시한 것처럼 차단 주파수에서의 전압 이득은 $0.707A_{mid}$이다.

그림 10-8(a)는 병렬로 연결된 R_L, R_C, C를 구동시키는 전류원을 표시하고 있다. 이 회로의 등가회로는 위상 지연회로이다. 이런 회로를 쉽게 이해하기 위해서 테브닌화한 회로가 그림 10-8(b)에 표시되어있다. 등가회로가 위상 지연회로이기 때문에 차단 주파수는 식 (10-12)로 구해진다.

$$f_c = \frac{1}{2\pi(R_C \parallel R_L)C} \tag{10-12}$$

식 (10-12)는 FET 증폭기와 쌍극성 트랜지스터 증폭기의 고주파 해석에서 아주 중요한 의미를 갖게 된다.

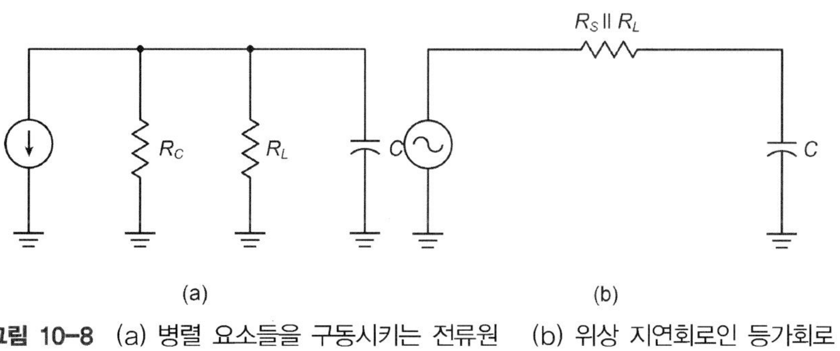

그림 10-8 (a) 병렬 요소들을 구동시키는 전류원 (b) 위상 지연회로인 등가회로

이미터 바이패스 커패시터는 f_E로 표시되는 차단 주파수에서 절점을 발생시키는 증폭기의 주파수 응답을 갖는 원인이 된다. 그림 10-9(a)에 표시된 증폭기는 3개의 차단 주파수 f_{in}, f_{out}, f_E를 갖는다. 이미터 바이패스 커패시터의 영향을 분리시키기 위해서 결합용 커패시터는 무한대의 커패시턴스를 갖는다고 가정한다. 이것은 그림 10-9(b)에서 표시한 것처럼 f_E에서 절점을 갖는 주파수 응답이 발생한다는 것을 의미한다. f_{in}이나 f_{out}은 f_E보다 훨씬 크다. 증폭기의 중간 주파수 대역에서 이미터 바이패스 커패시터는 교류 단락처럼 나타난다. 이것이 이미터를 접지시키고 $r_c = R_C \parallel R_L$일 때 $-\frac{r_c}{r_c'}$의 부하 전압 이득을 발생시킨다. 중간대역 주파수 아래에서 바이패스 커패시터는 더 이상 교류 단락으로 나타나지 않기 때문에 전압 이득이 감소하고 주파수 응답은 그림 10-9(b)처럼 표시된다.

이미터 회로는 위상 지연회로와 등가이다. 회로를 테브난화 시키면 그림 10-9(c)처럼 C_E를 구동하게 되고, 이런 등가회로에서 R_{out}은 커패시터와 접하고 있는 테브닌 저항으로 식 (10-13)과 같이 구해진다. 차단 주파수 f_E는 식 (10-14)처럼 구해진다.

$$R_{out} = r_e' + \frac{R_1 \parallel R_2 \parallel R_S}{\beta} \tag{10-13}$$

$$f_E = \frac{1}{2\pi R_{out} C_E} \tag{10-14}$$

f_E는 이미터 회로의 차단 주파수, R_{out}은 바이패스 커패시터와 접하고 있는 출력 저항, C_E는 이미터 바이패스 커패시터를 의미한다.

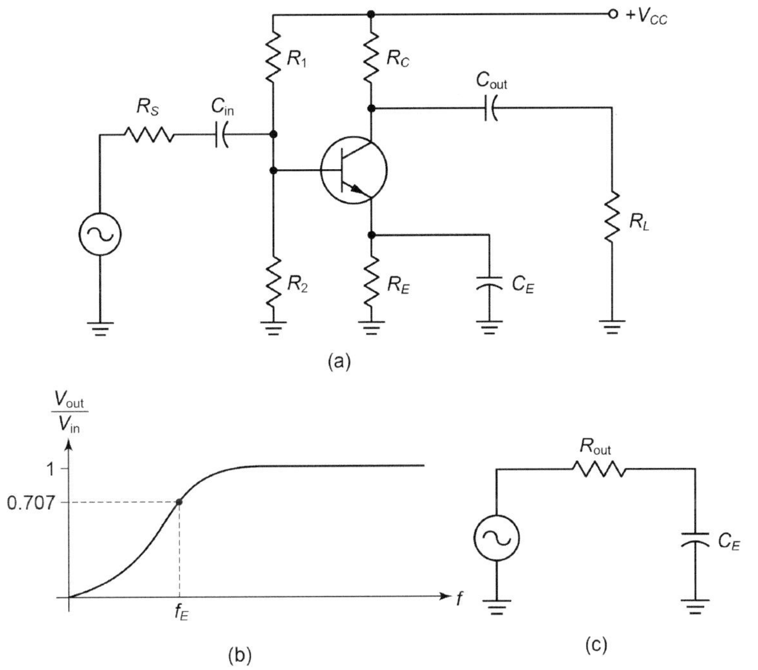

그림 10-9 (a) 공통 이미터 증폭기 (b) 주파수 응답 (c) 커패시터와 접하고 있는 테브닌 회로

예제 10-3

그림 10-10(a)에서 $\beta = 150$이라고 가정하면 이미터 바이패스 회로의 차단 주파수는 얼마인지 구하시오.

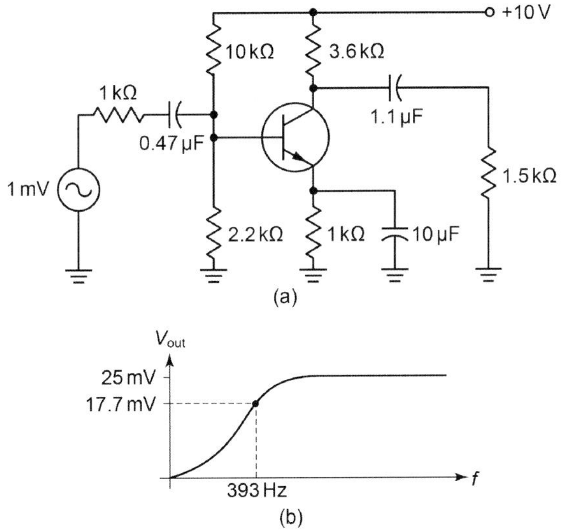

그림 10-10

(풀이) {예제 10-1}에서 위상 선행회로의 차단 주파수를 $f_{in}=155\ Hz$, $f_{out}=14.2\ Hz$로 구한 바 있다. 이미터 바이패스 회로의 차단 주파수를 계산하기 위해서는 이미터 바이패스 커패시터와 접하고 있는 출력 저항을 먼저 구해야 한다. 만약 전압 분배기 바이어스를 해석한다면 $I_C=1.1\ \text{mA}$, $r_e'=22.7\ \Omega$을 구할 수 있다. R_{out}은 27 Ω이다.

$$R_{out}=r_e'+\frac{R_1 \parallel R_2 \parallel R_S}{\beta}=22.7\ \Omega+\frac{10\ k\Omega \parallel 2.2\ k\Omega \parallel 1\ K\Omega}{150}=27\ \Omega$$

$C_E=10\ \mu\text{F}$일 때 차단 주파수는 589 Hz이다.

$$f_E=\frac{1}{2\pi R_{out} C_E}=\frac{1}{2\pi\times 27\ \Omega\times 10\ \mu F}=589\ Hz$$

앞에서 이런 증폭기를 해석했을 때 출력 전압이 25 mV였다. 이것은 증폭기의 주파수 응답이 그림 10-10(b)와 같다는 것을 의미한다. 그림에서 보다시피 중간 주파수 대역에서 출력 전압은 25 mV가 된다. 차단 주파수인 589 Hz에서 출력 전압은 17.7 mV로 떨어진다. 위상 선행회로의 차단 주파수는 14.2 Hz와 155 Hz이므로 주파수가 아주 낮아질 때까지는 거의 영향을 미치지 못한다. 주어진 세 개의 차단 주파수 중 f_{in}, f_{out}, f_E에서 가장 큰 주파수는 도미넌트 차단 주파수라고 부르는데, 주파수 응답은 이런 주파수에서 처음 절점을 갖는다. f_E가 도미넌트 차단 주파수가 된다.

예제 10-4

그림 10-11(a)는 공핍형 MOSFET 증폭기를 표시하고 있다. 만약 $g_m=5000\ \mu\text{S}$라고 가정하면 중간 주파수 대역에서 출력 전압은 얼마인가? 만약 부하 양단에 걸리는 표유용량이 20 pF이라면 차단 주파수는 얼마인가? 주파수 응답을 그려보시오.

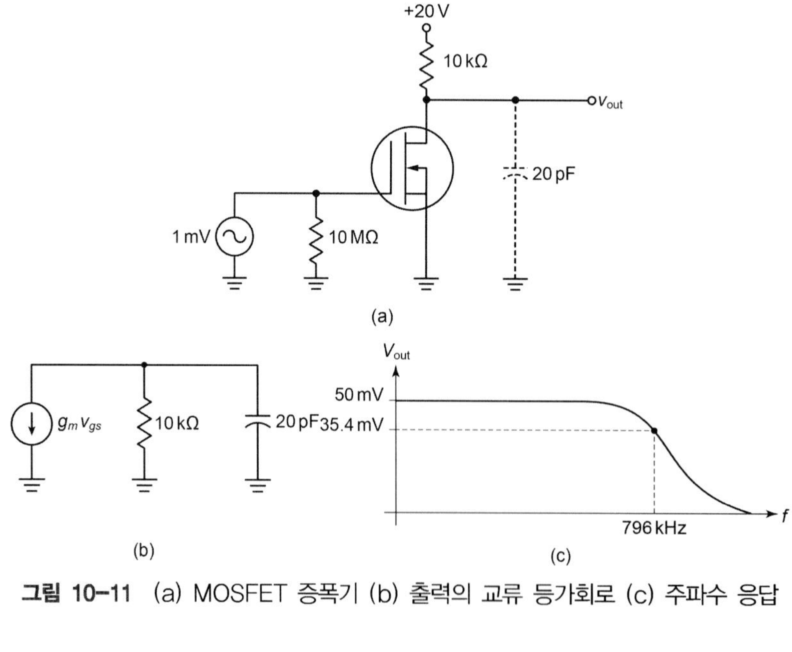

그림 10-11 (a) MOSFET 증폭기 (b) 출력의 교류 등가회로 (c) 주파수 응답

(풀이) 점선으로 표시된 커패시터는 실제로 존재하지 않는 커패시턴스를 표시한 것으로 내부 커패시턴스나 포유권선 커패시턴스를 의미한다. 증폭기의 중간 주파수 대역에서 이런 커패시턴스는 개방으로 나타나고 전압 이득은 −50이 된다.

$$A = -5000\ \mu S \times 10\ k\Omega = -50$$

그림 10−11(c)는 주파수 응답을 표시한다. 중간 주파수 대역에서 출력 전압은 50 mV의 교류값을 갖는다. 차단 주파수에서 출력 전압은 중간 주파수 대역값의 0.707배까지 떨어진다. 주의할 것은 증폭기가 직접 결합 되므로 중간 주파수 대역은 주파수를 0까지 확장시킨다는 것이다. 낮은 차단 주파수가 존재하지 않는다.

10−3 밀러의 정리

그림 10−12(a)는 입력 단자와 출력 단자 사이에 커패시터를 갖는 증폭기를 표시하고 있다. 이런 커패시터는 증폭된 출력신호를 입력으로 귀환시키기 때문에 **귀환 커패시터**라고 부른다. A가 크면 이런 귀환은 증폭기의 입력 임피던스는 크게 변화된다. 그림 10−12(a)의 회로는 귀환 커패시터가 입력과 출력의 일부분이기 때문에 해석이 어렵다. 밀러 이론에 의해서 등가회로를 그리면, 그림 10−12(b)와 같이 표시된다. 등가회로에서 입력 커패시터의 커패시턴스는 식 (10−15)로, 출력 커패시턴스는 식 (10−16)으로 표시된다.

$$C_{in(Millcr)} = C(1 - A) \tag{10−15}$$

$$C_{out(Millcr)} = C\frac{A-1}{A} \tag{10−16}$$

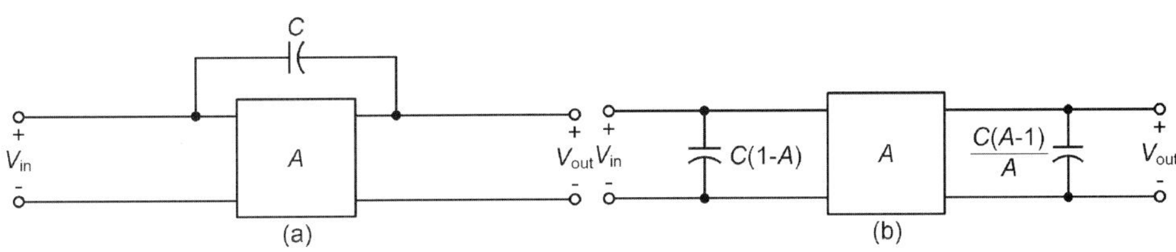

그림 10−12 (a) 귀환 커패시터를 갖는 증폭기 (b) 밀러 커패시터를 갖는 등가회로

밀러 등가회로의 이점은 귀환 커패시터를 2개의 커패시터로 분리시켜서 하나는 입력측에 두고, 다른 하나는 출력측에 둔다는 데 있다. 입력과 출력회로는 서로 독립적으로 되기 때문에 해석이 쉬워진다.

밀러의 이론이 가장 중요하게 응용되는 것은 반전 증폭기이다. 반전 증폭기가 사용되면 A가 negative로 되고 입력 밀러 커패시턴스는 귀환 커패시턴스보다 크다. 입력 커패시턴스가 증가하는 것을 밀러 효과라고 부른다. 그림 10-13(a)에 표시된 것처럼 C = 5 pF, A = −120이라면 입력 밀러 커패시턴스는 605 pF이다.

$$C_{in(Miller)} = C(1 - A) = 5\ \text{pF} \times [1 - (-120)] = 605\ \text{pF}$$

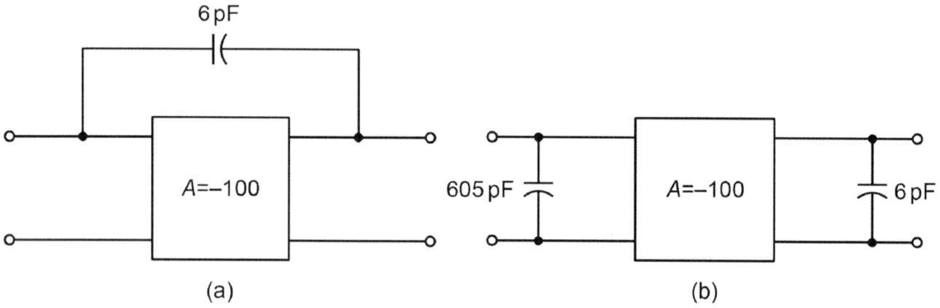

그림 10-13 밀러 정리의 적용 예

그림 10-13(b)에서 표시한 것처럼 등가 입력 임피던스가 605 pF인 것을 의미한다. 밀러 효과 때문에 회로의 입력 임피던스는 귀환 임피던스보다 아주 크다. 출력 밀러 커패시턴스는 5 pF이다.

$$C_{out(Miller)} = C\frac{A-1}{A} = 5\ \text{pF} \times \frac{-120-1}{-120} \cong 5\ \text{pF}$$

그림 10-13(b)에 표시한 것처럼 전압 이득이 큰 것은 밀러 커패시턴스가 귀환 커패시턴스와 거의 같다는 것을 의미한다.

10-4 FET의 고주파 해석

그림 10-14(a)는 전압 분배 바이어스된 FET 증폭기를 구동하는 내부 저항 R_G를 갖는 신호발생기 V_G를 표시하고 있다. 고주파에서 결합용 커패시터와 바이패스용 커패시터는 교류 단락으로 동작한다. 교류 등가회로를 그림 10-14(b)처럼 표시할 수 있다. 드레인에서 바라다본 교류 저항은 R_D와 R_L의 병렬 합성 저항이기 때문에 $r_D = R_D \parallel R_L$로 표시된다. 저항 r_G는 FET의 게이트 단자와 접하고 있는 교류 테브닌 저항으로 제네레이터 저항과 병렬로 연결되어 있는 바이어스 저항을 포함하고 있다. 전압 분배기 바이어스에서의 $r_G = R_1 \parallel R_2 \parallel R_G$가 된다. 증폭기의 중간 주파수 대역에서의 부하 전압 이득은 식 (10-17)처럼 표시할 수 있다.

$$A = -g_m r_D \tag{10-17}$$

중간 주파수 대역 위에서는 FET의 내부 커패시턴스와 표유권선 커패시턴스는 전압 이득을 감소시키는 원인이 되는 위상 지연회로를 구성한다.

FET는 3개의 단자 사이에 내부 커패시턴스를 갖는다. C_{gs}는 게이트와 소스 사이의 내부 커패시턴스이고, C_{gd}는 게이트와 드레인 사이의 내부 커패시턴스이다. C_{ds}는 드레인과 소스 사이의 내부 커패시턴스이다. 그림 10-14(c)는 교류 등가회로에서의 커패시턴스들을 표시하고 있다. FET 증폭기의 출력이 다른 증폭단을 구동시키면 그림 10-14(c)에서 표시한 것처럼 드레인과 접지 단자의 양단에 다음 증폭단의 입력 커패시턴스 C_{in}이 나타난다. C_{in}은 권선과 접지 사이에서의 커패시턴스인 표유권선 커패시턴스는 대략 0.3 pF/in.로 사용한다. 이것은 첫째 단의 드레인과 둘째 단의 게이트 사이를 연결한 도선의 길이가 1인치당 0.3 pF 커패시시턴스로 그림 10-14(c)에서 표시한 것처럼 부하와 병렬로 연결된다는 것을 의미한다.(이런 이유 때문에 고주파 증폭기에서는 가능한 한 리드선을 짧게 해야 한다.)

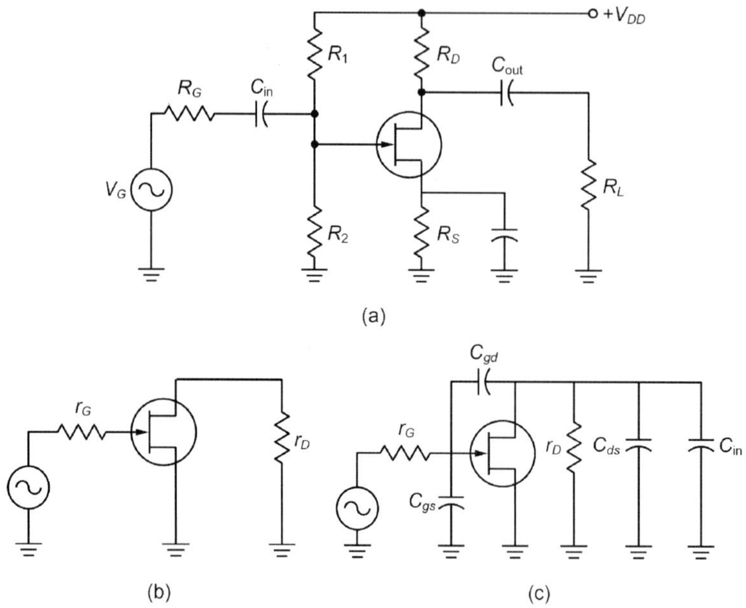

그림 10-14 (a) FET 증폭기 (b) 중간 주파수 대역에서의 교류 등가회로 (c) 중간 주파수 대역 이상의 교류 등가회로

그림 10-14(c)에서 C_{gd}는 귀환 커패시터이다. 밀러 정리를 이용하면

$$C_{in(Millcr)} = C_{gd}(1-A)$$

혹은

$$C_{in(Millcr)} = C_{gd}(1+g_m r_D)$$

로 표시할 수 있다. 그림 10-15는 이런 입력 밀러 커패시턴스를 표시하고 있다. 대부분의 경우 출력측 밀러 커패시턴스가 귀환 커패시턴스와 크기가 같도록 A가 충분히 크다면 $C_{out(Millcr)} = C_{gd}$가 된다.

그림 10-15에서 표시한 것처럼 출력 밀러 커패시턴스는 C_{in}과 C_{ds}와 병렬로 연결된다. 커패시턴스가 병렬로 더해지기 때문에 그림 10-15에 표시된 FET 증폭기는 게이트 측과 드레인 측에 존재하는 2개의 위상 지연회로를 가진다. 게이트 회로에서의 전체 커패시턴스는 식 (10-18)로 표시된다.

$$C_G = C_{gs} + C_{gd}(1 + g_{mr_D}) \quad (10-18)$$

게이트 위상 지연회로의 차단 주파수는 식 (10-19)처럼 구해진다.

$$f_G = \frac{1}{2\pi r_G C_G} \quad (10-19)$$

여기서 f_G는 게이트 차단 주파수, r_G는 게이트에서 바라다본 교류 저항, C_G는 게이트 위상 지연회로에서의 전체 커패시턴스를 표시한다.

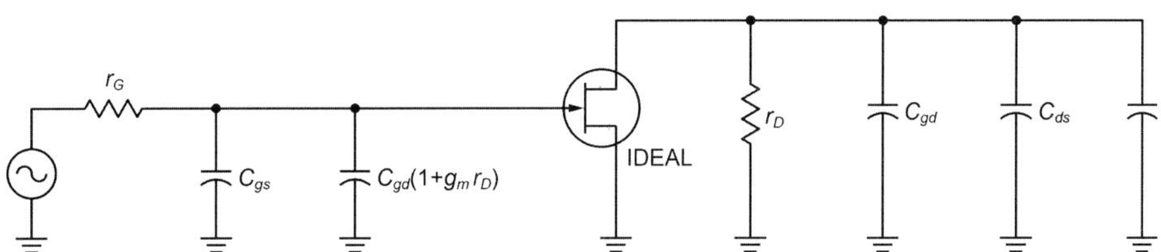

그림 10-15 Miller 커패시턴스를 갖는 FET증폭기의 교류 등가회로

드레인은 C_{gd}, C_{ds}, C_{in}의 커패시턴스와 병렬로 연결된 교류 저항 r_D를 구동하는 전류원처럼 동작하므로, 드레인 회로의 전체 커패시턴스는 식 (10-20), 차단 주파수는 식 (10-21)처럼 구해진다.

$$C_D = C_{gd} + C_{ds} + C_{in} \quad (10-20)$$

$$f_D = \frac{1}{2\pi r_D C_D} \quad (10-21)$$

여기서 f_D는 드레인 차단 주파수, r_D는 드레인에서 바라다본 교류 저항, C_D는 드레인 회로에서의 전체 커패시턴스이다.

그림 10-16(a)는 3개의 커패시턴스 C_{gs}, C_{gd}, C_{ds}를 표시하고 있다. 편의상 제조업자는 단락회로 조건하에서 FET의 커패시턴스를 측정한다. C_{iss}는 그림 10-16(b)에서 표시

한 것처럼 출력의 양단을 교류 단락시킨 입력 용량을 표시한 것이다. C_{gd}는 C_{gs}와 병렬로 되어있기 때문에 C_{iss}는 식 (10–22)처럼 구해진다.

$$C_{iss} = C_{gs} + C_{gd} \tag{10–22}$$

데이터 시트에는 그림 10–16(c)와 같이 입력 단자 양단을 교류 단락시킨 FET를 거꾸로 들여다본 커패시턴스인 C_{oss}가 기록되어 있다. C_{ds}와 C_{gs}가 병렬로 되어 있기 때문에 C_{oss}는 식 (10–23)처럼 표시된다.

$$C_{oss} = C_{ds} + C_{gd} \tag{10–23}$$

데이터 시트에는 식 (10–24)와 같은 귀환 커패시턴스인 C_{rss}도 기록되어 있다.

$$C_{rss} = C_{gd} \tag{10–24}$$

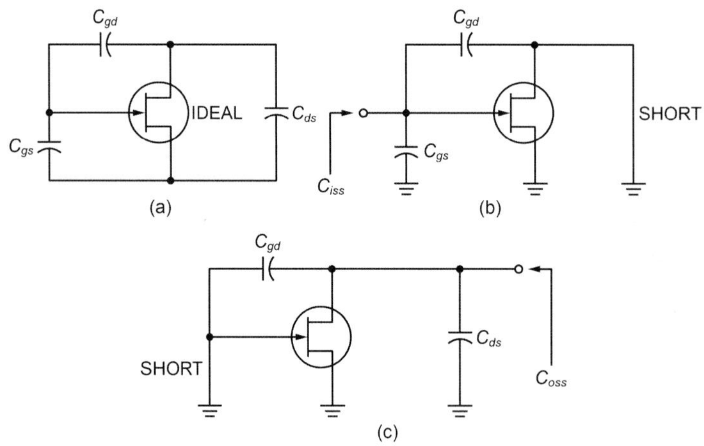

그림 10–16 FET의 커패시턴스 측정법

식 (10–22), 식 (10–23), 식 (10–24)를 사용하면 식 (10–25), 식 (10–26), 식 (10–27)을 유도할 수 있다.

$$C_{gd} = C_{rss} \tag{10-25}$$

$$C_{gs} = C_{iss} - C_{rss} \tag{10-26}$$

$$C_{ds} = C_{oss} - C_{rss} \tag{10-27}$$

위의 3가지 공식을 사용하면 FET 증폭기의 위상 지연회로를 해석할 때 커패시턴스를 계산할 수 있다.

예제 10-5

그림 10-17(a)는 FET 증폭기를 표시하고 있다. MPF102는 3가지 커패시턴스를 갖는다. $C_{iss} = 7$ pF, $C_{oss} = 4$ pF, $C_{rss} = 3$ pF. 드레인 회로에서의 표유권선 커패시턴스가 4 pF이다. 만약 $g_m = 4000$ μS라면 게이트와 드레인 위상 지연회로의 차단 주파수는 얼마인가?

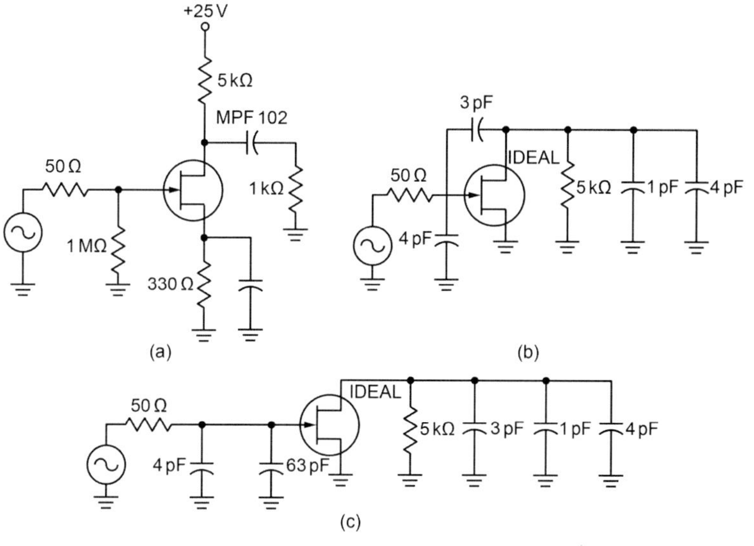

그림 10-17

(풀이) $C_{gs} = C_{iss} - C_{rss} = 7\ \text{pF} - 3\ \text{pF} = 4\ \text{pF}$, $C_{ds} = C_{oss} - C_{rss} = 4\ \text{pF} - 3\ \text{pF} = 1\ \text{pF}$, $C_{gd} = C_{rss} = 3$ pF이다. 그림 10-17(b)는 결합용 커패시터와 바이패스용 커패시터가 교류 단락처럼 동작하는 고주파에서의 교류 등가회로를 표시하고 있다. 여기에 FET의 내부저항과 드레인 저항과 병렬 연결되는 4 pF의 표유권선 저항도 포함된다. 중간 주파수 대역의 전압 이득은 −20이다.

$$A = -g_m r_D = -(4000\mu S) \times 5\ k\Omega = -20$$

입력 밀러 커패시턴스는 63 pF이다.

$$C_{in(Miller)} = C_{gd}(1 + g_m r_D) = 3\ \text{pF} \times (1 + 20) = 63\ \text{pF}$$

출력 밀러 커패시턴스는 약 3 pF이다.

$$C_{out(Miller)} = C_{gd} \approx 3\ \text{pF}$$

그림 10-17(c)는 밀러 등가회로를 표시하고 있는데 2개의 위상 지연회로가 존재한다. 게이트 위상 지연회로는 $r_G = 50\ \Omega$, $C_G = 67\ \text{pF}$이다.

$$C_G = 4\ \text{pF} + 63\ \text{pF} = 67\ \text{pF}$$

따라서 47.5 MHz의 차단 주파수를 갖게 된다.

$$f_G = \frac{1}{2\pi \times 50\ \Omega \times 67\ \text{pF}} = 47.5\ \text{MHz}$$

드레인 위상 지연회로는 $r_D = 5\ \text{k}\Omega$, $C_D = 8\ \text{pF}$을 갖는다.

$$C_D = 3\ \text{pF} + 1\ \text{pF} + 4\ \text{pF} = 8\ \text{pF}$$

따라서 차단 주파수는 3.98 MHz이다.

$$f_G = \frac{1}{2\pi \times 5\ \text{k}\Omega \times 8\ \text{pF}} = 3.98\ \text{MHz}$$

드레인 차단 주파수가 게이트 차단 주파수보다 낮다. 따라서 고주파 응답에서 첫 번째 절점은 3.98MHz에서 발생된다. 위상 지연회로는 게이트 위상 지연회로보다 낮은 차단 주파수를 가지기 때문에 드레인 위상 지연회로가 도미넌트 위상 지연회로가 된다.

예제 10-6

그림 10-18은 캐스코드 증폭기를 표시한 것이다. 2단 증폭기의 전압 이득은 이미 알고 있는 것처럼 $-g_m R_D$이다. 첫번째 증폭단의 $C_{gs} = 4\ \text{pF}$, $C_{gd} = 3\ \text{pF}$이라고 가정하고 입력 임피던스는 얼마인지 구하시오.

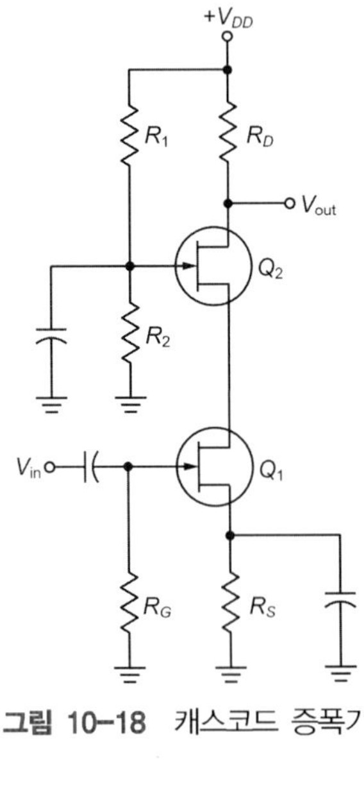

그림 10-18 캐스코드 증폭기

(풀이) 첫번째 증폭단(공통 소스)이 두번째 증폭단(공동 게이트)을 구동시킨다. 공통 게이트 증폭기의 입력 임피던스는 거의 $\frac{1}{g_m}$이 되며, 첫째 단 증폭기 전압 이득은 -1이다.

$$A_1 = -g_m r_D \cong (-g_m)\frac{1}{g_m} = -1$$

첫 번째 단 증폭기의 귀환 커패시턴스는 3 pF이고, 전압 이득은 −1이므로 입력 밀러 커패시턴스는 6 pF이 된다.

$$C_{in(Miller)} = 3\ \text{pF} \times 2 = 6\ \text{pF}$$

밀러 효과가 얼마나 적은지에 주의하라. 이것은 첫번째 단의 전압 이득이 단지 −1이기 때문이며, 첫번째 증폭단의 전체 입력 커패시턴스는 C_{gs}와 입력 밀러 커패시턴스의 합으로 구해진다.

$$C_{in} = 4\ \text{pF} + 6\ \text{pF} = 10\ \text{pF}$$

캐스코드 증폭기의 장점은 밀러 효과가 작기 때문에 낮은 입력 커패시턴스를 갖는다는 데 있다. 일반적으로 캐스코드 FET 증폭기의 입력 커패시턴스는 식 (10−28)로 표시된다.

$$C_{in} = C_{gs} + 2C_{gd} \tag{10−28}$$

10-5 쌍극성 트랜지스터의 고주파 해석

그림 10−19(a)는 공통 이미터 증폭기를 구동시키는 내부 저항 R_G를 갖는 신호 발생기 V_G를 표시하고 있다. 그림 10−19(b)는 증폭기의 중간 주파수 대역에서의 교류 등가회로를 표시하고 있다. 저항 r_G는 트랜지스터의 베이스 단자와 접하고 있는 테브닌 저항으로,

$$r_G = R_1 \parallel R_2 \parallel R_G$$

로 표시된다. 저항 r_C는 컬렉터에서 바라다본 교류 저항으로,

$$r_C = R_C \parallel R_L$$

로 표시된다. C_c'는 이미터 다이오드의 커패시턴스이고 C_c'는 컬렉터 다이오드의 커패시턴스이다. 그림 10-19(c)는 증폭기의 중간 주파수 대역 이상의 교류 등가회로를 표시한 것이다. C_c'가 베이스와 컬렉터 사이의 귀환 커패시터인 점을 주의하라. 역시 r_b'도 베이스 분포 저항을 표시한다. 이들은 베이스 위상 지연회로의 일부분이기 때문에 고주파를 다룰 때는 C_c'와 r_b'를 포함시켜서 해석해야 한다.

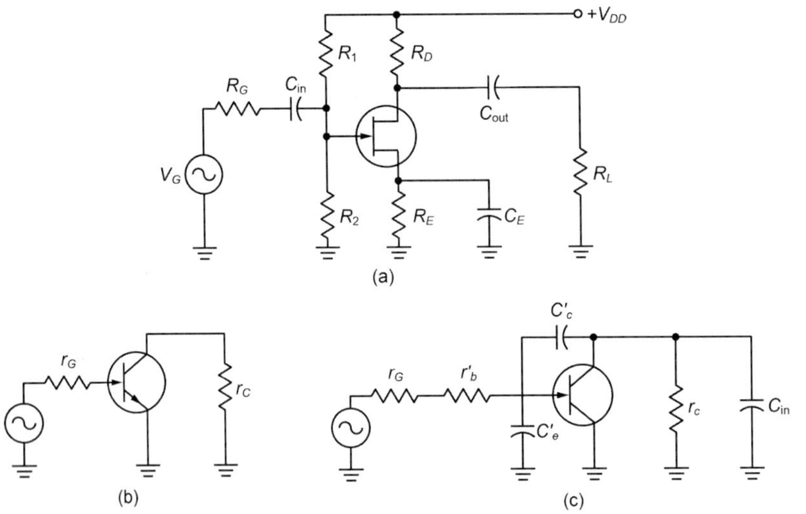

그림 10-19 (a) 쌍극성 트랜지스터 증폭기 (b) 중간 주파수 대역에서의 등가회로 (c) 중간 주파수 대역 이상에서의 등가회로

쌍극성 트랜지스터 증폭기의 차단 주파수를 찾기 위해서 베이스와 컬렉터에서의 위상 지연회로를 정의해야 한다. 첫 번째로 할 일은 입력 밀러 커패시턴스를 구하는 것이다. 베이스로부터 컬렉터까지의 중간 주파수대 전압 이득은 $A = -\frac{r_C}{r_e'}$이다. 따라서 입력 밀러 커패시턴스는 $C_{in(Miller)} = C_c'(1 + \frac{r_C}{r_e'})$이다. 그림 10-20(a)는 입력 밀러 커패시턴스를 표시하고 있다. 공통 이미터 증폭기에서 전압 이득 A가 아주 크기 때문에 출력 밀러 커패시턴스는 거의 C_c'가 된다. 그림 10-20(a)는 다음 증폭단의 입력 커패시턴스인 C_{in}과 병렬로 연결된 출력 밀러 커패시턴스를 표시하고 있다. 그림 10-20(a)에서 커패시턴스는 병렬로 연결되어 있고, 그림 10-20(b)에 표시된 것처럼 베이스 회로에서의 전체 커패시턴스는 $C_B = C_e' + C_c'(1 + \frac{r_C}{r_e'})$로 표시된다. 컬렉터 회로에서의 전체 커패시턴스는 $C_c = C_c' + C_{in}$로 구해진다.

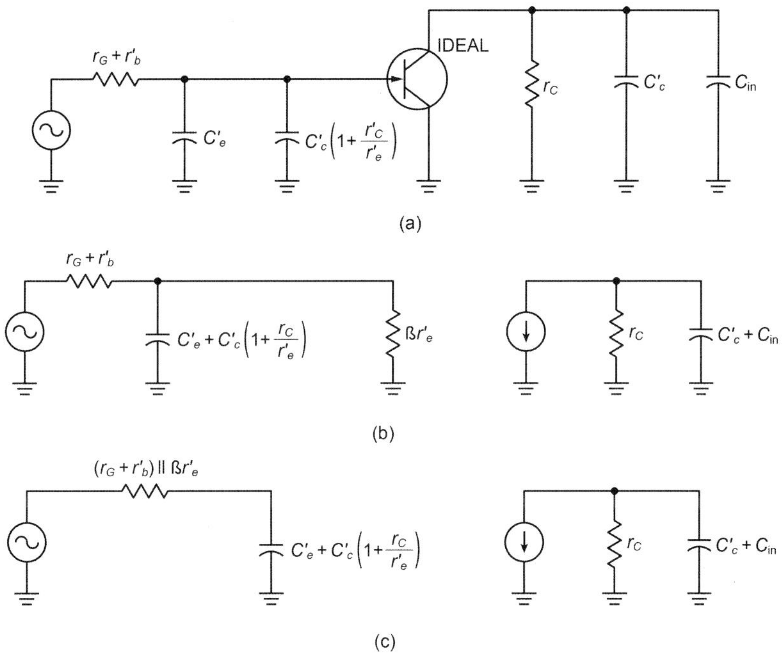

그림 10-20 쌍극성 트랜지스터 증폭기의 교류 등가회로

위상 지연회로의 형태로 베이스 회로를 구하기 위해서는 그림 10-20(c)에 표시된 베이스 커패시턴스를 구동시키는 회로를 테브닌화해야 한다. 베이스 커패시턴스와 접하고 있는 테브닌 저항이 식 (10-29)처럼 표시된다는 것에 주의하라.

$$r_B = (r_G + r_b') \parallel \beta r_c' \tag{10-29}$$

그림 10-20(c)를 살펴보자. 복잡한 기호들을 제거시키면 2개의 위상 지연회로를 포함하고 있는 간단한 회로를 만들 수 있다. 베이스 위상 지연회로는 $f_B = \dfrac{1}{2\pi r_B C_B}$로 표시되는 차단 주파수를 갖는다. 여기서 f_B는 베이스 차단 주파수, r_B는 베이스 커패시턴스와 접하고 있는 테브닌 저항, C_B는 베이스 위상 지연회로의 전체 커패시턴스를 표시한다.

컬렉터 회로는 또 다른 위상 지연회로로 $f_C = \dfrac{1}{2\pi r_C C_C}$로 표시되는 차단 주파수를 갖는다. 여기서 f_C는 컬렉터 차단 주파수, r_C는 컬렉터에서 바라다본 교류 저항, C_C는 컬렉터 위상 지연회로의 전체 커패시턴스를 표시한다.

C_c'에 대한 표준 표시는 없으나, 데이터 시트에는 C_c, C_{cb}, C_{ob}, C_{obo}와 같은 등가기호

로 표시될 수 있다. 2N3330의 데이터 시트에는 10 pF의 C_{ob}가 표시되어있다. 이것은 C_c' 값을 고주파 해석에서 사용하기 위한 것이다. 커패시턴스 C_c'는 측정이 어렵기 때문에 데이터 시트에는 기입하지 않는 것이 보통이다. 대신 제조자들은 f_T로 표시되는 전류 이득 대역폭 곱이라는 주파수값을 제공 한다. 이런 주파수는 트랜지스터의 전류 이득을 1까지 떨어뜨린다. C_c'를 계산하려면 식 (10-30)를 이용하면 된다.

$$C_c' = \frac{1}{2\pi f_T r_c'} \tag{10-30}$$

예제 10-7

2N3904의 데이터 시트에는 $I_E = 10\ \text{mA}$일 때 f_T가 300 MHz로 표시되어 있다. C_c'의 값을 구해보자.

(풀이) $I_E = 10\ \text{mA}$이므로 $r_e' = \dfrac{25\ \text{mV}}{10\ \text{mA}} = 2.5\ \Omega$이다. 식 (10-30)을 이용하면 C_c'는 212 pF으로 구해진다.

$$C_c' = \frac{1}{2\pi f_T r_c'} = \frac{1}{2\pi \times 300\ \text{MHz} \times 2.5\ \Omega} = 212\ \text{pF}$$

예제 10-8

$r_C = 1\ \text{k}\Omega$, $r_b' = 100\ \Omega$, $\beta r_e' = 250\ \Omega$, $r_C = 1\ \Omega$을 갖는 공통 이미터 증폭기가 예제 10-7에서 사용했던 2N3904를 사용한다고 가정하고, 공통 이미터 증폭기의 차단 주파수를 구해보시오 ($r_e' = 2.5\ \Omega$, $C_e' = 212\ \text{pF}$, $C_c' = 4\ \text{pF}$, $C_{in} = 5\ pF$).

(풀이) 그림 10-20(c)에서 베이스에 접하고 있는 테브닌 저항은 204 Ω이다.

$$r_B = (1000\ \Omega + 100\ \Omega) \parallel 250\ \Omega = 204\ \Omega$$

전압 이득은 −400이다.

$$A = -\frac{1000}{2.5} = -400$$

그리고 입력 밀러 커패시턴스는 1604 pF으로 구해진다.

$$C_{in(Miller)} = C_c'\left(1 + \frac{r_C}{r_e'}\right) = 4\ \text{pF} \times (1 + 400) = 1604\ \text{pF}$$

전체 베이스 커패시턴스는 1816 pF이다.

$$C_B = C_e' + C_c'(1 + \frac{r_C}{r_e'}) = 212\ \text{pF} + 1604\ \text{pF} = 1816\ \text{pF}$$

따라서 베이스 위상 지연회로의 임계 주파수는 430 KHz이다.

$$f_B = \frac{1}{2\pi r_B C_B} = \frac{1}{2\pi \times 204\ \Omega \times 1816\ \text{pF}} = 430\ \text{kHz}$$

그림 10-20(c)의 컬렉터 회로에서 전체 커패시턴스는 9 pF이다.

$$C_c = C_c' + C_{in} = 4\ \text{pF} + 5\ \text{pF} = 9\ \text{pF}$$

따라서 컬렉터 위상 지연회로의 차단 주파수는 17.7 MHz로 구해진다.

$$f_C = \frac{1}{2\pi r_C C_C} = \frac{1}{2\pi \times 1\ \text{k}\Omega \times 9\ \text{pF}} = 17.7\ \text{MHz}$$

위상 지연회로가 도미넌트인 것은 의심할 여지가 없다. 베이스 위상 지연회로가 훨씬 낮은 차단 주파수를 갖기 때문에 430 kHz에서 주파수 응답이 절점을 갖는 원인이 된다. 만약 이런 증폭기의 고주파 응답을 개선하고자 한다면 낮은 차단 주파수를 갖고 있는 베이스 회로에서부터 먼저 개선시켜야 한다.

10-6 데시벨 전력 이득

증폭기의 전력 이득 G는 $G = \frac{P_2}{P_1}$으로 표시되는 입력 전력에 대한 출력 전력의 비이다. 만약 출력 전력이 15 W이고, 입력전력이 0.5 W라고 가정하면 $G = \frac{15\ \text{W}}{0.5\ \text{W}} = 30$이 된다. 이것은 출력 전력이 입력 전력보다 30배 커진다는 의미이다.

데시벨 전력 이득은 식 (10-31)처럼 정의된다.

$$G' = 10\log G \tag{10-31}$$

여기서 G'는 데시벨 전력 이득, log는 10을 밑수로 하는 상용대수, G는 전력 이득을 표시한다. 만약 회로의 전력 이득이 100이라면 데시벨 전력 이득은 20

($G' = 10\log100 = 20$)이 된다. G'는 차원이 없다. 그러나 일반적인 전력 이득 G와 구분하기 위해서 G'의 해에 데시벨의 약자인 dB를 붙여서 사용한다. 따라서 앞의 예제 해답은 $G' = 20\ \text{dB}$로 표시할 수 있다.

10-6-1 각 2의 인수에 대한 3 dB

전력 이득 $G = 2$라고 가정하면 데시벨 전력 이득은 3.01 dB로 표시된다.

$$G' = 10\log2 = 3.01\ \text{dB}$$

만약 $G = 4$라고 가정하면 데시벨 전력 이득은 6.02 dB로 표시된다.

$$G' = 10\log4 = 6.02\ \text{dB}$$

만약 $G = 8$이라고 가정하면 데시벨 전력 이득은 9.03 dB로 표시된다.

$$G' = 10\log8 = 9.03\ \text{dB}$$

3.01 dB = 3 dB로, 6.02 dB = 6 dB, 9.03 dB = 9 dB, 12.04dB = 12 dB로 간략화시키면 표 10-1에 표시된 것처럼 전력 이득이 2배가 될 때마다 데시벨 전력 이득은 약 3 dB씩 증가한다.

표 10-1 전력 이득의 증가에 따른 데시벨 전력 이득의 증가

G	G'(dB)
1	0
2	3
4	6
8	9
16	12

10-6-2 negative 데시벨

만약 전력 이득이 손실 때문에 1보다 적다면 negative의 데시벨 전력 이득을 갖는다. 출력 전력이 1.5 W이고, 입력 전력이 3 W라면 전력 이득 $G=\dfrac{1.5\ \text{W}}{3\ \text{W}}=0.5$가 된다. 데시벨 전력 이득은 −3.01 dB가 된다.

$$G' = 10\log 0.5 = -3.01\ \text{dB}$$

만약 $G=0.25$라고 가정하면 데시벨 전력 이득은 −6.02 dB로 표시된다.

$$G' = 10\log 0.25 = -6.02\ \text{dB}$$

만약 $G=0.125$라고 가정하면 데시벨 전력 이득은 −9.03 dB로 표시된다.

$$G' = 10\log 0.125 = -9.03\ \text{dB}$$

−3.01 dB = −3 dB, −6.02 dB = −6 dB, −9.03 dB = −9 dB, −12.04 dB = −12 dB로 간략화시키면 표 10-2에 표시된 것처럼 전력 이득이 0.5배가 될 때마다 데시벨 전력 이득은 약 3 dB씩 감소한다.

표 10-2 전력 이득의 감소에 따른 데시벨 전력 이득의 감소

G	G'(dB)
1	0
0.5	−3
0.25	−6
0.125	−9
0.0625	−12

10-6-3 각 10의 인수에 대한 10 dB

전력 이득이 10이라고 가정하면 데시벨 전력 이득은 10 dB이 된다.

$$G' = 10\log 10 = 10 \text{ dB}$$

만약 전력 이득이 100이라면 20 dB이 된다.

$$G' = 10\log 100 = 20 \text{ dB}$$

만약 전력 이득이 1000이라면 30 dB이 된다.

$$G' = 10\log 1000 = 30 \text{ dB}$$

표 10-3에 표시한 것처럼 전력 이득이 10의 배수에 의해서 증가할 때마다 데시벨 전력 이득도 10 dB씩 증가한다.

표 10-3 전력 이득이 10배가 될 때의 데시벨 전력 이득의 증가

G	G'
1	0
10	10
100	20
1000	30
10000	40

전력 이득이 1보다 적은 경우도 이와 유사한 결과를 얻을 수 있다. 전력 이득이 0.1이면 데시벨 전력 이득은 −10 dB이 되고, 전력 이득이 0.01이 되면 데시벨 전력 이득은 −20 dB이 된다. 전력 이득이 0.001이 되면 데시벨 전력 이득은 −30 dB이 된다.

그림 10-21(a)는 2단 증폭단을 갖는 증폭기를 표시하고 있다. 첫 번째 증폭단의 입력

전력이 P_1, 출력 전력이 P_2이므로 전력 이득은 $G_1 = \dfrac{P_2}{P_1}$이 된다. 두 번째 증폭단은 P_2의 입력 전력과 P_3의 출력 전력을 갖게 되므로 전력 이득은 $G_2 = \dfrac{P_3}{P_2}$이다. 두 증폭단의 전체 전력 이득은 $G = \dfrac{P_3}{P_1}$로 표시된다. 이식은 $G = \dfrac{P_2}{P_1} \times \dfrac{P_3}{P_2}$ 혹은 $G = G_1 \times G_2$의 결과와 같다.

이것은 캐스코드 증폭기의 전체 전력 이득은 각 증폭단의 이득을 곱한 것과 같다는 것을 의미한다. 캐스코드 증폭기가 몇 개의 증폭단이 있다고 하더라도 각 증폭단의 이득을 곱하면 전체 전력 이득을 계산할 수 있다. 그림 10-21(b)에서 표시된 것처럼 첫 번째 증폭단 전력 이득이 100이고, 두 번째 증폭단의 전력 이득이 200이라면 전체 전력 이득은 20000이 된다.

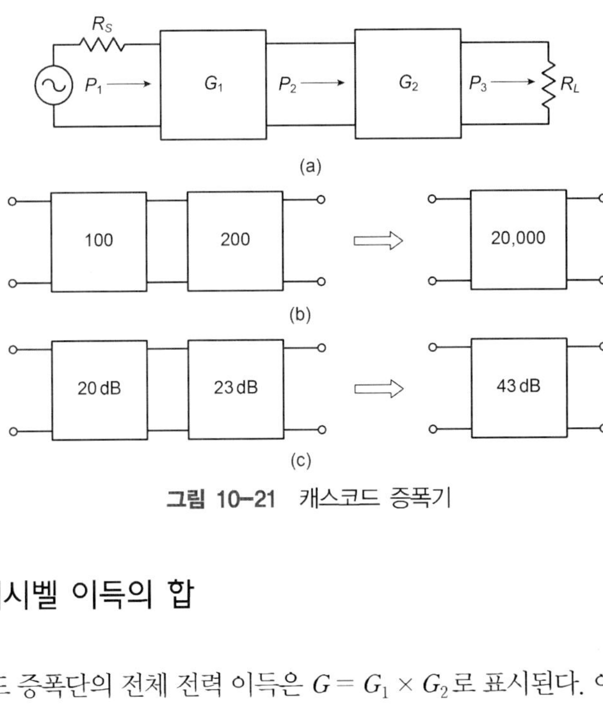

그림 10-21 캐스코드 증폭기

10-6-4 데시벨 이득의 합

2단 캐스코드 증폭단의 전체 전력 이득은 $G = G_1 \times G_2$로 표시된다. 여기서 양변의 상용대수를 취하면 $\log G = \log G_1 G_2 = \log G_1 + \log G_2$가 된다. 양변에 10을 곱하면

$$10\log G = 10\log G_1 + 10\log G_2$$

가 되고 이 식은 식 (10−32)처럼 표시할 수 있다.

$$G' = G_1' + G_2' \tag{10-32}$$

식 (10−32)는 캐스코드 2단 증폭기의 전체 전력 이득은 각 증폭단의 데시벨 전력 이득의 합과 같다는 것을 의미한다. 이와 동일한 개념은 증폭기가 임의의 증폭단을 갖는다고 가정해도 항상 적용이 가능하다. 따라서 전체 데시벨 전력 이득을 구하기 위해서는 각 증폭단의 데시벨 전력 이득을 더하면 된다. 그림 10−21(c)는 그림 10−21(a)와 동일한 2단 증폭기의 전력 이득을 데시벨 전력 이득으로 표시한 것이다. 전체 데시벨 전력 이득은 43 dB이 된다.

$$G' = 20 \text{ dB} + 23 \text{ dB} = 43 \text{ dB}$$

이 값을 일반적인 전력 이득으로 변환하면 20,000이다.

$$G = antilog\frac{G'}{10} = antilog 4.3 \cong 20{,}000$$

일반적인 전력 이득으로 표시하는 것보다 데시벨 전력 이득으로 표시하는 것이 더 쉽고 간결한 이점이 있다.

10−7 데시벨 전압 이득

전력 측정보다는 전압 측정을 많이 하게 된다. 따라서 전압 측정에서의 전압 이득을 데시벨 전압 이득으로 표시한다고 해서 이상할 것은 없다. 데시벨 전압 이득은 식 (10−33)처럼 표시된다.

$$A' = 20\log A \quad (10\text{–}33)$$

여기서 A'는 데시벨로 표시되는 전압 이득, A는 전압 이득을 나타낸다. A가 40이라고 가정하면 $A' = 20\log A = 20\log 40 = 32$ dB로 표시할 수 있다.

전압 이득이 2배가 되면 데시벨 전압 이득은 표 10–4에 표시된 것처럼 6 dB씩 증가한다.

$$A = 2\text{일 때} \quad A' = 20\log 2 \cong 6 \text{ dB}$$
$$A = 4\text{일 때} \quad A' = 20\log 2 \cong 12 \text{ dB}$$
$$A = 8\text{일 때} \quad A' = 20\log 2 \cong 18 \text{ dB}$$

만약 전압 이득이 2의 배수로 감소한다면 표 10–5에 표시된 것처럼 데시벨 전압 이득은 6 dB씩 감소한다. 전압 이득이 10의 배수로 증가하면 데시벨 전압 이득은 표 10–6에 표시된 것처럼 20 dB씩 증가한다. 데시벨 전압 이득이 데시벨 전력 이득의 꼭 2배가 되는 점을 주의하라.

표 10–4 전압 이득이 2배가 될 때의 데시벨 전압 이득

G	G'(dB)
1	0
2	6
4	12
8	18
16	24

표 10–5 전압 이득이 0.5배가 될 때의 데시벨 전압 이득

G	G'(dB)
1	0
0.5	−6
0.25	−12
0.125	−18
0.0625	−24

표 10-6 전압 이득이 10배가 될 때의 데시벨 전압 이득

G	G'(dB)
1	0
10	20
100	40
1000	60
10000	80

10-7-1 전압 이득과 전력 이득의 관계

그림 10-22(a)에서 증폭기의 입력 단자에서 V_1의 크기를 갖는 교류 전압이 걸리고 증폭기의 출력 단자에는 V_2의 크기를 갖는 교류 전압이 걸린다. 따라서 증폭기의 입력 전력은 $P_1 = \frac{V_1^2}{R_1}$이고, 출력 전력은 $P_2 = \frac{V_2^2}{R_2}$이다. 입력 전력과 출력 전력의 전력 이득을 구하면

$$G = \frac{P_2}{P_1} = \frac{V_2^2/R}{V_1^2/R_1} = (\frac{V_2}{V_1})^2 \frac{R_1}{R_2}$$

가 된다. 따라서 $\frac{V_2}{V_1}$가 전압 이득 A가 되므로 위 식을 다시 정리하면 식 (10-34)를 구할 수 있다.

$$G = A^2 \frac{R_1}{R_2} \tag{10-34}$$

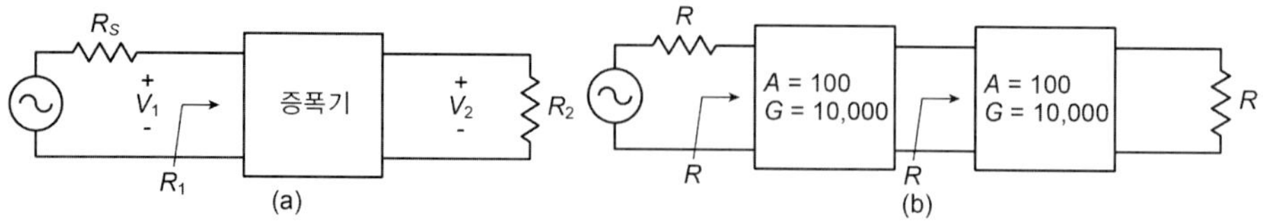

그림 10-22 전압 이득과 전력 이득의 관계

마이크로웨이브와 통신시스템에서 입력과 부하 임피던스가 정합되면($R_1 = R_2$) 식 (10-34)는 $G = A^2$으로 간략화된다. 이것은 전력 이득이 전압 이득의 제곱이 된다는 것을 의미한다. $A = 100$이면 $G = 10,000$이 된다. 그림 10-22(b)는 이런 이득을 갖는 시스템을 표시하고 있다. 각 블럭은 입력 임피던스 R과 출력 임피던스 R을 갖는다. 위 식의 양변에 상용대수를 취하면 $\log G = \log A^2 = 2\log A$가 되고 양변에 다시 10을 곱하면 $10\log G = 10(2\log A) = 20\log A$가 구해진다. 따라서 $G' = A'$식이 성립된다.

이것은 모든 임피던스가 정합된 경우에 데시벨 전력 이득은 데시벨 전압 이득과 같다는 것을 의미한다. 그러나 대부분의 증폭기는 입력 임피던스와 부하 임피던스가 다르기 때문에 임피던스 정합이 되지 않는다. 이런 경우에는G'는 A'와 같지 않다. 따라서 각각 분리해서 계산해야 한다. 데시벨 전력 이득은 $G' = 10\log G$를 사용하고, 데시벨 전압 이득은 $A' = 20\log A$를 사용한다.

10-8 인간 청력 응답

데시벨 스케일이 가장 많이 응용되는 분야 중의 하나는 통신과 오락 산업 분야이다. 사람의 귀는 전원 전력 레벨에서 변화하는 선형적인 형태의 반응을 감지할 수 없다. 오디오 소비전력이 1/2 W에서 1 W로 두 배 증가하면 사람의 귀는 두 배의 강도 크기로 나타나지 않는다. 게다가 5 W에서 10 W로 변화되어도 0.5 W에서 1 W로 변화될 때 경험한 것과 같은 소리 강도 변화로서 귀에서 받아들여진다. 여러 가지의 경우에서 각 소비 전력의 변화비는 같고(1 W/0.5 W=10 W/5 W=2), 동일한 데시벨로 표시된다. 귀는 오디오 소비 전력값의 변화에 대한 대수적인 형태로서 반응한다. 오디오 값들 사이의 비교에 대한 기준으로 0.0002 micro-bars(μbar)가 선택된다. 여기서 1 μbar는 1 dyne/㎠의 음압 또는 해수면에서의 정상 대기압의 약 백만 배와 같다. 따라서 0.0002 μbar의 값은 들을 수 있는 한곗값이다. 이 기준값을 사용하면 데시벨 상의 음압값은 식 (10-35)처럼 표시된다.

$$dB = 20\log_{10}\frac{P}{0.0002\ \mu bar} \tag{10-35}$$

여기서 P는 microbar에서 소리 압력을 의미한다. 그림 10-23은 식 (10-35)에 의해서 정의되는 dB 크기를 표시한 것이다.

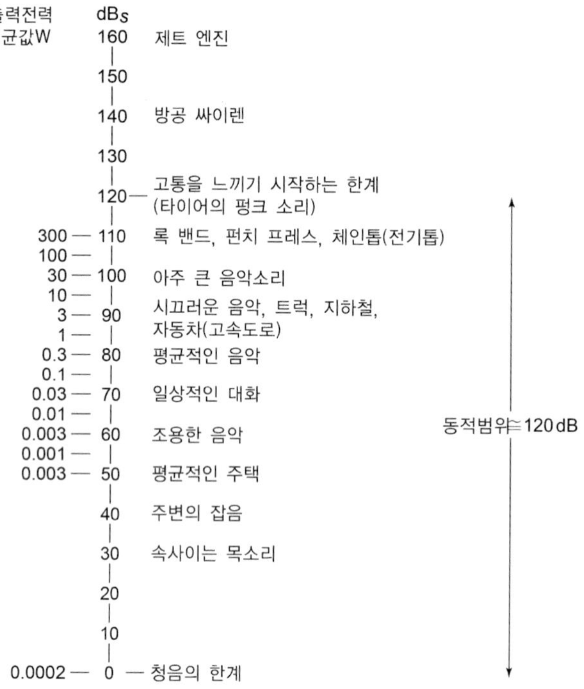

그림 10–23 일반적인 소리 레벨과 등가의 dB 레벨(입력)

오디오 레벨을 측정하는 데 도입되는 계측기는 식 (10-35)에 의해서 정의된 레벨에 의해서 눈금이 결정되며 그림 10-23처럼 표시된다. 오디오 레벨에 관한 공통적인 의문은 인간의 귀에 의해 청취되는 소리 크기를 두 배로 증가시키려면 어느 정도 크기의 음향원의 전력값이 필요한가 하는 문제이다. 이런 질문은 소리의 주파수 정도와 주변 영역의 음향 조건, 주변을 둘러싸고 있는 매체의 물리적 특성, 인간의 귀가 갖는 유일한 특성과 같은 조건에 기인하기 때문에 보이는 것처럼 간단하지는 않다. 그러나 일반적인 결론은 그림 10-23의 왼편에 나타나는 음향원의 전력값을 주목하면 실제값을 공식화할 수 있다는 점이다.

각각의 전력값은 특정한 데시벨 값과 관련되고 스케일상의 10 dB 변화는 전력의 증가 또한 감소에서 10의 계수로 표시된다. 90 dB에서 100 dB로의 변화는 3 W에서 30 W로의 변화와 관련있다. 소음 수준은 매 10 dB이 변할 때마다 두 배가 된다는 점은 바로 앞에서 증명한 바 있다. 즉, "인간의 귀에 받아들여지는 소리값을 두 배로 올리기 위해서는 watt로 된 음향원의 비를 10배로 올려야 한다." 1 W의 음향원에서부터 구할 수 음향 레벨을 두 배로 증가시키려면 10 W의 음향원으로 바꾸어야 한다는 의미이다.

10-9 보드선도

위상 지연회로의 전압 이득은 복소수로 표시하면 $\frac{V_{OUT}}{V_{in}}=\frac{-jX_c}{R-jX_C}$이고 이 식을 다시 정리하면 식 (10-36)처럼 표시할 수 있다.

$$\frac{V_{OUT}}{V_{in}}=\frac{X_c}{\sqrt{R^2+X_C^2}} \tag{10-36}$$

위상각은 $\Phi=-\arctan\frac{R}{X_c}$로 표시된다.

식 (10-36)을 다시 정리하면 $A=\frac{V_{OUT}}{V_{in}}=\frac{X_c}{\sqrt{R^2+X_C^2}}=\frac{1}{\sqrt{1+(R/X_C)^2}}$가 구해진다. 따라서 $\frac{R}{X_C}=2\pi fRC=\frac{f}{f_c}$이다. 전압 이득을 다시 표시하면 $A=\frac{1}{\sqrt{1+(\frac{f}{f_c})^2}}$가 구해진다. dB 전압 이득은 식 (10-37)처럼 표시된다.

$$A'=20\log\frac{1}{\sqrt{1+(\frac{f}{f_c})^2}} \tag{10-37}$$

이 식에서 A'는 위상 지연회로의 dB 전압 이득, f는 입력 주파수, f_c는 위상 지연회로의 차단 주파수를 의미한다. 식 (10-37)을 사용하면 위상 지연회로의 데시벨 전압 이득을 계산할 수 있다. $f/f_c = 0.1$이라고 가정하면 A'는 거의 0 dB이 된다.

$$A' = 20\log\frac{1}{\sqrt{1+(0.1)^2}} = -0.0432\ \text{dB} \cong 0\ \text{dB}$$

$f/f_c=1$이라고 가정하면 dB 전압 이득은 −3 dB로 구해진다.

$$A' = 20\log\frac{1}{\sqrt{1+(1)^2}} = -3.01\ \text{dB} \cong -3\ \text{dB}$$

$f/f_c=10$이라고 가정하면 dB 전압 이득은 −20 dB로 구해진다.

$$A' = 20\log\frac{1}{\sqrt{1+(10)^2}} \cong -20\ \text{dB}$$

$f/f_c=100$이라고 가정하면 dB 전압 이득은 −40 dB로 구해진다.

$$A' = 20\log\frac{1}{\sqrt{1+(100)^2}} \cong -40\ \text{dB}$$

$f/f_c=1000$이라고 가정하면 dB 전압 이득은 −60 dB로 구해진다.

$$A' = 20\log\frac{1}{\sqrt{1+(1000)^2}} \cong -60\ \text{dB}$$가 된다.

이와 같이 계산된 데시벨 전압 이득을 살펴보면, 다음 사실을 발견할 수 있다.

▣ 위상 지연회로의 입력 주파수가 차단 주파수의 1/10 이하이면, 데시벨 전압 이득은 0으로 접근한다.

▣ 차단 주파수와 입력 주파수가 같다면 데시벨 전압 이득은 -3 dB가 된다.

▣ 입력 주파수가 차단 주파수의 10배이면 데시벨 전압 이득은 -20 dB가 된다.

▣ 이 점 아래서는 주파수가 10배가 될 때마다 데시벨 전압 이득은 20 dB씩 감소한다.

10-9-1 전압 이득의 보드선도

위상 지연회로를 감소시킬 수만 있으면 차단 주파수를 계산할 수 있다. 입력 주파수가 차단 주파수보다 10배 크면 데시벨 전압 이득은 20 dB 감소하고 입력 주파수가 차단 주파수의 20배이면 데시벨 전압 이득은 40 dB 감소하며, 입력 주파수가 차단 주파수의 30배이면 데시벨 전압 이득은 60 dB 감소한다는 사실을 이미 알고 있다.

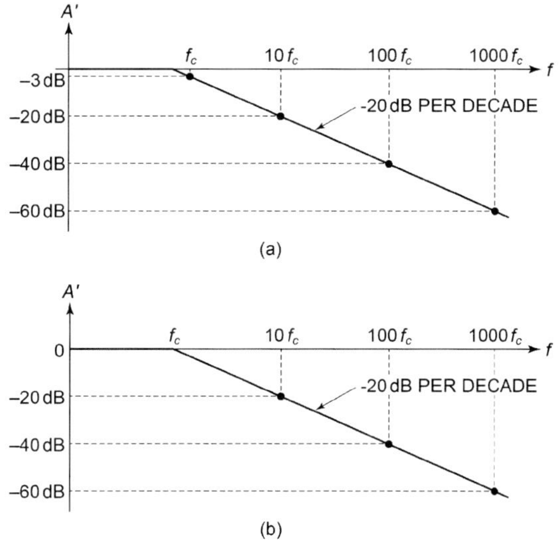

그림 10-24 위상 지연회로의 전압 이득 보드선도 (a) 정확한 경우 (b) 이상적인 경우

그림 10-24는 위상 지연회로의 데시벨 전압 이득을 표시한 것으로 전압 이득의 보드선도라고 부른다. 주파수가 수십 배 증가하는 그래프를 보기 위해서 주파수의 각 디케이드(decade)를 표시하는 간격을 일정하게 해서 수평 눈금을 표시했다(반대수 그래프 용지와 동일하다). 수평 눈금에서 디케이드 간의 간격을 1씩 동일하게 표시한 것은 차단 주파수 이상에서는 데시벨 전압 이득이 20 dB씩 감소하기 때문이며, 전압 이득의 그래프는 디케이드당 -20 dB의 기울기를 갖는 직선이 되기 때문이다. 그림 10-24(b)는 전압 이득

의 이상적인 보드 선도를 표시하고 있다. 처음 근사법으로 차단 주파수에서의 -3 dB는 무시하고 각 decade당 -20 dB의 기울기를 갖는 직선을 그린다. 이상적인 보드 선도는 그리기가 쉽기 때문에 예비적인 분석에서 많이 사용된다.

옥타브는 주파수에서 2의 계수를 표시한다. 만약 주파수가 100 Hz에서 200 Hz로 변화한다면, 이것은 한 옥타브가 변한 것이다. 이와 유사하게 100 Hz에서 400 Hz로 변화했다면, 이것은 2옥타브 변한 것이고 100 Hz에서 800 Hz로 변화했다면 3옥타브 변화한 것이다. 차단 주파수 위에서는 위상 지연회로의 데시벨 전압 이득은 옥타브당 6 dB씩 감소한다. 이것은 증명이 용이하다. f/f_c=10이라고 가정하면 $A' = -20$ dB, f/f_c=20이라고 가정하면 $A' = -26$ dB(f/f_c=10에서 20으로 1옥타브 변화 시)이 된다.

$$A' = 20\log\frac{1}{\sqrt{1+(20)^2}} = -26 \text{ dB}$$

위 식에서 보다시피 데시벨 전압 이득이 6 dB 감소했다(−20 dB에서 −26 dB). 다시 말하자면 두 방법 중 어느 것으로도 차단 주파수 이상의 위상 지연회로 주파수 응답을 기술할 수 있다. 즉, 데시벨 전압 이득은 decade당 20 dB의 비로 감소한다고 말하거나, 옥타브당 6 dB의 비로 감소한다고 말할 수 있다.

위상각은 식 (10−38)처럼 다시 쓸 수 있다.

$$\Phi = -\arctan\frac{f}{f_c} \tag{10-38}$$

$f/f_c = 0.1$이면 위상각으로 $\Phi = -\arctan\dfrac{f}{f_c} = -\arctan 0.1 \cong -6^\circ$가 구해진다.

$f/f_c = 1$이면 위상각으로 $\Phi = -\arctan\dfrac{f}{f_c} = -\arctan 1 \cong -45^\circ$가 구해진다.

$f/f_c 8 = 10$이면 위상각으로 $\Phi = -\arctan\dfrac{f}{f_c} = -\arctan 0.1 \cong -84^\circ$가 구해진다.

그림 10−25는 주파수에 따라서 변하는 위상 지연회로의 위상각이 어떻게 변화하는가를 표시하고 있다. 아주 낮은 주파수에서는 위상각이 0°이다. $f/f_c = 0.1$이면 위상각은 −6°, 입력 주파수와 차단 주파수가 같으면 위상각은 −45°가 된다. 입력 주파수가 임계 주

파수(차단 주파수)의 10배이면 위상각은 −84°가 된다. 주파수가 더욱 변하게 되면 제한 각도가 −90°이기 때문에 변화량은 아주 작아진다. 그림 10−25에서 보다시피 위상 지연 회로의 위상각은 0°에서 −90° 사이에 있으며, 이것은 출력 전압의 위상이 입력 전압보다 늦어진다는 것을 의미한다.

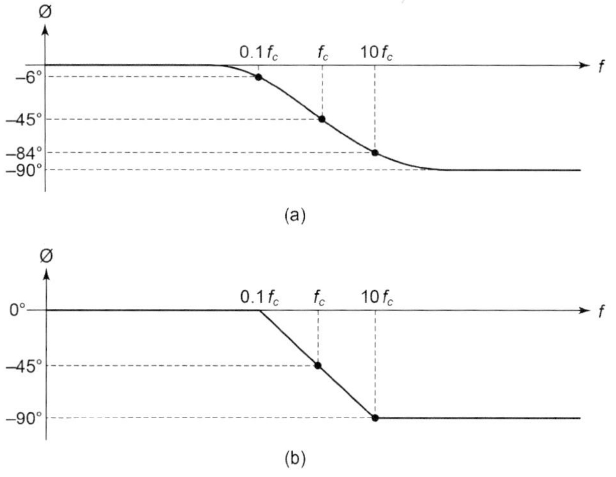

그림 10−25 위상 지연회로의 위상각의 보드선도 (a) 정확한 경우 (b) 이상적인 경우

그림 10−25에 표시된 그래프를 위상각의 보드선도라고 부른다. 입력 주파수가 $f/f_c = 0.1$이면 위상각은 −6°가 되고, 입력 주파수가 $10f_c$일 때는 −84°가 된다는 것은 이미 알고 있으며, 이런 사실들은 위상각이 자신의 제한값인 −90°까지 어떻게 접근하는지를 표시하고 있다. 그림 10−25(b)의 이상적인 보드 선도는 그림 10−25(a)에 표시된 그래프보다 더 유용하게 사용되며 다음과 같은 개념을 강조하고 있다.

1. $f = 0.1f_c$일 때 위상각은 거의 0°이다.
2. $f = f_c$일 때 위상각은 −45°이다.
3. $f = 10f_c$일 때 위상각은 거의 −90°이다.

위상각의 보드선도를 다른 방법으로 요약하면 다음과 같다. 차단 주파수에서의 위상각은 −45°이고, 차단 주파수의 1/10배에서는 거의 0°이며 차단 주파수의 10배에서는 위상각은 거의 −90°이다.

10-9-2 위상 선행회로

위상 선행회로의 해석은 위상 지연회로의 해석과 거의 유사하다. 데시벨 전압 이득은 식 (10-39)처럼 표시된다.

$$A' = 20\log\frac{1}{\sqrt{1+(\frac{f_c}{f})^2}} \tag{10-39}$$

여기서 A'는 위상 선행회로의 데시벨 전압 이득, f_c는 차단 주파수, f는 입력 주파수를 의미한다. 위상각은 $\Phi = \arctan\frac{f_c}{f}$ 로 표시된다. 위상각은 위상 지연회로와 비교하면 역대칭인 것을 알 수 있다. 그림 10-26에는 위상각과 데시벨 전압 이득의 이상적인 보드선도가 표시되어있다. 차단 주파수 아래서 데시벨 전압 이득은 decade당 20 dB의 비율로 감소하고 있다. 이것은 옥타브당 6 dB의 감소와 등가이다. 위상각은 0°에서 90° 사이에 있으며, 이것은 출력의 위상이 입력보다 앞선다는 것을 의미한다.

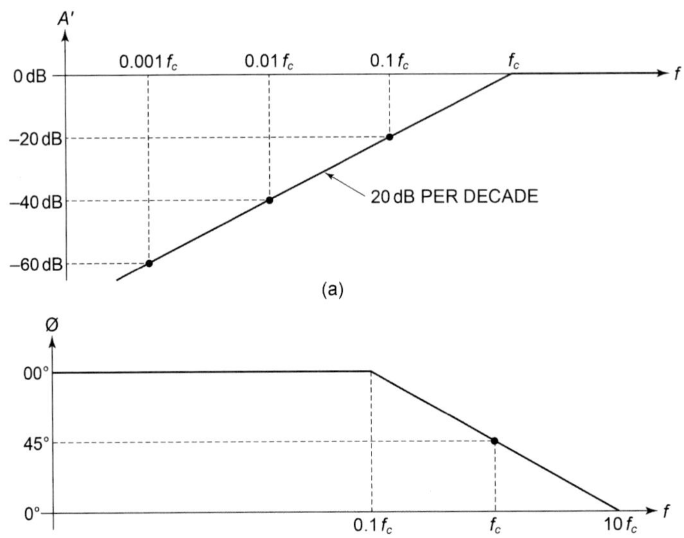

그림 10-26 보드선도 (a) 데시벨 전압 이득 (b) 위상각

CHAPTER

10 기초문제

1. decade란 무엇인가?

2. octave란 무엇인가?

3. 이득의 데시벨 정의는 어떻게 정의되는가?

4. A가 10배씩 증가할 때, A_{dB}는 얼마나 증가하는가?

5. $A_{dB}=0$ dB일 때 동작 이득은 얼마인가?

6. 우리는 보드선도에서 3-dB 주파수와 대역폭을 어떻게 찾을 수 있는가?

7. (a) 25 kHz보다 1decade 위의 주파수는 얼마인가? (b) 25 kHz보다 1decade 아래의 주파수는 얼마인가? (c) 25 kHz보다 2decade 위의 주파수는 얼마인가?

8. (a) 440 Hz의 한 Octave 위의 주파수는 얼마인가? (b) 20 kHz보다 한 Octave 아래의 주파수는 얼마인가? (c) 440 Hz의 2Octave 위의 주파수는 얼마인가?

9. 다음의 대수적 표현을 계산하시오.

(a) $\log_{10} 0.004$ (b) $\log_{10} 250{,}000$ (c) $\log_{10}(0.08)(240)$ (d) $\log_{10} \dfrac{1 \times 10^{4}}{1 \times 10^{-4}}$ (e) $\log_{10} 10^{4}$

CHAPTER 10 연습문제

1. 그림 10–27에서 β =175라고 가정하고 입력 위상 선행회로와 출력 위상 선행회로의 차단 주파수는 얼마인지 구하시오(바이패스 커패시터는 무시하라).

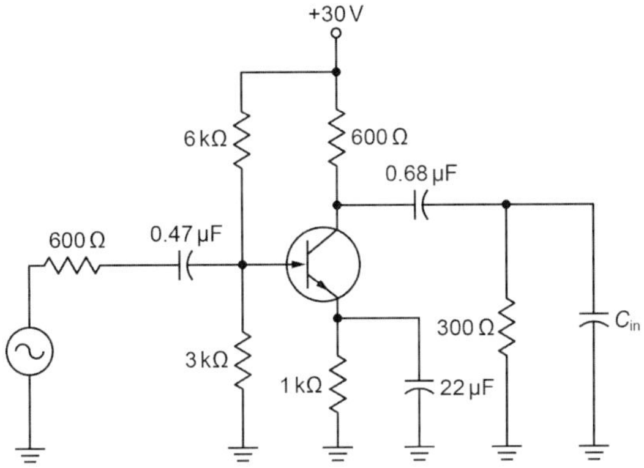

그림 10–27

2. 그림 10–5에서 제네레이터 저항이 3.6 kΩ에서 1 kΩ으로 변화된다. β =120이라고 가정하면 출력 위상 선행회로와 입력 위상 선행회로의 차단 주파수는 얼마인가?

3. 그림 10–28에 표시된 소스 바이패스 회로의 차단 주파수는 얼마인가?

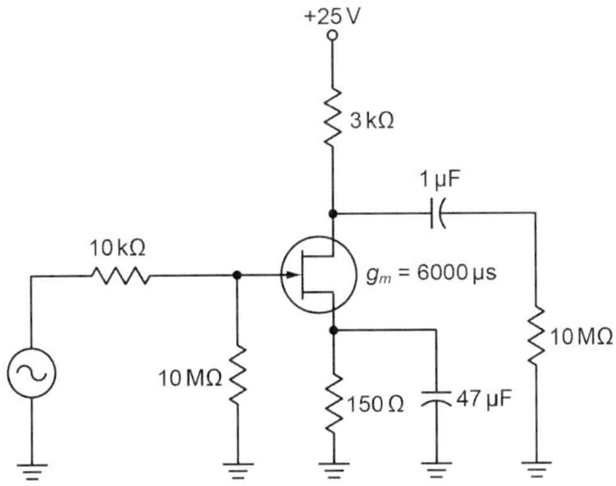

그림 10–28

4. 그림 10–29(b)에 표시된 FET가 5000 μ S의 g_m을 갖는다. 만약 R_D가 5 kΩ이라고 가정하면 입력 주파수 10 kHz일 때 전압 이득은 얼마인가? 차단 주파수는 얼마인가?

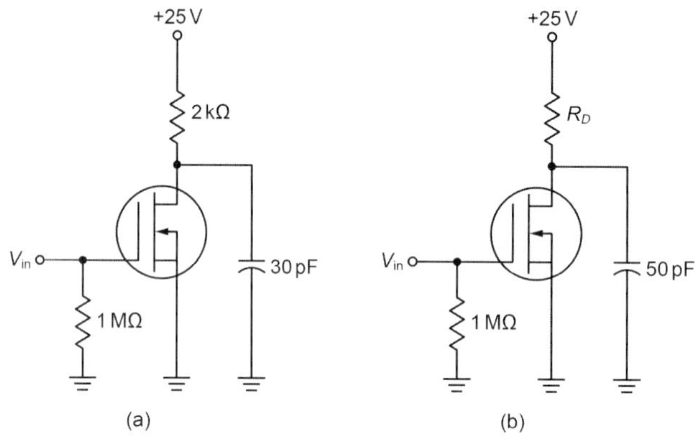

그림 10–29

5. 그림 10–28에 표시된 FET가 $C_{gs} = 6$ pF, $C_{gd} = 4$ pF, $C_{ds} = 1$ pF을 갖는다. 게이트 위상 지연회로와 드레인 위상 지연회로의 차단 주파수를 계산하시오.

6. 2N3330은 250 MHz의 f_T와 50 mA의 I_E를 갖는다고 가정하면 이미터 전류의 C_c'는 얼마인가?

7. 그림 10–27에 표시된 회로에서 트랜지스터가 $r_b' = 75\ \Omega$, β =20, $r_c' = 1\ \Omega$, f_T = 200 MHz, $C_c' = 2$ pF, $C_{in} = 100$ pF을 갖는다. 베이스 위상 지연회로의 차단 주파수는 얼마인가?

8. 54 dBm은 얼마의 전력을 표시하는가?

9. 그림 10-30에 표시된 전압 이득이 2번 꺾어지고 10 kHz이상에서는 decade당 -40 dB의 비율로 감소한다. 100 kHz에서의 데시벨 전압 이득은 얼마인가? 1 MHz에서의 데시벨 이득은 얼마인가?

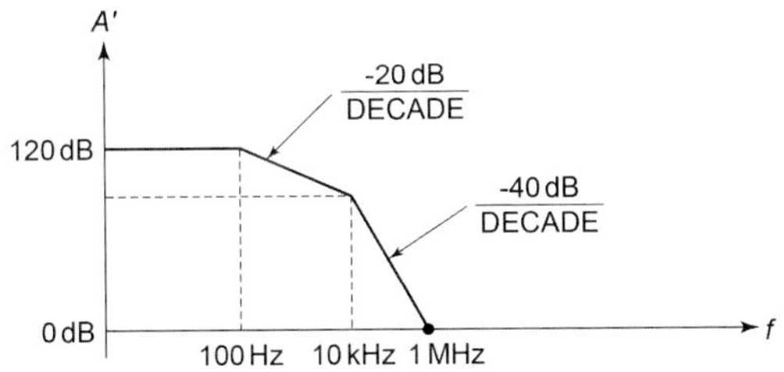

그림 10-30

10. 인가된 신호가 2 mW이고, 출력전압이 1.2 V인 시스템의 데시벨 전압 이득을 구하시오.

11. 어떤 시스템이 36 dB의 전압 이득을 가진다면, 출력 전압이 6.8 V일 때 인가된 전압을 구하시오.

12. 그림 10-31에 표시된 주파수 응답 곡선을 이용해서 증폭기 회로의 대역폭을 결정하시오.

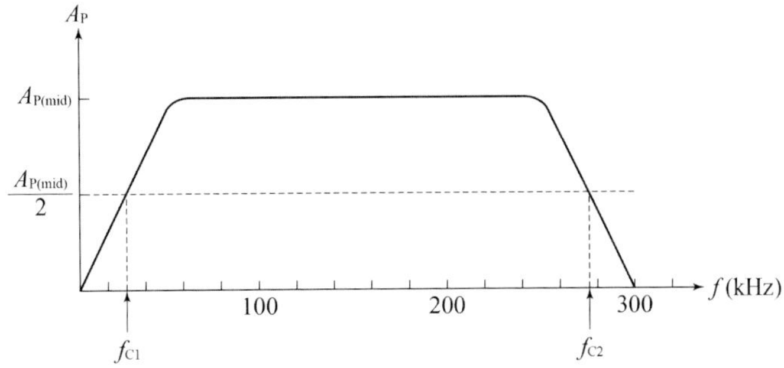

그림 10-31

13. 주어진 증폭기가 $P_{in} = 100\ \mu\text{W}$, $P_{out} = 2\ \text{W}$를 가진다고 가정하고 증폭기의 데시벨 전력 이득을 구하시오.

14. 그림 10-32에 표시된 다단 증폭기의 전체 전력 이득이

$$A_{p1(dB)} + A_{p2(dB)} + A_{p3(dB)}$$

와 같음을 보이시오.

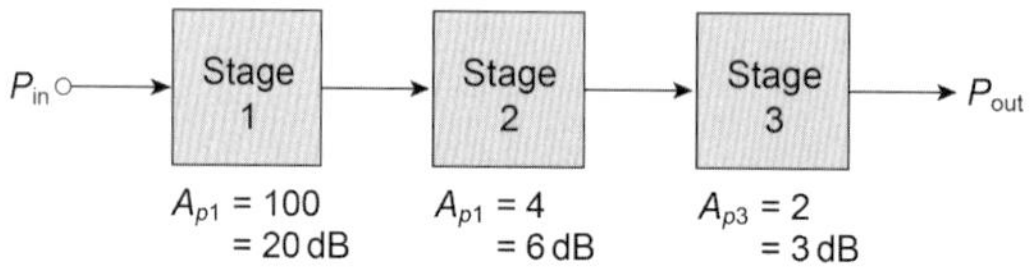

그림 10-32

15. 그림 10-33에 표시된 회로에서 베이스 회로의 하한 주파수 f_{1B}의 값을 결정하시오.

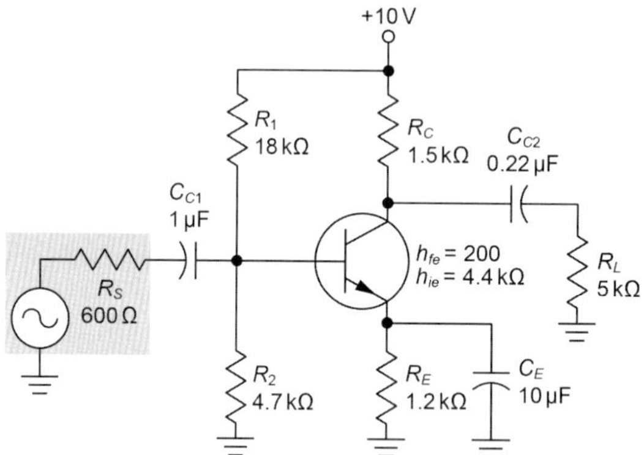

그림 10-33

16. 그림 10–34(a)에 표시된 회로를 해석하고 밀러의 입력 커패시턴스와 출력 커패시턴스를 구하시오.

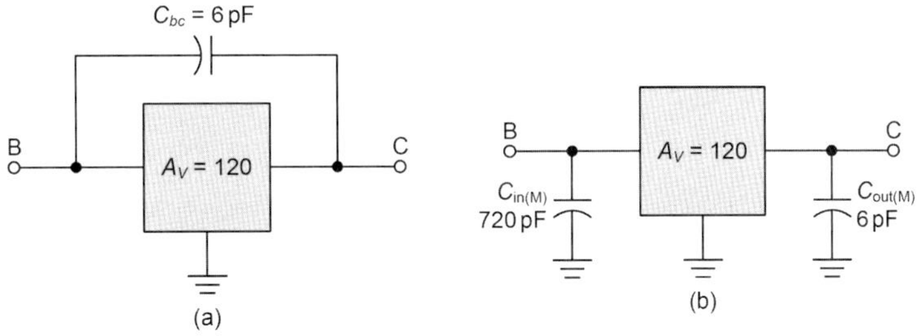

그림 10–34

CHAPTER 11

연산증폭기

연산증폭기는 1940년대 초반에 아날로그 컴퓨터에 사용되던 진공관 회로를 초기화시킨 것이다. 연산증폭기 혹은 op 앰프라는 이름은 수학적으로 연산을 수행하는 고이득 직류 증폭기에 사용되기 때문에 선택된 것이다. 이런 초기의 회로들은 아주 비싸고 부피가 큰 결함을 가지고 있었으며, 텍사스 인스트루먼트사의 킬비에 의해서 반도체 집적회로가 개발될 때까지 아주 적은 응용 분야에서만 사용되었다. 100개의 개별소자 혹은 이산소자가 필요했던 회로는 이제 한 개의 IC(집적회로)로 집적되기 때문에 장비는 더욱 소형화되고, 에너지를 효율적으로 사용하며, 값싸지고, 설계와 고장진단이 용이하게 된다. 오늘날 IC 연산증폭기는 아주 높은 이득을 갖는 직류 증폭기로 다른 외부 소자를 연결함으로써 동작 특성을 변경 시킬 수 있다. 이것이 연산증폭기를 아주 다양하게 만들고 이런 다양성은 연산증폭기를 선형 IC 중에서 가장 널리 사용하게 만들었다.

11-1 Op-Amp의 개관

op-amp는 높은 입력 임피던스와 낮은 출력 임피던스를 갖는 높은 이득을 가진 직류 증폭기이다. 일반적으로 사용되는 741 연산증폭기의 내부 회로, 회로기호, 단자 번호가 그림 11-1에 표시되어 있다.

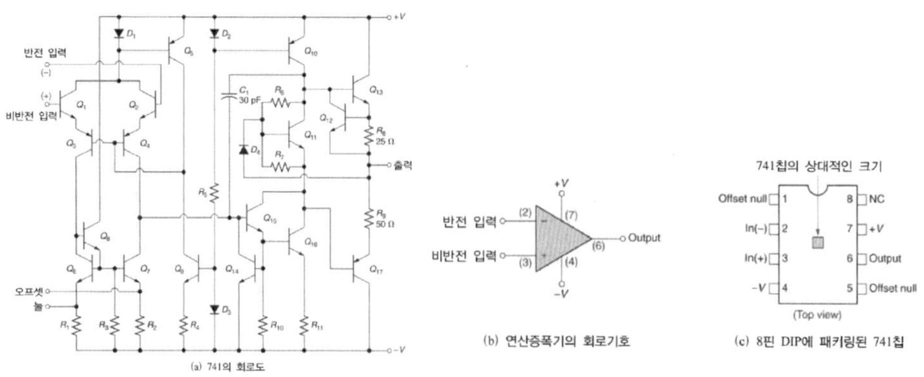

(a) 741의 회로도 (b) 연산증폭기의 회로기호 (c) 8핀 DIP에 패키링된 741칩

그림 11-1 741 연산증폭기

op-amp의 신호 입력은 반전(inverting) 및 비반전(noninverting) 단자로 표시된다. 증폭기의 입력은 이들 두 단자 중의 한 단자에 가해진다. 다른 입력 단자는 항상 소자의 동작 특성을 조정하기 위해서 연결되기 때문에 어느 입력 단자가 실제 입력으로 사용되었는가에 따라서 회로의 동작이 결정된다.

op-amp는 +V와 −V로 표시된 두 개의 직류 전원공급 단자를 가진다. 이들 두 공급 단자는 그림 11−2에 표시된 것처럼 두 가지 방법 중 한 가지로 연결된다. 한 가지 방법은 그림 11−2(a)에 표시된 것처럼 서로 다른 극성을 가진 동일한 크기의 전압인 +V와 −V를 사용하는 것이다. 다른 방법은 그림 11−2(b)에 표시된 것처럼 한 개의 단자는 접지시키고 다른 단자는 한 개의 공급 전원을 사용하는 것이다. 이들 두 단자의 연결 방법은 어떠한 응용에 사용되는가에 따라서 결정된다. 신호 입력 핀의 경우처럼 공급 전원이 연결되는 핀의 배선은 응용분야에 의해서 결정된다.

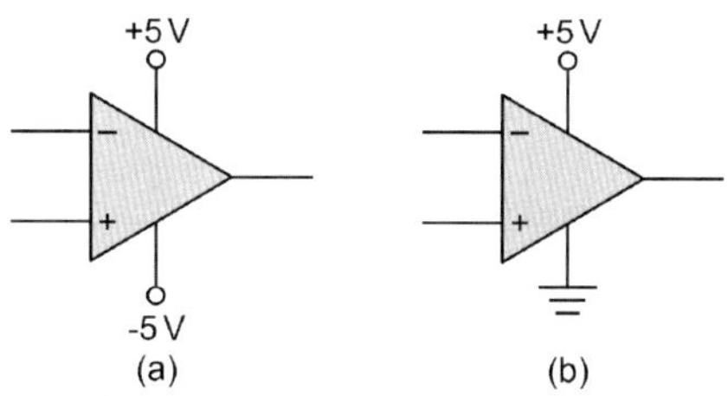

그림 11−2 연산증폭기의 공급 전압

11−1−1 연산증폭기의 식별

많은 op-amp들은 그림 11−3에 표시된 것처럼 7개의 문자 ID 코드를 사용해서 식별된다. 접두(prefix) 문자는 제조회사를 나타낸다. 지시문자(designator)는 특수한 op-amp 종류를 표시하는 숫자와 동작 온도 범위를 표시하는 문자로 구성된다. 마지막으로 접미(suffix) 문자는 패키지의 형태를 구분하는 데 이용된다. 그림 11−4에는 제조업체, 온도 범위, 패키지 코드가 표시되어 있다.

접두문자	지시문자	접미문자
MC	741C	N

그림 11−3 연산증폭기 식별코드

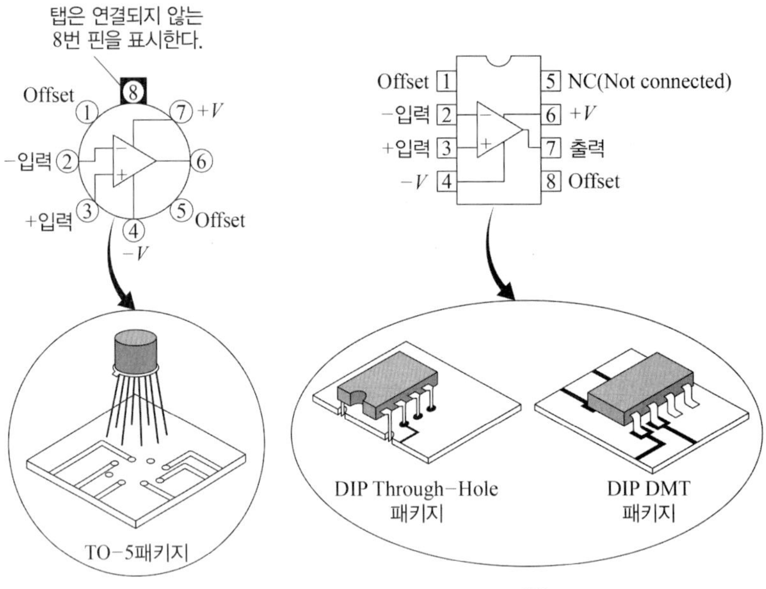

(a) (b)

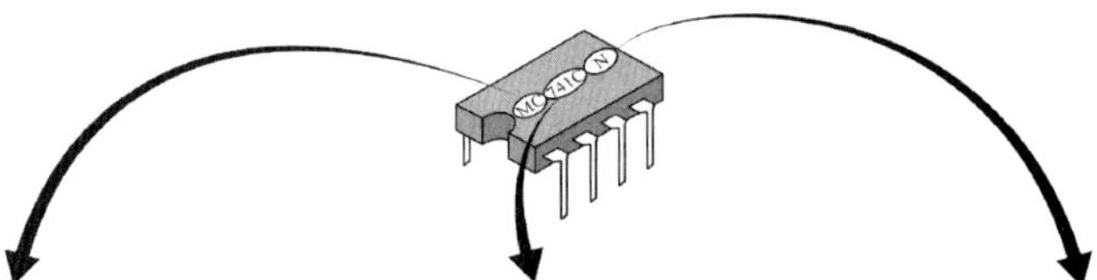

Prefix	제 조 업 체
AD	Analog Devices
CA, CD	RCA
LF, LM, LP	Lational Semiconductor
MC	Motorola
NE/SE	Signetics
OP	Precision Monolithics
RC, RM	Raytheon
SG	Silicon General
SN	Texas Instruments
MA, NE	Fairchild(now a division of National Semiconductor)
ICL, IOM,	Intersil
HA	Harris Semiconductor

3−디지트 코드	마지막 문자
Op 앰프의 종류 표시	동장 온도범위 표시 C=상업용 0°C에서 70°C I=산업용 −25°C에서 85°C M=군사용 −55°C에서 125°C

Sutfix Code
패키지 형태 표시 D=플라스틱 DIP J=세라믹 DIP N=긴 단자를 갖는 플라스틱 DIP

그림 11−4 연산증폭기 패키지의 형태와 인식코드

연산증폭기는 그림 11−4(a)와 (b)에 표시된 것처럼 두 개의 패키지 중 한가 지 속에 배치된다. TO−5 금속 캔 패키지는 8, 10, 12단자를 가질 수 있는데 dual in−line 스루우홀 패키지와 표면실장(surface−mount)형 패키지는 일반적으로 8핀이나 14핀을 갖는다. IC처럼 인식코드(identification code)가 소자의 제조업체, 소자형태, 중요 특성을 표시하기 위해서 사용된다.

그림 11-4(c)는 더욱 공통적인 제조업체의 prefix코드, 동작 온도 코드, 패키지 코드를 설명하고 있다. "MC741CN" 코드는 모토로라사(현재는 ON semiconductor로 명칭 변경되었음)에서 제조되는 741 연산증폭기라는 것을 표시한다. 일반적인 응용회로에서 허용되는 온도 범위는 0℃에서 70℃이고 패키지는 긴 단자를 갖는 스루우홀 DIP이다. 그림 11-4(a)와 (b)에 표시된 IC 패키지를 참조하면 두 개의 입력, 한 개의 출력, 두 개의 전원 공급 단자, off set이라고 표시된 두 개의 밸런스(balance) 단자가 부가된 것을 확인할 수 있다. 이런 두 개의 입력은 반전과 비반전 입력이 0 V일 때 출력을 0 V로 설정되도록 전위차계를 조정하도록 연결된다. 이런 방식에 의한 연산증폭기의 밸런싱은 일반적으로 연산증폭기의 내부 회로 내의 언밸런스에 의해서 필요로 한다.

11-1-2 연산증폭기의 동작 특성

앞에서도 언급한 바처럼 연산증폭기에는 3가지의 증폭기 회로가 포함된다. 이런 3가지의 회로는 모두 내부적으로 연결되고 단일 IC속에 포함된다. 그림 11-5(a)에 표시된 연산증폭기의 블록도를 참조하면 3가지의 회로가 차동 증폭기, 전압 증폭기, 출력 증폭기로 구성된다는 것을 확인할 수 있다. 이런 3가지의 회로가 결합되어 연산증폭기는 높은 이득, 높은 입력 임피던스, 낮은 출력 임피던스라는 중요한 특성을 제공하게 된다. 연산증폭기의 특성은 그들의 기능이 연결되기 때문에 결정된다. 따라서 각각의 특성을 간략하게 알아볼 필요가 있다.

연산증폭기 내부의 차동 증폭기는 자신의 차동 입력과 단일 출력 모드에서 동작하도록 연결된다. 이런 모드에서의 차동 증폭기의 동작은 그림 11-5(b)에 표시되어 있다. 그림 11-5(b)에 표시된 파형처럼 두 입력 신호의 진폭이 일치하고 동위상일 때 공통 모드 입력 신호로 간주된다. 그림 11-5(b)에 표시된 파형처럼 입력 신호가 서로 다른 위상을 갖는다면 그들은 차동 모드 입력 신호로 간주된다. 차동 증폭기는 공통 모드 입력 신호는 제거시키는 반면 차동 입력은 증폭시킨다. 이런 증폭단에서, 공통 모드 입력 신호들이 어떻게 제거되는지, 왜 그들이 제거되어야 하는지 의문을 가질 수도 있다. 이는 온도 변화와 잡음은 공통 모드 신호로 원하지 않는 신호이기 때문이다. 공통 모드 신호에 대해서 더 자세히 알아보도록 하자.

▣ 전자장비 내에서의 온도 변화는 반도체 물질의 동작에 영향을 미치게 된다. 따라서 반도체 소자의 동작에도 영향을 미치게 된다. 이런 온도 변화는 첫 번째 증폭단의 직류 출력 전압을 자신의 정상적인 동작점(Q)에서 표류(drift)시키기 때문이다. 두 번째 증폭단의 증폭기는 이런 전압의 변화를 직류 입력 신호 전압과 동일한 방식으로 증폭시키고 다음 증폭단에서도 동일하게 동작된다. 모든 증폭기에서 정상적인 동작점 바이어스의 증가와 감소는 이런 온도 불안정을 더욱 심화시키게 된다.

그리고 첫 번째 증폭단의 Q점이 자신의 중간점으로부터 너무 멀어지면서 입력 신호가 차단이나 포화의 형태로 구동될 수 있기 때문에 왜곡을 발생시키게 된다. 그러나 차동 증폭기를 사용하게 되면 양쪽 증폭기에 온도 변화에 기인되는 변화가 발생되어도 공통 모드가 제거되기 때문에 차동 증폭기의 출력에는 나타나지 않는다.

▣ 두 번째의 공통 모드 입력 신호는 차동 증폭기에서 잡음으로 제거된다. 간혹 마이크로폰, 광 감지기, 다른 트랜스듀서 등과 같은 저감도 전원으로부터 저레벨 신호를 증폭하는 것이 필요하다. 고이득 증폭기는 이런 적은 입력 신호를 라우드 스피커와 같은 부하를 제어하거나 구동하기에 충분한 크기로 사용할 수 있는 유용한 레벨로 증가시키기 위해서 사용된다. 60 Hz의 교류 전력선이나 기타 전기적인 변화는 고이득 증폭기의 입력에서 입력 신호를 따라서 잡음을 유도시킨다. 이런 잡음 신호는 회로의 모든 점에서 유도된다. 그리고 진폭과 위상이 동일하기 때문에, 이런 잡음 신호가 차동 증폭기의 양쪽 입력으로 존재하게 되면 차동 증폭기는 이런 원하지 않는 신호들을 제 시킨다. 진짜 입력 신호들은 차동 증폭기의 입력으로 차동 증폭기의 두 입력에 나타나게 되고 증폭된다.

그림 11-5(a)에 표시된 것처럼 op-amp의 입력 단은 차동 증폭기(differential amplifier)로 구성된다. 이런 회로는 입력 V_1과 V_2 사이의 차에 해당되는 전위차를 증폭한다. 그림 11-6에 표시된 것처럼 입력 단자 양단에서 전위차 V_{diff}로 나타나는 V_1과 V_2 사이의 차에 해당되는 크기는 식 (11-1)처럼 표시된다.

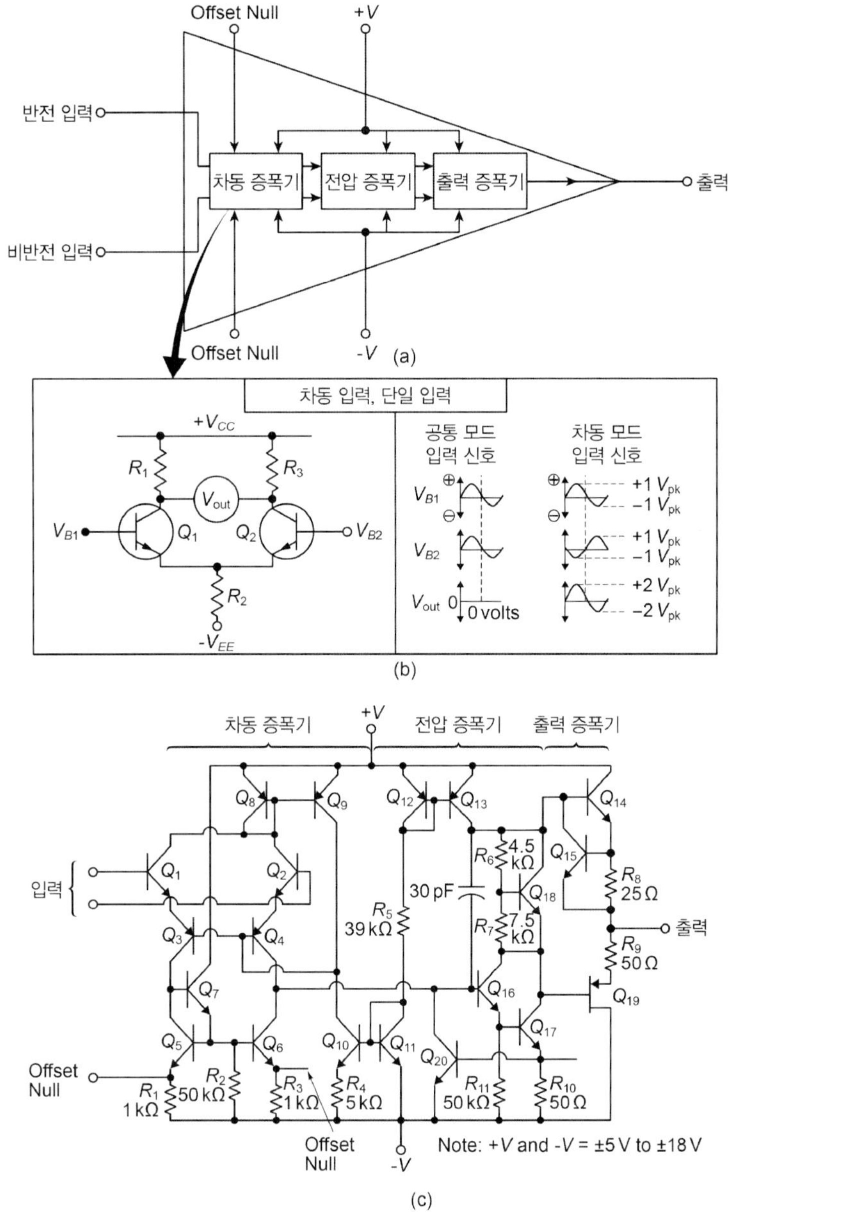

그림 11-5 연산증폭기의 내부 회로 (a) 블록 다이어그램 (b) 차동 증폭기 동작 (c) 회로도

$$V_{diff} = V_2 - V_1 \tag{11-1}$$

여기서 V_{diff} = 증폭될 차동 전압, V_1 = 반전 입력 단자에 인가되는 전압, V_2 = 비반전 입력 단자에 인가되는 전압을 의미한다.

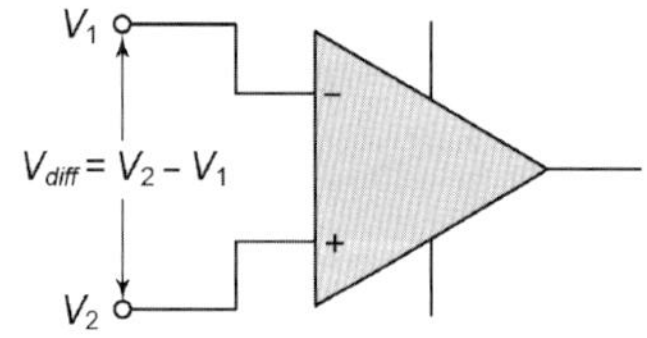

그림 11-6 연산증폭기의 신호 입력

이런 관계식은 회로가 자신의 두 입력 단자 사이의 차이 값을 증폭한다는 사실을 표시하고 있다. 입력 단자 쌍에 대한 증폭기로부터의 출력은 증폭기의 이득(gain), V_1과 V_2 사이의 극성 관계, 공급 전압의 값 즉, +V 및 −V, 부하 저항의 영향을 받는다.

11-1-3 Op-Amp 전압 이득

주어진 op-amp의 최대한 가능한 이득을 자신의 개 루프(open loop) 전압 이득 A_{OL}이라고 정의한다. A_{OL}의 크기는 일반적으로 10,000보다 크다. 예를 들면, Fairchild사의 μA741은 전형적으로 200,000 크기의 개 루프 전압 이득을 가진다. 개 루프라는 용어는 회로가 출력에서부터 입력으로 귀환 경로가 없는 상태를 의미한다. 귀환 경로는 출력 신호의 일부분을 거꾸로 입력에 공급하는 데 사용되는 통로를 의미한다.

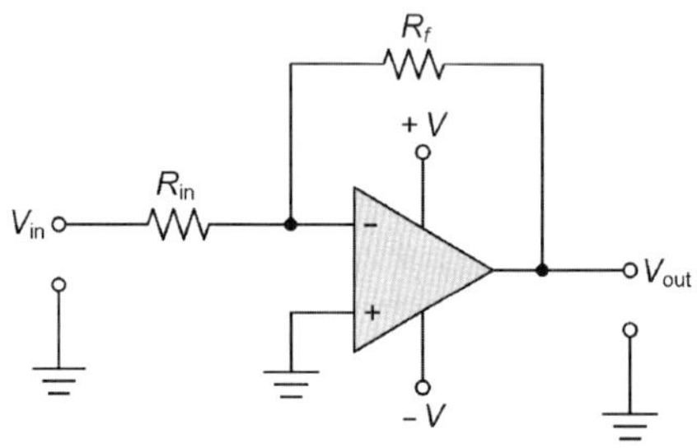

그림 11-7 연산증폭기의 귀환 경로

Op-amp 회로는 일반적으로 한 개 이상의 귀환 경로를 가진다. 그림 11-7에서 R_f를 포함하는 회로가 귀환 경로이다. 출력 신호의 일부분이 입력으로 귀환될 때 op-amp의 이득은 감소한다. 특정 회로들을 망라함으로써 각 회로의 이득이 어떻게 결정되는지를 알 수 있다.

11-1-4 Op-Amp 입력/출력 극성

op-amp 입력 V_1과 V_2 사이의 극성 관계는 op-amp 출력 전압이 +V 혹은 −V로 스윙되는 진폭을 결정한다. 비반전 입력 V_2가 두 입력 전압보다 더 positive 값이라면, op-amp 출력은 그림 11-8(a)에 표시된 것처럼 +V 방향으로 스윙한다. 만약 반전 입력 V_1이 두 입력 전압보다 더 positive 값이라면 op-amp 출력은 그림 11-8(b)에 표시된 것처럼 −V 방향으로 스윙한다.

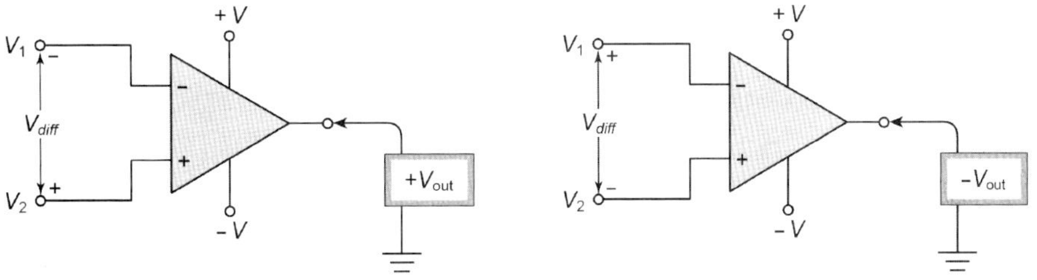

그림 11-8 연산 증폭기의 입력 극성

그림 11-9에는 몇 가지 입력이 조합된 예를 표시하고 있다. 그림 11-9 (a)에서 (+) 입력이 두 값 중에서 더 positive로 되기 때문에 출력이 positive이다. 11-9(b)에서는 (−) 입력이 두 값 중에서 더 positive로 되기 때문에 출력이 negative로 나타난다. 그림 11-9(c)에서 (+) 입력이 두 값 중에서 더 positive(적은 negative)로 되기 때문에 출력이 positive이다. 11-9(d)에서 (−) 입력이 두 값 중에서 더 positive(적은 negative)로 되기 때문에 출력이 negative로나타난다. 이런 관계식에서 설명되는 것처럼 출력의 극성은 접지에 대한 극성에 관계되는 것이 아니라 V_1과 V_2 자신들의 극성에 의해서 결정된다.

회로 11-9(e)는 비반전 (+)입력이 접지되고 신호가 (−)입력에 인가되는 것을 보여준다. V_1이 접지보다 더 positive 값이면 (−) 입력전 압이 두 전압 보다 더욱 positive로 되고 출력은 negative로 나타난다. V_1이 접지보다 더 negative 값이면 (+) 입력 전압이 두 전압보다 더욱 positive로 되고 출력은 positive로 된다. op-amp 입력과 출력 신호 간에 발생하는 180 위상 변화를 주목하라. 이런 이유로 반전 입력이라는 용이를 사용한다. 회로 11-9(f)에 대해서 동일한 추론을 해보면 왜 (+)입력이 비반전 입력인지를 알 수 있다.

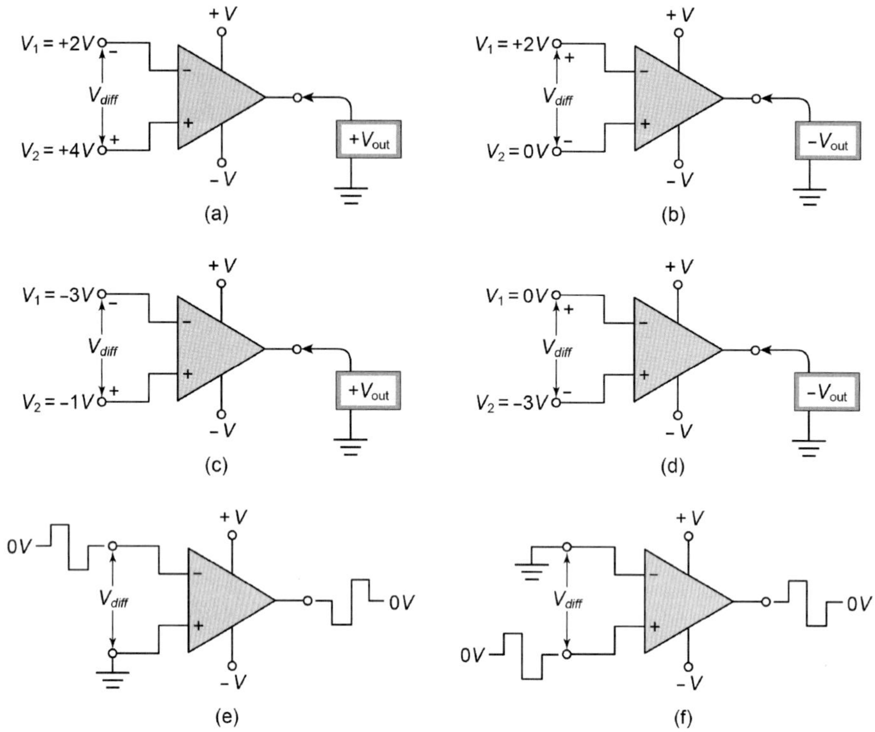

그림 11-9 입출력 극성 관계

주어진 입력 전압에서 op-amp 출력 전압의 극성을 결정하는 데 사용되는 다른 방법이 있다. 입력 차이 전압을 정의한 식 (11-1)을 상기해보면 $V_{diff} = V_2 - V_1$과 같다. 이 식의 결과가 positive 값일 때 op-amp의 출력 전압은 positive 값이 된다. 이 식의 결과가 negative 값일 때 op-amp의 출력 전압은 negative 값이 된다.

예제 11-1

식 (11-1)을 사용하고 그림 11-9(a)와 (b)에 표시된 회로의 출력 전압 극성을 결정하시오.

(풀이) 회로(a)에서 출력 전압은 2 V이다.

$$V_{diff} = V_2 - V_1 = 4V - 2V = 2V$$

V_{diff}가 positive 값이므로 op-amp의 출력 전압은 positive 값이 된다.

회로(b)에서 출력 전압은 -2 V이다.

$$V_{diff} = V_2 - V_1 = 0V - 2V = -2V$$

V_{diff}가 negative 값이므로 op-amp의 출력 전압은 negative 값이 된다.

op-amp와 관련된 회로나 시스템의 회로 기호도를 분석할 때는 관측법이 사용하기 더 쉬운데 그 이유는 정확한 전압값을 결정할 필요가 없기 때문이다. 단지 입력 전압들 사이의 극성 관계만 빨리 알 필요가 있으며 이를 이용해 출력 전압 극성을 예측하거나 관측할 수 있다. 이제까지 op-amp의 출력상에 +V 및 −V의 효과를 고려하지 않고 문제를 단순화하였다. 이미 앞에서 언급한 것처럼 이들 공급 단자는 다른 값으로 정해질 수 있다. 이제는 op-amp로부터 출력 전압에서의 +V 및 −V의 효과를 고려하기로 한다.

11-1-5 공급 전압의 역할

공급 전압(+V 와 −V)은 출력 전압에서의 진폭의 한계를 결정한다. 이득과 입력 신호의 크기가 어떻게 되든지 간에 출력은 +V 혹은 −V보다 약간 작은 어떤 값을 초과할 수 없다. 예를 들어서 그림 11-10에 표시된 회로를 고찰해 보자. 회로(a)는 ±5V의 공급 전압을 가진다. 출력은 +V와 −V 사이에 최대로 변화할 수 있다고 가정하면 출력은 +5 V보다 더 큰 positive 전압 혹은 −5 V보다 낮은 negative 전압으로는 될 수 없다. 회로 (b)는 출력은 positive 변화에서 +5 V로 제한되고, negative의 변화에서 0 V에서 제한된다.

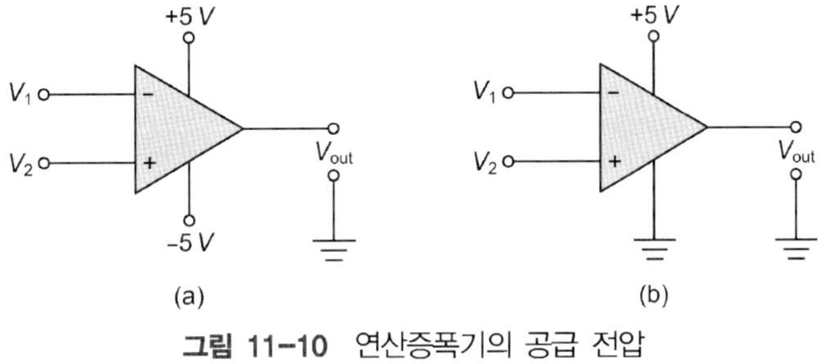

그림 11-10 연산증폭기의 공급 전압

실제로 출력의 최댓값은 +V 혹은 −V에 도달할 수 없다. 그 이유는 op-amp 출력회로에서의 소자 양단에 얼마간의 전압이 강하되기 때문이다. V_{out} 실제 제한값은 사용된 op-amp와 부하 저항의 값에 영향을 받는다. 예를 들면 μA741 op-amp에 대한 스펙에는 다음 값이 표시되어 있다.

변수	조건	전형적인 값
출력 전압의 진폭	$R_L \geq 10\ \text{k}\Omega$	±14 V
	$R_L \geq 2\ \text{k}\Omega$	±13 V

부하 저항이 2 kΩ 이하가 되면 그림 11-11(a)에 표시된 그래프가 출력 전압을 제한하는 크기를 결정하기 위해서 사용된다. 특성 곡선에서 출력 전압은 피크-피크 값으로 주어진다. 부하 저항이 200 Ω이면 ±5 V 혹은 피크-피크 전압으로는 10 V 출력값으로 제한된다. 그림 11-11(a)에 표시된 그래프가 ±15 V인 공급 전압을 가진다고 가정할 수 있다. 만약 공급 전원 전압이 ±15 V가 아닌 경우의 최대 출력 전압 진폭은 그림 11-11(b)에 표시된 그래프를 사용해서 출력 전압을 제한할 수 있다. 일반적으로 다음과 같은 특성 곡선은 μA741 op-amp에 적용된다.

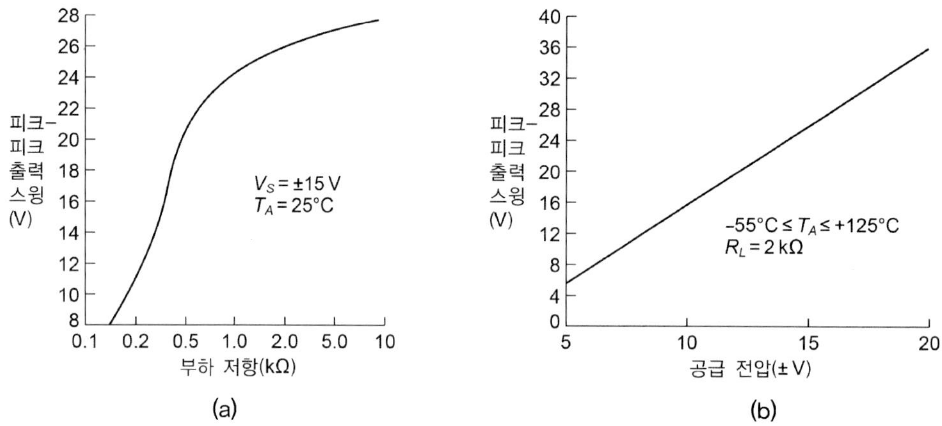

그림 11-11

그림 11-12에 표시된 회로를 해석해 보자. 공급 전압 값은 +10 V와 접지이다. R_L의 크기가 10 kΩ 이상이면 최대 출력 변화는 +9 V에서 +1 V이다. 부하 저항이 2 kΩ에서 10 kΩ 사이의 크기이면 최대 출력 변화는 +8 V에서 +2 V이다.

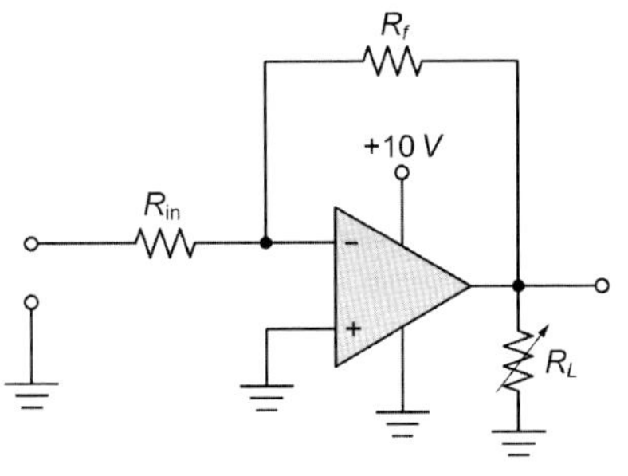

그림 11-12

예제 11-2

그림 11-13에 표시된 회로에서 피크-피크 출력 전압을 결정하시오. 또한 증폭기에서 가능한 최대 출력 크기를 결정하시오. 증폭기의 이득은 150이라고 가정한다.

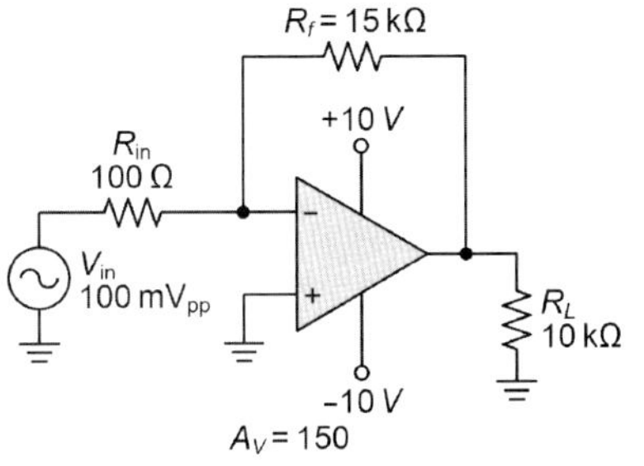

그림 11-13

(풀이) 증폭기 회로에의 비반전 입력이 접지되어 있기 때문에 차이 전압 V_{in}과 등가인 100mV_{pp}이다. 이런 값이 증폭기의 전압 이득으로 증폭된다.

$$V_{out} = A_v \times V_{in} = 150 \times 100m\,V_{pp} = 15\ V_{pp}$$

부하 저항이 10 kΩ이므로 이 장의 앞에서 언급한 741 지침에 의해서 최대로 출력 피크-피크 값을 결정할 수 있다. 따라서 최대의 positive 값과 negative 값은 다음과 같이 구할 수 있다.

$$V_{pk(+)} = (+V) - 1\ \text{V} = +9\ \text{V}(\text{최댓값})$$

$$V_{pk(+)} = (-V) - 1\ \text{V} = -9\ \text{V}(\text{최솟값})$$

예제 11-3

그림 11-14에 표시된 회로에서 대해 최대 허용 가능한 V_{in}을 결정하시오. 증폭기의 이득은 200으로 가정하시오.

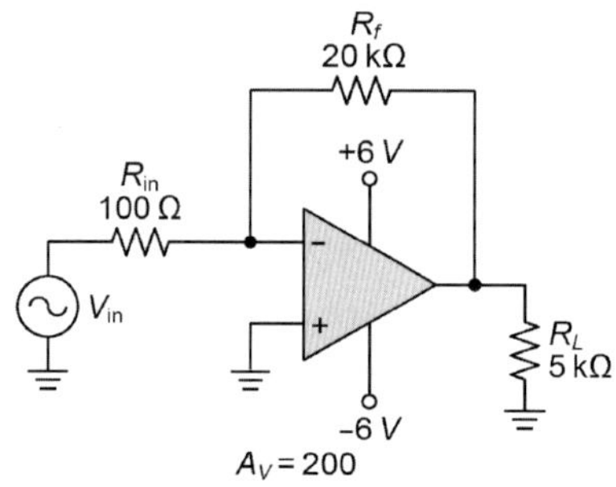

그림 11-14

(풀이) 첫 번째 단계는 최대 허용 가능한 피크 출력 전압 값을 구하는 것이다. 부하 저항이 2 kΩ에서 10 kΩ 사이의 크기이므로 피크 출력 값은 다음과 같이 구해진다.

$$V_{pk(+)} = (+V) - 2\ \text{V} = +4\ \text{V}(\text{최댓값})$$

$$V_{pk(+)} = (-V) - 2\ \text{V} = -4\ \text{V}(\text{최솟값})$$

피크-피크 출력 전압의 최댓값은 이들 두 값의 차이이므로 8 V이다. 이런 값을 증폭기의 이득으로 나누면 최대 허용 가능한 피크 -피크 V_{in}을 다음과 같이 구할 수 있다.

$$V_{in} = \frac{V_{out}}{A_v} = \frac{8V_{pp}}{200} = 40mV_{pp}$$

예제 11-4

그림 11-15에 표시된 회로에서 최대 입력 전압과 출력 전압을 구하시오. 연산증폭기는 그림 11-11에 표시된 것처럼 출력 제한을 갖는다고 가정하시오.

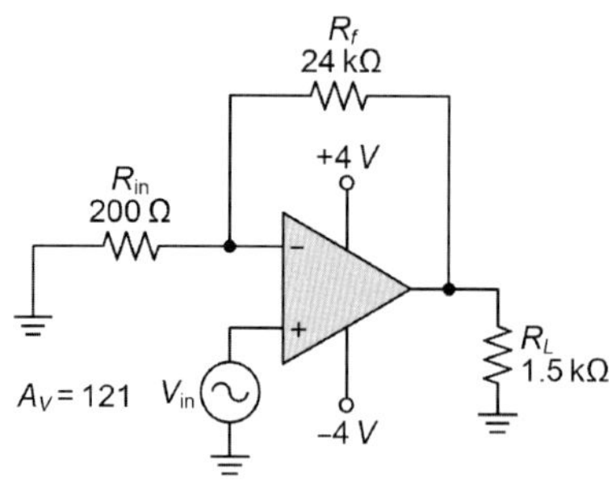

그림 11-15

(풀이) 부하 저항이 2 kΩ 이하의 값이므로 출력 전압 진폭은 부하에 의해 제한받지 않는다. 그림 11-11에 표시된 그래프를 검토해 보면 부하 1.5 kΩ을 가진 최대 가능한 출력 진폭은 ±13 V_{pk}, 즉 26V_{pp}이다. 공급 전압이 이 값보다 작기 때문에 부하는 출력 전압의 진폭에 영향을 미치지 않는

다고 생각할 수 있다. 따라서 부하가 10 kΩ 이하인 조건에 관련된 지침을 이용하여 최대 출력 값을 결정할 수 있다

$$V_{pk(+)} = (+V) - 2\text{ V} = +2\text{ V}(\text{최댓값})$$

$$V_{pk(+)} = (-V) - 2\text{ V} = -2\text{ V}(\text{최솟값})$$

이 회로의 최대 출력은 $4V_{pp}$이다. 이 값을 사용하여 입력 최대 V_{pp}는 $22.06mV_{pp}$로 구해진다.

$$V_{in} = \frac{V_{out}}{A_v} = \frac{4V_{pp}}{121} = 33.1mV_{pp}$$

그림 11-15에 표시된 회로는 비반전 단자에 입력이 가해진 반면 그림 11-13과 그림 11-14에 표시된 회로는 입력이 반전 단자에 인가된다. 그림 11-15와 방금 언급한 다른 두 회로 사이의 중요한 차이는 입력과 출력 사이에 전압의 위상 변화가 없다는 점이다. 그림 11-13과 그림 11-14에 표시된 회로는 입력과 출력 사이에 180° 위상차가 존재한다. 또 다른 차이점은 그림 11-13과 그림 11-14에 표시된 회로의 형태는 공통 이미터 증폭기와 동일하다는 것이다. 이들 회로를 전압분배기로 바이어스된 증폭기와 비교하면 연산증폭기 회로가 보다 적은 소자를 가짐을 알 수 있다. 이 점은 개별소자로 구성된 회로에 비해서 연산증폭기 회로가 가지는 또 다른 장점이다. 연산증폭기 회로는 원하는 동작을 위해 보다 적은 외부 소자로 회로 구성이 가능케 한다.

11-2 차동 증폭기와 연산증폭기의 규격

차동 증폭기는 두 개의 입력값을 받아서 한 개의 출력을 발생시키는 회로로 출력은 이들 입력 사이의 차이에 비례한다. 그림 11-16(a)에 기본적인 차동 증폭기 회로를 표시했다. Q_2의 입력은 비반전 입력(NI)으로 식별되고, Q_1의 입력은 반전 입력(I)으로 식별된다.

그림에서 표시된 접지연결이 고찰의 혼동을 줄 수도 있다.
트랜지스터의 베이스는 접지에 연결될 수도 있고 연결되지 않을 수도 있다.

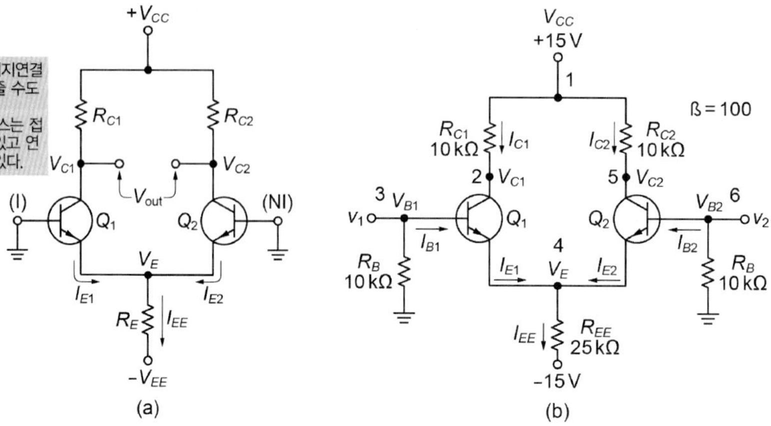

그림 11-16 기본적인 차동 증폭기

그림 11-16(b)는 NPN형 차동 증폭기의 기본적 형태를 표시하고 있다. 이런 회로구조에서 중요한 것은 positive 공급 전원과 negative 공급 전원이 모두 사용된다는 점이다 ($\pm V_{CC}$). (어떤 저자는 negative 전원을 $-V_{EE}$로 표시하기도 한다.) 이런 회로는 역시 대칭적이다. 이미터는 함께 연결되기 때문에 $V_{E1} = V_{E2} = V_E$이다.

두 트랜지스터가 동일하고 대칭 구조를 갖는다고 가정하면

$$I_{E1} = I_{E2},\ V_{C1} = V_{C2},\ I_{C1} = I_{C2},\ I_{B1} = I_{B2}$$

라는 결론을 내릴 수 있다. 이런 대칭성은 직류 바이어스를 간단히 계산할 수 있도록 해준다. 베이스 전류가 매우 작기 때문에 베이스 저항 양단에 걸리는 전압강하는 무시할 수 있다고 간주한다. 따라서 $V_{B1} = V_{B2} \approx 0\ \text{V}$라고 간주할 수 있다. 직류 계산을 위해서 각 트랜지스터의 이미터 다이오드 턴 ON 전압이 0.7 V라고 가정한다.

따라서

$$V_E = V_{B1} - 0.7\ V = V_{B2} - 0.7\ V = 0\ \text{V} - 0.7\ \text{V} = -0.7\ \text{V}$$

이다. 여기서 R_{EE} 양단에 걸리는 전압을 알 수 있다. R_{EE}에 흐르는 전류는

$$I_{EE} = \frac{-0.7\,V - (-V_{CC})}{R_{EE}}$$

로 주어진다. 따라서 $I_{EE} = \dfrac{V_{CC} - 0.7\,V}{R_{EE}}$이고 이런 회로에서는 0.572 mA를 갖는다.

$$I_{EE} = \frac{V_{CC} - 0.7\,V}{R_{EE}} = \frac{15\ \text{V} - 0.7\ \text{V}}{25\ \text{k}\Omega} = 0.572\ mA$$

회로는 대칭이기 때문에 I_{EE}는 Q_1과 Q_2 사이에서 동일한 크기로 분배된다. 따라서

$$I_{E1} = I_{E2} = \frac{I_{EE}}{2}$$

이고

$$I_{E1} = I_{E2} = \frac{I_{EE}}{2} = \frac{0.572\ \text{mA}}{2} = 0.286\ mA$$

가 된다. 만약 양쪽의 트랜지스터가 활성상태라면 $I_{C1} \approx I_{E1} = 0.286\ \text{mA}$이고 $I_{C2} \approx I_{E2} = 0.286\ \text{mA}$이다.

베이스 전류는($\beta = 100$) $I_{B1} = \dfrac{I_{C1}}{\beta} = 2.86\ \mu\text{A}$이고 $I_{B2} = \dfrac{I_{C2}}{\beta} = 2.86\ \mu\text{A}$이다. 이것은 베이스 전류가 무시해도 괜찮을 만큼 작다는 가정을 확증하는 것이다. 각 트랜지스터의 컬렉터 전압을 구하면 $V_{C1} = V_{CC} - I_{C1}R_C$, $V_{C2} = V_{CC} - I_{C2}R_C$이다. 이 회로에서

$$V_{C1} = V_{C2} = 15\ \text{V} - 0.286\ \text{mA} \times 10\ \text{k}\Omega = 12.1\ \text{V}$$

이다. $V_C > V_E$이기 때문에 각 트랜지스터는 활성 상태이다.

예제 11-5

그림 11-17에 표시된 차동 증폭기 회로에서 바이어스 전압과 전류를 구하시오. 트랜지스터 Q_1은 컬렉터 저항을 갖지 않는다고 가정한다.

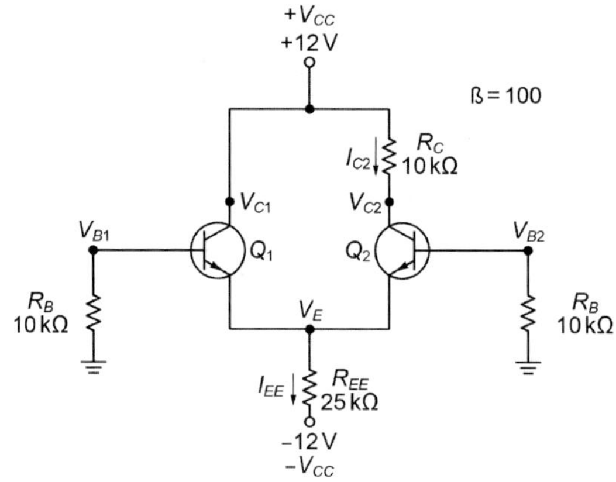

그림 11-17

(풀이) 트랜지스터 Q_1에서 컬렉터 저항이 없다는 사실이 V_{C1}을 계산하는 데 영향을 준다. Q_1과 Q_2의 베이스-이미터 회로가 대칭이기 때문에 $I_{E1} = I_{E2} = \frac{I_{EE}}{2}$라는 것을 알 수 있다. 베이스 전류를 무시하면 양쪽 트랜지스터의 이미터 전압은 $V_E = -0.7\ \text{V}$이고

$$I_{EE} = \frac{V_{CC} - 0.7\ V}{R_{EE}} = \frac{12\ V - 0.7\ V}{25\ k\Omega} = 0.452\ \text{mA}$$

이다.

$$I_{E1} = I_{E2} = \frac{I_{EE}}{2} = 0.226\ \text{mA}$$

이다.

양쪽 트랜지스터가 모두 활성상태라고 가정하면 $I_{C1} \approx I_{E1} = 0.226\ \text{mA}$ 이고 $I_{C2} \approx I_{E2} = 0.226\ \text{mA}$ 이다. 베이스 전류는 $I_{B1} = I_{B2} = 2.26\ \mu\text{A}$이다. 트랜지스터의 상태를 점검하면 컬렉터 전압을 구할 수 있다.

이 회로에서 $V_{C1} = V_{CC} = 12\ \text{V}$이고

$$V_{C2} = V_{CC} - I_{C2}R_C = 12\ \text{V} - 0.226\ \text{mA} \times 10\ \text{k}\Omega = 9.74\ \text{V}$$

이다. $V_C > V_E$이기 때문에 이들 트랜지스터는 모두 활성 상태이다.

예제 11-6

대부분의 차동 증폭기는 실제적으로 그림 11-18에 표시된 것처럼 전류원으로 바이어스된다. 전류원이 직류 전류를 공급하는 것으로 가정하고 바이어스 전류와 전압을 구하시오.

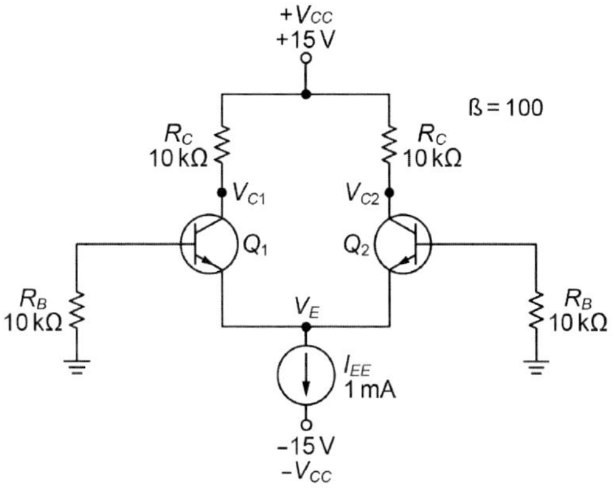

그림 11-18

(풀이) $I_{EE} = 1\ \text{mA}$가 전류원에 의해서 주어진다.

이미터 전압은 아직도 $V_E = -0.7\ \text{V}$이다.

다른 바이어스 레벨은 회로의 대칭성을 이용해서 구한다.

$$I_{E1} = I_{E2} = \frac{I_{EE}}{2} = 0.5\ \text{mA},$$

만약 트랜지스터가 활성 상태라면

$I_{C1} \approx I_{E1} = 0.5\ \text{mA}, I_{C2} \approx I_{E2} = 0.5mA,\ I_{B1} = I_{B2} = 5\ \mu\text{A}$

이다. 컬렉터 전압은 $V_{C1} = V_{C2} = 15\ \text{V} - 0.5\ \text{mA} \times 10\ \text{k}\Omega = 10\ \text{V}$이고 두 트랜지스터는 모두 활성 상태이다.

그림 11-19(a)에 표시된 것처럼 반전 입력에 신호를 인가하면 어떤 일이 발생되는지 살펴보자. 입력 신호의 positive 반주기 동안, Q_1을 통하는 전류는 증가한다. I_{EE}의 값이 상대적으로 일정하다고 가정하면 I_{E1}의 증가는 I_{E2}를 감소시킨다. I_{E1}이 증가하면 R_{C1} 양단의 전압 강하도 증가하게 되고 V_{C1}은 감소한다.

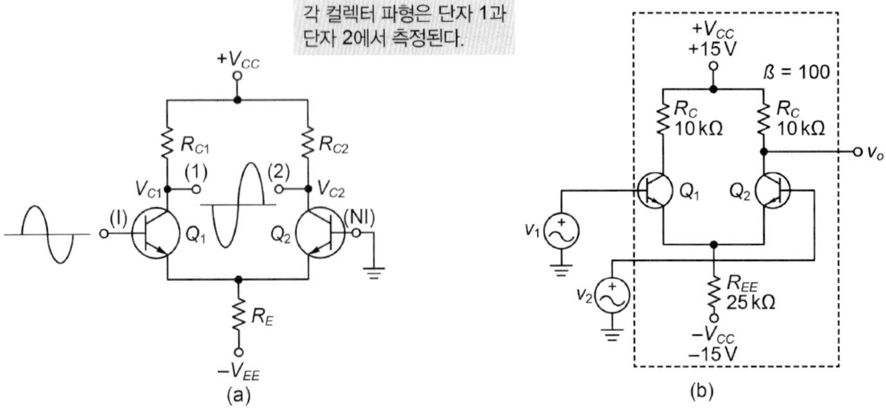

그림 11-19 차동 증폭기의 입출력 관계 (a) 반전 입력 (b) 비반전 입력

동시에 I_{E2}의 감소는 R_{C2} 양단의 전압 강하를 감소시키고 V_{C2}는 증가한다. 출력 신호(V_{out})를 출력 단자 1로부터 얻는다고 가정하면(출력 단자 2가 기준) 그림에 표시된 것처럼 negative 반주기를 출력한다.

그림 11-19(a)의 입력이 negative로 되면 I_{E1}은 감소하고 I_{E2}는 증가한다. 이때의 전류 변화는 V_{C1}은 증가시키고 V_{C2}는 감소시킨다. 이들의 변화는 그림에서 보는 바와 같이 V_{out}를 증가시킨다. 따라서 출력 전압은 입력 전압과 180°의 위상차를 가지게 된다.

그림 11-19(b)에서의 입력이 positive이면 I_{E1}은 증가하고 I_{E2}는 감소한다. 이들의 변화는 출력 1에서의 전압을 positive 값으로 만든다. negative 반주기동안 I_{E2}는 감소하고 I_{E1}은 증가한다. 이들의 변화는 출력 1에서의 출력을 negative 값으로 만든다. 따라서 입력과 출력의 위상은 동위상이다.

11-2-1 차동 증폭기의 동작 모드

그림 11-20(a)는 이상적인 차동 증폭기의 블록도를 표시하고 있다. 이런 소자의 출력은 입력 신호의 차가 증폭된다. 좀 더 실제적인 차동 증폭기는 그림 11-20(b)에 표시된다.

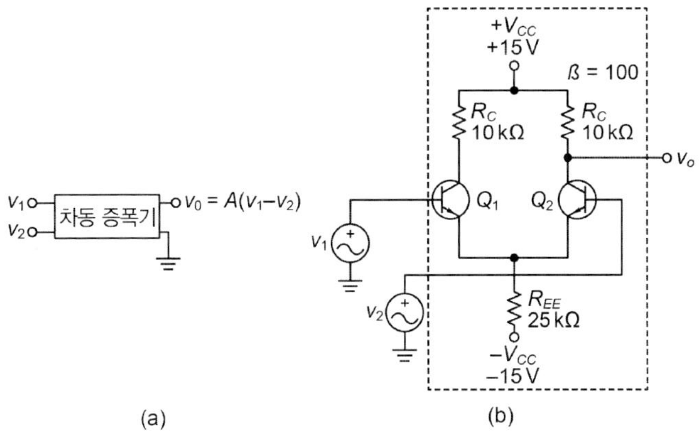

그림 11-20 (a) 이상적인 차동 증폭기 (b) 실제적인 차동 증폭기 회로

앞에서 이런 회로의 바이어스 레벨을 어떻게 구하는지를 알아본 바 있다. 베이스 저항의 부재는 바이어스 계산에 영향을 미치지 않는다. 입력 전압원이 턴 OFF될 때 베이스는 접지되고 이미터 전압은 여전히 −0.7 V이다. 증폭기의 이득을 구하는 방법을 알아보자. 임의의 두 입력에서 출력 전압을 구하는 것은 매우 어렵다. 차동 모드($v_2 = -v_1$)와 공통 모드($v_2 = v_1$) 동작이 있는데, 우선 차동 모드 동작에 대해서 알아보도록 한다.

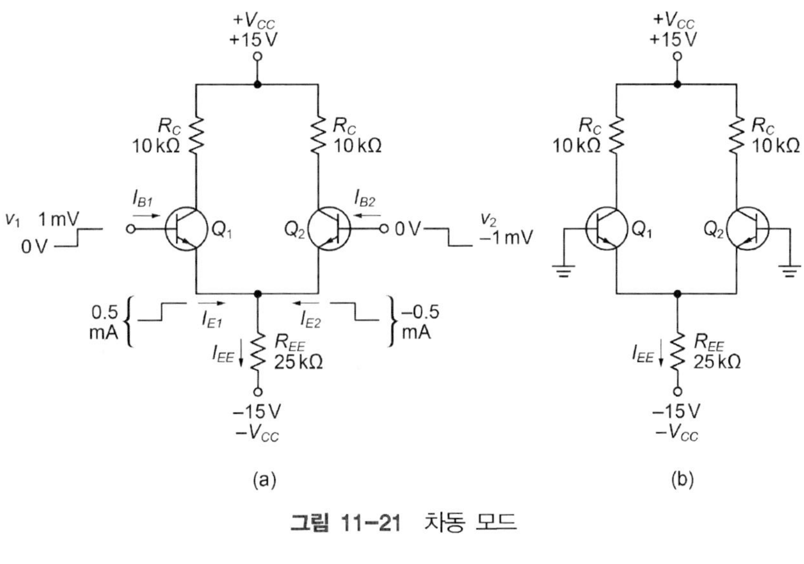

그림 11-21 차동 모드

그림 11-21(a)에 표시된 회로에서 입력 전압이 턴 OFF되면 $V_1 = V_2 = 0\ \text{V}$이고 그림 11-21(b)에 표시된 바이어스 회로를 구할 수 있다. 이것은 그림 11-16(b)에 표시된 것과

동일한 회로이다. $V_E = -0.7\ \mathrm{V}$, $I_{EE} = 0.572\ \mathrm{mA}$, $I_{E1} = I_{E2} = 0.286\ \mathrm{mA}$이다. 여기서 입력을 바꿔서 $V_1 = 1\ \mathrm{mV}$ 그리고 $V_2 = -V_1 = -1\ \mathrm{mV}$.

이미터 전류의 대응하는 변화를 살펴보자. 이 점에서 그것들이 얼마나 많이 변할지 알 수 없지만 일반화할 수는 있다.

▣ V_1이 증가하기 때문에 I_{E1}도 증가한다.

▣ V_2가 감소하기 때문에 I_{E2} 도 감소한다.

▣ 입력과 회로의 대칭성 때문에 I_{E2}의 감소 크기와 I_{E1}의 증가 크기는 같다.

새로운 이미터 전류는 I_{E1} = 0.286 mA + ΔI, I_{E2} = 0.286 mA − ΔI로 된다. ΔI는 이미터 전류의 알 수 없는 변화량이다. 이런 일이 계속되는 동안 R_{EE}의 전류는 어떨까?

$$I_{EE} = I_{E1} + I_{E2},\quad I_{EE} = 0.286\ mA + \Delta I + 0.286\ mA - \Delta I = 0.572\ mA$$

이미터 전류와 입력 전압에 이런 모든 변화가 생기는 동안 R_{EE}에서의 전류는 어떤 변화도 없다. V_2에서 V_1으로 변화하는 이미터 전류는 R_{EE}를 바이패스하여 지나가게 된다.

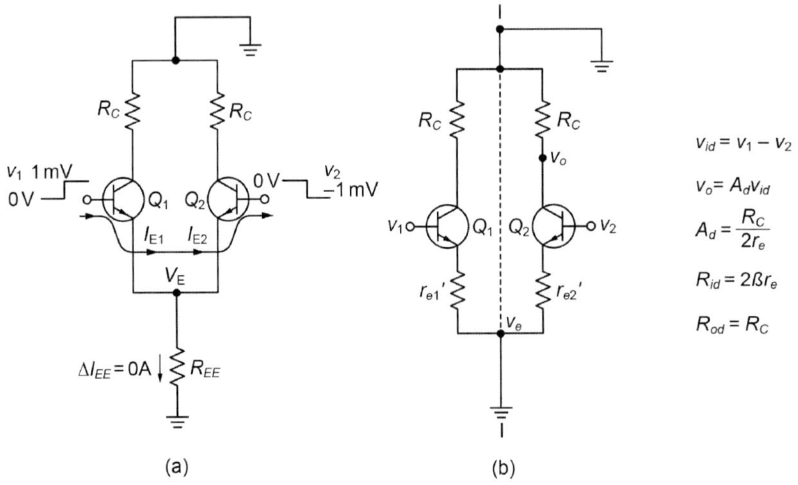

그림 11-22 가상접지

다음의 사실은 차동 모드 해석의 열쇠이다. 차동 모드 상태에서 R_{EE} 전류는 변화하지 않기 때문에 이미터 전압은 변하지 않고 일정하게 유지된다. 이미터 전압의 변화가 $\Delta V_E = 0$ V라는 의미이다. 비록 입력 신호가 교류가 아니라고 할지라도 교류를 해석하는 것은 입력 신호에서의 어떤 작은 변화에 대한 증폭기의 반응을 결정짓는 유용한 수단이 되기 때문이다. 소문자의 교류 양으로 전압의 변화를 표시한다. $V_1 = 1$ mV, $V_2 = -V_1 = -1$ mV이고 가장 중요한 것은 $V_c = 0$ V라는 점이다. 이제 차동 모드 증폭기의 교류 회로를 그릴 수 있다. 교류 해석에서 이미터 전압은 0 V에 고정되기 때문에 이미터 단자가 접지되었다고 생각할 수 있다.

이것은 실제 회로에서는 아니지만 교류 모델에서만 이미터가 접지되기 때문에 '가상 접지(virtual ground)'로 알려져 있다. 그림 11-22(b)는 교류 이미터 저항을 포함하는 교류 모델을 표시하고 있다. 교류 차동 모드 증폭기는 회로의 위와 아래, 양쪽이 가상 접지되기 때문에 그림 11-22(b)에서 점선으로 표시한 것 처럼 실제로 공통 이미터 증폭기를 둘로 떼어놓는다. 이것의 정식적인 이름은(때로 실제로는 알 필요가 없다) 1/2 회로 해석이다. 공통 이미터 증폭기에 대한 지식에 근거해서 이런 회로의 반쪽 하나는 쉽게 해석할 수 있다. 즉 $v_{C1} = -\dfrac{R_C}{r_c'}v_1$ 그리고 $v_{C2} = -\dfrac{R_C}{r_c'}v_2$이다.

직류 바이어스 이미터 전류를 상기시키고 수적인 한 예를 살펴보면 $I_{E1} = I_{E2} = 0.29$ mA이다. $r_c = r_{c1}' = r_{c2}' = \dfrac{25\ \text{mV}}{0.286\ \text{mA}} = 87.5\,\Omega$이다.

$$v_{C1} = -\frac{R_C}{r_c'}v_1 = -\frac{10\ k\Omega}{87.5\ \Omega}v_1 = -114v_1 = -114\ \text{mV}\ .$$
$$v_{C2} = -\frac{R_C}{r_c'}v_1 = -\frac{10\ k}{87.5\ \Omega}v_2 = -114v_2 = +114\ \text{mV}\ .$$

아직까지는 명쾌히 끝나지 않았다. 그 이유는 두 공통 이미터 증폭기를 아직 다루지 않았기 때문이다. 단지 단일 차동 증폭기를 다루었다. 1/2 회로 해석을 사용 가능한 차동 모드 입력 $(v_2 = -v_1)$의 상황은 특별한 것이다. 차동 증폭기에서 실제의 입력은 $v_{id} = v_1 - v_2$로 간주된다. 숫자를 살펴보면 $v_{id} = v_1 - v_2 = 1\ \text{mV} - (-1\ \text{mV}) = 2\ mV$이다. 대부분의 차동 증폭기는 오로지 하나의 출력만을 갖는다. 트랜지스터 Q_2

의 컬렉터로부터 출력을 얻는다. 차동 모드 이득을 구하기 위해서 숫자를 대입하면

$$A_d = \frac{v_0}{v_{id}} = \frac{v_{C2}}{v_{id}} = \frac{114 \text{ mV}}{2 \ mV} = 57$$

이 구해진다. 차동 모드 이득이 공통 이미터 증폭기 이득의 절반이라는 것을 확인할 수 있다. 결국 차동 방식 이득은

$$A_d \equiv \frac{v_0}{v_{id}} = \frac{1}{2} \frac{R_C}{r_c'}$$

이다. (보통은 트랜지스터 Q_2로부터 출력을 얻기 때문에 차동 모드 이득이 positive라는 것에 주의하라!)

예제 11-7

그림 11-23에 표시된 회로에서 차동 모드 이득을 구하시오.

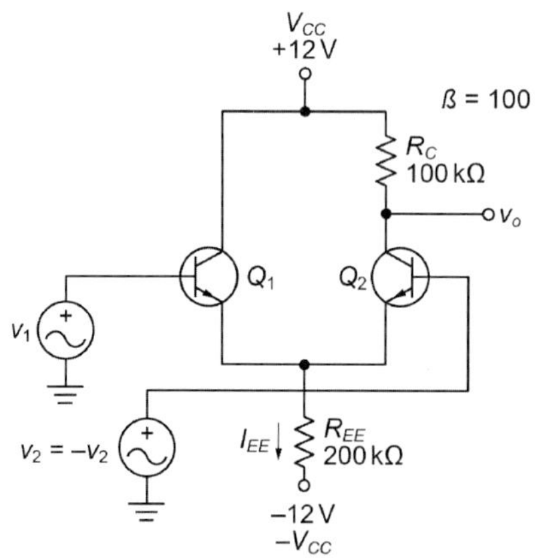

그림 11-23

(풀이) 트랜지스터 Q_2로부터 출력을 얻기 때문에 트랜지스터 Q_1의 컬렉터 저항은 필요치 않다. 관련된 바이어스 전류를 구하기 위해서 입력원을 0 V로 놓고 두 베이스 단자를 접지시킨다. 따라서 $V_E = -0.7$ V이다.

$$I_{EE} = \frac{V_{CC} - 0.7\ \text{V}}{R_{EE}} = \frac{11.3\ V}{200\ \text{k}\Omega} = 0.0565\ mA,$$

$$I_{E1} = I_{E2} = \frac{I_{EE}}{2} = 0.0283\ \text{mA}$$

이다. 따라서 교류 이미터 저항은 883 Ω이다.

$$r_c' = \frac{25\ \text{mV}}{I_{E1}} = \frac{25\ mV}{0.0283\ \text{mA}} = 883\ \Omega$$

차동 모드 이득은 56.6이다.

$$A_d = \frac{v_0}{v_{id}} = \frac{1}{2}\frac{R_C}{r_c'} = \frac{1}{2}\frac{100\ \text{k}\Omega}{883\ \Omega} = 56.6$$

여기서 $v_{id} = v_1 - v_2$이다.

11-2-2 차동 방식의 BOX MODEL

차동 모드 입력에 대한 박스 모델 이득이 $A_d = \frac{1}{2}\frac{R_C}{r_c'}$임을 방금 알아본 바 있다. 그러나 출력 저항은 아직도 $R_0 = R_C$ 이다. 차동 모드 증폭기의 입력 저항은 두 입력원 사이에 존재하는 저항이다. 만약 두 입력원 사이의 교류 전류를 추적한다면 소스 전류가 효과적으로 v_1으로부터 Q_1의 베이스로 가고, Q_1의 교류 이미터 저항을 지나, Q_2의 교류 이미터 저항을 통하고 Q_2의 베이스 밖으로, 그리고 마지막으로 v_2로 가는 것을 확인할 수 있다. 이런 경로에서 전체 저항은 두 교류 이미터 저항의 합이다. 베이스에 나타난 저항이 이미터 저항의 β배이기 때문에 $R_i = 2\beta r_c'$로 표시된다. 회로에서 주어진 값에 따라 박스 모델 파라미터는

$$A_d = \frac{1}{2}\frac{R_C}{r_c'} = \frac{1}{2}\frac{10\ \text{k}\Omega}{87.5\ \Omega} = 57$$

$$R_0 = R_C = 10\ \text{k}\Omega$$

$$R_i = 2\beta r_c' = 2 \times 100 \times 87.5\ \Omega = 17.5\ \text{k}\Omega$$

로 구해진다. 차동 모드 증폭기의 박스 모델은 그림 11-24(b)에 표시되어 있다. 이런 모델은 두 입력과 하나의 출력을 갖는다는 사실을 기억해야 한다.

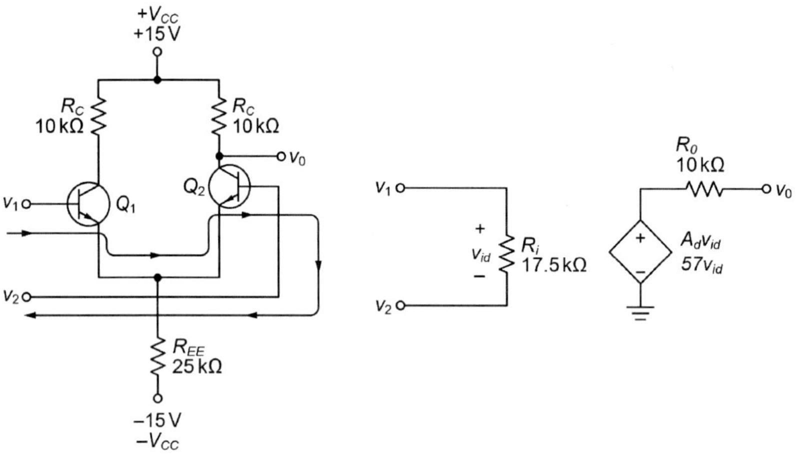

그림 11-24

앞에서 살펴보았던 회로는 어떤 입력에 대해서는 잘 동작하지 않을 수도 있다. 입력 전압의 차이는 밀리볼트(mV) 범위로 제한된다. 이것을 확인하기 위해서 앞에서 사용된 예들을 다시 시험해 보자. 그림 11-25는 V_1과 V_2에서의 변화량이 할당되지 않은 것을 제외하면 그림 11-20의 반복이다. 입력 전압의 변화처럼 이미터 다이오드 전압에서 어떤 일이 발생되는지를 알아보자. 항상 이미터 다이오드 전압은 0.7 V라고 간주된다. 이런 경우에 항상은 아니다. 사실 이미터 다이오드 전압은 대략 0.4 V에서 1 V 의 범위를 갖게 된다. 입력 신호가 0 V로 설정된다고 가정할 때 각 이미터 다이오드의 전압 강하는 0.7 V 이다($V_E = -0.7$ V).

여기서 V_1을 1 mV로 증가시키고 V_2를 −1 mV로 감소시키자. 만약 계속 양쪽 이미터 다이오드에 0.7 V(또는 700 mV)의 전압 강하가 발생된다고 가정하면 어떻게 될까? 전자의 경우 $V_E = V_1 - 700\ \text{mV} = 1\ \text{mV} - 700\ \text{mV} = -699\ \text{mV}$이고 후자의 경우 $V_E = V_2 - 700\ \text{mV} = -1\ \text{mV} - 700\ \text{mV} = -701\ \text{mV}$이다.

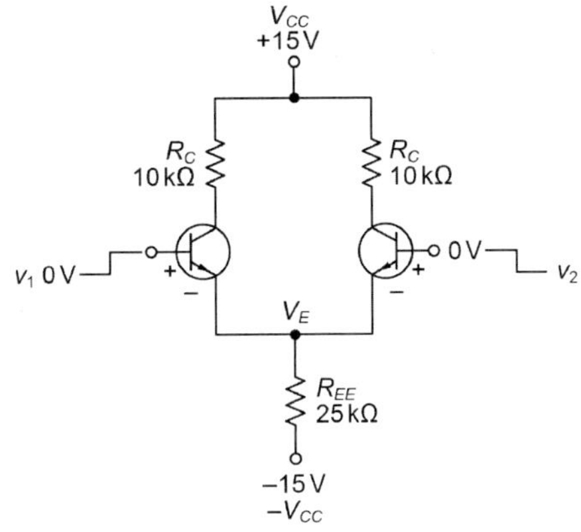

그림 11-25

하지만 이미터 전압이 동시에 두 값을 가질 수는 없다. 실제로는 이미터 다이오드 전압의 변화가 입력 신호 변화를 조절하는 일이 일어난다. 트랜지스터 Q_1이 0.701 V의 이미터 다이오드 턴 ON 전압을 갖는 반면 트랜지스터 Q_2의 이미터 다이오드 턴 ON전압은 0.699 V이다. 여기서 $V_1 = +1$ V, $V_2 = -1$ V의 입력변화를 두자. 만약 Q_1이 0.7 V의 이미터 다이오드 전압 강하를 갖는다고 가정하면 $V_E = 1\ \text{V} - 0.7\ \text{V} = 0.3\ \text{V}$이고, Q_2의 전압 강하 역시 0.7 V로 가정하면 $V_E = -1\ V - 0.7\ V = -1.7\ V$이다. 이미터 다이오드가 입력 전압의 큰 차이를 주는 것에 대해선 방법이 없다. 트랜지스터 Q_1은 포화되고 트랜지스터 Q_2는 차단된다. 일반적으로 이런 차동 증폭기가 동작하기 위해서는 입력 전압의 차이$(V_1 - V_2)$가 수백 밀리볼트보다는 작아야 한다.

11-2-3 공통 모드 이득

이 장의 시작에서 차동 증폭기가 신호에서 잡음을 제거하는 데 어떻게 사용되는지 설명한 바 있다. 차동 증폭기는 단지 두 입력의 차이만을 증폭하기 때문에 이런 일이 발생된다. 양쪽 입력의 공통 신호는 제거된다. 이것은 정확히 말하자면 사실은 아니다. 두 입력에 공통인 신호 중의 일부는 출력에서도 얻어진다. 이런 출력은 증폭기의 공통 모드 출력이다. 잘 설계된 차동 증폭기에서 공통 모드 이득(A_C)은 차동 모드 이득과 비교할 때 아주 작다. 공통 모드 이득과 차동 모드 이득의 비는 차동 증폭기의 중요한 스펙이다. 이런 비는 공통 모드 제거비(CMRR: Common Mode Rejection Ratio)로 알려져 있고 식 (11-2)처럼 표시된다.

$$CMRR = \left| \frac{A_d}{A_C} \right| \tag{11-2}$$

공통 모드 제거비는 아주 큰 수이기 때문에 로그(대수)를 사용해서 표시한다. (이것은 리히터 눈금으로 지진의 세기를 나타내는 것과 비슷하다. 리히터 눈금에서의 진도 5는 진도 4보다 열 배 더 강한 것이다.) 공통 모드 제거비를 표시하는 데 사용되는 대수의 단위는 데시벨(dB)이다. 공통 모드 제거비의 데시벨 측정은 식 (11-3)처럼 표시된다.

$$CMRR_{dB} = 20\log \left| \frac{A_d}{A_c} \right| \tag{11-3}$$

공통 모드 제거비에는 이득에 대한 절댓값을 사용한다는 점을 주의해야 한다. 표 11-1은 두 측정법 사이의 관계를 보여준다.

표 11-1 공통 모드 제거비의 변화와 그 데시벨 측정의 관계

CMRR	CMRRdB
10	20dB
10^3	60dB
10^5	100dB
10^7	140dB

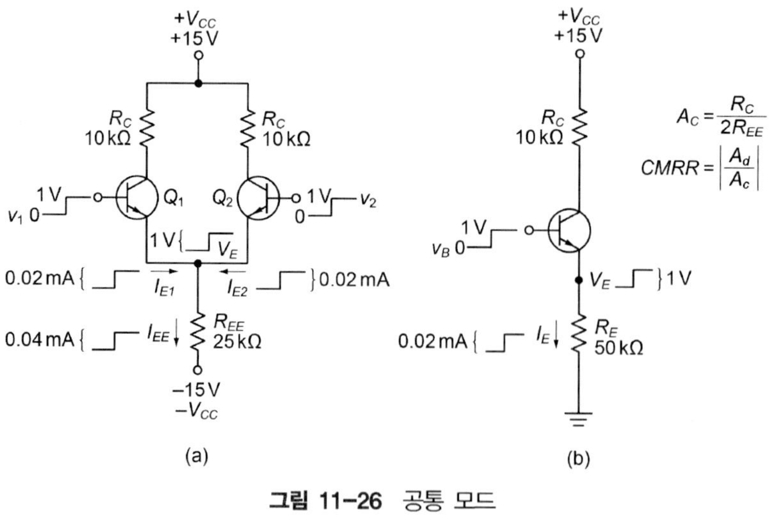

그림 11-26 공통 모드

그림 11-26에 표시된 차동 증폭기에의 공통 모드 이득을 유도해 보자. 양쪽 입력에 1 V의 증가를 허용하기로 한다. 차동 모드 입력을 유의하면 여기서 $V_{id} = V_1 - V_2 = 1 - 1 = 0\ \text{V}$이다. 양측에 공통으로 1 V의 입력이 걸리기 때문에 이런 입력을 공통 모드 입력이라 부른다.

$$V_{ic} = V_1 = V_2 = 1\ \text{V}$$

입력 전압 변화에서처럼 이득을 구하기 위해서는 트랜지스터 전류와 전압의 변화를 살펴보는 것을 기억해야 한다. 그림 11-26(b)에 표시된 일반적인 공통 이미터 증폭기를 생각해 보자. 베이스 전압에서 1 V의 변화가 이미터 전압에서 1 V의 변화를 발생시킨다. 이미터에서의 이런 1 V의 변화는 이미터 전류에서 0.02 mA의 변화를 발생시킨다.

$$i_c = \frac{V_c}{R_E} = \frac{1\ \text{V}}{50\ \text{k}\Omega} = 0.02\ \text{mA}\ .$$

이런 변화는 다음과 같은 공통 이미터 이득을 발생시킨다.

$$A_{CE} = -\frac{R_C}{R_E} = -\frac{10\ \text{k}\Omega}{50\ \text{k}\Omega} = -0.2$$

여기서 R_E가 매우 크기 때문에 교류 이미터 저항을 무시할 수 있다. 그림 11-26(a)에 표시된 차동 증폭기로 되돌아가 보자. 양쪽 입력이 1 V 증가할 때 이미터 전류에서 발생되는 변화를 구하고자 할 때, 이미터 전압 또한 1 V 증가할 것이라 예상한다. (즉 이미터 전압은 -0.7 V로부터 0.3 V까지 변화하게 된다.) 이것은 R_{EE} 전류에서 변화를 발생시킨다.

$$i_{R_{EE}} = \frac{V_c}{R_{EE}} = \frac{1\ V}{25\ \text{k}\Omega} = 0.04\ \text{mA}\ .$$

회로가 대칭이기 때문에 두 이미터 전류는 동일하고 당연히 R_{EE} 전류의 1/2이 된다. 따라서

$$i_{c1} = i_{c2} = \frac{i_{R_{EE}}}{2} = \frac{0.04\ \text{mA}}{2} = 0.02\ mA$$

이다. 만약 차동 증폭기에서의 이미터 전류와 공통 이미터 증폭기의 이미터 전류를 비교한다면 25 kΩ의 R_{EE}가 50 kΩ의 공통 이미터 증폭기의 R_E에서와 같은 크기의 이미터 전류를 발생시키는 것을 확인할 수 있다. 그것은 차동 증폭기의 효과적인 이미터 저항이 $R_{Eeffective} = 2R_{EE}$이라는 것을 의미한다. 따라서 공통 모드 이득은 $A_C = -\frac{R_C}{2R_{EE}}$로 주어진다. 수를 대입해서 계산하면 $A_C = -\frac{R_C}{2R_{EE}} = -\frac{10\ \text{k}\Omega}{50\ \text{k}\Omega} = -0.2$로 구해진다.

공통 모드 이득이 매우 작기는 하지만 정확히 0은 아니라는 것을 알 수 있다. 앞에서 이런 회로의 차동 모드 이득은 57이라는 사실을 확인한 바 있다.

$$A_d = \frac{1}{2}\frac{R_C}{r_e'} = \frac{1}{2}\frac{10\ \text{k}\Omega}{87.5\ \Omega} = 57$$

따라서 이 회로의 공통 모드 제거비는 285로 구해진다.

$$CMRR = \left|\frac{A_d}{A_c}\right| = \frac{57}{0.2} = 285$$

CMRR에 A_c의 부호는 포함하지 않는다.

데시벨로 공통 모드 제거비를 표시하면 49.1 dB이 구해진다.

$$CMRR_{dB} = 20\log\left|\frac{A_d}{A_c}\right| = 20\log\frac{57}{0.2} = 49.1\ \text{dB}$$

예제 11-8

{예제 11-7}의 차동 증폭기는 그림 11-27에서 반복된다. 공통 모드 이득과 공통 모드 제거비를 구하시오.

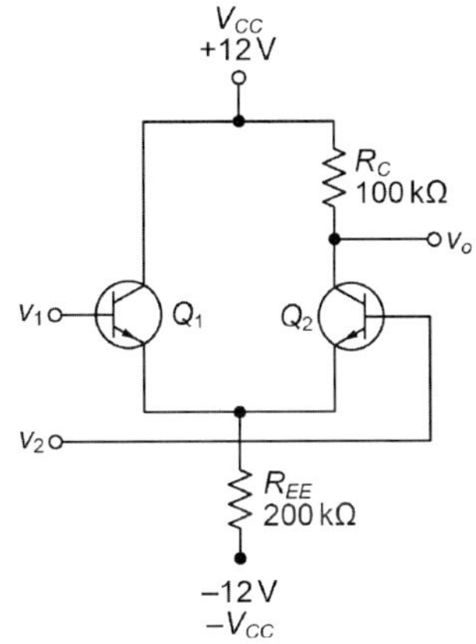

그림 11-27

(풀이) 공통 모드 이득은 −0.25이다.

$$A_c = -\frac{R_c}{2R_{EE}} = -\frac{100\ k\Omega}{400\ k\Omega} = -0.25.$$

{예제 11-7}에서 구한 차동 모드 이득은 56.6이다.

$$A_d = 56.6$$

따라서 공통 모드 제거비는 226이다.

$$CMRR = \frac{56.6}{0.25} = 226$$

또한 $CMRR_{dB} = 20\log CMRR = 47.1\ \text{dB}$이다.

11-3 일반적인 차동 증폭기

지금까지는 두 가지 특별한 경우의 입력인 차동 모드와 공통 모드에 대해서만 알아보았다. 두 가지 경우 모두에서는 두 입력이 서로 특별한 상호관계를 갖는다. 이번에는 그림 11-28(b)에 표시된 것처럼 서로 관계를 갖지 않는 일반적인 경우에 대해서 알아보도록 하자.

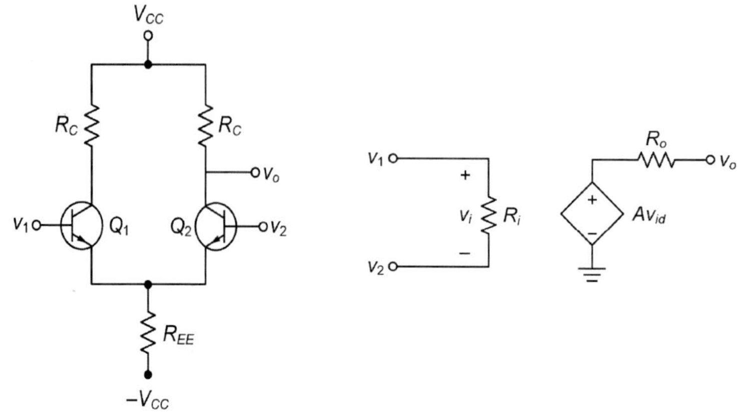

그림 11-28 일반적인 차동 증폭기

일반적인 경우 실제의 출력은 차동 모드와 공통 모드 출력의 조합이다. 공통 모드 이득이 매우 작기 때문에 일반적인 경우는 항상 출력이 차동 모드 출력과 같다고 간주한다. 따라서 일반적인 경우의 차동 증폭기 박스 모델은 차동 모드 박스 모델과 같다. 따라서

$$v_i = v_1 - v_2,\ A = \frac{1}{2}\frac{R_c}{r_e'},\ v_0 = A(v_1 - v_2),\ R_0 = R_C,\ R_i = 2\beta r_e'$$

이다. 이득의 기호 표시에서 첨자 'd'가 생략되었음에 유의하라.

이런 동작을 이해하기 위해서 트랜지스터 Q_2의 베이스가 접지되고 신호원이 Q_1에 연결되는 그림 11-29(a)에 표시된 회로를 고찰해 보자. 첫 번째 식으로부터 자신의 베이스가 접지되어 있을 때 Q_2로부터의 출력을 어떻게 얻을 수 있는지 질문할 수 있을 것이다. 그 해답은 그림 11-29(b)에 표시된 교류 모델로부터 구할 수 있다. 이런 회로 해석의 열쇠는 이미터 연결이 가상 접지가 아니라는 사실이다. 입력이 증가할 때 이미터 전압(v_e) 역시 증가한다. 이런 이미터 전압은 R_{EE}를 통해서 흐르는 i_{cc}와, 트랜지스터 Q_2의 베이스를 지나는 i_{c2}를 발생시키게 된다.

트랜지스터 Q_2의 이미터 전류는 Q_2의 컬렉터 전류를 발생시키고 Q_2의 컬렉터에서 출력 전압을 제공하게 된다. 일반적 경우가 왜 차동 모드의 경우와 거의 같은 동작을 하

는지를 검증할 수 있다. 이미터 연결에서 전류의 합은 $i_{e1} = i_{ee} + i_{e2}$로 표시된다. R_{EE}가 r_{e2}보다 매우 크기 때문에 i_{ee}는 매우 작게 된다. 만약 이런 전류를 무시한다면 $i_{e1} \approx i_{e2}$로 표시할 수 있다. 이것은 차동 모드 경우의 이미터 전류 사이에 존재하는 결과와 대략 같은 것이다. 일반적인 경우와 차동 모드의 경우가 비슷하다는 설은 옳은 것이다.

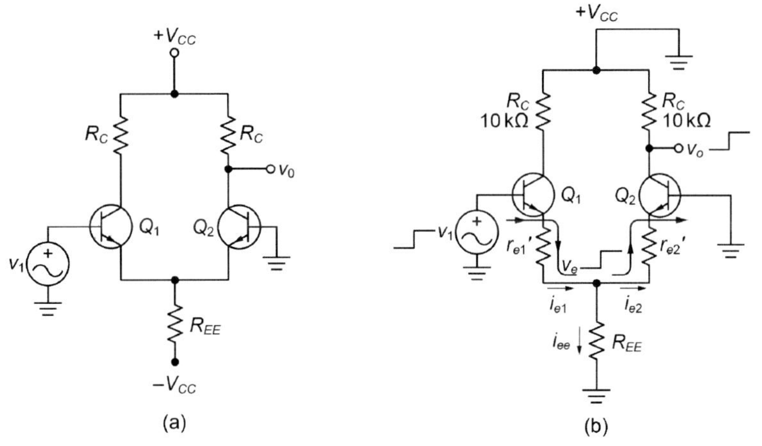

그림 11-29

예제 11-9

그림 11-30에 표시된 차동 증폭기 회로에서 (a) 직류 바이어스 레벨을 구하시오. (b) 박스 모델 파라미터를 구하시오(전원과 부하 저항은 무시 한다). (c) 공통 모드 제거비를 구하시오. (d) 박스 모델을 그리고, 전원과 부하를 연결하고 전체 시스템 이득을 구하시오.

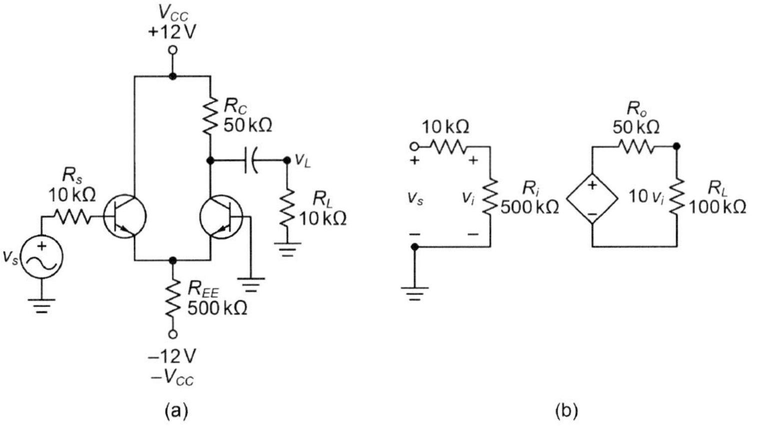

그림 11-30

(풀이) (a) 베이스가 접지되기 때문에

$$V_E = -0.7 \text{ V}$$

$$I_{EE} = \frac{V_{CC} - 0.7 \text{ V}}{R_{EE}} = \frac{11.3 \ V}{500 \ \text{k}\Omega} = 0.0226 \ mA$$

$$I_{E1} = I_{E2} = \frac{I_{EE}}{2} = 0.0113 \text{ mA}$$

만약 트랜지스터가 활성 상태라면 $I_{C1} \approx I_{E1} = 0.0113$ mA 이고 $I_{C2} \approx I_{E2} = 0.0113$ mA 이다. 트랜지스터의 상태를 점검하기 위해서 컬렉터 전압을 구하면

$V_{C1} = V_{CC} = 12 \text{ V}$

$V_{C2} = V_{CC} - I_{C2}R_C = 12 \text{ V} - 0.0131 \text{ mA} \times 50 \text{ k}\Omega = 11.4 \text{ V}$

이다. 컬렉터 전압이 이미터 전압보다 훨씬 크기 때문에 두 트랜지스터 모두 활성 상태이다.

(b) 각 트랜지스터의 교류 이미터 저항은 2.5 kΩ이다.

$$r_e' = \frac{25 \text{ mV}}{0.01 \text{ mA}} = 2.5 \ k\Omega$$

박스 모델 파라미터는

$$A = \frac{1}{2}\frac{R_C}{r_e'} = \frac{1}{2}\frac{50 \text{ k}\Omega}{2.5 \text{ k}\Omega} = 10, R_0 = R_C = 50 \text{ k}\Omega, \ R_i = 2\beta r_e' = 500 \text{ k}\Omega$$

이다.

(c) 공통 모드 제거비를 구하기 위해서는 공통 모드 이득을 구해야 한다.

$$A_c = -\frac{R_c}{2R_{EE}} = -\frac{50 \text{ k}\Omega}{1000 \text{ k}\Omega} = -0.05$$

공통 모드 제거비는 200 혹은 46 dB이다.

$$CMRR = \left| \frac{A}{A_C} \right| = \frac{10}{0.05} = 200$$

$$CMRR_{dB} = 20\log CMRR = 46 \text{ dB}$$

(d) 입력 전원과 부하가 함께 포함되는 박스 모델이 그림 11–30(b)에 표시되어 있다. 하나의 입력이 접지되어 있다는 점에 주의해야 한다. 시스템 이득을 구하면

$$v_i = \frac{R_i}{R_i + R_S} v_S = \frac{520 \text{ k}\Omega}{520 \text{ k}\Omega + 10 \text{ K}\Omega} v_S = 0.981 v_S$$

$$v_0 = \frac{R_L}{R_L + R_0} A v_i = \frac{100 \text{ k}\Omega}{100 \text{ k}\Omega + 50 \text{ K}\Omega} \times 9.62 \times 0.981 v_S = 6.29 v_S$$

이므로 시스템 이득은 $A_{sys} = \frac{v_0}{v_i} = 6.29$ 이다.

11-4 OP-Amp와 부귀환

Op-Amp 회로 기호는 그림 11-31(a)에 표시된 것처럼 두 개의 입력과 하나의 출력을 가지는 삼각형의 형태로 표시된다. 대부분의 Op-Amp는 약 ±5 V에서 ±15 V 사이의 + 전압과 −전압을 필요로 한다. 단일 전원이 사용되는 경우도 있다. 입력 단자는 보통 +단자와 −단자로 표시된다. 이것이 +단자에는 +전압을 −단자에는 −전압을 공급한다는 의미는 아니다. 입력 단자 레벨의 진짜 의미는 +전압이 + 단자에 인가되면 +15 V의 출력이 나오고 +전압이 −단자에 인가되면 −15 V의 출력이 발생된다는 의미이다.

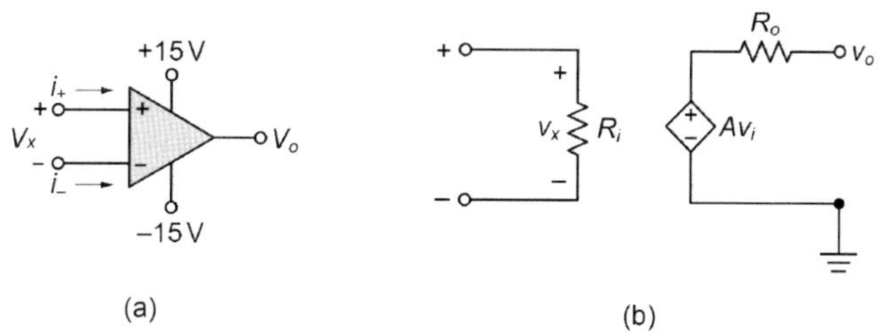

그림 11-31 연산증폭기의 회로 기호와 박스 모델

그림 11-31(b)는 Op-Amp의 박스 모델을 표시한다. 이것은 다른 증폭기에서 사용된 박스 모델과 유사하다. 741 Op-Amp 파라미터의 근사치는 $A \approx 1.5 \times 10^5$, $R_i \approx 2\ \text{M}\Omega$, $R_o \approx 100\ \ \Omega$이다. Op-Amp가 아주 높은 이득과 높은 입력 저항, 낮은 출력 저항을 갖는다는 것을 확인할 수 있다. Op-Amp 증폭기의 두 단자 사이의 전압차는 $v_o = A(v_+ - v_-)$라는 점이 중요하다. Op-Amp는 항상 귀환 구조에 사용된다. 출력측의 일부분이 입력 측으로 되돌아온다.

11-4-1 부귀환

그림 11-32는 기본적인 부귀환 증폭기의 회로도이다. 원 속에 표시된 Σ는 가산점이다. 부귀환에서 가산점의 출력은 두 입력 사이의 차이다. 이런 회로에서 출력은 직접 가산점으로 연결된다. 이것이 단위 귀환이다.

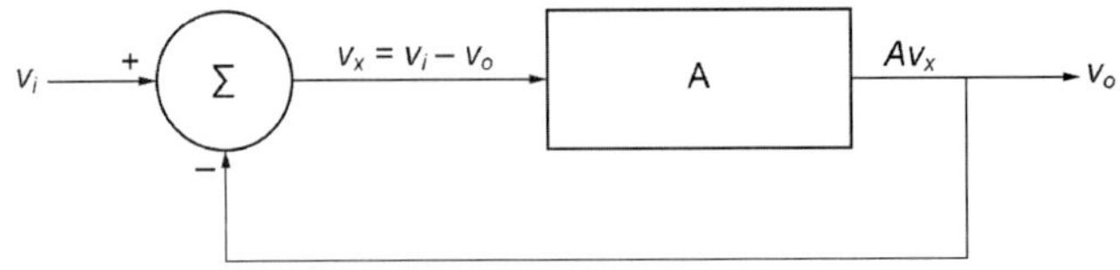

그림 11-32 단위 귀환

귀환시스템은 폐루프 시스템이라고 알려져 있다. 그림 11-32에 표시된 폐루프 증폭기의 출력은 루프 주위의 신호를 트레이싱함으로써 결정된다. 가산기의 출력은 오차(에러) 신호로 $v_x = v_i - v_o$로 알려져 있다. A로 표시된 박스 레벨은 개방 이득이라고 알려진 순방향 이득이다. 출력 전압은 $v_o = Av_x$이다. 귀환 루프를 살펴보면 부귀환의 효과를 확인할 수 있다. A= 10이라고 가정하자. 처음 출력 전압이 0 V이고 $v_i = 1\ \text{V}$의 입력이 인가된다고 가정하면 $v_o = 0\ \text{V}$이므로 $v_x = v_i - v_o = 1\ \text{V} - 0 = 1\ \text{V}$이다. 따라서 출력은 거의 10 V에 도달된다.

$$v_o = Av_x = 10 \times 1\ \text{V} = 10\ \text{V}$$

0 V에서 10 V로 될 때 출력은 우선 0.25, 0.50, 0.75, 10 V에 이르게 된다. 실제로 말하자면 전압은 순간적으로 변하지는 않는다. 출력이 0.50 V에 이르게 될 때 무슨 일이 생기는지 알아보자. $v_o = 0.50\ \text{V}$일 때 오차 신호는 $v_x = v_i - v_o = 1\ \text{V} - 0.50\ \text{V} = 0.50\ \text{V}$이다. 따라서 출력은$v_o = 10v_x = 5\ \text{V}$이다. 부귀환 회로에서 v_x로 감소 되면 v_o가 낮아진다는 것을 알 수 있다. 다시 0.75 V에 이르면 $v_x = v_i - v_o = 1\ \text{V} - 0.75\ \text{V} = 0.25\ \text{V}$이고 $v_o = 10v_x = 2.50\ \text{V}$가 된다. 부귀환은 다시 감소된 v_x와 v_o를 갖는다. 이런 상태가 얼마나 오래 유지되는가? 출력이 0.909 V에 이르면 $v_o = 0.909\ \text{V}$이고 오차 신호는 $v_x = v_i - v_o = 1\ \text{V} - 0.909\ \text{V} = 0.091\ \text{V}$이다. 출력 전압은 $v_o = 10v_x = 0.91\ \text{V}$이다.

우리는 귀환 회로에서 평형 상태에 도달된다는 것을 알고있다(반올림 오차범위 안에서). 출력이 0.909 V이고 루프가 구성되었을 때 출력은 대체적으로 0.909 V라는 것을 발견하게 된다. 부귀환은 루프로 주위의 출력 값을 안정화시킨다. 증폭기에서 부귀환을 사용한다면 폐루프가 형성된 곳에서는 다음과 같은 결과를 유추할 수 있다.:

▣ 입력 전압의 증가는 오차 신호를 증가시킨다.

▣ 오차 신호의 증가는 출력 전압을 증가시킨다.

▣ 출력 전압의 증가는 오차 신호를 감소시킨다.

출력 전압을 찾는 것이 가장 쉬운 방법인가? 운좋게도 그 대답은 "예"라고 말할 수 있다. 이제 부귀환 회로를 어떻게 이해할 것인가?

$$\text{오차 전압: } v_x = v_i - v_o$$

$$\text{출력 전압: } v_o = Av_x$$

만약 두 등식을 모두 이용한다면 식 (11–4)를 구할 수 있다.

$$v_o = Av_x = A(v_i - v_o),\ v_o = Av_i - Av_o \tag{11–4}$$

식의 양변에 v_o가 표시되는 점에 주의하라. 이것이 귀환 시스템이 일반적인 형태이다. 식의 좌변으로 v_o를 이동시키면 식 (11–5)를 유도할 수 있다.

$$v_o + Av_o = Av_i,\ (1+A)v_o = Av_i \tag{11–5}$$

$$v_o = \frac{A}{1+A} v_i \tag{11–6}$$

전체 시스템 이득은 폐루프 이득 A_{CL}이라고 부르는데 식 (11–7)처럼 표시된다.

$$A_{CL} = \frac{v_o}{v_i} = \frac{A}{1+A} \tag{11–7}$$

A=10이고 $v_i = 1\ \text{V}$ 라고 가정하면 v_o는 0.909 V이다.

$$v_o = \frac{10}{1+10} v_i = \frac{10}{11} \times 1\ \text{V} = 0.909\ \text{V}$$

따라서 폐루프 이득 $A_{CL} = \dfrac{A}{1+A} = \dfrac{10}{1+10} = 0.909$이다.

이 예에서 순방향 이득은 10이다 그러나 폐루프에서의 이득은 대략 0.909이다. 이것은 부귀환 시스템에서의 아주 일반적인 특성이다. **폐루프 시스템에서의 이득은 순방향 이득보다 항상 적다.** 귀환은 이득을 감소시키지만 시스템의 안정도와 주파수 대역폭은 증가시킬 수 있다

11-4-2 일반적인 부귀환 증폭기

그림 11-33은 보다 일반적인 부귀환 증폭기를 표시하고 있다. 출력은 가산점에 도달되기 전에 이득 B에 의해서 곱해진다. 이득 B는 귀환 계수로 알려져 있다.

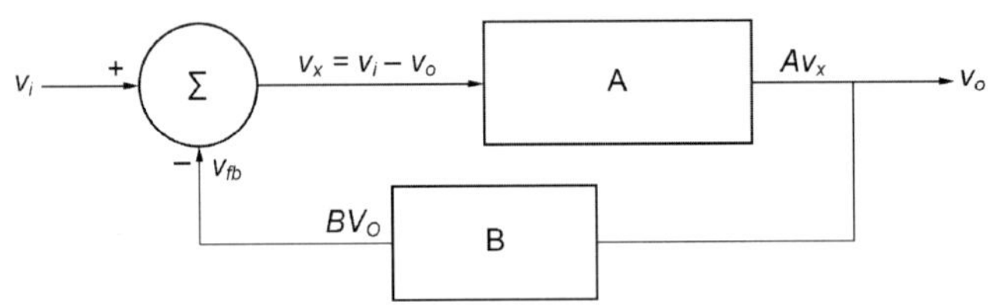

그림 11-33 일반적인 귀환

대부분 귀환 이득은 저항과 커패시터 회로에 의해서 제공된다. 수동 회로는 항상 이득이 1보다 작기 때문에, 귀환계수도 항상 1보다 작다. 이것은 앞의 예제에서 어떠한 영향을 미칠까? 출력 전압의 귀환 계수 배만큼만 귀환된다는 사실을 알고 있다. 따라서 오차 전압은 빨리 감소될 수 없다. 이것은 출력 전압이 시스템의 평형 상태를 유지하기 위해서 아주 높은 레벨에 도달되어야만 한다는 것을 의미한다. 일반적인 시스템에서 귀환 공식을 유도하면 이런 설명을 증명할 수 있다.

$v_{fb} = Bv_o$이기 때문에 오차 전압은 식 (11-8)처럼 표시된다.

$$v_x = v_i - v_{fb} = v_i - Bv_o \tag{11-8}$$

$v_o = Av_x$이기 때문에 식 (11-9)가 유도된다.

$$v_o = A(v_i - Bv_o) = Av_i - ABv_o \tag{11-9}$$

식을 정리하면 $v_o + ABv_o = Av_i$이기 때문에 $(1 + AB)v_o = Av_i$로 표시된다. 따라서 식 (11-10)을 구할 수 있다.

$$v_o = \frac{A}{1 + AB}v_i, \ A_{CL} = \frac{A}{1 + AB} \tag{11-10}$$

예제 11-10

그림 11-33에 표시된 귀환 증폭기에서 A= 100, $v_i = 0.1$ V라고 가정하고 다음 각 조건에서 출력 전압과 폐루프 이득을 구하시오.
(a) $B = 0$(개방 루프, 또는 순방향 이득), (b) $B = 1$(단위 귀환), (c) $B = 0.5$, (d) $B = 0.05$, (e) $B = -0.01$(−부호 주의)

(풀이) 주어진 순방향 이득과 입력 전압을 이용하면

귀환 증폭기 출력은

$$v_o = \frac{A}{1 + AB}v_i = \frac{100}{1 + 100B}0.1 \text{ V}$$

이고 폐루프 이득은

$$A_{CL} = \frac{A}{1 + AB} = \frac{100}{1 + 100B}$$

이다.

(a) $B = 0$일 때 폐루프에서의 출력 전압:

$$v_o = \frac{A}{1 + AB}v_i = \frac{100}{1 + 100B}0.1 \text{ V} = \frac{100}{1 + 0}0.1 \text{ V} = 10 \text{ V}$$

폐루프 이득: $A_{CL} = \frac{A}{1 + AB} = \frac{100}{1 + 100B} = \frac{100}{1 + 0} = 100 = A$

(b) B= 1일 때:

$$v_o = \frac{A}{1 + AB}v_i = \frac{100}{1 + 100B}0.1 \text{ V} = \frac{100}{1 + 100}0.1 \text{ V} = 0.099 \text{ V}$$

$$A_{CL} = \frac{A}{1 + AB} = \frac{100}{1 + 100B} = \frac{100}{1 + 100} = 0.99$$

(c) B= 0.5일 때:

$$v_o = \frac{A}{1+AB}v_i = \frac{100}{1+100B}0.1\ \text{V} = \frac{100}{1+50}0.1\ \text{V} = 0.196\ \text{V}$$

$$A_{CL} = \frac{A}{1+AB} = \frac{100}{1+100B} = \frac{100}{1+50} = 1.96$$

(d) B= 0.05일 때:

$$v_o = \frac{A}{1+AB}v_i = \frac{100}{1+100B} = \frac{100}{1+5}0.1\ \text{V} = 1.67\ \text{V}$$

$$A_{CL} = \frac{A}{1+AB} = \frac{100}{1+100B} = \frac{100}{1+5} = 16.7$$

(e) B= −0.01일 때:

$$v_o = \frac{A}{1+AB}v_i = \frac{100}{1+100B}0.1\ \text{V} = \frac{100}{0}0.1\ \text{V} = ?$$

$$A_{CL} = \frac{A}{1+AB} = \frac{100}{1+100B} = \frac{100}{1+(-1)} = \frac{100}{0} = ?$$

Op−Amp 회로에서 순방향 이득(A)은 $A \approx 1 \times 10^5$로 매우 높다. 이것으로부터 다음과 같은 두 가지 중요한 결과를 유도할 수 있다.

1. 만약 A가 매우 크고, $AB \rangle 1$이라면 $1+AB \approx AB$이다. $v_o = \frac{A}{1+AB}v_i \approx \frac{A}{AB}v_i$ 이므로 $v_o \approx \frac{1}{B}v_i$이다.

따라서 폐루프 이득은 $A_{CL} \approx \frac{1}{B}$이다. 만약 순방향 이득 A가 크고, 출력 전압이 B에만 의존한다면 Op−Amp 회로에서, B는 Op−Amp와 연결된 외부 저항과 커패시터에 의해서 결정된다.

2. v_x와 v_o의 관계를 살펴보자. $v_o = Av_x$이다. 이론상 v_o는 임의의 값에 도달할 수 있다. 그러나 실제로는 출력 전압에서 크기를 제한 한다. 만약 Op−Amp에 ±15 V를 공급한다면 출력 전압의 크기는 15 V보다는 당연히 낮아야된다. Op−Amp에서 이용할 수 있

는 최대 출력 전압은 포화 전압으로 알려져있다.

Op-Amp의 $A \approx 1 \times 10^5$이고 ±14 V의 포화 전압을 갖는다고 가정하면 출력 전압은 $v_o = 1 \times 10^5 v_x$로 주어진다. 만약 $v_x = 0.1\ \text{mV}$이고 $v_o = 10\ \text{V}$라면 아무런 문제가 없다. 그러나 $v_x = 1\ \text{V}$이고 $v_o = 1 \times 10^5\ \text{V}$라면 이것을 신뢰할 수 있는가? v_o는 공급되는 전압보다 항상 클 수 없다는 점을 기억하라. 선형 회로에서 귀환 작용은 v_x가 충분히 작게 유지될 때 v_o는 항상 포화 전압보다 작다. 귀환 작용은 v_x를 작게 유지시키는 것이라는 것을 알아보았다.

그렇다면 얼마나 작은지를 알아 보기 위해서 다음과 같은 예제를 살펴보자. 만약 v_o가 14 V보다 커질 수 없고 $A = 1 \times 10^5$이라면 v_x가 커질 수 있는 최대 크기는 무엇인가? 위에서 사용한 간단한 공식을 사용하면

$$v_x = \frac{v_o}{A} = \frac{14\ \text{V}}{1 \times 10^5} = 0.00014\ \ V$$

이다. 이것이 v_x가 가장 큰 값이다. 따라서 귀환은 v_x가 0.00014 V일 때 유지될 수 있다. 이런저런 것들을 가지고 고민하기보다는 귀환을 사용하는 Op-Amp회로에서는 아래와 같은 공식을 사용하는 것이 편리하다.

$$v_x \approx 0\ \text{V}$$

11-5 비반전 증폭기의 루프 해석

부귀환 회로에서 v_x가 거의 0에 가깝게 된다는 것을 이미 알고 있다. 그림 11-31에 표시된 Op-Amp에서, v_x는 두 입력 단자 전압 사이의 차이다.

$$v_x = v_+ - v_- = 0 \text{ V}$$

따라서 선형 Op-amp 회로에서 귀환은 회로 동작이 적절하기 위해서는 반드시 $v_- = v_+$ 조건을 유지해야 한다. 이것은 Op-Amp 회로를 해석하는 데 적용된다. Op-Amp의 입력 저항은 아주 높다. 사실 수 MΩ에서 수천 MΩ의 입력 저항을 갖는 Op-Amp를 구입할 수 있다. 입력 저항이 매우 높기 때문에 흔히 Op-Amp의 입력 전류가 $0(i_- = i_+ = 0 \text{ A})$이라고 가정할 수 있다.

11-5-1 단위-이득 증폭기(버퍼 증폭기)

그림 11-34는 간단한 Op-Amp 회로를 표시하고 있다. 입력은 Op-Amp의 +단자에 연결되어 있다. 출력은 -단자에 직접 귀환된다.

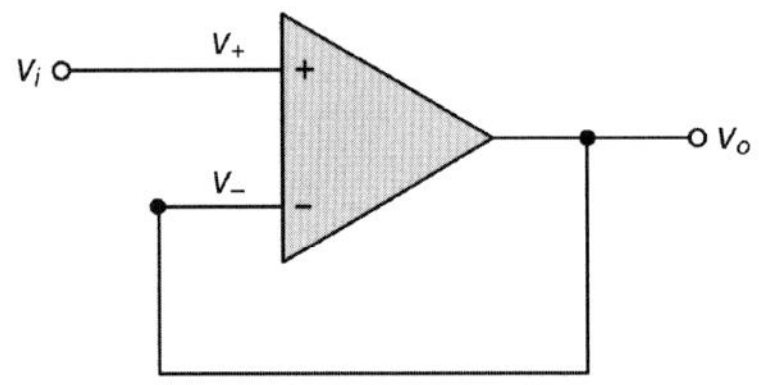

그림 11-34

이것은 단위 이득을 갖는 귀환 시스템으로 단위 귀환 시스템과 동일한 방법에 의해서 회로를 해석할 수 있다. 동일한 방법으로 귀환 루프를 해석할 수 있다. $v_+ = v_i$이고 출력이 -단자에 직접 연결되기 때문에 $v_- = v_o$이다. 따라서 오차 신호는 $v_x = v_+ - v_- = v_i - v_o$이다. 우선 $v_o = 0 \text{ V}$ 이고 입력 v_i가 인가된다고 가정하면 출력은 $v_o = Av_i$에 도달되도록 노력한다. 출력이 증가하면 오차 전압은 감소한다. 마침내 v_x는 출력이 $v_o = Av_x$에 도달되는 크기까지 감소하기 때문에 안정 상태에 도달된다.

Op-Amp의 개방 루프 이득이 크기 때문에 $v_x \approx 0$일 때 귀환 시스템은 평형에 도달됐다고 가정할 수 있다. 이것이 진실이려면 $v_x = v_i - v_o = 0 \text{ V}$가 필요하다. $v_o = v_i$일 때 평형 상태에 도달된다. Op-Amp 회로의 단위 폐루프 이득은 $A_{CL} = \dfrac{v_o}{v_i} = 1$이다. 단위

귀환 공식을 사용하면 $v_o = \frac{A}{1+A}v_i$, $A_{CL} = \frac{A}{1+A}$이다. A가 아주 크기 때문에 $1+A \approx A$이다. 따라서

$$v_o \approx \frac{A}{A}v_i = v_i, \ A_{CL} = \frac{A}{1+A} \approx \frac{A}{A} = 1$$

이다.

이런 단일 이득 Op-Amp 회로는 이미터 폴로어와 FET 폴로어에서 동일한 목적으로 이용된다. 이것은 전원과 부하 사이의 버퍼로 제공된다. Op-Amp 회로는 두 가지 이유로 인해 간단한 트랜지스터 회로보다 우수한 버퍼이다. Op-Amp 버퍼는 1의 이득을 갖는다. 그리고 Op-Amp 버퍼의 입력 저항은 무한대 효과를 가지고 있다.

예제 11-11

(a) 단자는 중성 상태로 사용되기 위해서 1 MΩ의 내부 저항을 갖는다. 그림 11-35(a)에서 이런 단자가 입력 저항이 100 kΩ인 전압 증폭기에 직렬로 연결되어 있다고 가정하고 증폭기의 입력 전압을 구하시오. (b) Op-Amp 버퍼가 단자와 전압증폭기 사이에 삽입된다. 그림 11-35(b)에 표시된 증폭기의 입력 전압은 얼마인가?

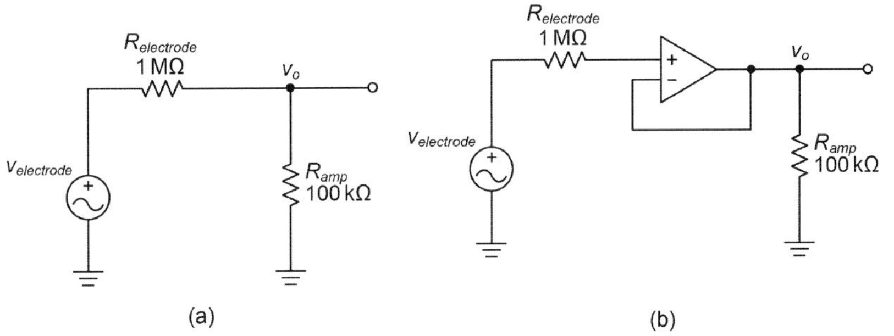

그림 11-35

(풀이) (a) 그림 11-35(a)에 표시된 회로는 전압 분배기를 구성하기 때문에

$$Va = \frac{100\ \text{k}\Omega}{100\ \text{k}\Omega + 1\ \text{M}\Omega} V_{electrode} = 0.0909\, V_{electrode}$$

이다. 전원 저항의 신호가 잘못 연결되어 있고 증폭기의 입력 저항은 증폭기에 도달된 신호의 9%만을 가진다

(b) Op-Amp의 출력은 부하에 의해서 영향을 받지 않는다는 것을 알고 있으므로 $v_a = v_+$이다. Op-Amp에 전류가 흐르지 않기 때문에 전원 저항에 흐르는 전류도 없다. 따라서 $v_{sourveresistor} = 0\ \mathrm{V}$이다. Op-Amp의 입력 전압은 전원 전압과 같다는 것을 의미하기 때문에 $v_+ = v_{electrode}$이고 증폭기 전압은 $v_a = v_+ = v_{electrode}$이다. Op-Amp의 버퍼는 부하로부터 신호원을 효과적으로 차단시킨다.

11-5-2 비반전 증폭기

그림 11-36(a)에 표시된 Op-Amp 회로를 해석해 보자. 입력 전압은 Op-Amp의 +단자에 인가되고 출력 전압은 R_F와 R_1을 통해서 −단자에 귀환된다. v_o 값은 얼마인가?

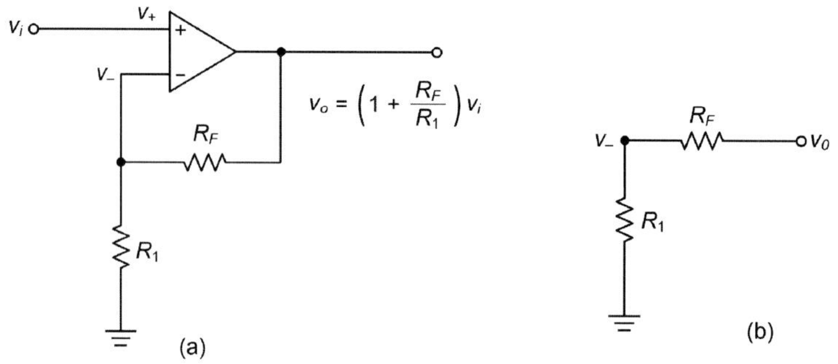

그림 11-36 비반전 증폭기

회로를 살펴보면 $v_+ = v_i$이다. 만약 회로가 적절하게 동작한다면 R_1과 R_F의 귀환 회로는 $v_- = v_+$를 만족해야만 한다. 그러나 v_-는 어디에서 오는 것일까? $i_- = 0\ \mathrm{A}$이기 때문에 R_1과 R_2는 구동 전압을 제공하는 v_o를 갖는 전압 분배기를 구성한다. 이러한 전압 분배기는 그림 11-36(b)에 표시되어있다.

$$v_- = \frac{R_1}{R_1 + R_F} v_o$$

이다. $v_- = v_i$이기 때문에 v_o는 $v_i = \dfrac{R_1}{R_1 + R_F} v_o$를 만족해야 한다. 이 식의 역수를 취하

면 v_o를 구할 수 있다.

$$v_o = \frac{R_1 + R_F}{R_1} v_i, \quad v_o = (1 + \frac{R_F}{R_1}) v_i \tag{11-11}$$

따라서 폐루프 이득은 $A_{CL} = \frac{v_o}{v_i} = 1 + \frac{R_F}{R_1}$이다. 이 회로는 비반전 증폭기로 알려져 있다. 폐루프 시스템의 이득은 귀환 저항에 의해서 설정된다.

예제 11-12

그림 11-37에 표시된 Op-Amp회로에서 R_1이 다음와 같을 때 시스템 이득을 구하시오.
(a) $R_1 = R_F = 1\ \text{k}\Omega$ (b) $R_1 = 1\ \text{k}\Omega$ 그리고 $R_F = 10\ \text{k}\Omega$

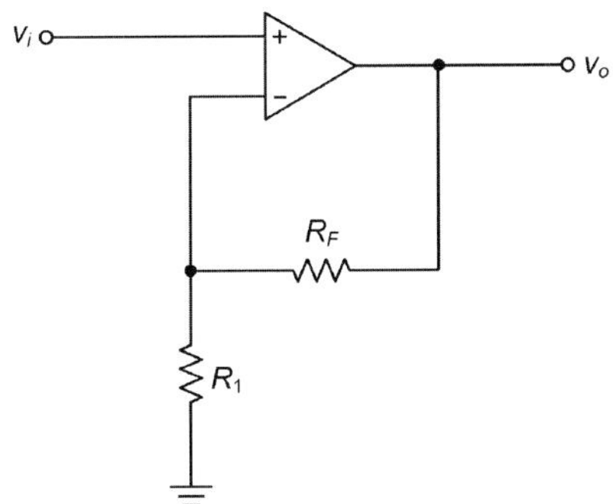

그림 11-37

(풀이)

(a) $R_1 = R_F = 1\ \text{k}\Omega$일 때

$$A_{CL} = 1 + \frac{R_F}{R_1} = 1 + \frac{1\ \text{k}\Omega}{1\ \text{k}\Omega} = 2$$

(b) $R_1 = 1\ \text{k}\Omega$이고 $R_F = 10\ \text{k}\Omega$일 때

$$A_{CL} = 1 + \frac{R_F}{R_1} = 1 + \frac{10\ \text{k}\Omega}{1\ \text{k}\Omega} = 11$$

예제 11-13

그림 11-37에 표시된 회로에서 $R_1 = 2\ \text{k}\Omega$, 폐루프 이득 $A_{CL} = 20$일 때의 R_F를 구하시오.

(풀이)

$A_{CL} = 1 + \frac{R_F}{R_1}$ 이므로 주어진 정보를 사용하면 $20 = 1 + \frac{R_F}{2\ \text{k}\Omega}$ 이다.

식을 다시 정리하면 $\frac{R_F}{2\ \text{k}\Omega} = 19 \rightarrow R_F = 38\ \text{k}\Omega$ 이다.

11-6 반전 증폭기의 루프 해석

그림 11-38(a)에 표시된 회로는 방금 해석했던 비반전 증폭기와 유사하다. 그러나 여기서는 +단자가 접지된다. 입력은 −단자에 연결되어 있다. R_1과 R_F의 조합에 의해서 출력이 입력으로 귀환된다.

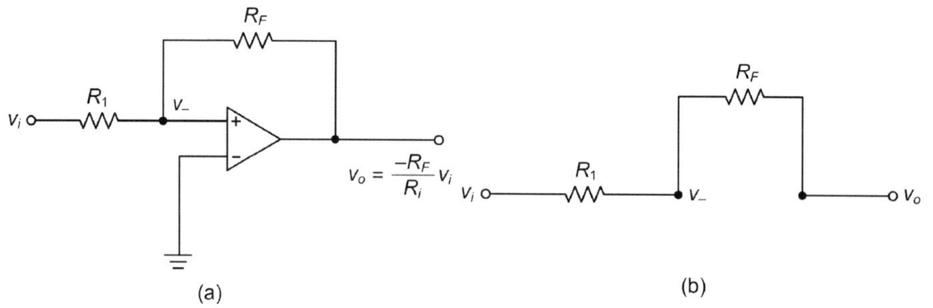

그림 11-38 비반전 증폭기

그림 11-38(a)에 표시된 회로를 간략화하기 위해서 Op-Amp의 윗면 하단만을 살펴보자(이것은 Op-Amp를 보여주기 위한 방법이다). +단자가 이제는 아래쪽에 있다. 이 회로에서 Op-Amp의 +단자는 접지된다. 이것은 $v_+ = 0$ V를 의미한다. $v_x = v_+ - v_- = -v_-$ 이다. 따라서 $v_o = Av_x = -Av_-$ 이다. 만약 입력측에 +전압이 인가된다면, v_-는 positive로 된다. 이와 같은 공식에 따르면 v_-가 positive일 때 v_o는 아주 큰 negative 값으로 향하게 된다. R_F가 v_o를 −단자로 연결시키기 때문에, v_o가 negative

로 될 때 v_- 역시 negative를 갖는다.

▣ v_i가 +로 되면 v_-는 +로 된다.

▣ v_-가 +로 되면 v_o는 −로 된다.

▣ v_o가 −로 되면 v_-는 −로 된다.

이런 관계는 이 회로가 부귀환 증폭기임을 확신시켜준다. 오차 전압이 작은 값을 가질 때 부귀환 시스템이 안정화된다는 것을 알고 있다. Op-Amp의 경우 높은 순방향 이득은 v_x가 거의 0 V에 가까울 때 안정화된다.

이 회로에서 $v_x = -v_-$이기 때문에 $v_x = 0\ \text{V} \rightarrow v_- = 0\ \text{V}$로 된다. 이 회로의 어느 곳에서도 도선이 접지된 곳은 0 V이다. 회로의 어느 지점에서 0 V가 될 때 회로는 서로 연결되어 있기 때문에, 가상 접지라고 부른다. Op-Amp회로에서 −단자는 가상 접지라고 부른다. 회로에서의 귀환은 출력 전압 $v_- = 0\ \text{V}$가 될 때까지 조정된다. R_1과 R_F를 따로 분리하면 그림 11-38(b)에 표시된 전압을 유지하게 된다. v_-는 식 (11-12)처럼 구해진다.

$$v_- = \frac{R_F}{R_1 + R_F}v_i + \frac{R_1}{R_1 + R_F}v_o \tag{11-12}$$

따라서 $v_- = 0\ \text{V}$이므로 $0 = \frac{R_F}{R_1 + R_F}v_i + \frac{R_1}{R_1 + R_F}v_o$이다. 여기서 양변에 $(R_1 + R_F)$를 곱하면 $0 = R_F v_i + R_1 v_o$가 구해진다. v_o를 구하면 $v_o = -\frac{R_F}{R_1}v_i$이다. 따라서 폐루프 이득은 식 (11-13)처럼 구해진다.

$$A_{CL} = -\frac{R_F}{R_1} \tag{11-13}$$

반전 증폭기의 폐루프 이득은 $\frac{R_F}{R_1}$비에 따라서 얻어진다. 이득의 부호가 −이면 출력은 입력이 반전되었음을 의미한다.

예제 11-14

그림 11-39에 표시된 회로에서 R_1이 다음과 같다고 가정하고 Op-Amp 회로의 폐루프 이득을 구하시오.

(a) $R_1 = 1\ \text{k}\Omega$, $R_F = 20\ \text{k}\Omega$　　　　(b) $R_1 = 2\ \text{k}\Omega$, $R_F = 1\ \text{k}\Omega$

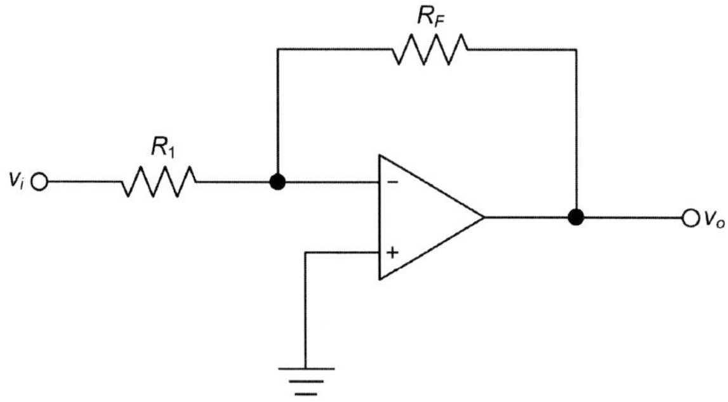

그림 11-39

(풀이) (a) $R_1 = 1\ \text{k}\Omega$, $R_F = 20\ \text{k}\Omega$일 때

$$A_{CL} = -\frac{R_F}{R_1} = -\frac{20\ \text{k}\Omega}{1\ \text{k}\Omega} = -20$$

(b) $R_1 = 2\ \text{k}\Omega$, $R_F = 1\ \text{k}\Omega$일 때

$$A_{CL} = -\frac{R_F}{R_1} = -\frac{1\ \text{k}\Omega}{2\ \text{k}\Omega} = -0.5$$

반전 증폭기의 이득은 1보다 적을 수 있다는 점에 주목하라.

예제 11-15

저항값이 1 kΩ, 5 kΩ, 10 kΩ, 20 kΩ으로 주어진다. Op-Amp 회로의 폐루프 이득이 −4가 되도록 시스템을 설계하시오.

(풀이) 반전 증폭기의 폐루프 이득은 $A_{CL} = -\dfrac{R_F}{R_1}$이므로 저항의 비가 4:1이라는 점을 이용한다. 두 저항은 이 조건을 만족하므로 $R_F = 20\ \text{k}\Omega$, $R_1 = 5\ \text{k}\Omega$이다.

11-7 이상적인 Op-Amp

여러분들이 알고 있든, 알지 못하든 간에 폐루프가 존재하는 Op-Amp 회로가 주어질 때는 부귀환 시스템을 이용해서 회로 해석을 해야 한다. 간단한 Op-Amp 회로에서의 해석은 앞에서 배운 두 가지의 기술을 이용한다. 이 절에서는 일반적인 Op-Amp 회로 해석에 있어서 보다 전형적인 방법을 설명하기로 한다. 이상적인 Op-Amp에서 절점 해석을 적용하면 Op-Amp 출력을 결정할 수 있다. 이상적인 Op-Amp는 아주 높은 이득과 큰 입력 저항을 가지고 있다. 그리고 아주 작은 출력 저항을 가진다. 이상적인 Op-Amp의 파라미터는 다음과 같은 실제의 Op-Amp 파라미터에서 추측할 수 있다.

실제 Op-Amp	이상적인 Op-Amp
$R_i = 2\ \text{M}\Omega$	$R_i \to \infty\ \Omega$
$A = 1 \times 10^5$	$A \to \infty$
$R_o = 100\ \Omega$	$R_o = 0\ \Omega$

Op-Amp의 출력 저항은 작기 때문에 이상적인 Op-Amp에서는 0이 됨을 알 수 있다. 그림 11-40에서는 이런 결과를 보여준다. 부하를 Op-Amp에 연결하고 부하 전압을 구하면 $v_L = \dfrac{R_L}{r_o + R_L} A v_x$ 이다. r_o가 0 Ω 이므로 $v_L = \dfrac{R_L}{R_L} A v_x = A_x$ 로 구해진다.

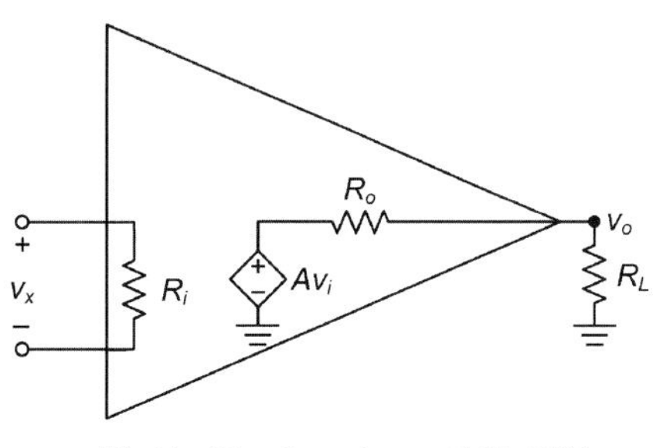

그림 11-40 Op-Amp 출력 저항

여기서 중요한 것은 부하 전압은 R_L에 의존하지 않는다는 점이다. 이것은 Op-Amp 회로를 해석할 때 Op-Amp에 무엇이 연결되었는지를 고려할 필요가 없다는 것을 의미한다. 이것은 앞서 설명했던 BJT나 FET 회로의 경우와는 다르다. 또 다른 이상적인 Op-Amp의 특성은 이미 논의해왔다. ∞의 입력 저항은 Op-Amp의 입력 전류가 0 A라는 것을 의미한다. 높은 이득(이상적인 경우 무한대)은 오차 전압을 0 V로 설정할 수 있다는 것을 의미한다.

이상적인 Op-Amp $\quad r_o = 0\ \Omega\ \rightarrow$ Op-Amp의 부하 무시

$$R_i \rightarrow \infty\ \ \Omega \rightarrow i_+ = i_- = 0\ \text{A}$$

$$A \rightarrow \infty \rightarrow v_x = 0\ \text{V},\ v_- = v_+$$

11-7-1 이상적인 비반전 증폭기 해석

첫 번째로 시험할 비반전 증폭기가 그림 11-41에 표시되어있다. R_F와 R_1의 접점에서 절점 방정식을 구할 수 있다.

$$i_F + i_1 = i_-$$

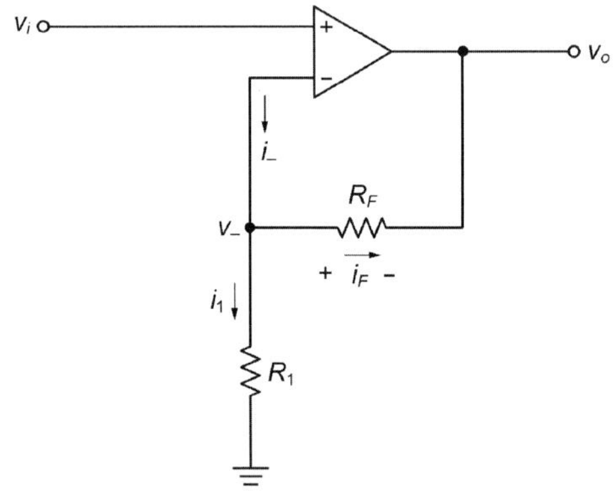

그림 11-41

이상적인 Op-Amp의 $i_- = 0$ A임을 알고 있기 때문에 $i_F + i_1 = 0$ A이다. 또한 이상적인 Op-Amp 회로를 알고 있기 때문에 $v_- = v_+ = v_i$이다.

$$i_1 = \frac{v_-}{R_1} = \frac{v_i}{R_1},\ i_F = \frac{(v_-) - v_o}{R_F} = \frac{v_i - v_o}{R_F} \quad (11\text{–}14)$$

–단자에서의 전류 공식은 식 (11–15)로 표시된다.

$$i_1 + i_F = \frac{v_i}{R_1} + \frac{v_i - v_o}{R_F} = 0 \quad (11\text{–}15)$$

$\frac{v_i}{R_1} + \frac{v_i}{R_F} = \frac{v_o}{R_F}$ 이므로 식 (11–16)이 유도된다.

$$\frac{v_o}{R_F} = \left(\frac{1}{R_1} + \frac{1}{R_F}\right)v_i = \frac{R_1 + R_F}{R_1 R_F}v_i,\ v_o = \frac{R_1 + R_F}{R_1}v_i = \left(1 + \frac{R_F}{R_1}\right)v_i \quad (11\text{–}16)$$

따라서 비반전 증폭기의 출력은 $v_o = (1 + \frac{R_F}{R_1})v_i$이고 비반전 Op–Amp의 폐루프 이득은 $A_{CL} = 1 + \frac{R_F}{R_1}$ 이다.

외부 저항이 포함될 때 Op–Amp 회로의 전반적인 입력 저항과 출력 저항은 얼마인가? 이미 이상적인 Op–Amp의 출력 저항이 0 Ω임을 알고 있다. Op–Amp의 실제적인 출력값은 Op–Amp의 출력 저항이 수 Ω일 때 귀환은 감소한다. Op–Amp의 +단자에는 전류가 흐르지 않기 때문에 비반전 Op–Amp 회로의 전체 입력 저항(전원 저항이라고 함)은 ∞ Ω이 된다. 이것은 비반전 증폭기의 특성 중 하나이다.

비반전 증폭기: $R_{inCL} \rightarrow \infty$ Ω(개방 회로), $R_o \approx 0$ Ω

예제 11-16

그림 11-42에 표시된 Op-Amp 회로의 전원은 10 kΩ의 내부 저항을 가지고 있다. 폐루프 이득을 구하시오.

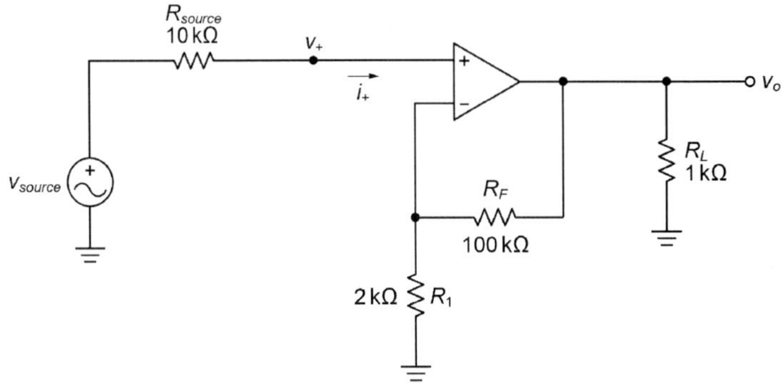

그림 11-42

(풀이) Op-Amp 회로의 출력 저항은 작기 때문에(이상적인 경우 0 Ω) 부하 저항에 대해서 걱정할 필요가 없다. 전원 저항은 결과에 어떤 영향을 미치는가? 출력을 구하기 위해서 v_+를 구하면 $v_+ = v_{source} - R_{suorce}i_+$, Op-Amp의 입력 저항은 ∞이기 때문에 $i_+ = 0$ A이다. 따라서 $v_+ = v_{source}$이다. 비반전 Op-Amp에서는 전원의 내부 저항은 무시할 수 있다. $A_{CL} = 1 + \frac{R_F}{R_1}$이므로 폐루프 이득은 51이다.

$$A_{CL} = 1 + \frac{R_F}{R_1} = 1 + \frac{100\ k\Omega}{2\ k\Omega} = 51$$

11-7-2 이상적인 반전 증폭기

그림 11-43에 표시된 반전 증폭기에서의 절점 해석을 해보자. +단자는 접지되어 있음을 주목하라. +단자가 접지되기 때문에 $v_+ = 0$ V이다.

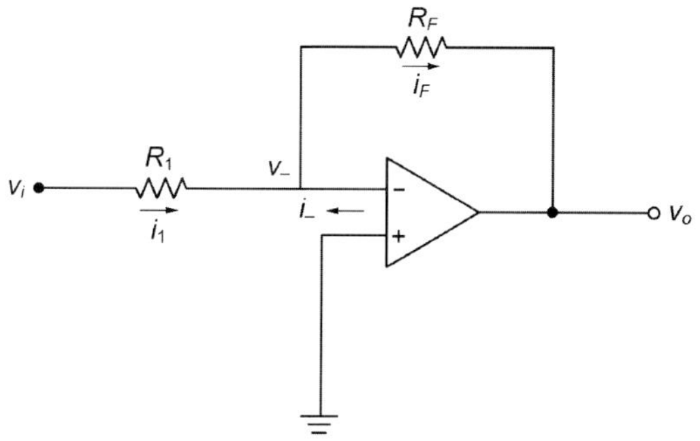

그림 11-43

$v_- = v_+$ 이기 때문에 $v_- = 0$ V(가상 접지)이다. −단자에서의 절점 방정식을 구하면 $i_F = i_1 + i_-$가 구해진다. $i_- = 0$ A이므로 $i_F = \frac{(v_-) - v_o}{R_F} = -\frac{v_o}{R_F}$로 표시된다. $i_1 = \frac{v_i - v_-}{R_1} = \frac{v_i}{R_i}$이다. 따라서$-\frac{v_o}{R_F} = \frac{v_i}{R_i}$로 표시할 수 있다.

반전 증폭기의 최종적인 결과는 식 (11-17)로 표시된다.

$$v_o = -\frac{R_F}{R_i}v_i, \ A_{CL} = -\frac{R_F}{R_1} \tag{11-17}$$

반전 Op-Amp 회로의 출력 저항은 거의 0 Ω에 가깝다. 따라서 우리는 Op-Amp의 어떤 부하의 연결도 무시할 수 있다. 그러나 여기서 입력 저항은 계산해야 한다. 그림 11-43의 예에서는 $i_i = \frac{v_i - (v_-)}{R_1} = \frac{v_i}{R_1}$로 구해진다.

전원에서는 R_1이 가상 접지와 연결되어 있어서 영향을 미치기 때문에 반전 Op-Amp의 입력 저항은 $R_{in} = \frac{v_i}{i_i} = R_1$로 표시된다. 이런 증폭기의 전원에서 바라다본 저항은 R_1에 의해서 결정된다.

예제 11-17

그림 11-44는 반전 Op-Amp를 표시하고 있다. R_{SOURCE}가 다음과 같이 주어질 때 폐루프 이득을 구하시오.

(a) $R_{SOURCE} = 0\ \Omega$ (b) $R_{SOURCE} = 1\text{k}\Omega$

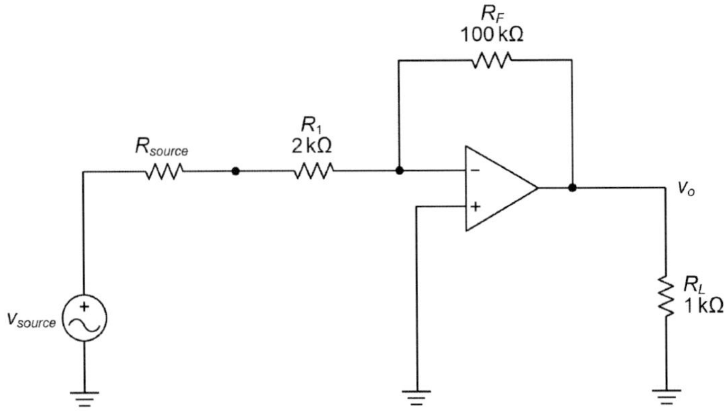

그림 11-44

(풀이) 부하 저항이 회로의 이득에 영향을 미치지 않는다는 점을 고려한다.

(a)만약 $R_{SOURCE}=0\ \Omega$이라면 그림 11-43에 표시된 회로와 같다. 따라서 폐루프 이득은 −50이다.

$$A_{CL}=-\frac{R_F}{R_1}=-\frac{100\ \text{k}\Omega}{2\ \text{k}\Omega}=-50$$

(b) $R_{SOURCE}=1\ \text{k}\Omega$일 때 전원 저항은 R_1과 직렬로 연결되기 때문에 폐루프 이득은 −33.3이다.

$$A_{CL}=-\frac{R_F}{R_{sourcce}+R_1}=-\frac{100K\Omega}{1K\Omega+2K\Omega}=-33.3$$

11-8 실제적인 Op-Amp

실제 Op-Amp는 본질적으로 이상적인 Op-Amp와 같은 결과를 발생시킨다. 이상적인 Op-Amp의 단자 안에는 전류가 없다고 언급해왔다. 트랜지스터를 공부할 때 이미 알고 있는 것처럼 이런 소자들의 적당한 교류 동작을 위해서 바이어스 전류가 요구된다. 사실상 실제적인 Op-Amp 회로는 각 단자에서 pA에서 μA 범위의 아주 작은 바이어스 전류를 가지고 있다. 그림 11-45(a)에 표시된 Op-Amp 회로를 고찰하면 이상적인 Op-Amp에 직류 전류원을 갖는 입력 바이어스 전류를 모델에 추가해야 한다. Op-Amp의 입력이 접지되기 때문에 출력은 0 V로 예상된다. 모델화된 바이어스 전류를 설명하기 위해서

Op−Amp 모델에서 이상적인 부분에는 전류가 흐르지 않는다고 가정한다. +단자가 접지되기 때문에 $v_+ = 0\ \text{V}$이다.

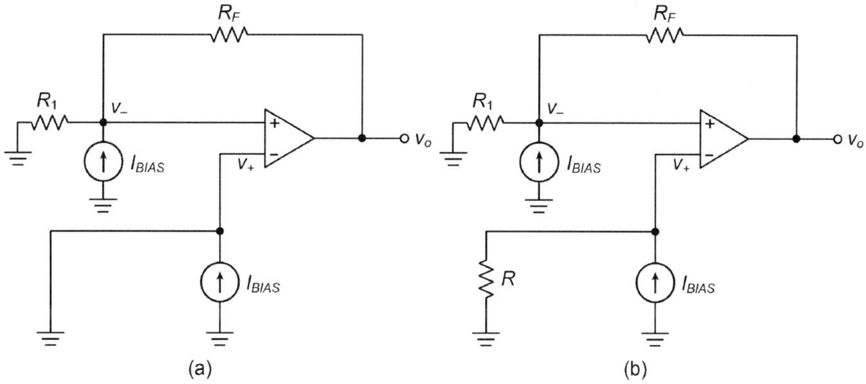

그림 11−45 바이어스 전류

$v_- = v_+ = 0\ \text{V}$이고 + 단자가 접지되기 때문에 전류원은 영향을 미치지 못한다. −단자에서의 절점 방정식은 식 (11−18)처럼 구해진다.

$$\frac{v_- - v_o}{R_F} = I_{bias} + \frac{-v_-}{R_1} \tag{11-18}$$

$v_- = 0\ \text{V}$이기 때문에 식 (11−19)를 유도할 수 있다.

$$-\frac{v_o}{R_F} = I_{bias} \tag{11-19}$$

출력 전압은 식 (11−20)으로 구해진다.

$$v_o = -R_F I_{bias} \tag{11-20}$$

비록 I_{bias}는 작지만, 큰 귀환 저항에 의해서 곱해질 때 입력이 없을 때도 중요한 전압을 얻을 수 있다. 이것을 정확히 하기 위해서 그림 1-35(b)에 표시된 것처럼 항상 – 단자에 $R = R_1 \parallel R_F$ 저항 R을 연결한다. 이런 부가된 저항의 영향을 알아보기 위해서 그림 11-35(b)를 해석해 보자. 모든 바이어스 전류는 R을 통해서 흐르기 때문에 +단자가 키포인트이다(Op-Amp의 이상적인 부분에는 전류가 없다). 따라서 $v_+ = RI_{bias}$이므로 $v_- = v_+ = RI_{bias}$이다. –단자에서의 절점 방정식은 식 (11-21)처럼 표시된다.

$$\frac{RI_{bias} - v_o}{R_F} = I_{bias} - \frac{RI_{bias}}{R_1} \tag{11-21}$$

식을 다시 정리하고 통분하면 식 (11-22)를 구할 수 있다.

$$v_o = (\frac{R}{R_1} + \frac{R}{R_F} - 1)I_{bias} \tag{11-22}$$

$R = R_1 \parallel R_F = \dfrac{R_1 R_F}{R_1 + R_F}$를 대입하면 식 (11-23)이 유도된다.

$$v_o = (\frac{R_F}{R_1 + R_F} + \frac{R_1}{R_1 + R_F} - 1)I_{bias} \tag{11-23}$$

$$v_o = (\frac{R_1 + R_F}{R_1 + R_F} - 1)I_{bias} = (1 - 1)I_{bias} = 0 \ \text{V}$$

이것이 I_{bias}의 효과를 제거하기 위해 Op-Amp 회로에 R을 증가시키는 이유이다.

R은 Op-Amp회로의 증폭에 어떤 영향을 주는가? 다음 예제에서 보는 것처럼 아무런 영향을 미치지 않는다.

예제 11-18

그림 11-46은 입력 바이어스 전류 영향을 제거하기 위해서 정확하게 부가되는 R을 갖는 Op-Amp 회로를 보여 준다. 폐루프 이득을 구하시오.

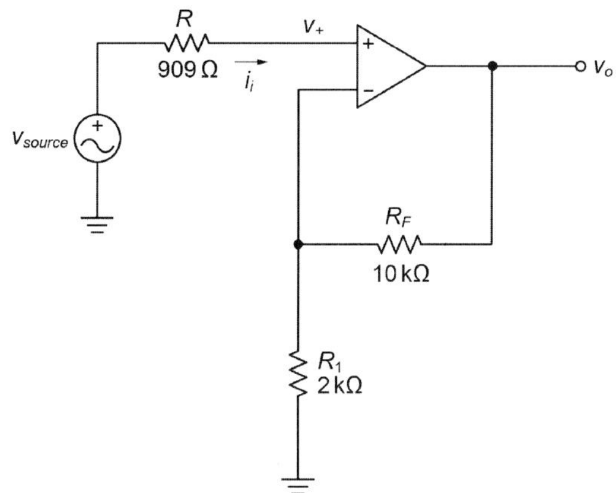

그림 11-46

(풀이) 입력이 + 단자에 직접 연결될 때 비반전 증폭기의 폐루프 이득은 $v_+ = v_{source} - Ri_i$로 표시된다. Op-Amp 안에 흐르는 신호 전류가 없다는 것을 가정할 수 있기 때문에 바이어스 전류를 무시할 수 있다.

$v_+ = v_{source} - R \times 0 = v_{source}$를 구할 수 있다. Op-Amp안에 흐르는 신호 전류가 없기 때문에 R 양단에 걸리는 전압 강하도 없고 시스템 이득은 여전히 11이다.

$$A_{CL} = 1 + \frac{R_F}{R_1} = 1 + \frac{10\ \text{k}\Omega}{1\ \text{k}\Omega} = 11$$

따라서 저항 R은 이런 증폭기 혹은 반전 증폭기의 이득에 아무런 영향을 미치지 않는다.

CHAPTER 11 기초문제

1. Op-Amp에 항상 사용되는 증폭단은 무엇인가?

2. Op-Amp는 무엇을 증폭하는가?

3. 단위귀환 시스템에서 에러(오차) 전압은 무엇인가?

4. 에러 전압에 의존하는 출력 전압은 어떻게 되는가?

5. 단위귀환 시스템에서 입력 전압에 의존하는 출력 전압은 어떻게 되는가?

6. 단위귀환 시스템에서 폐루프 이득은 무엇인가?

7. 단위귀환 시스템에서 귀환 계수는 무엇인가?

8. 일반적인 귀환 시스템에서 에러 전압이란 무엇인가?

9. 일반적인 귀환 시스템에서 입력 전압에 의존하는 출력 전압은 어떻게 되는가?

10. 일반적인 귀환 시스템에서 폐루프 이득은 무엇인가?

11. 일반적인 귀환 시스템에서 순방향 이득이 매우 클 때, 출력 전압은 대체적으로 어떻게 되는가?

12. 일반적인 귀환 시스템에서 Op-Amp 귀환 회로에서 에러 전압은 거의 0 V가 되는가? 그 이유는 무엇인가?

13. Op-Amp의 두단 자 사이의 전압 관계는 어떻게 되는가? 그 이유는 무엇인가?

14. Op-Amp의 입력 전류는 무엇이라고 가정할 수 있는가? 그 이유는 무엇인가?

15. 단위-이득 증폭기를 왜 사용하는가?

16. 비반전 증폭기 회로에서 v_-는 얼마인가?

17. 비반전 증폭기 회로에서 $v_- = v_i$인 이유는 무엇인가?

18. 비반전 증폭기에서 폐루프 이득은 얼마인가?

CHAPTER

11 연습문제

1. 연산 증폭기는 보통 3단으로 구성된다. 각 증폭단들의 이름과 그 기능은 무엇인가?

2. $v_o = 1\ \mathrm{V}$인 출력 전압을 발생시키기 위해서 필요로 하는 순방향 이득을 그림 11-47에서 구하시오.

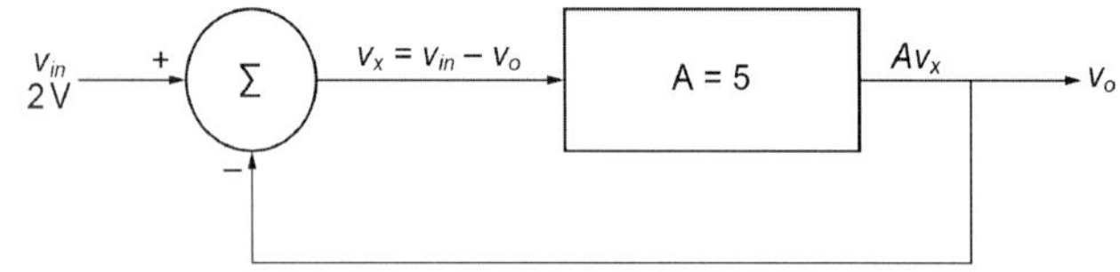

그림 11-47

3. 그림 11-48에 표시된 부귀환 시스템에서 $v_{in} = 2\ \mathrm{V}$로 가정하고 (a) v_o를 구하시오. (b) v_x를 구하시오. (c) A_{CL}을 구하시오.

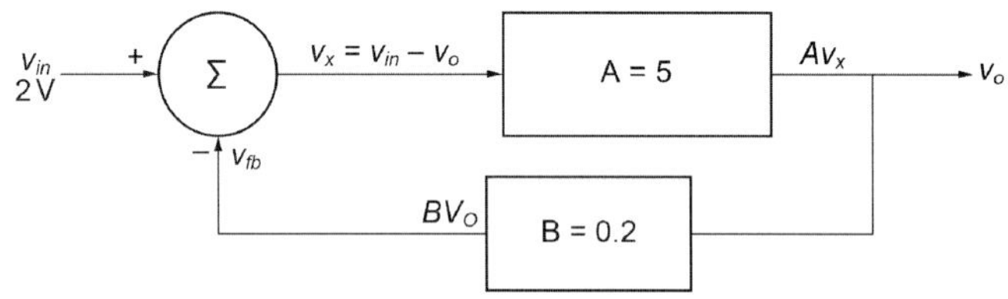

그림 11-48

4. 그림 11-48에서 (a) 순방향 이득이 $A = 50$으로 설정될 때 폐루프 이득을 구하시오. (b) 순방향 이득이 $A = 100$으로 설정될 때 폐루프 이득을 구하시오. (c) 순방향 이득이 $A = 500$으로 설정될 때 폐루프 이득을 구하시오. (d) $B = 0.2$일 때 최대 폐루프 이득은 무엇인가? (e) 귀환 계수 B에 관계되는 최대 폐루프 이득은 무엇인가?

5. v_i 입력을 갖는 비반전 Op-Amp 증폭기를 그리고, 다음 질문에 답하시오.

(a) 부귀환 증폭기를 결정하기 위해서는 어떤 과정을 거쳐야 하는가?

(b) 차동 입력 전압은 무엇인가? 부귀환을 가질 때 이런 전압은 대략 무엇과 일치되는가?

(c) v_+와 v_-의 관계는 무엇인가?

(d) v_o는 v_-에 어떻게 의존되는가?

(e) 이런 증폭기의 폐루프 이득은 무엇인가?

6. 그림 11-49에 표시된 Op-Amp 회로에서 (a) v_o의 함수로 v_-를 구하시오. (b) v_o의 함수로 v_+를 구하시오. (c) v_o의 함수로 v_i를 구하시오. (d) 폐루프 이득은 무엇인가?

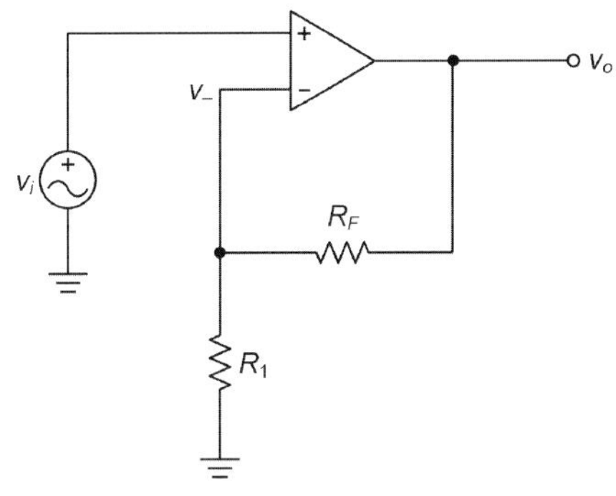

그림 11-49

7. 그림 11-50에 표시된 회로에서 (a) v_+를 구하시오. (b) v_-를 구하시오. (c) v_o를 구하기 위해서 절점 해석을 사용하시오. (d) A_{CL}은 무엇인가?

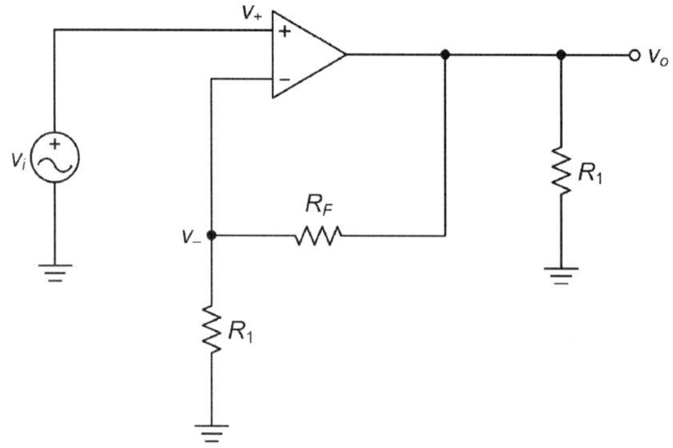

그림 11-50

8. 그림 11-50에 표시된 회로에서 비반전 Op-Amp가 $R_1 = 1\ \mathrm{k}\Omega$, $R_F = 10\ \mathrm{k}\Omega$을 가지고 있다고 가정하고 (a) 폐루프 이득을 구하시오. (b) 만약 $v_i = 0.5\ \mathrm{V}$라면 v_o는 얼마가 되는가? (c) 만약$v_i = -0.5\ \mathrm{V}$라면 v_o는 얼마가 되는가?

9. 그림 11-51에서 v_o를 구하시오.

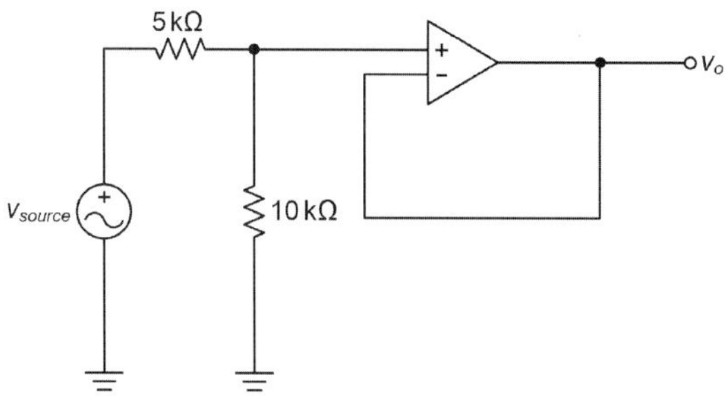

그림 11-51

10. 그림 11-52에서 Op-Amp가 ±12 V 공급을 가지고 있다면 허용되는 입력 전압의 최댓값은 무엇인가?

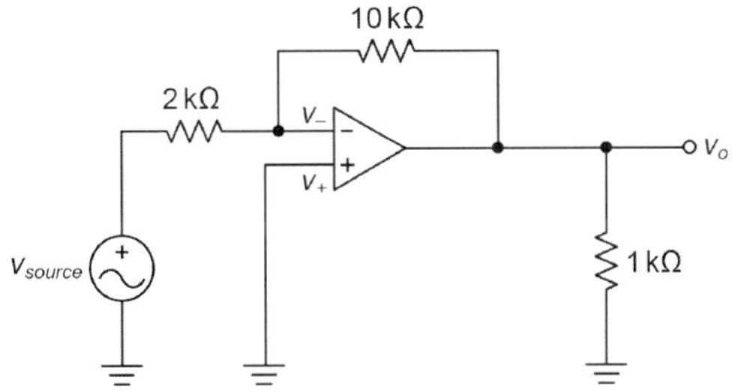

그림 11-52

11. 그림 11-53에서 (a) v_+를 구하시오. (b) v_-를 구하시오. (c) v_-와 v_o를 구하기 위해서 절점 방정식을 구하시오.

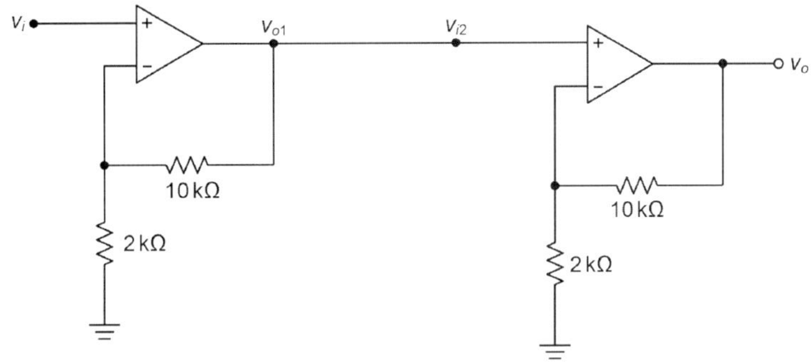

그림 11-53

12. 그림 11-54에 표시된 회로는 전류원 I_{bias}를 갖는 모델이다. 만약 $I_{bias} = 1\ \mu A$라면 (a) R을 제거시키고 출력 전압을 구하시오. (b) R을 다시 배치하고 출력 전압이 0 V로 되는 값을 선택하시오.

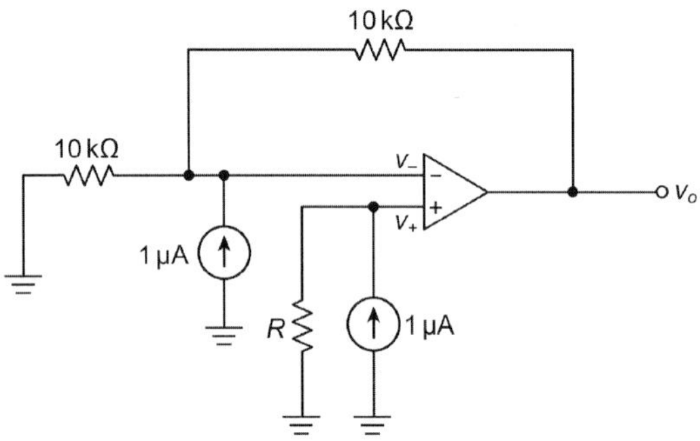

그림 11-54

13. 그림 11-55에 표시된 회로에서 최대 동작 주파수를 결정하시오.

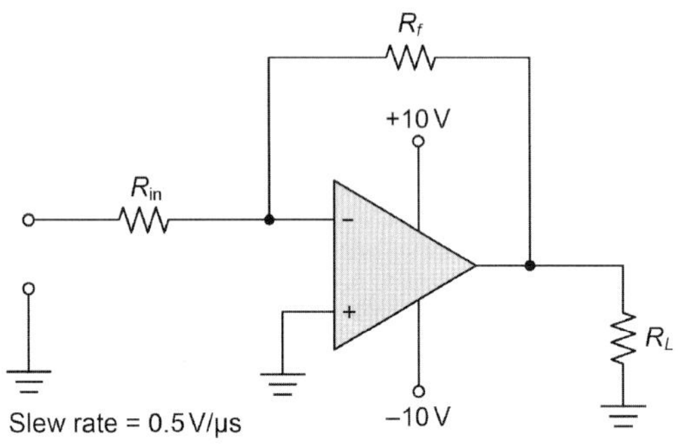

그림 11-55

14. 그림 11-55에 표시된 증폭기는 입력 신호를 100 mV의 피크 출력 전압으로 증폭하는 데 사용된다. 이 증폭기의 최대 동작 주파수는 얼마인가?

15. 그림 11-56에 표시된 회로에 대해 전체 해석을 수행하시오.

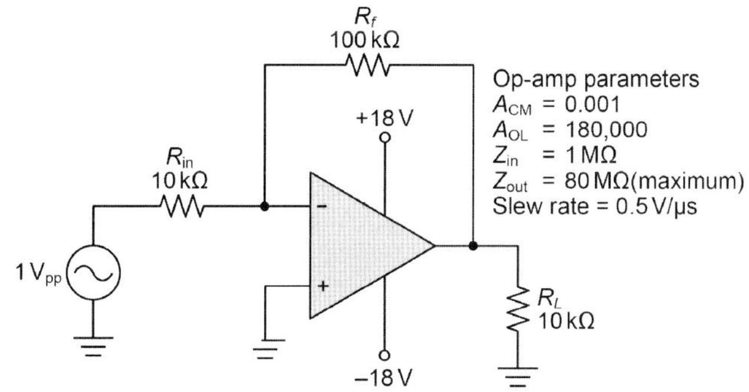

그림 11-56

16. 그림 11-57에 표시된 비반전 증폭기에 대해 전체 해석을 수행하시오.

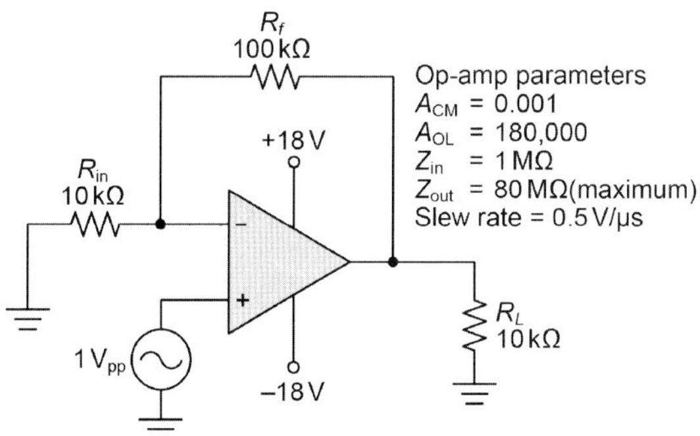

그림 11-57

17. 그림 11–58에 표시된 전압 폴로어의 전체 해석을 수행하시오.

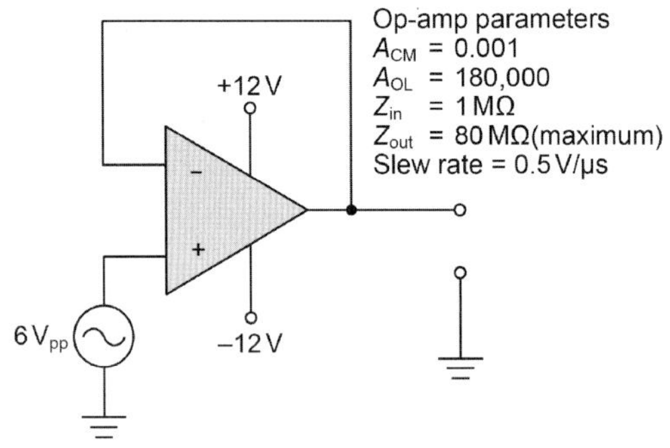

그림 11–58

CHAPTER

12

선형 연산증폭기 회로와 비선형 연산증폭기 회로

11장에서는 이상적인 Op-Amp와 기본적인 Op-Amp 회로에 대해서 소개 했다. 이 장에서는 입력 신호의 형태를 보존하는 선형 연산증폭기 회로인 가산, 감산기, 적분기, 미분기 회로에 대해서 설명한다. 또한 리미터 회로, zero 교차 검출기, 비교기 슈미트 트리거와 같은 비선형 연산증폭기 회로의 동작 특성에 대해서도 설명한다.

12-1 비반전 증폭기와 반전 증폭기

그림 12-1에는 기본적인 비반전 증폭기가 표시되어있다. 표준적인 과정을 따르면 대부분의 Op-Amp 회로에서는 +단자를 아래쪽에 갖는 Op-Amp로 그려진다. 비반전 Op-Amp의 출력은 식 (12-1)처럼 구해진다.

$$v_0 = (1 + \frac{R_F}{R_1})v_i \tag{12-1}$$

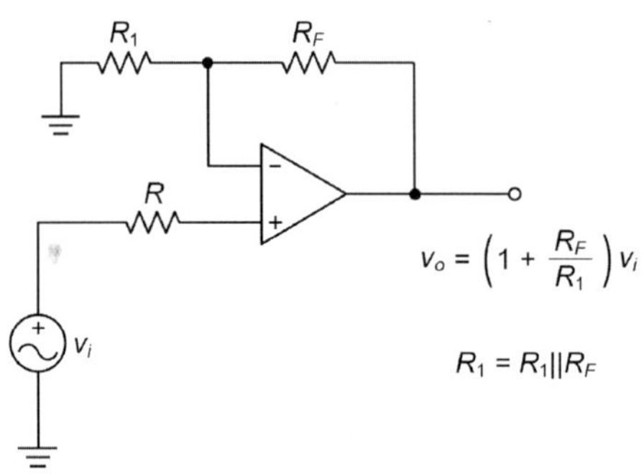

그림 12-1 비반전 증폭기

저항은 이런 회로의 신호 동작에 영향을 주지 않지만 입력 바이어스 전류에 기인하는 offset 전압을 제거하기 위해서 포함된다. 이 값은 $R = R_1 \parallel R_F$에 의해 주어진다. 비반전 증폭기의 중요한 장점은 거의 무한대에 가까운 자신의 입력 저항이다. 이런 장점은 몇몇 비반전 회로에서는 상실된다.

12-1-1 단위 이득 버퍼 증폭기

그림 12-2는 단위 이득을 갖는 Op-Amp 버퍼 증폭기를 표시하고 있다.

$$v_0 = v_i$$

Op-Amp 버퍼는 거의 무한대에 가까운 입력 저항과 0 Ω에 가까운 출력 저항을 가지기 때문에 이미터 폴로어와 FET 폴로어 같은 트랜지스터 버퍼보다 훨씬 우수한 소스와 부하의 분리를 제공한다.

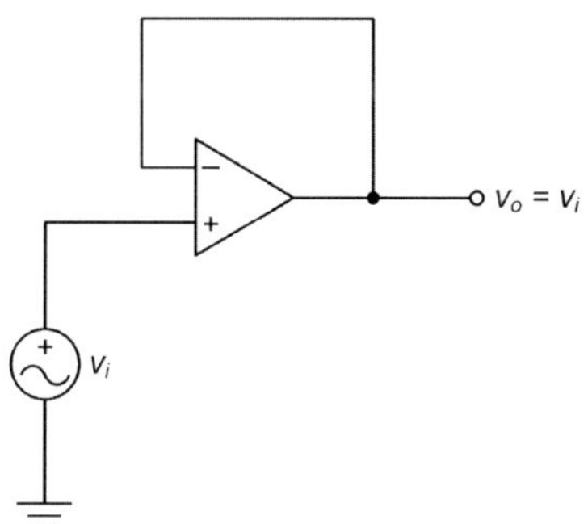

그림 12-2 버퍼 증폭기

그림 12-3은 기본적인 반전 증폭기를 표시하고 있다. 출력은 $v_o = -\frac{R_F}{R_1}v_i$로 주어진다. 다시 저항은($R = R_1 \parallel R_F$) 입력 바이어스 전류의 영향을 제거한다. 반전 증폭기의 이득 공식을 얻기는 간단하기 때문에 비반전 증폭기보다 설계하기가 더 쉽다.

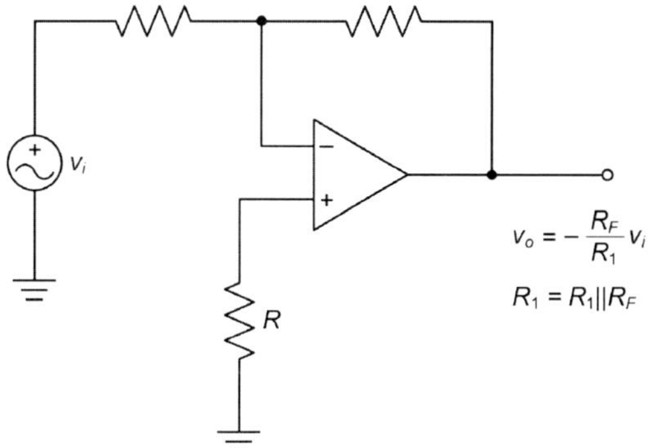

그림 12-3 반전 증폭기

Op-Amp는 증폭기를 구성하기 위해서 몇 개씩 사용할 수 있을 만큼 가격이 저렴하기 때문에 – 부호는 문제가 되지 않는다. 비반전 출력을 얻기 위해서 반전 증폭기의 출력이 또 다른 반전 증폭기의 입력으로 제공된다. 사실 많은 실제적인 Op-Amp 설계에서는 몇 단의 Op-Amp가 사용된다. 과정을 쉽게하기 위해서 제조업체는 그림 12-4에 표시된 것처럼 한 개의 패키지에 4개의 Op-Amp를 갖는 집적회로를 제조한다.

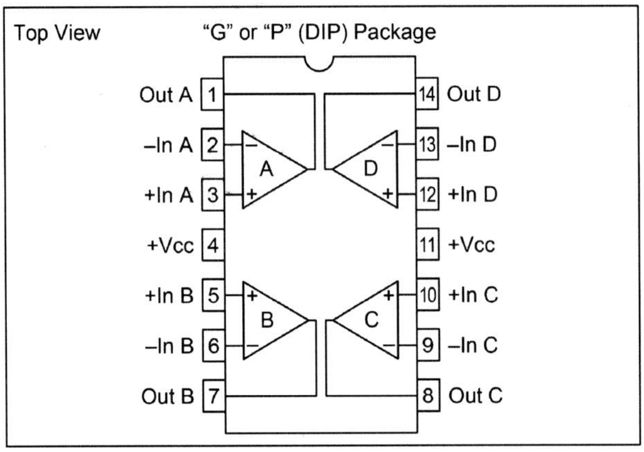

그림 12-4 쿼드Op-Amp칩

반전 Op-Amp의 중요한 단점은 –단자에서 가상 접지를 갖기 때문에 신호원에서 바라다보는 저항이 바로 R_1이라는 사실이다. 만약 우리가 높은 입력 저항을 원한다면 그림 12-5에 표시된 것처럼 단위 이득 버퍼를 갖는 전치 증폭기에 의해서 반전 증폭기의 설계를 간략화하도록 유지시킬 수 있다.

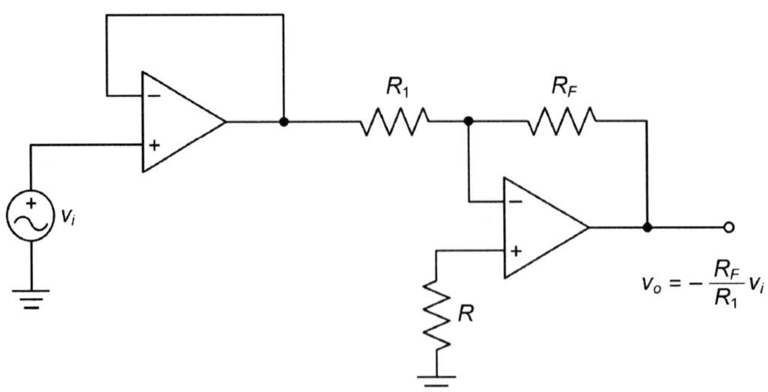

그림 12-5

12-1-2 반전 가산 증폭기와 비반전 가산기

그림 12-6에 표시된 다중 입력 회로를 살펴보자. 우선 그림 12-6(a)에 표시된 2개의 입력 회로를 해석해보자. +단자는 R을 통해서 접지되기 때문에 $i_+ = 0$ A이다. 따라서 − 단자는 아직도 가상 접지이다.

$$v_+ = 0 \ \ V \rightarrow v_- = 0 \ \ V$$

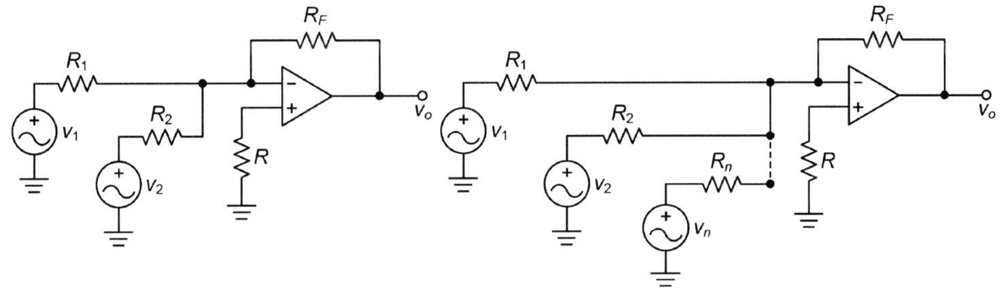

$$v_o = -\left(\frac{R_F}{R_1}v_1 + \frac{R_F}{R_2}v_2\right)$$

$$R_1 = R_1 || R_2 || R_F$$

(a)

$$v_o = -\left(\frac{R_F}{R_1}v_1 + \frac{R_F}{R_2}v_2 + \cdots + \frac{R_F}{R_n}v_n\right)$$

$$R_1 = R_1 || R_2 || \cdots || R_n || R_F$$

(b)

그림 12-6 반전 가산 증폭기

− 단자에서 절점 방정식을 구할 수 있다($i_- = 0$ A).

$$\frac{v_1}{R_1} + \frac{v_2}{R_2} = -\frac{v_o}{R_F} \tag{12-2}$$

식 (12-2)를 정리하면 식 (12-3)과 식 (12-4)를 구할 수 있다.

$$\frac{v_o}{R_F} = -\frac{v_1}{R_1} + \frac{v_2}{R_2} \tag{12-3}$$

$$v_o = -\left(\frac{R_F}{R_1}v_1 + \frac{R_F}{R_2}v_2\right) \tag{12-4}$$

가중된 가산기를 구할 수 있다(이 회로 역시 입력을 반전시킨다). 바이어스 전류 효과를 제거하기 위해서 $R = R_1 \parallel R_2 \parallel R_F$로 설정한다. $R_F = R_1 = R_2$ 라고 가정하면 $v_o = -(v_1 + v_2)$이고 회로는 간단한 가산기가 된다.

만약 $R_2 = R_1$이라면 $v_o = -\frac{R_F}{R_1}(v_1 + v_2)$로 $\frac{R_F}{R_1}$의 이득을 갖는 가산기를 구성할 수 있다. $R_F = 10\ \mathrm{k}\Omega$, $R_1 = 5\ \mathrm{k}\Omega$, $R_2 = 10\ \mathrm{k}\Omega$이라고 가정하면 출력 전압은 $v_o = -(2v_1 + v_2)$이다. 이것은 가중치를 갖는 가산기라는 것을 의미한다. 이런 경우에는 출력은 v_1으로 표시되는 신호의 2배와 v_2로 표시되는 신호의 합으로 구해진다. 주의할 점은 입력 바이어스 전류의 효과를 제거하기 위해서 $R = R_1 \parallel R_2 \parallel R_F = 2.5\ \mathrm{k}\Omega$ 을 설정한다는 것이다.

그림 12-6(b)에 표시된 더 일반적인 회로를 통해서 이런 해석을 더 확장시킬 수 있다. 여기서 차이점이라면 −단자에서의 절점 방정식에서 더 많은 전류를 고려하게 된다는 점이다.

$$\frac{v_1}{R_1} + \frac{v_2}{R_2} + \cdots + \frac{v_n}{R_n} = -\frac{v_0}{R_F}$$

v_o를 구하면 $v_o = -\left(\frac{R_F}{R_1}v_1 + \frac{R_F}{R_2}v_2 + \cdots + \frac{R_F}{R_n}v_n\right)$이다.

일반적으로 바이어스 전류에 기인하는 offset 전압을 제거하기 위해서 −단자에 연결된 R_F를 포함한 전체 저항과 등가의 저항을 + 단자에 연결시켜야 한다.

$$R = R_1 \parallel R_2 \cdots R_n \parallel R_F$$

예제 12-1

그림 12-7은 3개의 입력 전압을 갖는 반전 가산기를 표시하고 있다.
(a) 출력 전압을 구하시오.
(b) 바이어스 전류에 기인하는 직류 offset을 제거하기 위한 R을 구하시오.

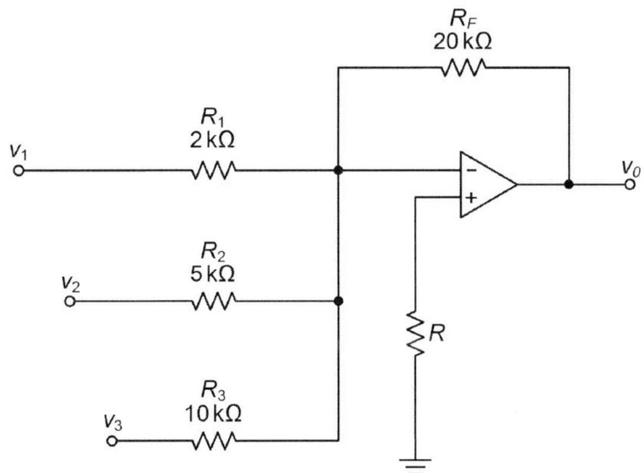

그림 12-7

(풀이)

(a) 가산기의 출력은

$$v_o = -(\frac{R_F}{R_1}v_1 + \frac{R_F}{R_2}v_2 + \frac{R_F}{R_3}v_3) = -(\frac{20\ \text{k}\Omega}{2\ \text{k}\Omega}v_1 + \frac{20\ k\Omega}{5\ k\Omega}v_2 + \frac{20\ k\Omega}{10\ k\Omega}v_3)$$

로부터 구해진다. 따라서 출력은 $v_o = -(10v_1 + 4v_2 + 2v_3)$이다. 출력은 세 입력의 가중치 합으로 구해진다.

(b) 저항은 1.11 kΩ이다.

$$R = R_1 \parallel R_2 \parallel R_3 \parallel R_F = 2\ \text{k}\Omega \parallel 5\ \text{k}\Omega \parallel 10\ \text{k}\Omega \parallel 10\ \text{k}\Omega = 1.11\ \text{k}\Omega$$

예제 12-2

그림 12-8은 4bit 디지털- 아날로그 컨버터를 구성하기 위해서 반전 증폭기가 어떻게 사용되는지를 보여준다. 4bit 컴퓨터의 출력 버스선에 의해서 HIGH(1) 혹은 LOW(0)으로 나타나는 전압 v_1에서 v_4가 공급된다. 연속된 전압은 4bit의 2진수를 표시한다. v_1이 가장 가중치가 높은 MSB(most significant bit)이고 v_4가 가장 가중치가 작은 LSB(least significant bit)이다. (a)v_o를 v_1에서 v_4의 함수로 구하시오. (b) LOW 논리는 0 V를 표시하고 HIGH 논리는 1 V를 표시한다고 가정하고 $(v_1v_2v_3v_4) = (1011)$일 때의 출력 전압을 구하시오.

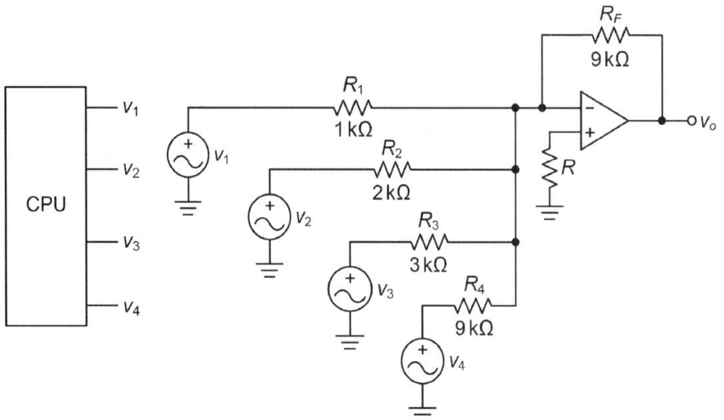

그림 12-8

〈풀이〉

(a) 가중치를 갖는 가산기 공식을 적용하면

$$v_0 = -(\frac{R_F}{R_1}v_1 + \frac{R_F}{R_2}v_2 + \frac{R_F}{R_3}v_3 + \frac{R_F}{R_4}v_4) = -(9v_1 + 4.5v_2 + 3v_3 + v_4)$$

(b) $(v_1 v_2 v_3 v_4) = (1011)$, 출력 전압은

$$v_0 = -(9v_1 + 4.5v_2 + 3v_3 + v_4) = -(9\times1 + 4.5\times0 + 3\times1 + 1\times1) = -16 \text{ V}$$

이다.

12-1-3 버퍼를 갖는 반전 증폭기와 버퍼를 갖는 비반전 증폭기

그림 12-9에 표시된 DAC에서 각 신호 발생기는 다른 저항을 갖는다는 사실을 확인할 수 있다. 다중 입력을 가질 때 간단한 증폭기의 입력 저항에 대해서 말할 수 없다는 것을 의미한다. 반전 증폭기 가산기인 경우 –단자가 가상 접지이기 때문에 다음과 같은

v_1은 $R_1 = 1\ k\Omega$의 입력 저항을 볼수 있다.

v_2는 $R_2 = 2\ k\Omega$의 입력 저항을 볼수 있다.

v_3는 $R_3 = 4\ k\Omega$ 의 입력 저항을 볼수 있다.

v_4는 $R_4 = 8\ k\Omega$ 의 입력 저항을 볼수 있다.

만약 이런 저항들이 이 회로에 비해서 너무 작다면 그림 12-9에 표시된 것처럼 증폭기와 각 신호원 사이에 단위 이득 Op-Amp 버퍼를 삽입할 수 있다.

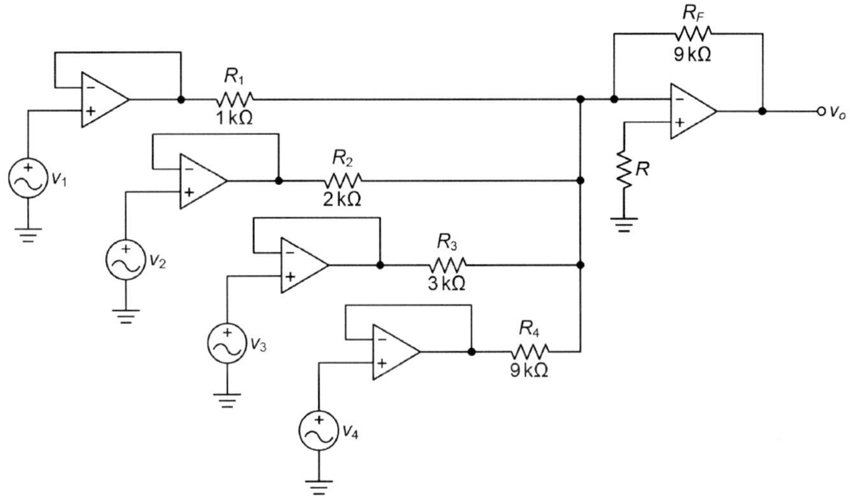

그림 12-9

비반전 가산기를 고려하기 전에 그림 12-10에 표시된 회로를 실험해보자. Op-Amp회로는 +단자에 연결된 몇 개의 저항을 가진다. v_+를 알고 있다고 가정하고 출력을 구하는 것이 더 쉽다. 그런 다음 다시 v_+의 실제적인 값을 구한다. 만약 v_+를 안다고 가정하면 $v_- = v_+$이고 −단자에서 절점 방정식은 $-\frac{v_+}{R_A} = \frac{v_+ - v_o}{R_F}$로 주어진다. 출력 전압을 구하면 $v_o = (1 + \frac{R_F}{R_A})v_+$로 구해진다. 이것이 v_+를 입력으로 하는 비반전 이득의 표준 공식이라는 것을 인식하게 될 것이다.

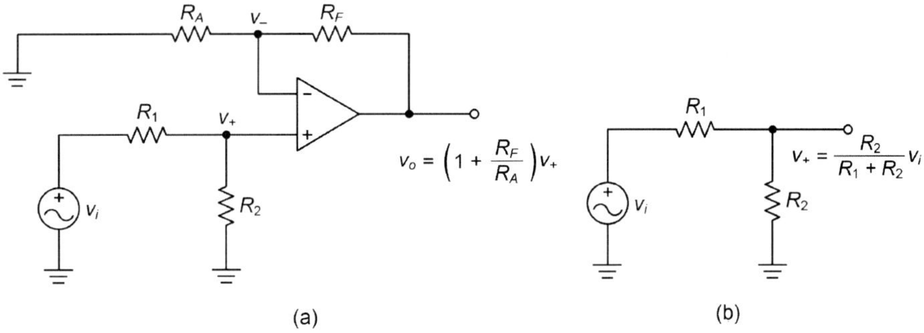

그림 12-10 전압 분배기 입력을 갖는 비반전 증폭기

v_+를 구하기 위해서 그림 12-10(b)에 표시된 R_1, R_2로 구성되는 전압분배기의 Op-Amp 안에 전류가 없다는 사실을 기억해야 한다.

$$v_+ = \frac{R_2}{R_1 + R_2} v_i$$

우리는 새로운 완벽한 회로도를 가지게 된다.

$$v_o = (1 + \frac{R_F}{R_A}) \frac{R_2}{R_1 + R_2} v_i$$

이것은 아주 장황한 공식에서 비반전 증폭기의 결과이다. 바이어스 전류 효과를 제거하기 위해서 $R_1 \parallel R_2 = R_A \parallel R_F$를 설정한다.

잠시 여기서 쉬어가자. 만약 위의 관계가 진실이라면 복잡한 공식으로부터 다음과 같이 간략화된 공식을 구할 수 있다.

$$R_1 \parallel R_2 = R_A \parallel R_F \rightarrow v_0 = \frac{R_F}{R_1} v_i$$

훨씬 간략하다. 이 공식은 반전 증폭기 공식처럼 간단한 공식이다. 중요한 것은 전원으로부터 바라다보는 저항은 더 이상 무한대가 아니라는 사실이다. 전원 전류는 R_2를 통해서 접지로 가는 경로를 가지게 되고 입력 저항은 여기서 $R_{in} = R_1 + R_2$로 된다.

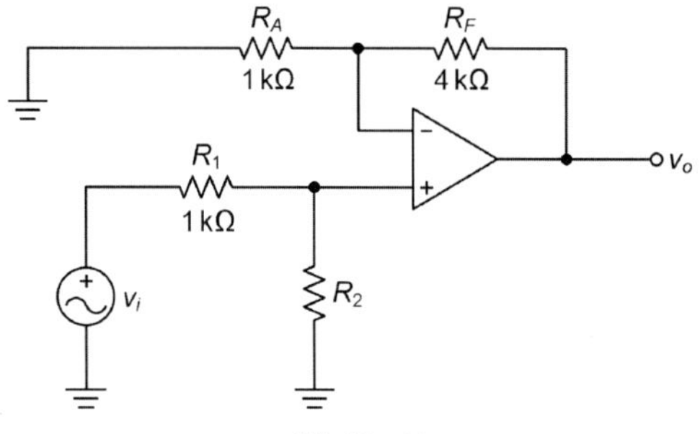

그림 12-11

예제 12-3

그림 12-11에 표시된 회로에서 (a) $R_2 = 1\ \text{k}\Omega$ (b) $R_2 = 4\ \text{k}\Omega$일 때 출력 전압을 구하시오.

〈풀이〉

(a) $R_2 = 1\ \text{k}\Omega$인 경우

$$v_0 = (1+\frac{R_F}{R_A})\frac{R_2}{R_1+R_2}v_i = (1+\frac{4\ k\Omega}{1\ k\Omega})\frac{1\ k\Omega}{1\ k\Omega+1\ k\Omega}v_i = 5\times\frac{1}{2}v_i = 2.5v_i$$

이다. 주의할 점은 $R_1 \parallel R_2 \neq R_A \parallel R_F$이다. 따라서 긴 공식으로 인해 어려움을 갖게 된다.

(b) $R_2 = 4\ \text{k}\Omega$인 경우

$$v_0 = (1+\frac{R_F}{R_A})\frac{R_2}{R_1+R_2}v_i = (1+\frac{4\ k\Omega}{1\ k\Omega})\frac{4\ k\Omega}{1\ k\Omega+4\ k\Omega}v_i = 5\times\frac{4}{5}v_i = 4v_i$$

이 회로는 $R_1 \parallel R_2 = R_A \parallel R_F$이다. 따라서 $v_0 = \frac{R_F}{R_1}v_1 = \frac{4\ k\Omega}{1\ k\Omega}v_i = 4v_i$인 간단한 공식을 사용할 수 있다.

그림 12-12는 비반전 가산 증폭기를 표시하고 있다. 이 회로에서 출력 전압의 일반적인 공식은 누구나 알고 있을 정도이다. 만약 R_A가 바이어스 전류 효과를 제거하기 위해서

$$R_A \parallel R_F = R_1 \parallel R_2 \ldots \parallel R_n$$

로 선택된다면 비반전 출력은

$$v_0 = (\frac{R_F}{R_1}v_1 + \frac{R_F}{R_2}v_2 + \ldots\ldots + \frac{R_F}{R_n}v_n)$$

와 같은 간단한 공식으로 주어진다.

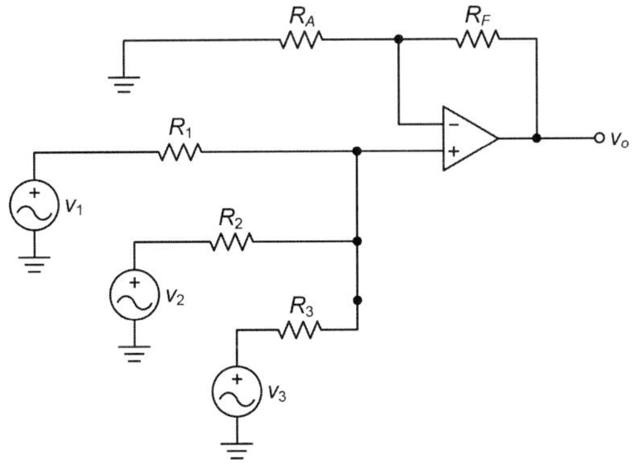

그림 12-12 비반전 가산 증폭기

예제 12-4

그림 12-13에 표시된 회로에서 출력 전압을 구하시오.

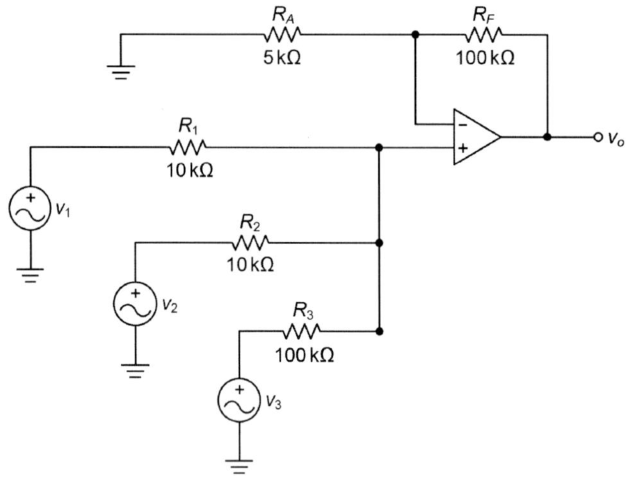

그림 12-13

(풀이) $R_A \parallel R_F = 5\ \text{k}\Omega \parallel 100\ \text{k}\Omega = 4.8\ \text{k}\Omega$,

$R_1 \parallel R_2 \parallel R_3 = 10\ \text{k}\Omega \parallel 10\ \text{k}\Omega \parallel 100\ \text{k}\Omega = 4.8\ \text{k}\Omega$이다.

$R_A \parallel R_F = R_1 \parallel R_2 \parallel R_3$이기 때문에 우리는 v_o을 찾기 위해 간단한 공식을 사용할 수 있다.

$$v_0 = (\frac{R_F}{R_1}v_1 + \frac{R_F}{R_2}v_2 + \frac{R_F}{R_2}v_3) = 10v_1 + 10v_2 + v_3$$

12-2 차동 증폭기

만약 Op-Amp의 +와 −단자 양쪽에 입력을 연결한다면 무슨 일이 발생할까? 우선 그림 12-14(a)에 표시된 회로를 해석해 보자. $v_+ = v_2$이다. 따라서 $v_- = v_+ = v_2$이다. −단자에서 절점 방정식을 적용하면 식 (12-5)가 구해진다.

$$\frac{v_1 - v_2}{R_1} = \frac{v_2 - v_o}{R_F} \tag{12-5}$$

$$\frac{v_o}{R_F} = (\frac{1}{R_F} + \frac{1}{R_1})v_2 - \frac{v_1}{R_1} \tag{12-6}$$

v_o는 식 (12-7)처럼 표시된다.

$$v_o = (1 + \frac{R_F}{R_1})v_2 - \frac{R_F}{R_1}v_1 \tag{12-7}$$

이 회로는 두 입력 전압의 차를 갖게 된다. 그러나 두 입력 전압은 약간의 차 이득에 의해서 곱해진다. 비록 우리가 출력을 표준 해석 과정에서 구했지만 간혹 Op-Amp의 출력을 구하기 위해서 중첩의 원리를 사용하는 것이 쉬울 수도 있다. 이 과정은 그림 12-14(b)에 표시된다.

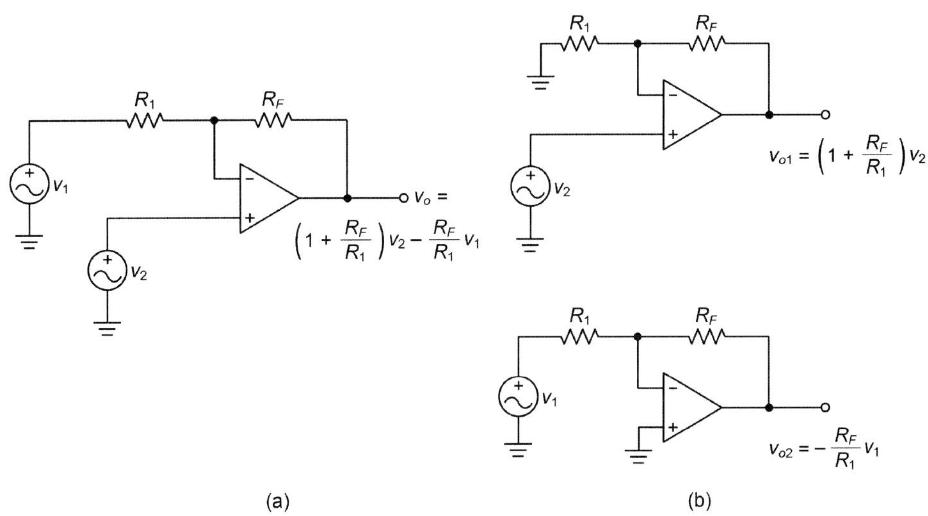

그림 12-14

만약 v_2가 턴OFF 된다면 우리는 기본적인 비반전 증폭기를 구할 수 있고 출력을 구할 수도 있다.

$$v_{o2} = -\frac{R_F}{R_1}v_1 \tag{12-8}$$

이제 기본적인 반전 증폭기를 구하기 위해서 v_1을 턴OFF시키고 v_2를 턴ON시키자. 출력은 $v_{o1} = (1+\frac{R_F}{R_1})v_2$이다. 전체 출력은 v_{o1}과 v_{o2}의 합으로 구해진다.

$$v_o = v_{o1} + v_{o2} = (1+\frac{R_F}{R_1})v_2 - \frac{R_F}{R_1}v_1 \tag{12-9}$$

진짜 차동 증폭기를 구하기 위해서는 그림 12-15에 표시된 회로를 사용할 수 있다. 출력을 구하기 위해서 가장 빠른 방법인 중첩의 원리를 사용한다. v_1을 턴OFF시킬 때 전압 분배기 비반전 증폭기를 얻을 수 있다. −단자와 +단자에서 등가의 저항을 설정했기 때문에 간단한 공식을 사용할 수 있다.

$$v_{o1} = \frac{R_F}{R_1}v_2 \tag{12-10}$$

만약 v_2를 턴OFF시키고 v_1을 턴ON시킨다면 반전 증폭기 출력을 얻을 수 있다.

$$v_{o2} = -\frac{R_F}{R_1}v_1$$

전체 출력을 구하기 위해서 이런 해를 더하면 식 (12-11)과 같이 표시할 수 있다.

$$v_o = \frac{R_F}{R_1}v_2 - \frac{R_F}{R_F}v_1 = \frac{R_F}{R_1}(v_2 - v_1) \tag{12-11}$$

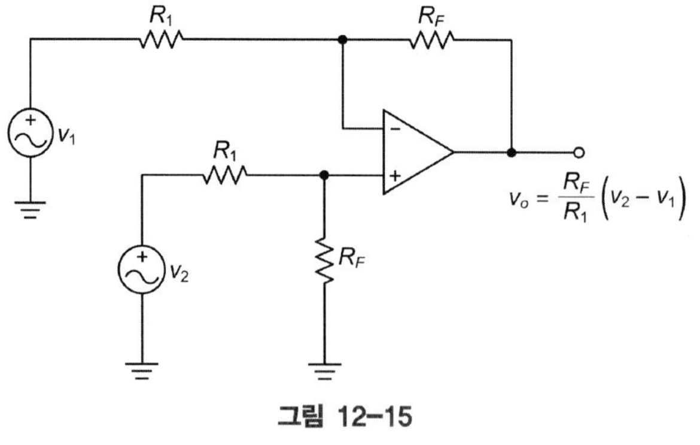

그림 12-15

12-3 브리지 증폭기

회로 이론 고장에서 본 적이 있을 수도 있는 미지 저항을 측정하기 위해서 사용되는 브리지 회로가 그림 12-16(a)에 표시되어 있다. 회로는 $v_o = 0$ V일 때 균형을 이룬다 ($R_{unkown} = R_{pot}$). 12-16(b)는 Op-Amp를 이용해서 이런 회로를 어떻게 구성하는지를 보여준다. 여기서 R_{pot}은 정밀조정이 가능한 전위차계이다. 이런 회로에 인가된 전압은 직류 기준 전압이다. 사실 이 회로는 그림 12-14에 표시된 차동 증폭기와 동일한 회로이다.

$$v_1 = v_2 = V_{ref}$$

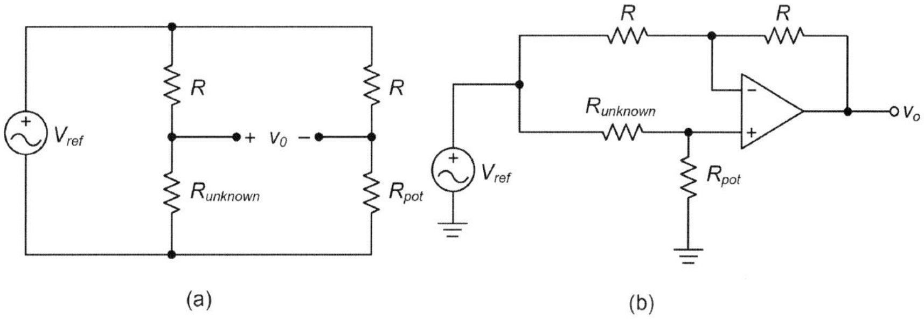

그림 12-16 브리지 증폭기

따라서 출력을 구하기 위해서 이전의 결과를 사용할 수 있다.

$$v_o(1+\frac{R}{R})\frac{R_{pot}}{R_{unknown}+R_{pot}}V_{ref}-\frac{R}{R}V_{ref}=2\frac{R_{pot}}{R_{unknown}+R_{pot}}V_{ref}-V_{ref} \quad (12\text{-}12)$$

식을 정리하면 식 (12-13)이 유도된다.

$$v_o = (\frac{2R_{pot}}{R_{unknown}+R_{pot}}-1)V_{ref} \quad (12\text{-}13)$$

미지 저항을 찾기 위해서 전위차계를 출력 전압이 0 V가 될 때까지 조정한다.

$$v_o = 0 \;\; V \rightarrow R_{unknown} = R_{pot}$$

예제 12-5

브리지 증폭기는 자신의 저항 변화로 온도, 조도, 뒤틀림 게이지 응답 센서 응답을 결정하기 위해서 사용된다. 욕조의 온도를 변화를 측정한다고 가정하자. 한 가지 가능한 회로는 그림 12-17에 표시된 것처럼 센서가 귀환 경로에 배치되는 것이다. 저항은 센서가 회로를 리셋시키는 아주 적은 저항과 등가의 저항을 갖는다. 실제로 센서의 저항이 아주 작다면 센서는 고정 저항과 직렬로 연결되고 R은 센서 저항과 고정 저항의 직렬 합성 저항을 표시한다. 온도가 변화할 때 센서 저항은 ΔR로 표시된다.
(a) 온도 센서가 자신의 기준 온도에서 $\Delta R = 0 \;\; \Omega$으로 고정되어 있다고 가정하고 v_o를 구하시오. (b) 온도가 변화할 때 출력을 구하시오. (c) 센서의 저항이 100 Ω이고 자신의 온도 변화는 -1 Ω/℃라고 가정한다. 만약 $V_{ref} = 10 \;\; \text{V}$라면 온도가 1도 변화할 때 출력 전압은 얼마나 변하는지 구하시오.

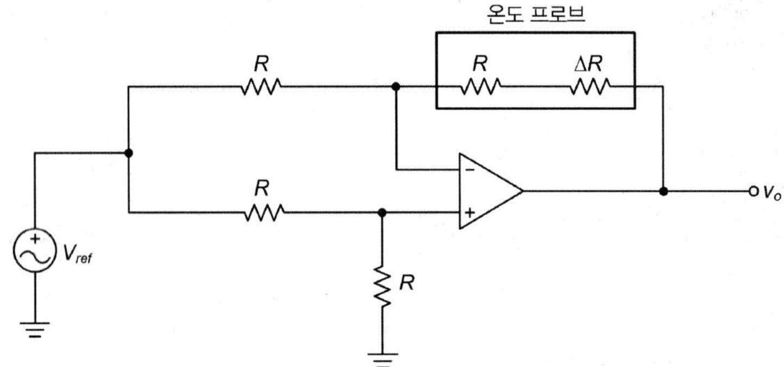

그림 12-17

(풀이) $v_1 = v_2 = V_{ref}$인 경우에는 그림 12-14에 표시된 차동 증폭기로부터 결과를 사용할 수 있다.

(a) $\Delta R = 0 \;\; \Omega$ 일 때 브리지 증폭기는 평형을 이룬다.
$v_o = (1 + \frac{R}{R})\frac{R}{R+R}V_{ref} - \frac{R}{R}V_{ref} = V_{ref} - V_{ref} = 0 \;\; \text{V}$이다.

아주 낮은 온도에서 출력 전압이 없다. 따라서 출력 전압의 어떤 변화도 온도 변화에 당연히 반영되어야만 한다.

(b) 방정식에서 ΔR을 포함할 때 $v_o = (1 + \frac{R+\Delta R}{R})\frac{R}{R+R}V_{ref} \frac{-R+\Delta R}{R}V_{ref}$를 얻는다.
따라서 $v_o = (1 + 1 + \frac{\Delta R}{R})\frac{V_{ref}}{2} - (1 + \frac{\Delta R}{R})V_{ref}$이다.
식을 통분하고 정리하면 $v_o = (\frac{1}{2} + \frac{1}{2} + \frac{\Delta R}{2R} - 1 - \frac{\Delta R}{R})V_{ref}$이다.
따라서 $v_o = -\frac{\Delta R}{2R}V_{ref}$로 구해진다.

센서 저항의 변화는 출력 전압 변화에 반영된다. 알려진 온도 변화에 따른 전압 변화의 조정에 따라서 효과적인 전자 온도 프로브를 만들 수 있다.

(c) $R = 100\ \Omega$, $V_{ref} = 10\ \text{V}$, $\Delta R = -1\ \Omega/\ ^\circ\text{C}$를 알고 있다. 이들 모두를 결합시키면 $v_o = -\frac{\Delta R}{2R} V_{ref} = -\frac{-1}{200} 10 = 50\ \text{mV}/^\circ\text{C}$ 이다.

즉, 온도가 각 1℃ 올라가고, 출력은 50 mV씩 증가한다.

12-4 미분과 적분

미분에 대해서는 두 가지 방법으로 생각한다. 그림 12-18(a)에 표시된 그래프를 관찰하자. 직선의 기울기는 $r_c = \frac{\Delta y}{\Delta x}$ 로 주어진다. 직선의 기울기는 전체 데이터의 범위에서 상수이다. Δx가 아무리 크거나 작다고 해도 기울기는 같기 때문에 걱정할 필요가 없다. 이번에는 그림 12-18(b)에 표시된 그래프를 살펴보자. 그래프는 직선이 아니기 때문에 위에서 구한 직선 기울기 공식으로는 기울기를 구할 수가 없다. 여하튼 Δx를 아주 작다고 취하면 x_1과 x_2 사이의 곡선을 직선으로 근사화 시킬 수 있다. 수학적으로 Δx와 Δy는 아주 작기 때문에 기울기 = $\frac{\Delta y}{\Delta x}$는 기울기 = $\frac{dy}{dx}$로 쓸 수 있다.

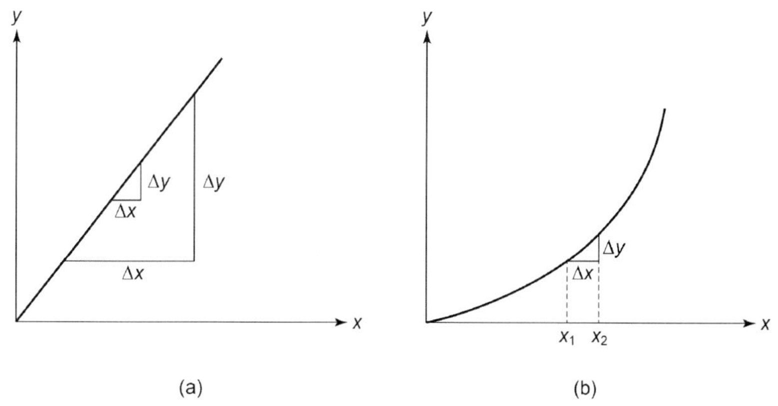

그림 12-18

y의 기울기는 x에 대한 y의 미분으로 주어지고 $\frac{dy}{dx}$를 y의 도함수라고 부른다. FET의 전달 컨덕턴스 g_m의 공식을 적용할 때도 I_D의 도함수를 사용했다. g_m을 유도하기 위해서는 도함수를 사용해야 한다. FET의 전압-전류 특성 곡선에서 드레인 전류는 식 (12-14)처럼 표시된다.

$$I_D = I_{DSS}(1 - \frac{V_{GS}}{V_{GS(OFF)}})^2 \qquad (12\text{-}14)$$

이런 특성 곡선의 기울기는 식 (12-15), (12-16)처럼 구해진다.

$$\text{기울기} = g_m = \frac{dI_D}{dV_{GS}} = -2\frac{I_{DSS}}{V_{GS(OFF)}}(1 - \frac{V_{GS}}{V_{GS(OFF)}}) \qquad (12\text{-}15)$$

$$g_m = \frac{-2}{V_{GS(OFF)}}\sqrt{I_D \times I_{DSS}} \qquad (12\text{-}16)$$

미분의 실제적인 해석을 한 가지 더 알아보자. 시속 100 km 제한인 도로에서 경찰에 의해 과속 단속을 당했다고 생각해 보자. 운전자는 얼마나 빨리 달렸는지를 알고 있다면서 스스로 변호할 수 있다. 경찰관에게 단지 5초 동안에 150 m를 달렸을 뿐이라고 이해시킨다고 가정할 때 차의 속도는 $\frac{150\ m}{5초} = 30\ m/초$가 된다.

경찰관에게 나는 단지 초당 30 m로 밖에 달리지 않았다고 항의할 수 있지만, 불행하게도 경관에 의해서 정지당했을 때는 경찰의 수학적인 계산에 의해서 여러분들은 과속 범칙금 스티커를 발부받게 된다. 초당 30 m의 속도는 시간당 110 km와 같다. 이런 작은 차이는 여러분들의 속도 계산과정에서 나타난다.

$$속도 = \frac{\Delta 거리}{\Delta 시간}$$

만약 여러분들이 이런 계산과정을 시간의 아주 작은 구간에서 반복한다면, 이런 공식은$v = \dfrac{dx}{dt}$로 간단히 표시할 수 있다. 여기서 v는 속도, x는 거리이고 t는 시간이다. 시간에 대해서 거리를 미분하면 속도가 얼마나 빠르게 변하는지 알 수 있다.

커패시터의 전압 전류 특성곡선이 $i_c = C\dfrac{\Delta v_c}{\Delta t}$로 주어지는 것을 기억해 보자. 이런 관계식을 $i_c = C\dfrac{dv_c}{dt}$로 표시하기 위해서는 미분을 사용해야 한다. 그림 12-19에 표시된 Op-Amp 회로를 고찰해 보자. 출력 전압을 구하기 위해서는 우선 $v_- = v_+ = 0\ \text{V}$라고 놓는다. −단자에서 절점 방정식은 식 (12-17)로 구해진다.

$$i_c = \frac{0 - v_o}{R_F} = -\frac{v_o}{R_F} \tag{12-17}$$

중요한 것은 $v_c = v_i - 0 = v_i$이고 콘덴서의 전류 전압 관계를 이용하면 $C\dfrac{dv_i}{dt} = -\dfrac{v_o}{R_F}$로 쓸 수 있다. 식을 다시 정리하면 $v_o = -R_FC\dfrac{dv_i}{dt}$로 쓸 수 있다. 전자적인 미분기를 구성할 수 있다. Op-Amp의 출력은 입력의 변화율을 제공한다. 주의할 점은 R_FC의 단위는 초이기 때문에 출력은 전압이다. 만약 입력 전압이 이동 거리를 의미한다면 출력은 이동 속도를 의미한다. 만약 입력 전압이 속도를 의미한다면 Op-Amp 출력은 가속도를 나타낸다.

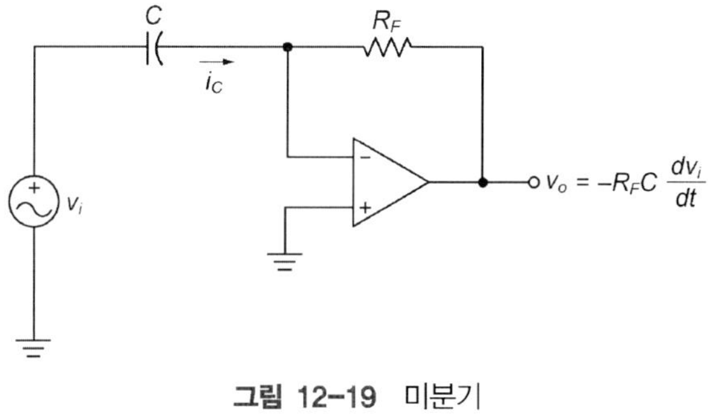

그림 12-19 미분기

그림 12-19는 도움을 주는 예제이지만 실제로는 구성할 수 없다. 문제는 고주파 신호는 미분할 수 없기 때문이다. 그리고 잡음은 대부분 고주파 신호이다. 전압에 대한 기본적인 공식에 대해서 알아보도록 하자.

$$v = 10\sin 10t + 0.1\sin 1000t$$

여기서 저주파 전압이 신호이고 고주파 전압이 잡음이다. 신호대 잡음비에 의해서 신호를 깨긋하게 할 수 있다.

$$\frac{S}{N} = \frac{10}{0.1} = 100$$

이것은 신호가 잡음에 비해서 100배 강하다는 것을 의미한다. 이제 미분 전압은

$$\frac{dv}{dt} = 100\cos 10t + 100\cos 1000t$$

이고 신호대 잡음비는

$$\frac{S}{N} = \frac{100}{100} = 1$$

이다. 미분후 잡음이 이제 신호만큼 커졌다. 만약 고주파 잡음을 감소시키기 위해서 입력 신호를 필터링할수 있다면 미분기를 구성할 수 있다.

예제 12-6

그림 12-20에 표시된 Op-Amp 회로에서 (a) 출력 전압을 구하는 공식을 구하시오. (b) 주어진 입력에 대한 출력전압을 구하시오. (c) 이런 회로에 연결될 수 있는 실제적인 Op-Amp 제한은 무엇인가?

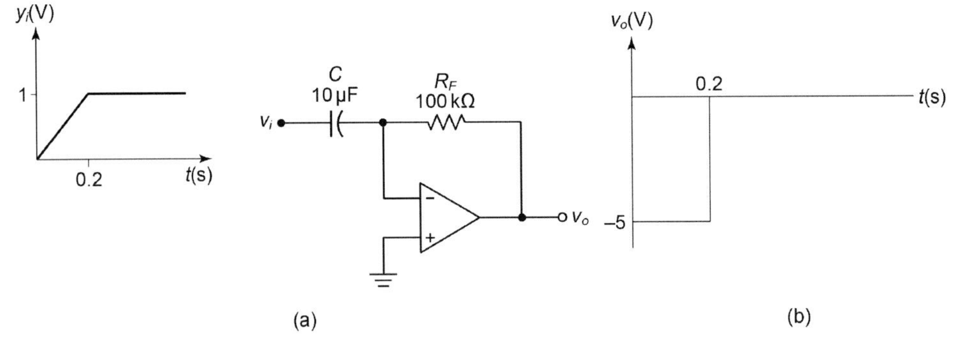

그림 12-20

(풀이)

(a) 미분기 출력 전압은 $v_o = -R_F C \frac{dv_i}{dt} = -100 \times 10^3 \times 10^{-6} \frac{dv_i}{dt} = -\frac{dv_i}{dt}$ 이다.

(b) 입력 전압이 0.0과 0.02초 사이의 직선이기 때문에 $0.0 < t < 0.2$초 구간에서

$$v_o = -\frac{dv_i}{dt} = -\frac{1.0-0.0}{0.2-0.0} = -\frac{1.0}{0.2} = -5.0 \text{ V}$$

이다. $t > 0.2$초 구간에서는 입력이 일정하기 때문에 입력은 0 기울기를 갖는다. 따라서 $v_o = -\frac{dv_i}{dt} = 0$이다. 출력은 그림 12-20(b)와 같다.

(c) Op-Amp의 슬루율은 출력이 -5 V에 주어진 시간에 도달할 만큼 충분히 빠르다.

적분에는 두 가지 접근법이 있다. 두 점 사이의 곡선을 적분하면 곡선 아래의 면적을 구할 수 있다. 적분에 의해서 물체의 체적을 구할 수 있다. 물론 적분은 미분의 반대로 생각하면 된다. 거리를 미분하면 속도를 구할 수 있다.

$$v = \frac{dx}{dt} \tag{12-18}$$

이동 거리를 구하려면 속도에 시간을 적분하면 된다.

$$x = \int_0^t V(t)dt \tag{12-19}$$

이런 공식을 이용하면 비행기, 위성, 선박 등의 위치를 원격 조정할 수 있다. 속도 센서의 출력은 위치 정보를 제공하기 위해서 적분된다.

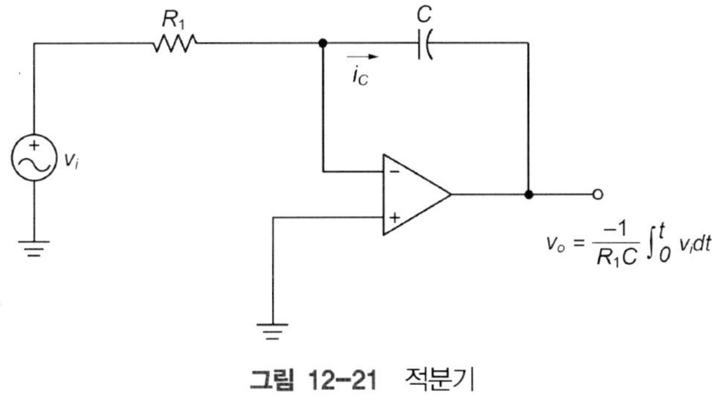

그림 12-21 적분기

그림 12-21은 Op-Amp를 사용해서 어떻게 전자 적분기를 구성할 수 있는지를 보여준다. -단자에서의 전압은 0 V이다. 절점 방정식은 $\frac{v_i - 0}{R_1} = i_c$이다. 커패시터 전압은 $v_c = 0 - v_o = -v_o$이다. 커패시터 전류는 $i_c = C\frac{dv_c}{dt} = -C\frac{dv_o}{dt}$이다. 절점 방정식은 식 (12- 20)처럼 표시된다.

$$\frac{v_i}{R_1} = -C\frac{dv_o}{dt}, \quad \frac{dv_o}{dt} = -\frac{1}{R_1 C}v_i \tag{12-20}$$

출력 전압을 구하기 위해서 식의 양변을 적분하면 식 (12-21)을 구할 수 있다.

$$v_o = -\frac{1}{R_1 C}\int_0^t v_i dt \tag{12-21}$$

적분은 미분이 가지고 있는 잡음 문제를 갖지 않는다. 따라서 이런 회로는 구성이 가능하다. 사실 Op-Amp 적분기는 아날로그 컴퓨터에서 가장 기본적인 소자이다.

예제 12-7

그림 12-23에는 Op-Amp 적분기와 구형파 입력이 표시되어 있다. 출력을 구하시오.

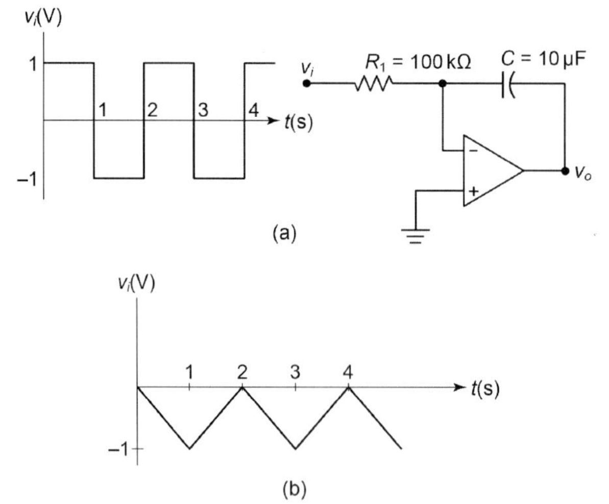

그림 12-22

(풀이) 출력 전압은 $v_o = -\frac{1}{R_1 C}\int_0^t v_i dt = -\int_0^t v_i dt$ 로 주어진다.

상수를 적분하면 직선을 구할 수 있다. 따라서 구형파의 적분은 그림 12-22(b)에 표시된 것처럼 삼각파를 구할 수 있다. 실제로 Op-Amp의 슬루율은 램프 출력을 지지할 만큼 충분히 빠르다.

12-5 개선된 전압 조정기

그림 12-23에 표시된 제너 조정기를 살펴보면 부하가 없고 $R_L \to \infty$ 이면 제너 전류는 2 mA가 구해진다.

$$I_{Z_{no-load}} = \frac{15\,V - V_Z}{R} = \frac{15-5}{5\ \mathrm{k}\Omega} = 2\ \mathrm{mA}$$

무부하 제너 전류는 다이오드가 제너 동작을 하기 전에 부하에 공급될 수 있는 전류이다. 전압 조정은 없다. 부하 저항이 감소 되면 제너로부터 흘러나오는 전류가 증가한다. 5 V를 유지시키는 최소 저항은 2.5 kΩ이다.

$$R_{Lmin} = \frac{V_Z}{I_{Z_{no-load}}} = \frac{5}{2\ \mathrm{mA}} = 2.5\ \mathrm{k}\Omega$$

제너 회로의 조정을 개선하기 위해서는 제너 다이오드와 부하 사이에 비반전 Op-Amp를 삽입하는 것이 필요하다. 그림 12-23(b)에서는 단위 이득 버퍼가 사용된다. Op-Amp속으로 흐르는 전류가 없기 때문에 제너로부터 유출되는 전류는 없다. 부하 전압은 부하와 무관하기 때문에 $V_L = V_Z = 5\ \mathrm{V}$ 이다.

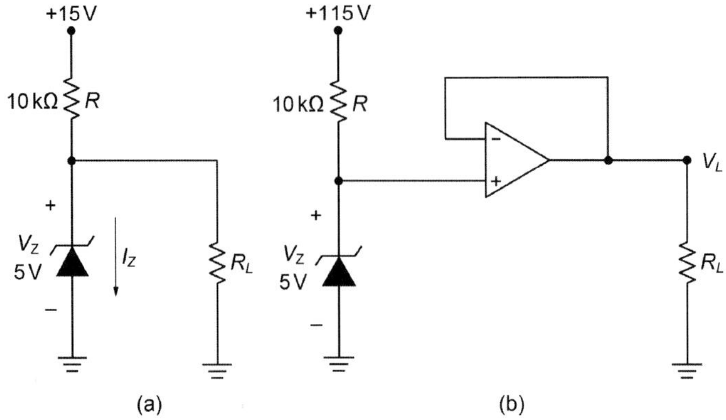

그림 12-23

예제 12-8

그림 12-24는 단위이득을 갖는 버퍼와 연결되는 전압 분배기를 갖는 제너 회로 연결을 표시하고 있다. (a) 무부하 제너 전류는 얼마인가? (b) 전압 분배기에 의해서 제너로부터 얼마나 많은 전류가 유출되는가? (c) 부하 전압은 얼마인가?

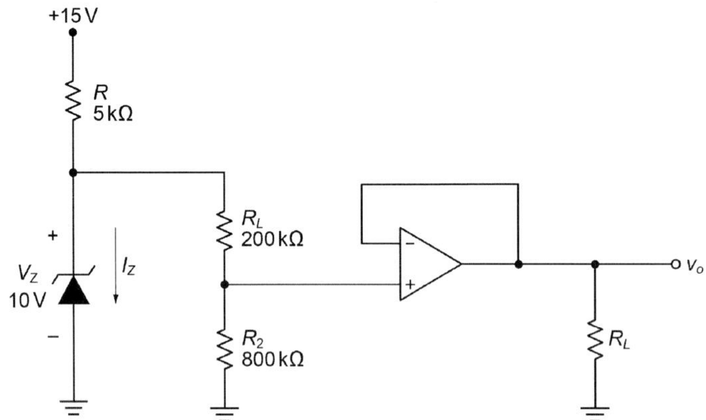

그림 12-24

(풀이)

(a) 무부하 제너 전류는 $I_{Z_{no-load}} = \dfrac{15\,V - V_Z}{R} = \dfrac{15-10}{5\ \text{k}\Omega} = 1\ \text{mA}$로 주어진다. 이것은 전압 분배기와 제너 부하에 공급할 수 있는 최대 전류이다.

(b) 제너로부터 유출되는 전류는 R_1과 R_2의 직렬 저항에서 0.1 mA이다.

$$I_{R_1+R_2} = \frac{V_Z}{R_1+R_2} = \frac{10}{20\ \text{k}\Omega + 80\ \text{k}\Omega} = 0.1\ \text{mA}$$

제너로부터 유출되는 전류는 무부하 전류의 $\dfrac{1}{10}$이기 때문에 잘 조정된 전압을 공급할 수 있다.

(c) 부하 전압은 +단자에서의 전압과 일치된다.

$$V_L = v_+ = \frac{R_2}{R_1 + R_2} V_Z = \frac{80\ \text{k}\Omega}{20\ \text{k}\Omega + 80\ \text{k}\Omega} 10 = 8\ \text{V}$$

Op-Amp 버퍼를 이용하면 어떤 조정 부하 전압도 원하는 대로 구할 수 있다(그러나 항상 V_Z보다는 작다).

12-6 정류기로 동작하는 비선형 연산증폭기 회로

그림 12-25는 정류기, 리미터, 0 교차검출기, 비교기, 슈미트 트리거로 동작하는 비선형 회로의 응답을 표시하고 있다.

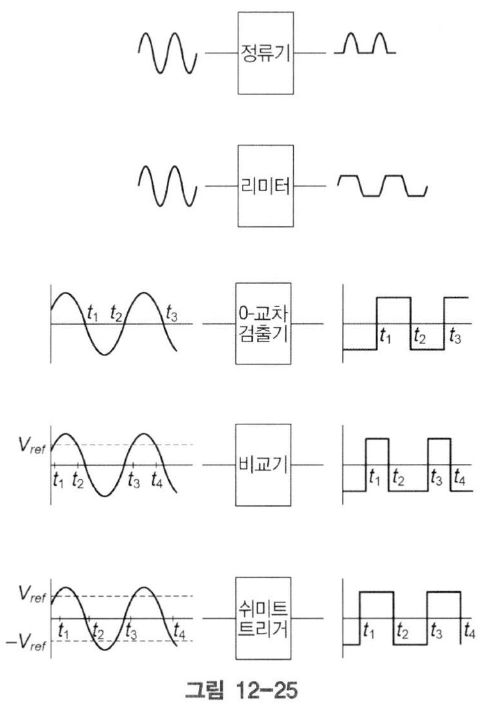

그림 12-25

실제적인 다이오드 정류기의 동작은 신호원과 부하 저항에 달려 있다. Op-Amp는 신호와 부하가 분리에 의해서 이런 회로를 개선하는 데 사용된다. 또한 Op-Amp 정류기는 다이오드의 턴ON 전압에 의해서 기인되는 전압의 손실을 제거하기 위해서 사용된다.

12-6-1 단순한 반전 정류기

그림 12-26은 정류기를 구성하기 위해서 기본적인 반전 증폭기의 귀환 루프에서 다이오드가 어떻게 사용되는지 설명하고 있다.

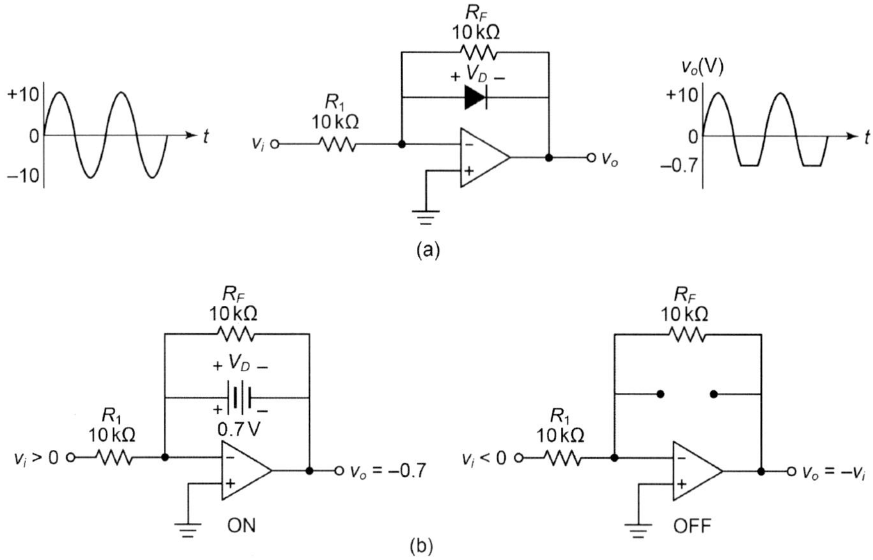

그림 12-26 반전 정류기

입력이 positive로 되면 그림 12-26(b)에 표시된 것처럼 전류는 전원을 출발해서 다이오드를 턴ON 시킨다. 귀환 루프가 닫힐 때 R_F 또는 다이오드를 통해서 $v_- = v_+$로 된다. + 단자는 접지이므로 $v_- = v_+ = 0$ V이다. 다이오드가 ON 상태일 때 0.7 V 건전지처럼 동작한다. 출력 전압은 $v_0 = 0 - V_D = -0.7$ V에서 고정된다.

입력 전압이 −로 되면 전류는 전원으로 되돌아간다. 다이오드가 역방향으로 바이어스 되므로 입력이 negative로 되면 다이오드는 그림 12-26(c)에 표시된 것처럼 OFF된다. 다이오드가 OFF될 때 회로는 기본적인 반전 증폭기처럼 동작하고 출력은 식 (12-22)처럼 주어진다.

$$v_o = -\frac{R_F}{R_1}v_i = -\frac{10\ k\Omega}{10\ k\Omega}v_i = -v_i \tag{12-22}$$

입력이 negative이기 때문에 출력은 positive이다. 그림 12-26(a)에 표시된 출력을 얻게 된다.

예제 12-9

그림 12-27에 표시된 반전 정류기의 출력 전압을 구하시오. 0.7 V의 다이오드 턴ON 전압까지 고려하시오.

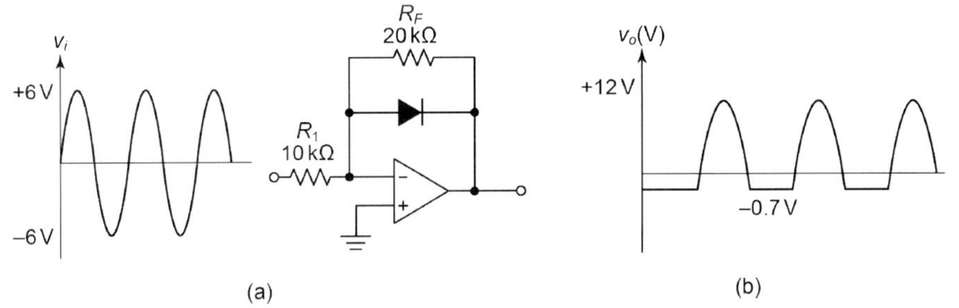

그림 12-27

(풀이)

입력이 positive로 될 때 전류가 전원에서 다이오드로 흐르기 때문에 다이오드는 ON되고 출력은 $v_o = -0.7$ V로 유지된다. 입력이 negative로 될 때 다이오드는 OFF되고 반전 증폭기의 공식을 이용하면 $v_o = \frac{R_F}{R_1}v_i = -\frac{20\ k\Omega}{10\ k\Omega}v_i = -2v_i$가 구해진다.

Op-Amp는 신호를 증폭하기 위해서 사용된다는 점에 유의해야 한다. 응답은 그림 12-27(b)에 표시되어 있다.

12-6-2 비반전 정밀 정류기와 반전 정밀 정류기

그림 12-27에 표시된 단순 반전 정류기는 전원으로부터 부하를 격리시킨다. 만약 원하기만 한다면 동일한 이득을 제공한다. 그렇지만 간단한 다이오드 정류기와 마찬가지로 다이오드 턴ON 전압에 의해서 출력이 영향을 받는 단점도 갖는다. 다이오드의 턴ON

전압을 제거하면 정밀 정류기라고 부르는 회로를 구성할 수 있다. 비반전 정밀 정류기는 그림 12-28(a)에 표시된 것과 같다. 이런 회로에서는 Op-Amp 출력에서 바로 부하 전압을 구할 수 없다는 점을 주의해야 한다. 부하 전압은 실제로 negative 단자 전압이다.

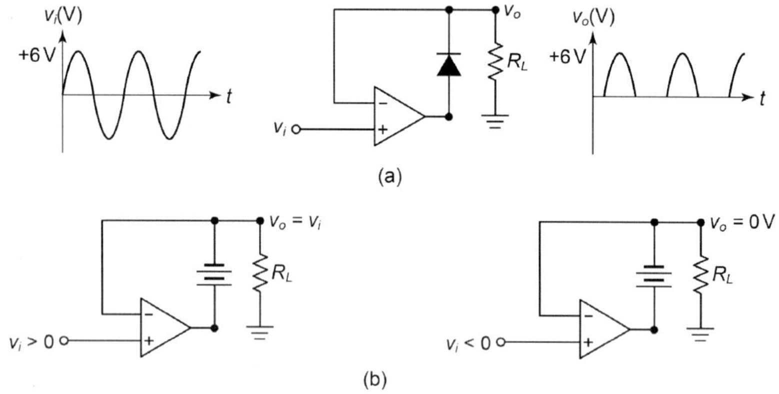

그림 12-28 비반전 정류기

그림 12-28(b)에 표시된 것처럼 입력 전압이 positive일 때 Op-Amp 출력 전압은 positive로 되고 다이오드는 턴ON된다. 이것이 루프를 닫고 루프가 닫혔을 때, $v_- = v_+$이다. 따라서 입력이 positive로 될 때 $v_o = v_- = v_+ = v_i$이고 출력 전압은 입력 전압이 된다. 그림 12-28(c)에 표시된 것처럼 입력 전압이 negative일 때 Op-Amp 출력 전압은 negative로 되고 다이오드는 턴OFF된다. 다이오드가 OFF되면 귀환 경로는 효과적으로 제거된다. Op-Amp에 흘러가는 전류가 거의 0 A에 가까워지기 때문에 부하 전류는 없고 출력 전압도 0 V로 된다.

전체 출력 전압은 그림 12-28(a)에 표시되어 있다. 중요한 것은 다이오드 턴ON 전압이 출력에 표시되지 않는다는 점이다. 이 회로에서는 두 가지 단점을 갖는다.

1. 귀환 경로가 제거되면 미분 입력 전압은 더 이상 0 V가 아니다. 사실상 v_x는 내부 보호 회로를 갖지 않는 Op-Amp를 손상시키기에 충분한 크기를 갖는다.
2. 귀환 경로가 제거되면 출력 전압은 포화 전압을 만족한다. 실제 Op-Amp에서 포화 상태를 극복하는 데는 한정된 시간이 걸린다. 이 회로는 고주파 입력 신호를 따르지 않을 수 있다.

예제 12-10

(a) 그림 12-29(a)에 표시되어 있는 비반전 정류기의 출력을 구하시오. (b) Op-Amp의 포화 전압이 ±14 V이면 다이오드에 의해서 알 수 있는 최대 역전압은 얼마인가?

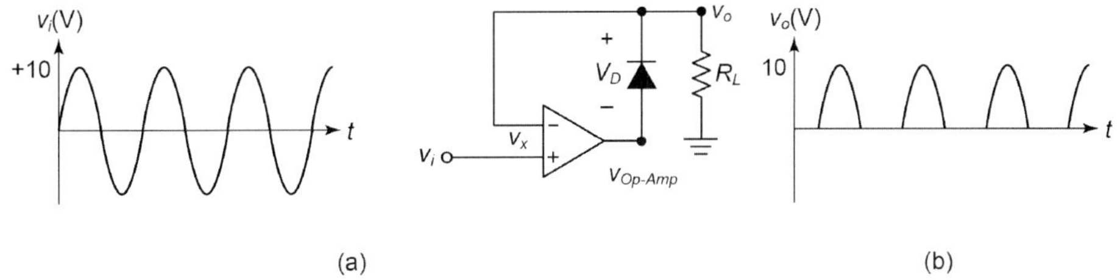

그림 12-29

(풀이)

(a) 정밀 정류기 때문에 그림 12-29(b)에 표시된 반파 정류 신호를 얻을 수 있다.

(b) 다이오드 전압은 $v_D = v_o - v_{Op-Amp}$로 주어진다. 다이오드가 OFF일 때 $v_o = 0$ V임을 알 수 있다. 또한 그림 12-29(c)에 표시된 것처럼 negative 전압이 입력에 인가될 때 루프가 개방되고 Op-Amp 출력은 negative 포화 전압으로 안정시킬 수 있다. 따라서 최대 역전압은 $\Pi V = v_{Op-Amp} - v_o = -14\ \text{V} - 0 = -14\ \text{V}$ 이다.

그림 12-30(a)는 반전 Op-Amp 정밀 정류기를 표시하고 있다. 이런 회로에서는 두 개의 귀환 경로를 갖는다. 두 다이오드 중 하나는 항상 ON 상태이기 때문에 항상 완전 귀환 경로를 갖는다. 이것이 Op-Amp가 포화되는 것을 방지하고 비반전 정류기의 단점을 보완해준다.

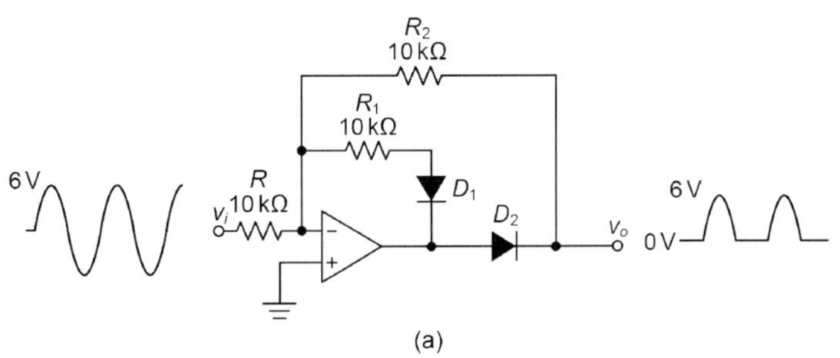

그림 12-30(계속) 정밀정류기

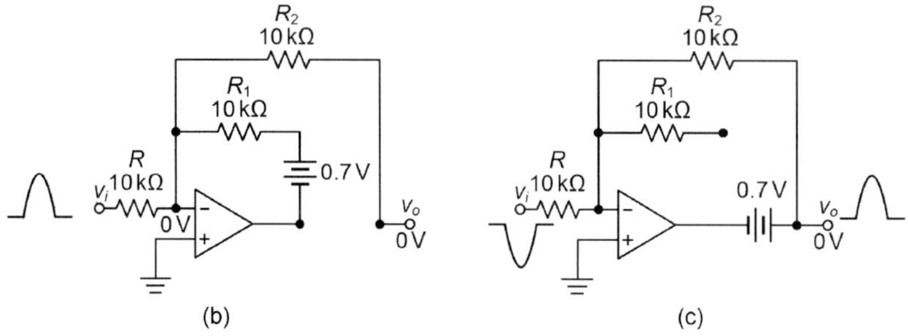

그림 12-30 정밀정류기

입력 전압이 positive로 스윙할 때 Op-Amp 출력 전압은 negative에서 스윙한다. 이것이 D_1의 캐쏘드와 D_2의 애노드에 negative 전압을 공급한다. 이것은 그림 12-30(b)에 표시된 것처럼 D_1이 ON, D_2가 OFF 상태임을 의미한다. D_2 OFF 상태의 출력은 R_2를 통해서 가상 접지인 -단자에 연결된다. 따라서 출력 전압은 0 V에서 고정된다. 입력 전압이 negative에서 스윙할 때 Op-Amp 출력 전압은 positive에서 스윙하게 된다. 이것이 D_1의 캐쏘드와 D_2의 애노드에 positive 전압을 공급한다. 이것은 그림 12-30(c)에 표시된 것처럼 D_1이 OFF, D_2가 ON 상태임을 의미한다. 출력 전압은 반전 이득 공식에 의해서 식 (12-23)처럼 표시된다.

$$v_o = -\frac{R_2}{R}v_i = -\frac{10K\Omega}{10K\Omega}v_i = -v_i \qquad (12\text{-}23)$$

입력이 자신의 negative 반주기이기 때문에 출력은 그림 12-30(a)에 표시된 것처럼 positive 반파 정류기 신호가 나타난다. 사실 이득이 1로 설정된다고 하더라도 이런 회로를 사용하면 입력 전압을 증폭하는 회로로 사용 가능하다.

예제 12-11

그림 12-31에 표시된 반전 정밀 정류기 회로에서 R_1과 D_1 사이의 출력을 구할 수 있다. (a) 입력 전압이 positive에서 스윙할 때 Op-Amp 출력 전압은 어떻게 되는가? (b) 입력의 positive 반주기 동안 다이오드 ON인가? 다이오드 OFF인가? (c) 입력의 positive 반주기 동안 v_o는 얼마인가? (d) 입력 전압이 negative에서 스윙할 때 출력 전압은 어떻게 되는가? (e) 입력 negative 반주기 동안 다이오드는 ON상태인가, OFF상태인가? (f) 입력의 negative 반주기 동안 v_o는 어떻게 구해지는가? (g) 입출력 전압 파형을 같은 그래프에 그려보시오.

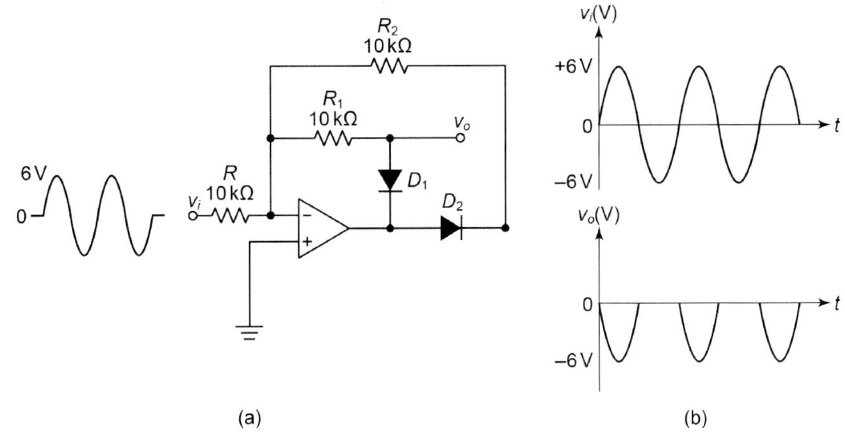

그림 12-31

(풀이)

(a) 반전 증폭기이기 때문에 입력 전압이 positive에서 스윙하면 Op-Amp 출력 전압은 negative에서 스윙한다.

(b) 따라서 negative 전압이 D_1의 캐쏘드와 D_2의 애노드에 공급된다. 이것은 D_1은 ON, D_2는 OFF를 의미한다.

(c) D_1 ON에서 출력 전압은 반전 이득 공식에 의해서 $v_o = -\frac{10\ k\Omega}{10\ k\Omega} v_1 = -v_1$로 얻어진다. v_1은 positive이기 때문에 출력 전압은 negative에서 스윙하게 된다.

(d) 입력 전압이 negative 에서 진동할때 Op-Amp 출력 전압은 positive에서 스윙한다.

(e) positive 전압은 D_1의 캐쏘드 D_2의 애노드에 공급된다..

(f) 출력은 사실상 R_1을 통해 접지로 연결된다. 따라서 $V_0 = 0\ \text{V}$ 이다. 귀환 경로는 아직 완전하다는 걸 유의하라(R_2와 D_2).

(g) 입출력 전압은 그림 12-31(b)에 표시된 것과 같다.

소자의 결함으로 발생되는 Op-Amp의 출력의 결과는 아래와 같다. 저항의 결함은 거의 나타나지 않기 때문에 이런 가능성들은 배제한다. 반전 정류기에서 R_1이 개방되면 Op-Amp에 입력이 없으므로 출력은 0 V이다. 만약 그림 12-32(a)에 표시된 것처럼 R_F가 개방되면 다이오드가 OFF될 때, 귀환 경로가 제거되기 때문에 Op-Amp 출력은 포화된다. 다이오드가 단락되면 Op-Amp의 출력은 직접 negative 단자에 연결된다. 따라서 출력은 입력에 무관하게 0 V이다. 그림 12-32(b)에 표시된 것처럼 다이오드가 개방되면 회로는 간단한 반전 증폭기로 동작하고 $v_o = -v_i$이다.

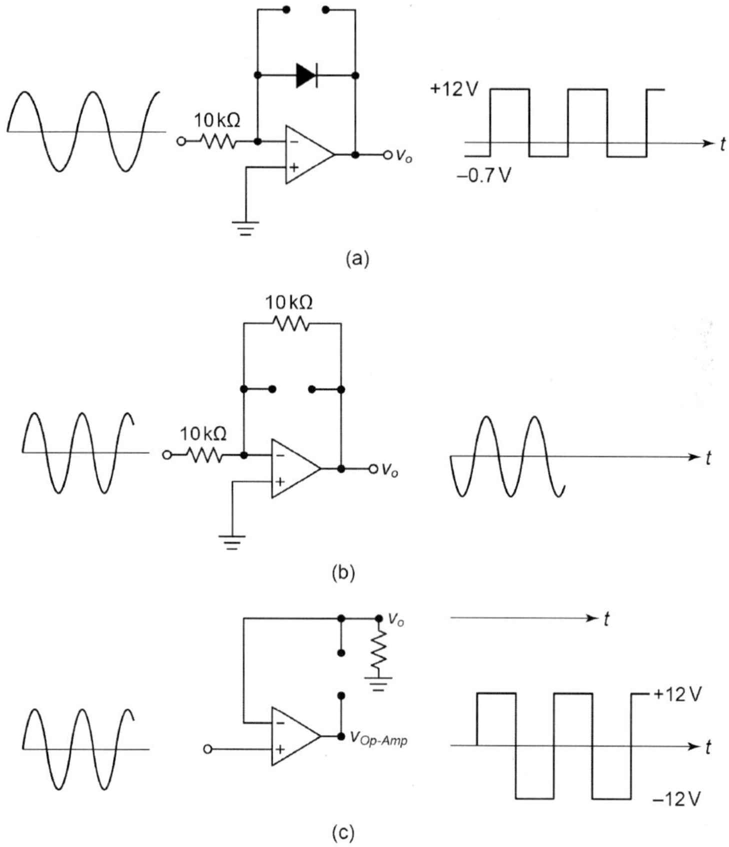

그림 12-32

비반전 정류기 회로에서 다이오드 단락 고장이 발생되면 출력은 negative 단자에 직접 연결되고, 단위이득 버퍼로 동작한다($v_o = v_i$). 만약 그림 12-32(c)에 표시된 것처럼 다이오드 개방 고장이 발생되면 귀환 경로는 동작되지 않는다. 따라서 v_{Op-Amp}는 +, − 공급 전원 사이에서 나타나고, v_o는 대략 0 V 부근에 고정된다.

12-6-3 제너 다이오드 클리퍼

그림 12-33은 Op-Amp 클리퍼 회로를 나타낸다. 입력이 positive로 될 때 어떤 일이 일어나는가를 알아보도록 하자. 유의할 것은 제너 다이오드는 다음 세 개의 상태 중 하나로 작동한다는 것이다.

OFF(개방 회로), ON(0.7 V 전지), 제너 동작(V_Z에 해당하는 전지)

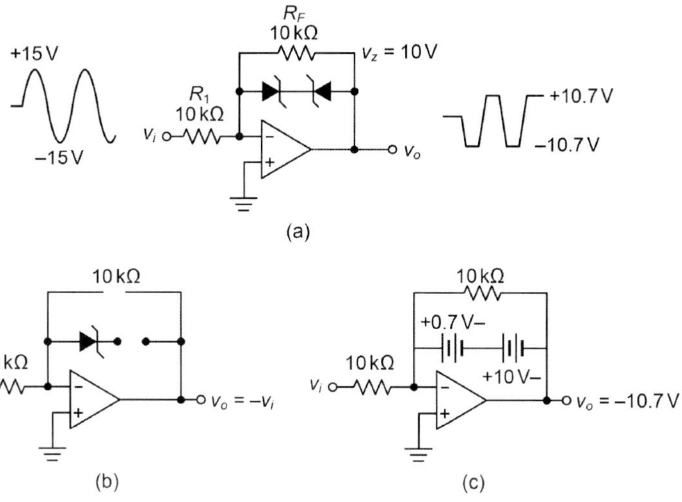

그림 12-33 제너 다이오드 클리퍼

입력이 positive로 될 때 전류는 전원에서 출발한다. 이것은 Z_1에는 순방향이고 Z_2에는 역방향이다. 입력이 0 V부터 증가하기 시작하면 Z_2 양단에 걸리는 역방향 전압을 항복시키기에 충분할 만큼 크지 않다. 따라서 역방향으로 바이어스된 일반적인 다이오드처럼 동작하고 개방된다. Z_2가 개방되기 때문에 다이오드는 그림 12-33(b)에 표시된 것처럼 귀환 경로는 제거된다.

$$v_o = -\frac{R_F}{R_1}v_i = -\frac{10\ k\Omega}{10\ k\Omega}v_i = -v_i$$

입력이 계속해서 증가하면 Z_2의 역방향 바이어스 전압은 항복 전압에 도달되고 다이오드는 전지처럼 동작한다. Z_2의 전류 방향은 전원으로부터 시작되도 Z_1은 순방향으로 바이어스되고 턴ON된다. 귀환 경로는 그림 12-33(c)에 표시된 것처럼 귀환 경로는 사실상 직렬로 연결된 두 전지를 포함하게 된다. $v_- = 0\ \text{V}$이므로 출력 전압은 식 (12-24)처럼 구해진다.

$$v_o = v_- - 0.7 - V_z = 0.0 - 0.7\ \text{V} - 10.0\ \text{V} = -10.7\ \text{V} \tag{12-24}$$

입력 전압이 계속 증가하면 출력은 -10.7 V에서 고정된다. 입력이 negative로 되어도 회로는 이와 유사하게 동작한다. 첫째 출력 전압은 입력 전압의 반전된 형태로 배치된다. 입력 전압이 -10.7 V 이하로 떨어지면 출력 전압은 -10.7 V에 고정된다. 대칭적인 리미터를 만들 수 있다. 그것은 출력 전압이 ±10.7 V로 클리핑된다. 대체적으로 출력 전압은 식 (12-25)에 표시된 것처럼 제한된다.

$$v_{o_{\lim}} = \pm(0.7 + V_z) \tag{12-25}$$

예제 12-12

그림 12-34(a)에서 보여지는 클리퍼에서 출력 전압을 구하시오.

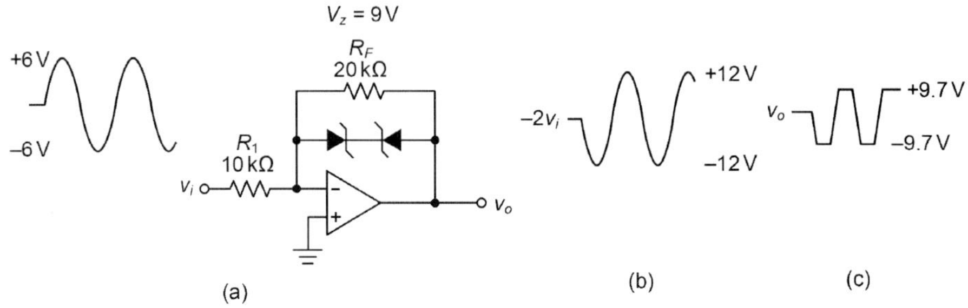

그림 12-34

(풀이)

이득이 1보다 높은 값이기 때문에 여기서는 포함되지 않지만 제너 다이오드를 통한 출력을 먼저 그린다.

$$v_o = -\frac{R_F}{R_1}v_i = -\frac{20\ k\Omega}{10\ k\Omega}v_i = -2v_i$$

그림 12-34(b)에 표시된 것처럼 12 V 사인파를 얻는다. 출력이 $0.7 + V_z$ 리미트 전압 이상으로 증가하면 제너 다이오드는 항복 리미트 전압으로 된다.

$$v_{o_{\lim}} = \pm(0.7 + V_z) = \pm 9.7\ \text{V}$$

실제 출력은 그림 12-34(c) 에 표시된다.

12-6-4 0점 교차 검출기

Op-Amp 회로의 모든 점에서 우리는 적절한 동작을 위해서 negative 귀환을 사용하는 것을 볼 수 있다. 그러나 매우 높은 개방 루프 이득을 얻을 수 있는 Op-Amp 회로를 만들 수 있다. 이런 회로들은 negative 귀환 없이 동작하고, Op-Amp 출력 전압의 포화에 의존해서 동작한다. 이런 회로 중 가장 간단한 회로가 그림 12-35에 표시되어 있다. – 단자는 접지되고 + 단자에 신호원이 직접 연결된다.

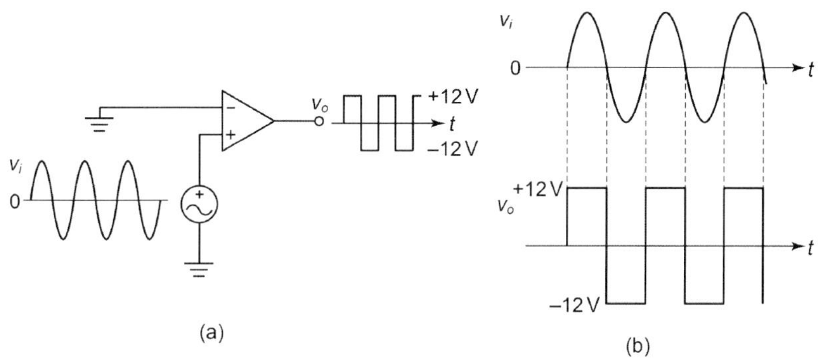

그림 12-35 0V 교차 검출기

주의할 점은 귀환 경로가 없다는 것이다. 귀환은 없고 +와 – 단자 사이의 차동 전압은 0 V에서 구동되지 않는다. 귀환이 없기 때문에 $v_+ \neq v_-$ 이다. 또한 귀환을 갖기 않는 출력 전압은 $v_o = A(v_+ - v_-)$로 주어진다. 이득 A가 너무 크기 때문에, v_+가 v_-보다 수 μV 크게 되어 출력은 거의 positive 공급 전압에 접근하게 된다. v_+가 v_-보다 수 μV 작게 되면 출력은 negative 공급 전압에 접근항다.

$$v_+ > v_- \rightarrow v_o \approx +V, \quad v_+ < v_- \rightarrow v_o \approx -V$$

그림 12-35에 표시된 회로에서 $v_- = 0$ V이다. 따라서 입력 신호가 positive로 되면 출력은 +12 V까지 접근하고, 입력이 negative로 되면 출력은 -12 V에 접근한다. Op-Amp의 슬루율은 출력 전압이 실제로 얼마나 빨리 점프할 수 있는지를 제한한다.

이런 단순 회로에서는 두 가지 방법을 사용할 수 있다. 첫째, 그림 12-35에서 표시된 것처럼 회로는 정현파 입력에서 구형파를 출력시킨다. 이것은 회로가 구형파 발생기로 사용되는 경우이다. 그림 12-35(b)는 두 번째 사용법을 설명해준다.

동일한 그래프 위에 입력과 출력 전압을 표시할 수 있다. 매시간 입력이 0 V와 교차할 때 출력이 +12로 점프하는 것을 볼 수 있다. 따라서 매시간 출력에서 +12 V 점프를 볼 수 있고 이때 입력 신호가 0 V와 교차한다는 걸 알 수 있다. 이런 회로가 0 V 교차 검출기이다. 0 V 교차 검출기의 사용 예는 그림 12-36(a)에 표시되어 있다.

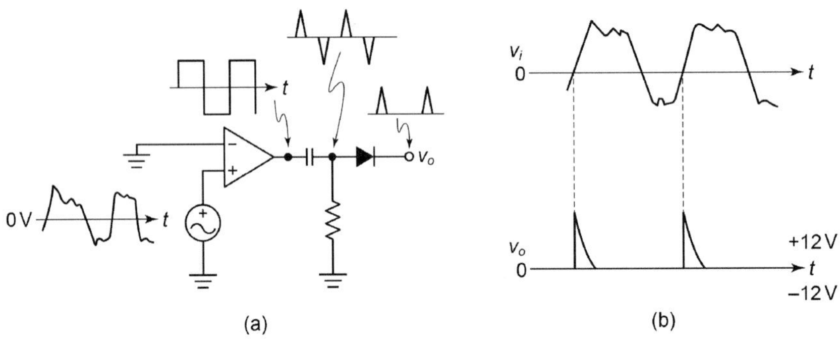

그림 12-36

RC 조합은 매시간 Op-Amp 출력 전압 변화를 +에서 − 또는 −에서 +로 변화시키는 직렬로 연결된 전압 스파이크를 발생시킨다. 다이오드는 도통을 위해서 오직 positive로 되는 스파이크만을 허용한다. 입력 신호와 결과적인 고정열은 그림 12-36(b)에 표시된다. 매시간 스파이크 전압을 확인할 때마다 입력이 positive 방향으로 0 V를 교차하고 있다는 사실을 알 수 있다. 이런 전압 스파이크는 오실로스코프의 트리거링, 기록장치, 컴퓨터 입력을 인에이블 시키는 데 사용된다. 0 V 교차 검출기의 공통적 변화는 출력 전압의 제한에 있다. 그림 12-37에서는 back to back 제너 다이오드가 이런 동작을 어떻게 수행하는지를 보여준다. 출력은 $\pm(0.7 + V_z)$ 사이에서 점프가 이루어진다.

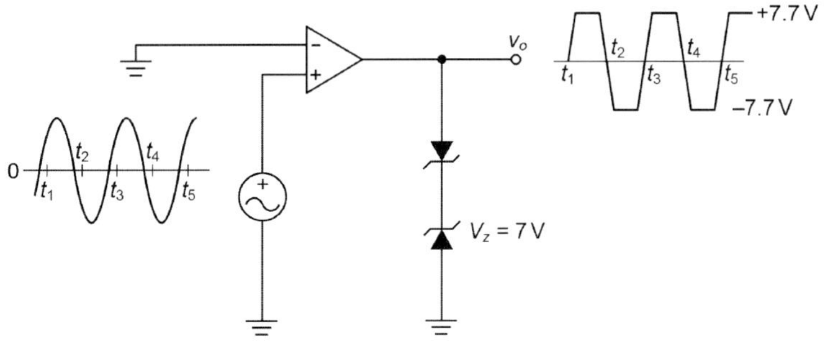

그림 12-37

예제 12-13

그림 12-38에 표시된 0 V 교차 검출기의 입력 신호와 출력 전압을 동일한 그래프에 그리시오.

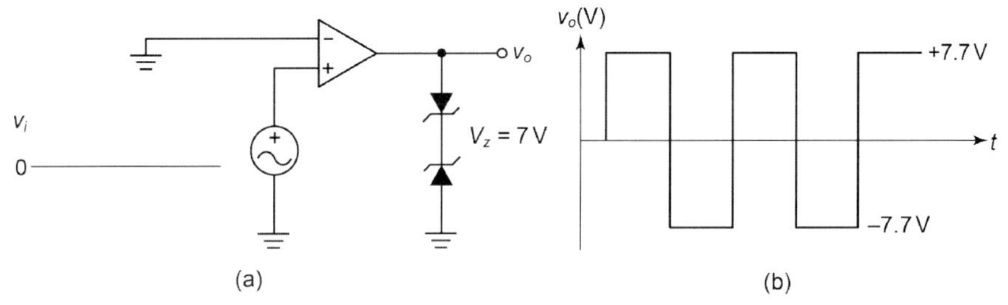

그림 12-38

(풀이)

제너 다이오드의 출력 제한은 그림 12-38(b)에서 표시된 것처럼 ±7.7 V로 나타난다. 0 V 교차 검출기는 비교기의 특별한 유형이다.

12-6-5 비교기(레벨 검출기)

0 V 교차 검출기는 비교기의 특별한 유형이다. 비교기는 또한 레벨 검출기로도 알려져 있다. 0 V 교차 검출기에서 Op-Amp 출력 전압은 매시간 입력 전압이 0 V를 통과할 때 변화된다. 비교기에서 Op-Amp 출력 전압은 매시간 입력 전압이 미리 설정된 기준 전압을 통해서 변화된다. 비교기는 반전 또는 비반전 모드로 구성된다.

그림 12-39에 표시된 기준 전지는 − 단자에서 전압을 설정한다.

$$v_{-} = V_{ref} = 6 \text{ V}$$

이때 $v_+ > v_- \to v_o \approx +15$ V, $v_+ < v_- \to v_o \approx -15$ V 라는 사실을 알고 있다. 이는 입력 전압이 고정 전압보다 높으면 출력은 negative 전압 공급이 되고 입력 전압이 고정 전압보다 낮으면 출력은 positive 공급 전압이 된다는 것이다. 이런 비반전 비교기의 입력과 출력 신호는 그림 12-39(b)에서 동일한 그래프 안에 표시되어 있다.

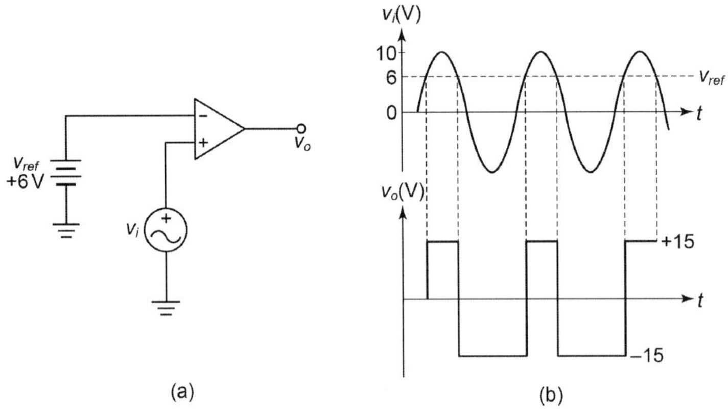

그림 12-39 비반전 비교기

예제 12-14

그림 12-40(a)는 기록하려는 신호가 잡음에 의해 훼손된 것을 나타낸다. 잡음 이상에서 나타나는 신호 스파이크만을 기록하는 데 관심이 있다. 이런 작업을 수행하기 위한 회로를 구성하시오.

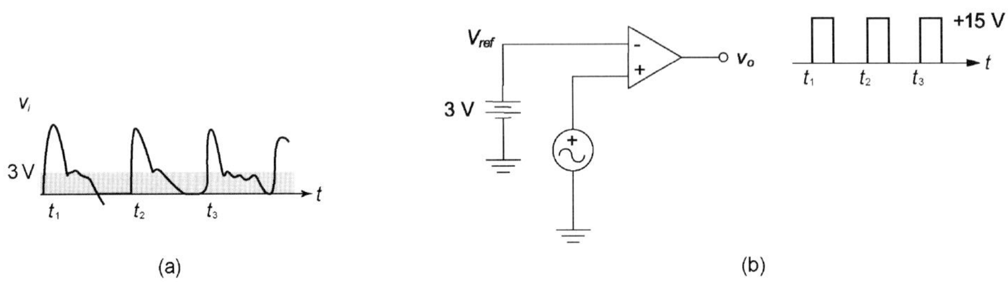

그림 12-40

(풀이)

신호의 입력이 positive로 갈 때만 자신이 인에이블될 때만 기록되는 컴퓨터로 신호를 기록한다. 그림 12-40(a)에서 잡음은 최대 2 V의 크기를 갖기 때문에 그림 12-40(b)에서 비교기를 사용할 수 있다. 비교기는 입력 신호가 2 V 이상으로 증가할 때만 positive 출력 전압을 발생시킨다.

그림 12-41에 표시된 것 처럼 기준 전압을 발생시키기 위해서는 전압원이 필요하다. positive 공급 전원이나 negative 공급 전원과 연결되는 전압 분배기를 사용할수 있다. 기준 전압은 4 V로 주어진다.

$$V_{ref} = \frac{R_2}{R_1 + R_2} V_{supply} = \frac{40 \ k\Omega}{40 \ k\Omega + 110 \ k\Omega} 15 \ \ V = 4 \ \ V$$

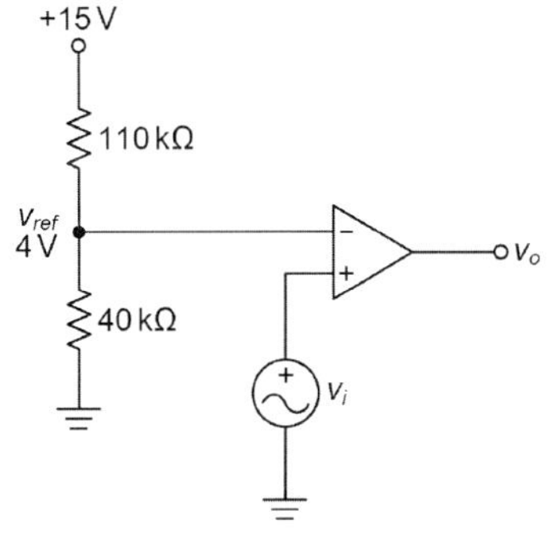

그림 12-41

기준 전압을 초과할 때 비교기 출력 전압이 negative로 되길 원하면 기준 전압을 + 단자에 연결한다. 신호는 − 단자에서 얻어진다. 그림 12-42는 기준전압이 전압 분배기에 의해서 결정되는 반전 비교기를 표시하고 있다. 유의할 점은 비반전 혹은 반전 비교기는 기준 전압이 0 V로 설정되면 0 V 교차 검출기가 된다는 점이다.

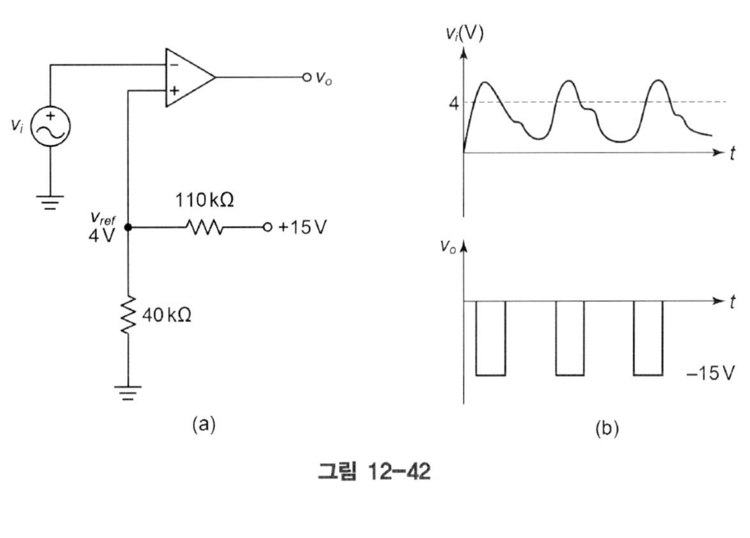

그림 12-42

예제 12-15

앞에서 전압 레벨 검출기를 구성하기 위해서 레벨 검출기와 LED를 어떻게 사용하는지를 알아본바 있다. 그림 12-43(a)에 표시된 회로를 다시 생각해보자. 우선 레벨 검출기를 구성하자. (레벨 검출기는 입력 전압이 2 V를 통과할 때 +5 V 출력을 발생시킨다.)

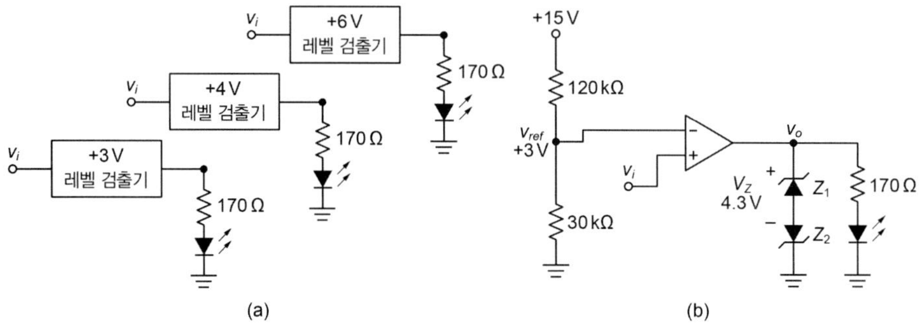

그림 12-43

(풀이)

그림 12-43(b)는 레벨 검출기 회로를 표시하고 있다. 제너 다이오드 클리퍼 회로를 비반전 비교기와 연결하고 LED를 구동시킨다. 공급 전원을 ±15 V를 사용한다고 가정하면 기준 전압은 $V_{ref}=\dfrac{30\ \text{k}\Omega}{30\ \text{k}\Omega+120\ \text{k}\Omega}15\ \ V=+3\ \ V$이다. 입력 전압이 +3 V를 지나갈 때 Op-Amp는 +15V 근처에서 포화된다. 제너 다이오드 Z_1이 항복되고 Z_2는 ON된다. 클리퍼 출력 전압은 식 (12-26)처럼 표시된다.

$$v_o = V_z + 0.7 = 4.3\ \ \text{V} + 0.7 = 5\ \ \text{V} \tag{12-26}$$

+5 V는 LED를 순방향으로 바이어스시키고 LED는 발광된다. 입력이 +3 V보다 낮으면 Op-Amp는 −15 V 근처에서 포화가 되고 클리퍼는 −5 V의 출력을 발생시킨다. negative 출력 전압은 LED를 역방향으로 바이어스시키고 LED는 불이 켜지지 않는다.

12-6-6 슈미트 트리거

비교기는 그림 12-44(a)에 표시된 것처럼 매우 빠른 신호를 사용할 때 몇 가지 문제를 발생시킨다. 그중 하나는 공급 전압에서 포화되는 Op-Amp의 출력을 위해 한정된 시간을 갖는다는 것이다. 만약 그림 12-44(b)에 표시된 것처럼 신호가 아주 짧은 시간 동안에만 기준 전압을 넘는다면 Op-Amp는 응답할 수 있는 시간이 없게 된다. 또 다른 것은 Op-Amp가 응답할 수 있다고 해도 그림 12-44(c)에 표시된 것처럼 출력 펄스는 사용할 수 없을 만큼 협대역의 펄스를 발생시킨다.

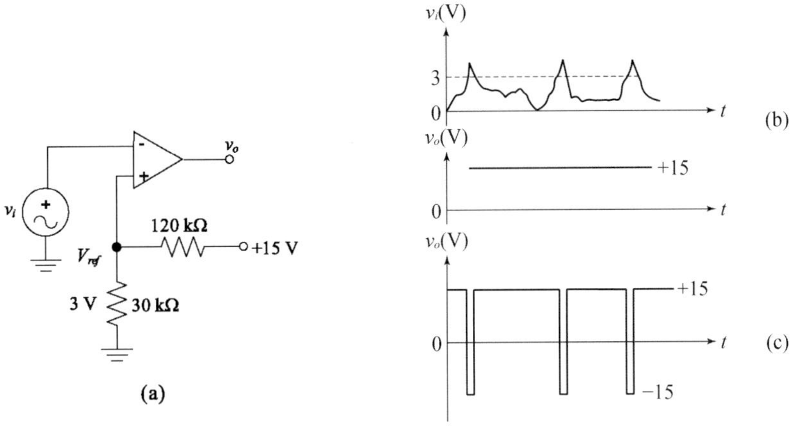

그림 12-44 비교기의 문제점

비교기가 갖는 문제는 슈미트 트리거라고 알려진 약간 더 복잡한 회로를 사용하면 극복할수 있다. 이런 회로는 몇 가지 구조를 갖는데 여기서는 그림 12-45에 표시된 간단한 반전 슈미트 트리거에 대해서만 설명한다.

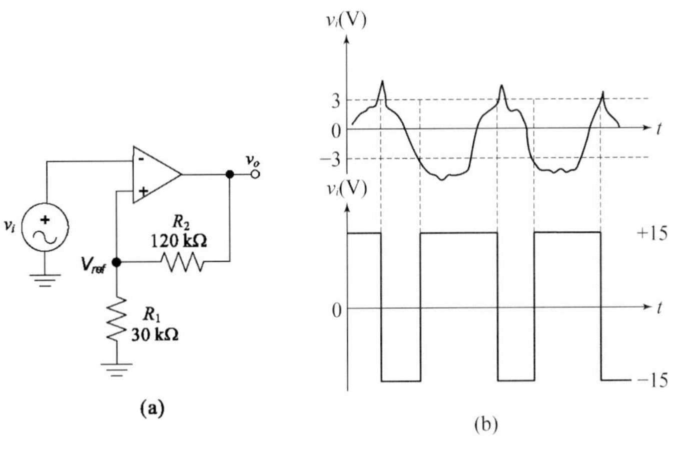

그림 12-45 간단한 반전 슈미트 트리거 회로

슈미트 트리거는 그림 12-44에 표시된 회로와 아주 유사하다. 그러나 매우 중요한 차이점을 갖는다. 전압 분배기의 구동ㅇ 공급 전압이 아니라 Op-Amp 출력 전압이다. 유의할 점은 이 회로가 +단자에 출력 전압을 역으로 연결시킨다는 점이다. Op-Amp 회로가 사용하는 negative 귀환 회로의 동작을 해석하기 위해서 루프 주위를 살펴보는 것이 중요하다.

■ positive 전압이 −단자에 인가되고 negative 출력 전압을 발생시킨다.

▣ negative 출력 전압을 –단자로 귀환시킨다.

▣ – 단자에서의 이런 negative 귀환 전압은 positive 출력 전압을 발생시킨다.

negative 귀환 시스템의 특성은 평형 상태에 도달될 때까지 출력 전압을 감소시킨다. Op–Amp negative 귀환 시스템은 $v_+ = v_-$ 일 때 평형에 도달한다.

슈미트 트리거 단자에서의 루프 해석은 다음과 같다.

▣ positive 전압이 – 단자에 인가된다고 가정하자. 이것은 negative 출력 전압을 발생시킨다.

▣ negative 출력 전압은 R_1과 R_2를 통해서 + 단자로 공급된다.

▣ 이런 negative 귀환 전압이 + 단자에 인가되면 negative 출력 전압이 발생된다.

negative 귀환 시스템과는 달리, 한번 출력이 negative 귀환으로 가면 출력이 공급 전원에 가깝게 포화될 때까지 더욱더 negative로 된다. 이것이 positive 귀환 시스템이다.

positive 귀환 회로의 문제점은 그림 12–44(b)에 표시되어있다. 슈미트 트리거의 positive 귀환은 출력 전압을 입력 신호가 비교기가 제공하는 기준 전압보다 약간 크기만 하면 비교기보다 훨씬 더 빠른 응답을 제공하도록 포화된다. 슈미트 트리거는 비교기보다 훨씬 긴 출력 펄스를 제공한다. 이것은 매우 미묘한 부분으로 보이지만 바이트 사이즈의 큰 부분에서의 과정 실행을 깨트리게 된다. 그림 12–44(a)에서 출력 전압이 +15 V에 포화되는 것으로 가정한다. 트리거 기준 전압은 식 (12–27)처럼 구해진다.

$$V_{ref} = \frac{R_2}{R_1 + R_2} V_o = \frac{30\ \text{k}\Omega}{30\ \text{k}\Omega + 120\ \text{k}\Omega}(+15\ \ V) = +3\ \ V \tag{12–27}$$

입력이 3 V를 넘자마자 출력은 –15 V로 떨어진다(이것은 반전 회로이다).

입력 전압이 +15 V에서 –15 V로 갈때 기준 전압 역시 바뀐다. 이것은 슈미트 트리거의 동작을 해결하는 열쇠이다. 기준 전압은 이제 –3 V이다.

$$V_{ref} = \frac{R_2}{R_1 + R_2} V_o = \frac{30\ \text{k}\Omega}{30\ \text{k}\Omega + 120\ \text{k}\Omega}(-15\ \ V) = -3\ \ V$$

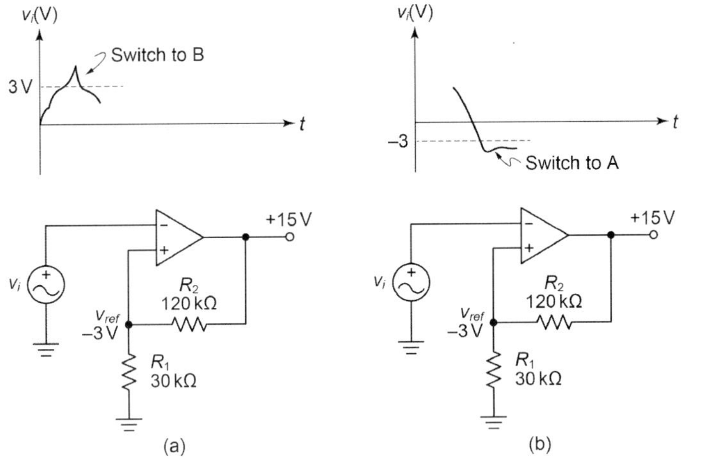

그림 12-46

이제 여기서 무슨 일이 일어나는지 주목하자. 기준 전압은 −2 V로 감소했다. 입력이 −3 V 위에 머무는 만큼 길고, − 단자 전압이 + 단자 전압과 출력보다 크다. 따라서 −15 V에 고정된다. 출력 펄스는 길어진다. 그림 12−46(b)에 표시된 것처럼 입력 전압이 감소한다. 입력이 −3 V로 떨어질 때 + 단자는 − 단자보다 큰 전압을 갖는다. 이때 Op−Amp 출력은 +15 V로 되돌아가고, 기준 전압은 +3 V로 간다. 입력이 +3 V 밑으로 유지될 때 출력은 +15 V에 머물게 된다. 입력 신호가 다시 +3 V를 넘을 때 출력 전압은 negative에서 스윙한다. 슈미트 트리거의 입력과 출력 신호는 그림 12−46(b)에 표시된다.

예제 12-9

그림 12−47(a)에 표시된 슈미트 트리거에서, 입력과 출력 전압을 동일한 그래프에 표시하시오.

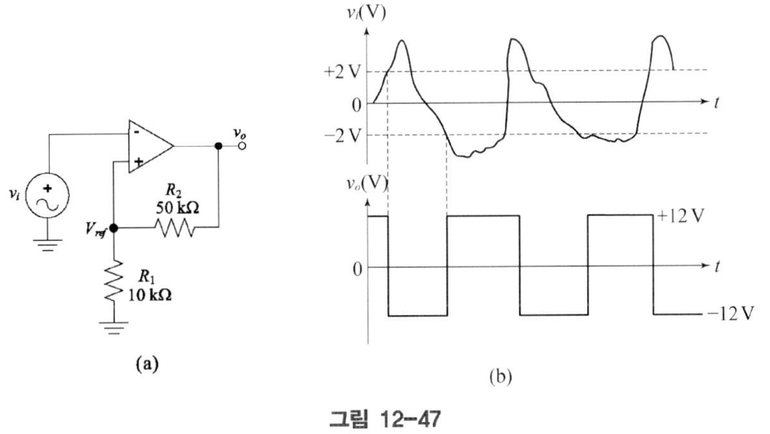

그림 12-47

(풀이)

출력 전압이 15 V라고 가정하면 기준 전압은

$$V_{ref} = \frac{R_2}{R_1 + R_2} V_o = \frac{10\ k\Omega}{10\ k\Omega + 50\ k\Omega}(+12\ \ V) = +2\ \ V$$

이다. 따라서 입력이 +2 V 이상이거나 -2 V 이하로 떨어지면 트리거가 된다. 그림 12-46(b)는 입출력 신호이다.

비교기와 슈미트 트리거는 자유 입력이 기준 전압을 통과할 때 출력을 positive 전압에서 negative 전압으로 변화시키거나 그 역으로 변화시킨다. 두 회로 사이에는 유사하기는 하지만 아주 큰 차이점이 존재한다.

기준 레벨은 비교기의 출력을 negative에서 positive로 가도록 트리거하고 동일한 레벨이 비교기의 출력을 positive에서 negative로 가도록 트리거 시킨다. 예를 들면 비반전 비교기의 기준 레벨이 +2 V라고 가정하자. 입력이 +2 V를 초과할 때 출력은 positive로 된다. 입력이 +2 V 아래로 떨어지면 출력은 negative가 된다. 슈미트 트리거는 negative에서 positive로 출력을 변화시키는 한 기준 레벨을 갖는다. 분리된 기준 레벨은 positive에서 negative로 출력을 변화시킨다. 슈미트 트리거는 입력이 +2 V를 넘으면 positive로 가도록 하지만 +1 V 이하로 떨어질 때까지는 negative로 가지 않도록 고안되어 있다.

소자가 positive 출력 변화의 트리거 레벨과 negative 출력 변화의 다른 트리거 레벨을 가질 때 특성은 히스테리시스라고 알려져 있다. 마지막으로 슈미트 트리거의 기본 모델은 귀환 전압 분배기의 기준 전압에서 Op-Amp를 포화시키는 전압으로 사용된다. 정확하게 사용되는지 알려지지는 않았지만 특별한 Op-Amp에서 포화 전압이 발생되는 것을 확인 할 수도 있을 것이다. 따라서 트리거 레벨을 정밀하게 설정할 수 없다. Op-Amp 출력에 클리퍼 회로를 연결하면 이런 문제를 고정시킬 수 있다.

그림 12-48은 귀환 회로에서 기준 전압을 제공하기 위해서 제너 다이오드를 어떻게 사용하는지를 보여준다. Op-Amp 출력이 positive 포화 전압에서 스윙하면 Z_1은 역방향으로 바이어스되고 Z_2는 순방향으로 바이어스된다. 다이오드가 0.7 V의 턴ON 전압을 갖는다고 가정하면 기준 전압은 $V_{ref} = V_Z + 0.7\ \ V = +5.7\ \ V$이다.

Op-Amp 출력이 negative 포화 전압에서 스윙할 때 기준 전압은 $V_{ref} = -5.7\ \ V$가

된다. 저항(R)은 Op-Amp에 흐르는 전류를 제한하기 위해서 Op-Amp 출력과 제너 다이오드 사이에 연결된다. 이것이 제너 다이오드가 항복 영역에서 적정하게 유지되도록 하는데 충분한 유효 전류가 있다는 것을 확신시켜준다.

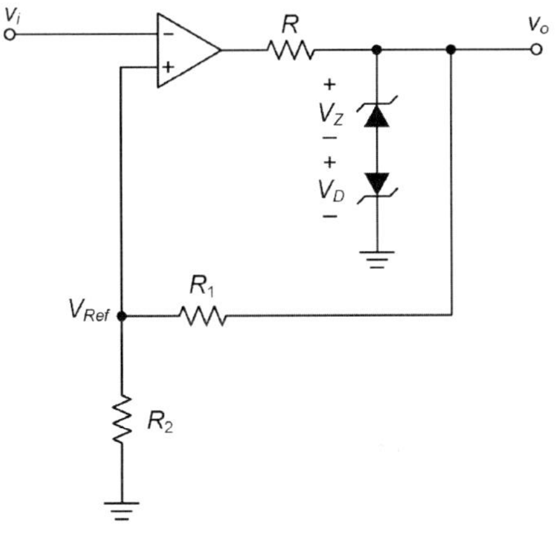

그림 12-48

CHAPTER

12 기초문제

1. 차동 증폭기의 출력을 구하는 두 가지 방법은 무엇인가?

2. 기본적인 차동 증폭기 회로를 그리시오. 출력은 얼마인가?

3. +단자에 전압 분배기를 갖는 차동 증폭기 회로를 그리시오. 출력은 얼마인가?

4. 브리지 증폭기 회로를 그리고 평형 브리지 증폭기의 의미를 설명하시오. 출력 전압은 얼마인가?

5. 미지 저항을 결정하기 위해서 브리지 정류기는 어떻게 사용되는가?

6. 온도를 결정하기 위해서 브리지 증폭기는 어떻게 사용되는가?

7. 귀환 저항이나 자신의 연결이 개방 고장이라고 가정하면 출력에서 어떤 결과를 예상할 수 있는가?

8. 미분의 접근법을 두 가지 설명하시오.

9. Op-Amp 미분기 회로를 그리고 출력 전압 공식을 구하시오.

10. 미분은 왜 피하는가?

11. 적분의 두 가지 접근법을 설명하시오.

12. Op-Amp 적분기 회로를 그리고 출력 전압 공식을 구하시오.

13. 적분이나 미분을 할 때 실제적인 Op-Amp 파라미터가 고려되어야 하는 이유는 무엇인가?

14. 미분기에서 커패시터가 개방고장일 경우의 출력 전압은 무엇인가? 단락 고장인 경우는?

15. 적분기에서 귀환 커패시터가 개방 고장일 경우의 출력 전압은 무엇인가? 단락 고장인 경우는?

16. 제너 다이오드로부터 유출되는 최대 전류는 무엇인가?

17. 제너 다이오드에 의해서 공급되는 부하 저항의 제한은 무엇인가?

18. 제너 조정을 개선하기 위해서 제공되는 Op-Amp는 어떻게 사용되는가?

19. 제너 다이오드 전압보다 항상 작은 조정 전압을 어떻게 제공할 수 있는가?

20. 제너 다이오드가 개방 고장이라면 무엇을 발견할 수 있는가?

21. 만약 제너 다이오드 공급 저항이 개방 고장 또는 단락 고장이라면 어떻게 될까?

22. 반전 정류기 회로의 단점은 무엇인가?

23. 비반전 정류기 회로의 단점은 무엇인가?

24. 만약 저항이 개방되었을 때 반전 정류기의 출력 전압은 어떻게 되는지 설명하시오.

25. 만약 다이오드가 개방되었을 때 비반전 정류기의 출력 전압은 어떻게 되는지 설명하시오.

26. Op-Amp 회로에서 negative 귀환이 발생되지 않을 때 v_+와 v_-을 말하시오.

27. $v_+ > v_-$일 때와 $v+ < v_-$일 때의 Op-Amp 출력 전압은 무엇인가?

28. 비교기가 0 V 교차 검출기와 같이 작동할 때는 언제인가?

29. Op-Amp 출력 전압이 점프를 빨리할 수 있는 제한 요인은?

30. R_1이 개방되는 경우와 R_2가 단락되는 경우의 반전 비교기의 출력을 구하시오.

CHAPTER

12 연습문제

1. 그림 12-49에 표시된 반전 증폭기에서 $R = 0\ \Omega$으로 놓고 다음 값을 순서대로 구하시오.

$$v_+,\ v_-,\ v_o,\ i_i,\ i_f,\ R_i = \frac{v_i}{i_i}$$

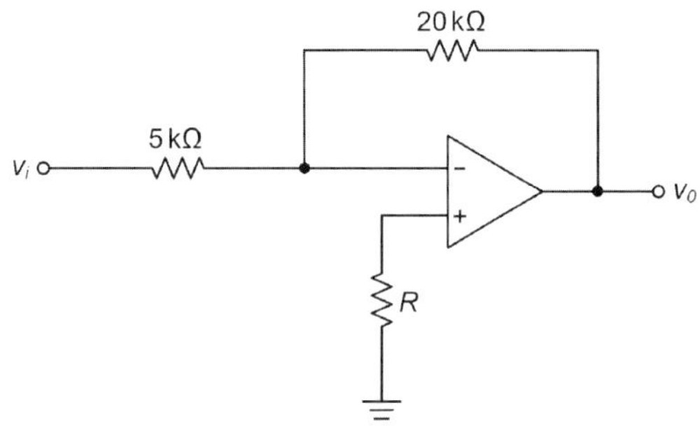

그림 12-49

2. 그림 12-49에서 입력 전원은 5 kΩ의 내부 저항을 갖는다. (a) 이런 저항을 포함하는 회로를 다시 그리고 v_o를 구하시오. (b) 출력 전압에 영향을 미치는 전원의 내부 저항을 어떻게 방지할 수 있는가?

3. 그림 12-50에 표시된 비반전 증폭기에서 $R = 4\ \mathrm{k}\Omega$으로 놓고 다음 값을 순서대로 구하시오.

$$v_+,\ v_-,\ v_o,\ i_i,\ i_f,\ R_i = \frac{v_i}{i_i}$$

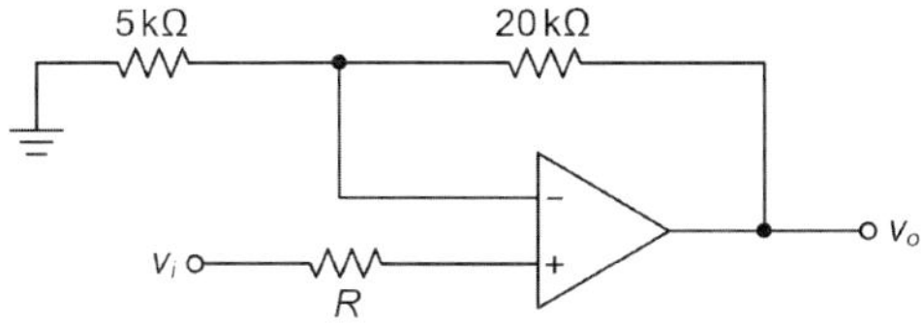

그림 12-50

4. 그림 12-51에 표시된 3단 Op-Amp 회로에서 각 Op-Amp 출력을 구하시오. (a) v_{o1}을 구하시오. (b) v_{o2}를 구하시오. (c) v_o를 구하시오.

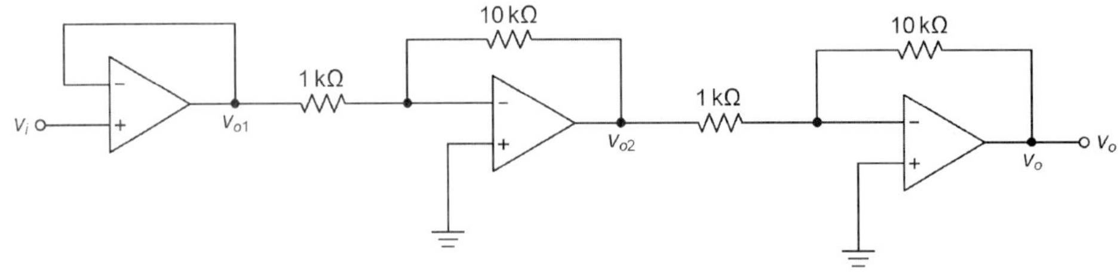

그림 12-51

5. (a) 그림 12-52에서 $v_o = -(10v_1 + v_2)$로 되는 R_1과 R_2를 구하시오.

(b) 바이어스 전류의 효과를 제거하기 위해서 R을 구하시오.

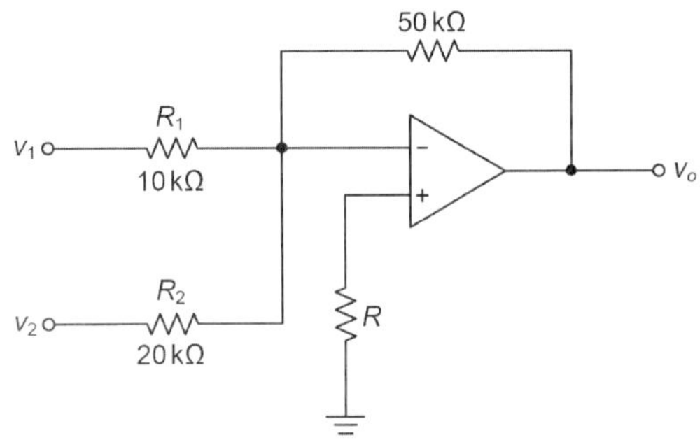

그림 12-52

6. 그림 12-53에서 $R = 10\ k\Omega$으로 놓고 다음을 순서대로 구하시오.

$$v_+,\ v_-,\ v_o,$$

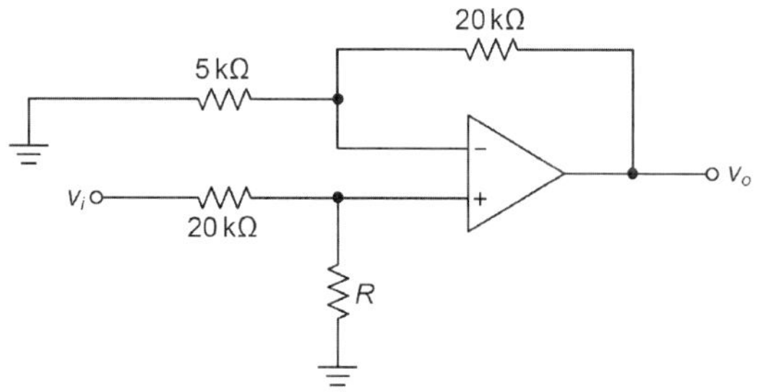

그림 12-53

7. 그림 12-54에서 $R = 10\ k\Omega$으로 놓고 다음 물음에 답하시오.
(a) $R \parallel R_F = R_1 \parallel R_2$인가? (b) v_o를 구하시오.

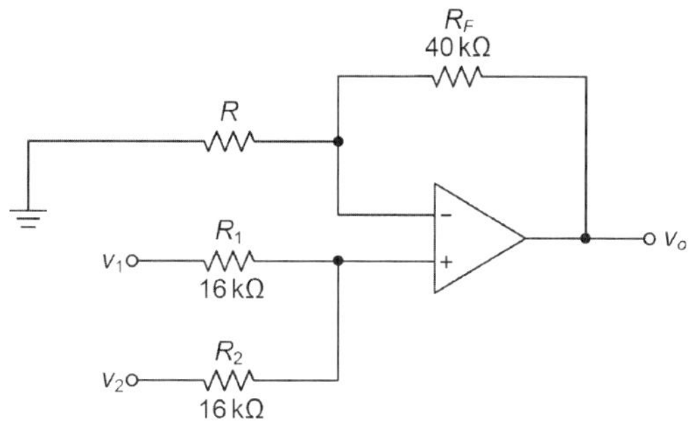

그림 12-54

8. 그림 12-55에 표시된 회로에서 $R = 2\ \mathrm{k}\Omega$으로 놓고 다음 각 경우에서 v_o를 구하시오.
(a) $v_2 = 0\ \mathrm{V}$, (b) $v_1 = 0\ \mathrm{V}$, (c) 양쪽 입력원이 모두 턴ON

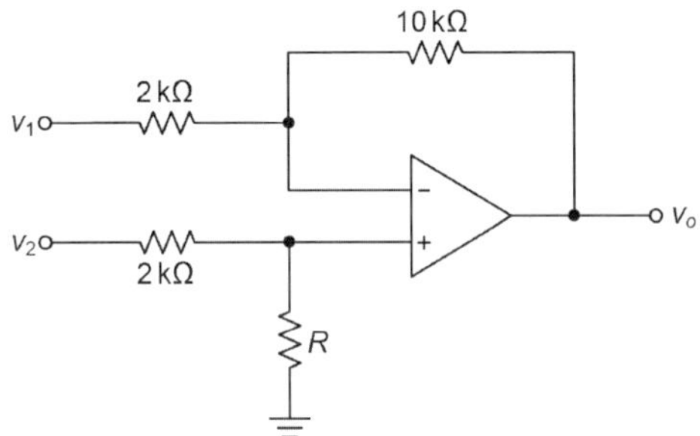

그림 12-55

9. Op-Amp는 귀환 경로에 부하 저항을 삽입하면 전류원을 구성하기 위해서 사용된다. 그림 12-55에 표시된 반전 Op-Amp를 고찰하시오.
(a) $v_i = 1\ \mathrm{V}$, $R_1 = 1\ \mathrm{k}\Omega$으로 놓고 R_1에 흐르는 전류를 구하시오. (b) 이런 전류는 어디로 가는가? (c) R_L에 흐르는 전류는 얼마인가? (d) 이런 전류는 R_L에 의존되는가? (e) 전류가 부하 저항에 의존하지 않고 부하에 전달되기 위해서는 회로를 어떻게 구성해야 하는가? (f) 이런 회로에서 부하 전류는 어떻게 결정되는가?

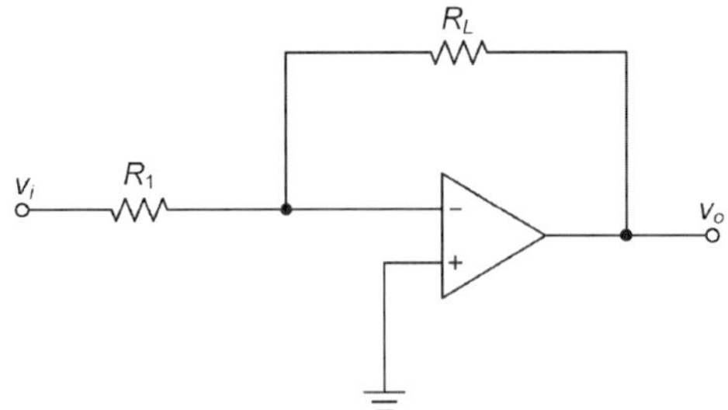

그림 12-56

10. 그림 12-57에서 Op-Amp의 v_o와 v_i를 구하시오. 입력 전압은 $v_i = v_1 - v_2$로 표시된다. (a) v_2를 접지시키고 v_o를 v_1의 항으로 구하시오. (b) v_1을 접지시키고 v_o를 v_2의 항으로 표시하시오. (c) v_1과 v_2의 항으로 전체 출력을 표시하시오. (d) v_o를 v_i항으로 표시하시오.

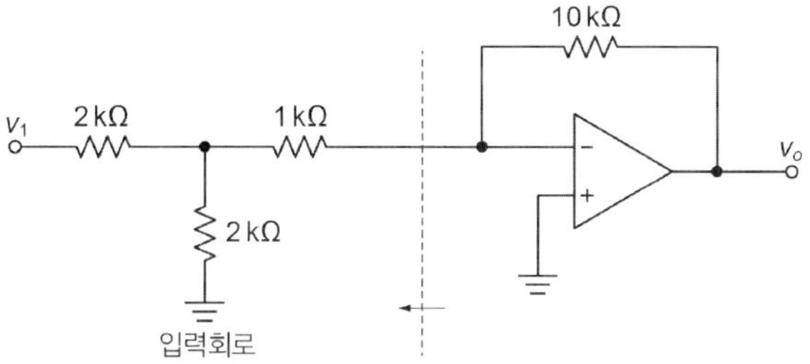

그림 12-57

11. 그림 12-58에 표시된 미분기에서 (a) v_o의 일반식을 구하시오. (b) $v_i = \cos 10t$일 때 v_o를 구하시오. (c) $v_i = \sin 10t$일 때 v_o를 구하시오. (d) $v_i = e^{-2t}$일 때 v_o를 구하시오.

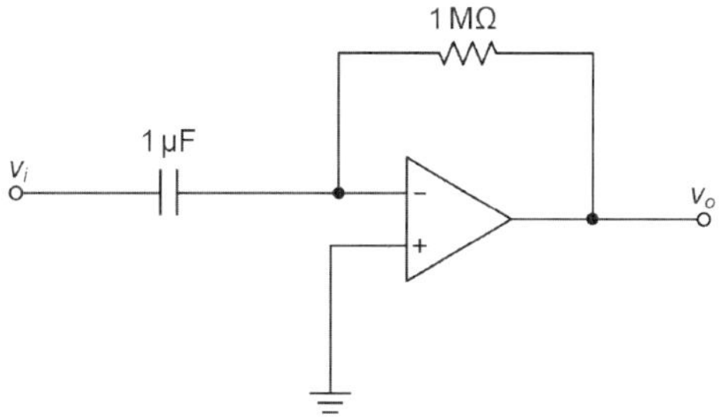

그림 12-58

12. 그림 12-59에 표시된 Op-Amp의 포화 전압이 ±10 V이다. (a) $v_i = 1\ \mathrm{V}$일 때 v_o를 구하시오. (b) $v_i = 5\ \mathrm{V}$일 때 v_o를 구하시오.

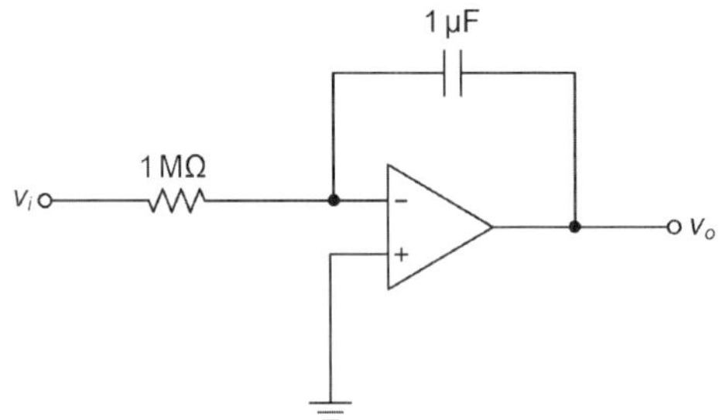

그림 12-59

13. 그림 12-60에 표시된 회로에서 (a) 제너 무부하 전류를 구하시오. (b) R_1과 R_2가 직렬로 연결된 회로의 전류를 구하시오. 이 전류를 제너 무부하 전류와 비교하시오. (c) v_+를 구하시오. (d) v_o를 구하시오.

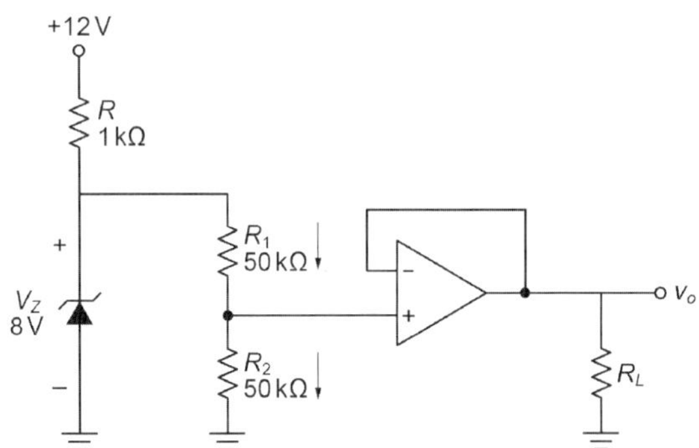

그림 12-60

14. 그림 12-61(a)에 표시된 반전 증폭기의 출력 전압을 계산하시오.

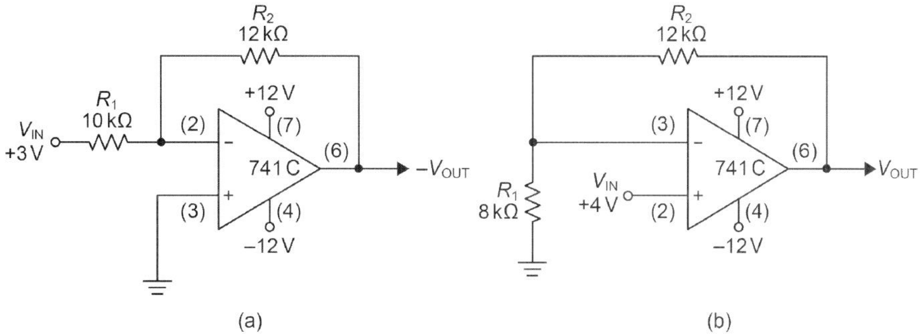

그림 12-61

15. 그림 12-61(b)에 표시된 비반전 증폭기로부터 출력을 구하시오.

16. 그림 12-62에 표시된 가산기 증폭기 회로의 출력 전압을 계산하시오.

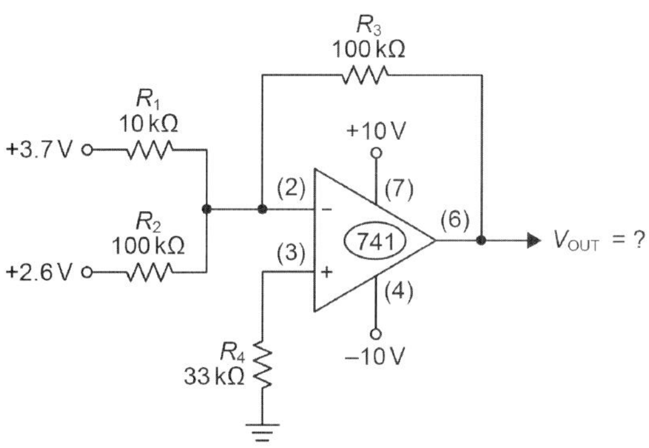

그림 12-62

17. 그림 12-63에 표시된 차동 증폭기 회로의 출력 전압값을 계산하시오.

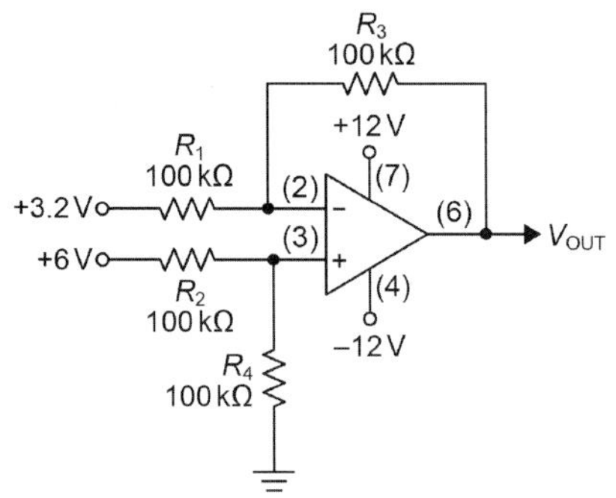

그림 12-63

18. 그림 12-64에 표시된 미분기 회로의 피크 출력을 계산하시오.

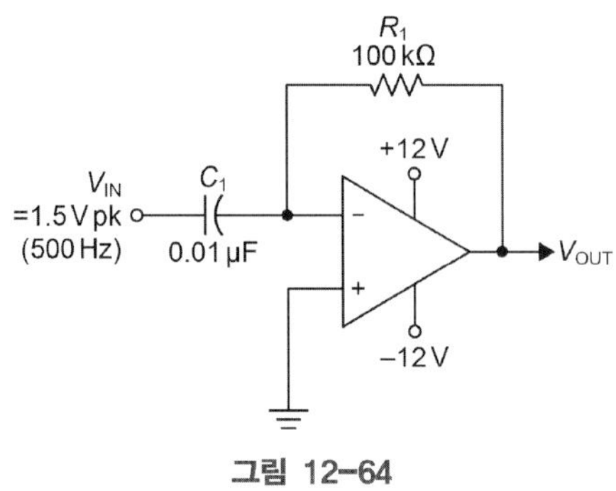

그림 12-64

19. 그림 12-65(a)에 표시된 입출력 파형을 참조하고 그림 12-65(b)에 표시된 적분기 회로의 피크 출력 전압을 구하시오.

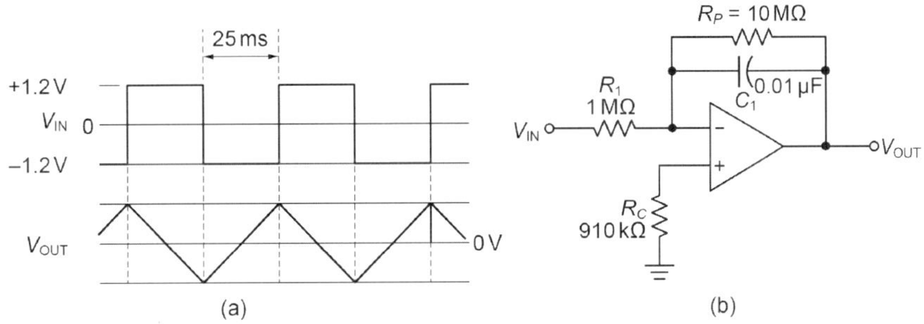

그림 12-65

20. 그림 12-66에 표시된 Op-Amp의 반전 입력에 +5 V의 기준 전위가 연결되어 있다. +V, −V, A_{OL} 값을 이용해서 비반전 입력에 +4.9 V 및 +5.1 V가 인가될 경우의 출력 전압을 구하시오.

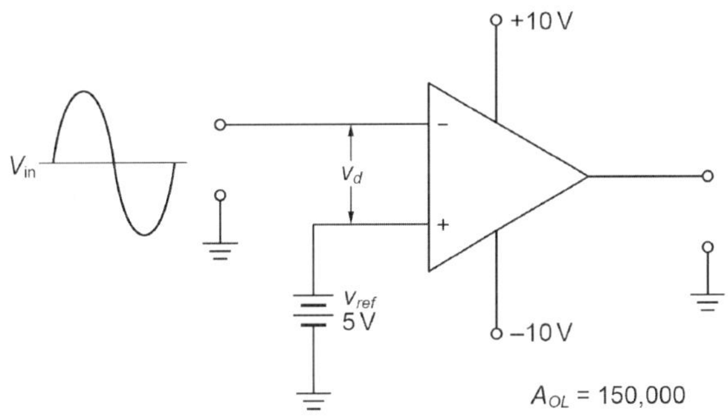

그림 12-66

21. 그림 12-67에 표시된 회로에서 디지털 시스템은 변화하는 신호원 전압이 어떤 출력 레벨에 도달한 경우 미리 설정된 기능을 수행하는 데 사용된다. 이런 경우 출력 레벨 값은 얼마인가?

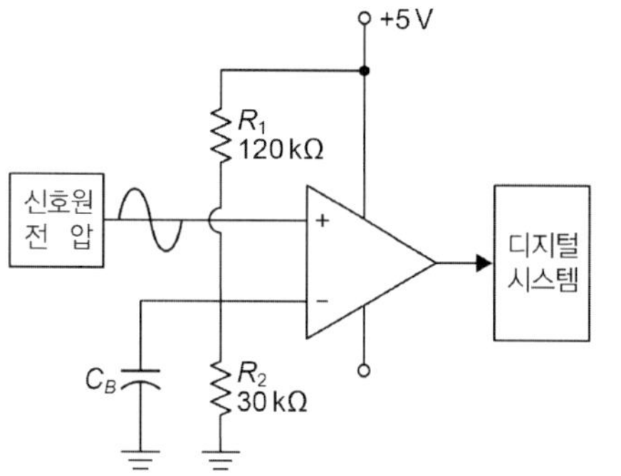

그림 12-67

22. 그림 12-68에 표시된 회로에서 고장의 원인은 무엇인지 설명하시오.

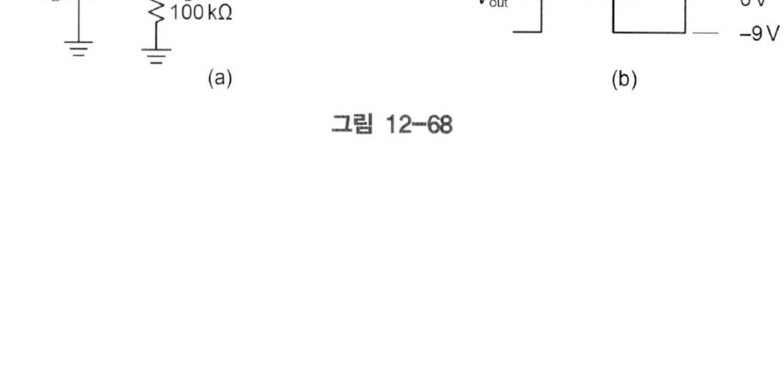

그림 12-68

23. 그림 12-69에 표시된 회로에서 차단주파수를 결정하시오. 또한 출력이 선형적인 특성을 잃어버리기 시작하는 주파수를 구하시오.

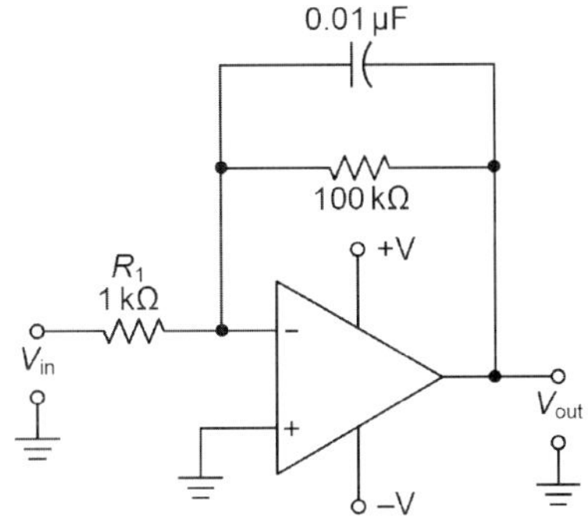

그림 12-69

24. 그림 12-70에 표시된 가산기의 출력을 구하시오.

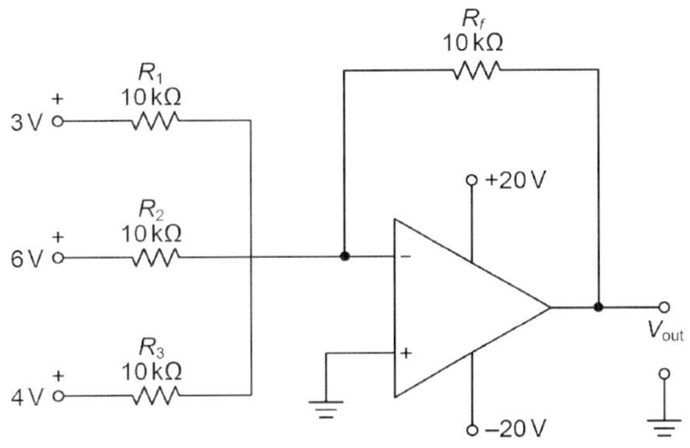

그림 12-70

25. 그림 12-71에 표시된 가산기의 출력을 구하시오.

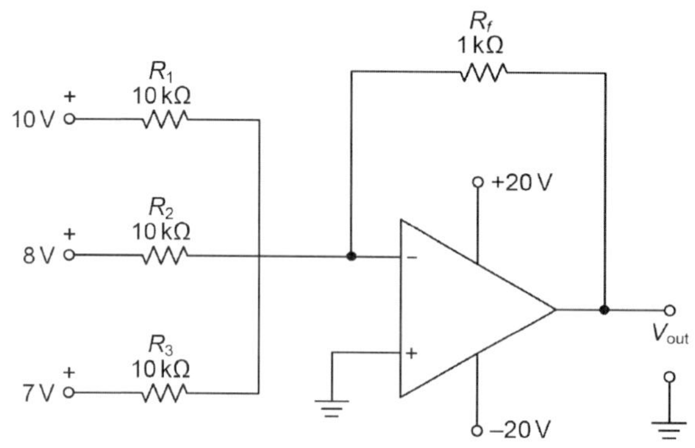

그림 12-71

26. 그림 12-72에 표시된 회로를 피크 값이 2 V인 정현파로 구동시킨다. 만약 연산증폭기의 이득이 100,000이라면 다이오드를 도통시키기 직전의 입력 전압은 얼마인가? 부하 저항을 통해서 흐르는 피크 전류는 얼마인가? 사이클의 평균 전류는 얼마인가?

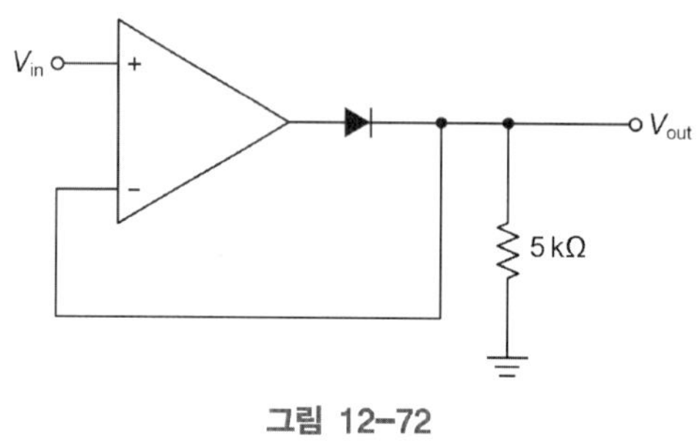

그림 12-72

27. 그림 12-73에 표시된 회로에서 입력 신호가 300 mV의 피크값을 갖는 정현파라고 가정하면 출력 전압의 최댓값과 최솟값은 얼마인가? 만약 R_LC 시정수가 적어도 입력 주기의 100배 이상 크다면 허용되는 최저 주파수는 얼마인가?

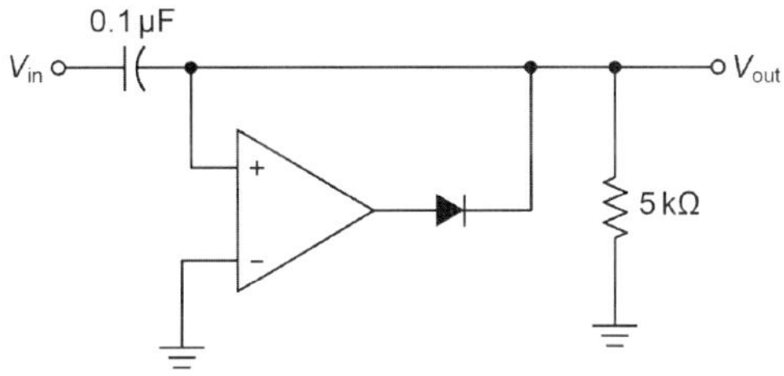

그림 12-73

28. 그림 12-74에서 기준 전압은 얼마인가? $v_{in} = 1\ \text{V}$일 때 대략적인 출력은 얼마인가? $v_{in} = 10\ \text{V}$일 때 대략적인 출력은 얼마인가?

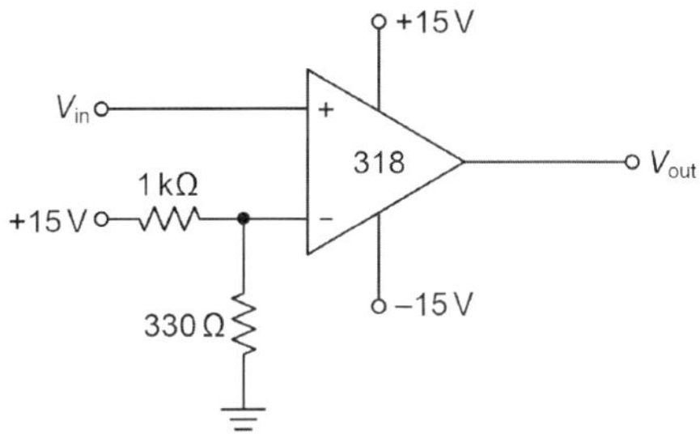

그림 12-74

29. 그림 12–75에 표시된 슈미트 트리거의 트립점은 얼마인가?

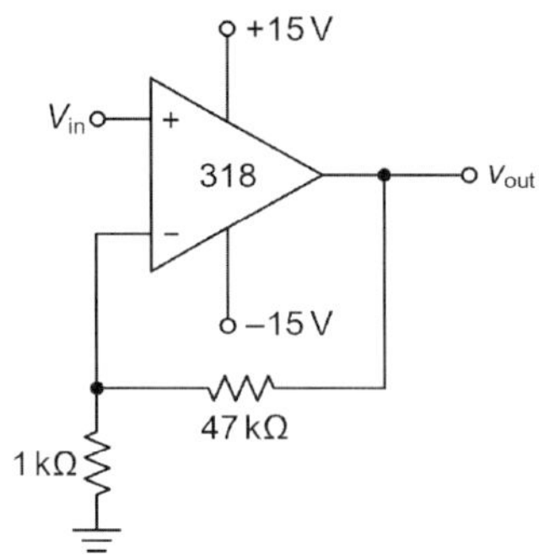

그림 12–75

30. 그림 12–75에서 1 kΩ 저항 양단에 걸리는 표유 커패시턴스는 30 pF이다. 가속 커패시턴스가 갖는 최솟값은 얼마인가?

31. 그림 12–76에 표시된 회로에서 출력 전압이 0이다. 입력 펄스의 끝에서 대략적인 출력은 얼마인가?

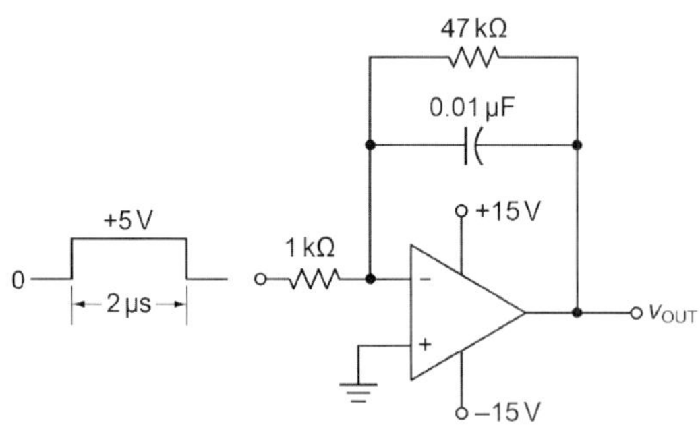

그림 12–76

32. 그림 12-77에 표시된 적분기 회로에서 2.75 kHz의 주파수를 갖는 구형파가 구동한다고 가정하면 입력이 10 V의 피크-피크값을 가질 때 출력의 피크-피크값은 얼마인지 구하시오.

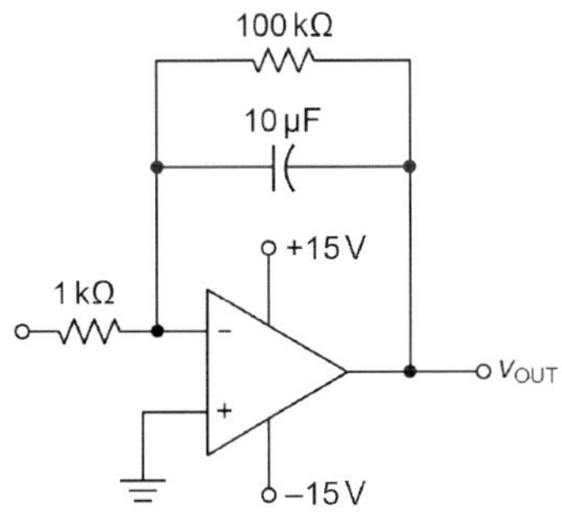

그림 12-77

33. 그림 12-78에서 공급 전압이 +15 V와 -15 이다. $R_1 = 1\ k\Omega$, $R_2 = 10\ k\Omega$, $R = 4.7\ k\Omega$, $C = 0.022\ \mu$ F을 갖는다고 가정하고 출력 구형파의 주파수를 구하시오.

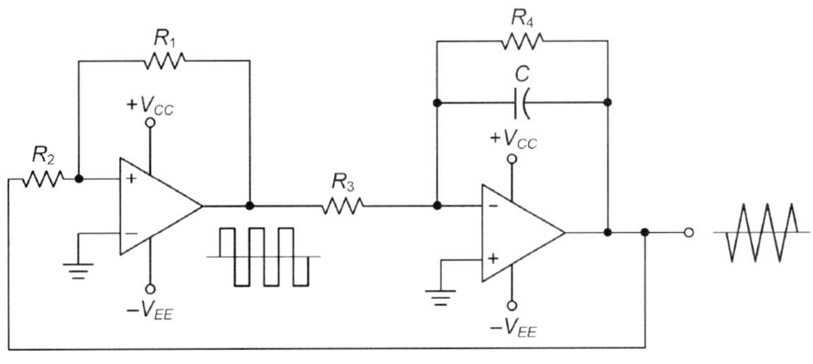

그림 12-78

34. 그림 12-75에 표시된 슈미트 트리거는 히스테리가 없다. 트립점이 0에 있다면 두 가지 가능한 고장은 무엇인가?

35. 그림 12-79에 표시된 회로의 출력은 삼각파 대신에 구형파가 나타난다. 발생될 수 있는 고장을 세 가지만 말하시오.

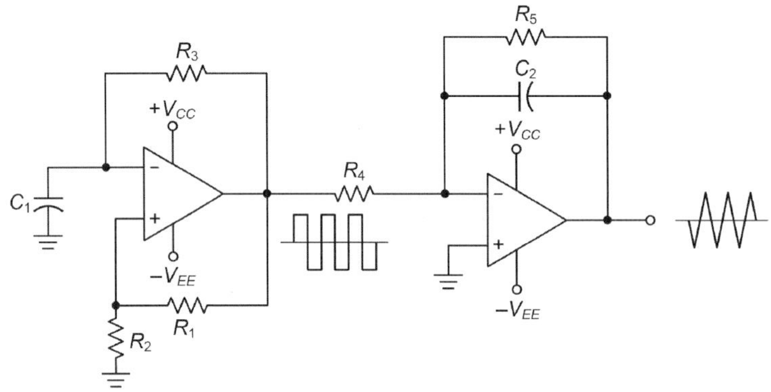

그림 12-79

36. 15 V 전원이 공급되는 그림 12-80과 유사한 윈도우 비교기를 설계하시오. 제한기는 5% 저항을 사용해서 +2 V와 +4 V에 가깝게 한다.

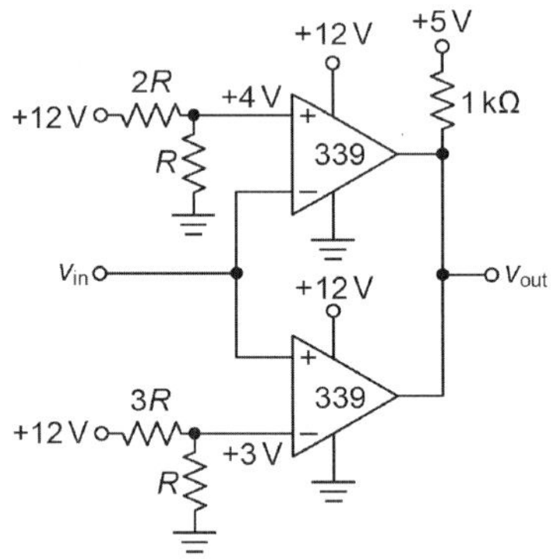

그림 12-80 (a) 2개의 339로 구성되는 윈도우 비교기 (b) pull up 저항이 연결되는 2개의 open 컬렉터 출력 (c) 전달특성

37. 5 V의 피크-피크 출력을 발생시키도록 그림 12-78과 유사한 삼각파 발생기를 설계하시오.

38. 그림 12-81에 표시된 시스템에서 1 μ A의 전류가 구동시킨다면 출력 전압은 얼마인가?

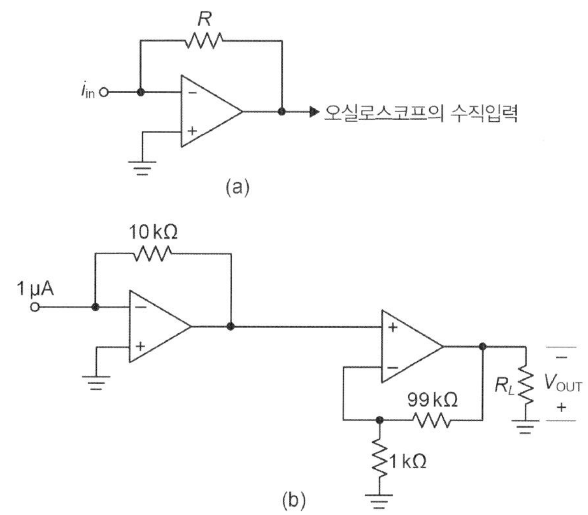

그림 12-81 전압 증폭기를 구동하는 전류 -전압 변환기 회로

39. 그림 12-82는 반전 전류 귀환을 사용하는 감도 좋은 직류 전류계를 표시하고 있다. 출력 메터의 전체 스케일 편향을 얻으려면 입력 전류는 얼마이어야 하는가?

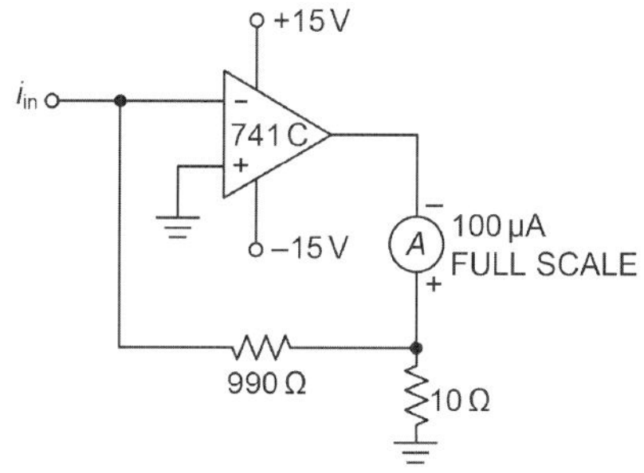

그림 12-82

CHAPTER

13

능동 필터

필터는 널리 사용되는 소자이기 때문에 기본적인 동작을 이해하는 것이 중요하다. 과거에는 필터를 구성하기 위해서 저항, 커패시터, 인덕터가 사용되었다. 이런 필터들은 수동 소자를 사용하기 때문에, 수동 필터라고 알려져 있다. 수동 필터들은 오늘날 고전력, 고주파 응용분야에서 아직도 사용되고 있다. 그림 13-1(a)는 전원의 잡음 제거에 사용 되는 상업적인 수동 필터를 표시하고 있다. 수동 필터의 단점 중 하나는 필터의 이득이 항상 1보다 작다는 것이다. 이것은 출력 전압이 입력 전압보다 항상 작다는 의미이다. 그 원인은 필터의 수동 소자에서 발생되는 전압 손실 때문이다. 여기서는 필터링에 사용되는 디지털 기술의 다양한 응용분야에 대해서 언급한다. 필터의 디지털 기술이 전자적인 기술과는 약간 차이를 갖는다고 하더라도 디지털 필터와 아날로그 필터의 기본적인 원리는 같다.

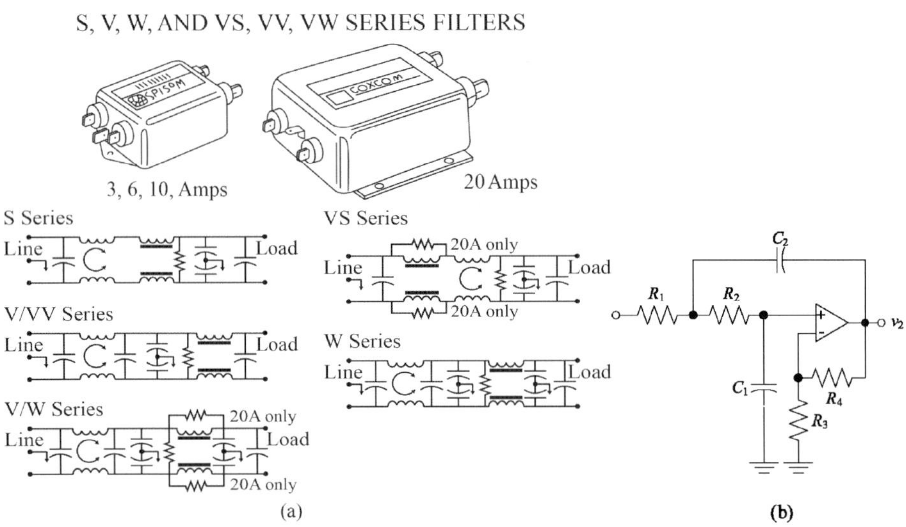

그림 13-1 (a) 수동 필터 (b) 능동 필터

수동 필터의 손실의 보상을 위해서 항상 증폭기와 필터는 캐스케이드 형태로 사용된다. 그러나 Op-Amp의 사용으로 필터와 증폭기를 결합시켜서 구성할 수 있다. 사실상, 필터 회로를 구성하는 데 Op-Amp가 가장 널리 사용된다. Op-Amp가 능동 소자이기 때문에 그림 13-1(b)에 표시된 회로는 능동 필터로 알려져 있다. 능동 필터는 수동 필터들보다 여러 주요한 장점이 있다. (1) 능동 필터는 여과 작용뿐 아니라 신호의 증폭까지 한다. (2) 능동 필터는 부하에 영향받지 않는다. (3) 능동 필터는 단지 저항과 커패시터로 구성되고 인덕터는 사용되지 않는다.

13-1 저역 통과 필터

주파수 응답의 일반적 개념을 필터에 적용함으로써, 이상적인 필터를 정의할 수 있다. 그림 13-2(a)는 이상적인 저역 통과 필터의 선형 주파수 응답 표시하고 있다. 필터는 1 kHz의 차단 주파수보다 작은 주파수는 모두 통과시킨다. 1 kHz보다 큰 주파수 영역은 모두 제거시키고 이상적인 저역 통과 필터의 출력에서는 1 kHz보다 낮은 주파수만 나타난다.

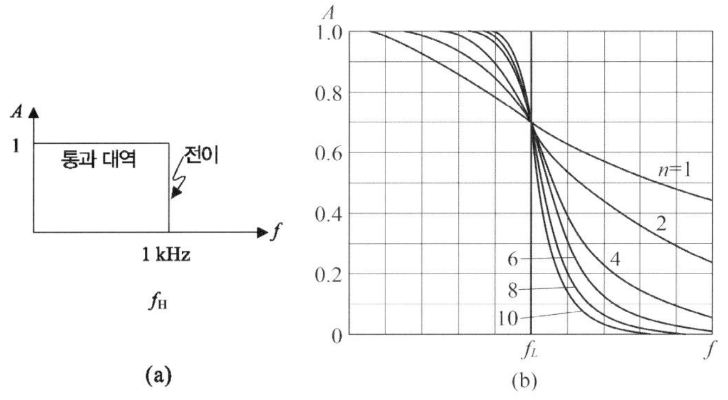

그림 13-2 저역 통과 필터

필터에 대해서 논할 때, 다음과 같은 밴드 대역을 정의하는 것이 필터 동작을 이해하는 데 도움을 준다.

- ▣ 통과 대역: 필터 출력에서 나타나는 주파수 범위로 정의된다. 이상적인 필터에서 통과 대역은 0에서 1 kHz이다. 통과 대역은 필터의 대역폭(BW)과 같은 의미이다.
- ▣ 저지 대역: 필터에 의해서 제거되는 주파수 범위로 정의된다. 이런 주파수는 필터의 출력에 나타나지 않는다. 필터 저지 대역은 1 kHz보다 큰 모든 주파수이다.
- ▣ 차단 주파수: 통과 대역(필터내에서 1 kHz)을 결정하는 주파수로 정의된다. 실제 필터의 차단 주파수는 그 필터의 3dB 주파수이다. 저역 필터의 차단 주파수는 f_H로 표시된다.
- ▣ 변환 영역: 통과 대역과 저지 대역 사이의 주파수 범위를 말한다. 이상적인 저역 필터에서, 통과 대역의 차단 주파수는 즉시 저지 대역으로 전이된다. 차단 주파수 내

에서의 주파수 응답의 기울기는 무한대이다. 실제 필터에서 필터의 응답은 통과 대역으로부터 저지 대역으로 가는 동안 이루어진다. 또한 기울기로부터, roll-off라고 불리는 차단 주파수에서의 주파수 응답을 볼 수 있다. 동작 필터의 roll-off를 가파르게 하면 더욱 이상적인 필터처럼 동작하게 할 수 있다.

이상적인 저역 통과 필터에서 볼 수 있는 두 가지 중요한 변수는 통과 대역 내의 필터 이득은 일정하고(평탄함) 통과 대역에서 저지 대역으로 즉시 변환된다. 그림 13-2(b)는 몇 종류의 실제 저역 통과 필터 응답의 선형 주파수 선도를 표시하고 있다. 숫자 n은 필터의 차수와 회로 내의 커패시터와 인덕터들의 수에 의해서 결정된다. 통과 대역과 저지 대역 사이의 변환 순간에 통과 대역에서의 절대적 안정화 이득을 갖지 못하는 것을 실제 필터에서 볼 수 있다.

13-1-1 수동 1차 저역 통과 필터

그림 13-3(a)는 간단한 수동 RC 회로를 표시하고 있다. 회로에는 한 개의 커패시터가 포함되기 때문에, 1차 회로이다. 이런 회로는 그림 13-3(b)에 표시된 것과 같은 저역 통과 필터 응답을 갖는다. 비교를 위해서 이상적인 저역 통과 필터 응답은 짙은색으로 표시했다.

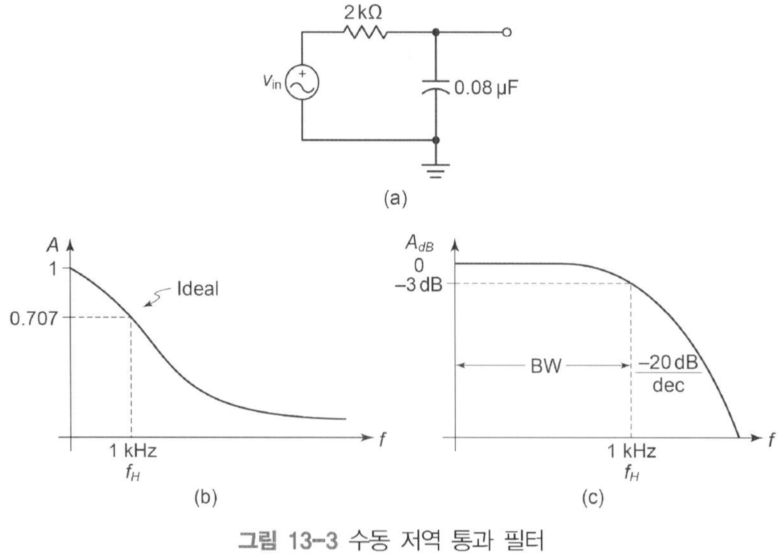

그림 13-3 수동 저역 통과 필터

실제적인 필터는 통과 대역에서 완전히 평탄한 응답을 갖지 않는다는 사실을 확인할 수 있다. 무엇보다 중요한 것은, 통과 대역과 저지 대역 사이의 변환 영역이 아주 크다는 것이다. 실제 필터의 응답에서는 갑작스런 변화가 없기 분명한 차단 주파수는 없다. 이런 습관에 의해 우리는 반전력(3dB) 주파수로 f_H, f_L과 같은 필터의 차단 주파수를 정의할 수 있다. 이런 필터에서는 커패시터가 개방되는 저주파에서 최대 이득을 얻게 된다. 커패시터 개방 시 $v_o = v_{signal}$이기 때문에 $A_{\max} = 1$이고 필터의 차단 주파수는 1 kHz이다.

$$f_H = \frac{1}{2\pi RC} = \frac{1}{2\pi \times 2\ \text{K}\Omega \times 0.08\ \mu\text{F}} \approx 1\ \text{kHz} \qquad (13\text{-}1)$$

저역 통과 필터의 대역폭(통과 대역)은 f_H와 같다. 따라서 BW = f_H이다. 이런 필터의 대역폭은 BW = $f_H \approx 1$ kHz이다. 그림 13-3(c)는 RC 필터의 보드선도 이득을 표시하고 있다. 통과 대역에서 이런 필터의 보드선도 이득이 거의 평평함을 볼 수 있다. 1차 필터의 기울기 혹은 roll-off는 20 dB/dec이다.

예제 13-1

(a) 그림 13-4(a)에 표시된 RC 필터의 최대 이득과 대역폭을 구하시오.
(b) 그림 13-4(b)에서 필터에 접속된 부하를 갖는 것을 볼 수 있다. 이득과 대역폭을 구하시오. (c) 결과를 비교하시오.

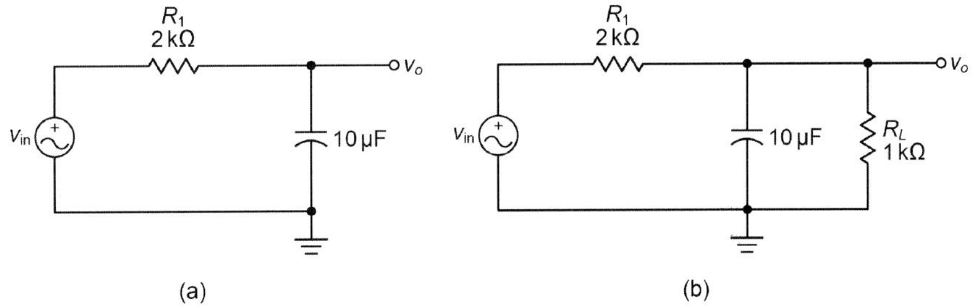

그림 13-4

(풀이) (a) 그림 13-4(a)에 표시된 간단한 RC 회로에서

$$A_{\max} = 1,\ BW = f_H = \frac{1}{2\pi \times 2\ \text{k}\Omega \times 10\ \mu\text{F}} \approx 8\ \text{Hz}$$

임을 알 수 있다.

(b) 저주파에서의 최대 이득을 구하기 커패시터를 개방한다. 이 회로의 결과는 전압 분배기이므로 $A_{max} = \dfrac{R_L}{R_L + R_1} = \dfrac{1\ \text{k}\Omega}{1\ \text{k}\Omega + 2\ \text{k}\Omega} = 0.33$이다.

$$BW = f_H = \frac{1}{2\pi(R_1 \parallel R_L) \times C} = \frac{1}{2\pi \times 0.67\ \text{k}\Omega \times 10\ \mu\text{F}} \approx 24\ \text{Hz}$$

로 주어진다.

(c) 필터에 부하가 추가되면 필터 응답에는 격렬한 변화를 가져온다. 이것이 수동 필터의 문제 중 하나이다. 따라서 특별한 부하가 설계되어야 한다.

13-2 저역 통과 능동 필터

그림 13-5(a)는 비반전 모드 Op-Amp로 구성되는 1차 능동 필터의 구조를 표시하고 있다. 물론 반전 능동 필터 구성도 가능하지만, 여기서는 단지 비반전 필터만을 고찰하도록 한다.

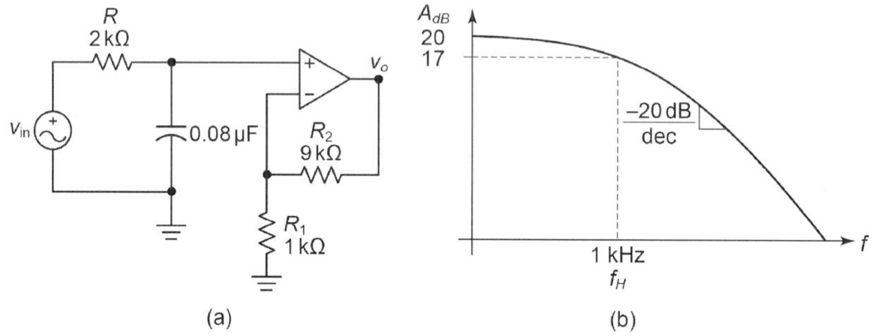

그림 13-5 능동 저역 통과필터

Op-Amp에 전류가 흐르지 않기 때문에, 이회로의 RC 부분은 방금 살펴본 수동 저역 통과 필터이다. Op-Amp는 RC 필터의 출력을 증폭한다. 저주파에서 커패시터는 개방 상태이고, 회로는 기본적인 비반전 증폭기로 동작한다. R은 이득에 영향을 미치지 않는다는 것을 기억해야 한다.

$$A_{\max} = 1 + \frac{R_2}{R_1} = 1 + \frac{9\ \text{k}\Omega}{1\ \text{k}\Omega} = 10$$

이다. 따라서 $A_{dBmax} = 20$ dB이다.

이런 회로에서 대역폭과 차단 주파수는 R과 C에 의해서 $BW = f_H = \dfrac{1}{2\pi RC}$로 결정된다. 이 회로에서 $BW = f_H = \dfrac{1}{2\pi RC} = \dfrac{1}{2\pi \times 2\ \text{k}\Omega \times 0.08\ \mu\text{F}} \approx 1\ \text{kHz}$이다.

이런 필터의 보드선도는 그림 13-5(b)에 표시되어 있다. 입력 신호의 필터링뿐 아니라 증폭까지 할 수 있는 능동 필터의 장점을 알 수 있다. 1차 필터는 20 dB/dec의 roll-off를 갖는 점에 유의하라.

예제 13-2

(a) 그림 13-6(a)에 표시된 필터의 최대 이득과 대역폭을 구하고, 보드선도를 그리시오. (b) {예제 13-1}과 비교하시오.

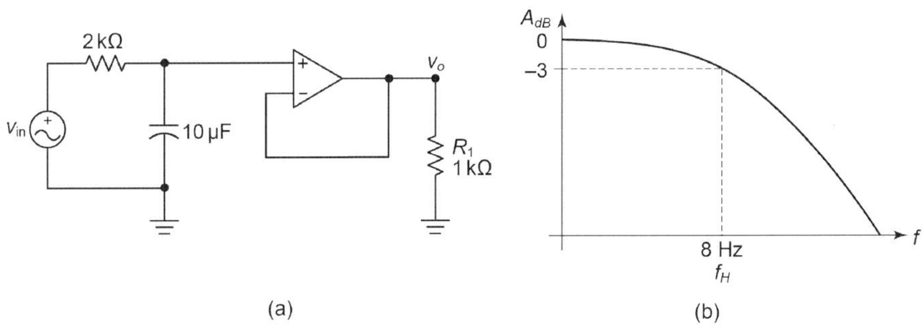

그림 13-6

(풀이) (a) 이 회로에서 Op-Amp는 단위 이득 버퍼에 접속되어 있다. 따라서 Op-Amp의 출력은 커패시터 양단에 걸리는 v_+와 동일하다. 따라서 $A_{\max} = 1$, $A_{dBmax} = 0$ dB이고

$$BW = f_H = \frac{1}{2\pi RC} = \frac{1}{2\pi \times 2\ \text{k}\Omega \times 10\ \mu\text{F}} \approx 8\ \text{Hz}$$

이런 필터의 보드선도는 그림 13-6(b)에 표시된다.

(b) 이런 필터는 {예제 13-1}에 표시된 무부하 RC 필터와 정확하게 같은 값(8 Hz)의 응답을 갖는다. 여기서 차이점은 능동 필터의 동작에 부하 저항이 영향을 주지 못한다는 점이다. 이득과 대역폭을 구할 때 부하 저항은 깊게 고려되지 않는다. 이미 신호 증폭을 할 수 있는 능동 필터의 장점을 고찰한 바 있다. 이 예제에서 확인했겠지만 이런 장점을 항상 사용할 수는 없다. 능동 필터의 또 다른 장점은 필터 동작이 필터 부하에 의존하지 않는다는 것이다.

13-3 2차 필터

1차 필터 내에서 20 dB/dec의 roll-off의 기울기는 매우 급한 경사를 갖지 않는다. 필터가 이상적으로 될수록 roll-off가 커진다는 것을 기억해야 한다. 필터의 차수가 증가하면 roll-off도 증가시킬 수 있다. 능동 필터에서 필터의 차수는 필터를 구성하는 커패시터의 수에 의해서 결정된다. 저역 통과 능동 필터의 마지막 roll-off는 식 (13-2)처럼 표시된다.

$$\text{final roll-off} = 20n \text{ dB/dec} \tag{13-2}$$

모든 2차 필터는 40 dB/dec의 최종 roll-off를 갖는다. 2차 필터와 고차 필터를 사용할 때, 몇 가지 흥미있는 주파수 응답을 발생시킬 수 있다. 그림 13-7은 2가지의 선형 주파수 응답을 고려한 것이다. 능동 필터의 적당한 저항과 커패시터를 선택함으로써 두 가지 응답을 발생시킬 수 있다.

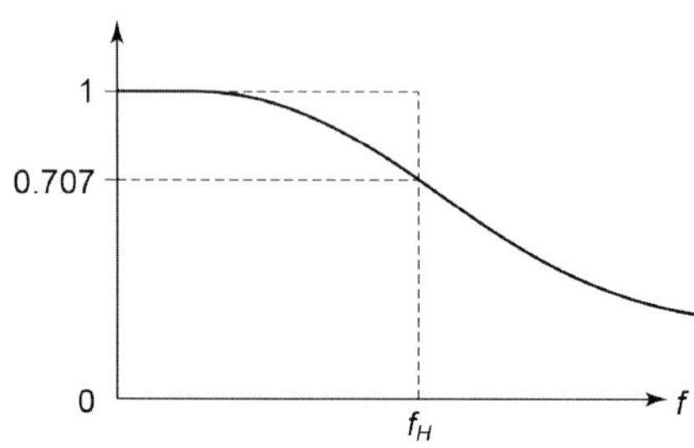

그림 13-7

주파수 응답은 통과 대역에서 적절한 평탄 이득은 짙은 파랑색으로 표시된다. 이것이 버터워스(Butterworth) 필터 응답이다. 약간 이상하게 보이는 흐린 파란색이 주파수 응답이다. 통과 대역에서의 평탄 이득보다는, 이득 응답이 증가 또는 감소하게 된다. 이런 종류의 필터를 체비셰프(Chebychev) 필터라고 부르는 이유는 무엇인가? 그 해답은 차단 주파수에서의 roll-off에 있다. 실제로 두 필터 모두 동일한 roll-off를 제공하더라도 차단 주파수에서의 버터워스의 응답이 체비셰프 응답보다 약간 빠른 강하를 갖는다는 것을 확인할 수 있다. 여기서 절충점은 평탄 이득인가, 빠른 roll-off인가이다. 이런 고찰에서 통과 대역에서의 최대 안정 이득을 제공하는 필터로 제한하기 때문에, 오직 버터워스 필터에 대해서만 고찰하도록 하겠다. 가장 널리 사용되는 2차 저역 통과 필터가 그림 13-8(a)에 표시되어 있다.

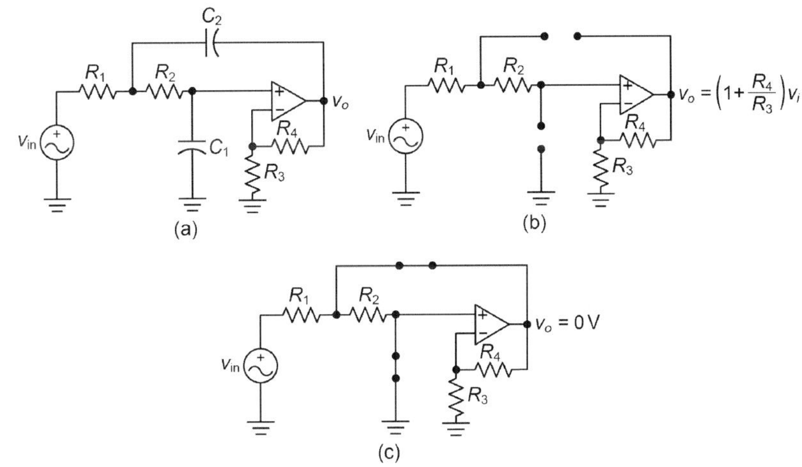

그림 13-8 Sallen-Key 저역 통과 필터

이 필터는 설계자의 이름을 따서 Sallen-Key 필터로 부른다. 필터의 이런 형태는 간혹 VCVS(전압 제어-전압원) 필터라고 부르기도 한다. 회로를 간략하게 그리기 위해서 -단자가 제거되는 점에 주의하라. 이런 필터의 이득은 R_3와 R_4에 의해서 제공된다. 필터의 대역폭은 R_1, R_2, C_1, C_2에 의해서 결정된다. 따라서 회로 방정식에 완전히 포함된다.

이 필터 혹은 다른 필터 동작의 일반적 이해를 위해서 약간의 변화된 공식만을 사용하게 된다. 회로를 고찰할 때는 주파수는 아주 낮은 경우와 주파수가 아주 높은 경우이다. 주파수가 낮을 때에는 모든 커패시터가 그림 13-8(b)처럼 개방된다. 커패시터가 개방되면 회로는 기본적인 비반전 증폭기(R_1과 R_2는 이득에 영향을 주지 못한다)로 된다.

따라서 $A_{max} = 1 + \dfrac{R_4}{R_3}$이다. 고주파에서 커패시터는 그림 13-8(c)와 같이 단락된다. 커패시터 C_1이 단락될 때 입력 + 단자는 접지에 연결되고 출력은 없다. 이런 필터에서 저주파일 때 최대 이득을 얻고 고주파에서는 이득을 얻지 못한다. 이런 회로는 당연히 저역 통과 필터가 되어야만 한다. 이미 Sallen-Key 필터의 최대 이득을 구했다. Sallen-Key 필터의 대역폭을 구하는 정확한 공식은 아주 복잡하지만, 다행히도 대역폭을 근삿값으로 간편하게 구할 수 있다.

$$BW = f_H \approx \frac{1}{2\pi\sqrt{R_1 R_2 C_1 C_2}} \tag{13-3}$$

예제 13-3

그림 13-9에는 버터워스 능동 필터가 표시되어있다. 필터의 보드 이득을 그리시오.

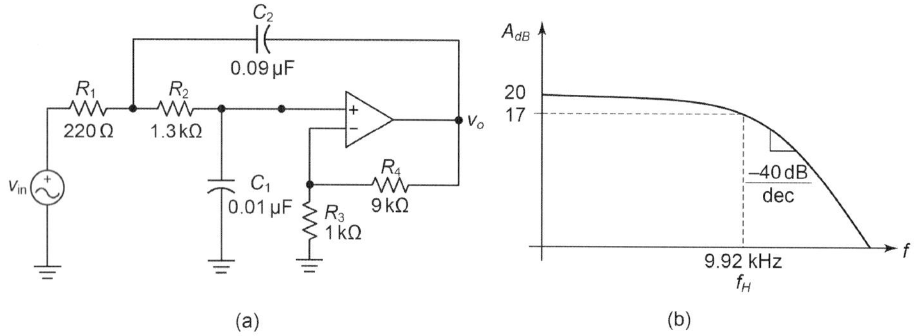

그림 13-9

(풀이) 커패시터 개방 시 저주파에서 동작하는 필터의 최대 이득은 10이다.

$$A_{\max} = 1 + \frac{R_4}{R_3} = 1 + \frac{9\ k\Omega}{1\ k\Omega} = 10$$

데시벨 단위 이득은 $A_{dBmax} = 20$ dB이다.

대역폭의 근삿값은 9.92 kHz이다.

$$BW = f_H \approx \frac{1}{2\pi\sqrt{R_1 R_2 C_1 C_2}} = \frac{1}{2\pi\sqrt{220\ \Omega \times 1.3\ k\Omega \times 0.01\ \mu F \times 0.09\ \mu F}} = 9.92\ kHz$$

통과 대역의 이득이 결과적으로 안정하다는 것을 알수 있다. 이런 필터의 보드선도는 그림 13-9(c)에 표시되어있다. 이런 2차 필터의 roll-off는 40 dB/dec이다.

13-4 고역 통과 능동 필터

그림 13-10(a)에는 이상적인 고역 통과 응답을 보여준다. 1 kHz의 차단 주파수를 확인할 수 있다. 출력에서는 오직 1 kHz 이상의 주파수만 표시된다. 차단 주파수는 f_L이다. 고역 통과 필터의 통과 대역(대역폭)은 차단 주파수보다 큰 주파수 범위를 갖는다(고역 필터의 통과 대역은 무한대이다).

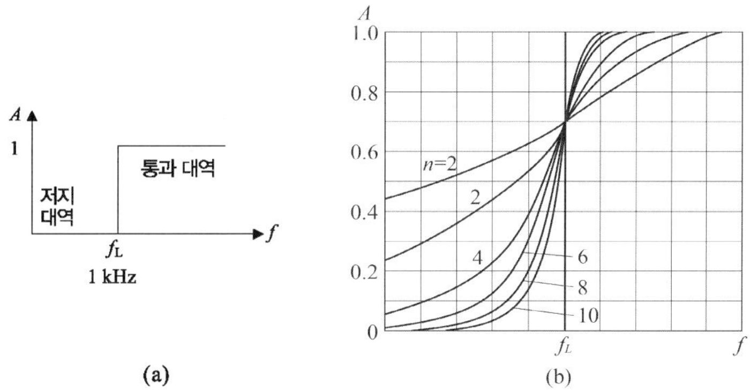

그림 13-10 고역 통과 필터

고역 통과 필터의 대역폭이 차단 주파수와 같지 않음을 주의하라. 이상적인 저역 통과 필터처럼 저지 대역와 통과 대역 사이의 변환은 순간적이다. 그림 13-10(b)는 몇 개의 실제 고역 통과 필터의 응답에 대한 보드선도를 표시하고 있다. 주의할 것은 실제 응답이 이상적인 응답과 정확히 같을 수 없다는 점이다. 통과 대역이 완전하게 평탄하지 못하며, 변환 영역은 유한하다. 필터 차수가 높아지면, 변환 영역은 작아진다.

13-4-1 1차 필터

그림 13-11(a)는 능동 고역 통과 필터를 구성하기 위해서 RC 회로를 Op-Amp에 어떻게 연결하는지를 보여준다. 사용되는 커패시터가 1개 이기 때문에 1차 필터이다. 저주파에서 커패시터는 개방된다. 입력 신호는 출력을 얻을 수 없다. 출력은 0이다. 고주파에서

커패시터는 단락되고 회로 동작은 기본적인 비반전 증폭기로 동작한다. R은 이득에 영향을 미치지 않는다. 따라서

$$A_{\max} = 1 + \frac{R_4}{R_3} = 1 + \frac{3\ \text{k}\Omega}{1\ \text{k}\Omega} = 4$$

$A_{dBmax} = 12$ dB이다. R과 C에 의해서 결정되는 차단 주파수 $f_L = \dfrac{1}{2\pi RC}$이다.

$$f_L = \frac{1}{2\pi RC} = \frac{1}{2\pi \times 2\ \text{k}\Omega \times 10\ \mu\text{F}} \approx 8\ \text{Hz}$$

그림 13-11(b)에는 이런 회로의 보드선도가 표시되어 있다. 1차 필터는 20 dB/dec의 positive의 기울기를 갖는다. 비록 기울기가 positive일지라도 기울기의 묘사에 roll-off의 간격을 사용할 수 있다.

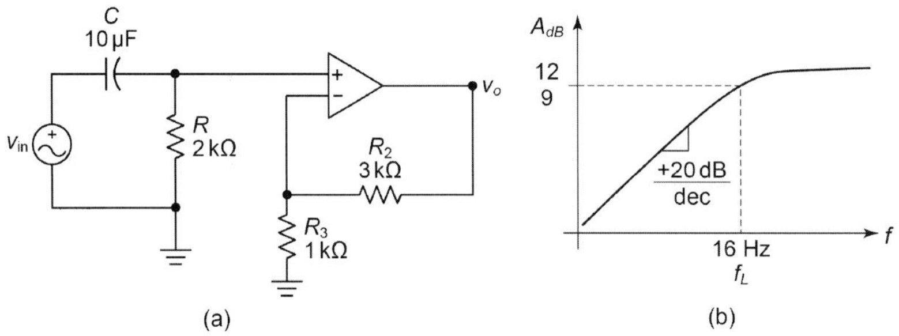

그림 13-11 고역 통과 필터

고역 통과 능동 필터의 대역폭은 명확하지 않다는 것에 주의하라. Op-Amp가 스스로 주파수 범위를 제한하는 것을 살펴본 적이 있다. Op-Amp가 스스로 주파수 범위를 제한한다는 의미이다. Op-Amp는 필터로부터 분리되고

$$f_{Hop-amp} = \frac{\text{unity gain band width}}{1 + \dfrac{R_2}{R_1}}$$

로 주어지는 차단 주파수보다 높은 값을 갖는다. 만약 741 Op-Amp로 필터를 구성한다면 250 kHz가 구해진다.

$$f_{Hop-amp} = \frac{\text{unity gain band width}}{1 + \frac{R_2}{R_1}} = \frac{1 \times 10^6}{1 + \frac{3\ \text{k}\Omega}{1\ \text{k}\Omega}} = 250\ \text{kHz}$$

이런 필터는 실제로 16 Hz에서 250 kHz의 신호를 통과시킨다. 사실상, 실제 고역 통과 능동 필터와 같은 것은 없다.

예제 13-4

(a) 그림 13-12(a)에 표시된 필터의 최대 이득과 차단 주파수를 구하시오. (b) 보드선도를 그리시오.

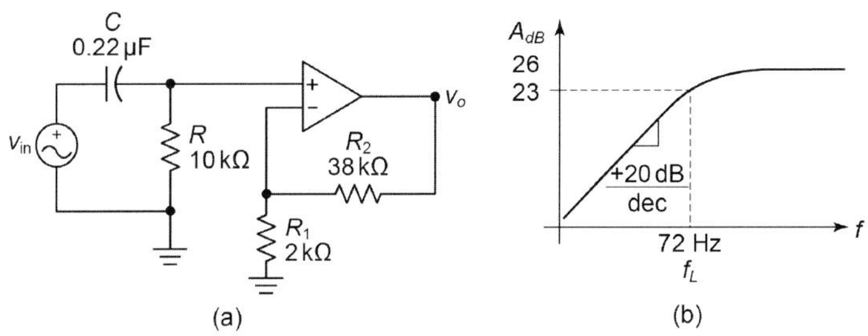

그림 13-12

(풀이) (a) 고주파에서 발생되는 최대 이득은 20이다.

$$A_{\max} = 1 + \frac{R_4}{R_3} = 1 + \frac{38\ \text{k}\Omega}{2\ \text{k}\Omega} = 20,\ A_{dBmax} = 26\ \text{dB}$$

차단주파수는 72 kHz이다.

$$f_L = \frac{1}{2\pi RC} = \frac{1}{2\pi \times 10\ \text{k}\Omega \times 0.22\ \mu\text{F}} \approx 72\ \text{Hz}$$

이런 필터의 보드선도는 그림 13-12(b)에 표시되어 있다. 능동 필터의 주파수 응답은 필터 부하에 의존하지 않는다는 사실을 주의해야 한다.

13-4-2 2차 필터

저역 통과 필터처럼, 필터의 차수를 증가시키면 고역 통과 필터의 roll-off를 증가시킬 수 있다. 2차 필터는 40 dB/dec의 최종 roll-off를 갖는다. 그림 13-13(a)는 Sallen-Key 고역 통과 필터를 표시하고 있다. 만약 그림 13-8(a)에 표시된 저역 통과 필터와 비교하면, 단지 저항과 커패시터들(f_L과 이득에 영향을 주지 않는 R_4, R_3설정)이 교체된 것들을 알 수 있다. 고역 통과 필터 회로의 기본적 이해를 위해 저주파와 고주파에서 회로를 해석해보자. 저주파에서 모든 커패시터는 그림 13-13(b) 에 표시된 것처럼 개방된다. 커패시터가 개방일 때, 입력 신호는 Op-Amp에 도달할 수 없다. 따라서 출력은 없다. 고주파에서 커패시터는 그림 13-13에 표시된 것처럼 단락된다.

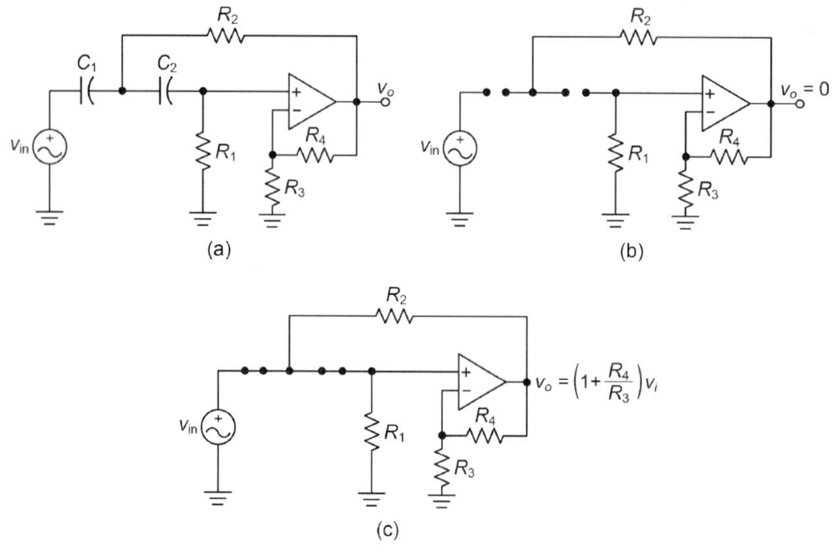

그림 13-13 Sallen-Key 고역 통과 필터

회로는 지금 기본적인 비반전 증폭기(이득은 R_1과 R_2에 영향을 주지 못한다)이다. 따라서 $A_{max} = 1 + \frac{R_4}{R_3}$이다.

이 회로에서의 이득은 저주파에서는 낮고, 고주파에서는 높다. Sallen-Key 필터의 차단 주파수의 정확한 공식은 아주 복잡하지만 식 (13-4)에 표시된 근사화 공식을 사용한다.

$$BW = f_L \approx \frac{1}{2\pi\sqrt{R_1R_2C_1C_2}} \tag{13-4}$$

예제 13-5

그림 13-14(a)에 표시된 버터워스 능동 필터의 이득과 차단 주파수를 구하시오.

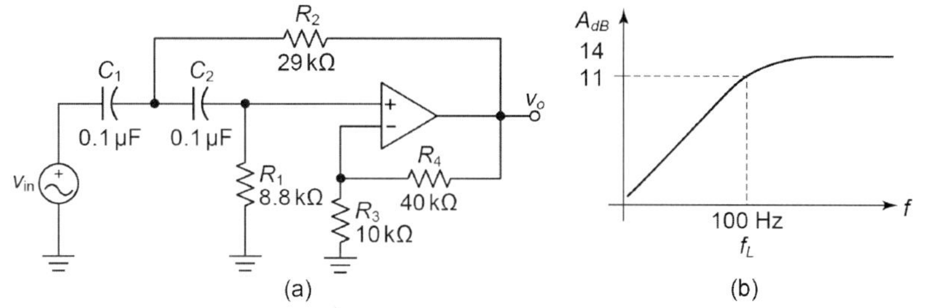

그림 13-14

(풀이) 필터의 최대 이득은 커패시터가 단락되는 고주파에서 발생된다.

$$A_{\max} = 1 + \frac{R_4}{R_3} = 1 + \frac{40\ \text{k}\Omega}{10\ \text{k}\Omega} = 5$$

데시벨 단위의 이득은 $A_{dBmax} = 14$ dB이다. 차단 주파수의 근삿값은 100 Hz이다.

$$f_L \approx \frac{1}{2\pi\sqrt{R_1R_2C_1C_2}} = \frac{1}{2\pi\sqrt{8.8\ \text{k}\Omega \times 29\ \text{k}\Omega \times 0.1\ \mu\text{F} \times 0.1\ \mu\text{F}}} = 100\ Hz$$

필터의 버터워스 설계 때문에, 통과 대역 내에서의 이득은 결과적으로 안정됨을 알 수 있다. 이런 필터의 보드선도는 그림 13-14(b)에 표시된다.

13-5 대역 통과 능동 필터

그림 13-15(a)는 10 kHz와 20 kHz 사이의 대역 통과 주파수를 갖는 이상적인 대역 통과 필터를 표시하고 있다. 대역 통과 필터는 앞에서 고찰한바 있는 f_L, f_H와 등가인 두 개의 차단 주파수를 갖는다. 그림 13-15(b)는 몇 가지 실제 대역 통과 필터의 보드선도를 표시하고 있다.

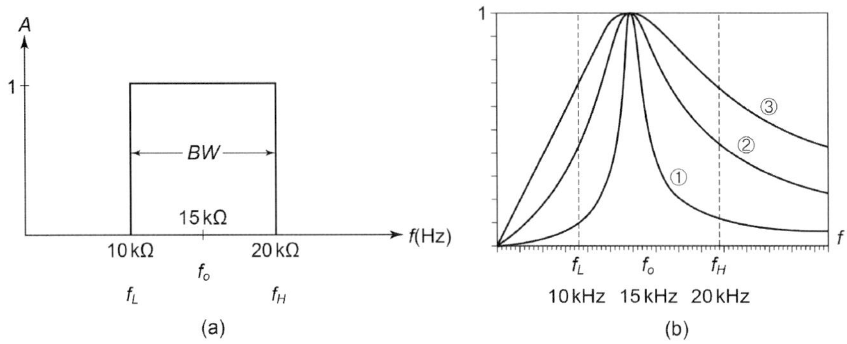

그림 13-15 대역 통과 필터

필터 이득과 대역폭은 이미 설명한 바 있는데 대역 통과 필터에서도 이런 특성을 이해해야 한다.

▣ 중간 주파수(f_o)는 대역 통과 응답의 중간 주파수이다. 그림 13-15(b)에서 필터 응답의 중간 주파수는 15 kHz이다. 그림 13-15(b)의 이퀄라이저에 표시된 주파수는 소자에서 사용되는 각 대역 통과 필터의 중간 주파수를 표시하고 있다.

▣ Q는 대역 통과 필터의 선택도를 측정한 것이다. 고선택 필터(높은 Q 필터)는 중간 주파수의 아주 작은 대역만 통과시킨다. 그림 13-15(b)에는 3가지의 필터 응답이 표시된다. 숫자 1로 표시되는 좁은 대역폭을 갖는 필터를 확인할 수 있다. 이런 필터는 다른 두 개의 필터보다 더 작은 주파수만 통과시킨다. 숫자 1로 표시된 필터는 높은 Q를 가진다. 숫자 3으로 표시된 필터는 낮은 Q값을 갖는다.

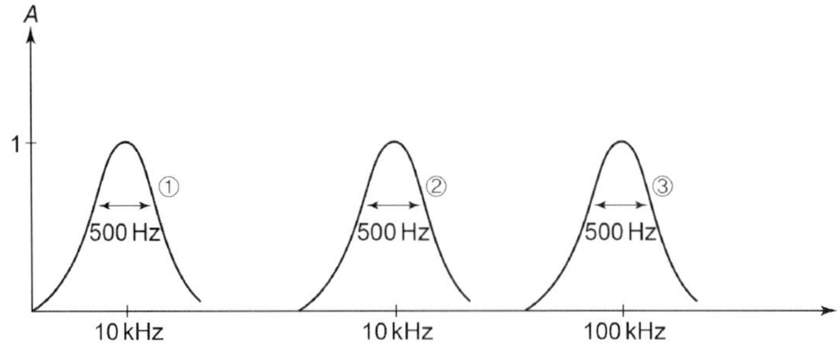

그림 13-16

그림 13-16은 3가지 다른 필터의 응답을 표시하고 있다. 각각의 필터는 0.5 kHz의 대역폭을 갖지만, 다른 중간 주파수를 갖는다. 주의할 것은, 읽기는 쉽지만 이 그림은 축척으로 그리지 못한다는 점이다. 대역폭은 필터들 사이의 장점 비교를 제공하지는 않는다.

1번 필터는 중간 주파수의 절반이 0.5 kHz의 대역폭을 갖는다. 통과되는 주파수 영역은 중간 주파수의 50%이다. 2번 필터는 중간 주파수의 5%인 0.5 kHz의 대역폭만 통과시킨다. 3번 필터는 중간 주파수의 0.5%인 0.5 kHz의 대역폭만 통과시킨다. 여기서 3번 필터가 가장 선택도가 높기 때문에 가장 높은 Q값을 갖게 된다. 대역 통과 필터의 선택도는 대역폭의 감소와 중간 주파 증가의 증가에 따라서 증가된다.

$$Q = \frac{f_o}{BW},\ BW = \frac{f_o}{Q},\ f_o = Q \times BW \qquad (13\text{-}5)$$

13-5-1 f_L, f_H와 BW, f_o의 관계

만약 f_L과 f_H를 알고 있다면 대역폭은 식 (13-6)처럼 구해진다.

$$BW = f_H - f_L \qquad (13\text{-}6)$$

중간 주파수는 식 (13-7)처럼 표시된다.

$$f_o = \sqrt{f_H f_L} \qquad (13\text{-}7)$$

흥미로운 것은, 중간 주파수는 차단 주파수 사이의 중간 점이 아니라는 것이다. 그렇지만 역 통과 보드선도는 f_o에 관해서 대칭이다. 보드선도는 $\log f$ 대 이득으로 표시된다. 보드선도에서 $\log f_o = \dfrac{\log f_H + \log f_L}{2}$로 표시되는 점에 주의해야 한다. $\log f_o$는 $\log f_L$과 $\log f_H$의 중간점이다. 만약 대역폭과 중간 주파수를 알고 있다면 차단 주파수는 식 (13-8)처럼 유도할 수 있다.

$$f_H = \sqrt{\frac{BW^2}{4} + f_o^2} + \frac{BW}{2}, \; f_L = \sqrt{\frac{BW^2}{4} + f_o^2} - \frac{BW}{2} \qquad (13\text{-}8)$$

다행히 필터가 높은 Q를 갖는다고 가정하면 차단 주파수를 식 (13-9)처럼 간략화할 수 있다.

$$f_H \approx f_o + \frac{BW}{2}, \; f_L \approx f_o - \frac{BW}{2} \qquad (13\text{-}9)$$

13-5-2 고역 통과 필터와 저역 통과 필터의 결합

그림 13-17에 표시된 것처럼 고역 통과 필터와 저역 통과 필터의 결합에 의해서 대역 통과 필터를 구성할 수 있다. 고역 통과 필터는 f_L 이하의 주파수는 제거시킨다. 저역 통과 필터는 f_H 이상의 주파수는 제거시킨다.

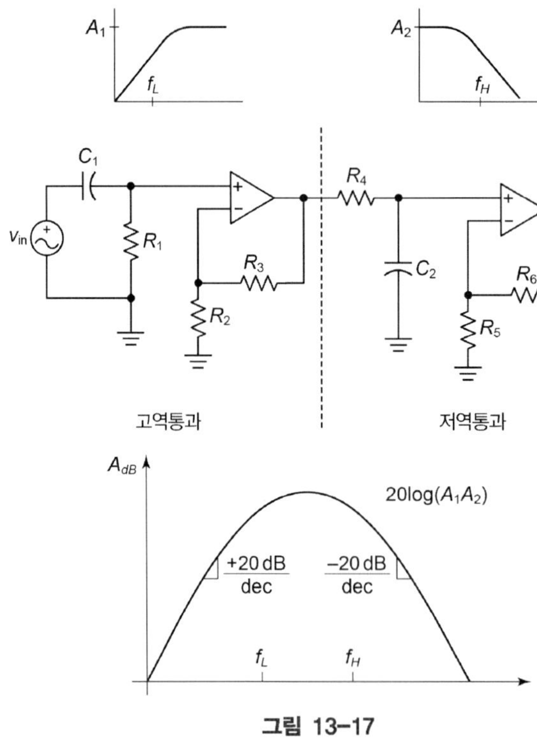

그림 13-17

각 Op-Amp 필터는 자신의 이득과 차단 주파수를 구하기 위해서 분리해서 해석할 수 있다. 필터의 전체 이득은 개별적 이득의 곱으로 나타난다. 완전한 필터의 차단 주파수는 개별적인 f_L과 f_H에 의해서 결정된다. 두 개의 개별적 필터들을 조합할 때, 완전한 대역 통과 응답을 얻을 수 있다. 대역 통과 필터(n = 2)가 두 개의 커패시터를 갖는다고 하더라도 저주파와 고주파의 roll-off는 오직 20 dB/dec이다. 이런 현상은 한 개의 커패시터는 저주파 roll-off에 관계되고 나머지 커패시터가 고주파 roll-off에 기여하기 때문이다.

따라서 이런 대역 통과 필터는 1차 대역 통과 필터로 간주된다. 대역 통과 필터의 차수는 $\frac{n}{2}$이고 고주파와 저주파의 roll-off는 10n의 기울기를 갖는다.

예제 13-6

그림 13-18(a)에서 (a) 고역 통과 필터의 이득과 f_L을 구하시오. (b) 저역 통과 필터의 이득과 f_H를 구하시오. (c) 이런 대역 통과 필터의 전체 이득과 대역폭을 구하시오. (d) 필터의 Q와 중간 주파수 f_o를 구하시오. (e) 완전한 필터의 보드선도를 그리시오.

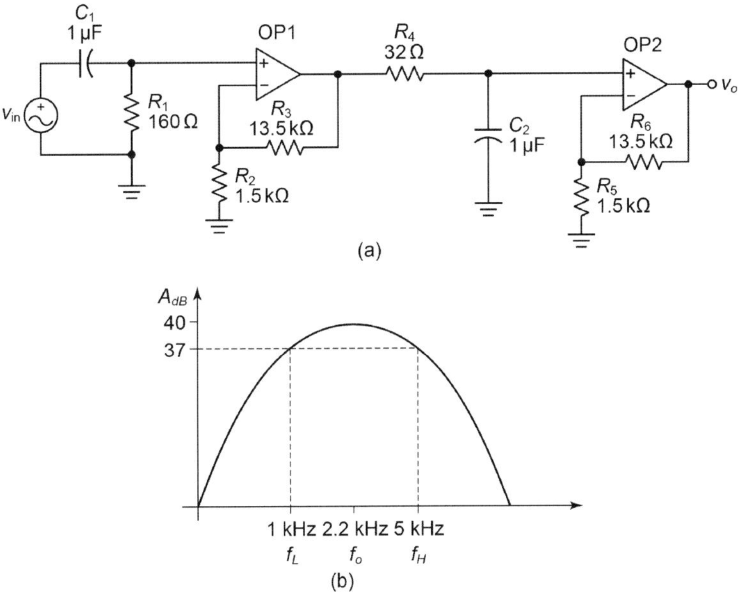

그림 13-18

(풀이)(a) Op-Amp1은 1차 고역 통과 필터에 접속되어 있다. 이득은 10, f_L은 1 kHz이다.

$$A_1 = 1 + \frac{R_3}{R_2} = 1 + \frac{13.5\ \text{k}\Omega}{1.5\ \text{k}\Omega} = 10$$

$$f_L \approx \frac{1}{2\pi R_1 C_1} = \frac{1}{2\pi \times 160\ \Omega \times 1\ \mu\text{F}} \approx 1\ \text{kHz}$$

(b) Op-Amp2는 1차 저역 통과 필터에 접속되어 있다. 이득은 10f_H는 5 kHz이다.

$$A_2 = 1 + \frac{R_6}{R_5} = 1 + \frac{13.5\ \text{k}\Omega}{1.5\ \text{k}\Omega} = 10$$

$$f_H \approx \frac{1}{2\pi R_4 C_2} = \frac{1}{2\pi \times 32\ \Omega \times 1\ \mu\text{F}} \approx 5\ \text{kHz}$$

(c) 전체 이득은 A, $A_{dBtotal} = 40$ dB 대역폭은 4 kHz이다.

$$BW = f_H - f_L = 5\ \text{kHz} - 1\ \text{kHz} = 4\ \text{kHz}$$

(d) 중간 주파수는 2.24 kHz, Q는 0.56이다.

$$f_o = \sqrt{f_H f_L} = \sqrt{5\ \text{kHz} \times 1\ \text{kHz}} \approx 2.24\ kHz$$

$$Q = \frac{f_o}{BW} = \frac{2.24\ \text{kHz}}{4\ \text{kHz}} = 0.56$$

대역폭이 중간 주파수보다 크기 때문에 Q는 매우 작다는 점에 유의하라. 실용적 필터는 높게 선택되지 않는다.

(e) 완전한 필터를 위한 보드선도는 그림 13-18(b)에 표시된다.

13-5-3 Sallen-Key 대역 통과 필터

그림 13-19(a)는 Sallen-Key 대역 통과 필터를 표시하고 있다. 이런 동작을 이해하기 위해서 고주파와 저주파에서 회로를 해석해 보자. 저주파에서 모든 커패시터들은 그림 13-19(b)에 표시된 것처럼 개방된다. C_2가 개방될 때 신호는 Op-Amp에 도달되지 못하기 때문에 0 출력을 얻게 된다. 고주파에서 커패시터들은 그림 13-19(c)에 표시된 것처럼 단락된다. C_1이 단락될 때, 입력은 접지에 단락되고, 다시 출력은 0이다. 저주파와 고주파에서 출력이 0임을 알 수 있다. 따라서 이런 회로는 주파수의 중간 범위에서 증폭되어야만 한다. 이것이 대역 통과 필터이다. 대역 통과 필터의 파라미터를 구하는 공식은 아주 복잡하게 된다. 실제로 간략화하기 위해서는 $C_1 = C_2 = C$로 가정한다.

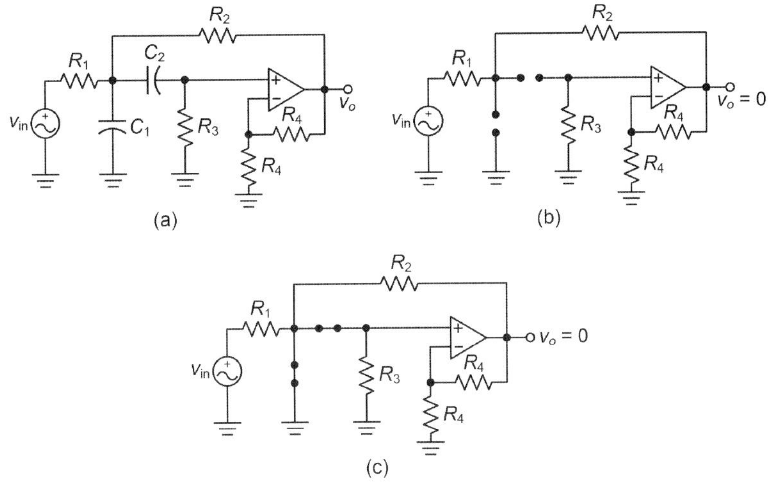

그림 13-19

부귀환 루프에서 같은 저항을 사용한다는 점을 유의해야 한다. 간략화에도 불구하고 식 (13–9)에 표시한 것처럼 중간 주파수, 대역폭, 이득 공식은 여전히 복잡하다.

$$f_o = \frac{1}{2\pi C\sqrt{R_3(R_1 \parallel R_2)}}, \quad BW = \frac{\frac{1}{R_1} - \frac{1}{R_2} + \frac{2}{R_3}}{2\pi C}, \quad A_{\max} = \frac{1}{\pi C R_1 BW} \qquad (13\text{–}9)$$

이런 필터의 형태는 일반적으로 높은 Q를 갖기 때문에

$$f_H \approx f_o + \frac{BW}{2}, \quad f_L \approx f_o - \frac{BW}{2}$$

를 이용해서 차단 주파수를 구할 수 있다.

예제 13–7

그림 13–20(a)에 표시된 대역 통과 필터에서 f_H, f_o, BW, f_L, A를 구하시오. 필터의 보드선도를 그리시오.

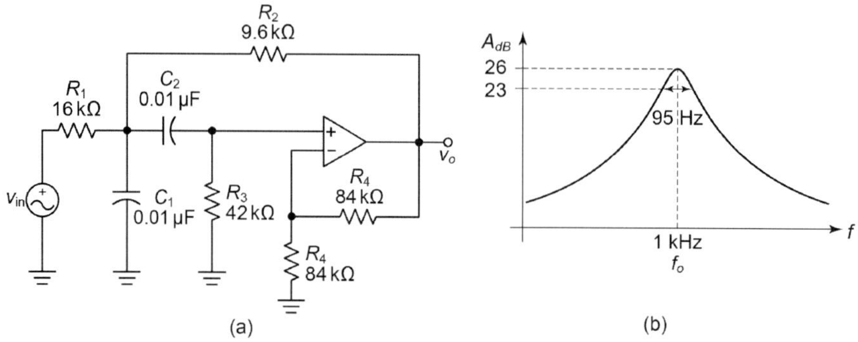

그림 13-20

(풀이)

$$f_o = \frac{1}{2\pi C\sqrt{R_3(R_1 \parallel R_2)}} = \frac{1}{2\pi \times 0.01\ \mu\text{F} \times \sqrt{42\ \text{k}\Omega(16\ \text{k}\Omega \parallel 9.6\ \text{k}\Omega)}} = 1\ \text{kHz}$$

$$BW = \frac{\frac{1}{R_1} - \frac{1}{R_2} + \frac{2}{R_3}}{2\pi C} = \frac{\frac{1}{16\ \text{k}\Omega} - \frac{1}{9.6\ \text{k}\Omega} + \frac{2}{42\ \text{k}\Omega}}{2\pi \times 0.01\ \mu\text{F}} = 95\ \text{Hz}$$

$$A_{\max} = \frac{1}{\pi C R_1 BW} = \frac{1}{\pi \times 0.01\ \mu\text{F} \times 16\ \text{k}\Omega \times 95\ \text{Hz}} = 21$$

$$A_{dBmax} = 26\ \text{dB}$$

차단 주파수는 1048 Hz, 953 Hz이다.

$$f_H \approx f_o + \frac{BW}{2} = 1000\ \text{Hz} + \frac{95}{2}\ \text{Hz} = 1048\ \text{Hz}$$

$$f_L \approx f_o - \frac{BW}{2} = 1000\ \text{Hz} - \frac{95}{2}\ \text{Hz} = 953\ \text{Hz}$$

그림 13-20(b)는 필터의 보드선도를 보여주고 있다.

13-6 고차 필터

1차 필터의 roll-off는 20 dB/dec이고 2차 필터는 roll-off는 40 dB/dec로 표시된다. 간혹 더 가파른 roll-off를 갖는 필터를 필요로 한다. 고차 필터를 구성하는 데는 저차 필터를 몇 개 조합하거나, 고차 필터를 갖는 단일 증폭기 구성하는 2가지 기본적 방법이 있다. 그림 13-21(a)는 1차 필터와 2차 필터의 연결에 의해서 구성되는 3차 저역 통과 필터를 표시하고 있다. 만약 4차 필터 회로를 원한다면, 2차 필터 회로 두 개를 연결하게 된다. 그림 13-21(b)는 3개의 커패시터와 1개의 Op-Amp로 3차 필터를 구성할 수 있는지를 보여준다. 4차 필터는 4개의 커패시터가 요구된다.

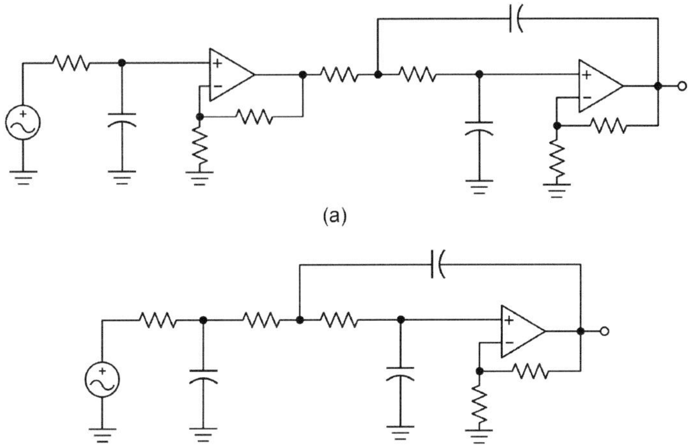

(a)

(b)

그림 13-21 3차저역 통과 필터

13-7 능동 필터의 고장 진단

능동 필터의 고장진 단에는 약간의 잔기술이 필요하다. 회로에서 교류 전압의 트레이싱에 의해서 능동 필터에서처럼 대부분의 고장 원인인 저항 혹은 Op-Amp의 고장 여부를 결정해야 한다. 커패시터의 고장은 발견하기가 더욱 어렵다. 능동 필터에서 Op-Amp와 저항을 시험하기 위해서는 필터의 통과 대역에 잘 맞는 주파수의 입력 신호를 인가하는 것이다. 통과 대역에서, 커패시터는 개방 혹은 단락으로 동작하고, 결과적으로 Op-Amp 회로 내에서는 오직 저항만이 효과적으로 포함한다.

13-7-1 저역 통과 능동 필터

그림 13-22(a)에 $f_H = 1$ kHz인 저역 통과 필터가 표시되어 있다. 입력에 100 Hz의 신호를 인가하면 필터의 통과 대역 내에 있게 된다. 저역 통과 필터에서 커패시터는 통과 대역 내에서 그림 13-22(b)에 표시된 것처럼 개방된다.

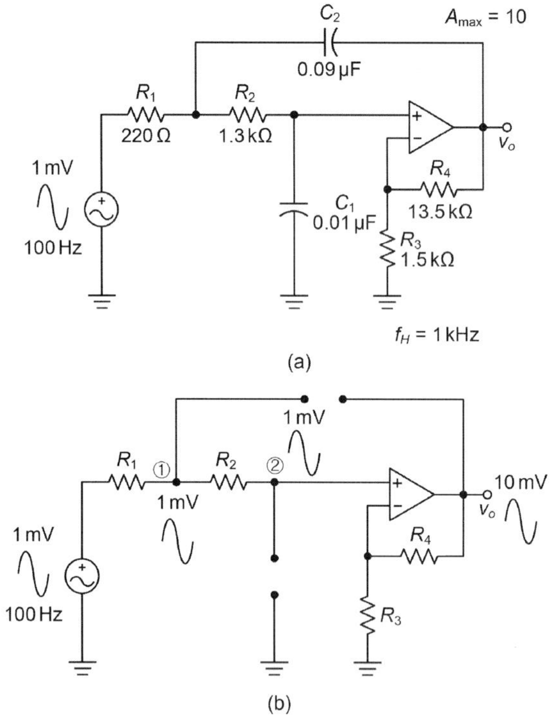

그림 13-22

그림 13-22(b)는 저항과 Op-Amp가 양호할 때 기대되는 교류 신호를 표시하고 있다. 소자들의 고장 원인은 다음과 같다.

- ▣ R_1 개방: 1점에서의 신호 없음.
- ▣ R_2 개방: 2점에서의 신호 와 잡음 없음.
- ▣ R_3 개방: 출력 신호와 입력 신호가 같음.
- ▣ R_4 개방: 출력이 공급전압에서 포화된다.
- ▣ Op-Amp 고장: 출력 없음.

지금 저항과 Op-Amp가 양호하다고 가정하고 커패시터를 확인한다.

▣ C_1 혹은 C_2 단락: 고주파 입력에서 (커패시터들은 정상적으로 단락) 필터 동작을 보여준다. 이것은 저역 통과 필터이기 때문에 여기서 출력을 평가할 수 없다.

▣ C_1 혹은 C_2 개방: 이것은 까다로운 상황이다. 커패시터 하나를 제거하면 완벽한 능동 필터 기능을 상실한다. 여하튼 필터의 차수는 1로 감소되고 결과적으로 1차 능동 필터로 된다. 오직 커패시터의 고장을 이해하는 길은 그림 13-23에 표시된 것처럼 예상되는 roll-off와 측정된 roll-off를 비교함으로써 필터의 전체 주파수로 동작시키는 것이다. 만약 커패시터가 고장이라는 사실을 안다고 하더라도 특별한 문제점을 알 수는 없다.

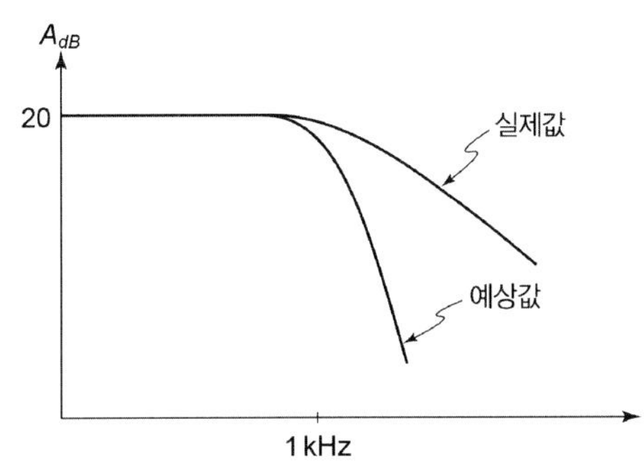

그림 13-23

13-7-2 고역 통과 능동 필터

만약 그림 13-24(a)에 표시된 고역 통과 필터의 입력에 1 kHz 신호를 인가한다면, 필터의 통과 대역 속에 포함될 수 있다. 고역 통과 필터에서 커패시터는 통과 대역 주파수에서 단락으로 동작한다. 그림 역시 저항과 Op-Amp가 양호한 경우에 예상되는 교류 신호를 보여준다. 소자의 불량원인은 다음과 같다.

▣ R_1 개방: 차이를 알 수는 없다. C_2는 회로로부터 효과적으로 제거되고, 필터의 차수는 감소하고, roll-off도 감소된다.

▣ R_2 개방: 차이를 알 수 없다. C_1과 C_2는 직렬로 결합되고 필터의 차수는 감소한다.

▣ R_3 개방: 입력 신호가 출력 신호와 같다. (단위 이득)

- ▣ R_4 개방: 출력은 공급 전압원에서 포화된다.
- ▣ Op-Amp 고장: 출력 없음.

저항과 Op-Amp가 양호하다고 가정하고 커패시터를 확인한다.

- ▣ C_1 혹은 C_2 단락: 필터의 차수는 감소.
- ▣ C_1 혹은 C_2 개방: Op-Amp로 전달되는 신호는 없다. 따라서 출력은 없다.

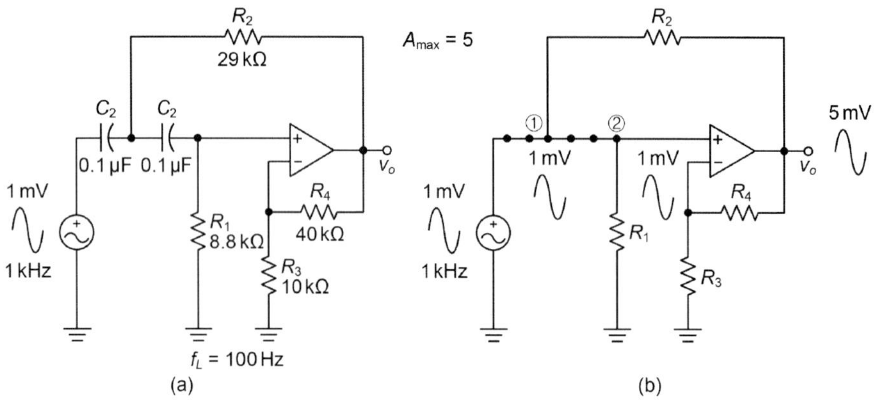

그림 13-24

13-7-3 대역 통과 능동 필터

그림 13-25(a)는 $f_o = 1$ kHz, $BW = 95$ Hz를 갖는 대역 통과 필터를 표시하고 있다. 입력에 1 kHz의 중간 주파수를 적용한다. 중간 주파수에서 C_1은 개방된 것처럼 동작하고, C_2는 단락된 것처럼 동작하는 것이 그림 13-25(b)에 표시된다. 또한 Op-Amp와 저항이 양호하다면 예상되는 정확한 교류 신호를 볼 수 있다. 소자의 불량원인은 다음과 같다.

- ▣ R_1 개방 시: 1점에서 신호 없음.
- ▣ R_2 개방 시: 이득이 변화된다.
- ▣ R_3 개방 시: 이득이 급격히 떨어진다.
- ▣ 귀환 경로에서 R_4 개방 : 출력은 공급 전압으로 포화된다.
- ▣ Op-Amp 고장: 출력 없음.

Op-Amp와 저항이 양호하다고 가정하고 콘덴서를 확인한다. 대역 통과 필터에서 다른 효과를 갖는 콘덴서 때문에 콘덴서들을 개별적으로 살펴보아야 한다.

▣ C_1 단락: 입력 신호는 접지에 단락된다. 따라서 출력은 없다.

▣ C_2 단락: 필터는 저역 통과 필터가 된다.

▣ C_1 개방: 필터는 고역 통과 필터가 된다.

▣ C_2 개방: Op-Amp의 입력에 입력 신호가 없다. 따라서 출력은 없다.

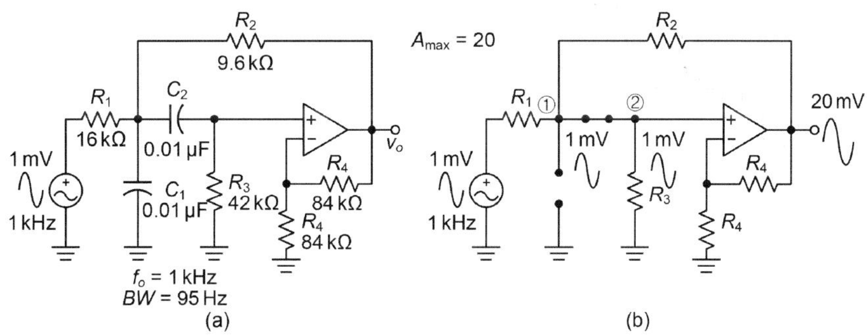

그림 13-25

예제 13-8

저역 통과 2차 필터는 그림 13-26(a)에 표시된다. 아래 왼쪽은 고장 진단 결과의 목록이다. 문제와 비슷한 원인을 오른쪽 목록에서 찾아 일치시켜라.

(a) 1점에서의 입력신호 없음	① R_4 개방
(b) 2점에서 신호, 출력에서 신호 없음	② R_1 개방
(c) $v_o = +15$ V.	③ C_2 개방
(d) 그림 13-26(b)에서 이득선도를 볼 수 있다.	④ C_1 단락
(e) 2점에서 0 V	⑤ Op-Amp 불량

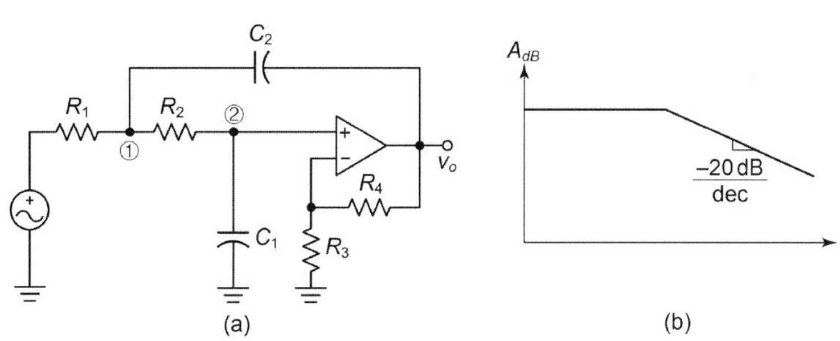

그림 13-26

(풀이)

a–2: 1점 지점에서 신호가 없을 때, R_1은 개방 불량이다.

b–5: Op–Amp는 신호를 얻지만 출력은 없다. Op–Amp가 고장이다.

c–1: 공급 전압 지점에 Op–Amp 전압은 포화되고, 부귀환은 고장이다. R_4는 개방되어 있다.

d–3: 실질적 roll–off는 1차 필터 응답을 표시한다. 콘덴서는 개방 고장이다.

e–4: 2점에서 0 V는 C_1이 접지에 단락된 결과이다.

CHAPTER

13 기초문제

1. 1차 필터에서 콘덴서는 몇 개가 사용되는가?

2. 최대 이득은 어디에서 발생하는가? 이득은 얼마인가?

3. 실제 필터의 차단 주파수는 어떻게 정의되는가?

4. 수동필터에 부하를 연결할 때 어떤 일이 발생하는가?

5. 능동 필터의 이점은 무엇인가?

6. 저역 통과 필터의 최대 이득은 어디에서 발생되는가? 1차 필터의 이득은 얼마인가?

7. 1차 필터의 대역폭은 무엇인가?

8. 1차 필터의 roll-off는 무엇인가?

9. 부하는 능동 저역 통과 필터의 동작에 어떤 영향을 미치는가?

10. 2차 필터의 최종 roll-off는 무엇인가?

11. 버터워스 필터의 특징은 무엇인가?

12. 1차 고역 통과 필터의 차단 주파수는 얼마인가?

13. 1차 고역 통과 필터의 roll off는 무엇인가?

14. 실제 고역 통과 필터와 같지 않은 것은 무엇인가? Op-Amp의 상위 주파수 제한은 어떻게 구해지는가?

15. 2차 필터의 최종 roll-off를 구하시오.

16. 2차 Sallen-Key 고역 통과 필터의 최대 이득은 무엇인가? 차단 주파수는 무엇인가?

17. 필터의 중간 주파수는 무엇인가? Q는 어떻게 측정되는가? Q값은 어떻게 구할 수 있는가?

18. 대역 통과 필터의 차단 주파수와 중간 주파수의 관계를 설명하시오.

19. 중간 주파수와 대역폭이 주어진다면, 높은 Q를 갖는 필터의 차단 주파수는 어떻게 근사화시킬 수 있는가?

20. f_0, BW, A의 공식을 구하시오.

21. Sallen-Key 필터에서 f_H와 f_L은 어떻게 구하는가?

22. 그림 13-27에 표시된 주파수 대역을 참조하고 동조용 증폭기의 Q값을 구하시오.

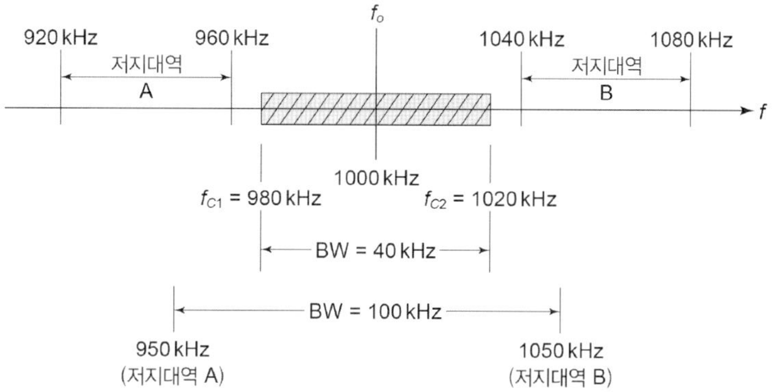

그림 13-27

23. 주어진 증폭기의 Q는 60이고 중심 주파수가 1860 kHz일 때 대역폭 BW는 얼마인가?

24. 그림 13-28에 표시된 단 극점 저역 통과 필터의 대역폭을 구하시오. 또한 회로의 최대 A_{CL} 값, 주파수 응답을 구하시오.

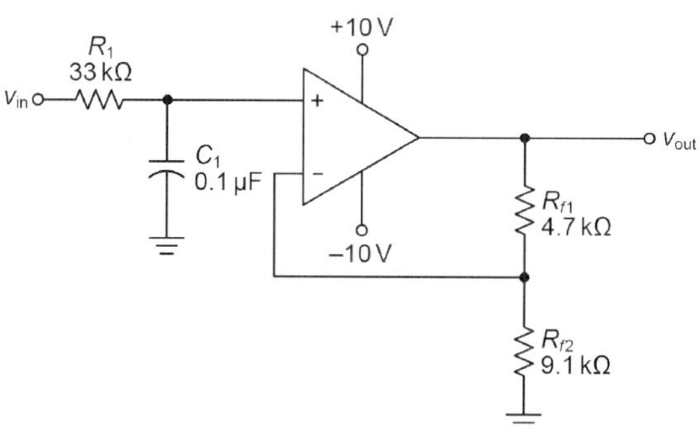

그림 13-28

CHAPTER

13 연습문제

1. 그림 13-29에 표시된 단극 저역 통과 필터의 대역폭과 A_{CL}값을 구하시오.

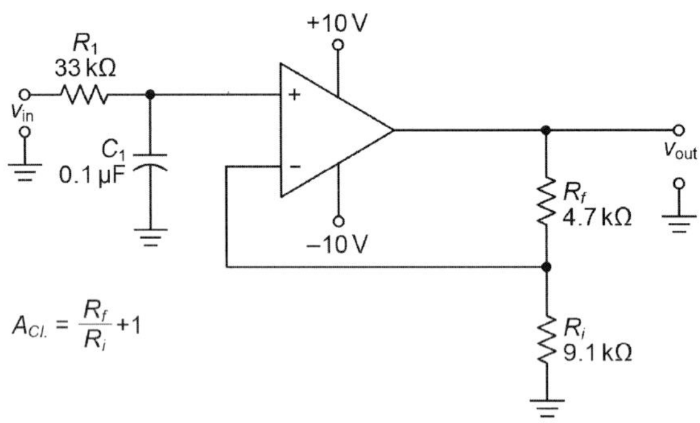

그림 13-29

2. 그림 13-30에 표시한 2극 저역 통과 회로의 차단 주파수를 구하고 응답 곡선을 그려 보시오.

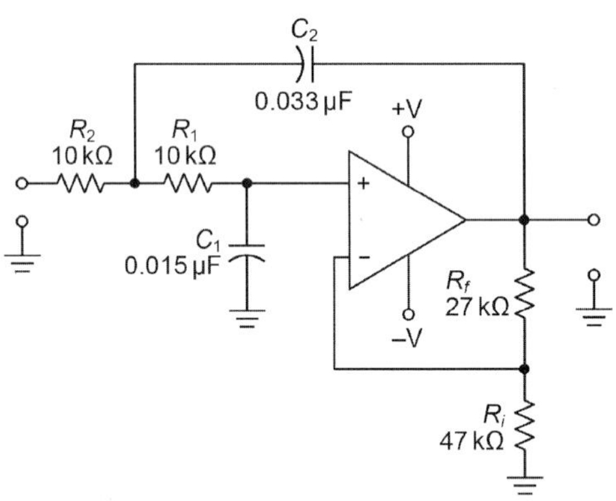

그림 13-30

3. 그림 13-31에 표시된 회로의 통과 대역 주파수를 해석하시오. BW와 중심 주파수, Q값을 구하시오.

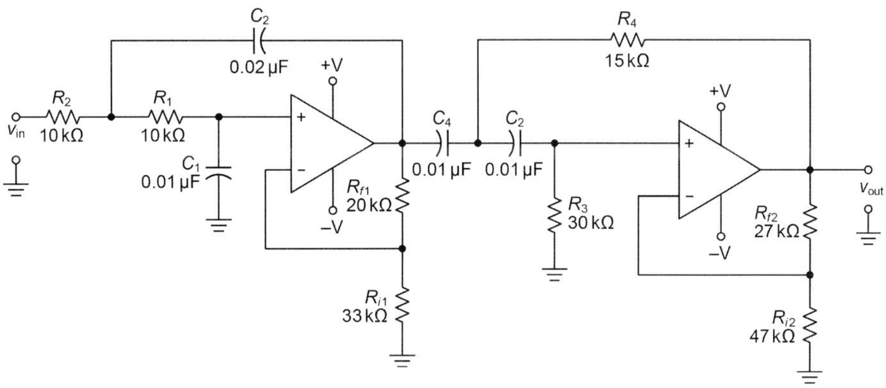

그림 13-31

4. 그림 13-32에 표시된 회로의 f_o, Q, BW, 폐루프 전압 이득을 구하시오.

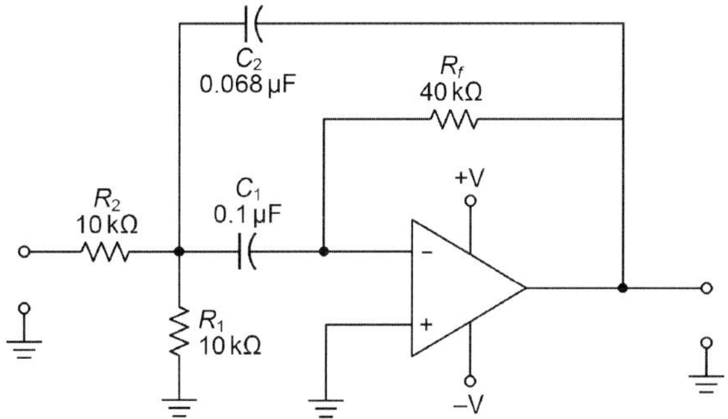

그림 13-32

5. 그림 13-33에 표시된 회로의 전압 이득은 얼마인가?

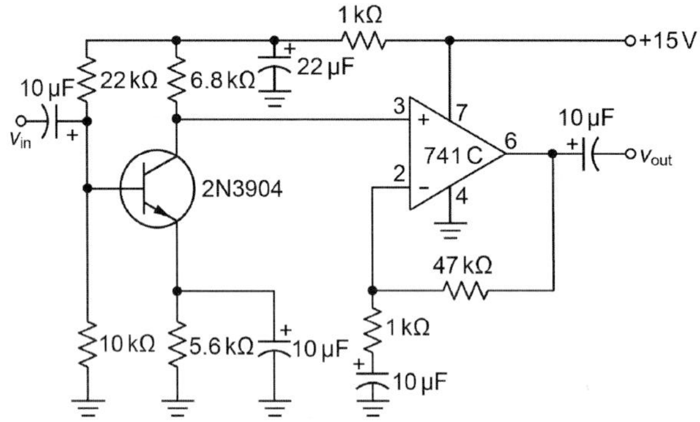

그림 13-33

6. 그림 13-34에 표시된 회로에서 $R_1 = 18\ \text{k}\Omega$, $R_2 = 3\ \text{k}\Omega$, $R_3 = 6\ \text{k}\Omega$, $r_{ds(on)} = 40\ \Omega$이라고 가정한다. 게이트 전압이 $V_{GS(off)}$와 같을 때 전압 이득은 얼마인가? 언제 게이트 전압이 0이 되는가?

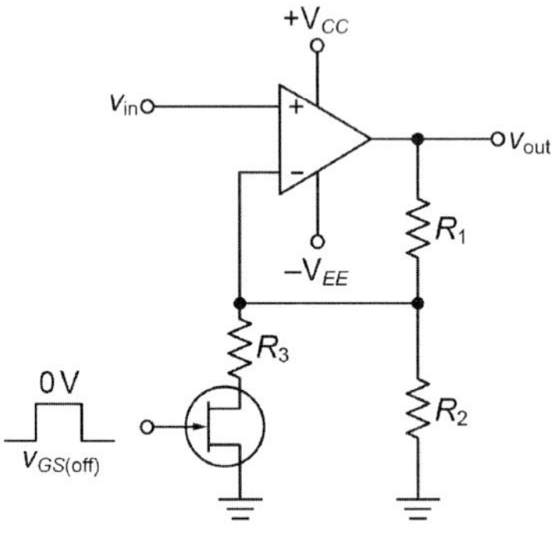

그림 13-34

7. 그림 13-35에 표시된 회로의 전압 이득과 대역폭은 얼마인가?

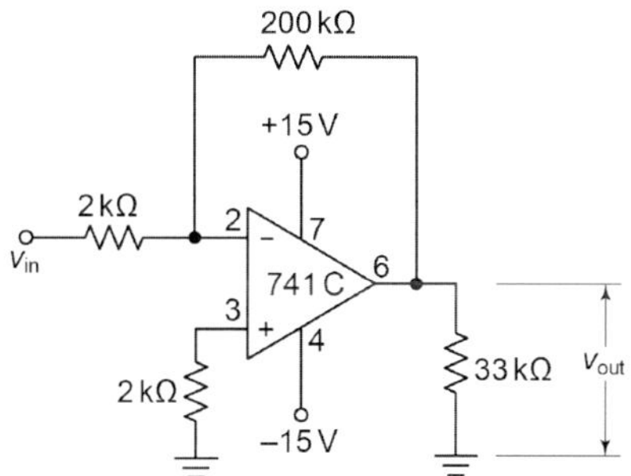

그림 13-35

8. 그림 13-36에 표시된 회로를 해석하면 출력 전류는 얼마인가? 정상적인 동작에서 사용되는 최대 부하 저항은 얼마인가?

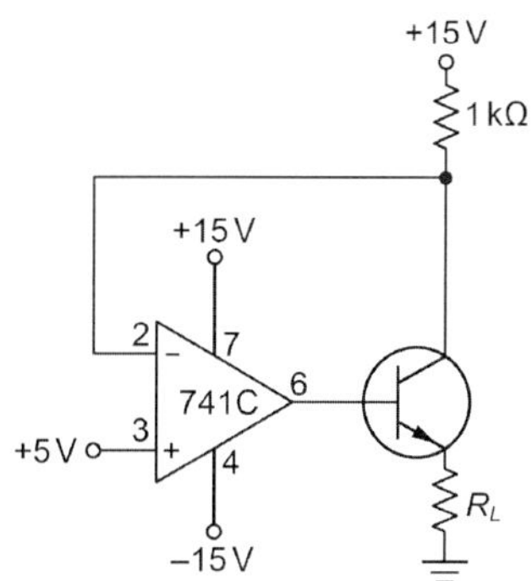

그림 13-36

9. 그림 13-37에 표시된 회로에서 $v_{in} = 1\,V$일 때 출력 전류는 얼마인가? R_L이 500 Ω이라고 가정하면 부하 전압은 얼마인가?

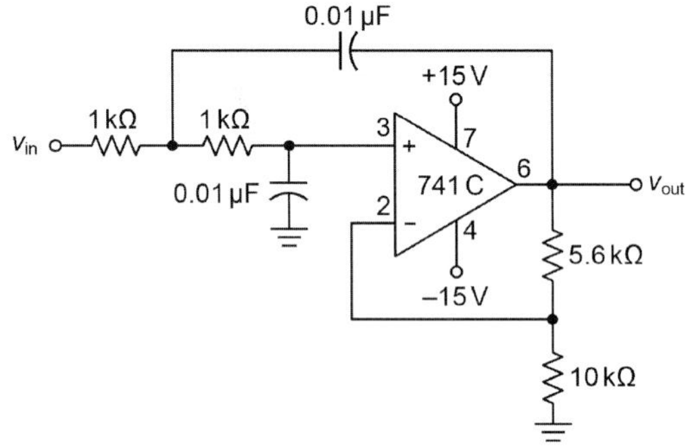

그림 13-37

10. 그림 13-38에 표시된 회로에서 차단 주파수는 얼마인가? 차단 주파수를 벗어나면 전압 이득은 얼마의 비율로 감쇠되는가?

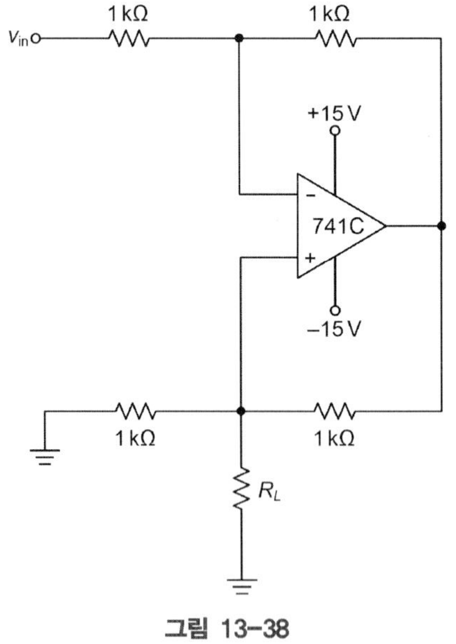

그림 13-38

11. 그림 13-39에 표시된 회로에서 하한 차단 주파수는 얼마인가? 상한 차단 주파수는 얼마인가? 증폭기의 대역 밖에서는 전압 이득이 얼마의 비로 감쇠하는가?

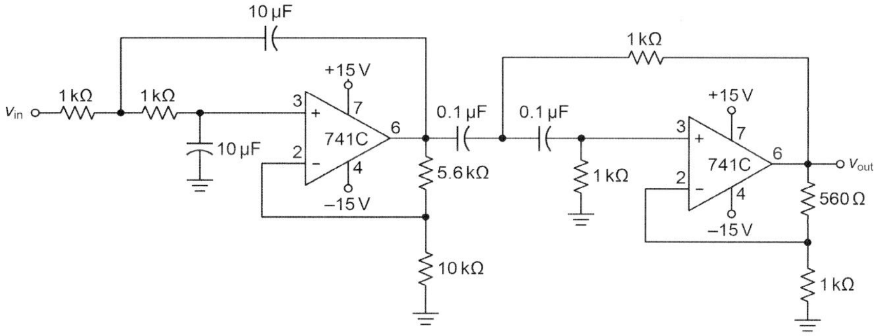

그림 13-39

12. 그림 13-40에서 10 kΩ 저항이 개방된다면 출력 전압에서는 어떤 일이 발생하는가?

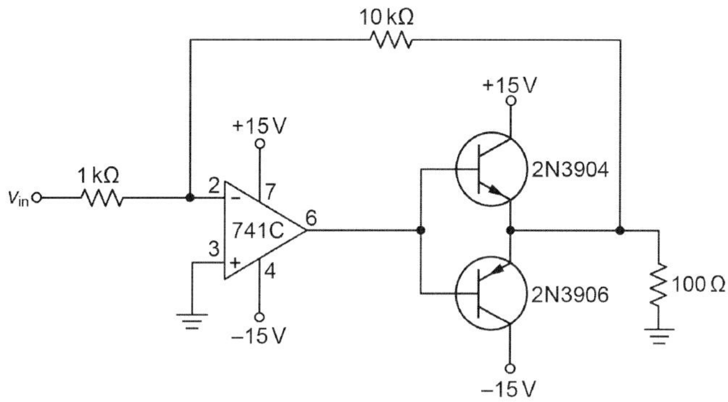

그림 13-40

13. 그림 13-41(a)에 표시된 회로에서 2극 버터워스 필터의 적용한 소자 값 사이의 관계를 증명하시오. 그리고 필터의 대역폭을 결정하고 주파수 응답 곡선을 그려보시오.

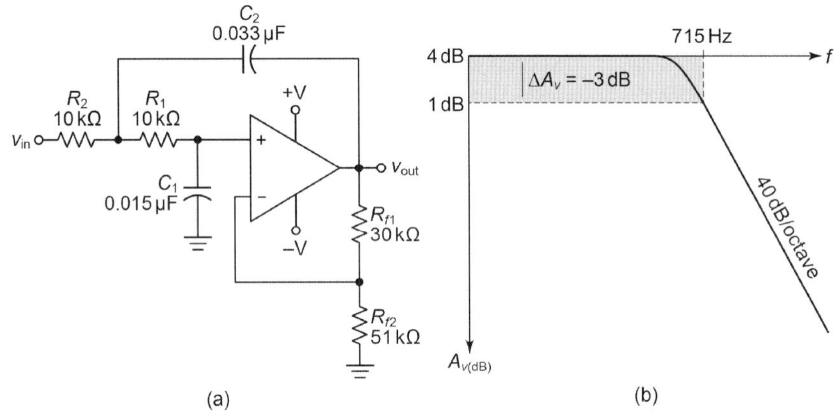

그림 13-41

14. 그림 13-42에 표시된 증폭기의 완전한 주파수 해석을 구하시오.

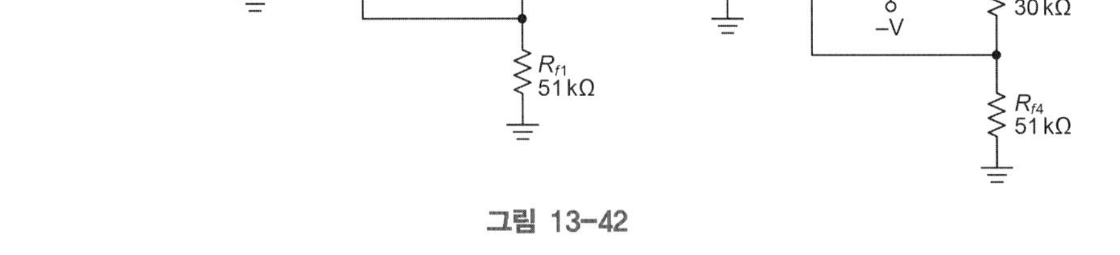

그림 13-42

15. 그림 13-43에 표시된 필터 회로의 f_o값을 결정하시오.

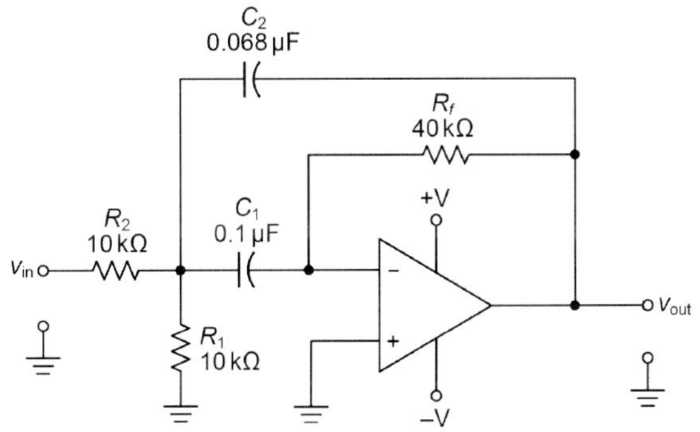

그림 13-43

16. 그림 13-43에 표시된 필터 회로의 Q값과 대역폭을 결정하시오

17. 다중 귀환 필터는 $f_o = 12$ kHz, $BW = 6$ kHz의 크기를 갖는다고 가정하고 f_{c1}과 f_{c2}의 근삿값을 구하시오.

18. 능동 필터의 $f_o = 100$ Hz, $Q = 1.02$라고 가정하고 f_{c1}과 f_{c2}의 근삿값을 구하시오.

CHAPTER

14

발진기 회로와 슈미트 트리거 회로

발진기는 직류 전원으로부터 전력을 공급받아 교류 출력 신호를 지속적으로 발생시키는 전자회로인 신호 발생기이다. 발진기는 라디오, 텔레비전 수신기와 송신기와 같은 분야에서 다양하게 사용된다. 또 다른 응용분야로는 발진기의 교류 신호가 전자 시스템을 통해서 시간 또는 동기를 일치시키는 데 이용된다. 증폭기처럼 어떤 발진기는 고주파 발진기로 몇백 MHz에서 발진하는 반면, 단지 몇 Hz에서 발진하도록 설계되기도 한다. 발진기는 일반적으로 회로 내에 사용되는 소자들이 결정하는 주파수를 기초로 해서 LC 발진기, 수정 발진기, RC 발진기와 같은 3가지 기본적인 그룹으로 분류된다. 발진기는 외부 신호원 없이 출력 파형을 발생시키는 회로이다. 발진기의 입력은 오직 직류 전원뿐이다. 발진기는 신호 발생기(signal generator)로 간주된다. 발진기는 발생되는 출력 파형의 형태에서 따라서 몇 종류로 분류된다. positive 귀환이 발진기 동작의 핵심이다. 그림 14-1에 표시된 것처럼 positive 귀환 회로망이 증폭기의 입력 신호와 동 위상을 갖는 귀환 전압 v_f를 발생시킨다.

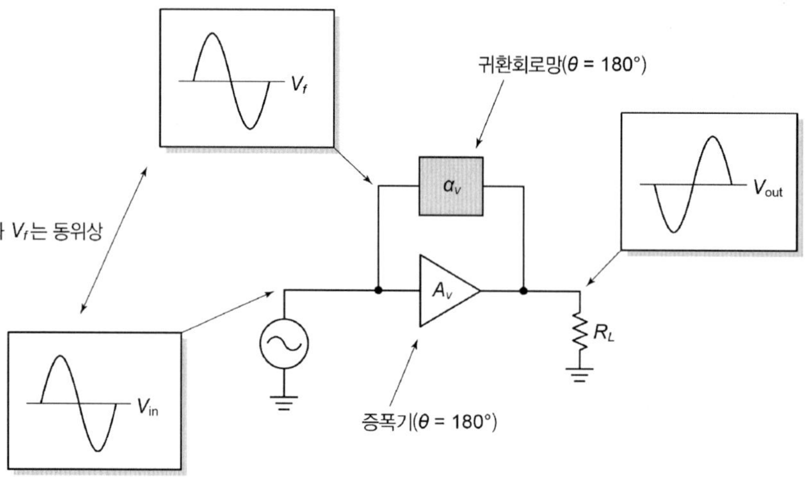

그림 14-1 positive 귀환

입력 신호 v_{in}이 위상을 180° 시프트시키는 증폭기에 인가된다. 출력 신호는 위상을 180° 시프트시키는 또 다른 귀환 회로망의 입력으로 인가된다. 그 결과 신호는 루프를 따라서 돌게 되고 위상이 360° 시프트된다. 360° 위상이 시프트된다는 의미는 위상이 0°만큼 시프트된다는 것과 동일하다. 따라서 귀환 신호와 입력 신호는 동 위상을 가지게 된다.

14-1 발진기의 기본개념

발진기의 기본적인 동작 원리를 설명하기 위해서는 그림 14-1에 표시된 회로를 그림 14-2에 표시된 것처럼 회로를 약간 수정해야 한다. 증폭기의 입력에 직렬로 연결된 스위치가 닫히면 회로 파형은 그림에 14-2에 표시된 것처럼 나타난다.

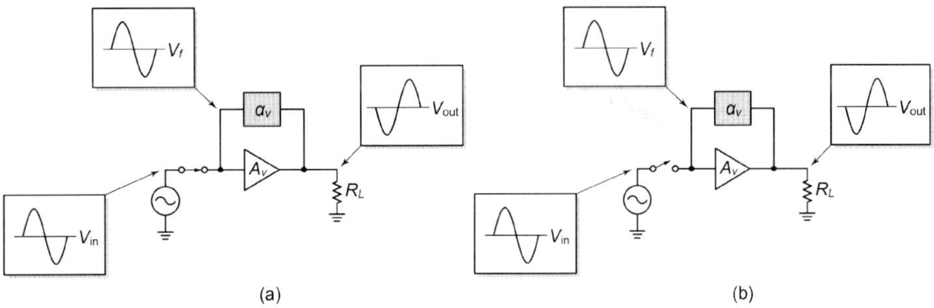

그림 14-2

회로가 동작하는 동안 스위치가 개방된다고 가정하면 v_{in}이 회로에서 분리된다. 그러나 입력 신호와 동 위상인 v_f는 아직도 증폭기의 입력으로 인가된다. 증폭기는 이런 신호가 마치 v_{in}인 것처럼 응답하게 된다. v_f가 증폭되고 출력으로 전송된다. 귀환 회로망은 출력의 일부만을 입력으로 귀환시키기 때문에 증폭기는 또 다른 입력 사이클을 수신하게 되고 새로운 출력 사이클을 발생시킨다. 이런 과정은 증폭기가 턴on되고 증폭기가 외부의 신호원 없이 정현파 출력을 발생시킬 때까지 계속된다.

발진기에서는 귀환 회로망이 증폭기의 입력을 발생시키기 위해서, 귀환 회로망의 입력이 된다. positive 귀환이 이런 회로 동작을 발생시키기 때문에 재생 귀환(regenerative feedback)이라고 부른다. 재생 귀환은 모든 발진기 동작의 기본이 된다. 발진기는 발진 회로의 동작을 기동시키기 위해서 아주 빠른 트리거만을 필요로 한다. 발진기를 기동시키는 회로의 임의의 점에서 아주 작은 신호의 변화도 필요치 않다. 이것이 외부 전원으로부터 완전한 입력 사이클을 제공 받을 필요가 없는 이유가 된다.

사실 대부분의 발진기들은 자신의 내부에서 트리거 신호를 제공한다. 발진기를 동작시키기 위해서 회로는 반드시 positive 귀환 루프를 가져야 한다. 이것은 증폭기와 귀환 회로가 360°(혹은 0°)의 전압 위상 시프트를 발생시키도록 결합되어야 한다는 의미이다. 또한 회로는 반드시 발진기의 동작을 발생시키기 위해서 내부전원이든 외부 전원이든 관계없이 트리거를 수신받아야 한다. 발진기를 동작시키는 데 충족해야 하는 또 다른 조건은 바크하우젠 판정 기준(Barkhausen criterion)이라고 부르는 조건을 반드시 충족시켜야 한다.

14-1-1 바크하우젠 판정 기준

귀환 증폭기의 능동 소자는 전압 이득을 제공하는 반면 귀환 회로망은 자신의 전압 손실을 제공한다. 귀환 증폭기의 A_v는 1보다 크지만 귀환 계수 α_v는 1보다 작다. 발진기가 적절하게 동작하기 위해서는 식 (14-1)의 조건을 만족해야 한다.

$$\alpha_v A_v = 1 \tag{14-1}$$

이런 조건식을 바크하우젠 판단 조건식이라고 부른다. 조건을 만족하지 않는 경우는 다음과 같은 결과가 초래된다.

1. 만약 $\alpha_v A_v < 1$이라면 발진은 수 사이클 이내에 끝난다.
2. 만약 $\alpha_v A_v > 1$이라면 발진기는 포화 클리핑과 차단 클리핑을 발생시킨다.

판정기준을 서로 다른 A_v와 α_v의 조합을 사용하는 몇 개의 회로에 적용하면 이런 점들은 쉽게 이해된다. 기준으로 사용하는 회로가 그림 14-3에 표시되어 있다.

그림 14-3(a)에서 출력 전압은 증폭기 이득 A_v와 입력 전압 v_f의 곱으로 표시된다.

$$v_{out} = A_v v_f \tag{14-2}$$

v_f값은 α_v와 v_{out}의 크기에 의해서 결정된다.

$$v_f = \alpha_v v_{out} \tag{14-3}$$

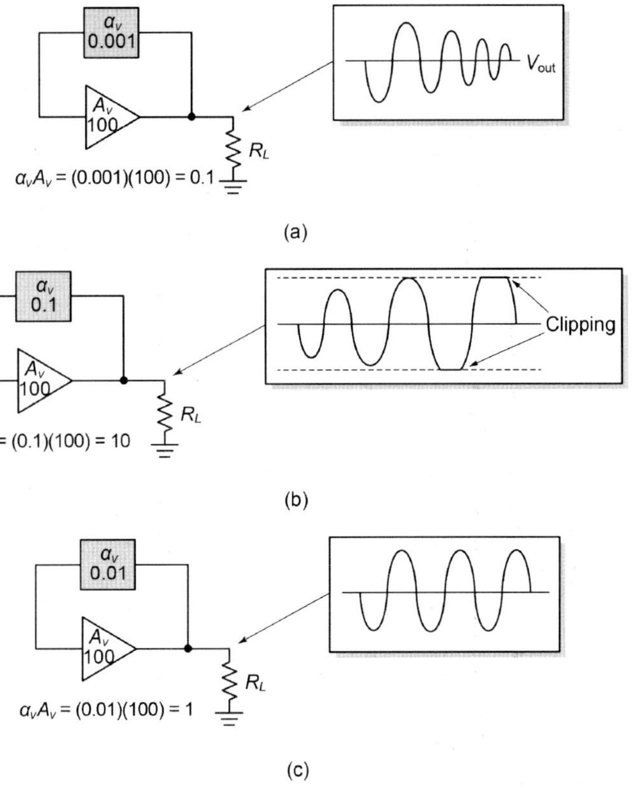

그림 14-3 발진기 동작에서의 $\alpha_v A_v$의 효과 (a) $\alpha_v A_v < 1$일 때 출력이 감쇠된다. (b) $\alpha_v A_v > 1$일 때 출력이 클립핑으로 구동된다. (c) $\alpha_v A_v = 1$일 때 진폭이 일정한 출력이 발생된다.

여러 가지 동작 사이클을 진행할 때 그림 14-3(a)에서 어떤 일이 발생되는지를 살펴보기 위해서 이런 관계식을 사용한다. 초기에 100m V_{PK} 신호가 인가된다고 가정하면 그림에 표시된 것처럼 A_v와 α_v의 값을 사용하면 다음과 같은 결과를 가지게 된다.

사이클	v_{in}	v_{out}	v_f
1	100mV_{pk}	10V_{pk}	10mV_{pk}
2	10mV_{pk}	1V_{pk}	1mV_{pk}
3	1mV_{pk}	100mV_{pk}	0.1mV_{pk}

각 사이클에 의해서 발생되는 v_f가 다음 v_{in}으로 어떻게 사용되는지를 알아보자. 이것이 발진의 기본적인 동작 원리와 일치된다. 이제 v_{out} 열(column)에서의 진행을 알아보자. v_{out}은 각 사이클에서 다음 사이클까지 감소된다. 이런 진행이 계속 진행된다면 결국은 v_{out}은 0으로 된다. 그림 14-3(a)에는 이런 출력 감소가 설명되어있다. 이런 경우는 $\alpha_v A_v < 1$인 조건을 만족한다는 점을 주목해야 한다.

발진은 시간이 지나면 진폭이 감소하고 결국은 소멸하는데, 이런 신호의 손실을 댐핑(damping)이라고 부른다. $\alpha_v A_v > 1$인 경우는 반대의 현상이 발생된다. 이런 문제는 그림 14-3(b)에 표시되어 있다. 앞에서와 동일한 $0.1\,V_{PK}$ 입력을 사용하면 그림 14-3(b)에 표시된 경우는 다음과 같은 결과를 발생시킨다.

사이클	v_{in}	v_{out}	v_f
1	100mV$_{pk}$	10V$_{pk}$	1V$_{pk}$
2	1V$_{pk}$	100V$_{pk}$	10V$_{pk}$
3	10V$_{pk}$	1000V$_{pk}$	100V$_{pk}$

이 회로에서는 두 사이클만 임의의 v_{out}으로 시작한다. 중요한 점은 v_{out}이 각 사이클에서 다음 사이클까지 증가하는 것이다. 결국에 출력은 포화되기 시작하고 차단 클리핑이 발생된다. 따라서 $\alpha_v A_v$는 1보다 클 수가 없다. 발진기가 일정한 정현파 출력을 발생시키는 유일한 조건은 $\alpha_v A_v = 1$이다. 그림 14-3(c)는 이런 조건을 보여준다. 이제 $0.1\,V_{PK}$ 입력 입력을 사용하면 그림 14-3(c)의 도표는 다음과 같이 표시할 수 있다.

사이클	v_{in}	v_{out}	v_f
1	100mV_{pk}	10V_{pk}	100mV_{pk}
2	100mV_{pk}	10V_{pk}	100mV_{pk}
3	100mV_{pk}	10V_{pk}	100mV_{pk}

사이클은 계속적으로 반복하게 된다. 따라서 $\alpha_v A_v = 1$의 곱은 발진기가 일정한 정현파 출력을 발생시킨다.

발진기의 세 가지 조건을 정리하면 다음과 같다.

1. 재생 귀환
2. 발진을 시작하는 초기 입력 트리거
3. $\alpha_v A_v = 1$(바크하우젠 판정 기준 만족)

이런 모든 조건을 충족하면 발진한다.

14-2 위상 시프트 발진기

가장 이해하기 쉬운 발진기는 위상 시프트 발진기(Phase-Shift Oscillators)이다. 그림 14-4에 표시된 것처럼 귀환 회로망은 세 개의 RC 회로로 구성되어 있다.

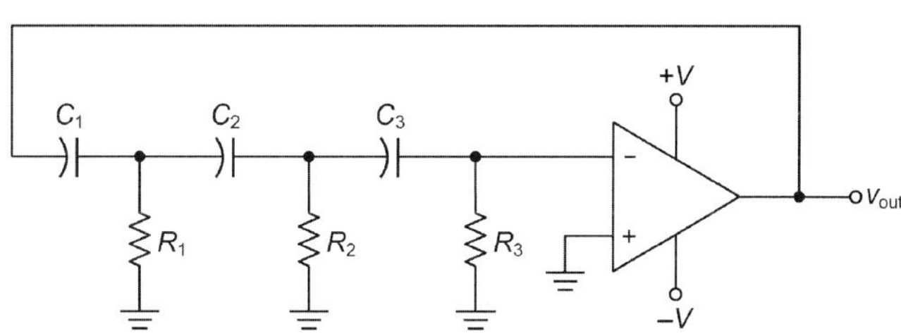

그림 14-4 기본적인 위상 시프트 발진기

RC 회로의 위상 시프트는 식 (14-4)처럼 구해진다.

$$\theta = \tan^{-1}\frac{-X_C}{R} \tag{14-4}$$

여기서 θ는 회로의 위상각, $\tan^{-1}$은 역 탄젠트이다. 이 시점에서는 정확한 θ값에 관심이 없고 X_C와 주파수에 의해서 변화하는 θ에 관심이 있다. RC 회로는 특정 주파수에서 특정의 위상 시프트가 발생되도록 구성할 수 있다. 공진 주파수 f_r에서 180° 결합된 위상 시프트가 되도록 하기 위해서 위상 시프트 발진기는 세 개의 RC 회로로 구성된다고 가정한다.

바크하우젠 판정 기준을 만족한다면 공진 주파수에서 발진하게 된다. 그림 14-4에 표시된 귀환 회로망이 바크하우젠 판정 기준인 $\alpha_v A_v = 1$을 만족하는 주파수인 10 kHz에서 180° 위상 시프트가 발생되도록 설계된다고 가정하자. 그 결과 회로는 발진하고 정현파 출력 파형을 발생시킨다. 세 개의 60° 시프트를 조합하면 재생 귀환에서 180° 시프트되기 때문에 위상 시프트 발진기의 각 RC 회로는 60° 위상 시프트라고 생각할 수 있다. 그러나 사실은 그렇지 않다. 위상 시프트 발진기의 각 RC 회로는 앞단의 RC 회로의 부하로 동작한다.

이것은 증폭기의 부하 상태 Q가 무부하 상태 Q와 차이가 있는 것과 마찬가지로 부하 상태 RC 회로의 위상 시프트는 무부하 상태 RC 회로의 위상 시프트에 의해서 변화한다. 따라서 위상 시프트 발진기의 각 RC 회로의 정확한 위상 시프트는 다음의 위상 시프트와 다르게 된다. 그러나 세 개의 전체 위상 시프트는 여전히 180°이다.

위상 시프트 발진기는 매우 불안정하므로 거의 사용하지 않는다. 발진기의 안정도는 주파수와 진폭에서 일정한 출력을 유지하는 발진기의 능력 척도이다. 위상 시프트 발진기는 주파수의 견지에서 보면 안정화시키기가 매우 어렵다. 따라서 위상 시프트 발진기는 임계점을 가지는 응용에 사용할 수 없다. 위상 시프트 발진기가 거의 사용되지 않지만 여기에서 언급되는 이유가 두 가지 있다. 첫 번째는 이미 앞에서 언급한 것처럼 위상 시프트 발진기는 이해하기가 쉽다. 두 번째는 부수적으로 위상 시프트 발진기를 구성하기가 매우 쉽다. 그림 14-5에 표시된 회로를 해석해 보자.

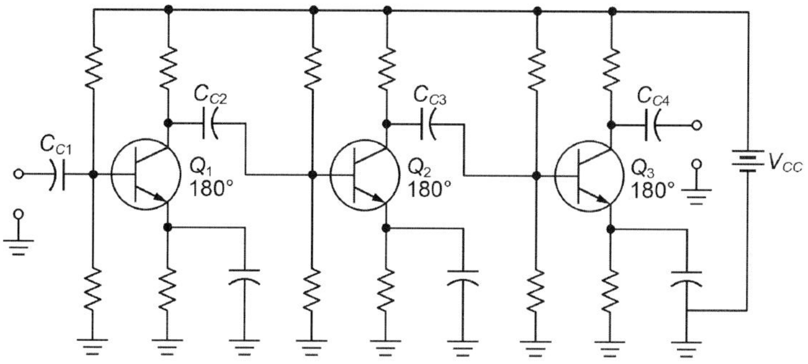

그림 14-5

이런 회로에서 세 개의 RC 회로망을 가지고 있다. 각 RC 회로는 다음 단의 입력 저항과 결합용 커패시터로 구성된다. 첫 번째 RC 회로는 첫 번째 단의 입력 저항과 C_{C1}으로 구성된다. 두 번째는 둘째 단의 입력 저항과 C_{C2}로 구성된다. 세 번째는 셋째 단의 입력 저항과 C_{C3}로 구성된다. 이런 3개의 RC 회로는 180° 위상 시프트를 발생시키기 위해서 결합된다. 이런 위상 시프트는 180°의 위상 시프트를(첫째, 둘째 180° 시프트는 소멸된다) 갖는 트랜지스터에 결합되도록 부가된다.

귀환 경로는 직류 전원 공급 장치 V_{CC}를 통해서 제공된다. V_{CC}는 회로의 High 부분과 모든 접지 사이에 연결된 단순 직류 전원이라는 점을 기억해야 한다. 만약 직류 전원 공급 장치의 내부 임피던스가 충분히 크다면 전원 공급 장치로 결합 되는 교류 전류는 저항 양단에서 발생되는 교류 전압에 중대한 영향을 미친다. 이런 전압은 자신의 바이어스 회로를 통해서 첫째 단으로 귀환되고 우연한(unintentional) 발전기로 회로를 변환시킨다.

그러면 이런 문제의 해결책은 무엇인가? 조정된 직류 전원공급 장치를 사용하는 것이다. 조정된 전원 공급장치는 매우 낮은 내부 임피던스를 가진다. 이렇게 낮은 임피던스는 전류의 변화에 의해서 발생되는 전압을 최소로 유지한다. 따라서 전압의 변화는 직류 공급 전압에서 작은 리플로 존재하게 된다.

또 다른 해결책은 전원 장치의 내부 저항 주변의 여러 교류 전류를 단락시키기 위해 직류 전원에 작은 크기의 바이패스 커패시터를 연결하는 것이다. 여러 가지의 다른 원치 않는 발진원이 있다. 증폭기의 첫째 단과 마지막 단 사이의 표유 용량(Stray Capacitance)이 출력에서 고주파 발진을 발생시킨다. 표유 용량으로 발생되는 발진은 단 사이의 거리를 증가하거나 각 단에 금속 차폐를 설치함으로써 제거할 수 있다. 루프 발진이라고 부르는 고주파 발진은 증폭단 사이의 부적절한 접지 연결로 인하여 발생된다. 루프 발진은 모든 단을 공통접지(가능하다면)로 연결하거나 접지 연결선의 길이를 가능한 짧게 함으로써 방지할 수 있다

다른 실제적인 고려는 바크하우젠 판정 기준이다. $\alpha_v A_v = 1$의 관계는 이상적인 회로에서만 가능하다. 실제적인 회로에서는 $\alpha_v A_v$는 1보다 약간 커야만 한다. 발진기의 각 저항 소자는 적은 양의 전력을 소비하므로 전체 회로에서 전력 손실이 있다. $\alpha_v A_v$를 1보다 약간 크게 함으로써 각 사이클 동안의 전력 손실은 회로에서 보상된다. 1보다 얼마만큼 커야 하나? 발진을 유지할 수 있을 정도이다. 마지막으로 발진기를 어떻게 시동할 것인가를 알아야 한다. 먼저 그림 16-4에 표시된 회로에 전원을 인가했을 때 발생되는 상황을 고려하자. 출력이 반전 입력에 귀환되기 때문에 귀환 회로망의 두 끝점 사이에는 180° 위상 시프트가 존재해야 한다. 전원을 인가하면 회로는 두 가지 중 한 가지 방법으로 위상 시프트를 이룬다.

1. 입력은 안정하게 유지하며 출력은 반대 극성으로 변하게 된다.
2. 출력은 안정하게 유지하며 입력 offset 전압은 적절한 반대 극성 전압으로 변하게 된다.

여기서 발생되는 상황은 전혀 대수롭지 않다. 사실은 어느 방법이든 출력과 입력 사이에서 변이(transition)가 일어난다. 이런 변이는 발진 프로세서를 트리거하기에 충분하다.

14-3 빈-브리지 발진기

빈-브리지 발진기는 가장 일반적으로 사용되는 저주파 RC 발진기로 공진 주파수에서 위상 시프트가 없는 재생 귀환을 가진다. 증폭기도 귀환 회로망도 위상 시프트를 발생시키지 않는다. 이것은 발진을 일으키기 위해서 두 개의 180° 위상 시프트 회로를 사용하는 것과 동일한 효과를 가진다. 그림 14-6은 기본적인 빈-브리지 발진기 회로를 표시하고 있다. 빈-브리지 발진기는 positive 귀환 경로(비반전 입력으로)와 negative 귀환 경로(반전 입력으로)인 두 개의 귀환 경로를 가진다. positive 귀환 경로는 발진을 발생시키는 데 사용하는 반면에 negative 귀환 경로는 회로의 A_{CL}을 조절하는 데 사용한다.

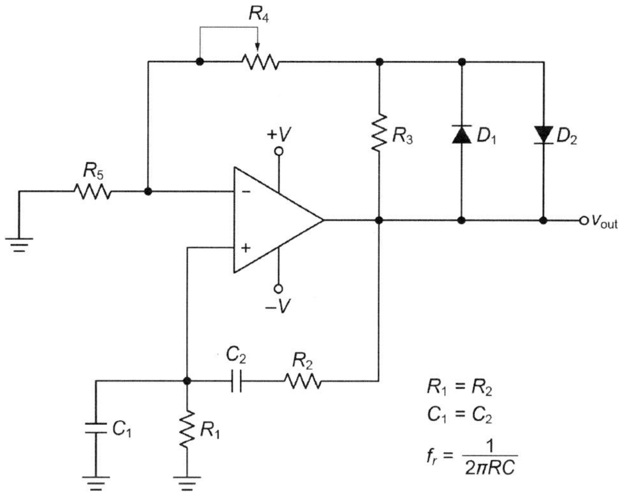

그림 14-6 빈 브리지 발진기

positive 귀환 경로는 두 개 의 RC 회로로 구성된다. R_1C_1은 저역 통과 필터 회로를 구성하고 R_2C_2는 고역 통과 필터 회로를 구성한다. 저역 통과 필터 회로와 고역 통과 필터 회로의 직렬 연결은 대역 통과 필터 회로를 구성한다. 이런 대역 통과 필터의 공진 주파수는 회로의 발진 주파수를 결정한다. 일반적인 빈-브리지 발진기는 $R_1C_1 = R_2C_2$이다. 그림 14-7에 표시된 것처럼 두 개의 회로가 동일한 차단 주파수를 가진다. 각 회로의 차단 주파수 f_C에서 주파수 응답 곡선들이 교차하는 점을 주목해야 한다. 회로는 이런 주파수에서 발진한다.

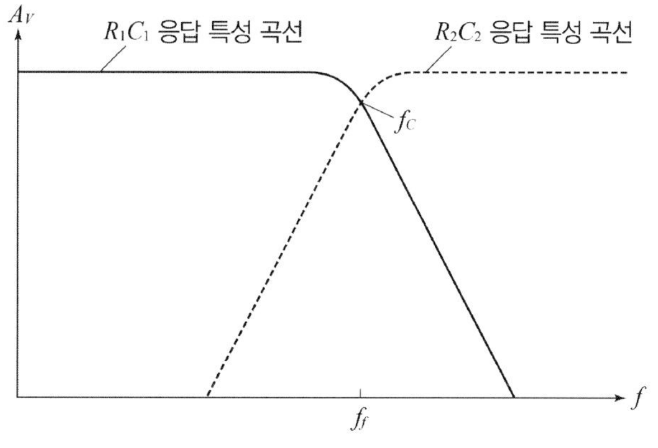

그림 14-7 positive 귀환 경로의 주파수 응답

대역통과 필터는 공진 주파수에서 동작할 때 위상 시프트를 갖지 않는다. 또한 op-amp의 비반전 입력과 소자 출력 단자 사이에 위상 시프트가 없다. 따라서 출력과 입력 신호들은 동상이고 귀환은 재생이다. 이 회로에 대한 결론으로 여러분들은 간혹 R_1과 R_2에 직렬로 부가된 트리머 전위차계(trimmer Potentiometer)를 볼 수 있다. 트리머는 귀환 회로(따라서 공진 주파수)를 미세 동조(fine-tuned)시키는 것이 허용된다.

그림 14-8에 표시된 회로는 부가된 트리머 전위차계이다. 전위차계는 발진 주파수를 원하는 정확한 값에 고정되도록 조정한다. 전위차계를 두 개 부가하는 이유는 무엇인가? 정확하게 R_1과 R_2 전위차계를 만들고 여분의 소자를 저장하지 않을까? 이러한 의문점에 대한 해답은 R_1과 R_2가 보통 10 kΩ에서 200 kΩ 근처에서 선택한다는 사실에 근거를 둔다. 미세 동조되는 회로에서 전위차계가 대략 총 직렬저항의 10%이거나 보다 적은 범위를 가지도록 한다.

$R_2 = R_1 = 100$이라면 10 kΩ의 최대 범위이거나 보다 적은 전위차계를 원한다. 이것은 전위차계가 1 kΩ만큼 작은 범위를 가지는 것이며 비교적 작은 주파수 범위에서 쉽게 f_C를 변화시킬 수 있다는 것이다.

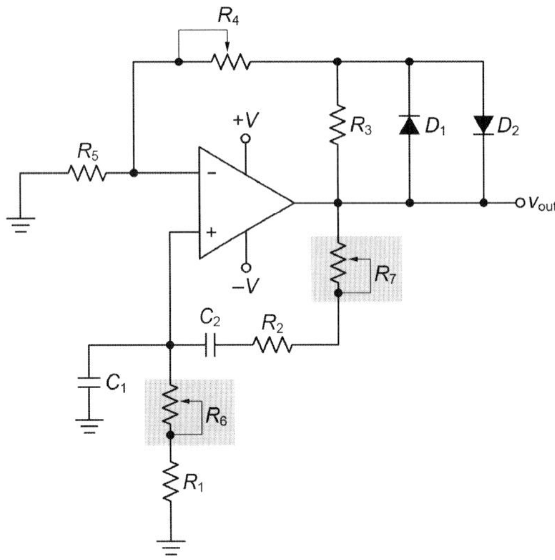

그림 14-8 발진기 동조에 사용되는 트리머 전위차계

negative 귀환 회로는 폐루프 전압 이득 A_{CL}을 조정하기 위해서 사용된다. 일반적으로 전압 분배기는 이런 목적으로 사용된다는 것을 기억해야 한다. 이런 귀환 경로와 지금까지 알려진 다른 negative 귀환 회로의 차이점은 다음과 같다.

1. 전위차계 R_4 부가

2. 다이오드와 R_3 병렬 연결

전위차계는 다음과 같이 폐루프 전압 이득을 조정하기 위해서 부가된다. 비반전 증폭기의 폐루프 전압 이득은 다음과 같이 구해진다.

$$A_{CL} = \frac{R_f}{R_{in}} + 1 \tag{14-5}$$

그림 14-8에 표시된 회로에서 $R_{in} = R_5$이고 다이오드가 off될 때 $R_f = (R_3 + R_4)$이다. 이 값을 위 식에 대입하면 다음과 같은 식을 유도할 수 있다.

$$A_{CL} = \frac{R_3 + R_4}{R_5} + 1 \tag{14-6}$$

이식이 표시하는 것처럼 R_3의 조정은 회로의 A_{CL}을 증가시키거나 감소시키는 효과를 갖는다. 귀환 회로망에서 다이오드는 회로의 출력이 예상되는 크기를 초과하는 것을 방지하기 위해서 포함된다. 발진의 출력이 발진기의 이득을 제한하기 위해서 사용된다. 발진기의 출력이 0.7 이상($V_{R4} + V_{R4}$)으로 초과하려면 다이오드 중 하나가 턴on되고 R_3가 단락된다. 이는 폐루프 전압 이득을 대략적으로 다음과 같이 효과적으로 감소시킨다.

$$A_{CL} = \frac{R_4}{R_5} + 1$$

이런 응용에서는 다이오드가 클리퍼로 동작한다는 점이 중요하다. op-amp의 동작 주파수가 증가하면 궁극적으로 비반전 입력단자와 출력단자 사이에서 발생되기 시작하는 위상 시프트 점에 도달된다. 이런 위상 시프트는 op-amp의 전파 지연을 발생시킨다. 전파 지연은 신호가 소자를 통과하는 데 필요한 시간이다. op-amp의 위상 시프트가 시작되면 회로의 발진 동작은 안정성을 감소시킨다.

입출력 사이의 위상 관계가 변화하면 발진기의 동작에 영향을 미친다. 대부분의 빈-브리지 발진기에서 상한 주파수 제한은 1 MHz 범위 이내이다. 1 MHz 이상의 주파수는 발진기의 안정성을 떨어뜨린다. 어느 발진기 응용에서도 이 점은 허용할 수 있는 상황이 아니다. 따라서 고주파 응용에서는 LC 발진기를 사용해야 한다.

14-4 콜피츠 발진기

콜피츠 발진기는 발진에 필요한 재생 귀환을 발생시키기 위해서 탭 커패시터 쌍과 인덕터를 사용하는 이산 LC 증폭기이다. 그림 14-9에 콜피츠 발진기 회로가 표시되어 있다. 보다시피 트랜지스터는 공통 이미터 구조를 갖는다. 트랜지스터의 베이스에서 컬렉터까지 180° 위상 시프트가 발생한다. 이것은 귀환이 재생이면 귀환 회로망은 180° 위상 시프트를 발생시킨다는 것을 의미한다.

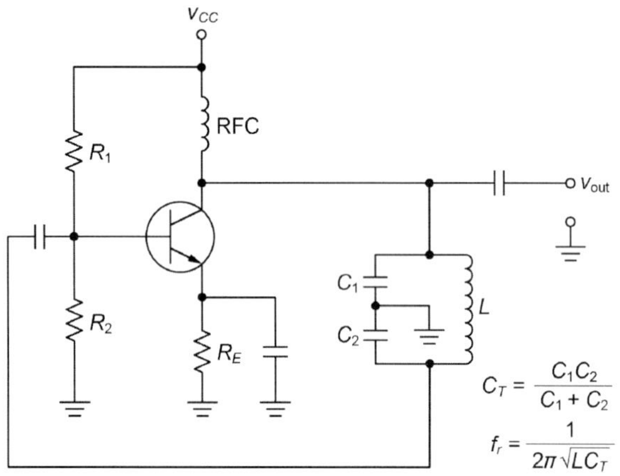

그림 14-9 콜피츠 발진기

콜피츠 발진기의 핵심은 귀환 회로망이 어떻게 180° 위상 시프트를 발생시키는가이다. 그림 14-9에서 귀환 회로망은 C_1, C_2, L로 구성된다. 귀환 회로망의 동작은 다음과 같은 몇 가지 핵심점이 기본이다.

- 증폭기의 출력 전압은 C_1 양단에서 나타난다.
- 귀환 전압은 C_2 양단에서 나타난다.

■ C_2 양단의 전압은 C_1 양단에 나타난 전압과 위상이 180° 다르다. 따라서 귀환 전압은 출력 전압과 위상이 180° 차이가 난다.

요점 1과 2는 그림 14-10처럼 회로를 단순화하면 쉽게 이해된다. 그림 14-10(a)는 회로에서 인덕터 $L1$을 제거시킨다. 따라서 그림 14-10(b)에 표시된 것처럼 접지에서 커패시터를 분리할 수 있다. 증폭기의 입력 전압은 C_2 양단에서 나타난다. 따라서 C_2는 귀환 전압원이어야 한다. C_1 양단에는 증폭기의 출력이 나타난다. v_{out}은 소자 양단에서 측정된다.

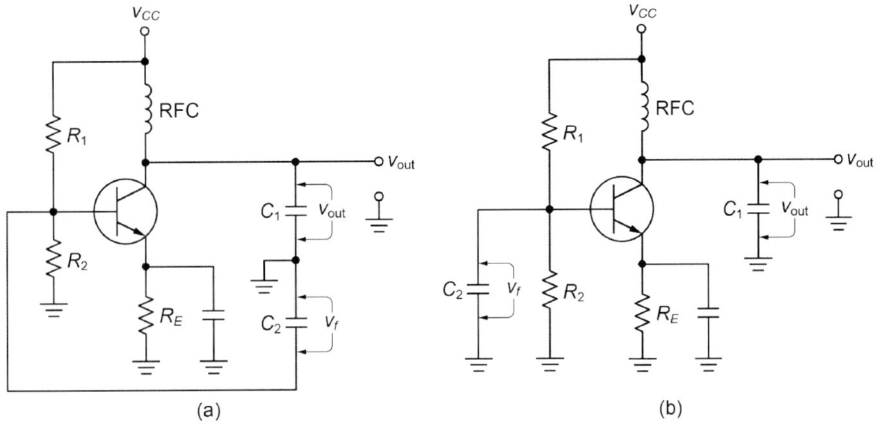

그림 14-10

v_{out}과 v_f의 위상 관계는 귀환 회로망의 전류 동작에 의해서 발생된다. 이런 동작은 그림 14-11에 표시된 것처럼 귀환 회로망을 다시 그리면 쉽게 이해할 수 있다. 그림 14-11에 표시된 회로와 그림 14-9에 표시된 귀환 회로망을 비교하면 된다. 두 회로는 동일하다. 이제 인덕터 L이 그림 14-11에서 제시한 극성의 전압을 가진다고 가정하자. L을 전압원의 관점에서 바라본다면 회로에서 전류를 발생시키는 것을 쉽게 이해할 수 있다. 이런 전류로 인해서 전압은 그림에 제시한 극성으로 C_1, C_2 양단에서 발생한다. 이런 전압들은 위상이 180° 다르다. 인덕터 L 양단의 전압 극성을 반대로 한다면 모든 극성 부호와 전류 방향이 거꾸로 되지만 C_1과 C_2 양단의 전압은 여전히 위상이 180° 차이가 난다.

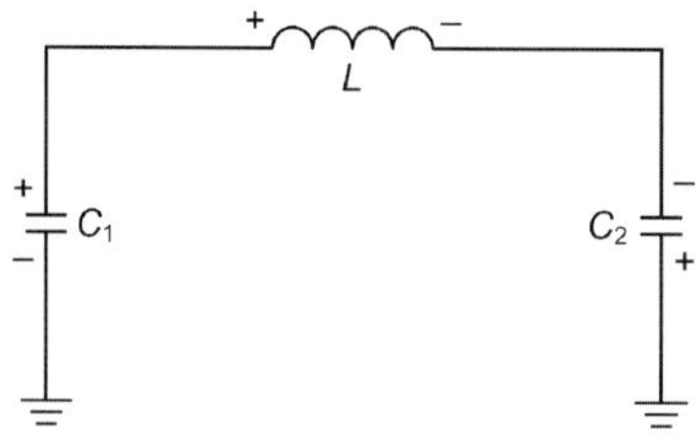

그림 14-11

콜피츠 발진기의 귀환 전압은 α_v에 관계된다. 이런 발진기의 α_v는 X_{C2}와 X_{C1}의 비이다.

$$\alpha_v = \frac{X_{C2}}{X_{C1}} \tag{14-7}$$

주어진 주파수에서 X_{C2}와 X_{C1}은 C_2와 C_1의 크기에 반비례하므로 식 (14-7)은 아래처럼 나타낼 수 있다.

$$\alpha_v = \frac{C_1}{C_2}$$

예제 14-1

식 (14-7)을 이용하여 그림 14-12에 표시된 회로의 α_v값을 결정하시오.

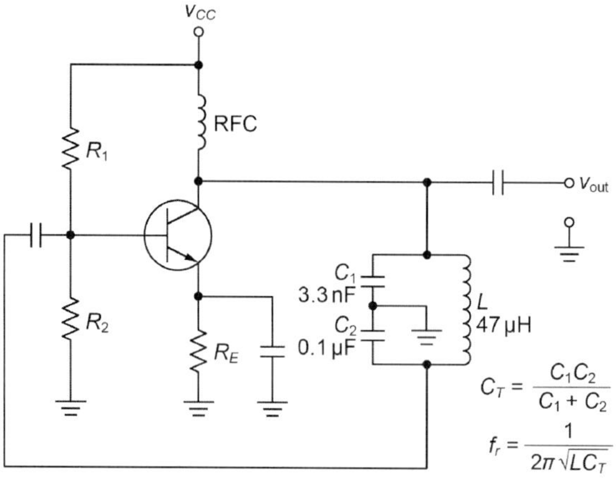

그림 14-12

(풀이)

식 (14-7)를 사용해서 α_v를 결정하기 전에 두 커패시터의 리액턴스를 구해야 한다. X_{C2}와 X_{C1}을 결정하기 전에 동작 주파수를 먼저 알아야 한다. 동작 주파수는 귀환 회로망의 공진 주파수와 동일하다. f_r을 찾기 위해서는 C_1-C_2-L 회로에서 전체 커패시턴스를 결정해야 한다. 그림 14-10에서 C_1과 C_2가 직렬 연결이라는 것을 알 수 있다.

$$C_T = \frac{C_1 C_2}{C_1 + C_2} = \frac{(3.3\ \text{nF})(0.1\ \mu\text{F})}{3.3\ \text{nF} + 0.1\ \mu\text{F}} = 3.19\ nF$$

공진 주파수 f_r은 411 kHz로 구해진다.

$$f_r = \frac{1}{2\pi\sqrt{LC_T}} = \frac{1}{2\pi\sqrt{(47\ \mu\text{F})(3.19\ \text{nF})}} = 411\ \text{kHz}$$

f_r을 사용하면 X_{C1} = 117.3 Ω, X_{C2} =3.87 Ω으로 계산된다.

α_v는 0.033으로 구해진다.

$$\alpha_v = \frac{X_{C2}}{X_{C1}} = \frac{3.87\ \Omega}{117.34\ \Omega} = 0.03298 \cong 0.033$$

$$\alpha_v = \frac{C_1}{C_2} = \frac{3.3\ \text{nF}}{0.1\ \mu F} = 0.033$$

다른 발진기와 마찬가지로 콜피츠 발진기의 $\alpha_v A_v$는 1보다 약간 커야 한다. 이것은 증폭기 내의 전력 손실로 인한 발진의 감소를 막아 주는 동시에 포화와 차단 클리핑이 되는 것을 막아준다. v_{out}은 C_2 양단에서 나타나고 v_f는 C_1 양단에서 나타난다. 임의의 회로 전압 이득은 출력 전압과 입력 전압의 비이다. $v_{out} = v_{in}$이므로 콜피츠 증폭기의 A_v값은 다음과 같이 표시된다.

$$A_v = \frac{v_{out}}{v_{in}} \cong \frac{C_2}{C_1} \tag{14-8}$$

병렬 공진 탱크 회로에서 부하가 줄어들면 귀환 회로망의 효율이 떨어진다. R_L의 부하 효과를 감소시키기 위해서 콜피츠 발진기는 보통 부하에 변압기를 결합시킨다. 그림 14-13은 변압기가 결합된 콜피츠 발진기이다.

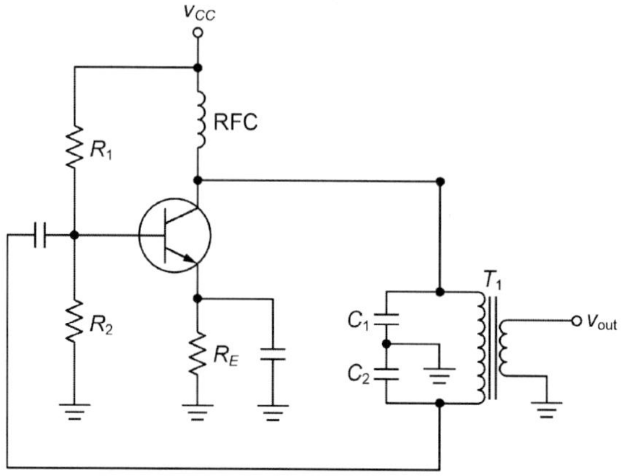

그림 14-13 변압기가 결합된 콜피츠 발진기

이런 회로에서 T_1의 일차 측 권선은 귀환 회로망 인덕턴스이다. 권선비가 환산 부하 임피던스에 영향을 미치므로 변압기가 부하를 감소시킨다는 것을 기억하라. 다음의 조건을 만족하면 콜피츠 발진기에 용량성 결합을 사용할 수 있다.

$$C_C \ll C_T \tag{14-9}$$

여기서 C_T는 귀환 회로망의 전체 직렬 커패시턴스이다. 이런 조건을 만족하면 결합 커패시터의 리액턴스는 C_1과 C_2의 직렬 결합의 리액턴스보다 훨씬 크다. 이것은 변압기 결합과 마찬가지로 회로 부하를 막아준다. 동시에 결합용 커패시터의 비교적 높은 리액턴스는 부하 저항과 직렬로 연결된다. 이것이 부하 전압을 크게 감소시킨다.

14-5 하틀리 발진기

하틀리 발진기는 콜피츠 발진기와 거의 동일하다. 차이점은 하틀리 발진기의 귀환 회로망이 탭 인덕터와 단일 커패시터를 사용하는 것이다. 그림 14-14에는 두 개의 하틀리 발진기가 표시되어 있다. 그림 14-14(a)에 표시된 하틀리 발진기에서 귀환 전압은 L_2 양단에서 발생되고 출력 전압은 L_1 양단에서 발생된다. 따라서 귀환 회로망에 기인되는 감쇠 α_v는 식 (14-10)처럼 표시된다.

$$\alpha_v = \frac{X_{L2}}{X_{L1}},\ \alpha_v = \frac{L_2}{L_1} \tag{14-10}$$

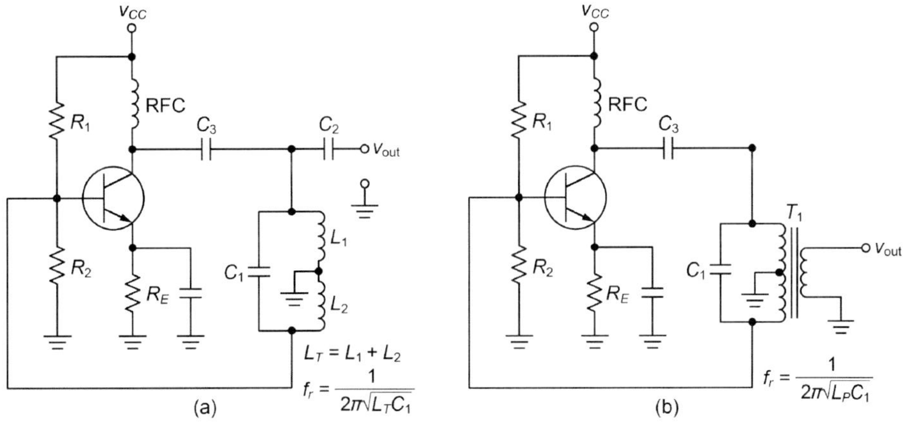

그림 14-14 하틀리 발진기

그림 14-14(a)에서 인덕터는 직렬로 연결되기 때문에 전체 인덕턴스는 $L_T = L_1 + L_2$로 구해진다. L_T의 이런 값은 회로의 공진 주파수 f_r을 계산할 때마다 사용된다. 변압기 결합형 하틀리 발진기는 다음과 같은 두 가지를 실행하기 위해서 탭을 갖는 변압기를 사용한다.

1. 변압기는 회로로부터 부하로 결합을 제공한다.
2. 탭을 갖는 1차 측은 귀환 회로망의 인덕터 쌍을 구성한다.

이런 회로에서 1차 측의 전체 인덕턴스는 회로의 동작 주파수를 계산하는 데 사용된다.

14-6 클랩 발진기

클랩 발진기는 자신의 귀환 회로망에 부가된 커패시터를 갖는 간략화된 하틀리 발진기이다. 이런 커패시터는 동작 주파수의 접합 커패시턴스의 영향을 제거시키거나 감소시키기 위해서 포함된다. 그림 14-15에 표시된 것처럼 부가되는 커패시터 C_3는 인덕터와 직렬로 배치된다.

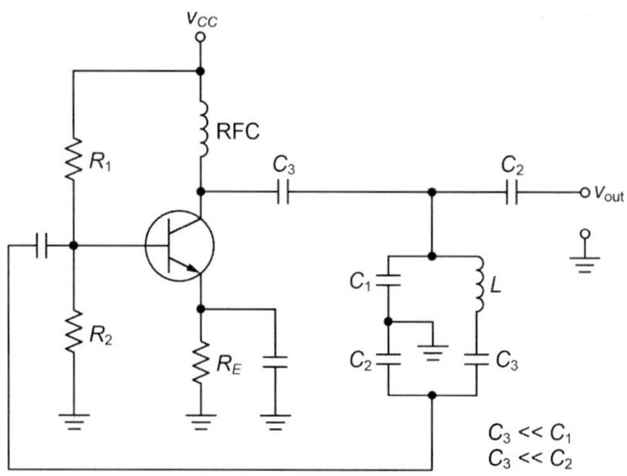

그림 14-15

그림 14-16에서는 접합 커패시턴스의 전위 효과가 설명된다. 그림에 표시된 것처럼 서로 다른 커패시터를 첨가시킴으로써 가능하다. C_1은 베이스 이미터 접합 커패시턴스 C_{BE}와 밀러 입력 커패시턴스 $C_{in(M)}$과 병렬 연결이다. C_2는 밀러 출력 커패시턴스 $C_{out(M)}$과 병렬 연결이다. 이런 접합 커패시턴스가 발진기의 동작 주파수에 영향을 미치게 된다.

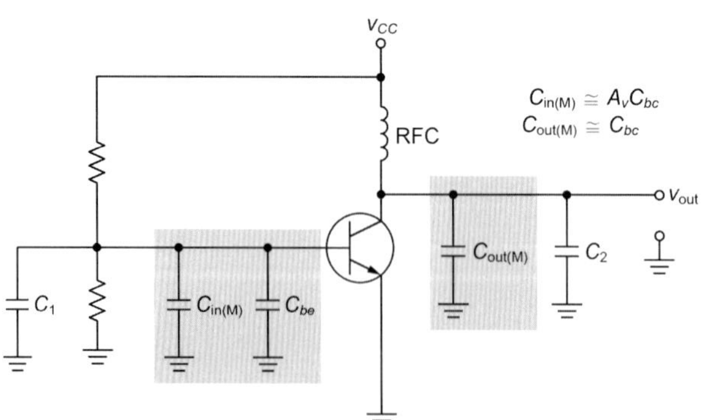

그림 14-16 콜피츠 발진기에서 접합 커패시턴스

클랩 발진기는 커패시터 C_3를 부가시킴으로써 트랜지스터의 커패시턴스 효과를 제거시킨다. 이런 커패시터는 항상 C_1이나 C_2보다 아주 낮게 된다. 이런 값이 아주 낮기 때문에 회로의 모든 주파수 계산에서 C_3가 도미넌트(dominant) 소자이다. 클랩 발진기에서 공진 주파수는 식 (14-11)처럼 구해진다.

$$f_r \cong \frac{1}{2\pi\sqrt{LC_3}} \tag{14-11}$$

만약 C_3가 기본(도미넌트) 소자라면 클랩 발진기에 C_1과 C_2가 포함되는 것에 대해서 의문을 가지게 될 것이다. 해답은 간단하다. 비록 동작 주파수가 C_3에 의해서 결정되지만 C_1과 C_2는 재생 귀환에 필요한 180° 위상 시프트를 발생시키기 위해서 여전히 필요하다. C_3는 C_1과 C_2로 대체할 수 없다. 그것이 동작 주파수에서 그들의 크기에 의한 효과는 소거된다. 사실상 f_r 공식을 제외하고 클랩 발진기의 다른 모든 계산은 정확하게 콜피츠 발진기와 동일하다.

14-7 암스트롱 발진기

암스트롱 발진기는 단순하지만 발진을 위해서 필요로 하는 180°의 위상 시프트를 구하기 위해서 변압기를 사용하는 효과적인 발진기 회로이다. 그림 14-17에 표시된 것처럼 트랜지스터로부터 출력이 변압기 T_1의 1차 측에 인가된다. 그리고 귀환 신호가 2차 측으로부터 구해진다.

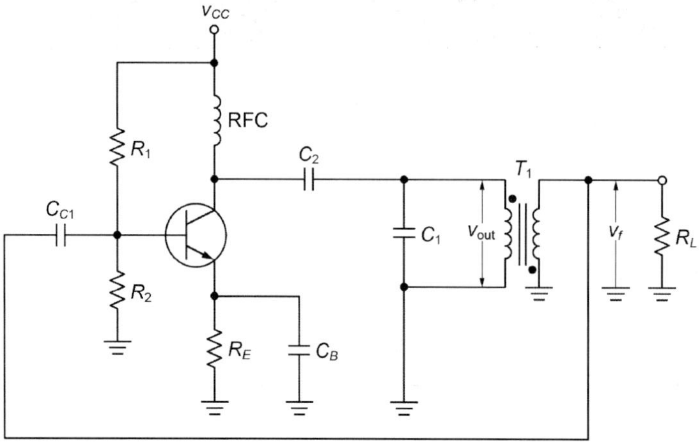

그림 14-17 암스트롱 발진기

변압기의 회로 기호에 표시된 도트는 1차 측으로부터 2차 측으로 전압 위상이 180° 시프트된 것을 표시하고 있다. 따라서 v_f는 v_{out}과 위상이 180° 시프트된다. v_f의 크기는 v_{out}과 변압기의 권선비에 의해서 결정된다. 그림 14-17에 표시된 것처럼 부하 전압은 v_f와 등가이다. 출력 회로에서 커패시터 C_1은 발진기의 동조를 제공하게 된다. 회로의 공진 주파수는 C_1과 변압기 1차 측의 인덕턴스에 의해서 결정된다.

14-8 수정 발진기 회로

LC 발진기 회로들은 보통 0.8% 정도 주파수 편차를 갖는다. 이런 주파수 편차는 회로의 온도변화, 구성 소자들의 경년 변화(aging), 발진기에 연결된 부하의 저항 변화에 기인한다. LC 발진기가 손목시계용 타이밍 신호를 발생시키는 데 사용된다면 0.8%의 주파수 편차는 그 시계가 하루에 약 11분 30초 정도 빨라지거나 지연된다는 것을 의미한다.

$$60분 \times 24시간 = 1440분/일$$

$$0.8\% \times 1440 = 11분5초/일$$

만약 발진기의 안정성이 고도로 요구된다면, 타이밍 신호를 발생시키는 데 수정(crystal) 발진기가 사용된다. 발진기를 제어하는 수정은 일반적으로 0.0001%의 주파수 편차를 갖는다. 수정 발진기가 만약 손목시계에 사용된다면 1년에 최고 30초가 빨라지거나 늦게 된다.

$$60\text{분}\times 24\text{시간}\times 365\text{일} = 525,600\text{분}/\text{년}$$

$$0.0001\%\times 525,600 = 0.5\text{분}/\text{년}$$

따라서 통신이나 컴퓨터 시스템 같은 고도의 주파수 안정성이 요구되는 경우에는 수정-제어 발진기가 사용되어 진다. 수정-제어 발진기는 동작 시 회로의 주파수를 안정시키기 위해서 석영 수정(Quartz crystal)을 사용한다.

14-8-1 수정의 특성

석영 수정은 SiO2로 생성되고 자연적인 상태에서는 그림 14-18(a)에 표시된 것과 같이 양끝이 피라미드 형태를 갖는 6면체로 되어 있다. 전기적인 화합물을 구성하기 위해서 수정의 얇은 조각(thin slice) 혹은 슬랩(slab)은 그림 14-18(b)에 표시된 것처럼 전기적인 접촉을 만드는 두 금속판 사이에 놓인 것처럼 절단하고 보호용 홀더를 덮는다. 소자 기호에서 수정은 일반적으로 “XTAL” 또는 “Y”로 명명되고 그림 14-18(c)와 같은 기호로 표시된다. 수정은 기본적으로 그림 14-18(d), (e), (f)와 같이 기계적인 에너지를 전기적인 에너지로 변환시키거나 그림 14-18(g)에 표시된 것처럼 전기적인 에너지를 기계적인 에너지로 변환시키는 변환기(transducer), 혹은 에너지 컨버터로 동작하게 된다.

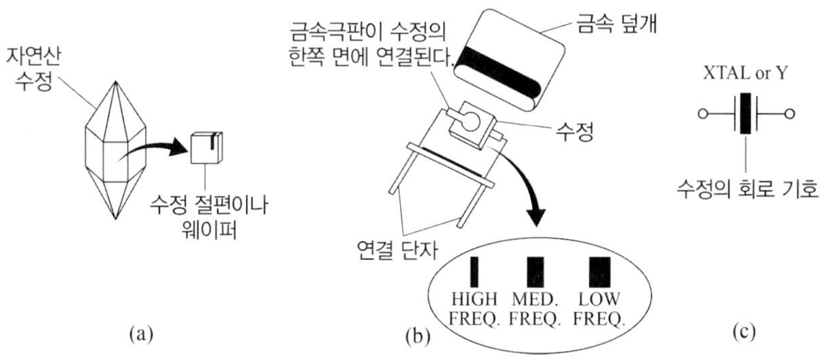

그림 14-18(계속)

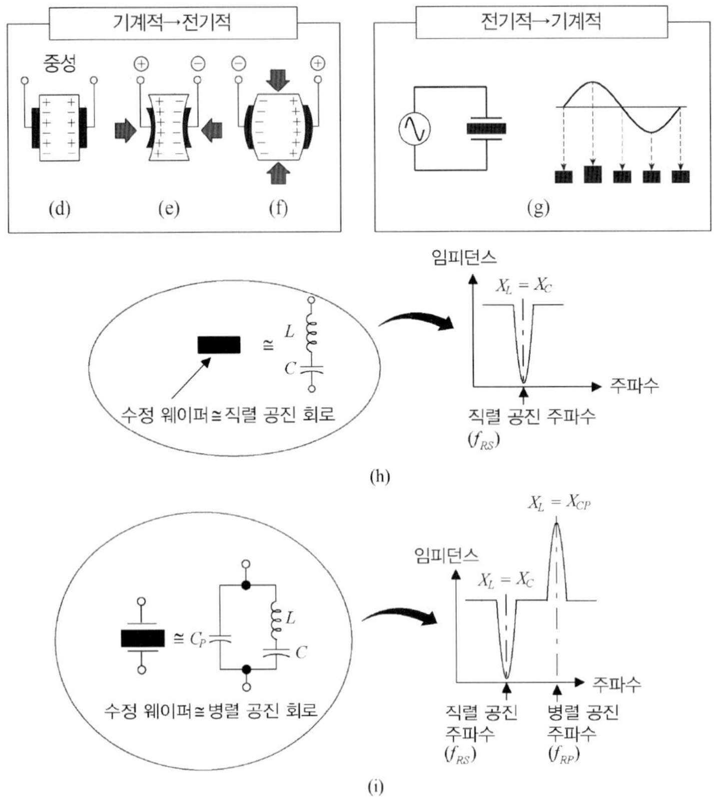

그림 14-18

그림 14-18(d)에서 수정이 항상 자신의 내부전하는 고르게 방출하고, 두 전극 사이의 전위차는 0이라는 것을 확인할 수 있다. 만약 수정에 그림 14-18(e)에 표시된 것처럼 양 끝에 인가되는 압력에 의해서 압축된다면 다른 전하들이 수정의 다른 면에 축적되고 전위차가 발생하게 된다. 이와 유사하게 수정에 그림 14-18(f)에 표시된 것처럼 상하로 압력을 인가해서 신장 된다면 반대극의 전위차가 발생된다. 수정에 신장하고 압축하는 압력을 지속적으로 인가하면 교류 전압이 발생된다. 수정 마이크로폰은 이런 원리를 이용한다. 음파가 마이크로폰에 인가되면, 이런 역학적인 파동은 지속적으로 수정을 압축, 신장시키고 원래의 음과 동일한 전기 신호를 발생시킨다.

이와 같은 구성 때문에 수정은 "자연 진동 주파수"를 갖는다. 그림 14-18(g)에 표시된 것처럼 교류 전압이 수정의 양단자를 통해서 자연적인 진동 주파수에 인가된다면 수정은 상대적으로 물리적인 큰 양에 의해서 압축되거나 신장된다. 만약 인가된 교류 전압의 주파수가 수정의 자연 진동 주파수보다 낮거나 높으면, 진동은 아주 작게 된다. 수정은 필터 회로와 발진기 회로에서 이용하는 특성인 주파수 선택성이 좋다. 이와 같은 동작이 바로 "피에조효과"라고 부르며 수정에 인가된 교류 전압에 의해서 생성된 변화하는 전기장에 속해 있을 때 일정하게 진동하는 이유가 된다. 수정의 자연적인 진동 주파수 그림 14-18(b)에 표시된 것처럼 두 전극 사이의 수정 두께에 따라서 달라진다. 적합한 크기로 절단함으로써 정확한 주파수로 발진할 수 있는 수정을 제작할 수 있다. 이런 비율은 항상 수정의 패키지에 인쇄되어 있다.

교류 전압의 주파수가 수정의 양 단자에 인가되어 수정의 자연 진동 주파수를 발진시킬 때 그림 14-18(h)에 표시된 것처럼 수정의 임피던스(또는 전류의 흐름을 방해하는)를 최소로 감소시킨다. 이것은 결정 웨이퍼 또는 슬랩을 등가의 직렬 공진회로로 동작한다. 이것은 수정이 어떤 특정한 주파수에서만 선택된다는 것을 의미하는, 수정의 직렬 공진 주파수(f_{rs})에서 아주 급격하게 변화되는 응답으로, 그림 14-18(h)에 표시된 것과 같은 주파수 응답 곡선을 확인할 수 있다. 수정은 2개의 연결된 극판 사이에 탑재될 때 소자는 원래의 직렬 공진 회로가 그림 14-18(i)에 표시된 것처럼 연결되는 극판에 의해서 기인되는 작은 정전용량 C_p와 병렬 회로로 되는 등가 회로를 구성하게 된다.

그림 14-18(i)에 표시된 주파수 응답 곡선을 참조하면 인가된 교류 전압의 주파수가 수정의 자연 진동 주파수와 같을때에도 정확히 동일한 반응을 하는 것을 확인할 수 있다. 주파수가 수정의 직렬 공진 주파수를 넘어서서 증가한다면 여하튼 C의 리액턴스는 감소된다. 그리고 수정은 유도성을 갖게 된다. 고주파에서 수정의 유도성 리액턴스는 연결 극판의 정전용량의 용량성 리액턴스와 동일한 지점을 갖게 된다($X_L = X_{Cp}$). 수정의 인덕턴스가 연결 극판의 정전 용량 사이에 병렬로 연결되기 때문에 결국은 병렬 공진회로를 구성하게 된다.

따라서 소자의 임피던스는 그림 14-18(i)에 표시된 것처럼 병렬 공진주파수 f_{Rp}에서 최대가 된다. 발진기 회로에의 적용은 수정의 직렬 공진 선택도나 병렬 공진 선택도 중에서 하나를 사용하게 된다. 대부분의 수정 발진기 회로는 원하는 주파수를 입력으로 귀환하기 위해서, 또한 발진기의 주파수 안정성을 유지하기 위해서 직렬 공진 주파수 응답을 이용하고 있다. 보통 수정의 직렬 공진 동조회로는 40,000정도의 높은 Q값을 갖는다. 이런 회로를 보통 200정도의 Q값을 갖는 LC 동조회로와 비교한다면 수정이 발진기의 주파수를 제어하는 것이 왜 더 안정적인지 쉽게 알 수 있다.

14-8-2 하틀리 수정 발진기

그림 14-19에 표시된 것처럼 하틀리 수정 발진기는 귀환 경로에 직렬로 연결된 수정을 제외하면 LC 하틀리 발진기와 동일하다. 발진기가 수정의 직렬 공진 주파수와 동일한 주파수를 발진시킬 때 수정은 방해하지 않고 귀환 신호는 최대가 된다. 만약 발진기의 주파수가 수정의 자연 직렬 공진 주파수 상하로 편차가 발생되기 시작하면 수정의 임피던스는 증가하게 되고 귀환 신호는 감소하게 된다. 귀환 신호의 주파수가 회로의 발진 주파수를 통제하기 때문에, 발진기 회로는 수정의 자연 주파수로 회귀하도록 동작한다. 귀환에서 높은 선택도를 갖는 수정을 포함하는 것은 이런 하틀리 발진기의 수정이 하틀리 발진기의 LC보다 거의 1,000배 큰 주파수 편차 비율을 갖는다는 것을 의미한다.

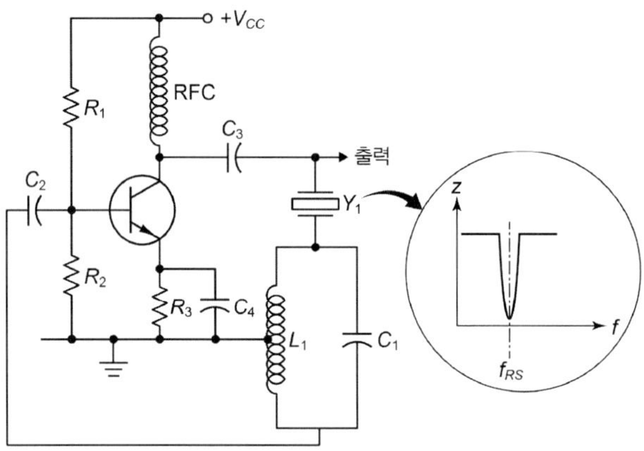

그림 14-19 하틀리 수정 발진기

14-8-3 콜피츠 수정 발진기

그림 14-20을 참조하면 콜피츠 수정 발진기가 귀환 경로상에 직렬로 삽입된 수정만 제거한다면 앞에서 해석한 LC 콜피츠 발진기와 동일하다는 사실을 확인할 수 있다. 이런 회로는 LC 콜피츠 발진기와 동일하게 동작한다. 그러나 이 회로에는 수정이 포함되었기 때문에 더 낮은 주파수 편차를 갖게 된다.

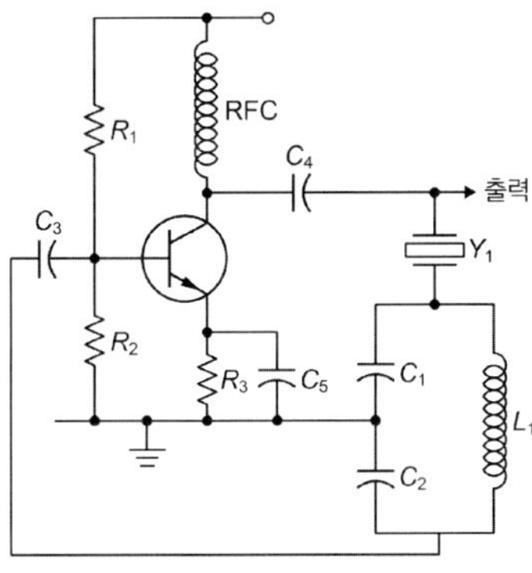

그림 14-20 콜피츠 수정 발진기

14-8-4 피어스 수정 발진기

그림 14-21에는 피어스 수정 발진기 회로가 표시되어 있다. 그림에서 볼 수 있듯이 이런 회로는 탱크 회로의 코일을 대체하는 수정 Y_1을 제외하면 콜피츠 발진기 회로와 동일하다. 수정 Y_1은 발진기에서 발생 되는 주파수가 매우 높은 임피던스를 제공한다는 것을 의미하는 자신의 병렬 공진 주파수에서 동작한다. 이런 동작은 공진에서 높은 임피던스를 갖는 이전의 LC 병렬 공진 탱크와 차이가 없다. 그러나 수정이 탱크회로의 임피던스를 제어하는 경우에 이런 동조 회로는 훨씬 선택도가 높아지고 발진기의 출력 주파수는 더 안정적으로 된다. 공진에서 탱크 회로는 매우 큰 임피던스를 갖게 된다. 따라서 큰 귀환 전압은 커패시터 C_2를 통해서 방전되고 트랜지스터 Q_1의 베이스에 인가된다. 만약 발진기의 주파수가 공진 주파수 상하로 편차가 발생된다면 수정의 임피던스는 신속하게 감소하고, 귀환 신호의 진폭과 탱크 양단에 걸리는 전압을 감소시킨다.

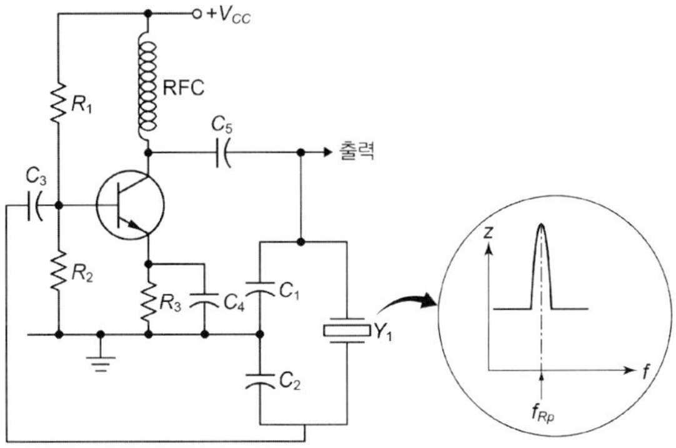

그림 14-21 피어스 수정 발진기

14-9 슈미트 트리거 회로

슈미트 트리거는 비교기와 유사한 전압 레벨 검지기 회로이다. 슈미트 트리거와 비교기의 동작은 약간의 차이가 존재하지만 이런 두 회로의 차이점은 서로 다른 환경에서 사용되기 때문에 발생된다. 그림 14-22는 슈미트 트리거의 일반적인 입출력 조합을 표시하고 있다.

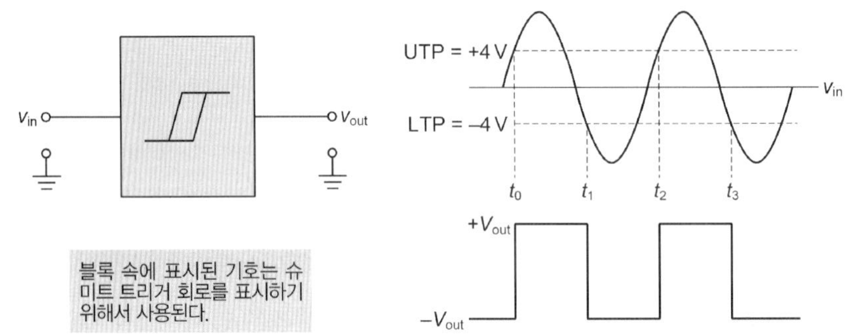

그림 14-22 슈미트 트리거의 입출력 파형

1. 입력이 특정한 레벨을 지나서 positive로 가면 슈미트 트리거의 출력은 $-V_{out}$에서 $+V_{out}$으로 변한다. 이런 변화가 발생되는 전압을 상측 트리거점 UTP(upper trigger point)라고 부른다.
2. 입력이 특정한 레벨을 지나서 negative로 가면 슈미트 트리거의 출력은 $+V_{out}$에서 $-V_{out}$으로 변한다. 이런 변화가 발생 되는 전압을 하측 트리거점 LTP(lower trigger point)라고 부른다.

슈미트 트리거의 UTP와 LTP 값은 회로 소자 값에 의해서 결정된다. 회로 설계에 의존하는 UTP와 LTP는 서로 같을 수도 있고 다를 수도 있다. 그렇지만 LTP는 결코 UTP보다 큰 값을 가질 수 없다. 그림 14-22에 표시된 UTP와 LTP 전압의 크기는 동일하다. 서로 다른 UTP와 LTP 값을 갖는 슈미트 트리거의 입출력 관계를 그림 14-23에 표시하였다.

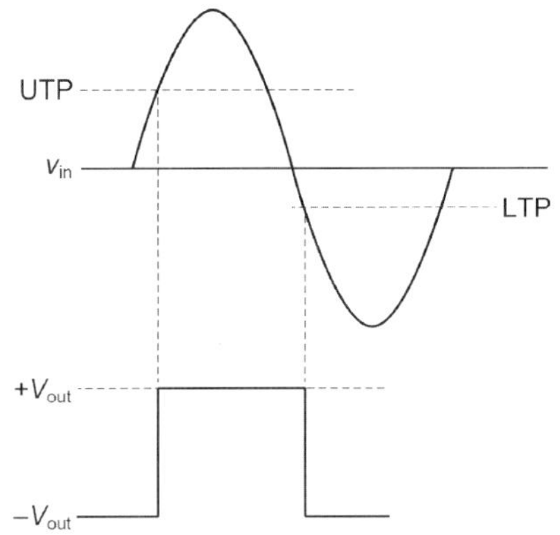

그림 14-23 UTP와 LTP 서로 다른 경우

positive로 되는 전이가 UTP(+4V)를 통과하면 출력은 $-V_{out}$에서 $+V_{out}$으로 변화된다. negative로 전이되는 신호가 LTP(+2V)를 통과하면 슈미트 트리거의 출력은 $-V_{out}$으로 되돌아간다. 그림 14-22와 그림 14-23에 표시된 파형으로부터 분명한 것은 UTP와 LTP 사이의 어떤 전압에도 슈미트 트리거의 출력은 영향을 받지 않는다는 점이다. 이런 사실은 그림 14-24에 더 자세히 표시되어 있다. 비록 입력이 어떤 현저한 변화가 있다고 할지라도 그 출력은 단지 다음과 같을 때 변화한다.

- positive로의 변환에 의해서 UTP에 도달된다.
- negative로의 변환에 의해서 LTP에 도달된다.

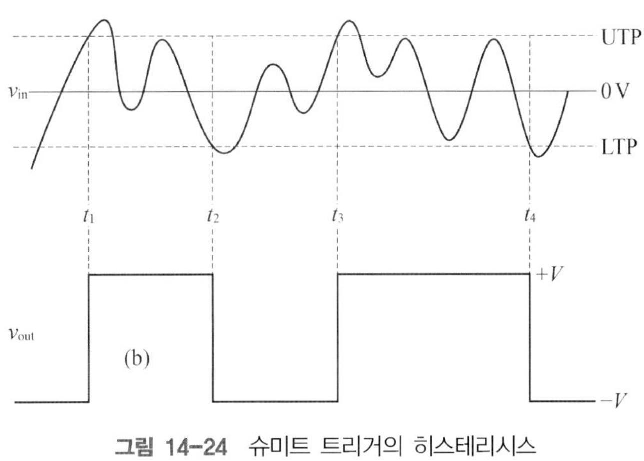

그림 14-24 슈미트 트리거의 히스테리시스

UTP와 LTP 사이에서의 입력 전압은 회로의 출력에 어떤 영향도 주지 않는다. 출력에 영향을 주지 않는 UTP와 LTP 사이의 입력전 압 범위는 히스테리시스(hysteresis)로 간주된다. 예를 들면 그림 14–24에서 UTP = +5 V이고 LTP = −5 V일 때 이 회로의 히스테리시스는 −5 V 〈 V_{in} 〈 +5 V의 입력 전압 범위가 된다. 이런 범위의 입력 전압은 회로의 출력 상태 변화를 발생시키지 않는다. 슈미트 트리거가 UTP와 LTP가 차이를 가지는 경우는 이런 회로와 공통 비교기와의 차이점이다. 비교기는 자신의 입력 파형을 비교되는 기준 전압으로 사용한다. 여하튼 슈미트 트리거는 두 개의 이산 기준 전압과 입력 파형을 비교하게 된다.

14-9-1 비반전 슈미트 트리거

비반전 슈미트 트리거는 그림 14–25(a)에 표시된 것처럼 간단한 귀환 저항을 사용한다. 이 회로와 앞에서 설명된 선형 반전증폭기는 매우 유사하다. 차이점은 입력 신호가 단지 비반전 OP–AMP에 인가된다는 점이다.

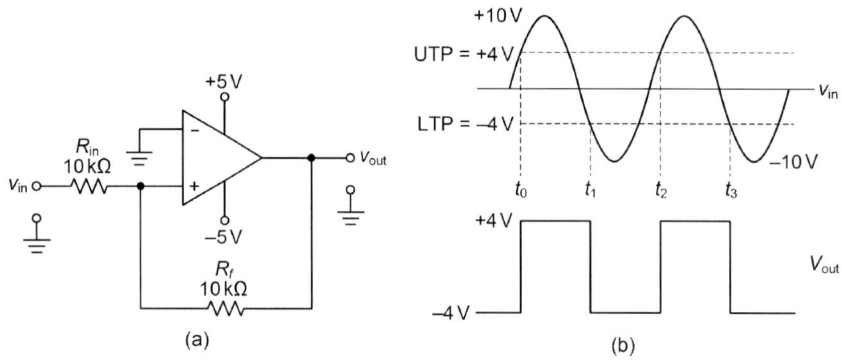

그림 14–25 비반전 슈미트 트리거의 동작

그림 14–25(a)에 표시된 것처럼 회로의 소자 값이 주어지면 비반전 슈미트 트리거 회로의 동작을 이해하기 쉽다. $R_{in} = R_f = 10\,\mathrm{k}\Omega$이다. OP–AMP의 입력 임피던스는 높기 때문에 두 저항을 통해서 흐르는 전류는 같다. 따라서 소자 양단에 걸리는 전압 강하 역시 등가이다. 이것이 회로 해석의 핵심이다.

회로의 동작을 해석하기 위한 시작은 자신의 negative 제한인 V_{out}이 −4 V라고 가정하는 것이다. 그림 14–25(b)에 표시된 파형은 t_0에서 V_{in}이 +4 V에 도달되는 것을 보여준다. 이런 일이 발생되면 회로에서 각 저항 양단에서의 전압 강하는 4 V이므로 OP-AMP의 비반전 입력은 0 V가 된다. 입력이 +4 V보다 더욱 positive로 되면, OP-AMP의 비반전 입력은 반전 입력보다 더욱더 positive로 되며 출력은 +4 V로 된다 (최대 출력은 공급 전압의 1 V 이내라는 점을 기억하라).

동일한 원리가 입력 사이클의 negative 변화에서 적용된다. 오직 차이점은 극성이 반전된다는 점이다. 회로의 출력이 +4 V일 때 비반전 입력이 반전 입력보다 더욱 더 negative로 되기 전에 입력은 −4 V가 될 것이다. 입력이 −4 V가 될 때 출력은 −4 V로 되며 주기는 반복된다. 그림 14−15(a)에서 슈미트 트리거는 (+V −1V)의 UTP 값과 (−V +1V)의 LTP 값을 갖는다. R_{in}과 R_f의 비율 변화에 의해서 회로의 트리거 점을 변경할 수 있다. 일반적으로 UTP와 LTP는 식 (14−12)에 의해서 결정될 수 있다.

$$UTP = -\frac{R_{in}}{R_f}(-V_{out}),\ LTP = -\frac{R_{in}}{R_f}(+V_{out}) \tag{14-12}$$

예제 14-2

그림 14−26에 표시된 회로의 UTP와 LTP를 결정하시오. 또한 입력 신호가 UTP와 LTP를 초과할 때 출력변화 상태를 검증하시오.

(풀이) 식 (14−12)를 사용하면 UTP는 2.4 V로 구해진다.

$$UTP = -\frac{R_{in}}{R_f}(-V_{out}) = (-0.2)\times(-12\ \text{V}) = 2.4\ \text{V}$$

LTP는 식 (14−12)를 사용하면 −2.4V로 구해진다.

$$LTP = -\frac{R_{in}}{R_f}(+V_{out}) = (-0.2)\times(+12\ \text{V}) = -2.4\ \text{V}$$

UTP는 다음과 같이 검증할 수 있다. 입력이 +2.4 V일 때 출력은 −12 V에 머물러 있다. 전압 분배기 공식을 사용하면 R_1 양단에서의 전압 강하를 구할 수 있다. 이런 전압 강하는 2.4 V로 구해진다.

$$V_{Rin} = (V_{in} - V_{out})\frac{R_{in}}{R_{in}+R_f} = 14.4\ \text{V} \times 0.167 = 2.4\ \text{V}$$

회로에 2.4 V가 인가되면 R_{in} 양단에서 2.4 V의 전압 강하가 발생된다. 이런 이유로 OP-AMP의 입력 전압이 0 V가 된다. 따라서 입력이 +2.4 V보다 더 증가한다면 OP-AMP의 비반전 입력은 반전 입력보다 더욱 큰 positive 값을 갖게 되며 출력은 +12 V가 된다. LTP = −2.4 V를 확인하기 위해서 동일한 방법이 사용될 수 있다. 계산된 UTP와 LTP, 그리고 입력 신호를 그림 14−26(b)에 표시했다.

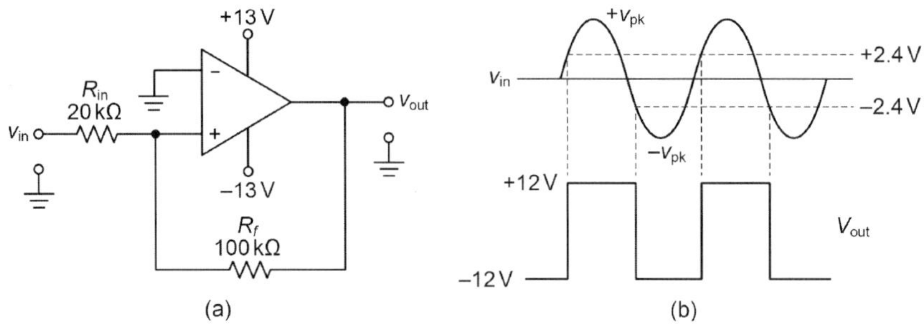

그림 14-26

그림 14-26에 표시된 비반전 슈미트 트리거는 UTP와 LTP의 크기를 동일하게 제한하였다. UTP가 +2.4 V이면, LTP는 −2.4 V가 된다. 또한 UTP가 +4 V이면, LTP는 −4 V가 되어야만 한다. 그러나 비반전 슈미트 트리거는 UTP와 LTP의 크기를 같지 않게 변형할 수도 있다. 이렇게 변형된 회로가 그림 14-27에 표시되어 있다.

이 회로의 동작 요소는 D_1과 D_2가 출력 변화와 반대로 도통된다는 것이다. 슈미트 트리거의 출력이 negative일 때 D_1이 도통되고 D_2는 차단된다. 이것은 R_{f2}가 회로로부터 효과적으로 제거된다는 의미이다. UTP는 식 (14−13)처럼 구해진다.

$$UTP = -\frac{R_{in}}{R_{f1}}(-V_{out} + 0.7\ \text{V}) \tag{14-13}$$

출력이 positive일 때 D_1은 차단되고 D_2는 도통된다. 이것은 R_{f1}이 회로로부터 효과적으로 제거된다는 의미이다. LTP는 식 (14−14)처럼 표시된다.

$$LTP = -\frac{R_{in}}{R_{f2}}(+V_{out} - 0.7\ \text{V}) \tag{14-14}$$

UTP와 LTP는 분리된 귀환 저항에 의해서 결정되므로 이들 값은 완전히 독립적이다.

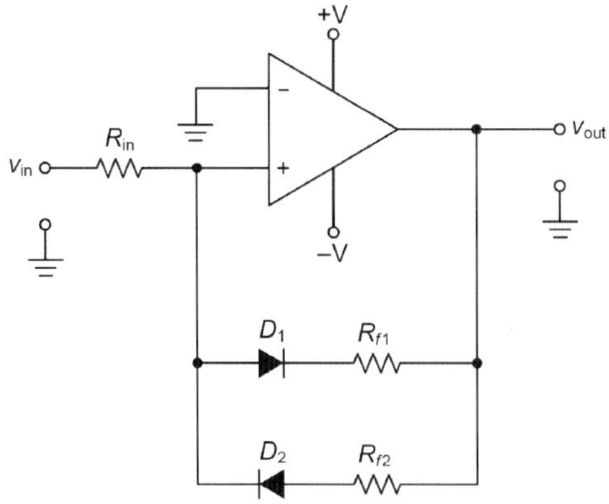

그림 14-27 UTP와 LTP가 서로 다르게 설계된 비반전 슈미트 트리거

예제 14-3

그림 14-28(a)에 표시된 비반전 슈미트 트리거의 UTP와 LTP를 구하시오.

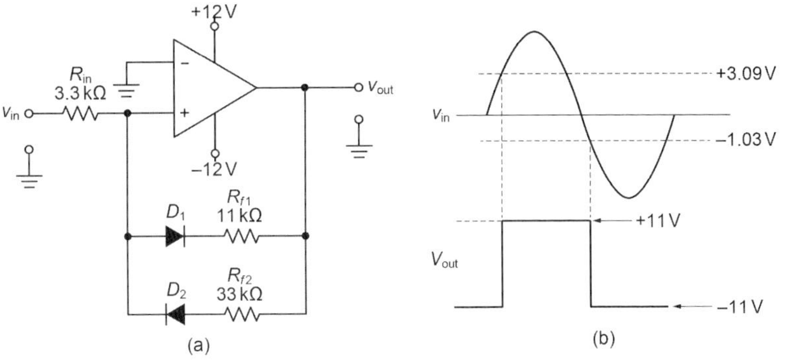

그림 14-28

(풀이) 회로의 출력은 11 V이다. 따라서 UTP는 3.09 V로 계산된다.

$$UTP = -\frac{R_{in}}{R_{f1}}(-V_{out} + 0.7\ \text{V}) = \frac{3.3\ \text{k}\Omega}{11\ \text{k}\Omega}(-10.3\ \text{V}) = 3.09\ \text{V}$$

LTP는 −1.03V로 구해진다.

$$LTP = -\frac{R_{in}}{R_{f2}}(+V_{out} - 0.7\ \text{V}) = \frac{3.3\ \text{k}\Omega}{33\ \text{k}\Omega}(10.3\ \text{V}) = -1.03\ \text{V}$$

이러한 UTP와 LTP에 의해서 그림 14-28(a)에 표시된 회로는 그림 14-28(b)와 같은 입력/출력 관계를 나타낸다.

14-9-2 반전 슈미트 트리거

기본적인 반전 슈미트 트리거 회로가 그림 14-29에 표시되어 있다. 이런 회로에서 입력 V_{in}이 반전 단자로 인가된다. 귀환 신호는 R_{f1}과 R_{f2}의 접합으로부터 비반전 단자로 인가된다.

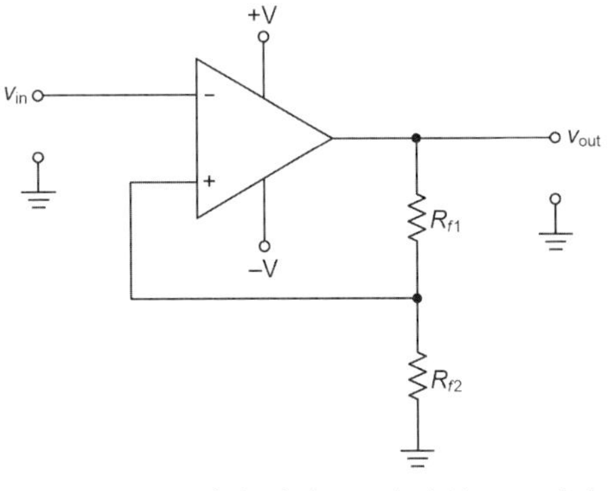

그림 14-29 반전 연산증폭기 슈미트 트리거

이런 회로의 동작을 이해하기 위해서는 먼저 UTP와 LTP에 대한 식을 설정하여야 한다. 그림 14-29에 표시된 회로에서 UTP는 식 (14-15)처럼 표시된다.

$$UTP = \frac{R_{f2}}{R_{f1} + R_{f2}}(+V_{out}) \tag{14-15}$$

LTP는 식 (14-16)처럼 표시된다.

$$LTP = \frac{R_{f2}}{R_{f1} + R_{f2}}(-V_{out}) \tag{14-16}$$

예제 14-4

그림 14-30에 표시된 회로의 UTP와 LTP를 결정하시오.

(풀이) 빠른 접근방법은 먼저 회로의 저항비를 결정하는 것이다. 저항비는 다음과 같다.

$$\frac{R_{f2}}{R_{f1} + R_{f2}} \cong 0.33$$

UTP는 3 V로 구해진다.

$$UTP = 0.33 \times 9\ \text{V} = 3\ \text{V}$$

LTP는 -3V로 구해진다.

$$LTP = 0.33 \times (-9\ \text{V}) = -3\ \text{V}$$

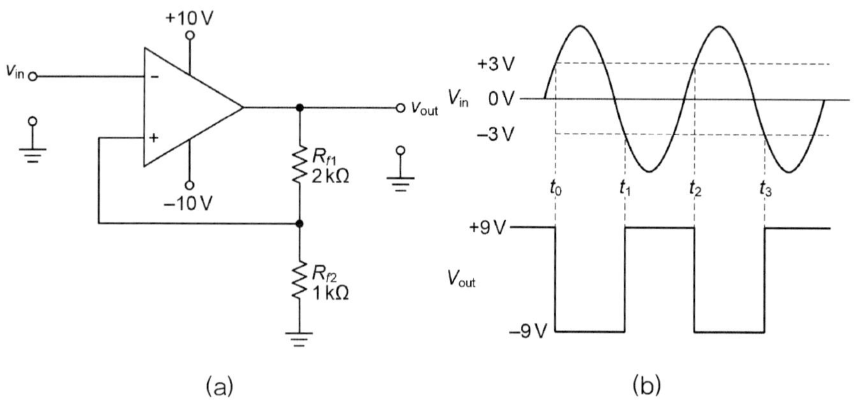

그림 14-30

예제 (14-4)에서 구한 값을 사용하여 회로의 동작을 설명해보자. 우선 반전 슈미트 트리거를 취급한다는 점을 기억해야 한다. 입력이 UTP를 지날 때 출력은 낮은 전압 상태가 되고 LTP를 지날 때 높은 전압 상태가 된다. 그림 14-30에 표시된 회로에 대한 입력과 출력 파형이 그림 14-30(b)에 표시되어 있다. 입력과 출력 파형은 180° 위상차를 갖는다. 회로의 출력이 +9 V일 때 R_{f2} 양단의 전압은 +3 V이다. 입력 전압이 +3 V(t_0에서)에 도달되면 출력은 -9 V로 전환된다. 이제 R_{f2} 양단의 전압은 -3 V이다. OP-AMP의 비반전 입력 단자에 -3 V가 입력됨으로써 입력 전압이 -3 V(t_1에서)가 될 때까지 출력 전압은 전환되지 않는다.

기본적인 반전 슈미트 트리거는 하나의 한계를 가지고 있다. 그림 14-30(a)를 살펴보면 회로에서 UTP와 LTP는 항상 같은 값이므로 UTP와 LTP를 계산하기에 별로 어렵지 않다. 이것은 일정한 저항비와 두 출력 전압의 크기가 동일하기 때문이다. 그림 14-31에 표시된 것처럼 반전 슈미트 트리거는 서로 다른 UTP와 LTP의 값을 갖도록 변형될 수 있다.

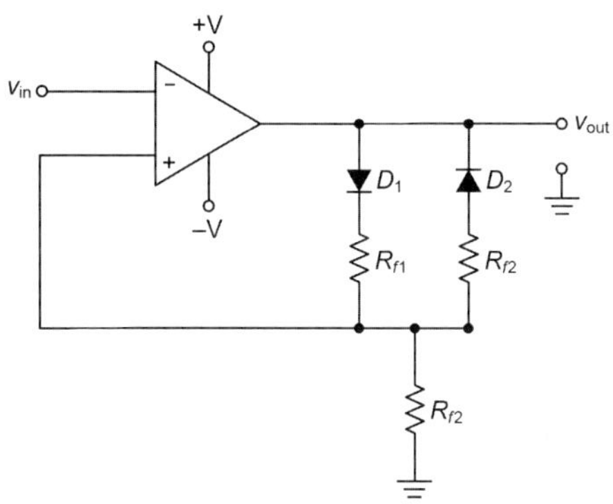

그림 14-31 비대칭의 UTP와 LTP를 가지도록 설계된 반전 슈미트 트리거

이런 회로에서 UTP는 D_1, R_{f1}, R_{f3}에 의해서 결정된다. LTP는 D_2, R_{f2}, R_{f3}에 의해서 결정된다. 연산증폭기 출력이 positive로 되면 D_1이 순방향으로 바이어스되고 UTP는 식 (14-17)처럼 구해진다.

$$UTP = \frac{R_{f3}}{R_{f1} + R_{f3}}(+V_{out} - 0.7\ \text{V}) \tag{14-17}$$

연산증폭기 출력이 negative로 되면 D_2가 순방향으로 바이어스되고 LTP는 식 (14-18)처럼 구해진다.

$$LTP = \frac{R_{f3}}{R_{f2} + R_{f3}}(-V_{out} + 0.7\ \text{V}) \tag{14-18}$$

다른 귀환 저항을 사용하면 두 트리거점은 비대칭이 된다.

14-10 멀티 바이브레이터

멀티 바이브레이터(multivibrator)는 출력 상태에 따라 비안정, 단안정, 또는 쌍안정 출력 상태를 갖도록 설계된 회로이다. 안정된 출력 상태의 개념을 그림 14-32에 표시했다.

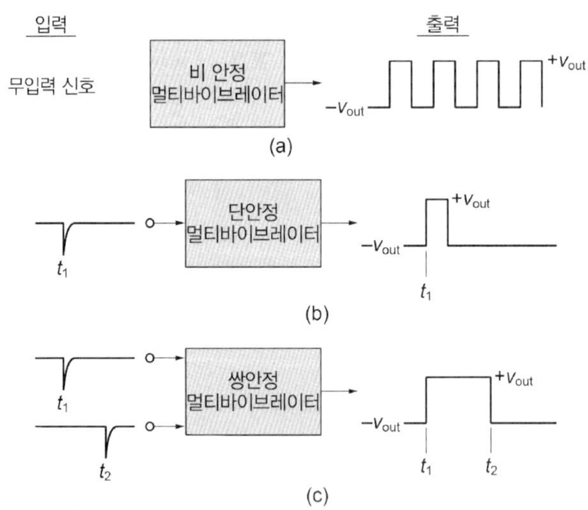

그림 14-32 멀티 바이브레이터의 입출력 관계

비안정 멀티 바이브레이터(astable multivibrator)는 안정되지 않은 출력 상태를 가진 스위칭 회로이다. 이러한 회로는 출력 스위치가 직류 공급 전압 입력을 갖는 두 개의 직

류 레벨 사이를 앞뒤로 일정하게 유지시키는 구형파 발생기로 나타낼 수 있다. 이런 회로는 단지 일정한 구형파 출력을 발생시키기 때문에 비안정 멀티 바이브레이터를 프리-런닝 멀티 바이브레이터(free-running multivibrator)라고도 부른다.

단안정 멀티 바이브레이터(monostable multivibrator)는 하나의 안정된 출력 상태를 갖는다. 그림 14-32에 표시된 것처럼 $-V_{out}$이 안정한 출력 상태이다. 이 회로가 입력 펄스나 트리거를 받는다면 시간의 예측 가능한 주기에서 $+V_{out}$ 상태로 스위치된다. 그리고 자동으로 자신의 안정 상태인 $-V_{out}$ 상태로 되돌아간다. $+V_{out}$의 지속 시간은 회로에서 사용되는 소자에 의해서 결정된다. 따라서 단안정 멀티 바이브레이터는 각각의 입력 트리거에 대해서 단일 출력 펄스를 발생시키기 때문에 일반적으로 단발(one-shot)이라고 언급된다.

쌍안정 멀티 바이브레이터(bistable multivibrator)는 두 개의 안정된 출력 상태를 갖는다. 적당한 트리거가 입력될 때 쌍안정 멀티 바이브레이터는 또 다른 출력 상태로 전환된다. 또 다른 트리거가 입력될 때까지 현재의 출력 상태를 유지하고 또 다른 트리거가 입력될 때 출력은 원래 출력 상태로 되돌아간다. 이런 쌍안정 멀티 바이브레이터는 일반적으로 플립 플롭(flip-flop)으로 언급된다.

지금까지 나타낸 바와 같이, 비안정의 의미는 안정된 상태가 아니고, 단안정은 하나의 안정된 상태를 의미하며, 쌍안정은 두 개의 안정된 상태를 의미한다. 그림 14-32를 좀 더 자세히 살펴보면 이들의 이름에서 무엇인가를 인지할 수 있을 것이다. 비안정 멀티 바이브레이터는 입력 신호를 갖지 않는다. 단발은 하나의 입력 신호를 갖는다. 플립 플롭은 두 개의 입력 신호를 가진다. 비록 이것에 대한 예외가 있지만 일반적으로 입력 관계는 변함이 없다.

예전에는, 멀티 바이브레이터는 일반적으로 이산 소자로 구성되었다. 그러나 멀티 바이브레이터는 더 이상 이산 소자로 구성되지 않는다. 지금까지 논의되었던 어떤 형태의 회로보다 더 빈번하게, 멀티 바이브레이터는 IC 형태로 구성된다. 이런 IC 중의 하나가 다양한 형태의 스위칭 응용에 사용할 수 있는 555 타이머 IC이다. 그 많은 응용은 단안정과 비안정 멀티 바이브레이터이다.

555 타이머를 사용하는 장점은 멀티 바이브레이터를 구성하기 위해 필요한 모든 능동

소자가 단일 칩 내에 존재한다는 것이다. IC에 적당한 수동 소자를 부가함으로써 555 타이머를 프리-런닝 멀티 바이브레이터 또는 단발로 사용된다. 이 절에서는 555 타이머의 내부 회로 구성과 555 타이머가 프리-런닝 또는 단발로 사용되는 점에 대해서 고찰하기로 한다.

14-11 555 타이머

555 타이머는 그림 14-33에 표시된 것처럼 이상 발진기, 2개의 비교기, RS 플립 플롭, 방전 트랜지스터로 구성된다. 이런 다양한 IC는 많은 응용에 사용되며 산업용으로 표준화되어 있다. 동작 상태만 이해한다면 이런 놀라운 IC를 사용해서 새로운 것을 설계하려는 사람들에게는 좋은 일이 될 것이다.

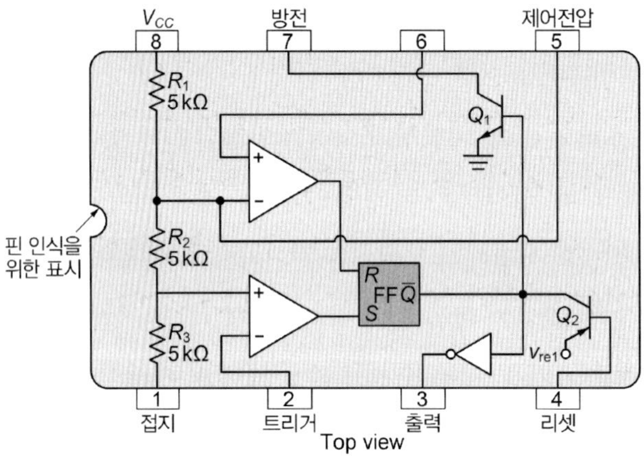

그림 14-33

14-11-1 RS 플립 플롭

그림 14-34(a)는 교차 결합된 한 쌍의 트랜지스터를 표시한 것이다. 각 컬렉터는 저항 R_B를 통해서 반대편 베이스를 구동한다. 이런 회로에서 하나의 트랜지스터가 포화되면 나머지가 차단된다. 오른쪽 트랜지스터가 포화되면 컬렉터 전압이 거의 0이 된다. 이것

은 왼편의 트랜지스터의 베이스 구동을 할 수 없기 때문에 차단 상태로 되어 컬렉터 전압이 $+V_{CC}$가 된다는 것은 의미한다. 이런 높은 전압은 오른쪽 트랜지스터를 포화상태로 유지시키는 데 충분한 베이스 전류를 제공한다.

반면 오른쪽 트랜지스터가 차단되면 컬렉터 전압이 왼쪽 트랜지스터를 구동시켜서 포화 상태로 만든다. 왼쪽 트랜지스터의 낮은 컬렉터 전압은 오른쪽 트랜지스터를 계속 차단 상태로 유지시킨다. 어떤 트랜지스터가 포화 상태인지에 따라서 Q 출력은 낮을 수도 있고 높을 수도 있다. 회로에 다른 요소를 첨가함으로 RS 플립 플롭을 얻을 수 있고, 회로는 Q값이 높을 때 SET되고, Q값이 낮을 때는 RESET된다. 반대의 출력 $\overline{Q}$는 다른 트랜지스터의 컬렉터에서 구해진다. 그림 14-34(b)는 RS 플립 플롭의 도면 기호를 표시하고 있다. 이런 기호를 보면서 다음 동작을 기억하라. 회로는 2가지 상태의 대치가 된다. 큰 S 입력은 Q를 high로 SET시키고, 큰 저항 R 입력은 Q를 낮은 값으로 RESET시킨다. 출력 Q는 반대 상태로 트리거될 때까지 주어진 상태로 유지한다.

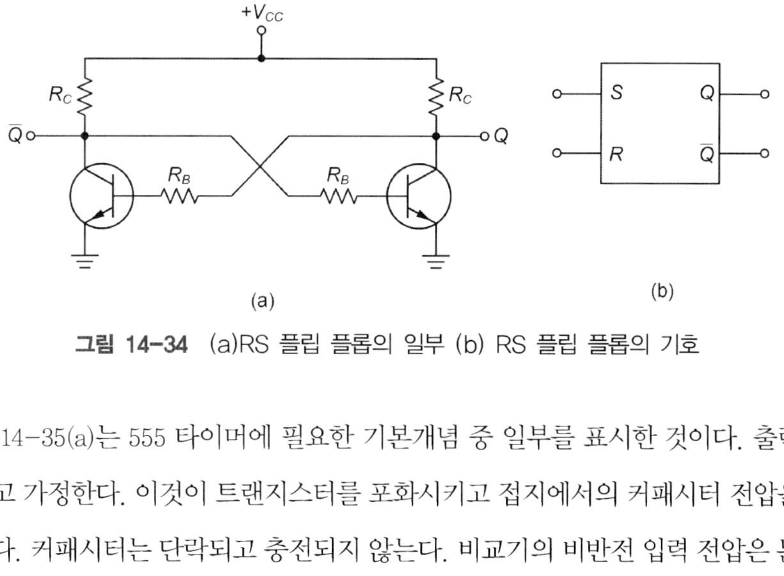

그림 14-34 (a)RS 플립 플롭의 일부 (b) RS 플립 플롭의 기호

그림 14-35(a)는 555 타이머에 필요한 기본개념 중 일부를 표시한 것이다. 출력 Q는 high라고 가정한다. 이것이 트랜지스터를 포화시키고 접지에서의 커패시터 전압을 클램프시킨다. 커패시터는 단락되고 충전되지 않는다. 비교기의 비반전 입력 전압은 문턱 전압(임계 전압)이라고 불리고 반전 입력 전압은 제어 전압으로 사용된다. RS 플립 플롭을 세트시켜서 포화된 트랜지스터가 0에서 문턱 전압을 유지시킨다. 제어 전압은 전압 분배기에 의해서 +10 V에 고정되어 있다. 높은 전압이 R 입력에 가해진다고 가정하자. 이것이 RS 플립 플롭을 리세트시켜서, 출력 Q를 low로 만들고 트랜지스터를 차단시킨다.

커패시터 C는 이제 자유롭게 충전된다. 커패시터가 충전되면 문턱 전압이 증가한다. 결국 문턱 전압은 제어 전압(+10 V)보다 약간 크게 되고 비교기의 출력은 high로 되어 RS 플립 플롭을 세트시킨다. 높은 출력 Q는 트랜지스터를 포화시키고 재빨리 커패시터를 방전시킨다. 그림 14-35(b)의 두 가지 파형을 주시하라. 커패시터 양단에서 지수함수적으로 증가하고 $\overline{Q}$ 출력에서 +펄스로 나타난다.

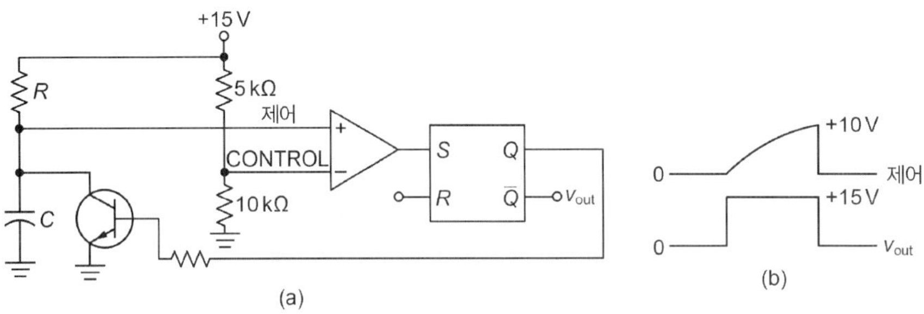

그림 14-35 (a) 기본 타이밍 회로 (b) 커패시터 전압은 지수 함수이고 출력 전압은 구형파이다.

14-11-2 555의 블록 다이어그램

그림 14-36은 시그네틱스사에 의해서 판매된 8핀용 IC 타이머인 NE555 타이머의 간략화된 블록 다이어그램을 표시하고 있다. 위쪽의 비교기는 문턱 입력(6번 핀)과 제어 입력 (5번 핀)을 갖는다. 대부분의 응용에서는 제어 입력은 사용되지 않는다. 제어 전압은 $+\frac{2}{3}V_{CC}$가 된다. 문턱 전압이 제어 전압을 초과하면 비교기로부터의 높은 출력이 플립 플롭을 세트시킨다. 방전 트랜지스터의 컬렉터가 7번 핀과 연결된다. 이런 핀이 외부의 타이밍 커패시터와 연결될 때 플립 플롭으로부터 높은 출력 Q가 낮으면 트랜지스터는 개방되고 커패시터는 충전된다. 플립 플롭으로부터의 complementary 신호가 3번 핀으로 가서 출력을 표시한다.

외부 리세트(4번 핀)가 접지되면 동작을 방해하는 장치를 표시하게 된다. 이런 on/off 상태가 경우에 따라서는 유용하게 된다. 대부분의 응용에서는 여하튼 외부의 리세트가 사용되지 않는다. 그래서 4번 핀은 전원에 직접 연결된다. 아래쪽 비교기를 주의하라. 이것의 반전 입력은 트리거라 부른다(2번 핀). 전압 분배기 때문에 비반전 입력은 $+\frac{V_{CC}}{3}$

전압으로 고정된다. 트리거 입력 전압이 $+\frac{3}{3}V_{CC}$보다 약간 적을 때 연산 증폭기는 high로 가고 플립 플롭을 리세트시킨다. 결국 1번 핀은 칩 속의 접지이고, 8번 핀은 전원 핀이 된다. 555 타이머는 4.5 V에서 16 V 사이의 공급 전원에서 동작하게 된다.

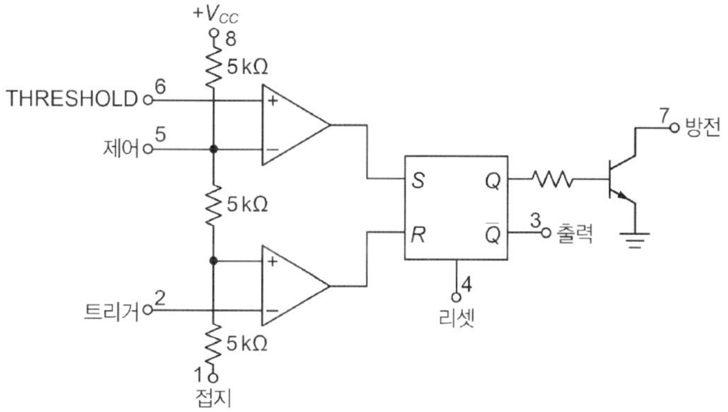

그림 14-36 555 타이머의 간략화된 그림

14-11-3 단안정 동작

그림 14-37(a)는 단안정 동작으로 연결된 555 타이머를 표시한 것이다. 트리거 입력이 $+\frac{1}{3}V_{CC}$보다 약간 적으면 아래쪽 비교기는 high 출력을 갖고 플립 플롭은 리세트된다. 이것이 트랜지스터를 차단시키고 커패시터의 충전을 허용한다. 커패시터 전압이 $+\frac{2}{3}V_{CC}$보다 약간 크면 위쪽의 비교기가 high 출력을 갖고 플립 플롭을 세트시킨다. Q가 high를 유지하면 트랜지스터는 도통하고, 이것이 커패시터를 재빠르게 방전시킨다.

그림 14-37(b)는 일반적인 파형을 표시하고 있다. 트리거 입력은 $+V_{CC}$의 정지값을 갖는, 폭이 좁은 펄스이다. 이런 펄스는 플립 플롭을 리세트시키기 위해서 $+\frac{1}{3}V_{CC}$까지 떨어진다. 문턱 전압이 $+\frac{2}{3}V_{CC}$를 약간 초과하면 플립 플롭은 세트된다. 이것이 트랜지스터를 포화시키고 커패시터를 방전시킨다. 이 결과로 구형파의 출력 펄스를 얻을 수 있다. 커패시터 C는 저항 R을 통해서 충전된다. 큰 RC 시정수는 콘덴서가 $+\frac{2}{3}V_{CC}$까지

충전되는 데 걸리는 시간을 길게 한다. 다시 말하면 RC 시정수가 출력 펄스의 폭을 제어한다 펄스 폭은 식 (14–19)처럼 구해진다.

$$W = 1.1RC \tag{14–19}$$

R = 22 kΩ이고, C = 0.068 μF이라고 가정하면 폭은 1.65 ms가 된다.

$$W = 1.1(22\ \text{k}\Omega)(0.068\ \mu\text{F}) = 1.65\ \text{ms}$$

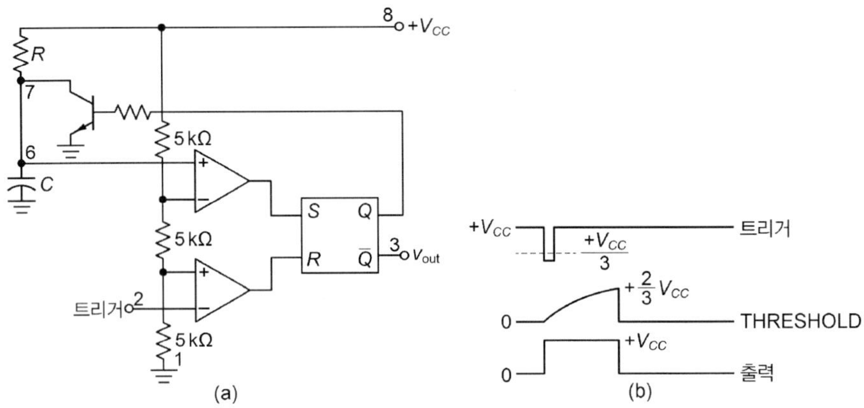

그림 14–37 (a) 단안정 멀티 바이브레이터로 연결된 555 타이머 (b) 트리거 출력, 문턱 전압

그림 14–38에 표시된 블록도는 단안정 555 회로를 표시한 것으로 핀과 외부 성분만 표시하고 있다. 5번 핀(제어 핀)은 0.01 μF의 작은 커패시터에 의해서 접지로 바이패스된다. 이것이 제어 전압의 필터링해 준다. 555 타이머에서 금지되는 접지인 4번 핀을 고려해 보자. 갑작스런 리세트를 피하기 위해서 4번 핀은 그림 14–38에 표시한 것처럼 공급 전원에 직접 연결된다. 단안정 555 타이머는 그림 14–38에서 사용되는 외부의 R과 C에 의해서 폭이 결정되는 단일 펄스를 발생시킨다. 펄스는 – 트리거 입력의 선단부에서 시작한다. one short 동작은 여러 가지의 응용에 사용된다.

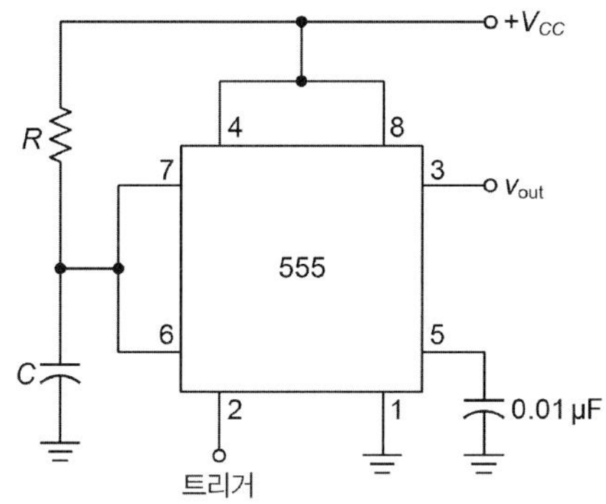

그림 14-38 555 단안정 타이머 회로

14-11-4 비안정 동작

그림 14-39(a)는 비안정 동작으로 연결된 555 타이머를 표시하고 있다. Q가 low이면 트랜지스터가 차단되고 커패시터는 $R_A + R_B$의 합성 저항을 통해서 충전된다. 이런 이유로 충전 시정수($R_A + R_B$)는 C가 된다. 커패시터가 충전하면 문턱 전압이 증가한다. 결국 문턱 전압은 $+\frac{2}{3}V_{CC}$까지 증가한다. 그러면 위쪽의 비교기가 high 출력을 갖고, 이것이 플립 플롭을 세트시킨다. Q가 high로 되면 트랜지스터가 포화되고 7번 핀이 접지된다. 커패시터는 R_B를 통해서 방전한다. 따라서 방전 시정수는 R_BC가 된다. 커패시터 전압이 $+\frac{1}{3}V_{CC}$ 약간 아래로 떨어지면 아래쪽 비교기는 high 출력을 갖고 이것이 플립 플롭을 리세트시킨다.

그림 14-39(b)는 파형을 표시한 것이다. 그림에서 보다시피 타이밍 커패시터는 지수함수적으로 증가하고 떨어지는 전압을 갖는다. 출력은 구형파이다. 충전 시정수가 방전 시정수보다 길기 때문에 출력은 대칭이 아니다. high 출력 상태가 low 출력 상태보다 길어지게 된다. 출력의 비대칭성을 확인하기 위해서 식 (14-20)처럼 정의되는 듀티 사이클을 이용한다.

$$D = \frac{W}{T} \times 100\% \tag{14-20}$$

W = 2 ms이고, T = 2.5 ms라면 듀티 사이클은 80%가 된다.

$$D = \frac{2\ \text{ms}}{2.5\ \text{ms}} \times 100\% = 80\%$$

저항 R_A와 R_B에 의존하는 듀티 사이클은 50%와 100% 사이의 값을 갖는다. 출력 주파수는 식 (14-21)로 주어진다.

$$f = \frac{1.44}{(R_A + 2R_B)C} \tag{14-21}$$

듀티 사이클은 식 (14-22)처럼 표시된다.

$$D = \frac{R_A + R_B}{R_A + R_B} \times 100\% \tag{14-22}$$

만약 R_A가 R_B보다 약간 크다면 듀티 사이클은 50%로 나타낸다.

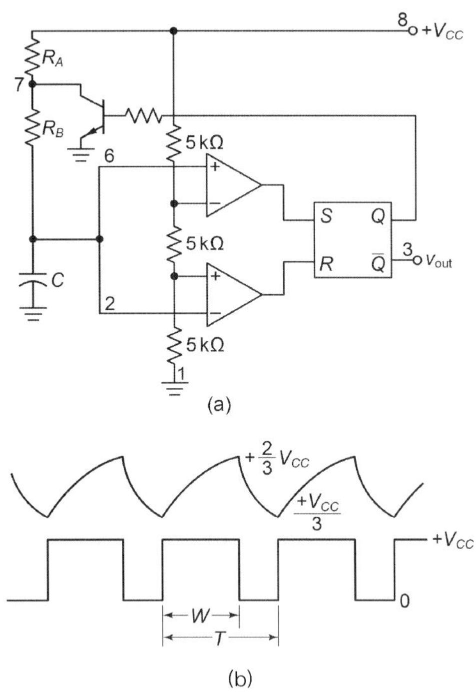

그림 14-39 (a) 비안정 멀티 바이브레이터로 연결된 555 타이머 (b) 커패시터 파형과 출력 파형

그림 14-40은 간략한 블록도로 비안정 555 타이머를 표시하고 있다. 4번 핀이 공급 전원에 연결되었고, 5번 핀이 0.01 μF의 커패시터를 통해서 접지로 바이패스되어 있다. 비안정 555 타이머는 구형파 펄스의 연속적인 열을 발생시키기 때문에 간혹 자유 발진 멀티 바이브레이터라고도 부른다.

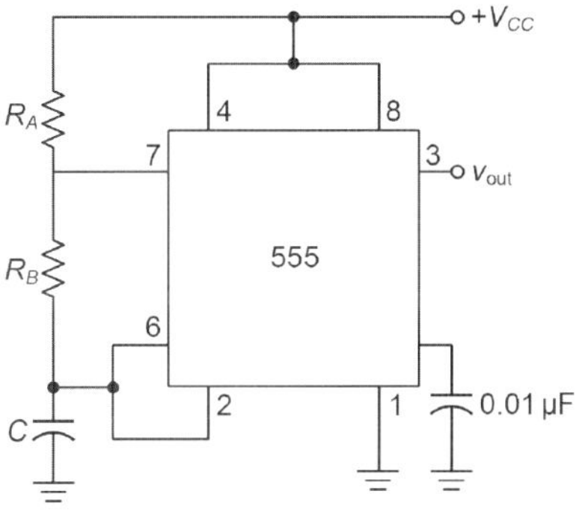

그림 14-40 555 비안정 타이머 회로

14-11-5 전압 제어 발진기

그림 14-41(a)는 555 타이머 응용의 한 가지 예인 전압 제어 발진기를 표시하고 있다. 이 회로는 입력 전압을 출력 주파수로 변화시키기 때문에 간혹 전압 주파수 변환기라고도 부른다. 5번 핀(제어 핀)은 위쪽 비교기의 반전 입력에 연결되어 있다. 내부의 전압 분배기 때문에 제어 전압은 $+\frac{2}{3}V_{CC}$가 된다. 그림 14-41(a)에서 외부 전위차계에 의한 전압이 내부 전압을 무시하게 된다. 전위차계를 조정함으로 해서 제어 전압을 변화시킬 수 있다. 그림 14-41(b)는 타이밍 커패시터 양단에 걸리는 전압을 설명하고 있다.

이것이 $+\frac{1}{2}V_{CONTROL}$과 $+V_{control}$ 사이에서 변하다는 점에 유의하라. 만약 $V_{control}$이 증가하면 커패시터는 오랫동안 충전과 방전을 하게 된다. 따라서 주파수가 감소한다. 결과적으로 제어 전압을 변화시킴으로써 회로의 주파수를 변화시킬 수 있다. 제어 전압은 전위차계로부터 얻어지거나 트랜지스터 회로 연산 증폭기 혹은 다른 소자의 출력에 의하기도 한다. VCO의 가장 흥미있는 응용분야는 PLL(위상 고정 루프)이다.

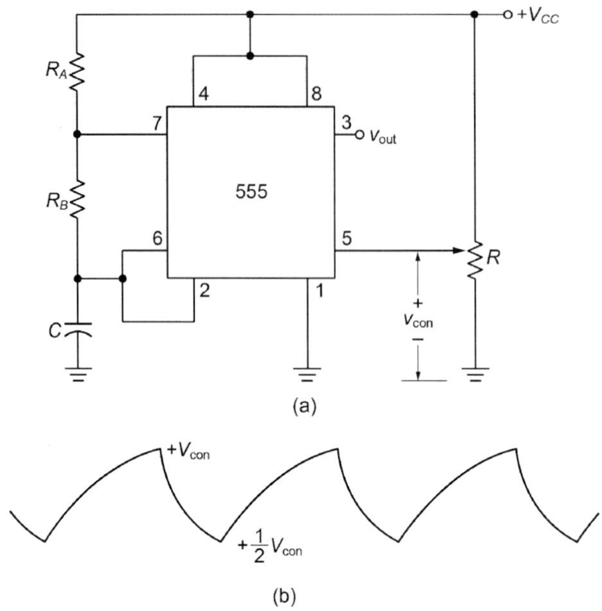

그림 14-41 (a) 전압 제어 발진기 (b) 콘덴서의 타이밍 파형

14-11-6 램프 발생기

555 타이머의 또 다른 응용은 커패시터의 충전이 저항을 통해서 지수함수적 파형을 발생시키는 데 있다. 만약 커패시터를 충전시키는 데 일정한 전류원을 사용한다면 램프를 얻을 수 있다. 이것은 그림 14-42(a)에 표시된 회로의 기본개념이다. pnp 전류원을 갖는 앞의 회로에서 저항을 대치시키면 식 (14-23)에 표시된 것처럼 일정한 충전 전류를 구할 수 있다.

$$I_C = \frac{V_{CC} - V_E}{R_E} \tag{14-23}$$

$$V_E = \frac{R2}{R_1 + R_2} V_{CC} + V_{BE} \tag{14-24}$$

V_{CC} = 15 V, R_E = 20 kΩ, R_1 = 5 Ω, R_2 = 10 kΩ, V_{BE} = 0.7 V라고 가정하면 V_E = 10.7 V, I_C = 0.215 mA가 된다.

$$V_E = 10\ \text{V} + 0.7\ \text{V} = 10.7\ \text{V}$$

$$I_C = \frac{15\ \text{V} - 10.7\ \text{V}}{20\ \text{k}\Omega} = 0.215\ mA$$

트리거가 그림 14-42(a)의 단안정 타이머를 시동시키면 pnp 전류원은 커패시터로 일정한 충전 전류를 흐르게 한다. 커패시터 양단에 걸리는 전압은 그림 14-42(b)에 표시한 것 같은 램프가 된다. 램프의 기울기 S는 식 (14-25)로 구해진다.

$$S = \frac{1}{C} \tag{14-25}$$

만약 충전 전류가 0.215 mA이고 커패시턴스가 0.022 μF이라면 램프는 9.77 V/ms의 기울기를 갖는다.

$$S = \frac{0.125\ \text{mA}}{0.022\ \mu\text{F}} = 9.77\ V/ms$$

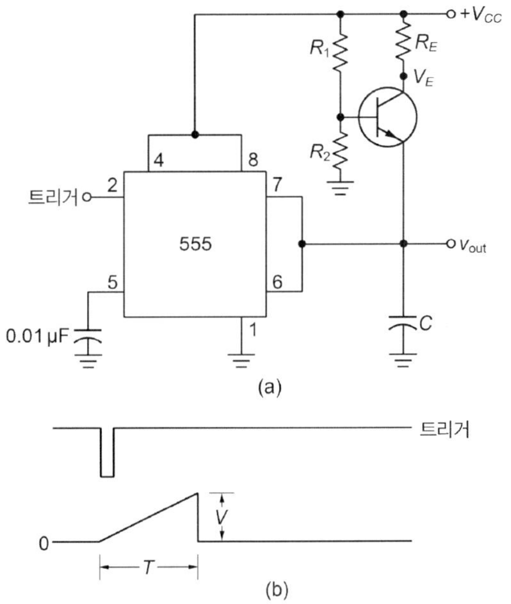

그림 14-42 (a)램프 출력을 발생시키기 위해서 사용되는 쌍극성 트랜지스터 전류원과 555 타이머 (b) 트리거와 램프 파형

CHAPTER

14 기초문제

1. 발진기 회로는 기본적으로 (   )에서 (   )로 변환한다.

(a) AC, DC　　(b) DC, AC

(c) AC, AC　　(d) DC, AC

2. 발진시키기 위하여 동조 회로는 (   )을 갖춘 증폭기가 필요하다.

(a) Regrnerative feedback　　(b) Degrnerative feedback

(c) Negative feedback　　(d) Positive feedback

3. LC 발진기 중 어떤 것이 변압기를 사용하는가?

(a) 하틀리 발진기　　(b) 콜피츠 발진기

(c) 암스트롱 발진기　　(d) 클랩 발진기

4. LC 발진기 중 어떤 것이 중간 탭이 있는 인덕터를 사용하는가?

(a) 하틀리 발진기　　(b) 콜피츠 발진기

(c) 암스트롱 발진기　　(d) 클랩 발진기

5. (   )은 두 개의 직렬 연결된 콘덴서를 병렬로 연결하여 추가적인 공진 회로를 갖는다.

(a) 하틀리 발진기　　(b) 콜피츠 발진기

(c) 암스트롱 발진기　　(d) 클랩 발진기

6. 발진기 회로는 트랜지스터가 (   )하는 동안 저항 때문에 회로의 손실된 에너지를 대체할 것이다.

(a) OFF　　(b) ON

7. 고주파 안정된 출력이 회로 적용에 필요하다면 이상적인 선택은 ( ) 발진기이다.

(a) LC (b) 수정 (c) RC

8. 120 Hz의 저주파 발진이 필요하다면, 이상적인 선택은 ( ) 발진기이다.

(a) LC (b) 수정 (c) RC

9. 고주파의 사인파 발진이 필요하고 또 주파수 안정성이 중요하지 않은 경우에는 ( ) 발진기가 사용된다.

(a) LC (b) 수정 (c) RC

10. AC 신호 주파수가 수정의 직렬 공진 회로의 자연 주파수에 가해지면 수정의 임피던스는 ( )가 된다.

(a) 최대 (b) 최소
(c) 변하지 않음 (d) 0

CHAPTER

14 연습문제

1. 그림 14-43에 표시된 회로의 종류를 말하고 발진 주파수를 계산하시오.

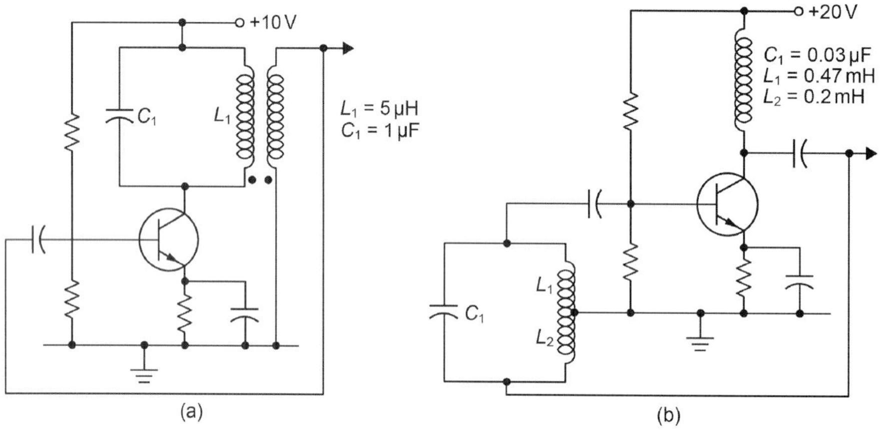

그림 14-43

2. 그림 14-44에 표시된 회로의 종류를 말하고 발진 주파수를 계산하시오.

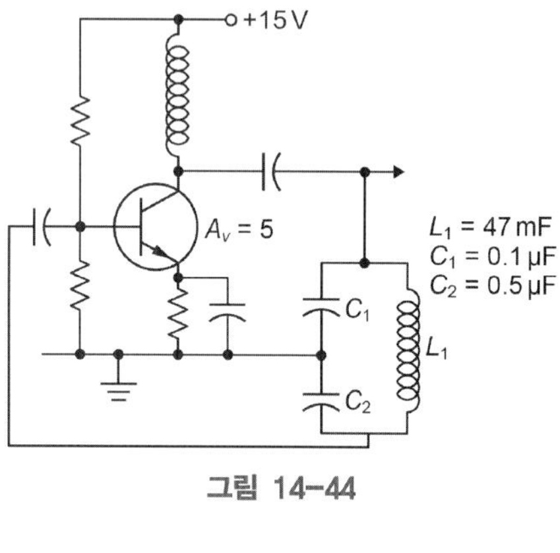

그림 14-44

3. 그림 14–45에 표시된 회로의 종류를 말하고 발진 주파수를 계산하시오.

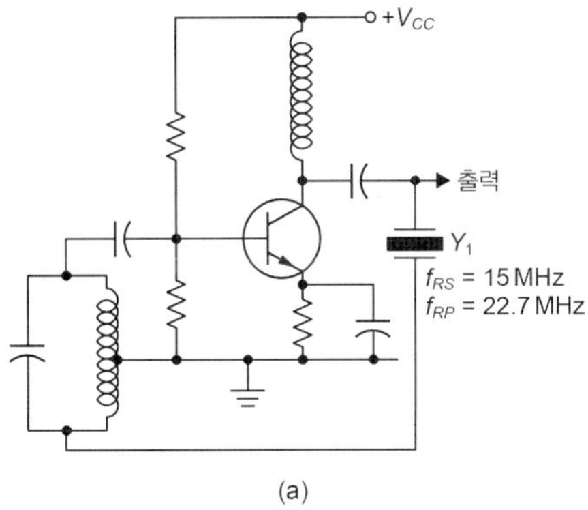

그림 14–45

4. 그림 14–46에 표시된 회로의 종류를 말하고 발진 주파수를 계산하시오.

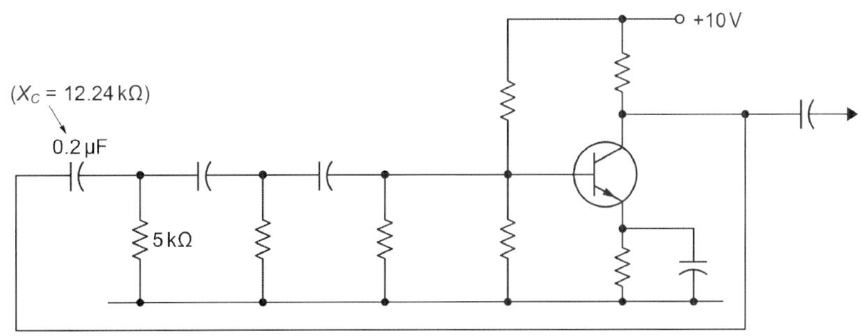

그림 14–46

5. 비안정 555 타이머가 $R_A = 10\ \text{k}\Omega$, $R_B = 2\ \text{k}\Omega$, $C = 0.0047\ \mu\text{F}$를 갖는다면 출력 주파수와 듀티 사이클은 얼마인가?

6. 그림 14-47에서 1 kHz의 신호 레벨로 슈미트 트리거의 출력의 90%의 듀티 사이클을 얻도록 조정되었다. R이 각각 10 kΩ, 22 kΩ, 22 kΩ일 때의 기울기와 출력 주파수를 계산하시오.

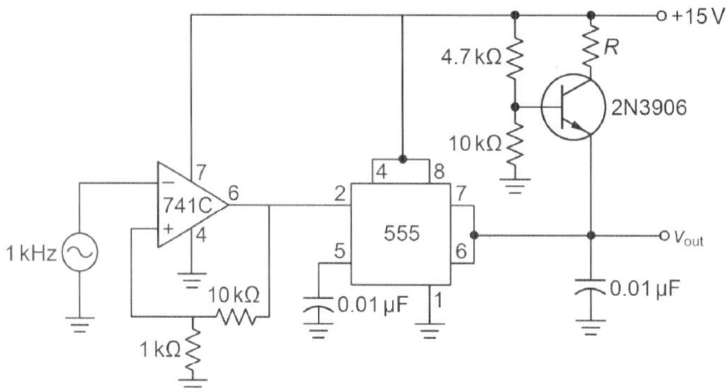

그림 14-47

7. 그림 14-48(a)에 표시된 빈-브리지 발진기에서 최대 주파수와 최소 주파수를 계산하시오.

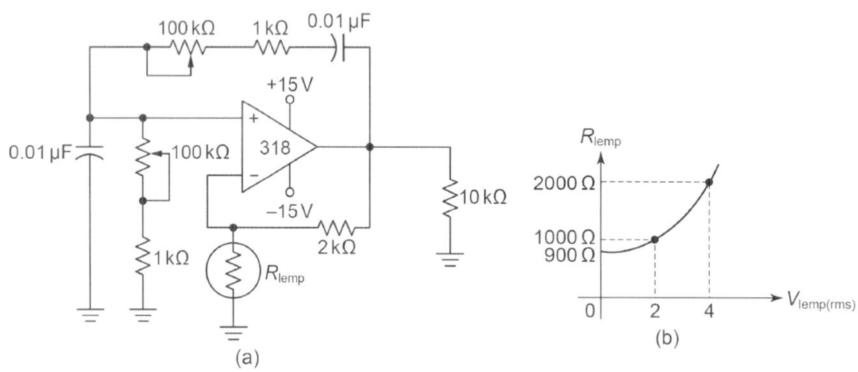

그림 14-48

8. 그림 14-48(b)는 그림 14-48(a)의 전구 저항을 표시한 것이다. 출력 전압을 계산하시오.

9. 그림 14–49에 표시된 회로에서 발진 주파수는 얼마인가? 귀환율은 얼마인가? 발진이 시작될 때 회로에서 필요한 전압이 득은 얼마인가?

10. 만약 50 pF의 커패시터가 그림 14–49의 15 μ H 인덕터와 직렬로 연결된다면 회로는 클랩 발진기가 된다. 발진 주파수는 얼마인가?

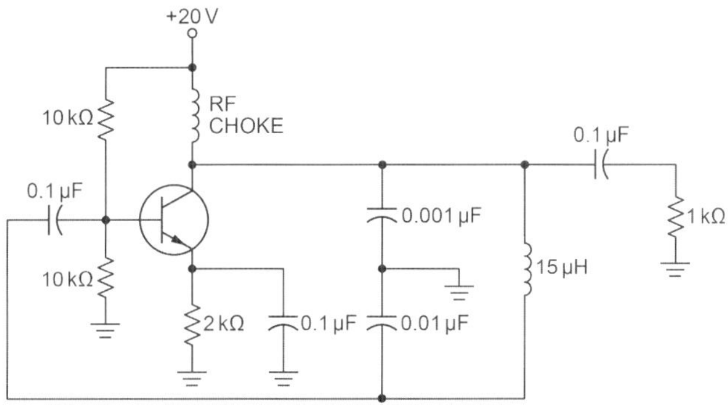

그림 14–49

11. 그림 14–50(a)에 표시된 빈–브리지 발진기는 그림 14–50(b)의 특성을 갖는 램프를 사용한다. 출력 전압은 얼마인가?

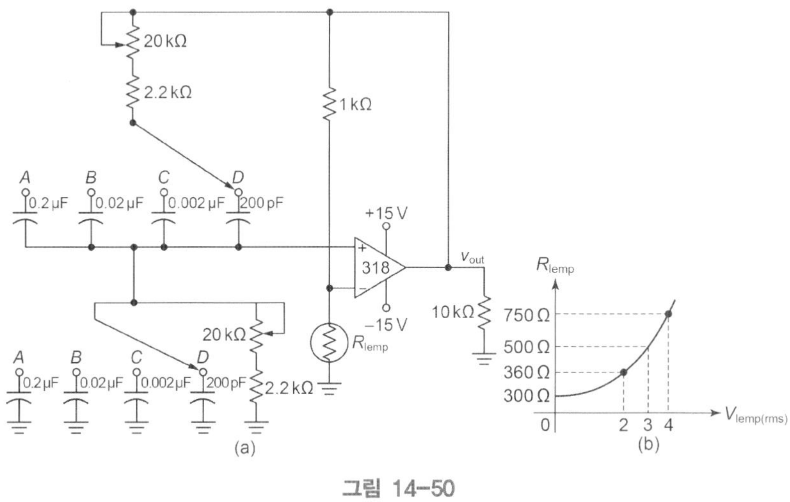

그림 14–50

12. 그림 14-50(a)에서 각 스위치의 위치에서의 최대 발진 주파수와 최소 발진 주파수를 계산 하시오.

13. 그림 14-50(a)에서 negative 귀환을 갖는 증폭기의 차단주파수는 얼마인가? 최대 발진 주파수의 적어도 10배 위에 있다면 차단 주파수는 얼마인가?

14. 그림 14-51에서 직류 이미터 전류의 대략적인 값은 얼마인가? 컬렉터와 이미터 사이의 직류 전압은 얼마인가?

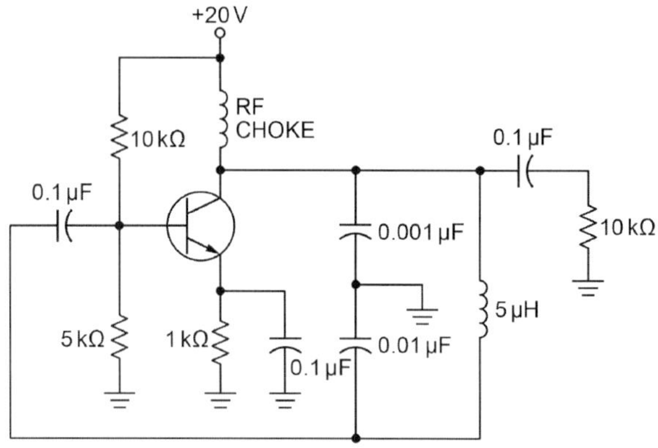

그림 14-51

15. 그림 14-51에 표시된 발진기가 공통 베이스를 구하기 위해서 다시 설계되었다면 귀환율은 얼마인가?

16. 수정의 기본 주파수가 5 MHz이다. 첫 번째 배음 주파수의 대략적인 크기는 얼마인가? 두 번째 배음 주파수와 세 번째 배음 주파수는 얼마인가?

17. $L = 1$ H, $C_S = 0.01$ pF, $R = 1000\ \Omega$, $C_m = 20$ pF를 갖는 수정의 교류 등가회로가 있다.

(a) 직렬 공진 주파수는 얼마인가?

(b) 이런 주파수에서의 Q는 얼마인가?

18. 그림 14-51의 콜피츠 발진기가 구동된다면 발생할 수 있는 고장을 적어도 3가지 이상 설명하시오.

19. 그림 14-52에 표시된 것과 같은 단발이 $R = 1.2\ \text{k}\Omega$, $C = 1.5\ \mu\text{F}$의 크기를 가진다고 가정하고 출력의 펄스폭을 결정하시오.

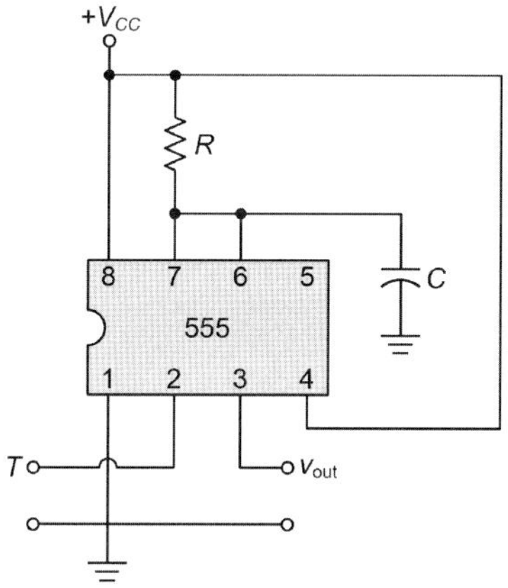

그림 14-52

20. 그림 14-53에 표시된 회로의 f_o와 듀티 사이클을 결정하시오. 또한 회로의 펄스폭도 결정하시오.

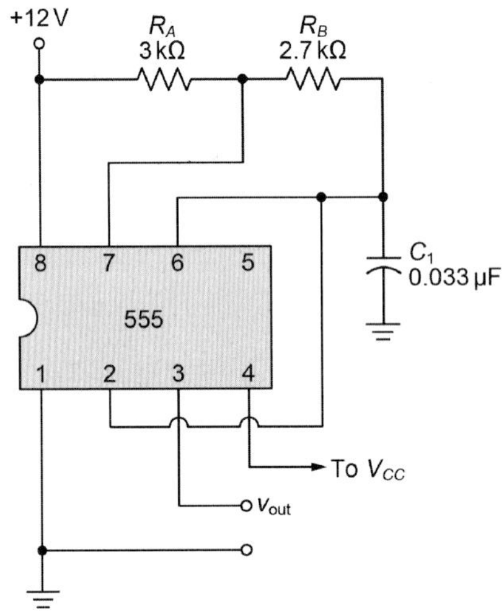

그림 14-53

21. 그림 14-54에 표시된 회로의 UTP와 LTP를 결정하시오. 또한 입력 신호가 UTP와 LTP를 초과할 때 출력변화 상태를 검증하시오.

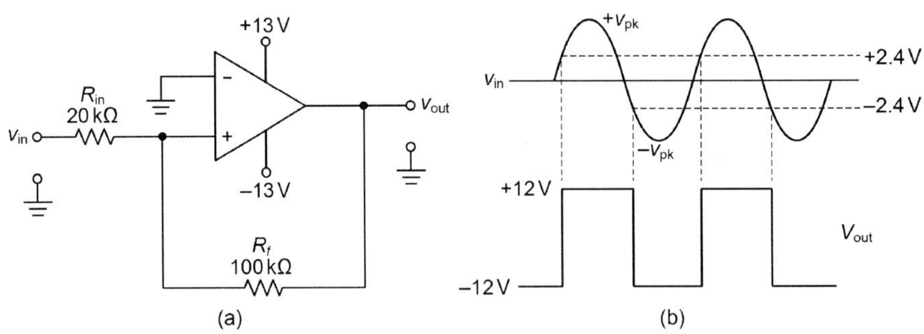

그림 14-54

22. 그림 14–55(a)에 표시된 비반전 슈미트 트리거의 UTP와 LTP를 구하시오.

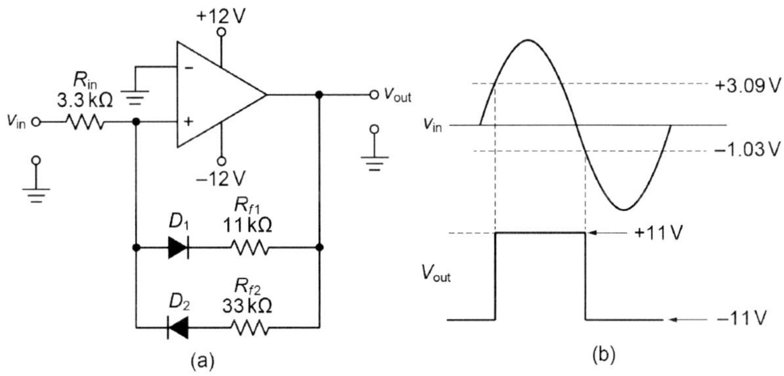

그림 14–55

23. 다음 LC 결합에 따른 발진 주파수를 구하시오.

(a) $L = \frac{1}{2\pi}H$, $C = \frac{1}{2\pi}F$　　(b) $L = 4.3$ mH, $C = 20$ pF

(c) $L = 2.4$ mH, $C = 1$ pF

24. 다음 주파수의 정현파를 발생 키기 위해서 $L = 1$ mH의 인덕터를 사용하는 LC 발진기를 구성하기 위해서 요구되는 커패시터를 구하시오.

(a) $f_o = 90$ MHz

(b) $f_o = 1$ GHz(1 GHz = 1 × 1012 Hz)

25. $L = 1$ mH, $C_1 = 1$ μF, $C_2 = 5$ μF를 가지고 있는 콜피츠 발진기의 공진 주파수와 귀환율을 구하시오.

26. 1 mH의 코일을 사용할 때, 콜피츠 발진기가 $f_o = 1$ MHz, $H = 0.25$가 되도록 커패시터 값을 구하시오.

27. $L_1 = 3$ mH, $L_2 = 1$ mH, $C = 1\ \mu$F를 갖는 하틀리 발진기의 공진 주파수와 귀환율을 구하시오.

28. 1 pF의 커패시터를 사용할 때, 하틀리 발진기가 $f_o = 1$ MHz, $H = 0.2$를 갖도록 하는 코일의 값을 구하시오.

29. (a) $R = 1\ \text{k}\Omega$, $C = 10\ \mu$F일 때 RC 발진기의 공진 주파수를 구하시오. (b) 5 pF의 콘덴서를 사용하여 $f_o = 80$ kHz의 공진 주파수를 발생시키는 R을 구하시오.

30. 그림 14-56에 표시된 윈브리지 발진기에서 $R = 1\ \text{k}\Omega$, $C = 1000$ pF, $R_4 = 2\ \text{k}\Omega$이다. (a) 이 발진기의 공진 주파수와 귀환율을 구하시오. (b) 발진하기 위한 R_3를 구하시오.

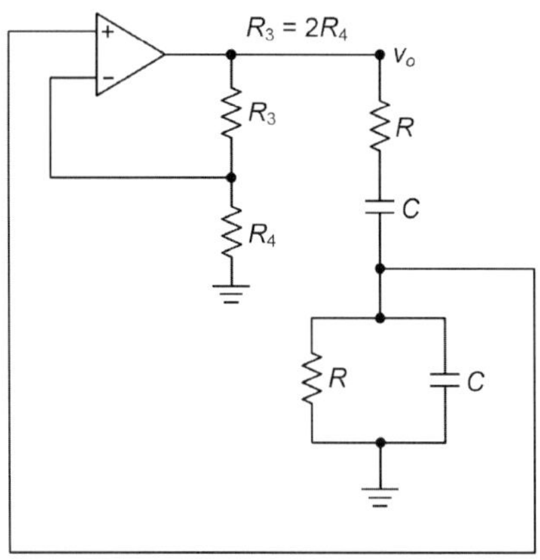

그림 14-56

31. 그림 14–56에 표시된 윈브리지 발진기에서 $R = 1$ kΩ, $C = 1000$ pF, $R_4 = 2$ kΩ이다. (a) 이 발진기의 공진 주파수와 귀환율을 구하시오. (b) 발진하기 위한 R_3를 구하시오.

32. 그림 14–57에 표시된 구형파 발생기는 $V_{supply} = 15$ V, $R_1 = 4$ kΩ, $R_2 = 1$ kΩ, $R_{sq} = 1$ kΩ, $C = 5$ μF와 같은 파라미터를 갖는다고 가정하고 v_{ref}, PW, T, f_o를 구하시오.

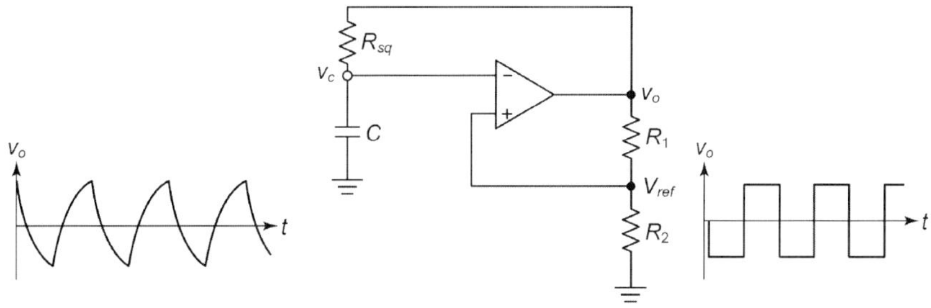

그림 14–57

33. 연습문제 32과 같은 전압과 저항을 사용하고, 주파수 $f_o = 20$ kHz인 구형파 발생기를 구성하는 데 필요한 커패시터를 구하시오.

34. 그림 14-58(a)에 표시된 램프 발생기 회로는 다음과 같은 파라미터를 갖는다.

$$V_{in} = -10\ \text{mV},\ \mathrm{R} = 10\ \mathrm{k}\Omega,\ \mathrm{C} = 10\ \mu\mathrm{F}$$

램프의 기울기를 구하시오.

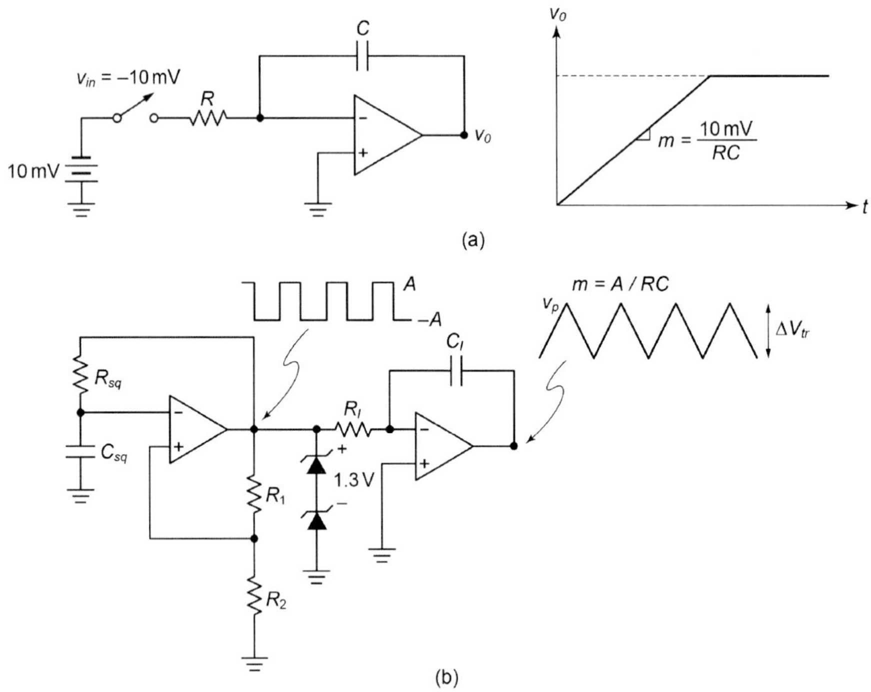

그림 14-58

35. 그림 14-58(b)에 표시된 회로는 다음의 파라미터를 갖는다.

구형파 발생기: $A = 0.1$ V, $T = 20$ ms

적분기: $R_{int} = 1$ kΩ, $C_{int} = 1\ \mu$ F

삼각파의 기울기를 구하고 피크값을 측정하시오.

36. 그림 14–59(a)에 표시된 555 회로는 다음과 같은 값을 가지고 있다.

$$R_1 = 1\ \text{k}\Omega,\ R_2 = 4\ \text{k}\Omega,\ C = 10\ \mu\text{F}$$

펄스폭과 펄스 주파수를 구하시오.

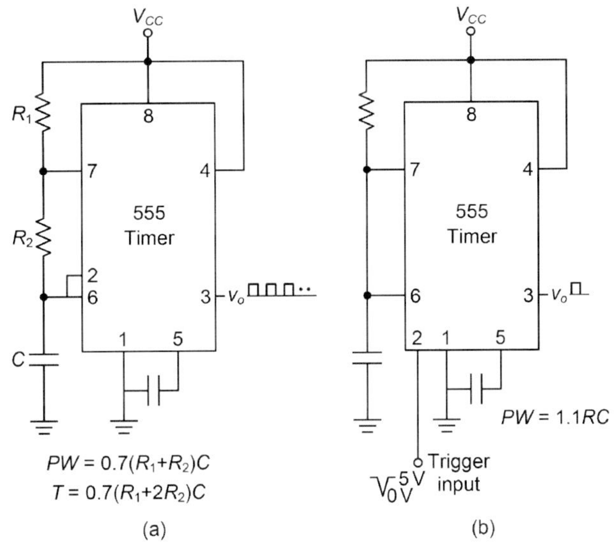

그림 14–59

CHAPTER

15

사이리스터

사이리스터는 4층을 갖는 반도체 소자로 래치 동작을 발생시키는 내부 귀환에 사용된다. 쌍극성 트랜지스터와 FET가 선형 증폭기와 스위치로 사용되는 반면 사이리스터는 오직 스위치로만 사용된다. 사이리스터의 중요한 응용분야는 모터, 히터, 전등 시스템 등의 소자에서 큰 부하전류를 제어하는 것이다. 사이리스터라는 말은 그리스어로 문을 뜻하는 단어에서 유래되었다.

15-1 사이리스터의 동작 특성

가장 간단한 형태의 사이리스터는 실리콘 일면 스위치(SUS)이다. SUS는 2개의 단자를 가지며 단자 양단의 특별한 순방향 전압에 의하여 전도 상태로 트리거될 수 있는 4개의 층으로 구성된 소자이다. SUS의 구조와 회로 기호가 그림 15-1에 표시되어 있다. 사이리스터는 2개의 n형 영역과 2개의 p형 영역을 포함하고 있다. 사이리스터는 자신의 이런 구조 때문에 간혹 pnpn 다이오드 또는 4층 다이오드로 간주된다. 그림 15-1에 표시된 것처럼 사이리스터는 n형 캐쏘드 K와 p형 애노드 A와 같은 2개의 단자를 가지고 있다. SUS는 쇼클리 다이오드, 전류 래치, 역방향 저지 다이오드, 사이리스터처럼 다양한 형태의 이름으로 알려져 있다.

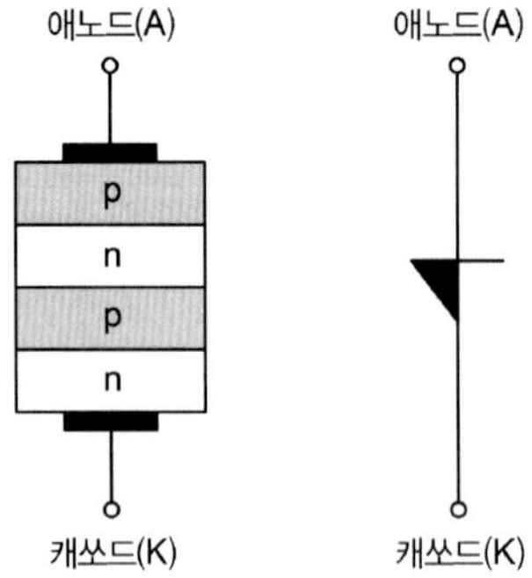

그림 15-1 SUS 구조와 회로 기호

15-1-1 SUS 동작

SUS의 전반적인 동작은 그림 15-2에 표시된 것처럼 두 개의 트랜지스터 등가회로로 해석하면 쉽게 이해할 수 있다. SUS를 분리시키면 사이리스터는 결과적으로 두 개의 트랜지스터(하나의 pnp 트랜지스터 Q_1과 또 다른 npn트랜지스터 Q_2)가 효과적으로 연결된 상태임을 알 수 있다. 각 트랜지스터의 컬렉터는 다른 트랜지스터의 베이스에 연결되어 있다.

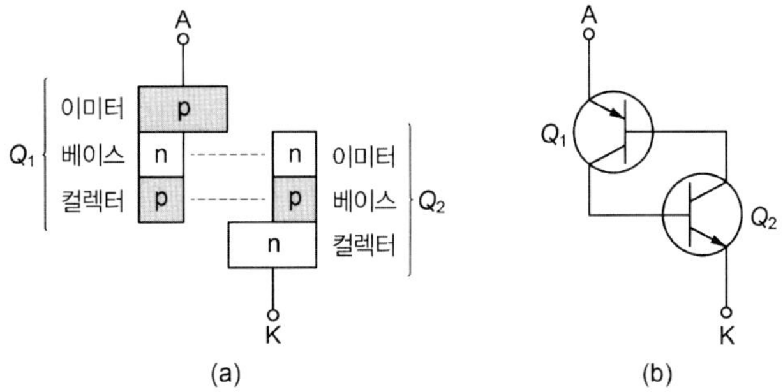

그림 15-2 SUS의 구조와 등가회로 (a) SUS 분할구조 (b) 등가회로

그림 15-3(a)는 공급전압 증가에 의한 SUS의 off(비전도) 응답을 나타낸다. 두 트랜지스터가 모두 차단 영역에 존재한다고 가정하면 소자를 통해서 흐르는 전체 순방향 전류 I_F는 거의 0이다. 따라서 회로 내의 전체 전류도 0이다. 직렬 저항 R_S를 통해서 흐르는 전류가 없기 때문에 $V_{RS}=0$이다. 이런 회로 상태는 V_{AK}가 SUS의 순방향 항복 극복 전압 정격 $V_{BR(F)}$보다 작은 동안에는 유지된다. 이런 정격은 소자를 도통 시키는 순방향 전압의 크기를 표시한다.

그림 15-3(b)는 V_{AK}가 소자의 순방향 항복 극복 전압에 도달할 때 어떤 현상이 발생되는지를 나타낸다. 이런 일이 발생되면 항복 상태에 있던 두 트랜지스터는 전도되기 시작한다. 전도가 시작되면 SUS 등가회로의 두 트랜지스터는 포화 영역에서 구동된다. 두 트랜지스터의 전도는 동작 특성 곡선에 표시된 것처럼 SUS 양단의 전압 강하를 발생시킨다. 따라서 전도 상태에서 SUS에 전압이 인가될 때 소자가 포화 영역으로 구동된 것처럼 소자 전류 I_F는 빠르게 증가된다. V_{AK}의 값은 포화된 소자의 낮은 저항 성분 때문에

빠르게 감소된다(V_{AK}의 비교적 낮은 값은 동작 특성 곡선에서 V_F로 확인된다).

SUS는 $V_{BR(F)}$에 도달될 때까지 인가 전압을 강하시키는 개방 회로로 동작한다. 이때 소자는 저 저항체가 되고 항복된다. SUS가 전도되면서(점화) SUS 등가회로의 두 트랜지스터가 포화 영역으로 들어가는 이유가 의문일 것이다. 그 해답은 간단하다. SUS의 등가회로를 주의 깊게 살펴보면, 두 가지 상태가 존재하는 것을 알 수 있다.

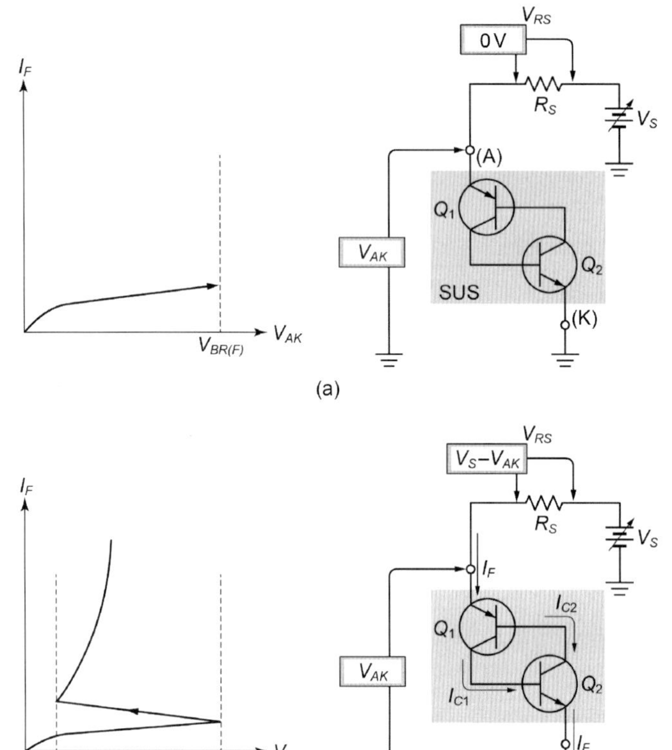

그림 15-3 공급 전압 증가에 따른 SUS의 off 응답 (a) V_S가 증가하면 V_{AK}가 0V에서 SUS 항목을 극복하고 완전히 도통되는 $V_{BR(F)}$에 도달될 때까지 증가한다. (b) V_{AK}가 $V_{BR(F)}$에 도달될 때.

1. Q_2의 컬렉터는 Q_1의 베이스에 연결된다. 따라서 $I_{B1} = I_{C2}$이다.
2. Q_2의 베이스는 Q_1의 컬렉터에 연결된다. 따라서 $I_{B2} = I_{C1}$이다.

V_{AK}가 증가할 때 어떤 일이 발생되는지를 고려해보자. V_{AK}가 증가하면 그림 15-3(a)에 표시된 것처럼 SUS를 통해서 누설 전류가 증가한다. V_{AK}가 거의 $V_{BR(F)}$와 같아지면 Q_1을 턴on시키기에 충분한 전류가 Q_2를 통해서 흐르게 된다. Q_1이 도통하기 시작하면 Q_2를 통해서 흐르는 전류가 증가하게 되고 결국 Q_1의 전류가 증가하게 된다. 이런 사이클이 빠르게 소자를 전도 상태로 보내게 된다.

SUS가 스스로 포화 영역으로 들어간다는 것은 매우 중요한 사실이다. 소자에 흐르는 전류는 외부 저항과 전압에 의해 제어된다는 것을 기억해야 한다. 따라서 그림 15-3(b)에 표시된 것처럼 포화된 SUS에 흐르는 순방향 전류는 식 (15-1)처럼 표시할 수 있다.

$$I_F = \frac{V_S - V_{AK}}{R_S} \tag{15-1}$$

V_{AK}는 포화된 SUS 양단의 순방향 전압 강하 V_F이다. 직렬 전류 제한용 저항 R_S를 사용하면 SUS의 파괴를 방지할 수 있다.

15-1-2 SUS의 차단 영역 구동

SUS가 전도 영역에서 구동된다면 I_F가 유지 전류 I_H라는 특별한 값보다 더 클 경우 소자는 계속해서 전도 상태를 유지한다. SUS의 유지 전류 정격은 전도 상태를 유지하기 위해서 필요한 최소 순방향 전류를 나타낸다. I_F가 I_H 이하로 떨어지면 소자는 차단 영역에서 구동되고 V_{AK}가 $V_{BR(F)}$에 도달할 때까지 차단 영역에 존재한다.

I_H값 이하로 I_F를 구동하기 위해서 사용되는 몇 가지 방법이 있다. 애노드 전류 저지라고 부르는 첫 번째 방법이 그림 15-4에 설명되어 있다. 그림 15-4(a)에서 직렬 스위치는 I_F의 경로를 저지하기 위하여 개방되고 소자의 전류를 0으로 떨어뜨린다. 그림 15-4(b)에서 측로 스위치는 SUS 회로 전류 I_T를 우회시키기 위해서 단락된다. 두 경우에서 I_F는 SUS의 I_H 정격보다 더 낮은 값으로 가해지며, 소자는 차단 영역에서 구동된다.

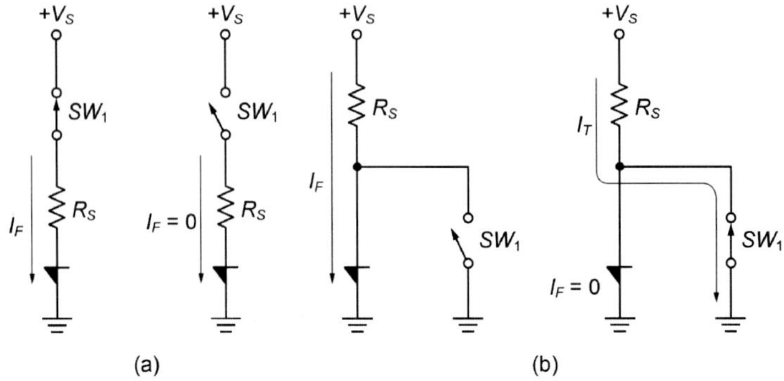

그림 15-4 애노드 전류 저지 (a) 직렬 저지 (b) 병렬 저지

실제로 직렬 저지는 일반적으로 퓨즈의 개방에 의해서 발생된다. 사이리스터는 과전압 상태로부터 전압 감지 부하를 보호하기 위해서 간혹 사용된다. 과전압 보호 회로가 동작될 때 사이리스터는 트리거 되고 퓨즈가 녹아서 개방될 때까지 충분한 시간 동안 부하를 보호한다. 퓨즈가 끊어지면 그림 15-4(a)에 표시된 것처럼 개방 스위치처럼 동작한다. 분류(병렬) 저지 또한 부하 보호를 위해 사용된다. 그러나 분류 저지 회로의 스위치는 일반적으로 과전압이 통과할 때 눌러지는 리셋 스위치이다. 리셋 스위치가 닫히면 SUS는 차단 상태에서 구동되고 회로는 정상적으로 복구된다.

차단 영역에서 SUS를 구동하기 위한 또 다른 방법은 강제 정류이다. 이런 방법은 그림 15-5에 표시된 것처럼 소자에 역방향 전압이 공급된다. 이런 경우 positive 펄스가 소자의 캐쏘드에 공급된다. 역방향 전압은 소자 전류를 감소시킨다. $I_F < I_H$일 때 SUS는 턴 오프(turn off) 된다.

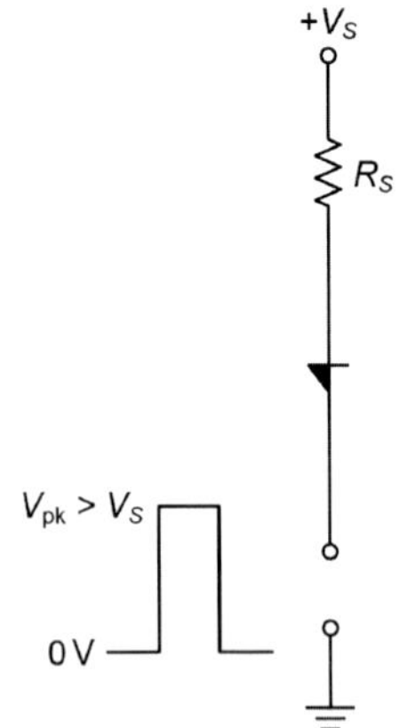

그림 15-5 강제 정류

15-1-3 SUS 스펙

그림 15-6은 SUS의 동작 특성 곡선을 표시하고 있다. 동작 특성 곡선의 역방향 영역은 pn 접합 다이오드와 제너 다이오드의 특성과 거의 일치된다. 0 V와 역방향 항복 전압 $V_{BR(R)}$ 사이에서 강하되는 특성 곡선은 역방향 차단 영역이라고 부른다. SUS가 이런 영역에서 동작할 때 역방향으로 바이어스 된 pn 접합과 동일한 특성을 갖는다. 따라서 역방향 전류 I_R은 수 μA 정도로 작고 소자 양단의 역방향 전압 V_R은 공급 전압과 같다. 역방향 전압 V_R이 $V_{BR(R)}$을 초과한다면 이런 소자는 항복 현상이 일어나며 역방향으로 전도된다. pn 접합 다이오드처럼 SUS는 역방향 전도에 의해서 일반적으로 손상을 입거나 파괴된다.

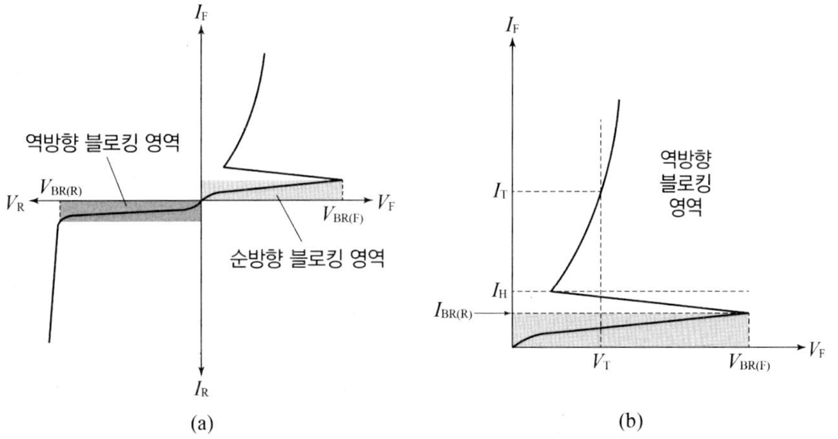

그림 15-6 SUS 동작 특성 곡선

SUS의 순방향 동작 곡선을 그림 15-6(b)에 확대 표시하였다. 순방향 동작은 두 영역으로 분리된다. 순방향 차단 영역은 소자의 off 상태(비전도) 동작을 나타내는 영역이다. 순방향 동작 영역은 소자의 on 상태(전도) 동작을 나타내는 영역이다.

순방향 차단 영역은 두 개의 파라미터 $V_{BR(F)}$와 $I_{BF(F)}$에 의해서 정의된다. $V_{BR(F)}$는 순방향에서 SUS가 항복과 전도를 일으키는 순방향 전압 값이다. SUS의 순방향 항복 전류 $I_{BR(F)}$ 정격은 항복이 발생되는 지점의 I_F값이다. ECG6404는 $V_{BR(F)}$ = 10 V(최대)와 $I_{BR(F)}$ = 500 μA의 정격을 갖는다. 이것은 V_F가 10 V의 항복 정격에 도달될 때 소자에 대략 500 μA의 순방향 전류가 흐른다는 것을 의미한다.

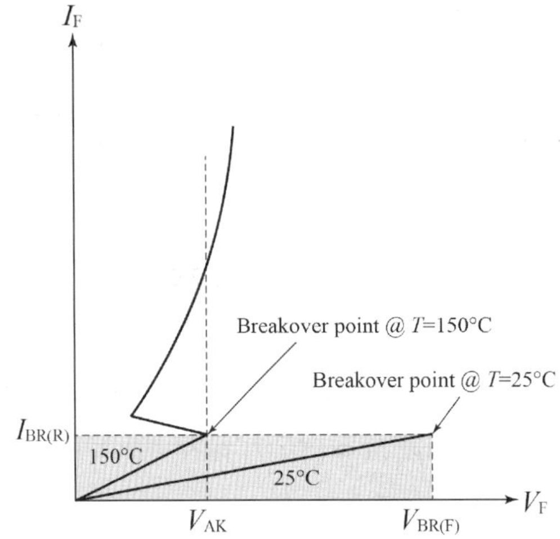

그림 15-7 SUS 순방향 동작에 대한 온도 효과

$I_{BR(F)}$ 정격의 중요성은 그림 15-7에 표시되어 있다. 특성 곡선은 SUS의 애노드-캐쏘드 전압 V_{AK}가 소자의 순방향 항복 정격보다 작다는 것을 나타낸다. 온도가 증가함에 따라 소자에 흐르는 누설 전류 또한 증가한다.

온도가 150℃에 도달될 때 누설 전류는 $I_{BR(F)}$값에 도달되고 소자는 $V_{AK} < V_{BR(F)}$임에도 불구하고 on 상태로 트리거된다. 따라서 SUS는 동작 온도 증가에 의해서 전도 상태로 트리거된다는 사실이 중요하다. SUS가 한 번 on되면 소자는 특성 곡선의 순방향 동작 영역으로 들어간다. 유지 전류 I_H는 on 상태를 유지하기 위해서 필요한 최소 크기의 순방향 전류이다. I_{F_2}가 I_H 이하로 떨어질 때 앞에서 설명한 것처럼 소자는 off 상태로 되돌아간다.

평균 on 상태 전류 I_T는 SUS의 최대 평균 순방향 전류이다. SUS의 직렬 전류 제한용 저항은 소자의 순방향 직류 전류가 on 상태 전류 이하로 유지되도록 선택된다. 평균 on 상태 전압 V_T 정격은 $I_F = I_T$일 때의 V_F값이다.

예제 15-1

그림 15-8(a)에 표시된 IN5158은 10 V의 항복 전압을 갖는다. 만약 다이오드가 도통하지 않고 입력 전압이 +5 V로 증가할 때 다이오드 전류는 얼마인가? 만약 입력 전압이 +15 V로 증가한다면 다이오드 전류는 얼마인가? (단 다이오드 전압 강하는 약 1 V로 한다.)

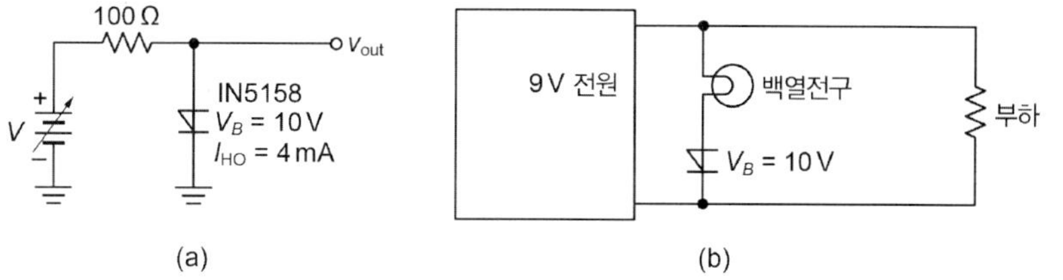

그림 15-8 (a) 1N5158을 사용한 회로 (b) 초과 전압 검출기로 사용되는 4층 다이오드

(풀이) 다이오드가 초기에 off되어 있으므로 도통시키기 위해서는 항복 전압을 초과시키는 방법밖에 없다. 입력이 +5 V까지 증가해도 다이오드에는 영향을 미치지 않는다. 따라서 개방 상태를 유지한다. 그러나 입력이 +15 V로 증가하면 4층 다이오드는 항복되고 단락된다. 따라서 전압 강하를 1 V로 가정하면 다이오드 전류는 140 mA가 된다.

$$I = \frac{15\ \text{V} - 1\ \text{V}}{100\ \Omega} = 140\ mA$$

예제 15-2

그림 15-8(a)에서 다이오드의 홀딩 전류가 4 mA이다. 만약 중단점에서 전압 강하가 0.5 V라면 저전류 중단을 발생시키기 직전의 입력 전압은 얼마인가?

(풀이) 4층 다이오드를 개방시키기 위해서는 홀딩 전류 4 mA를 낮은 크기로 감소시켜야 한다. 이것은 감소된 입력 전압이 적어도 0.9 V보다 낮아야 한다는 의미이다.

$$V = 0.5\ \text{V} + (4\ \text{mA} \times 100\ \Omega) = 0.9\ \text{V}$$

예제 15-3

그림 15-8(b)의 동작을 기술하라.

(풀이) 4층 다이오드는 10 V의 항복 전압을 갖는다. 전력 공급이 9 V이기 때문에 4층 다이오드는 개방 상태이고 전구는 꺼져 있다. 만약 무엇인가 잘못되어서 전압이 상승되어 10 V가 되면 4층 다이오드가 도통하고 전구에 불이 들어온다. 비록 전압이 9 V로 되돌아가도 다이오드는 발생된 과전압을 기억하는 것처럼 래치된 상태를 유지하게 된다. 램프를 꺼지게 하는 한 가지 방법은 전원을 차단하는 것이다. 이런 회로를 초과 전압 검출기라고 부르며, 전력 공급이 제한 영역에 있으면 잘못은 발생하지 않으나 만약 초과 전압이 발생하면 비록 그것이 순간일지라도 램프가 점등되고 지속된다.

예제 15-4

그림 15-9(a)는 톱니파 발생기를 표시하고 있다. 회로 동작을 설명하시오.

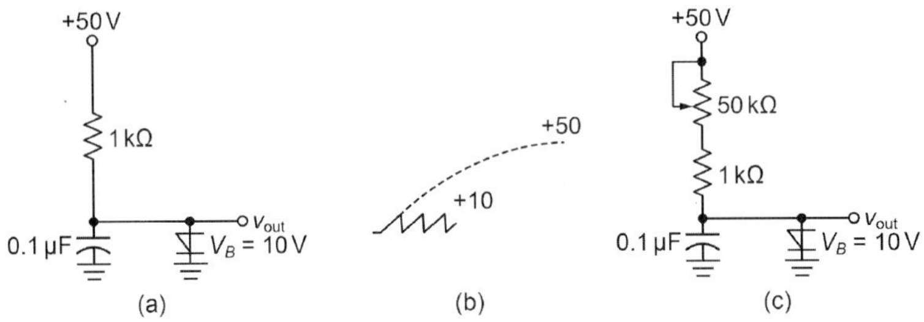

그림 15-9 (a) 톱니파 발생기 (b) 출력 파형 (c) 조정가능한 톱니파 발생기

(풀이) 만약 4층 다이오드가 회로에 존재하지 않는다면 커패시터는 지수함수적으로 충전되고, 전압은 그림 15-9(b)에 표시한 점선을 따라서 나타난다. 그러나 4층 다이오드가 회로 내에 있다면 커패시터 전압이 10 V에 도달될 때 다이오드가 항복되고 래치가 단락된다. 커패시터의 이런 방전은 flyback(갑자기 감소됨) 커패시터 전압을 발생시킨다. flyback에서의 전류 강하는 유지 전류 아래로 되고 4층 다이오드는 개방되고 다음 주기에서 다시 시작한다. 그림 15-9(a)는 이상 발진기의 또 다른 예로서 출력이 커패시터(인덕터)의 충전과 방전에 의존하게 된다. 만약 RC 시정수가 증가하면 커패시터는 10 V를 충전하는 시간이 길어지고 톱니파의 주파수가 낮아진다. 그림 15-9(c)의 전위차계를 사용하면 주파수에서 50:1의 범위를 얻을 수 있다.

15-2 실리콘 제어 정류기

실리콘 제어 정류기(SCR)는 동작과 구조가 SUS와 매우 유사한 3단자 소자이다. SCR의 구조와 회로 기호가 그림 15-10에 표시되어 있다. SCR의 구조는 게이트라는 부가적인 3번째 단자를 제외하면 SUS의 구조와 거의 일치된다. 게이트는 소자를 on 상태로 트리거시키는 부가적인 방법을 제공한다. 앞에서 설명된 것을 제외하면 SCR의 동작은 SUS의 동작과 거의 유사하다.

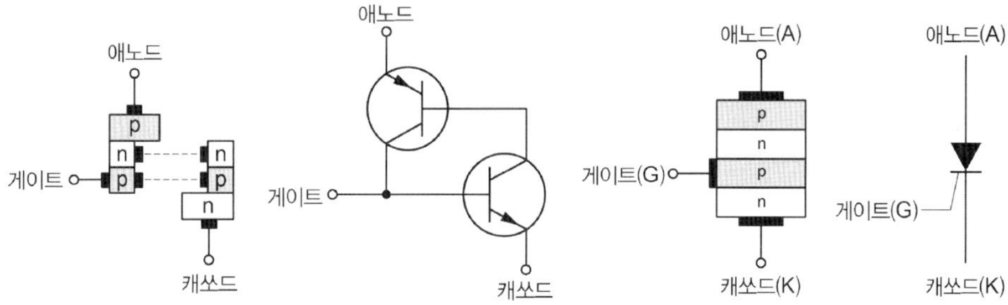

그림 15-10 SCR의 구조와 회로 기호

15-2-1 SCR 트리거링

그림 15-11(a)는 SCR을 두 개의 트랜지스터 등가회로로 표시하고 있다. SCR과 SUS 사이의 유사성을 주목하라. SUS의 경우처럼 SCR은 소자의 $V_{BR(F)}$ 정격과 동일한 애노드-캐쏘드 전압 V_{AK}를 공급함으로써 전도 상태로 트리거될 수 있다.

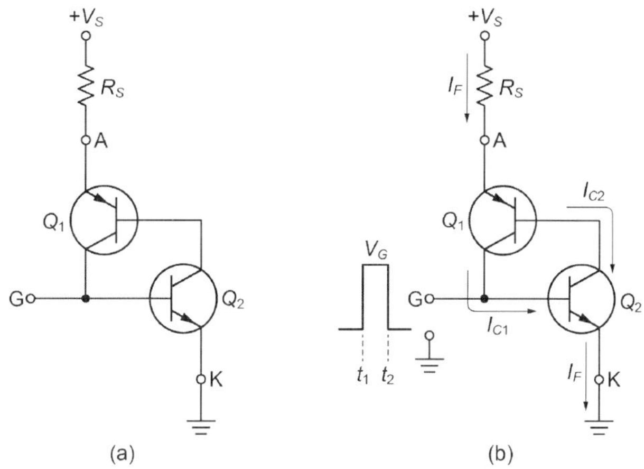

그림 15-11

게이트 단자의 부가는 그림 15-11(b)에 표시된 것처럼 소자를 트리거하는 부가적인 방법을 제공한다. positive 펄스를 게이트 단자에 인가한다. 게이트 펄스가 t_1에서 positive로 될 때 트랜지스터 Q_2는 전도 상태가 된다. 이때, 소자는 SUS와 같이 스스로 포화 영역으로 들어간다. 게이트 펄스가 t_2에서 제거될 때 소자는 순방향 전도 상태를 유지한다. 순방향 전도 상태는 순방향 전류 I_F가 소자의 유지전류 I_H 정격 이하로 떨어질 때까지 계속된다. SCR은 SUS에서 사용한 것과 동일한 두 가지 방법(애노드 전류 저지와 강제 정류)을 사용하면 off 상태로 구동된다.

15-2-2 SCR 동작 특성 곡선

그림 15-12(a)는 SCR의 동작 특성 곡선을 나타낸다. 이런 동작 특성곡선은 그림 15-6(a)에 표시된 SUS의 동작 특성 곡선과 동일하다. 그림 15-12(b)에 표시된 확대된 순방향 동작 특성 곡선은 순방향 전도 상태에 대한 게이트 전류의 효과를 나타낸다. $I_G = 0$ mA일 때 소자는 $V_{AK} = V_{BR(F)}$에서 항복된다. $I_G > 0$ mA일 때 소자는 $V_{BR(F)}$보다 작은 V_{AK}에서 항복된다.

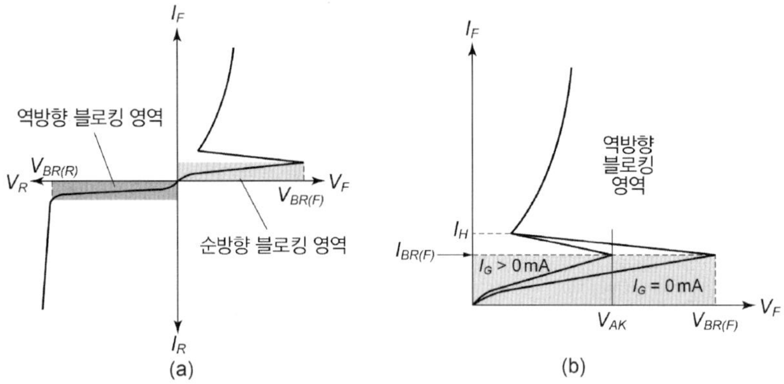

그림 15-12

I_G가 커질수록 소자를 전도 상태로 항복시키기 위해서 소자가 필요로 하는 V_{AK}가 낮아진다는 점이 중요하다. 한번 순방향으로 전도되면 소자가 자신의 off 상태로 되돌아가기 위한 순방향 전류 I_F는 SCR의 I_H 정격 이하로 구동되어야 한다.

15-2-3 SCR의 스펙

SCR의 스펙에 표시된 정격 중 대부분은 SUS의 스펙과 거의 유사하다. 그림 15-13은 2N6400 시리즈 SCR에 대한 스펙이다.

2N6400 Series

Preferred Device

Silicon Controlled Rectifiers

Reverse Blocking Thyristors

Designed primarily for half-wave ac control applications, such as motor controls, heating controls and power supplies; or wherever half-wave silicon gate-controlled, solid-state devices are needed.

- Glass Passivated Junctions with Center Gate Geometry for Greater Parameter Uniformity and Stability
- Small, Rugged, Thermowatt Construction for Low Thermal Resistance, High Heat Dissipation and Durability
- Blocking Voltage to 800 Volts
- Device Marking: Logo, Device Type, e.g., 2N6400, Date Code

ON Semiconductor™

http://onsemi.com

SCRs
16 AMPERES RMS
50 thru 800 VOLTS

MARKING DIAGRAM

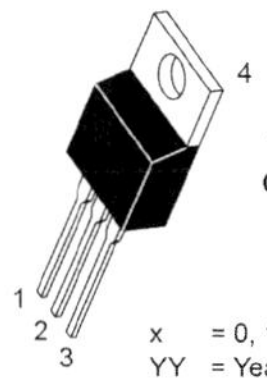

TO-220AB
CASE 221A
STYLE 3

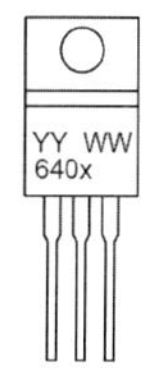

x = 0, 1, 2, 3, 4 or 5
YY = Year
WW = Work Week

***MAXIMUM RATINGS** (T_J = 25°C unless otherwise noted)

Rating	Symbol	Value	Unit
Peak Repetitive Off-State Voltage (Note 1.) (T_J = −40 to 125°C, Sine Wave 50 to 60 Hz; Gate Open) 2N6400 2N6401 2N6402 2N6403 2N6404 2N6405	V_{DRM}, V_{RRM}	50 100 200 400 600 800	Volts
On-State RMS Current (180° Conduction Angles; T_C = 100°C)	$I_{T(RMS)}$	16	A
Average On-State Current (180° Conduction Angles; T_C = 100°C)	$I_{T(AV)}$	10	A
Peak Non-repetitive Surge Current (1/2 Cycle, Sine Wave 60 Hz, T_J = 90°C)	I_{TSM}	160	A
Circuit Fusing (t = 8.3 ms)	I^2t	145	A^2s
Forward Peak Gate Power (Pulse Width ≤ 1.0 μs, T_C = 100°C)	P_{GM}	20	Watts
Forward Average Gate Power (t = 8.3 ms, T_C = 100°C)	$P_{G(AV)}$	0.5	Watts
Forward Peak Gate Current (Pulse Width ≤ 1.0 μs, T_C = 100°C)	I_{GM}	2.0	A
Operating Junction Temperature Range	T_J	−40 to +125	°C
Storage Temperature Range	T_{stg}	−40 to +150	°C

*Indicates JEDEC Registered Data.

1. V_{DRM} and V_{RRM} for all types can be applied on a continuous basis. Ratings apply for zero or negative gate voltage; however, positive gate voltage shall not be applied concurrent with negative potential on the anode. Blocking voltages shall not be tested with a constant current source such that the voltage ratings of the devices are exceeded.

PIN ASSIGNMENT	
1	Cathode
2	Anode
3	Gate
4	Anode

ORDERING INFORMATION

Device	Package	Shipping
2N6400	TO220AB	500/Box
2N6401	TO220AB	500/Box
2N6402	TO220AB	500/Box
2N6403	TO220AB	500/Box
2N6404	TO220AB	500/Box
2N6405	TO220AB	500/Box

Preferred devices are recommended choices for future use and best overall value.

April, 2001 – Rev. 2

1

Publication Order Number:
2N6400/D

그림 15-13(계속) 2N6400 시리즈의 데이터시트 일부(출처: Semiconductor Components Industries, LLC, 2001)

2N6400 Series

THERMAL CHARACTERISTICS

Characteristic	Symbol	Max	Unit
Thermal Resistance, Junction to Case	$R_{\theta JC}$	1.5	°C/W
Maximum Lead Temperature for Soldering Purposes 1/8″ from Case for 10 Seconds	T_L	260	°C

ELECTRICAL CHARACTERISTICS (T_C = 25°C unless otherwise noted.)

Characteristic	Symbol	Min	Typ	Max	Unit
OFF CHARACTERISTICS					
*Peak Repetitive Forward or Reverse Blocking Current (V_{AK} = Rated V_{DRM} or V_{RRM}, Gate Open) T_J = 25°C	I_{DRM}, I_{RRM}	–	–	10	μA
T_J = 125°C		–	–	2.0	mA
ON CHARACTERISTICS					
*Peak Forward On–State Voltage (I_{TM} = 32 A Peak, Pulse Width ≤ 1 ms, Duty Cycle ≤ 2%)	V_{TM}	–	–	1.7	Volts
*Gate Trigger Current (Continuous dc) (V_D = 12 Vdc, R_L = 100 Ohms) T_C = 25°C	I_{GT}	–	9.0	30	mA
T_C = –40°C		–	–	60	
*Gate Trigger Voltage (Continuous dc) (V_D = 12 Vdc, R_L = 100 Ohms) T_C = 25°C	V_{GT}	–	0.7	1.5	Volts
T_C = –40°C		–	–	2.5	
Gate Non–Trigger Voltage (V_D = 12 Vdc, R_L = 100 Ohms) T_C = +125°C	V_{GD}	0.2	–	–	Volts
*Holding Current (V_D = 12 Vdc, Initiating Current = 200 mA, Gate Open) T_C = 25°C	I_H	–	18	40	mA
*T_C = –40°C		–	–	60	
Turn-On Time (I_{TM} = 16 A, I_{GT} = 40 mAdc, V_D = Rated V_{DRM})	t_{gt}	–	1.0	–	μs
Turn-Off Time (I_{TM} = 16 A, I_R = 16 A, V_D = Rated V_{DRM}) T_C = 25°C	t_q	–	15	–	μs
T_J = +125°C		–	35	–	
DYNAMIC CHARACTERISTICS					
Critical Rate–of–Rise of Off-State Voltage (V_D = Rated V_{DRM}, Exponential Waveform) T_J = +125°C	dv/dt	–	50	–	V/μs

*Indicates JEDEC Registered Data.

그림 15–13 2N6400 시리즈의 데이터시트 일부(출처: Semiconductor Components Industries, LLC, 2001)

예제 15–5

주어진 회로에서, 2N6400에 5 0A의 전류 서지가 18 ms 동안 지속되었다면 이런 서지에서 소자의 파괴 여부를 결정하시오.

(풀이) 회로의 I^2t 의 값은 다음과 같다.

$$I^2t = 50\ \text{A}^2 \times 18\ \text{ms} = 2500\ \text{A}^2 \times 18\ \text{ms} = 45\ \text{A}^2\text{s}$$

이런 값은 최대정격 145 A^2s 이하이므로 소자는 파괴되지 않는다.

SCR의 회로 퓨즈 정격이 주어졌을 때 알고 있는 전류 값으로 서지의 허용할 수 있는 최대 지속 기간을 다음과 같이 결정할 수 있다.

$$t_{\max} = \frac{I^2 t(\text{퓨즈 정격})}{I_S^2} \qquad (15\text{–}2)$$

여기서 I_S는 서지 전류의 알려진 값을 의미한다.

예제 15–6

2N1843A는 60 A^2s 크기의 회로 퓨즈 정격을 갖는다. 이 소자가 100 A 서지가 흐르는 회로에 사용되었다고 가정하고 서지 지속시 간의 한계를 결정하시오.

(풀이) 서지의 최대 허용 지속시 간은 6 ms이다.

$$t_{\max} = \frac{I^2 t(\text{퓨즈 정격})}{I_s^2} = \frac{60\ A^2 s}{10000\ A^2} = 6\ ms$$

따라서 100 A 서지가 6 ms 이상 지속된다면 2N1843A에는 전류가 흐를 수 없다.

식 (15–2)를 변형하면 주어진 지속시간 동안 최대 허용 서지 전류를 다음과 같이 결정할 수 있다.

$$I_{S(\max)} = \frac{\sqrt{I^2 t(rated)}}{t_S} \qquad (15\text{–}3)$$

여기서 t_S는 서지 전류의 지속 시간을 의미한다.

예제 15–7

2N1843A가 220 ms의 지속 시간 동안 견딜 수 있는 최대 서지 전류를 결정하시오.

(풀이) 서지의 최댓값은 54.8 A이다.

$$I_{S(\max)} = \frac{\sqrt{I^2 t(\text{정격})}}{t_S} = \sqrt{\frac{60\ A^2 s}{20\ ms}} = 54.8\ A$$

따라서 20 ms 동안의 54.8 A 크기의 서지 전류가 소자를 통과하면 2N1843A는 파괴된다.

SCR은 서지 보호 소자로 사용되는 경우 회로 퓨즈 정격은 임곗값이 된다. SCR은 비반복 서지 전류라고 불리는 또 다른 최대 전류정격 I_{TSM}을 갖는다. 이것은 소자에 흐르는 서지 전류의 절대적 한계이다. 임의의 시간 동안 이런 규정된 값을 초과한다면 소자는 파괴된다. 그림 15-13에서 전기적 특성을 살펴보면 게이트 비트리거 전압 V_{GD} 정격을 찾아볼 수 있다. 이런 정격은 트리거 없이 SCR을 전도 상태로 적용할 수 있는 최대 게이트 전압을 나타낸다. 만약 B_G가 정격을 초과한다면 SCR은 on 상태로 트리거된다.

V_{GD} 정격은 SCR을 잘못 트리거하는 전위 원인 중의 하나를 나타내기 때문에 중요하다. 잘못된 트리거링은 일반적으로 어떤 형태의 노이즈에 의해 SCR이 전도 상태로 뜻하지 않게 트리거되는 상태를 의미한다. SCR 2N6400 시리즈는 200 mV의 V_{GD} 정격을 갖는다. 200 mV보다 더 큰 최댓값을 갖는 노이즈 신호가 게이트에 발생한다면 소자는 전도 상태로 트리거된다.

잘못 트리거되는 또 다른 일반적인 원인은 애노드 전압의 증가가 SCR의 임계 증가율 정격을 초과하는 경우이다. 이런 정격은 SCR이 잘못된 트리거링 없이 취급할 수 있는 애노드-캐쏘드 전압의 최대 증가율을 나타낸다. 2N6400 시리즈 SCR의 dv/dt 정격은 50 V/μs이다. 이것의 의미는 50 V/μs의 증가율을 갖는 V_{AK}의 노이즈 신호는 잘못된 트리거를 일으킨다는 것이다. 명백하게, 50 V의 노이즈는 정상적인 환경에서는 결코 발생되지 않는다. 그러나 비교적 작은 양의 노이즈일지라도 잘못된 트리거링을 일으키기에 충분한 증가율을 갖는다. 주어진 노이즈 신호의 증가율을 V/μs로 결정하기 위하여, 다음과 같은 변환 공식이 사용된다.

$$\varDelta V = \frac{dv}{dt}\varDelta t \qquad (15\text{-}4)$$

$\frac{dv}{dt}$는 소자의 증가율을 의미하고 dt는 V_{AK}의 증가에 대한 상승시간, dv는 V_{AK}의 변화량을 의미한다.

예제 15-8

2N6400 SCR은 2 ns(상승 시간)의 노이즈 신호가 불규칙적으로 발생하는 회로에 사용된다. 잘못된 트리거링을 발생시키는 노이즈의 크기를 결정하시오.

(풀이) 50 V/μs의 증가율에서 잘못된 트리거를 방생시키는 노이즈의 크기는 100 mV이다.

$$\varDelta V = \frac{dv}{dt}\varDelta t = \frac{50\ \text{V}}{\mu\text{s}} \times 2\ ns = 100\ mV$$

2 ns 상승시간에 의해서 단지 100 mV의 노이즈가 잘못된 트리거를 일으키기 위해서 요구된다.

15-2-4 잘못된 트리거링의 예방

잘못된 트리거링은 일반적으로 게이트 단자에서의 노이즈 신호와 V_{AK}에서 짧은 상승시간의 노이즈 신호 중 하나에 의해서 발생된다.

게이트 신호원의 잡음은 일반적으로 그림 15-14에 표시된 두 가지 방법 중 하나를 사용하여 감소된다. 그림 15-14(a)에서 게이트는 게이트 저항을 경유해서 negative 전원 공급장치와 연결되어 있다.

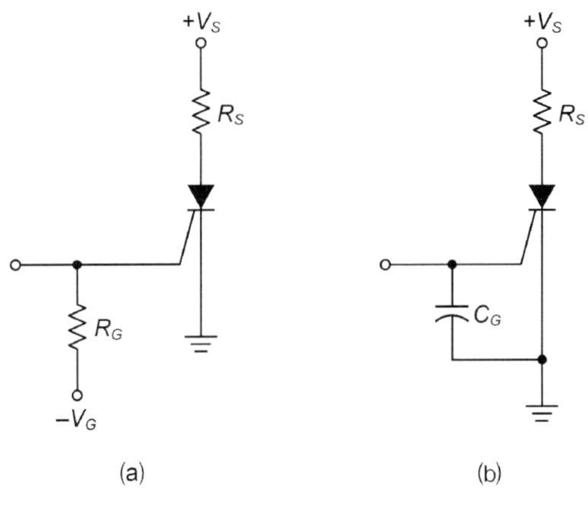

그림 15-14 잘못된 트리거의 예방 (a) 게이트 바이어스 전압 (b) 게이트 바이패스 커패시터

게이트 공급 전압을 −2 V라고 가정하면 잘못된 트리거를 일으키기 위해서는 게이트의 잡음은 (2 V + V_{GD})보다는 커야 한다. 이런 상황은 어떠한 정상적인 환경에서도 발생되지 않는 것처럼 보인다. 그림 15-14(b)에 표시된 회로는 게이트 단자와 접지 사이에 측로

커패시터를 사용한다. 임의의 게이트 잡음 신호를 접지와 단락시키는 이런 커패시터는 일반적으로 0.1 μF과 0.01 μF 사이의 크기로 선택된다.

그림 15-14에 표시된 두 가지 방법 중에서, 그림 15-14(b)의 측로 커패시터가 더 보편적으로 사용된다. 이것은 커패시터가 게이트 잡음 문제에 대해 매우 저렴한 해결책을 제공하기 때문이다. V_{AK}의 잡음은 일반적으로 스너버 회로의 사용으로 제거된다. 스너버는 SCR의 애노드와 캐쏘드 사이에 연결된 RC 회로이다. 스너버 회로를 그림 15-15에 표시했다. 커패시터 C_S는 V_{AK}에서의 어떠한 잡음도 효과적으로 접지에 단락시킨다.

저항 R_S는 SCR이 on되었을 때 커패시터의 방전 전류를 제한하기 위해 사용된다. 그림 15-15에서 V_{AK}의 잡음은 직류 전압원 V_S에 의해서 발생된다. V_S는 일반적인 전원 공급장치로부터 제공되었다고 가정하면 전원 공급장치로부터 발생되는 임의의 잡음은 SCR 회로에 제공된다. 스너버에 의해서 이 잡음은 잘못된 트리거링이 일어나지 못하는 레벨로 감소된다.

증가율(dv/dt)의 초과는 가장 일반적인 잘못된 트리거를 발생시키므로 스너버는 대부분의 SCR 회로에 사용된다. 이런 이유 때문에 스너버는 사이리스터가 포함되는 회로에서 대부분 사용된다.

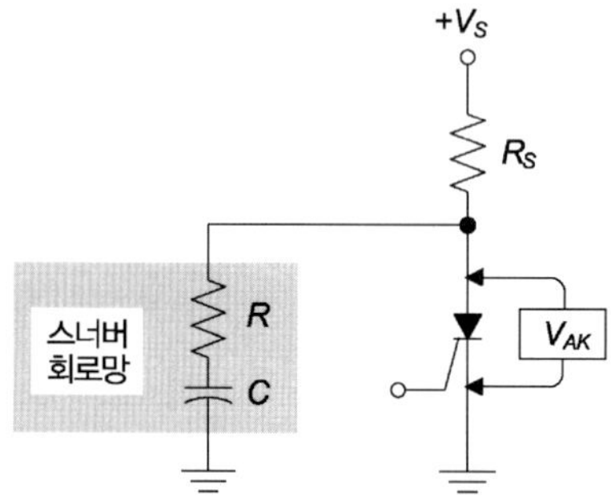

그림 15-15 RC 스너버 회로망

15-2-5 SCR 크로우바

SCR 응용 회로의 가장 일반적인 형태를 크로우바(crowbar)라고 부른다. 크로우바는 전원 공급장치의 초과 출력 전압으로부터 전압 감지 부하를 보호하기 위해서 사용되는 회로이다. 그림 15-16에 표시된 크로우바 회로는 제너 다이오드, 게이트 저항 R_G, SCR로 구성된다. 이런 회로 역시 잘못된 트리거를 방지하기 위해서 스너버를 사용한다. 그림에 표시된 크로우바에서, 제너 다이오드와 SCR은 항상 off 상태이다. 제너 다이오드가 차단 상태이므로, R_G에는 전류가 흐르지 않으며 저항 양단의 전압 강하는 없다. R_G 양단의 전위차가 0 V이므로 SCR의 게이트 전압은 0 V이고 차단 상태를 유지한다. 따라서 제너 다이오드가 off 상태이면 SCR은 개방 상태로 동작되고 전원 공급장치와 부하에 아무런 영향을 미치지 않는다.

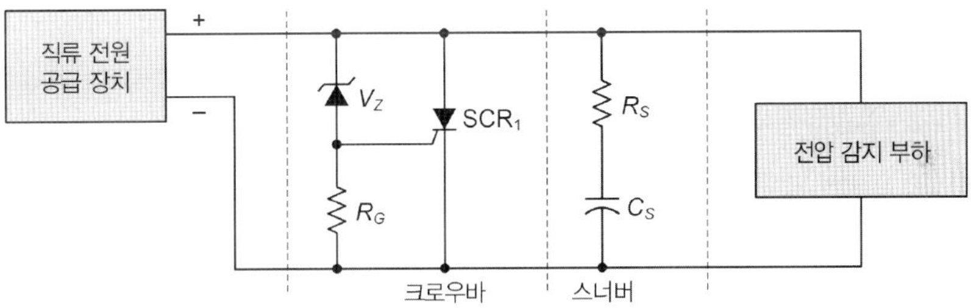

그림 15-16 SCR 크로우바

전원 공급 장치의 출력 전압이 일정한 값 이상으로 증가한다면 제너 다이오드는 전도된다. 제너 다이오드에 흐르는 전류는 R_G 양단의 전압 강하를 발생시킨다. 이런 전압은 SCR을 전도시킨다. SCR이 전도되면 전원 공급 장치의 출력은 소자에 의해서 단락되고 부하는 보호된다. SCR은 전원 공급장치의 출력 전압이 급격히 증가하는 중요한 결점에 의해서 활성화된다. 일단 활성화되면, SCR은 전원 공급 장치의 퓨즈가 개방될 때까지 도통 상태를 유지한다. 전원 공급장치의 퓨즈가 끊어지기 전에 SCR을 보호하기 위하여 SCR은 회로 퓨즈의 I^2t 정격은 충분히 높아야 한다. 전원 공급 장치의 퓨즈가 끊어지기 전에 SCR이 고장난다면, 전원 공급 장치는 계속해서 동작되며 결국 부하는 손상을 입게 된다.

크로우바 내의 SCR은 소모품 역할을 수행하기 때문에 회로 내에 직렬 전류 제한용 저항이 포함되지 않는다. 크로우바 회로의 사용 목적은 부하를 보호하는 것이지 SCR을 보호하는 것은 아니다. 대부분의 크로우바 회로는 높은 전압을 일으킨 후에 자기-리셋된다. 그러나 자기-리셋이 되지 않는다면 내부 손상에 의해서 발생될 수 있는 소자의 고장에 대한 예방책으로서 회로의 활성화 후에 크로우바의 SCR은 교환되어야 한다.

예제 15-9

그림 15-17은 SCR를 사용한 부하 보호 회로를 표시하고 있다. 이 회로는 어떻게 동작하는가?

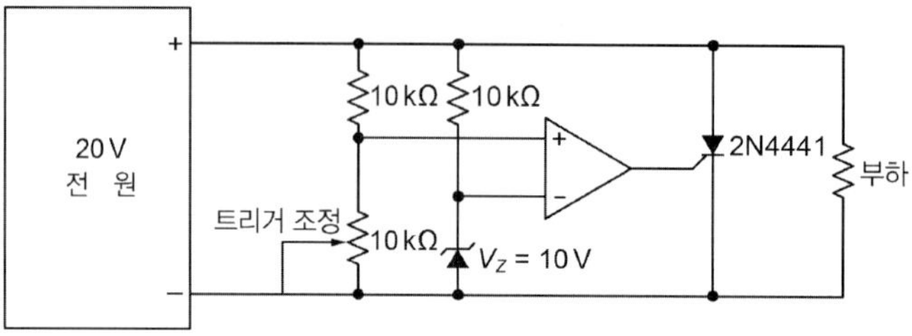

그림 15-17

(풀이) 공급 전압이 오직 20 V이기 때문에 SCR은 정상적으로 개방 상태이다. 제너 다이오드 때문에 10 V가 비교기의 반전 입력으로 들어간다. 트리거 조정은 비반전 입력에 걸리는 10 V보다 작은 전압을 발생시킨다. 결과적으로 오차 전압은 −이므로 비교기는 −출력을 갖는다. 이런 출력은 SCR 하고는 무관하다. 만약 공급 전압이 20 V 이상으로 증가하면 비반전 입력은 10 V보다 커지고 오차 전압은 +가 되어 비교기의 출력이 SCR을 도통되도록 구동시킨다. 이것이 부하 단자를 보호하기 위해서 전원을 갑자기 차단시킨다.

예제 15-10

그림 15-18에 표시된 SCR 부하 보호 회로를 해석하고 soft 구동에 대해서 설명하시오.

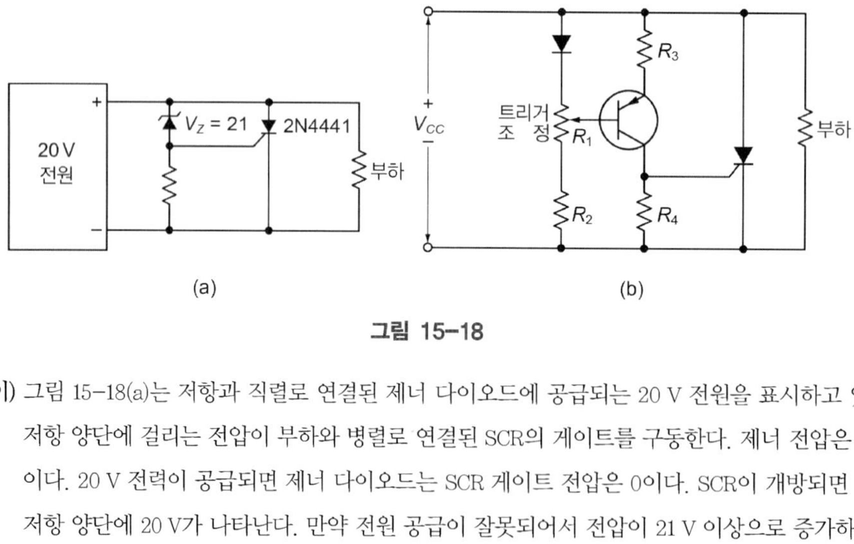

그림 15-18

(풀이) 그림 15-18(a)는 저항과 직렬로 연결된 제너 다이오드에 공급되는 20 V 전원을 표시하고 있다. 저항 양단에 걸리는 전압이 부하와 병렬로 연결된 SCR의 게이트를 구동한다. 제너 전압은 21 V이다. 20 V 전력이 공급되면 제너 다이오드는 SCR 게이트 전압은 0이다. SCR이 개방되면 부하 저항 양단에 20 V가 나타난다. 만약 전원 공급이 잘못되어서 전압이 21 V 이상으로 증가하려면 제너 다이오드는 항복되고 SCR의 게이트에서 전압이 나타난다. 이런 전압이 약 0.7 V를 초과하면 SCR 래치는 부하 전압을 단락시킨다.

동작 부하 단자 양단에 크로우바를 던지는 것과 유사하다. SCR의 turnon이 아주 빠르기 때문에 2N4441은 큰 과전압에 손상 영향을 대해서 부하가 보호된다. Crow barring은 강력한 보호 수단이지만 많은 디지털 IC가 사용되는 곳에 사용되면 아주 큰 초과 전압을 막지 못해서 값비싼 IC를 파괴시킨다. 따라서 초과 전압의 기미가 보일 때 부하 단자를 단락시키기 위해서 SCR 크로우바를 사용한다. SCR 크로우바를 사용하는 공급 전원은 SCR이 단락될 때 초과 전류를 방지하기 위해서 전류 제한이 필요하다.

그림 15-18(a)의 크로우바는 제너 다이오드 때문에 소프트 동작을 한다. 그림 15-81(b)는 SCR 크로우바의 좀더 실제적인 예를 표시하고 있다. 트랜지스터가 전압 이득을 제공해서 날카로운 턴온을 발생시킨다. 저항 R_4 양단에 약 0.7 V를 초과하는 전압이 걸리면 SCR이 도통된다. 원래의 다이오드는 트랜지스터의 베이스-이미터 다이오드 온도 보상을 포함하고 있다. 트리거는 회로는 트립점을 정상전압의 10에서 15% 이상으로 조정할 수 있다.

15-2-6 SCR 위상 제어기

위상 제어기는 부하의 전도 각을 조절하여 평균 부하 전압을 제어하기 위해서 사용되는 회로이다. 그림 15-19(a)에 표시된 회로에서 위상 제어기의 전위차계 R_2를 가변시키면 그림 15-19(b)에 표시된 것처럼 부하의 전도각 θ를 가변시킬 수 있다. 평균(직류 등가) 부하 전압은 전도 각에 따라서 가변되므로 R_2의 조절에 의해서 평균 부하 전압은 가변된다. 위상 제어기의 전도각은 부하에 연결되는 입력 파형의 일부를 표시하게 된다.

그림 15-19(b)에 표시된 부하 전압 v_L의 파형은 음영이 표시된 것처럼 3가지의 전도각으로 표시된다. 전도각 θ가 180°라면 교번 신호의 전체가 부하에 연결된다. 전도각 θ가 90°라면 교번 신호의 절반이 부하에 연결된다. 이때 SCR이 트리거되는(부하가 도통되기 시작하는) 점을 점화각(firing angle)이라고도 부른다. 중간 v_L 파형의 경우는 위상 제어기가 45°에서 도통을 허용한다는 것을 의미한다. 이런 경우에 점화각은 45°이고 전도각은 135°(θ = 180° − 45° = 135°)로 구해진다.

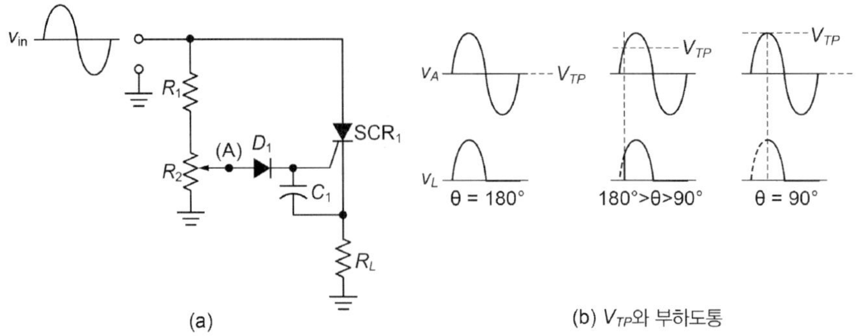

그림 15-19 SCR 위상 제어기

그림 15-1(a)에서 부하를 통한 전도는 SCR에 의해서 제어된다. v_{in}이 A 지점의 전압을 트리거 전압 V_{TF}라고 부르는 특정한 레벨에 도달하게 할 때 SCR은 전도 상태로 트리거 된다. 일단 트리거되면, SCR은 부하에 v_{in}을 공급한다. 그리고 나서 SCR은 v_{in}의 positive 주기 동안 전도를 지속한다. A 지점의 전압, V_{TF}, 부하의 전도 상태의 관계를 그림 15-19(b)에서 3가지 파형으로 표시했다. SCR을 전도 상태로 트리거하기 위해서 A 지점에서 사인파는 식 (15-5)처럼 특정한 레벨에 도달하여야 한다.

$$V_{TP} = V_F + V_{GT} \tag{15-5}$$

V_F는 게이트 다이오드 D_1 양단의 순방향 전압 강하를 의미하고, V_{GT}는 SCR의 게이트 트리거 전압 정격을 의미한다. SCR의 게이트 트리거 전압은 SCR을 전도 상태로 트리거시키기 위하여 충분히 큰 I_G를 발생시키는 V_{GK}의 값이다. A 지점에서 전압이 V_{TF}에 도달할 때 그 전압은 D_1 양단의 순방향 전압 강하와 SCR의 V_{GT}를 극복하기에 충분하다. 따라서 이런 트리거 전압은 v_{in}의 positive 주기 동안 SCR을 전도 상태로 트리거시킨다.

v_{in}이 negative로 될 때 SCR의 애노드 전압 역시 negative로 된다. 이것은 SCR의 전류를 소자의 유지 전류 I_H 이하로 떨어뜨리며 SCR은 차단 상태가 된다. 그림 15-19에 표시된 회로와 파형에서 몇 가지 중요한 점은 다음과 같다. 그림에 표시된 파형은 다소 잘못 표현되었다. 주어진 위상 조절기의 V_{TF} 값은 고정된 값이며 A점에서의 사인파의 크기

는 가변적이다. 그림 15-19(a)에 표시된 것처럼 SCR의 V_{TF}값이 1.5 V라고 가정하면 회로의 트리거점 전압은 2.2 V로 구해진다.

$$V_{TP} = V_F + V_{GT} = 0.7\ \text{V} + 1.5\ \text{V} = 2.2\ \text{V}$$

이런 전압이 SCR을 전도 상태로 트리거하기 위해 A 지점에서 필요로 하는 전압이다. 전압 분배기(R_1과 R_2)는 v_{in}에 비례하는 정현파를 A 지점에 제공한다. R_2를 증가시킨다면 A 지점의 사인파의 크기 또한 증가된다. 따라서 R_2를 증가시킴으로써 A 지점의 전압이 V_{TF}에 도달하기 위한 v_{in}의 크기를 감소시킨다. 동일한 방법으로 R_2의 감소는 A 지점의 전압이 V_{TF}에 도달하기 위한 v_{in}의 크기를 증가시킨다. 이와 같은 논의로부터 R_2의 조절은 회로의 V_{TF}값을 변화시키는 것이 아니라 V_A의 크기를 변화시킨다는 것을 알 수 있다.

그림 15-19(a)에 표시된 회로에서 SCR의 게이트와 캐쏘드 단자 사이의 커패시터는 잘못된 트리거를 막기 위해서 사용된다. SCR은 전형적으로 10 V 이하의 낮은 게이트 항복 전압 정격을 갖는다. 이런 이유로 D_1은 SCR의 게이트-캐쏘드 접합에 적용되는 v_{in}의 negative 주기를 방지하기 위한 회로에서 사용된다. 부하 저항은 SCR과 직렬 연결되기 때문에 소자의 직렬 전류 제한용 저항으로 동작한다. 부하의 전도각(θ)과 평균 부하 전압(V_{AVE}) 사이의 수학적인 관계는 적분식으로 정의된다.

파형의 V_{AVE}값은 파형의 면적에 의해서 가변된다. 파형의 음영 영역 면적이 감소함에 따라, V_{AVE}값은 감소한다. 그림 15-19(a)에 표시된 회로의 R_2를 감소시키면 부하의 전도각 θ와 V_{AVE}의 값은 감소된다. 점화각을 넘어서는 부가적인 제어를 위해서 위상 제어기는 그림 15-20에 표시된 것처럼 수정된다. 이런 회로에서는 R_1, R_2와 함께 지연 회로를 구성하기 위해서 커패시터가 부가된다. R_2 의 조정에 의해서 점화각은 입력 파형의 90° 이내로 설정된다.

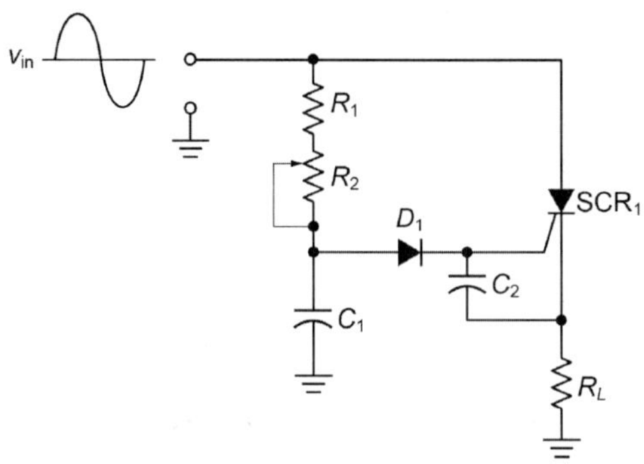

그림 15-20 수정된 위상각 제어기

15-2-7 포토 SCR

그림 15-21(a)는 광-활성 SCR(LASCR)이라고 불리는 포토 SCR을 표시하고 있다. 화살표는 창을 통해서 공핍층을 때리는 입사광을 표시하고 있다. 빛이 충분히 강하면 가전자가 그들의 궤도에서 벗어나서 자유 전자가 된다. 이런 자유 전자들이 트랜지스터의 컬렉터를 흘러서 다른 트랜지스터의 베이스로 가고 재생이 시작되면 포토 SCR은 단락된다. 광 트리거가 포토 SCR을 단락시키면 비록 빛이 없어져도 단락 상태를 유지한다. 빛의 최대 감도는 게이트를 개방시킨다. 만약 트립점이 조정된다면 그림 15-21(b)에 표시된 트리거 조정이 포함된다. 게이트 저항은 전자를 발생시키는 빛을 제어하고 회로의 감도를 입사광으로 변화시킨다.

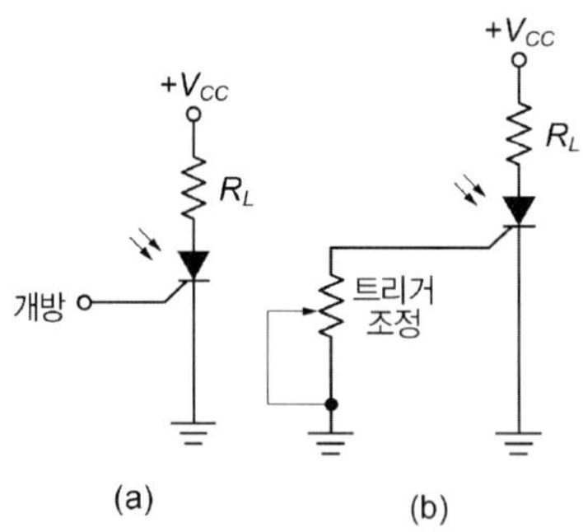

그림 15-21 (a) 포토 SCR (b) 감도를 빛으로 조절한다.

15-3 다이악과 트라이악

다이악(diac)과 트라이악(triac)은 쌍방향성 사이리스터로 분류되는 소자이다. 여기서 쌍방향의 의미는 전류가 두 방향으로 도통된다는 의미이다. 다이악은 쌍방향성 SUS이고 트라이악은 쌍방향성 SCR이다. 이런 소자들의 동작 특성은 이미 언급한바 있는 사이리스터의 동작과 아주 유사하다.

15-3-1 다이악

다이악은 SUS의 순방향 특성과 동일한 순방향 특성과 역방향 특성을 갖는 2단자 3층 소자이다. 그림 15-22는 다이악의 구조와 회로 기호를 표시하고 있다. 다이악은 pnp형 혹은 npn형 트랜지스터와 유사하지만 베이스에 아무런 연결이 없다. 세 개의 도핑 영역이 거의 유사하고, 세 영역의 도핑 농도가 거의 유사하다는 차이점을 가진다.

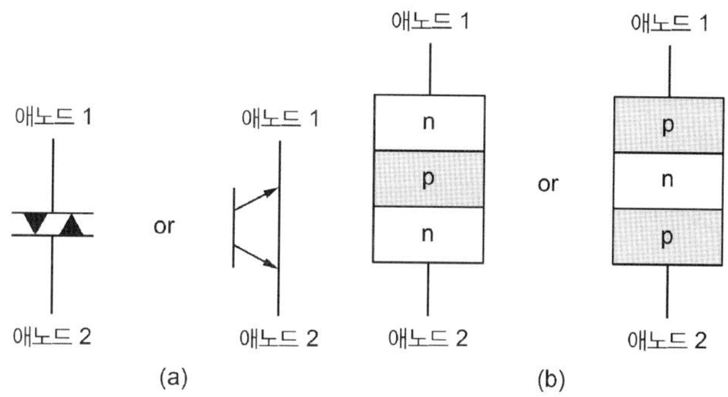

그림 15-22 다이악의 구조와 회로 기호 (a) 공통으로 사용되는 기호 (b) 기호

이와는 대조적으로 쌍극성 트랜지스터의 경우에는 베이스 영역이 아주 좁고 약하게 도핑된다. 다이악은 pnp나 npn 형태로 구성된다. pnp형 다이악이나 npn형 다이악의 동작 원리는 동일하다. 그림 15-23은 다이악의 동작 특성 곡선이다.

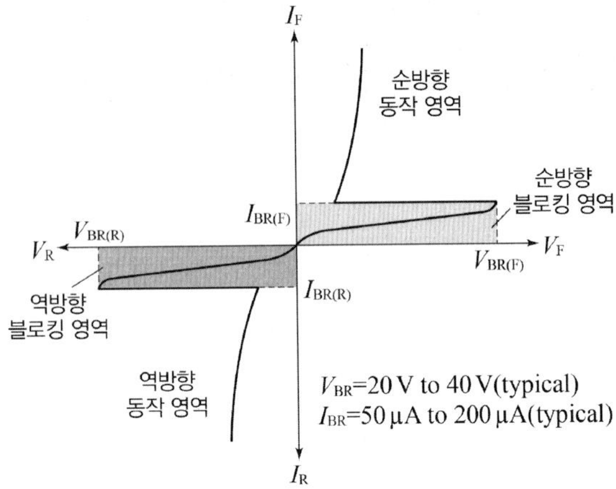

그림 15-23 다이악의 동작 특성 곡선

순방향 특성과 역방향 특성은 SUS의 순방향 특성과 일치된다. 어떤 방향을 사용하든 간에 소자는 항복 전압 V_{BR}에 도달될 때까지 개방 상태를 유지한다. 이때 다이악은 트리거되고 적절한 방향으로 도통된다. 다이악 전류가 유지 전류 I_H 이하로 감소될 때까지 계속 유지된다. 중요한 점은 항복 전압과 유지 전류의 크기가 순방향 동작과 역방향 동작에서 일치된다는 점이다. 다이악은 온도가 증가하면 도통되도록 트리거된다.

15-3-2 트라이악

트라이악은 순방향 특성과 역방향 특성이 SCR의 순방향 특성과 일치되는 3단자를 갖는 4층 소자이다. 트라이악의 구조와 회로 기호는 그림 15-24에 표시되어 있다.

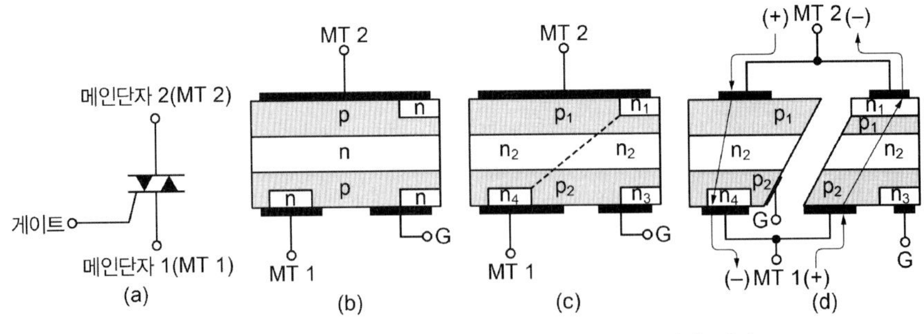

그림 15-24 트라이악의 구조와 회로 기호 (a) 기호 (b)~(d) 구조

도통 단자는 메인 단자 MT1, MT2로 표시된다. 주의할 점은 MT1은 게이트와 동일한 면에 있다는 점이다. 만약 그림 15-24(c)에 표시된 것처럼 트라이악을 분리한다면, SCR이 상보형으로 병렬 연결된 것을 쉽게 이해할 수 있다. MT2가 positive이고 MT2이 negative일 때, 트리거된 트라이악은 그림 15-24(d)의 왼편에 나타낸 도통 상태가 된다. MT2가 negative이고, MT1이 positive일 때 트리거된 트라이악은 오른편에 나타낸 도통 상태가 된다. 소자에 흐르는 전류가 유지전류 IH 정격보다 더 크기만 하면 트리거된 트라이악은 적당한 방향으로 전도된다.

트라이악의 유일한 구조 때문에 트라이악의 동작 특성 곡선은 지금까지 나타낸 어느 특성 곡선보다 복잡하다. 트라이악의 동작 곡선을 그림 15-25에 표시했다. 특성 곡선은 I, II, III, IV로 분류된 4개의 분면으로 분류된다. 각 사분면은 MT2와 G(게이트)의 극성을 나타낸다. 예를 들어서 I 사분면은 MT2가 positive이고(MT1에 대해서) 게이트에 positive 전위가 적용되었을 때의 소자의 동작을 나타낸다. II 사분면은 MT2가 positive이고(MT1에 대해서) 게이트에 negative 전위가 적용되었을 때의 소자의 동작을 나타낸다.

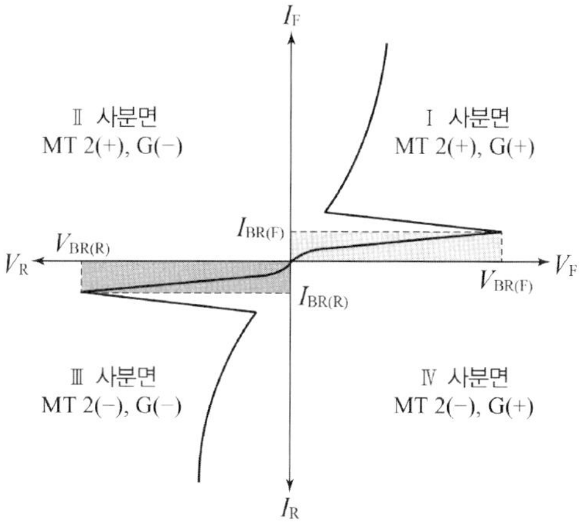

그림 15-25 트라이악의 동작 특성 곡선

I 사분면에서의 동작은 SCR의 동작과 동일하다. SCR의 모든 특성은 I 사분면에서 동작된 트라이악에 적용된다.

- 입력 전압이 $V_{BR(F)}$에 도달되거나 또는 positive 게이트 트리거 전압(V_{GT})이 소자를 트리거하기에 충분한 게이트 전류(I_G)를 발생시킬 때까지 소자는 off 상태를 유지한다.
- 소자는 온도, 게이트 잡음, 또는 애노드(MT2) 잡음의 증가에 의해서 잘못 트리거될 수도 있다.
- 일단 트리거되면 소자는 순방향 전류가 유지 전류(I_H) 정격 이하로 떨어질 때까지 전도 상태를 유지한다.

I 사분면에서 동작될 때 트라이악에 흐르는 전류는 그림 15-24(d)의 왼편에 나타낸 방향과 동일하다.

III 사분면의 동작은 간단하게 I 사분면 동작과 대칭이다. 다시 말하자면 MT2가 MT1에 대해서 negative이고 negative 게이트 트리거 전압이 트라이악에 입력될 때 그림 15-24(d)의 오른편에 나타낸 것과 같이 역으로 트리거된다. 모든 SCR 특성은 트라이악에 적용된다. 전도 상태의 방향은 간단하게 반전된다.

II 사분면과 IV 사분면은 트라이악의 유일한 트리거링 조합을 나타낸다. 트라이악은 MT2가 positive인 동안 negative 게이트 트리거가 인가된다(II 사분면). MT2 가 negative인 동안 positive 게이트 트리거를 인가한다(IV 사분면).

이런 트리거 조합은 그림 15-24(c)에 표시된 것처럼 게이트가 p_2와 n_5 영역에 물리적으로 연결되어 있기 때문에 가능하다. II 사분면 트리거가 발생될 때 소자에 흐르는 전류는 그림 15-24(d)의 왼편에 나타낸 방향으로 흐르게 된다. IV 사분면 트리거가 발생될 때 소자에 흐르는 전류는 그림 15-24(d)의 오른편에 나타낸 방향이 된다. MT2의 극성이 트라이악에 흐르는 전류의 방향을 결정하므로 II 사분면 트리거와 IV 사분면 트리거에 대해서도 동일하다.

15-3-3 트라이악의 응용

일반적인 트라이악의 응용은 그림 15-26에 표시된 위상 제어기에서 볼 수 있다. 트라이악 위상 제어기와 SCR 위상 제어기의 주요한 차이점은 트라이악이 입력 신호의 두 반주기 사이에 전도될 수 있다는 것이다.

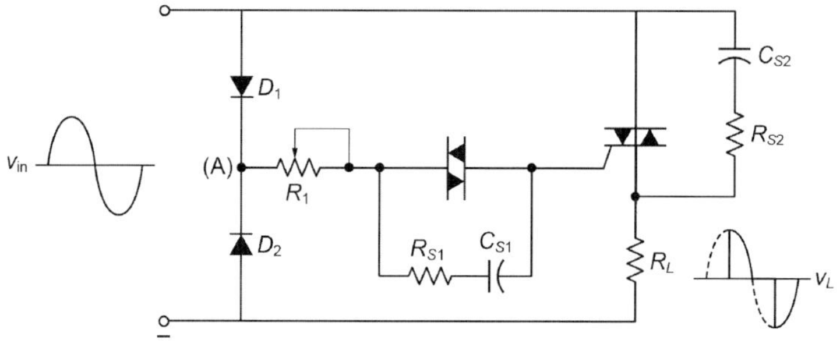

그림 15-26 트라이악 위상 제어기

그림 15-26에 표시된 입력 극성이 인가될 때 D_1은 순방향으로 바이어스되고 D_2는 역방향으로 바이어스된다. 이것은 회로에서 A점에 positive 전압을 제공한다. V_A가 다이악의 V_{BR} 정격과 트라이악의 V_{GT} 정격을 극복할 만큼 충분히 높을 때 트라이악은 전도 상태로 트리거되고 그림에 표시된 positive 출력 주기를 제공한다. 입력 극성이 반전될 때 D_1은 역방향으로 바이어스되고 D_2는 순방향으로 바이어스된다. 이런 경우에 A점은 아직 positive이지만 MT2는 이제 negative이다. 트라이악이 트리거될 때 부하에 흐르는 전류의 방향은 반전되고 negative의 출력 주기가 발생된다. 그림 15-27에서 트라이악은 positive 반주기 입력 동안 I 사분면에서 트리거되고 negative 반주기 입력 동안 IV 사분면에서 트리거된다. 또한 다이악과 트라이악에 스너버 회로가 존재한다. 스너버 회로는 다이악과 트라이악이 SCR과 같은 잘못된 트리거링 문제를 일으키기 쉽기 때문에 사용된다.

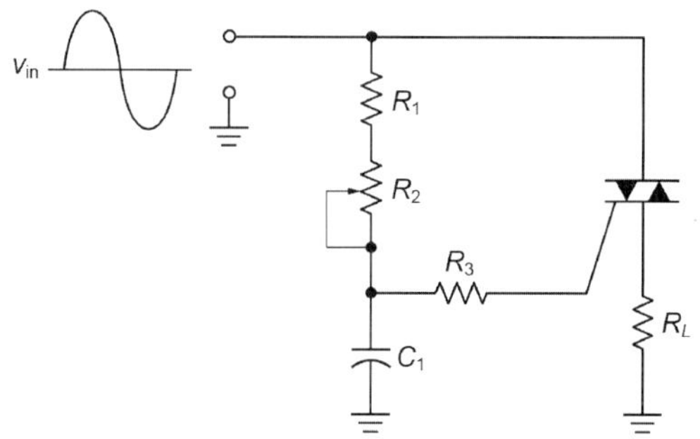

그림 15-27 큰 위상각을 가지는 트라이악 위상 제어기

그림 15-27은 90° 이상의 위상 제어를 할 수 있는 개선된 회로를 나타낸다. 이런 회로는 다이오드와 다이악을 대체하기 위하여 가변 RC 회로망을 사용한다. 커패시터는 또한 잘못된 트리거를 제거한다. R_3는 트라이악의 게이트를 파괴하는 서지 전류를 보호하기 위해 사용된다. 이런 제어 회로는 대략 30°에서 320°의 위상 제어에 사용될 수 있다는 것을 제외하면 그림 15-20에 표시된 SCR 회로와 동작과 구조가 거의 같다.

15-4 단일 접합 트랜지스터

단일 접합 트랜지스터(UJT)는 트리거 전압이 인가되는 바이어스 전압에 비례하는 3단자 스위칭 소자이다. UJT의 회로 기호를 그림 15-28(a)에 표시된다. UJT의 단자들은 이미터(E), 베이스1(B1), 베이스 2(B2)라고 부른다. UJT의 스위칭 작용은 그림 15-28(b)에 표시된 회로를 이용해서 설명된다. 바이어스 전압 V_{BB}는 두 베이스 단자의 양단에 인가된다. 이미터-베이스1 접합은 단자 양단의 전압 V_{EB1}이 V_F로 표시되는 특정한 피크 전압에 도달될 때까지 개방 회로로 동작한다.

$V_{EB1} = V_F$일 때 이미터-베이스1 접합은 전도 상태로 트리거되고 이미터 전류가 특정한 피크 전류 I_F 이하로 떨어질 때까지 전도는 계속된다. 이미터 전류가 피크 전류 이하로 떨어질 때 이런 소자는 비전도 상태로 된다. 피크 전압(이미터-베이스1 트리거 전압)은 V_{BB}에 비례한다. 따라서 V_{BB}를 변화시키면 소자를 트리거하기 위해 필요한 V_{EB1} 값도 변화시켜야 한다.

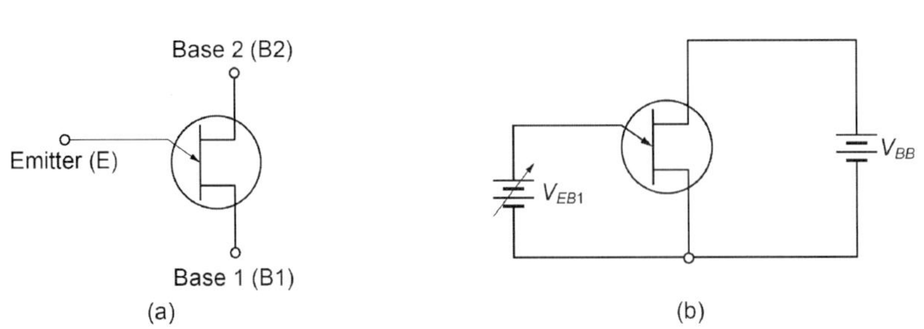

그림 15-28 UJT의 구조와 회로 기호

15-4-1 UJT 구조와 동작

그림 15-29는 UJT의 구조와 등가회로를 표시하고 있다. UJT의 구조는 n채널 JFET와 매우 유사하다. 사실 두 소자의 차이점은 JFET의 p형(gate) 물질이 n형(채널) 물질로 둘러싸여 있다는 것이다. UJT와 n채널 JFET 구조의 유사성 때문에 회로 기호는 비슷하다.

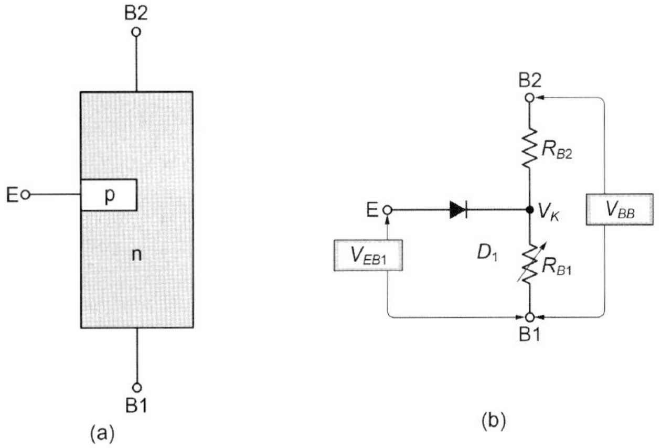

그림 15-29 UJT의 구조와 등가회로 (a) 구조 (b) 등가회로

그림 15-29(b)에 표시된 UJT의 등가회로 전압 분배기에 다이오드가 연결된다. 다이오드는 이미터(p형 물질)와 베이스(n형 물질)에 의해서 접합이 형성된다. 전압 분배기 R_{B1}과 R_{B2}는 이미터 접합과 각 베이스 단자 사이의 n형 물질의 저항을 나타낸다. 전체의 동작 원리는 간단하다. 이미터-베이스 다이오드를 도통시키기 위해서 애노드 전압은 캐쏘드 전압보다 대략 0.7 V 이상 positive로 된다. 다이오드의 캐쏘드 전위 V_K는 R_{BB}, R_{B1}, R_{B2}의 조합으로 결정된다. 전압 분배기 공식을 사용하면 V_K는 식 (15-6)처럼 구할 수 있다.

$$V_K = V_{BB}\frac{R_{B1}}{R_{B1}+R_{B2}} \tag{15-6}$$

식 (15-6)의 저항비는 UJT의 진성 개방비라고 부르고 η로 표시한다. 따라서

$$\eta = \frac{R_{B1}}{R_{B1}+R_{B2}} \tag{15-7}$$

식 (15–6)은 식 (15–8)처럼 표시할 수 있다.

$$V_K = \eta V_{BB} \tag{15-8}$$

식 (15–8)에 0.7 V를 더하면 UJT의 트리거 전압 V_F는 식 (15–9)처럼 구할 수 있다.

$$V_F = \eta V_{BB} + 0.7\ \text{V} \tag{15-9}$$

주어진 UJT의 진성 개방비는 스펙에 표시된다. 예를 들자면 2N5431 UJT의 스펙에는 η=0.8(최대)의 진성 개방비가 표시되어 있다.

예제 15–11

그림 15–30에 표시된 2N5431 UJT의 피크 전압 V_F를 결정하시오.

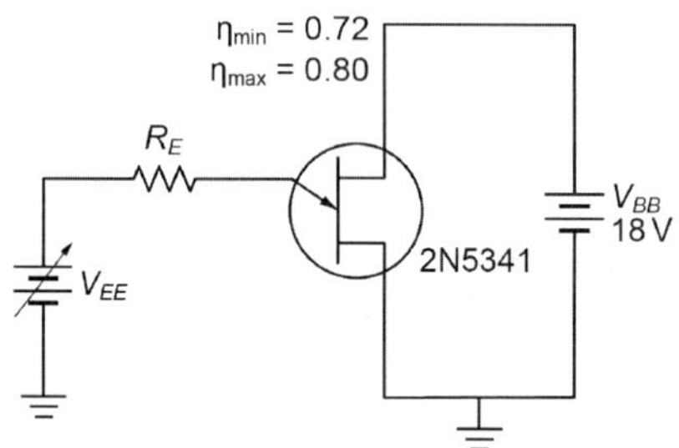

그림 15–30

(풀이) η_{max} = 0.8, V_{BB} = +18 V일 때 회로의 피크 전압은 15.1 V로 구해진다.

$$V_F = \eta V_{BB} + 0.7\ \text{V} = (0.8)(+18\ \text{V}) + 0.7\ \text{V} = 15.1\ \text{V}$$

피크 전압은 이미터–베이스1 단자 양단에 인가된다. 따라서 그림 15–30에 표시된 것처럼 소자가 트리거될 때 I_E의 대부분은 R_{B1}을 통해서 흐른다. I_E가 R_{B1}을 통해서 흐르기 때문에 I_E가 증가함에 따라 이런 저항 값은 감소하게 된다. R_{B2}는 값은 I_E에 의해서 많은 영향을 받지 않는다. 이런 소자의 동작 결과가 그림 15-31에 표시된 UJT 특성 곡선에서 설명된다.

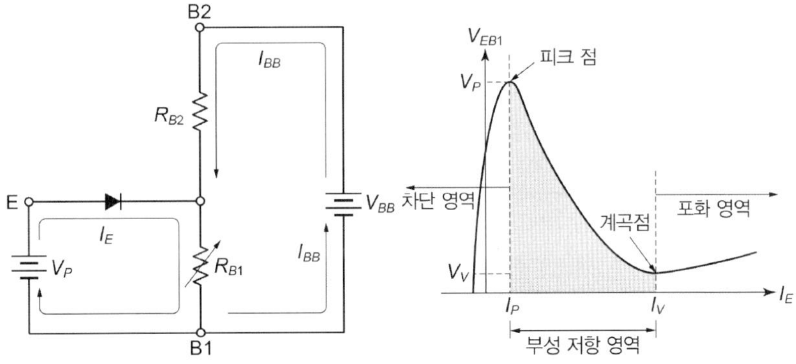

그림 15-31 UJT 전류와 UJT 동작 특성 곡선

V_{EB1}은 피크 점에 도달될 때까지 증가될 수 있다. 피크 점에 도달될 때 $V_{EB1} = V_F$이고 이미터 다이오드는 도통되기 시작한다. I_E의 초깃값은 피크 이미터 전류 I_F로 간주된다. 이 용어는 피크 전류를 최댓값으로 생각할 수 있으므로 혼돈될 수도 있다. 그러나 UJT의 피크 전류 I_F는 전도 상태에서 첫 번째 지점과 관련되기 때문에 최소 정격이다. $I_E < I_F$일 때 UJT는 차단 영역에 존재한다. I_E가 I_F 이상으로 증가할 때 R_{B1}은 급격하게 감소된다.

결과적으로 I_E가 증가함으로서 V_{EB1}은 실제로 감소한다. V_{EB1}의 감소는 I_E가 UJT의 골짜기 전류 I_V 정격에 도달될 때까지 계속된다. I_E가 I_F보다 더 크게 증가될 때 이런 소자는 포화 영역으로 들어간다. 그림 15-31에 표시된 특성 곡선의 V_{EB1}과 I_E는 곡선의 피크 점과 골짜기 점 사이의 반비례 관계를 나타낸다. 두 지점 사이의 동작 영역을 부성 저항 영역이라고 부른다.

부성 저항이라는 용어는 전류와 전압이 반비례하는 소자를 설명하기 위해서 사용된다. 일단 UJT가 트리거되고 I_E가 I_F보다 크다면 소자는 계속해서 도통된다. I_E가 I_F 이하로 떨어지면 이런 소자는 차단 영역으로 되돌아가고 또 다른 트리거가 제공될 때까지 차단상태를 유지한다.

예제 15-12

그림 15-32에 표시된 회로에서 2N4871은 η가 0.85이다. 이상적인 이미터 전류는 얼마인가?

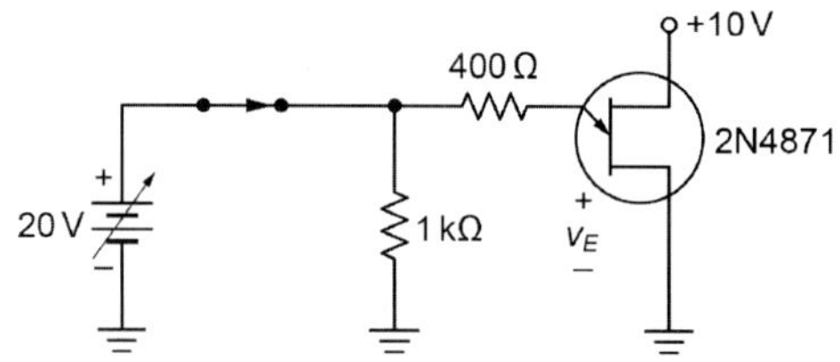

그림 15-32

(풀이) standoff 전압은 8.5 V이다.

$$V_1 = 0.85(10\ \text{V}) = 8.5\ \text{V}$$

이상적으로 v_E는 8.5 V보다 커야만 이미터 다이오드가 도통되고 래치가 단락된다. 입력 스위치가 단락되면 20 V가 400 Ω 저항을 구동한다. 이것은 standoff 전압을 극복하기에 충분히 큰 전압이다. 따라서 래치는 단락되고 이미터 전류는 50 mA가 흐른다.

$$I_E = \frac{20\ \text{V}}{400\ \Omega} = 50\ mA$$

예제 15-13

2N4871의 골짜기 전류는 7 mA이다. 이 점에서 이미터 전압이 1 V일 때, 그림 15-32에서 UJT를 개방시키는 이미터 공급 전압은 얼마인가?

(풀이) 이미터 공급 전압이 감소되면 이미터 전류가 감소한다. 7 mA에서 v_E는 1 V이므로 래치가 개방된다. 이때의 이미터 공급 전압은 3.8 V가 된다.

$$V = 1\ \text{V} + (7\ \text{mA})(400\ \Omega) = 3.8\ \text{V}$$

V가 3.8보다 적으면 UJT는 개방된다. UJT를 단락시키기 위해서 V는 8.5 V 이상으로 증가시킬 필요가 있다(η가 0.85이기 때문에).

15-4-2 UJT 이상 발진기

그림 15-33(a)는 UJT 이상 발진기를 표시하고 있다. 동작은 {예제 15-4}의 이상 발진기와 유사하다. 콘덴서는 V_{CC}까지 충전되나 충전된 전압이 standoff 전압을 초과하면 UJT가 단락된다. 방전은 커패시터가 저전류 중단이 발생될 때까지 계속되며, 이 순간에

UJT가 개방되고 다음 주기가 시작된다. 이런 결과 때문에 톱니파를 얻을 수 있다. 만약 각 베이스 회로에 적은 저항이 부가된다면 그림 15-33(b)에 표시된 톱니파, +트리거, - 트리거와 같은 3가지 유용한 출력을 구할 수 있다. 톱니파의 flyback 동안에 UJT가 강하게 도통되기 때문에 트리거가 나타난다. 그림 15-33(b)의 값을 갖는 주파수는 50 Hz에서 1 kHz 사이에서 조정된다.

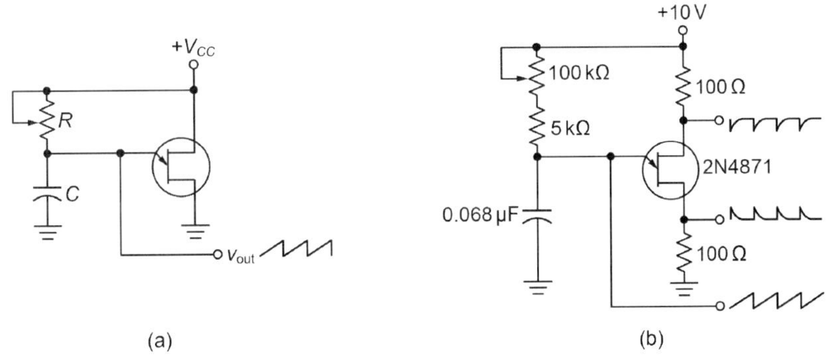

그림 15-33 UJT 회로 (a) 톱니파 발생기 (b) 톱니파와 트리거 출력

UJT 이상 발진기 출력의 날카로운 트리거 펄스는 SCR의 트리거에 사용된다. 그림 15-34는 자동차 점화장치 시스템을 표시한 것이다. 배전기 접점이 개방되어 있고, 커패시터는 지수함수적으로 +12 V까지 충전된다. 커패시터 전압이 진성 standoff 전압을 초과하게 되면 UJT는 1차 권선을 통해서 강하게 도통된다. 2차측 전압이 SCR을 트리거한다. SCR 래치가 단락되면 출력 콘덴서의 positive end는 갑자기 접지된다. 출력 콘덴서가 점화 코일을 통해서 방전하면 높은 전압의 펄스가 스파크 플러그를 구동한다. 접점이 단락되면 회로는 자신을 다음 주기를 준비하도록 리세트시킨다.

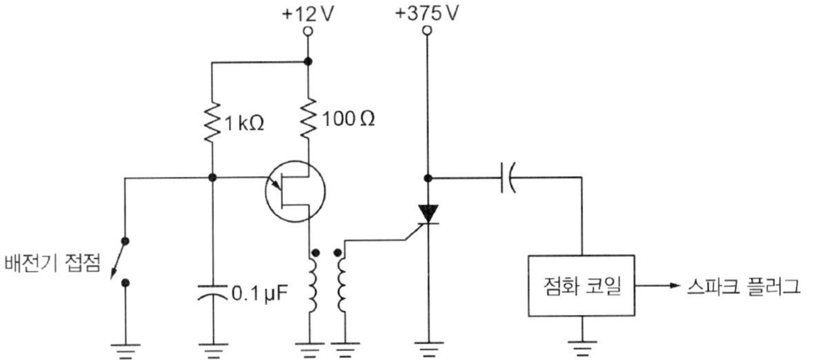

그림 15-34 자동차 점화장치에서 스파크를 발생시키기 위한 UJT의 SCR 트리거

CHAPTER

15 기초문제

1. 다음의 사이리스터중 어느 것이 항상 직류 전력을 제어하기 위해서 사용되는가?

(a) TRIAC (b) SCR (c) UJT
(d) DIAC (e) SCR과 UJT

2. 다음의 사이리스터 중 쌍방향성 소자는 어느 것인가?

(a) TRIAC (b) SCR
(c) UJT (d) ENIAC

3. SCR의 게이트 전류가 ( )하면 순방향 항복 전압은 ( )한다.

(a) 증가, 감소 (b) 증가, 증가
(c) 감소, 증가 (d) 감소, 감소

4. 다음의 사이리스터 중 대칭성 스위칭 특성을 갖는 것은 어느 것인가?

(a) TRIAC (b) SCR (c) UJT
(d) DIAC (e) SCR과 UJT

5. 빛이 인가될 때 전압을 발생시키는 감광 소자는 다음 중 어느 것인가?

(a) 광도전셀 (b) 포토 다이오드 (c) 광전지
(d) 포토트랜지스터 (e) b와c

6. 다음 중 단색 광원은 무엇인가?

(a) LED (b) 전구 (c) ILD
(d) LCD (e) b와 c

7. 다음 소자 중 동전이 슬롯에 삽입될 때 검출하기 가장 적합한 것은 무엇인가?

(a) 피에조 저항성 센서
(b) 홀 효과 센서
(c) PTC 써미스터
(d) 인터럽터 광분리기
(e) a와 c

8. LED 표시기를 능가하는 액정 표시기의 장점은 무엇인가?

(a) 저전력 소비
(b) 판독용이
(c) 이동용 응용에 이상적이다.
(d) a와 c
(e) a와 b

9. 전류 제한기로 직렬 연결되어 사용되는 소자는 무엇인가?

(a) 홀 효과 센서
(b) 피에조 저항 센서
(c) PTC 써미스터
(d) NTC 써미스터

10. 다음 사이리스터 중 3단자 사이리스터가 아닌 것은?

(a) SCR
(b) GTO
(c) LASCR
(d) SCS

11. 2방향성 3단자 사이리스터의 대표적인 것은 무엇인가?

(a) SCR
(b) SSS
(c) SCS
(d) TRIAC

12. 사이리스터에서의 래칭 전류에 관한 설명으로 옳은 것은 무엇인가?

(a) 게이트를 개방한 상태에서 사이리스터 도통 상태를 유지하기 위한 최소의 순전류이다.

(b) 게이트 전압을 인가한 후 급히 제거한 상태에서 도통 상태가 유지되는 최소의 순전류 이다.

(c) 사이리스터의 게이트를 개방한 상태에서 전압이 상승하면 급격하게 증가되는 순전류이다.

(d) 사이리스터가 턴ON되기 시작하는 순전류이다.

13. SCR을 구동시키기 위한 보통의 게이트 펄스는 몇 mA가 적당한가?

(a) 10 mA (b) 20 mA

(c) 50 mA (d) 80 mA

14. SCR의 애노드 전류가 20 A로 흐르고 있을 때 게이트 전류를 절반으로 줄이면 애노드 전류의 크기는 어떻게 되는가?

(a) 10 A (b) 20 A

(c) 50 A (d) 80 A

15. 다음 중 SCR의 특징이 아닌 것은?

(a) 아아크가 발생되지 않기 때문에 열의 발생이 적다.

(b) 과전압에 약하다.

(c) 게이트에 신호를 인가할 때부터 도통할 때까지의 시간이 짧다.

d . 전류가 흐르고 있을 때의 양극의 전압 강하가 크다.

16. SCR과 관계가 있는 것은 무엇인가?

(a) 유지 전류 이상이 되면 순방향 저지 상태가 된다.
(b) 래칭 전류는 항상 유지 전류보다 작다.
(c) 항복 전압이 되면 애노드 전류가 갑자기 커진다.
(d) 항복 전압 이상이 되면 역방향으로 턴ON하게 된다.

17. 다이오드를 사용한 정류 회로에서 과도한 부하 전류로 인해서 다이오드가 파손될 우려가 있을 때의 조치로 가장 적당한 것은 무엇인가?

(a) 다이오드를 병렬로 추가한다.
(b) 다이오드를 직렬로 추가한다.
(c) 다이오드 양단에 적당한 크기의 저항을 추가한다.
(d) 다이오드 양단에 적당한 크기의 콘덴서를 추가한다.

18. 그림 15-35에서 SCR의 기호로 옳은 것은 무엇인가?

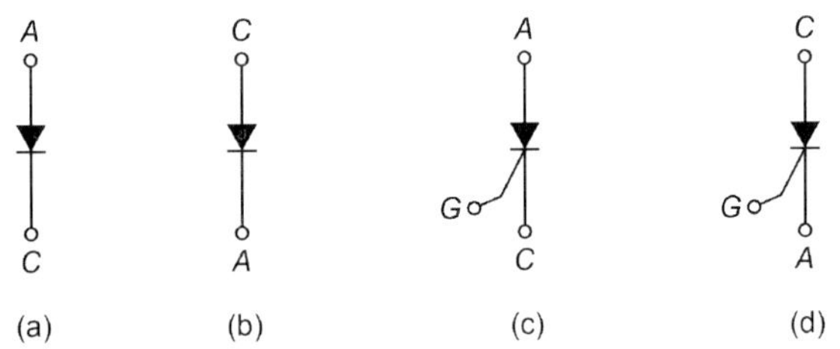

그림 15-35

19. 그림 15-36에서 SBS 트리거 소자와 관계가 없는 것은 무엇인가?

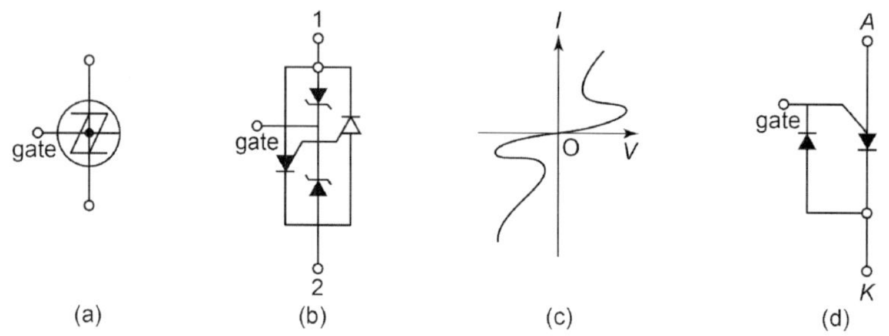

그림 15-36

20. 그림 15-37 에서 PUT 소자와 관계가 없는 것은 무엇인가?

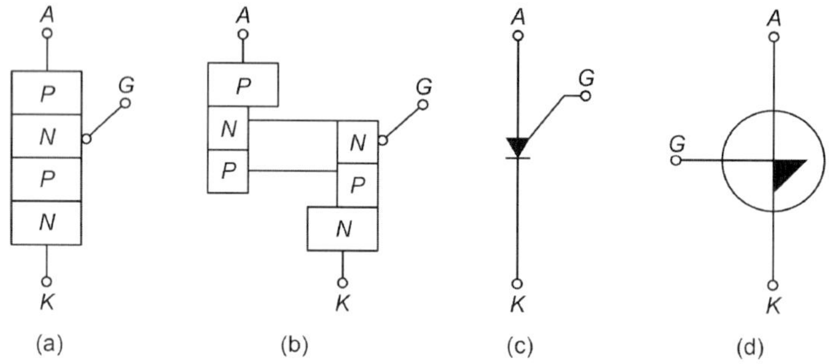

그림 15-37

21. 그림 15-38에서 TRIAC의 기호는 어느 것인가?

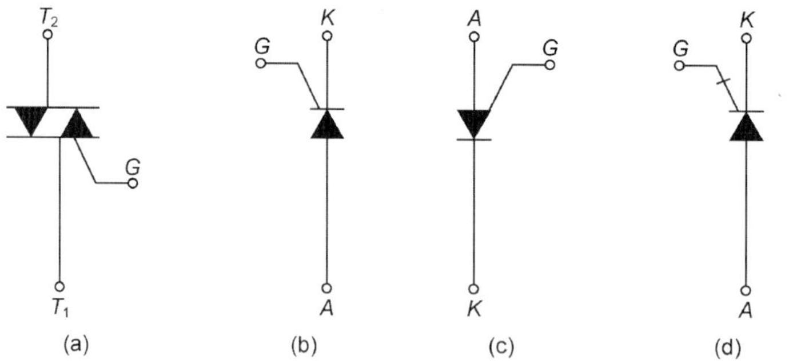

그림 15-38

CHAPTER

15 연습문제

1. 그림 15-39(a)의 1N5160이 도통되고 있다. 만약 중단(dropout)점에서 다이오드 양단에 0.7 V가 걸린다고 가정하면, 저전력 중단(dropout)이 발생하는 V값은 얼마인가?

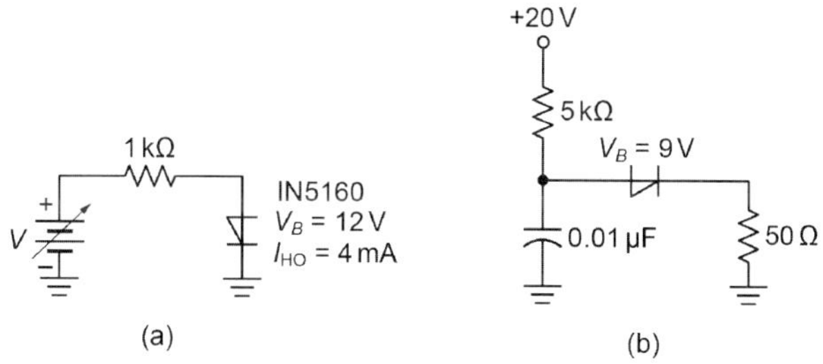

그림 15-39

2. 그림 15-39(b)의 50 Ω 저항을 통해서 흐르는 전류는 다이오드가 래치된 직후에 최댓값을 갖는다. 만약 래치된 다이오드 양단에 1 V가 걸린다면 최대 전류는 얼마인가?

3. 그림 15-40에 표시된 회로의 4층 다이오드가 10 V의 항복 전압을 갖는다. SCR의 트리거 전류는 1 mA이고 트리거 전압은 0.8 V이다. 만약 4층 다이오드가 약 0.7 V의 순방향 전압 강하를 갖는다면 다이오드가 항복하기 직전의 전류는 얼마인가? SCR이 도통한 후의 500 Ω 저항을 통해서 흐르는 전류는 얼마인가?

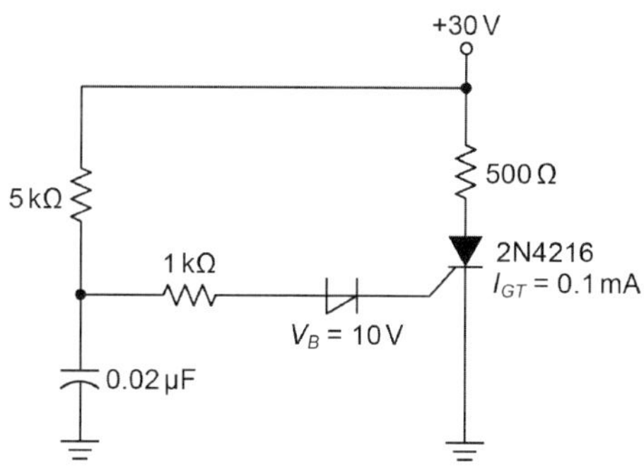

그림 15-40

4. 그림 15-41에서 구형파 주파수는 10 kHz이다. 커패시터가 다이악의 항복 전압에 도달되는 시정수가 정확하다. 만약 MPT 32의 항복 전압이 32 V라면 다이악이 항복되는 순간 이상적인 게이트 전류는 얼마인가?

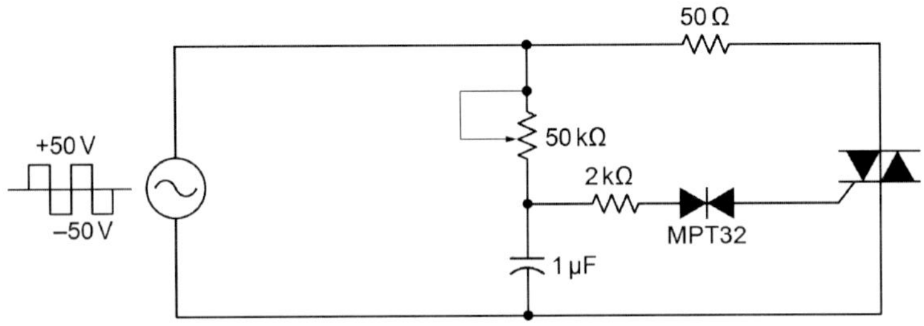

그림 15-41

5. 그림 15-42에 표시된 회로에서 UJT의 골짜기 전류가 2 mA이다. 만약 UJT가 래치됐다면 저전류 중단을 구하기 위해서 V를 감소시킬 수 있다. 이미터 다이오드 양단에 0.7 V가 허용된다면 UJT가 개방되는 순간의 V는 얼마인가?

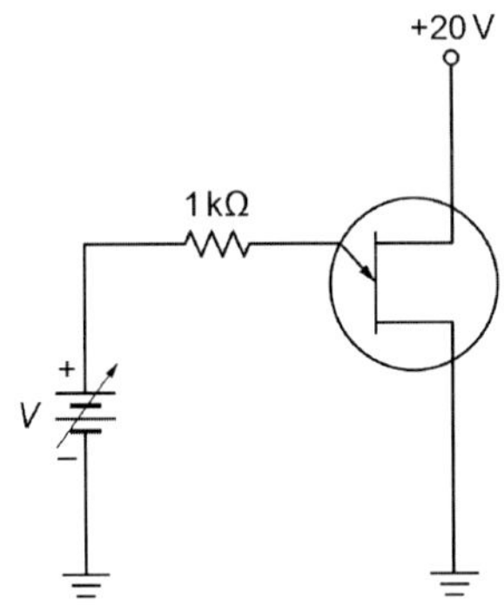

그림 15-42

6. 그 림 15-43에서 동작 지연각이 30° 와 40° 일 때 어느 것이 평균 부하 전류가 큰가?

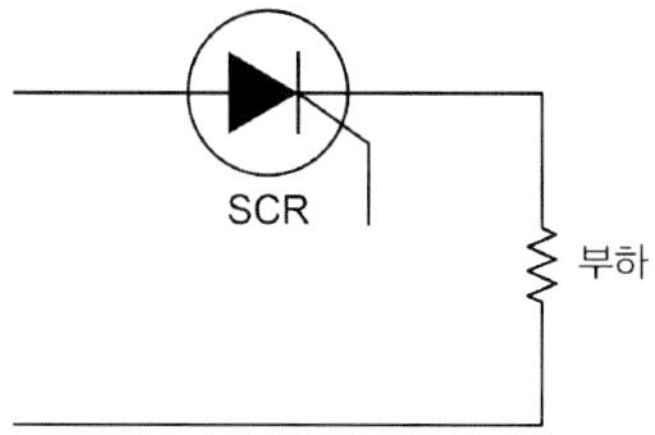

그림 15-43

7. SCR의 전도각이 90° 일 때보다 평균 부하 전류를 배로 증가시킬 경우 필요한 전도각은 얼마인가? 단, 공급 전원은 정현파이다.

8. 그림 15-44에 표시된 회로에서 SCR을 동작시키려면 X점의 전압을 얼마로 하면 되는가? 2N3669를 동작시키는 데 필요한 게이트 전류는 정상 상태에서는 20 mA이다.

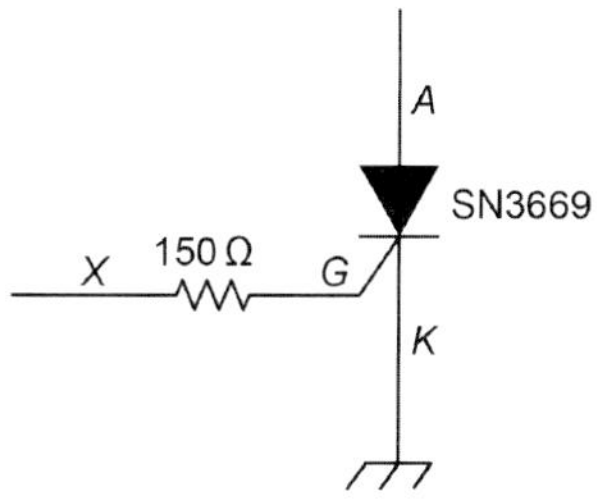

그림 15-44 게이트 단자에 150 Ω의 저항이 연결된 SCR

9. 그림 15-45에 표시된 회로에서 다이악의 브레이크 오버 전압이 32 V이고 동작 지연각이 75 ° 가 되도록 저항과 커패시터값이 결정되어 있다. 만약 32 V 다이악을 28 V 다이악으로 대체한다면 동작 지연각은 어떻게 되겠는가?

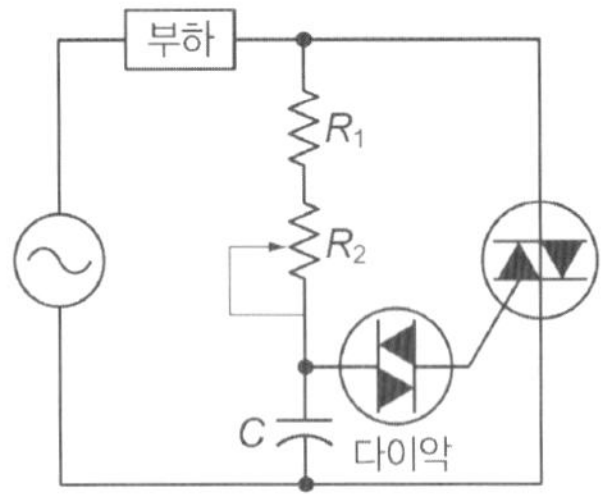

그림 15-45

CHAPTER

16

조정된 전력 공급

1963년 Fairchild 반도체사에서 최초의 상업용 IC 연산증폭기인 μA702를 개발했다. 연산증폭기의 능력을 다양한 응용 분야에 적용시키는 것이 실현된 것이다. 이어서 National 반도체가 1965년에 LM101 연산증폭기를 소개했다. 1967년 페어차일드사는 다시 한번 오늘날까지도 가장 널리 사용되는 유명한 연산증폭기인 μA741을 개발함으로써 역사를 다시 쓰게 되었다. 이때부터 기술적인 개선이 연산증폭기를 개량시켰고 몇 개의 연산증폭기가 다른 회로를 내부적으로 포함되는 다양한 형태의 집적회로를 개발하게 되었다.

이런 IC에는 전압 조정기, 타이머, 함수 발생기, PLL, A/D컨버터, D/A컨버터, 샘플홀드 증폭기 등 다양한 형태의 특수형 IC가 포함된다. 연산증폭기가 사용되는 이런 IC를 정확하게는 선형 집적회로라고 부르는데, 이들이 선형 신호 증폭을 제공하기 때문이다. 이에 비해 디지털 집적회로는 펄스 신호 프로세싱에서만 사용된다. 앞 장에서 이미 가장 널리 사용되는 선형 IC인 연산증폭기에 대해서 알아본 바 있다. 연산증폭기가 비교기, 반전증폭기, 비반전 증폭기, 신호 프로세서, 신호 발생기, 능동 필터에 어떻게 응용되는지를 설명했다.

16-1 전압 조정기 회로

직류 전원 공급장치 회로는 그림 16-1에 표시된 것처럼 선형 집적회로 전압 조정기를 사용해서 만들어진다.

이런 IC 전압 조정기에는 약 50개의 개별 소자 혹은 이산 소자들이 한 개의 실리콘 반도체 칩 속에 집적되어 있고, 3핀 패키지 속에 포장된다. 그림 16-1에는 IC 전압 조정기 내부 회로의 기본적인 블록 다이어그램이 표시되어 있다. 조정기의 단락회로 보호와 열 차단 내부 회로는 부하 전류가 정격 전류를 초과하면(방열판이 너무 적거나, IC 전압 조정기가 소비할 수 있는것 보다 빠르게 열을 발생시키면) 턴OFF 시킴으로써 IC 조정기를 보호하게 된다. 비록 전압 조정기가 연산증폭기와 다른 이산 소자를 사용해서 구성되기 때문에 완전한 IC 전압 조정기는 비교적 저렴하고, 작고, 더욱 효과적으로 된다. 선형 전압 조정기 IC는 고정된 출력을 제공하는 전압 조정기, 가변 출력을 제공하는 전압 조정기, 스위칭 전압 조정기로 분류된다 .

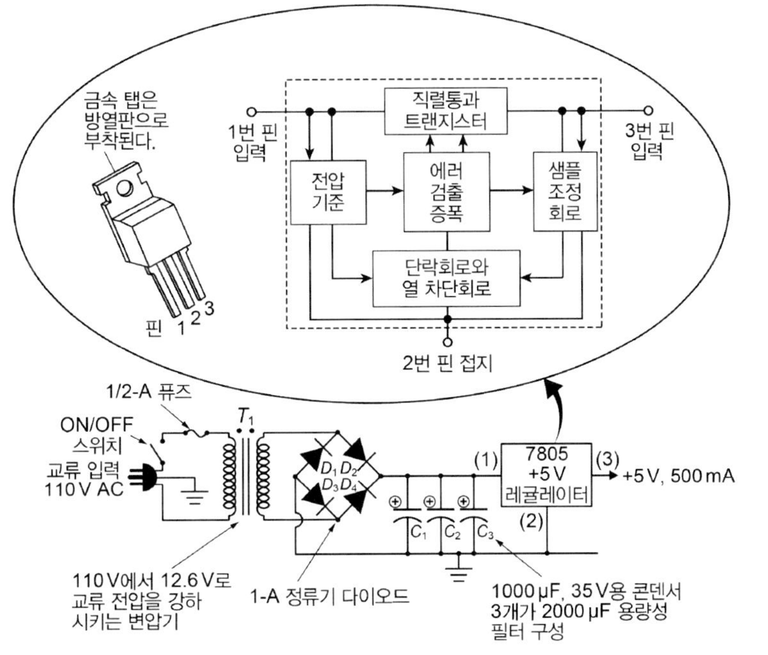

그림 16-1 직류 전원장치회로내에 사용되는 집적회로

16-1-1 고정 출력 제공 전압 조정기

이름이 의미하는 것처럼 고정 출력 전압 조정기는 변화하지 않는 조정된 출력 전압을 발생시킨다. positive 전압과 negative 전압을 발생시키는 두 가지의 기본적인 그룹으로 분류된다. 이런 전압 조정기들은 입력 전압이 전압 조정기의 정격 출력 전압보다 큰 것처럼, 일정한 크기의 조정된 출력 전압을 공급하게 된다. 만약 적절하게 열이 방출된다면 전압 조정기는 1.5 A 크기의 최대 출력 전류를 전달할 수 있다. IC 전압 조정기의 3단자에는 입력, 출력, 접지가 표시된다. 패키지는 일반적으로 78XX 혹은 79XX로 인식코드를 표시하게 되는데 78XX 시리즈의 전압 조정기는 positive 출력 전압을 공급한다. 인식코드의 뒤쪽 두 숫자는 출력 전압의 크기를 나타낸다(예를 들면 7805는 +5 V를 의미한다).

이와는 반대로 79XX 시리즈는 negative 출력 전압을 공급하기 위해서 사용된다. 마지막 두 숫자는 역시 출력 전압의 크기를 표시한다(예를 들면 7912는 −12 V를 의미한다).

16-1-2 가변 출력 전압 조정기

가변 출력 전압 조정기는 조정이 가능한 조정된 출력 전압을 발생시킨다. 고정 출력 전압 조정기처럼 positive 가변 출력 전압 조정기와 negative 가변 출력 전압 조정기로 분류된다. 그림 16-2(a)는 가장 널리 사용되는 positive 가변 출력 전압 조정기인 LM317을 표시하고 있다. 회로에는 정상적으로 연결되는 LM317의 3단자인 V_{IN}, V_{OUT}, ADJ가 표시된다. 저항 R_1과 R_2는 출력 양단에 걸리는 전압 분배기를 구성한다. 이때 R_2는 가감 저항기(뢰스태트)처럼 연결된다. LM317의 출력 전압은 R_2의 저항 변화에 의해서 조정된다. 따라서 전압이 레귤레이터의 ADJ 입력에 인가된다. 그림 16-2(b)는 LM317과 반대 극성의 전압을 제공하는 가장 널리 사용되는 negative 가변전압 조정기인 LM337 시리즈가 표시되어 있다. 이런 전압 조정기는 LM317 소자처럼 동일한 전압과 전류 옵션을 갖는다.

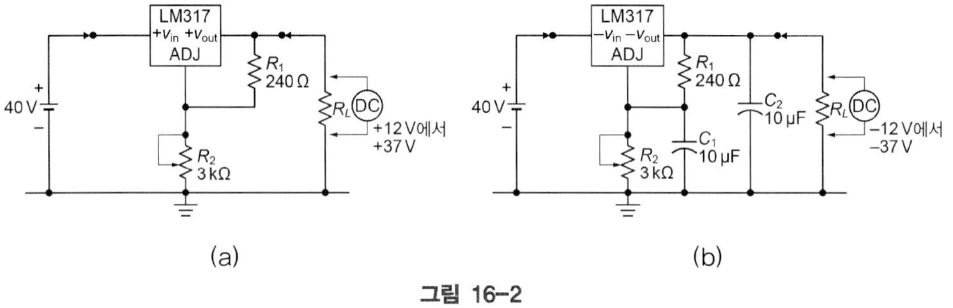

그림 16-2

16-1-3 스위칭 전압 조정기

고정 출력 전압 조정기와 가변 출력 전압 조정기는 입력 전압과 부하 사이에 직렬로 연결된 내부 트랜지스터의 저항을 제어하기 때문에 직렬 소비 조정기라고 부른다. 이런 전압 조정기의 종류는 직렬로 연결된 내부 트랜지스터의 저항이 일정하게 변화되기 때문에 열로 소비되는 입력 전압이나 부하 전류가 변하게 되므로 일정한 출력 전압을 유지하게 된다. 직렬 소비 전압 조정기는 일반적으로 약 60%에서 70%의 낮은 변환 효율을 갖는다. 그리고 오직 낮은(low) 혹은 중간(medium)크기의 부하 전류 응용분야에만 사용된다. 이와 반대로, 직렬 스위칭 전압 조정기는 약 90%의 높은 효율을 갖는다. 이런 형태의 전압 조정기의 동작을 설명하기 위해서는 그림 16-3(a)에 표시된 것과 같은 간단한 회로를 참조해야 한다.

효율을 증가시키기 위해서 직렬로 연결된 패스 트랜지스터 Q_1은 가변 저항이라기보다는 스위치처럼 동작한다. 이것은 트랜지스터 Q_1이 ON, OFF로 스위칭된다는 것을 의미한다. 따라서 자신의 이미터를 통해서 컬렉터로 +12 V의 입력을 스위칭시키거나 이미터를 통해서 통과되는 +12 V를 차단시킨다. Q_1의 이미터에서 이런 +12 V의 펄스는 커패시터 C_1을 평균 전압(이 예제에서는 +5 V)으로 충전시킨다. 그리고 이런 전압이 부하 저항 R_L에 인가된다. 이것을 좀더 상세하게 설명하자면 트랜지스터 Q_1이 스위칭 전압 조정기 IC로부터의 HIGH 베이스 전압에 의해서 턴ON되면 트랜지스터 Q_1의 이미터를 통해서 스위칭되는 Q_1의 컬렉터에서 비조정된 +12 V는 베이스 다이오드 D_1을 역방향으로 바이어스시키고 직렬로 연결된 인덕터 L_1과 병렬로 연결된 커패시터 C_1에 인가된다.

직렬로 연결된 L_1은 전류에서 ON/OFF 변화를 방해하고 비교적 일정한 전류가 전압에서의 ON/OFF 변화를 방해하는 C_1과 병렬 연결된 부하로 통과시키기 때문에 출력이 비교적 일정한 전압인 +5 V로 고정되는 저역 통과 필터로 동작한다. Q_1이 스위칭 전압 조정기 IC의 LOW 베이스 전압에 의해서 턴OFF될 때 비조정된 +12 V의 입력이 LC 필터로부터 차단된다. 코일의 자기장은 소멸되고, 커패시터 C_1에 의해서 충전되어 있던 +5 V의 전하는 부하 양단에 걸려 있기 때문에 부하를 통해서 전류가 발생된다. 따라서 코일 L_1은 트랜지스터 Q_1의 ON/OFF에 의해서 기인하는 출력 전류 변화를 매끄럽게 하는 반면 커패시터는 출력 전압의 변화를 매끄럽게 한다.

다음으로 가장 중요한 것은 이런 회로가 어떻게 전압 조정기의 기능을 가지고, 출력 전압을 일정하게 유지하는가 하는 질문이다. 그 해답은 스위칭 전압 조정기 IC에 의해서 제어되는 폐루프를 통한 감지(sence)와 조정 시스템이다. 그림 16-3(a)에 표시된 것 +5 V의 출력으로부터 취해지는 감지 입력을 내부의 고정 기준 전압과 비교에 의해서 동작한다. 그림 16-3(b)에 표시된 파형을 참조하면 출력 전압이 +5 V 아래로 떨어질 때(time t_1에서 t_2) 스위칭 전압 조정기는 트랜지스터 Q_1의 베이스에 인가되는 positive 출력 펄스의 폭을 증가시킴으로써 응답한다. 이런 트랜지스터 Q_1의 ON 타임 증가는 평균 출력 전압을 상승시키고 출력을 +5 V로 백업(back up)시키도록 배양시킨다.

출력 전압이 +5 V이상 상승하면 (time t_3에서 t_4 사이), 스위칭 조정기는 트랜지스터 Q_1의 베이스에 인가되는 positive 출력 펄스의 폭을 감소시킴으로써 응답한다. 이런 트랜지스터 Q_1의 ON타임 감소는 평균 출력 전압을 감소시키고 출력을 +5 V로 백다운(back down)시키도록 배양시킨다. 이런 결과는 입력과 부하에서 변화가 발생한다고 해도 출력 전압을 +5 V로 고정시키게 된다. 따라서 스위칭 조정기는 직류 입력 전압을 효율적으로 조정된 직류 출력 전압으로 제공하는 전압 조정기로 약 20 kHz비율로 ON/OFF 스위칭을 갖는다. 스위칭 전원 공급장치로는 스위칭 조정기를 사용하는데 크기가 작고 아주 효율적이다. 이런 소자의 단점은 회로가 일반적으로 조금 복잡하다는 데 있다. 따라서 가격이 약간 비싸진다.

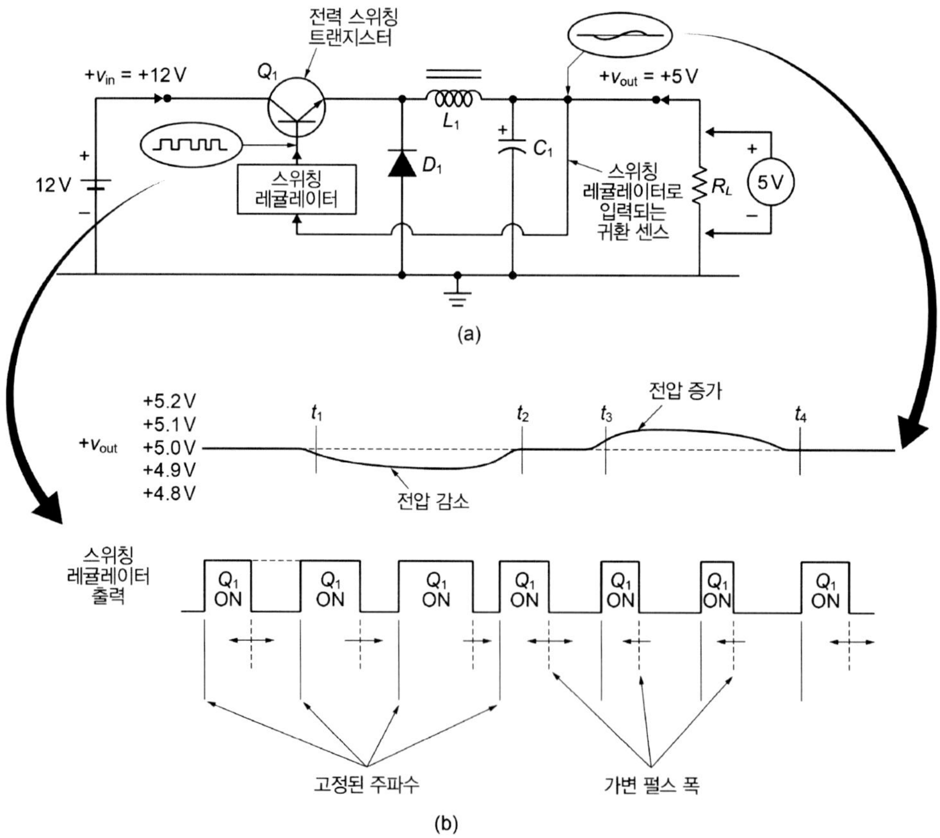

그림 16-3 기본적인 스위칭 조정기 동작

16–2 3단자 IC 조정기

1960년대 말 IC 제조업자는 한 개의 칩 위에서 전압 조정기를 만들기 시작했다. 1세대 소자는 μA 723과 LM 300으로 제너 다이오드, 높은 이득을 갖는 증폭기, 전류 제한 등 기타 유용한 특성을 가지고 있었다. 과거에 사용되었던 이런 IC 조정기의 단점은 최적의 동작을 위해서 많은 외부 소자가 필요했고 연결을 위해서 8개 이상의 핀이 포함된다는 점이다. 최근에 만들어진 IC 전압 조정기는 오직 3개의 핀만을 갖는 소자로 하나는 조정되지 않은 입력 전압을, 또 다른 하나는 조정된 출력 전압을, 나머지 하나는 접지에 연결된다. 새로운 소자는 100 mA로부터 3 A 이상의 부하 전류를 공급할 수 있다. 플라스틱이나 금속 패키지로 싸여 있으며, 이런 3단자 조정기는 값이 싸고 사용이 쉬워서 아주 인기가 있다. 바이패스 콘덴서의 결합을 제외하고는 새로운 3단자 IC 조정기는 외부 성분이 필요치 않다.

16–2–1 LM340 시리즈

LM340 시리즈는 새로운 3단자 전압 조정기의 형태이다. 그림 16–4는 블록 다이어그램을 표시하고 있다. 증폭기의 비반전 입력은 기준 전압으로 구동된다. 귀환 전압은 내부 전압 분배기로부터 오는데 5, 6, 7, 10, 12, 15, 18, 24 V 중 원하는 출력 전압을 자유롭게 제공할 수 있다. LM340–5는 5 V의 조정된 출력 전압을 발생시킨다. LM340–18은 출력 18 V가 발생된다. 칩 내부에 1.5 A 이상의 부하 전류를 다룰 수 있는 패스 트랜지스터가 포함되면 적당한 방열판이 제공된다. 열 차단 장치와 전류 제한을 갖고 있다. 열 차단은 내부 온도가 175℃ 이상으로 위험하게 되면 자동으로 동작되는 것을 의미한다. 이런 것은 주위의 온도, 방열판 등 다른 변수에 따라서 변화하는 과대 전력 소비에 대한 방지 회로로 LM340 시리즈의 소자는 열차단 회로와 전류 제한을 갖기 때문에 파괴될 위험이 없다.

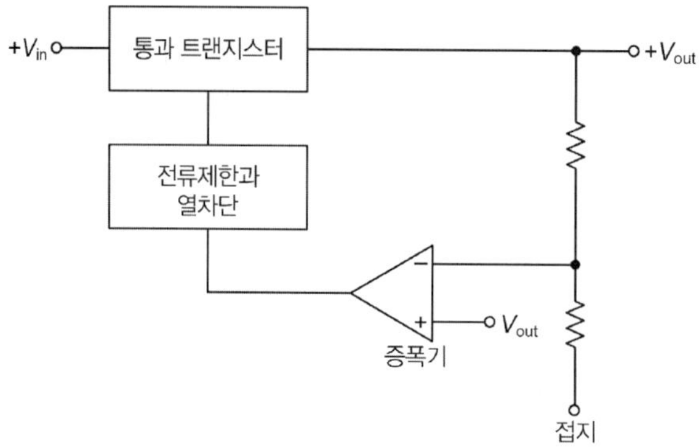

그림 16-4 3단자 IC 전압 조정기의 기능 블록다이아그램

16-2-2 고정된 정류기

그림 16-5(a)는 고정된 전압 조정기처럼 사용되는 LM340-5를 표시한 것이다. 1번 핀은 입력, 2번 핀은 출력, 3번 핀은 접지이다. LM340-5는 +5 V ±2%의 출력 전압과 1.5 A의 최대 부하 전류, 10 mV의 부하 조정과 3 mV의 전원 조정, 80 dB의 리플 제거를 갖는다. 약 0.01 Ω의 출력 임피던스를 갖는 LM340-5은 최대 전류 정격 이내의 모든 부하에 대해서 아주 안정한 전압원이다. IC가 조정되지 않은 전원의 필터 커패시터로부터 수 인치 떨어졌다면 유도성 인덕턴스가 IC 내에서 발진을 발생시키므로 그림 16-5(b)에 표시한 것처럼 1번 핀에 바이패스 커패시터 C_1을 연결한다. 조정된 출력 전압의 전이 응답을 개선하기 위해서 바이패스 커패시터 C_2가 가끔 사용된다.

어떤 바이패스 커패시터이든 간에 0.1 μF에서 1 μF 사이의 크기를 갖는다(LM340의 데이터시트에 따르면 입력 커패시터는 0.22 μF이고, 출력 커패시터서는 0.1 μF이다). LM 시리즈에서 어떤 소자들은 조정된 출력 전압보다 적어도 2 V에서 3 V 큰 입력 전압이 필요하다. 그렇지 않으면 조정을 멈춘다(때때로 Brownout이라 부른다). 게다가 과도한 소비 전력 때문에 입력 전압은 제한된다. LM340-5는 약 7 V에서 20 V의 입력 범위에서 동작한다. 극단적인 경우 LM340-23 조정기는 27 V에서 38 V의 입력 범위에서 동작하기도 한다.

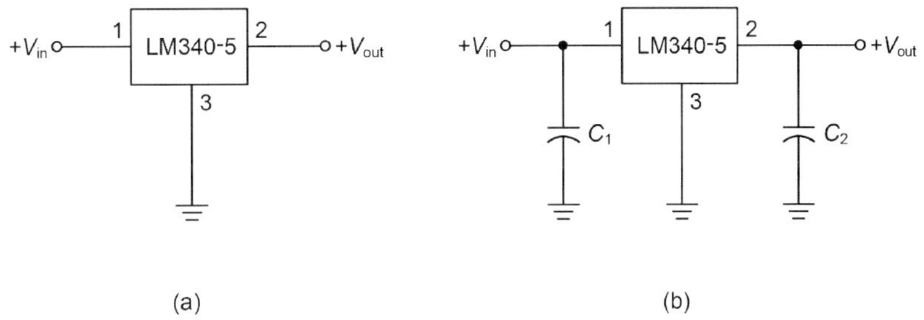

그림 16-5 (a)전압 조정기처럼 연결된 LM340 (b) 발진을 방지하는 입력 바이패스 커패시터와 전이 응답을 개선하는 출력 바이패스 커패시터

그림 16-6(a)는 출력 전압을 조정할 수 있도록 LM340에 외부 성분을 부가하는 것을 나타내고 있다. LM340의 공통 단자는 접지되지 않는다. 그러나 R_2의 상단에 연결되어 있으므로 조정된 출력 V_{rcg}가 R_1 양단에 걸리게 된다. 정지 전류 I_Q는 저항 R_2와 3번 핀을 통해서 흐르게 된다. 따라서 2번 핀으로부터 접지까지의 출력 전압은 식 (16-1)처럼 표시된다.

$$V_{out} = V_{rcg} + (I_Q + \frac{V_{rcg}}{R_1})R_2 \qquad (16\text{-}1)$$

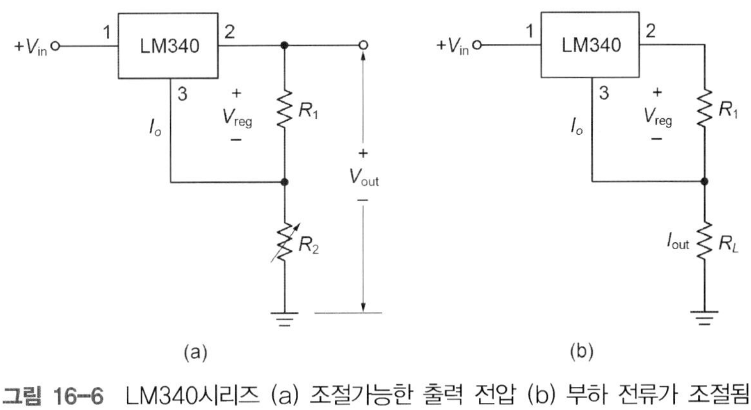

그림 16-6 LM340시리즈 (a) 조절가능한 출력 전압 (b) 부하 전류가 조절됨

I_Q는 부하와 선전압의 변화에 의해서 약간 변하기 때문에 식 (16-1)은 V_{out}이 조정되고 조절이 가능하다는 것을 나타낸다(LM340 시리즈에서 I_Q는 8 mA의 최댓값을 가지며 모든 선전압과 부하의 변화에서 오직 1 mA만 변한다). 그림 16-6(b)는 전류원(전류 조정기)을 나타낸다. 부하 저항 R_L은 저항 R_2를 대신해서 사용되고, 앞에서와 같은 정지 전

류 I_Q와 R_1 전류는 저항 R_L을 통해서 흐르게 되므로 부하 전류는 식 (16-2)처럼 표시할 수 있다.

$$I_{out} = I_Q + \frac{V_{rcg}}{R_1} \tag{16-2}$$

$V_{rcg} = 5\,V$, R_1 = 10 Ω이라고 가정하면 I_{out}은 약 500 mA로 I_Q에서의 작은 변화를 스왐핑시킬 만큼 큰 전류이다. I_{out}은 R_L에 무관하며 항상 일정하다는 것으로 고정된 출력 전류를 갖도록 R_L을 변화시킬 수 있음을 의미한다.

16-2-3 LM320 시리즈

LM320 시리즈는 −5, −6, −8, −12, −15, −18, −24 V의 자유 전압을 갖는 negative 전압 조정기의 일종이다. LM320-5는 조정된 −5 V의 출력을 발생시킨다. 극단적인 예로 LM320-24는 −24 V의 출력 전압을 발생시킨다. LM320 시리즈는 적당한 방열판을 갖는 약 1.5 A의 부하 전류 능력을 갖는다. LM320 시리즈는 LM340 시리즈와 유사한 전류 제한과 열 차단이 우수한 리플 제거를 포함하고 있다. LM320과 LM340을 조합해서 그림 16-7에 표시된 것처럼 분리된 출력을 조정할 수도 있다. LM340은 positive 출력을 조정하고 LM320은 nerative 출력을 조정한다. 입력측 커패시터는 발진을 방시시키고 출력 커패시터는 전이 응답을 개선시킨다. 제조업자의 데이터시트에는 부가된 2개의 다이오드가 설명되는데, 이런 다이오드 양쪽의 조정기가 모든 동작 조건 아래서 도통될 수 있다는 것을 의미한다.

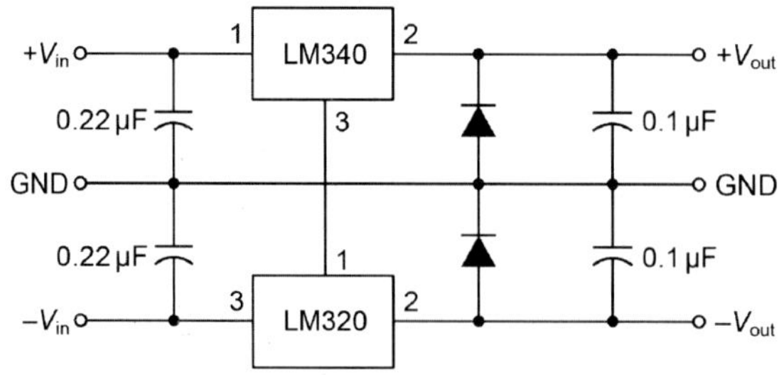

그림 16-7 LM340과 LM320을 사용해서 분리된 공급 전압을 발생시킨다.

16-2-4 조절 가능한 정류기

IC 조정기의 일종인 LM317, LM338, LM350은 조절이 가능하다. 이런 것들은 1.5 A로부터 5 A의 최대 부하 전류를 갖는다. LM317은 1.25 V에서 37 V의 조절가능한 출력 범위에서의 부하 전류인 1.5 A를 공급할 수 있는 3단자를 갖는 positive 전압 조정기이다. 부하조정은 0.1%이다. 선전압 조정은 1 V당 0.01%이므로 입력 전압이 1 V 변화할 때 출력 전압은 오직 0.01%만 변한다는 것을 의미하며, 이 회로의 리플 제거는 80 dB이므로 출력은 1/10,000로 감소된다. 그림 16-8은 일반적인 LM 317 회로를 구동하는 조정되지 않은 전원을 표시하고 있다. LM 317의 데이터시트에는 식 (16-3)과 같은 출력 전압의 공식이 제공된다.

$$V_{out} = 1.25\left(\frac{R_2}{R_1} + 1\right) \tag{16-3}$$

식 (16-3)은 1.25 V에서 37 V까지 유효하다. 일반적으로 필터 커패시터는 약 10%의 피크-피크 리플을 갖도록 선택된다. 전압 조정기의 리플 제거가 약 80 dB이므로 최종 피크-피크 리플은 약 0.001%가 된다. 전압 조정기는 입력 리플을 여과한다. 이것은 대부분의 전원 공급장치에서 RC 필터와 LC 필터가 제거될 수 있다는 것을 의미한다.

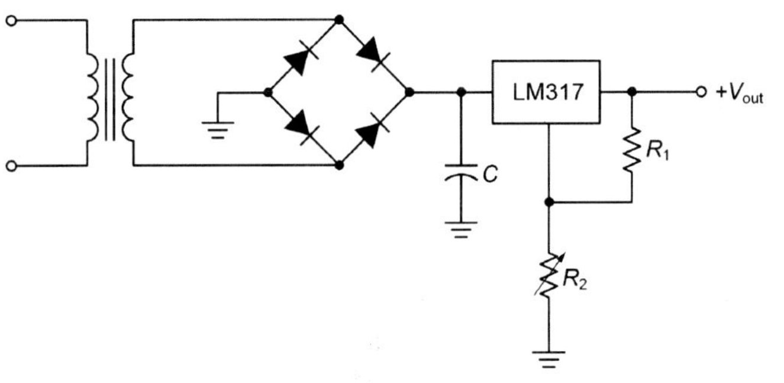

그림 16-8 LM317에 대해서 조정되지 않은 입력 전압을 발생 시키는 브리지 정류기와 커패시터 입력형 필터

16-2-5 이중 통로 조정기

분리 전원이 필요할 때 RC4194와 RC4195와 같은 이중 통로 조정기가 편리하다. 이런 전압 조정기는 동일한 positive 전압과 negative 전압을 제공한다. RC4194는 ±0.05에서 ±32V까지 조절가능하고, RC4195는 ±15 V의 고정된 출력 전압을 제공한다. 그림 16-9는 RC4195를 표시하고 있다. 조정되지 않은 2개의 입력 전압이 필요한데 positive 입력은 +18 V에서 +30 V, negative 입력은 -18 V에서 -30 V이다. 그림 16-9에 표시된 대로 2개의 출력은 ±15 V이다. RC4195의 데이터시트에는 각 공급에서 150 mA의 최대 출력 전류가 표시되어 있다. 선전압 조정은 2 mV, 부하 조정은 3 mV, 리플 제거는 75 dB이다.

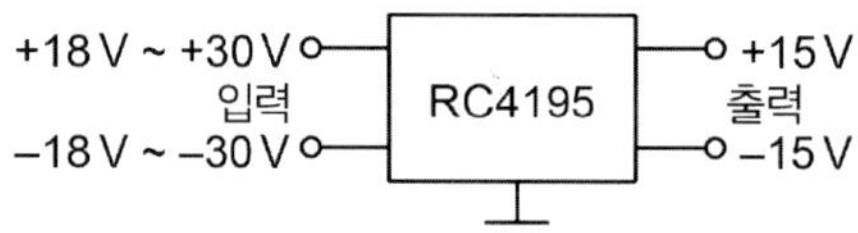

그림 16-9 분리된 전원을 공급하는 이중통로 전압 조정기

표 16-1 IC 전압 조정기

Number	VOUT, [V]	IMAX [A]	LR [mV]	SR[mV]	RR[dB]	Dropout[V]	비고
LM309	+5	1	15	4	75	2	+로 고정
LM317	–	1.5	0.1%	0.2%	65	2.5	조절가능1.2~32 V
LM320-5	-5	1.5	50	10	65	2	-로 고정
LM320-15	-15	1.5	30	5	80	2	-로 고정
LM338	–	5	0.1%	0.1%	60	2.7	조절가능1.2~32 V
LM340-5	+5	1.5	10	3	80	2.3	+로 고정
LM340-15	+15	1.5	10	3	80	2.5	+로 고정
LM350	–	3	0.1%	0.1%	65	2.5	조절가능 1.2~33 V
RC4194	–	0.15	0.2%	0.2%	70	3	이중 통로 0~32 V
RC4195	±15	0.15	3	2	70	3	이중 통로

표 16-1은 IC 조정기의 데이터를 기록한 것이다. LM309는 출력이 +5 V인 고정된 positive 조정기로 최대 부하 전류는 1 A, 부하 조정은 15 mA, 전원 조정은 4 mA, 리플 제거는 75 dB를 갖는다. 조절가능한 조정기는 LR과 SR이 mV보다는 %로 표시된다. 표에는 dropout 전압과 입력 전압과 출력 전압 사이의 최소 허용 오차가 표시되어 있다. 예를 들

면 LM3405는 2.3 V의 dropout 전압을 갖는다. 이것은 입력 전압이 출력 전압보다 적어도 2. 3V 커야 한다는 의미이다. 출력이 5 V이면 입력은 적어도 7.3 V이어야 한다.

16-3 함수 발생기 회로

함수 발생기는 주파수가 변화하는 다양한 출력 파형을 전달하는 신호 발생기 회로로 정의된다. 이미 앞에서 설명한 것처럼 발진기 회로에서 반복되는 출력 신호는 LC, RC, 수정 회로망에 의해서 결정된다. 다양한 통신 회로 응용에서는 여하튼 입력 제어 전압에 의해서 제어되는 주파수를 갖는 발진기가 필요하다. 이런 기능을 갖는 회로를 전압제어 발진기, VCO(voltage controlled oscillator)혹은 전압 주파수 변환기라고 부른다. 그림 16-10에 표시된 NE/SE 566은 선형 IC VCO의 좋은 예이다. 그림 16-10에 표시된 NE/SE 566이 구형파와 삼각파를 어떻게 발생시킬 수 있는지를 표시하고 있다. 발진 주파수는 외부 저항 R_1과 R_2, 5번 핀에 제어 전압을 인가하는, 커패시터 C_1에 의해서 결정된다. 삼각파는 NE/SE 566의 내부 전류원을 사용하는, 외부 커패시터 C_1의 선형적인 충전과 방전에 의해서 발생된다. 충전과 방전 레벨은 구형파 출력을 발생시키기 위해서 사용되는, NE/SE566의 내부 슈미트 트리거에 의해서 결정된다. 삼각파는 일반적으로 2.4 V_{PK-PK}의 진폭을 갖고 구형파는 일반적으로 5.4 V_{PK-PK}의 진폭을 갖는다.

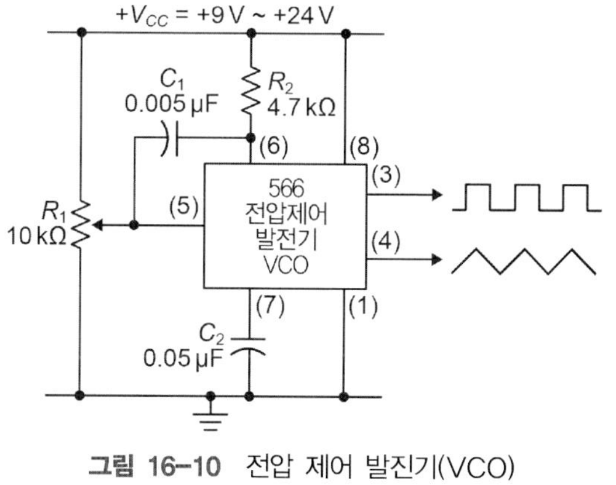

그림 16-10 전압 제어 발진기(VCO)

함수 발생기는 입력을 회로에 주입하고 입력에 대한 자신의 응답을 관측하는 측정 회로에 사용되는 계측 장비이다. 구형파가 논리게이트와 같은 디지털 측정 회로에 간혹 사용되는 것처럼, 사인파 신호는 항상 증폭기, 필터와 같은 선형 회로 측정에 사용된다. 과거에는 함수발생기 회로가 이산 소자에 의해서 구성됐지만 오늘날은 완전한 함수 발생기 회로는 한 개의 선형 IC 속에 집적된다. 그림 16-11은 IC 함수 발생기를 구성하기 위해서 어떻게 사용되는지를 보여준다. 그림 16-11에서 8038 함수 발생기 회로는 20 Hz에서 100 kHz의 사인파, 구형파, 삼각파 출력을 발생시킨다. 주파수 선택 스위치 SW_1은 원하는 주파수 범위를 선택하기 위해서 사용된다. 그리고 저항 R_4는 주파수 출력을 측정 범위 내의 원하는 주파수로 조정하는 데 사용된다. 스위치 SW_2S는 구형파, 삼각파, 사인파 중 하나를 선택하기 위해서 사용된다.

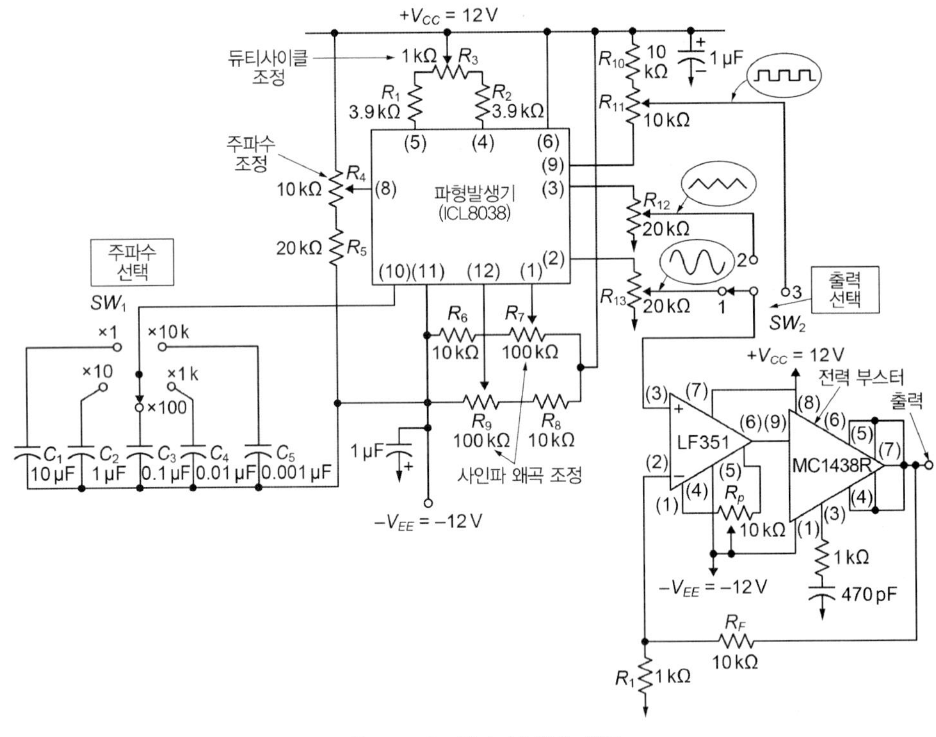

그림 16-11 함수 발생기 회로

이런 출력 선택 스위치의 위치는 연산증폭기와 출력 증폭기로 구성되는 출력 증폭단에 인가되는 파형을 결정하게 된다. 구형파의 출력 진폭은 저항 R_{11}에 의해서 가변된다.

그리고 구형파의 듀티비는 저항 R_3에 의해서 결정된다. 유사하게 삼각파의 출력 진폭은 저항 R_{12}에 의해서 조정된다. 사인파의 출력 진폭은 저항 R_{13}에 의해서 조정된다. 가변 저항 R_7과 R_9는 최소한의 왜곡을 갖는 사인파 출력을 정확하게 동조시키기 위해서 포함된다.

16-4 PLL 회로

PLL의 동작은 그림 16-12에 표시된 LM565 PLL선형 IC의 블록도를 참조하면 쉽게 설명할 수 있다. 다이어그램에 표시된 것처럼 PLL 속에는 위상 비교기, 증폭기와 저주파 필터, 전압 제어 발진기가 포함되어 있다. 입력 주파수 f_{in}이 위상 비교기의 한 입력에 인가되면 VCO의 출력 주파수 f_{out}과 비교된다. 만약 두 비교 입력 사이에 주파수 차가 존재한다면 비교기는 위상차를 검출하고 VCO의 입력 전압으로 제어되도록 인가되기 전에 여파되고 증폭되는 오차(에러) 전압을 발생시킨다. 만약 입력 주파수 f_{in}과 VCO 출력 주파수 f_{out}이 다르다면 오차 전압은 입력 주파수와 출력 주파수를 정합시킬 때까지 VCO 주파수를 시프트 시키는 위상 비교기에 의해서 발생된다.

따라서 $f_{in} = f_{out}$이 된다. f_{in}이 VCO 주파수 f_{out}과 정합될 때 PLL은 고정 상태에 있다고 말한다. 만약 입력 주파수가 변한다면 VCO 출력 주파수는 f_{in}을 따르게 되고 PLL의 포획 범위에 있는 입력 주파수를 제공한다. 그림 16-12를 참조하면 PLL이 입력 주파수를 포획하기 위해서 노력하는 동안 위상 비교기의 오차 전압이 어떻게 동작하는지를 확인할 수 있다. 입력 주파수가 PLL의 포획 범위 밖에 있으면 VCO는 자유 발진(free running)하거나 idle 주파수를 발생시킨다. 요약하면 PLL 회로는 입력 주파수와 VCO의 출력 주파수를 비교하는 위상 비교기로 구성된다. 위상 비교기의 오차 전압 출력은 증폭기를 경유해서 결합되고 저역 통과 필터는 VCO의 입력을 동 위상이 되도록 제어한다. 따라서 입력 주파수와 정확하게 일치된다. 이런 PLL 회로는 free running 상태, capture 상태, locked 상태로 동작한다.

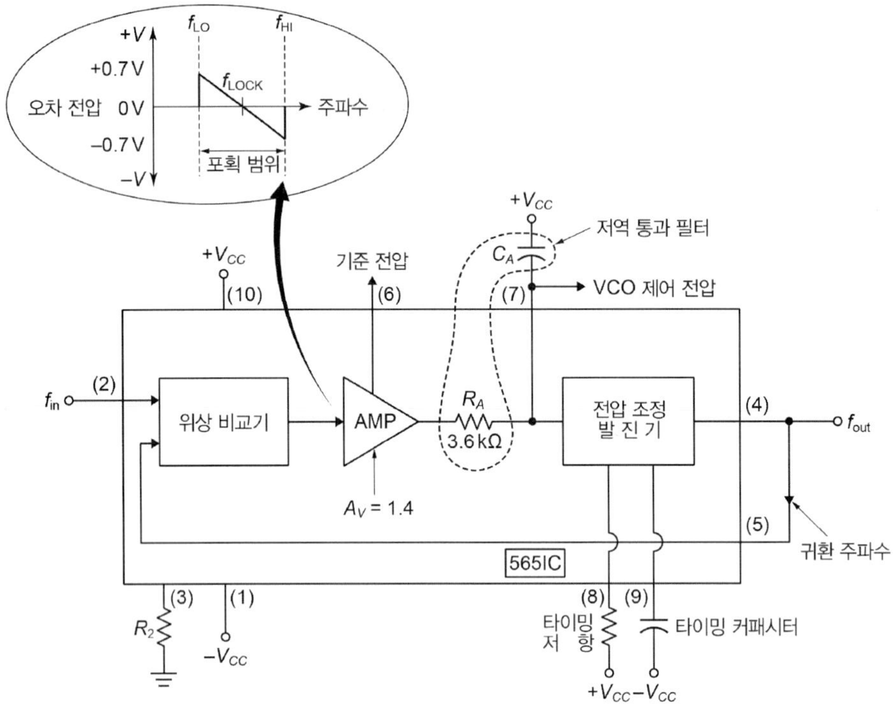

그림 16-12 PLL 회로

몇 가지 안정한 출력 주파수를 발생시키기 위해서는 그림 16-13(a)에 표시된 것 같은 수정 제어 발진기를 가지고 있거나 그림 16-13(b)에 표시된 것처럼 입력 주파수를 설정하기 위해서 주파수 배율기 회로를 가지고 있어야 한다.

그림 16-13(a)에 표시된 회로의 단점은 몇 개의 완전한 수정 발진기 회로가 필요하다는 것이고 그림 16-13(b)에 표시된 회로의 단점은 주파수의 특성이 자주 조정이 필요한 LC 동조 회로에 의존한다는 것이다. 그림 16-13(c)에 표시된 PLL 회로의 블록도에 관계되는 그림 16-13(d)에 표시된 회로도는 자주 LC 동조를 할 필요도 없고 몇 개의 수정 발진기를 필요로 하지도 않으면서 수정 발진기와 동일한 주파수 안정도를 갖는 몇 개의 출력 주파수를 발생시킨다. 그림 16-13(c)에서 확인한 것처럼 수정 발진기는 565PLL의 입력에 안정한 1 kHz의 구형파를 인가한다.

스위치 1이 아래쪽 위치에 있으면 VCO의 출력은 직접 위상 비교기로 귀환되고 회로는 그림 16-13과 동일한 방법으로 정확하게 동작하게 된다. 입력 주파수의 트랙을 따라서 출력주파수를 발생시킨다. PLL이 고정 동작에 의해서 아주 안전한 1 kHz의 주파수를 발생시킨다. 스위치 1이 중간 위치에 놓이게 되면 VCO의 출력과 위상 비교기의 입력 사이에는 5로 분주하는 회로로 스위칭된다. 그림 16-13(c)에 표시된 파형을 참조하면 5로 분주하는 회로의 한 출력 사이클은 입력 주파수의 5사이클마다 발생된다. 이것은 VCO의 귀환 신호가 출력 신호의 1/5만이 위상 비교기에 인가된다는 것을 의미한다. 이런 신호는 수정 발진기로부터 발생되는 1 kHz의 신호와 동 위상이 아니다.

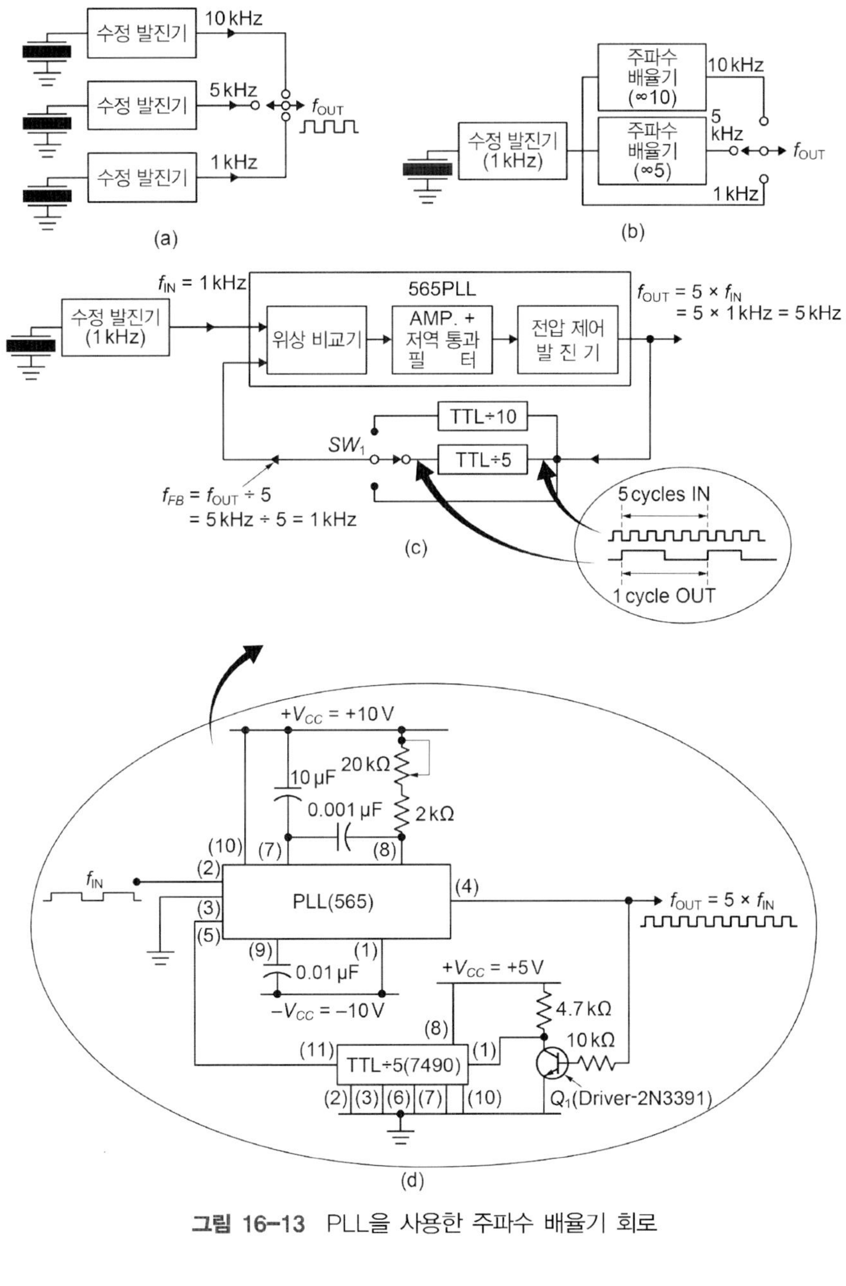

그림 16-13 PLL을 사용한 주파수 배율기 회로

따라서 위상 비교기는 에러 전압을 발생시키고 VCO는 자신의 출력 주파수를 5배만큼 증가시키게 된다. VCO가 출력 주파수를 5 kHz로 발생시킬 때 5로 분주하는 회로는 수정 발진기로부터 1 kHz의 입력을 위상 비교기에 정합시키는 위상 비교기로 1kHz의 출력을 발생시킨다(5 kHz ÷ 5 = 1 kHz). 그 결과 위상 비교기로부터 발생되는 에러 전압은 0이 되고 따라서 출력은 5 kHz로 고정된다. 그림 16-13(d)에 표시된 회로도에는 이런 스위치의 위치가 표시되어 있다. 만약 그림 16-13(c)에 표시된 회로의 SW_1이 위쪽(upper)에 놓여 있다면 VCO의 출력과 위상 비교기 입력 사이에는 10으로 분주되는 회로가 포함된다. 그 결과 PLL은 입력 주파수의 10배에 해당되는 출력 주파수를 발생시키게 된다.(f_{out} = 10 × f_{in} = 10 × 1 kHz = 10 kHz)

CHAPTER

16 기초문제

1. 선형 집적회로를 4가지만 열거해 보시오.

2. 전압 레귤레이터는 (　　)과 (　　)의 변화에도 불구하고 일정한 출력 전압을 발생시킨다.

3. 7800, 790, 317, 377 시리즈와 같은 직렬 소비 레귤레이터는 입력 전압과 부하 사이에 연결되는 직렬 저항을 갖는다. 이런 내부 저항은 (　　　)로 동작한다.

4. 직렬 스위칭 레귤레이터는 입력 전압과 부하 사이에 직렬로 연결되는 내부 트랜지스터를 갖는다. 여하튼 이런 트랜지스터는 (　　)로 동작한다.

5. VCO IC는 자신의 입력에서 (　　)에 의존하는 반복적인 출력 파형을 발생시킨다.

6. 연산증폭기 IC를 최초로 개발한 반도체 회사는 어디인가?

(a) National Semiconductor　(b) Motorola　(c) Fairchid　(d) Signetics

7. 다음 중 선형 IC가 아닌 것은?

(a) 전압 레귤레이터　(b) 연산증폭기

(c) VCO　(d) NAND 게이트

8. 7818 전압 레귤레이터는 어떤 전압을 제공하는가?

(a) −8 V
(b) +18 V
(c) +12 V에서 +37 V
(d) −18 V

9. 78XX와 79XX 전압 레귤레이터의 차이점은 무엇인가?

(a) 78XX는 가변 출력을 갖는다.
(b) 79XX는 +출력을 갖는다.
(c) 78XX는 +출력을 갖는다.
(d) 79XX는 가변 출력을 갖는다.

10. 직렬 소비 레귤레이터는 다음 중 어느 것인가?

(a) 제너 레귤레이터
(b) 317 레귤레이터
(c) 7912 레귤레이터
(d) 모두 정답

11. 다른 직렬 스위칭 레귤레이터를 능가하는 직렬 소비의 이점은 무엇인가?

(a) 회로의 간략화
(b) 변환 효율

12. VCO의 주파수 출력은 (   )에 의해서 결정된다.

(a) LC 회로망
(b) RC 회로망
(c) 제어 전압
(d) 수정

13. PLL 회로 속에는 (a. 수정 발진기 / b. 바이패스 필터 / c. VCO / d. VCR)가 필요하다.

14. PLL 회로와 스위칭 전압 레귤러 사이의 유사성은 무엇인가?

(a) 둘다 일정한 출력 전압을 발생시킨다.

(b) 둘다 제어 동작에 의해서 귀환 메커니즘을 갖는다.

(c) 둘다 고주파 출력을 발생시킨다.

(d) 둘다 고주파 통과 필터이다.

15. 가장 널리 사용되는 IC는 무엇인가?

(a) 전압 레귤레이터

(b) 함수 발생기

(c) 비교기

(d) 연산증폭기

16 연습문제

1. 그림 16-14에 표시된 전압 귀환 조정기에서 $R_1 = 1\ k\Omega$, $R_2 = 250\ \Omega$이 사용된다. $V_z = 6.2$ V라고 가정하고 조정된 출력 전압을 구하시오.

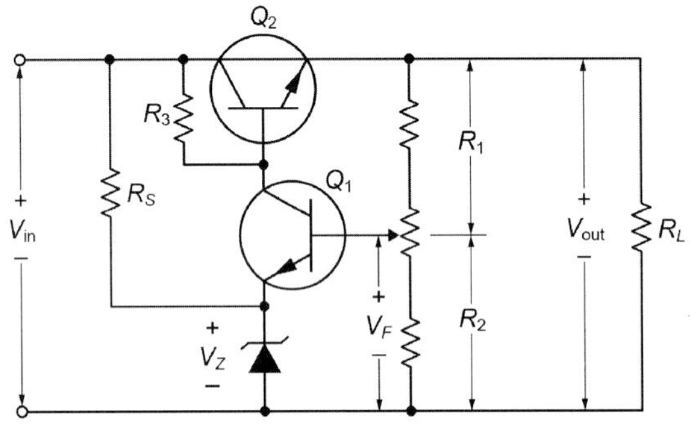

그림 16-14

2. 간혹 달링턴쌍이 조정기에 직렬로 연결되는 패스 트랜지스터로 사용된다. 이것은 조정기가 작은 부하 저항을 구동시키도록 허용한다. 그림 16-15에서 최소 출력 전압과 최대 출력 전압은 얼마인가?

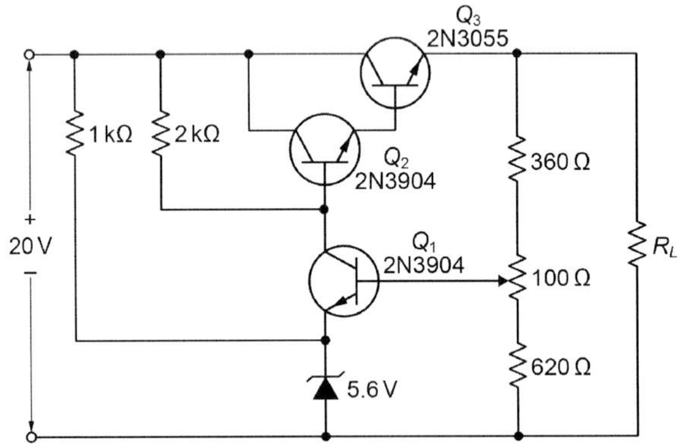

그림 16-15

3. 그림 16-15에서 $V_{OUT} = 10$ V, $R_L = 5\ \Omega$이다. 만약 2N3055의 $\beta_{dc} = 50$이고 2N3904의 $\beta_{dc} = 100$이라고 가정하면 제너 다이오드를 통해서 흐르는 전류는 얼마인가?

4. 그림 16–16에서 $V_{BE} = 0.63$ V라고 가정하면 Q_3가 도통된다. 최대 부하 전류는 얼마인가?

5. 그림 16–16에 표시된 조정기에서 귀환 저항은 위에서 아래로 다음 값을 갖는다.
4.7 kΩ, 5 kΩ, 전위차계, 6.8 kΩ
만약 $V_Z = 5.6$ V라면 출력 전압의 조정 범위는 얼마인가?

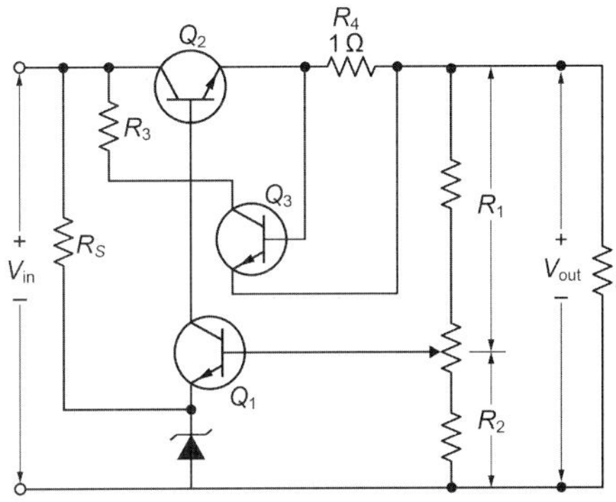

그림 16–16

6. 그림 16–17에 표시된 회로에서 출력 전압이 10 V로 조정되었다. 만약 전류 제한 트랜지스터의 V_{BE}가 0.7 V라고 가정하면 단락된 전류와 최대 부하 전류는 얼마인가?

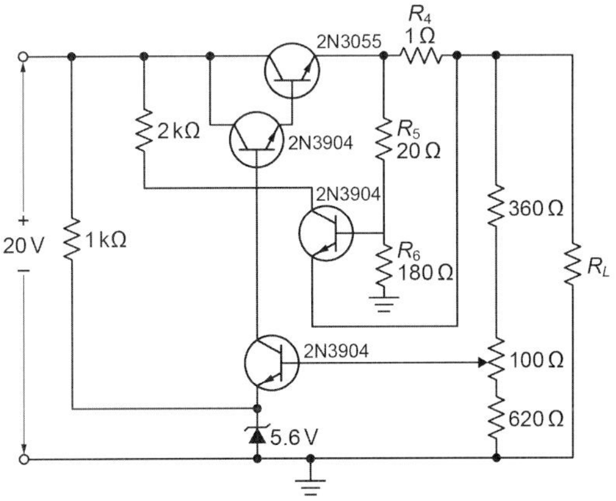

그림 16–17

7. 그림 16-17에서 R_4가 0.3 Ω으로 변하고 가변 저항이 가장 아래에 있다고 가정하면 최대 부하 전류는 얼마인가? 단락 부하 전류는 얼마인가? 최대 부하 전류와 단락 부하 전류에서 패스 트랜지스터의 전력 소비는 얼마인가?

8. 그림 16-18에서 LM340K-18은 18 V의 출력을 갖는다. 만약 무부하로부터 부하까지 조정된 출력 변화가 38 mV라면 백분율 부하 조정은 얼마인가?

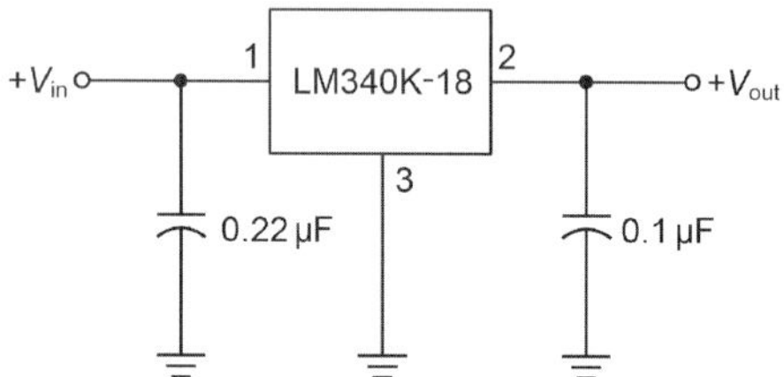

그림 16-18

9. 그림 16-19에서 I_Q가 8 mA라면 출력 전압의 조정가능한 범위는 얼마인가?

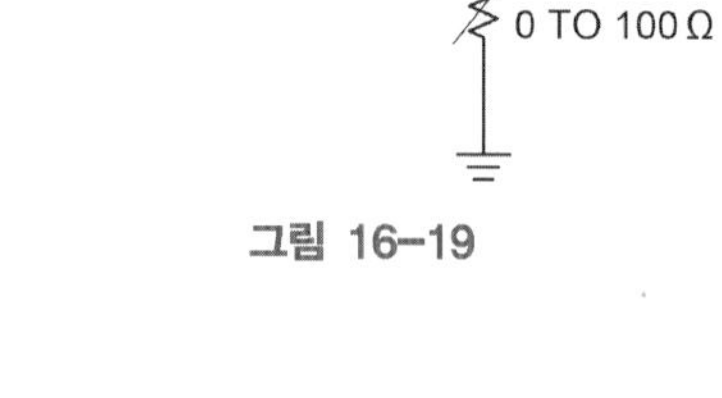

그림 16-19

10. 그림 16-20에서 I_Q가 8 mA이다. R_L을 통해서 흐르는 전류는 얼마인가?

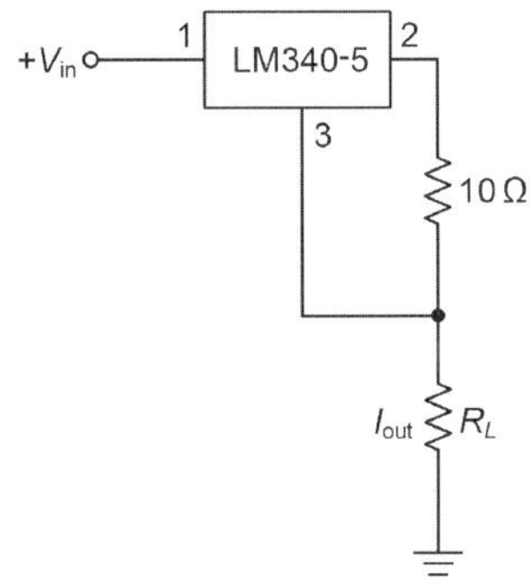

그림 16-20

11. 그림 16-21은 전자 shutdown을 갖는 LM317 조정기를 표시하고 있다. shutdown 전압이 0이면 트랜지스터는 차단되고 동작에 영향을 미치지 못한다. 그러나 shutdown 전압이 근사적으로 5 V이면 트랜지스터는 포화된다. shutdown 전압이 0일 때 출력 전압의 조정 범위는 얼마인가? shutdown 전압이 5 V일 때 출력 전압의 조정 범위는 얼마인가?

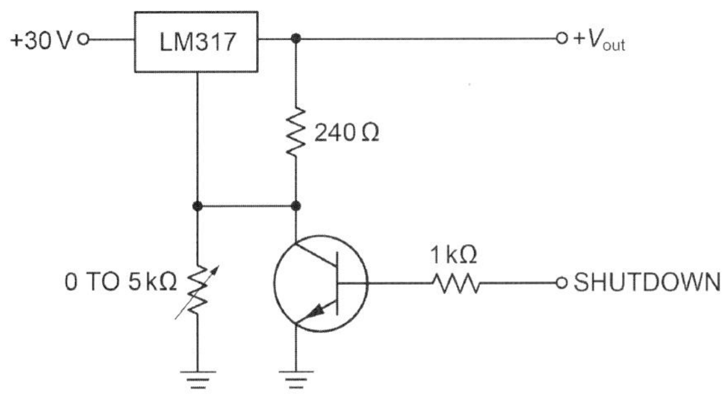

그림 16-21

12. 그림 16-22에서 $V_{in} = 20$ V이다. 스위칭 주파수가 20 kHz라면 동작 시간이 20 μs일 때 직류 출력 전압은 어떻게 되는가?

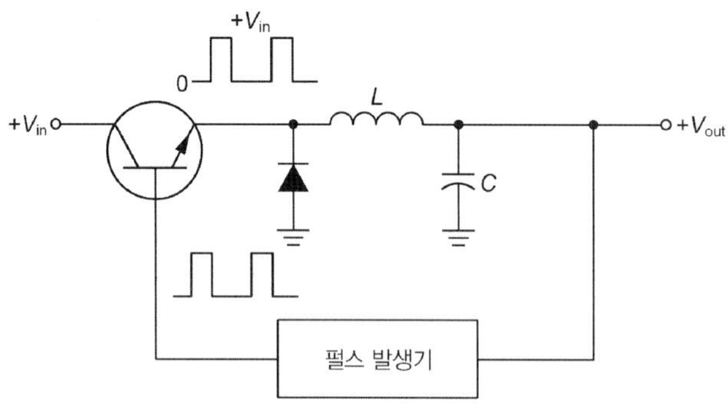

그림 16-22

13. 그림 16-15에서 다음이 고장일 때 출력 전압이 증가하는가? 감소하는가? 변하지 않는가?

(a) 2N3055 단락 상태
(b) 2N3055 개방 상태
(c) 제너 다이오드 단락 상태
(d) 제너 다이오드 개방 상태

14. 그림 16-23에서 R_2는 2.4 kΩ 으로 고정되었다고 가정하고 회로의 조정된 직류 출력 전압을 결정하시오.

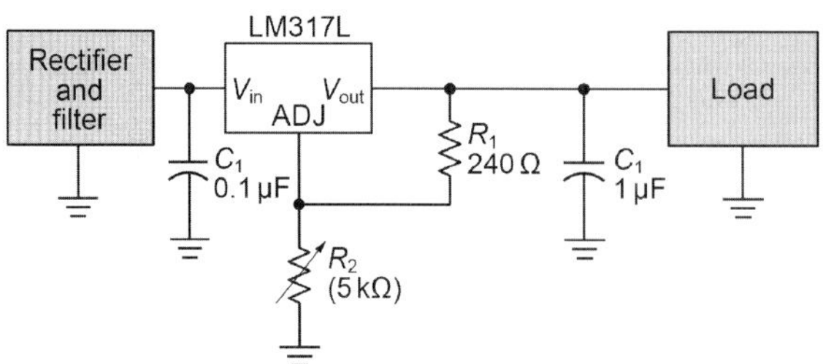

그림 16-23 LM317L 회로 연결

참 고 문 헌

1. Donald A. Neamen, "Microelectronics circuits Analysis and Design, 3th ed.", McGraw-Hill, 2005.
2. Robert T. Paynter, "Introductory Electronic Devices and Circuits, 7th ed.", Prentice-Hall, 2006.
3. Sung-Mo(Steve) Kang, Yusuf Leblebici, "CMOS Digital Integrated Circuits, 3th ed", McGraw-Hill, 2005.
4. Malvino, "Electronic Principles, 3th ed.", McGraw-Hill, 1990.
5. Donald A. Neamen, "Semiconductor Physics and Devices, 3th ed.", McGraw-Hill, 1990.
6. Schilling, "Electronics Circuits Discrete and Integrated, 3th ed.", McGraw-Hill, 1989.
7. C. Y. Chang and S.M. Sze, "ULSI Technology", McGraw-Hill, 1996.
8. Ben Streetmen, "Solid State Electronic Devices, 2th ed.", Prentice-Hall, 1990.
9. Edward S. Yang, "Fundamentals of Semiconductor Devices", McGraw-Hill, 2000.
10. Kittel C., "Introduction to Solid State Physics, 7th ed.", NewYork, Wiley, 1996.

11. Niegle P. Cook, "Practical Electricity", Prentice–Hall, 1997.

12. S. O. Kasap, "Principles of Engineering Materials and Devices, 2th ed.", McGraw–Hill, 1999.

13. Neil H. E. Weste, David Harris, "CMOS VLSI Design, 3th ed.", Addison Wesley, 2005.

14. Rao R. Tummala, "Fundamentals of Microsystems Packaging", McGraw–Hill, 2001.

15. Phillip E. Allen, Douglas R. Holberg, "CMOS Analog Circuit Design, 2th ed.", Oxford University Press, 2002.

16. Richard C. Jager, "Introduction to Microelectronic Fabrication", Addison Wesley, 1988.

17. Michael Quirk, Julian Serda, "Semiconductor Manufacturing Technology", Prentice–Hall, 2001.

18. Gary S. May, Simon M.Sze, "Fundamentals of Semiconductor Fabrication", John Wiley & Sons, 2002.

19. Sami Franssila, "Introduction to Microfabrication", John Wiley & Sons, 2004.

20. L. Van Vlack, "Elements of Materials Science and Engineering, 4th ed.", Addison–Wesley, 1980.

21. Allison, "Electronic Engineering Materials and Devices", McGraw–Hill, 1971.

22. H. L. Kwok, "Electronic Materials", Thomson, 2003.

23. Gray S. May, Costas J. Spanos, "Fundamentals of Semiconductor Manufacturing and Process Control", John Wiley & Sons, 2006.

24. Saburo Muroga, "VLSI system design", John Wiley & Sons, 1982.

25. Douglas A. Pucknell, Kamran Eshraghian, "Basic VLSI Design, 2th ed.", Prentice-Hall, 1988.

26. Nigel P. Cook, "Practical Electronics", Prentice-Hall, 1997.

27. R. Waser, "Nanoelectronics and Information Technology", Wiely, 2003.

28. Michael Hassul, Donald E. Zimmerman, "Electronic Devices and Circuits", Prentice-Hall, 1997.

29. John E. Carroll, "Physical Models for Semiconductor Devices", Cambridge University, 1978.

30. Nigel P. Cook, "Introductoty Semiconductor Electronics", Prentice-Hall, 1996.

31. David A. Hodge, "Analysis and Design of Digital Integrated Circuits", McGraw-Hill, 1983.

32. Hans Ohanian, "Modern Physics", Prentice-Hall, 1995.

33. R. Gregg Bruce, Mileta M. Tomovic, John E. Neely, Richard R. Kibbe, "Modern Materials and Manufacturing Process", Prentice-hall, 1998.

34. Dimitrijev S., "Principles of Semiconductor Devices", Oxford University press, 2006.

35. Alfred Grill, "Cold Plasma in Materials Fabrication", John Wiley & Sons, 1994.

36. Chapman, "Glow Discharge Process: Sputtering and Plasma Etching", John Wiley & Sons, 1980.

37. S. M. Sze, "Physics of Semiconductor Devices", John Wiley & Sons, 1981.

38. S. Wolf and R. Tauber, "Silicon Processing for the VLSI", Vol.1, Lattice Press, 1986.

39. C. Pearce and S. M. Sze, "Crystal Growth and Wafer Preparation, VLSI Technology, 2nd ed.", McGraw-Hill, 1988.

40. Frank D. Peteruzella, "Essentials of Electronics", McGraw-Hill, 1993.

41. Carver Mead, Lynn Conway, "Introduction to VLSI Systems", Addison-Wesely, 1980.

42. James Maas, "Industrial Electronics", Prentice-Hall, 1995.

43. Melvin A. Breur, "Design Automation of Digital System", Prentice-Hall, 1972.

44. Sung Jai Choi, "Electronic Circuits", Sanghakdang, 2000.

45. Sung Jai Choi, "Basic Electronic Circuits", Sanghakdang, 2002.

46. Wayne Wolf, "Modern VLSI Design", Prentice-Hall, 1994.

47. Flinn/Trojan, "Engineering Materials and Their Applications, 4th ed.", John Wiley & Sons, 1986.

48. Thomas L. Landers, William D. Brown, Earnest W. Fant, Eric M. Malstrom, Neil M. Schmitt, "Electronics Manufacturing Processes", Prentice-Hall, 1994.

49. Behzad Razavi, "Design of Analog CMOS Intergrated Circuits", McGraw-Hill, 2001.

50. Paynter, "Introductory Electronic Device and Circuits, 4th edition", Prentice-Hall, 2000.

51. Grob, "Basic Electronics, 4th ed.", McGraw-Hill, 1994.

52. Nigel P. Cook, "Introductory DC/AC Electronics, 4th ed.", Prentice-Hall, 1999.

53. Behzad Razavi, "Fundamentals of Microelectronics", McGraw-Hill, 2008.

기초문제 정답

〈1장〉

1. (14)
2. (4)
3. (외인성 물질, p형 물질)
4. (전자)
5. (외인성 물질, n형물질)
6. (정공)
7. (감소, −)
8. (+)
9. (전도도)
10. (도체)
11. (양성자보다 전자를 더 많이 갖는다.)
12. (여분의 양성자를 얻는다.)
13. (구리)
14. (전류 제어)
15. (0.7 V)
16. (0.7 V)
17. (a,d)
18. (d)
19. (b)
20. (μA)
21. (b)
22. (d)
23. (b)
24. (b)
25. (a)
26. 25 ° C에서 포화 전류가 2 nA이므로 75 ° C에서는 64 nA, 125 ° C에서는 2.05 μA가 흐른다.
27. 순방향 전류가 50 mA이고 역방향 전류가 20 nA이므로 전류의 비는 2.5 × 106이다.

〈2장〉

1. 제너 다이오드
2. 역방향 전류, 순방향 전압 강하
3. Z자 캐쏘드바
4. 11.4 V에서 12.6 V
5. 전압조정기
6. 임피던스
7. 전기 에너지, 빛 에너지
8. 캐쏘드
9. 2.0 V
10. 캐쏘드, HIGH
11. (b)
12. 역방향 바이어스
13. 증가한다.
14. 발산, 검출
15. (a) 500 nm (b) 3000 Å (c) 3 μm
16. (a) 6×10^{14} Hz (b) 6.593×10^{14} Hz (c) 3.529×10^{11} Hz

〈3장〉

1. (a)
2. 필터
3. 변압기
4. 전압조정기
5. 필터
6. 반파 정류기
7. 브리지 정류기

8. 백분율 리플

9. 큰, down

10. −15 V

11. (b)

12. (c)

13. (d)

14. (a)

15. (c)

16. (b)

17. (b)

18. (b)

19. (d)

20. (d)

〈4장〉

1. 전류

2. 순방향, 역방향

3. (b)

4. 개방 스위치

5. 닫힌 스위치

6. (a) 공통 베이스, (b) 공통 컬렉터, (c) 공통 이미터

7. 전압 분배기 바이어스

8. 베이스 바이어스

9. (d)

10. (a)

11. +

12. 공통 이미터

13. 이미터 폴로어

14. (b)

15. (b)

16. (d)

17. 이미터, 컬렉터, 베이스

18. 전압, 전력, 전류

19. V_{BE}

20. V_{CE}

21. β_{dc}

22. 0.7 V

23. 포화점

24. 차단점

25. 동작점

26. 베이스 바이어스

27. 낮은, 높은

28. 전체

〈5장〉

1. (a) 1.5 V (b) 1VPP (c) 0.5VP
   (d) $\frac{0.5}{\sqrt{2}} V_{rms}$ (e) 2 V (f) 1 V (g) 1.5 V

2. (a) $V_B = 1.7\ V + 4VP = 5.7\ V$
   (b) $V_E = V_B - 0.7\ V = 5.7\ V - 0.7\ V = 5\ V$, $I_E = 5\ V/5\ k\Omega = 1\ mA$, $I_E = I_C = 1\ mA$, $V_C = V_{CC} - I_C R_C = 15\ V - (1\ mA \times 10\ k\Omega) = 15\ V - 10\ V = 5\ V$
   (c) 트랜지스터는 포화된다.

3. (a) $V_B = \frac{100\ k\Omega}{100\ k\Omega + 100\ k\Omega} \times 20\ V = 10\ V$,
   $V_E = V_B - 0.7\ V = 10\ V - 0.7\ V = 9.3\ V$,
   $I_E = \frac{V_E}{R_E} = \frac{9.3\ V}{10\ k\Omega} = 0.93\ mA$

(b) $I_E = I_C = 0.93\ \text{mA}$,

$r_e' = \frac{25\ \text{mV}}{I_E} = 26.9\ \Omega$

(c) $Z_{in(base)} = \beta(R_E + r_e') =$

$100(10\ \text{k}\Omega + 26.9\ \Omega) = 1000\ \text{k}\Omega$

(d) $R_1 \parallel R_2 = 100\ \text{k}\Omega \parallel 100\ \text{k}\Omega = 50\ \text{k}\Omega$

(e) $Z_{in} = R_1 \parallel R_2 \parallel \beta R_E =$

$100\ \text{k}\Omega \parallel 100\ \text{k}\Omega \parallel 1000\ \text{k}\Omega = 47.6\ \text{k}\Omega$

(f) $R_B = R_S \parallel Z_{in} = 1\ \text{k}\Omega \parallel 47.6\ \text{k}\Omega =$

$0.98\ \text{k}\Omega$

(g) $R_{EB} = \frac{R_B}{\beta} = \frac{0.98\ \text{k}\Omega}{100} = 9.8\ \Omega$

(h) $Z_{out} = R_E \parallel (r_e' + \frac{R_B}{\beta}) =$

$10\ \text{k}\Omega \parallel (26.9\ \Omega + 9.8\ \Omega) = 36\ \Omega$

(i) $A \cong 1$

(j) $A \cong 1$

〈6장〉

1. β^2
2. 1.4 V
3. $r'_{eDarlington} = \frac{r'_{e1}}{\beta} + r'_{e2}$
4. $V_{C1} > V_{E1}$, $V_{C2} > V_{E2}$ 인지를 확인한다.
5. $r'_{eDarlington} = \frac{r'_{e1}}{\beta} + r'_{e2}$, $r'_{eDarlington} = 2r'_{e2}$
6. $A = -\frac{R_C}{r'_{eDarlington}}$
7. $R_O = R_C$
8. $R_i = R_B \parallel \beta^2 r'_{eDarlington}$
9. 장점: 높은 입력 저항, 단점: 고주파 특성 저조
10. 장점: 고주파 특성 우수, 단점: 낮은 입력 저항
11. $V_{B1} = \frac{R_2}{R_1 + R_2 + R_3} V_{CC}$
12. $V_{E1} = V_{B1} - 0.7\ \text{V}$
13. $V_{B2} = \frac{R_2 + R_3}{R_1 + R_2 + R_3} V_{CC}$
14. $V_{C1} = V_{E2} = V_{B2} - 0.7\ \text{V}$
15. $I_{C2} = I_{E1} = \frac{V_{E1}}{R_E}$
16. $V_{C1} = V_{E2} = V_{B2} - 0.7\ \text{V}$

〈7장〉

1. $V_1 = h_{11}I_1 + h_{12}V_2$, $I_2 = h_{21}I_1 + h_{22}V_2$
2. 입력 포트와 출력 포트를 갖기 때문이다.
3. 교류 전압과 전류는 직류 바이어스 레벨에 영향을 받기 때문이다.
4. h_{re}, 너무 작기 때문이다.
5. $h_{ie} = 3.5\ \text{k}\Omega$, $h_{re} = 1.3 \times 10^{-4}$, $h_{fe} = 120$, $h_{oe} = 8.5\ \mu\text{S}$
6. (b)
7. (d)
8. (d)
9. (a)
10. (b)
11. (a)
12. (b)
13. (c)

〈8장〉

1. 20 Hz, 20,000 Hz
2. 1단 저주파 증폭기, 다단 저주파 증폭기
3. 전압 증폭기, 전력 증폭기
4. 교류 접지
5. 교류 신호 결합, 직류 신호 격리
6. B급
7. 교차 왜곡이 제거, 열 폭주 현상 제거
8. B급 증폭기
9. C급 증폭기
10. AB급 증폭기
11. A급 증폭기
12. (d)
13. (d)
14. (a)
15. (c)
16. (d)
17. (b)
18. (a)
19. (b)
20. (d)
21. (c)
22. (b)

〈9장〉

1. (d)
2. (d)
3. (b)
4. (a)
5. (b)
6. (a)
7. (b)
8. (b)
9. (a)
10. (c)
11. (a)
12. (b)
13. (c)
14. (b)
15. (a)
16. (b)
17. (d)
18. (d)
19. (b)
20. (c)
21. (b)
22. (d)

〈10장〉

1. 주파수에서 10배마다 증가하는 것
2. 주파수에서 2배마다 증가하는 것
3. $dB = 10\log\left(\frac{P_o}{P_i}\right)$
4. 20 dB
5. 1
6. 반전력점 주파수를 찾는다.
7. (a) f_2가 f_1보다 1decade 위에 있다고 가정하면 $f_2 = 10f_1$이다. 따라서 25 kHz보다 10배 위는 $f_2 = 10f_1 = 10 \times 25\ \text{kHz} = 250\ \text{kHz}$이다.

(b) f_1이 f_2보다 1decade 아래에 있다면

$f_1 = \frac{f_2}{10} = \frac{25\ \text{kHz}}{10} = 2.5\ \text{kHz}$이다.

(c) 25 kHz의 1decade(10배) 위 주파수가 250 kHz라는 것을 알고 있다. 1decade 위 주파수는 $f_3 = 10f_2 = 10(10f_1) = 10 \times 250\ \text{kHz} = 2.5\ \text{MHz}$를 얻을 수 있다.

8. (a) f_2가 f_1의 1Octave 위 주파수라고 가정하면 $f_2 = 2f_1 = 2 \times 440\ \text{Hz} = 880\ \text{Hz}$이다.

(b) f_1을 f_2보다 1Octave 아래의 주파수로 가정하면 $f_1 = \frac{f_2}{2} = \frac{20\ \text{kHz}}{2} = 10\ kHz$ 이다.

(c) 440 Hz의 1Octave 위 주파수가 880 Hz라는 것을 (a)에서 구했다. 1Octave 위 주파수는 $f_3 = 2f_2 = 2(2f_1) = 2 \times 880\ \text{Hz} = 1760\ \text{Hz}$를 얻을 수 있다.

9. (a) −2.398 (b) +5.398

(c) $\log_{10}(0.08)(240) = \log_{10}0.08 + \log_{10}240 = -1.097 + 2.380 = 1.283$

(d) $\log_{10}\frac{1 \times 10^4}{1 \times 10^{-4}} = \log_{10}(1 \times 10^4) - \log_{10}(1 \times 10^{-4}) = 4-(-4) = 8$

(e) $\log_{10}10^4 = 4\log_{10}10 = 4(1) = 4$

〈11장〉

1. 차동 증폭기, 고이득 증폭기, 푸시풀 증폭기
2. 두 단자 사이의 전압 차
3. $v_x = v_i - v_o$
4. $v_o = Av_x$
5. $v_o = \frac{A}{1+A}v_i$
6. $A_{CL} = \frac{v_o}{v_i} = \frac{A}{1+A}$
7. B
8. $v_x = v_i - v_{fb} = v_i - Bv_o$
9. $v_o = \frac{A}{1+AB}v_i$
10. $A_{CL} = \frac{A}{1+AB}$
11. $v_o \approx \frac{1}{B}v_i$
12. $v_x = \frac{v_o}{A}$를 만족해야 한다.
13. $v_x = v_+ - v_- = 0\ \text{V}$
14. $i_- = i_+ = 0\ A$
15. $v_o \approx \frac{A}{A}v_i = v_i$, $A_{CL} = \frac{A}{1+A} \approx \frac{A}{A} = 1$인 버퍼, 무한대 입력 저항을 갖는 버퍼
16. $v_- = \frac{R_1}{R_1+R_F}v_o$
17. $i_- = 0\ \text{A}$ 이기 때문에 R_1과 R_2는 구동 전압을 제공하는 v_o를 갖는 전압 분배기를 구성한다.
18. $A_{CL} = \frac{v_o}{v_i} = 1 + \frac{R_F}{R_1}$

〈12장〉

1. 차동 증폭기 이득공식, 중첩의 원리 적용
2. $v_o = (1+\frac{R_F}{R_1})v_2 - \frac{R_F}{R_1}v_1$
3. $v_o = \frac{R_F}{R_1}v_2 - \frac{R_F}{R_F}v_1 = \frac{R_F}{R_1}(v_2 - v_1)$

4. $v_o = 0\,V \rightarrow R_{unknown} = R_{pot}$,

$$v_o = \left(\frac{2R_{pot}}{R_{unknown} + R_{pot}} - 1\right) V_{ref}$$

5. 미지 저항을 찾기 위해서 전위차계를 출력 전압이 0 V가 될 때까지 조정한다.
6. 자신의 저항 변화
7. 출력은 포화 전압에서 고정된다.
8. Δ함수 기울기, 도함수 기울기
9. 그림 생략
10. 고주파 신호는 미분할 수 없다.
11. 곡선의 적분, 면적의 적분
12. 그림 12-23 참조
13. 슬루율
14. 개방 고장 시 공급 전압에 가깝다. 단락 고장 시 출력은 포화된다.
15. 개방 고장 시 출력은 없다. 단락 고장 시 0 V에 고정된다.
16. 무부하 제너 전류
17. 최소한의 부하 저항
18. 버퍼
19. 전압 분배기 저항을 사용해서 조절한다.
20. V_Z와 아주 다른 전압을 측정하게 된다.
21. R이 개방이라면 제너 전류도 없고 제너 전압도 없다. 만약 R이 단락이라면 제너 다이오드에서 공급 전압을 측정하게 될 것이다. 만약 제너 다이오드의 전압이 정확하지만 전압 분배기의 전압이 옳지 않다면 전압 분배기 저항 중의 하나가 문제를 발생시킨다.
22. 다이오드의 턴ON 전압에 영향을 받는다.
23. (1) 귀환 경로가 제거되면 미분 입력 전압은 더 이상 0 V가 아니다. 사실상 v_x는 내부 보호 회로를 갖지 않는 Op-Amp를 손상시키기에 충분한 크기를 갖는다. (2) 귀환 경로가 제거되면 출력 전압은 포화 전압을 만족한다. 실제 Op-Amp에서 포화상태를 극복하는 데는 한정된 시간이 걸린다. 이 회로는 고주파 입력 신호를 따르지 않을 수 있다.
24. R_1 개방 고장 시 Op-Amp에 입력이 없으므로 출력은 0 V이다. R_F 개방 고장 시 다이오드가 OFF될 때, 귀환 경로가 제거되기 때문에 Op-Amp 출력은 포화된다.
25. 귀환 경로는 동작되지 않는다. 따라서 v_{Op-Amp}는 +, − 공급 전원 사이에서 나타나고, v_o는 대략 0 V 부근에 고정된다.
26. $v_+ \neq v_-$
27. $v_+ > v_- \rightarrow v_o \approx +V$, $v_+ < v_- \rightarrow v_o \approx -V$
28. 기준 전압을 0 V로 설정할 때
29. 슬루율
30. R_1 개방 고장 시 $v_- = 0$ V이고 회로는 0 V 교차 검출기로 동작한다. R_2 단락 고장 시 $v_- = +15$ V이고 출력은 −15 V에서 포화된다.

〈13장〉

1. 1개
2. 커패시터 개방 시 $A_{max} = 1$
3. 반전력점 주파수
4. 응답이 갑작스럽게 변화된다.
5. 필터링뿐만 아니라 증폭도 가능하다.
6. 커패시터 양단, $A_{max} = 1$, $A_{dBmax} = 0$ dB
7. f_H

8. 20 dB/dec
9. 영향을 주지 않는다.
10. 40 dB/dec
11. 안정한 평탄 이득을 갖는다.
12. f_L
13. 20 dB/dec
14. $f_{HOP-AMP}$,

$$f_{HOP-AMP} = \frac{\text{unity gain band width}}{1+\dfrac{R_2}{R_1}}$$

15. 40 dB/dec
16. $A_{\max} = 1+\dfrac{R_4}{R_3}$, $f_L = \dfrac{1}{2\pi\sqrt{R_1R_2C_1C_2}}$
17. 공진 주파수
18. $f_o = \sqrt{f_H f_L}$
19. $f_H \approx f_o + \dfrac{BW}{2}$, $f_L \approx f_o - \dfrac{BW}{2}$
20. $A_1 = 1+\dfrac{R_3}{R_2}$, $f_L = \dfrac{1}{2\pi R_1 C_1}$, $A = A_1 A_2$,

$A_{dBtotal} = 40$ dB, $BW = f_H - f_L$,

$f_o = \sqrt{f_H f_L}$, $Q = \dfrac{f_o}{BW}$

21. $f_o = \dfrac{1}{2\pi C\sqrt{R_3(R_1 \parallel R_2)}}$,

$$BW = \frac{\dfrac{1}{R_1} - \dfrac{1}{R_2} + \dfrac{2}{R_3}}{2\pi C},$$

$$A_{\max} = \frac{1}{\pi C R_1 BW}$$

22. 그림 13-27에 표시된 통과 대역의 중심 주파수는 1000 kHz이고 대역폭은 40 kHz이다. 두 값을 사용하면 Q값은 25이다.

$$Q = \frac{f_o}{BW} = \frac{1000\ \text{kHz}}{40\ \text{kHz}} = 25$$

23. 중심 주파수가 1860 kHz이고 Q값이 60이므로 증폭기의 대역폭은 31 kHz이다.

$$BW = \frac{f_o}{Q} = \frac{1860\ \text{kHz}}{60} = 31\ kHz$$

24. R_1과 C_1의 회로 값을 사용하여 구한 상한 차단 주파수는 48.2 Hz이다.

$$f_c = \frac{1}{2\pi RC} = \frac{1}{2\pi \times 33\ \text{k}\Omega \times 0.1\ \mu\text{F}} = 48.23\ \text{Hz}$$

증폭기는 직류 증폭기(0 Hz)로 동작하기 때문에 이 회로의 하한 차단 주파수는 없다. 따라서 대역폭은 f_c와 같다. 회로가 비반전 증폭기이므로 A_{CL}은 1.52로 구해진다.

$$A_{CL} = \frac{R_{f1}}{R_{f2}} + 1 = \frac{4.7\ \text{k}\Omega}{9.1\ \text{k}\Omega} + 1 = 1.52$$

주어진 회로의 주파수 응답은 그림 13-44에 표시되어 있다. 중간 대역 이득은 1.52(3.64 dB)이다.

$$A_{CL(dB)} = 20\log A_{CL} = 20\log(1.52) = 3.637\ \text{dB}$$

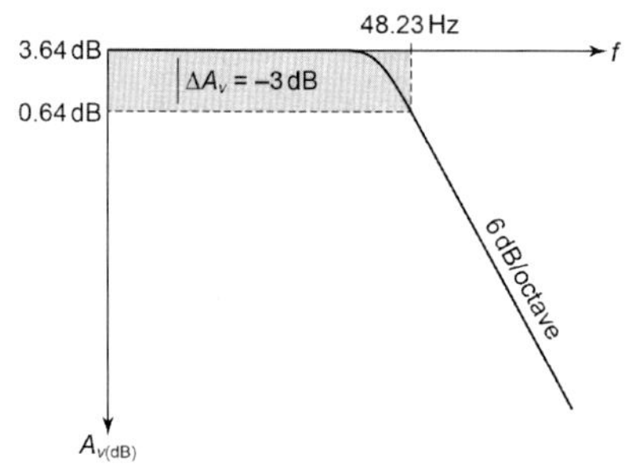

그림 13-44

〈14장〉

1. (b)
2. (c)
3. (c)
4. (a)
5. (b)
6. (b)
7. (b)
8. (c)
9. (c)
10. (b)

〈15장〉

1. (e)
2. (a)
3. (c)
4. (d)
5. 광전지
6. (c)
7. (a)
8. (d)
9. (c)
10. (d)
11. (d)
12. (d)
13. (d)
14. (b)
15. (d)
16. (c)
17. (a)
18. (c)
19. (d)
20. (d)
21. (a)

〈16장〉

1. 전압 레귤레이터, 함수 발생기, PLL IC, 연산 증폭기
2. 입력 전압, 부하 전압
3. 귀환 감지 입력
4. 패스 트랜지스터
5. 2.20 Hz에서 100 kHz 사이의 주파수
6. (c)
7. (d)
8. (b)
9. (b)
10. (a)
11. (b)
12. (c)
13. (c)
14. (b)
15. (d)

연습문제 해답

〈2장〉

1. $I_S = \dfrac{V_S - V_Z}{R_S} = \dfrac{40\ \mathrm{V} - 10\ \mathrm{V}}{2.82\ \mathrm{k}\Omega} = 36.6\ \mathrm{mA}$

$I_L = \dfrac{V_L}{R_L} = \dfrac{10\ \mathrm{V}}{2\ \mathrm{k}\Omega} = 5\ mA$

$I_Z = I_S - I_L = 36.6\ \mathrm{mA} - 5\ \mathrm{mA} = 31.6\ \mathrm{mA}$

3. $I_Z = \dfrac{V_S - V_Z}{R_S} = \dfrac{27\ \mathrm{V} - 18\ \mathrm{V}}{68\ \Omega} = 132\ \mathrm{mA}$

$I_Z = \dfrac{V_S - V_Z}{R_S} = \dfrac{40\ \mathrm{V} - 18\ \mathrm{V}}{68\ \Omega} = 324\ mA$

$\Delta V_Z = \Delta I_Z \times R_Z = 192\ \mathrm{mA} \times 2\ \Omega = 0.384\ \mathrm{V}$의 변화가 발생된다.

5. $P_Z = I_Z V_Z$이므로 $I_Z = \dfrac{P_Z}{V_Z} = \dfrac{0.5\ \mathrm{W}}{15\ \mathrm{V}} = 33\ mA$이다. 따라서

$I_S = \dfrac{V_S - V_Z}{R_S} < I_Z$이므로 $R_S > \dfrac{V_S - V_Z}{I_Z} = \dfrac{40\ \mathrm{V} - 15\ \mathrm{V}}{33\ \mathrm{mA}} = 751\ \Omega$이다.

7. $I_{\max} = \dfrac{V_L - V_{LED}}{R_S} = \dfrac{10\ \mathrm{V} - 1.5\ \mathrm{V}}{470\ \Omega} = 18.1\ mA$

$I_{\min} = \dfrac{V_L - V_{LED}}{R_S} = \dfrac{10\ \mathrm{V} - 2.3\ \mathrm{V}}{470\ \Omega} = 16.4\ mA$

9. B, D, F

11. $R_{S(\max)} = \dfrac{V_{S(\max)} - V_Z}{I_{L(\max)}} = \dfrac{40\ \text{V} - 10\ \text{V}}{10 \times 10^{-3}\ \text{A}} = 3\ k\Omega$

13. 단일 루프 회로에서 전류는 단지 하나뿐이다. 그 이유는 전류가 전원의 +극에서 출발하여 전원의 −극으로 돌아오기 때문이다. 이 회로에서 전류는 다이오드의 애노드에서 캐쏘드로 흐른다. 따라서, 그림 2−44(b)에 표시된 것처럼 다이오드가 ON 상태인 단락 회로로 대체할 수 있다. 전압 분배기 회로에서 출력 전압은

$$V_O = \frac{R_2}{R_1 + R_2} V_S$$

로 구해지므로 30 V의 크기를 갖게 된다.

$$V_O = \frac{R_2}{R_1 + R_2} V_S = \frac{30\ \text{k}\Omega}{10\ \text{k}\Omega + 30\ \text{k}\Omega} 40\ V = 30\ V$$

$I_D = I_{R2}$이므로 1 mA의 크기를 갖는다.

$$I_D = I_{R2} = \frac{V_S}{R_1 + R_2} = \frac{40\ V}{10\ \text{k}\Omega + 30\ \text{k}\Omega} = 1\ mA$$

15. 다이오드가 OFF 상태라고 가정하고 그림 2−46(b)를 이용한다.

$$V_1 = \frac{8\ \text{k}\Omega}{2\ \text{k}\Omega + 8\ \text{k}\Omega} 10\ V = 8\ V,\ V_2 = \frac{6\ \text{k}\Omega}{4\ \text{k}\Omega + 6\ \text{k}\Omega} 10\ V = 6\ V$$

따라서 $V_D = V_1 - V_2 = 8\ \text{V} - 6\ \text{V} = 2\ \text{V} > 0$이다.

이 해답은 다이오드 양단에 걸리는 전압이 순방향 바이어스가 되기 충분하다는 것을 보여준다. 다이오드는 ON 상태이다. 따라서 처음의 가정은 틀렸다. 이것은 이미 구해놓은 V_1과 V_2의 값이 틀렸음을 의미한다. 올바른 해답은 그림 2−46(c)의 회로를 해석함으로써 구할 수 있다. 단락 회로이므로 $V_1 = V_2$임에 주의한다. 이 회로는 해석하기 약간 복잡하다. 비록 V_1과 V_2의 값을 구하는 것을 기대하지 않는

다고 하더라도, 완성된 답을 줄 수 있다. 위쪽 두 개의 저항의 병렬 연결에서 합성 저항은 1.33 kΩ으로 구해진다.

$$2\ \mathrm{k\Omega} \parallel 4\ \mathrm{k\Omega} = 1.33\ \mathrm{k\Omega}$$

이와 유사하게 아래쪽의 두 저항의 병렬 연결에서 합성 저항은 3.43 kΩ으로 구해진다.

$$8\ \mathrm{k\Omega} \parallel 6\ \mathrm{k\Omega} = 3.43\ \mathrm{k\Omega}$$

두 개의 등가 저항이 전압 분배기를 구성하기 때문에 $V_1 = V_2 = 7.2$ V이다.

$$V_1 = V_2 = \frac{3.43\ \mathrm{k}\Omega}{3.43\ \mathrm{k}\Omega + 1.33\ \mathrm{k}\Omega} 10\ \ V = 7.2\ \ V$$

17. 그림 2-48(c),(d)에 표시된것처럼 두 개의 신호 모두 -6 V에서 잘린다.

19. 다이오드를 ON상 태라고 가정하고 0.7 V 전지 모델로 교체한다. $I_1 = I_2 + I_D$이므로 $I_D = I_1 - I_2$를 구하면 된다.

$$I_1 = \frac{2\ \mathrm{V} - 0.7\ \mathrm{V}}{4\ \mathrm{k}\Omega} = \frac{1.3\ \ V}{4\ \ k\Omega} = 0.325\ \ mA$$

$$I_2 = \frac{0.7\ \ V}{1\ \mathrm{k}\Omega} = 0.7\ \ mA$$

따라서 $I_D = I_1 - I_2 = 0.325\ \ \mathrm{mA} - 0.7\ \ \mathrm{mA} = -0.375\ \ \mathrm{mA}$.

다이오드 전류가 negative이기 때문에 다이오드는 당연히 OFF되어야 한다. 따라서 $I_D = 0\ \ \mathrm{mA}$이고 회로를 정확하게 해석하기 위해서는 그림 2-50(c)에 표시된 것처럼 개방 회로로 대체해야 한다. 이런 회로는 전압 분배기 회로이므로 V_D는 0.4 V로 구해진다.

$$V_D = \frac{1\ \mathrm{k}\Omega}{1\ \mathrm{k}\Omega + 4\ \mathrm{k}\Omega} 2\ \ V = 0.4\ \ V$$

다이오드가 턴ON되기 위해서 0.7 V가 필요하기 때문에 다이오드가 OFF 상태인 것이 옳다.

21. 그림 2-52(b)에 표시된것처럼 실제 다이오드를 이상적인 다이오드와 전지 연결회로로 대체시키고 ,직렬 연결된 전지들을 더한다.positive 10V의 기준전압과 더해지면 +10.7V가 되고 negative 10V의 기준전압과 더해지면 -10.7V가 되기 때문에 출력파형은 그림 2-52(d)와 같이 구해진다.

〈3장〉

1. (a) positive 반파 전압 2배기, +325. 2V (b) negative 반파 전압 2배기, -325.2 V

3. +162.6 V와 +325. 2V의 이중 전압을 제공하기 때문이다.

5. +16.97 V_{pcak}, -16.97 V_{pcak}

7. $+V_{pcak}$ = +11.3 V, $-V_{pcak}$ = +5 V

9. 5.68 V_{DC}

11. 17.68 V_{pcak}

13. 115 V_{ac} ± 10%.

    115 V - 11.5 V = 103.5 V, 115 V + 11.5 V = 126.5 V가 된다.

15. $V_{2rms} = 40\,V_{ac}$이므로 $V_{2peak} = \dfrac{40\ \text{V}}{0.707} = 56.6\ V$,

피크 부하 전압은 $V_{OUT(peak)} = 0.5\,V_{2PEAK} = 0.5 \times 56.6\ \text{V} = 28.3\ \text{V}$이다.

직류 부하 전압은 $V_{dc(peak)} = 0.636\,V_{OUT(PEAK)} = 0.636 \times 28.3\ \text{V} = 18\ \text{V}$이다.

직류 부하 전류는 $I_{dc} = \dfrac{V_{dc}}{R} = \dfrac{18\ \text{V}}{300\ \Omega} = 60\ mA$이다.

17. $V_{2rms} = 60\,V_{ac}$이므로 $V_{2peak} = \dfrac{60\ \text{V}}{0.707} = 84.9\ V$,

피크 부하 전압은 $V_{OUT(peak)} = V_{2PEAK}$이므로

직류 부하 전압은 $V_{dc(peak)} = 0.636\,V_{OUT(PEAK)} = 0.636 \times 84.9\ \text{V} = 54\ \text{V}$이다.

직류 부하 전류는 $I_{dc} = \dfrac{V_{dc}}{R} = \dfrac{54\ \text{V}}{400\ \Omega} = 135\ mA$이다. 각 다이오드의 직류 다이오드 전류는 $\dfrac{1}{2} \times I_{dc}$이므로 67.5 mA가 되고 PIV = $V_{2(PEAK)}$이므로 84.9 V가 된다.

19. $V_{OUT(PEAK)} = 25\ \text{V}$, $I_{dc} = \dfrac{V_{dc}}{R} = \dfrac{25\ \text{V}}{220\ \Omega} = 114\ mA$이므로

$$V_{rip} = \frac{I_{dc}}{fC} = \frac{114 \times 10^{-3}\ \text{A}}{120\ \text{Hz} \times 5000 \times 10^{-6}\ \text{F}} = 1.9\ V$$

21. 2차 전압이 $25\,V_{rms}$이므로 $V_{2peak} = \dfrac{25\ \text{V}}{0.707} = 35.36\ V$이다. 따라서

$$I_{surge} = \frac{35.36\ \text{V}}{3.3\ \Omega} = 10.7\ A$$

이다.

23. $V_2 = 900\,V_{ac}$이므로 $V_{2pcak} = \dfrac{900\ \text{V}}{0.707} = 1272.9\ \ V$이다.

$V_{dc} = 2 \times V_{2pcak} = 2 \times 1273\ \text{V} = 2546\ \text{V}$, $I_{dc} = \dfrac{V_{dc}}{R} = \dfrac{2546\ \text{V}}{10^5\ \Omega} = 25.5\ mA$,

$V_{rip} = \dfrac{I_{dc}}{fC} = \dfrac{25.5 \times 10^{-3}\ \text{A}}{120Hz \times 10^{-6}\ \text{F}} = 212\ \ V$

25. 커패시터 입력형 필터의 $V_2 = 24\,V_{ac}$이므로 V_{dc}를 구하면 $V_{2pcak} = \dfrac{24\ \text{V}}{0.707} = 33.9\ \ V$ 이다. 따라서 필터 커패시터가 개방되거나 필터 커패시터가 아주 적거나 부하 저항이 작은 경우의 고장이다.

27. (a) 이것은 negative 클램핑 회로로 그림 3–64(e)에 표시된 것처럼 입력 신호는 15 V − 5 V = 10 V로 아래쪽으로 시프트된다.

(b) 이것은 negative 클램핑 회로로 그림 3–64(f)에 표시된 것처럼 입력 신호는 20 V − 8 V = 12 V로 아래쪽으로 시프트된다.

(c) 이것은 positive 클램핑 회로로 그림 3–64(g)에 표시된 것처럼 입력 신호는 15 V − 5 V = 10 V만큼 위쪽으로 시프트된다.

(d) 이것은 positive 클램핑 회로로 그림 3–64(h)에 표시된 것처럼 입력 신호는 10 V − 0 V = 10 V만큼 위쪽으로 시프트된다.

29. 모든 경우에서 다이오드가 항복이면 $V_Z = 6$ V이고 I_R은 3 mA이다.

$$I_R = \frac{12\ \ V - V_Z}{2\ \text{k}\Omega} = \frac{12\ \text{V} - 6\ \text{V}}{2\ k\Omega} = 3\ \ mA$$

(a) $R_L = 12\ \text{k}\Omega$일 때

$$I_L = \frac{V_Z}{12\ \text{k}\Omega} = \frac{6\ \text{V}}{12\ \text{k}\Omega} = 0.5\ mA$$

따라서

$$I_Z = I_R - I_L = 3\ \text{mA} - 0.5\ \text{mA} = 2.5\ \text{mA},$$

$$P_D = V_Z \times I_Z = 6\ \text{V} \times 2.5\ \text{mA} = 15\ \text{mW}$$

부하 저항이 클수록 부하 전류는 감소한다. 이런 경우의 결과는 제너가 탈만큼 더 큰 전류가 흐르고, 제너는 항복 영역에 더 깊게 놓인다. 이런 경우 더 큰 소비 전력을 갖게 된다.

(b) $R_L = 3\ \text{k}\Omega$일 때

$$I_L = \frac{V_Z}{3\ \text{k}\Omega} = \frac{6\ V}{3\ k\Omega} = 2\ mA$$

따라서

$$I_Z = I_R - I_L = 3\ \text{mA} - 2\ \text{mA} = 1\ \text{mA},$$

$$P_D = V_Z \times I_Z = 6\ \text{V} \times 1\ \text{mA} = 6\ \text{mW}$$

부하 저항이 작을수록 부하 전류는 증가한다. 이런 경우의 결과는 제너로부터 더 많은 전류를 감소시키게 된다. 이 결과 제너를 통해서 흐르는 전류는 I–V 특성곡선 상의 무릎점 근처를 흐르게 된다. 따라서 제너 다이오드가 소비하는 전력도 감소된다.

(c) $R_L = 1\ \text{k}\Omega$일 때

$$I_L = \frac{V_Z}{1\ \text{k}\Omega} = \frac{6\ \text{V}}{1\ \text{k}\Omega} = 6\ mA$$

주의! 제너 다이오드를 통해서 흐르는 전류는 단지 3 mA이다.

제너는 부하에 6 mA를 공급할 수 없다. 제너 다이오드는 더 이상 항복 영역에 있

지 않다. 제너 다이오드는 OFF 상태이다. $I_Z = 0$ A. 계산기에 숫자를 입력한다면 $I_Z = -3$ mA란 것을 알 수 있다. 제너 전류에는 마이너스가 있을 수 없다.

31. 그림 3-67(b) 참조

33. (a) 12 V의 전원 전압이 다이오드의 역방향으로 전류를 발생시키므로, 다이오드는 역방향으로 바이어스되어 있다. 따라서 다이오드는 광전도 모드로 동작한다. 어두울 때의 역방향 전류를 무시해도 된다고 가정하면

$$\text{dark: } I_R \approx 0 \text{ A}$$

또한 $V_o = 12\text{ V} - I_R \times 10\text{ k}\Omega$

$$\text{dark: } V_o = 12\text{ V}$$

(b) 불이 켜지면, 3-69(c)를 이용하여 $E = 3$ mW/cm2임을 알 수 있다.

$$\text{light: } I_R = 30\ \mu\text{A}$$

(c) 불빛이 들어올 때 출력 전압은

light: $V_o = 12\text{ V} - 10\text{ k}\Omega \times I_R = 12\text{ V} - 10\text{ k}\Omega \times 30\ \mu\text{A} = 12\text{ V} - 0.3\text{ V}$ $= 11.7\text{ V}$

출력 파형은 그림 3-69(b)와 같다.

〈4장〉

1. (a) NPN형 x=베이스, y=컬렉터, z=이미터 (b) PNP형 x=베이스, y=컬렉터, z=이미터

3. $I_B = 0.4$ mA, $I_E = 14.6$ mA, $I_C = 4.0433$ mA

5. 공통 이미터 회로

7. $I_B = 8\ \mu\text{A},\ I_C = 1.2\ \text{mA},\ V_{CE} = 8\ \text{V}$

9. $\alpha_{dc} = \dfrac{100\ \text{mA}}{100\ \text{mA} + 0.5\ \text{mA}} = 0.995,\ \beta_{dc} = \dfrac{I_C}{I_B} = \dfrac{100\ \text{mA}}{0.5\ \text{mA}} = 200$

11. $\beta_{dc} = 400, I_C = 500\ \text{mA}$이므로 $I_B = 0.125\ \text{mA}$가 구해진다.

$$I_B = \frac{I_C}{\beta_{dc}} = \frac{50\ \text{mA}}{400} = 0.125\ \text{mA}$$

13. 소비 전력 $P = V \times I = 12\ \text{V} \times 10\ \text{mA} = 120\ \text{mW}$

15. $I_B = \dfrac{10\ \text{V} - 0.7\ \text{V}}{47 \times 10^3\ \Omega} = 0.198\ mA, V_{CE} = 0\ \ V.$ 밝다.

17. $I_E = I_C = \dfrac{2.5\ \text{V} - 0.7\ \text{V}}{1.8 \times 10^3\ \Omega} = 1\ mA,$

$V_C = 20\ \text{V} - (10 \times 10^3\ \Omega) \times \text{I}_\text{C} = 20\ \text{V} - 10\ \text{V} = 10\ \text{V},$

$V_{CE} = V_C - (1.8 \times 10^3\ \Omega) \times I_E = 10\ \text{V} - 1.8\ \text{V} = 8.2\ \text{V}$

19. $V_C = 3$ V이면 원래의 V_C 값인 8. 2V보다 아주 작은 값이다. (d)가 고장이다.

21. $V_{BB} = 5\text{ V}, I_{\leq D} = I_C \cong I_E = \dfrac{5\text{ V} - 0.7\text{ V}}{R_E} = 35\ mA$, 따라서

$R_E = \dfrac{4.3\ V}{35\ \text{mA}} = 122\ \Omega$이다. 이에 따라 100 Ω 저항을 120 Ω 저항으로 교체한다.

23. $R_B = \beta_{dc} \times R_C$이다. 따라서 $\beta_{dc} = \dfrac{180\ \text{k}\Omega}{820\ \Omega} = 220$이다.

25. 첫 번째 증폭단의 V_{TH}를 구하면 $V_{TH} = \dfrac{300\ \Omega}{8\ \text{k}\Omega + 300\ \Omega} \times 10\ \text{V} = 1.428\ \text{V}$이다.

$I_{E1} = \dfrac{V_{TH} - V_{BE}}{R_{E1}} = \dfrac{14.2\ \text{V} - 0.7\ \text{V}}{240\ \Omega} = 3.03\ mA$이다.

따라서 $V_{E1} = I_{E1} \times R_{E1} = 3.03\ \text{mA} \times 240\ \Omega = 0.728\ \text{V}$이다.

두 번째 증폭단의 V_{TH}를 구하면 $V_{TH} = \dfrac{150\ \Omega}{910\ \Omega + 150\ \Omega} \times 10\ \text{V} = 1.415\ \text{V}$이다.

$I_{E1} = \dfrac{V_{TH} - V_{BE}}{R_{E1}} = \dfrac{1.415\ \text{V} - 0.7\ \text{V}}{120\ \Omega} = 5.95\ mA$이다.

따라서 $V_{E2} = I_{E2} \times R_{E2} = 5.95\ \text{mA} \times 120\ \Omega = 0.72\ \text{V}$이다.

마지막 증폭단의 V_{TH}를 구하면 $V_{TH} = \dfrac{180\ \Omega}{1000\ \Omega + 180\ \Omega} \times 10\ V = 1.525\ V$이다.

$I_{E3} = \dfrac{V_{TH} - V_{BE}}{R_{E3}} = \dfrac{1.525\ \text{V} - 0.7\ \text{V}}{180\ \Omega} = 4.58\ mA$이다.

따라서 $V_{E3} = I_{E3} \times R_{E3} = 4.58\ \text{mA} \times 180\ \Omega = 0.83\ \text{V}$이다.

27. 200 Ω 저항 양단에는 4.7 V − 0.7 V = 4 V가 걸린다. 따라서

$I_E = \dfrac{4\ \text{V}}{200\ \Omega} = 20\ mA$가 구해진다. 즉, LED 전류는 20 mA이다.

29. 1.8 kΩ과 510 Ω은 단락되고 470 Ω과 2.4 kΩ은 개방된다. 트랜지스터는 개방된다. 따라서 전원공급이 되지 않으므로 $V_C = 0$이다.

〈5장〉

1. $X_C \leqq 0.1R$이고 $R = 4\ k\Omega$이므로 $X_C = 0.1R = 0.4\ k\Omega$이다. $X_C = \frac{1}{2\pi fC}$이므로 $C = \frac{1}{2\pi fX_C} = \frac{1}{2\pi \times 100 \times 10^3\ \text{Hz} \times 0.4 \times 10^{-3}\ \Omega} = 3.98 \times 10^{-6}\ \text{F}$

표준 커패시터는 4.7 μF이다.

3. $V_B = \frac{10\ k\Omega}{56\ k\Omega + 10\ k\Omega} \times 15\ V = 2.273\ V$,

$V_E = V_B - 0.7\ \text{V} = 2.273\ \text{V} - 0.7\ \text{V} = 1.573\ \text{V}$,

$I_E = \frac{V_E}{R_E} = \frac{1.573\ V}{1.5\ k\Omega} = 1.048\ mA$, $r_c' = \frac{25\ \text{mV}}{I_E} = \frac{25\ mV}{1.048\ \text{mA}} = 23.85\ \Omega$

$A = -\frac{R_C}{r_c'} = \frac{6.2\ k\Omega}{23.85\ \Omega} = -259.9$, $v_{out} = Av_{in} = -260 \times 1\ \text{mV} = -260\ \text{mV}$

5. $V_B = \frac{3.9\ k\Omega}{22\ k\Omega + 3.9\ k\Omega} \times 15\ V = 2.26\ V$,

$V_E = V_B - 0.7\ \text{V} = 2.26\ \text{V} - 0.7\ \text{V} = 1.56\ \text{V}$,

$I_E = \frac{V_E}{R_E} = \frac{1.56\ V}{2\ k\Omega} = 0.78\ mA$,

$r_c' = \frac{25\ \text{mV}}{I_E} = \frac{25\ mV}{0.78\ \text{mA}} = 32.1\ \Omega$,

$A = -\frac{R_C}{r_c'} = -\frac{8.2\ k\Omega}{32.1\ \Omega} = -255$,

$z_{in(BASE)} = \beta r_c' = 100(32.1\ \Omega) = 3.21\ \mathrm{k}\Omega$,

$z_{in} = R_1 \parallel R_2 \parallel \beta r_c' = 22\ \mathrm{k}\Omega \parallel 3.9\ \mathrm{k}\Omega \parallel 3.21\ \mathrm{k}\Omega = 1.634\ \mathrm{k}\Omega$.

첫 번째 증폭단에서

$$v_{in} = \frac{1.634\ \mathrm{k}\Omega}{2.234\ \mathrm{k}\Omega} \times 10\ \mu V = 7.31\ \mu V,$$

$$v_{out(th)} = Av_{in} = 255 \times 7.31\ \mu\mathrm{V} = 1.86\ \mathrm{mV}$$

두 번째 증폭단에서

$$v_{in} = \frac{1.634\ \mathrm{k}\Omega}{9.83\ \mathrm{k}\Omega} \times 1.86\ mV = 0.305\ mV,$$

$$v_{out(th)} = Av_{\in} = -255 \times 0.305\ \mathrm{mV} = -77.8\ \mathrm{mV},$$

$$v_{out} = \frac{51\ \mathrm{k}\Omega}{51\ \mathrm{k}\Omega + 8.2\ \mathrm{k}\Omega} \times (-77.8\ mV) = -67\ mV$$

7. $V_B = \dfrac{3.9\ \mathrm{k}\Omega}{22\ \mathrm{k}\Omega + 3.9\ \mathrm{k}\Omega} \times 15\ V = 2.26\ V$,

$V_E = V_B - 0.7\ \mathrm{V} = 2.26\ \mathrm{V} - 0.7\ \mathrm{V} = 1.56\ \mathrm{V}$, 200 Ω 저항이 추가되므로

$$I_E = \frac{V_E}{R_E + r_E} = \frac{1.56\ \mathrm{V}}{2\ \mathrm{k}\Omega + 0.2\ \mathrm{k}\Omega} = 0.71\ mA,$$

$$r_c' = \frac{25\ \mathrm{mV}}{I_E} = \frac{25\ mV}{0.71\ \mathrm{mA}} = 35.2\ \Omega,$$

$$A = -\frac{R_C}{r_c'} = -\frac{8.2\ \mathrm{k}\Omega}{35.2\ \Omega} = -232,$$

$z_{in(BASE)} = \beta(r_c') = 170(35.2\ \Omega) = 2.824\ \mathrm{k}\Omega$,

$z_{in} = R_1 \parallel R_2 \parallel \beta(r_{E+}r_c') = 22\ \mathrm{k}\Omega \parallel 3.9\ \mathrm{k}\Omega \parallel 2.824\ \mathrm{k}\Omega = 1.524\ \mathrm{k}\Omega$.

첫 번째 증폭단에서

$$v_{in} = \frac{1.524\ \text{k}\Omega}{1.524\ \text{k}\Omega + 0.6\ \text{k}\Omega} \times 1\ mV = 0.7175\ mV,$$

$$v_{out(th)} = Av_{in} = -232 \times 0.7175\ \text{mV} = -166.46\ \text{mV}$$

두 번째 증폭단에서

$$v_{in2} = \frac{1.726\ \text{k}\Omega}{8.2\ \text{k}\Omega + 1.726\ \text{k}\Omega} \times (-166.46\ mV) = -28.945\ mV$$

$$v_{out(th)} = Av_{in} = -232 \times (-28.945\ \text{mV}) = 6.715\ \text{mV}$$

$$v_{out} = \frac{2\ \text{k}\Omega}{8.2\ \text{k}\Omega + 2\ \text{k}\Omega} \times (6.715\ \ V) = 131.6\ mV$$

9. $V_B = \frac{30\ \text{k}\Omega}{30\ \text{k}\Omega + 30\ \text{k}\Omega} \times 15\ \ V = 7.5\ \ V,$

$$V_E = V_B - 0.7\ \text{V} = 7.5\ \text{V} - 0.7\ \text{V} = 6.8\ \text{V},$$

$$V_C = V_{CC} = 15\ \text{V}.$$

$$I_E = \frac{V_E}{R_E} = \frac{6.8\ \text{V}}{12\ \text{k}\Omega} = 0.567\ \ mA,$$

$$I_E \cong I_C = 0.567\ \text{mA},$$

$$I_B = \frac{I_C}{\beta_{dc}} = \frac{0.567\ \text{mA}}{160} = 3.54\ \ \mu A.$$

11. 첫 번째 증폭단에서

$$V_{B1} = \frac{2.5\ \text{k}\Omega}{15\ \text{k}\Omega + 2.5\ \text{k}\Omega} \times 15\ \ V = 2.14\ \ V,$$

$$V_{E1} = V_{B1} - 0.7\ \text{V} = 2.14\ \text{V} - 0.7\ \text{V} = 1.44\ \text{V},$$

$$V_C = V_{CC} = 15\ \text{V}.$$

$$I_{E1} = \frac{V_{E1}}{R_{E1}} = \frac{1.44\ \text{V}}{1\ \text{k}\Omega} = 1.44\ mA,$$

$$I_{E1} \cong I_{C1} = 1.44\ \text{mA},\ I_{B1} = \frac{I_{C1}}{\beta_{dc}} = \frac{1.44\ \text{mA}}{80} = 18\ \mu A,$$

$$V_{C1} = V_{CC} - I_C R_S = 15\ \text{V} - (1.44\ \text{mA} \times 3.3\ \text{k}\Omega) = 10.2\ \text{V}.$$

두 번째 증폭단에서

$$V_{B2} = \frac{20\ \text{k}\Omega}{20\ \text{k}\Omega + 20\ \text{k}\Omega} \times 15\ V = 7.5\ V,$$

$$V_{E2} = V_{B2} - 0.7\ \text{V} = 7.5\ \text{V} - 0.7\ \text{V} = 6.8\ \text{V},$$

$$V_C = V_{CC} = 15\ \text{V}.$$

$$I_{E2} = \frac{V_{E2}}{R_{E2}} = \frac{6.8\ \text{V}}{8.2\ \text{k}\Omega} = 0.829\ mA,\ I_{E2} \cong I_{C2} = 0.829\ \text{mA},$$

$$I_{B2} = \frac{I_{C2}}{\beta_{dc}} = \frac{0.829\ \text{mA}}{80} = 10.36\ \mu A,\ V_{C2} = V_{CC} = 15\ \text{V}.$$

13. 첫 번째 증폭단에서

$$V_{B1} = \frac{150\ \text{k}\Omega}{150\ \text{k}\Omega + 150\ \text{k}\Omega} \times 15\ V = 7.5\ V,$$

$$V_{E1} = V_{B1} - 0.7\ \text{V} = 7.5\ \text{V} - 0.7\ \text{V} = 6.8\ \text{V},$$

$$V_{E2} = V_{B2} - 0.7\ \text{V} = 6.8\ \text{V} - 0.7\ \text{V} = 6.1\ \text{V},$$

$$I_{E2} = \frac{V_{E2}}{R_E} = \frac{6.1\ \text{V}}{470\ \Omega} = 12.98\ mA,\ I_{E1} = \frac{I_{E2}}{\beta_{dc}} = \frac{12.98\ \text{mA}}{120} = 108\ \mu A,$$

$$I_{E1} \cong I_{C1} = 108\ \mu\text{A}, I_{E2} \cong I_{C2} = 12.98\ \text{mA},\ I_{B1} = \frac{I_{C1}}{\beta_{dc}} = \frac{108\ \mu\text{A}}{120} = 0.9\ \mu A,$$

〈6장〉

1.

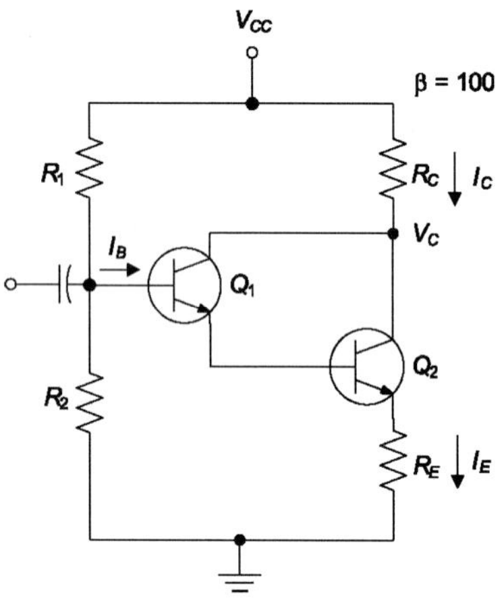

그림 6-33

(a) $I_{C1} = \beta I_B$ (b) $I_{E1} = \beta I_B$ (c) $I_{B2} = \beta I_B$ (d) $I_{C2} = \beta I_{B2} = \beta^2 I_B$

(e) $I_C = I_{C1} + I_{C2} \approx I_{C2} = \beta^2 I_B$ (f) $I_E = I_{E2}$ (g) $I_E = I_C = \beta^2 I_B$ (h) 이득은 β^2

3. 그림 6-27(a)의 달링톤 증폭기는 3.6 kΩ의 임피던스를 갖고 크기가 1Vrms인 교류 전원에 의해서 구동된다. 간단한 해석방법을 사용하기 위해서 각 트랜지스터의 β_{dc} = 100이라고 가정하면 둘째 단에서의 직류 이미터 전류는 10 이다.

$$I_{E2} = \frac{5\ \text{V} - 1.4\ \text{V}}{360\ \Omega} = 10\ mA$$

따라서 둘째 단의 이미터 다이오드의 교류 저항은 2.5 Ω이 된다.

$$r'_{e2} = \frac{25\ \text{mV}}{10\ \text{mA}} = 2.5\ \Omega$$

첫째 증폭단에서 직류 이미터 전류는 0.1 mA이다.

$$I_{E1} = \frac{10\ \text{mA}}{200} = 0.1\ mA$$

따라서 첫째 단의 이미터 다이오드의 교류 저항을 구하면 250 Ω이 된다.

$$r'_{e1} = \frac{25\ \text{mV}}{0.1\ \text{mA}} = 250\ \Omega$$

첫째 단 트랜지스터의 베이스에서 바라다본 대략적인 입력 임피던스는 3.6 MΩ이 된다.

$$z_{in1} \cong 100 \times 100 \times 360\ \Omega = 3.6\ M\Omega$$

따라서 z_{in1}은 바이어스 저항보다 아주 크게 되서 달링톤 증폭기의 대략적인 입력 임피던스는 50 kΩ이 된다.

$$z_{in} = 100\ \text{k}\Omega \parallel 100\ \text{k}\Omega = 50\ \text{k}\Omega$$

입력에서 교류 테브닌 임피던스는 3.36 kΩ이다.

$$R_B = 3.6\ \text{k}\Omega \parallel 100\ \text{k}\Omega \parallel 100\ \text{k}\Omega = 3.36\ \text{k}\Omega$$

그래서 첫째 단 이미터의 출력 임피던스는 284 Ω이 된다.

$$z_{out1} = 250\ \Omega + 3.36\ \frac{\text{k}\Omega}{100} = 284\ \Omega$$

만약 360 Ω을 무시한다면 둘째 단 이미터의 출력 임피던스는 5.34 Ω이 된다.

$$z_{out2} = 2.5\ \Omega + \frac{3284\ \Omega}{100} = 5.34\ \Omega$$

전압 이득이 거의 1에 가깝기 때문에 최종 출력은 0.933 V의 전압원이 되고, 전원 임피던스는 5.34 Ω이 된다.

$$v_{in} = 50\ \frac{\text{k}\Omega}{53.6\ \text{k}\Omega} \times 1\ \text{V} = 0.933\ \text{V}$$

5. $V_B = 3\ \frac{\text{k}\Omega}{12\ \text{k}\Omega + 3\ \text{k}\Omega} \times 15\ \text{V} = 3\ \text{V},$

$$V_{E1} = V_B - V_{BE} = 3\ \text{V} - 0.7\ \text{V} = 2.3\ \text{V}$$

$$I_{E1} = \frac{V_{E1}}{R_E} = \frac{2.3\ V}{2\ \text{k}\Omega} = 1.15\ mA,\ r_e' = \frac{25\ \text{mV}}{I_E} = \frac{25\ mV}{1.15\ \text{mA}} = 21.7\ \Omega$$

$$A = -\frac{R_C}{r_e'} = -\frac{5.1\ \text{k}\Omega}{21.7\ \Omega} = -235,$$

$$z_{in} = 12\ \text{k}\Omega \parallel 3\ \text{k}\Omega \parallel (235 \times 21.7\ \Omega) = 1320\ \Omega$$

$$V_1 = \frac{1320\ \Omega}{3300\ \Omega + 1320\ \Omega} \times 4\ \text{mV} = 1.143\ \text{mV},$$

$$Av_1 = -2356 \times 1.143\ \text{mV} = -268.6\ \text{mV}$$

$$V_2 = Av_1,\ z_{out(\text{이미터})} = 21.7\ \Omega + \frac{5100\ \Omega}{135} = 59.5\ \Omega$$

$$z_{out1} = 6.2\ \text{k}\Omega \parallel 0.75\ \text{k}\Omega = 669\ \Omega,$$

$$v_{out} = \frac{669\ \Omega}{669\ \Omega + 59.5\ \Omega} \times 268.6\ \text{mV} = -251\ \text{mV}$$

7. $V_B = \dfrac{2.4\ \text{k}\Omega}{10\ \text{k}\Omega + 2.4\ \text{k}\Omega} \times 15\ V = 2.9\ V,$

$$V_E = V_B - V_{BE} = 2.9\ \text{V} - 0.7\ \text{V} = 2.2\ \text{V}$$

$$I_E = \frac{V_E}{R_E} = \frac{2.2\ \text{V}}{1.2\ \text{k}\Omega} = 1.83\ mA, I_E \cong I_C = 1.83\ \text{mA},$$

$$I_B = \frac{I_E}{\beta} = \frac{1.83\ \text{mA}}{75} = 24.4\ \mu A$$

$$V_C = V_{CC} - I_C R_C = 15\ \text{V} - 1.83\ \text{mA} \times 3\ \text{k}\Omega = 8.96\ \text{V}$$

9. Q_1의 베이스 전압은 5 V로 구해진다.

$$V_B = V_{CC}\frac{R_2}{R_1 + R_2} = (10\ \text{V})\frac{120\ \text{k}\Omega}{240\ \text{k}\Omega} = 5\ \text{V}$$

I_E는 1.09 mA로 구해진다.

$$I_E = \frac{V_{B1} - 2V_{BE}}{R_E} = \frac{5\ \text{V} - 1.4\ \text{V}}{3.3\ \text{k}\Omega} = 1.09\ mA$$

2N3904의 데이터 스펙을 참조하면 $I_{CQ} = 1$ mA에서 h_{FE}의 최솟값은 70이다. 이 값을 h_{FO} 대신 사용하면 달링톤 쌍의 입력 저항은 16.2 MΩ으로 구해진다.

$$R_{in1} = h_{FC1}h_{FC2}R_E = 70 \times 70 \times 3.3\ \text{k}\Omega = 16.17\ \text{M}\Omega$$

〈7장〉

1. $h_{ic} = 3\ \text{k}\Omega$, $h_{rc} = 0.45 \times 10^{-4}$, $h_{fc} = 225$, $h_{oc} = 23\ \mu\text{S}$, $r_s = 600\ \Omega$, $r_L = 2\ \text{k}\Omega$이므로

$$A_i = \frac{h_{fc}}{1 + h_{oc}r_L} = \frac{225}{1 + (23\ \mu\text{S} \times 2\ \text{k}\Omega)} = 215,$$

$$A_v = \frac{-h_{fc}r_L}{h_{ic} + (h_{ic}h_{oc} - h_{rc}h_{fc})r_L} = -144,$$

$$z_{in} = h_{ic} - \frac{h_{rc}h_{fc}r_L}{1 + h_{oc}r_L} = 2.98\ \text{k}\Omega,$$

$$z_{out} = \frac{r_s + h_{ic}}{(r_s + h_{ic})h_{oc} - h_{rc}h_{fc}} = 4.95\ \text{k}\Omega$$

이다.

3. 데이터 시트에서 2N3904의 h 파라미터 값을 읽으면

$$h_{iC} = 415\ \text{k}\Omega,\ h_{rC} = 1 - 1.5 \times 10^{-4} \cong 1,\ h_{fc} = -124,\ h_{oc} = 8.0\ \mu\text{S}$$

이다. 따라서

$$A_i = \frac{h_{fc}}{1 + h_{oc}r_L} = -122,\ A_v = \frac{-h_{fc}r_L}{h_{ic} + (h_{ic}h_{oc} - h_{rc}h_{fc})r_L} \cong 0.93$$

5. 회로의 I_C는 근사적으로 1 mA가 된다는 것을 알 수 있다.

$Z_{base} = h_{ic} = 1.94\ \text{k}\Omega$

$Z_{in} = R_1 \parallel R_2 \parallel Z_{base} = 1.35\ \text{k}\Omega$

$r_C = R_C \parallel R_L = 6.67\ \text{k}\Omega$

으로 구해진다. A_v는 244로 계산된다.

$$A_v = \frac{h_{fc} r_c}{h_{ic}} = \frac{(71)(6.67\ \text{k}\Omega)}{1.94\ \text{k}\Omega} = 244$$

〈8장〉

1. (a) 차단점에서 $V_{Cmax} = 12\ \text{V}$ (b) 포화점에서 $V_{Cmin} = 0\ \text{V}$

(c) $V_{CQ} = \dfrac{V_{CC}}{2} = 6\ \text{V}$ (d) $V_{CPP} = V_{Cmax} - V_{Cmin} = 12\ \text{V} - 0\ \text{V} = 12\ \text{V}$

3. (a) $V_B = \dfrac{6.5\ \text{k}\Omega}{60\ \text{k}\Omega} \times 12\ V = 1.3\ V$,

$V_E = V_B - 0.7\ \text{V} = 1.3\ \text{V} - 0.7\ \text{V} = 0.6\ \text{V}$,

$I_E = \dfrac{V_E}{R_E} = \dfrac{0.6\ V}{1\ \text{k}\Omega} = 0.6\ mA$, $I_E = I_C = 0.6\ \text{mA}$, $I_{CQ} = 0.6\ \text{mA}$

$V_{CQ} = V_{CC} - I_{CQ} \times R_C = 12\ \text{V} - (0.6\ \text{mA} \times 5\ \text{k}\Omega) = 9\ \text{V}$

(b) $V_{Cmax} = 12\ \text{V}$, $V_{Cmin} = 2\ \text{V}$, $V_{CQ} = 9\ \text{V}$이므로 최대 스윙은 3 V이다.

(c)최대 NEGATIVE 스윙은 7 V이다. (d) 최대 대칭 출력 스윙은 6 V이다.

5. (a) $V_B = \dfrac{10\ \text{k}\Omega}{60\ \text{k}\Omega} \times 12\ V = 2\ V$, $V_E = V_B - 0.7\ \text{V} = 2\ \text{V} - 0.7\ \text{V} = 1.3\ \text{V}$,

$I_E = \dfrac{V_E}{R_E} = \dfrac{1.3\ V}{1\ \text{k}\Omega} = 1.3\ mA$, $I_E = I_C = 1.3\ \text{mA}$, $I_{CQ} = 1.3\ \text{mA}$

$V_{CQ} = V_{CC} - I_{CQ} \times R_C = 12 \text{ V} - (1.3 \text{ mA} \times 5 \text{ k}\Omega) = 5.5 \text{ V}$

(b) $V_{CE} = V_{EQ} = 1.3\,V$, $V_{CL} = 5.5\,V$

(c) 최대 positive 스윙은 $V_C = V_{CC} - V_{CQ} = 6.5\,V$

(d) 최대 negative 스윙은 $V_C = V_{CQ} - V_{EQ} = 5.5\,V - 1.3\,V = 4.2\,V$

(e) 최대 컬렉터 전압 스윙은 $2 \times 4.2 \text{ V} = 8.4 \text{ V}$이다.

(f) $V_{Lmin} = V_{EQ} - V_{CQ} = 1.3 \text{ V} - 5.5 \text{ V} = -4.2 \text{ V}$

$$V_{Lmax} = \frac{R_L}{R_L + R_C} \times (V_{CC} - V_{CQ}) = \frac{6.5 \text{ V}}{2} = 3.25 \text{ V}$$

$V_{Lppmax} = 2 \times 3.25 \text{ V} = 6.5 \text{ V}$

7. (a) $P_{CCmax} = \dfrac{V_{CC}^2}{2R_L} = \dfrac{(12)^2}{2 \times 5 \text{ k}\Omega} = \dfrac{144 \text{ } V^2}{10 \text{ k}\Omega} = 14.4 \text{ } mW$

(b) $P_{Lmax} = \dfrac{V_{CC}^2}{8R_L} = 3.6 \text{ mW}$

(c) %효율 $= 100 \times \dfrac{P_{Lmax}}{P_{CCmax}} = 25\%$

(d) $P_{Dmax} = \dfrac{V_{CC}^2}{4R_L} = 7.2 \text{ mW}$

9. (a) $V_B = \dfrac{12 \text{ k}\Omega}{63 \text{ k}\Omega} \times 12 \text{ } V = 2.29 \text{ } V$,

$V_{EQ} = V_B - 0.7 \text{ V} = 2.29 \text{ V} - 0.7 \text{ V} = 1.59 \text{ V}$.

$I_{EQ} = \dfrac{V_{EQ}}{R_E} = \dfrac{1.59 \text{ } V}{1 \text{ k}\Omega} = 1.59 \text{ } mA$.

$I_{EQ} = I_{CQ} = 1.59 \text{ mA}$.

$V_{CQ} = V_{CC} - I_{CQ} \times R_C = 12\,V - (1.59 \text{ mA} \times 5 \text{ k}\Omega) = 4.07 \text{ V}$

$V_{CEQ} = 4.07\ \text{V} - 1.59\ \text{V} = 2.48\ \text{V}$

Q점은 $V_{CEQ} = 2.48\ \text{V}$, $I_{CQ} = 1.59\ \text{mA}$이다.

대칭적 출력 스윙은 $2 \times 4.07\ \text{V} = 8.14\text{V}_{\text{PP}}$이다.

$P_{CC} = V_{CC} \times I_{CQ} = 12\ \text{V} \times 1.59\ \text{mA} = 19.1\ \text{mW}$

$$P_L = \frac{V_{LP}^2}{2R_L} = \frac{(4.07\ V)^2}{2 \times 5\ \text{k}\Omega} = 1.66\ mW$$

$$\%\text{효율} = 100 \times \frac{P_L}{P_{CC}} = 100 \times \frac{1.66\ \text{mW}}{19.1\ \text{mW}} = 8.6\%$$

$P_D = V_{CEQ} \times I_{CQ} = 2.48\ \text{V} \times 1.59\ \text{mA} = 3.94\ \text{mW}$

(b) $V_B = \frac{6\ \text{k}\Omega}{57\ \text{k}\Omega} \times 12\ V = 1.26\ V$,

$V_{Eq} = V_B - 0.7\ \text{V} = 1.26\ \text{V} - 0.7\ \text{V} = 0.563\ \text{V}$

$I_{EQ} = \frac{V_{EQ}}{R_E} = \frac{0.563\ V}{1\ \text{k}\Omega} = 0.563\ mA$, $I_{EQ} = I_{CQ} = 0.563\ \text{mA}$

$V_{CQ} = V_{CC} - I_{CQ} \times R_C = 12\ \text{V} - (0.563\ \text{mA} \times 5\ \text{k}\Omega) = 9.18\ \text{V}$

$V_{CEQ} = 9.18\ \text{V} - 0.563\ \text{V} = 8.62\ \text{V}$

Q점은 $V_{CEQ} = 8.62\ \text{V}$, $I_{CQ} = 0.563\ \text{mA}$이다.

대칭적 출력 스윙은 $2 \times 2.82\ \text{V} = 5.63\text{V}_{\text{PP}}$이다.

$P_{CC} = V_{CC} \times I_{CQ} = 12\ \text{V} \times 0.563\ \text{mA} = 6.76\ \text{mW}$

$$P_L = \frac{V_{LP}^2}{2R_L} = \frac{(2.82\ V)^2}{2 \times 5\ \text{k}\Omega} = 0.795\ mW$$

$$\%\text{효율} = 100 \times \frac{P_L}{P_{CC}} = 100 \times \frac{0.795\ \text{mW}}{6.76\ \text{mW}} = 11.8\%$$

$P_D = V_{CEQ} \times I_{CQ} = 2.48\ \text{V} \times 0.563\ \text{mA} = 5.17\ \text{mW}$

11. (a) $V_{B1Q} = \frac{30\ \Omega}{1500\ \text{k}\Omega} \times 15\ V = 0.3\ V$,

$$V_{B2Q} = \frac{30\ \Omega}{1500\ \text{k}\Omega} \times (-15\ V) = -0.3\ V,$$

$$V_{EQ} = V_B - 0.7\ \text{V} = 0.3\ \text{V} - 0.7\ \text{V} = -0.4\ \text{V},$$

$$I_{C1Q} = I_{C2Q} = \frac{-0.4\ \text{V}}{R_L} = \frac{-0.4\ V}{100\ \Omega} = -4\ mA$$

(b) $P_{CC} = V_{CC}\frac{V_{LP}}{\pi R_L} = 15\ \text{V} \times \frac{14.7\ \text{V}}{\pi \text{R}_\text{L}} = 0.702\ \text{W}$,

$$P_{CCTotal} = 2V_{CC} \times I_{CDC} = 2 \times 15\ \text{V} \times 46.8\ \text{mA} = 1.4\ \text{W}$$

$$P_L = \frac{V_{LP}^2}{2R_L} = \frac{(14.7\ \text{V})^2}{2 \times 100\ \Omega} = 1.08\ W$$

$$I_{CDC} = \frac{V_{LP}}{\pi R_L} = \frac{14.7\ \text{V}}{\pi \times 100\ \Omega} = 46.7\ mA$$

$$P_D = \frac{P_{CTotal} - P_L}{2} = \frac{1.4\ \text{W} - 1.08\ \text{W}}{2} = 0.16\ W$$

$$\%\text{효율} = 100 \times \frac{P_L}{P_{CC}} = 100 \times \frac{1.08\ \text{W}}{1.4\ \text{W}} = 77\%$$

(c) Q_1은 입력의 positive 반주기에서 활성 상태이고 Q_2는 입력의 negative 반주기에서 활성 상태이다.

13. 이미터 다이오드가 도통하기 위해서는 0.7 V가 필요하다. 따라서 이미터 다이오드에 걸리는 전압은 -4.3 V이다.

15. 바이어스 저항을 구하기 위해서 $V_{EQ} = 2.3\ \text{V}$, $V_{CQ} = 7.4\ \text{V}$라고 놓으면 최소 부하 전압은 $V_{L(\min)} = V_{EQ} - V_{CQ} = 2.3\ \text{V} - 7.4\ \text{V} = -5.1\ \text{V}$로 구해진다.

최대 부하 전압은 2.3 V로 구해진다.

$$V_{Lmax} = \frac{R_L}{R_L + R_C}(V_{CC} - V_{CQ}) = \frac{80\ \Omega}{80\ \Omega + 80\ \Omega}(12\ \text{V} - 7.4\ \text{V}) = 2.3\ \text{V}$$

positive 스윙은 nagative 스윙보다 더 작기 때문에 positive 스윙이 대칭적 스윙을 설정하게 된다.

$$V_{LPP} = 4.6\ \text{V}$$

17. 베이스 전압은 2.7 V이다.

$$V_B = \frac{R_2}{R_1 + R_2}V_{CC} = \frac{100\ \Omega}{340\ \Omega + 100\ \Omega}12\ \text{V} = 2.7\ \text{V}$$

따라서 바이어스 이미터 전압은 2 V이다.

$$V_{EQ} = V_B - 0.7\ \text{V} = 2\ \text{V}$$

바이어스 컬렉터 전류는 50 mA이다.

$$I_{CQ} = I_{EQ} = \frac{V_{EQ}}{R_E} = \frac{2\ \text{V}}{40\ \Omega} = 50\ mA$$

컬렉터 전압은 8 V이다.

$$V_{CQ} = V_{CC} - I_{CQ}R_L = 12\ \text{V} - 50\ \text{mA} \times 80\ \Omega = 8\ \text{V}$$

컬렉터 이미터 전압은 6 V이다.

$$V_{CEQ} = V_{CC} - V_{EQ} = 8\ \text{V} - 2\ \text{V} = 6\ \text{V}$$

트랜지스터에서 소비되는 전력은 300 mW이다.

$$P_D = V_{CEQ} \times I_{CQ} = 6\ \text{V} \times 50\ \text{mA} = 300\ \text{mW}$$

전원에 의해 공급된 전력은 600 mW이다.

$$P_{CC} = V_{CC} \times I_{CQ} = 12\ \text{V} \times 50\ \text{mA} = 600\ \text{mW}$$

트랜지스터에서 소비된 전력이 1/2을 주목하라. 최대 부하 전압은 차단점에서 발생하고 $V_{Lmax} = V_{CC} = 12\ \text{V}$로 주어진다.

최소 부하 전압은 포화점에서 발생하고 4 V로 주어진다.

$$V_{Lmin} = \frac{R_E}{R_E + R_L} V_{CC} = \frac{40\ \Omega}{40\ \Omega + 80\ \Omega} 12\ \text{V} = 4\ \text{V}$$

부하 전압은 4 V의 positive 스윙에서 8 V에서 12 V로 스윙할 수 있다. 부하 전압은 4V의 nagative 스윙에서 8 V에서 4 V로 스윙할 수 있다. 더 쉽게 설명하면 바이어스되는 저항은 Q점이 중앙으로 설정되도 선택되어야 한다는 것이다. 최대 피크–피크 스윙은 8 V이다. 부하 전압의 피크값은 4 V이다.

$$V_{LP} = \frac{V_{LPP}}{2} = 4\ \text{V}$$

부하에서 소비된 최대 평균 교류 전력은 100 mW이다.

$$P_L = \frac{V_{LP}^2}{2R_L} = \frac{16\ \text{V}^2}{2 \times 80\ \Omega} = 100\ mW$$

회로의 전력 효율은 16.7%이다.

$$\%\text{효율} = 100\frac{P_{L_{\max}}}{P_{CC_{\max}}} = 100 \times \frac{100\ \text{mW}}{600\ \text{mW}} = 16.7\%$$

이미터 저항을 부가시키면 A급 증폭기의 효율을 감소시킬 수 있다는 사실을 확인할 수 있다. 끝으로 바이어스 저항의 소비 전력을 구할 수 있다. 바이어스 전류을 무시한다면 R_1과 R_2는 직렬로 더해질 수 있다. 이 저항의 소비전력은 330 mW로 구해진다.

$$P_{(R_1 + R_2)} = \frac{V_{CC}^2}{R_1 + R_2} = \frac{144\ \text{V}^2}{440\ \Omega} = 330\ mW$$

전원에 의해서 공급될 수 있는 전체 전력은 930 mW이다.

$$P_{CC} + P_{(R_1+R_2)} = 600\ \text{mW} + 330\ \text{mW} = 930\ \text{mW}$$

19. (a) $V_{LP} = 2\ \text{V}$에서 실제 부하 전력은 25 mW이다.

$$P_L = \frac{V_{LP}^2}{2R_L} = \frac{2\ \text{V}^2}{2 \times 80\ \Omega} = 25\ mW$$

실제적인 공급 전력을 구하기 위해서 직류 컬렉터 전류를 구하면 7.96 mA이다.

$$I_{C_{DC}} = \frac{I_{CP}}{\pi} = \frac{V_{LP}}{\pi R_L} = \frac{2\ \text{V}}{\pi \times 80\ \Omega} = 7.96\ mA$$

전체 공급 전력은 191 mW이다.

$$P_{CCtotal} = 2V_{CC} \times I_{CDC} = 2 \times 12\ \text{V} \times 7.96\ \text{mA} = 191\ \text{mW}$$

전력 효율은 13.1%이다.

$$\%\text{효율} = 100\frac{P_L}{P_{CCtotal}} = 100\frac{25\ \text{mW}}{191\ \text{mW}} = 13.1\%$$

공급 전력, 부하 전력, 효율은 출력 전압이 최댓값으로 유도되지 않을 때 모두 좀 더 적어진다. 각 트랜지스터에서 소비전력은 83 mW이다.

$$P_D = \frac{P_{CCtotal} - P_L}{2} = \frac{191\ \text{mW} - 25\ \text{mW}}{2} = 83\ mW$$

(b) $V_{LP} = 8\ \text{V}$에서 실제 부하 전력은 400 mW이다.

$$P_L = \frac{V_{LP}^2}{2R_L} = \frac{8\ \text{V}^2}{2 \times 80\ \Omega} = 400\ mW$$

실제적인 공급 전력을 구하기 위해서 직류 컬렉터 전류를 구하면 32 mA이다.

$$I_{C_{DC}} = \frac{I_{CP}}{\pi} = \frac{V_{LP}}{\pi R_L} = \frac{8\ \text{V}}{\pi \times 80\ \Omega} = 32\ mA$$

전체 공급 전력은 768 mW이다.

$$P_{CCtotal} = 2V_{CC} \times I_{CDC} = 2 \times 12\ \text{V} \times 32\ \text{mA} = 768\ \text{mW}$$

전력 효율은 52%이다.

$$\%\text{효율} = 100\frac{P_L}{P_{CCtotal}} = 100\frac{400\ \text{mW}}{768\ \text{mW}} = 52\%$$

출력의 피크값은 공급 전력, 부하 전력, 효율을 모두 증가시킨다. 여하튼 출력 전압이 자신의 최댓값으로 구동될 때보다 아직도 작다. 각 트랜지스터에서 소비전력은 184 mW이다.

$$P_D = \frac{P_{CCtotal} - P_L}{2} = \frac{768\ \text{mW} - 400\ \text{mW}}{2} = 184\ mW$$

이 예제의 결과를 이전의 예제와 비교하면 다음과 같다.

	V_{LP}	P_D
최대 스윙	12 V	125 mW
	2 V	83 mW
최대 스윙의 2/3	8 V	184 mW

이것은 출력 스윙이 최대 스윙의 2/3일 때 트랜지스터가 최대 소비전력을 갖는다는 것을 의미한다.

〈9장〉

1. 2,000 MΩ

3. (a) $V_{GS} = -1$ V (b) $I_D = 1.5$ mA (c) $V_{DS} = 5.5$ V (d) $I_{D(MAX)} = 6$ mA

(e) Q점 = $V_{GS} = -1$ V, $I_D = 1.5$ mA, $V_{DS} = 5.5$ V

5. (a) $V_G = 3$ V (b) $V_S = 6$ V (c) $V_{GS} = -3$ V (d) $V_{DS} = 3$ V

7. 증가형 MOSFET이므로 $I_D = K[V_{GS} - V_{GS(OFF)}]^2$ 식을 사용하면 된다. $I_D = 16$ mA, $V_{GS} = 10$ V, $V_{GS(OFF)} = 2$V 를 대입하면 K는 2.5×10−4이다. 따라서 원 식에 대입하고 계산하면 I_D는 2.25 mA이다.

9. $I_{DSS} = 32$ mA이고 $V_{GS(OFF)} = -8$ V을 $I_D = I_{DSS} \times \ [1 + \frac{V_{GS}}{V_{GS(OFF)}}]^2$ 공식에 대입한다. $V_{GS} = -4$ V일 때 $I_D = 8$ mA, $V_{GS} = -2$ V일 때 $I_D = 18$ mA이다.

11. $V_{TH} = \frac{10\ \text{M}\Omega}{10\ \text{M}\Omega + 10\ \text{M}\Omega} \times 15\ \ V = 7.5\ \ V,$

$$I_D = \frac{V_{TH} - V_{GS}}{R_S} = \frac{7.5\ \ V + 1\ \ V}{4.3\ \text{k}\Omega} = 1.98\ \ mA,$$

$V_S = V_{TH} - V_{GS} = 7.5\ \text{V} + 1\ \text{V} = 8.5\ \text{V},\ V_{TH} = V_G = 7.5\ \text{V}$

$V_D = 15\,V - 1.98\ \text{mA} \times 1.8\ \text{k}\Omega = 11.4\ \text{V}$

13. $g_m = \frac{\Delta I_D}{\Delta V_{GS}},\ g_{mo} = \frac{1\ \text{mA}}{0.17\ \text{V}} = 6000\ \ \mu S$

$$g_m = g_{mo}[1 - \frac{V_{GS}}{V_{GS(OFF)}}] = 6000 \times 10^{-6}\ \text{S}[1 + \frac{(-2)}{4}] = 3000\ \ \mu\text{S}$$

15. 무부하 상태의 전압 이득은 −3.78이다.

$A = -g_m R_D = -2100\ \ \mu\text{S} \times 1.8\ \ \text{k}\Omega = -3.78,$

$Z_{in} = R_1 \parallel R_2 = 10\ \ \text{M}\Omega \parallel 10\ \ \text{M}\Omega = 5\ \ \text{M}\Omega$

$$V_{in} = \frac{5\ \text{M}\Omega}{10\ \text{M}\Omega + 5\ \text{M}\Omega} \times 5\ \ mV = 4.902\ \ mV,$$

$Av_{in} = -3.78 \times 4.902 \ \text{mV} = -18.5 \ \text{mV}$

따라서 $V_{OUT} = \frac{12 \ \text{k}\Omega}{12 \ \text{k}\Omega + 1.8 \ \text{k}\Omega} \times (-18.5 \ mV) = -16.1 \ mV$이다.

17. $V_{OUT} = \frac{120 \ \Omega}{2.21 \ \text{k}\Omega + 120 \ \Omega} \times 20 \ mV = 1.03 \ mV$, VCON = 20mV일 때이다.

19. (b)

21. $I_D = I_{DSS} \times \ [1 + \frac{V_{GS}}{V_{GS(OFF)}}]^2 = 8 \times 10^{-3} A[1 + \frac{V_{GS}}{4}]^2$이다. 따라서 $V_{GS} = -1$ V일 때는 4.5 mA, V_{GS} = +1 V일 때는 12.5 mA가 된다.

23. (a)

〈10장〉

1. $V_B = \frac{3 \ \text{k}\Omega}{6 \ \text{k}\Omega + 3 \ \text{k}\Omega} \times 30 \ V = 10 \ V$,

$V_E = V_B - V_{BE} = 10 \ \text{V} - 0.7 \ \text{V} = 9.3 \ \text{V}$

$I_E = \frac{V_E}{R_E} = \frac{9.3 \ V}{1 \ \text{k}\Omega} = 9.3 \ mA$, $r_e' = \frac{25 \ \text{mV}}{I_E} = 2.69 \ \Omega$

$R_{in} = 6 \ \text{k}\Omega \parallel 3 \ \text{k}\Omega \parallel \beta \text{r}_\text{e}' = 6 \ \text{k}\Omega \parallel 3 \ \text{k}\Omega \parallel (175 \times 2.692 \ \Omega) = 381 \ \Omega$

$$f_{in} = \frac{1}{2\pi(R_S + R_{in})C_{in}} = \frac{1}{2\pi \times (600 \ \Omega + 381 \ \Omega) \times 0.4 \ \mu\text{F}} = 345 \ Hz$$

$$f_{out} = \frac{1}{2\pi(R_L + R_{out})C_{out}} = \frac{1}{2\pi \times (600 \ \Omega + 300 \ \Omega) \times 0.68 \ \mu\text{F}} = 260 \ \text{Hz}$$

3. $\mu = g_m r_D = 6000 \times 10^{-6} \times (3\ \text{k}\Omega \parallel 1000\ \text{k}\Omega) = 18$

$$r_s = \frac{R_D \parallel R_L \times \mu R_S}{R_D \parallel R_L + \mu R_S} = 1421\ \Omega,\ C_s = \frac{C}{\mu} = \frac{47\ \mu\text{F}}{18} = 2.61\ \mu F$$

$$f_s = \frac{1}{2\pi \times 1421\ \Omega \times 2.61\ \mu\text{F}} = 42.9\ \text{Hz}$$이다.

5. $C_{gs} = 6\ \text{pF},\ C_{gd} = 4\ \text{pF}, C_{ds} = 1\ \text{pF}$이므로

1) $A = -6000 \times 10^{-6}\ \text{S} \times 3 \times 10^3\ \Omega = -18,\ r_g = 10\ \text{k}\Omega,$

$C_G = C_{gs} + C_{gd}(1 + g_m R_D) = 6\ \text{pF} + 4\ \text{pF}(1 + 6000 \times 10^{-6}\ \text{S} \times 3 \times 10^{3\Omega}) = 82\ \text{pF}$

$$f_G = \frac{1}{2\pi r_G C_g} = \frac{1}{2\pi \times 10^4 \Omega \times 82\ \text{pF}} = 194\ \text{kHz}$$

2) $C_D = C_{ds} + C_{gd} = 1\ \text{pF} + 4\ \text{pF} = 5\ \text{pF}$

$$f_D = \frac{1}{2\pi r_D C_D} = \frac{1}{2\pi \times 3 \times 10^4\ \Omega \times 5 \times 10^{-12}\ \text{F}} = 10.6\ \text{MHz}$$

7. $r_b' = 75\ \Omega, \beta = 20, r_c' = 1\ \Omega, f_T = 200\ \text{MHz}, C_c' = 2\ \text{pF}, C_{in} = 100\ \text{pF}$이므로

$r_G = 600\ \Omega \parallel 6\ \text{k}\Omega \parallel 3\ \text{k}\Omega = 465.1\ \Omega,$

$r_B = (r_G + r_b') \parallel \beta r_{c6'} = (465.1\ \Omega + 75\ \Omega) \parallel 20\ \Omega = 19.28\ \Omega$

$r_c = R_L \parallel R_C = 300\ \Omega \parallel 600\ \Omega = 200\ \Omega,\ A = -\frac{r_c}{r_c'} = -200$

$C_{in(\text{밀러})} = (1 - A)C_c' = C_{gd}(1 + g_m r_D) = 201 \times 2\ \text{pF} = 402\ \text{pF}$

$$C_c' = \frac{1}{2\pi f_T r_c'} = \frac{1}{2\pi \times 500 \times 10^6\ \text{Hz} \times 1\ \Omega} = 318.3\ \text{pF}$$

$$C_B = C_e' + C_c'(1 + \frac{r_c}{r_c'}) = 318.3\ \text{pF} + 402\ \text{pF} = 720.3\ \text{pF}$$

$$C_c = C_c' + C_{in} = 2\ \text{pF} + 100\ \text{pF} = 102\ \text{pF}$$

$$f_B = \frac{1}{2\pi r_B C_B} = \frac{1}{2\pi \times 19.28\ \Omega \times 720.3 \times 10^{-12}\ \text{F}} = 11.5\ \text{MHz}$$

$$f_C = \frac{1}{2\pi r_C C_C} = \frac{1}{2\pi \times 200\Omega \times 102 \times 10^{-12}\ \text{F}} = 7.8\ \text{MHz}$$

9. $A' = 20\log\frac{1}{\sqrt{1 + (\frac{f}{f_c})^2}}$ 에서

f = 100 Hz이면 0 dB 감소해서 데시벨 전압 이득은 120 dB이다.

f = 1 kHz이면 20 dB 감소해서 데시벨 전압 이득은 100 dB이다.

f = 10 kHz이면 40 dB 감소해서 데시벨 전압 이득은 80 dB이다.

f = 100kHz이면 60 dB 감소해서 데시벨 전압 이득은 60 dB이다.

f = 1 MHz이면 120 dB 감소해서 데시벨 전압 이득은 0 dB이다.

11. $dB_v = 10\log_{10}\frac{V_2}{V_1}$, $36 = 20\log_{10}\frac{V_2}{V_1}$, $1.8 = \log_{10}\frac{V_2}{V_1}$

$\frac{V_2}{V_1} = 63.96$ 또는 $V_1 = \frac{V_2}{63.96} = \frac{6.8\ \text{V}}{63.96} = 106.32\ mW$

13. 데시벨 전력 이득은 43.0 dB로 구해진다.

$$A_{p(dB)} = 10\log\frac{P_{out}}{P_{in}} = 10\log\frac{2\ \text{W}}{10\ \mu\text{W}} = 10\log(20{,}000) = 43.01\ dB$$

15. 먼저 R_{in}은 2.02 Ω으로 구해진다.

$$R_{in} = R_1 \parallel R_2 \parallel h_{ic} = 18\ \text{k}\Omega\ |\ 4.7\ \text{k}\Omega\ |\ 4.4\ \text{k}\Omega = 2018\ \Omega$$

f_{1B}는 60.7 Hz로 구해진다.

$$f_{1B} = \frac{1}{2\pi(R_s + R_{in})C_{c1}} = \frac{1}{2\pi \times 2.62\ \text{k}\Omega \times 1\ \mu\text{F}} = 60.7\ \text{Hz}$$

따라서 베이스 회로는 증폭기의 전력 이득이 60.7 Hz에서 3 dB 떨어진다.

〈11장〉

1. 1단 = 차동 증폭기, 2단 = 고이득 증폭기, 3단 =푸시풀 증폭기

3. (a) $V_o = \dfrac{A}{1+AB} \times V_{in} = \dfrac{5}{1+5\times 0.2} \times 2\ \text{V} = 5\ \text{V}$

(b) $V_X = \dfrac{V_O}{A} = \dfrac{5V}{5} = 1\ \text{V}$

(c) $A_{CL} = \dfrac{A}{1+AB} = \dfrac{5}{1+5\times 0.2} = \dfrac{5}{2} = 2.5$

5. (a) 루프 주위의 경로를 관찰한다.

(b) $V_X = V_+ - V_- = V_i - V_o,\ V_X \approx 0\ \text{V}$

(c) $V_+ = V_-$

(d) $V_o = V_-$

(e) 폐루프 이득 = 1

7. (a) $V_+ = V_i$

(b) $V_- = V_+ = V_i$

(C) $\frac{V_-}{R_1} + \frac{V_- - V_O}{R_F} = 0 \Rightarrow V_-(\frac{1}{R_1} + \frac{1}{R_F}) = \frac{V_O}{R_F} \Rightarrow V_-(\frac{R_F + R_1}{R_1 R_F}) = \frac{V_O}{R_F}$

$\Rightarrow V_O = (1 + \frac{R_F}{R_1}) \times V_- = (1 + \frac{R_F}{R_1}) \times V_i$

(d) $A_{CL} = 1 + \frac{R_F}{R_1}$

9. $V_+ = \frac{10\ \text{k}\Omega}{15\ \text{k}\Omega} \times V_{SOURCE}$, $V_O = V_- = V_+ = \frac{2}{3} \times V_{SOURCE}$

11. (a) $V_+ = 0$ V(접지)

(b) $V_- = V_+ = 0$ V

(c) $\frac{V_- - V_1}{R_1} + \frac{V_- - V_2}{R_2} + \frac{V_- V_o}{R_F} = 0$, $V_- = V_+ = 0$ V이기 때문에

$\frac{V_o}{R_F} = -\frac{V_1}{R_1} - \frac{V_2}{R_2} \Rightarrow V_o = -\frac{R_F}{R_1} \times V_1 - \frac{R_F}{R_2} \times V_2$

13. 이런 회로의 최대 피크 출력 전압은 약 8 V이다. 증폭기의 최대 동작 주파수는 9.95 kHz이다.

$$f_{\max} = \frac{\text{슬루율}}{2\pi V_{pk}} = \frac{0.5\ \text{V}/\mu\text{s}}{2\pi(8\ \text{V})} = \frac{500\ kHz}{50.27} = 9.95\ kHz$$

15. 먼저 회로의 폐루프 전압 이득 A_{CL}은 10으로 구해진다.

$$A_{CL} = \frac{R_f}{R_{in}} = \frac{100\ \text{k}\Omega}{10\ \text{k}\Omega} = 10$$

회로의 입력 임피던스는 다음과 같이 구할 수 있다.

$$Z_{in} \cong R_{in} = 10\ \text{k}\Omega$$

회로 출력 임피던스는 op-amp의 출력 임피던스보다 약간 작은 80 Ω(최대)으로 구해진다.

회로의 CMRR은 10,000으로 구해진다.

$$CMRR = \frac{A_{CL}}{A_{CM}} = \frac{10}{0.001} = 10{,}000$$

반전 증폭기의 최대 동작 주파수를 계산하기 위해서 자신의 피크 출력 전압을 구할 필요가 있다. $v_{in} = 1\,V_{pp}$와 $A_{CL} = 10$이므로 피크-피크 출력 전압은 $10\,V_{PP}$로 구해진다.

$$v_{out} = A_{CL} v_{in} = 10 \times 1\,V_{pp} = 10\,V_{PP}$$

따라서 피크 출력 전압은 $5\,V_{PK}$이고 최대 동작 주파수는 15.9 kHz로 구해진다.

$$f_{\max} = \frac{\text{슬루율}}{2\pi V_{pk}} = \frac{0.5\ \text{V}/\mu\text{s}}{31.42\ \text{V}} = \frac{500\ \text{kHz}}{31.42} = 15.9\ \text{kHz}$$

17. 전압 폴로어인 경우 $A_{CL} = 1$이다.

Z_{in}과 Z_{out}의 크기는 op-amp의 정격 값과 동일하므로 각각 1 MΩ과 80 Ω(최대)이다. 회로의 CMRR은 1000으로 구해진다.

$$CMRR = \frac{1}{A_{CM}} = \frac{1}{0.001} = 1{,}000$$

회로의 $A_{CL} = 1$이므로 $V_{out} = V_{in}$이다. 따라서 피크 출력 전압은 $6\,V_{PP}$의 절반인

$3V_{PP}$이다. f_{max}는 26.53 kHz로 구해진다.

$$f_{max} = \frac{\text{슬루율}}{2\pi V_{pk}} = \frac{0.5\ \text{V}/\mu\text{s}}{18.85\ \text{V}} = \frac{500\ kHz}{18.85} = 26.53\ kHz$$

전압 폴로어는 대응되는 표준 비반전 증폭기에 비해 상당히 낮은 A_{CL}과 CMRR을 가지며, 보다 높은 최대 동작 주파수를 가진다.

〈12장〉

1. $V_+ = 0$ V(접지), $V_- = V_+ = 0$ V, $\frac{V_- - V_i}{5\ \text{k}\Omega} + \frac{V_- - V_o}{20\ \text{k}\Omega} = 0$, $V_- = 0$ V를 대입하고 식을 간략화하면 $V_o = \frac{-20\ \text{k}\Omega}{5\ \text{k}\Omega} \times V_i = -4V_i$, $i_i = \frac{V_i}{5\ \text{k}\Omega}$, $i_f = i_i = \frac{V_i}{5\ \text{k}\Omega}$, 따라서

$$R_i = \frac{V_i}{i_i} = \frac{V_i}{V_i/5\ \text{k}\Omega} = 5\ \text{k}\Omega$$

3. $V_+ = V_i$, $V_- = V_i$, $V_o = 5V_i$, $i_i = 0$ A, $i_f = \frac{V_o - V_i}{20\ \text{k}\Omega}$, $R_i = \frac{V_i}{i_i} = \infty$

5. (a) $V_o = -(10V_i + 2V_2)$, $10 = \frac{R_F}{R_1} = \frac{50\ \text{k}\Omega}{R_1} \Rightarrow R_1 = 5\ \text{k}\Omega$,

$$1 = \frac{R_F}{R_2} \Rightarrow R_2 = R_F = 50\ \text{k}\Omega$$

(b) $R = R_1 \parallel R_2 \parallel R_F = 5\ \text{k}\Omega \parallel 50\ \text{k}\Omega \parallel 150\ \text{k}\Omega = 5\ \text{k}\Omega \parallel 125\ \text{k}\Omega = 4.17\ \text{k}\Omega$

7. (a) $10\ \text{k}\Omega \parallel 40\ \text{k}\Omega = 8\ \text{k}\Omega$, $16\ \text{k}\Omega \parallel 16\ \text{k}\Omega = 8\ \text{k}\Omega$, $\text{R} \parallel \text{R}_\text{F} = \text{R}_1 \parallel \text{R}_2$

(b) $V_+ = V_1 + V_2 = V_-$,

$$\frac{V_-}{10\ \text{k}\Omega} + \frac{V_- - V_o}{40\ \text{k}\Omega} \Rightarrow \left(\frac{1}{10\ \text{k}\Omega} + \frac{1}{40\ \text{k}\Omega}\right) \times V_- = \frac{V_o}{40\ \text{k}\Omega} \Rightarrow 5V_- = V_o \Rightarrow V_o = 5(V_1 + V_2)$$

9. (a) $I_{R1} = \frac{V_i}{R_1} = \frac{1\ \text{V}}{1\ \text{k}\Omega} = 1\ \text{mA}$ (b) 전류는 R_L을 통해서 V_O로 흘러간다.

(c) $I_{RL} = \frac{V_O}{R_L} = I_{RL} = 1\ \text{mA}$ (d) R_L에 의존하지 않는다. (e) 전류원

(f) R_1에 의해서 입력 전압이 분배된다.

11. (a) $V_o = -R_F C\frac{dV_i}{dt} = -\frac{dV_i}{dt}$

(b) $V_i = \cos 10t$, $V_o = \frac{-d}{dt}\cos 10t = 10\sin 10t$

(c) $V_i = \sin 10t$, $V_o = \frac{-d}{dt}\sin 10t = -10\cos 10t$

(d) $V_i = e^{-2t}$, $V_o = \frac{-d}{dt}e^{-2t} = 2e^{-2t}$

13. (a) $I_{Z무부하} = \frac{12\ V - 8\ V}{1\ \text{k}\Omega} = 4\ mA$

(b) $I_{R_1+R_2} = \frac{8\ V}{100\ \text{k}\Omega} = 0.08\ mA$이며, 무부하 제너 전류에 비해서 대단히 작다.

(c) $V_+ = \frac{R_1}{R_1 + R_2} \times V_Z = \frac{8\ V}{2} = 4\ V$

(d) $V_o = V_- = V_+$

15. $V_{OUT} = V_{in}(1+\frac{R_F}{R_1}) = 4V(1+\frac{12\ k\Omega}{8\ k\Omega}) = 4V \times (1+1.5) = 4V \times 2.5 = +10V$

17. $V_{OUT} = V_{in2} - V_{in1} = 6\ V - 3.2\ V = 2.8\ V$

19. $V_{OUT(PK)} = \frac{1}{R_1C_1} \times (\Delta V_{in(PK)} \times \Delta t)$

$= \frac{1}{1\ M\Omega \times 0.01\ \mu F} \times (0\ V에서\ 1.2V_{(PK)} \times 25\ ms)$

$= 100 \times (1.2V_{PK} \times 25\ ms) = 100 \times 0.03 = 3V_{PK}$

21. 기준 전위는 전압 분배 회로에 의해서 결정된다. 디지털 시스템은 +1 V 이하인지, +1V 이상인지를 감지한다. $V_{ref} = V\frac{R_2}{R_1+R_2} = +5\ V \times 0.2 = +1\ V$이다.

23. 회로의 차단 주파수는 $f_1 = \frac{1}{2\pi R_f C_f} = \frac{1}{2\pi(1000\ k\Omega)(0.01\ \mu F)} = 159\ Hz$이다. 차단 주파수의 10배가 될 때 선형성을 가짐을 알 수 있다. 따라서 $f_{\min} = 10f_1 = 1.59\ kHz$이다.

25.

$$V_{out} = -R_f(\frac{V_1}{R_1}+\frac{V_2}{R_2}+\frac{V_3}{R_3}) = -1\ k\Omega(\frac{+10V}{10\ k\Omega}+\frac{+8\ V}{10\ k\Omega}+\frac{+7\ V}{10\ k\Omega}) = -2.5\ V$$

27. $V_{OUT} = 0\ V,\ V_{OUT(MAX)} = V_P \times 2 = 300\ mV \times 2 = 600\ mV$

$\tau = R_LC = 50\ k\Omega \times 0.1\ \mu F = 5\ ms,\ f = \frac{100}{T} = \frac{100}{5\ ms} = 20\ kHz$

29. $UTP = BV_{SAT} = \frac{1\ k\Omega}{47\ \text{k}\Omega + 1\ \text{k}\Omega} \times 13\ \ V = 0.271\ \ V$

$LTP = -BV_{SAT} = -0.271\ \text{V}$

31. $I = \frac{V_{in}}{R} = \frac{5\ V}{1\ \text{k}\Omega} = 5\ mA$, $V = \frac{Q}{C}$에서 주기 T로 양변을 나누면

$\frac{V}{T} = \frac{Q/T}{C} = \frac{I}{C}$가 되고 $V = \frac{I_T}{C}$가 된다. 따라서

$V_{OUT} = \frac{5\ mA \times 2\ \mu S}{0.01\ \mu\text{F}} = 1\ \ V$이다. 위상이 반전되므로 -1 V이다.

33.

$$V_{out(p-p)} = \frac{V_{in(p-p)}}{4fRC} = \frac{30\ V}{4 \times 15 \times 10^3\ \text{Hz} \times 3.9 \times 10^3\ \ \Omega \times 0.01 \times 10^{-6}\ \text{F}} = 13\ \ V$$

$$f = \frac{V_{in(p-p)}}{4V_{out(p-p)}RC} = \frac{30\ V}{4 \times 13\ \text{V} \times 2.25 \times 2 \times 10^3\ \ \Omega \times 0.01 \times 10^{-6}\ \text{F}} = 12.8\ \ kHz$$

35. C_2 개방, R_5 단락, 반전과 비반전이 반대로 연결됨

37. $R_1 = 1\ \text{k}\Omega$, $R_2 = 5.1\ \text{k}\Omega$

39. 전류 이득을 구하면 100이 된다.

$$\frac{I_{out}}{I_{in}} = \frac{990\ \ \Omega}{10\ \ \Omega} + 1 = 100$$

따라서 전류계가 100 μA의 전체 스케일 편향을 갖기 때문에 입력 전류는 1 μA면 충분하다.

〈13장〉

1. R_1과 C_1의 값을 사용하면 상한 차단 주파수 48.23 Hz를 구할 수 있다.

$$f_2 = \frac{1}{2\pi R_1 C_1} = \frac{1}{2\pi \times 33\ \text{k}\Omega \times 0.1\ \mu\text{F}} = 48.23\ Hz$$

증폭기는 직류 증폭기(0 Hz)로 동작하기 때문에 f_1값은 없다. 따라서 대역폭은 f_2 (48.23 Hz)이다. 비반전 증폭기이므로 $A_{CL} = \frac{R_F}{R_i} + 1 = \frac{4.7\ \text{k}\Omega}{9.1\ \text{k}\Omega} + 1 = 1.52$로 구해진다.

3. $f_H(f_2)$값은 첫째 단의 저역 통과 필터에 의해서 1.13 kHz로 결정된다.

$$f_2 = \frac{1}{2\pi\sqrt{R_1 R_2 C_1 C_2}} = \frac{1}{2\pi\sqrt{10\ \text{k}\Omega \times 10\ \text{k}\Omega \times 0.01\ \mu\text{F} \times 0.02\ \mu\text{F}}} = 1.13\ \text{kHz}$$

$f_L(f_1)$값은 두 번째 단의 고역 통과 필터에 의해서 750 Hz로 결정된다.

$$f_1 = \frac{1}{2\pi\sqrt{R_3 R_4 C_3 C_4}} = \frac{1}{2\pi\sqrt{30\ \text{k}\Omega \times 15\ \text{k}\Omega \times 0.01\ \mu\text{F} \times 0.01\ \mu\text{F}}} = 750\ Hz$$

따라서 750 Hz와 1130 Hz 사이의 주파수 대역만 통과되고 나머지 주파수 대역은 제거된다.

대역폭은 $BW = f_2 - f_1 = 1130\ \text{Hz} - 750\ \text{Hz} = 380\ \text{Hz}$이다.

중앙 주파수는 $f_o = \sqrt{f_1 f_2} = \sqrt{750\ \text{Hz} \times 1130\ \text{Hz}} = 921\ Hz$

$$Q = \frac{f_o}{BW} = \frac{921\ Hz}{380\ \text{Hz}} = 2.42$$

5. $A_{CL} = \frac{R_1}{R_2} + 1 = \frac{47\ \text{k}\Omega}{1\ \text{k}\Omega} + 1 = 49$, $A_{TR} = 194$,

$A = A_{CL} \times A_T = 48 \times 194 = 9312$

7. $A_{CL} = \frac{-R_F}{R_S} = -\frac{200\ \text{k}\Omega}{2\ \text{k}\Omega} = -100,$

$$B = \frac{r_{in}}{R_F + r_{in}} = \frac{2\ k\Omega}{200\ \text{k}\Omega + 2\ \text{k}\Omega} = 9.9 \times 10^{-3}$$

대역폭 = Bf_{unity} = 10 × 10−3 × 1 MHz = 10 kHz

9. $i_{out} = \frac{V_{in}}{R} = \frac{1V}{1\ \text{k}\Omega} = 1\ mA,\ V_L = -R_L \times i_{out} = -500\ \Omega \times 1\ \text{mA} = -0.5\ \text{V}$

11. $f_{cLOW} = \frac{1}{2\pi RC} = \frac{1}{2\pi \times 1\ \text{k}\Omega \times 10\ \mu\text{F}} = 15.9\ Hz$

$$f_{cUPPER} = \frac{1}{2\pi RC} = \frac{1}{2\pi \times 1\ \text{k}\Omega \times 0.1\ \mu\text{F}} = 1590\ Hz$$

13. R_1과 R_2의 값은 동일하지만 C_2 값은 C_1의 두 배이다. 또한 R_{f1}은 근사적으로 $0.586R_{f2}$이다. 필터의 차단 주파수(그리고 대역폭)는 715 Hz이다.

$$f_c = \frac{1}{2\pi\sqrt{R_1R_2C_1C_2}} = \frac{1}{2\pi\sqrt{10\ \text{k}\Omega \times 10\ \text{k}\Omega \times 0.015\ \mu\text{F} \times 0.033\ \mu\text{F}}} = 715\ Hz$$

그림 13-42(b)는 회로의 f_c 값을 사용하여 표현한 주파수 응답 곡선이다.

15. 회로의 중심 주파수는 137Hz이다.

$$f_0 = \frac{1}{2\pi\sqrt{(R_1 \mid R_2)R_fC_1C_2}} = \frac{1}{2\pi\sqrt{(10\ \text{k}\Omega \mid 10\ \text{k}\Omega) \times 40\ \text{k}\Omega \times 0.1\ \mu\text{F} \times 0.068\ \mu\text{F}}}$$

$$= \frac{1}{2\pi \times 0.001166} = 136.5\ Hz$$

17. 주어진 f_0와 BW를 이용하면 Q값은 2이다. 따라서 f_{c1}과 f_{c2}의 근사치는 9 kHz와 15 kHz로 구해진다.

$$f_{c1} \cong f_0 - \frac{BW}{2} = 12\ \text{kHz} - 3\ \text{kHz} = 9\ \text{kHz}$$

$$f_{c2} \cong f_0 + \frac{BW}{2} = 12\ \text{kHz} + 3\ \text{kHz} = 15\ \text{kHz}$$

〈14장〉

1. (a) 암스트롱 발진기 ,

$$f_r = \frac{1}{2\pi\sqrt{L_1 \times C_1}} = \frac{1}{6.28\sqrt{5\times 10^{-6}H \times 1 \times 10^{-6}F}} = 71212\ Hz = 71.2\ \text{kHz}$$

(b) 하틀리 발진기,

$$f_r = \frac{1}{2\pi\sqrt{(L_{1A}+L_{1B})\times C_1}} = \frac{1}{6.28\sqrt{(0.47\times 10^{-3}H + 0.2\times 10^{-3}H)\times 0.03\times 10^{-6}F}}$$

$$= 35517\ \text{Hz} = 35.517\ \text{kHz}$$

3. (a) 하틀리 수정 발진기 (b) 피어스 수정 발진기

5. $f = \dfrac{1.44}{(R_A + 2R_B)C} = 21.9\ \text{kHz}$, $D = \dfrac{R_A + R_B}{R_A + 2R_B} \times 100\% = 85.7\%$

7. 가변 저항기는 0 Ω에서 100 kΩ까지의 범위를 가지므로 R값은 1 kΩ에서 101 kΩ이 된다. 따라서 발진기의 최소 주파수는 158 Hz, 최대 주파수는 15.9 kHz가 된다.

$$f_r = \frac{1}{2\pi(101\ \text{k}\Omega)(0.01\ \mu\text{F})} = 158\ \text{Hz}$$

$$f_r = \frac{1}{2\pi(1\ \text{k}\Omega)(0.01\ \mu\text{F})} = 15.9\ \text{kHz}$$

9. 탱크 회로의 등가 커패시턴스는 909 pF이다.

$$C = \frac{(0.001\ \mu F)(0.01\ \mu F)}{0.001\ \mu\text{F} + 0.01\ \mu\text{F}} = 909\ pF$$

인덕턴스는 15 mH이고, 발진 주파수는 1.36 MHz이다.

$$f_r = \frac{1}{2\pi\sqrt{(15\ \mu\text{F})(909\ \mu\text{F})}} = 1.36\ MHz$$

따라서 귀환율은 0.1이다.

$$B = \frac{0.001\ \mu F}{0.01\ \mu F} = 0.1$$

발진이 시작되면 1.36 MHz에서 전압 이득은 10보다 커야 한다. 가능하다면 루프 주위에서 부가적인 위상 shift를 피하기 위해서 1.36 MHz보다 높은 차단 주파수가 필요하다. 다시 말하면 회로는 차단 주파수 아래에서 0°인 루프 위상 shift를 가지며, 만약 증폭기의 전압 이득의 감쇠를 시작하면 여분의 위상 shift는 차단 주파수 위에서 발진을 방지시키게 된다.

11. $V_{OUT} = 2V_{rms} + 3V_{rms} + 4V_{rms} = 9V_{rms}$

13. 차단 주파수 $f = 363\ \text{kHz} \times 10 = 3.62\ \text{MHz}$

15. $B = \dfrac{1\ k\Omega}{5\ \text{k}\Omega} = 0.2$

17. $f_s = \dfrac{1}{2\pi\sqrt{LC_S}} = 1.59\ \text{MHz},\ Q = \dfrac{2\pi fL}{R} = 10{,}000$

19. 펄스폭은 132 μS로 구해진다.

$$PW = 1.1RC = 1.1 \times 1.2\ \text{k}\Omega \times 0.1\ \mu\text{F} = 132\ \mu\text{s}$$

21. $UTP = -\frac{R_{in}}{R_f}(-V_{out}) = (-0.2) \times (-12\ \text{V}) = 2.4\ \text{V}$

$LTP = -\frac{R_{in}}{R_f}(+V_{out}) = (-0.2) \times (+12\ \text{V}) = -2.4\ \text{V}$

23. LC 회로의 발진 주파수 공식을 사용하면 된다.

(a) $f_o = \frac{1}{2\pi\sqrt{LC}} = \frac{1}{2\pi\sqrt{\frac{1}{2\pi} \times \frac{1}{2\pi}}} = 1\ \text{Hz}$

(b) $f_o = \frac{I}{2\pi\sqrt{LC}} = \frac{1}{2\pi\sqrt{4.3\ \text{mH} \times 20\ \text{pF}}} = 543\ kHz$

이 주파수는 AM 라디오 주파수대의 낮은 주파수이다.

(c) $f_o = \frac{1}{2\pi\sqrt{LC}} = \frac{1}{2\pi\sqrt{2.4\ \mu\text{H} \times 1\ \text{pF}}} = 103\ MHz$

이 주파수는 FM 라디오 밴드의 중간이다.

25. 탱크 회로의 전체 커패시턴스는 $C_T = \frac{C_1 C_2}{C_1 + C_2} = \frac{1\ \mu F \times 5\ \mu F}{1\ \mu\text{F} + 5\ \mu\text{F}} = 0.833\ \mu F$이다.

발진기의 공진 주파수는 $f_o = \frac{1}{2\pi\sqrt{LC_T}} = \frac{1}{2\pi\sqrt{1\ \text{mH} \times 0.833\ \mu\text{F}}} = 5.51\ kHz$

이다.

귀환율은 $H = \frac{C_1}{C_2} = \frac{1\mu F}{5\ \mu F} = 0.2$이다.

27. 탱크 회로의 전체 정전 용량은 $L_T = L_1 + L_2 = 3\ \text{mH} + 1\ \text{mH} = 4\ \text{mH}$이다.

발진기의 공진 주파수는 $f_o = \dfrac{1}{2\pi\sqrt{L_T C}} = \dfrac{1}{2\pi\sqrt{4\ \text{mH} \times 10\ \mu\text{F}}} = 796\ Hz$이다.

귀환율은 $H = \dfrac{L_2}{L_1} = \dfrac{1\ mH}{3\ \text{mH}} = 0.333$이다.

29. (a) 주어진 저항과 콘덴서 값에서

$$f_o \approx \frac{1}{2\pi RC\sqrt{6}} = \frac{1}{2\pi \times 1\ \text{k}\Omega \times 10\ \mu\text{F} \times \sqrt{6}} = 6.5\ Hz$$

(b) 먼저 주파수 공식을 저항에 대해서 다시 풀면 $R = \dfrac{1}{2\pi f_o C\sqrt{6}}$이다.

주어진 값을 사용하면 $R = \dfrac{1}{2\pi f_o C\sqrt{6}} = \dfrac{1}{2\pi \times 800\ \text{k}\Omega \times 5\ \text{pF} \times \sqrt{6}} = 16.2\ k\Omega$

이 구해진다.

31. (a) 윈 브리지 발진기 $f_o = \dfrac{1}{2\pi RC} = \dfrac{1}{2\pi \times 1\ \text{k}\Omega \times 1000\ \text{pF}} = 159\ kHz$,

$H = \dfrac{1}{3}$이다.

(b) $A = 3$ 이득을 얻기 위해 R_3을 구하기 위해서는 $R_3 = 2R_4 = 2 \times 2\ \text{k}\Omega = 4\ \text{k}\Omega$이 필요하다.

33. C를 찾기 위해 역으로 한다. 주어진 주파수는 $T = \dfrac{1}{f_o} = 0.005\ \text{ms}$,

$PW = \dfrac{T}{2} = 0.025\ \text{ms}$의 펄스폭과 주기를 의미한다. 따라서 펄스폭 공식을 찾기 위해

역수를 취하면 $C = \dfrac{PW}{R_{sq}\ln\dfrac{R_1 + 2R_2}{R_1}} = \dfrac{0.025\ \text{ms}}{1 \times 1\ \text{k}\Omega \times \ln\dfrac{6\ \text{k}\Omega}{4\ \text{k}\Omega}} = 0.0617\ \mu F$이다.

35. positive로 되는 ramp의 기울기는 $m_+ = \dfrac{A}{R_{i_{nt}} C_{i_{nt}}} = \dfrac{0.1}{1\ \text{k}\Omega \times 10\ \mu\text{F}} = 0.1\ V/\text{ms}$ 이다(여기서 ms를 사용한 것을 주의하라). 따라서, negative 기울기는 $m_- = 0.1\ \text{V/ms}$ 이다. 구형파의 주기가 20 ms이므로, positive로 되는 ramp는 10 ms로 상승한다. positive로 되는 ramp 전압은 $\Delta V_{tr} = m\dfrac{T}{2} = 0.1\ \text{V/ms} \times 10\ \text{ms} = 1\ \text{V}$만큼 상승한다. 삼각파는 대칭파이기 때문에 피크 전압은 $V_p = \dfrac{\Delta V_{tr}}{2} = 0.5\ \text{V}$이다.

〈15장〉

1. $V = V_B + I_{HO}R = 0.7\ \text{V} + 4 \times 10^{-3}\ \text{A} \times 10^3\ \Omega = 4.7\ \text{V}$

3. $I_{\max} = \dfrac{V_B - V_{BE}}{R} = \dfrac{10\ V - 0.7\ V}{1000\ \Omega} = 9.3\ mA$, 500 Ω 저항에 흐르는 전류는 60 mA이다.

5. $V = V + I_1 R_E = 2.7\ \text{V}$

7. 정현파의 각이 180°이기 때문에 이 경우에는 180°의 1/2인 90°이므로 전도각을 2배로 하면 부하 전류도 2배가 된다. 그렇지만 일반적인 경우에는 전도각을 2배로 증가시킨다고 하여서 평균 전류도 2배가 되는 것은 아니다.

9. 32 V 다이악을 28 V 다이악으로 대체시키면 트라이악을 동작시키기 위해서는 콘덴서에 걸리는 전압을 32 V 대신 28 V로 하면 된다. 따라서 충전 시간이 짧아지기 때문에 항복 전압에 빨리 도달하므로 동작 지연각이 감소된다.

〈16장〉

1. $B = \frac{R_2}{R_1 + R_2} = \frac{250\ \Omega}{1\ \text{k}\Omega + 250\ \Omega} = 0.2$,

$$V_{out} = \frac{V_Z + V_{BE}}{B} = \frac{6.2\ \text{V} + 0.7\ \text{V}}{0.2} = 34.5\ V$$

3. 부하 전류는 2 A이다.

$$I_L = \frac{10\ \text{V}}{5\ \Omega} = 2\ A$$

그리고 전압 분배기를 통해서 흐르는 전류는 9.26 mA이다.

$$I \cong \frac{10\ V}{1080\ \Omega} = 9.26\ mA$$

이런 전류는 2 A에 비하면 무시할 정도로 작다. 따라서 2N3055를 통해서 흐르는 전체적인 이미터 전류는 40 mA이다.

$$I_B = \frac{2\ \text{A}}{50} = 40\ mA$$

결국 2N3904의 베이스 전류는 0.4 mA이다.

$$I_B = \frac{40\ \text{mA}}{100} = 0.4\ mA$$

이런 두 개의 V_{BE} 전압 강하 때문에 2 kΩ 저항의 바닥에서의 전압은 11.4 V가 된다. 2 kΩ 저항을 통해서 흐르는 전류는 4.3 mA이다. 이런 전류는 위쪽 2N3904

의 베이스 전류와 아래쪽 2N3904의 컬렉터 전류로 분할된다. 따라서 2N3904의 컬렉터 전류는 3.9 mA가 된다.

$$I_C = 4.3\ \text{mA} - 0.4\ \text{mA} = 3.9\ \text{mA}$$

1 kΩ 저항을 통해서 흐르는 전류는 14.4 mA가 된다.

$$I = \frac{20\ V - 5.6\ V}{1\ \text{k}\Omega} = 14.4\ mA$$

제너 다이오드를 통해서 흐르는 전체 전류는 Q_1의 이미터 전류와 1 kΩ 저항을 통해서 흐르는 전류의 합이다.

$$I_Z = 14.4\ \text{mA} + 3.9\ \text{mA} = 18.3\ \text{mA}$$

5. $V_{out} = \dfrac{V_Z + V_{BE}}{B} = A_{CL} = (V_Z + V_{BE}),\ \ A_{CL} = \dfrac{R_1}{R_2} + 1$

$$V_{out1} = (1 + \frac{4.7\ k\Omega}{6.8\ \text{k}\Omega + 5\ \text{k}\Omega}) \times (5.6\ V + 0.7\ V) = 8.81\ V$$

$$V_{out1} = (1 + \frac{4.7\ k\Omega + 5\ k\Omega}{6.8\ \text{k}\Omega}) \times (5.6\ V + 0.7\ V) = 15.3\ V$$

7. $I_{SL} = \dfrac{V_{BE}}{KR_4} = \dfrac{0.7\ \text{V}}{0.9 \times 0.3\ \Omega} = 2.59\ A$

$$I_{\max} = I_{SL} + \frac{(1-K) \times V_{out}}{KR_4} = 2.59\ \text{A} + \frac{(1-0.9) \times 11\ \text{V}}{0.9 \times 0.3\ \Omega} = 6.66\ \text{A}$$

$$P_L = I_{SL}^2 R_L = (6.66\ \text{A})^2 \times 1.35\ \Omega = 59.9\ \text{W}$$

$$P_{Lmin} = I_{SL}^2 R_L = (6.66\ \text{A})^2 \times 0.53\ \Omega = 23.5\ \text{W}$$

9. $R_2 = 0\ \Omega$인 경우

$$V_{out} = V_{rcg} + (I_Q + \frac{V_{rcg}}{R_1}) \times R_1 = 5\,V + (8\ \text{mA} + \frac{5\ \text{V}}{50\ \Omega}) \times 0 = 5\ \text{V}$$

$R_2 = 100\ \Omega$인 경우

$$V_{out} = V_{rcg} + (I_Q + \frac{V_{rcg}}{R_1}) \times R_1 = 5\ \text{V} + (8\ \text{mA} + \frac{5\ \text{V}}{50\ \Omega}) \times 100\ \Omega = 15.8\ \text{V}$$

따라서 5 V와 15.8 V 사이에서 변화한다.

11. $V_{out} = 1.25(\frac{R_2}{R_1} + 1)$

$R_2 = 0\ \Omega$에서 5 kΩ까지 변화되기 때문에 $V_{OUT} = 1.25$ V에서 27.3 V까지 변한다.

13. (a) 증가 (b) 감소 (c) 감소 (d) 증가

저자 소개

최성재

1985~2005 IEEE 정회원(교수회원)
1988~현재 가천대학교 전자공학과 교수
대한 전자공학회 종신회원
한국인터넷방송통신학회 종신회원
한국 정보과학회 종신회원

아날로그 전자회로 설계 및 응용

저 자 최성재
발 행 인 김지영
발 행 처 자유아카데미
주 소 경기도 파주시 회동길 37-42
파주출판도시
전 화 031-955-1321
팩 스 031-955-1322
홈페이지 www.freeaca.com
전자우편 main@freeaca.com (대표)
editor@freeaca.com (편집)
crm@freeaca.com (영업)
등 록 제406-2003-017호, 1980. 7. 12
제1판1쇄 2023년 9월 10일 발행

저자와의
협의하에
인지생략

ISBN 979-11-5808-535-3 93560